Kapitelübersicht. Ausführliches Inhaltsverzeichnis Seite IX bis XIX

FRIEDRICH

TABELLENBUCH ELEKTROTECHNIK ELEKTRONIK

- **Auf die Neuordnung der Elektroberufe abgestimmt**
- **Für die Berufsausbildung in Schule und Betrieb (Berufsgrundbildung, Berufsschule, Berufsfachschule, Berufsaufbauschule, Fachoberschule, Berufliches Gymnasium)**
- **Für die betriebliche und außerbetriebliche Weiterbildung, für Fachschulen (Meister, Techniker) und Umschulung**
- **Für das Studium an Akademien und Fachhochschulen**
- **Für die Berufspraxis in Handwerk und Industrie**

FRIEDRICHs FACH- UND TABELLENBÜCHER

Begründet von Direktor Wilhelm Friedrich
Herausgegeben von Prof. Dr. Antonius Lipsmeier, Karlsruhe
Mitherausgegeben von Dipl.-Ing. Adolf Teml, Lage

FRIEDRICH

TABELLENBUCH ELEKTROTECHNIK ELEKTRONIK

- **Technologie/Fachkunde/Fachtheorie**
- **Technische Mathematik/Fachrechnen**
- **Technisches Zeichnen/Technische Kommunikation**
- **Arbeits- und Umweltschutz**

Völlig neu bearbeitet von

H.-W. Beckmann, K. Lampe, H. Milde, H. Rohlfing, M. Scheurmann, F. Tornau, F.-P. Zantis

553.–579. Auflage

488 Seiten

Dümmlerbuch 5302

FERD. DÜMMLERS VERLAG · BONN

Herausgeber: Dr. Antonius Lipsmeier, Professor für Berufspädagogik, Universität Karlsruhe (TH)

Adolf Teml, Diplom-Ingenieur und Fachschriftsteller, Lage (Mitherausgeber)

Autoren: H.-W. Beckmann, Kap. 9
K. Lampe, Kap. 4
H. Milde, Kap. 6
H. Rohlfing, Kap. 1, 2, 3, 5, 12, 13, 14
M. Scheurmann, Kap. 15
F. Tornau, Kap. 11
F.-P. Zantis, Kap. 7, 8, 10

Wichtiger Hinweis
Die Erkenntnisse in der Technik unterliegen laufendem Wandel durch Forschung und Normung. Die Autoren dieses Werkes haben große Sorgfalt darauf verwendet, dass die gemachten Angaben dem derzeitigen Wissensstand entsprechen. Das entbindet den Benutzer aber nicht von der Verpflichtung, anhand von Originalunterlagen (insbesondere von Normen) zu überprüfen, ob die dort gemachten Angaben von denen in diesem Buch abweichen, und seine Verwendung in eigener Verantwortung zu bestimmen.

DIN-Normen und andere technische Regelwerke
Sofern in diesem Tabellenbuch auf DIN-Normen, VDE-Bestimmungen oder andere technische Regelwerke verwiesen wird, so handelt es sich um die bei Redaktionsschluss vorliegenden Ausgaben. Diese wurden für die Zwecke dieses Buches – mit Erlaubnis des DIN (Deutsches Institut für Normung) – gekürzt und bearbeitet. Für den Anwender einer Norm ist jedoch nur die Norm selbst in ihrer neuesten Ausgabe maßgebend. DIN-Normen sind zu beziehen beim Beuth-Verlag, Burggrafenstr. 6, 10787 Berlin.

ISBN 3-427-**5302**5-6 Dümmlerbuch 5302

Zeichnungen: H.-J. Zedow

Satz: Konrad Triltsch, Würzburg

Printed in Germany by Franz Spiegel Buch GmbH, Ulm

Vorwort zu Friedrichs Tabellenbuch Elektrotechnik/Elektronik

(1) Diese nunmehr gebundene Ausgabe (553.–579. Auflage) ist gegenüber der kartonierten Vorauflage grundlegend bearbeitet worden. Beide Ausgaben sind nicht kompatibel.
Auch wenn die Grob- und auch Feingliederung dem Leser bekannt erscheinen, wird er schnell die ungezählten Ergänzungen, Veränderungen und Verbesserungen in fast allen Kapiteln und auch das neue Kapitel 15 entdecken.

(2) Diese völlige Neubearbeitung berücksichtigt sowohl die neuen Entwicklungen in den elektrotechnischen und den informationstechnischen Berufen als auch in den relevanten Technologien (insbesondere Elektronik, Steuerungs- und Regelungstechnik, Messtechnik, Anlagen- und Antriebstechnik). Sie wendet sich vor allem an

- **handwerkliche Elektroberufe**
- **industrielle Elektroberufe**
- **Technische Zeichner, Fachrichtung Elektrotechnik**

sowie an den neuen Ausbildungsberuf **Mechatroniker.**

In Ergänzung mit dem „Tabellenbuch Informations- und Kommunikationstechnik" erweitert sich die Adressatengruppe um alle

- **informations- und kommunikationstechnischen Berufe.**

(3) Durch bewusst ausführliche und klare Stoffdarbietung ermöglicht dieses Tabellenbuch die Verwendung
- auf unterschiedlichen Ausbildungsebenen (Facharbeiter, Meister, Techniker, Ingenieur);
- in unterschiedlichen Schulformen und -stufen (Berufsschule, Berufsfachschule, Fachschule, Fachoberschule);
- Fachhochschule, Berufsakademie;
- in den verschiedenen Formen der Erwachsenenbildung und Weiterbildung, z. B. Umschulung, Fortbildung;
- in Lehrwerkstatt und überbetrieblicher Ausbildung;
- in allen Bereichen der einschlägigen beruflichen Praxis.

(4) Zur Didaktik/Methodik: Friedrichs Tabellenbuch Elektrotechnik/Elektronik
- ist auf die **einschlägigen Ausbildungsordnungen und Rahmenlehrpläne** abgestimmt;
- ist nicht auf reines Zahlenmaterial beschränkt, sondern integriert die Tabellen – soweit sinnvoll und möglich – in **technologische Zusammenhänge**;
- fördert über das Erlernen von Nachschlagetechniken den Aufbau von **Wissensnetzen und -strukturen** beim Lernenden;
- fördert durch Aufbau, Gestaltung und Stoffdarbietung in besonderem Maße **handlungsorientiertes Lernen,** das für die Berufsausübung von entscheidender Wichtigkeit ist;
- unterstützt **selbstständiges Lernen** und Einarbeiten in neue Sachverhalte;
- ermöglicht angesichts der thematischen Breite **ganzheitliches und fächerübergreifendes Lernen**;
- erschließt durch viele **Nachschlagehilfen** und ein durchgängiges System von am Rand vermerkten Querverweisen den vielseitigen Inhalt;
- passt zu allen **gängigen Fachkunden/Technologien**;
- erleichtert durch **übersichtliche Grafiken, Diagramme und Abbildungen** den Einblick in komplizierte Sachverhalte;
- ist durchgehend **zweifarbig** und der **neuen Rechtschreibung** angepasst;
- verwendet **chlorfrei gebleichtes Papier** und ist in einen haltbaren und umweltfreundlichen Hardcover-Einband gebunden, dessen Veredlungsfolie aus PE-Kunststoff keine Entsorgungs- und Recycling-Probleme bereitet.

Nachschlagesystem und Nachschlagehilfen im FRIEDRICH

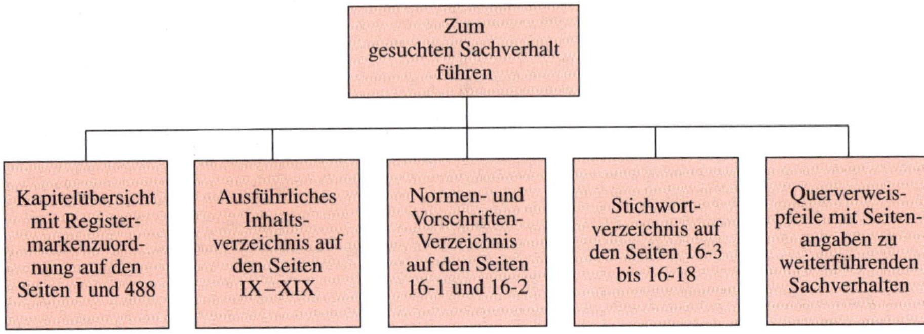

Unterstützende Nachschlagehilfen:
- Fein verästelte Dezimalklassifikation;
- kapitelweise Seitenzählung;
- Registermarken für Großkapitel;
- Zweifarbendruck in Text und Bild;
- Seitenverweise mit Pfeilen am Rand;
- alle Normen und Bestimmungen mit Ausgabedatum sowie mit direkter Zuordnung zum Sachzusammenhang; ferner in Kap. 16 die Tabelle der zitierten Normen.

FRIEDRICH und Kammer- bzw. PAL-Prüfungen

In zunehmendem Maße wird die Fähigkeit und Motivierung des Auszubildenden, sich allein, also ohne personelle Hilfestellung, in neue Aufgaben schnell einzuarbeiten, als wichtiges Lernziel der Ausbildung betrachtet; strukturierendes Denken/handlungsorientiertes Lernen/Stoffbeherrschung, also Lernziele, die seit der Neuordnung von 1987 hoch bewertet werden sollen, werden bei Benutzung des FRIEDRICH gefördert.

Dass gerade etwas umfangreichere Nachschlagewerke hierzu einen besonderen Beitrag leisten können, ist unbestritten; aber nicht nur auf den Umfang kommt es an, sondern vor allem auf eine den neueren Lernzielen in der Berufsausbildung entsprechende Aufarbeitung der Inhalte sowie auf ein auch für sog. schwächere Schüler erlernbares Nachschlagesystem. Beides leistet der FRIEDRICH. Deshalb findet der FRIEDRICH auch mehr und mehr Verwendung in den Ausbildungsabschlussprüfungen, und fast alle (nach der Neuordnung) erlassenen Prüfungsordnungen der Kammern sowie Überlegungen des PAL sehen solche generellen Freigaben vor.

Dank an Mitarbeiter, Benutzer und Leser

Verfasser, Herausgeber und Verlag würden sich freuen, wenn die zahlreichen Benutzer in der beruflichen Aus- und Weiterbildung auf allen Ebenen sowie in der Praxis wie bisher Vorschläge für die weitere Verbesserung dieses Standardwerkes unterbreiten könnten. Diese Vorschläge sollen bei späteren Auflagen nach Möglichkeit berücksichtigt werden, damit sie möglichst vielen Benutzern zugute kommen.

Im Sommer 1998 — Herausgeber, Verfasser und Verlag

INHALT

Seiten

4 Schaltzeichen und Symbole 4-1 bis 4-23

5 Bauelemente der Elektrotechnik 5-1 bis 5-38

15 Arbeits- und Umweltschutz 15-1 bis 15-14

16 Anhang 16-1 bis 16-18

1 Mathematische Grundlagen

1.1 Zeichen und Begriffe

1.1.1 Mathematische Zeichen[1]

$+$	plus
$-$	minus
$\cdot$	mal
$/\ -$	durch
$=$	gleich
$\neq$	ungleich
$=_{\text{def}}$	definitionsgemäß gleich
$\approx$	ungefähr gleich
$\triangleq$	entspricht
$<$	kleiner als
$>$	größer als
$\leq$	kleiner oder gleich
$\geq$	größer oder gleich
$\ll$	klein gegen
$\gg$	groß gegen
∞	unendlich
π	pi, $\pi = 3{,}14159\ldots$
e	$e = 2{,}71828\ldots$
$\sqrt{\ }$	Quadratwurzel aus
$\sqrt[n]{\ }$	n-te Wurzel aus
x^n	x hoch n, n-te Potenz von x
$n!$	n Fakultät, $n! = 1 \cdot 2 \cdot 3 \cdot \ldots n$
$(x)_s$	s unter x, $(x)_s = x \cdot (x-1) \cdot \ldots (x+1-s)$

⇐ 1-4

$\binom{x}{s}$	x über s, $\binom{x}{s} = \frac{(x)_s}{s!}$
$[x]$	größte ganze Zahl kleiner oder gleich x
$\parallel$	parallel zu
$\perp$	orthogonal zu
$\uparrow\uparrow$	gleichsinnig parallel
$\uparrow\downarrow$	gegensinnig parallel
$\triangle(ABC)$	Dreieck ABC
$\cong$	kongruent zu
$\sim$	proportional zu
$\sphericalangle(g, h)$	Winkel zwischen g und h
$\overline{AB}$	Strecke von A nach B
$d(A, B)$	Abstand von A und B
$\odot(P, r)$	Kreis um P mit Radius r
$\sum_{i=1}^{n} x_i$	Summe über x_i von $i=1$ bis n
$\prod_{i=1}^{n} x_i$	Produkt über x_i von i gleich 1 bis n
lim	Limes (Grenzwert)
$f \simeq g$	f ist asymptotisch gleich g
$f(x)$	Funktion der Veränderlichen x
Δf	Delta f, Differenz zweier Werte

$\frac{df(x)}{dx} = f'$	$df(x)$ nach dx, f Strich Ableitung von f
$\int_a^b f(x)\,dx$	Integral über $f(x)\,dx$ von a bis b
$\lvert z \rvert$	Betrag von z
z^* oder $\bar{z}$	Konjugierte von z
Re z	Realteil von z
Im z	Imaginärteil von z
i oder j	Imaginäre Einheit $i^2 = j^2 = -1$
exp	Exponentialfunktion $\exp x = e^x$
log	Logarithmus
lg	dekadischer Logarithmus
ln	natürlicher Logarithmus
sin	Sinus
cos	Cosinus
tan	Tangens
cot	Cotangens
Arcsin	Arcussinus
Arccos	Arcuscosinus
Arctan	Arcustangens
Arccot	Arcuscotangens
sinh	Hyperbelsinus
cosh	Hyperbelcosinus
tanh	Hyperbeltangens
coth	Hyperbelcotangens
…	und so weiter bis

⇒ 1-6
⇒ 1-5
⇒ 1-8

1.1.2 Zeichen der Mengenlehre[2]

$x \in M$	x ist Element von M
$x \notin M$	x ist nicht Element von M
$x_1, \ldots, x_n \in A$	$x_1, \ldots, x_n$ sind Elemente von A
$\{x \mid \varphi\}$	die Menge (Klasse) aller x mit φ
$\{x \mid x<6\}\,\mathbb{N}$	Menge aller x, für die gilt: x ist eine natürliche Zahl und x ist kleiner als 6
$\{x_1, \ldots, x_n\}$	die Menge mit den Elementen $x_1, \ldots, x_n$
$\{1,2,3,4\} = A$	Menge A wird gebildet aus den Elementen 1, 2, 3, 4
$\emptyset$	leere Menge (enthält kein Element)
$A \subseteq B$ oder	A ist Teilmenge von B
$A \subset B$	A sub B
$A \subsetneqq B$	A ist echt enthalten in B (also A ist nicht gleich B)
$A \cap B$	A geschnitten mit B (die Elemente, die A und B gemeinsam sind)
$A \cup B$	A vereinigt mit B (die Elemente, die in wenigstens einer der Mengen A, B liegen)
$A \setminus B$ oder $A - B$	A ohne B (enthält die nicht in B liegenden Elemente von A) Differenzmenge von A und B
$A \Delta B$	symmetrische Differenz von A und B

$\langle x, y \rangle$ oder (x, y)	Paar von x und y (geordnetes Paar)
$A \times B$	A Kreuz B (kartesisches Produkt von A und B)
id_A	Identitätsrelation auf A (enthält die Paare $\langle x, y \rangle$ mit $x \in A$)
$D(f)$	Definitionsbereich von f
$W(f)$	Wertebereich von f
$f \mid A$	Einschränkung von f auf A
$f(x)$ oder xf	f von x, Bild von x unter f (Funktionswert an der Stelle x)
$\mathbb{N}$ oder N	Menge der natürlichen Zahlen
$\mathbb{Z}$ oder Z	Menge der ganzen Zahlen
$\mathbb{Q}$ oder Q	Menge der rationalen Zahlen
$\mathbb{R}$ oder R	Menge der reellen Zahlen
$\mathbb{C}$ oder C	Menge der komplexen Zahlen
$\mathbb{N}^*, \mathbb{Z}^*, \mathbb{Q}^*, \mathbb{R}^*, \mathbb{C}^*$	Menge der von Null verschiedenen Zahlen der Mengen $\mathbb{N}, \mathbb{Z}, \mathbb{Q}, \mathbb{R}, \mathbb{C}$
$\mathbb{Z}_+, \mathbb{Q}_+, \mathbb{R}_+$	Mengen der nicht negativen Zahlen der Mengen $\mathbb{Z}, \mathbb{Q}, \mathbb{R}$
$\mathbb{Z}_+^*, \mathbb{Q}_+^*, \mathbb{R}_+^*$	Mengen der positiven Zahlen der Mengen $\mathbb{Z}, \mathbb{Q}, \mathbb{R}$

[1] Weitere Zeichen siehe DIN 1302: 1994-4.
[2] Weitere Zeichen siehe DIN 5473: 1992-7.

1.2 Rechenoperationen

1.2.1 Grundrechenarten

Addieren (Zusammenzählen)

4	+	19	=	23
1. Summand	plus	2. Summand	gleich	Summenwert

Multiplizieren (Malnehmen)

7	·	3	=	21
Multiplikator	mal	Multiplikand	gleich	Produktwert

Subtrahieren (Abziehen)

39	–	14	=	25
Minuend	minus	Subtrahend	gleich	Differenzwert

Dividieren (Teilen)

15	/	3	=	5
Dividend	durch	Divisor	gleich	Quotientwert

1.2.2 Bruchrechnen

Arten von Brüchen

Echter Bruch	Unechter Bruch	Gemischte Zahl	Gleichnamige Brüche	Ungleichnamige Brüche
$\frac{3}{7}$	$\frac{8}{7}$	$2\frac{3}{7}$	$\frac{1}{7}; \frac{3}{7}; \frac{6}{7}$	$\frac{2}{5}; \frac{3}{7}; \frac{7}{9}$
Zähler kleiner als Nenner	Zähler größer als Nenner	Ganze Zahl und Bruch	Nenner alle gleich	Nenner alle ungleich

Umwandlung einer gemischten Zahl in einen unechten Bruch:

$$2\frac{3}{7} = \frac{2 \cdot 7}{7} + \frac{3}{7} = \frac{14}{7} + \frac{3}{7} = \frac{17}{7}$$

Umwandlung eines echten Bruchs in einen Dezimalbruch:

$$\frac{9}{11} = 9 / 11 = 0{,}818181\ldots$$

Umwandlung eines Dezimalbruchs in einen echten Bruch und kürzen:

$$0{,}875 = \frac{875}{1000} = \frac{7 \cdot 125}{8 \cdot 125} = \frac{7}{8}$$

Erweitern eines Bruches mit 6:

$$\frac{8}{17} = \frac{8 \cdot 6}{17 \cdot 6} = \frac{48}{102}$$

Addieren und Subtrahieren der Brüche

Ungleichnamige Brüche müssen zunächst gleichnamig gemacht werden (Hauptnenner bilden):

$$\frac{2}{3} + \frac{1}{4} - \frac{1}{2} = \frac{8}{12} + \frac{3}{12} - \frac{6}{12} = \frac{5}{12}$$

Gleichnamige Brüche: Zähler addieren oder subtrahieren

$$\frac{1}{5} + \frac{2}{5} + \frac{3}{5} = \frac{6}{5} = 1\frac{1}{5}$$

$$\frac{7}{8} - \frac{3}{8} - \frac{1}{8} + \frac{2}{8} = \frac{5}{8}$$

Multiplizieren und Dividieren der Brüche

Ganze Zahl mit Bruch multiplizieren:

$$\frac{5}{6} \cdot 3 = \frac{5 \cdot 3}{6} = \frac{15}{6} = 2\frac{1}{2}$$

Zähler mal ganze Zahl

Bruch mit Bruch multiplizieren:

$$\frac{2}{3} \cdot \frac{4}{11} = \frac{2 \cdot 4}{3 \cdot 11} = \frac{8}{33}$$

Zähler mal Zähler, Nenner mal Nenner

Bruch durch ganze Zahl dividieren:

$$\frac{8}{9} / 4 = \frac{8}{4 \cdot 9} = \frac{8}{36} = \frac{2}{9}$$

Nenner mal ganze Zahl

Bruch durch Bruch dividieren:

$$\frac{3}{8} / \frac{4}{5} = \frac{3}{8} \cdot \frac{5}{4} = \frac{15}{32}$$

Zählerbruch mal Kehrwert des Nennerbruchs

1.2.3 Prozentrechnen[1]

„Prozent" (%) heißt „von Hundert". Die Gesamtmenge wird dabei immer gleich Hundert gesetzt, so dass die Teilmenge als „Teile von Hundert" (Prozentsatz) erscheint.

5 W	sind	2,5%	von	200 W
Prozentwert		Prozentsatz		Grundwert

[1] Siehe DIN 5477: 1983-2.

1.3 Arithmetik/Algebra

1.3.1 Addition

Kommutativgesetz: In einer Summe dürfen die Summanden vertauscht werden	$a + c + b = a + b + c$	**Assoziativgesetz:** Die Summanden lassen sich zu Teilsummen zusammenfassen	$(a + b) + c = a + (b + c)$

1.3.2 Subtraktion

Gleichartige Zahlen werden subtrahiert, indem die Beizahlen voneinander subtrahiert werden	$6a - 4a$ $= (6 - 4) \cdot a = 2a$	Nur gleichartige Zahlen lassen sich voneinander subtrahieren	$6a - 2b - 3a = 3a - 2b$

1.3.3 Addition und Subtraktion

Sind Rechenzeichen und Vorzeichen gleich, so wird der absolute Betrag der Zahl addiert	$(+6a) + (+4a)$ $= 6a + 4a = 10a$ $(+6a) - (-4a)$ $= 6a + 4a = 10a$	Sind Rechenzeichen und Vorzeichen ungleich, so wird der absolute Betrag der Zahl subtrahiert	$(+6a) + (-4a)$ $= 6a - 4a = 2a$ $(+6a) - (+4a)$ $= 6a - 4a = 2a$

1.3.4 Klammern

Eine Klammer, vor der das Zeichen + steht, darf man fortlassen	$a + (b - c) = a + b - c$	Steht vor einer Klammer das Zeichen –, so kehren sich beim Fortlassen alle Vorzeichen in der Klammer um	$a - (b - c) = a - b + c$
Bei mehreren Klammern von innen nach außen auflösen	$a - [b + (c - d)]$ $= a - [b + c - d]$ $= a - b - c + d$		

1.3.5 Multiplikation

Kommutativgesetz: In einem Produkt lassen sich die Faktoren vertauschen	$b \cdot c \cdot a$ $= a \cdot b \cdot c = abc$	**Distributivgesetz:** Eine Summe wird mit einem Faktor multipliziert, indem jedes Glied der Summe mit dem Faktor multipliziert wird	$a\,(b - c) = a \cdot b - a \cdot c$ $= a\,b - a\,c$
Assoziativgesetz: Beim Multiplizieren dürfen Faktoren vertauscht und zu Teilprodukten zusammengefasst werden	$6a \cdot 3b = 6 \cdot a \cdot 3 \cdot b$ $= 6 \cdot 3 \cdot a \cdot b$ $= 18 \cdot a \cdot b = 18a\,b$		
Das Produkt zweier Zahlen mit gleichem Vorzeichen ist positiv, das Produkt zweier Zahlen mit verschiedenen Vorzeichen ist negativ	$(+a) \cdot (+b) = +(a\,b)$ $(-a) \cdot (-b) = +(a\,b)$ $(+a) \cdot (-b) = -(a\,b)$ $(-a) \cdot (+b) = -(a\,b)$	Algebraische Summen werden miteinander multipliziert, indem jedes Glied der einen Summe mit jedem Glied der anderen Summe multipliziert wird	$(a + b)\,(c + d)$ $= a\,c + a\,d + b\,c + b\,d$ $(a + b)\,(c - d)$ $= a\,c - a\,d + b\,c - b\,d$ $(a - b)\,(c + d)$ $= a\,c + a\,d - b\,c - b\,d$ $(a - b)\,(c - d)$ $= a\,c - a\,d - b\,c + b\,d$
Haben mehrere Glieder einer Summe einen gemeinsamen Faktor, so lässt er sich ausklammern	$a\,x + b\,x - c\,x$ $= x\,(a + b - c)$	**Binomische Formeln** $(a + b)^2 = (a + b)\,(a + b) = a^2 + 2\,a\,b + b^2$ $(a - b)^2 = (a - b)\,(a - b) = a^2 - 2\,a\,b + b^2$ $(a + b)\,(a - b) = a^2 - b^2$	

1.3 Arithmetik/Algebra

1.3.6 Division

Der Quotient zweier Zahlen mit gleichem Vorzeichen ist positiv, der Quotient zweier Zahlen mit ungleichem Vorzeichen ist negativ	$+a/+b=+(a/b)$ $-a/-b=+(a/b)$ $-a/+b=-(a/b)$ $+a/-b=-(a/b)$	Eine Summe wird durch eine Zahl dividiert, indem jeder Summand durch die Zahl dividiert wird	$\frac{a+b}{c}=\frac{a}{c}+\frac{b}{c}$

1.3.7 Potenzieren

Ein Produkt aus gleichen Faktoren kann als Potenz geschrieben werden. a Basis oder Grundzahl n Exponent oder Hochzahl a^{n} Potenz c Potenzwert	$a \cdot a \cdot a = a^{3}$ $a^{n}=c$
Addieren und Subtrahieren lassen sich nur Potenzen mit gleichen Basen und Exponenten	$3a^{3}+2a^{2}+6a^{3}-4a^{2}$ $=3a^{3}+6a^{3}+2a^{2}-4a^{2}$ $=9a^{3}-2a^{2}$
Potenzen mit gleichen Basen werden multipliziert, indem die Exponenten addiert werden	$a^{m}\cdot a^{n}=a^{m+n}$ Umkehrung: $a^{m+n}=a^{m}\cdot a^{n}$
Potenzen mit gleichen Exponenten werden miteinander multipliziert, indem das Produkt der Basis mit dem gemeinsamen Exponenten potenziert wird	$a^{n}\cdot b^{n}=(ab)^{n}$ Umkehrung: $(ab)^{n}=a^{n}\cdot b^{n}$

Potenzen mit gleichen Basen werden dividiert, indem die Basis mit der Differenz der Exponenten potenziert wird	$\frac{a^{m}}{a^{n}}=a^{m-n}$ Umkehrung: $a^{m-n}=\frac{a^{m}}{a^{n}}$
Potenzen mit gleichen Exponenten werden dividiert, indem der Quotient der Basen mit dem gemeinsamen Exponenten potenziert wird	$\frac{a^{n}}{b^{n}}=\left(\frac{a}{b}\right)^{n}$ Umkehrung: $\left(\frac{a}{b}\right)^{n}=\frac{a^{n}}{b^{n}}$
Eine Potenz mit negativem Exponenten ist gleich dem reziproken Wert der gleichen Potenz mit positivem Exponenten	$a^{-b}=\frac{1}{a^{b}}$
Eine Potenz wird potenziert, indem die Basis mit dem Produkt der Exponenten potenziert wird	$(a^{m})^{n}=a^{m\cdot n}$ $(a^{m})^{n}=(a^{n})^{m}$

1.3.8 Radizieren

Die Wurzelrechnung ist eine Umkehr der Potenzrechnung. a Radikand (Basis) n Wurzelexponent x Wurzelwert	$\sqrt[n]{a}=x$ Umkehrung: $x^{n}=a$
Ein Produkt wird radiziert, indem jeder Faktor radiziert wird und die Wurzelwerte miteinander multipliziert werden	$\sqrt[n]{a\cdot b}=\sqrt[n]{a}\cdot\sqrt[n]{b}$
Ein Faktor vor dem Wurzelzeichen wird unter der Wurzel mit dem Wurzelexponenten potenziert	$a\cdot\sqrt[n]{b}=\sqrt[n]{a^{n}\cdot b}$
Ein Bruch wird radiziert, indem die Wurzel des Zählers durch die Wurzel des Nenners dividiert wird	$\sqrt[n]{\frac{a}{b}}=\frac{\sqrt[n]{a}}{\sqrt[n]{b}}$

Eine Potenz wird radiziert, indem die Wurzel aus der Basis gezogen wird und der Wurzelwert mit dem Exponenten der Basis potenziert wird	$\sqrt[n]{a^{x}}=(\sqrt[n]{a})^{x}$
Jede Wurzel läßt sich in eine Potenz mit Bruchzahlen als Exponenten umwandeln. Der Wurzelexponent steht im Nenner des Potenzexponenten	$\sqrt[n]{a^{x}}=a^{\frac{x}{n}}$
Eine Wurzel wird radiziert, indem die Wurzelexponenten multipliziert werden und mit dem neuen Exponenten aus der Basis die Wurzel gezogen wird	$\sqrt[n]{\sqrt[x]{a}}=\sqrt[n\cdot x]{a}$ $\sqrt[n]{\sqrt[x]{a}}=\sqrt[x]{\sqrt[n]{a}}$

1.3 Arithmetik/Algebra

1.3.9 Logarithmieren

Das Logarithmieren ist die zweite Umkehrung der Potenzrechnung.

a Basis; *b* Numerus; *n* Logarithmus

$$\log_a b = n$$

Lies: log *b* zur Basis *a* gleich *n*

Umkehrung:

$a^n = b$

Logarithmensysteme [1)]

Basis	Bezeichnung	Kennzeichen
e = 2,71828…	natürliche Logarithmen	ln
2	binäre Logarithmen	lb
10	dekadische Logarithmen	lg

Beispiele:
$\lg 1000 = 3$, da $10^3 = 1000$
$\lg 100 = 2$, da $10^2 = 100$
$\lg 10 = 1$, da $10^1 = 10$
$\lg 1 = 0$, da $10^0 = 1$
$\lg 0{,}1 = -1$, da $10^{-1} = 0{,}1$
$\lg 0{,}01 = -2$, da $10^{-2} = 0{,}01$
$\lg 0{,}001 = -3$, da $10^{-3} = 0{,}001$

Rechenregeln

Rechnungsart	wird zurückgeführt auf	Regeln
Multiplizieren	Addieren	$\lg(a \cdot b) = \lg a + \lg b$
Dividieren	Subtrahieren	$\lg \frac{a}{b} = \lg a - \lg b$
Potenzieren	Multiplizieren	$\lg a^n = n \cdot \lg a$
Radizieren	Dividieren	$\lg \sqrt[n]{a} = \frac{1}{n} \cdot \lg a$

1.3.10 Gleichungen ersten Grades mit einer Unbekannten / Formelumstellen

Bestimmungsgleichungen enthalten bekannte und unbekannte Größen (Variable); sie sind gelöst, wenn anstelle der Unbekannten eine Zahl eingesetzt werden kann. Zur Lösung darf auf beiden Seiten der Gleichung die gleiche Rechenoperation mit der gleichen Zahl durchgeführt werden.

Beispiele:

$x + 5 = 10$; $x + 5 - 5 = 10 - 5$; $x = 10 - 5$; $x = 5$
$x - 8 = 3$; $x - 8 + 8 = 3 + 8$; $x = 3 + 8$; $x = 11$
$x \cdot 9 = 36$; $x \cdot 9/9 = 36/9$; $x = 36/9$; $x = 4$
$x/6 = 7$; $(x/6) \cdot 6 = 7 \cdot 6$; $x = 7 \cdot 6$; $x = 42$

Für das Umstellen physikalischer Formeln gelten gleiche Gesetzmäßigkeiten wie für das Lösen von Gleichungen; das Formelzeichen der gesuchten Größe ist dabei die Unbekannte und die Formel ist nach dieser Größe hin umzustellen. Dann sind die bekannten Größen (Zahlenwert und Einheit) einzusetzen und die Unbekannte lässt sich errechnen.

Beispiele:

$R_1 + R_2 = R_g$; $R_1 + R_2 - R_2 = R_g - R_2$; $R_1 = R_g - R_2$
$U \cdot I = P$; $U \cdot I/U = P/U$; $I = P/U$
$U/I = R$; $(U/I) \cdot I = R \cdot I$; $U = R \cdot I$

1.3.11 Gleichungen ersten Grades mit zwei Unbekannten

Zwei Unbekannte lassen sich nur dann eindeutig bestimmen, wenn zwei verschiedene Gleichungen (I und II) gegeben sind. Bei der Auflösung stellt man aus ihnen eine dritte Gleichung mit nur einer Unbekannten her.

Gleichsetzungsmethode

I $3x + 2y = 18 \Rightarrow y = (18 - 3x)/2$
II $4x + y = 19 \Rightarrow y = 19 - 4x$

$(18 - 3x)/2 = 19 - 4x$; $18 - 3x = (19 - 4x) \cdot 2$;
$18 - 3x = 38 - 8x$; $8x - 3x = 38 - 18$;
$5x = 20$; $x = 4$

Einsetzen von $x = 4$ in **I** oder **II** ergibt $y = 3$.

Einsetzungsmethode

I $3x + 2y = 18$
II $4x + y = 19 \Rightarrow y = 19 - 4x$

$3x + 2(19 - 4x) = 18$; $3x + 38 - 8x = 18$;
$-5x = -20$; $x = 4$

Additions- bzw. Subtraktionsmethode

I $3x + 2y = 18$
II $4x + y = 19 \Rightarrow \cdot 2 \Rightarrow 8x + 2y = 38$

Erweiterte Gleichung **II** von **I** abziehen

$3x - 8x + 2y - 2y = 18 - 38$; $-5x = -20$;
$x = 4$

1) Umrechnungen
$\ln n \approx 2{,}3026 \lg n$ bzw. $\lg n \approx 0{,}4343 \ln n$;
$\mathrm{lb}\, n \approx 3{,}3219 \lg n$ bzw. $\lg n \approx 0{,}3010\, \mathrm{lb}\, n$;
$\mathrm{lb}\, n \approx 1{,}4427 \ln n$ bzw. $\ln n \approx 0{,}6932\, \mathrm{lb}\, n$

1.3 Arithmetik/Algebra

1.3.12 Gleichungen zweiten Grades (quadratische Gleichungen)

Bei rein-quadratischen Gleichungen kommt die Unbekannte nur in der 2. Potenz (z.B. x^2) vor. Diese Gleichungen sind durch Wurzelziehen zu lösen, wobei sich immer zwei Werte (positiv und negativ) ergeben.	Beispiele: $x^2 = 25$; $\sqrt{x^2} = \sqrt{25}$; $x = \sqrt{25}$; $x = \pm 5$ Ergebnis ± 5, da $(+5) \cdot (+5) = 25$ und $(-5) \cdot (-5) = 25$ $15 + 3x^2 = x^2 + 47$; $3x^2 - x^2 = 47 - 15$; $2x^2 = 32$; $x^2 = 16$; $x = \sqrt{16}$; $x = \pm 4$
Bei gemischt-quadratischen Gleichungen kommt die Unbekannte in der 1. und 2. Potenz vor (x und x^2). Gegebene Gleichung: $x^2 + ax = -b$. Man bringt sie auf die Normalform $x^2 + ax + b = 0$ und löst sie nach der Formel $x = -\frac{a}{2} \pm \sqrt{\left(\frac{a}{2}\right)^2 - b}$ Für a und b sind die gegebenen Zahlenwerte einzusetzen.	Beispiel: $2x^2 + x + 13 = x^2 - 5x + 40$; $2x^2 - x^2 + x + 5x = 40 - 13$ Normalform: $x^2 + 6x - 27 = 0$ $(a = 6, b = -27)$ eingesetzt: $x_1 = -\frac{6}{2} + \sqrt{\left(\frac{6}{2}\right)^2 + 27}$; $x_1 = -3 + \sqrt{9 + 27}$ $x_1 = -3 + \sqrt{36} = -3 + 6 = 3$; $x_1 = 3$ $x_2 = -3 - \sqrt{36} = -3 - 6 = -9$; $x_2 = -9$

1.3.13 Rechenverfahren mit komplexen Zahlen

⟹ 3-19

Addition	Sowohl die Realteile als auch die Imaginärteile werden addiert	$\underline{z} = \underline{z}_1 + \underline{z}_2 = (a + \mathrm{i}b) + (c + \mathrm{i}d)$ $\underline{z} = (a + c) + \mathrm{i}(b + d)$ [1]
	Die Summe konjugiert komplexer Zahlen ist reell	$\underline{z} = \underline{z}_1 + \underline{z}_1^* = (a + \mathrm{i}b) + (a - \mathrm{i}b)$ $\underline{z} = 2a$
Subtraktion	Sowohl die Realteile als auch die Imaginärteile werden subtrahiert	$\underline{z} = \underline{z}_1 - \underline{z}_2 = (a + \mathrm{i}b) - (c + \mathrm{i}d)$ $\underline{z} = (a - c) + \mathrm{i}(b - d)$
	Die Differenz konjugiert komplexer Zahlen ist rein imaginär	$\underline{z} = \underline{z}_1 - \underline{z}_1^* = (a + \mathrm{i}b) - (a - \mathrm{i}b)$ $\underline{z} = \mathrm{i}2b$
Multiplikation	Die Multiplikation komplexer Zahlen besteht aus der Multiplikation mit ihren Gliedern	$\underline{z} = \underline{z}_1 \cdot \underline{z}_2 = (a + \mathrm{i}b) \cdot (c + \mathrm{i}d)$ $\underline{z} = (ac - bd) + \mathrm{i}(bc + ad)$
	Die Beträge werden multipliziert, und die Argumente werden addiert	$\underline{z} = \underline{z}_1 \cdot \underline{z}_2 = z_1 \cdot \mathrm{e}^{\mathrm{i}\varphi_1} \cdot z_2 \cdot \mathrm{e}^{\mathrm{i}\varphi_2}$ $\underline{z} = z_1 \cdot z_2 \cdot \mathrm{e}^{\mathrm{i}(\varphi_1 + \varphi_2)}$
	Das Produkt konjugiert komplexer Zahlen ist reell	$\underline{z} = \underline{z}_1 \cdot \underline{z}_1^* = (a + \mathrm{i}b) \cdot (a - \mathrm{i}b)$ $\underline{z} = a^2 + b^2$
Division	Durch Erweitern mit der konjugiert komplexen Zahl wird der Divisor reell gemacht, und dann wird wie üblich dividiert	$\underline{z} = \frac{\underline{z}_1}{\underline{z}_2} = \frac{(a + \mathrm{i}b)}{(c + \mathrm{i}d)} = \frac{(a + \mathrm{i}b)(c - \mathrm{i}d)}{(c + \mathrm{i}d)(c - \mathrm{i}d)}$ $\underline{z} = \frac{ac + bd}{c^2 + d^2} + \mathrm{i}\,\frac{bc - ad}{c^2 + d^2}$
	Die Beträge werden dividiert, und die Argumente werden subtrahiert	$\underline{z} = \frac{\underline{z}_1}{\underline{z}_2} = \frac{z_1 \cdot \mathrm{e}^{\mathrm{i}\varphi_1}}{z_2 \cdot \mathrm{e}^{\mathrm{i}\varphi_2}} = \frac{z_1}{z_2} \cdot \mathrm{e}^{\mathrm{i}(\varphi_1 - \varphi_2)}$
Potenzieren	Der Betrag wird in die n-te Potenz erhoben, und das Argument wird mit n multipliziert	$\underline{z}^{\mathrm{n}} = (z \cdot \mathrm{e}^{\mathrm{i}\varphi})^{\mathrm{n}} = z^{\mathrm{n}} \cdot \mathrm{e}^{\mathrm{i}n\varphi}$ $\underline{z}^{\mathrm{n}} = z^{\mathrm{n}} \angle n\varphi$ [2]
Radizieren	Aus dem Betrag wird die Wurzel gezogen, und das Argument wird durch den Wurzelexponenten dividiert	$\sqrt[\mathrm{n}]{\underline{z}} = \sqrt[\mathrm{n}]{z \cdot \mathrm{e}^{\mathrm{i}\varphi}} = \sqrt[\mathrm{n}]{z} \cdot \mathrm{e}^{\mathrm{i}\frac{\varphi}{\mathrm{n}}} = \sqrt[\mathrm{n}]{z}\ \angle \frac{\varphi}{n}$

[1] In der Elektrotechnik schreibt man j, um Verwechselungen mit der Stromstärke i zu vermeiden.
[2] Sprich: Versor $n\varphi$.

1.4 Mathematische Lehrsätze aus der Geometrie

1.4.1 Rechtwinklige Dreiecke

Bezeichnungen

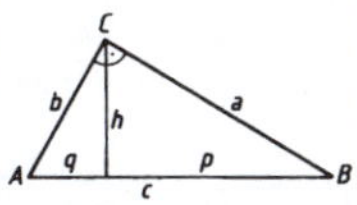

A, B, C	Eckpunkte
a, b	Katheten
c	Hypotenuse
h	Höhe
p, q	Hypotenusenabschnitte

Lehrsatz des Euklid (Kathetensatz)

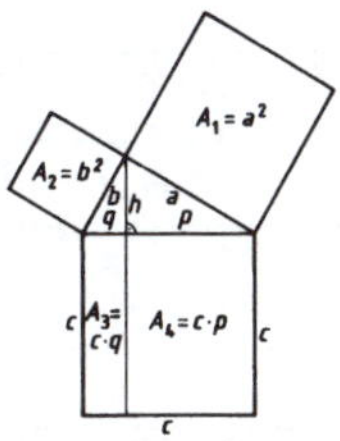

Im rechtwinkligen Dreieck ist das Quadrat über einer Kathete gleich dem Rechteck aus der Hypotenuse und dem anliegenden Hypotenusenabschnitt.

$a^2 = c \cdot p$

$b^2 = c \cdot q$

$a^2 + b^2 = c(p + q) = c^2$

Höhensatz (Euklid)

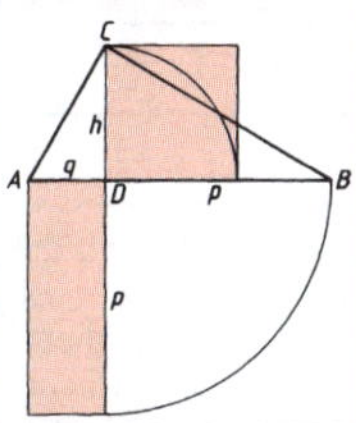

Im rechtwinkligen Dreieck ist der Flächeninhalt des Quadrats über der Höhe gleich dem Flächeninhalt des Rechtecks aus den Hypotenusenabschnitten.

$h^2 = p \cdot q$

Lehrsatz des Pythagoras

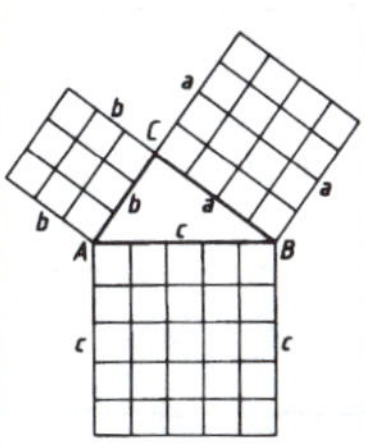

Im rechtwinkligen Dreieck ist die Summe der Flächeninhalte der Quadrate über den Katheten gleich dem Flächeninhalt des Quadrats über der Hypotenuse.

$c^2 = a^2 + b^2$ $\quad a = \sqrt{c^2 - b^2}$

$b = \sqrt{c^2 - a^2}$

$c = \sqrt{a^2 + b^2}$

Satz des Thales

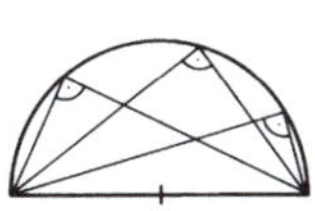

Über dem Durchmesser eines Kreises als Grundlinie ist jedes Dreieck, dessen Spitze auf dem Kreisbogen liegt, ein rechtwinkliges Dreieck

1.4.2 Schiefwinklige Dreiecke

Satz des Heron

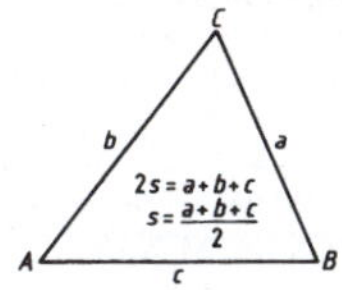

Gewöhnlich lautet die Flächenformel für das Dreieck $A = \frac{c \cdot h}{2}$. Es ist aber auch möglich, A unmittelbar aus den drei Seiten zu berechnen:

$A = \sqrt{s(s-a)(s-b)(s-c)}$

Formeln für das schiefwinklige Dreieck

⇒ 1-9

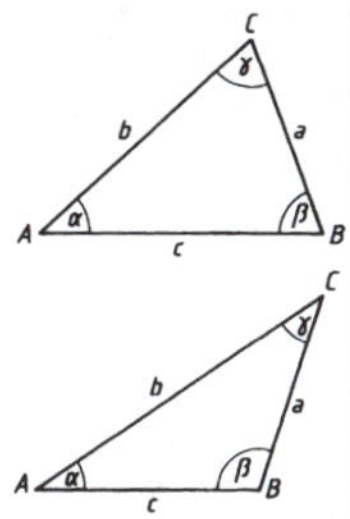

Sinussatz

$a / b / c = \sin\alpha / \sin\beta / \sin\gamma$

$$\frac{a}{\sin\alpha} = \frac{b}{\sin\beta} = \frac{c}{\sin\gamma}$$

Kosinussatz

$a^2 = b^2 + c^2 - 2b \cdot c \cos\alpha$

$b^2 = c^2 + a^2 - 2a \cdot c \cos\beta$

$c^2 = a^2 + b^2 - 2a \cdot b \cos\gamma$

Tangenssatz

$$\frac{a+b}{a-b} = \frac{\tan\frac{1}{2}(\alpha+\beta)}{\tan\frac{1}{2}(\alpha-\beta)}$$

Mittelpunkt des Umkreises

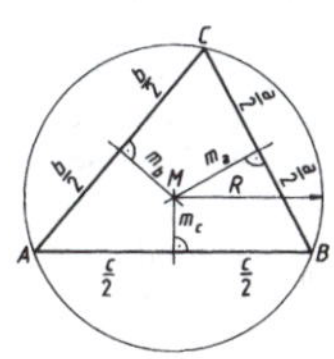

Die drei Mittelsenkrechten m_a, m_b, m_c eines Dreiecks schneiden sich in einem Punkt, dem Umkreismittelpunkt M des Dreiecks.

Radius des Umkreises:

$$R = \frac{a}{2\sin\alpha} = \frac{b}{2\sin\beta} = \frac{c}{2\sin\gamma}$$

Mittelpunkt des Inkreises

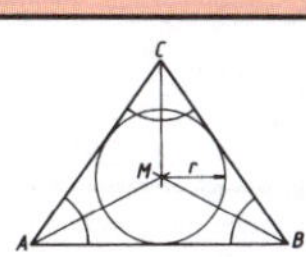

Die drei Winkelhalbierenden eines Dreiecks schneiden sich in einem Punkt, dem Inkreismittelpunkt M des Dreiecks

Schwerpunkt eines Dreiecks

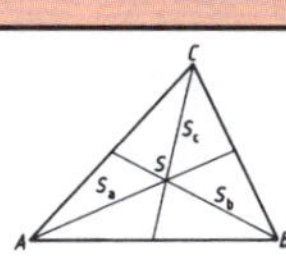

Die drei Seitenhalbierenden (Schwerlinien) schneiden sich im Schwerpunkt S. Dieser teilt die Seitenhalbierenden im Verhältnis 2 : 1

1.5 Winkel/Winkelfunktionen

1.5.1 Winkeleinheiten nach DIN 1315: 1982-8

Radiant (Bogenmaß)	Die Winkeleinheit Radiant (rad) ergibt sich für die Größe eines Zentriwinkels in einem beliebigen Kreis aus dem Verhältnis der Kreisbogenlänge zum Kreisradius. Für einen Vollwinkel gilt: 1 Vollwinkel = 2π rad
Grad (Altgrad)	Der Grad (°) ist der 360ste Teil eines Vollwinkels: 1° = 1/360 Vollwinkel = π/180 rad. Der Grad wird unterteilt in Minute (′) und Sekunde (″): 1° = 60′ = 3600″
Gon (Neugrad)	Das Gon ist der 400ste Teil eines Vollwinkels: 1 gon = 1/400 Vollwinkel = π/200 rad. Das Gon wird geteilt durch Vorsätze: 1 cgon = 1/100 gon = 0,01 gon; 1 mgon = 1/1000 gon = 0,001 gon

Umrechnungstabelle für Winkeleinheiten

	rad	Vollwinkel	gon	mgon	°	′	″
1 rad	1	0,159	63,66	$63{,}66 \cdot 10^3$	57,296	$3{,}438 \cdot 10^3$	$206{,}26 \cdot 10^3$
1 Vollwinkel	6,283	1	400	$400 \cdot 10^3$	360	$21{,}6 \cdot 10^3$	$1{,}296 \cdot 10^6$
1 gon	$15{,}7 \cdot 10^{-3}$	$2{,}5 \cdot 10^{-3}$	1	1000	0,9	54	3240
1°	$17{,}45 \cdot 10^{-3}$	$2{,}778 \cdot 10^{-3}$	1,111	1111,11	1	60	3600
1′	$290{,}89 \cdot 10^{-6}$	$46{,}2 \cdot 10^{-6}$	$18{,}52 \cdot 10^{-3}$	18,52	$16{,}67 \cdot 10^{-3}$	1	60
1″	$4{,}848 \cdot 10^{-6}$	$700 \cdot 10^{-9}$	$308{,}6 \cdot 10^{-6}$	$308{,}6 \cdot 10^{-3}$	$277{,}8 \cdot 10^{-6}$	$16{,}67 \cdot 10^{-3}$	1

1.5.2 Winkelfunktionen

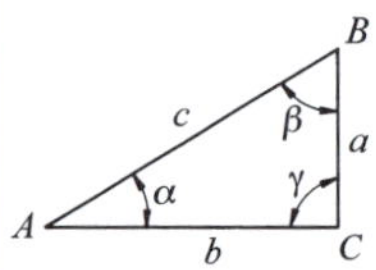

Dreieck *ABC* heißt rechtwinkliges Dreieck ($\gamma = 90°$). Die längste Seite *c* ist die **Hypotenuse**, die Seiten *a* und *b*, die Schenkel des rechten Winkels, sind die **Katheten**. Für den spitzen Winkel α ist *b* die Ankathete und *a* die Gegenkathete; für den spitzen Winkel β ist *a* die Ankathete und *b* die Gegenkathete. Rechtwinklige Dreiecke, welche gleiche Winkel aufweisen, sind **ähnliche Dreiecke**; ihre Seitenverhältnisse heißen Winkelfunktionen (trigonometrische Funktionen).

Winkelfunktion	Anwendung für Winkel α	Anwendung für Winkel β
Sinus = $\frac{\text{Gegenkathete}}{\text{Hypotenuse}}$	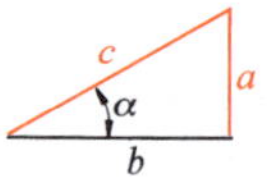 $\sin\alpha = \frac{a}{c}$	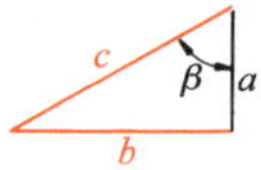 $\sin\beta = \frac{b}{c}$
Cosinus = $\frac{\text{Ankathete}}{\text{Hypotenuse}}$	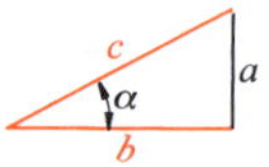 $\cos\alpha = \frac{b}{c}$	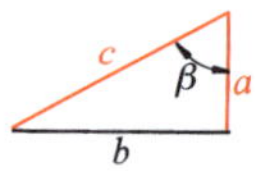 $\cos\beta = \frac{a}{c}$
Tangens = $\frac{\text{Gegenkathete}}{\text{Ankathete}}$	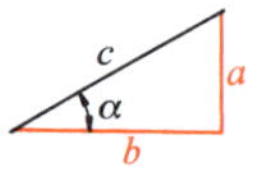 $\tan\alpha = \frac{a}{b}$	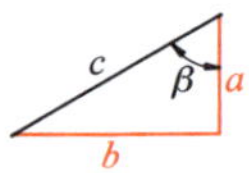 $\tan\beta = \frac{b}{a}$
Cotangens = $\frac{\text{Ankathete}}{\text{Gegenkathete}}$	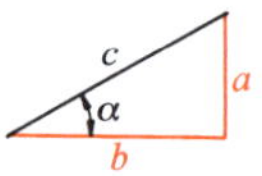 $\cot\alpha = \frac{b}{a}$	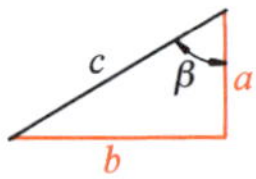 $\cot\beta = \frac{a}{b}$

1.5 Winkel/Winkelfunktionen

1.5.3 Funktionskurven und Funktionswerte bestimmter Winkel

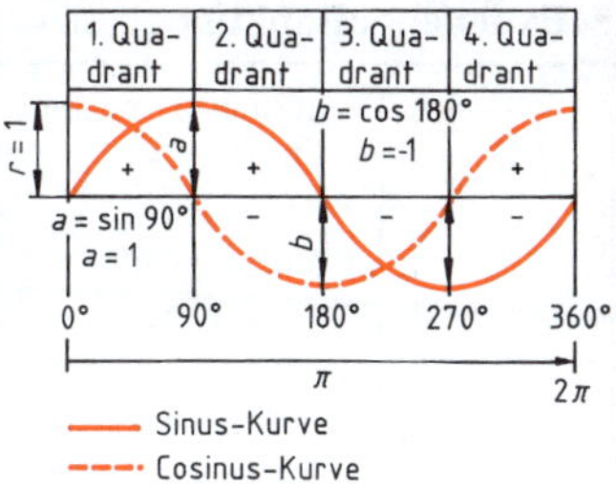

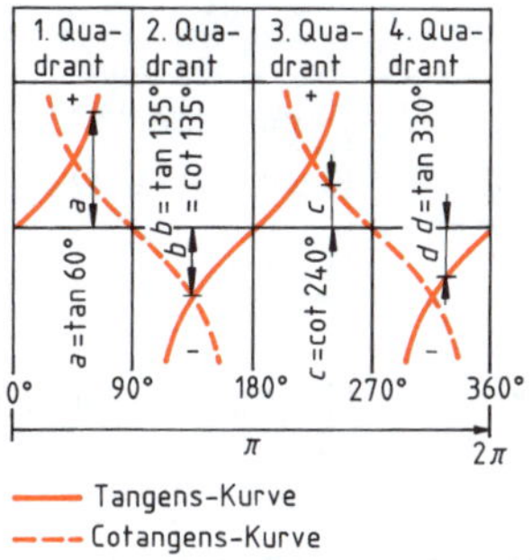

	$-\alpha$	$360° \cdot n + \alpha$	$180° \cdot n + \alpha$
sin	$-\sin\alpha$	$\sin\alpha$	
cos	$\cos\alpha$	$\cos\alpha$	
tan	$-\tan\alpha$		$\tan\alpha$
cot	$-\cot\alpha$		$\cot\alpha$

n = ganzzahlig

Trigonometrische Funktionswerte wichtiger Winkelgrößen

	0°	30°	45°	60°	90°	180°	270°	360°
sin	0	1/2	$1/2\,\sqrt{2}$	$1/2\,\sqrt{3}$	1	0	−1	0
cos	1	$1/2\,\sqrt{3}$	$1/2\,\sqrt{2}$	1/2	0	−1	0	1
tan	0	$1/3\,\sqrt{3}$	1	$\sqrt{3}$	$\pm\infty$	0	$\pm\infty$	0
cot	$\pm\infty$	$\sqrt{3}$	1	$1/3\,\sqrt{3}$	0	$\pm\infty$	0	$\pm\infty$

Beziehung der Winkelfunktionen in den Quadranten

	$90° \pm \alpha$	$180° \pm \alpha$	$270° \pm \alpha$	$360° \pm \alpha$
sin	$\cos\alpha$	$\mp\sin\alpha$	$-\cos\alpha$	$\pm\sin\alpha$
cos	$\mp\sin\alpha$	$-\cos\alpha$	$\pm\sin\alpha$	$\cos\alpha$
tan	$\mp\cot\alpha$	$\pm\tan\alpha$	$\mp\cot\alpha$	$\pm\tan\alpha$
cot	$\mp\tan\alpha$	$\pm\cot\alpha$	$\mp\tan\alpha$	$\pm\cot\alpha$

1.5.4 Beziehung zwischen den Winkelfunktionen für gleiche Winkel

$$\tan\alpha = \frac{\sin\alpha}{\cos\alpha}; \qquad \cot\alpha = \frac{\cos\alpha}{\sin\alpha}; \qquad \sin^2\alpha + \cos^2\alpha = 1; \qquad \tan\alpha\cot\alpha = 1$$

	$\sin\alpha$	$\cos\alpha$	$\tan\alpha$	$\cot\alpha$
$\sin\alpha$	–	$\sqrt{1-\cos^2\alpha}$	$\tan\alpha/\sqrt{1+\tan^2\alpha}$	$1/\sqrt{1+\cot^2\alpha}$
$\cos\alpha$	$\sqrt{1-\sin^2\alpha}$	–	$1/\sqrt{1+\tan^2\alpha}$	$\cot\alpha/\sqrt{1+\cot^2\alpha}$
$\tan\alpha$	$\sin\alpha/\sqrt{1-\sin^2\alpha}$	$\sqrt{1-\cos^2\alpha}\,/\cos\alpha$	–	$1/\cot\alpha$
$\cot\alpha$	$\sqrt{1-\sin^2\alpha}\,/\sin\alpha$	$\cos\alpha/\sqrt{1-\cos^2\alpha}$	$1/\tan\alpha$	–

1.5.5 Berechnung rechtwinkliger Dreiecke

⇒ 1-7

Gegeben	Ermittlung der anderen Größen	Gegeben	Ermittlung der anderen Größen
a, α	$\beta = 90° - \alpha, b = a \cdot \cot\alpha, c = \dfrac{a}{\sin\alpha}$	a, b	$\tan\alpha = \dfrac{a}{b}, c = \dfrac{a}{\sin\alpha}, \beta = 90° - \alpha$
b, α	$\beta = 90° - \alpha, a = b \cdot \tan\alpha, c = \dfrac{b}{\cos\alpha}$	a, c	$\sin\alpha = \dfrac{a}{c}, b = c \cdot \cos\alpha, \beta = 90° - \alpha$
c, α	$\beta = 90° - \alpha, a = c \cdot \sin\alpha, b = c \cdot \cos\alpha$	b, c	$\cos\alpha = \dfrac{b}{c}, a = c \cdot \sin\alpha, \beta = 90° - \alpha$

1.6 Elementare Funktionen

Grafen	Gleichungen	Grafen	Gleichungen

1.6.1 **Gerade** (lineare Funktion)

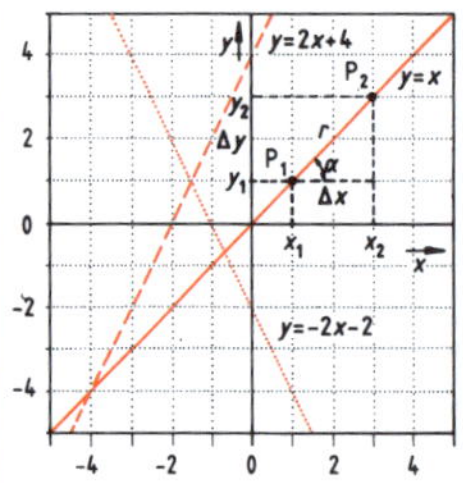

$y = a \cdot x + b$

Steigung $a = \tan\alpha$

$\tan\alpha = \dfrac{y_2 - y_1}{x_2 - x_1}$

Abstand $\overline{P_1P_2} = r$

$r = \sqrt{(\Delta y)^2 + (\Delta x)^2}$

$\Delta y = y_2 - y_1$

$\Delta x = x_2 - x_1$

1.6.2 **Parabel** (quadratische Funktion)

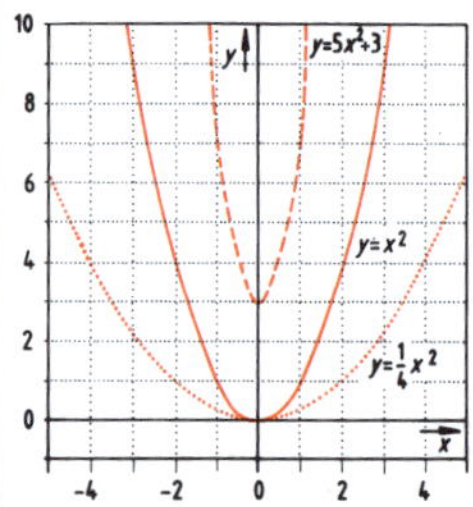

$y = a \cdot x^2 + b$

1.6.3 **Wurzelfunktion** (irrationale Funktion)

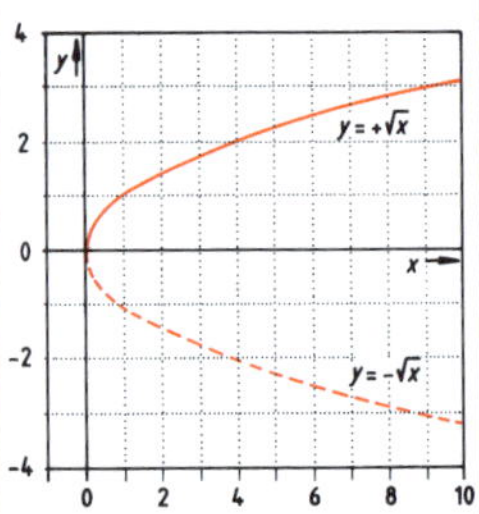

$y = \pm\sqrt{x}$

$y = +\sqrt{x}$ mit $x \geq 0$ ist Spiegelfunktion von $y = x^2$ mit $x \geq 0$; $y = -\sqrt{x}$ mit $x > 0$ ist Spiegelfunktion von $y = x^2$ mit $x < 0$.

1.6.4 **Hyperbel** (gebrochen rationale Funktion)

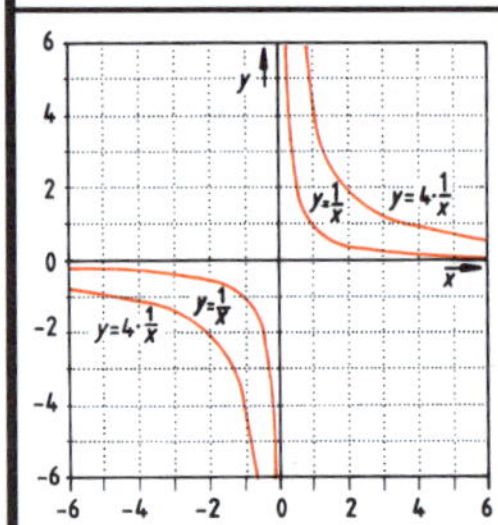

$y = a \cdot \dfrac{1}{x}$

$y = a \cdot x^{-1}$

1.6.5 **Exponentialfunktion**

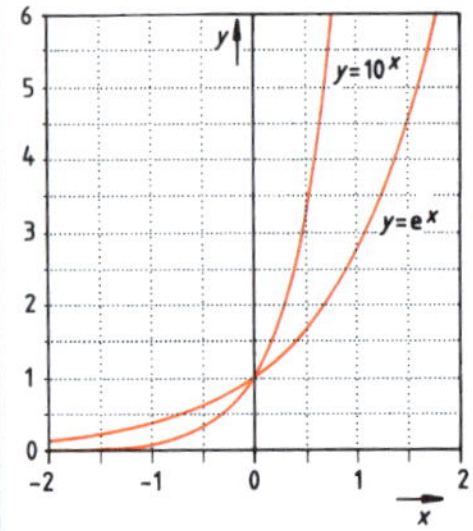

natürliche Exponentialform:

$y = e^x$

natürliche Zahl

$e = 2{,}71828\ldots$

$x = \ln(y)$

Zehnerexponentialform:

$y = 10^x$

$x = \lg(y)$

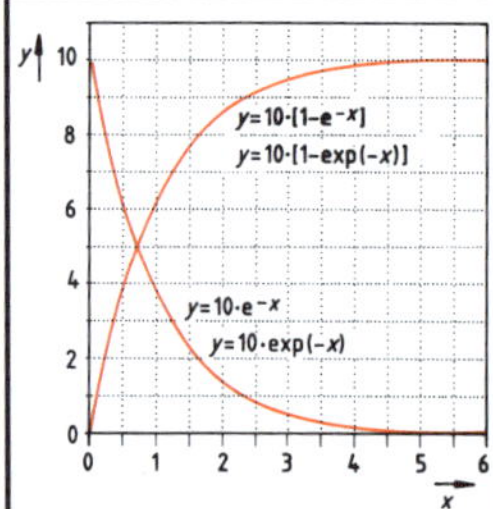

$y = a \cdot e^{-x}$

$y = a \cdot \exp(-x)$

$x = -\ln\left(\dfrac{y}{a}\right)$

$y = a \cdot [1 - e^{-x}]$

$y = a \cdot [1 - \exp(-x)]$

$x = -\ln\left(1 - \dfrac{y}{a}\right)$

⇒ 3-16

1.6.6 **Logarithmusfunktion**

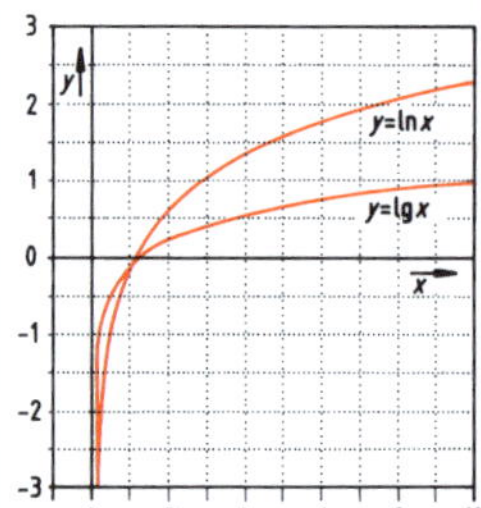

natürliche Logarithmen:

$y = \log_e(x) = \ln(x)$

Zehnerlogarithmen:

$y = \log_{10}(x) = \log(x)$

Die logarithmischen Funktionen sind Spiegelfunktionen der entsprechenden Exponentialfunktionen.

1.6.7 **Ellipse/Kreis**

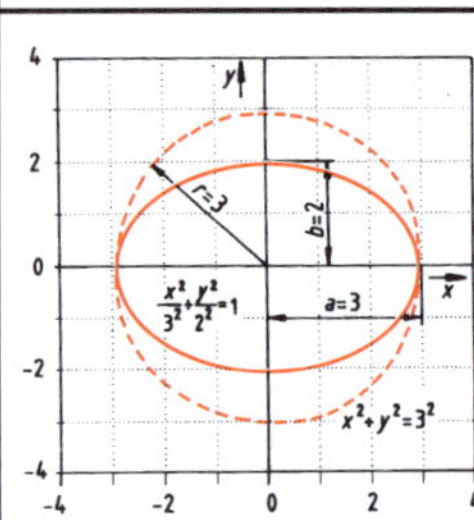

Ellipse:

$\dfrac{x^2}{a^2} + \dfrac{y^2}{b^2} = 1$

$y = \pm\dfrac{b}{a}\sqrt{a^2 - x^2}$

Kreis $(a = b = r)$:

$x^2 + y^2 = r^2$

$y = \pm\sqrt{r^2 - x^2}$

1.7 Fourierzerlegungen

Eine periodische Funktion $f(t)$ lässt sich durch eine **Fourierreihe** folgender Form entwickeln:

$$s_n(t) = \frac{a_0}{2} + \sum_{k=1}^{n} a_k \cdot \cos(k\omega t) + \sum_{k=1}^{n} b_k \cdot \sin(k\omega t)$$

$\omega = \frac{2\pi}{T}$ Kreisfrequenz

T Periodendauer

$$s_n(t) = \frac{a_0}{2} + a_1 \cdot \cos(\omega t) + a_2 \cdot \cos(2\omega t) + \ldots + a_n \cdot \cos(n\omega t) + b_1 \cdot \sin(\omega t) + b_2 \cdot \sin(2\omega t) + \ldots + b_n \cdot \sin(n\omega t)$$

Die **Fourierkoeffizienten** a_k und b_k ($k = 0, 1, 2, 3, \ldots$) der Fourierreihe $s_n(t)$ zur Annäherung der Funktion $f(t)$ bestimmen sich aus den Beziehungen:

$$a_k = \frac{2}{T} \int_0^T f(t) \cdot \cos(k\omega t)\,dt \qquad b_k = \frac{2}{T} \int_0^T f(t) \cdot \sin(k\omega t)\,dt$$

Für eine gerade Funktion mit $f(-t) = f(t)$ gilt:

$$a_k = \frac{4}{T} \int_0^{T/2} f(t) \cdot \cos(k\omega t)\,dt \qquad b_k = 0 \qquad (k = 0, 1, 2, 3, \ldots)$$

Für eine ungerade Funktion mit $f(-t) = -f(t)$ gilt:

$$a_k = 0 \qquad b_k = \frac{4}{T} \int_0^{T/2} f(t) \cdot \sin(k\omega t)\,dt \qquad (k = 1, 2, 3, \ldots)$$

Zusammenstellung von Fourierzerlegungen

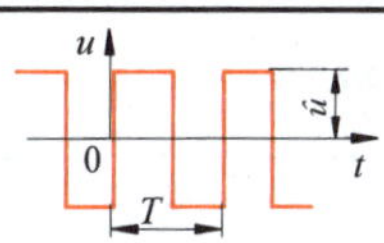	**Rechteckwechselspannung** $u(t) = \frac{4 \cdot \hat{u}}{\pi} \cdot \left(\sin\omega t + \frac{1}{3}\sin 3\omega t + \frac{1}{5}\sin 5\omega t + \frac{1}{7}\sin 7\omega t + \ldots\right)$
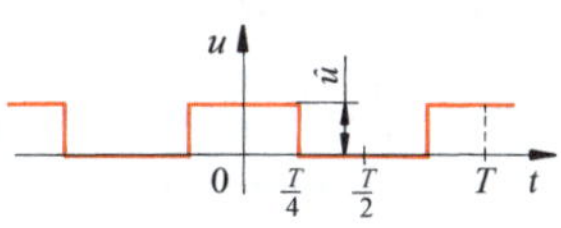	**Rechteckmischspannung** $u(t) = \frac{\hat{u}}{2} + \frac{2 \cdot \hat{u}}{\pi} \cdot \left(\cos\omega t - \frac{1}{3}\cos 3\omega t + \frac{1}{5}\cos 5\omega t - \frac{1}{7}\cos 7\omega t + \frac{1}{9}\cos 9\omega t - \ldots\right)$
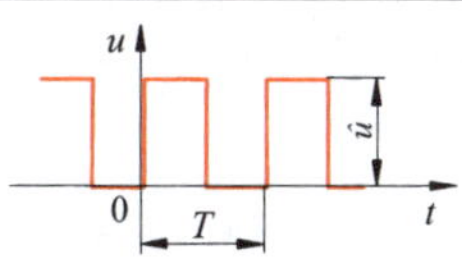	**Rechteckmischspannung** $u(t) = \frac{\hat{u}}{2} + \frac{2 \cdot \hat{u}}{\pi} \cdot \left(\sin\omega t + \frac{1}{3}\sin 3\omega t + \frac{1}{5}\sin 5\omega t + \frac{1}{7}\sin 7\omega t + \frac{1}{9}\sin 9\omega t + \ldots\right)$
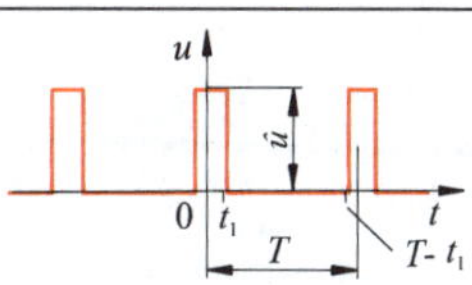	**Rechteckimpulse** $u(t) = \frac{2 \cdot \hat{u}}{\pi} \cdot \left(\frac{\omega \cdot t_1}{2} + \sin\omega t_1 \cdot \cos\omega t + \frac{1}{2}\sin 2\omega t_1 \cdot \cos 2\omega t + \frac{1}{3}\sin 3\omega t_1 \cdot \cos 3\omega t + \frac{1}{4}\sin 4\omega t_1 \cdot \cos 4\omega t + \ldots\right)$
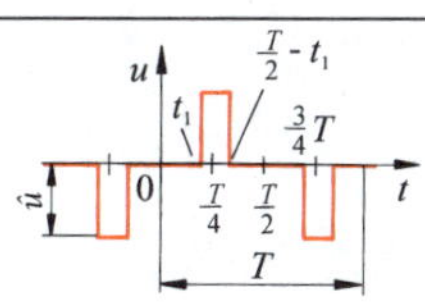	**Rechteckimpulse** $u(t) = \frac{4 \cdot \hat{u}}{\pi} \cdot \left(\cos\omega t_1 \cdot \sin\omega t + \frac{1}{3}\cos 3\omega t_1 \cdot \sin 3\omega t + \frac{1}{5}\cos 5\omega t_1 \cdot \sin 5\omega t + \frac{1}{7}\cos 7\omega t_1 \cdot \sin 7\omega t + \ldots\right)$

1.7 Fourierzerlegungen

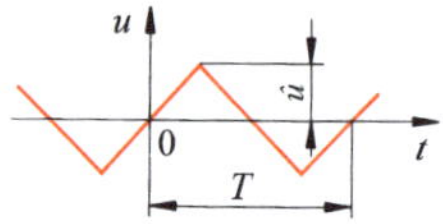

Dreieckwechselspannung

$$u(t) = \frac{8 \cdot \hat{u}}{\pi^2} \cdot \left(\sin \omega t - \frac{1}{3^2} \sin 3\omega t + \frac{1}{5^2} \sin 5\omega t - \frac{1}{7^2} \sin 7\omega t + \frac{1}{9^2} \sin 9\omega t - \ldots \right)$$

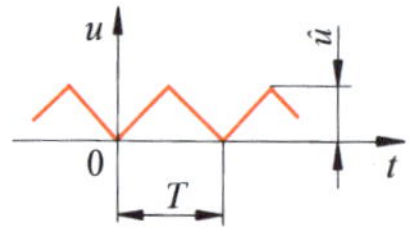

Dreieckmischspannung

$$u(t) = \frac{\hat{u}}{2} - \frac{4 \cdot \hat{u}}{\pi^2} \cdot \left(\cos \omega t + \frac{1}{3^2} \cos 3\omega t + \frac{1}{5^2} \cos 5\omega t + \frac{1}{7^2} \cos 7\omega t + \frac{1}{9^2} \cos 9\omega t + \ldots \right)$$

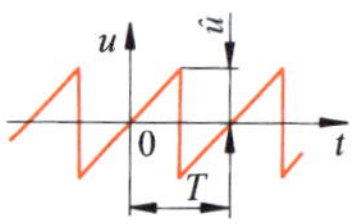

Sägezahnwechselspannung

$$u(t) = \frac{2 \cdot \hat{u}}{\pi} \cdot \left(\sin \omega t - \frac{1}{2} \sin 2\omega t + \frac{1}{3} \sin 3\omega t - \frac{1}{4} \sin 4\omega t + \frac{1}{5} \sin 5\omega t - \frac{1}{6} \sin 6\omega t + \ldots \right)$$

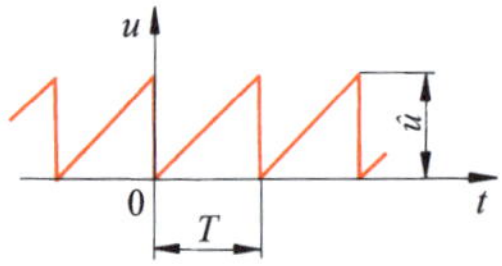

Sägezahnmischspannung

$$u(t) = \frac{\hat{u}}{2} - \frac{2 \cdot \hat{u}}{\pi} \cdot \left(\sin \omega t + \frac{1}{2} \sin 2\omega t + \frac{1}{3} \sin 3\omega t + \frac{1}{4} \sin 4\omega t + \frac{1}{5} \sin 5\omega t + \ldots \right)$$

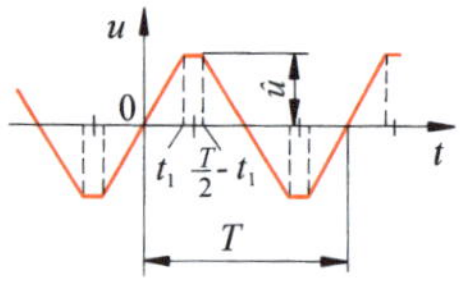

Trapezwechselspannung

$$u(t) = \frac{4}{\pi} \cdot \frac{\hat{u}}{\omega \cdot t_1} \cdot \left(\sin \omega t_1 \cdot \sin \omega t + \frac{1}{3^2} \sin 3\omega t_1 \cdot \sin 3\omega t + \frac{1}{5^2} \sin 5\omega t_1 \cdot \sin 5\omega t + \frac{1}{7^2} \sin 7\omega t_1 \cdot \sin 7\omega t + \ldots \right)$$

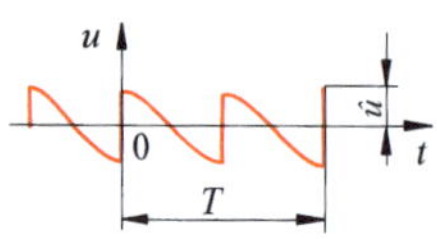

$u(t) = \hat{u} \cdot \cos \omega t$ für $0 < \omega t < T/2$

$$u(t) = \frac{4 \cdot \hat{u}}{\pi} \cdot \left(\frac{2}{1 \cdot 3} \sin 2\omega t + \frac{4}{3 \cdot 5} \sin 4\omega t + \frac{6}{5 \cdot 7} \sin 6\omega t + \frac{8}{7 \cdot 9} \sin 8\omega t + \frac{10}{9 \cdot 11} \sin 10\omega t + \ldots \right)$$

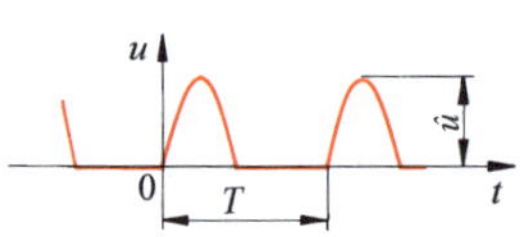

Einweggleichgerichtete Sinusspannung

$$u(t) = \frac{\hat{u}}{\pi} + \frac{\hat{u}}{2} \sin \omega t - \frac{2 \cdot \hat{u}}{\pi} \cdot \left(\frac{1}{1 \cdot 3} \cos 2\omega t + \frac{1}{3 \cdot 5} \cos 4\omega t + \frac{1}{5 \cdot 7} \cos 6\omega t + \frac{1}{7 \cdot 9} \cos 8\omega t + \ldots \right)$$

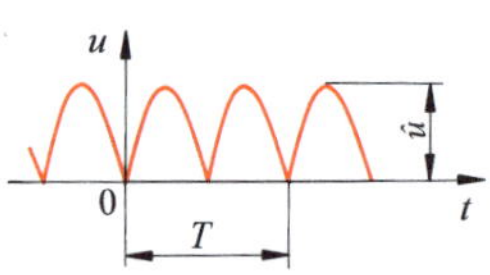

Doppelweggleichgerichtete Sinusspannung

$$u(t) = \frac{2 \cdot \hat{u}}{\pi} - \frac{4 \cdot \hat{u}}{\pi} \cdot \left(\frac{1}{1 \cdot 3} \cos 2\omega t + \frac{1}{3 \cdot 5} \cos 4\omega t + \frac{1}{5 \cdot 7} \cos 6\omega t + \frac{1}{7 \cdot 9} \cos 8\omega t + \frac{1}{9 \cdot 11} \cos 10\omega t + \ldots \right)$$

1.8 Flächenberechnungen

Quadrat	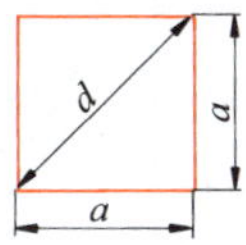	Fläche $A = a^2$ Umfang $U = 4 \cdot a$ $d = \sqrt{2} \cdot a$ $d = 1{,}4142 \cdot a$	Kreis	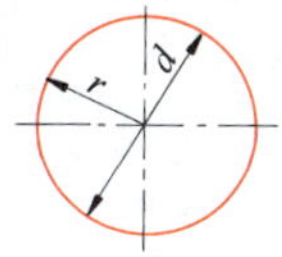	$A = \pi \cdot r^2$ $A = \frac{\pi \cdot d^2}{4}$ $U = \pi \cdot 2 \cdot r = \pi \cdot d$
Recht- eck	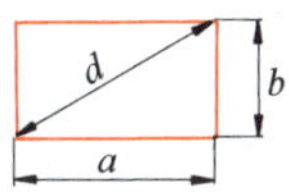	$A = a \cdot b$ $U = 2 \cdot (a + b)$ $d = \sqrt{a^2 + b^2}$	Kreis- ring	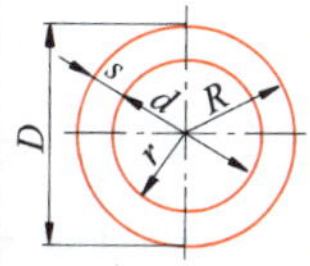	$A = \pi \cdot (R^2 - r^2)$ $A = \frac{\pi}{4}(D^2 - d^2)$ $s = R - r$ $A = \pi \cdot (d + s) \cdot s$
Rhom- bus (Raute)	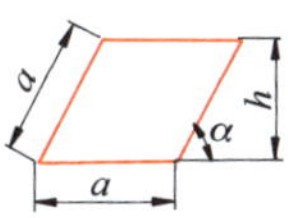	$A = a \cdot h$ $U = 4 \cdot a$ $h = a \cdot \sin\alpha$	Kreis- aus- schnitt	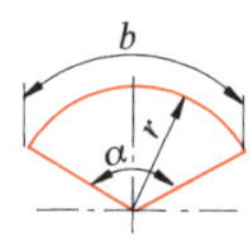	$A = \frac{b \cdot r}{2}$ $b = \frac{\pi \cdot r \cdot \alpha}{180°}$
Paral- lelo- gramm	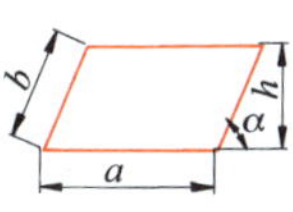	$A = a \cdot h$ $U = 2 \cdot (a + b)$ $h = b \cdot \sin\alpha$	Kreisab- schnitt	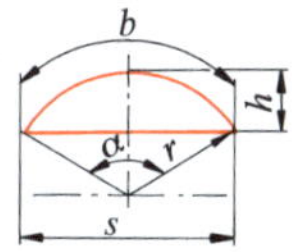	$A = \frac{b \cdot r - s \cdot (r - h)}{2}$ $b = \frac{\pi \cdot r \cdot \alpha}{180°}$ $s = 2 \cdot \sqrt{2 \cdot h \cdot r - h^2}$ $s = 2 \cdot r \cdot \sin(\alpha / 2)$
Trapez	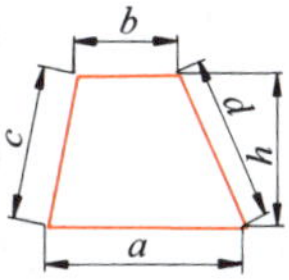	$A = \frac{a + b}{2} \cdot h$ $U = a + b + c + d$	Ellipse	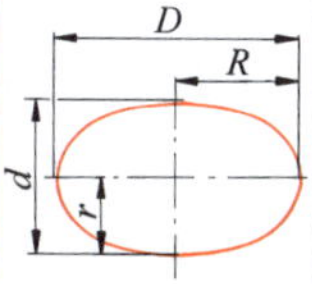	$A = \frac{\pi \cdot D \cdot d}{4}$ $U = \pi \cdot \frac{D + d}{2}$ $U = \pi \cdot \sqrt{2 \cdot (R^2 + r^2)}$
Dreieck	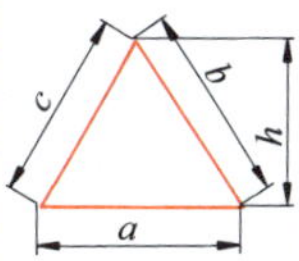	$A = \frac{a \cdot h}{2}$ $U = a + b + c$	Vieleck	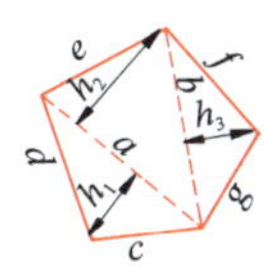	Zerlegung in Dreiecke: $A = A_1 + A_2 + A_3$ $A = \frac{a \cdot h_1 + a \cdot h_2 + b \cdot h_3}{2}$ $U = c + d + e + f + g$

1.9 Körperberechnungen

Würfel (Kubus)

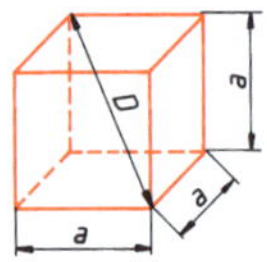

Volumen
$V = a^3$

Oberfläche
$A = 6 \cdot a^2$

Kantenlänge
$a = \sqrt[3]{V}$

Raumdiagonale
$D = a \cdot \sqrt{3}$

Prisma

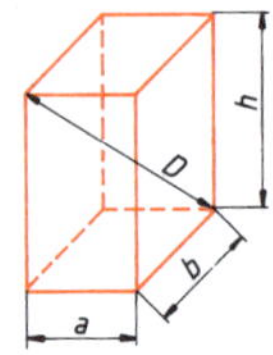

$V = a \cdot b \cdot h$

$A = 2(a \cdot b + a \cdot h + b \cdot h)$

$D = \sqrt{a^2 + b^2 + h^2}$

Zylinder

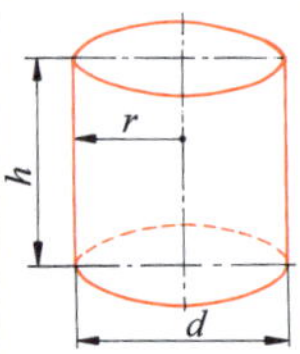

$V = \pi \cdot r^2 \cdot h$

$V = \frac{\pi \cdot d^2}{4} \cdot h$

Mantelfläche A_M:
$A_M = \pi \cdot d \cdot h$

Oberfläche A:
$A = \pi \cdot d \cdot h + \frac{\pi \cdot d^2}{2}$

Hohlzylinder

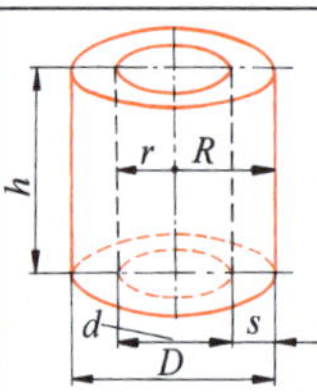

$V = \pi \cdot (R^2 - r^2) \cdot h$

$V = \frac{\pi \cdot h}{4} (D^2 - d^2)$

$s = R - r$

$V = \pi \cdot (d + s) \cdot s \cdot h$

$A = \pi \left\{ h \cdot (D + d) + \frac{D^2 - d^2}{2} \right\}$

Pyramide

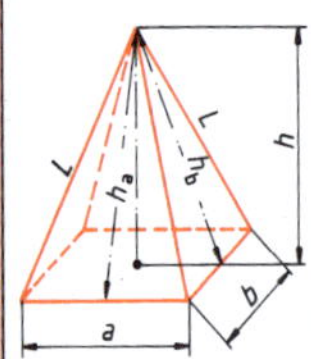

$V = \frac{a \cdot b \cdot h}{3}$

$h_a = \sqrt{h^2 + 0{,}25 \cdot b^2}$

$h_b = \sqrt{h^2 + 0{,}25 \cdot a^2}$

$L = \sqrt{h_b^2 + 0{,}25 \cdot b^2}$

$A = a \cdot b + b \cdot h_b + a \cdot h_a$

Pyramidenstumpf

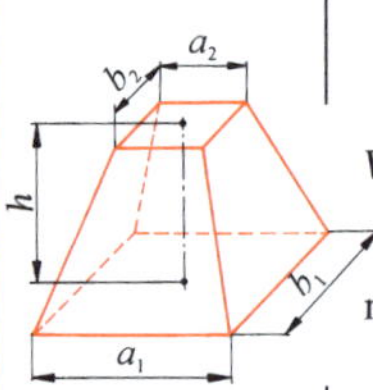

$V = \frac{h}{3} (A_1 + A_2 + \sqrt{A_1 \cdot A_2})$

mit: $A_1 = a_1 \cdot b_1$
$A_2 = a_2 \cdot b_2$

Kegel

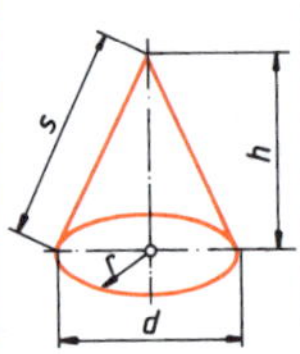

$V = \frac{\pi \cdot d^2 \cdot h}{12}$

$s = \sqrt{h^2 + 0{,}25 \cdot d^2}$

$A = \frac{\pi \cdot d \cdot s}{2} + \frac{\pi \cdot d^2}{4}$

$A = \frac{\pi \cdot d}{2} \left(\sqrt{h^2 + \frac{d^2}{4}} + \frac{d}{2} \right)$

Kegelstumpf

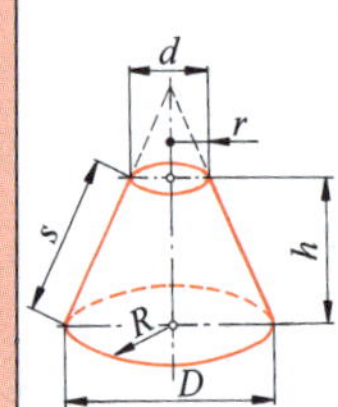

$V = \frac{\pi \cdot h}{12} \cdot (D^2 + D \cdot d + d^2)$

$s = \sqrt{h^2 + (R - r)^2}$

$A = \frac{\pi \cdot s}{2} (D + d) + \frac{\pi}{4} (D^2 + d^2)$

Kugel

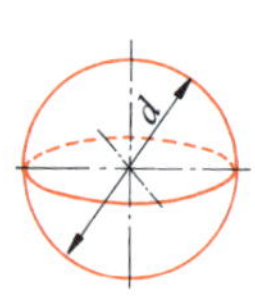

$V = \frac{\pi \cdot d^3}{6}$

$V = \frac{4}{3} \pi \cdot r^3$

$A = \pi \cdot d^2$

Zylindrischer Ring

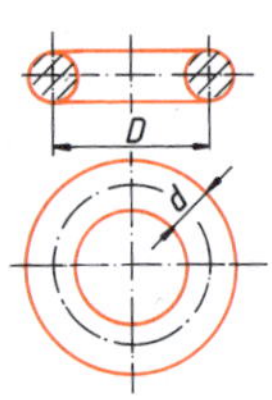

$V = \frac{\pi \cdot d^2}{4} \cdot \pi \cdot D$

$A = \pi \cdot d \cdot \pi \cdot D$

2 Physikalische Grundlagen

2.1 Einheiten und Zeichen

2.1.1 Das internationale Einheitensystem

Die **SI-Einheiten** (Système International d'Unités) wurden auf der 11. Generalkonferenz für Maß und Gewicht (1960) angenommen. Die **Basiseinheiten** sind definierte Einheiten der voneinander unabhängigen Basisgrößen als Grundlage des SI-Systems.

Basisgröße	Basiseinheit	
	Name	Zeichen
Länge	das Meter	m
Masse	das Kilogramm	kg
Zeit	die Sekunde	s
elektrische Stromstärke	das Ampere	A
Temperatur	das Kelvin	K
Lichtstärke	die Candela	cd
Stoffmenge[1]	das Mol	mol

Definition der Basiseinheiten

Meter: 1 m ist die Länge der Strecke, die Licht im Vakuum während des Intervalls von 1/299 792 458 Sekunden durchläuft.

Kilogramm: 1 kg ist die Masse des in Paris aufbewahrten Internationalen Kilogrammprototyps (ein Platin-Iridium-Zylinder).

Sekunde: 1 s ist das 9 192 631 770fache der Periodendauer der Strahlung des Nuklids Caesium ^{133}Cs.

3-1
Ampere: 1 A ist die Stärke eines Gleichstromes, der zwei lange, gerade und im Abstand von 1 m parallel verlaufende Leiter mit sehr kleinem kreisförmigen Querschnitt durchfließt und zwischen diesen die Kraft $0{,}2 \cdot 10^{-6}$ N je Meter ihrer Länge erzeugt.

2-16
Kelvin: 1 K ist der 273,16te Teil der Temperaturdifferenz zwischen dem absoluten Nullpunkt und dem Tripelpunkt des Wassers. (Beim Tripelpunkt sind Dampf, Flüssigkeit und fester Stoff im Gleichgewicht).

11-1
Candela: 1 cd ist die Lichtstärke einer Strahlungsquelle in bestimmter Richtung, die eine monochromatische Strahlung der Frequenz 540 Terahertz (THz) aussendet und deren Strahlstärke in dieser Richtung 1/683 Watt je Steradiant (W/sr) beträgt.

Mol: 1 mol ist die Stoffmenge eines Systems bestimmter Zusammensetzung, das aus ebenso vielen Teilchen besteht, wie Atome in $12 \cdot 10^{-3}$ kg des Nuklids Kohlenstoff ^{12}C enthalten sind.

Einheiten nach DIN 1301-2: 1978-2

Zeichen	Einheit	Bemerkungen
rad	Radiant	1 rad = 1 m/m
sr	Steradiant	1 sr = 1 m^2/m^2
m	Meter	
m^2	Quadratmeter	
m^3	Kubikmeter	
s	Sekunde	
Hz	Hertz	1 Hz = 1 s^{-1}
kg	Kilogramm	
N	Newton	1 N = 1 kg · m/s^2
Pa	Pascal	1 Pa = 1 N/m^2
J	Joule	1 J = 1 N · m = 1 W · s
W	Watt	1 W = 1 J/s
C	Coulomb	1 C = 1 A · s
V	Volt	1 V = 1 J/C
F	Farad	1 F = 1 C/V
A	Ampere	
Wb	Weber	1 Wb = 1 V · s
T	Tesla	1 T = 1 Wb/m^2
H	Henry	1 H = 1 Wb/A
Ω	Ohm	1 Ω = 1 V/A
S	Siemens	1 S = 1 Ω^{-1}
K	Kelvin	
°C	Grad Celsius	1 °C = 1 K[2]
mol	Mol	
cd	Candela	
lm	Lumen	1 lm = 1 cd · sr
lx	Lux	1 lx = 1 lm/m^2
Bq	Becquerel	1 Bq = 1 s^{-1}
Gy	Gray	1 Gy = 1 J/kg

Einheiten außerhalb des SI nach DIN 1301-1: 1985-12

gon	Gon	1 gon = (π/200) rad
l	Liter	1 l = 1 dm^3
min	Minute	1 min = 60 s
h	Stunde	1 h = 60 min
d	Tag	1 d = 24 h
a	Gemeinjahr	1 a = 365 d = 8760 h
t	Tonne	1 t = 10^3 kg = 1 Mg
bar	Bar	1 bar = 10^5 Pa
a	Ar	1 a = 10^2 m^2
ha	Hektar	1 ha = 10^4 m^2
eV	Elektronvolt	1 eV = $1{,}602189 \cdot 10^{-19}$ J
u	atomare Masseneinheit	1 u = $1{,}6605655 \cdot 10^{-27}$ kg
Kt[3]	metrisches Karat	1 Kt = 0,2 g

1-8

[1] Nach DIN 1301 gilt Mol als SI-Basiseinheit.
[2] Als Temperaturdifferenz.
[3] Nicht international genormt.

2.1 Einheiten und Zeichen

Nicht mehr zugelassene Einheiten nach DIN 1301-3: 1979-10

Å	Ångström	1 Å = 10^{-10} m
g	Neugrad	1 g = 1 gon
c	Neuminute	1 c = $(\pi/2) \cdot 10^{-4}$ rad
cc	Neusekunde	1 cc = $(\pi/2) \cdot 10^{-6}$ rad
dyn	Dyn	1 dyn = 10^{-5} N
p	Pond	1 p ≈ $9{,}81 \cdot 10^{-3}$ N
atm	physikalische Atmosphäre	1 atm = 101 325 Pa = 1,01325 bar
at	technische Atmosphäre	1 at = 98 066,5 Pa = 0,980665 bar
Torr	Torr	1 Torr = 1,333 mbar
erg	Erg	1 erg = 10^{-7} J
cal	Kalorie	1 cal = 4,1868 J
PS	Pferdestärke	1 PS = 735,498 W
°K	Grad Kelvin	1 °K = 1 K
grd	Grad	1 grd = 1 K
sb	Stilb	1 sb = 10^4 cd/m^2

Vorsätze vor Einheiten nach DIN 1301-1: 1985-12

da	Deka	= 10^1	= zehnfacher	Wert
h	Hekto	= 10^2	= hundertfacher	Wert
k	Kilo	= 10^3	= tausendfacher	Wert
M	Mega (Meg)	= 10^6	= millionfacher	Wert
G	Giga	= 10^9	= milliardenfacher	Wert
T	Tera	= 10^{12}	= billionenfacher	Wert
P	Peta	= 10^{15}		
E	Exa	= 10^{18}		
d	Dezi	= 10^{-1}	= zehnter	Teil
c	Zenti	= 10^{-2}	= hundertster	Teil
m	Milli	= 10^{-3}	= tausendster	Teil
µ	Mikro	= 10^{-6}	= millionster	Teil
n	Nano	= 10^{-9}	= milliardster	Teil
p	Piko	= 10^{-12}	= billionster	Teil
f	Femto	= 10^{-15}		
a	Atto	= 10^{-18}		

Beispiel: 1 mA = 0,001 A; 1 MW = 1 000 000 W

2.1.2 Allgemeine Formelzeichen [1)]

Formelzeichen	Bedeutung	SI-Einheit
$\alpha, \beta, \gamma,$ ϑ, φ	ebener Winkel, Drehwinkel	rad
Ω, ω	Raumwinkel	sr
l	Länge	m
b	Breite	m
h	Höhe, Tiefe	m
δ, d	Dicke, Schichtdicke	m
r	Halbmesser, Radius, Abstand	m
d, D	Durchmesser	m
s	Weglänge, Kurvenlänge	m
A, S	Flächeninhalt, Oberfläche	m^2
S, q	Querschnitt, Querschnittsfläche	m^2
V	Volumen, Rauminhalt	m^3
t	Zeit, Zeitspanne, Dauer	s
T	Periodendauer	s
τ, T	Zeitkonstante	s
f, ν	Frequenz, Periodenfrequenz	Hz
ω	Kreisfrequenz, Winkelfrequenz	s^{-1}
n, f_r	Umdrehungsfrequenz, (Drehzahl)	s^{-1}
ω, Ω	Winkelgeschwindigkeit	rad/s
α	Winkelbeschleunigung	rad/s^2
λ	Wellenlänge	m
α	Dämpfungskoeffizient, (-belag)	m^{-1}
β	Phasenkoeffizient, (-belag)	m^{-1}
γ	Ausbreitungskoeffizient	m^{-1}
v, u, w, c	Geschwindigkeit	m/s

2-9

Formelzeichen	Bedeutung	SI-Einheit
a	Beschleunigung	m/s^2
g	örtliche Fallbeschleunigung	m/s^2
m	Masse	kg
ϱ, ϱ_m	Dichte	kg/m^3
v	spezifisches Volumen	m^3/kg
J	Trägheitsmoment	kg · m^2
F	Kraft	N
F_G, G	Gewichtskraft	N
M	Kraftmoment, Drehmoment	N · m
M_T, T	Torsionsmoment	N · m
p	Bewegungsgröße, Impuls	kg · m/s
L	Drall, Drehimpuls	kg · m^2/s
p	Druck	Pa
p_{abs}	absoluter Druck	Pa
p_{amb}	umgebender Atmosphärendruck	Pa
p_e	atmosphärische Druckdifferenz, Überdruck	Pa
σ	Normalspannung (Zug, Druck)	N/m^2
τ	Schubspannung	N/m^2
ε	Dehnung, rel. Längenänderung	1
γ	Schiebung, Scherung	1
E	Elastizitätsmodul	N/m^2
G	Schubmodul	N/m^2
K	Kompressionsmodul	N/m^2
μ, f	Reibungszahl	1
W, A	Arbeit	J
E, W	Energie	J
P	Leistung	W
η	Wirkungsgrad	1

2-5
2-6
2-11
2-14
2-12

[1)] Weitere Formelzeichen siehe DIN 1304-1: 1994-3

2.1 Einheiten und Zeichen

Fortsetzung: Allgemeine Formelzeichen

Formelzeichen	Bedeutung	SI-Einheit
Q	elektrische Ladung	C
e	Elementarladung	C
φ, φ_e	elektrisches Potenzial	V
U	elektrische Spannung	V
E	elektrische Feldstärke	V/m
C	elektrische Kapazität	F
ε	Permittivität	F/m
ε_0	elektrische Feldkonstante	F/m
ε_r	Permittivitätszahl	1
I	elektrische Stromstärke	A
J	elektrische Stromdichte	A/m^2
Θ	elektrische Durchflutung	A
V, V_m	magnetische Spannung	A
H	magnetische Feldstärke	A/m
Φ	magnetischer Fluss	Wb
B	magnetische Flussdichte	T
L	Induktivität, Selbstinduktivität	H
L_{mn}	gegenseitige Induktivität	H
μ	Permeabilität	H/m
μ_0	magnetische Feldkonstante	H/m
μ_r	Permeabilitätszahl	1
Λ	magn. Leitwert, Permeanz	H
R	elektrischer Widerstand, Wirkwiderstand, Resistanz	Ω
G	elektrischer Leitwert, Wirkleitwert, Konduktanz	S
ϱ	spezifischer elektr. Widerstand	Ω · m
γ, σ, κ	elektrische Leitfähigkeit	S/m
X	Blindwiderstand, Reaktanz	Ω
B	Blindleitwert, Suszeptanz	S
$\underline{Z}$	Impedanz (komplex)	Ω
Z, $\lvert\underline{Z}\rvert$	Scheinwiderstand	Ω
$\underline{Y}$	Admittanz (komplex)	S
Y, $\lvert\underline{Y}\rvert$	Scheinleitwert	S
Z_w, Γ	Wellenwiderstand	Ω
P, P_p	Wirkleistung	W
Q, P_q	Blindleistung	W[1]
S, P_s	Scheinleistung	W[2]
φ	Phasenverschiebungswinkel	rad
δ	Verlustwinkel	rad

Formelzeichen	Bedeutung	SI-Einheit
λ	Leistungsfaktor	1
d	Verlustfaktor	1
k	Klirrfaktor, Oberschwingungsgehalt	1
F	Formfaktor	1
m	Anzahl der Phasen (Stränge)	1
N	Windungszahl	1
T, Θ	thermodynamische Temperatur	K
ΔT, Δt, $\Delta\vartheta$	Temperaturdifferenz	K
t, ϑ	Celsius-Temperatur	°C
α_l	Längenausdehnungskoeffizient	K^{-1}
α_v, γ	Volumenausdehnungskoeffizient	K^{-1}
Q	Wärme, Wärmemenge	J
Φ_{th}, Φ, Q	Wärmestrom	W
λ	Wärmeleitfähigkeit	W/(m · K)
α, h	Wärmeübergangskoeffizient	$W/(m^2 \cdot K)$
k	Wärmedurchgangskoeffizient	$W/(m^2 \cdot K)$
a	Temperaturleitfähigkeit	m^2/s
C_{th}	Wärmekapazität	J/K
c	spezifische Wärmekapazität	J/(kg · K)
A_r	relative Atommasse	1
M_r	relative Molekülmasse	1
z_B	Ladungszahl eines Ions, Wertigkeit eines Stoffes B	1
I_v	Lichtstärke	cd
Φ_v	Lichtstrom	lm
η	Lichtausbeute	lm/W
Q_v	Lichtmenge	lm · s
L_v	Leuchtdichte	cd/m^2
E_v	Beleuchtungsstärke	lx
H_v	Belichtung	lx · s

3-10 (E, C) · 3-12 (Θ, V) · 3-15 (L, L_mn) · 3-4 (ϱ, γ) · -19 (Z) · 3-3 (P, Q) · -24 (δ)
10-1 (F, m) · 2-16 (T, Θ) · 2-18 (α_l) · 2-17 (λ, α) · 11-1 (I_v)

2.1.3 Römische Ziffern

I = 1	VI = 6	XX = 20	LXX = 70	CC = 200	DCC = 700	M = 1000
II = 2	VII = 7	XXX = 30	LXXX = 80	CCC = 300	DCCC = 800	MCC = 1200
III = 3	VIII = 8	XL = 40	XC = 90	CD = 400	CM = 900	MCD = 1400
IV = 4	IX = 9	L = 50	XCIX = 99	D = 500	CMXC = 990	MDCC = 1700
V = 5	X = 10	LX = 60	C = 100	DC = 600	CMXCIX = 999	MM = 2000

253 = CCLIII   1998 = MCMXCVIII

[1] Einheit auch var.
[2] Einheit auch VA.

2.1 Einheiten und Zeichen

2.1.4 Indizes nach DIN 1304-1: 1994-3

Index	Bedeutung	Index	Bedeutung
0	Leerlauf, fester Bezugswert	k	Kurzschluss
1	primär, Eingang, Anfangszustand	K	Kommutator
2	sekundär, Ausgang, Endzustand	lin	linear
a	außen	Lo	Last (load)
abs	absolut	mag	magnetisch
alt	wechselnd, alternierend	max	maximal
amp	Amplitude	min	minimal
as	asynchron	nom	Nennwert
A	Anlauf, Anzug	or	Ursprung, Anfang (origo)
b	Basis, Blind-	par	parallel
dif	differenziell	qu	Ruhe, Pause
dyn	dynamisch	rcf	Gleichrichtwert
eff	effektiv	rel	relativ
el	elektrisch	rev	umkehrbar
ext	außen, extern	rot	Läufer, Rotor
E	Erde, Erdschluss	ser	Reihe, Serie
f	Feld, Erregung	sin	sinusförmig
G	Generator	stat	stationär, statisch
h	Haupt-	str	Ständer, Stator
H	Hysterese	syn	synchron
id	ideell	t	Augenblickswert
indi	indirekt	th	Wärme, thermisch
indu	induziert	tot	total
ini	Anfangswert	v	Verlust
inst	augenblicklich	var	veränderlich
is	isoliert	zul	zulässig
		δ	Luftspalt
		σ	Streuung
		Δ	Differenz

2.1.5 Das griechische Alphabet

$A\ \alpha$ Alpha	$B\ \beta$ Beta	$\Gamma\ \gamma$ Gamma	$\Delta\ \delta$ Delta	$E\ \varepsilon$ Epsilon	$Z\ \zeta$ Zeta
$H\ \eta$ Eta	$\Theta\ \vartheta$ Theta	$I\ \iota$ Iota	$K\ \kappa$ Kappa	$\Lambda\ \lambda$ Lambda	$M\ \mu$ My
$N\ \nu$ Ny	$\Xi\ \xi$ Xi	$O\ o$ Omikron	$\Pi\ \pi$ Pi	$P\ \varrho$ Rho	$\Sigma\ \sigma$ Sigma
$T\ \tau$ Tau	$\Upsilon\ \upsilon$ Ypsilon	$\Phi\ \varphi$ Phi	$X\ \chi$ Chi	$\Psi\ \psi$ Psi	$\Omega\ \omega$ Omega

2.1.6 Konstanten der Physik

Größe und Formelzeichen		Zahlenwert und Einheit
Atomare Einheitsmasse	m_a	$1{,}6605 \cdot 10^{-27}$ kg
Avogadro-Konstante (Loschmidt-Konstante)	N_A	$6{,}0221 \cdot 10^{26}\ \frac{1}{\text{kmol}}$
Boltzmann-Konstante	k	$1{,}38066 \cdot 10^{-23}\ \frac{\text{J}}{\text{K}}$
Elektrische Feldkonstante	$\varepsilon_0 = \frac{1}{\mu_0 \cdot c_0^2}$	$8{,}8542 \cdot 10^{-12}\ \frac{\text{F}}{\text{m}}$
Elementarladung	r_0	$2{,}8179 \cdot 10^{-15}$ m
Fallbeschleunigung (Normwert)	e	$1{,}602 \cdot 10^{-19}$ C
Faraday-Konstante	g_n	$9{,}80665\ \frac{\text{m}}{\text{s}^2}$
Gravitationskonstante	F	$9{,}6485 \cdot 10^{7}\ \frac{\text{C}}{\text{kmol}}$
von-Klitzing-Konstante	G	$6{,}67 \cdot 10^{-11}\ \frac{\text{m}^3}{\text{kg} \cdot \text{s}^2}$
Lichtgeschwindigkeit im Vakuum	c_0	$2{,}99792458 \cdot 10^{8}\ \frac{\text{m}}{\text{s}}$
Magnetische Feldkonstante	μ_0	$4\pi \cdot 10^{-7}\ \frac{\text{Vs}}{\text{Am}}$ $1{,}256637 \cdot 10^{-6}\ \frac{\text{Vs}}{\text{Am}}$
Magnetisches Flussquant	$\Phi_0 = \frac{h}{2e}$	$2{,}0678 \cdot 10^{-15}\ \text{Tm}^2$
Massenverhältnis Proton/Elektron	$\frac{m_p}{m_e}$	1836,15
Molare Gaskonstante	R_0	$8{,}315\ \frac{\text{J}}{\text{mol} \cdot \text{K}}$
Molares Normvolumen des idealen Gases	V_0	$22{,}414\ \frac{\text{m}^3}{\text{kmol}}$
Nullpunkt der Kelvin-Temperaturskala		−273,16°C
Planck-Konstante	h	$6{,}6261 \cdot 10^{-34}$ Js
Ruhemasse des Elektrons	m_e	$9{,}1095 \cdot 10^{-31}$ kg
des Neutrons	m_n	$1{,}6749 \cdot 10^{-27}$ kg
des Protons	m_p	$1{,}6726 \cdot 10^{-27}$ kg
Rydberg-Konstante	R_∞	$1{,}0973 \cdot 10^{7}\ \frac{1}{\text{m}}$
spezifische Elementarladung	$\frac{e}{m_e}$	$1{,}7588 \cdot 10^{11}\ \frac{\text{C}}{\text{kg}}$
Stefan-Boltzmann-Konstante	σ	$5{,}671 \cdot 10^{-8}\ \frac{\text{W}}{\text{m}^2 \cdot \text{K}^4}$
Wellenwiderstand des Vakuums	$\Gamma_0 = \sqrt{\frac{\mu_0}{\varepsilon_0}}$	376,7304 Ω

3-10
2-9
3-12
2-1

2.2 Masse und Dichte

Die Angabe der Masse m eines Körpers ist ein Maß für seine Trägheit, d.h. für den Widerstand, den der Körper einer Bewegungsänderung entgegensetzt und damit auch ein Maß für die den Körper bildende Stoffmenge. Die Masse ist unabhängig von Ort und Umgebung; ihre Messung erfolgt z.B. auf einer Balkenwaage durch Vergleich mit geeichten Massen.

Die Dichte ϱ eines Körpers ist der Quotient aus der Masse und dem Körpervolumen.

$$\varrho = \frac{m}{V}$$

ϱ Dichte in kg/dm³
m Masse in kg
V Volumen in dm³

Die Dichte von festen und flüssigen Stoffen ist praktisch nur von der Stoffart abhängig. Es wird unterschieden zwischen der Dichte homogener Körper (z.B. ohne porige Einschlüsse) und der Dichte inhomogener Stoffe (z.B. von Sinterkörpern oder Dämmstoffen).

Bei Gasen ist die Dichteangabe nur dann vollständig, wenn alles genannt wird, was ihren Wert wesentlich beeinflusst, wie z.B. Umgebungsdruck und Temperatur. Die Normdichte ist der Wert der Dichte eines Gases bei dem als Norm definierten und vereinbarten Zustand von 0 °C und 1,01325 bar.

Dichte (ϱ in kg/dm³) 1)

⇒ 13-4 13-5 13-11 13-21 13-22

Feste Stoffe

Anthrazit	1,4…1,7	Phenol	1,07
Asbestpappe	1,2	Phosphor	
Asbestzement-		rot	2,20
platten	1,8…2,2	weiß	1,82
Asphalte	1,05…1,38	Porzellan	2,45
Bakelit	1,335	Pressspan	1,2…1,4
Basalt	3,0	Quarz	2,1…2,5
Baumwollfaser	1,47…1,5	Ruß	1,7…1,8
Bauxit	2,4…2,6	Salmiak	1,52
Beton	2,2	Sand	
Bimsstein	0,4…0,9	trocken	1,58…1,65
Brauneisenstein	3,4…4,0	nass	2,0
Braunkohle	1,2…1,4	erdfeucht	1,8
Diamant	3,5	Sandsteinmauerwerk	2,6
Dolomit	2,9	Schamotte	1,9…2,1
Eis bei 0 °C	0,9	Schaumgummi	0,06…0,09
Erde	1,3…2,0	Schiefer	2,8
Gips	2,3	Schnee	
Glas	2,5…2,9	nass, lose	bis 0,95
Glimmer	2,6…3,2	trocken, lose	0,125
Granit	2,8	Schwefel	2,07
Grafit, Elektrode	2,22	Schwerspat	4,25
Grauguss (i. M.)	7,25	Seide	1,37
Gummi (i. M.)	1,45	Spateisenstein	3,8
Hartgummi	1,15…1,5	Stahl (i. M.)	7,85
Hartholz	1,2…1,4	C15	7,85
Hartpapier	1,42	C35	7,84
Kalksteine	2,6	C60	7,83
Kies, nass	2,0	41Cr4	7,84
Kies, trocken	1,8	X10Cr13	7,75
Kochsalz	2,15	Stahlbeton	2,4
Kohlenstoff	3,51	Steinkohle	
Koks	1,6…1,9	Stück	1,2…1,5
Kolofonium	1,07…1,09	geschichtet	0,9
Kork	0,25…0,35	Ton, nass	2,1
Kreide	1,8…2,6	Ton, trocken	1,8
Leder	0,86	Torf, Erd-	0,64
Linoleum	1,1	Torfmull	0,19
Marmor (i. M.)	2,8	Vulkanfiber	1,1…1,45
Papier	0,7…1,2	Zelluloid	1,38
Paraffin	0,86…0,92	Zementmörtel	1,8…1,3
Pertinax	1,3	Zucker, weiß	1,61

Flüssigkeiten

Alkohol	0,79	Meerwasser	
Aceton	0,79	(3,5% Salz)	1,026
Benzin	0,66	Mineralschmieröl	0,9–0,92
Benzol	0,88	Petroleum	0,81
Ether	0,713	Quecksilber	13,558
Glycerin	1,26	Schwefelkohlenstoff	1,26
Kochsalzlösung,		Terpentinöl	0,865
gesätt. 28%	1,189	Toluol	0,87
Leinöl	0,93	Wasser	0,998

Gas und Dämpfe

Ammoniak	0,771	Neon	0,8999
Argon	1,784	Ozon	2,22
Acetylen	1,174	Propan	2,019
Chlor	3,220	Propylen	1,915
Fluor	1,695	Sauerstoff	1,429
Ethylen	1,261	Stickstoffoxid	1,340
Ethan	1,356	Stickstoff	1,250
Generatorgas	1,14	Wasserstoff	0,09
Gichtgas	1,28	Wasserdampf bei	
Helium	0,187	100 °C	0,578
Kohlenstoffdioxid	1,977	200 °C	0,452
Kohlenstoffoxid	1,250	300 °C	0,372
Krypton	3,74	400 °C	0,316
Luft	1,293	500 °C	0,275
Methan	0,717		

Beispiel: Berechnung der Masse des Körpers aus Stahl.

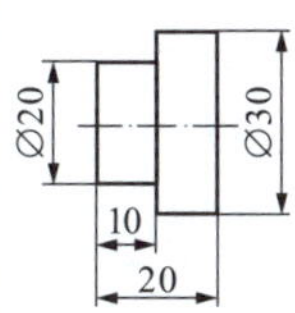

$$m = V \cdot \varrho = (V_1 + V_2) \cdot \varrho$$

$$m = \frac{(d_1^2 \cdot l_1 + d_2^2 \cdot l_2) \cdot \pi \cdot \varrho}{4}$$

$$m = \frac{(2^2 \cdot 1 + 3^2 \cdot 1)\,\mathrm{cm}^3 \cdot \pi \cdot 7{,}85\,\mathrm{g}}{4\,\mathrm{cm}^3}$$

$$m = 80{,}15\,\mathrm{g}$$

1) Weitere Angaben siehe auch Seite 13-4 (reine Metalle, Legierungen), Seite 13-5 (Kontaktwerkstoffe), Seite 13-11 (magnetische Werkstoffe), Seite 13-21 (Kunststoffe), Seite 13-22 (Isolierstoffe).

2.3 Grundbegriffe der Mechanik

2.3.1 Kräfte

Die **Kraft** ist die Ursache für eine Form- oder Bewegungsänderung eines Körpers. Die physikalische Größe Kraft kann als das Produkt der Masse m eines Körpers und der Beschleunigung a, die er unter Einwirkung der Kraft F erfahren würde, dargestellt werden.

Vektorielle Schreibweise:

$\vec{F}_R = \vec{F}_y + \vec{F}_x$; $\vec{F}_y$ und $\vec{F}_x$ sind die Komponenten der Kraft $\vec{F}_R$ im rechtwinkligen Koordinatensystem. β ist der Winkel zwischen F_R und der Abszisse. Er gibt die Wirkrichtung an.

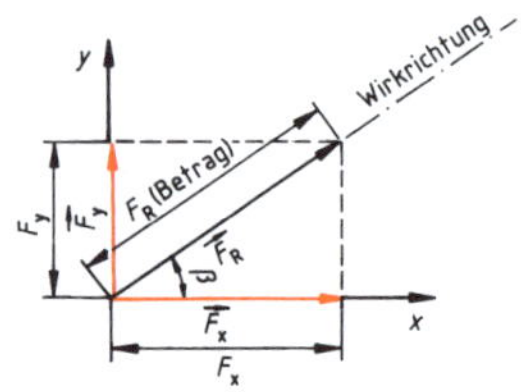

Algebraische Schreibweise:

$F_x = F_R \cdot \cos\beta$; $F_y = F_R \cdot \sin\beta$; $F_R^2 = F_x^2 + F_y^2$ (Beträge)

Beispiele für Kräfte

Beschleunigungskraft

$$F = m \cdot a$$

F Beschleunigungskraft in N
m Masse in kg
a Beschleunigung in m/s^2

Gewichtskraft

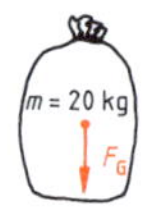

$$F_G = m \cdot g$$

F_G Gewichtskraft in N
m Masse in kg
g Fallbeschleunigung in m/s^2

Federkraft

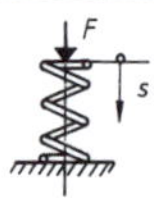

$$F = c \cdot s$$

F Federkraft in N
c Federsteifigkeit in N/mm
s Federweg in mm

wobei $c = \tan\alpha = \dfrac{F}{s}$ ist

Schnittkraft beim Drehen

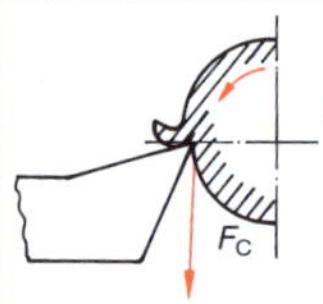

$$F_c = k_c \cdot q$$

F_c Schnittkraft in N
k_c spezifische Schnittkraft in N/mm^2
q Spanungsquerschnitt in mm^2

Zusammenwirken von Kräften

Zusammensetzung von Kräften	Winkel zwischen den Kräften	Zeichnerische Darstellung/ Lösung	Rechnerische Lösung
Kräfteaddition	$\alpha_1 = 0°$ $\alpha_2 = 0°$	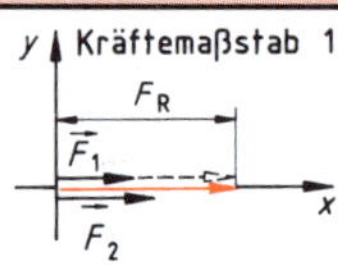	$\vec{F}_1 + \vec{F}_2 = \vec{F}_R$ $F_1 = F_{x1}$, da $\alpha_1 = 0° \rightarrow \cos\alpha_1 = 1$, mit α_1 = Winkel zwischen F_1 und Abszisse. $F_{y1} = 0$, da $\alpha_1 = 0° \rightarrow \sin\alpha_1 = 0$. Da auch $\alpha_2 = 0$ ist $\rightarrow F_2 = F_{x2}$, $F_{y2} = 0$. Somit: $\vec{F}_1 + \vec{F}_2 = F_{x1} + F_{x2} = F_1 + F_2 = F_R$
	Beispiel	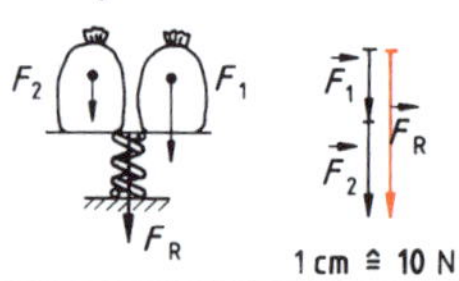	$F_1 = 15$ N $F_2 = 10$ N $F_R = ?$ $F_R = F_1 + F_2 = 15\text{ N} + 10\text{ N} = 25\text{ N}$
Kräftesubtraktion	$\alpha_1 = 0°$ $\alpha_2 = 180°$	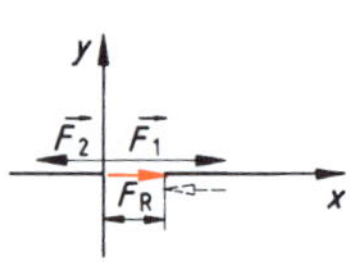	$\vec{F}_1 + \vec{F}_2 = \vec{F}_R$ $F_1 = F_{x1}$, da $\alpha_1 = 0° \rightarrow \cos\alpha_1 = 1$. $F_{y1} = 0$, da $\alpha_1 = 0° \rightarrow \sin\alpha_1 = 0$. $F_2 = -F_{x2}$, da $\alpha_2 = 180° \rightarrow \cos\alpha_2 = -1$. $F_{y2} = 0$, da $\alpha_2 = 180° \rightarrow \sin\alpha_2 = 0$. Somit: $\vec{F}_1 + \vec{F}_2 = F_{x1} - F_{x2} = F_1 - F_2 = F_R$

2.3 Mechanik

Zusammenwirken von Kräften

Zusammensetzung von Kräften – Kräfte unter einem Winkel

Winkel zwischen den Kräften	Zeichnerische Darstellung/Lösung	Rechnerische Lösung
$\alpha_1 = 0°$ $\alpha_2 = 90°$	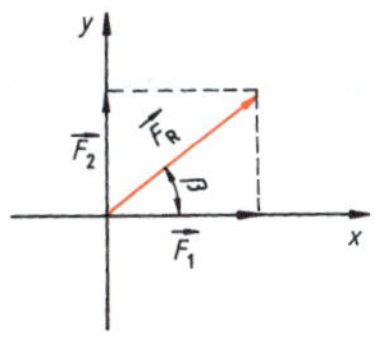	$\vec{F}_1 + \vec{F}_2 = \vec{F}_R$ $F_1 = F_{x1}$; $F_{y1} = 0$ $F_{x2} = 0$, da $\alpha_2 = 90° \rightarrow \cos\alpha_2 = 0$. $F_{y2} = F_2$, da $\alpha_2 = 90° \rightarrow \sin\alpha_2 = 1$. F_{x1} und F_{y2} stehen rechtwinklig aufeinander, es gilt der Satz des Pythagoras: $F_{x1}^2 + F_{y2}^2 = F_R^2 = F_1^2 + F_2^2$ Zur eindeutigen Bestimmung des Vektors $\vec{F}_R$ ist die Bestimmung der Wirkrichtung notwendig: $\tan\beta = \frac{F_2}{F_1}$
$\alpha_1 = 0°$ $\alpha_2 = $ beliebig Beispiel: Wie groß ist die Zugkraft an der Kupplung eines Schleppers, der zwei Kähne schleppt? 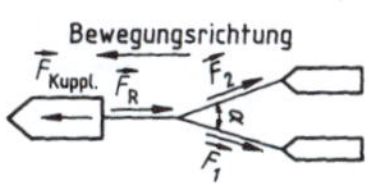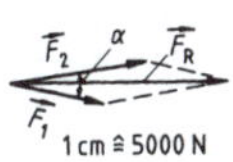 $F_1 = 5000$ N, $F_2 = 7000$ N, $\alpha = 20°$, $F_R = ?$	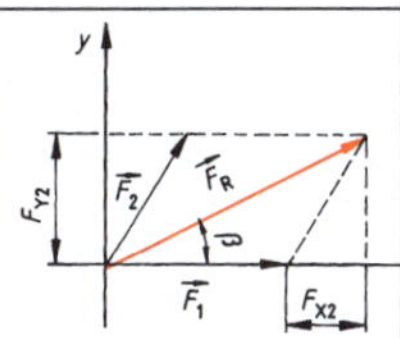	$\vec{F}_1 + \vec{F}_2 = \vec{F}_R$ $F_{x1} = F_1$, da $\alpha_1 = 0° \rightarrow \cos\alpha_1 = 1$ $F_{y1} = 0$, da $\alpha_1 = 0° \rightarrow \sin\alpha_1 = 0$ $F_{x2} = F_2 \cdot \cos\alpha_2$; $F_{y2} = F_2 \cdot \sin\alpha_2$ $F_{xR} = F_{x1} + F_{x2} = F_1 + F_2 \cdot \cos\alpha_2$ $F_{yR} = F_{y1} + F_{y2} = 0 + F_2 \cdot \sin\alpha_2$ $F_R^2 = F_{xR}^2 + F_{yR}^2 = (F_1 + F_2 \cdot \cos\alpha_2)^2 + (F_2 \cdot \sin\alpha_2)^2$ $F_R = \sqrt{F_1^2 + F_2^2 + 2 \cdot F_1 \cdot F_2 \cdot \cos\alpha_2}$ $\tan\beta = \frac{F_2 \cdot \sin\alpha_2}{F_1 + F_2 \cdot \cos\alpha_2}$ Lösung: $F_R = \sqrt{5000^2 N^2 + 7000^2 N^2 + 2 \cdot 5000 N \cdot 7000 N \cdot \cos 20°}$ $F_R = 11822$ N

Zusammensetzung von Kräften – Mehrere zentral angreifende Kräfte

beliebige Winkel

Zur Ermittlung der resultierenden Kraft $\vec{F}_R$ mehrerer zentral angreifender Kräfte werden diese parallel zu ihrer Lage im Lageplan in den Kräfteplan verschoben und dort in beliebiger Reihenfolge aneinander gefügt. Die Verbindungslinie zwischen Anfangs- und Endpunkt des Streckenzuges ergibt Größe und Richtung der Resultierenden.

Beispiel: An einem Mast treffen sich drei Kabel unter verschiedenen Winkeln. Wie groß ist die Resultierende und ihre Lage?

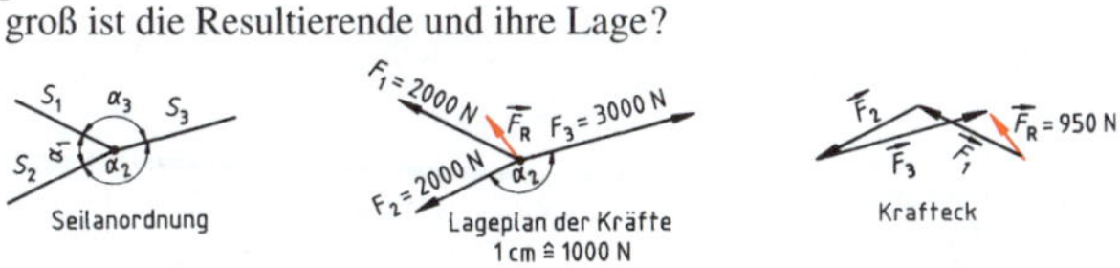

Rechnung nur sinnvoll, wenn die Zahl der angreifenden Kräfte gering ist. Rechnung ist wie im obigen Beispiel durchzuführen.

Kräftezerlegung

$\alpha_1 = 0°$, $\alpha_2 = 90°$

Beispiel: Wie groß ist die Hangabtriebskraft eines Körpers der Masse $m = 2$ kg auf einer schiefen Ebene mit einem Winkel von $\gamma = 30°$ (Reibung vernachlässigbar)?

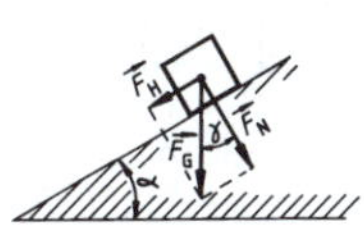

F_G Gewichtskraft in N
F_N Normalkraft in N
F_H Hangabtriebskraft in N
$\vec{F}_G = \vec{F}_N + \vec{F}_H$
$F_H = F_G \cdot \sin\gamma = m \cdot g \cdot \sin\gamma$
$F_H = 2\ kg \cdot 9{,}81\ m/s^2 \cdot \sin 30°$
$F_H = 9{,}81$ N

2.3 Mechanik

2.3.2 Drehmoment

Zwei in Bezug auf einen Punkt im Abstand r wirkende parallele, aber entgegengesetzt gerichtete Kräfte sind bestrebt, den Körper um diesen Punkt in eine Drehbewegung zu versetzen. Das Produkt aus der Kraft F und dem Abstand r des Angriffspunktes der Kraft zum Drehpunkt heißt **Drehmoment**. Das Drehmoment ist ein Vektor und wird durch die Angabe des Betrages und der Richtung (nämlich der Achse) vollständig beschrieben. Der positive Richtungssinn ist dem Drehsinn im Sinne einer Längsbewegung einer Rechtsschraube zugeordnet.

Momentenvektor

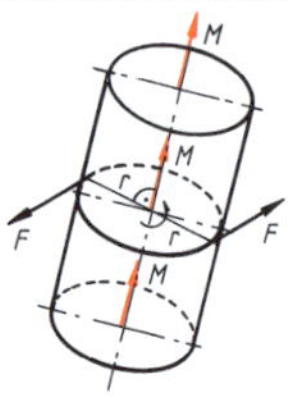

am Körper

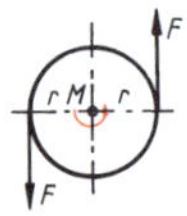

senkrecht zur Zeichenebene

Vektorielle Schreibweise: $\vec{M} = \vec{r} \times \vec{F}$

Algebraische Schreibweise: $M = r \cdot F \cdot \sin\alpha$

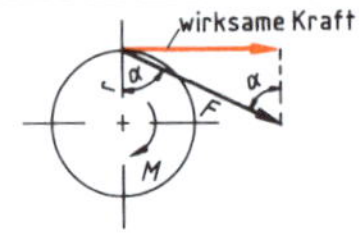

Nur die Komponente der Kraft $\vec{F}$, die senkrecht zum Abstand $\vec{r}$ wirkt, wird für die Größe des Momentes wirksam. Für den Sonderfall, dass $\alpha = 90°$ ist ($\sin\alpha = 1$), wird

$$M = r \cdot F$$

Befindet sich ein Körper in Ruhe (Gleichgewicht), so ist die Summe der Momente gleich Null.

Beispiel

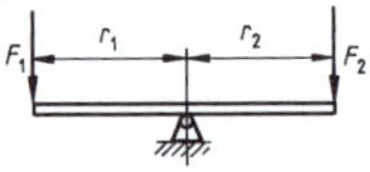

$\boldsymbol{\Sigma M_{li} = \Sigma M_{re}}$ **Hebelgesetz**

ΣM_{li} linksdrehende Momente (üblich auch $\Sigma M^{\circlearrowright}$)

ΣM_{re} rechtsdrehende Momente (auch $\Sigma M^{\circlearrowleft}$)

im Beispiel: $F_1 \cdot r_1 = F_2 \cdot r_2$

Anwendung des Hebelgesetzes

Bezeichnung	Zeichnerische Darstellung	Rechnische Lösung	Bemerkungen
Einarmiger Hebel	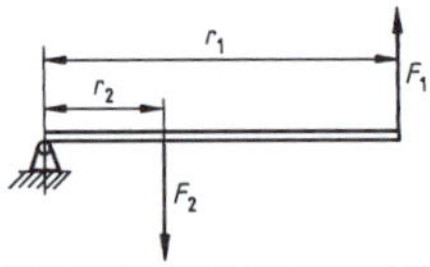	$\Sigma M_{li} = \Sigma M_{re}$ $F_1 \cdot r_1 = F_2 \cdot r_2$	r_1, r_2 sind die Abstände des Lotes vom Drehpunkt auf die Wirkungslinien der Kräfte F_1, F_2
Zweiarmiger Hebel	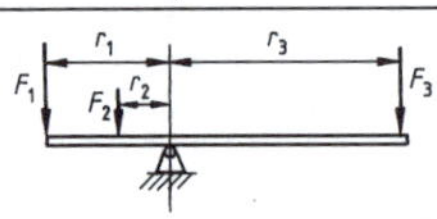	$\Sigma M_{li} = \Sigma M_{re}$ $F_1 \cdot r_1 + F_2 \cdot r_2 = F_3 \cdot r_3$	
Winkelhebel	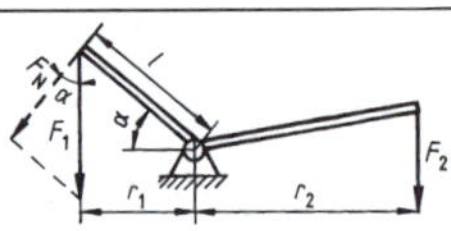	$\Sigma M_{li} = \Sigma M_{re}$ $F_1 \cdot r_1 = F_2 \cdot r_2$	$F_N \cdot l = F_1 \cdot r_1$, da $F_N = F_1 \cdot \cos\alpha$ und $l = \dfrac{r_1}{\cos\alpha}$
Auflagerkräfteberechnung	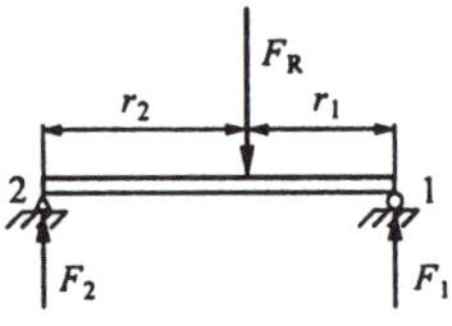	a) $\Sigma M_{li} = \Sigma M_{re}$ um angenommenen Drehpunkt 2: $F_1 \cdot (r_1 + r_2) = F_R \cdot r_2$ $F_1 = F_R \cdot r_2/(r_1 + r_2)$ b) $F_R = F_1 + F_2 \rightarrow F_1 = F_R - F_2$ durch Gleichsetzen erhält man $F_1 = F_R \left(1 - \dfrac{r_2}{r_1 + r_2}\right)$; $F_2 = F_R - F_1$	F_1, F_2 Auflagerkräfte (Reaktionskräfte) F_R resultierende Kraft

2.3 Mechanik

2.3.3 Bewegungslehre

Art	Formel	Erklärung	Bildliche Darstellung
Geradlinig gleichförmige Bewegung	$v = \frac{s}{t}$	v Geschwindigkeit in m/s s Weg in m t Zeit in s	Weg-Zeit-Diagramm 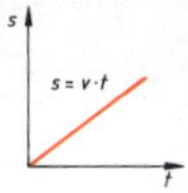 Geschwindigkeit-Zeit-Diagramm 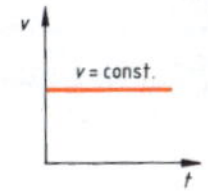 Beschleunigung-Zeit-Diagramm 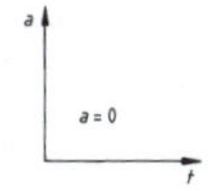
Gleichmäßig beschleunigte Bewegung	$v = a \cdot t$ $s = \frac{v \cdot t}{2}$ $s = \frac{a \cdot t^2}{2}$	v Geschwindigkeit in m/s a Beschleunigung in m/s² t Zeit in s s Weg in m g Fallbeschleunigung in m/s^2 ($g = 9{,}81\ m/s^2$)[1)] α Neigungswinkel	Weg-Zeit-Diagramm  Geschwindigkeit-Zeit-Diagramm 
Sonderfälle	**Freier Fall** $v = g \cdot t$ $s = \frac{g \cdot t^2}{2}$ $v = \sqrt{2 \cdot g \cdot s}$	**Bewegung auf geneigter Ebene** $v = g \cdot t \cdot \sin\alpha$ $s = \frac{g \cdot t^2 \cdot \sin\alpha}{2}$ $v = \sqrt{2 \cdot g \cdot s \cdot \sin\alpha}$	Beschleunigung-Zeit-Diagramm 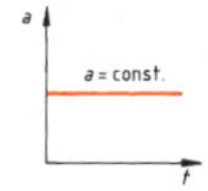
Gleichförmige Kreisbewegung	$\omega = \frac{\varphi}{t}$ $v = r \cdot \omega = \frac{d \cdot \omega}{2}$ $\omega = 2 \cdot \pi \cdot n$ $f = \frac{n}{t}$ $f = \frac{1}{T}$ **Zentrifugalkraft** $F_z = m \cdot r \cdot \omega^2$ $F_z = \frac{m \cdot v^2}{r}$ $a_r = \frac{v^2}{r}$	v Umfangsgeschwindigkeit in m/s r Radius in m d Durchmesser in m n Umdrehungsfrequenz in 1/s ω Winkelgeschwindigkeit in 1/s f Frequenz in Hz T Umlaufzeit in s F_z Zentrifugalkraft in N m Körpermasse in kg F_r Radialkraft in N a_r Radialbeschleunigung in m/s^2	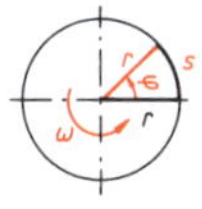 Weg-Zeit-Diagramm 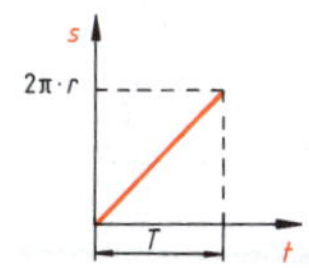 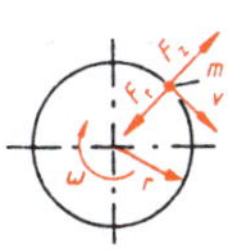 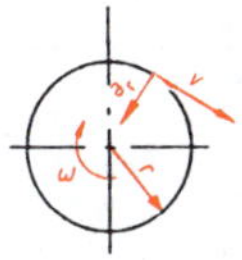

1) $g \approx 9{,}78\ m/s^2$ am Äquator, $g \approx 9{,}83\ m/s^2$ an den Polen (in Meereshöhe)

2.3 Mechanik

2.3.4 Reibung

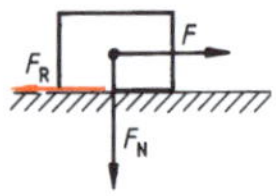

Allgemein gilt:

$F_R = F_N \cdot \mu$

F_R ist unabhängig von der Größe der Berührungsflächen.

F_R	Reibungskraft in N
F_N	Normalkraft in N
μ	Reibungszahl

Haftreibung

Befestigungsgewinde

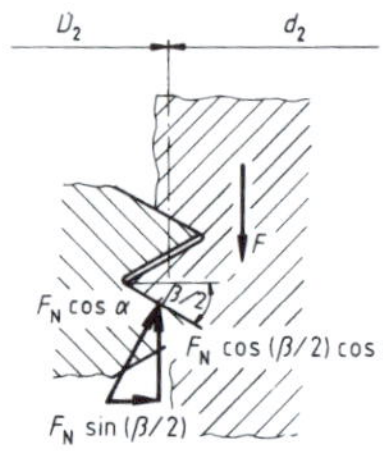

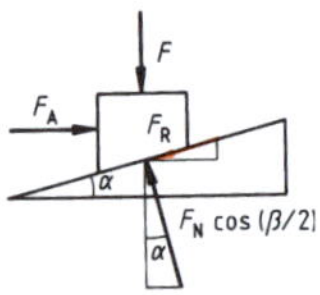

2-7

Anziehkraft, Anziehmoment:

$$F_A = \frac{\sin\alpha \cos(\beta/2) + \mu \cos\alpha}{\cos\alpha \cos(\beta/2) - \mu \sin\alpha} \cdot F$$

$$M_A = \frac{D_2}{2} \cdot F \cdot \left(\frac{\mu}{\cos(\beta/2)} + \alpha \right)$$

Lösmoment:

$$M_L = \frac{D_2}{2} \cdot F \cdot \left(\frac{\mu}{\cos(\beta/2)} - \alpha \right)$$

Eine Schraube löst sich von selbst, wenn $\alpha > \varrho$ [1].

α	Steigungswinkel
β	Flankenwinkel
D_2, d_2	Flankendurchmesser
F_A, F_L	Anzieh-, Löskraft in N
F	Schraubenkraft in N

Gleitreibung

Gleitlager

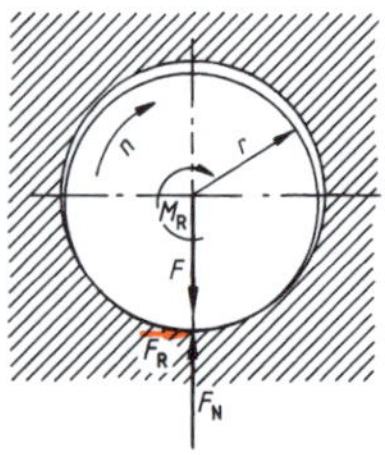

$$F_R = F_N \cdot \mu$$
$$M_R = F_N \cdot \mu \cdot r$$

F_R	Reibungskraft in N
M_R	Reibungsmoment in Nm
μ	Gleitreibungszahl
F_N	Normalkraft in N
r	Lagerzapfenradius in m
n	Umdrehungsfrequenz in 1/s

Beispiel:
Ein Gleitlager vom Durchmesser $d = 0{,}1$ m ist mit $F_N = 2$ kN belastet. Wie groß ist die zu überwindende Reibungskraft, wenn die Gleitreibungszahl $\mu = 0{,}04$ und die Umdrehungsfrequenz $n = 180$ 1/s beträgt?

$$F_R = F_N \cdot \mu$$
$$= 2000\ \text{N} \cdot 0{,}04 = 80\ \text{N}$$

Rollreibung

Rollenlager/Rad

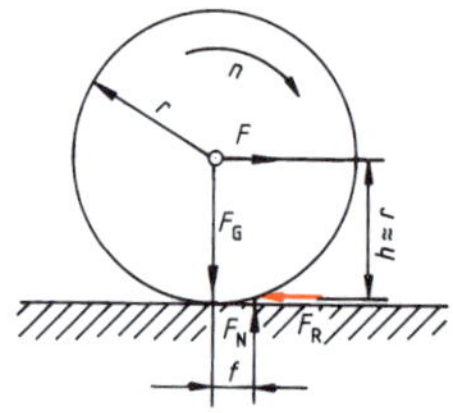

$$F_R = \frac{F_N \cdot f}{r}$$

$$M_R = F_N \cdot f$$

Wenn f/r kleiner ist als die Haftreibungszahl, rutscht die Rolle bzw. das Rad.

F_R	Reibungskraft in N
F_N	Normalkraft in N
M_R	Reibungsmoment in Nm
f	Abstand (in m) der Wirkungslinien zwischen F_G (Gewichtskraft) und F_N (Rollenreibungszahl genannt)
r	Rollen- bzw. Radradius in m
n	Umdrehungsfrequenz in 1/s

Beispiel:
Ein Stahlrad mit $r = 0{,}4$ m auf einer Stahlschiene ist mit 5 kN bei $v = 25$ km/h belastet. Wie groß ist die zu überwindende Reibungskraft bei $f = 2 \cdot 10^{-4}$ m?

$$F_R = \frac{F_N \cdot f}{r} = \frac{5000\,\text{N} \cdot 2 \cdot 10^{-4}\,\text{m}}{0{,}4\,\text{m}} = 2{,}5\,\text{N}$$

Beispiele für Reibungszahlen

Stoffe	Haftreibungszahl	Gleitreibungszahl		Rollreibungszahl (f in m)
		trocken	flüssig	
Stahl/Stahl	0,25	0,15	0,06	$5 \cdot 10^{-5}$ bis $5 \cdot 10^{-4}$
Stahl/CuSn-Legierung	0,25	0,2	0,05	
Stahl/Grauguss	0,25	0,2	0,08	
Holz/Metall	0,5	0,4	0,1	
Lederdichtung/Metall	0,6	0,2	0,12	
Gummireifen/Asphalt	0,8	0,7	0,3	$2 \cdot 10^{-5}$ bis $3 \cdot 10^{-5}$

[1] Körper bleibt auf schiefer Ebene in Ruhe, solange der Neigungswinkel α den Grenzwinkel ϱ mit $\tan \varrho = \mu$ nicht überschreitet.

2.3 Mechanik

2.3.5 Mechanik der Flüssigkeiten und Gase

Druck in Flüssigkeiten

Hydrostatischer Druck

$p = h \cdot \varrho \cdot g$

(Gesetz von Pascal)

Der hydrostatische Druck ist der im Inneren einer ruhenden Flüssigkeit (durch ihre Gewichtskraft) verursachte Druck: er ist in jeder Richtung gleich groß.

p Druck in der Tiefe h in N/m^2
g Fallbeschleunigung in m/s^2
h Druckhöhe in m
ϱ Flüssigkeitsdichte in kg/m^3

Kolbendruck

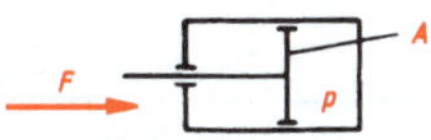

$F = p \cdot A$

$p = \dfrac{F}{A}$

Der Druck in Flüssigkeiten breitet sich nach allen Seiten in gleicher Stärke aus.

F Kraft in N
A Kolbenfläche in m^2
p Druck in N/m^2

Hydraulische Presse

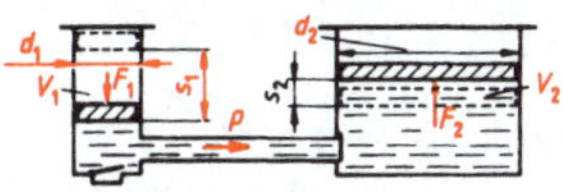

$F_1 = p \cdot A_1$

$F_2 = p \cdot A_2$

$\dfrac{F_1}{F_2} = \dfrac{A_1}{A_2}$

Der Pumpenkolben einer hydraulischen Presse hat $d_1 = 3{,}0$ cm und der Presskolben $d_2 = 45$ cm Durchmesser. Die Kraft am Pumpenkolben beträgt 3800 N. Wie groß ist die Presskraft F_2?

$$F_2 = F_1 \cdot \left(\frac{d_2}{d_1}\right)^2 = 3800\ \text{N} \left(\frac{45\ \text{cm}}{3\ \text{cm}}\right)^2 = 855000\ \text{N}$$

Auftrieb in Flüssigkeiten und Gasen

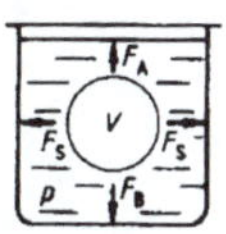

$F_A = \varrho \cdot g \cdot V$

(Archimedisches Gesetz)

Die Auftriebskraft F_A eines getauchten oder schwimmenden Körpers ist gleich der Gewichtskraft des verdrängten Flüssigkeits- bzw. Gasvolumens V.

F_A Auftriebskraft in N
ϱ Flüssigkeits- bzw. Gasdichte in kg/m^3
g Fallbeschleunigung in m/s^2
V Verdrängungsvolumen des Körpers in m^3

Druck und Volumen der Gase

Allgemeine Zustandsgleichung des idealen Gases

p_1, p_2 Drücke in N/m^2
V_1, V_2 Volumen in m^3
T_1, T_2 Temperaturen in K

(0 °C entspricht 273,15 K)

$$\frac{p_1 \cdot V_1}{T_1} = \frac{p_2 \cdot V_2}{T_2}$$

Ändern sich bei einer Gasmenge Volumen, Druck und Temperatur, so ist der Wert $\dfrac{p \cdot V}{T}$ stets konstant.

Beispiel: Eine mit $p_1 = 200$ bar gefüllte Sauerstoffflasche mit der Temperatur von $t_1 = 15$ °C erwärmt sich in der Sonne auf $t_2 = 60$ °C. Auf welchen Wert steigt der Flaschendruck?

$$\frac{p_1 \cdot V_1}{T_1} = \frac{p_2 \cdot V_2}{T_2}; \quad V_1 = V_2 \quad \frac{p_1}{T_1} = \frac{p_2}{T_2}; \quad p_2 = \frac{p_1 \cdot T_2}{T_1}$$

$$p_2 = \frac{200\ \text{bar} \cdot 333\ \text{K}}{288\ \text{K}} = 231{,}25\ \text{bar}$$

Druckeinheiten

Einheit	Pa	bar	mbar	Nicht mehr zugelassene Einheiten
1 Pa = 1 N/m^2	1	10^{-5}	10^{-2}	1 at = 1 kp/cm^2 = 98066,5 Pa = 0,980665 bar
1 bar	10^5	1	10^3	1 atm = 101325 Pa = 1,01325 bar 1 Torr = 1 atm/760 = 1,33322 mbar = 1 mm Hg[1]
1 mbar	10^2	10^{-3}	1	1 mWS[2] = 73,5591 mm Hg = 98,0665 mbar

[1] Quecksilber [2] Wassersäule

2.3 Mechanik

2.3.6 Arbeit, Energie, Wirkungsgrad, Leistung

Arbeit 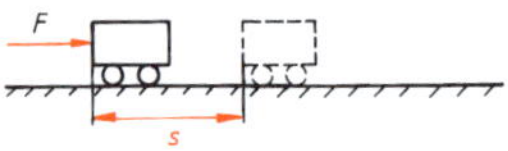	$W = F \cdot s$	W F s	Arbeit in Nm Kraft in N Weg in m
Potenzielle Energie 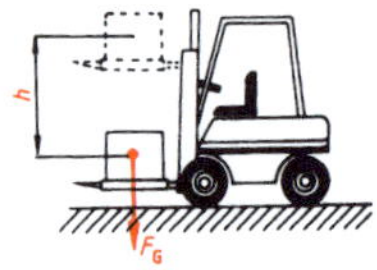	$W_p = F_G \cdot h$ $W_p = m \cdot g \cdot h$	W_p F_G h g m	potenzielle Energie in Nm Gewichtskraft in N Höhe in m Fallbeschleunigung in m/s² Masse in kg
Kinetische Energie 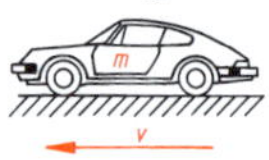	$W_k = \frac{1}{2} \cdot m \cdot v^2$	W_k m v	kinetische Energie in Nm Masse in kg Geschwindigkeit in m/s
Rotationsenergie 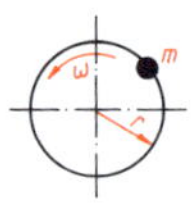	$W_k = W_{rot} = \frac{1}{2} \cdot J \cdot \omega^2$	W_k W_{rot} J ω	kinetische Energie in Nm Rotationsenergie in Nm Massenträgheitsmoment in kg m² Winkelgeschwindigkeit in 1/s
Energieerhaltungssatz 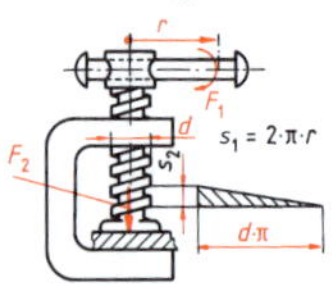	$F_1 \cdot s_1 = F_2 \cdot s_2$ $W_1 = W_2$	F_1, F_2 s_1, s_2 W_1, W_2	Kräfte in N Wege in m Energien in Nm
Wirkungsgrad 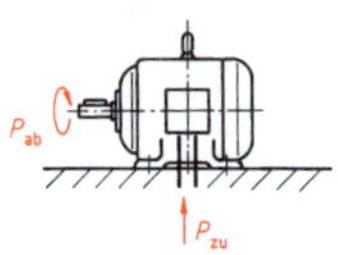	Einzelmaschine $\eta = \frac{W_{ab}}{W_{zu}} = \frac{P_{ab}}{P_{zu}}$ Zusammenschaltung mehrerer Maschinen $\eta_{ges} = \eta_1 \cdot \eta_2$	η η_1, η_2 η_{ges} W_{ab} W_{zu} P_{ab} P_{zu}	Wirkungsgrad Einzelwirkungsgrade Gesamtwirkungsgrad abgegebene Arbeit in Nm zugeführte Arbeit in Nm abgegebene Leistung in Nm/s zugeführte Leistung in Nm/s
Hubleistung 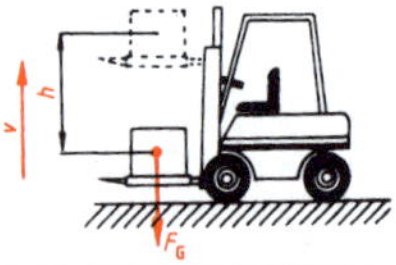	$P = F_G \cdot v$ $P = \frac{m \cdot g \cdot h}{t}$	P F_G m g h v t	Leistung in Nm/s oder W Gewichtskraft in N Masse in kg Fallbeschleunigung in m/s² Hubhöhe in m Hubgeschwindigkeit in m/s Zeit in s
Leistung bei Rotationsbewegung 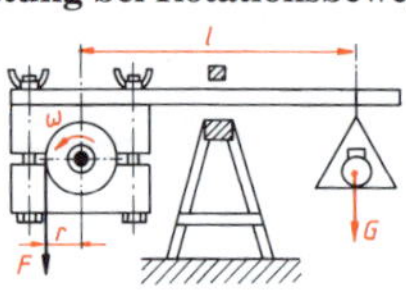	$P = M \cdot \omega$ $P = F \cdot r \cdot \omega$ $\omega = 2 \cdot \pi \cdot n$	P M F r ω n	Leistung in Nm/s oder W Drehmoment in Nm Kraft im Abstand r in N Wellenradius in m Winkelgeschwindigkeit in 1/s Drehfrequenz (Drehzahl) in 1/s

2.3 Mechanik

Antriebsleistung 	$P = \frac{W}{t} = F_A \cdot v$	P Leistung in Nm/s oder W F_A Antriebskraft in N (bei konstanter Geschwindigkeit gleich groß der entgegenwirkenden Reibungskräfte F_R in N) v Geschwindigkeit in m/s
Förderleistung (einer Pumpe) 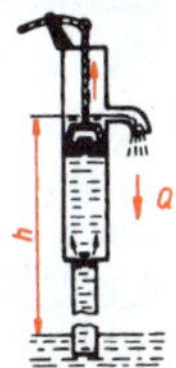	$P = Q \cdot h \cdot g \cdot \varrho$ $P = g \cdot q \cdot h$	P Leistung in Nm/s oder W Q Volumenstrom in m^3/s g Fallbeschleunigung in m/s^2 ϱ Dichte in kg/m^3 h Förderhöhe in m q Massenstrom in kg/s

2.3.7 Einfache Maschinen

Lose Rolle

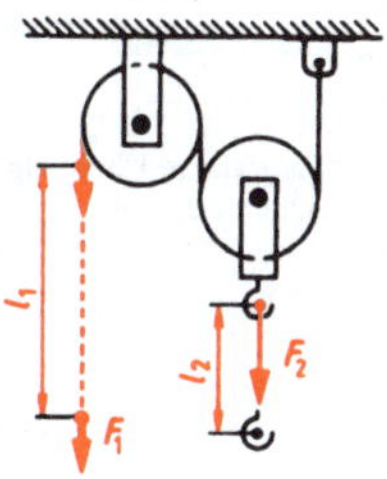

$F_1 \cdot l_1 = F_2 \cdot l_2$
$F_2 = 2 \cdot F_1$
$l_1 = 2 \cdot l_2$

F_1, F_2 Kräfte in N
l_1, l_2 Seilwege in m

Vorgelege mit Kurbel

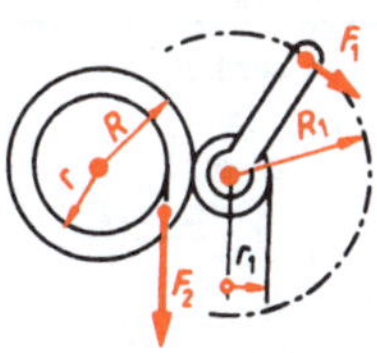

$$F_2 = F_1 \cdot \frac{R \cdot R_1}{r \cdot r_1}$$

F_1, F_2 Kräfte in N
R, R_1, r, r_1 Halbmesser in m

Zahnradtrieb

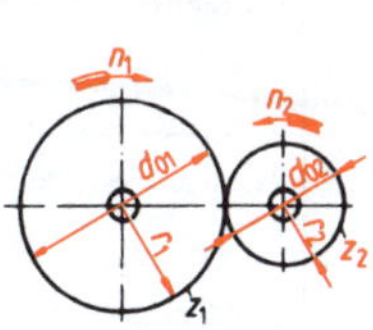

(einfache Übersetzung)

$$i = \frac{d_{02}}{d_{01}} = \frac{\omega_1}{\omega_2} = \frac{n_1}{n_2} = \frac{z_2}{z_1}$$

i Übersetzungsverhältnis
d_{01}, d_{02} Teilkreisdurchmesser in mm
ω_1, ω_2 Winkelgeschwindigkeiten in 1/s
n_1, n_2 Umdrehungsfrequenzen in 1/s
z_1, z_2 Zähnezahlen

Riementrieb

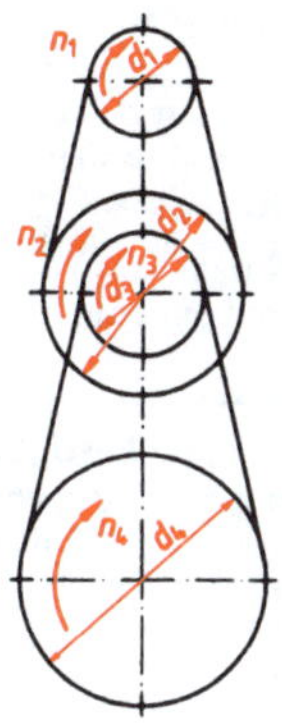

(doppelte Übersetzung)

$$n_2 = n_3$$
$$i_1 = \frac{n_1}{n_2} = \frac{d_2}{d_1}$$
$$i_2 = \frac{n_3}{n_4} = \frac{d_4}{d_3}$$
$$i_{ges} = \frac{n_1}{n_4}$$
$$i_{ges} = i_1 \cdot i_2$$
$$i_{ges} = \frac{d_2 \cdot d_4}{d_1 \cdot d_3}$$

n_1, n_2 n_3, n_4 Umdrehungsfrequenzen in 1/s
i_1, i_2 Einzelübersetzungsverhältnisse
i_{ges} Gesamtübersetzungsverhältnis
d_1, d_2 d_3, d_4 Scheibendurchmesser in m

Beispiel: $d_1 = 100$ mm, $d_2 = 300$ mm, $d_3 = 150$ mm, $d_4 = 400$ mm, $i_1 = ?$, $i_2 = ?$, $i_{ges} = ?$

Lösung:

$$i_1 = \frac{d_2}{d_1} = \frac{300\ \text{mm}}{100\ \text{mm}} = 3$$
$$i_2 = \frac{d_4}{d_3} = \frac{400\ \text{mm}}{150\ \text{mm}} = 2{,}67$$
$$i_{ges} = i_1 \cdot i_2 = 3 \cdot 2{,}67 = 8$$
$$i_{ges} = \frac{d_2 \cdot d_4}{d_1 \cdot d_3} = \frac{300\ \text{mm} \cdot 400\ \text{mm}}{100\ \text{mm} \cdot 150\ \text{mm}} = 8$$

2.4 Festigkeitslehre

Grundbegriffe

Als Maß für die Festigkeitsbeanspruchung eines Werkstoffs dient die Spannung σ.

$$\sigma = \frac{F}{S_0}$$

σ Spannung in N/mm²
F Kraft in N
S_0 (Anfangs-)Querschnittsfläche in mm²

Feste Körper ändern unter der Einwirkung von Kräften ihre Form. So erfährt z. B. ein auf Zug beanspruchter Stab eine Verlängerung Δl.

$$\Delta l = l - l_0$$

Δl Verlängerung in m
l Länge in m
l_0 Ursprungslänge in m

Die Längenänderung bezogen auf die Ursprungslänge ist die Dehnung ε.

$$\varepsilon = \frac{\Delta l}{l_0}$$

ε Dehnung
Δl Verlängerung in m
l_0 Ursprungslänge in m

Wesentliche Werkstoffkennwerte werden aus dem Zugversuch gewonnen. Im elastischen Belastungsbereich gilt das **Hooke'sche Gesetz.**

$$\sigma = E \cdot \varepsilon$$

σ Spannung in N/mm²
E Elastizitätsmodul in N/mm²
ε Dehnung

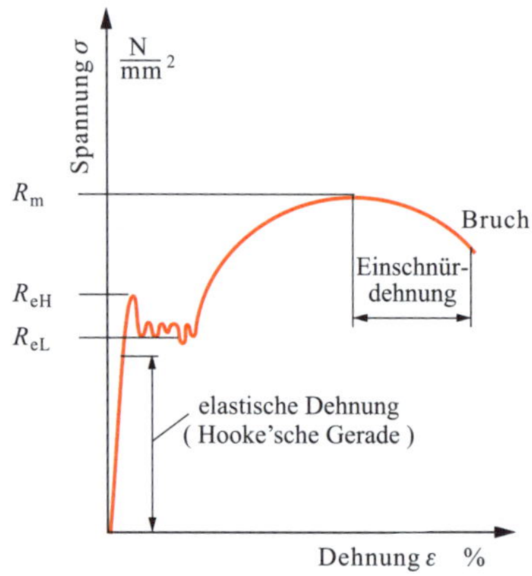

Spannung-Dehnung-Diagramm mit unstetigem Übergang vom elastischen in den plastischen Bereich

Festigkeitsbegriffe

Begriffe	Einachsige Beanspruchung auf				
	Zug 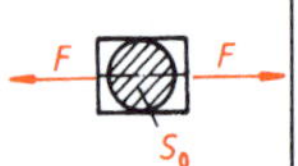	Druck 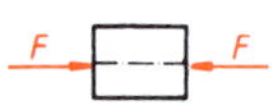	Scherung 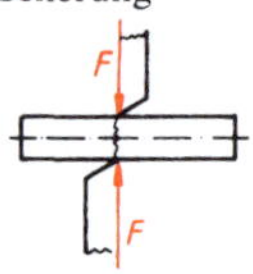	Biegung 	Verdrehung 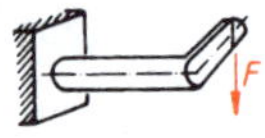
Spannung (Wirkrichtung)	Zugspannung (normal) σ	Druckspannung (normal) σ_d	Scherspannung (tangential) τ_a	Biege-spannung (normal) σ_b	Torsionsspannung (tangential) τ_t
Statische Bruchfestigkeit	Zugfestigkeit R_m	Druckfestigkeit σ_{dB}	Scherfestigkeit τ_{aB}	Biegefestigkeit σ_{dB}	Torsionsfestigkeit τ_{tB}
Fließgrenze	obere, untere Streckgrenze R_{eH}, R_{eL}	Quetschgrenze σ_{dF}	–	Biegegrenze σ_{bF}	Verdrehgrenze τ_{tF}
0,2-Grenze	$R_{p0,2}$	$\sigma_{d0,2}$			
Formänderung	Dehnung ε	Stauchung ε_d	Schiebung γ	Krümmung	Drillung ϑ

2.4 Festigkeitslehre

Art	Bildl. Darst.	Erläuterung	Berechnung
Zug	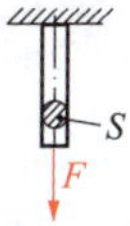	Die äußeren Kräfte wirken in der Längsrichtung des Körpers und suchen ihn zu strecken oder zu zerreißen: es treten Zugspannungen auf. **Beispiel:** Zugstange, Seil, Kette	$\sigma_z = \frac{F}{S}$ σ_z Zugspannung in N/mm^2 F Kraft in N S Querschnitt in mm^2
Druck	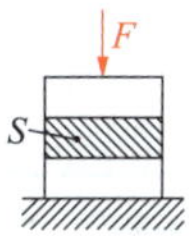	**Druckbeanspruchung nicht ausknickender Körper** Die äußeren Kräfte wirken in der Längsrichtung des Körpers und suchen ihn zu zerdrücken: es treten Druckspannungen auf (Fundament, Pfeiler, Säule, Pfosten, Tragfüße)	$\sigma_d = \frac{F}{S}$ σ_d Druckspannung in N/mm^2 F Kraft in N S Querschnitt in mm^2
Schub	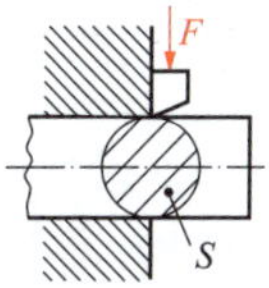	Die äußeren Kräfte haben das Bestreben, zwei benachbarte Querschnitte eines Körpers gegeneinander zu verschieben: es treten Schubspannungen auf	$\tau_a = \frac{F}{S}$ τ_a Schubspannung in N/mm^2 F Kraft in N S Querschnitt in mm^2
Biegung	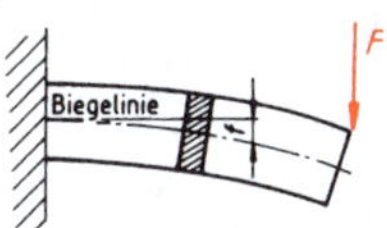 belasteter Träger 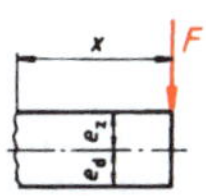 im Abstand *x* freigeschnittener Träger 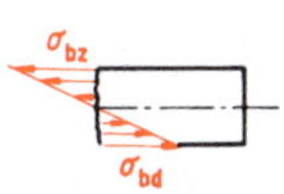 Verteilung der Normalspannungen im Trägerquerschnitt	Ein mit einer Kraft *F* belasteter Träger biegt sich. Der Biegewiderstand des Trägerquerschnitts ist um so höher, je größer der Randabstand *e* von der Biegelinie ist	$M_b = F \cdot x$ $W_b = \frac{I}{e}$ $\sigma_{bz} = \frac{M_b}{I} \cdot e_z$ $\sigma_b = \frac{M_b}{W_b}$ $\sigma_{bd} = \frac{M_b}{I} \cdot e_d$ M_b Biegemoment in $N \cdot cm$ F Kraft in N x Abstand in cm σ_{bz} Biegezugspannung in N/cm^2 σ_{bd} Biegedruckspannung in N/cm^2 e_z, e_d Randabstand in cm I axiales Trägheitsmoment in cm^4 σ_b Biegespannung in N/cm^2 W_b axiales Widerstandsmoment in cm^3
Verdrehung	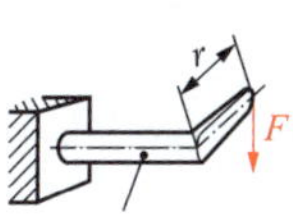	Versucht man einen Stab *a* um seine Längsachse zu verdrehen, so entsteht in ihm eine Drehbeanspruchung. **Beispiele:** Kurbelwelle, Vorgelegewelle, Spindel usw.	$T = F \cdot r$ $\tau_t = \frac{T}{W_p}$ T Torsionsmoment in N cm F Kraft in N r Hebelarmlänge in cm τ_t Schubspannung (Verdrehspannung) in N/cm^2 W_p polares Widerstandsmoment in cm^3

2.5 Wärmetechnische Grundlagen

2.5.1 Temperatur

2-1

Den Wärmezustand eines Stoffes kennzeichnet die Temperatur (T, t, ϑ). Einheiten der Temperatur sind Kelvin (K) und Grad Celsius (°C), in Ländern mit englischem Maßsystem auch Grad Fahrenheit (°F).

Umrechnungen:

$T = 273 + t_C$

$t_C = \frac{5}{9} \cdot (t_F - 32)$

$t_F = \frac{9}{5} \cdot t_C + 32$

T Temperatur in K
t_c Temperatur in °C
t_F Temperatur in °F

Beispiel:

$t_c = 20\ °C$

$T = ?\ K$

Lösung:

$T = 273 + t_C$
$T = 273 + 20\ °C$
$T = 293\ K$

8-15

Temperaturmessung

Messgerät	Anwendungsbereich °C	Grundprinzip
Pentanthermometer Alkoholthermometer Quecksilberthermometer	−190 … +20 −110 … +50 −30 … 750	Wärme dehnt Flüssigkeit, deren Stand in einem engen Rohr zeigt Temperatur
Bimetallthermometer Stabausdehnungsthermometer	−30 … 400 bis ≈ 1000	Unterschiedliche Längenausdehnung bei Erwärmung verschied. Metalle
Elektrische Widerstandsthermometer	bis 750	ΔT bewirkt ΔR und damit ΔI
Thermoelemente	−200 … 1600	Kontaktspannung
Strahlungspyrometer	−40 … 1300	Wärmestrahlung wirkt auf Fotoelemente

Thermoelement-Spannungen in µV bei 0 °C Bezugstemperatur nach DIN IEC 584-1: 1984-1

Messtemperatur °C	Typ R	Typ J	Typ K	Typ T	Typ E
−100		−4632	−3553	−3378	−5237
−50	−226	−2431	−1889	−1819	−2787
0	0	0	0	0	0
100	647	5268	4095	4277	6317
200	1468	10777	8137	9286	13419
300	2400	16325	12207	14860	21033
400	3407	21846	16395	20869	28943
500	4471	27388	20640		36999
600	5582	33096	24902		45085
700	6741	39130	29128		53110
800	7949	45498	33277		61022
1000	10503	57942	41269		76358
1300	14624		52398		
1600	18842				

Typ R: Platin-13% Rhodium/Platin; **Typ J:** Eisen/Kupfer-Nickel; **Typ K:** Nickel-Chrom/Nickel; **Typ T:** Kupfer/Kupfer-Nickel; **Typ E:** Nickel-Chrom/Kupfer-Nickel.[1]

2.5.2 Wärmemenge

Größe	Formelzeichen	Einheit	Bedeutung
Wärmemenge	Q	J (Joule)	Maß für die in einem Körper enthaltene Wärme (Energie). 4186,8 J erwärmen 1 Liter Wasser um 1 K = 1 °C
Spezifische Wärmekapazität	c	$\frac{J}{kg \cdot K}$	Wärmemenge, die 1 kg eines Stoffes um 1 K = 1 °C erwärmt
Spezifische Schmelzwärme	L_f	$\frac{J}{kg}$	Wärmemenge, die 1 kg eines Stoffes bei Schmelztemperatur vom festen in den flüssigen Zustand überführt; sie wird beim Erstarren des Stoffes wieder frei
Spezifische Verdampfungswärme	L_V	$\frac{J}{kg}$	Wärmemenge, die 1 kg eines Stoffes bei Verdampfungstemperatur vom flüssigen in den dampfförmigen Zustand überführt; sie wird beim Verflüssigen (Kondensieren) wieder frei

[1] **Typ S:** Platin-10% Rhodium/Platin und **Typ B:** Platin-30% Rhodium/Platin-6% Rhodium siehe DIN IEC 584-1.

2.5 Wärmetechnische Grundlagen

$Q = m \cdot c \cdot \Delta T$	Q Wärmemenge in J m Masse, Stoffmenge in kg c spezifische Wärmekapazität in J/(kg · K) ΔT Temperaturunterschied in K	**Beispiel:** $\Delta T = 200$ K $m = 50$ kg $c = 389{,}3$ J/(kg · K) $Q = ?$ J

Lösung:

$$Q = m \cdot c \cdot \Delta T$$

$$Q = 50\ \text{kg} \cdot 389{,}3\ \frac{\text{J}}{\text{kg} \cdot \text{K}} \cdot 200\ \text{K}$$

$$Q = 3{,}893 \cdot 10^6\ \text{J}$$

Mischtemperatur von Flüssigkeiten

$$t = \frac{m_1 \cdot c_1 \cdot t_1 + m_2 \cdot c_2 \cdot t_2}{m_1 \cdot c_1 + m_2 \cdot c_2}$$

- m_1 Menge Stoff 1 in kg
- m_2 Menge Stoff 2 in kg
- t_1 Temperatur Stoff 1 vor dem Mischen
- t_2 Temperatur Stoff 2 vor dem Mischen
- c_1 spezifische Wärmekapazität von Stoff 1
- c_2 spezifische Wärmekapazität von Stoff 2
- t Temperatur nach dem Mischen

Erwärmen eines Stoffes und Überführen vom festen in den dampfförmigen Zustand

$$Q = m \cdot c \cdot \Delta T + m \cdot L_f + m \cdot L_V$$

- Q Wärmemenge in J
- m Stoffmasse in kg
- c spez. Wärmekapazität
- L_f Schmelzwärme
- L_V Verdampfungswärme
- ΔT Temperaturunterschied

Wärmeeigenschaften von Stoffen

⟹ 13-4 13-5

Spezifische Wärmekapazität c, Schmelzwärme L_f, Verdampfungswärme L_V bei 1013 mbar

Stoff	c $\frac{\text{kJ}}{\text{kg} \cdot \text{K}}$	Schmelzpunkt °C	L_f $\frac{\text{kJ}}{\text{kg}}$	L_V $\frac{\text{kJ}}{\text{kg}}$
Aluminium	0,896	658	355,9	11723
Blei	0,130	327	23,86	921,1
Eisen (rein)	0,440	1530	272,1	6364
Gold	0,130	1060	66,99	1758
Grafit	0,712	≈3600	16750	50242
Konstantan	0,410	≈1280		
Kupfer	0,381	1080	209,3	4647
Messing	0,389	≈900	167,5	
Nickel	0,452	1450	293,1	6196
Platin	0,134	1770	113,0	2512
Silber	0,234	961	104,7	2177
Silicium	0,741	1410	141,5	14068
Wolfram	0,134	3380	191,8	4815
Zinn	0,230	232	58,62	2596
Alkohol	2,428	–114	104,7	858
Benzol	1,738	5,5	127,3	389
Maschinenöl	1,675			
Quecksilber	0,138	–38,9	11,72	301
Schwefelsäure	1,382	10,5	108,9	511
Wasser	4,187	0,0	333,7	2258
Ammoniak	2,060	–77,7	339,1	1369
Kohlenstoffdioxid	0,825	–56	184,2	574
Luft	1,001			197
Stickstoff	1,043	–210	25,96	199
Wasserstoff	14,24	–259,2	58,62	461

Wärmeleitfähigkeit λ in $\frac{\text{W}}{\text{m} \cdot \text{K}}$ (bei Temperatur)[1)]

Stoff	λ b. 20 °C	Stoff	λ b. 20 °C
Aluminium	209,4	Alkohol	0,186
Blei	35	Benzol	0,151
Bronze	25,5 … 58	Glyzerin	0,279
Eisen, rein	73,3	Transformatorenöl	0,128
Gold	310,5	Toluol	0,151
Grauguss	58		
Konstantan	22,7	Bakelit	0,233
Kupfer	383,8	Hartgewebe	0,35
Manganin	21,9	Hartpapier	0,291
Messing	81,4 … 116	Kunsthorn	0,174
Neusilber	24,9	Plexiglas	0,174
Nickel	88	Polyamide	0,35
Platin	70,8	Pressstoffe, Typ 11, 12, 16, 30, 54	0,314
Quecksilber	9,3	Typ 74	0,372
Silber	418,6	PVC	0,163
Stahl	35		**λ b. 0 °C**
Wolfram	167,5	Ammoniak	0,0218
Zink	116,4	Acetylen	0,0205
Zinn	65	Chlor	0,000792
		Kohlenstoffdioxid	0,0143
Asphalt	0,7	Luft	0,0243
Eichenholz radial	0,174	Wasserstoff	0,123
Eichenholz axial	0,372		
Fensterglas	1,16	Glasfaser	0,0326
Grafit	139,4	Steinwolle	0,035
Porzellan	0,81 … 1,86		
Putzmörtel	0,93		
Ziegelstein	0,464		

1) λ hängt bei festen Stoffen wenig, bei Gasen und Flüssigkeiten stark von der Temperatur ab.

2.5 Wärmetechnische Grundlagen

2.5.3 Wärmeleitung

Größe	Formelzeichen	Einheit	Bedeutung
Wärmestrom	Φ	W	Wärmemenge, die innerhalb einer Zeiteinheit durch eine senkrecht zur Strömungsrichtung liegende Fläche strömt
Wärmeleitfähigkeit	λ	$\frac{W}{m \cdot K}$	Wärmestrom, der durch einen Querschnitt von 1 m^2 eines 1 m langen Körpers strömt, wenn der Temperaturunterschied 1 K beträgt

$$\Phi = \frac{Q}{t}$$

$$\Phi = \lambda \cdot \frac{S}{\delta} \cdot \Delta T$$

Φ Wärmestrom in W
Q Wärmemenge in J
t Zeit in s
λ Wärmeleitfähigkeit in W/(m · K)[1)]
S Fläche der Wärmeleitung in m^2
δ Dicke in m
ΔT Temperaturunterschied in K

2.5.4 Wärmestrahlung

Welche Strahlungsmenge ein Körper absorbiert oder reflektiert, hängt stark von der Farbe und Oberflächenbeschaffenheit des Körpers ab.

$$\varepsilon = \frac{\text{absorbierte Strahlung}}{\text{ankommende Strahlung}}$$

$$\Phi = \varepsilon \cdot \sigma \cdot A \cdot T^4$$

ε Emissionsgrad
Φ Wärmestrom in W
σ Strahlungskonstante (Stefan-Boltzmann-Konstante)
$\sigma = 5{,}671 \cdot 10^{-8} \frac{W}{m^2 K^4}$
A Oberfläche des Strahlers in m^2
T Temperatur in K

Emissionsgrade ε von Oberflächen

Werkstoff	ε
Absolut schwarzer Körper	1
Aluminium (walzblank)	0,04
Gold, Silber (poliert)	0,025
Glas	0,93
Heizkörperlack	0,92
Kupfer (poliert)	0,035
Kupfer (oxidiert)	0,76
Porzellan	0,93
Papier, Holz, Dachpappe	0,92
Stahl (poliert)	0,28
Stahl (Gusshaut)	0,8
Zink (grau oxidiert)	0,24

2.5.5 Ausdehnung durch Wärme

Der **Längen-Ausdehnungskoeffizient** α_l gibt die Längenzunahme der Längeneinheit eines Körpers bei 1 K Temperaturerhöhung an.

Der **Volumen-Ausdehnungskoeffizient** γ gibt die Volumenzunahme der Volumeneinheit eines Körpers bei 1 K Temperaturerhöhung an.

Längenausdehnung	Volumenausdehnung
$\Delta l = l_0 \cdot \alpha_l \cdot \Delta T$	$\Delta V = V_0 \cdot \gamma \cdot \Delta T$

Δl Längenzunahme in m
ΔV Volumenzunahme in m^3
l_0 Länge (in kaltem Zustand) in m
V_0 Volumen (in kaltem Zustand) in m^3
α_l Längen-Ausdehnungskoeffizient in 1/K
γ Volumen-Ausdehnungskoeffizient in 1/K
ΔT Temperaturzunahme in K

Längen-Ausdehnungskoeffizient α_l (für 0 … 100 °C)
Volumen-Ausdehnungskoeffizient γ (bei 18 °C)

Stoff	α_l in 1/K	Stoff	γ in 1/K
Aluminium	$23{,}8 \cdot 10^{-6}$	Alkohol	$1{,}10 \cdot 10^{-3}$
Bronze	$17{,}5 \cdot 10^{-6}$	Benzol	$1{,}06 \cdot 10^{-3}$
Eisen (rein)	$12{,}3 \cdot 10^{-6}$	Glyzerin	$0{,}50 \cdot 10^{-3}$
Glas (ca.)	$6{,}5 \cdot 10^{-6}$	Petroleum	$0{,}99 \cdot 10^{-3}$
Gold	$14{,}2 \cdot 10^{-6}$	Quecksilber	$0{,}18 \cdot 10^{-3}$
Grafit	$7{,}9 \cdot 10^{-6}$	Schwefelsäure	$0{,}57 \cdot 10^{-3}$
Konstantan	$15{,}2 \cdot 10^{-6}$	Wasser	$0{,}18 \cdot 10^{-3}$
Kupfer	$16{,}5 \cdot 10^{-6}$		
Manganin	$17{,}5 \cdot 10^{-6}$	Für feste Stoffe ist $\gamma \approx 3 \cdot \alpha_l$	
Messing	$18{,}4 \cdot 10^{-6}$		
Nickel	$13{,}0 \cdot 10^{-6}$		
Silber	$19{,}5 \cdot 10^{-6}$	Für alle Gase ist $\gamma \approx 1/273$	
Silicium	$7{,}6 \cdot 10^{-6}$		
Wolfram	$4{,}5 \cdot 10^{-6}$		

[1)] Werte siehe Seite 2-17.

2.6 Schall

Schall

Unter Schall versteht man mechanische Schwingungen, die sich in festen Körpern, Flüssigkeiten oder Gasen ausbreiten

Längswellen

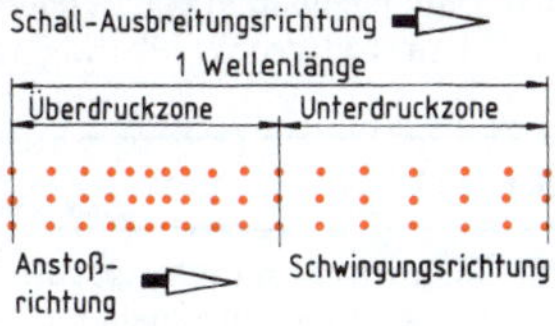

In Gasen (Luft) und Flüssigkeiten breiten sich die Schallwellen als Longitudinalwellen (Längswellen) aus, d. h. die schwingenden Teilchen bewegen sich in der Achse der Ausbreitungsrichtung. Dabei entstehen Überdruck- und Unterdruckzonen

Dehnwellen

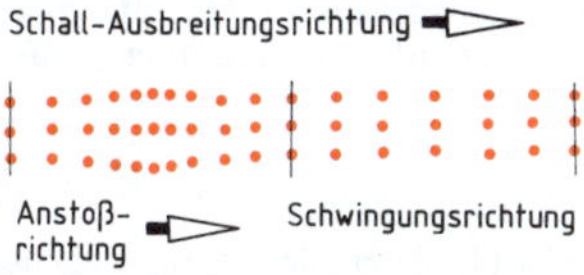

Kommen nur in festen Körpern vor. Dabei werden die Massenteilchen quer zur Ausbreitungsrichtung in Bewegung versetzt

Luftschall

Schall, der sich in der Luft ausbreitet, wird Luftschall genannt: Er entsteht durch Sprechen, Musizieren, laufende Maschinen, Verkehr usw. Man unterscheidet zwischen Tönen, Klängen und Geräuschen

Körperschall

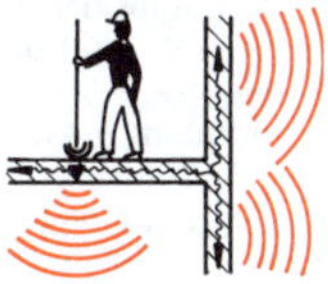

Schall, der sich in festen oder flüssigen Körpern ausbreitet, wird Körperschall genannt: Er breitet sich in verschiedenen Stoffen mit unterschiedlicher Geschwindigkeit aus. Er spielt im Bauwesen eine große Rolle, weil er sich in den Wänden und Decken eines Gebäudes ausbreitet. Er entsteht beim Gehen auf den Decken und wird dann als Trittschall bezeichnet

Schallgeschwindigkeit

Schallgeschwindigkeit c in m/s bei 20°C in verschiedenen Stoffen

Stoff	m/s	Stoff	m/s	Stoff	m/s	Stoff	m/s
Nadelholz	4100	Glas	5200	Leichtmetall	5100	Blei	1300
Hartholz	3400	Beton	3800	Stahl	5000	Wasser	1450
Kork	500	Mauerwerk	3500	Kupfer	3500	Luft	340

Frequenz

1 Hz = Schwingung pro Sekunde (1/s)
Die Anzahl der Schwingungen pro Sekunde wird als Frequenz bezeichnet. Die Maßeinheit ist Hertz (Hz). Viele Schwingungen pro Sekunde: hohe Töne. Wenige Schwingungen pro Sekunde: tiefe Töne

Schallbereiche

Infraschall 0 … 16 Hz: Normalschall 16 … 16000 Hz (wird vom menschlichen Ohr erfasst). Ultraschall 16000…1000000Hz

Wellenlänge

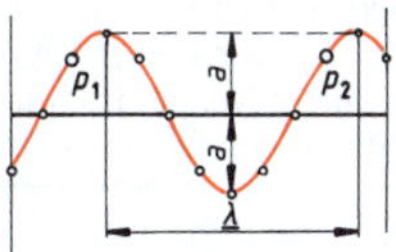

Eine Wellenlänge umfasst eine Schallschwingung und wird als der Abstand zwischen 2 aufeinanderfolgenden Wellenbergen bezeichnet.

$$\text{Wellenlänge } \lambda = \frac{\text{Schallgeschwindigkeit } c}{\text{Frequenz } f} \qquad \lambda = \frac{c}{f}$$

Geräusch

Geräusch ist ein Schall, der im allgemeinen nicht zur Informationsübertragung erzeugt wurde und besteht entweder aus vielen Teiltönen, deren Frequenzen nicht in einfachen Zahlenverhältnissen zueinander stehen oder ist ein Schallimpuls bzw. eine Schallimpulsfolge mit einer Grundfrequenz unter 1 Hz

2.6 Schall

2.6.1 Schalldruck

Schalldruck p ist der wechselnde Druck, der durch die Schallschwingungen in Gasen oder Flüssigkeiten hervorgerufen wird; er ist dem statischen Druck (z. B. dem Luftdruck) überlagert. Einheit ist $1\ \text{N/m}^2 = 1\ \text{Pa} = 10\ \mu\text{bar}$.

2.6.2 Schalldruckpegel

8-11

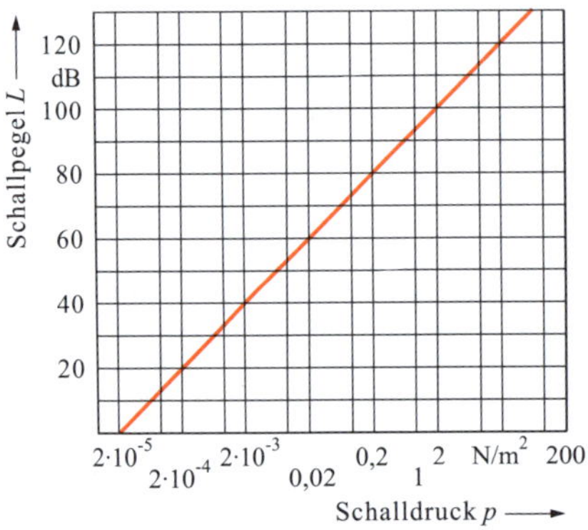

Der Schalldruckpegel (Schallpegel) L ist ein logarithmisches Maß für den Schalldruck p eines Geräusches. Er wird in Dezibel (dB) angegeben. Auch Schallpegeldifferenzen werden in dB angegeben.

$$L = 10 \cdot \lg \frac{p^2}{p_0^2}\ \text{dB} = 20 \cdot \lg \frac{p}{p_0}\ \text{dB}$$

Der Effektivwert des Bezugsschalldruckes p_0 ist international festgelegt als:

$$p_0 = 20\ \mu\text{Pa} = 2 \cdot 10^{-5}\ \text{Pa} = 2 \cdot 10^{-5}\ \text{N/m}^2$$

Bei einer Verdoppelung des Schalldrucks erhöht sich der Schalldruckpegel um 6 dB; eine Pegelzunahme von ca. 10 dB bewirkt eine Verdoppelung des subjektiven Lautstärkeeindrucks. Die nebenstehende Darstellung gibt den Schalldruck L (dB) in Abhängigkeit vom Schalldruck p (N/m^2) wieder.

Von dem oben definierten Schalldruckpegel sind die für die Schallempfindung gebräuchlichen Begriffe des Lautstärkepegels und der Lautheit zu unterscheiden.
Der **Lautstärkepegel L_N** in phon ist gleich dem Schalldruckpegel eines Tons mit $f = 1000$ Hz, der beim Hörvergleich mit einem Geräusch als gleich laut empfunden wird.
Die **Lautheit N** in sone gibt an, um wieviel mal lauter das Geräusch als ein Ton mit $f = 1000$ Hz mit einem Schalldruckpegel von 40 dB empfunden wird.

2.6.3 A-bewerteter Schalldruckpegel

8-11

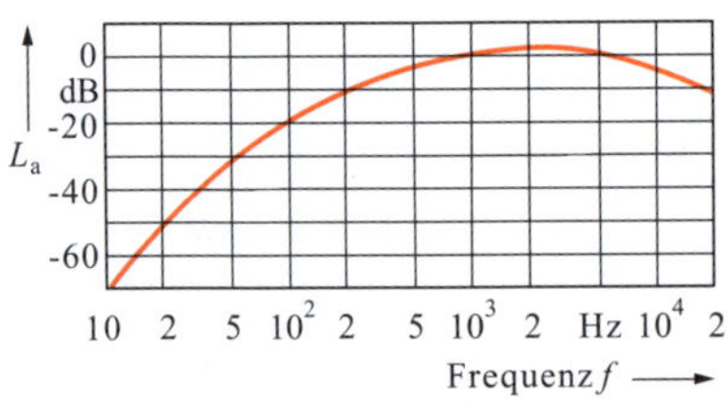

Das menschliche Ohr empfindet tiefe Töne weniger laut als hohe Töne. Die Hörschwelle liegt zum Beispiel bei einem Ton von 1000 Hz bei 0 dB, bei einem Ton von 100 Hz beträgt sie 25 dB. Diese Eigenschaft des menschlichen Ohres wird durch eine „Bewertung" des Schallpegels näherungsweise ausgeglichen. Durch die Frequenzbewertung A werden die Beiträge der Frequenzen unter 1000 Hz und über 5000 Hz zum Gesamtergebnis abgeschwächt; siehe nebenstehende Abbildung der Bewertungskurve A für den bewerteten Schallpegel L_A. Der A-Schalldruckpegel ist ein Maß für die Stärke eines Geräusches und wird in dB (A) angegeben. Es ist die Größe, die in Vorschriften u. ä. zur Kennzeichnung der Stärke von Geräuschen benutzt wird.

A-Schalldruckpegel für bekannte Geräusche in dB (A)

Verständliches Flüstern, 1 m entfernt	15–30	Pkw-Fahrgeräusch	78–82
Zerreißen von Papier, 1 m entfernt	40–50	Lautes Rufen, Kindergeschrei	70–90
Normales Sprechen, 1 m entfernt	50–65	Verkehrslärm in lauter Straße	75–95
Rundfunkmusik, Zimmerlautstärke	50–80	Düsenflugzeug beim Start, 100 m entfernt	105–115

2.7 Optik

2.7.1 Reflexion

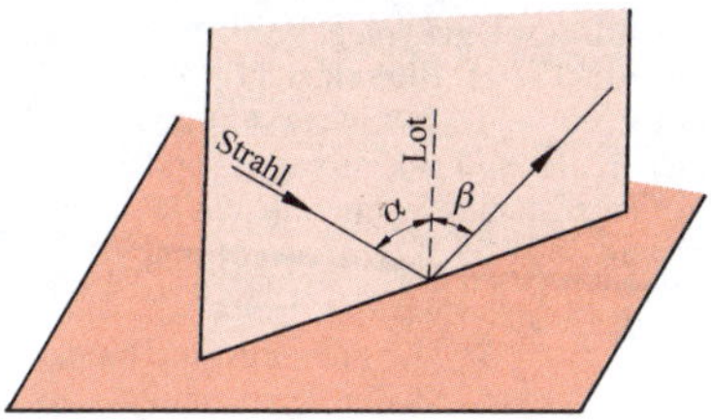

Fällt ein Lichtstrahl auf eine ebene, spiegelnde Fläche, so wird er reflektiert. Der reflektierte Strahl liegt mit dem einfallenden Strahl und dem Einfallslot in einer Ebene. Beide Strahlen bilden mit dem Einfallslot gleiche Winkel.

$$\alpha = \beta$$

α Einfallswinkel
β Reflexionswinkel

2.7.2 Brechung

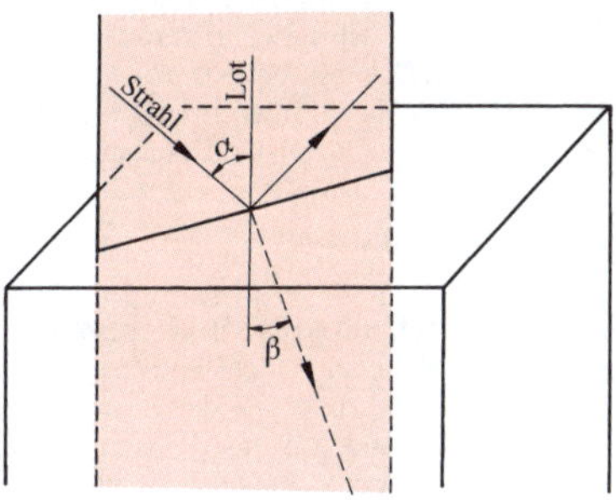

Fällt ein Lichtstrahl auf eine ebene Grenzfläche zwischen durchsichtigen Medien, so dringt ein Teil eines schräg einfallenden Lichtstrahls unter Richtungsänderung („brechen“) in das andere Medium. Der gebrochene Strahl liegt in einer Ebene mit dem einfallenden Strahl und dem Lot.

Der Stoff mit der größeren Brechzahl heißt optisch dichter; der andere optisch dünner. Beim Übergang vom dichteren zum dünneren Medium ($n_2 < n_1$) wird der Strahl vom Einfallslot weg gebrochen. Der Brechungswinkel β im optisch dünneren Medium kann höchstens 90° werden, darüber tritt **Totalreflexion** auf

$$\frac{\sin\alpha}{\sin\beta} = \frac{c_1}{c_2} = \frac{n_2}{n_1}$$

$$n_1 = \frac{c_0}{c_1}$$

$$n_2 = \frac{c_0}{c_2}$$

α Einfallswinkel im Medium 1
β Brechungswinkel im Medium 2
n_1 Brechzahl des Mediums 1
n_2 Brechzahl des Mediums 2
c_1 Lichtgeschwindigkeit im Medium 1
c_2 Lichtgeschwindigkeit im Medium 2
c_0 Lichtgeschwindigkeit im leeren Raum

$$\sin\alpha_T = \frac{n_2}{n_1}$$

α_T Winkel für Totalreflexion
n_2 Brechzahl des Mediums 2
n_1 Brechzahl des Mediums 1

Brechzahlen [1]

Medium	Brechzahl	Medium	Brechzahl	Medium	Brechzahl
Leerer Raum Luft (0 °C; 1,013 bar)	1	Quarzglas	1,459	Schwefelkohlenstoff	1,628
Wasser	1,333	Benzol	1,508	Flintglas	1,752
Alkohol	1,362	Kronglas	1,515	Diamant	2,473
Plexiglas	≈ 1,44	Steinsalz	1,544		

[1] Für gelbes Licht der Wellenlänge 589,3 µm

2.7 Optik

2.7.3 Konkavspiegel und Konvexspiegel

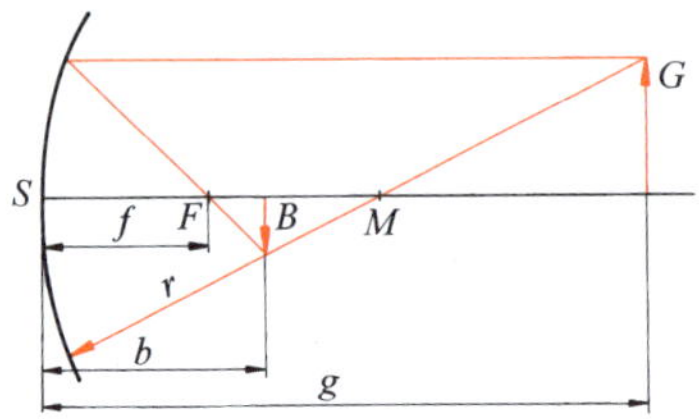

Konkavspiegel

Beim **Konkavspiegel** spiegelt die hohle Seite. Ein **reelles (wirkliches) Bild** entsteht, wenn

a) der Gegenstand G zwischen ∞ und M liegt. Dann entsteht das Bild B zwischen M und F;

b) der Gegenstand zwischen M und F liegt. Dann entsteht das Bild B zwischen M und ∞.

$$\sigma = \frac{F}{S_0}$$

$$\varepsilon = \frac{\Delta l}{l_0}$$

$$\frac{G}{B} = \frac{g}{b}$$

- M Krümmungsmittelpunkt
- r Krümmungsradius in m
- S Scheitel oder Pol
- F Brennpunkt (in F vereinigen sich parallel zur Achse ankommende Strahlen)
- f Brennweite in m
- G Gegenstandsgröße in m
- B Bildgröße in m
- g Gegenstandsabstand in m
- b Bildabstand in m

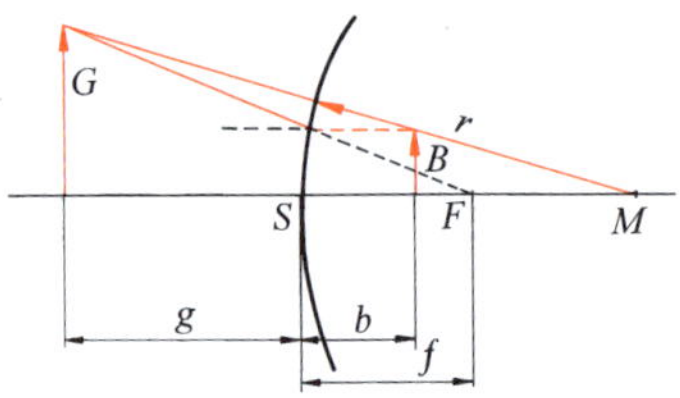

Konvexspiegel

Ein **virtuelles (scheinbares) Bild** entsteht beim Konkavspiegel, wenn der Gegenstand G zwischen F und S liegt. Das Bild rückt bei der Bewegung des Gegenstands von F nach S aus dem Unendlichen von der dem Brennpunkt entgegengesetzten Seite her bis S an den Spiegel heran.

Auch der **Konvexspiegel** erzeugt nur virtuelle Bilder B, die von S bis F wandern, wenn der Gegenstand von S bis ins Unendliche bewegt wird.

Die obigen Spiegelformeln gelten auch für virtuelle Bilder und für den Konvexspiegel, wenn für virtuelle Bilder die Bildweite b und für Konvexspiegel auch die Brennweite f negativ gerechnet werden.

2.7.4 Prisma

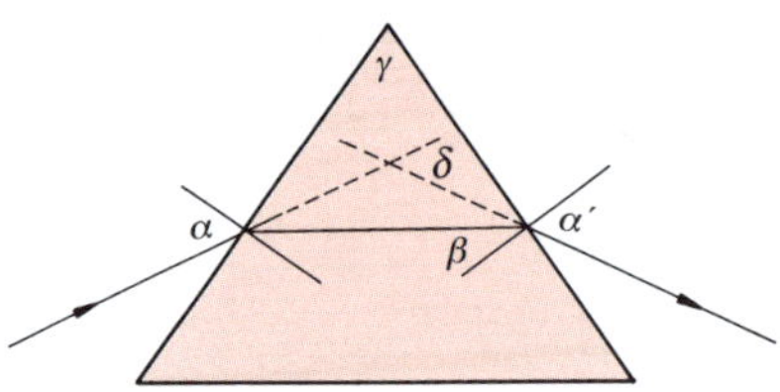

Ein Prisma besteht aus zwei zueinander geneigten brechenden Ebenen, die den Neigungswinkel (brechenden Winkel) γ einschließen. Bei einem symmetrischen Strahlenverlauf im Prisma (Einfallswinkel $\alpha = $ Austrittswinkel α') erreicht der Ablenkungswinkel δ einen kleinstmöglichen Wert.

$$n = \frac{\sin\left(\frac{\gamma + \delta}{2}\right)}{\sin\left(\frac{\gamma}{2}\right)}$$

- n Brechzahl des Prismenwerkstoffs
- γ Prismenwinkel („brechender Winkel“)
- δ Ablenkungswinkel

2.7 Optik

2.7.5 Konvexlinsen (Sammellinsen)

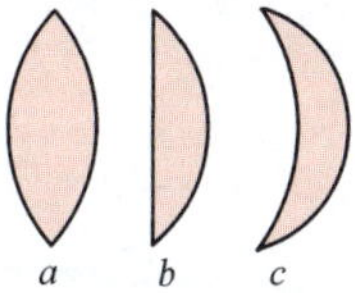

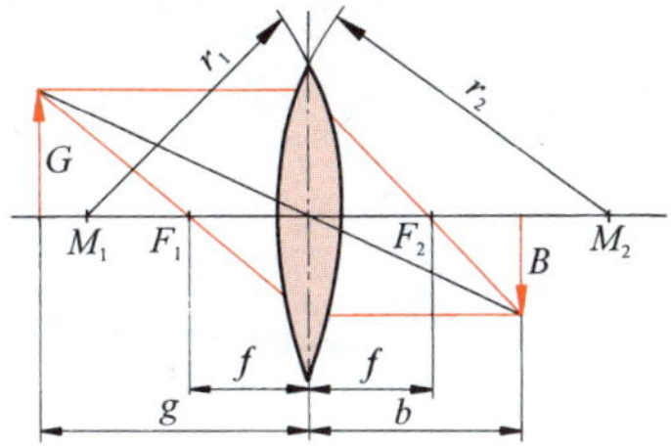

Konvexlinsen sind in der Mitte dicker als am Rande.

a bikonvexe Linse
b plankonvexe Linse
c konkavkonvexe Linse

Ein **reelles Bild *B*** entsteht bei Konvexlinsen, wenn

a) der Gegenstand *G* zwischen ∞ und $2f$ liegt. Dann entsteht das Bild *B* zwischen *F* und *M*;
b) der Gegenstand *G* zwischen $2f$ und f liegt. Dann entsteht das Bild *B* zwischen *M* und ∞.

Ein **virtuelles Bild *B*** entsteht zwischen $-\infty$ und der Linse, wenn der Gegenstand *G* zwischen *F* und der Linse liegt.

2.7.6 Konkavlinsen (Zerstreuungslinsen)

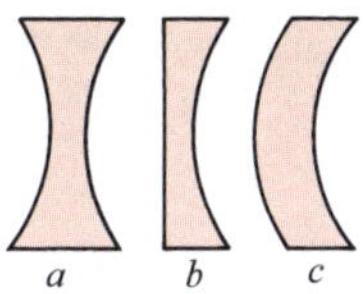

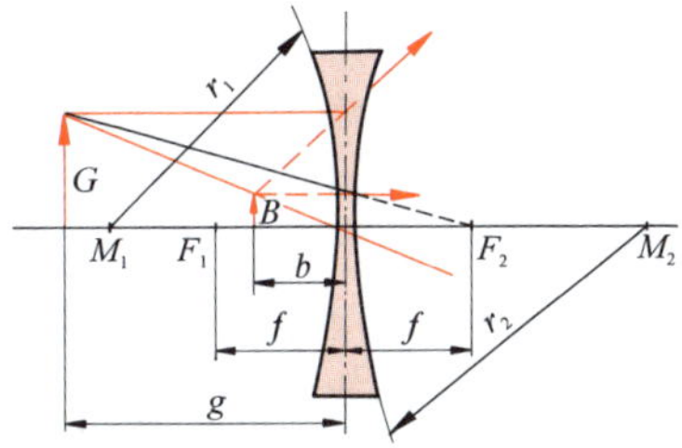

Konkavlinsen sind am Rande stärker als in der Mitte.

a bikonkave Linse
b plankonkave Linse
c konvexkonkave Linse

Ein **virtuelles Bild *B*** entsteht bei Konkavlinsen zwischen dem Brennpunkt *F* und der Linse, wenn der Gegenstand *G* zwischen ∞ und der Linse liegt. Wenn der Gegenstand auf der anderen Seite der Linse liegt (virtueller Gegenstandsabstand), dann entsteht

a) **ein reelles Bild**, wenn der Gegenstand zwischen Linse und Brennpunkt *F* liegt. Das Bild entsteht dann zwischen Linse und ∞;
b) **ein virtuelles Bild**, wenn der Gegenstand zwischen dem Brennpunkt *F* und ∞ liegt. Dann wandert das Bild von ∞ bis zum Brennpunkt *F*.

$$\frac{1}{f} = (n-1)\left(\frac{1}{r_1} + \frac{1}{r_2}\right)$$

$$\frac{1}{f} = \frac{1}{g} + \frac{1}{b} = D$$

$$\frac{G}{B} = \frac{g}{b}$$

f	Brennweite in m
n	Brechzahl des Mediums der Linse
$M_1; M_2$	Krümmungsmittelpunkt
$r_1; r_2$	Krümmungsradius in m
D	Brechwert (Dioptrie) in m^{-1}
G	Gegenstandsgröße in m
B	Bildgröße in m
g	Gegenstandsabstand in m
b	Bildabstand in m

Die obigen Formeln umfassen bei entsprechenden Vorzeichen alle Linsen: Der Krümmungsradius ist bei konvexer Krümmung positiv, bei konkaver Krümmung negativ; der Bildabstand wird bei reellen Bildern positiv, bei virtuellen Bildern negativ; Sammellinsen haben eine positive Brennweite; Zerstreuungslinsen haben eine negative Brennweite.

3 Grundlagen der Elektrotechnik

3.1 Strom und Spannung

3.1.1 Nennströme in A nach DIN 40003: 1969-3

Gesamtreihe

1	1,25	1,6	2	2,5	3,15	4	5	6,3	8
10	12,5	16	20	25	31,5	40	50	63	80
100	125	160	200	250	315	400	500	630	800
1000	1250	1600	2000	2500	3150	4000	5000	6300	8000
10000									

Statt 1,6 A; 3,15 A; 6,3 A; 8 A auch 1,5 A; 3 A; 6 A; 7,5 A bzw. das 10-, 100-, 1000fache.

Schaltgeräte für Anlagen bis 1 kV

Schalter, Anlasser, Steller, Steckvorrichtungen	6	10	16	20	32
	40	63	80	100	125
	160	200	250	400	630
	1000	1600	2000	2500	3150
	4000	6300	8000		
NH-Sicherungsunterteile	32	63	100	160	250
	400	630	800	1000	1250
NH-Sicherungseinsätze	2	4	6	8	10
	12	16	20	25	32
	40	50	63	80	100
	125	160	200	250	315
	400	500	630	800	1000
	1250				

Wechselstrom-Schaltgeräte für Anlagen über 1 kV

Schalter, Durchführungen	unter 60 kV	400	630	1250	1600	2500
		3150	4000	6300		
	über 60 kV	630	800	1250	1600	2000
		3150	4000			
Sicherungsunterteile (bis 30 N)		200	400			
Sicherungseinsätze bis 30/36 kV		6	10	16	25	40
		63	100	160	200	250
Primärauslöser		6	10	16	25	40
		63	100	160	200	250
		315	400	500	630	

3.1.2 Nennspannungen für elektrische Betriebsmittel nach DIN IEC 38: 1987-5

Gleichspannungen Bevorzugte Werte in V	Gleichspannungen Ergänzende Werte in V	Wechselspannungen Bevorzugte Werte in V	Wechselspannungen Ergänzende Werte in V
6	2,4; 3; 4;		5
12	4,5; 5	6	
24	7,5; 9	12	15
36	15	24	36; 42
48	30	48	60; 100
60	40	110	
72	80		
96			
110	125		
220	250		
440	600		

Wechselspannungen zwischen 100 und 1000 V

Einphasen-Dreileiternetze	120/240 V
Drehstrom-Vierleiter- oder Dreileiternetze	
230/400 V	Vorhandene 220/380-V-Netze auf diesen Wert bringen
(277/480 V)	Nicht zusammen mit 230/400-V- oder 400/690-V-Netzen
400/690 V	Vorhandene 380/660 V-Netze auf diesen Wert bringen
1000 V	Dreileiternetz, Außenleiterspannung

⟹ 3-18

Drehstromnetze über 1 kV bis 1200 kV[1]

Netzspannung		Max. Betriebsmittelspannung	Netzspannung		Max. Betriebsmittelspannung
3[2]	3,3[2]	3,6[2]	100	115	123
6[2]	6,6[2]	7,2[2]	132	138	145
10	11	12	220	230	245
20	22	24			420
–	33	36			525[3]
35	–	40,5			765
66	69	72,5			1200

[1] Spannung in kV zwischen Außenleitern (Reihe I für 50- und 60-Hz-Netze bis gestrichelte Linie)
[2] Nicht für öffentliche Verteilernetze verwenden
[3] Auch 550 kV

3

3.1 Strom und Spannung

3.1.3 Gekürzte Schreibweise von Strom und Spannung nach DIN EN 61293: 1995-2

Grafisches Symbol	Bezeichnung	Benennung	Beispiele		
⎓	DC	Gleichstrom, Gleichspannung	Gleichstrom 16 A	⎓ 16 A	DC 16 A
~	AC	Wechselstrom, Wechselspannung	Wechselspannung 230 V	~ 230 V	AC 230 V
≂	AC/DC	Gleich- oder Wechselstrom, Gleich- oder Wechselspannung	Drehstrom-Fünfleitersystem mit getrenntem Neutral- und Schutzleiter 400/230 V	3/N/PE ~ 400/230 V	3/N/PE AC 400/230 V

3-17
3-18

3.1.4 Zeitabhängige Ströme (Spannungen)

Gleichstrom	Wechselstrom	Frequenzmoduliert	Phasenmoduliert
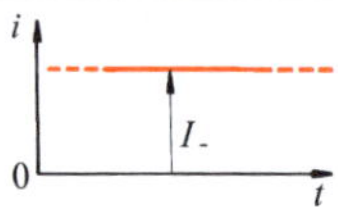 Der Augenblickswert des Stromes ist zeitlich konstant	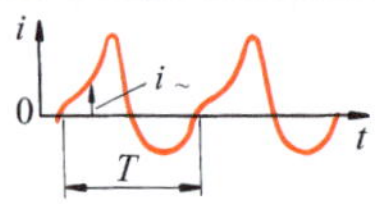 Strom mit periodischem Zeitverlauf und arithmetischem Mittelwert Null	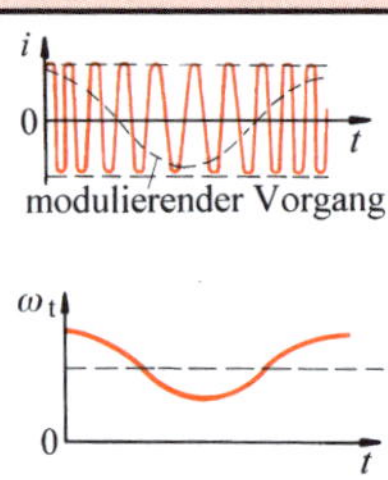 Frequenz ändert sich zeitlich mit dem modulierenden Vorgang. Amplitude ist konstant	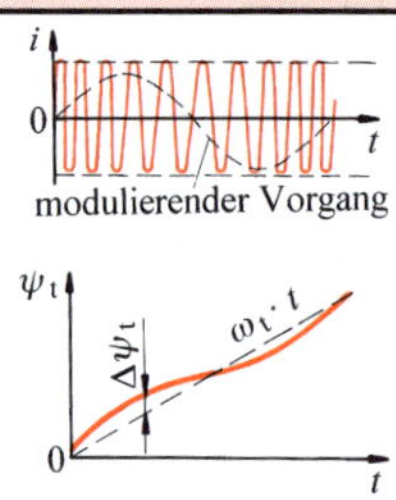 Phasenabweichung des modulierten vom unmodulierten Strom ändert sich mit dem modulierenden Vorgang
Sinusstrom	**Mischstrom**	**Pulsstrom**	**Amplitudenmoduliert**
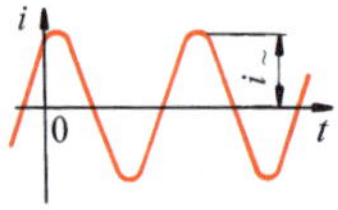 Zeitlich sinusförmiger Verlauf	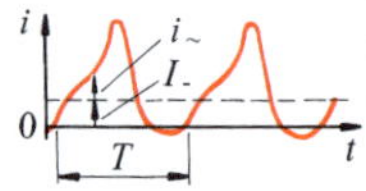 Überlagerung von Gleich- und Wechselstrom	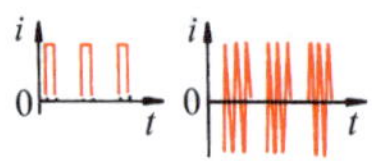 Periodischer Strom aus einer Folge gleicher Impulse	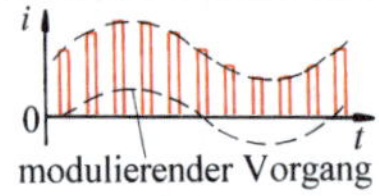 Höchstwert der Stromimpulse ändert sich zeitlich
Drehstrom	**Amplitudenmoduliert**	**Frequenzmoduliert**	**Phasenmoduliert**
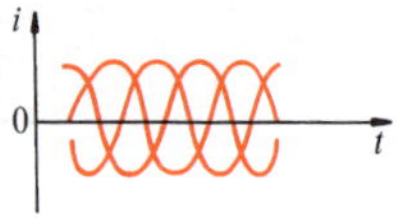 Drei Sinusströme gleicher Frequenz, Amplitude und Betragsunterschiede der Nullphasenwinkel	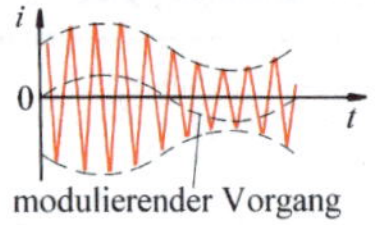 Stromamplitude ändert sich zeitlich mit einem modulierenden Vorgang. Trägerfreq. ist konstant	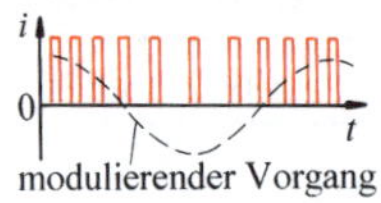 Die Verschiebung der Impulse aus der Ruhelage ändert sich mit dem modulierenden Vorgang	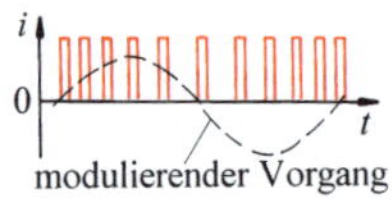 Die Verschiebung der Impulse aus der Ruhelage ändert sich mit dem modulierenden Vorgang

3

3.2 Elektrische Leistung und Arbeit

3.2.1 Elektrische Leistung

Strom	Berechnung	Erklärung
Gleichstrom	$P = U \cdot I$ $P = I^2 \cdot R$ $P = \frac{U^2}{R}$	P Leistung in W U Spannung in V I Strom in A R Widerstand in Ω
Sinusförmiger Wechselstrom	$S = U \cdot I$ $P = U \cdot I \cdot \cos\varphi$ $= S \cdot \cos\varphi$ $Q = U \cdot I \cdot \sin\varphi$ $= S \cdot \sin\varphi$ $\lambda = \cos\varphi = \frac{P}{S}$ $\lambda = \frac{P}{S}$	S Scheinleistung in VA[1] P Wirkleistung in W[2] Q Blindleistung in var[3] λ, $\cos\varphi$ Leistungsfaktor (bei Sinusstrom) λ Leistungsfaktor
Leistungsdreieck	$S = \sqrt{P^2 + Q^2}$ $\cos\varphi = \frac{P}{S}$ $\sin\varphi = \frac{Q}{S}$ $\tan\varphi = \frac{Q}{P}$	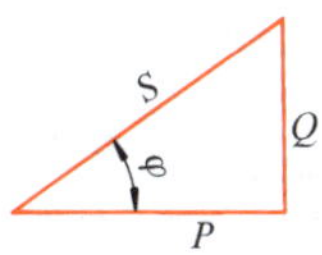
Drehstrom bei symmetrischer Belastung	$S_{Str} = U_{Str} \cdot I_{Str}$ $S = 3 \cdot U_{Str} \cdot I_{Str}$ $S = 1{,}73 \cdot U \cdot I$ $P = 1{,}73 \cdot U \cdot I \cdot \cos\varphi$ $Q = 1{,}73 \cdot U \cdot I \cdot \sin\varphi$ $\lambda = \cos\varphi = \frac{P}{S}$ $P_\triangle = 3 \cdot P_Y$	S_{Str} Scheinleistung eines Stranges in VA U_{Str} Strangspannung in V I_{Str} Strangstrom in A S Gesamtscheinleistung der drei verketteten Stränge in VA U Außenleiterspannung in V I Außenleiterstrom in A P Wirkleistung in W Q Blindleistung in var λ, $\cos\varphi$ Leistungsfaktor (bei Sinusstrom)
	Bei gleicher Leiterspannung ist die aufgenommene Leistung $P_\triangle$ bei einem Verbraucher in Dreieckschaltung das Dreifache der Leistung P_Y in der Sternschaltung	

-21
-18

3.2.2 Elektrische Arbeit

El. Arb.	Berechnung	Erklärung
Arbeit	$W = P \cdot t$ **Umrechnungen:** 3600 Ws = 1 Wh 1000 Wh = 1 kWh	W elektrische Arbeit in Ws P elektrische Leistung in W t Zeit in s Ws Wattsekunde Wh Wattstunde kWh Kilowattstunde
Leistungsmessung mit Uhr und Zähler	$P = \frac{n}{C_Z \cdot t}$ **Beispiel:** $C_Z = 600 \frac{\text{Umdr.}}{\text{kWh}}$; $t = 45$ s; $n = 12$; $P = ?$ kW **Lösung:** $P = \frac{n}{C_Z \cdot t} = \frac{\text{kWh } 12 \cdot 3600 \text{ s}}{600 \cdot 45 \text{ s} \cdot 1 \text{ h}} = 1{,}6 \text{ kW}$	n Zählerscheibenumdrehungen t Umdrehungen entsprechende Zeit C_Z Zählerkonstante in Umdr./kWh (vom Leistungsschild)
Wirkungsgrad	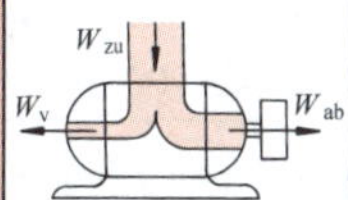 $\eta = \frac{W_{ab}}{W_{zu}}$ im stationären Zustand auch: $\eta = \frac{P_{ab}}{P_{zu}}$	η Wirkungsgrad W_{ab}, W_{zu} abgegebene bzw. zugeführte Arbeit in kWh P_{ab}, P_{zu} abgegebene bzw. zugeführte Leistung in kW
Elektrische Arbeit und Wärme	$Q_N = Q_S \cdot \eta_w$ Durch die bei der Energieumwandlung in Wärmegeräten entstehenden Verluste ist die Nutzwärme kleiner als die Stromwärme	Q_N Nutzwärme in J Q_S Stromwärme in J η_w Wärmewirkungsgrad Einer elektrischen Wärme von **1 Ws entspricht** eine Wärmearbeit (Stromwärme) von **1 J; der elektrischen** Arbeit von **1 kWh entspricht** die Stromwärme von **$3{,}6 \cdot 10^6$ J**

2-12
2-16

[1] VA = Voltampere [2] W = Watt [3] var = Voltampere reaktiv

3.3 Grundgesetze im Gleichstromkreis

3.3.1 Leiterwiderstand

Leitwert u. Widerstand	$G = \frac{1}{R}$	G Leitwert in S R Widerstand in Ω $1\,S \cdot 1\,\Omega = 1$
Leitfähigkeit u. spezifischer Widerstand	$\gamma = \frac{1}{\varrho}$	γ Leitfähigkeit in $m/(\Omega\,mm^2) = S\,m/mm^2$ ϱ spezifischer Widerstand in $\Omega\,mm^2/m$ ebenfalls gebräuchlich: für γ: $1\,S\,m/mm^2 = 10^6\,S/m = 10^4\,S/cm$ für ϱ: $1\,\Omega\,mm^2/m = 10^{-6}\,\Omega\,m = 10^{-4}\,\Omega\,cm$
Widerstand eines Leiters	$R = \frac{l}{\gamma \cdot S}$ $R = \frac{\varrho \cdot l}{S}$	R Widerstand in Ω l Leiterlänge in m γ Leitfähigkeit in $m/(\Omega\,mm^2)$ S Leiterquerschn. in mm^2 ϱ spezif. Widerstand in $\Omega\,mm^2/m$
Widerstand und Temperatur	$\Delta R = \alpha \cdot R_k \cdot \Delta T$ $R_w = R_k \cdot (1 + \alpha \cdot \Delta T)$	ΔR Widerstandsänd. in Ω α Temperaturbeiwert in 1/K R_k Kaltwiderstand in Ω R_w Warmwiderstand in Ω ΔT Temperaturänd. in K

12-1 bis 12-4

In der Tabelle ist für feste Stoffe der Temperaturbeiwert α_{20} für 20 °C aufgeführt. Damit kann nur von einer Kalttemperatur $t_k = 20$ °C ausgegangen werden. Bei anderen Temperaturen können die folgenden Beziehungen verwendet werden:

$R_w = R_k \cdot \frac{\tau + t_w}{\tau + t_k}$ $\tau = \frac{1}{\alpha_{20}} - 20\,K$ $\Delta t = \frac{R_w - R_k}{R_k} \cdot (\tau + t_k)$	R_w Warmwid. in Ω R_k Kaltwid. in Ω τ Temp.ziffer in K t_w Temperatur der warmen Wicklung in °C t_k Temp. der kalten Wicklung in °C Δt Übertemp. in °C

Werte der Temperaturziffer:
$\tau_{Kupfer} = 235$ K
$\tau_{Alumin.} = 245$ K

Stromdichte	$J = \frac{I}{S}$	J Stromdichte in A/mm^2 I Strom in A S Leiterquerschnitt in mm^2

12-1

Leitfähigkeit γ, spezifischer Widerstand ϱ, Temperaturbeiwert α (bei 20 °C)

13-4

Stoff	γ in $\frac{m}{\Omega\,mm^2}$	ϱ in $\frac{\Omega\,mm^2}{m}$	α in $\frac{1}{K}$
Metalle			
Aluminium	36	0,0278	0,00403
Bismut	0,83	1,2	0,0042
Blei	4,84	0,2066	0,0039
Cadmium	13	0,0769	0,0039
Eisendraht	6,7…10	0,15…0,1	0,0065
Gold	43,5	0,023	0,0037
Kupfer [1)]	58	0,01724	0,00393
Magnesium	22	0,045	0,0039
Nickel	14,5	0,069	0,0060
Platin	9,35	0,107	0,0031
Quecksilber	1,04	0,962	0,0009
Silber	61	0,0164	0,0038
Tantal	7,4	0,135	0,0033
Wolfram	18,2	0,055	0,0044
Zink	16,5	0,061	0,0039
Zinn	8,3	0,12	0,0045
Legierungen			
Aldrey (AlMgSi)	30,0	0,033	0,0036
Bronze I	48	0,02083	0,0040
Bronze II	36	0,02778	0,0040
Bronze III	18	0,05556	0,0040
Konstantan (WM 50) [2)]	2,0	0,50	±0,00001
Manganin	2,32	0,43	0,00001
Messing	15,9	0,063	0,0016
Neusilber (WM 30)	3,33	0,30	0,00035
Nickel-Chrom	0,92	1,09	0,00004
Nickelin (WM 43)	2,32	0,43	0,00023
Platinrhodium	5,0	0,20	0,0017
Stahldraht (WM 13)	7,7	0,13	0,0048
Wood-Metall	1,85	0,54	0,0024
Sonstige Leiter			
Grafit	0,046	22	−0,0013
Kohlestifte	0,015	65	

13-

Flüssigkeiten (Mittelwerte bei 18 °C)	% [3)]	$\gamma\left(\frac{S \cdot cm}{cm^2}\right)$	$\varrho\left(\frac{\Omega \cdot cm^2}{cm}\right)$	$\alpha\left(\frac{1}{K}\right)$
Kalilauge	5	0,24	4,2	−0,02
KOH	10	0,38	2,6	−0,02
	20	0,42	2,4	−0,02
Kochsalz-	5	0,067	14,5	−0,02
lösung	10	0,121	8,27	−0,02
NaCl	20	0,195	5,12	−0,02
Natron-	5	0,198	5,1	−0,02
lauge	10	0,314	3,19	−0,02
NaOH	20	0,337	2,97	−0,02

1) Kupfer der Sorte E-Cu 58 mit einer Reinheit von mind. 99,90%
2) Cu 55%, Ni 44%, Mn 1%
3) Gehalt der Lösung in Gewichtsprozenten

3.3 Grundgesetze im Gleichstromkreis

3.3.2 Gesetze in einfachen und verzweigten Stromkreisen

3

Gesetz	Bildliche Darstellung	Berechnung	Erklärung
Ohmsches Gesetz	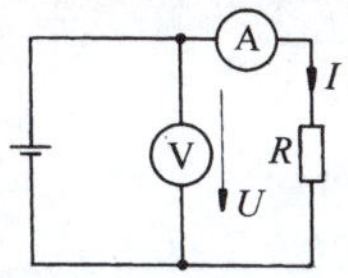	$I = \frac{U}{R}$	I Strom in A U Spannung in V R Widerstand in Ω 1 Ω = 1 V/1 A
Reihen-schaltung von Wider-ständen	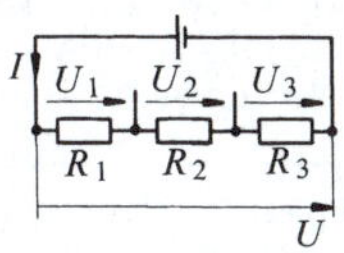	$U = U_1 + U_2 + U_3 + \ldots$ $R = R_1 + R_2 + R_3 + \ldots$ $I = \frac{U}{R} = \frac{U_1}{R_1} = \frac{U_2}{R_2} = \frac{U_3}{R_3}$	U Gesamtspannung in V U_1, U_2 Teilspannungen in V R Gesamtwiderstand in Ω R_1, R_2 Teilwiderstände in Ω
-23 Span-nungsfall auf Lei-tung	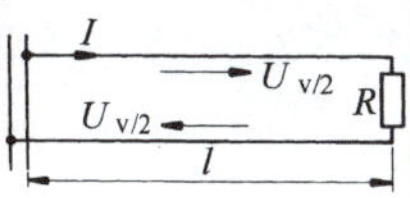	$U_v = R_{Ltg} \cdot I$ $U_v = \frac{2 \cdot l}{\gamma \cdot S} \cdot I$ $u_v = \frac{U_v \cdot 100}{U}$	U_v Spannungsfall in V R_{Ltg} Leitungswiderstand in Ω I Strom in A l einfache Leiterlänge in m γ Leitfähigkeit des Leitungs-werkstoffes in S m/mm² S Leitungsquerschnitt in mm² u_v Spannungsfall in % U Nennspannung in V
Parallel-schaltung von Wider-ständen	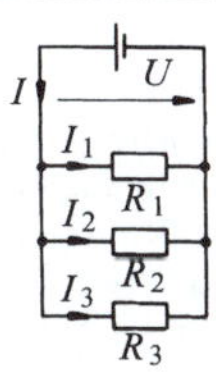	$I = I_1 + I_2 + I_3 + \ldots$ $G = G_1 + G_2 + G_3 + \ldots$ $\frac{1}{R} = \frac{1}{R_1} + \frac{1}{R_2} + \frac{1}{R_3} + \ldots$ $U = I \cdot R = I_1 \cdot R_1 = I_2 \cdot R_2$ **1. Sonderfall:** 2 Widerstände parallel $R = \frac{R_1 \cdot R_2}{R_1 + R_2}$ **2. Sonderfall:** *n* gleiche Wider-stände R_n parallel $R = \frac{R_n}{n}$	I Gesamtstrom in A I_1, I_2 Teilströme in A R Gesamtwiderstand in Ω G Gesamtleitwert in S G_1, G_2 Einzelleitwerte in S R_1, R_2 Einzelwiderstände in Ω
Reihen- und Paral-lelschal-tung von Wider-ständen mit unter-schiedli-chen Tem-peratur-beiwerten	Reihenschaltung 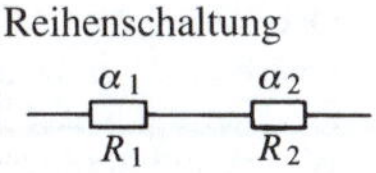	$\alpha = \frac{\alpha_1 \cdot R_1 + \alpha_2 \cdot R_2}{R_1 + R_2}$	α Gesamttemperaturbei-wert in 1/K R Gesamtwiderstand in Ω α_1, α_2 Temperaturbeiwerte der Einzelwiderstände in 1/K R_1, R_2 Einzelwiderstände in Ω
	Parallelschaltung 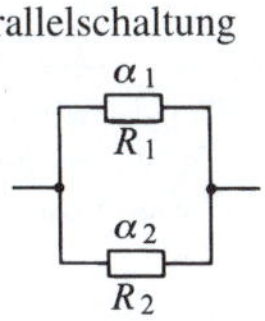	$\alpha = R \frac{\alpha_1 \cdot R_2 + \alpha_2 \cdot R_1}{R_1 \cdot R_2}$	

3.3 Grundgesetze im Gleichstromkreis

3

Gesetz	Bildliche Darstellung	Berechnung	Erklärung
1. Kirchhoffscher Satz (Knotenpunktregel)	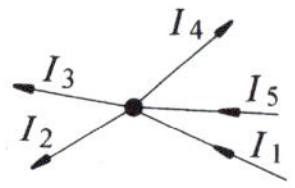	In jedem Stromverzweigungspunkt (Knotenpunkt) ist die Summe ($\sum$) aller zufließenden Ströme gleich der Summe aller abfließenden Ströme $\sum I_{zu} = \sum I_{ab}$	**Beispiel:** $I_1 = 3$ A; $I_2 = 6$ A; $I_3 = 2$ A; $I_4 = 1{,}5$ A; $I_5 = ?$ A **Lösung:** $I_1 + I_5 = I_2 + I_3 + I_4$ $I_5 = I_2 + I_3 + I_4 - I_1$ $I_5 = 6\text{ A} + 2\text{ A} + 1{,}5\text{ A} - 3\text{ A}$ $I_5 = 9{,}5\text{ A} - 3\text{ A}$ $I_5 = 6{,}5$ A
2. Kirchhoffscher Satz (Maschenregel)	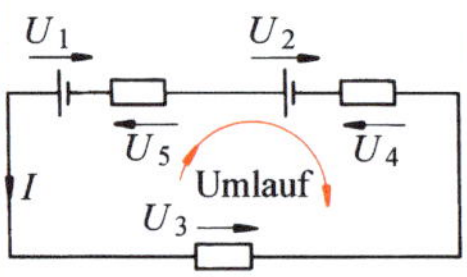	In jedem geschlossenen Stromkreis (Masche) ist die Summe aller Spannungen gleich Null. Spannungen, deren Richtung mit dem gewählten Umlaufsinn übereinstimmen, erhalten positives Vorzeichen, die anderen negatives Vorzeichen $\sum U = 0$	**Beispiel:** $U_1 = 4{,}5$ V $U_2 = 1{,}5$ V $U_4 = 1$ V $U_5 = 3$ V $U_3 = ?$ V **Lösung:** $U_1 + U_2 - U_5 - U_4 - U_3 = 0$ $U_3 = U_1 + U_2 - U_4 - U_5$ $= 4{,}5\text{ V} + 1{,}5\text{ V} - 3\text{ V} - 1\text{ V}$ $U_3 = 2$ V
⇐ 8-7 Messbereichserweiterung	**Spannungsmesser** 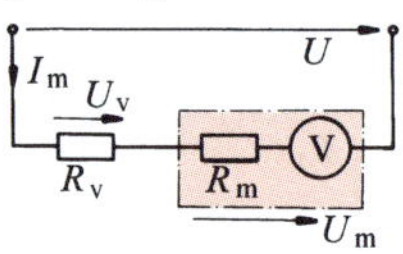	$R_v = \frac{U - U_m}{I_m}$ $n = \frac{U}{U_m}$ $R_v = R_m \cdot (n-1)$	U_m Messbereichsendwert vor der Erweiterung in V U Messbereichsendwert nach der Erweiterung in V I_m Strom für Vollausschlag in A R_m Widerstand des Messwerkes in Ω R_v Vorwiderstand in Ω n Messbereichserweiterungsfaktor
	Strommesser 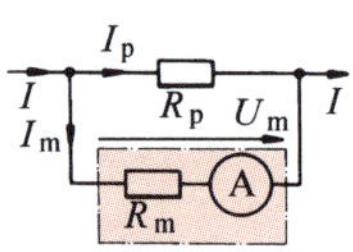	$R_p = \frac{U_m}{I - I_m}$ $R_p = \frac{R_m \cdot I_m}{I - I_m}$ $n = \frac{I}{I_m}$ $R_p = \frac{R_m}{n-1}$	R_p Nebenwiderstand (Shunt) in Ω U_m Spannung am Messwerk bei Vollausschlag in V I Messbereichsendwert nach der Erweiterung in A I_m Messbereichsendwert vor der Erweiterung in A R_m Widerstand des Messwerkes in Ω n Messbereichserweiterungsfaktor
Unbelasteter Spannungsteiler	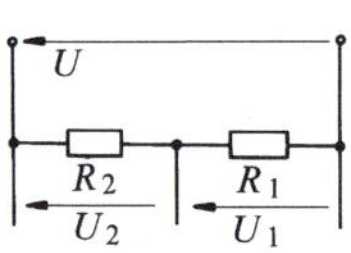	$\frac{U_1}{R_1} = \frac{U_2}{R_2}$ $U_2 = \frac{R_2}{R_1 + R_2} \cdot U$	U_1, U_2 Teilspannungen in V R_1, R_2 Teilwiderstände in Ω U Gesamtspannung in V

3.3 Grundgesetze im Gleichstromkreis

3

Gesetz	Bildliche Darstellung	Berechnung	Erklärung
Belasteter Spannungsteiler	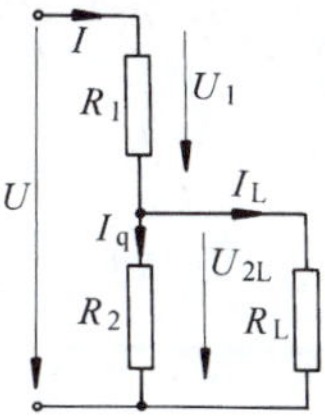	$U_{2L} = \dfrac{U}{\dfrac{R_1 \cdot (R_2 + R_L)}{R_2 \cdot R_L} + 1}$ $R_2 = R_L \cdot \dfrac{U}{U_{2L}} \cdot \dfrac{U_{20} - U_{2L}}{U - U_{20}}$ $R_1 = R_2 \left(\dfrac{U}{U_{20}} - 1 \right)$ $q = \dfrac{I_q}{I_L}$	U_{2L} Teilspannung bei Belastung mit R_L in V U Gesamtspannung in V R_1, R_2 Teilwiderstände in Ω R_L Belastungswiderstand in Ω U_{20} Teilspannung ohne Belastung (Leerlauf) in V I_L Laststrom in A I_q Querstrom in A q Querstromverhältnis
	Kennlinien eines Spannungsteilers 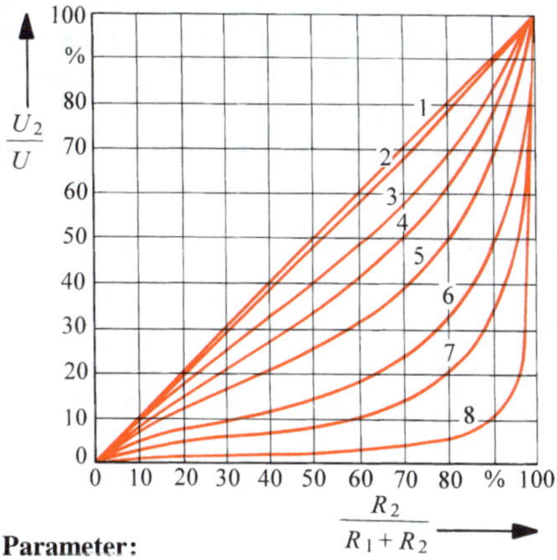 **Parameter:** 1 $R_L = \infty$ 2 $R_L = 5\,(R_1 + R_2)$ 3 $R_L = R_1 + R_2$ 4 $R_L = 0{,}5\,(R_1 + R_2)$ 5 $R_L = 0{,}25\,(R_1 + R_2)$ 6 $R_L = 0{,}1\,(R_1 + R_2)$ 7 $R_L = 0{,}05\,(R_1 + R_2)$ 8 $R_L = 0{,}01\,(R_1 + R_2)$		Die Ausgangsspannung weicht weniger von der Leerlaufspannung ab, wenn der Lastwiderstand gegenüber dem Teilerwiderstand groß ist. **Beispiel:** Spannungsteiler an $U = 100$ V liegend hat im Leerlauf eine Spannung $U_{20} = 30$ V. Bei Belastung mit $R_L = 70\ \Omega$ darf die Spannung auf $U_{2L} = 25$ V absinken. $R_1 = ?\ \Omega$; $R_2 = ?\ \Omega$. **Lösung:** $R_2 = R_L \cdot \dfrac{U}{U_{2L}} \cdot \dfrac{U_{20} - U_{2L}}{U - U_{20}}$ $R_2 = 70\ \Omega \cdot \dfrac{100\ \text{V}}{25\ \text{V}}$ $\cdot \dfrac{30\ \text{V} - 25\ \text{V}}{100\ \text{V} - 30\ \text{V}} = 20\ \Omega$ $R_1 = R_2 \left(\dfrac{U}{U_{2L}} - 1 \right) = 20\ \Omega \cdot \left(\dfrac{100\ \text{V}}{30\ \text{V}} - 1 \right)$ $R_1 = 46{,}67\ \Omega$
-10 Brückenschaltung	**Wheatstonesche Brücke** 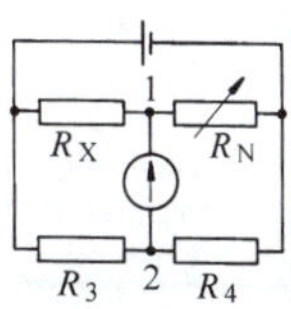	Für den Abgleich ($I_{12} = 0$) gilt: $\dfrac{R_X}{R_N} = \dfrac{R_3}{R_4}$	R_X unbekannter Widerstand in Ω R_N Vergleichswiderstand in Ω R_3, R_4 Brückenwiderstände in Ω
	Schleifdrahtbrücke 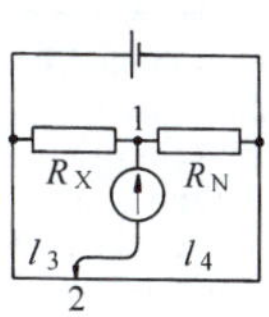	Für den Abgleich ($I_{12} = 0$) gilt: $\dfrac{R_X}{R_N} = \dfrac{l_3}{l_4}$	R_X unbekannter Widerstand in Ω R_N Vergleichswiderstand in Ω l_3, l_4 Längen des Widerstandsdrahtes bis zum Abgriff in m

3.3 Grundgesetze im Gleichstromkreis

Gesetz	Bildliche Darstellung	Berechnung
Stern-Dreieck-Umwandlung	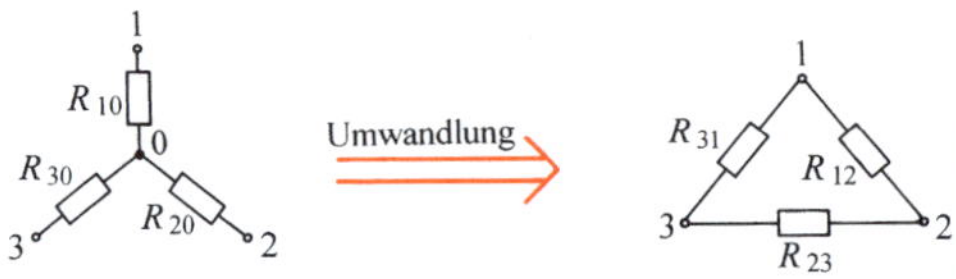	$R_{12} = \frac{R_{10} \cdot R_{20}}{R_{30}} + R_{10} + R_{20}$ $R_{23} = \frac{R_{20} \cdot R_{30}}{R_{10}} + R_{20} + R_{30}$ $R_{31} = \frac{R_{10} \cdot R_{30}}{R_{20}} + R_{10} + R_{30}$
Dreieck-Stern-Umwandlung		$R_{10} = \frac{R_{12} \cdot R_{31}}{R_{12} + R_{31} + R_{23}}$ $R_{20} = \frac{R_{12} \cdot R_{23}}{R_{12} + R_{31} + R_{23}}$ $R_{30} = \frac{R_{31} \cdot R_{23}}{R_{12} + R_{31} + R_{23}}$

Gesetz	Bildliche Darstellung	Berechnung	Erklärung
Dreieck-Stern-Umwandlung (Forts.)	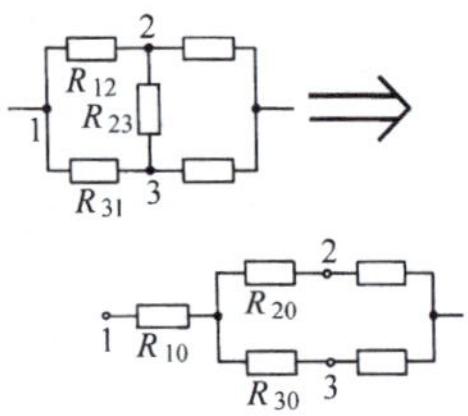	**Beispiel:** $R_{12} = 20\ \Omega$; $R_{23} = 30\ \Omega$; $R_{31} = 50\ \Omega$	**Lösung:** $R_{10} = \frac{R_{12} \cdot R_{31}}{R_{12} + R_{31} + R_{23}}$ $R_{10} = \frac{20\ \Omega \cdot 50\ \Omega}{20\ \Omega + 30\ \Omega + 50\ \Omega} = 10\ \Omega$ $R_{20} = \frac{30\ \Omega \cdot 20\ \Omega}{100\ \Omega} = 6\ \Omega$ $R_{30} = \frac{30\ \Omega \cdot 50\ \Omega}{100\ \Omega} = 15\ \Omega$
Spannungserzeuger	**Belasteter Spannungserzeuger** 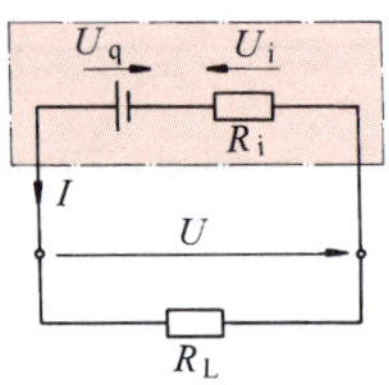	$U = U_q - I \cdot R_i$ $I = \frac{U_q}{R_i + R_L}$ $U_0 = U_q$ $I_K = \frac{U_q}{R_i}$ $R_i = \frac{U_q}{I_K}$ $R_i = \left\| \frac{\Delta U}{\Delta I} \right\|$	U Klemmenspannung in V U_q Quellenspannung in V U_0 Leerlaufspannung in V I_K Kurzschlussstrom in A ΔI Stromänderung in A ΔU durch ΔI verursachte Klemmenspannungsänderung in V I Strom in A R_i innerer Widerstand in Ω R_L Lastwiderstand in Ω P_{max} maximale Leistung am Lastwiderstand
	Leistungsanpassung	$R_L = R_i$ $\quad U = \frac{U_0}{2}$ $I = \frac{U_0}{2 \cdot R_L}$ $\quad P_{max} = \frac{U_0^2}{4 \cdot R_L}$	Die größtmögliche Leistungsentnahme aus einem Spannungserzeuger ergibt sich bei Leistungsanpassung, wenn der Lastwiderstand gleich dem Innenwiderstand ist

3.3 Grundgesetze im Gleichstromkreis

Gesetz	Bildliche Darstellung	Berechnung	Erklärung
Spannungserzeuger (Forts.)	**Reihenschaltung** 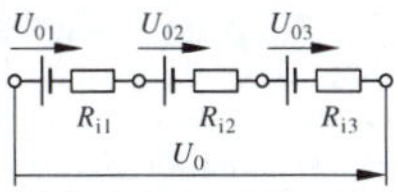	$U_0 = U_{01} + U_{02} + U_{03} + \ldots$ $R_i = R_{i1} + R_{i2} + R_{i3} + \ldots$	U_0 Gesamtleerlaufspannung U_{01}, U_{02} Einzelleerlaufspannungen R_i Gesamtinnenwiderstand R_{i1}, R_{i2} Einzelwiderstände I Gesamtstrom
	Parallelschaltung 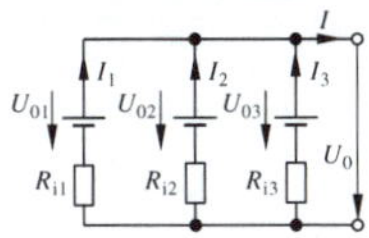	$I = I_1 + I_2 + I_3 + \ldots$ $\frac{1}{R_i} = \frac{1}{R_{i1}} + \frac{1}{R_{i2}} + \frac{1}{R_{i3}} + \ldots$	Bei **unterschiedlichen Leerlaufspannungen** der einzelnen Spannungserzeuger fließen in der Parallelschaltung auch im Leerlauf Ausgleichsströme
Ersatzspannungsquelle/ Ersatzstromquelle	Netze, die mehrere Spannungserzeuger (U_{01}, U_{02}, U_{03}, …), mehrere Schaltglieder mit festen Widerständen (R_1, R_2, R_3, …) und einen veränderlichen Lastwiderstand R_L enthalten, lassen sich durch die Ersatzspannungsquelle bzw. durch die Ersatzstromquelle berechnen		
	Beispiel: 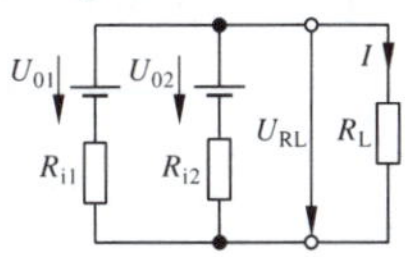 $U_{01} = 12\ \text{V}$ $\quad R_L = 15\ \Omega$ $R_{i1} = 3\ \Omega$ $\quad U_{R_L} = ?\ \text{V}$ $U_{02} = 6\ \text{V}$ $\quad I = ?\ \text{A}$ $R_{i2} = 1\ \Omega$ 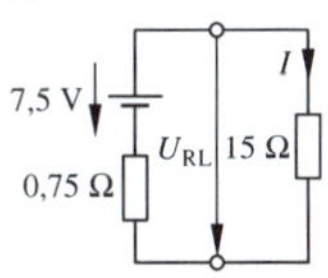	**Lösung: Ersatzspannungsquelle** $U_{01} - I_0 \cdot R_{i1} = U_{02} + I_0 \cdot R_{i2}$ $U_{01} - U_{02} = I_0\,(R_{i1} + R_{i2})$ $I_0 = \frac{U_{01} - U_{02}}{R_{i1} + R_{i2}} = \frac{12\ \text{V} - 6\ \text{V}}{3\Omega + 1\Omega} = 1{,}5\ \text{A}$ $U_0' = U_{02} + I_0 \cdot R_{i2}$ $= 6\ \text{V} + 1{,}5\ \text{A} \cdot 1\ \Omega = 7{,}5\ \text{V}$ $R_i' = \frac{R_{i1} \cdot R_{i2}}{R_{i1} + R_{i2}} = \frac{3\ \Omega \cdot 1\ \Omega}{3\ \Omega + 1\ \Omega} = 0{,}75\ \Omega$ $I = \frac{U_0'}{R_i + R_L} = \frac{7{,}5\ \text{V}}{0{,}75\ \Omega + 15\ \Omega}$ $I = 0{,}476\ \text{A}$ $U_{R_L} = I \cdot R_L = 0{,}476\ \text{A} \cdot 15\ \Omega$ $U_{R_L} = 7{,}14\ \text{V}$	**Ersatzspannungsquelle** Sie besteht aus einem Spannungserzeuger mit der Spannung U_0' und dem Innenwiderstand R_i'. U_0' erhält man durch Messung oder Berechnung der Spannung an den Klemmen für $R_L = \infty$ (Leerlaufspannung); R_i' erhält man, indem man sich die einzelnen Spannungserzeuger des Netzes kurzgeschlossen denkt und den Widerstand an den Klemmen (R_L nicht angeschlossen) bestimmt
	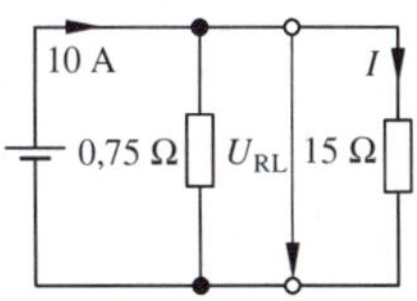	**Lösung: Ersatzstromquelle** $I' = \frac{U_{01}}{R_{i1}} + \frac{U_{02}}{R_{i2}} = \frac{12\ \text{V}}{3\ \Omega} + \frac{6\ \text{V}}{1\ \Omega}$ $I' = 4\ \text{A} + 6\ \text{A} = 10\ \text{A}$ Berechnung von R_i': siehe Ersatzspannungsquelle $R_i' = 0{,}75\ \Omega$ $R_{ers} = \frac{R_i' \cdot R_L}{R_i' + R_L} = \frac{0{,}75\ \Omega \cdot 15\ \Omega}{0{,}75\ \Omega + 15\ \Omega}$ $R_{ers} = 0{,}714\ \Omega$ $U_{R_L} = I' \cdot R_{ers} = 10\ \text{A} \cdot 0{,}714\ \Omega$ $U_{R_L} = 7{,}14\ \text{V}$ $I = \frac{U_{R_L}}{R_L} = \frac{7{,}14\ \text{V}}{15\ \Omega} = 0{,}476\ \text{A}$	**Ersatzstromquelle** Sie besteht aus einer Schaltung mit einem Ersatzstrom I' und einem Innenwiderstand R_i'. I' fließt, wenn man die Klemmen des Netzes kurzschließt (Kurzschlussstrom für $R_L = 0$). R_i' lässt sich durch die gleiche Vorgehensweise wie bei der Ersatzspannungsquelle festlegen

3.3 Grundgesetze im Gleichstromkreis

3.3.3 Elektrisches Feld und Kondensator

Gesetz	Bildliche Darstellung	Berechnung	Erklärung
Elektrisches Feld	**Elektrische Feldstärke** 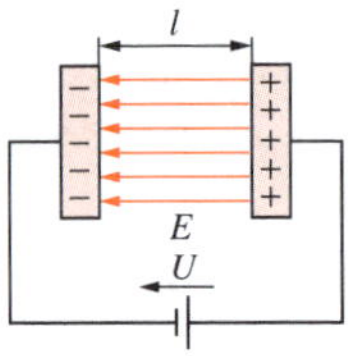	$E = \frac{F}{Q} = \frac{U}{l}$	Die **Richtung der Feldstärke** ist festgelegt durch die Richtung der Kraft auf eine positive Ladung im elektrischen Feld. E elektr. Feldstärke in V/m U Spannung zwischen geladenen Körpern in V l Abstand der Körper in m F Kraft auf einen geladenen Körper in N Q Ladung des Körpers in As
	Elektrische Durchschlagfestigkeit Die Durchschlagfestigkeit ist die in einem homogenen elektrischen Feld Durchschlag bewirkende Feldstärke in kV/cm oder kV/mm. Zur Berechnung wird bei einer sinusförmigen Wechselspannung der Effektivwert verwendet.		
	Elektrische Verschiebung	$D = \frac{Q}{A} = \varepsilon \cdot E = \varepsilon_0 \cdot \varepsilon_r \cdot E$ $\varepsilon_0 = 0{,}885419 \cdot 10^{-11}\,\text{F/m}$	D elektrische Flussdichte in As/m² Q elektrische Ladung in As A Fläche in m² ε Permittivität in As/(Vm) = F/m ε_0 elektrische Feldkonstante in F/m ε_r Permittivitätszahl

13-2

Kapazitäten von Kondensatoren

Gesetz	Bildliche Darstellung	Berechnung	Erklärung
Plattenkondensator	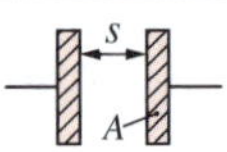	$C = \varepsilon_0 \cdot \varepsilon_r \cdot \frac{A}{s}$	C Kapazität in F ε_r Permittivitätszahl des Stoffes zwischen den parallelen Platten A Fläche einer Platte in m² s Abstand der Platten in m
Zylinderkondensator	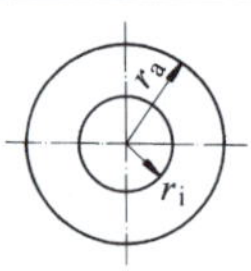	$C = \varepsilon_0 \cdot \varepsilon_r \cdot \frac{2 \cdot \pi \cdot l}{\ln \frac{r_a}{r_i}}$	l Länge der koaxialen Zylinder in m r_a Innenradius des äußeren Zylinders in mm r_i Außenradius des inneren Zylinders in mm ln natürlicher Logarithmus ε_r Permittivitätszahl des Stoffes zwischen den Zylindern
Kugelkondensator	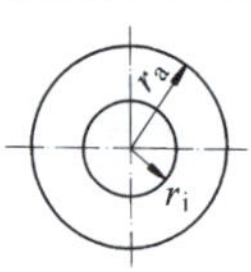	$C = \varepsilon_0 \cdot \varepsilon_r \cdot 4\pi \cdot \frac{r_i \cdot r_a}{r_a - r_i}$	r_i Außenradius der inneren Kugel in m r_a Innenradius der äußeren Kugel in m ε_r Permittivitätszahl des Stoffes zwischen den Kugeln

5-1
15-
1-5

3.3 Grundgesetze im Gleichstromkreis

Gesetz	Bildliche Darstellung	Berechnung	Erklärung
Parallele Zylinder mit gleichen Radien	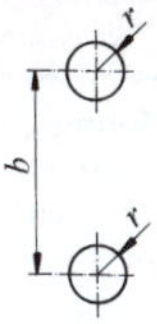	Für den Fall $b \gg r$: $C = \dfrac{\pi \cdot \varepsilon_0 \cdot \varepsilon_r \cdot l}{\ln \dfrac{b-r}{r}}$	l Länge des Zylinders in m b Abstand der Zylindermittellinien in m r Zylinderradius in m ε_r Permittivitätszahl des Stoffes zwischen den Zylindern ln natürlicher Logarithmus
Zylinder gegenüber Ebene	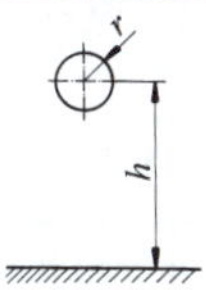	Für den Fall $h \gg r$: $C = \dfrac{2 \cdot \pi \cdot \varepsilon_0 \cdot \varepsilon_r \cdot l}{\ln \dfrac{2 \cdot h}{r}}$	l Länge des Zylinders in m h Abstand der Zylindermittellinie/Ebene in m r Zylinderradius in m ε_r Permittivitätszahl des Stoffes zwischen Zylinder und Ebene
Ladung von Kondensatoren		$Q = I \cdot t$ $Q = C \cdot U$	Q Ladung in As I Strom in A t Zeit in s C Kapazität in F (F = As/V) U Spannung in V
Energie e. gelad. Kondensators		$W_{el} = \dfrac{1}{2} \cdot C \cdot U^2$	W_{el} elektrisch gespeicherte Energie in Ws C Kapazität in F U Spannung in V
Parallelschaltung von Kondensatoren	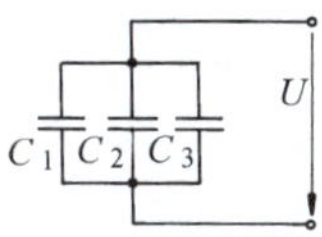	$Q = Q_1 + Q_2 + Q_3 + \ldots$ $C = C_1 + C_2 + C_3 + \ldots$ $U = \dfrac{Q}{C} = \dfrac{Q_1}{C_1} = \dfrac{Q_2}{C_2} = \ldots$	Q Gesamtladung in As Q_1, Q_2 Einzelladungen in As C Gesamtkapazität in F C_1, C_2 Einzelkapazitäten in V U Spannung in V
Reihenschaltung von Kondensatoren	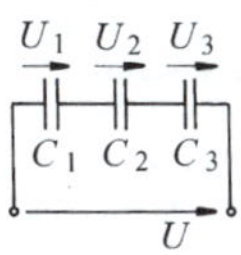	$U = U_1 + U_2 + U_3 + \ldots$ $\dfrac{1}{C} = \dfrac{1}{C_1} + \dfrac{1}{C_2} + \dfrac{1}{C_3} + \ldots$ $Q = C \cdot U = C_1 \cdot U_1 = C_2 \cdot U_2$ Für den speziellen Fall der Reihenschaltung aus zwei Kondensatoren: $C = \dfrac{C_1 \cdot C_2}{C_1 + C_2}$	U Gesamtspannung in V U_1, U_2 Einzelspannungen in V C Gesamtkapazität in F C_1, C_2 Einzelkapazitäten in F Q Ladung in As
Kapazitätsänderung von Kondensatoren bei Erwärmung		$\Delta C = \alpha \cdot C_K \cdot \Delta T$ $C_w = C_K \cdot (1 + \alpha \cdot \Delta T)$ **Reihenschaltung**: $\alpha = \dfrac{\alpha_2 \cdot C_1 + \alpha_1 \cdot C_2}{C_1 + C_2}$ **Parallelschaltung**: $\alpha = \dfrac{\alpha_1 \cdot C_1 + \alpha_2 \cdot C_2}{C_1 + C_2}$	ΔC Kapazitätsänderung in F α Temperaturkoeff. in 1/K C_K Kap. im kalten Zustand in F ΔT Temperaturänderung in K C_w Kapazität im warmen Zustand in F α Gesamttemperaturkoeffizient in 1/K α_1, α_2 Temperaturkoeffizienten der Einzelkapazitäten in 1/K C_1, C_2 Einzelkapazitäten in F

⇒ 1-5

3.3 Grundgesetze im Gleichstromkreis

3.3.4 Magnetisches Feld und Spule

Art	Bildliche Darstellung	Berechnung	Erklärung
Durchflutung	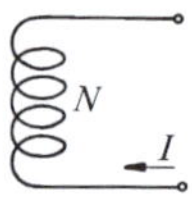	$\Theta = N \cdot I$	Θ Durchflutung in A (= magnetische Spannung) N Windungszahl I Strom in A
Magn. Feldstärke	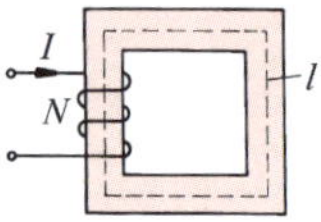	$H = \frac{N \cdot I}{l}$	H magnetische Feldstärke in A/m N Windungszahl I Strom in A l mittlere Feldlinienlänge in m
Magn. Fluss u. magn. Flussdichte	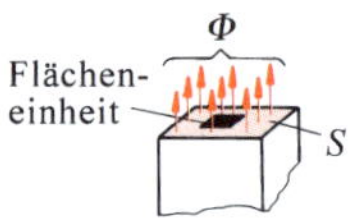	$B = \frac{\Phi}{S}$	Die magnetische Flussdichte ist die Anzahl der Feldlinien, die senkrecht durch eine Flächeneinheit hindurchtreten. B magn. Flussdichte in T $1\ \text{T} = 1\ \text{Tesla} = 1\ \text{Vs/m}^2$ Φ magn. Fluss in Wb $1\ \text{Wb} = 1\ \text{Weber} = 1\ \text{Vs}$ S Fläche in m^2
Magn. Feldstärke, Flussdichte, Permeabilität	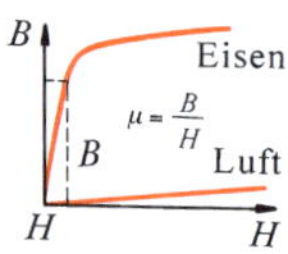	$B = \mu \cdot H$ $B = \mu_0 \cdot \mu_r \cdot H$ $\mu = \mu_0 \cdot \mu_r$ $\mu_0 = 1{,}2566 \cdot 10^{-6}\ \frac{\text{Vs}}{\text{Am}}$	B magnetische Flussdichte in T H Feldstärke in A/m μ Permeabilität in Vs/(Am) μ_0 magn. Feldkonstante μ_r Permeabilitätszahl **in Luft:** $B = \mu_0 \cdot H$ μ_0 konstant, $\mu_r \approx 1$ **in Eisen:** $B = \mu \cdot H$ μ nicht konstant
Hysteresekurve	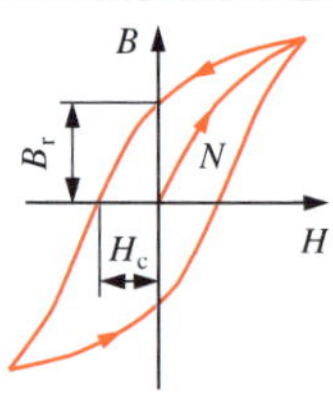	Die von der Hysteresekurve eingeschlossene Fläche entspricht den Ummagnetisierungsverlusten	N Neukurve B_r magn. Remanenz (Restmagnetismus) H_c Koerzitivfeldstärke
Entmagnetisieren		Einbringen des magnetischen Gegenstandes in das Magnetfeld einer vom Wechselstrom durchflossenen Spule; dann entweder den Strom verringern oder den Gegenstand langsam aus dem Spulenfeld entfernen	
Anforderungen an Magnetwerkstoffe		Für Elektromagnete: Werkstoffe mit geringer Remanenz, geringer Koerzitivfeldstärke (kleine Ummagnetisierungsverluste) und großer Permeabilitätszahl. Für Dauermagnete: Werkstoffe mit großer Remanenz und großer Koerzitivfeldstärke	

13-
13-
13-

Magnetisierungskurven

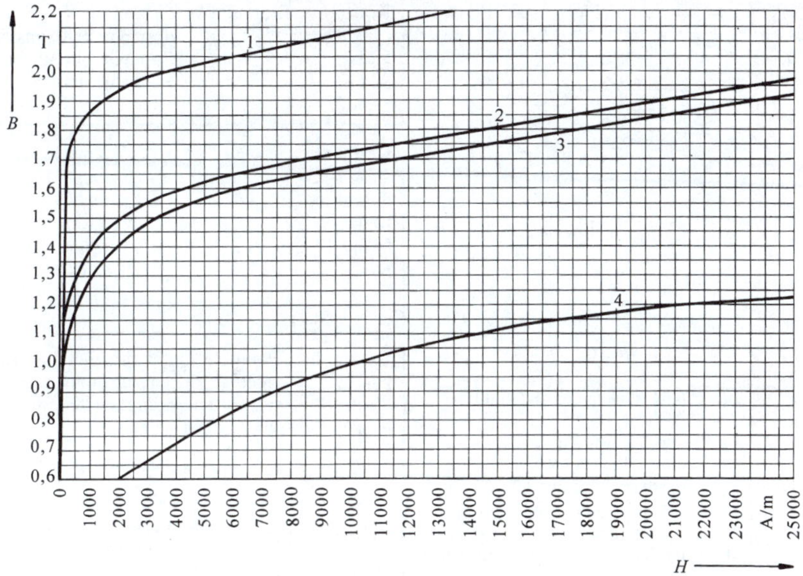

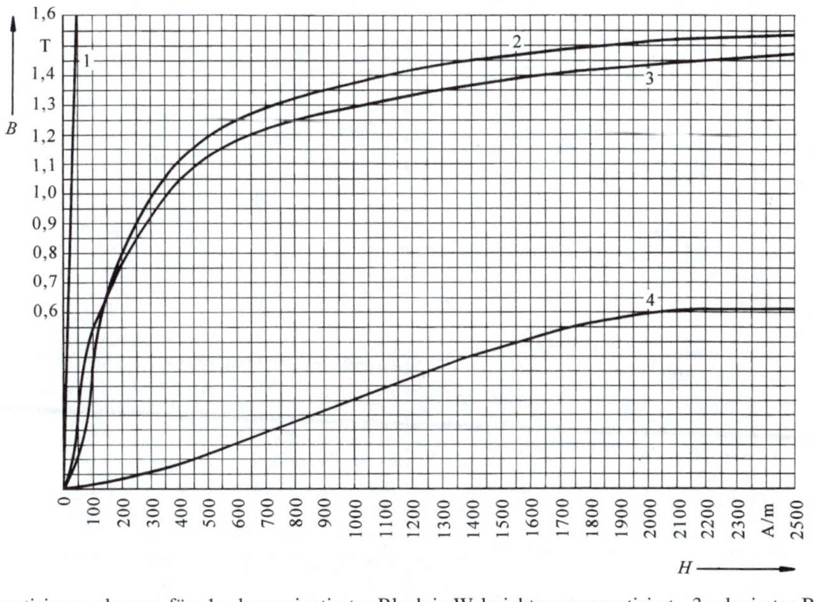

Magnetisierungskurven für: 1 = kornorientiertes Blech in Walzrichtung magnetisiert 3 = legiertes Blech
2 = normales Dynamoblech und Stahlguss 4 = Gusseisen

3

3.3 Grundgesetze im Gleichstromkreis

Art	Berechnung
Magn. Widerstand u. Leitwert	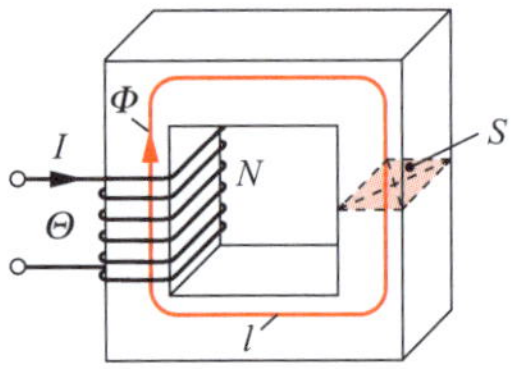 $$R_{mag} = \frac{\Theta}{\Phi} = \frac{l}{\mu \cdot S}$$ $$\Lambda = \frac{1}{R_{mag}} = \frac{\mu \cdot S}{l}$$ $$\Phi = \Theta \cdot \Lambda$$ R_{mag} magnetischer Widerstand in A/Wb Θ Durchflutung in A Φ magn. Fluss in Wb l mittlere Feldlinienlänge in m μ Permeabilität in Wb/(A · m) S Fläche in m^2 Λ magnetischer Leitwert in Wb/A
Magn. Kreis mit Luftspalt (ohne Streuung)	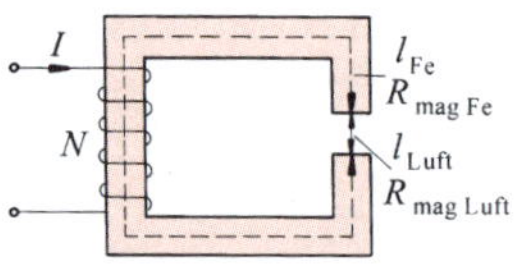 $$R_{mag\,ges} = R_{mag\,Fe} + R_{mag\,Luft}$$ $$V_{ges} = V_{Fe} + V_{Luft}$$ $$\Theta = H_{Fe} \cdot l_{Fe} + H_{Luft} \cdot l_{Luft}$$ $R_{mag\,ges}$ gesamter magn. Widerstand in A/Wb $R_{mag\,Fe}$, $R_{mag\,Luft}$ magn. Einzelwiderstände in A/Wb V_{ges} magn. Gesamtspannung in A V_{Fe}, V_{Luft} magn. Teilspannungen in A Θ Durchflutung (Wicklung) in A H_{Fe}, H_{Luft} magn. Feldstärken in A/m l_{Fe}, l_{Luft} mittlere Feldlinienlängen in m
Kraft im Magnetfeld	$F = \frac{B^2 \cdot S}{2 \cdot \mu_0}$ F Kraft in N μ_0 magn. Feldkonstante B magn. Flussdichte in T S Fläche in m^2
Kraft auf stromdurchfloss. Leiter im Magnetfeld	$F = B \cdot I \cdot l \cdot z$ wenn $B \perp l$ F Kraft in N B magn. Flussdichte in T l wirksame Leiterlänge in m z Leiterzahl I Strom in A
Kraft auf parallele Stromleiter	Parallele Leiter mit gleicher Stromrichtung ziehen sich an; parallele Leiter mit entgegengesetzter Stromrichtung stoßen sich ab $$F = \frac{\mu_0}{2\pi} \cdot \frac{l}{b} \cdot I_1 \cdot I_2$$ F Kraft in N μ_0 magn. Feldkonstante l Leiterlänge in m b Leiterabstand in m I_1; I_2 Leiterstrom in A
Induktionsgesetz	$$U_{indu} = -N \frac{\Delta\Phi}{\Delta t}$$ U_{indu} induzierte Spannung in V N Windungszahl $\frac{\Delta\Phi}{\Delta t}$ zeitliche Veränderung des magn. Flusses in Wb/s
Linke-Hand-Regel (Motorregel)	Hält man die linke Hand so, dass die Feldlinien (vom Nordpol kommend) auf die Handfläche der Hand auftreffen und zeigen die ausgestreckten Finger in Stromrichtung, dann gibt der abgespreizte Daumen die Bewegungsrichtung des Leiters an
Rechte-Hand-Regel (Generatorregel)	Hält man die rechte Hand so, dass die Feldlinien (vom Nordpol kommend) auf die Innenfläche der Hand auftreffen und zeigt der abgespreizte Daumen in die Bewegungsrichtung, so geben die ausgestreckten Finger die Richtung des Induktionsstromes an

⇒ 3-1

⇐ 3-12

3.3 Grundgesetze im Gleichstromkreis

Art	Berechnung	Erklärung	Art	Berechnung	Erklärung
Induktion der Bewegung	$\lvert U_{\text{indu}} \rvert = B \cdot l \cdot v \cdot z$ wenn $v \perp B$	$\lvert U_{\text{indu}} \rvert$ induzierte Spannung in V l wirksame Leiterlänge in m v Geschw. in m/s z Leiterzahl B mag. Flussdichte in T	Selbstinduktivität von Spulen	$L = N^2 \cdot \frac{\mu_0 \cdot \mu_r \cdot S}{l}$ $L = N^2 \cdot \Lambda$	L Selbstinduktivität in H 1 H = Wb/A N Windungszahl Λ magn. Leitwert in Wb/A
Selbstinduktionsspannung	$U_L = -L \cdot \frac{\Delta I}{\Delta t}$	U_L Selbstinduktionsspannung in V L Induktivität in H $\frac{\Delta I}{\Delta t}$ zeitliche Änderung des Stromes in A/s	Energie einer stromdurchfloss. Spule	$W_{mag} = \frac{1}{2} \cdot L \cdot I^2$	W_{mag} magn. gespeicherte Energie in Ws L Selbstinduktivität in H I Strom in A

Selbstinduktivitäten

Konzentrisches Kabel	Leiter gegen Masse	Doppelleitung	Erklärung
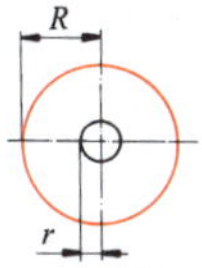 $L = 0{,}2 \cdot 10^{-6} \cdot l \cdot \ln\left(\frac{R}{r}\right)$	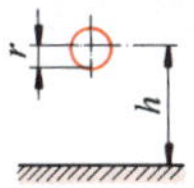 $L = 0{,}2 \cdot 10^{-6} \cdot l \cdot \ln\left(\frac{2h}{r}\right)$	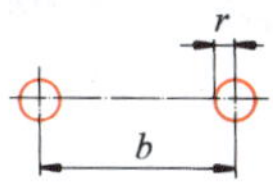 $L = 0{,}4 \cdot 10^{-6} \cdot l \cdot \ln\left(\frac{b}{r}\right)$	L Induktivität in H l Leiterlänge in m

Art	Bildl. Darstellung	Berechnung	Erklärung
Einlagige Spule	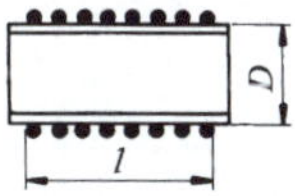	$L = 10^{-6} \cdot N^2 \cdot \frac{D^2}{l}$	L Induktivität in H N Windungszahl D Windungsdurchmesser in m l Spulenlänge in m
Mehrlagige Spule	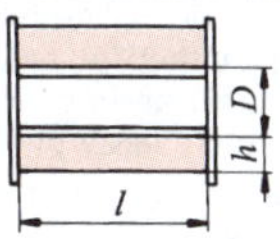	$L \approx 10^{-6} \cdot N^2 \cdot D \cdot \left[\frac{D}{2(l+h)}\right]^n$ $n = 0{,}75$ für $0 < \frac{D}{2(l+h)} < 1$ $n = 0{,}5$ für $1 \leq \frac{D}{2(l+h)} < 3$	L Induktivität in H N Windungszahl D Durchmesser in m l Spulenlänge in m h Wicklungshöhe in m
Magnetisch nicht gekoppelte Spulen			
Reihenschaltung	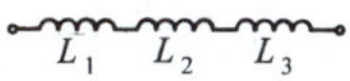	$L = L_1 + L_2 + L_3 + \ldots$	L Gesamtinduktivität in H L_1, L_2, L_3 Einzelinduktivitäten in H
Parallelschaltung	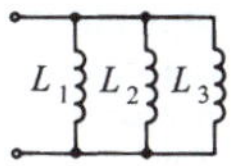	$\frac{1}{L} = \frac{1}{L_1} + \frac{1}{L_2} + \frac{1}{L_3} + \ldots$	L Gesamtinduktivität in H L_1, L_2, L_3 Einzelinduktivitäten in H

-5

3.3 Grundgesetze im Gleichstromkreis

Magnetisch gekoppelte Spulen

	Gleicher Wicklungssinn	Entgegengesetzter Wicklungssinn	Berechnung und Erklärung
Reihenschaltung	$L = L_1 + L_2 + 2\,L_{mn}$	$L = L_1 + L_2 - 2\,L_{mn}$	$L_{mn} = k \cdot \sqrt{L_1 \cdot L_2}$ L_{mn} gegenseitige Induktivität in H k Kopplungsgrad (0 … 1 je nach Kopplung) L_1 Selbstinduktivität der Spule 1 in H L_2 Selbstinduktivität der Spule 2 in H
Parallelschaltung	$L = \dfrac{L_1 \cdot L_2 - L_{mn}^2}{L_1 + L_2 - 2\,L_{mn}}$	$L = \dfrac{L_1 \cdot L_2 - L_{mn}^2}{L_1 + L_2 + 2\,L_{mn}}$	

3.3.5 Kondensator und Spule im Gleichstromkreis

Art	Bildl. Darstellung	Berechnung	Erklärung
Kondensator im Gleichstromkreis	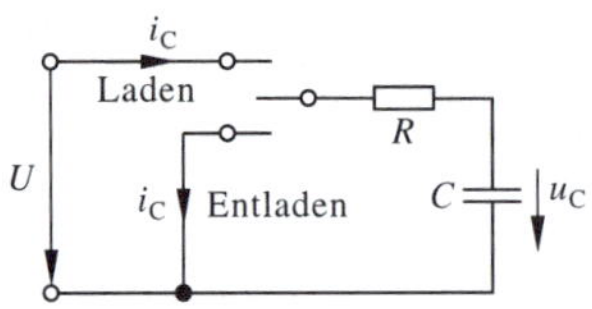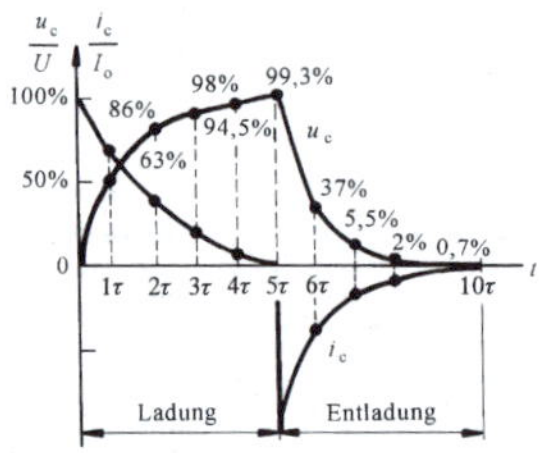	$\tau = R \cdot C$ $I_0 = \dfrac{U}{R}$ **Ladung:** $i_C = \dfrac{U}{R} \cdot e^{-\frac{t}{\tau}}$ $u_C = U \cdot (1 - e^{-\frac{t}{\tau}})$ **Entladung:** $i_C = -\dfrac{U}{R} \cdot e^{-\frac{t}{\tau}}$ $u_C = U \cdot e^{-\frac{t}{\tau}}$	τ Zeitkonstante in s R Widerstand in Ω C Kapazität in $F = As/V$ I_0 Strom im Einschaltaugenblick in A U angelegte Gleichspannung in V i_C Strom in A e natürliche Zahl (2,71828…) u_C Kondensatorspannung in V t Zeit in s
Spule im Gleichstromkreis	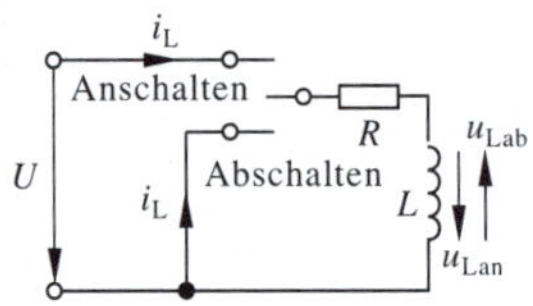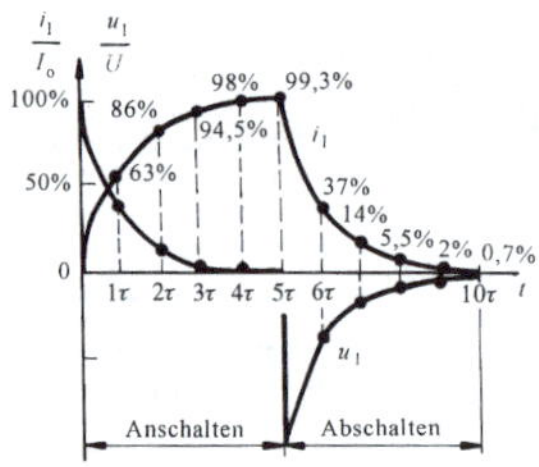	$\tau = \dfrac{L}{R}$ $I_0 = \dfrac{U}{R}$ **Anschalten:** $i_L = \dfrac{U}{R} \cdot (1 - e^{-\frac{t}{\tau}})$ $u_L = U \cdot e^{-\frac{t}{\tau}}$ **Abschalten:** $i_L = \dfrac{U}{R} \cdot e^{-\frac{t}{\tau}}$ $u_L = -U \cdot e^{-\frac{t}{\tau}}$	Die Spule wird beim Abschalten von einem Verbraucher zu einer Spannungsquelle, die versucht, den Strom in gleicher Richtung weiter fließen zu lassen. Dabei hat sich die Polung der Spannung an der Spule umgekehrt. τ Zeitkonstante in s L Induktivität in $H = Vs/A$ R Widerstand in Ω I_0 Strom nach dem Ausgleichsvorgang in A U angelegte Gleichspannung in V i_L Strom in A u_L Spulenspannung in V e natürliche Zahl (2,71828…) t Zeit in s

3.4 Grundgesetze im Wechselstromkreis

3.4.1 Wechselströme und Wechselspannungen

Formelzeichen zeitabhängiger Ströme entsprechend DIN 5483-2: 1982-9

Formelzeichen	Bedeutung
Augenblickswerte	
i	Augenblickswert
$\lvert i \rvert$	Betrag des Augenblickswertes
$\hat{i}, i_m$	Maximalwert (Scheitelwert, Amplitude)
$\hat{\hat{i}}, i_{mm}$	Spitzenwert (größter Maximalwert)
$\check{i}, i_{min}$	Minimalwert
$\check{\check{i}}, i_v$	Talwert (kleinster Minimalwert)
$\underset{\vee}{\hat{i}}, i_e$	Schwingungsbreite, Schwankung (Spitze-Tal-Wert) [1]

Formelzeichen	Bedeutung
Mittelwerte	
$\bar{I}, I_{ar}$	arithmetischer (ztl. linearer) Mittelwert
I, I_q, I_{eff}	Effektivwert (quadrat. Mittelwert)
$\overline{\lvert i \rvert}, I_r$	Gleichrichtwert
Anteile und Werte an Mischgrößen	
I_0, I_-	Gleichstrom, Gleichstromanteil
$i_\sim, i_a$	Wechselstrom, Wechselstromanteil
$\hat{i}_a, i_{a,m}$	Maximalwert des Wechselstromanteils
$\hat{\hat{i}}_a, i_{a,mm}$	Spitzenwert des Wechselstromanteils

Effektivwert	Der Effektivwert I eines Wechselstromes ist der sich aus den Augenblickswerten i ergebende Dauerwert, der in einem ohmschen Widerstand die gleiche Wärmearbeit erzeugt wie ein Gleichstrom der gleichen Höhe
Gleichwert	Der Gleichwert (arithmetische Mittelwert) $\bar{i}$ oder $\bar{I}$ eines Wechselstromes ist der gleich bleibende Wert, von dem aus die Summe aller größeren Augenblickswerte gleich der Summe aller kleineren Augenblickswerte ist
Gleichrichtwert	Der Gleichrichtwert $\overline{\lvert i \rvert}$ eines Wechselstromes ist der über eine Periode genommene arithmetische Mittelwert der Beträge $\lvert i \rvert$ der Augenblickswerte i
Scheitelfaktor	Der Scheitelfaktor eines Wechselstromes ist das Verhältnis des Scheitelwertes $\hat{i}$ zum Effektivwert I
Formfaktor	Der Formfaktor ist das Verhältnis des Effektivwertes I zum Gleichrichtwert $\overline{\lvert i \rvert}$

Kurvenform	Gleichrichtwert $\overline{\lvert i \rvert}$	Effektivwert I	Scheitelfaktor $\frac{\hat{i}}{I}$	Formfaktor $\frac{I}{\overline{\lvert i \rvert}}$
Sinus	$0{,}636 \cdot \hat{i}$	$\hat{i}/\sqrt{2} = 0{,}707 \cdot \hat{i}$	$\sqrt{2} = 1{,}41$	1,11
Dreieck, Sägezahn	$0{,}5 \cdot \hat{i}$	$\hat{i}/\sqrt{3} = 0{,}577 \cdot \hat{i}$	$\sqrt{3} = 1{,}73$	1,15
Rechteck	$\hat{i}$	$\hat{i}$	1,00	1,00

Sinusförmiger Wechselstrom

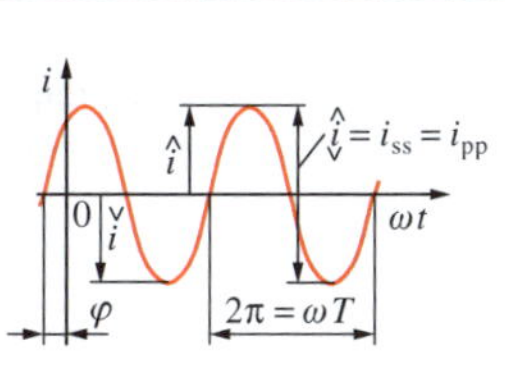

$$i = \hat{i} \cdot \sin(\omega t + \varphi)$$

$$\omega = 2 \cdot \pi \cdot f$$

$$f = \frac{1}{T}$$

- f Frequenz in Hz
- T Periodendauer in s
- t Zeit in s
- ω Winkelgeschwindigkeit in rad/s
- i Augenblickswert des Stromes in A
- $\hat{i}$ Maximalwert des Stromes (auch Scheitelwert oder Amplitude genannt) in A
- $\check{i}$ Minimalwert des Stromes in A
- φ Phasenverschiebungswinkel in rad

[1] Verwendet wird auch als Index angehängtes pp oder ss (peak-peak, Spitze-Spitze).

3.4 Grundgesetze im Wechselstromkreis

3

3.4.2 Transformator

15-3

Art	Bildl. Darstellung	Berechnung	Erklärung
10-6 Transformator	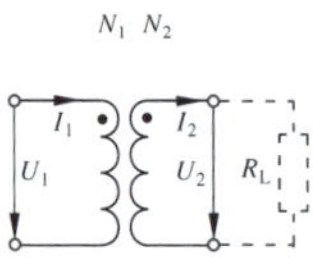	$ü = \frac{N_1}{N_2}$ $\frac{U_1}{U_2} \approx \frac{N_1}{N_2}$ $\frac{I_1}{I_2} \approx \frac{N_2}{N_1}$ **Übertrager:** $ü^2 = \frac{Z_1}{Z_2}$	$ü$ Übersetzungsverhältnis U_1 Eingangsspannung in V U_2 Ausgangsspannung in V I_1 Eingangsstrom in A I_2 Ausgangsstrom in A N_1 Windungszahl der Eingangswicklung N_2 Windungszahl der Ausgangswicklung Z_1 eingangsseitiger Wechselstromwiderstand in Ω Z_2 ausgangsseitiger Wechselstromwiderstand in Ω
10-8 Kurzschlussspannung	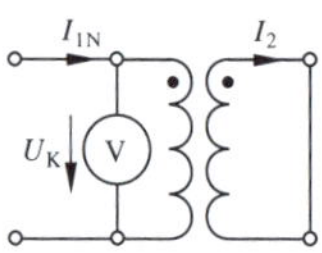	$u_K = \frac{U_K}{U_N} \cdot 100\%$	Die Kurzschlussspannung U_K ist die Spannung mit Nennfrequenz, die bei kurzgeschlossener Ausgangswicklung an die Eingangswicklung gelegt werden muss, um in der Eingangswicklung den Nennstrom zu erhalten. Sie wird in Prozenten der Nenn-Eingangsspannung angegeben. u_K Kurzschlussspannung in % U_K Kurzschlussspannung in V U_N Nennspannung in V
Dauerkurzschlussstrom		$I_{Kd} = \frac{I_N}{u_K} \cdot 100\%$	I_{Kd} Dauerkurzschlussstrom in A I_N Nennstrom in A u_K Kurzschlussspannung in %

3.4.3 Dreiphasenwechselstrom (Drehstrom)

Art	Bildl. Darstellung	Berechnung	Erklärung
10-1 Sternschaltung [1]	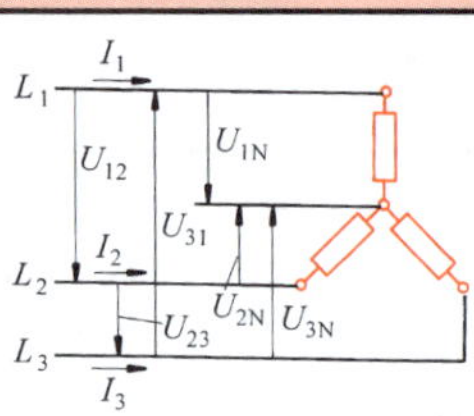 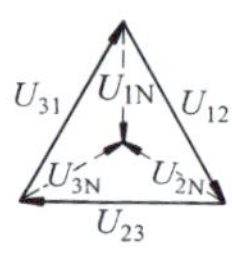	$I = I_{Str}$ $U = U_{Str} \cdot \sqrt{3}$ $S = 3 \cdot U_{Str} \cdot I$ $= \sqrt{3} \cdot U \cdot I$ $P = 3 \cdot U_{Str} \cdot I \cdot \cos\varphi$ $= \sqrt{3} \cdot U \cdot I \cdot \cos\varphi$ $Q = 3 \cdot U_{Str} \cdot I \cdot \sin\varphi$ $= \sqrt{3} \cdot U \cdot I \cdot \sin\varphi$	U Außenleiterspannung U_{12}, U_{23}, U_{31} U_{Str} Strangspannung U_{1N}, U_{2N}, U_{3N} I Außenleiterstrom I_1, I_2, I_3 I_{Str} Strangstrom I_{12}, I_{23}, I_{31} $\sqrt{3}$ Verkettungsfaktor S Scheinleistung P Wirkleistung Q Blindleistung
Dreieckschaltung [1]	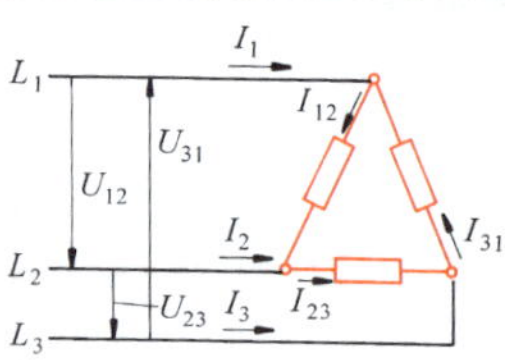 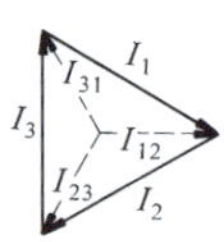	$I = I_{Str} \cdot \sqrt{3}$ $U = U_{Str}$ $S = 3 \cdot U \cdot I_{Str}$ $= \sqrt{3} \cdot U \cdot I$ $P = 3 \cdot U \cdot I_{Str} \cdot \cos\varphi$ $= \sqrt{3} \cdot U \cdot I \cdot \cos\varphi$ $Q = 3 \cdot U \cdot I_{Str} \cdot \sin\varphi$ $= \sqrt{3} \cdot U \cdot I \cdot \sin\varphi$	3-3

[1] Bei symmetrischer Belastung.

3.4 Grundgesetze im Wechselstromkreis

3.4.4 Gleichwertige Reihen- und Parallelschaltungen

Für eine bestimmte Frequenz ist eine Reihenschaltung durch eine gleichwertige Parallelschaltung ersetzbar und umgekehrt.

Umrechnung einer Reihenschaltung in eine Parallelschaltung	**Umrechnung einer Parallelschaltung in eine Reihenschaltung**
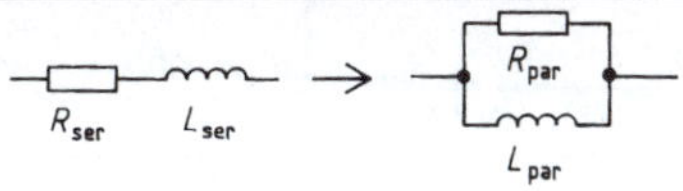 $R_{par} = \dfrac{R_{ser}^2 + (\omega L_{ser})^2}{R_{ser}}$ $\quad L_{par} = \dfrac{R_{ser}^2 + (\omega L_{ser})^2}{\omega^2 L_{ser}}$	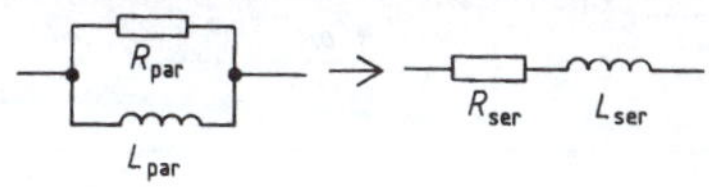 $R_{ser} = \dfrac{R_{par} \cdot (\omega L_{par})^2}{R_{par}^2 + (\omega L_{par})^2}$ $\quad L_{ser} = \dfrac{L_{par} \cdot R_{par}^2}{R_{par}^2 + (\omega L_{par})^2}$
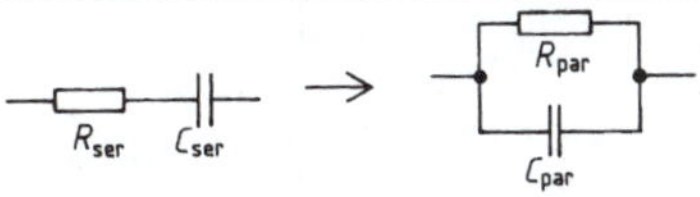 $R_{par} = \dfrac{R_{ser}^2 + \left(\dfrac{1}{\omega C_{ser}}\right)^2}{R_{ser}}$ $\quad C_{par} = \dfrac{\dfrac{1}{\omega^2 C_{ser}}}{R_{ser}^2 + \left(\dfrac{1}{\omega C_{ser}}\right)^2}$	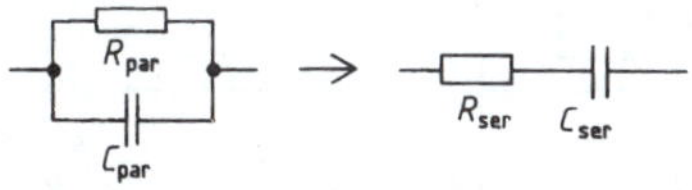 $R_{ser} = \dfrac{R_{par} \cdot \left(\dfrac{1}{\omega C_{par}}\right)^2}{R_{par}^2 + \left(\dfrac{1}{\omega C_{par}}\right)^2}$ $\quad C_{ser} = C_{par} \cdot \left[1 + \left(\dfrac{1}{\omega C_{par} \cdot R_{par}}\right)^2\right]$

3.4.5 Komplexe Darstellung von Wechselgrößen nach DIN 5483-3: 1994-9

-6

Für Wechselströme und -spannungen werden die Augenblickswerte durch Sinusfunktionen der Form $i = \hat{i} \cdot \sin(\omega t)$ bzw. $u = \hat{u} \cdot \sin(\omega t + \varphi)$ angegeben. Komplexe Größen werden durch Unterstreichen der Formelzeichen gekennzeichnet. So ist in komplexer Darstellung $\underline{i} = \hat{i} \cdot \sin(\omega t)$ und $\underline{u} = \hat{u} \cdot \sin(\omega t + \varphi)$, und es gilt für die komplexen Effektivwerte

$$\underline{I} - I \cdot c^{j\varphi_i} = I \exp(j\varphi_i) = I \underline{/\varphi_i} \quad \text{bzw.} \quad \underline{U} = U \cdot e^{j\varphi_u} = U \exp(j\varphi_u) = U \underline{/\varphi_u}\,.$$

Die Nullphasenwinkel φ_i bzw. φ_u geben die Winkel der Zeiger gegen die reelle Achse an.

Komplexe Darstellung von Schaltungen

Schaltung	Impedanz $\underline{Z}$ Admittanz $\underline{Y}$	Scheinwiderstand $\lvert\underline{Z}\rvert = Z$ Scheinleitwert $\lvert\underline{Y}\rvert = Y$	Phasenverschiebungswinkel φ
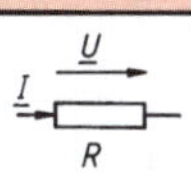	$\underline{Z} = R$ $\underline{Y} = G = \dfrac{1}{R}$	$Z = R$ $Y = G = \dfrac{1}{R}$	$\varphi = 0°$
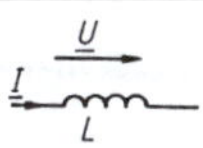	$\underline{Z} = jX_L = j\omega L$ $\underline{Y} = -jB_L = \dfrac{1}{j\omega L} = -j\dfrac{1}{\omega L}$	$Z = \omega L$ $Y = \dfrac{1}{\omega L}$	$\varphi_Z = +90°$ $\varphi_Y = -90°$
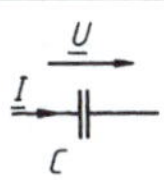	$\underline{Z} = -jX_C = \dfrac{1}{j\omega C} = -j\dfrac{1}{\omega C}$ $\underline{Y} = jB_C = j\omega C$	$Z = \dfrac{1}{\omega C}$ $Y = \omega C$	$\varphi_Z = -90°$ $\varphi_Y = +90°$
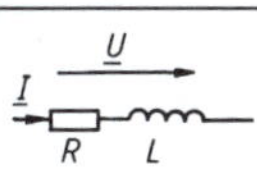	$\underline{Z} = R + j\omega L$ $\underline{Y} = \dfrac{R}{R^2 + (\omega L)^2} - j\dfrac{\omega L}{R^2 + (\omega L)^2}$	$Z = \sqrt{R^2 + (\omega L)^2}$ $Y = \sqrt{\dfrac{R^2 + (\omega L)^2}{[R^2 + (\omega L)^2]^2}}$	$\varphi_Z = +\operatorname{Arctan}\dfrac{\omega \cdot L}{R}$ $\varphi_Y = -\operatorname{Arctan}\dfrac{\omega \cdot L}{R}$

3.4 Grundgesetze im Wechselstromkreis

Komplexe Darstellung von Schaltungen (Forts.)

Schaltung	Impedanz $\underline{Z}$ Admittanz $\underline{Y}$	Scheinwiderstand $\lvert\underline{Z}\rvert = Z$ Scheinleitwert $\lvert\underline{Y}\rvert = Y$	Phasenverschiebungswinkel φ
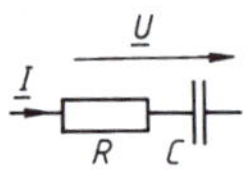	$\underline{Z} = R - \mathrm{j}\dfrac{1}{\omega C}$ $\underline{Y} = \dfrac{R(\omega C)^2}{(R\omega C)^2+1} + \mathrm{j}\dfrac{\omega C}{(R\omega C)^2+1}$	$Z = \sqrt{R^2 + \left(\dfrac{1}{\omega C}\right)^2}$ $Y = \sqrt{\dfrac{[R(\omega C)^2]^2 + (\omega \cdot C)^2}{[(R\omega C)^2+1]^2}}$	$\varphi_Z = -\,\mathrm{Arctan}\,\dfrac{1}{\omega \cdot C \cdot R}$ $\varphi_Y = +\,\mathrm{Arctan}\,\dfrac{1}{\omega \cdot C \cdot R}$
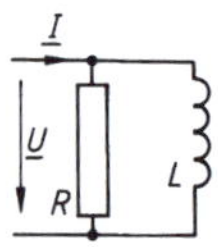	$\underline{Z} = \dfrac{R(\omega L)^2}{R^2+(\omega L)^2} + \mathrm{j}\dfrac{R^2\omega L}{R^2+(\omega L)^2}$ $\underline{Y} = \dfrac{1}{R} - \mathrm{j}\dfrac{1}{\omega L}$	$Z = \sqrt{\dfrac{[R(\omega L)^2]^2 + [R^2\omega L]^2}{[R^2+(\omega L)^2]^2}}$ $Y = \sqrt{\left(\dfrac{1}{R}\right)^2 + \left(\dfrac{1}{\omega L}\right)^2}$	$\varphi_Z = +\,\mathrm{Arctan}\,\dfrac{R}{\omega \cdot L}$ $\varphi_Y = -\,\mathrm{Arctan}\,\dfrac{R}{\omega \cdot L}$
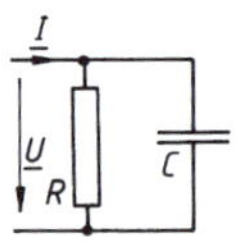	$\underline{Z} = \dfrac{R}{1+(R\omega C)^2} - \mathrm{j}\dfrac{R^2\omega C}{1+(R\omega C)^2}$ $\underline{Y} = \dfrac{1}{R} + \mathrm{j}\omega C$	$Z = \sqrt{\dfrac{R^2 + (\omega C R^2)^2}{[1+(\omega C R)^2]^2}}$ $Y = \sqrt{\left(\dfrac{1}{R}\right)^2 + (\omega C)^2}$	$\varphi_Z = -\,\mathrm{Arctan}\,\omega \cdot C \cdot R$ $\varphi_Y = +\,\mathrm{Arctan}\,\omega \cdot C \cdot R$

Schaltung	Scheinwiderstand/Phasenverschiebungswinkel
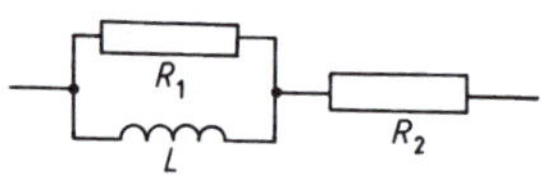	$Z = \sqrt{\left[R_2 + \dfrac{R_1(\omega L)^2}{R_1^2+(\omega L)^2}\right]^2 + \left[\dfrac{R_1^2\omega L}{R_1^2+(\omega L)^2}\right]^2}$ $\tan\varphi = \dfrac{R_1^2\omega L}{R_2[R_1^2+(\omega L)^2] + R_1(\omega L)^2}$
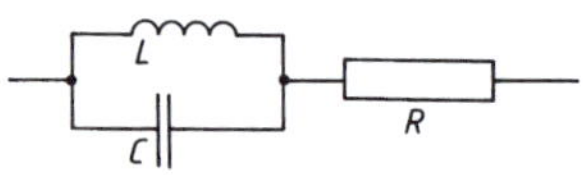	$Z = \sqrt{R^2 + \left[\dfrac{\omega L}{1-\omega^2 LC}\right]^2}$ $\tan\varphi = \dfrac{\omega L}{R(1-\omega^2 LC)}$
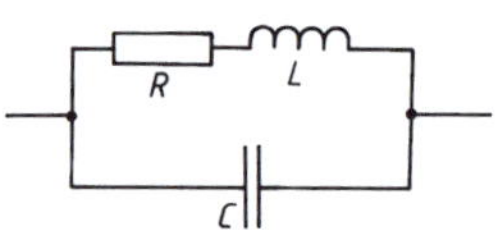	$Z = \sqrt{\left[\dfrac{\dfrac{R}{(\omega C)^2}}{R^2 + \left(\omega L - \dfrac{1}{\omega C}\right)^2}\right]^2 + \left[\dfrac{\dfrac{L}{C}\left(\omega L - \dfrac{1}{\omega C}\right) - \dfrac{R^2}{\omega C}}{R^2 + \left(\omega L - \dfrac{1}{\omega C}\right)^2}\right]^2}$ $\tan\varphi = \dfrac{\omega^2 \cdot L \cdot C}{R}\left(\omega \cdot L - \dfrac{1}{\omega C}\right) - R \cdot \omega \cdot C$
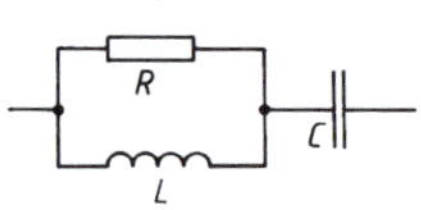	$Z = \sqrt{\left[\dfrac{R \cdot (\omega L)^2}{R^2+(\omega L)^2}\right]^2 + \left[\dfrac{R^2 \cdot (\omega L)}{R^2+(\omega L)^2} - \dfrac{1}{\omega C}\right]^2}$ $\tan\varphi = \dfrac{R^2 \cdot (\omega L) - \dfrac{R^2+(\omega L)^2}{\omega C}}{R \cdot (\omega L)^2}$

3.4 Grundgesetze im Wechselstromkreis

3.4.6 Widerstandsschaltungen

Schaltung	Strom/Spannung	Widerstand/Leitwert	Leistung
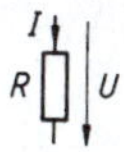	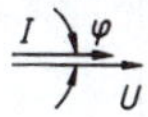 $I = \frac{U}{R}$ $\varphi = 0°$ (rein ohmsch)	$R = \frac{U}{I}$ $G = \frac{I}{U} = \frac{1}{R}$	$P = U \cdot I$ $P = \frac{U^2}{R}$ $P = I^2 \cdot R$
	 $I = \frac{U}{X_L}$ $\varphi = +90°$ (rein induktiv)	$X_L = \omega \cdot L = 2\pi \cdot f \cdot L$ $B_L = \frac{1}{2\pi \cdot f \cdot L}$	$Q_L = U \cdot I$ $Q_L = \frac{U^2}{X_L}$ $Q_L = I^2 \cdot X_L$
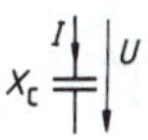	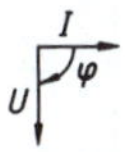 $I = \frac{U}{X_C}$ $\varphi = -90°$ (rein kapazitiv)	$X_C = \frac{1}{\omega \cdot C} = \frac{1}{2\pi \cdot f \cdot C}$ $B_C = 2\pi \cdot f \cdot C$	$Q_C = U \cdot I$ $Q_C = \frac{U^2}{X_C}$ $Q_C = I^2 \cdot X_C$
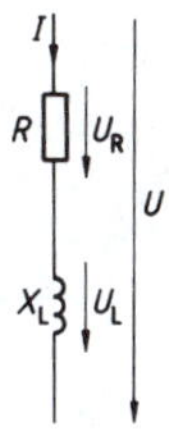	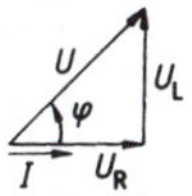 $I = \frac{U_R}{R}$ $I = \frac{U_L}{X_L}$ $I = \frac{U}{Z}$ $U^2 = U_R^2 + U_L^2$ $\cos\varphi = \frac{U_R}{U}$; $\sin\varphi = \frac{U_L}{U}$ $\tan\varphi = \frac{U_L}{U_R}$	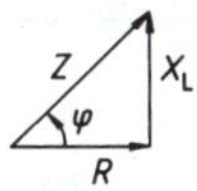 $Z^2 = R^2 + X_L^2$ $\cos\varphi = \frac{R}{Z}$; $\sin\varphi = \frac{X_L}{Z}$ $\tan\varphi = \frac{X_L}{R}$	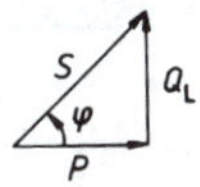 $P = U_R \cdot I$ $Q_L = U_L \cdot I$ $S = U \cdot I$ $S^2 = P^2 + Q_L^2$ $\cos\varphi = \frac{P}{S}$; $\sin\varphi = \frac{Q_L}{S}$ $\tan\varphi = \frac{Q_L}{P}$
	$0° < \varphi < +90°$ (Reihenschaltung, induktiv)		
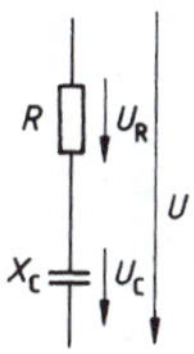	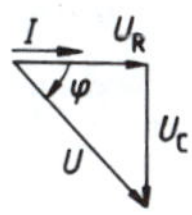 $I = \frac{U_R}{R}$ $I = \frac{U_C}{X_C}$ $I = \frac{U}{Z}$ $U^2 = U_R^2 + U_C^2$ $\cos\varphi = \frac{U_R}{U}$; $\sin\varphi = \frac{U_C}{U}$ $\tan\varphi = \frac{U_C}{U_R}$	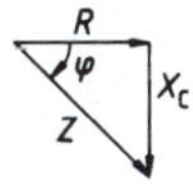 $Z^2 = R^2 + X_C^2$ $\cos\varphi = \frac{R}{Z}$; $\sin\varphi = \frac{X_C}{Z}$ $\tan\varphi = \frac{X_C}{R}$	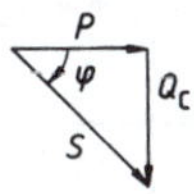 $P = U_R \cdot I$ $Q_C = U_C \cdot I$ $S = U \cdot I$ $S^2 = P^2 + Q_C^2$ $\cos\varphi = \frac{P}{S}$; $\sin\varphi = \frac{Q_C}{S}$ $\tan\varphi = \frac{Q_C}{P}$
	$-90° < \varphi < 0°$ (Reihenschaltung, kapazitiv)		
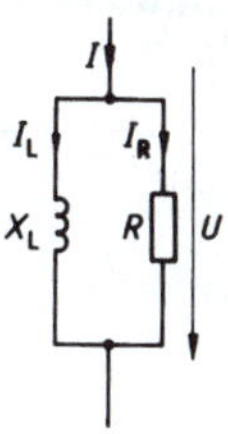	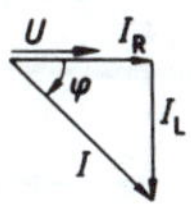 $U = I_R \cdot R$ $U = I_L \cdot X_L$ $U = I \cdot Z$ $I^2 = I_R^2 + I_L^2$ $\cos\varphi = \frac{I_R}{I}$; $\sin\varphi = \frac{I_L}{I}$ $\tan\varphi = \frac{I_L}{I_R}$	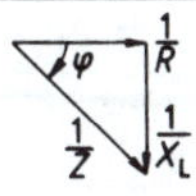 $\left(\frac{1}{Z}\right)^2 = \left(\frac{1}{R}\right)^2 + \left(\frac{1}{X_L}\right)^2$ $\cos\varphi = \frac{Z}{R}$; $\sin\varphi = \frac{Z}{X_L}$ $\tan\varphi = \frac{R}{X_L}$	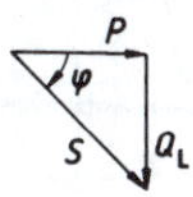 $P = U \cdot I_R$ $Q_L = U \cdot I_L$ $S = U \cdot I$ $S^2 = P^2 + Q_L^2$ $\cos\varphi = \frac{P}{S}$; $\sin\varphi = \frac{Q_L}{S}$ $\tan\varphi = \frac{Q_L}{P}$
	$-90° < \varphi < 0°$ (Parallelschaltung, induktiv)		

3.4 Grundgesetze im Wechselstromkreis

Schaltung		Strom/Spannung	Widerstand/Leitwert	Leistung
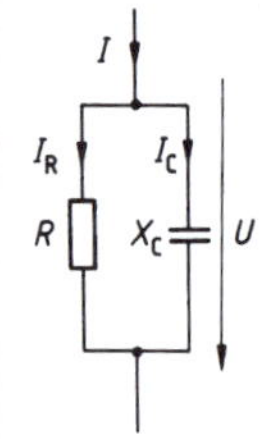		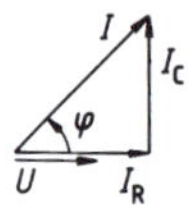 $U = I_R \cdot R$ $U = I_C \cdot X_C$ $U = I \cdot Z$ $I^2 = I_R^2 + I_C^2$ $\cos\varphi = \frac{I_R}{I}$; $\sin\varphi = \frac{I_C}{I}$ $\tan\varphi = \frac{I_C}{I_R}$	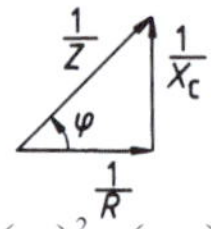 $\left(\frac{1}{Z}\right)^2 = \left(\frac{1}{R}\right)^2 + \left(\frac{1}{X_C}\right)^2$ $\cos\varphi = \frac{Z}{R}$; $\sin\varphi = \frac{Z}{X_C}$ $\tan\varphi = \frac{R}{X_C}$	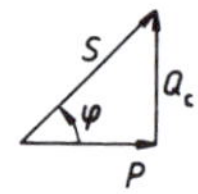 $P = I_R \cdot U$ $Q_C = I_C \cdot U$ $S = U \cdot I$ $S^2 = P^2 + Q_C^2$ $\cos\varphi = \frac{P}{S}$; $\sin\varphi = \frac{Q_C}{S}$ $\tan\varphi = \frac{Q_C}{P}$
		$0° < \varphi < +90°$ (Parallelschaltung, kapazitiv)		
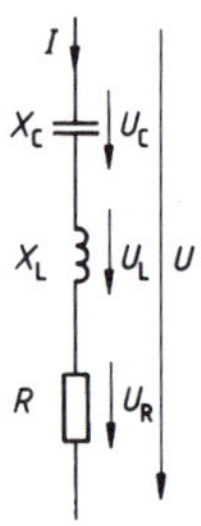	induktiv	$U_b = U_L - U_C$ 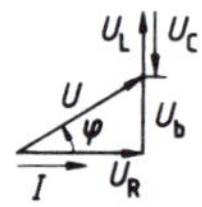	$X = X_L - X_C$ 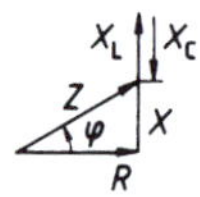	$Q_b = Q_L - Q_C$ 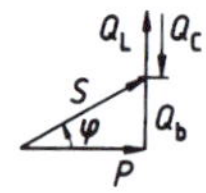
	kapazitiv	$U_b = U_C - U_L$ 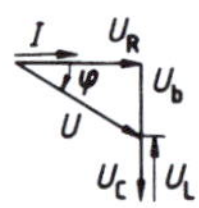	$X = X_C - X_L$ 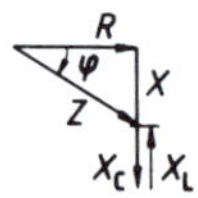	$Q_b = Q_C - Q_L$ 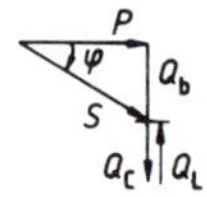
		$U^2 = U_R^2 + U_b^2$ $\cos\varphi = \frac{U_R}{U}$; $\sin\varphi = \frac{U_b}{U}$ $\tan\varphi = \frac{U_b}{U_R}$	$Z^2 = R^2 + X^2$ $\cos\varphi = \frac{R}{Z}$; $\sin\varphi = \frac{X}{Z}$ $\tan\varphi = \frac{X}{R}$	$S^2 = P^2 + Q_b^2$ $\cos\varphi = \frac{P}{S}$; $\sin\varphi = \frac{Q_b}{S}$ $\tan\varphi = \frac{Q_b}{P}$
		$-90° < \varphi < +90°$ (Reihenschaltung, kapazitiv oder induktiv)		
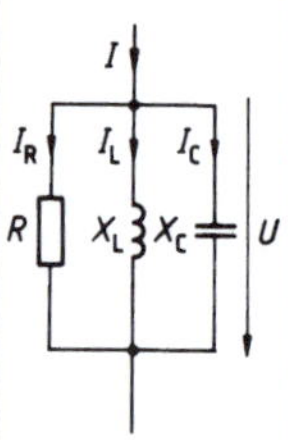	induktiv	$I_b = I_L - I_C$ 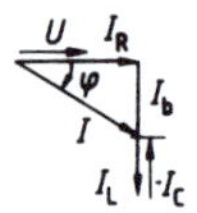	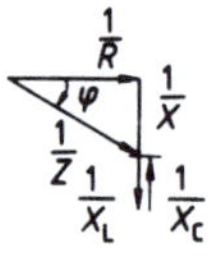 $\frac{1}{X} = \frac{1}{X_L} - \frac{1}{X_C}$	$Q_b = Q_L - Q_C$ 
	kapazitiv	$I_b = I_C - I_L$ 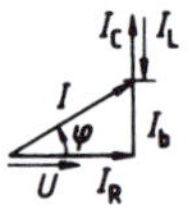	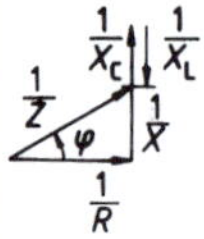 $\frac{1}{X} = \frac{1}{X_C} - \frac{1}{X_L}$	$Q_b = Q_C - Q_L$ 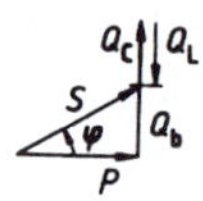
		$I^2 = I_R^2 + I_b^2$ $\cos\varphi = \frac{I_R}{I}$; $\sin\varphi = \frac{I_b}{I}$ $\tan\varphi = \frac{I_b}{I_R}$	$\left(\frac{1}{Z}\right)^2 = \left(\frac{1}{R}\right)^2 + \left(\frac{1}{X}\right)^2$ $\cos\varphi = \frac{Z}{R}$; $\sin\varphi = \frac{Z}{X}$ $\tan\varphi = \frac{R}{X}$	$S^2 = P^2 + Q_b^2$ $\cos\varphi = \frac{P}{S}$; $\sin\varphi = \frac{Q_b}{S}$ $\tan\varphi = \frac{Q_b}{P}$
		$-90° < \varphi < +90°$ (Parallelschaltung, induktiv oder kapazitiv)		

3.4 Grundgesetze im Wechselstromkreis

3.4.7 Hoch- und Tiefpässe

	RC- bzw. *RL*-Hochpässe	*RC*- bzw. *RL*-Tiefpässe
Schaltung	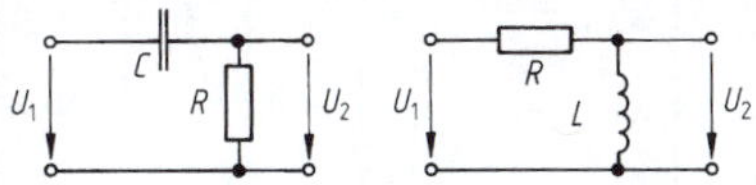	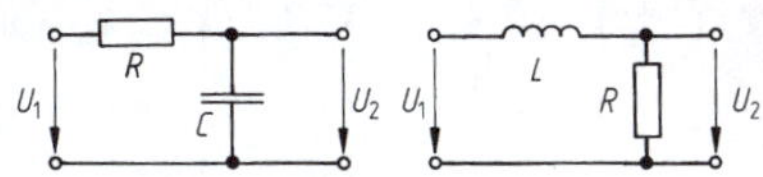
Frequenzverhalten	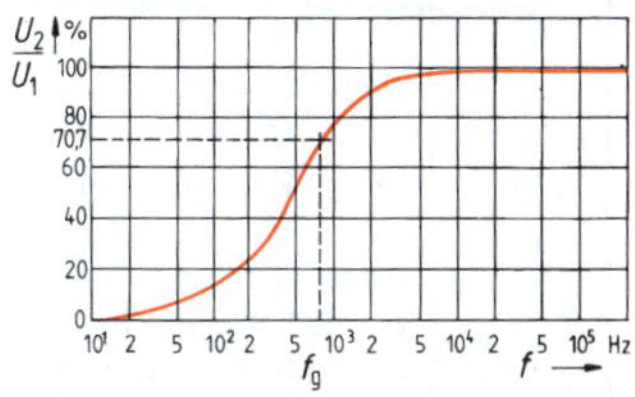	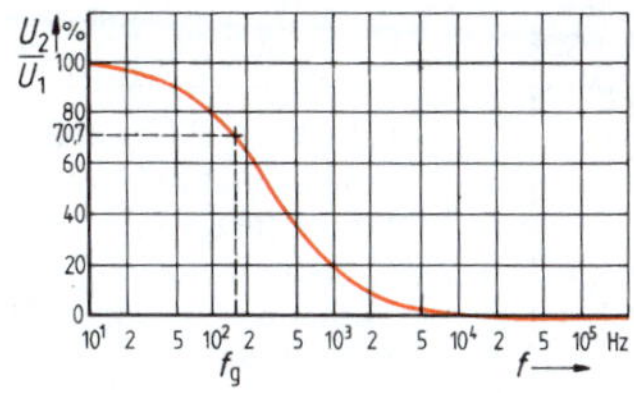
Phasenlage zw. Eingangs- und Ausgangsspannung	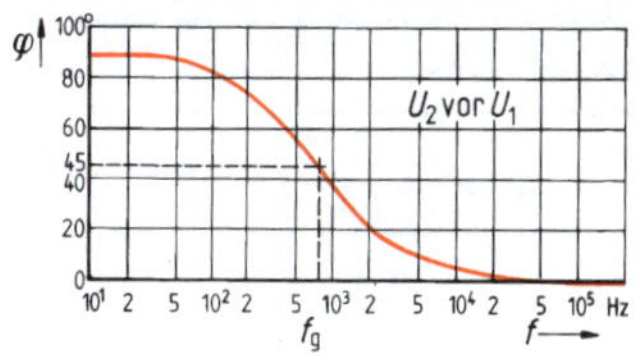	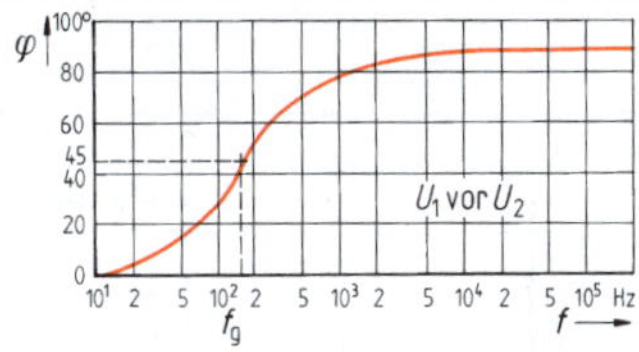
Spannungsverhältnis	$\frac{U_2}{U_1} = \frac{R}{\sqrt{R^2 + X_C^2}}$ $\frac{U_2}{U_1} = \frac{X_L}{\sqrt{R^2 + X_L^2}}$	$\frac{U_2}{U_1} = \frac{X_C}{\sqrt{R^2 + X_C^2}}$ $\frac{U_2}{U_1} = \frac{R}{\sqrt{R^2 + X_L^2}}$
Grenzfrequenz	$f_g = \frac{1}{2\pi \cdot R \cdot C}$ $f_g = \frac{R}{2\pi \cdot L}$	$f_g = \frac{1}{2\pi \cdot R \cdot C}$ $f_g = \frac{R}{2\pi \cdot L}$
Verhalten bei Rechtecksignalen unterschiedlicher Impulsdauer	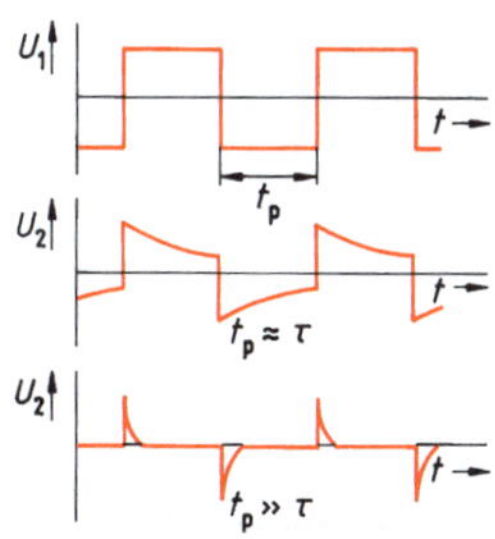 t_p Impulsdauer τ Zeitkonstante $\tau = R \cdot C$ $\tau = \frac{L}{R}$ Ein Hochpass wirkt als Differenzierglied, wenn $t_p \gg \tau$.	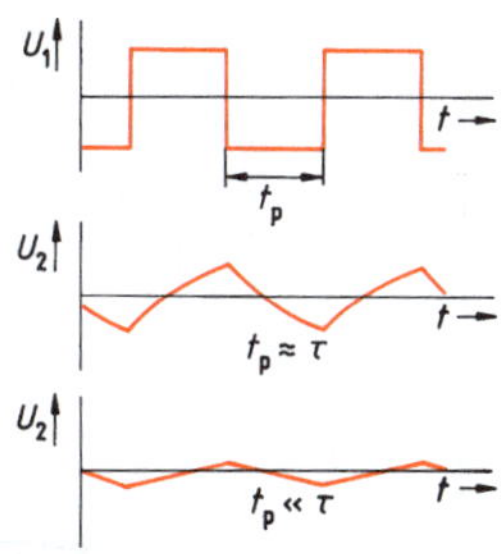 t_p Impulsdauer τ Zeitkonstante $\tau = R \cdot C$ $\tau = \frac{L}{R}$ Ein Tiefpass wirkt als Integrierglied, wenn $t_p \ll \tau$.

3.4 Grundgesetze im Wechselstromkreis

3.4.8 Ersatzschaltung für Spulen und Kondensatoren

Art	Bildl. Darstellung	Berechnung	Art	Bildl. Darstellung	Berechnung
Spulen	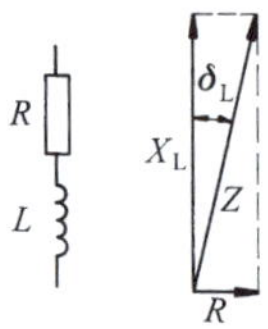	$X_L = \omega \cdot L$ $\tan \delta_L = \frac{R}{\omega \cdot L}$ $d_L = \tan \delta_L$ $Q_L = \frac{1}{d_L}$	Kon-densa-toren	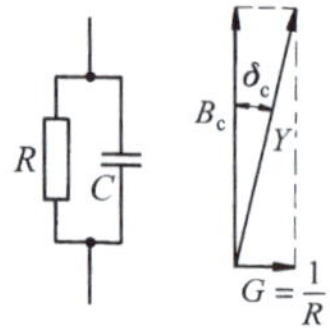	$B_C = \omega \cdot C$ $\tan \delta_C = \frac{1}{R \cdot \omega \cdot C}$ $d_C = \tan \delta_C$ $Q_C = \frac{1}{d_C}$
Erklä-rung	X_L ind. Blindwiderstand in Ω L Induktivität in H d_L Verlustfaktor ω Kreisfrequenz in 1/s R Verlustwiderstand in Ω δ_L Verlustwinkel Q_L Güte		Erklä-rung	d_C Verlustfaktor ω Kreisfrequenz in 1/s R Verlustwiderstand in Ω δ_C Verlustwinkel B_C kap. Blindleitwert in S C Kapazität in F Q_C Güte	

3.4.9 Schwingkreise

	Schaltbild	Scheinwider-standsverlauf	Operatoren-diagramm	Berechnung
Reihen-schwing-kreis	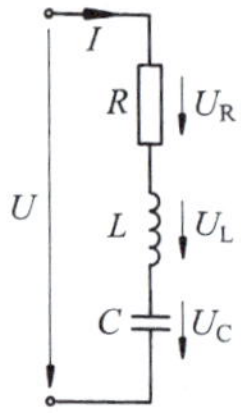	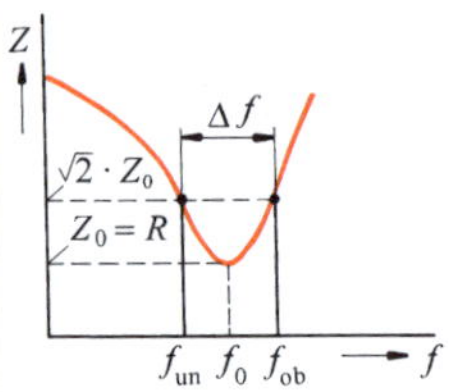	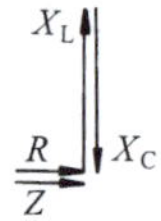 bei Resonanz $X_L = X_C$ $\omega \cdot L = \frac{1}{\omega \cdot C}$	$f_0 = \frac{1}{2\pi \cdot \sqrt{L \cdot C}}$ $Q = \frac{\omega_0 \cdot L}{R} = \frac{1}{R} \cdot \sqrt{\frac{L}{C}}$ $U_{Lrsn} = U_{Crsn} = Q \cdot U$ $\Delta f = f_{ob} - f_{un} = \frac{f_0}{Q} = f_0 \cdot d$
Parallel-schwing-kreis	Bei der Berechnung müssen der Wirkwiderstand R_{sp} und die Induktivität L_{sp} der Schwingkreisspule (die in Reihe liegen!) in R und L der Parallelschaltung umgerechnet werden.			$L = L_{sp}$ $\quad R = \frac{L_{sp}}{C \cdot R_{sp}}$
	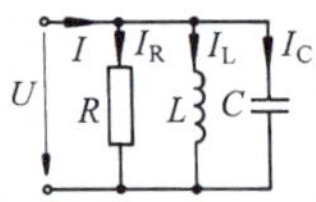	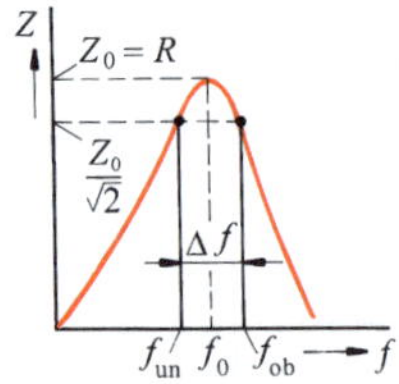	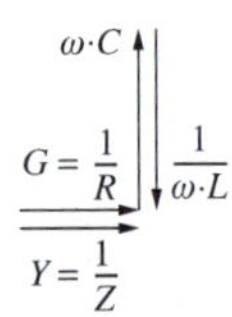 bei Resonanz	$f_0 = \frac{1}{2\pi \cdot \sqrt{L \cdot C}}$ $Q = \frac{R}{\omega_0 \cdot L} = R \cdot \sqrt{\frac{C}{L}}$ $I_{Lrsn} = I_{Crsn} = Q \cdot I$ $\Delta f = f_{ob} - f_{un} = \frac{f_0}{Q} = f_0 \cdot d$
Erklä-rung	f_0 Resonanzfrequenz in 1/s L Induktivität in H f_{ob} obere Grenzfrequenz in Hz U anliegende Spannung in V I zufließender Strom in A d Dämpfungsfaktor	ω_0 Resonanzkreisfrequenz in 1/s R Verlustwiderstand in Ω f_{un} untere Grenzfrequenz in Hz U_{Lrsn}, U_{Crsn} Spannung an L und C bei Resonanz in V		I_{Lrsn}, I_{Crsn} Strom in L und C bei Resonanz in A Q Güte C Kapazität in F Δf Bandbreite in Hz

3.4 Grundgesetze im Wechselstromkreis

3.4.10 Dämpfung, Verstärkung, Pegel

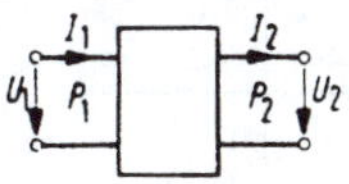

An den Eingangsklemmen des Vierpols wird die Leistung P_1 zugeführt, an den Ausgangsklemmen kann P_2 abgenommen werden. Ist $P_2/P_1 > 1$, so spricht man von Verstärkung; ist $P_2/P_1 < 1$, spricht man von Dämpfung. Neben den Leistungen lassen sich auch Spannungen und Ströme ins Verhältnis setzen und dadurch Dämpfungen oder Verstärkungen ausdrücken.

Dämpfungsfaktoren		Übertragungsfaktoren (Verstärkungsfaktoren)	
Leistungsdämpfungsfaktor D_P	$D_P = \frac{P_1}{P_2}$	Leistungsübertragungsfaktor T_P	$T_P = \frac{P_2}{P_1}$
Spannungsdämpfungsfaktor D_U	$D_U = \frac{U_1}{U_2}$	Spannungsübertragungsfaktor T_U	$T_U = \frac{U_2}{U_1}$
Stromdämpfungsfaktor D_I	$D_I = \frac{I_1}{I_2}$	Stromübertragungsfaktor T_I	$T_I = \frac{I_2}{I_1}$
Dämpfungsmaße (dB = Dezibel [1])		**Übertragungsmaße (Verstärkungsmaße)**	
Leistungsdämpfungsmaß a_P	$a_P = 10 \cdot \lg \frac{P_1}{P_2}$ dB	Leistungsübertragungsmaß $-a_P$	$-a_P = v_P = 10 \cdot \lg \frac{P_2}{P_1}$ dB
Spannungsdämpfungsmaß a_U [2]	$a_U = 20 \cdot \lg \frac{U_1}{U_2}$ dB	Spannungsübertragungsmaß $-a_U$ [2]	$-a_U = v_U = 20 \cdot \lg \frac{U_2}{U_1}$ dB
Stromdämpfungsmaß a_I [2]	$a_I = 20 \cdot \lg \frac{I_1}{I_2}$ dB	Stromübertragungsmaß $-a_I$ [2]	$-a_I = v_I = 20 \cdot \lg \frac{I_2}{I_1}$ dB

Dämpfungskennwert

-23 Wird das Dämpfungsmaß a einer Leitung auf ihre Länge l bezogen, so erhält man den Dämpfungskennwert α, der in dB/km angegeben wird.

$\alpha = \frac{a}{l}$	a	Dämpfungsmaß in dB
	l	Leiterlänge in km
	α	Dämpfungskennwert in dB/km

Gesamtdämpfungsmaß einer Übertragungskette

Das Gesamtdämpfungsmaß ist die Summe der Teildämpfungsmaße eines Übertragungssystems.

$a_{ges} = a_1 + a_2 + a_3 + \ldots$	a_{ges}	Gesamtdämpfungsmaß in dB
	a_1, a_2, a_3	Teildämpfungsmaße in dB

Absoluter Pegel

Der absolute Pegel (Level) L_{abs} einer Leistung P_X, einer Spannung U_X oder eines Stromes I_X ist das logarithmierte Verhältnis mit $P_0 = 1$ mW, $U_0 = 775$ mV oder $I_0 = 1{,}29$ mA.

Absoluter Leistungspegel $L_{P\,abs}$	$L_{P\,abs} = 10 \cdot \lg \frac{P_X}{1\ \text{mW}}$ dB
Absoluter Spannungspegel $L_{U\,abs}$	$L_{U\,abs} = 20 \cdot \lg \frac{U_X}{775\ \text{mV}}$ dB
Absoluter Strompegel $L_{I\,abs}$	$L_{I\,abs} = 20 \cdot \lg \frac{I_X}{1{,}29\ \text{mA}}$ dB

Relativer Pegel

Der relative Pegel L einer Leistung P_X, einer Spannung U_X oder eines Stromes I_X ist das logarithmierte Verhältnis zu einem beliebigen Bezugswert.

Beispiel:

Relativer Spannungspegel L_U	$L_U = 20 \cdot \lg \frac{U_X}{1\ \mu\text{V}}$ dB µV

Dämpfungsmaß, Übertragungsmaß und Pegel

$a = L_1 - L_2$	a	Dämpfungsmaß in dB
	L_1	Pegel am Punkt 1 in dB
	L_2	Pegel am Punkt 2 in dB

[1] 1 dB ≈ 0,1151 Np (Neper).
[2] Gültig für $R_1 = R_2$. R_1 ist der Widerstand am Eingang der Übertragungsstrecke; R_2 ist der Widerstand am Ausgang der Übertragungsstrecke.

3.4 Grundgesetze im Wechselstromkreis

Umwandlung von dB in ein Spannungsverhältnis

Faktor bei –dB	dB	Faktor bei +dB	Faktor bei –dB	dB	Faktor bei +dB
1,0	**0**	1,0	0,089	**21**	11,2
0,944	**0,5**	1,059	0,079	**22**	12,6
0,891	**1**	1,122	0,071	**23**	14,1
0,841	**1,5**	1,189	0,063	**24**	15,9
0,793	**2**	1,26	0,056	**25**	17,8
0,75	**2,5**	1,333	0,050	**26**	20,0
0,708	**3**	1,413	0,045	**27**	22,4
0,668	**3,5**	1,497	0,039	**28**	25,1
0,63	**4**	1,585	0,035	**29**	28,2
0,595	**4,5**	1,68	0,0316	**30**	31,6
0,56	**5**	1,78	0,028	**31**	35,5
0,53	**5,5**	1,88	0,025	**32**	39,8
0,50	**6**	2,0	0,022	**33**	44,7
0,471	**6,5**	2,12	0,02	**34**	50,1
0,446	**7**	2,24	0,018	**35**	56,2
0,42	**7,5**	2,37	0,016	**36**	63,1
0,398	**8**	2,51	0,014	**37**	70,8
0,38	**8,5**	2,66	0,0125	**38**	79,4
0,35	**9**	2,82	0,011	**39**	89,1
0,333	**9,5**	3,00	0,010	**40**	100,0
0,316	**10**	3,16	0,0056	**45**	178
0,28	**11**	3,55	0,0032	**50**	316
0,25	**12**	4,00	0,0018	**55**	562
0,22	**13**	4,47	0,0010	**60**	1000,0
0,199	**14**	5,01	0,00056	**65**	1780
0,175	**15**	5,62	0,00032	**70**	3160
0,156	**16**	6,31	0,00018	**75**	5620
0,14	**17**	7,08	0,00010	**80**	10000
0,125	**18**	7,94	0,000056	**85**	17800
0,11	**19**	8,91	0,000032	**90**	31600
0,10	**20**	10,0	0,00001	**100**	100000

Umwandlung von dB in ein Leistungsverhältnis

Faktor bei –dB	dB	Faktor bei +dB	Faktor bei –dB	dB	Faktor bei +dB
1,0	**0**	1,0	0,079	**11**	12,6
0,891	**0,5**	1,122	0,063	**12**	15,9
0,793	**1**	1,26	0,050	**13**	20,0
0,708	**1,5**	1,413	0,039	**14**	25,1
0,63	**2**	1,585	0,0316	**15**	31,6
0,56	**2,5**	1,78	0,025	**16**	39,8
0,50	**3**	2,0	0,02	**17**	50,1
0,445	**3,5**	2,24	0,016	**18**	63,1
0,398	**4**	2,51	0,0125	**19**	79,4
0,35	**4,5**	2,82	0,010	**20**	100,0
0,316	**5**	3,16	0,0079	**21**	126
0,28	**5,5**	3,55	0,0063	**22**	159
0,25	**6**	4,0	0,005	**23**	200
0,22	**6,5**	4,47	0,0039	**24**	251
0,199	**7**	5,01	0,0032	**25**	316
0,175	**7,5**	5,62	0,001	**30**	1000
0,156	**8**	6,31	0,00032	**35**	3160
0,14	**8,5**	7,08	0,00010	**40**	10000
0,125	**9**	7,94	0,000032	**45**	31600
0,11	**9,5**	8,91	0,00001	**50**	100000
0,10	**10**	10,0	0,000001	**60**	1000000

Errechnung von Zwischenwerten

1. Beispiel: Welchem Faktor entspricht eine Spannungsverstärkung von +42,5 dB?

Lösung:
40 dB ≙ 100
2,5 dB ≙ 1,33
42,5 dB ≙ 100 · 1,33 = 133
also: $U_2 = 133 \cdot U_1$

2. Beispiel: Welchem Faktor entspricht eine Leistungsverstärkung von –32 dB?

Lösung: –32 dB ≙ 0,001 · 0,63 = 0,00063

Umrechnung vom absoluten Pegel dBµV in Spannungswerte

Bei Pegelangaben in dBµV (gesprochen: dB über µV) beträgt die Bezugsspannung $U_0 = 1\ \mu V$ an 75 Ω; der Pegel errechnet sich zu $L_U = 20 \cdot \log(U/U_0)$ und die Spannung zu $U = 10^{L_U/20} \cdot 1\ \mu V$.

dBµV	0	1	2	3	4	5	6	7	8	9	
	1,0	1,12	1,26	1,41	1,59	1,78	2,0	2,24	2,51	2,82	
10	3,16	3,55	3,98	4,47	5,01	5,62	6,31	7,08	7,94	8,91	µV
20	10	11,2	12,6	14,1	15,9	17,8	20,0	22,4	25,1	28,2	
30	31,6	35,5	39,8	44,7	50,1	56,2	63,1	70,8	79,4	89,1	
40	0,1	0,112	0,126	0,141	0,159	0,178	0,2	0,224	0,251	0,282	
50	0,316	0,355	0,398	0,447	0,501	0,562	0,631	0,708	0,794	0,891	
60	1,0	1,12	1,26	1,41	1,59	1,78	2,0	2,24	2,51	2,82	
70	3,16	3,55	3,98	4,47	5,01	5,62	6,31	7,08	7,94	8,91	mV
80	10	11,2	12,6	14,1	15,9	17,8	20,0	22,4	25,1	28,2	
90	31,6	35,5	39,8	44,7	50,1	56,2	63,1	70,8	79,4	89,1	
100	100	112	126	141	159	178	200	224	251	282	

4 Schaltzeichen und Symbole

Schaltzeichen sind Symbole zur zeichnerischen Darstellung vorrangig von elektrischen Bauteilen, Geräten, Betriebsmitteln, Anlagen und Leitungen auf Schaltplänen. Mithilfe von Schaltzeichen und/oder grafischen Symbolen werden in Zeichnungen oder Dokumentationen funktionelle Zusammenhänge eines technischen Ablaufes oder die Anordnung einer technischen Anlage oder Einrichtung verdeutlicht.
Den Schaltzeichen liegt ein Raster mit dem Modul $M = 2{,}5$ mm zugrunde (nicht zwingend vorgeschrieben). Die Anschlusslinien eines Schaltzeichens liegen auf Rasterlinien und enden an Kreuzungspunkten von Rasterlinien. Zwischen benachbarten Anschlusslinien ist ein Abstand von mindestens $2M$ vorzusehen.
Schaltzeichen sind in DIN 40900 DIN EN 60617 festgelegt.

Übersicht der DIN-Normen für Schaltzeichen

Norm	Titel (Inhalt)
DIN 40900-1: 1988-3	Allgemeine Regeln
DIN 40900-2: 1988-3	Symbolelemente und Kennzeichen für Schaltzeichen
DIN 40900-3: 1988-3	Schaltzeichen für Leiter und Verbinder
DIN 40900-4: 1988-3	Schaltzeichen für passive Bauelemente
DIN 40900-5: 1988-3	Schaltzeichen für Röhren und Halbleiter
DIN 40900-6: 1988-3	Schaltzeichen für die Erzeugung und Umwandlung elektrischer Energie
DIN 40900-7: 1988-3	Schaltzeichen für Schalt- und Schutzeinrichtungen
DIN 40900-8: 1988-3	Schaltzeichen für Mess-, Melde- und Signaleinrichtungen
DIN 40900-9: 1988-3	Schaltzeichen für Vermittlungs- und Endeinrichtungen
DIN 40900-10: 1988-3	Schaltzeichen für Übertragungstechnik
DIN 40900-11: 1988-3	Schaltzeichen für Netze und Elektroinstallation
DIN 40900-12: 1988-3	Binäre Elemente
DIN EN 60617-13: 1994-1	Analoge Elemente
DIN V 40900-1000: 1990-1	Regeln für das rechnergestützte Erstellen von Schaltzeichen

4.1 Schaltzeichen für Widerstände, Kondensatoren, Induktivitäten und piezoelektrische Kristalle (passive Bauelemente)

Schaltzeichen	Erklärung	Schaltzeichen	Erklärung	Schaltzeichen	Erklärung
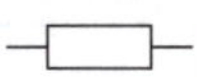	Widerstand, allgemein	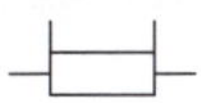	Shunt, Nebenschlusswiderstand	 oder 	Induktivität, Spule, Drossel, Wicklung
	Widerstand, veränderbar	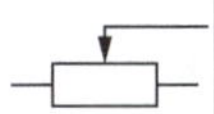	Widerstand mit Schleifkontakt, Potenziometer		Induktivität mit festen Anzapfungen
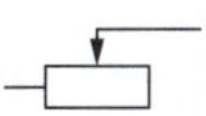	Widerstand mit Schleifkontakt	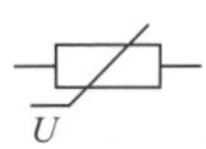	Widerstand, spannungsabhängig, Varistor		Induktivität mit Magnetkern
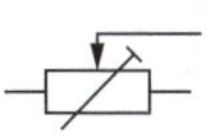	Widerstand, einstellbar mit Schleifkontakt		Kondensator, allgemein	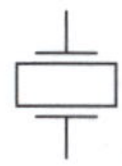	Piezoelektrischer Kristall mit zwei Elektroden
	Heizelement	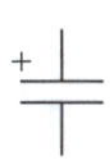	Elektrolytkondensator		Elektret

4.2 Symbolelemente und Kennzeichen für Schaltzeichen

Schaltzeichen	Erklärung
Konturen und Umhüllungen	
	Betriebsmittel, Gerät, Funktionseinheit Anmerkung: Schalt- oder Kennzeichen innerhalb oder außerhalb der Kontur kennzeichnen das Gerät oder die Funktion
	Röhrenkolben, Hülle
	Begrenzungslinie, Trennlinie, kennzeichnet funktional zusammengehörende Betriebsmittel
	Abschirmung
Erde, Masse	
	Erde, allgemein
	Schutzerde
	Äquipotenzial
oder	Masse, Gehäuse
Ideale Stromkreise	
	Ideale Stromquelle
	Ideale Spannungsquelle
Arten von Spannungen und Strömen	
oder	Gleichspannung, Gleichstrom
2 M — 220/110 V	Gleichstrom-Dreileitersystem 220 V (110 V zwischen Außen- und Mittelleiter)
~	Wechselspannung, Wechselstrom niedriger Frequenz

Schaltzeichen	Erklärung
3 N ~ 50 Hz, 400/230 V	Dreiphasen-Vierleitersystem mit drei Außenleitern und einem Neutralleiter 50 Hz, 400 V (230 V zwischen Außen- und Neutralleiter)
	Mittlere Frequenz, z. B. Tonfrequenz
	Hohe Frequenz, z. B. Ultraschall
	Allstrom (Gleich- od. Wechselstrom)
Impulsarten	
	Rechteckwechselimpuls
2 µs 10 kHz	Rechteckimpuls, positiv mit 2 µs Impulsdauer, 10 kHz Pulsfrequenz
	Dreieckimpuls
Arten von Wirkungen oder Abhängigkeiten	
	Thermische Wirkung
	Elektromagnetische Wirkung
	Magnetostriktive Wirkung
Wirkungsrichtung	
	Übertragung, Energiefluss, Signalfluss
	– in einer Richtung (Simplex)
	– in beiden Richtungen gleichzeitig (Vollduplex)
	– in beiden Richtungen nicht gleichzeitig (halbduplex)

Schaltzeichen	Erklärung
	Energiefluss
	– von der Sammelschiene weg
	– zur Sammelschiene hin
	– in beiden Richtungen
Richtung von Kraft und Bewegung	
	Geradlinig in Pfeilrichtung
	Geradlinig in beide Richtungen
	Drehung in Pfeilrichtung
Abhängigkeit von einer charakteristischen Größe	
	Wirkung, wenn die Größe
>	– höher
<	– niedriger als der eingestellte Wert ist,
= 0	– den Wert Null hat
Strahlungen	
	Pfeile zum Schaltzeichen zeigend kennzeichnen Reaktionen des Gegenstandes auf einfallende Strahlung. Pfeile vom Schaltzeichen wegzeigend kennzeichnen, dass der Gegenstand Strahlung abgibt
Veränderbarkeiten	
	Lineare Verstellbarkeit
	Abgleichbare Verstellbarkeit

4.2 Symbolelemente und Kennzeichen für Schaltzeichen

Schaltzeichen	Erklärung
	Antriebsarten
	Handantrieb, allgemein
	Betätigung durch Ziehen
	Betätigung durch Drücken
	Betätigung durch Annähern
	Betätigung durch Berühren
	Notschalter
	Betätigung durch Schlüssel
	Betätigung durch Nocken
	Kraftantrieb, allgemein. Betätigung durch gespeicherte mechanische Energie
	Kraftantrieb mit Handaufzug
	Schaltschloss mit mechanischer Freigabe
	Schaltschloss mit elektromechanischer Freigabe
	Betätigung pneumatisch oder hydraulisch in Pfeilrichtung
	Betätigung durch elektromagnetischen Antrieb
	Betätigung durch elektromagnetischen Überstromschutz

Schaltzeichen	Erklärung
	Betätigung durch thermischen Antrieb, z. B. Bimetallrelais
	Betätigung durch
M	– Motor
	– Flüssigkeitspegel
	– Strömung, allgemein
	Mechanische Stellteile
oder	Wirkverbindung, allgemein (mechanisch, pneumatisch oder hydraulisch)
oder	Verzögerte Wirkung
	Selbsttätiger Rückgang in Richtung des Dreiecks
	Raste, nicht selbsttätiger Rückgang
	Mechanische Verriegelung von zwei Einrichtungen
	Sperre, nicht verklinkt
	Sperre, verklinkt
	Blockiereinrichtung, allgemein
	Kupplung, allgemein
	Kupplung, gelöst
	Kupplung, gekuppelt
	Bremse, allgemein
	Bremse, eingelegt
	Bremse, gelöst

Schaltzeichen	Erklärung
	Getriebe
	Mitnehmer
	Rutschkupplung
	Mechanische Verzögerung nach beiden Seiten
	Symbolelemente
	Größtwertbegrenzung, allgemein
	Kleinstwertbegrenzung, allgemein
	Größt- und Kleinstwertbegrenzung
	Gleichrichtung
	Verstärkung
	Siebung, Filterung
	Allgemeine Anwendung
	Fehler (Anzeige eines angenommenen Fehlers)
	Überschlag, Isolationsfehler
	Dauermagnet
	Prüfpunkthinweis an einem Leiter

4.3 Schaltzeichen für Leiter und Verbinder

Leiter und Anschlüsse

Schaltzeichen	Erklärung
oder 4	Leiter, Leitung, Kabel, Schiene Anwendung: Die Anzahl der Leiter (Adern) kann durch Querstriche oder Zahlenangaben gekennzeichnet werden Beispiel: 4 Leiter
3 N ~ 50 Hz 400 V 3 × 120 + 1 × 50	Weitere Angaben zeigt nachstehendes Beispiel: Dreiphasen-Vierleitersystem mit drei Außenleitern und einem Neutralleiter 50 Hz, 400 V (oberhalb), Außenleiter $120\ mm^2$ Neutralleiter $50\ mm^2$ (unterhalb)
	Leiter, bewegbar
	Koaxialkabel
	Koaxialkabel, geschirmt
	Verdrillte Leitung mit drei Leitern
	Mehrere Leiter in einem Kabel, z. B. drei Leiter
	Kabel oder Leitung nicht angeschlossen
	Erdkabel
	Seekabel
	Freileitung
	Kabelkanal, Trasse
5	Beispiel: Trasse mit fünf Kanälen
L1 L2	Tauschen von Leitern Beispiel: Wechsel der Folge der Außenleiter L1 und L2
n	Neutralpunkt in einem Mehrleitersystem
3~ GS	Beispiel: Drehstrom-Synchrongenerator mit herausgeführtem Sternpunkt
oder	Anschluß (Klemme)
oder	Abzweig von Leitern
oder	Doppelabzweig
9 10 11 12 13	Anschlussleiste, Klemmleiste mit Anschlussbezeichnungen

Verbinder

Schaltzeichen	Erklärung
oder	Buchse, z. B. Pol einer Steckdose
oder	Stecker
oder	Buchse und Stecker, Steckverbindung
	Steckverbindung, mehrpolig
	Stirnkontaktverbindung
	Stecker und Buchse, koaxial
	Steckverbindung, Verbindung von zwei Buchsen mit einem Stecker (U-Stecker)
	Steckverbindung mit Adapter
	Steckverbindung mit Abzweigbuchse
oder	Trennstelle, Lasche geschlossen
	desgleichen, offen
	Schaltklinke, Trennklinke
	Stecker und Klinke, längerer Stecker: Steckerspitze, kürzerer Stecker: Manschette

Kabelverbinder

Schaltzeichen	Erklärung
	Kabelendverschluss mit einem vieradrigen Kabel
	desgleichen, mit vier einadrigen Kabeln
	Verbindungsmuffe mit vier Leitungen
	Abzweigmuffe mit vier Leitungen
4 4 4	desgleichen, einpolige Darstellung

4.4 Schaltzeichen für Elektroinstallation

Leitungsführung

Schaltzeichen	Erklärung
	Leitung, nach oben
	Leitung, nach unten
	Leitung, nach oben und unten
	Leitung, auf Putz
	Leitung, im Putz
	Leitung, unter Putz

Kennzeichnung besonderer Leiter

Schaltzeichen	Erklärung
	Neutralleiter (N) Mittelleiter (M)
	Schutzleiter (PE)
	Neutralleiter mit Schutzfunktion (PEN)
	Kombination: drei Leiter, ein Neutralleiter, ein Schutzleiter

Anschlüsse, Verteiler

Schaltzeichen	Erklärung
	Dose (Leerdose), allgemein
	Anschlussdose
	Hausanschlusskasten
	Verteiler
	Zählertafel

Steckdosen

Schaltzeichen	Erklärung
	Steckdose, allgemein
2	Schutzkontaktsteckdose, dargestellt als 2fach Dose
3 / N / PE	Schutzkontaktsteckdose für Drehstrom, 5-polig
	Abschaltbare Steckdose
	Fernmeldesteckdose, allgemein Anmerkung: Zur Unterscheidung werden z. B. folgende Bezeichnungen verwendet: TP Telefon M Mikrofon, Lautsprecher FM UKW-Rundfunk TV Fernsehen TX Telex
	Antennendose

Schalter, Taster

Schaltzeichen	Erklärung
	Schalter, allgemein
	Ausschalter, einpolig (Schalter 1/1)
	Ausschalter, zweipolig (Schalter 1/2)
	Serienschalter, einpolig (Schalter 5/1)
	Wechselschalter (Schalter 6/1)
	Kreuzschalter, Zwischenschalter (Schalter 7/1)
	Darstellung Schalter 7/1 im Stromlaufplan
	Dimmer
	Zugschalter
	Taster
	Taster mit Leuchte
	Stromstoßschalter
Lx<	Dämmerungsschalter

Leuchten

Schaltzeichen	Erklärung
	Leuchte, allgemein
	Leuchte für Leuchtstofflampe, allgem.
n	Leuchte für *n* Leuchtstofflampen
×	Leuchte für Entladungslampe
	Leuchte, schaltbar
	Leuchte, Helligkeit veränderbar
	Sicherheitsleuchte
	Sicherheitsleuchte mit eingebauter Stromversorgung
	Scheinwerfer
	Leuchtenauslass mit Leitung

4.4 Schaltzeichen für Elektroinstallation

Schaltzeichen	Erklärung	Schaltzeichen	Erklärung	Schaltzeichen	Erklärung
Geräte			Durchlauferhitzer		Haartrockner
	Elektrogerät, allgemein		Waschmaschine		Klimagerät
	Elektroherd, allgemein		Wäschetrockner		Kühlschrank
	Mikrowellenherd		Geschirrspüler		Gefrierschrank
	Backofen	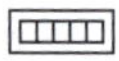	Speicherheizer		Zeiterfasser
	Wärmeplatte		Infrarotstrahler		Türöffner
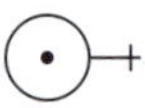	Heißwasserspeicher	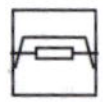	Infrarotgrill	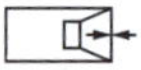	Gegensprechstelle

4.5 Schaltzeichen für Sicherungen

Schaltzeichen	Erklärung	Schaltzeichen	Erklärung
Ableiter		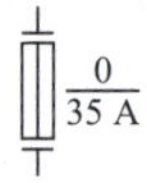	NH-Sicherung, mit Angabe der Größe (0) und Nennstrom (35 A)
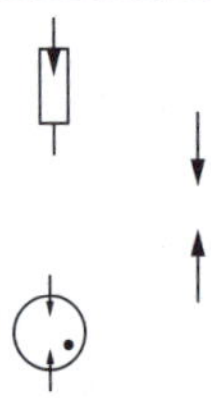	Überspannungsableiter Funkenstrecke Überspannungsableiter in einer Gasentladungsröhre	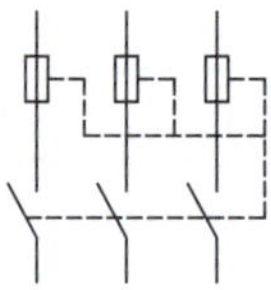	Kombination Schalter-Sicherung, Auslösung erfolgt durch den Schlagbolzen jeder einzelnen Sicherung
Sicherungen, Sicherungsschalter		**Schutzschalter**	
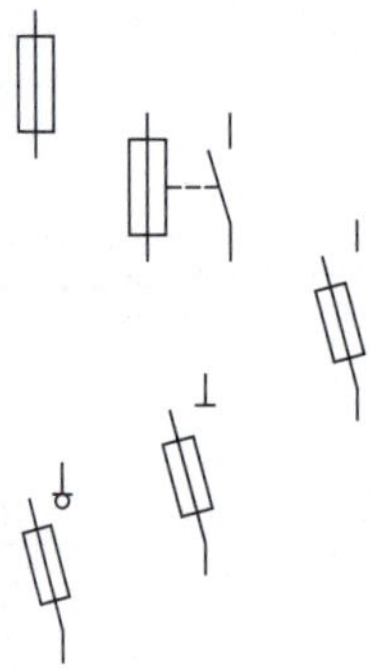	Sicherung, allgemein Sicherung mit Meldekontakt Sicherungsschalter Sicherungstrennschalter Sicherungslasttrennschalter	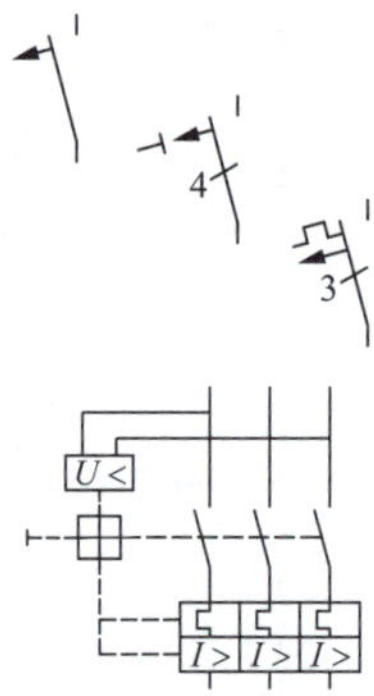	Leitungsschutzschalter Vierpoliger Fehlerstrom-Schutzschalter Dreipoliger Motorschutzschalter mit thermischer und magnetischer Überstromauslösung Motorschutzschalter mit Unterspannungsauslöser und thermischen und magnetischen Überstromauslösern (dreipolig)

4.6 Schaltzeichen für Kontakte und Schalter

Kontakte

Schaltzeichen	Erklärung
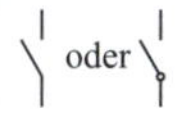	Schließer, Schalter, allgemein Anmerkung: Bei Kontakten/Schaltern kann die Drehpunktseite als Kreis (leer oder ausgefüllt) dargestellt werden
	Öffner
	Wechsler, mit Unterbrechung
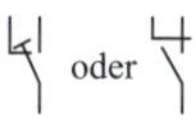	Wechlser, ohne Unterbrechung
	Zweiweg mit Mittelstellung „Aus“

Wischkontakte

Schaltzeichen	Erklärung
	Kontakt bei
	– Betätigung
	– Rückfall
	– Betätigung und Rückfall

Voreilende/nacheilende Kontakte

Schaltzeichen	Erklärung
	Schließer, voreilend
	Schließer, nacheilend
	Öffner, voreilend
	Öffner, nacheilend

Verzögerungskontakte

Schaltzeichen	Erklärung
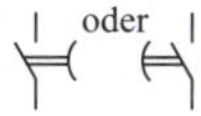	Schließer, schließt verzögert bei Betätigung
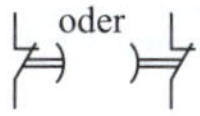	Öffner, schließt verzögert bei Rückfall
	Schließer, öffnet/schließt verzögert

Temperaturabhängige Kontakte

Schaltzeichen	Erklärung
	Öffner mit selbsttätiger Betätigung (Bimetall)
	Gasentladungsröhre mit Thermokontakt (Starter für Leuchtstofflampe)

Quecksilberschalter

Schaltzeichen	Erklärung
	Mit drei Anschlüssen

Zusatzkennzeichen zur Verdeutlichung der Funktion

Schaltzeichen	Erklärung
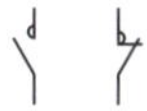	Schließer und Öffner eines Schützes
	Leistungsschalter
	Trennschalter, Leerschalter
	Lasttrennschalter
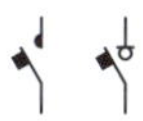	Schütz und Lasttrennschalter mit selbsttätiger Auslösung
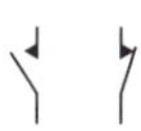	Schließer und Öffner mit selbsttätigem Rückgang

Schaltzeichen	Erklärung
	Erdungsschalter
	Grenzschalter, Schließer
	Öffner
	Zweiwegschließer mit selbsttätigem Rückgang (ausgefülltes Dreieck) aus linker Schaltstellung und nicht selbsttätigem Rückgang (offener Kreis) aus rechter Schaltstellung

Kennzeichnung von Schaltstellungen

Schaltzeichen	Erklärung
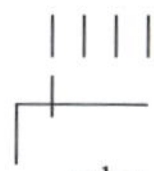 oder 	Mehrstellungsschalter mit vier Schaltstellungen
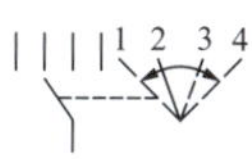	Mehrstellungsschalter mit Schaltstellungsdiagramm, Betätigungsbereich und -richtung werden durch Pfeile angezeigt (Stellung 1…4 und zurück)
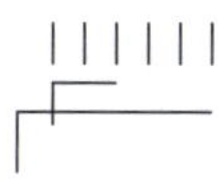	Mehrstellungsschalter, in jeder Schaltstellung sind drei aufeinander folgende Anschlüsse gebrückt

4.6 Schaltzeichen für Kontakte und Schalter

Schaltzeichen	Erklärung
Elektromechanische Antriebe	
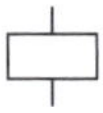 oder 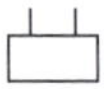	Spule für Schütz, Relais
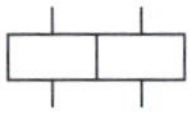 oder 	desgleichen mit zwei getrennten Wicklungen
 oder 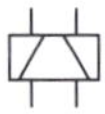	desgleichen mit gegensinnig wirkenden Wicklungen
	Antrieb mit Rückfallverzögerung

Schaltzeichen	Erklärung
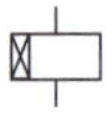	Antrieb mit Ansprechverzögerung
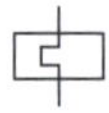	Antrieb eines Thermorelais
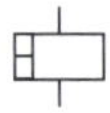	Antrieb eines schnell schaltenden Relais
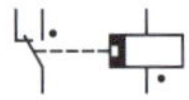	Polarisiertes Relais mit selbsttätiger Rückstellung, arbeitet nur bei angegebener Stromrichtung Anmerkung: Der Polaritätspunkt kennzeichnet den positiven Anschluss der Spule und die zugehörige Kontaktstellung
Anlasser (Blocksymbole)	
	Anlasser, allgemein

Schaltzeichen	Erklärung
	Anlasser mit Thyristoren, stetig veränderbar
	Anlasser für Stern-Dreieck-Schaltung
	Anlasser mit Widerständen
	Anlasser mit Schütz für zwei Drehrichtungen des Motors
	Anlasser für direkte Einschaltung mit Schützen und Schutzeinrichtungen

4.7 Schaltzeichen für die Erzeugung/Umwandlung elektrischer Energie

Schaltzeichen	Erklärung
Schaltungen der Wicklungen	
	Dreieckschaltung
	Offene Dreieckschaltung
	Sternschaltung
	Sternschaltung mit herausgeführtem Neutralleiter
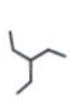	Zickzackschaltung

Schaltzeichen	Erklärung
Maschinenarten	
	Maschine, allgemein Kennzeichen anstelle des Sterns: C Umformer G Generator GS Synchrongenerator M Motor MG Maschine als Motor oder Generator nutzbar MS Synchronmotor
	Linearmotor, allgemein
	Schrittmotor, allgemein

Schaltzeichen	Erklärung
Gleichstrommaschinen	
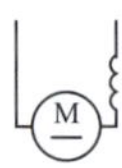	Gleichstrom-Reihenschlussmotor
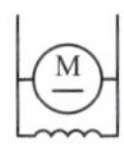	Gleichstrom-Nebenschlussmotor
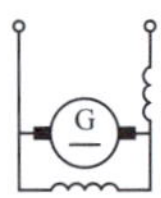	Gleichstrom-Doppelschlussgenerator, mit Anschlüssen und Bürsten

4.7 Schaltzeichen für die Erzeugung/Umwandlung elektrischer Energie

Schaltzeichen	Erklärung	Schaltzeichen	Erklärung	Schaltzeichen	Erklärung
	Gleichstrom-Umformer rotierend, mit gemeinsamer Feldwicklung (Einankerumformer)	**Synchronmaschinen**		**Asynchronmaschinen**	
Wechselstrom-Kommutatormaschinen			Synchronmotor, einphasig	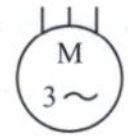	Drehstrom-Asynchronmotor mit Käfigläufer
	Wechselstrom-Reihenschlussmotor		Drehstrom-Synchrongenerator in Sternschaltung, mit herausgeführtem Neutralleiter	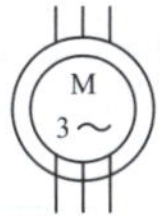	Drehstrom-Asynchronmotor mit Schleifringläufer
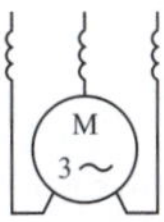	Drehstrom-Reihenschlussmotor		Drehstrom-Umformer mit Nebenschlusserregung	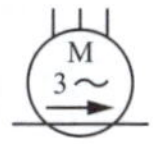	Drehstrom-Linearmotor mit Bewegung in einer Richtung

Schaltzeichen vereinfacht	Schaltzeichen ausführlich	Erklärung
Transformatoren		
	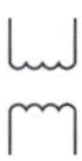	Einphasentransformator (Transformator mit zwei Wicklungen)
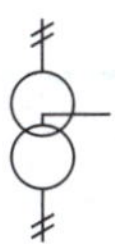	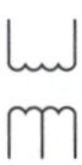	Transformator mit Mittenanzapfung an einer Wicklung
		Spartransformator
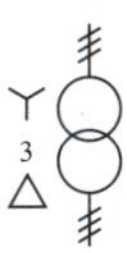	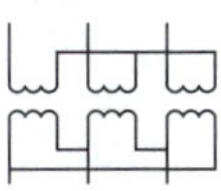	Schaltung von drei Einphasentransformatoren zu einer Drehstromeinheit in Stern-/Dreieckschaltung

Schaltzeichen vereinfacht	Schaltzeichen ausführlich	Erklärung
	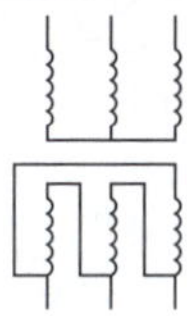	Drehstromtransformator in Stern-/Dreieckschaltung
	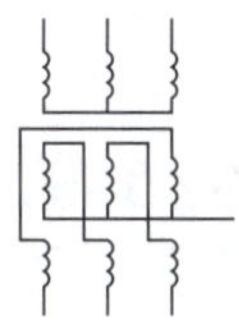	Drehstromtransformator in Stern-/Zickzackschaltung mit herausgeführtem Neutralleiter
	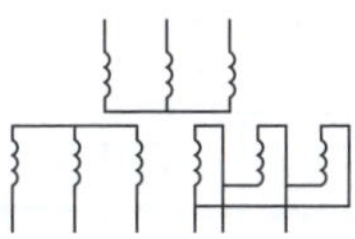	Drehstromtransformator (Dreiwickler) in Stern-/Stern-/Dreieckschaltung
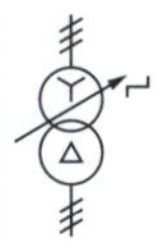	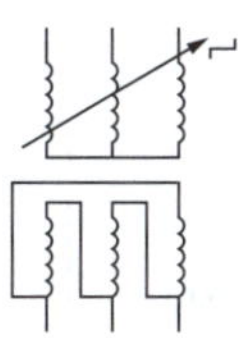	Drehstromtransformator mit Laststufenschalter in Stern-/Dreieckschaltung

4.7 Schaltzeichen für die Erzeugung/Umwandlung elektrischer Energie

Schaltzeichen vereinfacht	Schaltzeichen ausführlich	Erklärung
Drosseln		
	 oder 	Drosselspule
	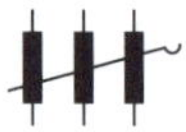	Drehstromdrosselspule, stufig regelbar, in offener Schaltung
Messwandler		
Siehe Einphasentransformator		Spannungswandler
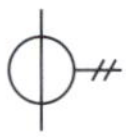		Stromwandler
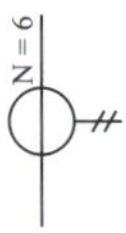		Stromwandler mit sechs Primärwindungen (Durchfädelwandler)
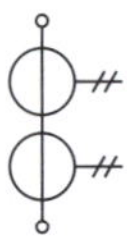		Stromwandler mit zwei Kernen und zwei Sekundärwicklungen, dargestellt mit Anschlüssen

Schaltzeichen vereinfacht | ausführlich	Erklärung
Leistungsumrichter	
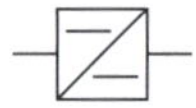	Gleichstrom-Umrichter
	Gleichrichter
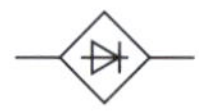	Gleichrichter in Brückenschaltung
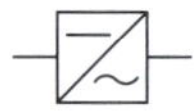	Wechselrichter
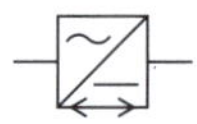	Gleichrichter/Wechselrichter, umschaltbar
Akkumulatoren	
	Akkumulator, Primärzelle Anmerkung: Längere Linie: +Pol Kürzere Linie: –Pol Die kürzere Linie darf breiter dargestellt werden
 oder 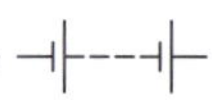	Akkumulatorenbatterie

4.8 Schaltzeichen für Mess-, Melde- und Signaleinrichtungen

Schaltzeichen	Erklärung
Messgeräte, allgemeine Symbole	
	Messgerät, anzeigend
	Messgerät, aufzeichnend
	Messgerät, integrierend Elektrizitätszähler
	Anmerkung: Im konkreten Fall wird der Stern durch eine der folgenden Angaben ersetzt: – Einheit der zu messenden Größe (z. B. Spannung) – Formelzeichen (z. B. $\cos\varphi$) – Chemische Formel – Andere Kennzeichen (z. B. Richtungspfeil)
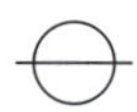	Messwerk mit einem Strom- oder Spannungspfad Anmerkung: Falls erforderlich können die Pfade in unterschiedlichen Linienbreiten dargestellt werden
	Messwerk zur Produktbildung (z. B. Leistungsmesser)

4.8 Schaltzeichen für Mess-, Melde- und Signaleinrichtungen

Schaltzeichen	Erklärung
Anzeigende Messgeräte	
	Spannungsmesser
	Leistungsfaktormesser
	Synchronoskop
	Oszilloskop
Aufzeichnende Messgeräte	
	Wirkleistungsschreiber
	Kurvenschreiber
Integrierende Messgeräte	
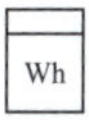	Wattstundenzähler
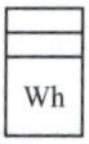	Zweitarifzähler
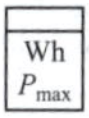	Maximumzähler
Elektrische Uhren	
	Uhr, allgemein Nebenuhr
	Hauptuhr
	Uhr mit Schalter
Messgeber	
	Thermoelement mit Angabe der Polarität
	desgl. Kennzeichnung des negativen Pols durch breite Linie

Schaltzeichen	Erklärung
	Thermoelement mit nicht isoliertem Heizelement
	Drehmelder, allgemein Anmerkung: Anstelle des Sterns Funktionserläuterung durch Buchstaben: Erster Buchstabe C Steuerung R Zerleger in Komponenten (Resolver) T Drehwinkel Zweiter Buchstabe B Verdrehbare Ständerwicklung D Differenzial R Empfänger T Transformator X Geber, Sender
	Drehwinkelgeber
Fernmesseinrichtungen	
	Fernmesssender, Telemetriesender
	Fernmessempfänger, Telemetrieempfänger
Messrelais	
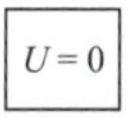	Nullspannungsrelais
	Überstromrelais, verzögert
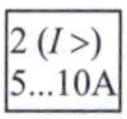	Überstromrelais, zwei Messglieder im Bereich 5…10 A
Mess-/Zähleinrichtungen	
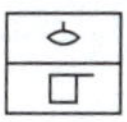	Buchholzrelais

Schaltzeichen	Erklärung
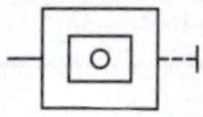	Brandschutzmelder
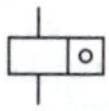	Impulszähler, elektrisch betätigt
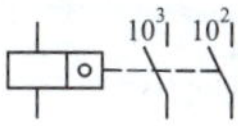	Impulszähler mit Vielfach-Kontaktgeber (Kontakte schließen jeweils bei 10^2 und 10^3 der erfassten Impulse)
Leuchtmelder, Signaleinrichtungen	
	Leuchtmelder, Lampe, allgemein
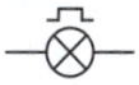	Leuchtmelder, blinkend
	Sichtmelder, elektromechanisch, Schauzeichen, Fallklappe
	Stellungsanzeiger mit einer Ruhestellung (Störstellung) und zwei Arbeitsstellungen
	Quittiermelder
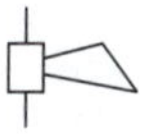	Hupe, Horn
	Wecker, Klingel
	Gong
	Summer
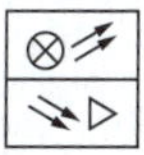	Lichtschranke mit Lichtsender (Gleichlicht) Lichtempfänger mit analogem Ausgang

4.9 Schaltzeichen für Halbleiter

Schaltzeichen	Erklärung
Symbolelemente	
	Halbleiterzone mit ohmschen Anschluss (senkrechte Linie stellt die Halbleiterzone dar)
	Leitender Kanal vom Verarmungstyp
	Leitender Kanal vom Anreicherungstyp
	Gleichrichtender Übergang
	P-Gebiet beeinflusst eine N-Zone
	N-Gebiet beeinflusst eine P-Zone
	N-leitender Kanal auf einem P-Substrat
	P-leitender Kanal auf einem N-Substrat
	Isoliertes Gate
	P-Emitter auf einer N-Zone
	N-Emitter auf einer P-Zone
	Kollektor auf einer Halbleiterzone entgegengesetzten Leitertyps (schräge Linie = Kollektor)
	Übergang zwischen Zonen verschiedenen Leitertyps (schräge Linie nicht als Anschluss verwendbar)
	Eigenleitende Zone zwischen Gebieten verschiedenen Leitertyps (PIN- oder NIP-Struktur)

Schaltzeichen	Erklärung
	Eigenleitende Zone zwischen Gebieten gleichen Leitertyps (PIP- oder NIN-Struktur)
Kennzeichen besonderer Funktion oder Eigenschaft	
	Schottky-Effekt
	Tunnel-Effekt
	Durchbrucheffekt in einer Richtung
	Durchbrucheffekt in beiden Richtungen
	Rückwärtseffekt
Dioden	
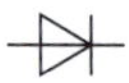	Halbleiterdiode, allgemein
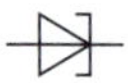	Tunneldiode
	Zweirichtungsdiode, Diac
Thyristordioden	
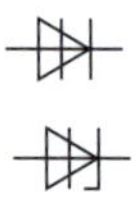	Thyristordiode, rückwärts sperrend Thyristordiode, rückwärts leitend
Thyristortrioden	
	Thyristortriode, rückwärts sperrend
	Thyristortriode, rückwärts leitend
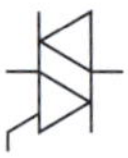	Thyristortriode, bidirektional, Triac

Schaltzeichen	Erklärung
Transistoren	
	PNP-Transistor
	NPN-Transistor, Kollektor mit Gehäuse verbunden
	PNIP-Transistor mit Anschluss zur eigenleitenden Zone
	PNIN-Transistor mit Anschluss zur eigenleitenden Zone
Feldeffekt-Transistoren	
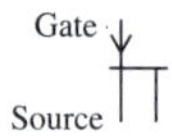	Sperrschicht-Feldeffekt-Transistor (JFET) mit N-Kanal Gate (Tor) und Source (Quelle) in einer Linie
	desgl. mit P-Kanal
	Isolierschicht-Feldeffekt-Transistor (IGFET), Verarmungstyp N-Kanal
Lichtempfindliche Elemente	
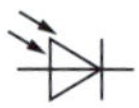	Fotodiode
	Fotozelle
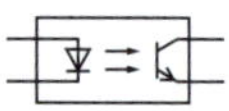	Optokoppler, dargestellt mit Leuchtdiode und Fototransistor
Magnetempfindliche Elemente	
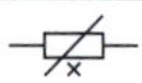	Widerstand, magnetfeldempfindlich
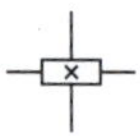	Hall-Generator mit vier Anschlüssen
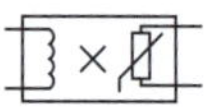	Magnetischer Koppler

4.10 Grafische Symbole für analoge Elemente

Regeln für die Anwendung grafischer Symbole für analoge Elemente sind in DIN EN 60617-13: 1994-1 festgelegt. Allgemein gilt:
Die Kennzeichnung „–“ für Invertierung und „+“ für Nichtinvertierung werden innerhalb des Symbols unmittelbar neben den betreffenden Eingängen und Ausgängen angegeben.
Direkt anschließend an die Vorzeichenangabe der Eingänge folgt die Angabe der Bewertungsfaktoren. Ist der Bewertungsfaktor + 1 oder – 1, so kann die Ziffer 1 entfallen.
Direkt anschließend an die Vorzeichenangabe der Ausgänge folgt die Angabe der Verstärkungsfaktoren. Ist der Verstärkungsfaktor 1, so kann die Ziffer 1 entfallen.
Ist die Verstärkung sehr hoch und die Kenntnis des genauen Verstärkungsfaktor unbedeutend, so kann das Zeichen „∞“ als Verstärkungsfaktor verwendet werden.
Gibt es für die ganze Schaltung nur einen Verstärkungsfaktor oder einen gemeinsamen Faktor für das Produkt aus Bewertungs- und Verstärkungsfaktoren, so kann der absolute Wert dieses Faktors im Funktionskennzeichen angegeben werden.

Symbol	Erklärung
Signal- und Funktionskennzeichen	
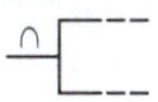	Analoger Eingang
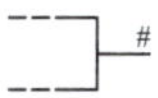	Digitaler Ausgang
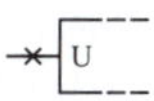	Spannungsversorgungs-anschluss (links)
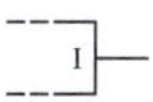	Stromversorgungsausgang
Element zur Berechnung der Funktionswerte	
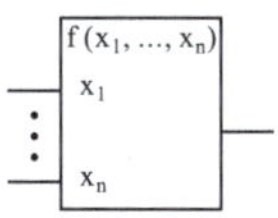	Allgemein $f(x_1 \ldots, x_n)$ wird ersetzt durch ein Symbol oder eine Grafik $x_1 \ldots, x_n$ wird ersetzt durch Angaben der Argumente der Funktion
	Beispiele:
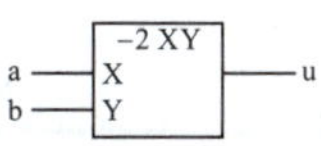	Multiplizierer mit einem Bewertungsfaktor von –2 $u = -2ab$
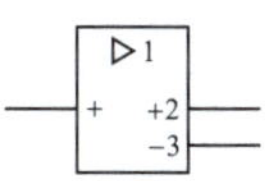	Verstärker mit 2 Ausgängen. Der nicht invertierende Ausgang hat den Faktor 2, der invertierende den Faktor 3
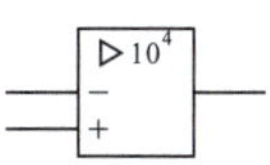	Differenzialverstärker mit 10000facher Verstärkung

Symbol	Erklärung
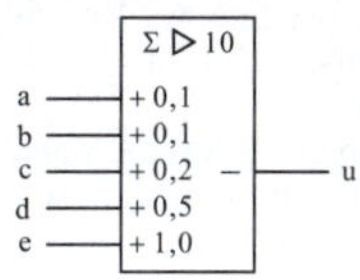	Summierender Verstärker $u = -10(0{,}1a + 0{,}1b + 0{,}2c + 0{,}5d + 1{,}0e)$ $= -(a + b + 2c + 5d + 10e)$
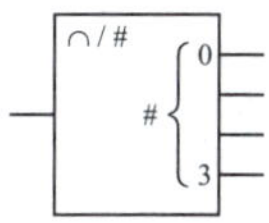 oder 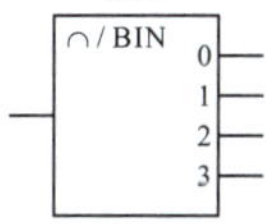	Analog/Digitalumsetzer der den Eingangswert in einen 4-Bit-Binärcode umsetzt
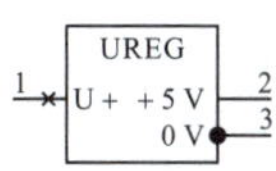	Spannungsregler, positiv, fest
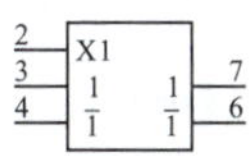	Analogschalter
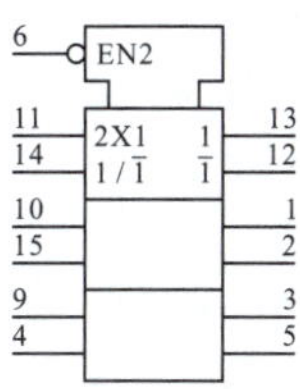	Analog-Multiplexer/ Demultiplexer, dreifach

4.11 Grafische Symbole für binäre Elemente

Regeln für die Anwendung grafischer Symbole für binäre Elemente sind in DIN 40900-12: 1992-9 festgelegt.

Aufbau der Symbole

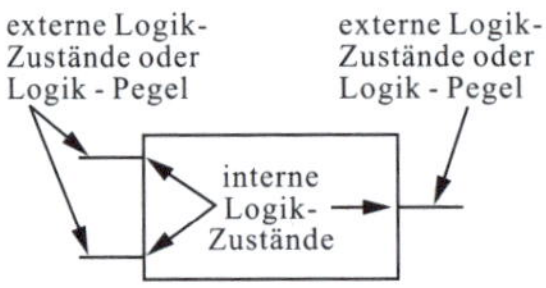

Ein Logik-Pegel bezeichnet die physikalische Eigenschaft, die einen Logik-Zustand einer binären Variablen darstellt. Die Logik-Zustände werden mit den Ziffern 0 („0-Zustand") und 1 („1-Zustand") gekennzeichnet.
Eine binäre Variable kann beliebigen physikalischen Größen gleichgesetzt werden, für die zwei getrennte Wertebereiche definiert werden können. Diese Wertebereiche werden Logik-Pegel genannt und mit H (High) und L (Low) bezeichnet.

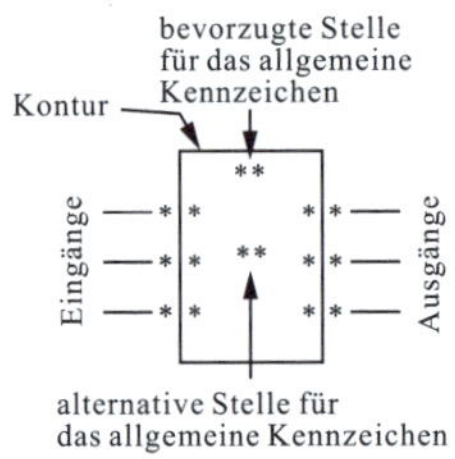

Das einzelne Zeichen * bezeichnet mögliche Lagen für Kennzeichen, die sich auf Ein- und Ausgänge beziehen.

Symbol	Bezeichnung
	Konturen (Seitenverhältnis beliebig)
	Element-Kontur, als Quadrat dargestellt
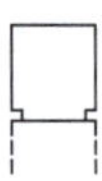	Steuerblock-Kontur
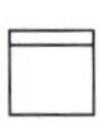	Ausgangsblock-Kontur

Kombination von Konturen (Beispiele)

Um Platz zu sparen, können bei der Darstellung einer Gruppe zusammengehöriger Elemente die einzelnen Konturen aneinandergefügt oder ineinandergeschachtelt werden.

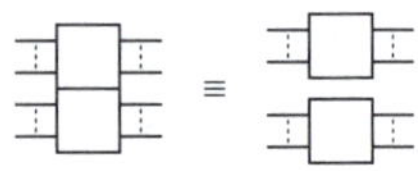

Zwischen den Elementen mit gemeinsamer Konturenlinie in Richtung des Signalflusses gibt es keine Logik-Verbindung.

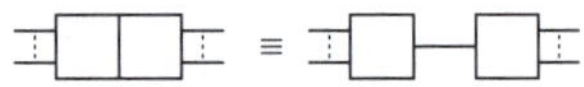

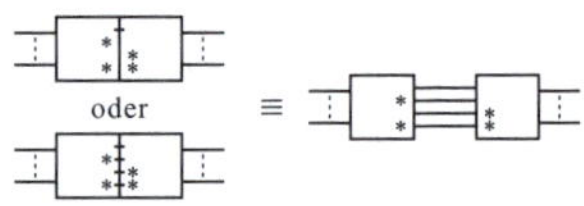

Zwischen den Elementen, deren gemeinsame Konturenlinie senkrecht zur Richtung des Signalflusses verläuft, gibt es mindestens eine Logik-Verbindung. Jeder Stern gibt den Platz für ein Funktionskennzeichen an.
Gemeinsame Eingänge oder Ausgänge einer Anordnung von zusammengehörenden Elementen können in einem Steuerblock zusammengefasst werden. Solche Ein- und Ausgänge sind, wenn nötig, zu kennzeichnen.
Sofern nicht anders angegeben, ist das dem Steuerblock am nächsten gelegene Element das niedrigstwertige.

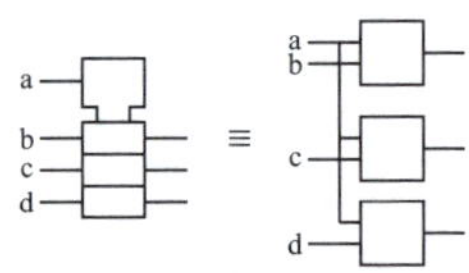

Ein gemeinsamer, von allen Elementen der Anordnung abhängiger Ausgang kann als Ausgangsblock dargestellt werden. Die Funktion des Ausgangsblockes muss in jedem Fall angegeben werden.

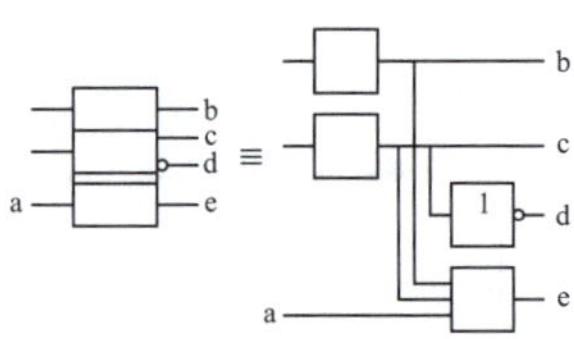

4.11 Grafische Symbole für binäre Elemente

Symbol	Erklärung
Kennzeichen an Ein- und Ausgängen oder Verbindungen	
	Negation
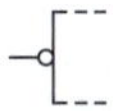	An einem Eingang
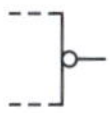	An einem Ausgang Die Verbindungslinie kann auch durch den Kreis führen
	Dynamischer Eingang
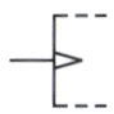	Wirkung bei äußerem Zustandswechsel von 0 nach 1
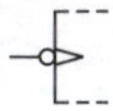	Wirkung bei äußerem Zustandswechsel von 1 nach 0
	Interne Verbindung
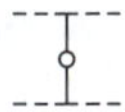	Mit Negation
Kennzeichen innerhalb der Kontur	
	Ausgänge
	Retardierter Ausgang. Die Ausgangs-Zustandsänderung tritt erst ein, wenn das die Änderung verursachende Eingangssignal zum anfänglichen Logik-Zustand zurückkehrt
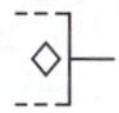	Offener Ausgang, offener Kollektor. Zur Erzeugung eines definierten Logik-Pegels ist eine externe Beschaltung, z. B. mit einem Widerstand erforderlich
	Eingänge
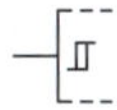	Eingang mit zwei Schwellwerten. Eingang mit Hysterese
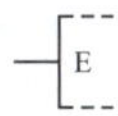	Erweiterungseingang. Eingang, der mit dem Ausgang E eines Erweiterungselementes verbunden werden kann

Abhängigkeitsnotation

Damit bei komplexen Funktionen nicht die entsprechenden Elemente und Verbindungen einzeln dargestellt werden müssen, können die Beziehungen zwischen Eingängen, Ausgängen oder Ein- und Ausgängen mit der Abhängigkeitsnotation angegeben werden. Hierbei wird zwischen „steuern" und „gesteuert" unterschieden:

- Eingänge, die andere Eingänge und Ausgänge steuern, werden mit einem Buchstaben entsprechend nachstehender Tabelle und einer nachfolgenden Kennziffer gekennzeichnet.
- Eingänge oder Ausgänge, die durch den steuernden Eingang gesteuert werden, erhalten die gleiche Kennziffer. Ist ein zusätzliches Kennzeichen erforderlich, so ist die Kennziffer voranzustellen.

Haben mehrere Eingänge einen steuernden Einfluss, so müssen die Kennziffern eines jeden steuernden Eingangs in die Kennzeichnung des gesteuerten Ein- oder Ausgangs angegeben werden. Die von links nach rechts gelesene Reihenfolge durch Kommata getrennter Kennziffern entspricht der Rangfolge ihrer Wirkungen.
Zwei steuernde Eingänge mit unterschiedlichen Buchstaben dürfen nicht dieselbe Kennziffer tragen, ausgenommen der Buchstabe A.

Steuernde Eingänge mit gleichen Buchstaben und gleicher Kennziffer stehen in einer ODER-Beziehung zueinander.

Folgende Abhängigkeitsarten sind festgelegt:

- UND-, ODER- und NEGATIONS-Abhängigkeiten geben Boole'sche Beziehungen zwischen Eingängen und/oder Ausgängen an.
- VERBINDUNGS-Abhängigkeit gibt an, dass ein Ausgang seinen Logik-Zustand einem oder mehreren anderen Eingängen und/oder Ausgängen aufzwingt.
- STEUER-Abhängigkeit kennzeichnet einen Zeitsteuer- oder Takteingang und gibt an, welche Eingänge durch ihn gesteuert werden.
- MODUS-Abhängigkeit kennzeichnet einen Eingang, der den Betriebsmodus eines Elements auswählt und gibt die Eingänge und/oder Ausgänge an, die von diesem Modus abhängen.
- FREIGABE-Abhängigkeit gibt an, welche Eingänge und/oder Ausgänge durch einen Freigabe-Eingang gesteuert werden (z. B. welche Ausgänge den hochohmigen Zustand annehmen).
- ADRESSEN-Abhängigkeit kennzeichnet die Adressen-Eingänge eines Speichers.
- SETZ-/RÜCKSETZ-Abhängigkeiten werden verwendet, um die internen Logik-Zustände in bistabilen Elementen bei R = S = 1 anzugeben.

4

4.11 Grafische Symbole für binäre Elemente

Buch-stabe(n)	Abhängig-keitsart	Wirkung auf gesteuerten Eingang oder Ausgang, wenn sich der steuernde Eingang in folgendem Logik-Zustand befindet: 1-Zustand	0-Zustand
A	Adressen	Erlaubt Aktion	Verhindert Aktion
		Mit den Adresseneingängen lässt sich eine Gruppe (Wort) zusammengehöriger Speicherzellen (Bits) auswählen (Ein- und Ausgänge von Speichern, die von einem Am-Eingang gesteuert werden, werden mit dem Buchstaben A gekennzeichnet. Dieser Buchstabe unterliegt bezüglich der Kennziffer den Regeln der Abhängigkeitsnotation)	
C	Steuerung	Löst Aktion der normal definierten Wirkung eines sequenziellen Elements aus	Die durch den Cm-Eingang oder Cm-Ausgang gesteuerten Eingänge eines sequenziellen Elements haben keine Wirkung
EN	Freigabe	Erlaubt Aktion Anmerkung: Die Wirkung dieses Eingangs auf die von ihm gesteuerten Ausgänge ist die gleiche wie die eines EN-Einganges. Die Wirkung dieses Eingangs auf die von ihm gesteuerten Eingänge ist die gleiche wie die eines M-Eingangs.	– Verhindert Aktion gesteuerter Eingänge, – bewirkt den externen hochohmigen Zustand an offenen und 3-state-Ausgängen, der interne Logik-Zustand der 3-state-Ausgänge wird nicht beeinflusst, – bewirkt hochohmigen L-Pegel an passiven Pulldown-Ausgängen und hochohmigen H-Pegel an passiven Pullup-Ausgängen, – bewirkt den 0-Zustand an anderen Ausgängen
G	UND	Erlaubt Aktion des normal definierten Logik-Zustandes	Bewirkt den 0-Zustand
M	Mode	Erlaubt Aktion (Modus ausgewählt)	Verhindert Aktion (Modus nicht ausgewählt)
N	Negation	Negiert den normal definierten Logik-Zustand	Erlaubt Aktion des normal definierten Logik-Zustandes
R	Rücksetz	Gesteuerter Ausgang eines bistabilen Elements reagiert wie bei S=0, R=1	Keine Wirkung
S	Setz	Gesteuerter Ausgang eines bistabilen Elements reagiert wie bei S=1, R=0	Keine Wirkung
V	ODER	Bewirkt 1-Zustand	Erlaubt Aktion des normal definierten Logik-Zustandes
Z	Verbindung	Bewirkt 1-Zustand, sofern dieser nicht durch zusätzliche Abhängigkeitsnotation verändert wird	Bewirkt 0-Zustand, sofern dieser nicht durch zusätzliche Abhängigkeitsnotation verändert wird

4.11 Grafische Symbole für binäre Elemente

Beispiele zur Abhängigkeitsnotation

Adressen-Abhängigkeit

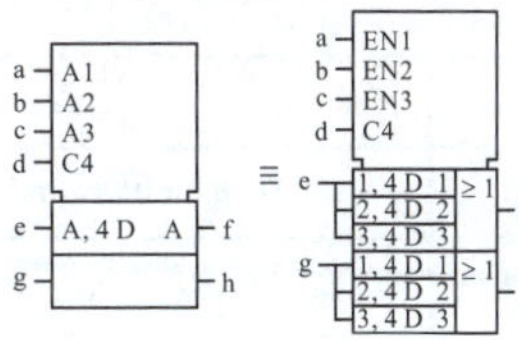

Die Kennzahlen von steuernden Am-Eingängen entsprechen den Adressen der durch diese Eingänge ausgewählten Wörter.

Steuer-Abhängigkeit

Cm-Eingang

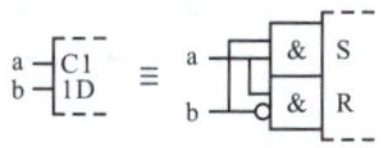

Freigabe-Abhängigkeit

ENm-Eingang
bei a=0 ist d=c
bei a=1 ist d=b

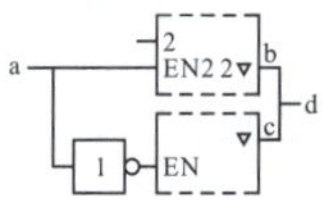

UND-Abhängigkeit

Gm-Eingang

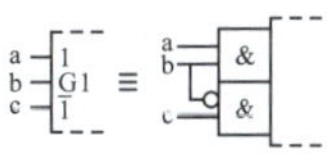

Gm-Ausgang

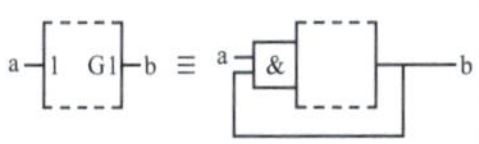

ODER-Abhängigkeit

Vm-Eingang

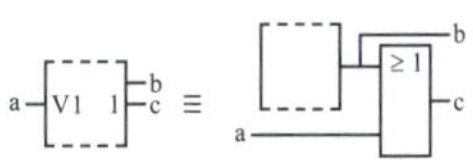

Vm-Ausgang

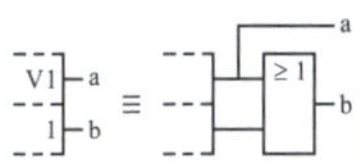

Negations-Abhängigkeit

Nm-Eingang

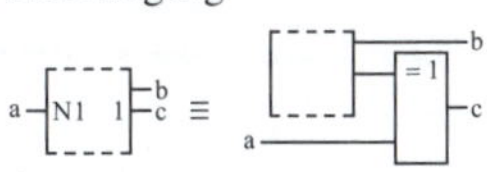

bei a=0 ist c=b
bei a=1 ist $c=\overline{b}$

Verbindungs-Abhängigkeit

Zm-Eingang

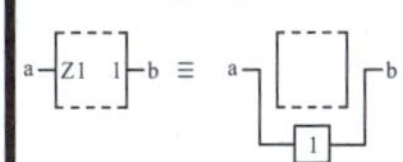

Zm-Ausgang

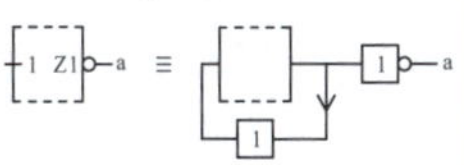

Modus-Abhängigkeit

Mm-Eingang

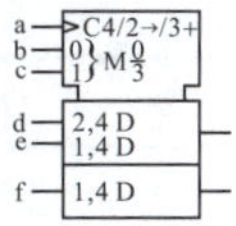

Modus 0 (b=0, c=0)
Eingänge haben keine Wirkung

Modus 1 (b=1, c=0)	Modus 2 (b=0, c=1)	Modus 3 (b=1, c=1)
Paralleles Laden über Eingänge e und f	Vorwärtsschieben und serielles Laden über den Eingang d	Vorwärtszählen um eine Stelle bei jedem Taktimpuls

Codierer, Code-Umsetzer

Abhängig vom Eingangscode ergibt der interne Logik-Zustand der Eingänge eine interne Zahl. Diese interne Zahl wird entsprechend dem Ausgangscode übersetzt und hat den internen Logik-Zustand an den Ausgängen zur Folge.
Die Beziehung zwischen den internen Logik-Zuständen an den Eingängen und der internen Zahl wird angegeben durch:

- Zahlen an den Eingängen, wobei die Summe der Zahlen an den Eingängen mit internem 1-Zustand die interne Zahl ergibt,
- Ersetzen von X durch ein entsprechendes Kennzeichen des Eingangscodes und Bezeichnen der Eingänge mit Zeichen, die sich auf diesen Code beziehen.

Die Bezeichnung zwischen der internen Zahl und dem internen Logik-Zustand an den Ausgängen erfolgt durch:

- Bezeichnen jedes Ausgangs mit denjenigen internen Zahlen, die den 1-Zustand des jeweiligen Ausgangs bewirken. Mehrere interne Zahlen eines Ausgangs werden durch Schrägstriche getrennt oder bei einer Zahlenreihe durch die erste und letzte Zahl mit drei Zwischenpunkten dargestellt.
- Ersetzen von Y durch eine entsprechende Bezeichnung des Ausgangscodes und Bezeichnen der Ausgänge mit Zeichen, die sich auf diesen Code beziehen.

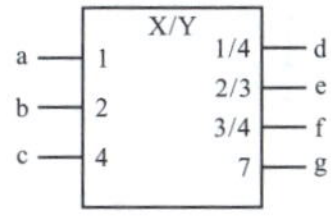

Ausgang d befindet sich im 1-Zustand bei
a=1 b=0 c=0
a=0 b=0 c=1

4.12 Grafische Symbole der Fluidtechnik

Grafische Symbole dienen der Kennzeichnung von Funktionen in den Schaltplänen der Fluidtechnik. Sie können auch direkt an den Geräten angebracht werden. In DIN ISO 1219-1: 1996-3 sind allgemeine Regeln zur Bildung grafischer Symbole und die Darstellung der Grundsymbole und Funktionselemente festgelegt.

Symbol	Erklärung
Leitungen, Leitungsverbindungen	
	Durchflussleitung Arbeitsleitung Rückstromleitung
	Steuerleitung
	Flexible Leitung, Schlauch
	Leitungs-verbindungen
	Leitungsverbindung mit kontinuierlicher Entlüftung
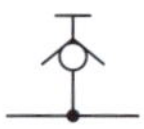	Leitungsverbindung mit geschlossenem Entlüftungsanschluss
Betätigungsarten	
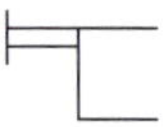	Muskelkraft-betätigung, allgemein
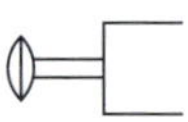	Muskelkraftbetätigung mit Druck-/Zugknopf
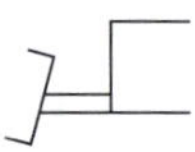	Pedal mit 2 Betätigungs-richtungen
	Elektrische Betätigung
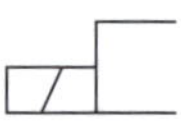	– mit Magnet-spule
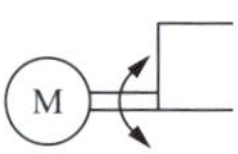	– mit Elektro-motor
	Betätigung durch Druck
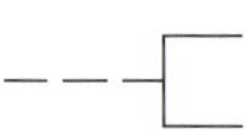	– direkt durch Druck oder Druckentlasten

Symbol	Erklärung
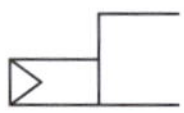	– indirekt durch pneumatische Betätigung einer Vorsteuerstufe
	Kombinierte Betätigungen
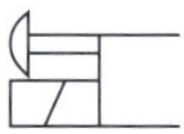	– Druckknopf und Magnet betätigen das Ventil unabhängig voneinander (Parallelbetätigung)
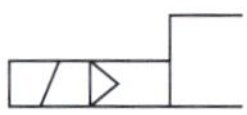	– Magnet betätigt Vorsteuerventil, das betätigt Hauptventil (Serienbetätigung)
Pumpen und Motore	
	Hydropumpe
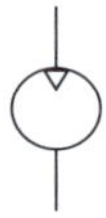	Pneumatikmotor
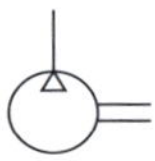	Kompressor
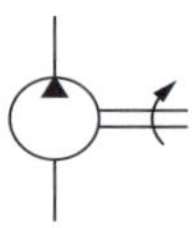	Hydropumpe mit einer Drehrichtung
Zylinder	
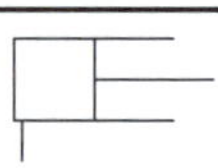	Einfach wirkender Pneumatikzylinder
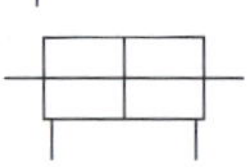	Doppelt wirkender Pneumatikzylinder

Symbol	Erklärung
Druckmittelwandler	
Einfach wirkend 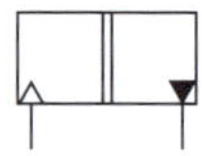 Kontinuierlich 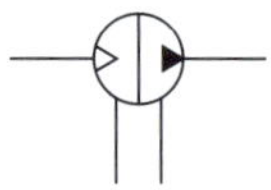	Umwandlung von pneumatischen in hydraulichen Druck gleicher Höhe
Speicherung	
	Speicher, Gasflasche oder Behälter
	Speicher mit Gasvorspannung
	Luftbehälter
Energiequellen	
	Hydrauliche Energiequelle
	Pneumatische Energiequelle
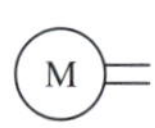	Elektromotor
	Nicht elektrische Antriebseinheit

4.12 Grafische Symbole der Fluidtechnik

Symbol	Erklärung
Ventile	
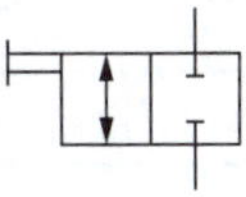	2/2-Wegeventil (Absperrventil) betätigt durch Muskelkraft
	Rückschlagventil unbelastet (vereinfachte Darstellung)
	Rückschlagventil federbelastet (vereinfachte Darstellung)
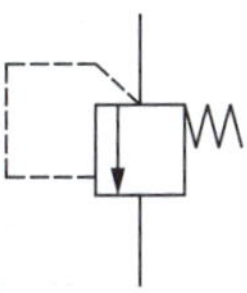	Einstufiges Druckbegrenzungsventil
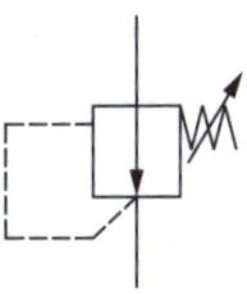	Druckreduzierventil
	Einstellbares Drosselventil
	Absperrventil
Aufbereiter	
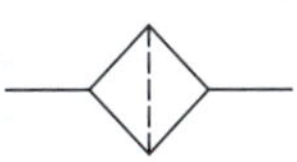	Filter
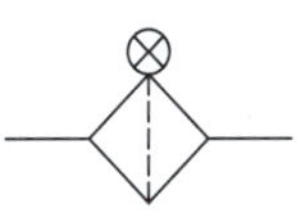	Filter mit Verschmutzungsanzeiger

Symbol	Erklärung
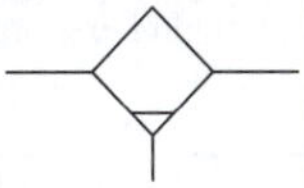	Abscheider mit manueller Entwässerung
	Abscheider mit automatischer Entwässerung
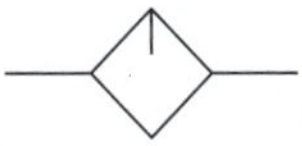	Öler, zum Ölen von Teilen, die durch Luft erreicht werden
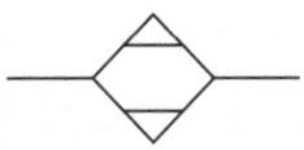	Lufttrockner, z. B. durch Chemikalien
Ausführlich 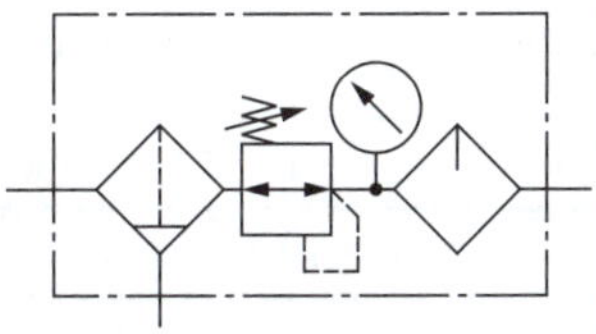 Vereinfacht 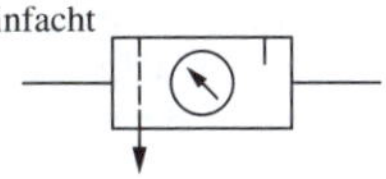 Aufbereitungseinheit bestehend aus: Filter, Abscheider, Druckreduzierventil, Überdruckmesser, Öler	
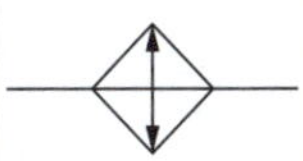	Kühler, ohne Volumenstromlinien für die Fließrichtung des Kühlmediums
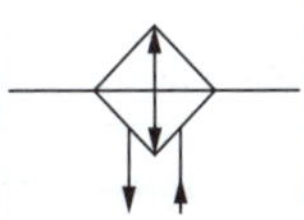	Kühler, mit Volumenstromlinien für die Fließrichtung des Kühlmediums
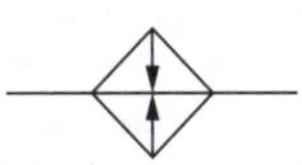	Heizer
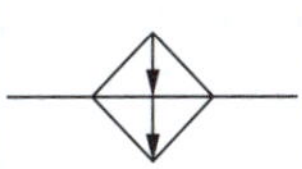	Temperaturregler, Wärme zugeführt oder abgeführt

Symbol	Erklärung
Mess-/Anzeigegeräte	
	Manometer, Überdruckmessgerät
	Differenzdruckmessgerät
	Temperaturmesser
	Flüssigkeitsniveaumesser
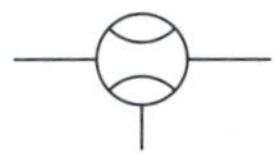	Volumenstrommessgerät
	Volumenstromanzeiger
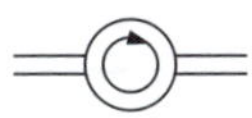	Drehzahlmessgerät
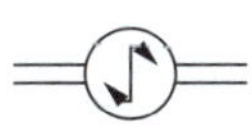	Drehmomentmessgerät
Weitere Geräte	
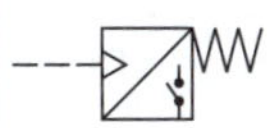	Druckschalter, signalisiert einen voreingestellten Druck
	Grenzschalter
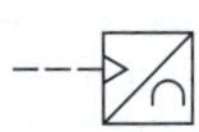	Analogwandler
	Schalldämpfer, reduziert Entlüftungsgeräusche

4.13 Regeln für Schaltpläne

Schaltpläne der Elektrotechnik sind die zeichnerische (bildliche) oder listenmäßige (tabellarische) Darstellungen elektrotechnischer Bestandteile von Objekten (z. B. Anlagen, Betriebsmittel, Geräte) durch Schaltzeichen, einfache geometrische Figuren (Symbole) und/oder alphanumerischer Zeichen. Eine Übersicht wichtiger beim Erstellen der Schaltpläne zu beachtender Normen zeigt nachstehende Tabelle.

Norm	Titel
DIN EN 61082-1: 1995-5	Dokumente der Elektrotechnik, Teil 1, Allgemeine Regeln
DIN EN 61082-2: 1995-5	Dokumente der Elektrotechnik, Teil 2, Funktionsbezogene Schaltpläne
DIN EN 61082-3: 1995-5	Dokumente der Elektrotechnik, Teil 3, Verbindungspläne, Verbindungstabellen und Verbindungslisten
DIN EN 60445: 1991-9	Kennzeichnung der Anschlüsse elektrischer Betriebsmittel und bestimmter Leiter
DIN 40719-2: 1978-6	Schaltungsunterlagen, Kennzeichnung von elektrischen Betriebsmitteln
DIN V 40719-1000: 1993-4	Regeln für das rechnergestützte Erstellen von Stromlaufplänen

Klassifizierung der Schaltpläne

Einteilung	Art der Pläne (Beispiele)
Funktionsbezogene Dokumente	Übersichtsplan, Funktionsplan, Ablaufdiagramm, Stromlaufplan, Anschlussfunktionsplan
Ortsbezogene Dokumente	Lageplan, Installationsplan, Anordnungsplan, Gruppenbezeichnung
Verbindungsbezogene Dokumente	Verdrahtungsplan, Verdrahtungstabelle, Anschlussplan, Kabelplan, Kabelliste
Betriebsmittellisten	Teileliste, Ersatzteilliste
Montagebezogene Dokumente	Aufstellungslisten, Montagehinweise
Inbetriebnahmebezogene Dokumente	Pläne zum Aufbau und ordnungsgemäßer Funktion eines Systems
Dokumente zur Instandhaltung	Wartungs- und Serviceunterlagen

Kennzeichnung auf Schaltplänen

Die Kennzeichnung stellt die Beziehung zwischen dem Betriebsmittel (z. B. Funktionseinheit oder Gerät) in der Anlage und der entsprechenden Schaltungsunterlage (z. B. Stromlaufplan) her. Nachstehende Tabelle enthält eine Übersicht von Kennbuchstaben und deren Zuordnung zu den Betriebsmitteln. Die Kennzeichnung ist in unmittelbarer Nähe des Schaltzeichens anzugeben. Vorrangig besteht die Kennzeichnung aus einer Kombination von Buchstabe und Zahl, z. B. Q2 bedeutet Leistungsschalter 2 auf der Schaltungsunterlage.

4.13 Regeln für Schaltpläne

Übersicht der Kennbuchstaben und deren Zuordnung zu den Betriebsmitteln

Kennbuchstabe	Art des Betriebsmittels	Beispiel	Kennbuchstabe	Art des Betriebsmittels	Beispiel
A	Bauteil-/Geräteeinheit	Verstärker mit Transistoren, Laser, integrierte Schalteinheiten	N	Verstärker, Regler	Einrichtungen der analogen Steuerungs- und Regelungstechnik
B	Energiewandler von nicht elektrischen Größen in elektrische und umgekehrt	Drehmelder, Buchholzschutz, Messumformer, Füllstandsgeber	P	Messeinrichtungen, Prüfeinrichtungen	Anzeige-/Registriermessgeräte, Uhren
			Q	Leistungsschalteinrichtungen	Leistungsschalter, Trenner, Lastschalter
C	Kondensatoren	Leistungskondensatoren, Störschutzkondensatoren	R	Widerstände	Vorwiderstände, Thermistoren
D	Verzögerungsvorrichtungen, Speichervorrichtungen, binäre Elemente	Magnetplattenspeicher, Registrierwerke	S	Schalter mit mechanischer und Handbetätigung	Befehlsschalter, Steuerschalter, Taster, Installationsschalter
E	Verschiedenes	Beleuchtungseinrichtungen, Heizungsvorrichtungen, elektrohydrauliche Regler	T	Transformatoren	Leistungstransformatoren, Spannungswandler, Stromwandler, Transduktoren
F	Schutzvorrichtungen	Sicherungen, Ableiter, Schutzrelais, Leitungsschutzschalter, Überstromauslöser	U	Modulatoren, Wechsler, Übertragungseinrichtungen	Codierer, Zeichenumsetzer
G	Generatoren, Versorgungseinrichtungen	Drehstromgeneratoren, Batterien, Gleichrichter	V	Röhren, Halbleiter	Elektronenröhren, Transistoren, Thyristoren, Dioden
H	Signaleinrichtungen	Melder, Signallampen	X	Anschlussklemmen, Stecker, Buchsen, Fassungen	Trenn-/Steckverbindungen, Klemmleisten, Lötanschlussleisten
K	Relais, Schütze	Leistungsschütze, Hilfsrelais, Zeitrelais, Hilfsschütze			
L	Spulen	Induktionsspulen, Drosselspulen	Y	Elektrisch betätigte mechanische Einrichtungen	Kupplungen, pneumatische Ventile, Magnetventile, Magnete
M	Motoren	Drehstrommotoren, Gleichstrommotoren	Z	Filter, Begrenzer, Dynamikregler, Ausgleicher	Leitungsnachbildungen, Quarzfilter

4.13 Regeln für Schaltpläne

Kennzeichnung von Betriebsmittelanschlüssen und Leiterenden

Bestimmte Leiter		Alphanumerische Kennzeichnung			
		Kennzeichnung der Betriebsmittelanschlüsse	Bemerkung	Kennzeichnung der Leiterenden	Bemerkung
Wechselstromnetz	Außenleiter 1	U		L1	
	Außenleiter 2	V		L2	
	Außenleiter 3	W		L3	
	Neutralleiter	N		N	
Gleichstromnetz	Positiv	C		L+	
	Negativ	D		L–	
	Mittelleiter	M		M	
Schutzleiter		PE		PE	
PEN-Leiter		–		PEN	
Erdungsleiter		E		E	
Fremdspannungsarmer Erdleiter		TE		TE	
Masseverbindung		MM	[1]	MM	[1]
Äquipotenzialleitung		CC	[1]	CC	[1]

10-2

Beispiele: Kennzeichnung von Betriebsmittelanschlüssen und Leitern

Dreisträngiges Betriebsmittel mit 6 Anschlüssen

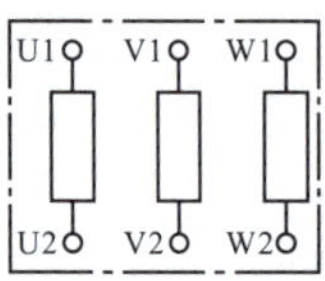

Schaltgerät

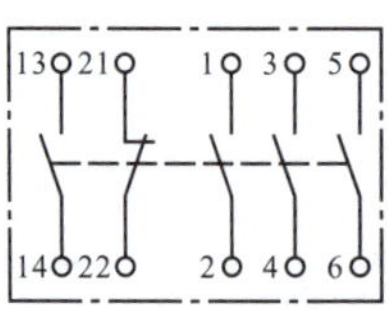

Verbindungen von Betriebsmittelanschlüssen und bestimmter Leiter

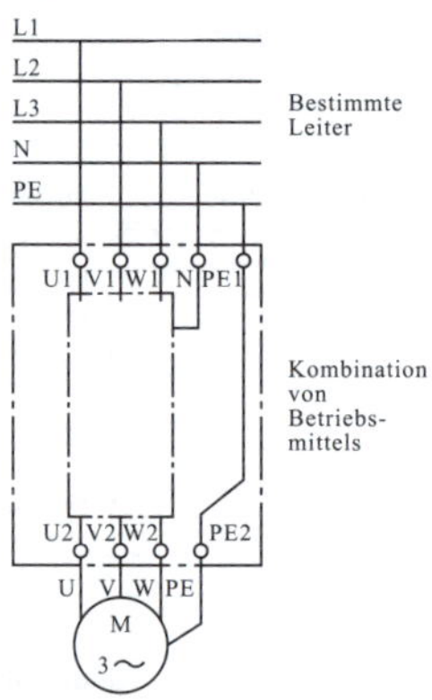

[1] Diese Kennzeichnungen gelten nur dann, wenn die Anschlüsse der Leiter nicht dazu bestimmt sind, das Potenzial des Schutzleiters oder der Erde zu führen.

4.13 Regeln für Schaltpläne

Darstellung auf Schaltplänen

Die elektrischen Einrichtungen (Betriebsmittel) in Schaltplänen werden im spannungslosen Zustand, mechanisch betätigte Bauteile in ihrer Null- oder Aus-Stellung dargestellt.
Abweichungen, die dem besseren Verständnis der Schaltung dienen oder die durch Konstruktion der Bauteile bedingt sind, müssen in den Plänen gekennzeichnet sein. Für die Darstellung von Schaltgliedern in Schaltplänen gilt: Betätigung von oben nach unten oder von links nach rechts.
Schaltzeichen können in Schaltplänen verteilt (aufgelöst) dargestellt werden, wenn dadurch eine klare Anordnung der Stromkreise erreicht wird. Die Teile der Schaltzeichen (z. B. Kontakte, Spulen) werden durch ihre Betriebsmittelkennzeichnung zueinander in Beziehung gesetzt.
Schaltzeichen und Stromkreise sind möglichst so darzustellen, dass funktionelle Beziehungen oder räumliche Lagen deutlich werden. Die Stromkreise sollten entsprechend dem Funktionsablauf angeordnet werden.
Bei Schaltungen mit binären oder analogen Elementen sollte grundsätzlich von einer Signalflussrichtung von links nach rechts ausgegangen werden.
Leitungen unterschiedlicher Wichtigkeit, Spannung, Polarität oder Betriebsart können durch Linienbreiten unterschieden werden. Zusätzliche Angaben, z. B. Messgrößen, Leiterabmessungen, Leiter- und Gerätekennzeichnungen, sind zulässig.
Nebenstehendes Beispiel zeigt den Stromlaufplan eines Antriebssystems für zwei Drehrichtungen in aufgelöster Darstellung (DIN EN 61082-1: 1995-5).

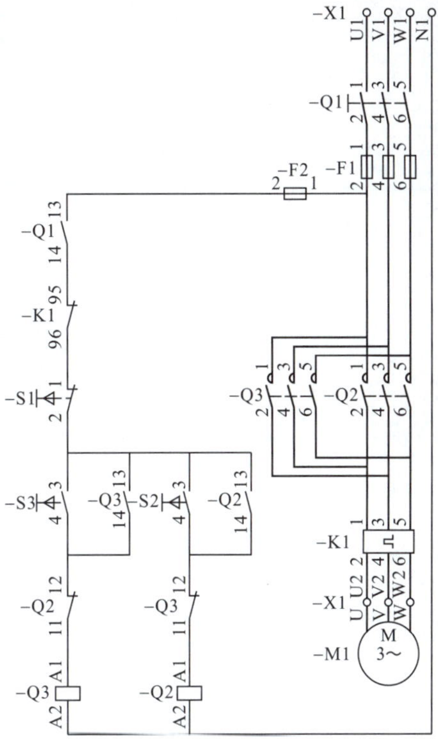

Beispiel: Stromlaufplan eines Antriebssystems für zwei Drehrichtungen in aufgelöster Darstellung

Seiten-/Längenverhältnisse häufig darzustellender Schaltzeichen

Benennung	Schaltzeichen	Abmessung
Widerstand	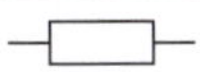	1 : ≥2
Spule		1 : ≥2
Sicherung		1 : 3
Kondensator		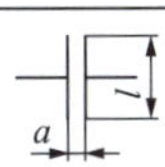 $a \leq \frac{1}{3}\, l$
Elektromechanischer Antrieb	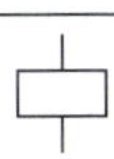	1 : 2

Linien und Beschriftung

Linienbreiten in mm	0,25; 0,35; 0,5; 0,7; 1; 1,4; 2 ⇒ 14-2
Linienabstände	nicht <0,7 mm
Höhe der Großbuchstaben in mm	2,5; 3,5; 5; 7; 10; 14 ⇒ 14-1
Höhe der Kleinbuchstaben	im Verhältnis 7/10 kleiner

5 Bauelemente der Elektrotechnik

5.1 Kennzeichnung von Bauelementen

5.1.1 Kurzschreibweise von Datumsangaben für Kondensatoren und Widerstände nach DIN IEC 62: 1993-3

Kurzschreibweise für die Jahresangabe [1]										Kurzschreibweise für die Monatsangabe					
1990	A	1994	E	1998	K	2002	P	2006	U	Januar	1	Mai	5	September	9
1991	B	1995	F	1999	L	2003	R	2007	V	Februar	2	Juni	6	Oktober	0
1992	C	1996	G	2000	M	2004	S	2008	W	März	3	Juli	7	November	N
1993	D	1997	H	2001	N	2005	T	2009	X	April	4	August	8	Dezember	D

Beispiel: K7 entspricht Juli 1998

5.1.2 Reihen für die Nennwerte von Widerständen und Kondensatoren nach DIN IEC 63: 1985-12

Vorzugswerte				Vorzugswerte mit kleiner zulässiger Abweichung							
E3	E6	E12	E24	E48	E96	E48	E96	E48	E96	E48	E96
zulässige Abweichung				zulässige Abweichung							
über 20%	±20%	±10%	±5%	±2%	±1%	±2%	±1%	±2%	±1%	±2%	±1%
1,0	1,0	1,0	1,0	100	100	178	178	316	316	562	562
			1,1		102		182		324		576
		1,2	1,2	105	105	187	187	332	332	590	590
			1,3		107		191		340		604
	1,5	1,5	1,5	110	110	196	196	348	348	619	619
			1,6		113		200		357		634
		1,8	1,8	115	115	205	205	365	365	649	649
			2,0		118		210		374		665
2,2	2,2	2,2	2,2	121	121	215	215	383	383	681	681
			2,4		124		221		392		698
		2,7	2,7	127	127	226	226	402	402	715	715
			3,0		130		232		412		732
	3,3	3,3	3,3	133	133	237	237	422	422	750	750
			3,6		137		243		432		768
		3,9	3,9	140	140	249	249	442	442	787	787
			4,3		143		255		453		806
4,7	4,7	4,7	4,7	147	147	261	261	464	464	825	825
			5,1		150		267		475		845
		5,6	5,6	154	154	274	274	487	487	866	866
			6,2		158		280		499		887
	6,8	6,8	6,8	162	162	287	287	511	511	909	909
			7,5		165		294		523		931
		8,2	8,2	169	169	301	301	536	536	953	953
			9,1		174		309		549		976

5.1.3 Normzahlen und Normzahlen-Hauptwerte-Reihen nach DIN 323-1: 1974-8

R5	R10	R20	R5	R10	R20	R5	R10	R20	R5	R10	R20	R5	R10	R20
1,00	1,00	1,00	1,60	1,60	1,60	2,50	2,50	2,50	4,00	4,00	4,00	6,30	6,30	6,30
		1,12			1,80			2,80			4,50			7,10
	1,25	1,25		2,00	2,00		3,15	3,15		5,00	5,00		8,00	8,00
		1,40			2,24			3,55			5,60			9,00

[1] Die Kurzzeichen wiederholen sich in einem 20-jährigen Zyklus.

5.1 Kennzeichnung von Bauelementen

4-1

5.1.4 Farbkennzeichnung von Widerständen nach DIN IEC 62: 1993-3

Die Widerstandswerte und die Toleranz von Widerständen werden durch Farbkennzeichnungen dargestellt. Die Kennzeichnung erfolgt durch umlaufende Farbringe auf dem Widerstandskörper, aber auch durch Punkte oder Striche. Der erste Ring liegt näher an dem einen Ende des Widerstandes als der letzte Ring am anderen Ende. Farbkennzeichnung des Temperaturkoeffizienten nur, wenn der Widerstandswert (3 Ziffern) und die Toleranz gekennzeichnet sind.

5

Als Ziffern gibt man in Farbkennzeichnung in der Regel die Werte einer E-Reihe an.

5-1

Beispiel:

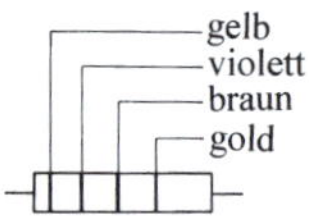

1. Ziffer = 4
2. Ziffer = 7
Multiplikator = 10^1
Toleranz = ± 5%

$R = 470\ \Omega \pm 5\%$

Farbe	Widerstandswert in Ω: Zählende Ziffern	Multiplikator	Toleranz in %	Temperaturkoeffizient (10^{-6}/°C)
schwarz	0	10^0	–	±250
braun	1	10^1	± 1	±100
rot	2	10^2	± 2	± 50
orange	3	10^3	–	± 15
gelb	4	10^4	–	± 25
grün	5	10^5	± 0,5	± 20
blau	6	10^6	± 0,25	± 10
violett	7	10^7	± 0,1	± 5
grau	8	10^8	–	± 1
weiß	9	10^9	–	–
gold	–	10^{-1}	± 5	–
silber	–	10^{-2}	±10	–
keine	–	–	±20	–

5.1.5 Buchstaben- und Ziffernkennzeichnung für Kapazitäts- und Widerstandswerte nach DIN IEC 62: 1993-3

Kondensatoren: Kennbuchstabe	Multiplikator	Widerstände: Kennbuchstabe	Multiplikator
p	10^{-12} Pico	R	10^0 –
n	10^{-9} Nano	K	10^3 Kilo
µ	10^{-6} Mikro	M	10^6 Mega
m	10^{-3} Milli	G	10^9 Giga
F	10^0 –	T	10^{12} Tera

2-2

Kennzeichnung von zweiziffrigen Werten

Kondensatoren: Kapazitätswert	Kennzeichnung	Widerstände: Widerstandswert	Kennzeichnung
0,39 pF	p 39	0,39 Ω	R 39
3,9 pF	3 p 9	3,9 Ω	3 R 9
39 pF	39 p	39 Ω	39 R
390 pF	390 p	390 Ω	390 R
0,39 nF	n 39	0,39 kΩ	K 39
3,9 nF	3 n 9	3,9 kΩ	3 K 9
39 nF	39 n	39 kΩ	39 K
390 nF	390 n	390 kΩ	390 K
0,39 µF	µ 39	0,39 MΩ	M 39
3,9 µF	3 µ 9	3,9 MΩ	3 M 9
39 µF	39 µ	39 MΩ	39 M
390 µF	390 µ	390 MΩ	390 M
390 µF	m 39	0,39 GΩ	G 39
3 900 µF	3 m 9	3,9 GΩ	3 G 9
39 000 µF	39 m	39 GΩ	39 G
390 000 µF	390 m	390 GΩ	390 G

Kennzeichnung von dreiziffrigen Werten

Kondensatoren: Kapazitätswert	Kennzeichnung	Widerstände: Widerstandswert	Kennzeichnung
3,96 pF	3 p 96	3,96 Ω	3 R 96
39,6 pF	39 p 6	39,6 Ω	39 R 6
396 pF	396 p	396 Ω	396 R

Zulässige Abweichungen

Die zulässigen Abweichungen in % (bzw. in pF für Kapazitätswerte < 10 pF) werden durch große Buchstaben angegeben.

Buchstabe	zul. Abw.	Buchstabe	zul. Abw.	Buchstabe	zul. Abw.
E	±0,005	G	± 2	Q	+30 / −10
L	±0,01	J	± 5		
P	±0,02	K	±10	T	+50 / −10
W	±0,05	M	±20		
B	±0,1	N	±30	S	+50 / −20
C	±0,25				
D	±0,5			Z	+80 / −20
F	±1				

Beispiele:

6 p 8 D ≙ 6,8 pF ± 0,5 pF
27 pF ≙ 27 pF ± 1%
8 R 2 K ≙ 8,2 Ω ± 10%
96 R 7 G ≙ 96,7 Ω ± 2%

5.2 Widerstände

5.2.1 Schicht-Festwiderstände

Schichtmaterial	Kohle			Kohlegemisch	Metall	Metalloxid	Metallglasur
Anforderungen	allgemein	erhöht	erhöht	allgemein	erhöht	erhöht	erhöht
DIN	44051	44052	44055	44054	44061	44063	44064
Anwendungsklasse	FKF (FHF)	FKF	FKF	FKF	EKF	FHF FZF	FHF
Widerstandswerte-Reihe	E 24	E 24	E 24	E 24	E 24 E 96	E 24	E 24 E 48
Widerstandsabweichung bei Anlieferung	±2% ±5%	±2% ±5%	±1% ±2%	± 2% ±10%	±0,5% ±1% ±2%	±2% ±5%	±0,5% ±1% ±2%
Temperaturkoeffizient in 10^{-6}/K (zwischen 20 °C und 70 °C)	−150 bis −1500			±1300	B[1]: 0±100 C: 0± 50 D: 0± 25 E: 0± 15	±250	B[1]: 0±100 C: 0± 50
ΔR_{zul} nach 1000 h Dauerprüfung bei P_{70}	≤±(5% · R +0,1 Ω) bis 1 MΩ $^{+10}_{-5}$% · R über 1 MΩ	≤±(2% · R +0,05 Ω) bis 1 MΩ $^{+4}_{-2}$% · R über 1 MΩ	≤±(1% · R +0,05 Ω) bis 1 MΩ $^{+2}_{-1}$% · R über 1 MΩ	≤($^{+2}_{-9}$% · R +0,1 Ω)	≤($^{+1}_{-0,5}$% · R +0,05 Ω)	≤±(2% · R +0,1 Ω)	≤±(1% · R +0,1 Ω)
ΔR_{zul} nach 8000 h Dauerprüfung bei P_{70}	≤($^{+10}_{-5}$% · R +0,1 Ω) bis 1 MΩ $^{+20}_{-5}$% · R über 1 MΩ	≤($^{+4}_{-2}$% · R +0,05 Ω) bis 1 MΩ $^{+8}_{-2}$% · R über 1 MΩ	≤($^{+2}_{-1}$% · R +0,05 Ω) bis 1 MΩ $^{+4}_{-1}$% · R über 1 MΩ	≤($^{+4}_{-15}$% · R +0,1 Ω)	≤($^{+2}_{-0,5}$% · R +0,05 Ω)	≤($^{+4}_{-3}$% · R +0,1 Ω)	≤±(2% · R +0,1 Ω)

5-1
3-4
6-39

Baugröße	Belastbarkeit W	Höchste Dauerspannung[2] V	Zul. Spannung gegen Umgebung[3] V	Wärmewiderstand K/W
Kohleschichtwiderstände nach DIN 44051: 1983-9				
AC (0204)	0,21	200	210	400
CC (0207)	0,34	250	210	250
DC (0309)	0,4	300	210	210
EC (0411)	0,53	350	250	160
FC (0414)	0,57	350	250	150
HC (0617)	0,71	500	250	120
KC (0922)	1,13	750	250	75
LC (0933)	1,31	750	250	65
Kohleschichtwiderstände nach DIN 44052: 1983-9				
AC (0204)	0,14	150	210	400
CC (0207)	0,22	150	210	250
DC (0309)	0,26	150	210	210
EC (0411)	0,34	250	250	160
FC (0414)	0,37	250	250	150
HC (0617)	0,45	350	250	120
KC (0922)	0,73	500	250	75
LC (0933)	0,85	750	250	65
Kohleschichtwiderstände nach DIN 44055: 1983-9				
CC (0207)	0,22	150	210	250
DC (0309)	0,26	150	210	210
EC (0411)	0,34	250	250	160
HC (0617)	0,45	350	250	120

Baugröße	Belastbarkeit W	Höchste Dauerspannung[2] V	Zul. Spannung gegen Umgebung[3] V	Wärmewiderstand K/W
Kohlegemischschichtwiderstände nach DIN 44054: 1983 9				
AC (0207)	0,27	250	500	205
BC (0309)	0,32	250	750	170
CC (0411)	0,45	350	750	120
DC (0615)	1,0	500	1000	85
Metallschichtwiderstände nach DIN 44061: 1983-9				
A[4] (0204)	0,21	200	210	400
C[4] (0207)	0,34	250	210	250
D[4] (0309)	0,4	300	210	210
E[4] (0411)	0,53	350	250	160
F[4] (0414)	0,57	350	250	150
H[4] (0617)	0,71	350	250	120
Metalloxidschichtwiderstände nach DIN 44063: 1983-9				
CV (0411)	0,66	350	400	160[5]
NV (0414)	0,66	350	400	160[5]
DV (0617)	1,0	500	400	105[5]
EV (0922)	2,5	500	400	70[5]
FV (0933)	3,0	600	400	60[5]
Metallglasurwiderstände nach DIN 44064: 1983-9				
A[4] (0207)	0,5	350	500	170
B[4] (0309)	0,65	350	750	130
C[4] (0617)	1,0	500	750	85

[1] Diese Buchstaben sind der 2. Kennbuchstabe der Baugrößenbezeichnung. [2] Gleichspannung oder eff. Wechselspannung.
[3] Gleichspannung oder Scheitelwert der Wechselspannung, Prüfspannung 1 min. [4] 2. Kennb. zur Kennz. des Temperaturkoeff.
[5] Gilt für ϑ_0=175 °C . Bei ϑ_0=220 °C gilt für Baugröße EV 65 K/W und für Baugröße FV 50 K/W.

5.2 Widerstände

5.2.2 Rechteckige Chip-Widerstände mit Metallglasur

Baugröße	Belastbarkeit (bei 70 °C) in W	Zul. max. Dauerspannung[1] in V	Zul. Spannung gegen Umgebung[2] in V	Maße in mm L min	L max	W min	W max	H min	H max	T	t
Widerstände der Stabilitätsklasse 1 nach DIN 45921 – 1019: 1990-7											
RR 0805[3]	0,063	100	200	1,8	2,2	1,05	1,4	0,5	0,7	≤0,6	0,1 bis 0,6
RR 1206[3]	0,125	200	300	3,0	3,4	1,40	1,8	0,5	0,7	≤0,75	0,2 bis 0,7
Widerstände der Stabilitätsklasse 2 nach E DIN 45921 – 1015: 1991-4											
RR 0603[3]	0,0625	50	100	1,5	1,7	0,75	0,95	0,35	0,55	≤0,5	0,1 bis 0,5
RR 0805[3]	0,125	100	200	1,8	2,2	1,05	1,4	0,5	0,7	≤0,6	0,1 bis 0,6
RR 1206[3]	0,25	200	300	3,0	3,4	1,40	1,8	0,5	0,7	≤0,75	0,1 bis 0,7

⇐ 3-4

Temperaturkoeffizienz der Widerstandswerte

3. Kennbuchstabe der Baugrößenbezeichnung	Temperaturkoeffizientenbereich 10^{-6}/K	Zul. relative Änderung in % des Widerstandswertes im Temperaturbereich 20 bis 70 °C	20 bis 125 °C	20 bis −55 °C
A	0±200	±1,0	±2,10	±1,50
B	0±100	±0,5	±1,05	±0,75
C	0± 50	±0,25	±0,525	±0,375

Die Widerstandswerte entsprechen den Reihen E24 und E96.

⇐ 5-1

SMD-Chip-Widerstand
(SMD: Surface Mounted Device)

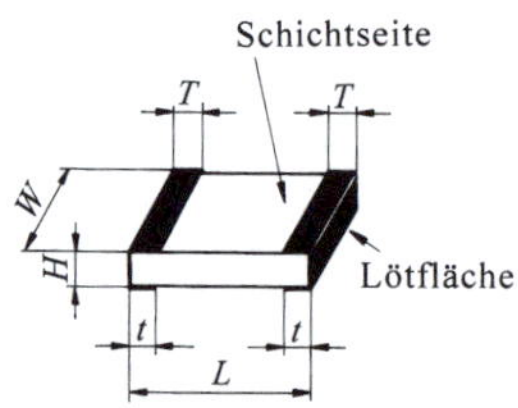

5.2.3 Zylindrische Chip-Widerstände mit Metallschicht nach E DIN 45921 – 1016: 1991-4

Baugröße	Belastbarkeit (bei 70 °C) in W	Zul. max. Dauerspannung[1] in V	Zul. Spannung gegen Umgebung[2] in V	Maße in mm L min	L max	D min	D max	t_1 max	t_2 max	l[4] min	l[4] max
RC 2211[3] (0102)	0,20	100	150	1,9	2,2	1,0	1,1	0,05	0,05	0,35	0,45
RC 3715[3] (0204)	0,25	200	300	3,3	3,7	1,2	1,5	0,1	0,05	0,5	0,9
RC 6123[3] (0207)	0,40	250	350	5,2	6,1	1,9	2,3	0,2	0,05	0,8	1,4

⇐ 3-4

Temperaturkoeffizienz der Widerstandswerte

3. Kennbuchstabe der Baugrößenbezeichnung	Temperaturkoeffizientenbereich 10^{-6}/K	Zul. relative Änderung in % des Widerstandswertes im Temperaturbereich 20 bis 70 °C	20 bis 125 °C	20 bis −55 °C
B	0±100	±0,5	±1,05	±0,75
C	0± 50	±0,25	±0,525	±0,375
D	0± 25	±0,125	±0,26	±0,188
E	0± 15	±0,075	±0,158	±0,113

Die Widerstandswerte entsprechen der Reihe E96.

⇐ 5-1

SMD-MELF-Widerstand
(MELF: Metal Electrode Face Bonding)

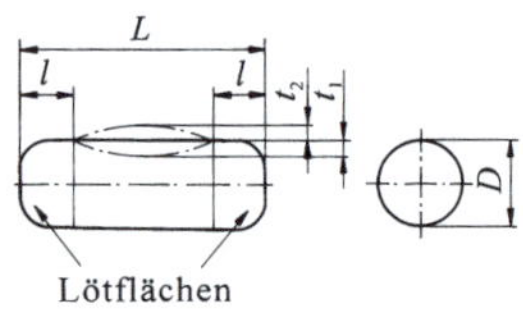

[1] Gleichspannung oder Effektivwert der Wechselspannung.
[2] Gleichspannung oder Scheitelwert der Wechselspannung.
[3] Hier steht der 3. Kennbuchstabe der Baugrößenbezeichnung zur Kennzeichnung des Temperaturkoeffizienten.
[4] Lötbarer Bereich.

5.3 Drehwiderstände (Potenziometer)

5.3.1 Widerstandskurvenformen

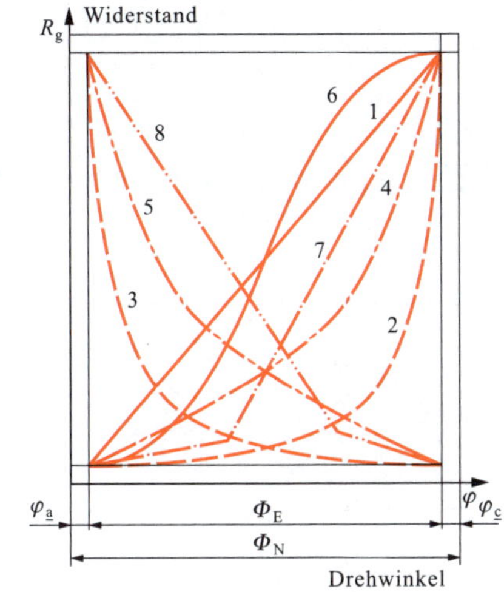

R_g Gesamt-Widerstandswert (Istwert)
φ_a elektrisch unwirksamer Einstellweg bei a
φ_c elektrisch unwirksamer Einstellweg bei c
Φ_E elektrisch wirksamer Einstellweg
Φ_N gesamter mechanischer Einstellweg

Nummer	Kurvenform	
1	linear	lin
2	steigend exponentiell	+e
3	fallend exponentiell	−e
4	gehoben steigend exponentiell	+lg
5	gehoben fallend exponentiell	−lg
6	S-förmig	S
7	ansteigend mit zwei linearen Teilstrecken	
8	fallend mit zwei linearen Teilstrecken	

Weitere Kurvenformen (11, 12, 13, 41, 51, 61, 91, 92, 93) siehe DIN 45922-13: 1979-12

5.3.2 Bezeichnung der Anschlüsse nach DIN 45922-1: 1984-1

4-1

a	Endanschluss; liegt elektrisch dem Schleifkontakt am nächsten, wenn die Welle (Blickrichtung auf die Welle) bis zum Anschlag gegen den Uhrzeigersinn gedreht ist
b	Anschluss des Schleifkontaktes
c	Der andere Endanschluss

5

Statt a, b und c können auch die Zahlen 1, 2 und 3 oder die Farben gelb, rot und grün verwendet werden.

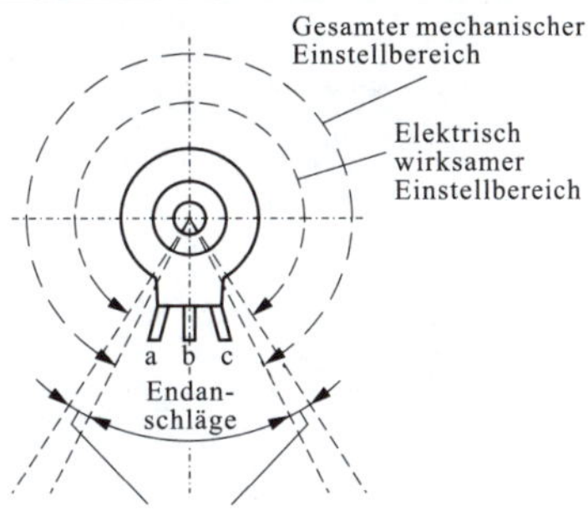

5.3.3 Niedrig belastbare 1-Gang-Drehpotenziometer nach DIN 45922-13: 1979-12

5-1

Die **Nennwiderstandswerte** sind den E-Reihen zu entnehmen. **Zulässige Abweichungen** vom Nennwiderstandswert sind für nicht drahtgewickelte Widerstände ±30%, ±20%, ±10% und ±5% sowie für drahtgewickelte ±10% und ±5%.

Nennbelastbarkeit in W (bei 70 °C)

Nicht drahtgewickelt	0,063	0,125	0,25	0,5	0,75
	1	2	3	4	5
Drahtgewickelt	0,5	0,75	1,0	1,6	2,5
	3,0	4,0	6,3	10	

Höchste zul. Dauerspannungseffektivwerte in V

Nicht drahtgewickelt	100	150	200	250	350	500
	750	1000				
Drahtgewickelt	160	200	315	400	500	
	630	1000				

5.4 Widerstands-Nomogramm

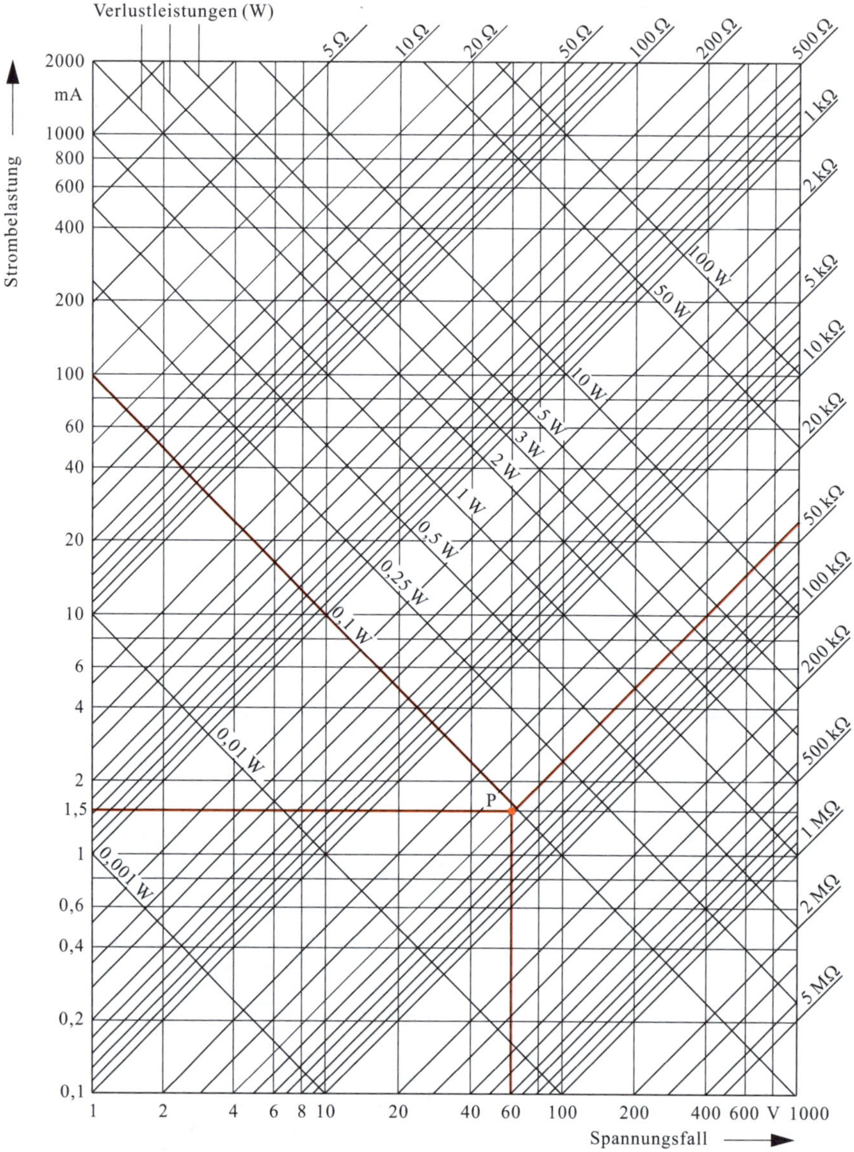

Beispiel: Widerstand an 60 V nimmt 1,5 mA auf. Wie groß sind Widerstandswert und Leistung? **Lösung:** Waagerechte Linie für $I = 1{,}5$ mA und senkrechte Linie für $U = 60$ V schneiden sich im Punkt P.

Widerstandswert $R = 40$ kΩ ist durch die nach rechts oben ansteigende Widerstandsgerade gegeben, Leistung $P \approx 0{,}1$ W durch die nach rechts fallende Verlustleistungsgerade.

5.5 Heißleiter

Heißleiter – auch als NTC-Widerstände bezeichnet – sind elektrische Widerstände mit stark negativen Temperaturbeiwerten α_T, die bei Zimmertemperatur −2,5 bis −5,5% je K betragen.

Temperaturabhängigkeit des Widerstandes

-4

$$R_1 = R_2 \cdot e^{B\left(\frac{1}{T_1} - \frac{1}{T_2}\right)}$$

$$R_1 = R_2 \cdot e^{\alpha_R \cdot \Delta T \cdot \frac{T_2}{T_1}}$$

$$\alpha_R = \frac{-B}{T^2}$$

R_1	Heißleiterwiderstand bei der Temperatur T_1 in K
R_2	Heißleiterwiderstand bei der Bezugstemp. T_2 in K
e	nat. Zahl = 2,718
B	Materialkonstante in K
α_R	Temperaturkoeffizient in 1/K

Berechnung des *B*-Wertes

Die *B*-Werte der Heißleiter lassen sich aus der Messung der Widerstandswerte R_1 (bei der Temperatur T_1) und R_2 (bei der Temperatur T_2) bestimmen:

-5

$$B = 2{,}3 \cdot \frac{\lg R_1 - \lg R_2}{\frac{1}{T_1} - \frac{1}{T_2}}$$

R_1; R_2	Widerstandswerte in Ω
T_1; T_2	Temperaturen in K

Beispiel: $R_1 = 2{,}5\ \text{k}\Omega$; $t_1 = 25\ °\text{C}$;
$R_2 = 325\ \Omega$; $t_2 = 85\ °\text{C}$

Gesucht: B in K

Lösung:

$$B = 2{,}3 \cdot \frac{\lg R_1 - \lg R_2}{\frac{1}{T_1} - \frac{1}{T_2}} = 2{,}3 \cdot \frac{\lg 2500 - \lg 325}{\frac{1}{298\ \text{K}} - \frac{1}{358\ \text{K}}}$$

$$B = 2{,}3 \cdot \frac{3{,}3979 - 2{,}5118}{(3{,}356 - 2{,}793) \cdot 10^{-3}}\ \text{K} = \mathbf{3620\ K}$$

Verhalten bei elektrischer Belastung

Soll bei der Anwendung des Heißleiters **für** dessen **Widerstandswert die Umgebungstemperatur maßgebend** sein, so darf keine wesentliche Eigenerwärmung (Stromwärme) auftreten. Wird eine durch Eigenerwärmung erzeugte Übertemperatur von ΔT über Umgebungstemperatur zugelassen, so müssen folgende Grenzwerte eingehalten werden:

$$I = \sqrt{\frac{G_{th} \cdot \Delta T}{R}}$$

6-39

$$U = \sqrt{G_{th} \cdot R \cdot \Delta T}$$

$$G_{th} = \frac{1}{R_{th}}$$

I	Strom in A
U	Spannung in V
G_{th}	Wärmeleitwert in W/K
R	Heißleiterwiderstand in Ω
ΔT	Differenz zwischen Heißleiter- und Umgebungstemp. in K
R_{th}	Wärmewiderstand in K/W

Bei geringer elektrischer Belastung hängt also der Heißleiterwiderstand R von der Umgebungstemperatur ϑ ab. Der kann mit Hilfe der Kennlinie $R = f(\vartheta)$ für eine bestimmte Temperatur für den entsprechenden Heißleiter ermittelt werden.

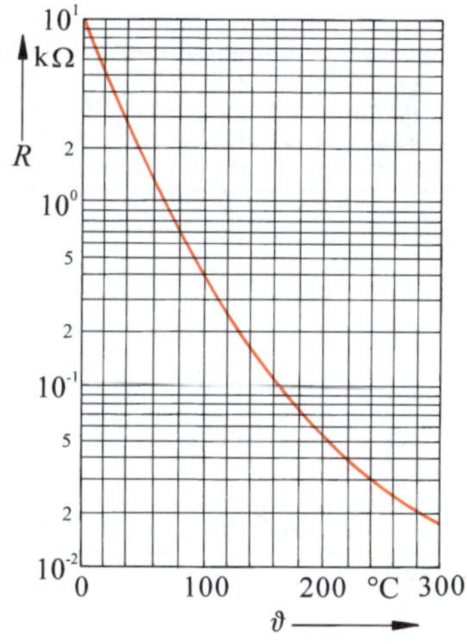

Bei erhöhter elektrischer Leistung erwärmt sich der Heißleiter durch die Stromwärme. Damit sinkt sein Widerstand ab, bis die zugeführte elektrische Leistung gleich der an die Umgebung abgegebenen Wärmeleistung ist („stationärer Zustand").

Die **thermische Abkühlzeitkonstante** τ_{th} ist die Zeit, in der sich die Temperatur eines Heißleiters bei Nulllast um 63,2% der Gesamtdifferenz zwischen Anfangs- und Endtemperatur ändert.

Die **Parallelschaltung** vom eigenen Strom erwärmter Heißleiter ist ohne weiteres nicht möglich.

5.5 Heißleiter

5.5.1 Genormte Heißleiter

Bauart	Direkt geheizt, Scheibenform, Größe 0505	Direkt geheizt, Heißleiterperle, Größe 0206	Direkt geheizt, Scheibenform, Größe 0303
DIN	44071: 1976-12	44072: 1976-12	44073: 1978-8
Nennwiderstandswerte R_N bei 25 °C $= R_{25}$	von 10 Ω bis 100 kΩ Reihe E 6	von 1 kΩ bis 1 MΩ Reihe E 6	von 100 Ω bis 100 kΩ Reihe E 6
Zulässige Abweichung des Widerstandswertes	±10% ±20%	±10% ±20%	±10% ±20%
Zulässige Änderung des Widerstandswertes R_{25} für 10 000 h bei Temperatur	ϑ_{max} $\vartheta \leq 100\,°C$: ±15% $\vartheta \leq 85\,°C$: ±10% $\vartheta \leq 60\,°C$: ± 5%	± 5% ± 3%	±15% ±10% ± 5%
Belastbarkeit P in W bei 25 °C	0,6	0,1	0,2
Wärmeleitwert G_{th} in mW/K bei 25 °C	≥0,6	>0,55	≥2
Thermische Abkühlzeitkonstante τ_{th} in s[1]	(20 ± 5)	7 (Richtwert)	(15 ± 5)

5-1

5

6-39

5.5.2 Mittlere *B*-Werte und Widerstandswert-Temperatur-Charakteristik

R_{25} in Ω	Mittl. *B*-Wert K	R_{85}/R_{25} (mittel)	R_{25} in kΩ	Mittl. *B*-Wert K	R_{85}/R_{25} (mittel)
Scheibenform, direkt geheizt, nach DIN 44071					
10	2670	0,22	1	3700	0,13
15	2760	0,21	1,5	3790	0,12
22	2850	0,20	2,2	3870	0,11
33	2940	0,19	3,3	3960	0,11
47	3010	0,18	4,7	4040	0,10
68	3100	0,18	6,8	4120	0,10
100	3180	0,17	10	4210	0,09
150	3270	0,16	15	4250	0,09
220	3360	0,15	22	4290	0,09
330	3450	0,14	33	4330	0,09
470	3530	0,14	47	4360	0,09
680	3610	0,13	68	4400	0,08
			100	4440	0,08
Heißleiterperle, direkt geheizt, nach DIN 44072					
1 000	2610	0,23	47	3855	0,11
1 500	2805	0,21	68	4005	0,11
2 200	2970	0,19	100	4060	0,10
3 300	3040	0,18	150	4130	0,10
4 700	3550	0,14	220	4230	0,09
6 800	3600	0,13	330	4290	0,09
10 000	3665	0,13	470	4350	0,09
15 000	3625	0,13	680	4400	0,08
22 000	3730	0,12	1000	4250	0,09
33 000	3830	0,12			
Scheibenform, direkt geheizt, nach DIN 44073					
100	2800	0,21	4,7	3900	0,11
150	3000	0,19	6,8	4000	0,105
220	3000	0,19	10	4000	0,105
330	3150	0,17	15	4100	0,10
470	3150	0,17	22	4100	0,10
680	3300	0,16	33	4150	0,097
1 000	3300	0,16	47	4150	0,097
1 500	3400	0,15	68	4300	0,09
2 200	3400	0,15	100	4300	0,09
3 300	3900	0,11			

5.5.3 Bauformen

Heißleiterart	Bildliche Darstellung
Heißleiter nach DIN 44071	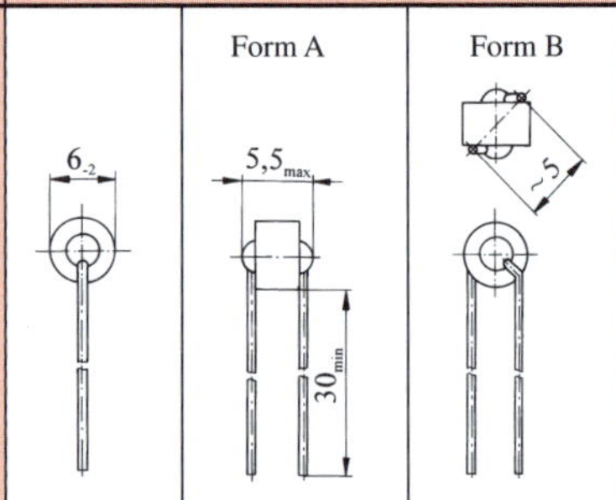
Heißleiter nach DIN 44072	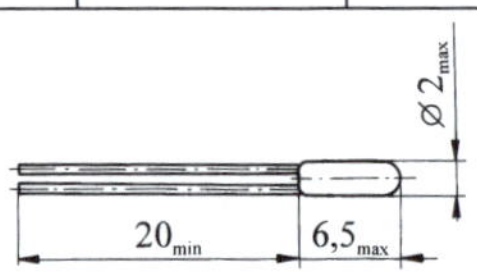
Heißleiter nach DIN 44073	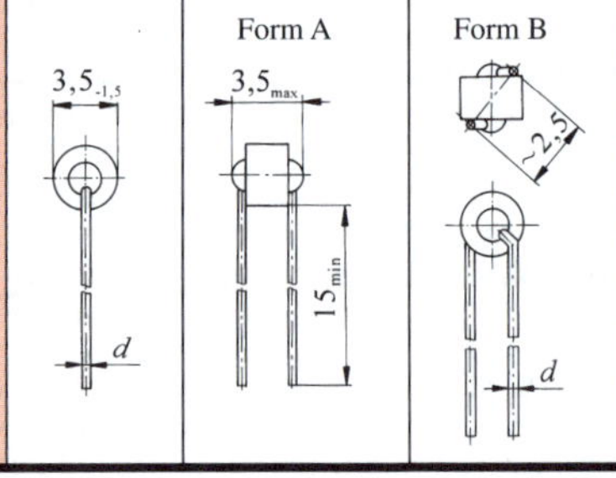

[1] Zeit, in der sich die Temperatur eines Heißleiters bei Nulllast um 63,2% der Gesamtdifferenz zwischen Anfangs- und Endtemperatur ändert.

5.6 Kaltleiter

5.6.1 Kaltleiter (PTC-Widerstände) nach DIN 44080: 1983-10

Widerstandswert-Temperatur-Charakteristik

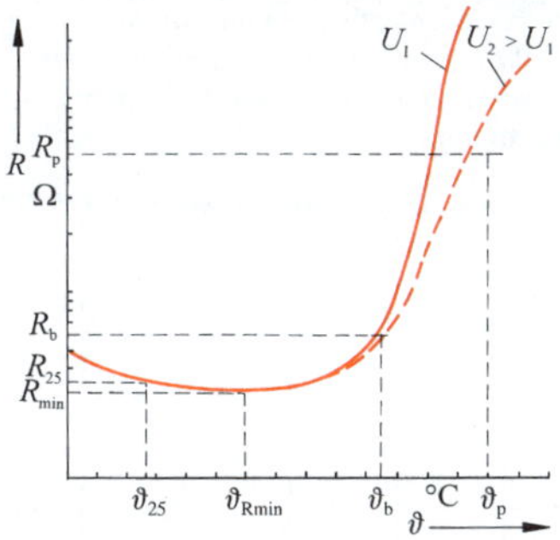

Bei der Temperatur 25 °C (ϑ_N) beträgt der Widerstandswert R_{25} (R_N = Nennwiderstandswert). Bei der Temperatur $\vartheta_{R\,min}$ erreicht der Kaltleiter seinen kleinsten Nulllast-Widerstandswert R_{min}. Bei der Bezugstemperatur $\vartheta_b > \vartheta_{R\,min}$ setzt der annähernd sprungförmige Widerstandswertanstieg ein, dabei liegt der Bezugswiderstandswert R_b vor.
Mit dem Anstieg der Tempertur auf ϑ_p erreicht – bei höchster zugelassener Spannung – im steilen Kennlinienteil der Nulllast-Widerstand den Wert R_p (garantierter Mindestwert).

$$\alpha_R \approx 230 \cdot \lg\left(\frac{R_p}{R_b}\right) \cdot \frac{1}{\vartheta_p - \vartheta_b}$$ Temperaturkoeffizient in %/K

Bei 25 °C und in ruhender Luft darf am Kaltleiter im stationären, hochohmigen Zustand dauernd die maximale Betriebsspannung U_{max} (Gleichspannung) liegen. Falls notwendig, ist beim Einschalten der Einschaltstrom durch einen Vorwiderstand zu begrenzen.

Anwendungsmöglichkeiten[1]

– Der Kaltleiter wird an eine Spannung ≤1,5 V gelegt und hat jeweils die Temperatur seiner Umgebung. Hierzu gehört die Verwendung für Temperaturmess- und -regelaufgaben.

– Der Kaltleiter wird an höhere Spannungen gelegt und heizt sich elektrisch auf. Unter diesen Bedingungen benutzt man zur Beschreibung des elektrischen Zustands die **stationäre Strom-Spannung-Kennlinie** (siehe Bild):

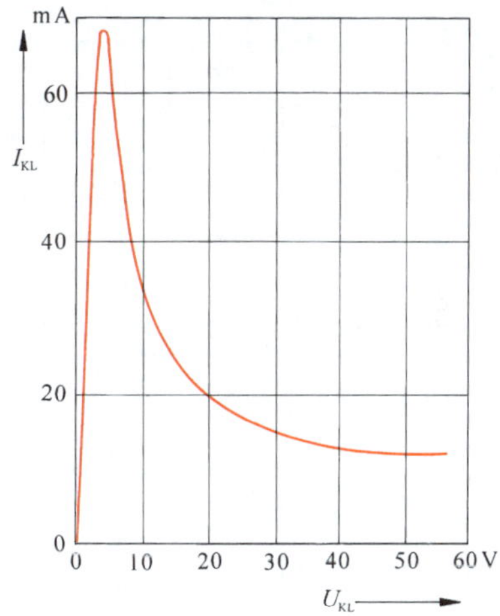

Im Bereich der Eigenerwärmung kann der Kaltleiter als Zeitglied, Überlastungsschutz oder Stromstabilisator eingesetzt werden.

5.6.2 Kaltleiter für thermischen Maschinenschutz nach DIN 44081: 1980-6

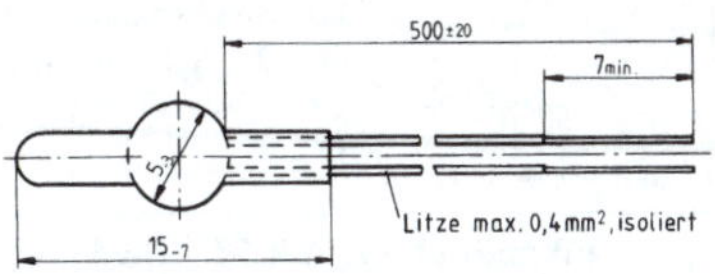

Maximale Betriebsspannung U_{max}	30 V –
Vorzugswerte für die Nennansprechtemperatur ϑ_{NAT}	90 bis 160 °C in Stufen von je 10 K

Kennzeichnung der Nennansprechtemperatur ϑ_{NAT}

ϑ_{NAT} °C	Farbcodierung	ϑ_{NAT} °C	Farbcodierung
60	weiß/grau	140	weiß/blau
70	weiß/braun	145	weiß/schwarz
80	weiß/weiß	150	schwarz/schwarz
90	grün/grün	155	blau/schwarz
100	rot/rot	160	blau/rot
110	braun/braun	170	weiß/grün
120	grau/grau	180	weiß/rot
130	blau/blau		

[1] Die **Reihenschaltung** vom eigenen Strom erwärmter Kaltleiter ist nicht möglich.

5.7 Spannungsabhängige Widerstände

5.7.1 VDR-Widerstände

VDR-Widerstände zeigen einen rasch **abnehmenden Widerstandswert, wenn die angelegte Spannung erhöht** wird. Der rechnerische Zusammenhang zwischen Spannung und Strom als zugeschnittene Größengleichung lautet:

$$\frac{U}{\mathrm{V}} = C \cdot \left(\frac{I}{\mathrm{A}}\right)^{\beta}$$

U angelegte Spannung
C Formkonstante
I Strom
β Werkstoffkonstante

C kennzeichnet den Widerstand bei einer bestimmten Spannung, β den Anstieg der Spannung mit dem Strom.

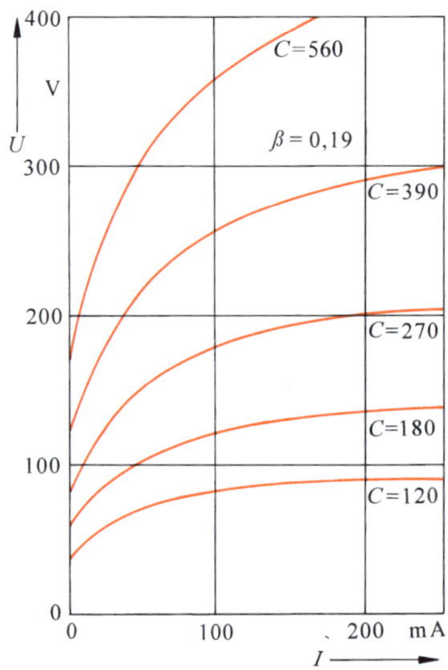

Übliche **Bauformen** sind Scheibenform oder Stabform. Die **Anwendung** erfolgt als Spannungsbegrenzer zur Verhinderung von Überspannungen (parallel zum gefährdeten Bauteil geschaltet), zur Spannungsstabilisierung sowie zur Funkenlöschung bei Kleinstmotoren.

Kenngrößen und -werte

Kenngröße		Kennwerte
Werkstoffkonstante	β	0,14 bis 0,40
Formkonstante	C	14 bis 1100
Maximale Spannung	U	6 bis 25 000 V
Maximaler Strom	I	0,09 bis 100 mA
Max. Verlustleistung	P_{tot}	0,8 bis 4 W

5.7.2 Metalloxid-Varistoren

Metalloxid-Varistoren zeichnen sich durch eine Z-Dioden-ähnliche Charakteristik (siehe Kennlinie) und sehr hohe Belastbarkeit aus. Ihr Widerstand von über 1 MΩ bricht bei Überspannung in weniger als 50 Nanosekunden im Extremfall auf weniger als 1 Ω zusammen.

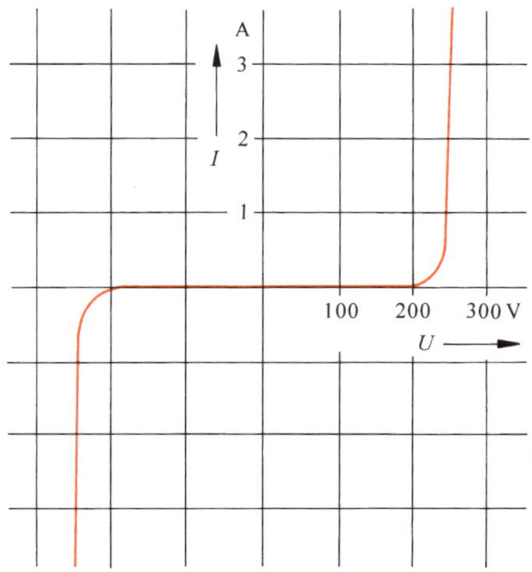

5.7.3 Funkenlösch-Schaltungen

Funkenlöschung mit Varistor

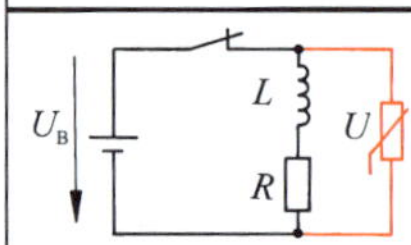

Der Varistor muss die magnetische Energie der abgeschalteten Spule absorbieren.

Funkenlöschung mit Diode (Freilaufdiode)

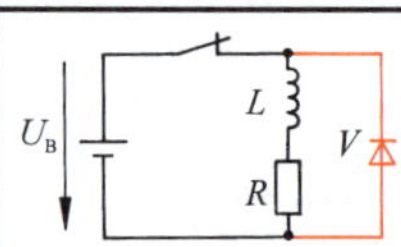

Die Sperrspannung U_R der Diode muss mindestens 50% über U_B liegen.

Funkenlöschung mit *RC*-Glied

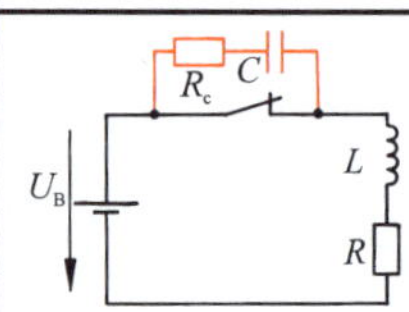

Dimensionierung:

$R_C = R$

$C \geq \frac{L}{R^2}$

5.8 Überspannungsableiter (Ableiter)

5.8.1 Einteilung der Überspannungsableiter

4-6

Klasse	Einsatzort	Anforderungen	
A	Niederspannungsfreileitungen	Kein Schutz gegen direktes Berühren, Überlastung/Zerstörung bei direkten Blitzeinschlägen, isolationsfest auch bei Witterungseinflüssen	
B	Gebäude (Blitzschutzpotenzialausgleich, Überspannungskategorie IV)	Schutz gegen direktes Berühren erforderlich	
C	Gebäude (Überspannungsschutz, Überspannungskategorie III)	Überlastung führt nicht zu einer Brandgefahr	Ansprechen der Abtrennvorrichtung bei Überlastung bei Defekt. Auslösen der Abtrennvorrichtung erkennbar
D	Gebäude (ortsveränderlich an Steckdosen, Überspannungskategorie II)		

5

-37
-38

5.8.2 Überspannungsschutzmodule (Klasse D)

Typ	MM-NS	VC280
Bemessungsspannung U_r	280 V/50 Hz	
Einsatzmöglichkeiten	In Reihe und parallel zum Betriebsstromkreis	
Nennstrom I_N	Reihe: bis 10 A parallel: beliebig	16 A
Nennableitstoßstrom (8/20)	1,5 kA (L(N)/PE) 1,5 kA (L/N) 2,5 kA (L, N/PE)	2,5 kA
Grenzableitstoßstrom (8/20)	5 kA (L, N/PE)	5 kA
Schutzpegel U_{sp}	Bei 1,5 kA: ≤1,5 kV (L(N)/PE) ≤1 kV (L/N)	Ader/Erde bei 2,5 kA: ≤1250 V
Ansprechzeit t_A	25 ns (L/N) 100 ns (L, N/PE)	≤25 ns
Erforderliche Vorsicherung	Max. 16 A gL	
Kurzschlussfestigkeit	6 kA/50 Hz bzw. entsprechend Vorsicherung	
Überwachungseinrichtung	Reihe: Netzunterbrechung parallel: externe Anzeige möglich	Anzeige: – Betriebsunterbrechung – Störanzeige einschalten – Betriebsanzeige aus

-25

5.8.3 Überspannungsableiter (Klasse C)

Typ	VM 75	VM 130	VM 280	VM 500[1]
Bemessungsspannung U_r	75 V ~ 100 V –	130 V ~ 170 V –	280 V ~ 350 V –	500 V ~ 745 V –
Nennableitstoßstrom (8/20) i_{sN}	10 kA	10 kA	15 kA	10 kA
Schutzpegel U_{sp} bei 5 kA bei i_{sN}	<300 V <350 V	<450 V <550 V	950 V <1,5 kV	2 kV <2,5 kV
Ansprechzeit t_A	<25 ns			
Vorsicherung (wenn nicht im Netz)	Max. 100 A gL			
Kurzschlussfestigkeit	25 kA/50 Hz bzw. entsprechend Vorsicherung			
Auslösestrom der Abtrennvorrichtung	5 A/30 s			
Betriebstemperaturbereich	−40 °C … +80 °C			
Anschlussquerschnitt	max. 25 mm²			

5-25

Bemessungsspannung U_r: Effektivwert der maximal zulässigen Spannung am Ableiter.

Nennableitstoßstrom: Stoßstrom (nach Ansprechen) der Stoßform 8/20 (Stirnzeit 8 µs; Rückenhalbwertszeit 20 µs).

Schutzpegel: Höherer Wert aus Spannung am Ableiter beim Ansprechen und der Spannung am Ableiter beim Fließen des Nennableitstoßstromes.

[1] Bevorzugte Anwendung in IT- und TT-Netzen 230/400 V und Industrienetzen 550 V (AC/DC).

5.9 Kondensatoren

5.9.1 Kondensatorarten

Kondensatorart	Kurzbezeichnung	Kapazitätsbereich	Kapazitätstoleranz in %	Temperaturbereich in °C	Temperaturbeiwert in 1/°C	U_N in V	tan δ ≈ $\cdot 10^{-3}$	Anwendung und Eigenschaften
Keramik-Kondensatoren Klasse 1	P 100 NP 0 N 033 bis N 5600[1]	0,5 pF bis 390 pF	± 5 ±10 ±20	−55 bis +125	$(-5600$ bis $+100) \cdot 10^{-6}$	30 bis 1000	0,15 bis 2,5	Schwingkreis- und Filterkondensatoren. Koppel- und Entkoppelkondensatoren. Kleine Verluste
Keramik-Kondensatoren Klasse 2	A bis F[2]	190 pF bis 15000 pF	±20 −20 bis +50 −20 bis +80	−55 bis +125	Temperaturabhängigkeit der Kapazität nicht linear	30 bis 1000	≤35	Elektrische Eigenschaften schlechter als bei Klasse 1. Geringer Platzbedarf
Papierkondensatoren (auch mit Mischdielektrikum Papier/Kunststofffolie) Beläge: Alu-Folie	P	100 pF bis 1 µF	± 5 ±10 ±20	−55 bis +125	$\pm 500 \cdot 10^{-6}$ (Richtwert)	1250– 600 ~	13	In der Leistungselektronik der Mess-, Regel- und Steuerungstechnik. Gute Impulsbelastbarkeit und Belastung mit Wechselspannung
Metallpapierkondensatoren mit aufgedampften Alu-Belägen	MP	470 pF bis 100 µF	±10 ±20	−55 bis +110	$\pm 500 \cdot 10^{-6}$ (Richtwert)	bis 6300	13	In der Leistungselektronik als Motorkondensatoren zur Drehfelderzeugung, zur Blindstromkompensation und zur Entstörung
Polyesterkondensatoren (Polyesterfolie mit Alu-Belägen)	KT	47 pF bis 20 µF	± 5 ±10 ±20	−55 bis +100	$+500 \cdot 10^{-6}$	1000– 300 ~	6 bis 30	In der Elektronik sowie HF-Technik, Koppel- und Entkoppelkondensatoren, Schwingkreise, Filter, Zeitglieder.
Polyesterkondensatoren mit aufgedampften Belägen (M)	MKT	0,01 µF bis 100 µF	± 5 ±10 ±20	−55 bis +100	$+500 \cdot 10^{-6}$	1000– 250 ~		Geringe Verluste, gute Impulsbelastbarkeit, hohe Temperaturbeständigkeit
Polycarbonatkondensatoren (Polycarbonatfolie mit Alufolie als Belag)	KC	100 pF bis 10 µF	± 2,5 ± 5 ±10 ±20	−55 bis +125	$+100 \cdot 10^{-6}$	1000– 250 ~	2 bis 10	Anwendung wie KT- und MKT-Kondensatoren, aber kleinere Verlustfaktoren und bessere Temperaturbeständigkeit; sie können die weniger temperaturbeständigen Styroflex-Kondensatoren ersetzen

[1] Die Zahlen bezeichnen den Temperaturbeiwert (P = positiv, N = negativ).
[2] Die Buchstaben bezeichnen die Kapazitätsabweichung im Kategorietemperaturbereich.

4-1
15-
3-4
3-1
3-2
10-
5-1
5-1
3-2
3-2

5.9 Kondensatoren

→ 3-4, 3-11, 3-24

Kondensatorart	Kurzbezeichnung	Kapazitätsbereich	Kapazitätstoleranz in %	Temperaturbereich in °C	Temperaturbeiwert in 1/°C	U_N in V	tan δ ≈ $\cdot 10^{-3}$	Anwendung und Eigenschaften
Polycarbonatkondensatoren mit metallisierter Polycarbonatfolie	MKC MKV	100 pF bis 10 µF	± 2,5 ± 5 ±10 ±20	−55 bis +125	$+100 \cdot 10^{-6}$	50 bis 400	3	Besonders für *RC*-Glieder und Zeitkreise geeignet
Styroflexkondensatoren mit Polystyrolfolie	KS MKS	2 pF bis 10 µF	±0,5 ±1 ±2,5	−55 bis +70	$-(120 \pm 60) \cdot 10^{-6}$	630– 210 ~	0,1 bis 1	In HF-Kreisen und Integratoren, da gute HF-Eigenschaften und geringe Verluste. Niedrige Grenztemperatur
Polypropylenkondensatoren mit Polypropylenfolie	KP	300 pF bis 0,15 µF	± 1 ± 2,5 ± 5 ±10 ±20	−55 bis +85	$-(180 \pm 80) \cdot 10^{-6}$	630– 220 ~	0,3 bis 3	Wie Styroflexkondensatoren, aber mit einem erweiterten Temperaturbereich
Metallisierte Polypropylenkondensatoren	MKP	0,01 µF bis 30 µF	±20	−55 bis +105	$-50 \cdot 10^{-6}$	63 bis 400	0,2 bis 1	In der Leistungselektronik
Lackfolienkondensatoren mit Lackfilm auf Alufolie	MKU (MKL) (MKY)	1 nF bis 100 µF				250– 100 ~	1	In der Industrie-Elektronik zur Siebung, für Filter, Koppelkondensatoren
Glimmerkondensatoren (Dielektrikum besteht aus Glimmerplättchen)		10 pF bis 1 µF	±5	−55 bis +100	$+100 \cdot 10^{-6}$	bis 20000	0,2	In Hochspannungskreisen, Sendeschwingkreise
Aluminium-Elektrolyt-Kondensatoren (Dielektrikum ist Aluminiumoxid)		0,1 µF bis 470000 µF	±20	−55 bis +125	$\pm 3{,}5 \cdot 10^{-3}$	6 – bis 450 –	100 bis 2000	Sieb- und Glättungskondensatoren, in Zeitschaltungen, als Koppelkondensatoren
Tantal-Elektrolyt-Kondensatoren (Dielektrikum ist Tantaloxid)		0,1 µF bis 2500 µF	±10 ±20	−55 bis +125	$+1 \cdot 10^{-3}$	2,5 – bis 600 –	20 bis 100	Wie Alu-Elkos, jedoch bessere elektrische Eigenschaften, größere Temperaturbeständigkeit. Polare und unipolare Ausführung
Double Layer Kondensatoren (Gold Capacitors)		0,1 F bis 22 F	−20 bis +80	−25 bis +85		1,8 2,4 5,5		Als Speicherschutz für IC-Speicher (Mikro-Computer)

→ 10-26
← -15
→ 6-4

5.9.2 Kapazitäten für Kondensatoren bis 1000 V

Für Kondensatoren bis 1 µF entsprechen die Kapazitäten den Reihen E6 und E12, in Ausnahmen auch E24.

← -1

5.9.3 Nenngleichspannungen für Kondensatoren

Für alle Kondensatorarten entsprechen die Nenngleichspannungen den Werten der Reihe R5, in Ausnahmen auch R10.

→ 5-1

5.9 Kondensatoren

5.9.4 Motorkondensatoren nach DIN EN 60252: 1994-11

⇐ 10-19

⇐ 10-2 10-3

Motorkondensatoren	Kondensatoren mit einem Dielektrikum aus Papier und/oder Kunststoff mit metallisierten oder Metallfolienelektroden für Spannungen bis 660 V
Anwendungsbereich	Für den Anschluss an die Wicklungen von Einphasen-Asynchron-Motoren, die an einem Einphasensystem mit einer Frequenz bis 100 Hz betrieben werden und für den Anschluss an Drehstrom-Asynchron-Motoren zum Betrieb an einem Einphasensystem
Betriebskondensator	Unterstützt den Anlauf des Motors und vergrößert dessen Drehmoment unter Laufbedingungen; er bleibt während der Laufzeit des Motors in der Schaltung
Anlaufkondensator	Führt einen Hauptstrom zu einer Hilfswicklung des Motors und wird aus dem Stromkreis geschaltet, wenn der Motor läuft
Kondensatorspannung	Liegt ein Kondensator in Reihe mit einer Hilfswicklung eines Einphasen-Induktions-Motors, so kann die Spannung an seinen Anschlussklemmen beträchtlich höher als die anliegende Netzspannung sein
Selbstheilend	Beim selbstheilenden Kondensator werden die elektrischen Eigenschaften nach einem Durchschlag von allein wieder hergestellt
Entladeeinrichtung	Kann im Kondensator eingebaut sein und verringert die Spannung zwischen den Anschlussklemmen innerhalb einer vorgegebenen Zeit praktisch auf Null, nachdem der Kondensator vom Netz getrennt wurde; sie kann durch das nebenstehende Symbol angezeigt werden 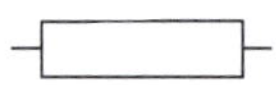
Dauerbetrieb	Betrieb ohne zeitliche Begrenzung
Aussetzbetrieb	Betriebsweise, in der Perioden mit am Kondensator anliegender Spannung Perioden ohne Spannung am Kondensator folgen
Anlaufbetrieb	Sonderform des Aussetzbetriebs. Nur für eine sehr kurze Zeit, in der der Motor auf seine Bemessungsgeschwindigkeit beschleunigt, liegt Spannung am Kondensator
Bemessungsarbeitszyklus	Gibt als Wert die Art des Aussetz- oder Anlaufbetriebs an, für die ein Kondensator geeignet ist. Gekennzeichnet ist er durch die Dauer des Arbeitszyklus (in Minuten) und den prozentualen Anteil der Zeit, in dem Spannung am Kondensator liegt
Arbeitszyklus	Gesamte Zeit aus der spannungsführenden Periode und der Periode ohne Spannung am Kondensator bei Aussetzbetrieb
Relat. Einschaltdauer	Prozentualer Anteil der Zyklendauer, in dem am Kondensator Spannung anliegt
Lebensdauerklassen	Lebensdauer: Mindestwert der gesamten Lebensdauer eines Kondensators Klasse A – 30000 h; Klasse B – 10000 h; Klasse C – 3000 h, Klasse D – 1000 h
Sicherheitsklasse	P2: Kondensator fällt nur im Leerlauf aus, ist gegen Feuer und Stoß geschützt P1: Ausfall im Leerlauf und/oder Kurzschluss, gegen Feuer und Stoß geschützt P0: Kondensator besitzt keinen spezifischen Ausfallschutz
Betriebstemperatur	Bevorzugte Höchst- und Mindestwerte der Kondensatorbetriebstemperatur sind: Niedrigste Temperatur: –40 °C, –25 °C, –10 °C, 0 °C Höchste Temperatur: 55 °C, 70 °C, 85 °C, 100 °C
Klimaklassen	Klimaklassen geben den Mindest- und Höchstwert der Betriebstemperatur des Kondensators und den Schweregrad der feuchten Wärme an; z. B. bedeutet 10/70/21, dass der Mindest- und Höchstwert der Temperatur –10 °C und 70 °C betragen und der Schärfegrad der feuchten Wärme 21 Tage ist

5.9 Kondensatoren

5.9.5 Festkondensatoren zur Verwendung in Geräten der Elektronik nach DIN IEC 384-1: 1991-11

Gleichspannungskondensator	Kondensator, der im wesentlichen für eine Verwendung bei Gleichspannung bestimmt ist; er braucht nicht für die Anwendung an Wechselspannungsquellen geeignet zu sein
Gepolter Kondensator	Gepolter Elektrolytkondensator, der für den Betrieb mit Spannung ohne Polumkehr geeignet ist; er ist entsprechend der Polkennzeichnung anzuschließen
Ungepolter Kondensator	Elektrolytkondensator, der sowohl an einer Wechselspannung als auch an einer Gleichspannung mit Polungsumkehr betrieben werden kann
Wechselspannungskondensator	Kondensator, der im Wesentlichen für eine Verwendung bei Wechselspannung bestimmt ist
Impulskondensator	Kondensator für die Verwendung bei Strom- und Spannungsimpulsen
Kategorietemperaturbereich	Bereich zwischen der höchsten Umgebungstemperatur und der niedrigsten Umgebungstemperatur, in dem der Kondensator dauernd betrieben werden darf
Nenntemperatur	Höchste Umgebungstemperatur, bei der die Nennspannung dauernd anliegen darf
Nenngleichspannung U_R	Höchste Gleichspannung oder Spitzenwert der Impulsspannung bei Temperaturen zwischen der unteren Kategorietemperatur und der Nenntemperatur
Kategoriespannung U_C	Höchste Spannung, an die der Kondensator bei seiner oberen Kategorietemperatur angelegt werden darf
Nennwert der überlagerten Wechselspannung	Maximal zulässiger Effektivwert der der Gleichspannung überlagerten Wechselspannung festgelegter Frequenz, bei dem der Kondensator bei festgelegter Temperatur dauernd betrieben werden darf. Die Summe aus Gleichspannung und Scheitelwert der Wechselspannung darf die Nennspannung nicht überschreiten
Umpolspannung	Bei gepoltem Kondensator angelegte Spannung mit umgekehrter Polung
Nennwert des überlagerten Wechselstroms	Maximal zulässiger Effektivwert des Wechselstroms mit festgelegter Frequenz, mit dem der Kondensator bei festgelegter Temperatur dauernd betrieben werden darf

5.9.6 Aluminium-Elektrolytkondensatoren nach DIN IEC 384-4: 1991-5

Bevorzugte Klimakategorien	Untere Kategorietemperatur: −55°C, −40°C, −25°C, −10°C Obere Kategorietemperatur: +70°C, +85°C, +100°C, +125°C Bei feuchter Wärme Beanspruchungsdauer konstant: 4, 10, 21 und 56 Tage
Nennkapazität	Bevorzugte Werte sind die der E3-Reihe
Grenzabweichung von der Nennkapazität	Vorzugswerte sind: −10/+10% −10/+50% −10/+100% −10/+30% −10/+75% −20/+20%
Nennspannung	Vorzugswerte sind Spannungen der Werte der Reihen R5 oder R10 Nennspannungen <250 V: 1–1,6–2,5–4–6,3 V (und dezimale Vielfache) Nennspannungen ≥250 V: 250–315–350–400-450 V
Überlagerte Wechselspannung	Eine Wechselspannung darf angelegt werden, wenn die Summe der überlagerten Wechselspannung und der Nenngleichspannung den Nennwert der Gleichspannung nicht überschreitet und der Nennwechselstrom und die zulässige Umpolspannung nicht überschritten werden

⇒ 5-1 (Nennkapazität)
⇒ 5-1 (Nennspannung)

⟹ 11-1
11-1

5.9.7 Kondensatorleistung zur Kompensation induktiver Blindleistung

$$Q_C = P \cdot (\tan\varphi_1 - \tan\varphi_2)$$

$$C = \frac{Q_C}{U^2 \cdot 2\pi \cdot f}$$

Q_C Kondensator-Blindleistung in var
P Wirkleistung in W
φ_1 Phasenverschiebungswinkel vor Kompensation
φ_2 Phasenverschiebungswinkel nach Kompensation
C Kapazität in F
U Spannung in V
f Frequenz in Hz

Tabelle zur Ermittlung des Faktors ($\tan\varphi_1 - \tan\varphi_2$) zur Berechnung der kapazitiven Blindleistung bei verschiedenen Leistungsfaktoren

Vorhandener $\cos\varphi_1$	Gewünschter Leistungsfaktor $\cos\varphi_2$												
	0,7	0,75	0,8	0,82	0,84	0,86	0,88	0,9	0,92	0,94	0,96	0,98	1
0,30	2,16	2,30	2,43	2,48	2,53	2,59	2,64	2,70	2,75	2,82	2,89	2,98	3,18
0,32	1,94	2,08	2,21	2,26	2,31	2,37	2,42	2,48	2,53	2,60	2,67	2,76	2,96
0,34	1,75	1,88	2,02	2,07	2,12	2,17	2,23	2,28	2,34	2,40	2,47	2,56	2,77
0,36	1,57	1,71	1,84	1,89	1,95	2,00	2,05	2,11	2,17	2,23	2,30	2,39	2,59
0,38	1,41	1,55	1,68	1,74	1,79	1,84	1,89	1,95	2,01	2,07	2,14	2,23	2,43
0,40	1,27	1,41	1,54	1,59	1,65	1,70	1,75	1,81	1,87	1,93	2,00	2,09	2,29
0,42	1,14	1,28	1,41	1,46	1,51	1,57	1,62	1,68	1,73	1,80	1,87	1,96	2,16
0,44	1,02	1,16	1,29	1,34	1,39	1,45	1,50	1,56	1,61	1,68	1,75	1,84	2,04
0,46	0,91	1,05	1,18	1,23	1,28	1,34	1,39	1,45	1,50	1,57	1,64	1,73	1,93
0,48	0,81	0,95	1,08	1,13	1,18	1,23	1,29	1,34	1,40	1,46	1,54	1,62	1,83
0,50	0,71	0,85	0,98	1,03	1,09	1,14	1,19	1,25	1,31	1,37	1,44	1,53	1,73
0,52	0,62	0,76	0,89	0,94	1,00	1,05	1,10	1,16	1,22	1,28	1,35	1,44	1,64
0,54	0,54	0,68	0,81	0,86	0,91	0,97	1,02	1,07	1,13	1,20	1,27	1,36	1,56
0,56	0,46	0,60	0,73	0,78	0,83	0,89	0,94	1,00	1,05	1,12	1,19	1,28	1,48
0,58	0,38	0,52	0,65	0,71	0,76	0,81	0,86	0,92	0,98	1,04	1,11	1,20	1,40
0,60	0,31	0,45	0,58	0,64	0,69	0,74	0,79	0,85	0,91	0,97	1,04	1,13	1,33
0,62	0,25	0,38	0,52	0,57	0,62	0,67	0,73	0,78	0,84	0,90	0,97	1,06	1,27
0,64	0,18	0,32	0,45	0,50	0,55	0,61	0,66	0,72	0,77	0,84	0,91	1,00	1,20
0,66	0,12	0,26	0,39	0,44	0,49	0,54	0,60	0,65	0,71	0,78	0,85	0,94	1,14
0,68	0,06	0,20	0,33	0,38	0,43	0,48	0,54	0,59	0,65	0,72	0,79	0,88	1,08
0,70		0,14	0,27	0,32	0,37	0,43	0,48	0,54	0,59	0,66	0,73	0,82	1,02
0,72		0,08	0,21	0,27	0,32	0,37	0,42	0,48	0,54	0,60	0,67	0,76	0,96
0,74		0,03	0,16	0,21	0,26	0,32	0,37	0,42	0,48	0,55	0,62	0,71	0,91
0,76			0,11	0,16	0,21	0,26	0,32	0,37	0,43	0,49	0,56	0,65	0,86
0,78			0,05	0,10	0,16	0,21	0,26	0,32	0,38	0,44	0,51	0,60	0,80
0,80				0,05	0,10	0,16	0,21	0,27	0,32	0,39	0,46	0,55	0,75
0,82					0,05	0,10	0,16	0,21	0,27	0,34	0,41	0,49	0,70
0,84						0,05	0,11	0,16	0,22	0,28	0,35	0,44	0,65
0,86							0,05	0,11	0,17	0,23	0,30	0,39	0,59
0,88								0,06	0,11	0,18	0,25	0,34	0,54
0,90									0,06	0,12	0,19	0,28	0,48
0,92										0,06	0,13	0,22	0,43
0,94											0,07	0,16	0,36
0,96												0,09	0,29
0,98													0,20

5.9 Kondensatoren

5.9.7 Kondensatorleistung zur Kompensation induktiver Blindleistung (Forts.)

Es muss die in der Tabelle abgelesene Zahl mit der Wirkleistung P in kW multipliziert werden, um die erforderliche Kondensatorleistung Q_C in kvar zu erhalten.

Beispiel: Vor der Kompensation Wirkleistung $P = 217$ kW bei $\cos\varphi_1 = 0{,}46$; angestrebt wird $\cos\varphi_2 = 0{,}96$. Gesucht: Kondensatorleistung

Lösung: Faktor nach Tabelle: 1,64
Kondensatorleistung $Q = 217 \cdot 1{,}64 = 355{,}9$ kvar.

Die EVUs empfehlen, ab etwa 20 kW Leistung $\cos\varphi = 0{,}9$ bis $\cos\varphi = 0{,}98$ anzustreben. Eine Kompensation über $\cos\varphi = 1$ (Überkompensation $Q_C > Q_L$) ist zu vermeiden, da dadurch u. a. unerwünschte Spannungserhöhungen auftreten können. Beim Einschalten von Kondensatoren werden Schalter bzw. Schütze durch Ströme bis zum 30fachen des Nennstroms beansprucht. Innerhalb von 1 min nach dem Abschalten des Kondensators muss die Restspannung am Kondensator auf weniger als 50 V sinken (u. U. Entladevorrichtung vorsehen).

Einzelkompensation	Gruppenkompensation	Zentralkompensation
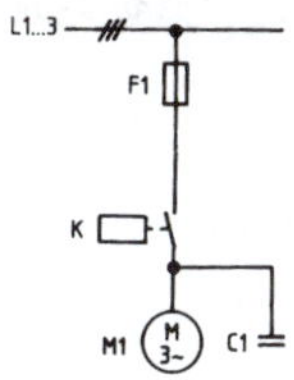	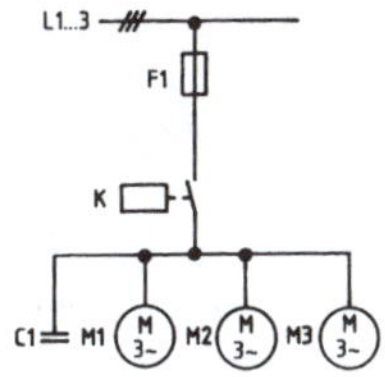	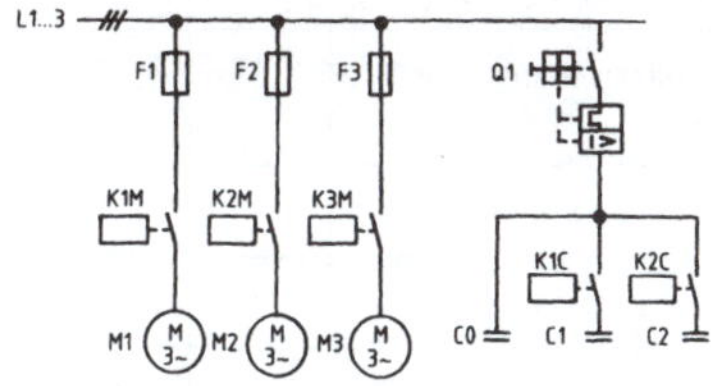
Für einzelne Verbraucher (z. B. Motoren, Leuchtstofflampen) im Dauerbetrieb	Für größere Anzahl kleiner Verbraucher (z. B. Motoren, Leuchtstofflampen)	Für größere Anlagen mit vielen kleinen und mittleren Verbrauchern, die in der Regel nicht alle gleichzeitig in Betrieb sind. Die Kondensatoren werden automatisch über Regler geschaltet

Regeln für die Bemessung der Kondensatorleistung bei Einzelkompensation

9-6

Transformatoren: Die Kondensatorleistung beträgt 10% der Transformatoren-Nennleistung in kVA. Beim Anschluss der Kondensatoren auf der Unterspannungsseite werden folgende Kondensatorleistungen zugeordnet (Tabelle).

Schweißtransformatoren, Punktschweißmaschinen u. dgl.: Die Kondensatorleistung liegt zwischen 30 und 50% der Transformatoren-Nennleistung in kVA.
Drehstrommotoren: Die Kondensatorleistung beträgt 35 bis 50% der Motor-Nennleistung in kW (Werte siehe Tabelle).

10-15

Trafo-Nennleistung in kVA	Kondensatorleistung in kvar Trafo-Oberspannungen in kV		
	5 … 10	15 … 20	25 … 30
25	2	2,5	3
50	3,5	5	6
75	5	6	7
100	6	8	10
160	10	12,5	15
250	15	18	22
315	18	20	24
400	20	22,5	28
630	28	32,5	40

Motornennleistung kW	Kondensatorleistung kvar	Motornennleistung kW	Kondensatorleistung kvar
1 … 1,2	0,6	12 … 16	6
1,2 … 1,6	0,7	16 … 20	7
1,6 … 2	0,9	20 … 25	9
2 … 3	1,2	25 … 30	10
3 … 4	1,6	30 … 40	12
4 … 5	2	40 … 50	16
5 … 7	2,5	50 … 60	20
7 … 9	3,5	60 … 80	25
9 … 12	4,5	80 … 100	35

5.10 Kleintransformatoren

5.10.1 Berechnung eines Netztransformators

15-

Zur Berechnung des Netztransformators wird aus den Daten der anzuschließenden Verbraucher die Summe der zu liefernden Leistungen ermittelt. Speist dabei eine Wicklung eine Gleichrichterschaltung, dann müssen mit Hilfe der in folgender Tabelle enthaltenen Umrechnungsfaktoren aus den Gleichstromgrößen die Transformatorenwechselstromgrößen bestimmt werden (E = Einweggleichrichtung; M = Mittelpunktschaltung; B = Brückenschaltung).

6-4

5

Schaltungsart	E	M	B
Sekundäre Transformatorwechselspannung	2,22	2 · 1,11	1,11
Sekundärer Transformatorstrom	1,57	0,79	1,11
Sekundäre Scheinleistung	3,49	1,75	1,23
Primäre Scheinleistung	2,7	1,23	1,23
Transformatorenleistung	3,1	1,5	1,23

Für die errechnete Transformatorennennleistung ergibt sich aus der nachfolgenden Tabelle die erforderliche Kerngröße. Die dort angegebenen Werte für den Wirkungsgrad, die Windungen je Volt und die zulässigen Stromdichten ermöglichen die Berechnung der Windungszahlen und Drahtdurchmesser.

Berechnungsbeispiel: Netztransformator; Eingang: 230 V/50 Hz. Ausgang: 60 V; 0,6 A Wechselstrom und 24 V; 4 A Gleichstrom über Brückenschaltung.

Gesucht: Kerngröße, Windungszahlen, Drahtdurchmesser.

Lösung: Transformatorenleistung:

$$P_g = U_g \cdot I_g = 24\text{ V} \cdot 4\text{ A} = 96\text{ W}$$

$$S_{21} = 1{,}23 \cdot P_g = 1{,}23 \cdot 96\text{ VA} = 118\text{ VA}$$

$$S_{22} = U \cdot I = 60\text{ V} \cdot 0{,}6\text{ A} = \underline{36\text{ VA}}$$

Summe der Leistungen: 154 VA

Der Leistung entspricht **Kerngröße 102 b** (s. Tab.).

Eingangswicklung: $S_1 = \frac{S_2}{\eta} = \frac{154\text{ VA}}{0{,}89} = 173\text{ VA}$

$$N_1 = 2{,}34\,\frac{1}{\text{V}} \cdot 230\text{ V} = 538$$

$$I_1 = \frac{S_1}{U_1} = \frac{173\text{ VA}}{230\text{ V}} = 0{,}752\text{ A}$$

$$S_1 = \frac{I_1}{J_1} = \frac{0{,}752\text{ A}}{2{,}3\text{ A}}\text{ mm}^2 = 0{,}327\text{ mm}^2$$

$d_1 = 0{,}65$ mm; gewählt $d_1 =$ **0,67 mm**.

12-

1. Ausgangswicklung: $N_{21} = 2{,}46\,\frac{1}{\text{V}} \cdot 24\text{ V} \cdot 1{,}11 = \mathbf{66}$

$$S_{21} = \frac{4\text{ A} \cdot 1{,}11}{2{,}7\text{ A}}\text{ mm}^2 = 1{,}643\text{ mm}^2$$

$d_{21} = 1{,}45$ mm; gewählt $d_{21} =$ **1,5 mm**.

12-

2. Ausgangswicklung: $N_{22} = 2{,}46\,\frac{1}{\text{V}} \cdot 60\text{ V} = \mathbf{148}$

$$S_{22} = \frac{0{,}6\text{ A}}{2{,}7\text{ A}}\text{ mm}^2 = 0{,}222\text{ mm}^2$$

$d_{22} = 0{,}531$ mm; gewählt $d_{22} =$ **0,56 mm**.

12-

5.10.2 Berechnungstabelle für Kleintransformatoren mit M- bzw. EI-Kernblechen[1)]

Übertragbare Leistung bei: 1 Eingangs- und 1 oder 2 Ausgangswicklungen VA	12	25	50	70	95	120	175	250	320	370	450	550
mehr Wicklungen VA	9	21	40	65	75	100	155	230	290	340	410	510
Kernblech	M 55	M 65	M 74	M 85a	M 85b	M 102a	M 102b	EI 130a	EI 130b	EI 150a	EI 150b	EI 150c
Wirkungsgrad ca.	0,7	0,77	0,83	0,84	0,86	0,88	0,89	0,9	0,91	0,92	0,93	0,94
Primäre Windungszahl je V	11,4	7,8	5,68	4,51	3,2	3,5	2,34	3,3	2,59	2,59	2,08	1,74
Sekundäre Windungszahl je V	14,1	9	6,3	4,95	3,5	3,86	2,46	3,51	2,72	2,72	2,18	1,8
Stromdichte innen in $\frac{\text{A}}{\text{mm}^2}$	3,8	3,3	3	2,9	2,6	2,4	2,3	1,7	1,7	1,5	1,5	1,5
Stromdichte außen in $\frac{\text{A}}{\text{mm}^2}$	4,3	3,6	3,4	3,3	3	2,8	2,7	2,2	2,1	1,9	1,9	1,8
Nutzbarer Wickelraum Höhe in mm	7,6	9,1	10,1	9,2	9,2	12,2	12,2	24	24	28	28	28
Nutzbarer Wickelraum Breite in mm	31	36	42	46	46	58	58	61	61	68	68	68

3-3

3-4

[1)] Kernbleche der Sorte 1.0813 nach DIN 46400-1 und Spulenkörpern nach DIN 41303 bei 50 Hz und einem Flussdichtescheitelwert von 1,2 Vs/m².

5.10 Kleintransformatoren

⟹ 15-3

5.10.3 Kernbleche nach DIN 41302-1-2: 1986-5

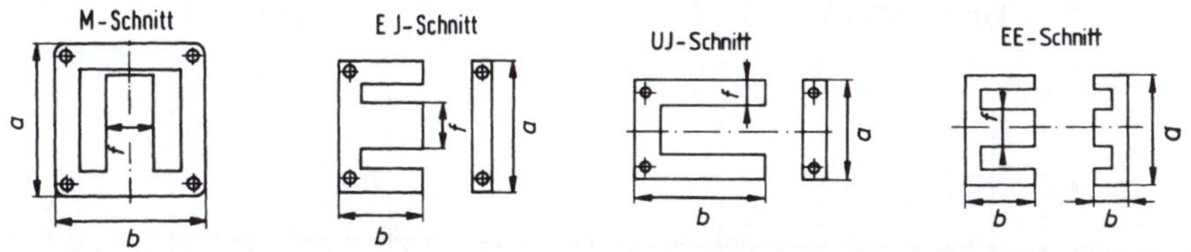

⟹ 10-10

Typ und Größe (Spulenkörper)	Eisen-			Kernblechsorte/Werkstoffnummer nach DIN 46400-1: 1983-4						
	masse	weglänge	querschnitt	V 400-50 A/1.0811 und V 530-50 A/1.0813 bei $\hat{B}=1{,}5$ T				V 700-50 A/1.0815 bei $\hat{B}=1{,}2$ T		
				Windg.-spannung	Scheinleistung	Kernverluste[1]	Kernverluste[2]	Windg.-spannung	Kernverluste	Scheinleistung
	m_{Fe} kg	l_{Fe} cm	A_{Fe} cm²	U_{N2} V/Wdg	P_S VA	P_{Fe} W	P_{Fe} W	U_{N2} V/Wdg	P_{Fe} W	P_S VA
abfalllos										
EI 42	0,112	8,4	1,74	0,0579	6,8	0,52	0,73	0,0464	0,56	1,77
EI 48	0,17	9,6	2,3	0,0766	10,3	0,78	1,11	0,0613	0,85	2,69
EI 54	0,243	10,8	2,94	0,0979	14,7	1,12	1,58	0,0783	1,22	3,84
EI 60	0,34	12	3,7	0,1232	20,6	1,56	2,21	0,0986	1,7	5,4
EI 66a	0,45	13,2	4,46	0,1485	27,2	2,07	2,93	0,1188	2,25	7,1
EI 78	0,76	15,6	6,4	0,2131	46	3,5	4,94	0,1705	3,8	12
EI 84a	0,93	16,8	7,2	0,2398	56	4,28	6	0,1918	4,65	14,7
EI 96a	1,48	19,2	10,1	0,3363	90	6,8	9,6	0,2691	7,4	23,4
EI 120a	2,72	24	14,8	0,4928	165	12,5	17,7	0,3943	13,6	43
EI 150 Na	5,1	30	22,2	0,7393	309	23,5	33,2	0,5914	25,5	81
abfallarm										
EI 92a	0,72	19,4	4,8	0,1598	43,6	3,31	4,68	0,1279	3,6	11,4
EI 106a	1,42	21,8	8,5	0,2831	86	6,5	9,2	0,2264	7,1	22,4
EI 130a	2,4	27	11,7	0,3896	145	11	15,6	0,3117	12	37,9
EI 150a	3,5	31	14,8	0,4928	212	16,1	22,8	0,3943	17,5	55
EI 170a	6,3	36	22,7	0,7559	381	29	41	0,6047	31,5	100
EI 195a	9,6	44,5	28,2	0,9391	580	44,2	62	0,7512	48	152
EI 231a	14,8	51,9	37,4	1,2454	900	68	96	0,9963	74	234
M 42	0,125	10,2	1,6	0,0533	7,6	0,58	0,81	0,0426	0,63	1,98
M 55	0,32	13,1	3,2	0,1066	19,4	1,47	2,08	0,0852	1,6	5,1
M 65	0,58	15,5	4,9	0,1632	35,1	2,67	3,77	0,1305	2,9	9,2
M 74	0,93	17,6	6,9	0,2298	56	4,28	6	0,1838	4,65	14,7
M 85a	1,29	19,7	8,6	0,2864	78	5,9	8,4	0,2291	6,5	20,4
M 102a	2	23,8	11	0,3663	121	9,2	13	0,293	10	31,6
UI 60a	0,68	24	3,69	0,1229	41,1	3,13	4,42	0,0983	3,4	10,7
UI 75a	1,34	30	5,8	0,1931	81	6,2	8,7	0,1545	6,7	21,2
UI 90a	2,29	36	8,3	0,2764	139	10,5	14,9	0,2211	11,5	36,2
UI 102a	3,33	40,8	10,7	0,3563	201	15,3	21,6	0,285	16,7	53
UI 114a	4,6	45,6	13,2	0,4396	278	21,2	29,9	0,3516	23	73
UI 132a	7,2	52,8	17,8	0,5927	436	33,1	46,8	0,4742	36	114
UI 168a	14,9	67,2	29	0,9657	900	69	97	0,7726	75	235
UI 180a	18,4	72	33,4	1,1122	1110	85	120	0,8898	92	291
UI 210a	29	84	45,4	1,5118	1750	133	189	1,209	145	458
UI 240a	44	96	60	1,998	2660	202	286	1,598	220	700

[1] Für V 400-50 A.
[2] Für V 530-50 A.

5.10 Kleintransformatoren

5.10.4 Einphasen-Schnittbandkerne Typ SE, SU, SG und SM nach DIN 41309-1: 1985-7

Typ SE, SG, SM

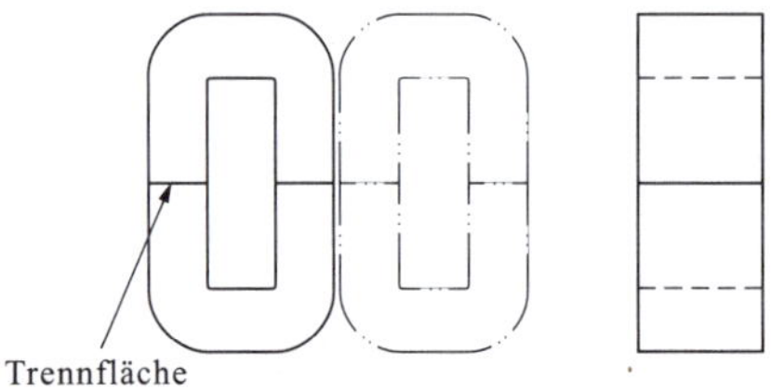

Typ SU

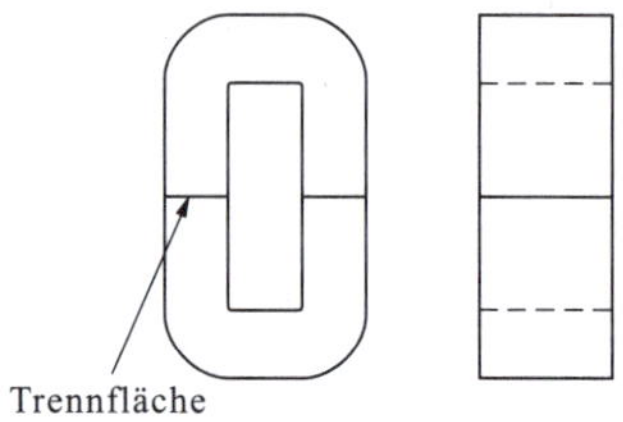

Kern-Typ	Eisen- weglänge l_{Fe} cm	Eisen- querschnitt A_{Fe} [2)] cm^2	bei $\hat{B}=1{,}7$ T [1)] Windg.-spanng. U_{N2} V/Wdg.	Kernverluste P_{Fe} [2)] W	Scheinleistung P_S [2)] VA
SG 27/6	6,32	0,372	0,014	0,04	0,64
SG 33/8	7,77	0,582	0,022	0,076	1,09
SG 41/9	9,53	0,862	0,0326	0,14	1,8
SG 48/9	11,13	0,862	0,0326	0,16	1,9
SG 54/13	12,78	0,96	0,0363	0,21	2,3
SG 54/19	12,78	1,44	0,0544	0,31	3,4
SG 54/25	12,78	1,92	0,0726	0,41	4,5
SG 54/38	12,78	2,88	0,109	0,62	6,8
SG 70/13	16,54	1,15	0,0435	0,32	3,1
SG 70/19	16,54	1,72	0,065	0,48	4,7
SG 70/25	16,54	2,3	0,087	0,64	6,3
SG 70/32	16,54	2,87	0,108	0,80	7,9
SG 76/19	18,14	1,72	0,065	0,53	5
SG 76/25	18,14	2,3	0,087	0,7	6,7
SG 76/32	18,14	2,87	0,108	0,88	8,3
SG 76/38	18,14	3,45	0,13	1,05	10
SG 89/22	21,06	2,68	0,101	0,95	8,6
SG 89/29	21,06	3,45	0,13	1,22	11
SG 89/38	21,06	4,6	0,174	1,63	14,7
SG 89/51	21,06	6,13	0,232	2,18	19,6
SG 108/19	25,86	2,87	0,108	1,25	10,5
SG 108/29	25,86	4,54	0,172	1,98	16,7
SG 108/38	25,86	5,75	0,217	2,5	21,1
SG 108/51	25,86	7,66	0,29	3,33	28,2
SG 127/25	30,68	4,6	0,174	2,37	19,1
SG 127/38	30,68	6,9	0,26	3,56	28,7
SG 127/51	30,68	9,23	0,349	4,76	38,4
SG 127/70	30,68	12,65	0,478	6,53	52,7
SG 165/32	40,23	7,68	0,29	5,2	39,4
SG 165/51	40,23	12,26	0,463	8,3	62,8

Kern-Typ	Eisen- weglänge l_{Fe} cm	Eisen- querschnitt A_{Fe} [2)] cm^2	bei $\hat{B}=1{,}7$ T [1)] Windg.-spanng. U_{N2} V/Wdg.	Kernverluste P_{Fe} [2)] W	Scheinleistung P_S [2)] VA
SU 30a	11,4	0,82	0,031	0,16	1,82
SU 30b	11,4	1,34	0,0506	0,26	2,98
SU 39a	14,8	1,44	0,0544	0,36	3,69
SU 39b	14,8	2,24	0,0846	0,56	5,76
SU 48a	18,1	2,19	0,0827	0,67	6,34
SU 48b	18,1	3,47	0,131	1,06	10
SU 60a	22,6	3,5	0,132	1,33	11,7
SU 60b	22,6	5,3	0,2	2,02	17,8
SU 75a	28,2	5,63	0,213	2,67	22,1
SU 75b	28,2	9,01	0,34	4,28	35,3
SU 90a	34	7,99	0,302	4,57	36
SU 90b	34	13,4	0,506	7,67	51,9
SU 102a	38,4	10,5	0,397	6,78	51,9
SU 102b	38,4	17	0,642	11	84,0
SU 114a	42,8	12,9	0,487	9,31	69,7
SU 114b	42,8	21,2	0,801	15,3	114
SU 132a	49,5	17,4	0,657	14,5	105
SU 132b	49,5	27,7	1,05	23,1	168
SU 150a	56,2	22,5	0,85	21,3	152
SU 150b	56,2	33,9	1,28	32,1	228
SU 168a	63	28,1	1,06	29,8	209
SU 168b	63	45,4	1,72	48,1	337
SU 180a	67,6	33	1,25	37,5	260
SU 180b	67,6	41,3	1,5	47	326
SU 180c	67,6	49,5	1,87	56,3	390
SU 210a	78,7	44,6	1,68	59,1	402
SU 210b	78,7	63,9	2,41	84,6	576
SU 210c	78,7	83,2	3,12	110	749
SU 240a	89,8	58,6	2,21	88,7	594
SU 240b	89,8	78,5	2,97	119	796
SU 240c	89,8	101	3,82	152	1020

1) Ausführung A.
2) In Norm-Spulenkörper werden bei SM, SE und SG (bis auf SG 27/6 bis SG 48/9) normalerweise 2 Kerne eingebaut. Die Werte sind dann zu verdoppeln.

5.10 Kleintransformatoren

5.10.4 Einphasen-Schnittbandkerne (Forts.)

⇒ 10-10

Kern-Typ	Eisen-weglänge l_{Fe} cm	Eisen-querschnitt A_{Fe} [2] cm^2	bei $\hat{B} = 1{,}7$ T [1] Windg.-spanng. U_{N2} V/Wdg.	Kern-verluste P_{Fe} [2] W	Schein-leistung P_S [2] VA
SM 30a	6,6	0,18	0,0068	0,02	0,32
SM 30b	6,6	0,29	0,011	0,032	0,51
SM 42	9,8	0,72	0,0272	0,12	1,49
SM 55	12,4	1,46	0,0551	0,30	3,38
SM 65	14,6	2,24	0,085	0,55	5,70
SM 74	16,5	3,14	0,118	0,87	8,59
SM 85a	18,3	4,01	0,151	1,23	11,7
SM 85b	18,3	5,66	0,213	1,74	16,5
SM 102a	22,2	5,21	0,196	1,95	17,3
SM 102b	22,2	7,78	0,294	2,91	25,8
SE 92a	18,7	2,32	0,088	0,73	6,87
SE 92b	18,7	3,22	0,122	1,01	9,54
SE 106a	20,9	4,13	0,156	1,45	13,1
SE 106b	20,9	5,81	0,219	2,04	18,5

Kern-Typ	Eisen-weglänge l_{Fe} cm	Eisen-querschnitt A_{Fe} [2] cm^2	bei $\hat{B} = 1{,}7$ T [1] Windg.-spanng. U_{N2} V/Wdg.	Kern-verluste P_{Fe} [2] W	Schein-leistung P_S [2] VA
SE 130a	25,9	5,64	0,213	2,46	20,7
SE 130b	25,9	7,21	0,273	3,14	26,6
SE 150a	29,7	7,18	0,271	3,59	29,2
SE 150b	29,7	8,98	0,339	4,49	36,5
SE 150c	29,7	10,8	0,408	5,4	43,8
SE 170a	34,7	10,9	0,416	6,42	50,2
SE 170b	34,7	12,9	0,488	7,53	59
SE 170c	34,7	14,9	0,563	8,7	68
SE 195a	42,9	13,8	0,522	10	74,5
SE 195b	42,9	17	0,643	12,3	91,8
SE 195c	42,9	20,8	0,786	15	112,2
SE 231a	49,9	18	0,68	15,1	109,8
SE 231b	49,9	22,7	0,858	19,1	138,5
SE 231c	49,9	28,2	1,066	23,7	172

5.10.5 Spulenkörper nach DIN 41303: 1982-11

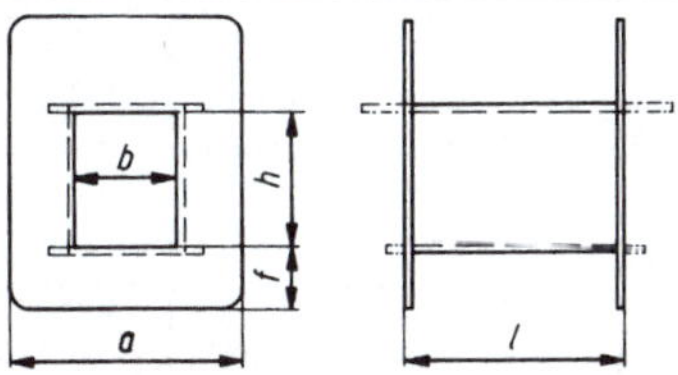

Typ	a (Größtmaß in mm)	f (Größtmaß in mm)	l (Größtmaß in mm)	b (Kleinstmaß in mm)	h (Kleinstmaß in mm)	Mindesthöhe für Kern
M 20	12,5	3,5	12	5,5	5,5	5,5
M 22	12,7	3,8	14	5,2	5,2	5,2
M 30za	17,3	5	18,7	7,3	7,3	7,3
M 30zb					10,5	10,5
M 30a	19	5,75	18,6	7,5	7,5	7,5
M 30b					11,3	11,3
M 42	29	8,1	28	12,6	15,7	14,6
M 55	37	9,6	35,5	17,6	21,7	20,6
M 65	44	11,6	42	20,6	27,8	26,7
M 74	50	13,1	48	23,6	33,5	32,4
M 85a	54,6	12,4	52	29,6	33,5	31,9
M 85b					46,5	44,9
M 102a	65	15,1	64	34,6	36,5	34,9
M 102b					54	52,4

Typ	a (Größtmaß in mm)	f (Größtmaß in mm)	l (Größtmaß in mm)	b (Kleinstmaß in mm)	h (Kleinstmaß in mm)	Mindesthöhe für Kern
EI 92a	67,4	–	50	23,6	24,5	22,9
EI 92b					33,5	31,9
EI 106a	75,4	–	55	29,6	33,5	31,9
EI 106b					46,5	44,9
EI 130a	92	–	69	35,7	37,7	36,1
EI 130b					47,7	46,1
EI 150a	107	–	79	40,7	41,7	40,1
EI 150b					51,7	50,1
EI 150c					61,7	60,1
EI 170a	121	–	94	45,7	56,7	54,5
EI 170b					66,7	64,5
EI 170c					76,7	74,5
EI 195a	136	–	124	56,5	57,7	55,5
EI 195b					70,7	68,5
EI 195c					85,7	83,5

[1] Ausführung A.
[2] In Norm-Spulenkörper werden bei SM, SE und SG (bis auf SG 27/6 bis SG 48/9) normalerweise 2 Kerne eingebaut. Die Werte sind dann zu verdoppeln.

5.11 Sicherungen

5.11.1 Verlegebedingungen für Leitungen für feste Verlegung

Verlegeart

A	B 1	B 2	C	E
In wärmedämmenden Wänden	Auf oder in Wänden oder unter Putz			Frei in Luft (ungehinderte Wärmeabgabe gesichert)
	in Elektroinstallationsrohren oder -kanälen		direkt verlegt	
Anzahl der Adern 2 3	Anzahl der Adern 2 3	Anzahl der Adern 2 3	Anzahl der Adern 2 3	Anzahl der Adern 2 3
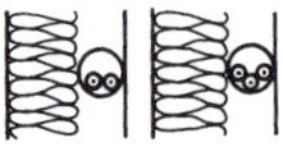				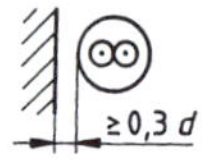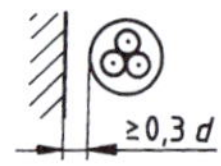
– Aderleitungen im Elektroinstallationsrohr – Aderleitungen im Elektroinstallationsrohr in geschlossenen Fußbodenkanälen	– Aderleitungen im Elektroinstallationsrohr auf der Wand – Aderleitungen im Elektroinstallationsrohr in belüfteten Fußbodenkanälen	– Mehradrige Leitung im Elektroinstallationsrohr auf der Wand oder auf dem Fußboden	– Mehradrige Leitung auf der Wand oder auf dem Fußboden – Mehradrige Leitung in offenen oder belüfteten Kanälen	– Mehradrige Leitung mit einem Abstand von der Wand ≥0,3 · *d* – Nebeneinander liegende Leitungen mit einem Zwischenraum ≥0,2 · *d* – Übereinander liegende Leitungen mit einem senkrechten Zwischenraum ≥0,2 · *d* (*d* = Leitungsdurchmesser)
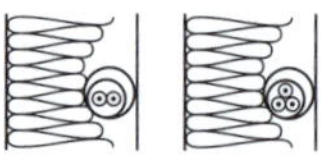	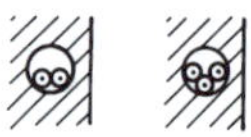		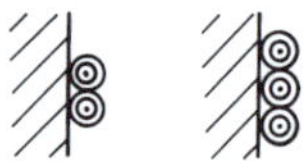	
– Mehradrige Leitung im Elektroinstallationsrohr – Aderleitungen, einadrige Mantelleitungen, mehradrige Leitung im Elektroinstallationskanal im Fußboden	– Aderleitungen, einadrige Mantelleitungen, mehradrige Leitung im Elektroinstallationsrohr im Mauerwerk – Aderleitungen im Elektroinstallationsrohr in der Decke	– Mehradrige Leitung im Elektroinstallationskanal auf der Wand oder auf dem Fußboden	– Einadrige Mantelleitungen auf der Wand oder auf dem Fußboden	
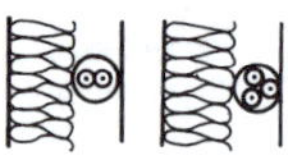				
– Mehradrige Leitung in der Wand	– Aderleitungen im Elektroinstallationskanal auf der Wand		– Mehradrige Leitung, Stegleitung in der Wand oder unter Putz – Mehradrige Leitung in der Decke	

5.11 Sicherungen

5.11.2 Strombelastbarkeit von Leitungen und Kabeln als Schutz gegen zu hohe Erwärmung bei Dauerbetrieb und Umgebungstemperaturen von 25 °C und Zuordnung von Überstrom-Schutzeinrichtungen (Sicherungen)

Isolierwerkstoff	PVC (zul. Betriebstemperatur 70 °C)															
Leitungsbauart	NYM, NYBUY, NHYRUZY, NYIF, NYIFY, HO7V-U, HO7V-R, HO7V-K															
Verlegeart	Gruppe A				Gruppe B1				Gruppe B2				Gruppe C			
Anzahl bel. Adern	2		3		2		3		2		3		2		3	
Nennquerschnitt mm² Kupfer	Zulässige Belastungsströme I_z und Nennströme I_n in A															
	I_z	I_n	I_z	I_n	I_z	I_n	I_z	I_n	I_z	I_n	I_z	I_n	I_z	I_n	I_z	I_n
1,5	16,5	16	14	10	18,5	16	16,5	16	16,5	16	15	10	21	20	18,5	16
2,5	21	20	19	16	25	25	22	20	22	20	20	20	28	25	25	25
4	28	25	25	25	34	32	30	25	30	25	28	25	37	35	35	35
6	36	35	33	32	43	40	38	35	39	35	35	35	49	40	43	40
10	49	40	45	40	60	50	53	50	53	50	50	50	67	63	63	63
16	65	63	59	50	81	80	72	63	72	63	65	63	90	80	81	80
25	85	80	77	63	107	100	94	80	95	80	82	80	119	100	102	100
35	105	100	94	80	133	125	118	100	117	100	101	100	146	125	126	125
50	126	125	114	100	160	160	142	125	–	–	–	–	–	–	–	–
70	160	160	144	125	204	200	181	160	–	–	–	–	–	–	–	–
95	193	160	174	160	246	200	219	200	–	–	–	–	–	–	–	–
120	223	200	199	160	285	250	253	250	–	–	–	–	–	–	–	–

5-22

Leitungsbauart	NYY, NYCWY, NYKY, NYM, NYMZ, NYMT, NYBUY, NHYRUZY			
Verlegeart	Gruppe E			
Anzahl bel. Adern	2		3	
Nennquerschnitt mm² Kupfer	Zulässige Belastungsströme I_z und Nennströme I_n in A			
	I_z	I_n	I_z	I_n
1,5	21	20	19,5	16
2,5	29	25	27	25
4	39	35	36	35
6	51	50	46	40
10	70	63	64	63
16	94	80	85	80
25	125	125	107	100
35	154	125	134	125

Zuordnung der Überstromschutzeinrichtung

Kabel und Leitungen werden vor Überlastung geschützt, wenn folgende Bedingungen erfüllt sind:

$I_b \leq I_n \leq I_z$

$I_2 \leq 1{,}45 \cdot I_z$

- I_b Betriebsstrom
- I_n Nennstrom der Schutzeinrichtung
- I_z zul. Strombelastbarkeit
- I_2 Auslösestrom der Schutzeinricht.

Stehen Überstromschutzeinrichtungen mit der Charakteristik $I_2 = 1{,}45 \cdot I_n$ zur Verfügung, gilt die Beziehung $I_n = I_z$. Dies ist z. B. für Leitungsschutzschalter der Charakteristik „B" und „C" nach DIN VDE 0641 gegeben.

5-28

Bei einem anderen Auslösestrom gilt

$$I_n \leq \frac{1{,}45}{x} \cdot I_z$$

x Faktor zur Errechnung des Auslösestroms ($I_2 = x \cdot I_n$).

5.11.3 Umrechnungsfaktoren für vieladrige Leitungen mit Leiternennquerschnitten bis 10 mm²

Anzahl der belasteten Adern	5	7	10	14	19	24	40	61
Umrechnungsfaktor	0,75	0,65	0,55	0,50	0,45	0,40	0,35	0,30

5.11.4 Umrechnungsfaktoren für aufgewickelte Leitungen

Anzahl der Lagen	1	2	3	4
Umrechnungsfaktor	0,80	0,61	0,49	0,42

5.11.5 Umrechnungsfaktoren für Häufung bei den Verlegearten A, B1, B2, C

Anordnung	Anzahl mehradriger Leitungen bzw. Anzahl der Wechsel- oder Drehstromkreise aus einadrigen Leitungen (2 oder 3 stromführende Leiter)								
	1	2	3	4	5	6	7	8	9
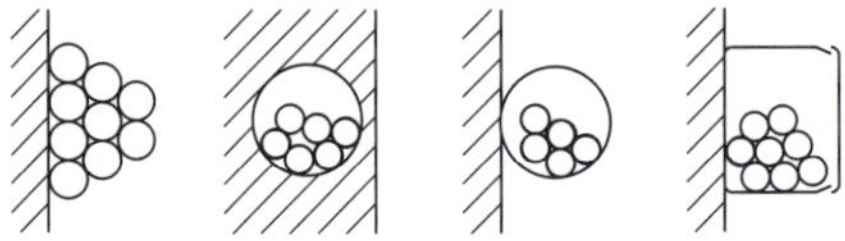 Gebündelt direkt auf der Wand; im Elektroinstallationsrohr oder -kanal auf oder in der Wand	1,00	0,80	0,70	0,65	0,60	0,57	0,54	0,52	0,50
 Einlagig auf der Wand oder dem Fußboden, mit Berührung	1,00	0,85	0,79	0,75	0,73	0,72	0,72	0,71	0,70
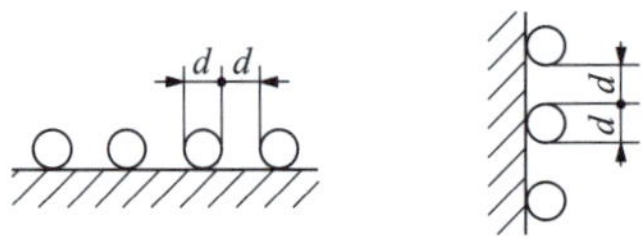 Einlagig auf der Wand oder dem Fußboden, mit Zwischenraum gleich Leitungsdurchmesser	1,00	0,94	0,90	0,90	0,90	0,90	0,90	0,90	0,90
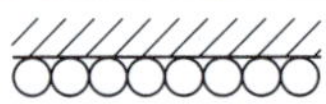 Einlagig unter der Decke, mit Berührung	0,95	0,81	0,72	0,68	0,66	0,64	0,63	0,62	0,61
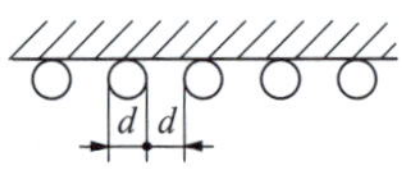 Einlagig unter der Decke, mit Zwischenraum gleich Leitungsdurchmesser	0,95	0,85	0,85	0,85	0,85	0,85	0,85	0,85	0,85

Anmerkungen zur Tabelle:

- Die Umrechnungsfaktoren werden auf die Werte der Tabelle von Seite 5-23 angewendet. Es ist zu beachten, dass dabei die Anzahl der belasteten Adern, die Art der Verlegung und die Verlegeart übereinstimmen.
- Das Kreissymbol in den Zeichnungen der obigen Tabelle steht jeweils für eine einadrige oder eine mehradrige Leitung.
- Sind mehradrige Leitungen mit zwei und drei belasteten Adern gehäuft, ist der Umrechnungsfaktor für die Gesamtzahl der gehäuften Leitungen aus obiger Tabelle zu nehmen und jeweils auf die Belastbarkeit für Leitungen mit zwei oder drei belasteten Adern anzuwenden.
- Sind einadrige Leitungen gehäuft, von denen *n* belastet sind, so ist aus obiger Tabelle der Umrechnungsfaktor für *n*/2 oder *n*/3 Stromkreise zu entnehmen und auf die Belastbarkeit von 2 oder 3 belasteten Adern anzuwenden.

5.11 Sicherungen

5.11.6 Niederspannungssicherungen

⇒ 4-6

5

Funktions- und Betriebsklassen

Funktionsklassen		Betriebsklassen	
g	Ganzbereichssicherungen, die Ströme bis wenigstens zu ihrem Nennstrom dauernd führen können und Ströme vom kleinsten Schmelzstrom bis zum Nennausschaltstrom ausschalten können.	gL gR gB gTr	Ganzbereichs-Kabel- und Leitungsschutz Ganzbereichs-Halbleiterschutz Ganzbereichs-Bergbauanlagenschutz Ganzbereichs-Transformatorenschutz
a	Teilbereichssicherungen, die Ströme bis zu ihrem Nennstrom dauernd führen können und Ströme oberhalb eines bestimmten Vielfachen ihres Nennstromes bis zum Nennausschaltstrom ausschalten können.	aM aR	Teilbereichs-Schaltgeräteschutz Teilbereichs-Halbleiterschutz

Symbol zur Kennzeichnung von Halbleiterschutz-Sicherungseinsätzen 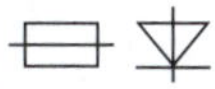

Nennspannungen in V

Wechsel-spannung	**220** **380** **500** **660** 750 1000
Gleich-spannung	**220** **440** 500 **600** **750** 1200 **1500** 2400 **3000**

Fettgedruckte Werte bevorzugt.

Nennströme in A

2	4	6	10	16	20	25	32	35
40	50	63	80	100	125	160	200	250
315	400	500	630	800	1000	1250		

Sicherungseinsätze der Kabel- und Leitungsschutzsicherungen verhalten sich selektiv, wenn ihre Nennströme im Verhältnis 1 : 1,6 stehen; das gilt nur für Nennströme ≥ 16 A.

Kennfarben

Nennstrom A	Farbe des Anzeigers	Nennstrom A	Farbe des Anzeigers
2	rosa	25	gelb
4	braun	35	schwarz
6	grün	50	weiß
10	rot	63	kupfer
16	grau	80	silber
20	blau	100	rot

Nennausschaltstrom in kA

Vorzugswerte, je nach Bauart und Betriebsklasse:

Wechselstromkreise	25, 50, 100 (Effektivwert)
Gleichstromkreise	8, 25

5.11.7 NH-Niederspannungssicherungen nach DIN VDE 0636-21: 1984-5

⇒ 9-9

Nennströme in A für Kabel- und Leitungsschutzsicherungen

Baugröße	~660 V	~500 V ⎓ 440 V
00	6 bis 100	6 bis 100
0[1]	–	6 bis 160
1	80 bis 200	80 bis 250
2	125 bis 315	125 bis 400
3	315 bis 500	315 bis 630
4 a	500 bis 800	500 bis 1250

Die untere Grenze der Umgebungstemperatur beträgt –15 °C; die obere +80 °C (bei Belastung).

Strom- und Zeitwerte für das Nichtabschmelzen und das Abschmelzen von Sicherungseinsätzen

Nennstrom I_N	Prüfstrom		Prüf-dauer
A	kleiner	großer	h
bis 4	1,5 I_N	2,1 I_N	1
über 4 bis 10	1,5 I_N	1,9 I_N	1
über 10 bis 25	1,4 I_N	1,75 I_N	1
über 25 bis 63	1,3 I_N	1,6 I_N	1
über 63 bis 160	1,3 I_N	1,6 I_N	2
über 160 bis 400	1,3 I_N	1,6 I_N	3
über 400	1,3 I_N	1,6 I_N	4

[1] Nur für Ersatzbedarf.

5.11.8 Strom-Zeit-Bereiche für NH-Sicherungseinsätze der Betriebsklasse gL

Die Zeit-Strom-Kennlinien zeigen das zeitliche Verhalten von Sicherungseinsätzen in Abhängigkeit vom Ausschaltstrom, der die Sicherungen zum Schmelzen und Ausschalten bringt. Die linke Kennlinie eines Nennstromwertes stellt die Minimalwerte (Schmelzzeit-Kennlinie), die rechte Kennlinie die Maximalwerte (Ausschaltzeit-Kennlinie) dar.

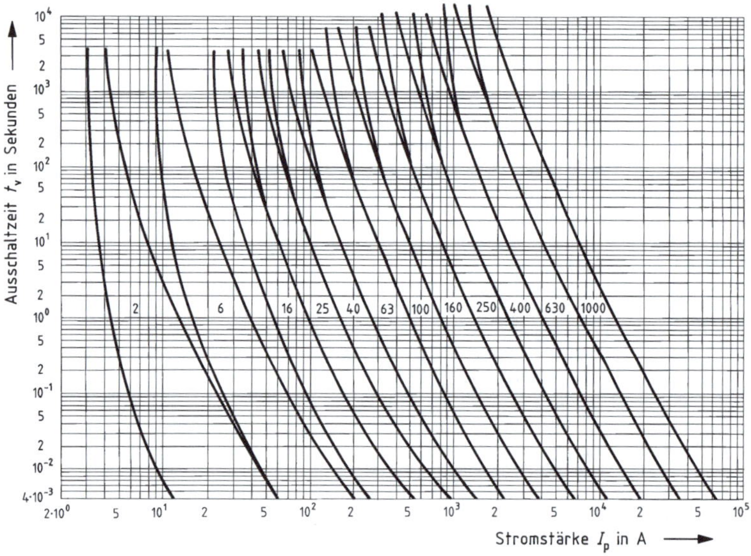

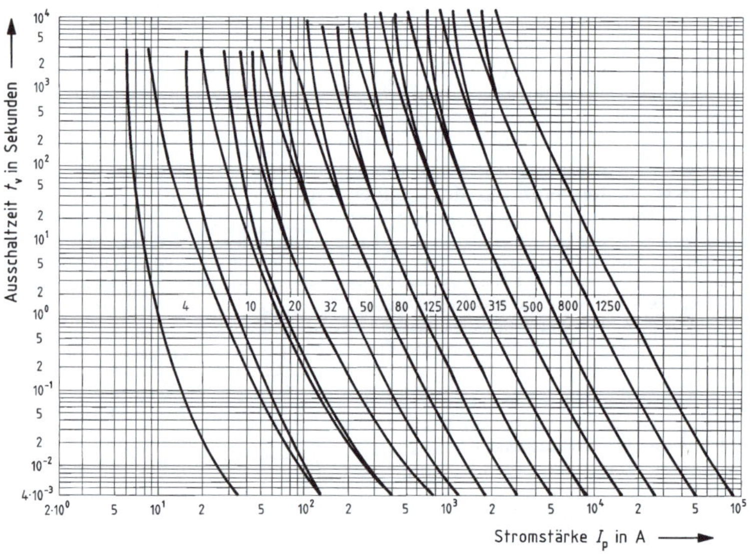

5.11.9 I^2t-Grenzwerte von NH-Sicherungseinsätzen

Die Schmelz- und Ausschalt-I^2t-Werte liegen zwischen den angegebenen Grenzwerten.

I_n A	I^2t_{min} A^2s	I^2t_{max} A^2s	I_n A	I^2t_{min} A^2s	I^2t_{max} A^2s	I_n A	I^2t_{min} A^2s	I^2t_{max} A^2s	I_n A	I^2t_{min} A^2s	I^2t_{max} A^2s
2	0,68	16,4	32	1740	5750	125	36000	104000	400	557000	1600000
4	4,9	67,6	35	3030	6750	160	64000	185000	500	900000	2700000
6	16,4	194	40	4000	9000	200	104000	302000	630	1600000	5470000
10	67,6	640	50	5750	13700						
16	291	1210	63	9000	21200	224	139000	412000	800	2700000	10000000
20	640	2500	80	13700	36000	250	185000	557000	1000	5470000	17400000
25	1210	4000	100	21200	64000	315	302000	900000	1250	10000000	33100000

5

5.11.10 Geräteschutzsicherungen

Bemessungsstrom in A

0,025	0,032	0,040	0,050	0,056	0,063	0,071
0,08	0,091	0,1	0,112	0,125	0,14	0,16
0,18	0,2	0,224	0,25	0,28	0,315	0,365
0,4	0,45	0,5	0,56	0,63	0,71	0,8
0,9	1	1,12	1,25	1,4	1,6	1,8
2	2,5	3,15	4	5	6,3	8
10						

Farbkennzeichnung

Die Kennzeichnung erfolgt durch Farbcodierung entsprechend dem Farbcode für Widerstände. Ring 1 und 2 werden für die ersten beiden Ziffern und Ring 3 für den Multiplikator eingesetzt. Bei Bemessungsströmen mit drei Ziffern entfällt die dritte Stelle. Der 4. Farbring gibt die Strom/Zeit-Charakteristik an:

superflink	(FF)	schwarz	träge	(T)	blau
flink	(F)	rot	superträge	(TT)	grau
mittelträge	(M)	gelb			

⇒ 5-1

5.11.11 Leitungsschutzschalter

⇒ 4-6 9-9

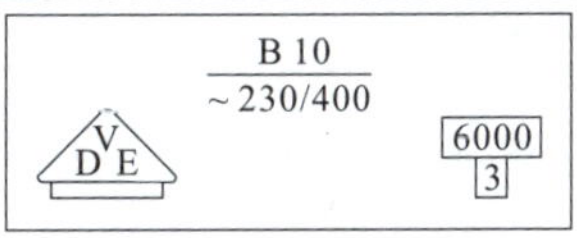

B	Auslösecharakteristik
10	Bemessungsstrom in A
~230/400	Bemessungsspannungen in V
6000	Bemessungsschaltvermögen
3	Energiebegrenzungsklasse

Bemessungsstrom in A

6	10	13	16	20	25	32
40	50	63	80	100	125	

Bereiche der Sofortauslösung

Auslösecharakteristik	Bereiche
B	über $3 \cdot I_n$ bis $5 \cdot I_n$
C	über $5 \cdot I_n$ bis $10 \cdot I_n$
D	über $10 \cdot I_n$ bis $20 \cdot I_n$

Bemessungsschaltvermögen in A

1500[1])	3000	4500	6000	10000	15000	20000	25000

Zulässige I^2t-(Durchlass-)Werte für LS-Schalter mit Bemessungsströmen bis 16 A (Werte ohne Klammer) und über 16 A bis 32 A (Werte in Klammern)

Bemessungsschaltvermögen in A	Energiebegrenzungsklassen				
	1	2		3	
	I^2t_{max} in A^2s	I^2t_{max} in A^2s		I^2t_{max} in A^2s	
	Charakteristik B und C	Charakteristik B	Charakteristik C	Charakteristik B	Charakteristik C
3000	keine Grenzwerte festgelegt	31000 (40000)	37000 (50000)	15000 (18000)	18000 (22000)
6000		100000 (130000)	120000 (160000)	35000 (45000)	42000 (55000)
10000		240000 (310000)	290000 (370000)	70000 (90000)	84000 (110000)

[1]) Nur für LS-Schalter in Steckdosen oder in unmittelbarer Nähe zu Steckdosen zugeordnet.

5.11 Sicherungen

5.11.12 Zeit-Strom-Auslösekennlinien von Leitungsschutzschalter

Auslöse-kennlinie	Nennstrom-bereich I_n in A	Thermische Auslöser kleiner Prüfstrom I_1	großer Prüfstrom $I_2 = k \cdot I_n$	Grenzen der Auslöse- oder Nichtauslösezeit t	Elektro-magnetische Auslöser Prüfströme	Auslöse-zeit
B	6 bis 63	$1{,}13 \cdot I_n$	$1{,}45 \cdot I_n$	≥1 h (keine Auslösung) <1 h (Auslösung)	$3 \cdot I_n$ $5 \cdot I_n$	≥0,1 s <0,1 s
C	6 bis 63	$1{,}13 \cdot I_n$	$1{,}45 \cdot I_n$	≥1 h (keine Auslösung) <1 h (Auslösung)	$5 \cdot I_n$ $10 \cdot I_n$	≥0,1 s <0,1 s
B, C		$2{,}55 \cdot I_n$		$1\,s < t < 60\,s$ ($I_n \leq 32$ A) $1\,s < t < 120\,s$ ($I_n > 32$ A)		

9-1
9-2

Überlastungsschutz

$I_b \leq I_n \leq I_z$

$I_2 \leq 1{,}45 \cdot I_z$

$I_n \leq \frac{1{,}45}{k} \cdot I_z$

$I_2 = k \cdot I_n$

- I_b zu erwartender Betriebsstrom in A
- I_n Nennstrom des Schutzorgans in A
- I_z Strombelastbarkeit der Leitung/des Kabels in A
- k Faktor zur Errechnung des Auslösestroms (großer Prüfstrom)
- I_2 Auslösestrom des Schutzorgans (großer Prüfstrom)

Haben die Schutzeinrichtungen einen großen Prüfstrom $I_2 \leq 1{,}45 \cdot I_n$, dann gilt $I_n \leq I_z$. Diese Bedingung erfüllen LS-Schalter der Charakteristik *B* und *C* nach DIN VDE 0641.

Beispiel:
Eine 3adrige NYM-Leitung soll bei einer Umgebungstemperatur von 21 °C als Einzelleitung auf der Wand verlegt werden; der Betriebsstrom I_b beträgt 38 A.

Lösung:
Querschnitt nach Tabelle S. 5-23 für Verlegeart C: 5-23

$S = 6\ \text{mm}^2$ ($I_z = 49$ A; $I_n = 40$ A).

Die Bedingung:

$I_b \leq I_n \leq I_z$ (38 A ≤ 40 A ≤ 49 A)

ist erfüllt. Gewählt wird eine Schmelzsicherung mit $I_n = 40$ A (s. S. 5-25) und $I_2 = 1{,}6 \cdot I_n$. 5-25

Die Bedingung $I_2 \leq 1{,}45 \cdot I_z$ mit $I_2 = k \cdot I_n$ ist zu überprüfen:

$$I_n \leq \frac{1{,}45 \cdot I_z}{k} = \frac{1{,}45 \cdot 49\ \text{A}}{1{,}6} = 44\ \text{A}$$

$I_n \leq 44$ A

Der nächst kleinere Sicherungs-Nennstrom ist 40 A; der Überlastungsschutz ist mit dieser Sicherung gegeben.

Kurzschlussschutz

$$t = \left(\frac{k \cdot S}{I}\right)^2$$

- t zulässige Ausschaltzeit in s
- S Leiterquerschnitt in mm²
- I Kurzschlussstrom in A
- k leitungsspezifischer Faktor mit den folgenden Werten

Werkstoff der Isolierung	Leiter aus Cu	Al
Gummi (G)	135	87
Polyvinylchlorid (PVC)	115	74
Vernetztes Polyethylen (VPE)	143	94
Ethylenpropylen-Kautschuk (EPR)	143	94
Butyl-Kautschuk (‖K)	135	87

12-1

Die aus den Auslösekennlinien der Schutzorgane ablesbare Abschaltzeit für einen Kurzschlussstrom darf die errechnete (maximal zulässige) Abschaltzeit nicht übersteigen. Sind für LS-Schalter die errechneten Zeiten nicht kleiner als 0,1 s, ist Kurzschlussschutz gewährleistet; bei Ausschaltzeiten kleiner als 0,1 s ist eine Kontrolle nach dem Stromwärmeimpuls $I^2 \cdot t \leq k^2 \cdot S^2$ erforderlich.

Beispiel: Eine PVC-isolierte Leitung (Faktor $k = 115$) mit $S = 1{,}5\ \text{mm}^2$ soll durch einen LS-Schalter der Charakteristik *B* als Schutzorgan geschützt werden. Der Kurzschlussstrom soll 3000 A betragen (Wert ist für Hausverteilungen angemessen).

Lösung: Die zulässige Ausschaltzeit:

$$t \leq \frac{k^2 \cdot S^2}{I^2} = \frac{115^2 \cdot 1{,}5^2}{3000^2} = 0{,}0033\ \text{s}$$

Da $t < 0{,}1$ s, muss eine Kontrolle nach dem Stromwärmeimpuls durchgeführt werden:

$I^2 \cdot t \leq k^2 \cdot S^2 = 115^2 \cdot 1{,}5^2 = 29\,756\ \text{A}^2\text{s}$

Gewählt wird: LS-Schalter 16 A der Energiebegrenzungsklasse 3 ($I^2 t = 15\,000\ \text{A}^2\text{s}$) mit dem Schaltvermögen 3000 A (s. Tabelle S. 5-27). 5-2

[1] Nenn-Bezugstemperatur 30 °C.

5.12 Fehlerstrom-Schutzschalter

5.12.1 FI-Schutzschalter[1]

-11
-12

FI-Schutzschalter mit nebenstehendem Symbol schalten Wechselfehlerströme und pulsierende Gleichfehlerströme (die innerhalb der Netzperiode den Wert Null erreichen) ab. Gleichfehlerströme können bei der Gleichrichtung sowie bei der Phasenanschnittsteuerung auftreten. Selektive FI-Schutzschalter sind zeitlich verzögert.

Nennspannungen (Vorzugswerte)

Nennspann. in V	Polzahl	Einsatz in Stromkreisen
220, 230, 240	2	einphasig
220/380, 230/400 240/415	4	einphasig mehrphasig
380, 400, 415, 500	3	dreiphasig (ohne Neutralleiter)

Auslösezeiten

Wechselfehlerstrom I_Δ	Pulsierender Gleich-Fehlerstrom ($\alpha = 0°$ el) I_Δ	Auslösezeit in s
FI-Schutzschalter		
$I_{\Delta n}$	$1{,}4\, I_{\Delta n}$	$\leq 0{,}2$
$5 \cdot I_{\Delta n}$	$5 \cdot 1{,}4\, I_{\Delta n}$	$\leq 0{,}04$
Selektive FI-Schutzschalter		
$I_{\Delta n}$	$1{,}4\, I_{\Delta n}$	$0{,}15 \leq t_A \leq 0{,}5$
$2 \cdot I_{\Delta n}$	$2 \cdot 1{,}4\, I_{\Delta n}$	$0{,}06 \leq t_A \leq 0{,}2$
$5 \cdot I_{\Delta n}$	$5 \cdot 1{,}4\, I_{\Delta n}$	$0{,}04 \leq t_A \leq 0{,}15$
500 A	$(1/\sqrt{2}) \cdot 500$ A	$0{,}04 \leq t_A \leq 0{,}15$

5

5.12.2 FI-Schutzschalter bis 1000 V~ und 200 A

Nennspannungen	in V	230, 240, 400, 415, 500, 660, 690, 750, 1000
Nennströme	in A	16, 25, 40, 63, 100, 125, 160, 200
Nennfehlerströme[2]	in A	0,01; 0,03; <u>0,1</u>; <u>0,3</u>; <u>0,5</u>; <u>1</u> unterstr.: sel. Ausführung
Nennschaltvermögen	in A	3000, 6000, 10000, 20000, 50000

Maximalwerte des Erdungswiderstands R_A

Nennfehlerstrom $I_{\Delta n}$ in A	Widerstand R_A in Ω bei einer Berührungsspannung U_L von 50 V	25 V
0,01	5000	2500
0,03	1666	833
0,3	166	83
0,5	100	50
1	50	25

Anwendungsbeispiel

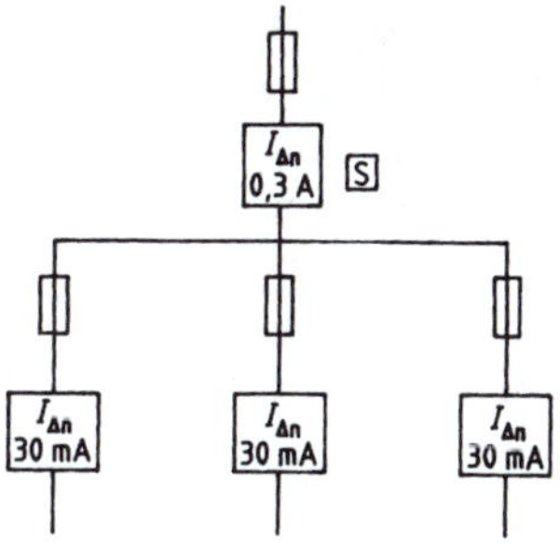

Der selektiv verzögerte 0,3-A-FI-Schutzschalter (Selektiv-Kennzeichen: S) wird in der skizzierten Anlage als Zentralschalter für den FI-Schutz eingesetzt. In den Unterverteilungen sind 30 mA FI-Schutzschalter eingesetzt, die wegen des niederen Auslösestroms sowie der kürzeren Ansprechzeit selektiv arbeiten.

5.12.3 FI/LS-Schalter bis 415 V~ und 63 A

FI/LS-Schalter[3] (Fehlerstromschutzschalter mit Überstromauslöser) bieten Schutz
mit dem **FI-Teil:**

-19
-22

- bei indirektem Berühren im TN- und TT-Netz,
- bei direktem Berühren, wenn der Nennfehlerstrom $I_{\Delta n} \leq 30$ mA ist,
- gegen elektrisch gezündete Brände

mit dem **LS-Teil:**

- gegen Überlast und Kurzschluss entsprechend DIN VDE 0100-430.

Nennströme	in A	6, 10, 16, 20, 25, 32, 35, 40, 50, 63
Nennfehlerströme	in A	0,01; 0,03; 0,1; 0,3
Nennschaltvermögen	in A	3000, 6000, 10000

Überstromauslösung: Bei Belastung mit dem 1,5fachen großen Prüfstrom nach DIN VDE 0641 muß der FI/LS-Schalter innerhalb 1 h auslösen.

⇒ 5-28

[1] Zukünftig als RCD (**R**esidual **C**urrent protective **D**evice) bezeichnet.
[2] Zukünftig: $I_{\Delta N}$ (Bemessungs-Fehlerstrom oder Bemessungs-Differenzstrom).
[3] RCBO (**R**esidual **C**urrent operated Circuit-**B**reaker with integral **O**vercurrent protection).

5.13 Galvanische Primärelemente

5.13.1 Ausführungen von galvanischen Primärelementen

→ 15-3

5

← 15-9

Element	Negative Elektrode	Positive Elektrode	Elektrolyt	Nennspannung V	Vorteile/Nachteile	Energiedichte Wh/cm^3	Anwendung
Leclanché	Zink Zn	Mangandioxid MnO_2 und Kohle	Ammoniumchlorid NH_4Cl (Salmiak)	1,5	Preiswert	0,08 bis 0,15	Taschenlampen, Spielzeug
Zinkchlorid	Zink Zn	Mangandioxid MnO_2	Zinkchlorid $ZnCl_2$	1,5	Auslaufsicherer Elektrolyt	0,1 bis 0,25	Uhren, Radios
Alkali-Mangan	Zinkpulvergel	Mangandioxid MnO_2	Kalilauge KOH	1,5	Hohe Belastbarkeit, geringe Selbstentladung bei höheren Temperaturen, gutes Tieftemperaturverhalten	0,15 bis 0,4	Kameras, Blitzgeräte, Cassettengeräte
Quecksilberoxid	Zink Zn	Quecksilberoxid HgO	Kalilauge KOH	1,35	Gute Spannungskonstanz	0,5 bis 0,6	Fotoapparate, Hörgeräte
Silberoxid	Zink Zn	Silber-I-oxid AgO	Kalilauge KOH	1,55	Gute Spannungskonstanz, hohe Spannung und große Energiedichte	0,5 bis 0,6	Uhren, Taschenrechner, Fotoapparate
		Silber-II-oxid Ag_2O				0,4 bis 0,5	
Lithium	Lithium Li	Silberchromat Ag_2CrO_4	$LiClO_4$	3,3		≈0,6	Herzschrittmacher
		Thionylchlorid $SOCl_2$	Lithiumtetrachloraluminat $LiAlCl_4$	3,5	Hohe Energiedichte, sehr geringe Selbstentladung (1% pro Jahr)/Rückstrom über Zelle darf 10 µA nicht überschreiten	≈0,9	Militärische Zwecke, CMOS-Speicherschutz
		Schwefeldioxid SO_2	Lithiumbromid LiBr	2,8	Gutes Tieftemperaturverhalten, geringe Selbstentladung/hoher Zelleninnendruck	≈0,5	Militärische Zwecke, LCD-Uhren, Speicherschutz
		Mangandioxid MnO_2	Organisch	3	Geringe Selbstentladung (kleiner 1% pro Jahr), hohe Lagerfähigkeit (bis 10 Jahre)/Ströme über 10 µA in Laderichtung führen zur internen Gasung (Explosion)	0,4 bis 0,6	Uhren, Rechner, Film- u. Fotogeräte
		Chromdioxid CrO_2		3		0,65 bis 1,0	Datenspeicher CMOS-RAM's
		Bismuttrioxid Bi_2O_3		1,5		0,35 bis 0,5	Armbanduhren
Lithium-Papier-Batterie	Lithium Li	Kohlenstoffmonofluorid	Organisch	3	Sehr flache Bauform (ca. 1,8 mm dick), lange Lagerzeit (über 3 Jahre)	≈0,4	Kameras, Rechner, Uhren, Personenrufgeräte
Luftsauerstoff	Zink Zn	Ammoniumchlorid und Aktiv-Kohle	Manganchlorid	1,5	Geringe Selbstentladung, hohe Lebensdauer, große Energiedichte	≈0,7	Weidezaungeräte, Fernmeldegeräte, Warngeräte

5.13 Galvanische Primärelemente

5.13.2 Primärbatterien nach DIN IEC 86-1: 1988-4

⇒ 15-3

Kurzzeichen

Galvanische Primärbatterien werden mit Kurzzeichen aus Buchstaben und Ziffern versehen. Die Buchstaben kennzeichen die Form: R = Rundzellen und Batterien; S = Quadratzellen und Batterien; F = Flachzellen. Wird den Buchstaben R, S oder F kein oder ein zusätzlicher Buchstabe vorangestellt, so wird dadurch das elektrochemische System bezeichnet; eine Zahl vor den Buchstaben gibt die Anzahl der zu einer Batterie geschalteten Einzelzellen an. Die Zahl nach den Buchstaben bezeichnet die Zellengröße. Die hinter einem waagerechten Strich nachgestellte Zahl nennt die Anzahl der parallel geschalteten Zellen.

Buchstabe	Positive Elektrode	Elektrolyt	Negative Elektrode	Max. EMK V	Nennspng. V
–	Mangandioxid	Ammoniumchlorid, Zinkchlorid	Zink	1,725	1,5
A	Sauerstoff	Ammoniumchlorid, Zinkchlorid	Zink	1,55	1,4
B	Polykohlenstoffmonofluorid	Organischer Elektrolyt	Lithium	3,7	3
C	Mangandioxid	Organischer Elektrolyt	Lithium	3,7	3
L	Mangandioxid	Alkalimetallhydroxid	Zink	1,65	1,5
M	Quecksilberoxid	Alkalimetallhydroxid	Zink	1,37	1,35
N	Quecksilberoxid, Mangandioxid	Alkalimetallhydroxid	Zink	1,6	1,4
P	Sauerstoff	Alkalimetallhydroxid	Zink	1,68	1,4
S	Silberoxid (Ag_2O)	Alkalimetallhydroxid	Zink	1,63	1,55
T	Silberoxid (AgO, Ag_2O)	Alkalimetallhydroxid	Zink	1,87	1,55

Beispiele

L R 20
- L: Mangandioxid-Alkalimetallhydroxid-Zink-System
- R 20: Rundzelle der Größe 20

6 F 50 – 2
- 6: Batterie besteht aus 6 in Reihe geschalteten Zellen, Nennsp. 9 V
- F 50: Flachzelle der Größe 50 ($b = 32$ mm, $l = 32$ mm, $h = 3{,}6$ mm)
- 2: jeweils 2 Zellen parallel geschaltet

Maße (Auswahl)

Rundzellen

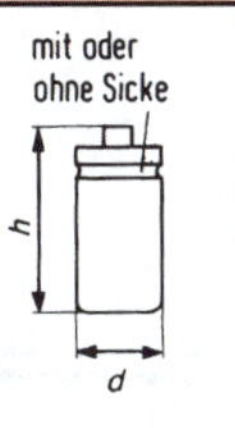

Quadrat. Zellen

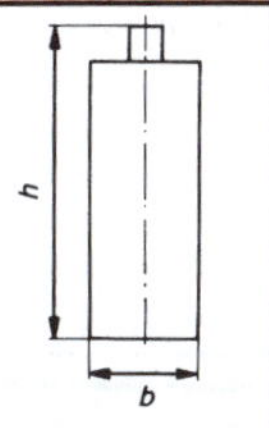

Flachzellen

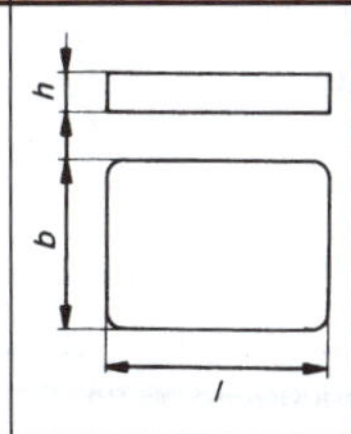

Quadratzellen und Batterien

Kurzzeichen	b mm	h mm	Kurzzeichen	b mm	h mm
S 4	57	125	S 8	85	200
S 6	57	150	S 10	95	180

⇒ 5-32

Rundzellen und Batterien

Kurzzeichen[1]	d mm	h mm	Kurzzeichen	d mm	h mm	Kurzzeichen	d mm	h mm
R 06	10	22	R 12	21,5	60	R 54	11,6	3,05
R 03	10,5	44,5	R 14	26,2	50	R 57	9,5	2,7
R 1	12	30,2	R 20	34,2	61,5	R 59	7,9	2,6
R 3	13,5	25	R 40	67	172	R 61	7,8	39
R 6	14,5	50,5	R 45	9,5	3,6	R 63	5,8	2,15
R 10	21,8	37,3	R 50	16,4	16,8	R 68	9,5	1,65

Flachzellen

Zeichen	b mm	l mm	h mm	Zeichen	b mm	l mm	h mm
F 15	14,5	14,5	3	F 50	32	32	3,6
F 16	14,5	14,5	4,5	F 70	43	43	5,6
F 22	13,5	24	6	F 90	43	43	7,9
F 25	23	23	6	F 92,1	37	46	5,5
F 40	21	32	5,3	F 100	45	60	10,4

[1] Handelsübliche Bezeichnung siehe Seite 5-32.

5.13 Galvanische Primärelemente

5.13.3 Primärbatterien (elektrische Eigenschaften)

⇐ 5-31

⇐ 15-3 15-9 15-1

5

Bezeichnung nach DIN-IEC[1]	Nenn-spannung V	Kapazitätsmittelwerte bei Entladung (20°C) Belastung[2]	Betriebszeit h	Ah	Innerer Widerstand Ω	Gewicht ca. g
Quecksilberoxid-Zink-Zelle						
NR1	1,4	300/12/0,9	200	0,84	0,8 – 1,2	11
Alkali-Mangan-Zelle						
LR1	1,5	300/12/0,9	175	0,7	0,25 – 0,4	10
LRO3	1,5	300/12/0,9	200	0,82	0,16 – 0,25	11
LR6	1,5	10k/24/1	13 400	1,75	0,13 – 0,2	23
		40/4/0,9	54	1,64		
LR14	1,5	4k/24/1	17 000	6,05	0,1 – 0,2	65
		40/4/0,9	180	5,55		
LR20	1,5	lk/24/1	7 500	9,63	0,07 – 0,14	127
		5/2/1,1	23,5	5,79		
6LF22	9	900/4/5,4	58	0,47	2 – 3	46
		180/4/5,4	10	0,39		
Luftsauerstoff-Zelle						
AS4	1,5	50/24/0,85	2 300	52	0,24 – 0,36	350
		10/24/0,85	400	38,5		
AR40	1,5	10/24/0,85	800	80	0,1 – 0,15	570
		5/24/0,85	350	58,5		
5AR40	7,5	500/24/4,5	8 500	85	0,6 – 0,9	2800
		50/24/4,25	800	80		
6AS4	9	600/24/5,4	4 500	50	1,0 – 1,6	2000
		120/24/5,1	900	45		
Leclanché-Zelle						
R1	1,5	300/12/0,9	97	0,39	0,7 – 1,05	7
RO3	1,5	300/12/0,9	100	0,41	0,4 – 0,6	8,5
R6/SD	1,5	10k/24/1	8 500	1,16	0,36 – 0,54	21
		40/4/0,9	33	1,02		
R14/SD	1,5	4k/24/1	9 000	3,1	0,29 – 0,44	49
		40/4/0,9	108	2,44		
R20/ST	1,5	1k/24/1	4 700	6,17	0,2 – 0,3	95
2R10/S	3	150/4/1,8	60	0,95	0,75 – 1,1	40
3R12/S	4,5	225/4/2,7	115	1,97	0,77 – 1,16	110
6F22/S	9	900/4/5,4	40	0,32	12 – 18	40
S4	1,5	50/24/0,85	800	19,5	0,2 – 0,3	480

Lithium-Thionylchlorid-Zelle

⇐ 5-31

Baugröße/Typ	Leerlauf-spannung V	Nennspannung V	Kapazität bei Entladung (20 °C) Belastung[3]	Ah	Max. Dauer-entladestrom mA	Gewicht ca. g
R3	3,7	3,4	18k/3	0,85	15	10
R6	3,7	3,4	18k/3	1,75	42	19
R14	3,7	3,4	3,5k/3	5,2	90	52
R20/TL-2300	3,7	3,4	3,5k/3	10,5	135	100

[1] Handelsübliche Bezeichnungen:

R03	Micro	R3	halbe Mignon	R12	Normal	R20	Mono
R1	Lady	R6	Mignon	R14	Baby	6F22	9-V-Block

[2] Belastung in $\left(\Omega \Big/ \frac{h}{Tag} \Big/ \text{bis V}\right)$.

[3] Belastung (Widerstand in Ω/bis V).

5.14 Galvanische Sekundärelemente

5.14.1 Galvanische Sekundärelemente nach DIN VDE 0510: 1977-1

5-3
5-9

Arten

System der Zelle oder Batterie	Kurzzeichen	Nennspannung V/Zelle	Gasungsspannung V/Zelle	Aktive Masse positiv	Aktive Masse negativ	Elektrolyt (Dichteangabe bei 20 °C)
Blei	Pb	2,0	etwa 2,4	PbO_2	Pb	verdünnte Schwefelsäure (1,2 bis 1,28 kg/l)
Nickel/ Cadmium	Ni/Cd	1,2	etwa 1,55	NiOOH NiOOH	Cd Cd + Fe	verdünnte Kalilauge (1,17 bis 1,3 kg/l)
Nickel/Eisen	Ni/Fe	1,2	etwa 1,7	NiOOH	Fe	verdünnte Kalilauge (1,17 bis 1,3 kg/l)
Silber/Zink[1]	Ag/Zn	1,5	etwa 2,05	AgO	Zn	verdünnte Kalilauge (1,4 kg/l)

Erhaltungsladeströme

Ladeverfahren/Batterieeinsatz	Batterien auf Wasserfahrzeugen[2]	Batterien in Landanlagen, in Landfahrzeugen
Ladeschlussstrom durch Kennlinie der Ladeeinrichtung festgelegt	Der größte Wert von: Ladeschlussstrom der Ladeeinrichtung oder 1/4 des höchsten Stromes der Ladeeinrichtung[4]	Ladeschlussstrom der Ladeeinrichtung
Ladeschlussstrom von Hand eingestellt		
Ladeschlussstrom so begrenzt, dass die Gasungsspannung der Batterie nicht überschritten wird	1/4 des höchsten Stromes der Ladeeinrichtung[4]	Pb: 2 A je 100 Ah Nennkapazität[3] Ni/Cd, Ni/Fe: 4 A je 100 Ah Nennkapazität[3] Ag/Zn: 1 A je 100 Ah Nennkapazität[3]
Erhaltungsladen einer Batterie	1 A je 100 Ah Nennkapazität[3]	
Gelegentliches Aufladen (Gasungsspannung nicht überschritten)		
Batterien, die im belüfteten Raum in Ruhe stehen	1/3 A je 100 Ah Nennkapazität[3]	
Batterien, die im belüfteten Raum entladen werden (Ladung an anderem Ort)		

[1] Vorwiegend auf Sondergebieten eingesetzt (z. B. Militär); es gelten besondere Vorschriften.
[2] Nach Vorschriften des Germanischen Lloyd (Seeschiffe) bzw. DIN 89002-1 (Binnenschiffe).
[3] Nennkapazität bei ortsfesten Bleibatterien 10-stündige Kapazität, bei Fahrzeugbatterien und alkalischen Batterien 5-stündige Kapazität, bei wartungsfreien Batterien 20-stündige Kapazität.
[4] Ladehöchststrom: Nennstrom des Gleichrichters bzw. der Maschine oder Gleichstromnetzspannung in Volt minus Nennspannung der Batterie in Volt dividiert durch den Ladewiderstand in Ohm.

5.14 Galvanische Sekundärelemente

Ladekennlinien

Kurzzeichen	Ladeart bzw. Abschaltung	Kurzzeichen	Ladeart bzw. Abschaltung
I	Konstantstrom-Kennlinie	a	Selbsttätige Ausschaltung
U	Konstantspannungs-Kennlinie	O	Selbsttätiger Kennliniensprung
W	Fallende Kennlinie		

Zusammengesetzte Kurzzeichen entsprechen dem Ladeverlauf, z. B. IUWa oder WOWa.

Ia	Wa	U	IU	WOWa
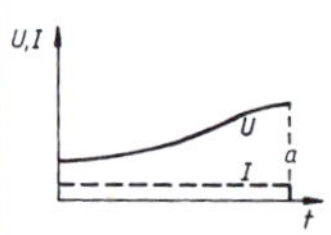	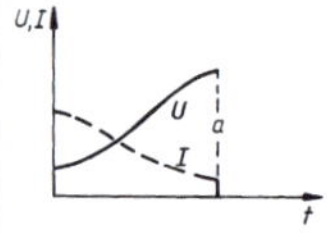	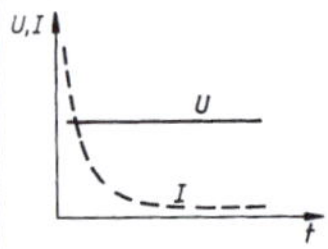	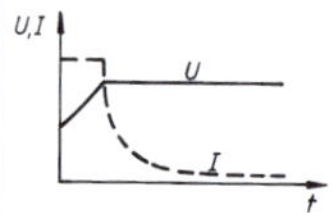	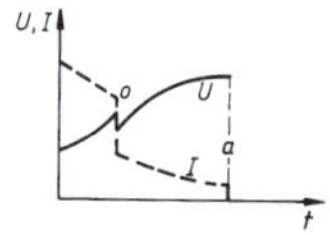

Kennlinie	Anwendungsgebiete	Kennlinie	Anwendungsgebiete
I	Blei-Starterbatterien, Nickel/Cadmium(Eisen)-Batterien, nicht gasdichte Batterien und offene Sinter-Batterien	IU	Mehrere parallel geschaltete Fahrzeug-Bleibatterien GiS und PzS, offene Nickel/Cadmium- und Nickel/Eisen-Batterien
W	GiS und PzS-Fahrzeugbatterien, Starterbatterien, offene Nickel/Cadmium-Batterien, (nicht GroE)	U	Parallel geschaltete Bleibatterien oder Nickel/Cadmium(Eisen)-Batterien gleicher Zellenanzahl unabhängig von Ladezustand und Kapazität. Gasungsspannung bei Blei- und Silber/Zink-Akkumulatoren nicht überschreiten
WOW	GiS und PzS-Fahrzeugbatterien, offene Nickel/Cadmium-Batterien		

5.14.2 Bleiakkumulatoren

Bezeichnungen

Zeichen	Beisp.	Bedeutung
Zahl mit Buchstaben V	6 V	Nennspannung
Zahl	4	Zahl der posit. Platten
Vorgestellter Buchstabe	0	Platten für ortsfeste Anlagen
Buchstabengruppe	Gro Gi Pz	pos. Großoberflächenplatte pos. Gitterplatte pos. Panzerplatte
Nachgestellter Buchstabe	E S V	Engeinbau Spezialseparation Verschlossene Ausführung
Zahl	72	Kapazität in Ah (meist 10-stündige Entladung)

Zulässige Ladestromwerte

Die Höhe des **Ladestromes** ist zunächst nicht begrenzt; erst beim Erreichen der Gasungsspannung gelten die folgenden zulässigen **Ladestromhöchstwerte**.

Bauart	Nennkapazität	Strom in A je 100 Ah Nennkapazität 1)	2)	3)
GiS, PzS	K_5	5	8/4	2
OPzS	K_{10}	5	7/3,5	2
Gro/GroE (ortsfest)	K_{10}	8,5	12/6	3
Gro (Fahrzeug)	K_5	10	14/7	3
Starter-Batterie	K_{20}	10	12/6	2

1) Laden mit konstantem Strom, abschalten bei Vollladung (Ia-Kennlinie).
2) Laden mit fallendem Strom und abschalten bei Vollladung.
3) Ladeschlussstrom bei 3 Tage Ladedauer.

5.14 Galvanische Sekundärelemente

5.14.3 Nickel/Cadmium(Eisen)-Akkumulatoren

⇒ 15-3 15-7 15-9

Bezeichnungen (Zellen und Batterien)

Zeichen	Beispiel	Bedeutung
Erster Buchstabe	D A, AZ, B, BZ, C, CZ, D, DZ	Doppelgefäß (-zelle) Schaltung der Zellen im Träger
Erste Zahl	5	Zellenzahl pro Batterie
Buch-staben-gruppe	R	Positive Röhrchenplatte
	T	positive Taschenplatte
	TP	Taschenplatten in Kunststoffgefäßen (…P)
	TN	Taschenplatten für Normalentladung
	TS	Taschenplatten in Stahlgefäßen für Hochstromentladung (Startstrom)
	TSP	Taschenplatten in Kunststoffgefäßen für Hochstromentladung
	FP	Sinterplatten (F) in Kunststoffgefäßen
	SP	positive Sinterplatte
	GSZ	gasdichte Zelle mit Sinterplatte (Zylinderform)
	GSP	gasdichte Zelle mit Sinterplatte (Prismenform)
	GNK	gasdichte Knopfzelle für Normalentladung
	GHK	gasdichte Knopfzelle für höhere Entladung
Zahl	4,5	Nennkapazität K_5 in Ah
Nach-gestellter Buchstabe	K H W	Batteriegefäß Kunststoff hoher Elektrolytstand weiter Plattenabstand
DIN-Norm-Angabe		

Laden von gasdichten Ni/Cd-Akkumulatoren

Normalladen

Ladenennstrom ist der 10-stündige Entladestrom I_{10} ($0{,}1 \cdot C_{10}$A), mit dem eine entladene Batterie 14 Stunden lang aufzuladen ist. Es kann aber auch mit kleinerem Strom, z. B. $1/3 \cdot I_{10}$ in 42 Stunden oder $1/2 \cdot I_{10}$ in 28 Stunden geladen werden. Gelegentliches Überladen mit dem Nennstrom I_{10} ist zulässig. Beim Laden mit höheren Strömen gelten die folgenden einzuhaltenden Werte für Zellen mit Sinterelektroden (Buchstabe S in der Bezeichnung):

9,5 h mit $1{,}5 \cdot I_{10}$
oder 7,0 h mit $2 \cdot I_{10}$
oder 4,5 h mit $3 \cdot I_{10}$

Schnellladen

Zellen mit Sinterelektroden sind mit Strömen von 5 bis $10 \cdot I_{10}$ bei Ladezeiten von 1 bis 2 Stunden und Kapazitäten von ca. 90% Nennkapazität schnellladbar (für manche Typen auch bis zu $20 \cdot I_{10}$ zulässig). Bei der Schnellladung wird bis zu einer Zellenspannung von 1,5 bis 1,52 V/Zelle bei 20 °C geladen, wobei eine Temperaturkompensation von −4 mV/°C im Temperaturbereich von 0 bis 45 °C erforderlich ist; 1,6 V/Zelle darf nicht überschritten werden.
Nach Erreichen der genannten Spannungen muss abgeschaltet werden oder zur Vollladung auf einen Nachladestrom von I_{10} umgeschaltet werden.
Am einfachsten durchführbar ist eine Schnellladung nach einer Vorentladung. Dabei wird die Batterie mit 3 bis $4 \cdot I_{10}$ bis 0,9 V/Zelle restentladen und dann in 1 Stunde mit $10 \cdot I_{10}$ oder 0,5 Stunden mit $20 \cdot I_{10}$ zeitabhängig geladen (Ladezeit einhalten!). Als Energiequelle kann z. B. eine 12-V-Starterbatterie verwandt werden, wenn 7 bis 8 Zellen geladen werden sollen.

Schaltungen der Zellen in den Trägern

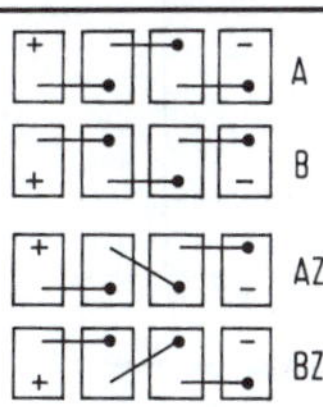

Gerade Zellenanzahl

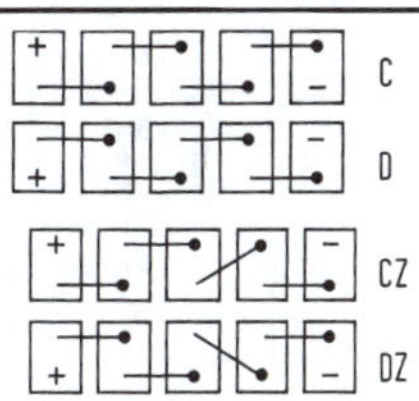

Ungerade Zellenanzahl

Masse und Raumbedarf

Ausführung	R, FN	TN	TK	TS
Wh/kg kg/Wh	26 0,038	23 0,044	21 0,049	17 0,059
Wh/dm³ dm³/Wh	37 0,027	35 0,029	33 0,031	22 0,046

5.14 Galvanische Sekundärelemente

Zylindrische Zellen

5-35
5-31
5-32

Typ-Bezeichnung	150 RS	180 RS	225 RS	501 RS	RSH 1,8	RSH 4
Bezeichnung nach IEC 285-2	KR 15/18	KR 10/44	–	KR 15/51	KR 27/50	KR 35/62
Austauschbar gegen Primärelement	R 1 Lady	R 03 Micro	R 3 Halbe Mignon	R 6 Mignon	R 14 Baby	R 20 Mono
Nennkapazität $K_{10}=C_{10}$ in Ah	0,15	0,18	0,225	0,5	1,8	4,0
Entlade- und Ladenennstrom $I_{10}=0{,}1 \cdot C_{10}$A in mA	15	18	22,5	50	180	400
Ladezeit in h	14					
Gewicht in g	9	10	11,3	24	67	147
Gleichstromwiderstand in mΩ	105	80	82	35	12	6,5
Wechselstromwiderstand in mΩ[1]	30	25	24	14	8	3,75
Entladestrom $20 \cdot I_{10}$ in A	0,3	0,36	0,45	1	3,6	8
Entnehmbare Kapazität in Ah	0,12	0,144	0,18	0,4	1,6	3,4
Entladezeit in min	24	24	24	24	27	25,5
Zulässige Belastungen						
2 bis 3 min in A	1	1,8	2,2	5		
2 min in A					29	54
bis zu 2 s maximal in A	2	3,6	4,4	10	72	90

15-3

Alle Zellen, die direkt oder indirekt (auf der Verpackung) mit diesem Recyclingzeichen gekennzeichnet sind, müssen nach Beendigung der Lebensdauer aus Gründen des Umweltschutzes der Wiederaufbereitung zugeführt werden.

5.14.4 Gasdichte NH-Akkumulatoren

NH (Nickel-Hydrid)-Akkumulatoren sind cadmium- und quecksilberfreie (also besonders umweltfreundliche) Energiespeichersysteme mit einer spezifischen Energiedichte von ca. 55 Wh/kg bzw. 160 Wh/l, der Nennspannung 1,2 V und einem Ah-Wirkungsgrad von 0,83 bei 20 °C.

Zellentyp		750 VNH	VNH 1,0	VNH 1,2	VNH 2,2	VNH 3,2
Abmessungen	∅ mm	17,2	14,7	17,2	23,0	26,0
	h mm	28,0	49,5	43,0	42,2	49,0
Gewicht	g	20	25	30	51	70
Nennkapazität *C*	Ah	0,75	1,0	1,2	2,2	3,2
Nennentladestrom 0,2 *CA* bis 1 V	mA	150	200	240	440	640
Nennladestrom 0,1 *CA*	mA	75	100	120	220	320
Ladezeit	h	14 bis 16				
Entladestrom 3 *CA* bis 0,9 V	A	2,25	3,0	3,6	6,6	9,6
Entnehmbare	Ah	0,45	0,7	0,96	1,76	2,56
Kapazität	%	60	70	80	80	80
Entladezeit	min	12	14	16	16	16
Zul. Dauerbelastung bis 0,8 V	A	3,75	5,0	6,0	11,0	16,0
Zul. Impulsstrom über 2 s bis 0,75 V	A	7,5	10,0	12,0	22,0	32,0

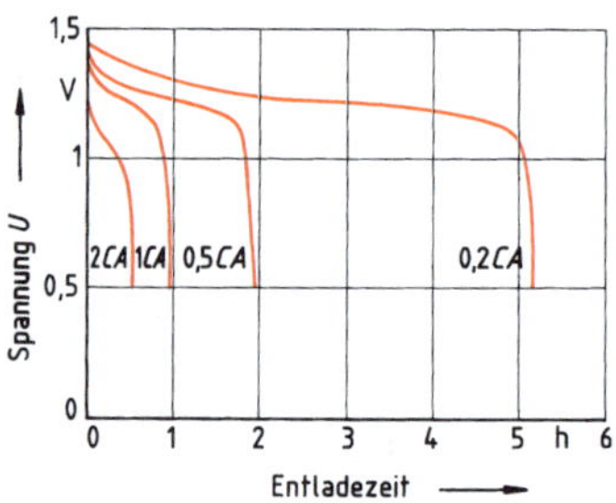

Spannungsverlauf in Abhängigkeit von der Entladezeit bei verschiedenen Entladeströmen

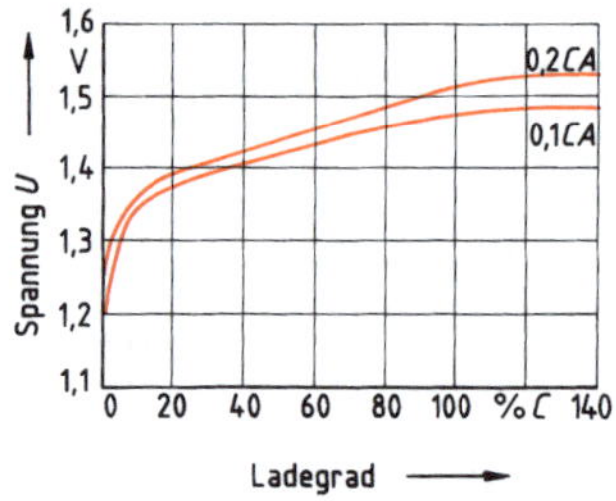

Ladespannungsverlauf

[1] Geladene Zelle bei 1000 Hz.

5.15 Relais

5.15.1 Kontaktarten nach DIN 41020: 1974-8

⟹ 4-7

Kontakte werden hinsichtlich der Art und der Betätigungsfolge durch Kurzzeichen bezeichnet. Dabei wird von unbetätigten Kontakten (Ruhestellung) ausgegangen. Die Kontakte eines Kontaktfedersatzes werden in Betätigungsrichtung fortlaufend bezeichnet; ist keine Betätigungsrichtung angegeben, wird von links nach rechts bezeichnet. Bei zwei Betätigungsrichtungen wird der Ausgangspunkt gekennzeichnet und nach links und rechts bezeichnet.

Zeichen	Bedeutung	Zeichen	Bedeutung
–	Der Kontakt vor diesem Zeichen ist vom Kontakt nach dem Zeichen getrennt	( )	Ausgangspunkt der Betätigung bei zwei gleichzeitigen Betätigungsrichtungen
+	Der Kontakt vor diesem Zeichen ist vom Kontakt nach dem Zeichen getrennt; der in Betätigungsrichtung vor diesem Zeichen stehende Kontakt wird zuerst betätigt	) (	Ausgangspunkt der Betätigung bei zwei Betätigungsrichtungen, jede für sich allein betätigt
< >	Die Spitze zeigt auf den zuerst betätigten Kontakt bzw. auf die zuerst betätigte Seite	×	Mittelfeder des Verbundkontaktes wird nach beiden Richtungen betätigt

Beispiele

Benennung	Kurzzeichen	Kontaktbild	Schaltzeichen	Benennung	Kurzzeichen	Kontaktbild	Schaltzeichen
Grundkontakte							
Schließer	1			Öffner	2		
Verbundkontakte mit einer Betätigungsrichtung							
Zwillings-schließer	11			Wechsler	21	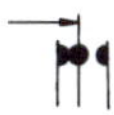	
Wechsler	12			Folge-wechsler	1<2 [1]		

Kurzzeichen	Kontaktbild	Schaltzeichen	Kurzzeichen	Kontaktbild	Schaltzeichen
Verbundkontakte mit zwei Betätigungsrichtungen					
Beide Betätigungsrichtungen gleichzeitig			Betätigungsrichtung rechts vor links		
1 (22) 1			1 (2>2) 1		
Betätigungsrichtung links vor rechts			Jede Betätigungsrichtung für sich allein		
2 (<1) 2			11) × (11 [2]		
Zusammengesetzte Kontakte, eine Betätigungsrichtung					
11 – 1	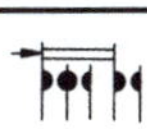		11 + 1	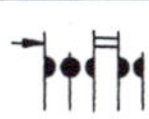	

[1] Sprich: Eins vor zwei.
[2] Sprich: Eins, eins, Klammer zu, ×, Klammer auf, eins, eins.

5.15 Relais

Kurzzeichen	Kontaktbild	Schaltzeichen	Kurzzeichen	Kontaktbild	Schaltzeichen
Zusammengesetzte Kontakte mit zwei Betätigungsrichtungen					
Beide Betätigungsrichtungen gleichzeitig			Betätigungsrichtung rechts vor links		
1 (–) 1			1 (– >) 1		
Betätigungsrichtung links vor rechts			Jede Betätigungsrichtung für sich allein		
1 (< –) 1			1) – (1		

5.15.2 Relaiszeiten (Zeitverhalten)

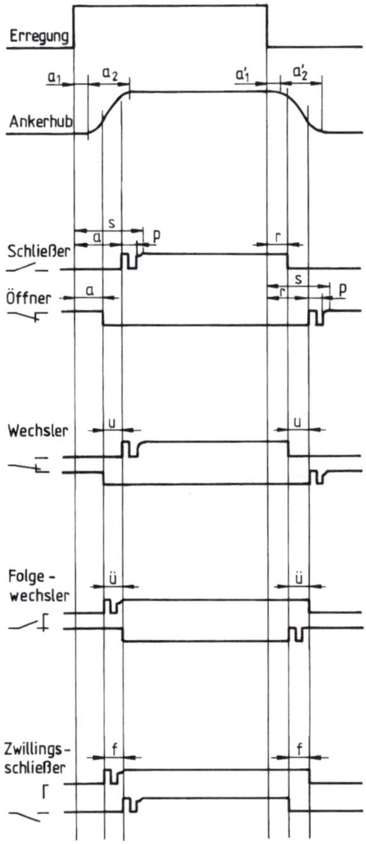

a Ansprechzeit: Zeit zwischen dem Anlegen der Ansprecherregung und dem ersten Schließen eines Schließers oder dem ersten Öffnen eines Öffners bei einem unverzögerten Relais.
r Rückfallzeit: Zeit zwischen dem Anlegen der Rückfallerregung und dem ersten Öffnen eines Schließers oder dem ersten Schließen eines Öffners bei einem unverzögerten Relais.
p Prellzeit: Zeit vom ersten bis zum letzten Schließen eines Relaiskontaktes.
s Stabilisierungszeit: Zeit zwischen dem Anlegen eines festgelegten Erregungswertes und dem Zeitpunkt, zu dem ein Kontaktkreis festgelegte Anforderungen erfüllt.
u Umschlagzeit: Zeit, während der beide Kontakte eines Wechslers offen sind.
ü Überlappungszeit: Zeit, während der beide Kontakte eines Folgewechslers geschlossen sind.
f Flugzeit: Zeit zwischen dem Schließen des ersten und dem anschließenden Schließen des zweiten Kontaktes in einem Verbundkontakt.

5.15.3 Anschlussbezeichnungen an Schaltrelais nach DIN 46199-4: 1970-8

Seitenbezeichnungen: „links“ und „rechts“ gelten bei untenliegender Spule bei Blickrichtung auf die Anschlüsse des Relais.
Platzziffern: Die Kontaktglieder (Schaltglieder) werden – mit 1 beginnend – von links nach rechts gezählt.
Funktionsziffern: Die Zuordnung der Funktionsziffer ist konstruktionsbedingt.
Spulenanschlüsse: a liegt links, b liegt rechts.
Kennzahl: Anzahl und Art der Kontakte wird durch eine meist dreistellige Kennzahl angegeben. Die erste Ziffer bezeichnet die Anzahl der Schließer, die zweite Ziffer die Anzahl der Öffner und die dritte Ziffer die Anzahl der Wechsler.

6 Elektronische Bauelemente

6.1 Grundlagen

Elektrische Leitfähigkeit

Leitfähigkeit entsteht durch elektrische **Ladungsträger,** die in einem Körper (fester Körper, Flüssigkeit, Gas, evakuierter Raum) frei beweglich sind. Unter dem Einfluss elektrischer und magnetischer Felder wird der ungeordneten thermischen Bewegung dieser Ladungsträger eine gerichtete Ladungsträgerbewegung überlagert, es fließt ein elektrischer Strom

Leitfähigkeitstypen

Aufbau	Bildliche Darstellung	Eigenschaften
Metall Kristallgitter aus Metallionen, ohne Aktivierungsenergie sind die Valenzelektronen frei beweglich	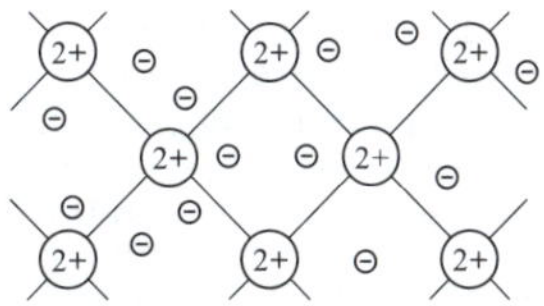	Leitfähigkeit sinkt mit der Temperatur, weil die Gitterbewegung die Elektronenbewegung zunehmend behindert. $\gamma > 10^6\ \mathrm{Sm^{-1}}$
Halbleiter – Eigenleitung Kristallgitter aus Halbleiteratomen. Mit zunehmender **Aktivierungsenergie** (Wärme) werden Valenzelektronen frei beweglich und hinterlassen „Löcher"	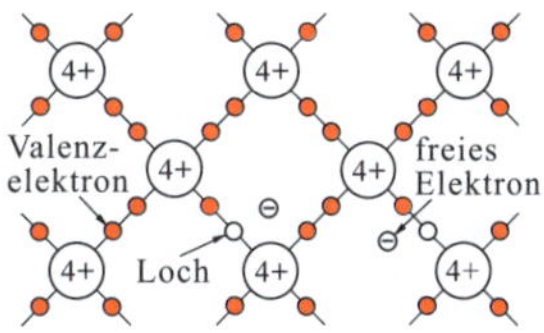	Leitfähigkeit steigt mit der Temperatur, weil die Ladungsträgerzahl stärker zunimmt als deren Behinderung durch Gitterbewegung. $10^{-8}\ \mathrm{Sm^{-1}} > \gamma > 10^6\ \mathrm{Sm^{-1}}$
Halbleiter – Störstellenleitung **p-Leitung** Kristallgitter aus Halbleiteratomen mit eingelagerten 3-wertigen Fremdatomen **(Akzeptoren).** Die fehlenden Valenzelektronen bilden „Löcher". Löcher bewegen sich durch Umlagern der Valenzelektronen.	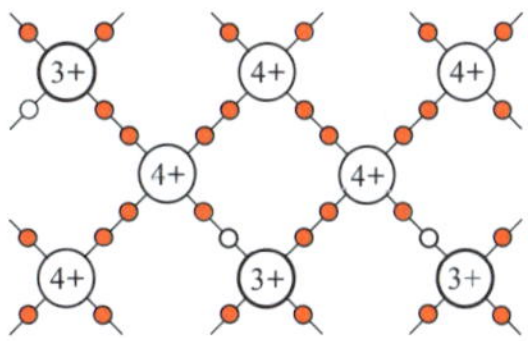	Die Löcher sind als positive Ladungsträger anzusehen, die sich bewegen, aber die Kristallstruktur nicht verlassen können. Mit zunehmender Temperatur (Aktivierungsenergie) entsteht auch Eigenleitung, die freien Elektronen werden **Minoritätsträger** genannt.
n-Leitung Kristallgitter aus Halbleiteratomen mit eingelagerten 5-wertigen Fremdatomen **(Donatoren).** Das 5. Valenzelektron ist ohne Aktivierungsenergie frei beweglich	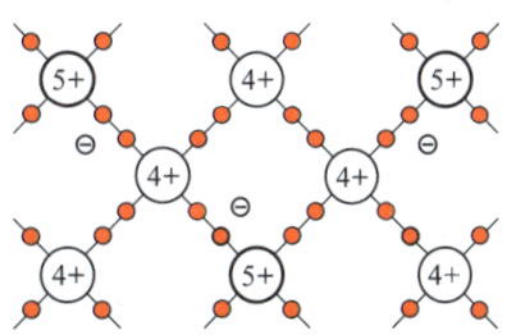	Leitfähigkeit wie bei Metallen, aber kleiner, da weniger Ladungsträger im gleichen Volumen. Eigenleitung hat auf die Eigenschaften von **n-Leitern** praktisch keinen Einfluss
Elektronen im Vakuum Unter der Wirkung von **Austrittsarbeit** (Licht, Wärme, elektrisches Feld) treten Elektronen aus einem leitfähigen Körper (Katode) aus und sind im angrenzenden Raum frei beweglich. Ihre Bewegung (Strom) kann durch elektrische und magnetische Felder gesteuert werden		Die Elektronenmasse ist bei den in Bauelementen betrachteten Vorgängen vernachlässigbar klein
Ionen in Gasen (Plasma) und Flüssigkeiten Ionen sind in Gasen und Flüssigkeiten nicht an eine räumliche Struktur gebunden, d. h. sie sind frei bewegliche Ladungsträger		Mit Ionen wird Masse bewegt, mit dem elektrischen Strom findet ein Stofftransport statt

6.2 Sperrschicht-Halbleiterbauelemente

Aufbau und Wirkungsweise eines pn-Übergangs

pn-Übergang ohne äußeres Potenzial

Diffusionsstrom I_D	Durch Wärmebewegung diffundieren Elektronen in den **p**-Bereich und füllen Löcher (Rekombination)	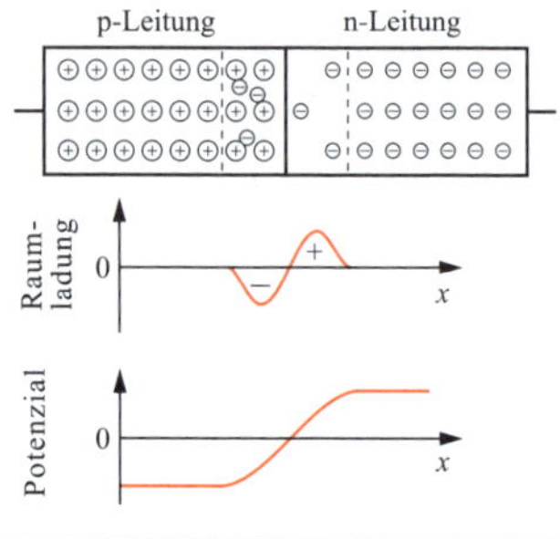
Positive Raumladung	In der **n**-Randschicht überwiegen positive Gitterionen	
Negative Raumladung	In der **p**-Randschicht überwiegen Elektronen	
Feldstrom I_V	Das Raumladungspotenzial U_T zieht Elektronen aus dem **p**-Bereich zurück, es entstehen neue Löcher. Bei offenem äußerem Kreis wird $I_V = I_D$	

pn-Übergang mit äußerem Potenzial in Durchlassrichtung

Durchlassstrom I_F	Das äußere Potenzial treibt ständig Elektronen in den n-Bereich und entzieht dem p-Bereich die gleiche Menge unter Bildung von Löchern	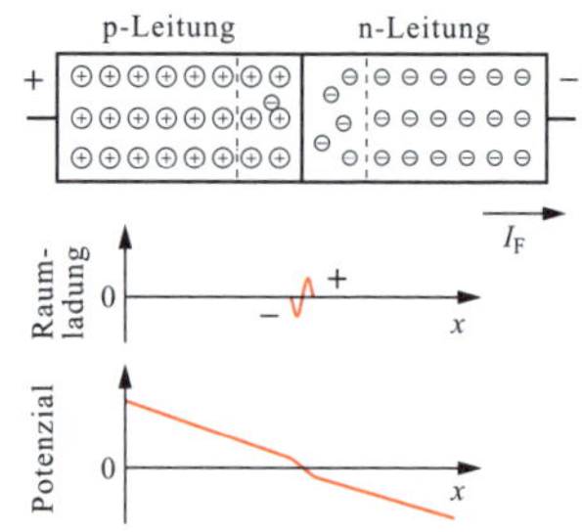
Ladungsträgerstaueffekt	Aus dem äußeren Stromkreis werden außerdem so viele zusätzliche Ladungsträger eingebracht, dass die Raumladungen stark vermindert werden. Mit der Abnahme der Raumladung vermindert sich auch der Feldstrom $I_V \ll I_D$	

pn-Übergang mit äußerem Potenzial in Sperrrichtung

Verschiebestrom	Das äußere Potenzial zieht Elektronen aus dem **n**-Bereich. Die gleiche Anzahl Elektronen fließt in den **p**-Bereich und füllt die Löcher der Randzone auf. Da nur freie Elektronen den **p**-Bereich verlassen können, kommt der Stromfluss zur Ruhe, sobald die Raumladung den weiteren Zufluss von Ladungsträgern verhindert ($I_V \rightarrow 0$), der **pn**-Übergang ist gesperrt. $I_D = 0;\ I_V = 0$	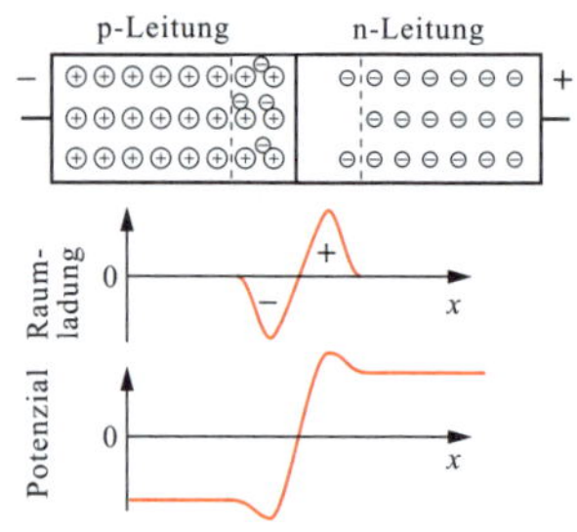
Sperrstrom I_R	Die infolge der unvermeidlichen Eigenleitung im **p**-Bereich vorhandenen freien Elektronen diffundieren in den **n**-Bereich und werden über den äußeren Stromkreis abgeleitet	

Spannungsdurchbrüche im gesperrten pn-Übergang

Zener-Effekt	Übersteigt die elektrische Feldstärke in der ladungsträgerfreien Zone einen materialabhängigen kritischen Wert, werden gebundene Valenzelektronen frei
Lawineneffekt (Avalancheeffekt)	Durch hohe Feldstärke stark beschleunigte freie Elektronen befreien weitere gebundene Elektronen, die Leitfähigkeit nimmt lawinenartig zu

6.2 Sperrschicht-Halbleiterbauelemente

6.2.1 Dioden

Allgemeine Beschreibung

Schaltzeichen und Aufbauschema

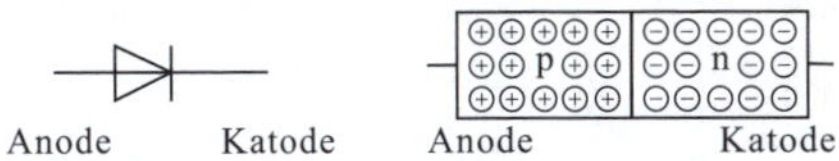

Allgemeine statische Kennlinie

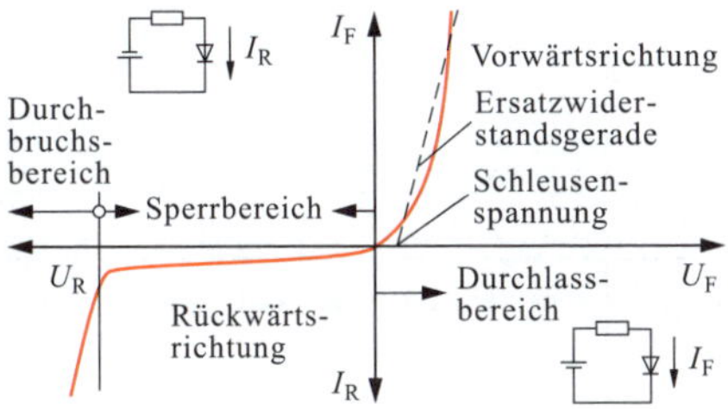

Temperaturverhalten der allgemeinen Kennlinie

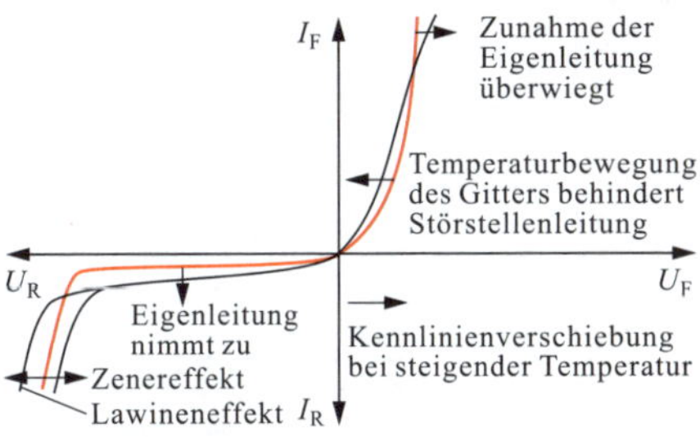

Zeitverhalten beim Übergang in den Sperrzustand

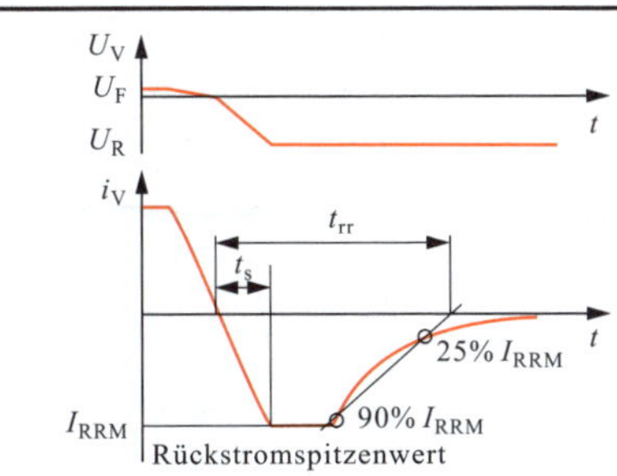

t_{rr} Sperrverzögerungszeit
t_s Spannungsnachlaufzeit

Kenn- und Grenzwerte (Auswahl)

U_F	**Durchlassspannung** Höchste Vorwärtsspannung bei vom Hersteller angegebenen Werten von Durchlassstrom und Temperatur
U_{RRM}	**Periodische Spitzensperrspannung** Höchster Augenblickswert der Rückwärtsspannung, einschließlich aller periodischen, jedoch ausschließlich aller überlagerten nicht periodischen Spitzen, die durch Schalt- oder Übergangsvorgänge bedingt sind
U_{RSM}	**Stoßspitzenspannung** Höchster Augenblickswert einer nicht periodischen Rückwärtsspannung, z. B. bei Schaltvorgängen
U_{RWM}	**Scheitelsperrspannung** Höchstwert einer periodischen Rückwärtsspannung in Form von Sinus-Halbschwingungen mit Netzfrequenz
I_{FAV}	**Dauergrenzstrom** Mittelwert des höchsten dauernd zulässigen Durchlassstromes. Gilt für in Datenblättern angegebene Bedingungen
I_{FRMS}	**Durchlassstrom-Effektivwert** Höchstwert, der auch bei bester Kühlung nicht überschritten werden darf. Gilt für beliebige Kurvenformen
I_{FWM}	**Durchlassstrom-Scheitelwert** Höchstwert, der auch bei bester Kühlung nicht überschritten werden darf. Gilt für beliebige Kurvenformen
I_{FSM}	**Stoßstrom-Grenzwert** Höchster zulässiger Augenblickswert eines einzelnen Stromimpulses in Form einer Sinus-Halbschwingung mit 50 Hz oder 60 Hz ohne nachfolgende Beanspruchung in Rückwärtsrichtung
$\int i^2 dt$	**Grenzlastintegral** In Datenblättern angegebener Höchstwert (meist für 10 ms) zur Bemessung von Schutzeinrichtungen
I_R	**Sperrstrom** Höchster Rückwärtsstrom bei vom Hersteller angegebener Sperrspannung und Temperatur

6

6.2 Sperrschicht-Halbleiterbauelemente

Dioden zum Schalten und Gleichrichten

Glättung

Die im Ladekondensator C_L gespeicherte Energie hält Strom und Spannung aufrecht, wenn die Diode den Stromfluss unterbricht

Einpuls-Mittelpunktschaltung

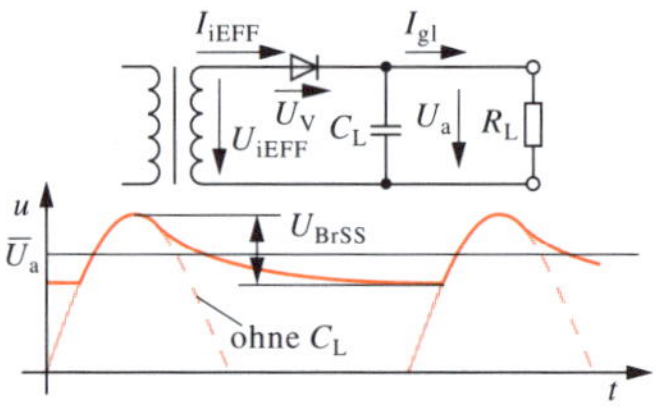

Leerlauf-Ausgangsspannung	$U_{a0} = \sqrt{2}\, U_{iEFF} - U_V$
Brummspannung	$U_{BrSS} \approx \dfrac{I_{gl}}{f \cdot C_L}$
Periodischer Spitzenstrom	$I_{DS} \leq \dfrac{U_{a0}}{\sqrt{R_i \cdot R_L}}$
Einschaltspitzenstrom	$I_{DE} \leq \dfrac{U_{iEFF}\sqrt{2}}{R_i}$

Zweipuls-Brückenschaltung

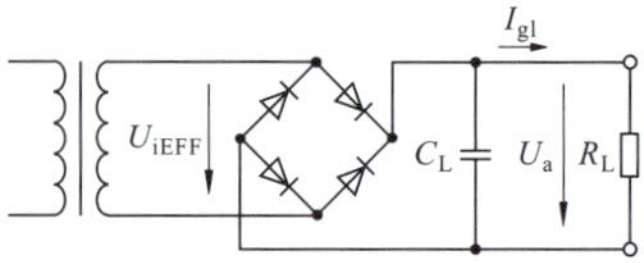

Leerlauf-Ausgangsspannung	$U_{a0} = \sqrt{2}\, U_{iEFF} - 2U_V$
Brummspannung	$U_{BrSS} \approx \dfrac{I_{gl}}{2f \cdot C_L}$
Periodischer Spitzenstrom	$I_{DS} \leq \dfrac{U_{a0}}{\sqrt{2R_i \cdot R_L}}$
Einschaltspitzenstrom	$I_{DE} \leq \dfrac{U_{iEFF}\sqrt{2}}{R_i}$

Siebung

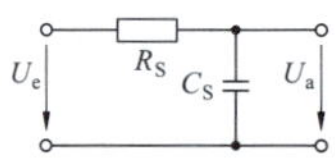

$$G = \frac{\Delta U_e}{\Delta U_a} \approx \omega_{Br}\, R_S\, C_S$$

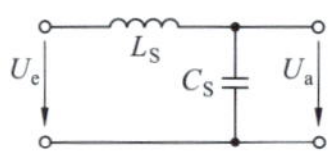

$$G = \frac{\Delta U_e}{\Delta U_a} \approx \omega_{Br}^2\, L_S\, C_S$$

Spannungsverdopplung nach Delon

(auch Greinacher-Schaltung genannt)

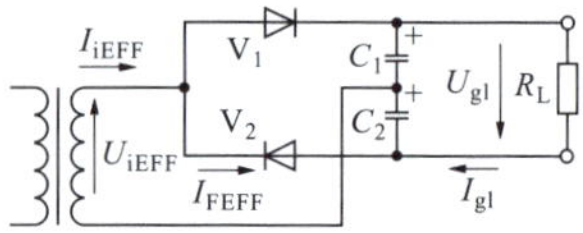

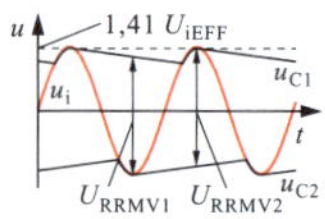

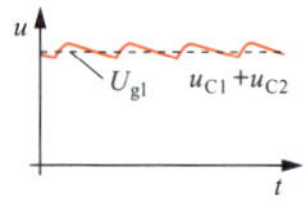

$U_{RRM\,V1,\,V2} \leq 2{,}82\, U_{iEFF}$	$U_{gl} \leq 2{,}82\, U_{iEFF}$
$f_{Br} = 2\, f_i$	$I_{FEFF} = 0{,}5\, I_{iEFF}$

Spannungsverdopplung nach Villard

(auch einstufige Kaskade genannt)

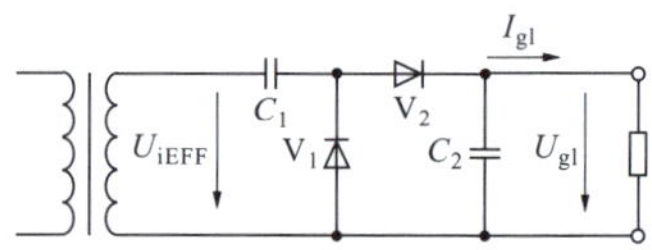

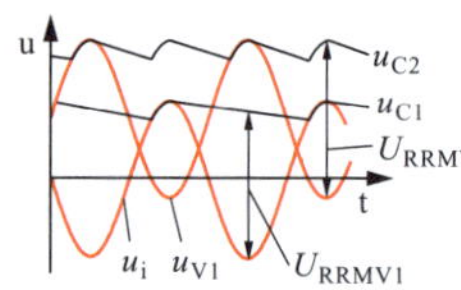

$U_{gl} \leq 2{,}82\, U_{iEFF}$	$U_{BrSS} \approx \dfrac{I_{gl}}{2f \cdot C_2}$
$U_{RRM\,V1,\,V2} \leq 2{,}82\, U_{iEFF}$	

Spannungsvervielfachung nach Villard

(auch Kaskaden- oder Siemens-Schaltung genannt)

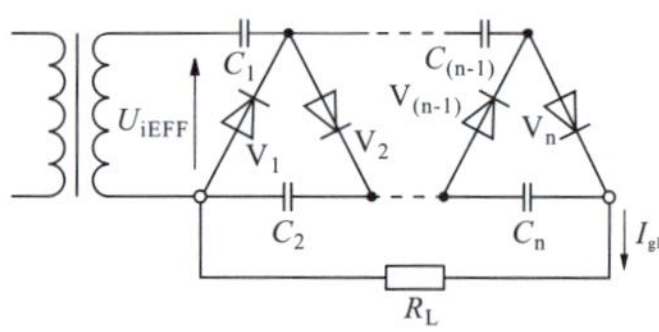

$U_{C1} \leq 1{,}41\, U_{iEFF}$	$U_{C2-Cn} \leq 2{,}82\, U_{iEFF}$
$U_{gl} \leq n \cdot 1{,}41\, U_{iEFF}$	$U_{RRM\,Vn} \leq 2{,}82\, U_{iEFF}$
$U_{BrSS} \approx \dfrac{n \cdot I_{gl}}{2f \cdot C}$	mit $C = C_1 = C_2 = \ldots C_n$
Diodenstrom: Eingangsstrom:	$I_{FRMS} = I_{gl}$ $I_{iEFF} = n \cdot I_{gl}$

6.2 Sperrschicht-Halbleiterbauelemente

Dioden zur Stabilisierung und Begrenzung von Spannungen

Z-Dioden

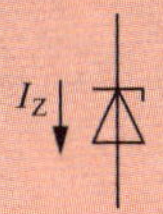

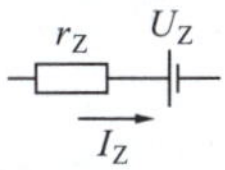

Vereinfachte Ersatzschaltung

Z-Dioden werden im Durchbruchbereich betrieben. Die Durchbruchspannung (Z-Spannung U_z) wird durch die Dotierung auf Werte der E12- oder E24-Reihe im Bereich von (1.8)..4,7 bis 32..(220) V bei einem vorgegebenen Z-Strom I_{zn} eingestellt. Die extremen Werte sind nur in wenigen Sortimenten enthalten

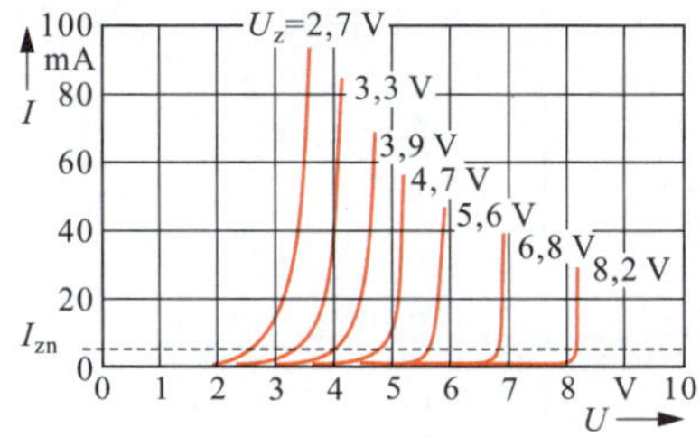

I_{zn} Z-Strom bei Nenn-Z-Spannung
Kennlinien eines Sortimentes von Z-Dioden

ZTE-Dioden

ZTE-Dioden sind integrierte Schaltungen mit nur zwei Anschlüssen, die sich wie Z-Dioden verhalten. Durch die Zusatzschaltung werden das Verhalten bei kleinen Z-Strömen und die Temperaturstabilität wesentlich verbessert

Referenzelemente

Referenzelemente enthalten eine Z-Diode, deren positiver Temperaturkoeffizient mit in Reihe geschalteten Silizium-Dioden kompensiert wird

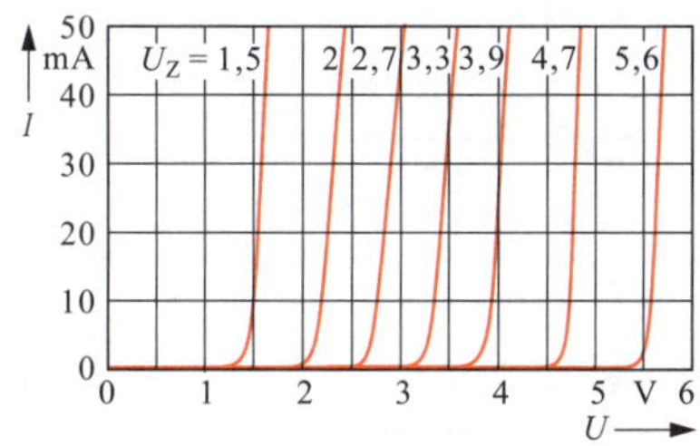

Kennlinien eines Sortimentes von ZTE-Dioden

Inhärenter differenzieller Widerstand

Der inhärente differenzielle Widerstand r_{zj} ist von der Z-Spannung abhängig und nimmt logarithmisch mit dem Strom I_z ab.

Bei Z-Dioden mit U_z zwischen 7 und 8 V hat r_{zj} ein ausgeprägtes Minimum.

Für Wechselstrom, bei dem sich die Temperatur über eine Periode praktisch nicht ändert, ist

$$r_z = r_{zj}$$

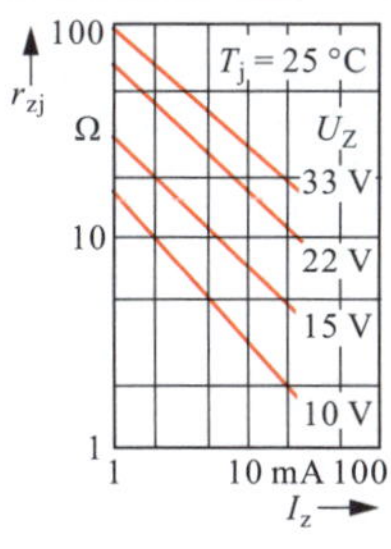

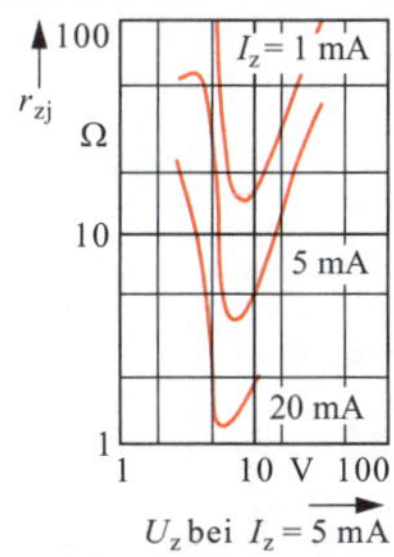

Thermisch bedingter differenzieller Widerstand

Der thermisch bedingte differenzielle Widerstand r_{zth} beschreibt die Durchbruchkennlinie bei Temperaturänderung durch langsame Änderung des Z-Stromes.

$$r_{zth} = R_{thU}\, U_z\, \frac{\Delta U_z}{\Delta T_J}$$

$$r_z = r_{zj} + r_{zth}$$

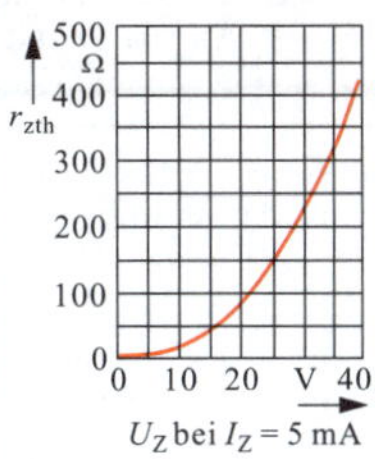

Temperaturverhalten der Z-Spannung

Der Temperaturkoeffizient der Z-Spannung ist bei
- Zenereffekt positiv
- Lawineneffekt negativ.

Dadurch sehr geringe Temperaturabhängigkeit bei Z-Dioden mit

$$U_z = 5 \ldots 6 \text{ V}$$

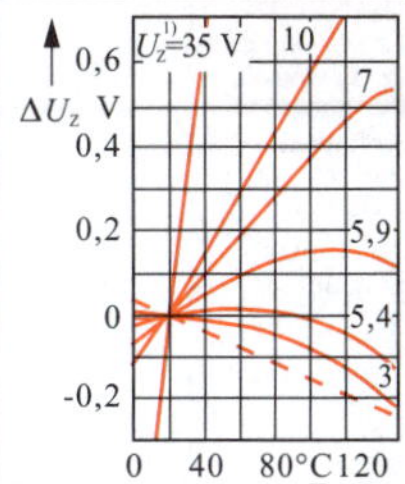

[1] bei I_z = 5 mA

6

6.2 Sperrschicht-Halbleiterbauelemente

Spannungsstabilisierung mit Z-Dioden

Prinzip

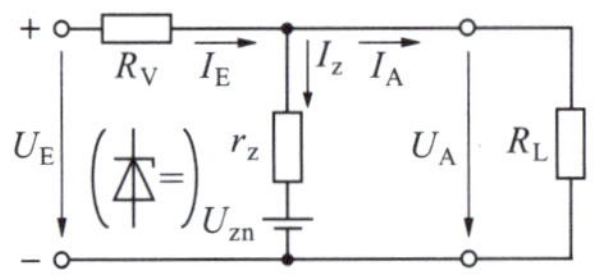

Allgemeines

Der Glättungs- und der Stabilisierungsfaktor sind Maße für die erreichte Stabilisierung gegen Schwankungen der Eingangsspannung.
Der Innenwiderstand der stabilisierten Spannungsquelle (Maß für die Stabilität gegen Lastschwankungen) ist praktisch gleich r_z

Glättungsfaktor

$$G = \frac{\Delta U_E}{\Delta U_A} = \frac{R_V}{r_{zj}} + 1$$

Stabilisierungsfaktor

$$S = \frac{\Delta U_E}{U_E} \bigg/ \frac{\Delta U_A}{U_A} = \left(\frac{R_V}{r_{zj} + r_{zth}} + 1 \right) \frac{U_A}{U_E}$$

Bemessung des Vorwiderstandes

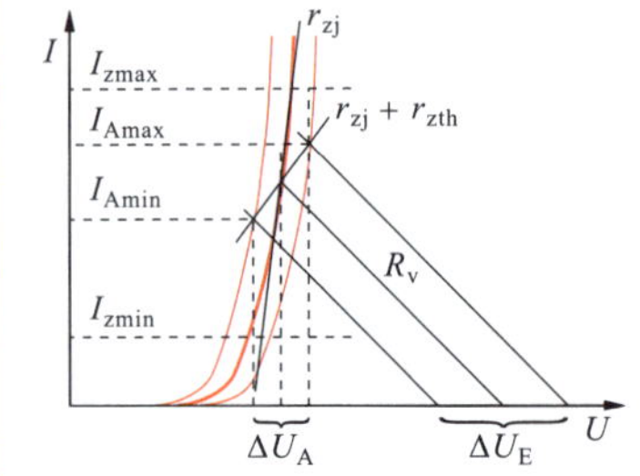

— Kennlinie bei U_E im Arbeitspunkt
— Kennlinien bei U_E an den Grenzen

(Darstellung übertrieben)

R_V ist so zu bemessen, dass die zulässige Verlustleistung der Z-Diode nicht überschritten wird

$$\frac{U_{E\,max} - U_A}{I_{z\,max} + I_{A\,min}} \le R_V \le \frac{U_{E\,min} - U_A}{I_{z\,min} + I_{A\,max}}$$

Kapazitäts-(Variations-)Dioden

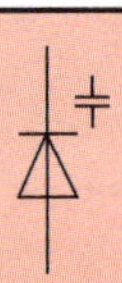

Kapazitätsdioden werden im Sperrbereich betrieben. In der Sperrschicht bildet die ladungsträgerfreie Zone das Dielektrikum eines Kondensators.
Mit wachsender Sperrspannung wird die Dicke der Sperrschicht größer, die Kapazität nimmt ab

Ersatzschaltung

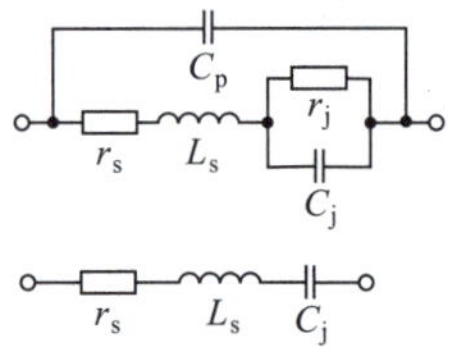

$$C_j = \frac{K}{(U_R + U_D)^n}$$

r_s	Widerstand der Zuleitungen (0,5 … 5 Ω)
r_j	Widerstand der Sperrschicht (10^6 … 10^{10} Ω)
L_s	Induktivität der Zuleitungen (1 … 10 nH)
C_p	Gehäusekapazität
C_j	Kapazität der Sperrschicht
U_R	angelegte Sperrspannung
U_D	Diffusionsspannung (≈ 0,7 V für Si)
K	Material- und Herstellungskonstante
n	Exponent (Herstellungskonstante)

Allgemeine Kennlinie

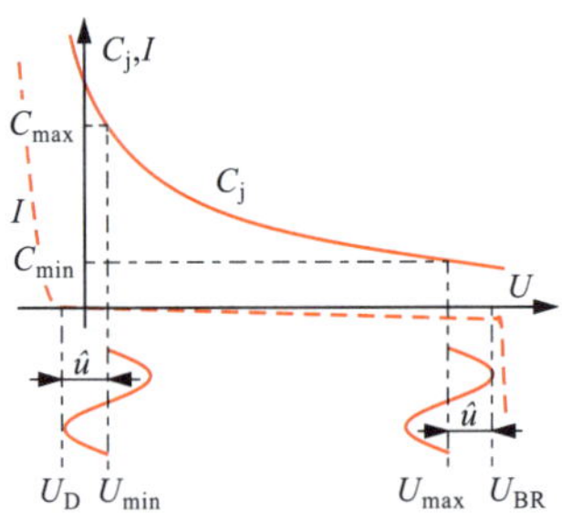

Anwendungsbeispiele

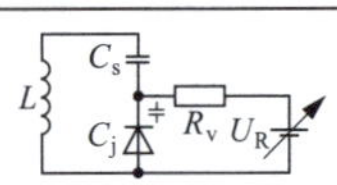

Parallelschwingkreis mit Kapazitätsdiode (allgemeine Anwendung)

$$C_s \gg C_j$$

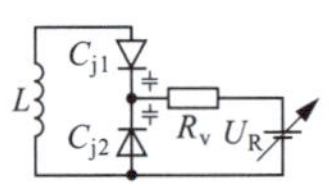

Parallelschwingkreis mit zwei Kapazitätsdioden zur Kompensation der Kennlinienkrümmung

$$C_{j1} = C_{j2}$$

6.2 Sperrschicht-Halbleiterbauelemente

Varaktordioden

Varaktordioden sind Kapazitätsdioden für den Betrieb mit hohen HF-Amplituden und bei hohen Frequenzen (0,5 … >100 GHz).
Unter Ausnutzung der nicht linearen Kapazitätskennlinie werden sie u. a. zur Frequenzvervielfachung eingesetzt

Frequenzverdreifacher mit Varaktor-Prinzip

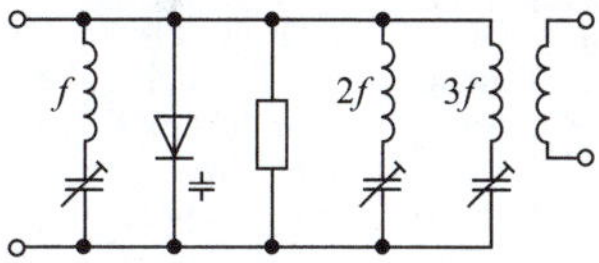

Tunneldioden (Esaki-Dioden)

Tunneldiode

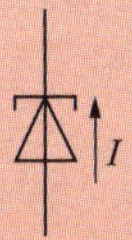

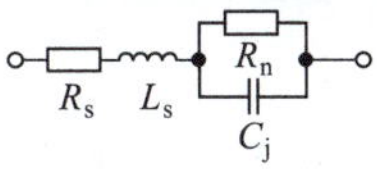

Ersatzschaltung im Arbeitsbereich

Durch extrem hohe Dotierung des p- und des n-Materials wird erreicht, dass bereits durch das Raumladungspotenzial ein Durchbruch mit Zenereffekt erfolgt. Dadurch ist die Tunneldiode auch im „Sperrbereich“ und bis zur im „Durchlassbereich“ liegenden Zenerspannung (Höckerspannung U_H) leitfähig.

Mit größer werdender Flussspannung geht dieser Zustand in den normalen Durchlasszustand einer Diode über. Dabei tritt ein Kennlinienbereich mit negativem differenziellen Widerstand auf, der schaltungstechnisch genutzt wird

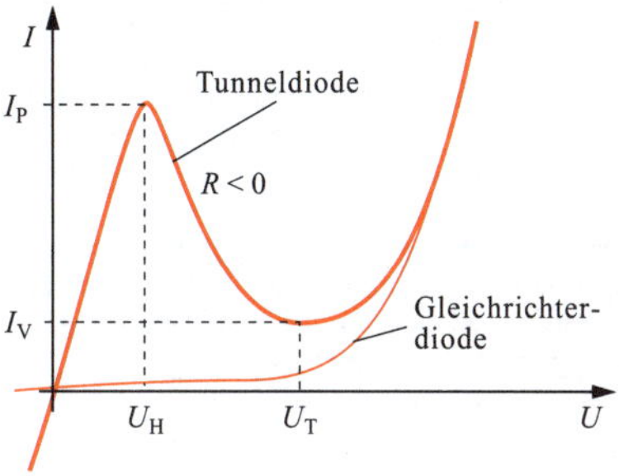

Allgemeine Kennlinie

Es bedeuten		Typische Werte
U_H	Höckerspannung	≈55 mV
U_T	Talspannung	≈300 mV
I_P	Höckerstrom	0,5 … 30 mA
I_V	Talstrom	$I_P/I_V = 4 … 8$
C_j	Sperrschichtkapazität	2 … 60 pF
R_s	Serienwiderstand	1 … 3 Ω
R_n	Betrag des Widerstands im steilsten Punkt des negativen Bereichs	10 … 150 Ω

Tunneldioden-Oszillator (Prinzip)

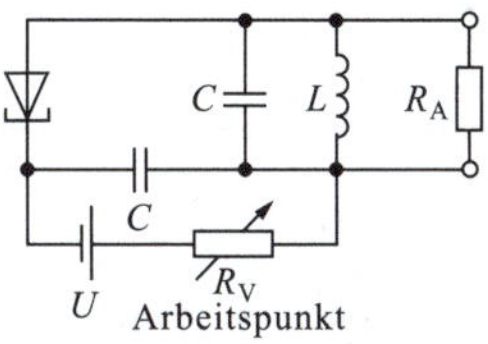

Backwarddiode

Backwarddioden sind **Tunneldioden** mit sehr niedrigem Höckerstrom ($I_P < 300\ \mu A$) und praktisch nicht mehr nutzbarem negativen differenziellen Widerstand.
Der steile Verlauf der Kennlinie im Nulldurchgang mit anschließendem sehr geringen Strom im Bereich des negativen differenziellen Widerstandes wird zur Gleichrichtung kleiner HF-Signale ($U_{SS} < 1$ V) verwendet. Die Diode arbeitet **„rückwärts“** als Gleichrichter

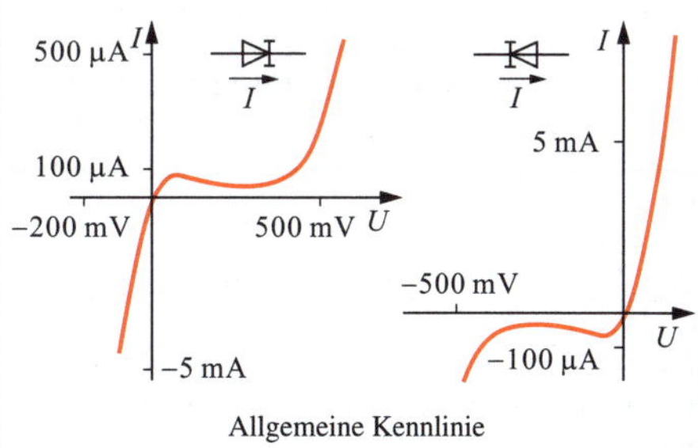

Allgemeine Kennlinie
als Tunneldiode als Gleichrichter

6.2 Sperrschicht-Halbleiterbauelemente

Mikrowellendioden

Schottky-Dioden 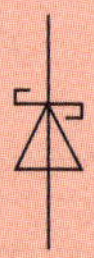	Durch zur Grenzschicht hin abnehmende Störstellendichte (Verarmungszone), wird erreicht, dass sich an einem Kontakt zwischen Metall und n-Halbleiter eine Raumladungszone ausbildet. Das führt zu einem ähnlichen Verhalten wie an einem pn-Übergang. Die Diffusionsspannung ist kleiner als bei pn-Übergängen (0,3 … 0,4 V). Im Durchlasszustand (Metallseite positiv) fließen die Ladungsträger sehr schnell in das Metall, ohne dass Ladungsträger in der Grenzschicht gespeichert werden. Dadurch hat die Schottky-Diode keine Sperrverzögerung	Aufbauschema	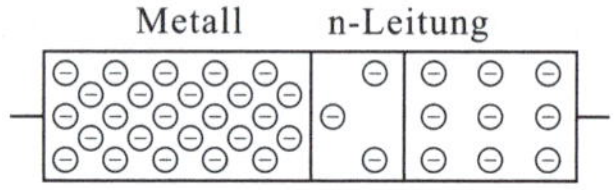
		Ladungsträgerdichte	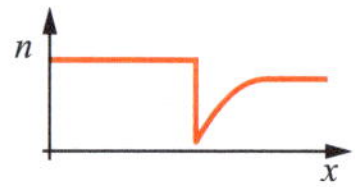
		Raumladung	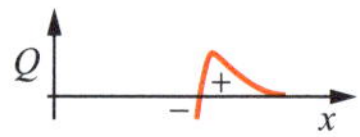
Anwendungen	Gleichrichten und schnelles Schalten bis ca. 10 GHz Rückstromdiode in Solaranlagen		
PIN-Dioden	Zwischen den hochdotierten p- und n-Zonen befindet sich die Instrict-Zone (I) ohne Dotierung (nur mit sehr geringer Eigenleitung). Im Sperrbereich entsteht dadurch eine so breite ladungsträgerarme Schicht, dass die Sperrschichtkapazität sehr klein und praktisch unabhängig von der angelegten Sperrspannung wird. Schaltungstechnisch nutzt man den mit der Sperrspannung und dem Durchlassstrom in sehr weitem Bereich veränderbaren differenziellen Widerstand	Aufbau	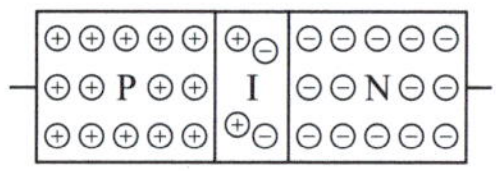
		Betriebsverhalten	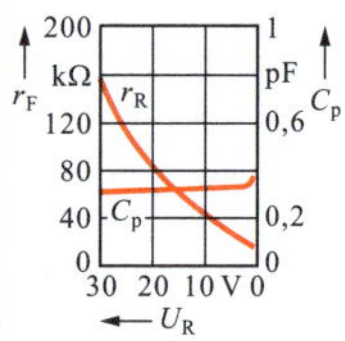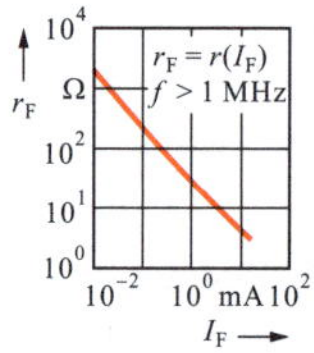
Anwendungen	Schalter und steuerbarer Widerstand bei Frequenzen bis in den GHz-Bereich		
Lawinendioden	(Avalanche-Dioden, Laufzeit-Dioden) Material und Dotierung sind so gewählt, dass Eigenschaften des Lawinendurchbruchs schaltungstechnisch nutzbar sind, ohne dass die Dioden zerstört werden. Bei kurzzeitiger Überschreitung der Sperrspannung entsteht am gesperrten pn-Übergang eine Minoritätsträgerlawine. Diese wandert als Ladungswellenfront durch die Sperrschicht	Gunn-Elemente	In einigen n-Halbleitermaterialien (z. B. GaAs) können Elektronen in zwei deutlich unterschiedlichen Energiezuständen existieren. Bei einer bestimmten Anregungsfeldstärke im Halbleiter entstehen infolge des Überganges zwischen diesen Energiezuständen Stromschwankungen mit von der Dicke der Halbleiterschicht abhängiger Frequenz
Prinzip eines Lawinendioden-Oszillators	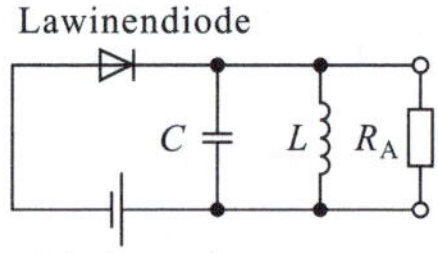	Prinzip eines Gunn-Oszillators	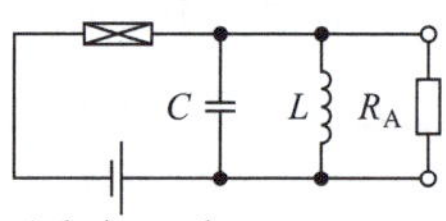

6.2 Sperrschicht-Halbleiterbauelemente

6.2.2 Bipolare Transistoren

Aufbau, Wirkungsweise, Bezeichnungen

Aufbau und Schaltzeichen	**C** **Kollektor** (collegere = sammeln) Vom Kollektor werden Ladungsträger aus dem Basisraum abgezogen. **B** **Basis** (Steuerelektrode) (Ursprünglich das Ausgangs-(Basis-)material zur Herstellung eines Transistors) **E** **Emitter** (emittere = aussenden) Aus dem Emitter diffundieren Ladungsträger in die Basis	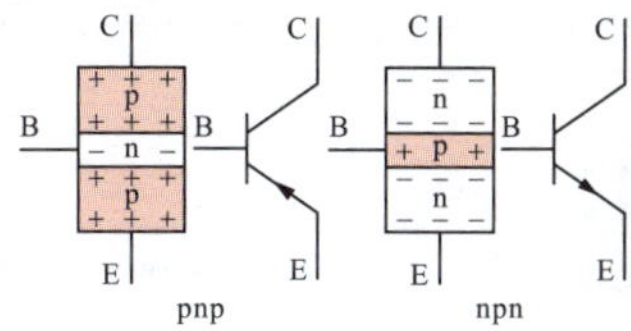
Basisstrom I_B	Aus dem Emitter diffundieren mehr Ladungsträger in die Basiszone als durch den Basisanschluss als I_B abfließen können (Injektion von Minoritätsträgern)	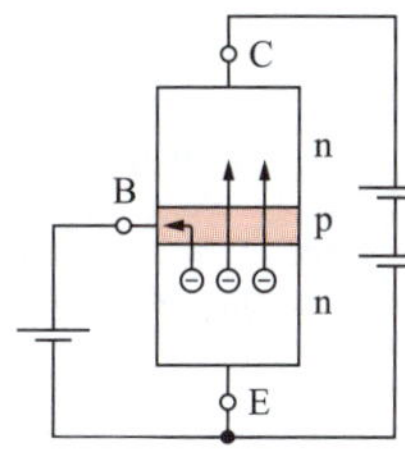
Kollektorstrom I_C	Die Minoritätsträger driften durch den nur für Majoritätsträger gesperrten pn-Übergang zum Kollektor. Der Kollektorstrom ist größer als der Basisstrom und proportional zu diesem. Diese Wirkung tritt sowohl bei der Zonenfolge npn als auch bei der Zonenfolge pnp ein	
Stromverstärkung B	$B = \frac{I_C}{I_B}$ bei $I_C > 1$ A: $B = 10 \ldots 40$ bei $I_C < 1$ A: $B = 50 \ldots >800$	

Zählrichtungen und Bezeichnungen für Ströme und Spannungen

Spannungsangaben bei Emitterschaltung	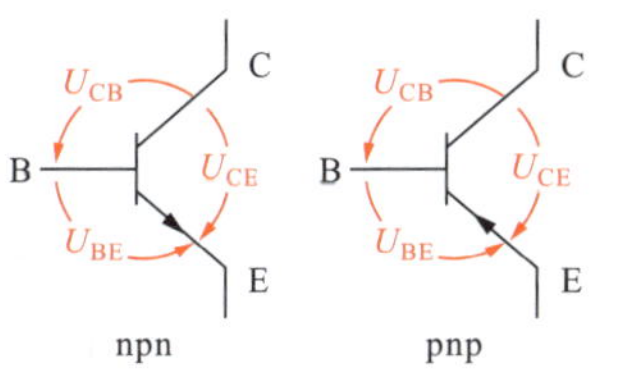	Spannungsangaben Prinzip	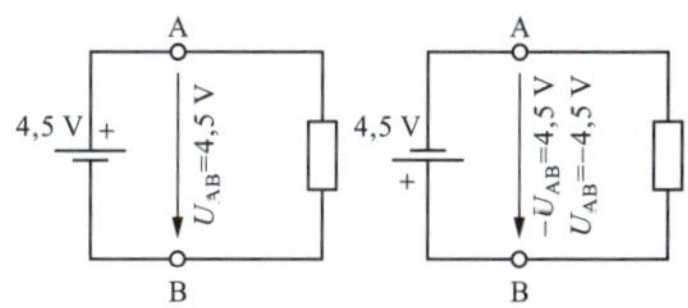
Stromangaben	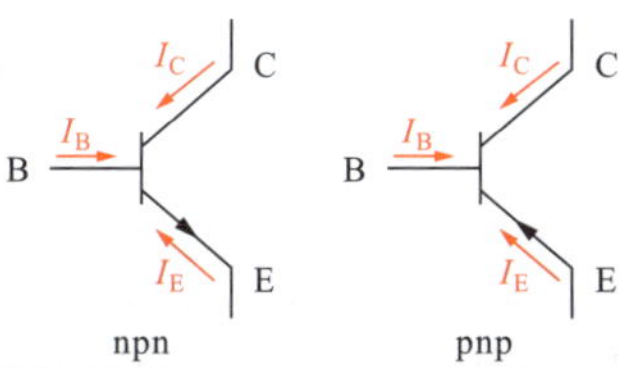	Tatsächliche Ströme und Spannungen	npn: $-I_E$, I_B, I_C; U_E, U_B, U_C $I_E + I_B + I_C = 0$ $U_E + U_B - U_C = 0$ pnp: I_E, $-I_B$, $-I_C$; $-U_E$, $-U_B$, $-U_C$

Betriebszustände des Transistors

Zustand	Zustand der pn-Übergänge B–E	B–C	Anwendung
gesperrt	gesperrt	gesperrt	Schalter, geöffnet
normal	durchlässig	gesperrt	Verstärker
gesättigt	durchlässig	durchlässig	Schalter, geschlossen
invers	gesperrt	durchlässig	selten (Emitter und Kollektor vertauscht)

6.2 Sperrschicht-Halbleiterbauelemente

6.2.2 Bipolare Transistoren

Kennlinien und Kenngrößen

Vom Hersteller angegebene statische Kennlinien sind mit Kennlinienschreibern in Impulsbetrieb aufgenommen. Sie gelten für konstante Kristalltemperatur und in der Regel für Emitterschaltung

Eingangskennlinie $I_B = f(U_{BE})$

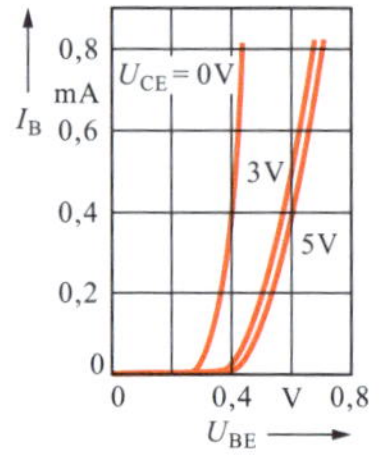

Oberhalb der Schleusenspannung (bei Si-Transistoren 0,5 … 0,9 V) fließt nicht mehr vernachlässigbarer Basisstrom.

Am Eingang wird **Steuerleistung** (< 1 µW … > 1 W) in Wärme umgesetzt. Die Steuerleistung muss von der Signalquelle aufgebracht werden

Spannungsrückwirkung

$$\mu = \frac{\Delta U_{BE}}{\Delta U_{CE}}$$

Für $U_{CE} > 1$ V wird die Spannungsrückwirkung vernachlässigbar klein ($\mu = 10^{-4} \dots 10^{-6}$)

Differenzieller Eingangswiderstand

$$r_{BE} = \frac{\Delta U_{BE}}{\Delta I_{BE}}$$

Der differenzielle Eingangswiderstand wird mit zunehmendem Basisstrom kleiner (> 100 kΩ … < 100 Ω)

Steilheit $S = i_C / u_{BE}$

Die Steilheit bestimmt die in Verstärkerschaltungen erzielbare Spannungsverstärkung

Ausgangskennlinien $I_C = f(U_{CE})$

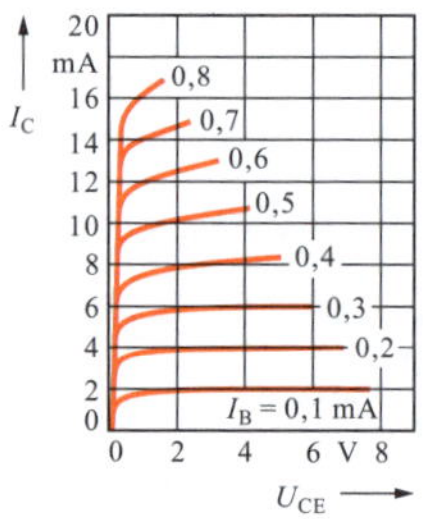

Die Ausgangskennlinien werden mit dem Basisstrom als Parameter angegeben.

Aus dem gleichmäßigen Abstand der Kennlinien für gleiche Schritte des Basisstromes kann gut auf die Linearität der Übertragung geschlossen werden

Übertragungskennlinie vorwärts $I_C = f(U_B)$

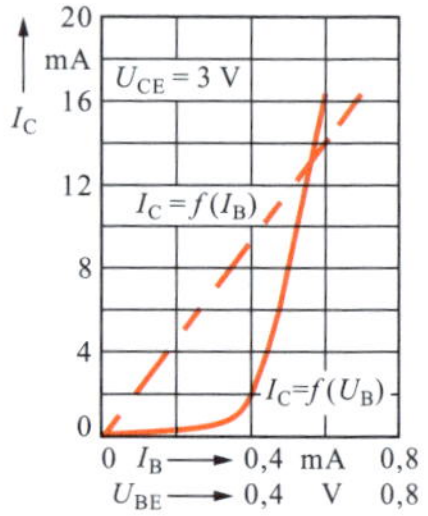

Bemerkenswert ist die deutlich größere Linearität der Kennlinie bei Steuerung mit dem Eingangssignal als Strom.

Schaltungen zur analogen Spannungsverstärkung erfordern Maßnahmen zur Linearisierung der Übertragungskennlinie (s. Gegenkopplung)

Stromverstärkung

Statische Stromverstärkung

$$B = I_C / I_B$$

Dynamische Stromverstärkung

$$\beta = i_B / i_C$$

Für kleine Signale und niedrige Frequenzen sind B und β praktisch gleich groß. Mit zunehmender Frequenz nimmt β ab

Grenzfrequenzen

- f_g — β sinkt auf den $1/\sqrt{2}$-fachen Wert (um 3 dB)
- f_T — β sinkt auf den Wert 1 (Transitfrequenz; β = 1-Grenzfrequenz)

Übertragungskennlinien rückwärts $U_{BE} = f(U_{CE})$

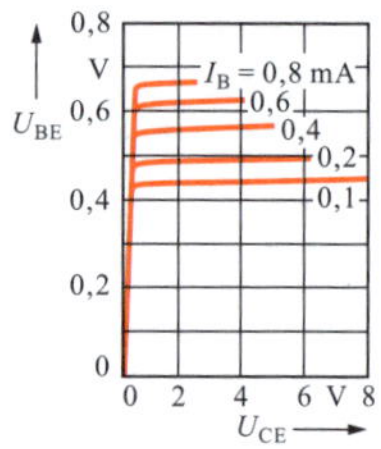

Die Übertragungskennlinien rückwärts (Rückwirkungskennlinien) werden nur selten angegeben.

Sie haben für die übersichtliche Erklärung des Verhaltens von Transistoren Bedeutung

6.2 Sperrschicht-Halbleiterbauelemente

6.2.2 Bipolare Transistoren

Temperaturverhalten

Mit steigender Temperatur wird die Ladungsträgerbewegung durch zunehmende Bewegung des Kristallgitters behindert – Ströme werden kleiner. Bei stärkerer Temperaturerhöhung ist die Zunahme der Minoritätsträger größer als die Behinderung durch die Gitterbewegung – Ströme werden größer. Beim Transistor ist der Übergang zwischen beiden Effekten nicht mehr so übersichtlich erkennbar wie bei der Diode.
Die Exemplarstreuungen der Kennwerte liegen etwa in der gleichen Größenordnung wie die Verschiebungen durch Temperaturänderung um ±50 K

Temperaturverhalten im Ausgangskennlinienfeld

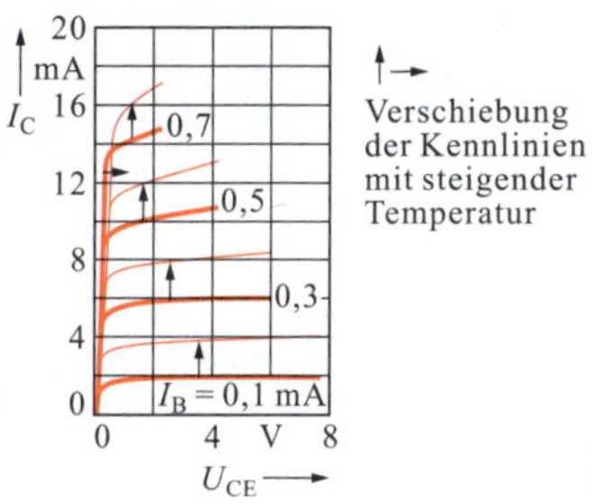

Temperaturverhalten der Stromverstärkung

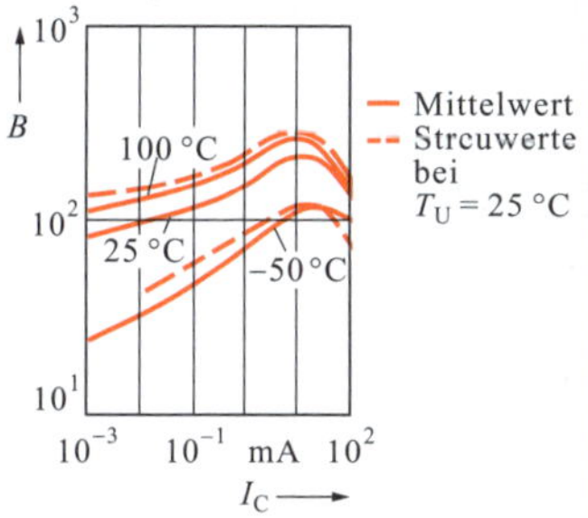

Temperaturverhalten der Übertragungskennlinien

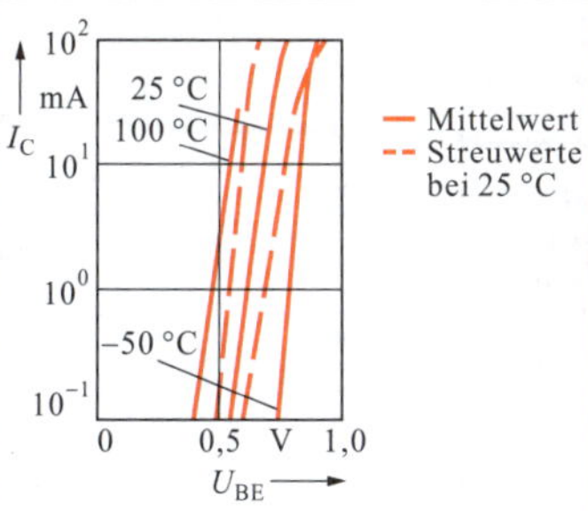

Rauschen

Rauschen entsteht als Ausgangssignal des Transistors infolge der ungeordneten thermischen Bewegung der Ladungsträger. Es ist dem Ausgangsstrom bzw. der Ausgangsspannung als Störsignal überlagert und begrenzt die Übertragungsfähigkeit für kleine Signale. (Vgl. Transistor als Verstärker.) Um die Rauscheigenschaften von der Transistorschaltung unabhängig angeben zu können, wird angenommen, dass der Transistor nicht rauscht und das Rauschen aus einer zwischen Signalquelle und Transistor geschalteten (Ersatz-)Rauschquelle ohne eigenen Innenwiderstand entsteht

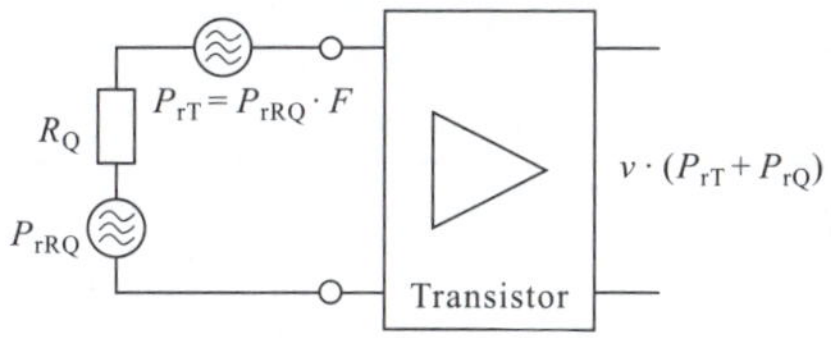

R_Q	Innenwiderstand der Signalquelle
P_{rRQ}	Rauschleistung des Innenwiderstandes R_Q
P_{rT}	(Ersatz-)Rauschleistung des Transistors
F	Rauschzahl
v	Leistungsverstärkung der Transistorschaltung

Rauschzahl

$$F = \frac{P_{rRQ} + P_{rT}}{P_{rQ}} \quad \text{bzw.} \quad F_{dB} = 10 \lg F$$

Typische Abhängigkeit der Rauschzahl von der Frequenz

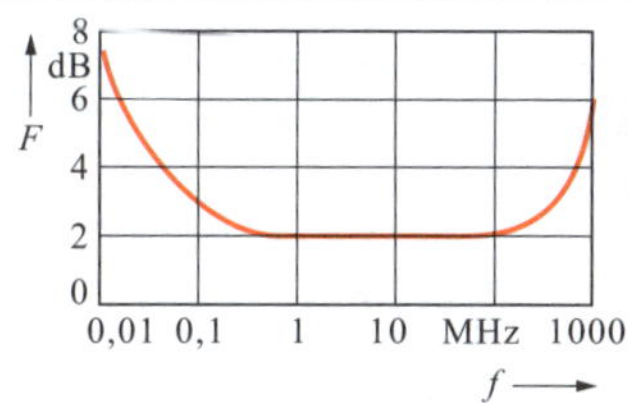

Typische Abhängigkeit der Rauschzahl von Kollektorstrom und Innenwiderstand der Signalquelle

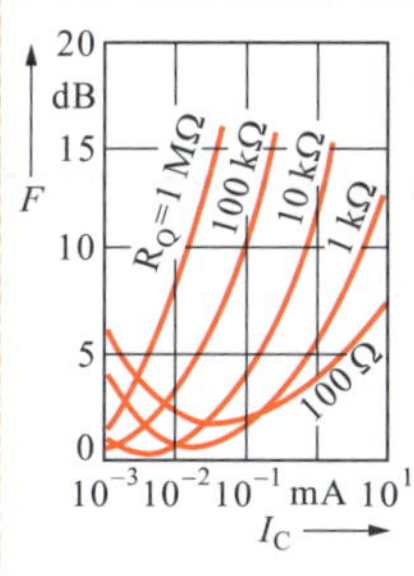

Für eine reale Verstärkerschaltung müssen die Werte von F und R_Q den vom Transistorhersteller angegebenen Diagrammen entnommen werden

6

6.2 Sperrschicht-Halbleiterbauelemente

6.2.2 Bipolare Transistoren

Restströme und Sperrspannungen

Restströme fließen als Sperrströme durch die Basis-Kollektor- bzw. die Basis-Emitter-Diode des mit der entsprechenden Sperrspannung belasteten Transistors. Zu ihrer Kennzeichnung werden drei Indexbuchstaben verwendet, wobei der dritte Buchstabe Aufschluss über die Verbindung des an zweiter Stelle genannten Anschlusses mit dem nicht genannten dritten Anschluss gibt

I_{CE0} U_{CE0}	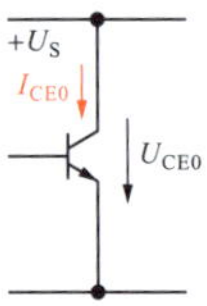	Der dritte Anschluss ist offen
I_{CER} U_{CER}	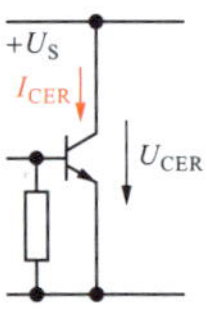	Der zweite und dritte Anschluss sind durch einen Widerstand verbunden
I_{CES} U_{CES}	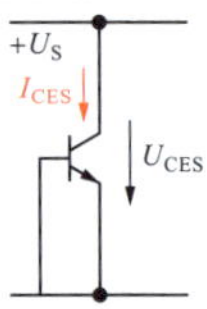	Der zweite und dritte Anschluss sind kurzgeschlossen
I_{CEV} U_{CEV}	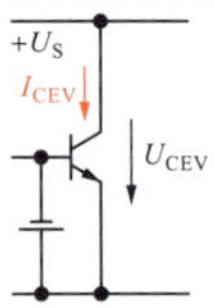	Zwischen zweitem und drittem Anschluss liegt eine Vorspannung
I_{CB0} U_{CB0}	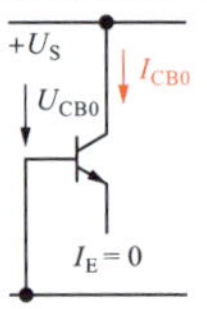	
I_{EB0} U_{EB0}	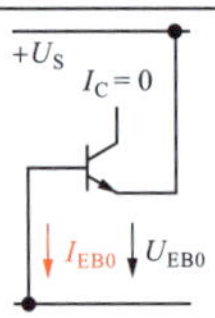	

Grenzwerte

Vom Hersteller werden **zulässige Höchstwerte** für die **Verlustleistung**, die **Sperrspannungen** und **maximale Betriebsströme** als Grenzwerte für den sicheren Betrieb der Transistoren angegeben. Sie sind vom Aufbau des Transistors und ggf. von den Umgebungsbedingungen abhängig

6-3

Verlustleistung	Thermische Zerstörung durch zu hohe Sperrschichttemperatur im normalen Betrieb 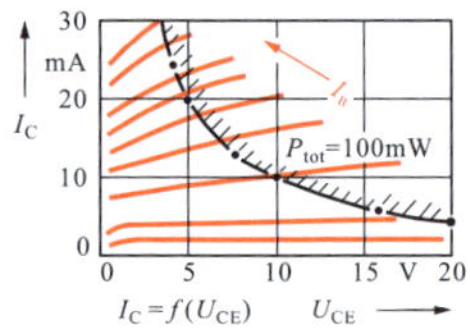
Erster Durchbruch	Lawinendurchbruch der Basis-Kollektor-Sperrschicht infolge zu hoher Kollektor-Basisspannung bei gesperrtem Transistor
Zweiter Durchbruch	Ungleichmäßige Stromverteilung in der Basiszone infolge zu hoher elektrischer Feldstärke (Kollektorspannung) bei leitendem Transistor und insbesondere beim Übergang in den Sperrzustand führt zu örtlicher Überhitzung und zur Zerstörung der Basiszone
Typisches Durchbruchverhalten	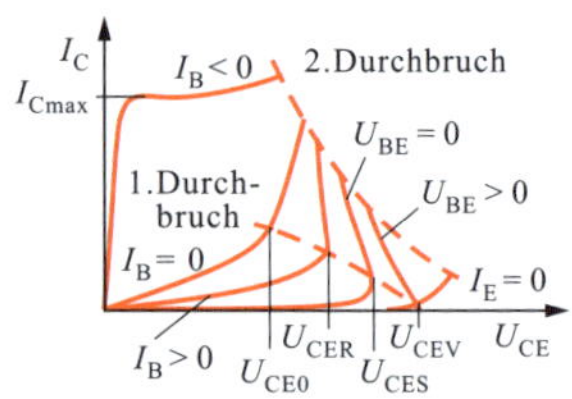
Grenzen des sicheren Arbeitsbereiches	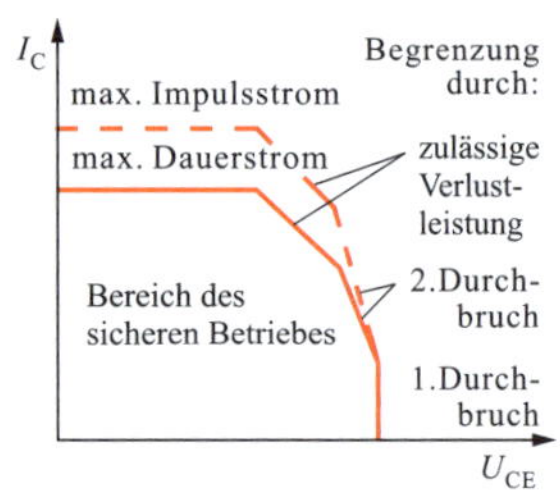

6.2 Sperrschicht-Halbleiterbauelemente

6.2.3 Transistoren als Verstärker

Transistor-Grundschaltungen

Die Bezeichnung der drei Transistor-Grundschaltungen entspricht jeweils dem am konstanten Potenzial (Masse bzw. Betriebsspannung) liegenden Transistoranschluss

Bezeichnung	Emitterschaltung	Kollektorschaltung	Basisschaltung
	in Klammern Bereich der typischen Werte		
Schaltung r_{BE} (r_{EB}), r_{CE} und r_{CB} -15 sind innere Wechsel- -17 stromwiderstände des Transistors	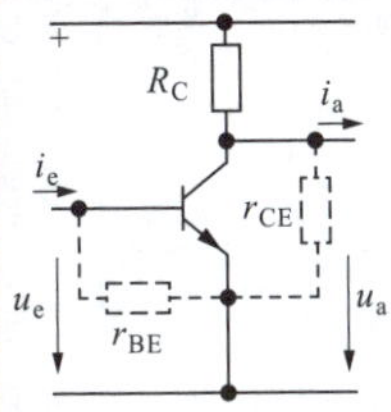	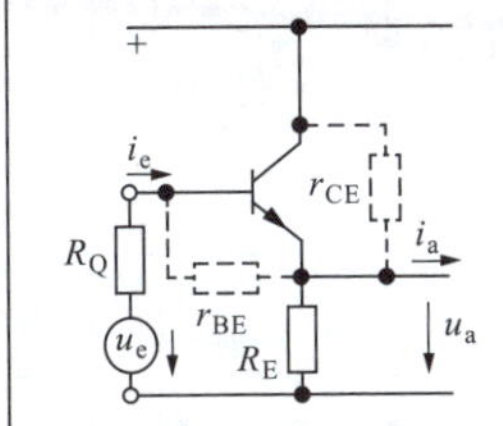	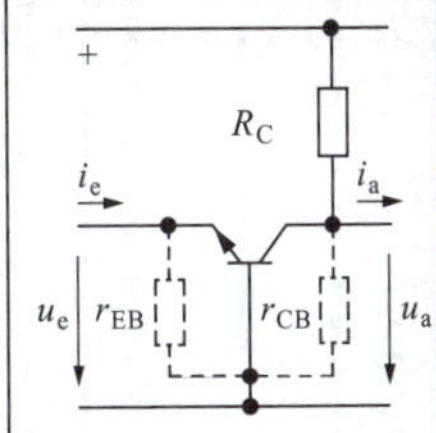
Spannungsverstärkung $A_u = \frac{u_a}{u_e}$	$A_{uE} = -\beta \frac{R_c \,//\, r_{CE}}{r_{BE}}$ (100 … 10 000)	$A_{uC} = 1 - \frac{r_{BE}}{\beta(R_E \,//\, r_{CE}) + r_{BE}}$ (< 1)	$A_{uB} = \beta \frac{R_C \,//\, r_{CB}}{r_{EB}}$ (100 … 10 000)
Stromverstärkung $A_i = \frac{i_a}{i_e}$	$A_i = -\beta \frac{r_{CE}}{r_{CE} + R_C}$ (10 … 500)	$A_i = \beta \frac{r_{CE}}{r_{CE} + R_E}$ (10 … 500)	$A_i = \frac{\beta}{1+\beta}$ (< 1)
Leistungsverstärkung	$G = A_u \cdot A_i$ (1000 … 100 000)	$G = A_u \cdot A_i$ (10 … 500)	$G = A_u \cdot A_i$ (100 … 10 000)
Eingangswiderstand $r_e = \frac{u_e}{i_e}$	$r_e = r_{BE}$ (10 Ω … 5 kΩ)	$r_e = \beta \cdot R_E$ (500 Ω … 5 MΩ)	$r_e = \frac{r_{EB}}{\beta}$ (< 1 Ω … 1 kΩ)
Ausgangswiderstand $r_a = \frac{u_a}{i_a}$	$r_a = R_C \,//\, r_{CE}$ (10 Ω … 500 kΩ)	$r_a = R_E \,//\, \frac{r_{BE} + R_Q}{\beta}$ (10 Ω … 1 kΩ)	$r_a = r_{EB} \,//\, R_C$ (100 kΩ … 10 MΩ)

Arbeitspunkteinstellung

Um den Arbeitspunkt A, AB oder B schwanken Spannungen und Ströme, wenn eine Verstärkerstufe mit Signalspannung oder Signalstrom ausgesteuert wird.
Der Arbeitspunkt ist so zu wählen, dass die zulässigen Grenzwerte in keinem Signalzustand überschritten werden.

A-Betrieb: Symmetrische Aussteuerung, Ruhestrom ≙ Signalmittelwert

AB-Betrieb: Unsymmetrische Aussteuerung, eine Halbwelle verzerrt

B-Betrieb: Halbwellenaussteuerung, Ruhestrom = 0

C-Betrieb: Impulssteuerung (nicht dargestellt)

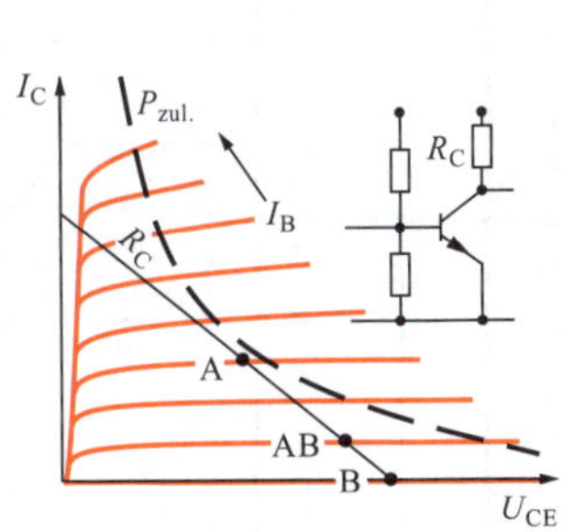

6

6.2 Sperrschicht-Halbleiterbauelemente

6.2.3 Transistoren als Verstärker

Arbeitspunktstabilisierung

Exemplarstreuungen und Temperaturabhängigkeit der Transistoreigenschaften erfordern besondere Maßnahmen zur Stabilisierung des Arbeitspunktes

Schaltung	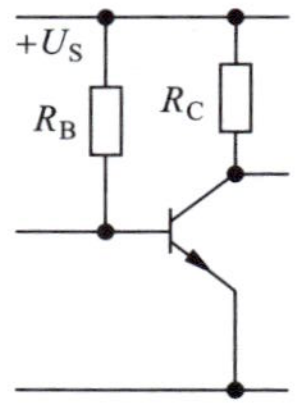	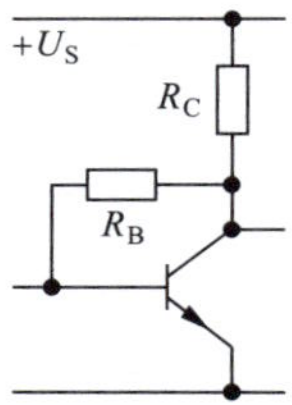	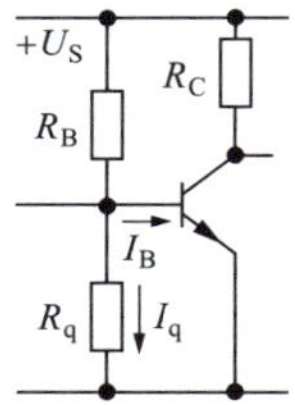	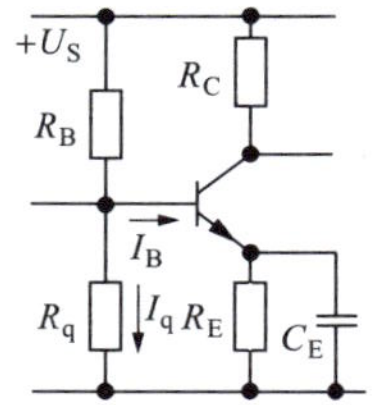	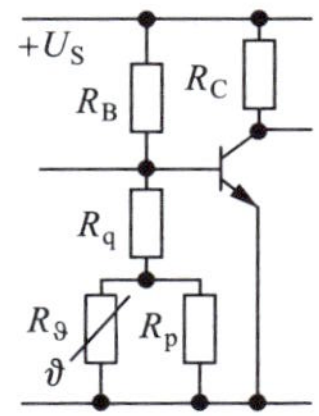	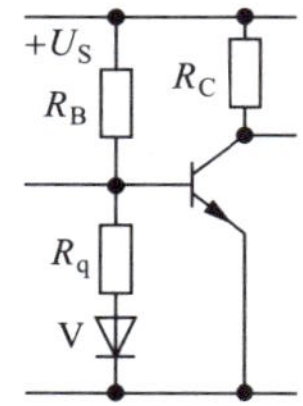
Bemessung	$R_B = \frac{(U_S - U_{BE})\,B}{I_C}$	$R_B = \frac{(U_{CE} - U_{BE})\,B}{I_C}$	$R_B = \frac{(U_S - U_{BE})\,B}{(n+1)\,I_C}$ $R_q = \frac{U_{BE} \cdot B}{n \cdot I_C}$ $n = \frac{I_q}{I_B}$ $n \geq 5 \ldots 10$	$R_B = \frac{(U_S - U_{BE} - U_E)\,B}{(n+1)\,I_C}$ $R_q = \frac{(U_{BE} + U_E)\,B}{n \cdot I_C}$ $R_E = \frac{U_E}{I_C + I_B}$	$R_B = \frac{(U_S - U_{BE})\,B}{(n+1)\,I_C}$ $R_q = \frac{U_{BE} \cdot B}{n \cdot I_C} - \frac{R_p \cdot R_\vartheta}{R_p + R_\vartheta}$ R_p, R_ϑ nach Temperaturbereich optimieren	$R_B = \frac{(U_S - U_{BE})\,B}{(n+1)\,I_C}$ $R_q = \frac{(U_{BE} + U_{FV})\,B}{n \cdot I_C}$ $I_q \approx I_C$
Stabilisierung des Arbeitspunktes	Keine Stabilisierung des Arbeitspunktes, Exemplarstreuungen von B und R_B sowie Temperaturabhängigkeit von U_{BE} wirken stark auf I_C	Gute Stabilisierung des Arbeitspunktes gegen Exemplarstreuungen von B und Temperaturabhängigkeit von U_{BE}	Weniger Einfluss der Exemplarstreuungen von B. Temperaturabhängigkeit von U_{BE} bleibt bestehen	Sehr gute Stabilisierung gegen Exemplarstreuungen von B und Temperaturabhängigkeit von U_{BE} (C_E schließt R_E für Wechselspannung kurz)	Sehr gute Stabilisierung gegen Temperaturabhängigkeit von U_{BE} einstellbar. Heißleiter und Transistor sind thermisch zu koppeln	Sehr gute Stabilisierung gegen Temperaturabhängigkeit von U_{BE} und Schwankungen von U_S. Diode und Transistor ggf. thermisch koppeln
Wirkungsweise	–	Bei Anstieg des Kollektorstromes nehmen der Spannungsfall an R_C und U_{CB} zu. I_B sinkt, das kompensiert die Einflüsse	–	Bei Anstieg des Kollektorstromes nimmt der Spannungsfall an R_E zu, dadurch sinkt U_{BE}, das kompensiert die Einflüsse	Bei Erwärmung nimmt der Spannungsfall R_ϑ ab, dadurch sinkt U_{BE}, das kompensiert den Temperatureinfluss	Die Temperaturabhängigkeit von U_{FV} ist der von U_{BE} ähnlich, U_{FV} ist kaum von I_q abhängig, das kompensiert die Einflüsse

6.2 Sperrschicht-Halbleiterbauelemente

6.2.3 Transistoren als Verstärker

Ersatzschaltungen und Vierpolparameter

Physikalische Ersatzschaltung nach Giacoletto

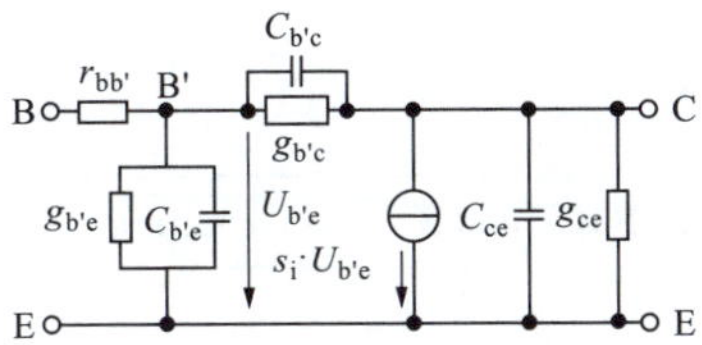

B äußerer Basisanschluss
B' innerer Basisanschluss (nicht zugänglich)

$r_{bb'}$ Basisbahnwiderstand
$g_{b'e}$ wirksamer Leitwert zwischen B' und E
$g_{b'c}$ wirksamer Leitwert zwischen B' und C
g_{ce} wirksamer Leitwert zwischen C und E
$C_{b'e}$ wirksame Kapazität zwischen B' und E
$C_{b'c}$ wirksame Kapazität zwischen B' und C
C_{ce} wirksame Kapazität zwischen C und E
$U_{b'e}$ wirksame Spannung zwischen B' und E
s_i innere Steilheit
f_α Grenzfrequenz (–3 dB) der Kurzschluss-Stromverstärkung in Basisschaltung ($\alpha \triangleq h_{21b}$)

Die Elemente dieser Ersatzschaltung sind bis zu Frequenzen von $f < f_\alpha/2$ annähernd frequenzunabhängig

Vereinfachte Ersatzschaltungen und Vierpolparameter

Die angegebenen Parameter und Ersatzschaltungen gelten im vom Hersteller angegebenen Frequenzbereich und jeweils für Emitter-Kollektor- oder Basisschaltung. Sind die Parameter für eine Grundschaltung gegeben, dann können die Parameter für die anderen Grundschaltungen berechnet werden

⟹ 6-16

h-Parameter-Ersatzschaltung	$u_1 = h_{11} \cdot i_1 + h_{12} \cdot u_2$ $i_2 = h_{21} \cdot i_1 + h_{22} \cdot u_2$ 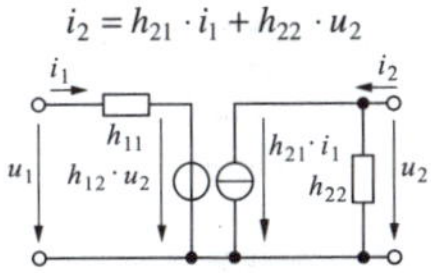	y-Parameter-Ersatzschaltung	$i_1 = y_{11} \cdot u_1 + y_{12} \cdot u_2$ $i_2 = y_{21} \cdot u_1 + y_{22} \cdot u_2$ 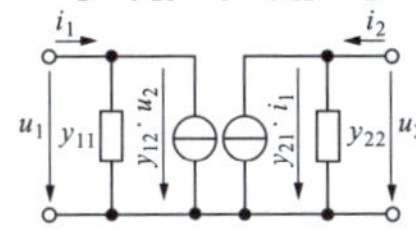
Kurzschluss-Eingangswiderstand	$h_{11} = \frac{u_1}{i_1}$ bei $u_2 = 0$ 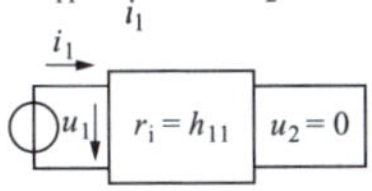	Kurzschluss-Eingangsleitwert	$y_{11} = \frac{i_1}{u_1}$ bei $u_2 = 0$ 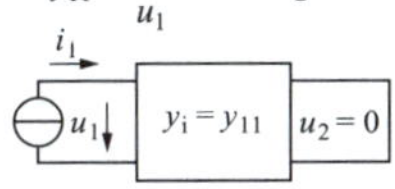
Leerlauf-Spannungsrückwirkung	$h_{12} = \frac{u_1}{u_2}$ bei $i_1 = 0$ 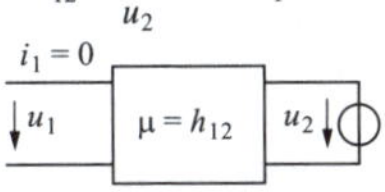	Kurzschluss-Rückwärtssteilheit	$y_{12} = \frac{i_1}{u_2}$ bei $u_1 = 0$ 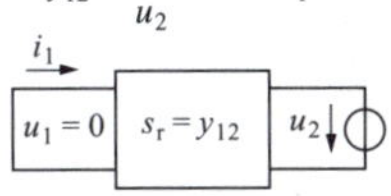
Kurzschluss-Stromverstärkung	$h_{21} = \frac{i_2}{i_1}$ bei $u_2 = 0$ 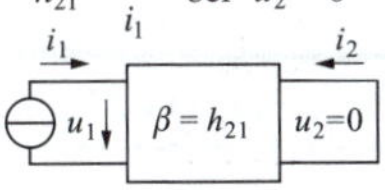	Kurzschluss-Vorwärtssteilheit	$y_{21} = \frac{i_2}{u_1}$ bei $u_2 = 0$ 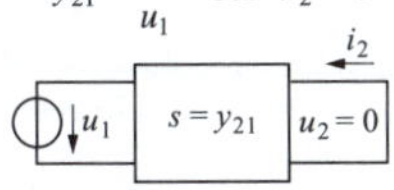
Leerlauf-Ausgangsleitwert	$h_{22} = \frac{i_2}{u_2}$ bei $i_1 = 0$ 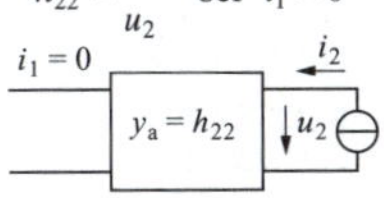	Kurzschluss-Ausgangsleitwert	$y_{22} = \frac{i_2}{u_2}$ bei $u_1 = 0$ 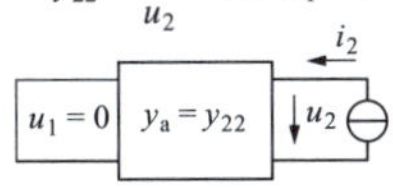

6.2 Sperrschicht-Halbleiterbauelemente

6.2.3 Transistoren als Verstärker

Zusammenhang zwischen *h*- und *y*-Parametern

$$h_{11} = \frac{1}{y_{11}} \qquad h_{12} = -\frac{y_{12}}{y_{11}}$$

$$h_{21} = \frac{y_{21}}{y_{11}} \qquad h_{22} = \frac{y_{11}\,y_{22} - y_{12}\,y_{21}}{y_{11}}$$

$$y_{11} = \frac{1}{h_{11}} \qquad y_{12} = -\frac{h_{12}}{h_{11}}$$

$$y_{21} = \frac{h_{21}}{h_{11}} \qquad y_{22} = \frac{h_{11}\,h_{22} - h_{12}\,h_{21}}{h_{11}}$$

Zusammenhang zwischen *h*-Parametern in Emitter-, Basis- und Kollektorschaltung

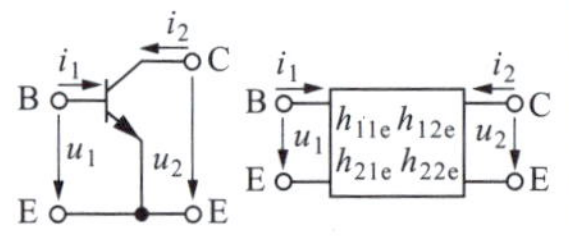

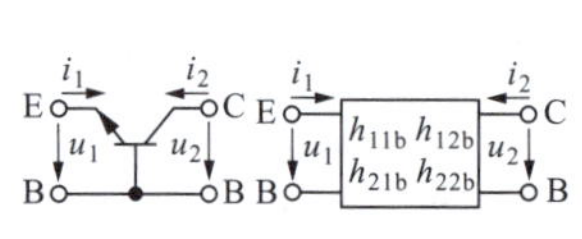

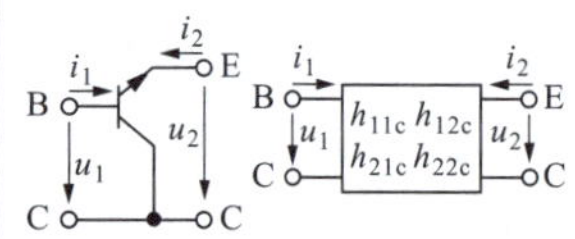

Gegeben: h_e	Gesucht: h_b	Gesucht: h_c
h_{11e}	$h_{11b} = \frac{h_{11e}}{1 + \Delta h_e + h_{21e} - h_{12e}}$	$h_{11c} = h_{11e}$
h_{12e}	$h_{12b} = \frac{\Delta h_e - h_{12e}}{1 + \Delta h_e + h_{21e} - h_{12e}}$	$h_{12c} = 1 - h_{12e}$
h_{21e}	$h_{21b} = \frac{-\Delta h_e + h_{21e}}{1 + \Delta h_e + h_{21e} - h_{12e}}$	$h_{21c} = -(1 + h_{21e})$
h_{22e}	$h_{22b} = \frac{h_{22e}}{1 + \Delta h_e + h_{21e} - h_{12e}}$	$h_{22c} = h_{22e}$

Gegeben: h_b	Gesucht: h_e	Gesucht: h_c
h_{11b}	$h_{11e} = \frac{h_{11b}}{1 + \Delta h_b + h_{21b} - h_{12b}}$	$h_{11c} = \frac{h_{11b}}{1 + \Delta h_b + h_{21b} - h_{12b}}$
h_{12b}	$h_{12e} = \frac{\Delta h_b - h_{12b}}{1 + \Delta h_b + h_{21b} - h_{12b}}$	$h_{12c} = \frac{1 + h_{21b}}{1 + \Delta h_b + h_{21b} - h_{12b}}$
h_{21b}	$h_{21e} = \frac{-(\Delta h_b + h_{21b})}{1 + \Delta h_b + h_{21b} - h_{12b}}$	$h_{21c} = \frac{h_{12b} - 1}{1 + \Delta h_b + h_{21b} - h_{12b}}$
h_{22b}	$h_{22e} = \frac{h_{22b}}{1 + \Delta h_b + h_{21b} - h_{12b}}$	$h_{22c} = \frac{h_{22b}}{1 + \Delta h_e + h_{21e} - h_{12e}}$
	$\Delta h_e = h_{11e} \cdot h_{22e} - h_{12e} \cdot h_{21e}$	$\Delta h_b = h_{11b} \cdot h_{22b} - h_{12b} \cdot h_{21b}$

Zusammenhang zwischen den *y*-Parametern in Emitter-, Basis- und Kollektorschaltung

Gegeben: y_e	Gesucht: y_b	Gesucht: y_c
y_{11e}	$y_{11b} = y_{11e} + y_{12e} + y_{21e} + y_{22e}$	$y_{11c} = y_{11e}$
y_{12e}	$y_{12b} = -(y_{12e} + y_{22e})$	$y_{12c} = -(y_{11e} + y_{12e})$
y_{21e}	$y_{21b} = -(y_{21e} + y_{22e})$	$y_{21c} = -(y_{11e} + y_{21e})$
y_{22e}	$y_{22b} = y_{22e}$	$y_{22c} = y_{11e} + y_{12e} + y_{21e} + y_{22e}$

6.2 Sperrschicht-Halbleiterbauelemente

6.2.3 Transistoren als Verstärker

Vierpolberechnung der Betriebswerte einer Transistorverstärkerstufe

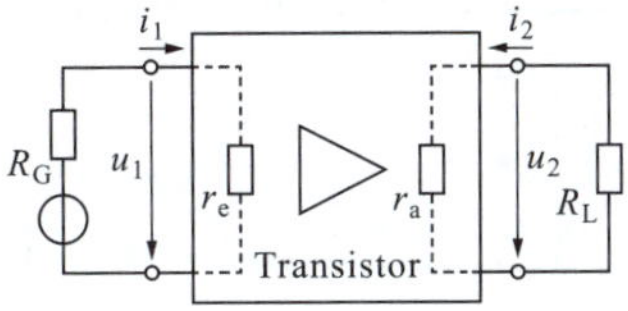

Eingangswiderstand	$r_e = \frac{u_1}{i_1}$	$r_e = \frac{h_{11} + R_L \cdot \Delta h}{1 + R_L \cdot h_{22}}$	$r_e = \frac{1 + R_L \cdot y_{22}}{y_{11} + R_L \cdot \Delta y}$
Ausgangswiderstand	$r_a = \frac{u_2}{i_2}$	$r_a = \frac{h_{11} + R_G}{\Delta h + R_G \cdot h_{22}}$	$r_a = \frac{1 + R_G \cdot y_{11}}{y_{22} + R_G \cdot \Delta y}$
Stromverstärkung	$A_i = \frac{i_2}{i_1}$	$A_i = \frac{h_{21}}{1 + R_L \cdot h_{22}}$	$A_i = \frac{y_{21}}{y_{11} + R_L \cdot \Delta y}$
Spannungsverstärkung	$A_u = \frac{u_2}{u_1}$	$A_u = \frac{R_L \cdot h_{21}}{h_{11} + R_L \cdot \Delta h}$	$A_u = \frac{-R_L \cdot y_{21}}{1 + R_L \cdot y_{22}}$
Leistungsverstärkung		$G = A_u \cdot A_i$	$G = A_u \cdot A_i$
		$\Delta h = h_{11} \cdot h_{22} - h_{12} \cdot h_{21}$	$\Delta y = y_{11} \cdot y_{22} - y_{12} \cdot y_{21}$

Kopplungsarten (Stufenkopplung vorwärts)

Gleichstromkopplung

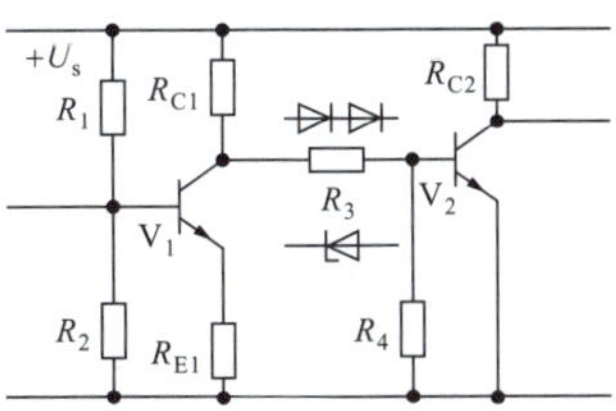

Vorteile: Übertragung frequenzunabhängig
Gleichspannungsverstärker

Nachteile: Spannungsteiler mindert Verstärkung
Arbeitspunkte sind gekoppelt
Arbeitspunktstabilisierung aufwendig

Mit komplementären Transistoren lassen sich verstärkungsmindernde Spannungsteiler vermeiden

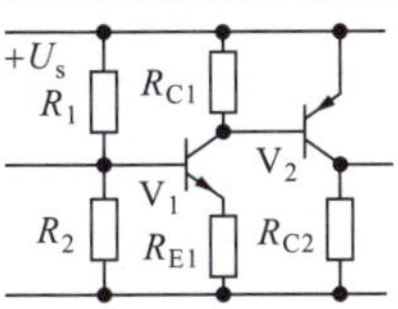

Übertrager-Kopplung

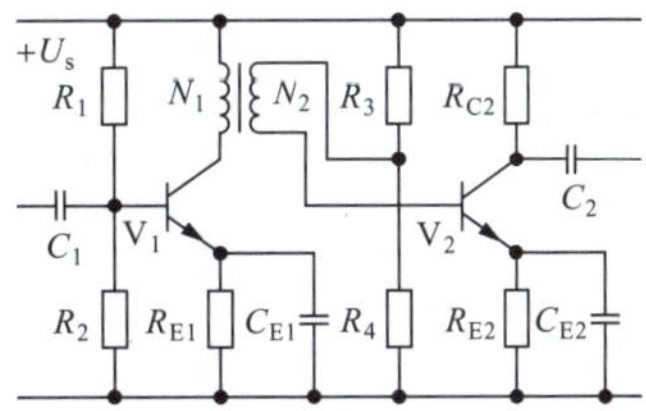

Vorteile: Anpassung von r_a und r_e möglich, Arbeitspunkte der Stufen getrennt einstellbar und stabilisierbar

Nachteile: Größe, Gewicht, Preis des Übertragers

Übertragung ist frequenzabhängig (untere und obere Grenzfrequenz)

Nicht geeignet für die Verbindung von
- Basisstufen,
- Kollektorstufen oder
- Emitterstufen mit Basisstufen

6.2 Sperrschicht-Halbleiterbauelemente

6.2.3 Transistoren als Verstärker

Kopplungsarten (Stufenkopplung vorwärts) (Fortsetzung)

RC-kopplung	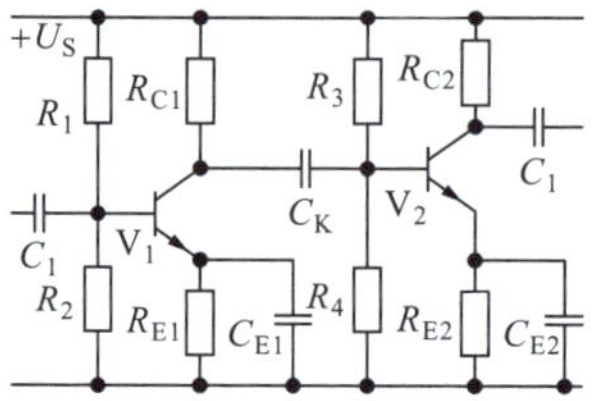
Vorteile	Arbeitspunkte der Stufen getrennt einstellbar und stabilisierbar
Nachteil	Übertragung frequenzabhängig (untere Grenzfrequenz)

Dimensionierung des Koppelkondensators C_K

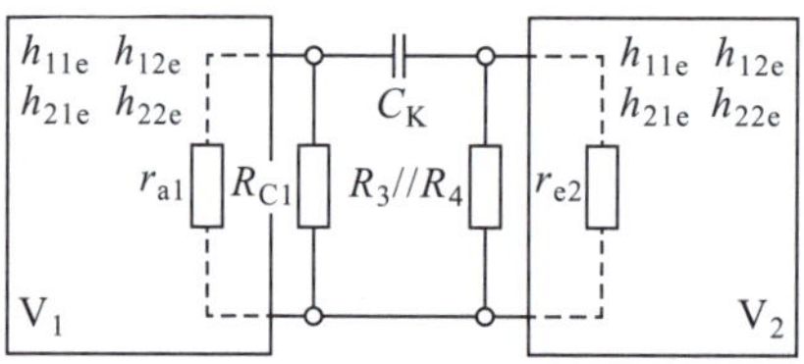

$$C_K = \frac{1}{2\pi\, f_u\, (r_{a1} \parallel R_{C1} + R_3 \parallel R_4 \parallel r_{e2})}$$

Dimensionierung der Emitterkondensatoren C_{En}

Die Emitterkondensatoren werden normalerweise so stark (>10fach) überdimensioniert, dass sie keinen Einfluss mehr auf die untere Grenzfrequenz f_u haben. Für die überschlägige Berechnung wird die Kollektorrückwirkung vernachlässigt und der Transistor in Kollektorschaltung betrieben gedacht.

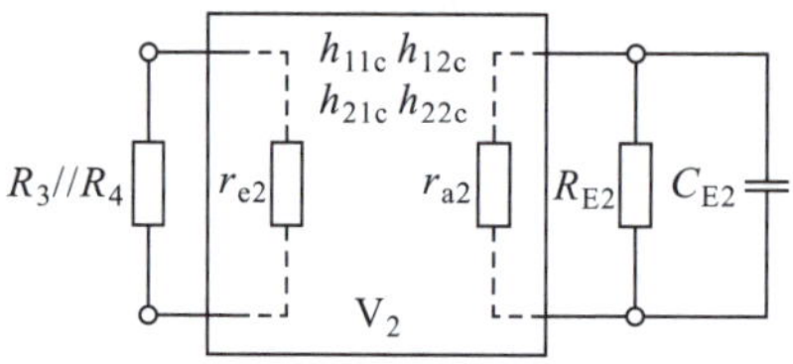

$$C_E \geq \frac{10}{2\pi\, f_u\, (r_a \parallel R_E)}$$

Rückkopplungen

Mit Rückkopplung wird das Zurückführen eines Bruchteils des Ausgangssignales einer Verstärkerschaltung auf deren Eingang bezeichnet.

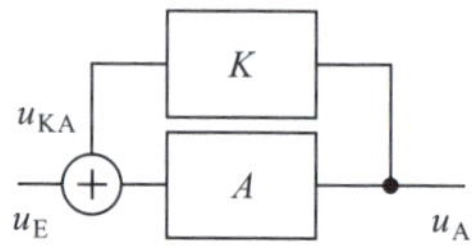

A	Verstärker mit der Verstärkung A
K	Koppelnetzwerk mit dem Koppelfaktor K
u_e	Eingangssignal der gesamten Schaltung
u_a	Ausgangssignal des Verstärkers = Eingangssignal des Koppelnetzwerkes
u_{KA}	Ausgangssignal des Koppelnetzwerkes

Gegenkopplung (negative Rückkopplung)	Das Eingangssignal des Verstärkers wird kleiner als das Eingangssignal der gesamten Schaltung. $u_e + u_{KA} < u_e$ Dazu muß $K \cdot A$ negativ sein. Schaltungstechnisch erreicht man das durch entsprechende Polung des – Anschlusses von K am Ausgang des Verstärkers, – Anschlusses von K am Eingang des Verstärkers – Signals im Koppelnetzwerk (z. B. mit einem Transformator) – Signals im Verstärker (z. B. Emitterschaltung, negativer Eingang an OPV)
Mitkopplung (positive Rückkopplung)	Das Eingangssignal des Verstärkers wird größer als das Eingangssignal der gesamten Schaltung. $u_e + u_{KA} > u_e$ Schaltungen mit positiver Rückkopplung werden unstabil, wenn $K \cdot A \geq 1$ ist. Das wird in Kippschaltungen und Generatoren genutzt. Sinusschwingungen entstehen, wenn $K \cdot A = 1$ und $\varphi = 2n\pi$ ($n = 0, 1, 2, \ldots$) für die Schwingfrequenz eingehalten wird. Dazu ist eine Koppelschaltung mit Amplitudenregelung und Phasenverschiebung von $\pi < \varphi \leq 2\pi$ oder Umpolung und $0 \leq \varphi < \pi$ notwendig

6-2

6.2 Sperrschicht-Halbleiterbauelemente

6.2.3 Transistoren als Verstärker

Gegenkopplungs-Grundschaltungen

	Schaltungsprinzip	Übertragungswerte	Eingangswiderstand/Ausgangswiderstand
Spannungs-Serien-gegenkopplung	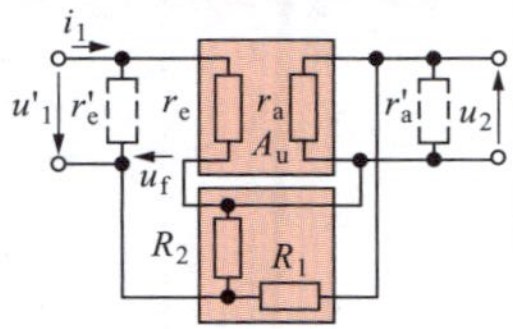	$A'_u = \frac{u_2}{u'_1} = \frac{A_u\, r_e\,(R_1 + R_2) + r_a\, R_2}{A_u\, r_e\, R_2 + r_e\,(r_a + R_1 + R_2) + R_2\,(r_a + R_2)}$ $A'_u \approx \frac{R_1 + R_2}{R_2}$	$r'_e = \frac{A_u\, r_e\, R_2 + r_e\,(r_a + R_1 + R_2) + R_2\,(r_a + R_1)}{r_a + R_1 + R_2}$ $\boldsymbol{r'_e > r_e}$ $r'_a = \frac{r_a\,[r_e\,(R_1 + R_2) + R_1\, R_2]}{r_e\, R_2\,(A_u + 1) + (r_a + R_1)\,(r_e + R_2)}$ $\boldsymbol{r'_a < r_a}$
Strom-Serien-gegenkopplung	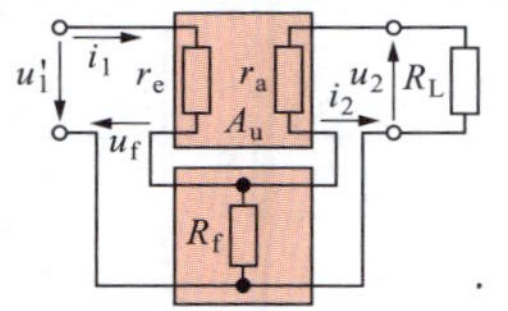	$G'_ü = \frac{i_2}{u'_1} = \frac{A_u\, r_e + R_f}{A_u\, R_f\, r_e + r_e\,(r_a + R_f + R_L) + R_f\,(r_a + R_L)}$ $G_ü \approx \frac{1}{R_f}$ $\quad A'_u = \frac{u_2}{u'_1} \approx \frac{R_L}{R_f}$	$r'_e = r_e + \frac{R_f\,(A_u\, R_f + r_a + R_L)}{r_a + R_f + R_L}$ $\boldsymbol{r'_e > r_e}$ $r'_a = R_a + \frac{r_e\, R_f\,(A_u + 1)}{r_e + R_f}$ $\boldsymbol{r'_a > r_a}$
Spannungs-Parallel-gegenkopplung	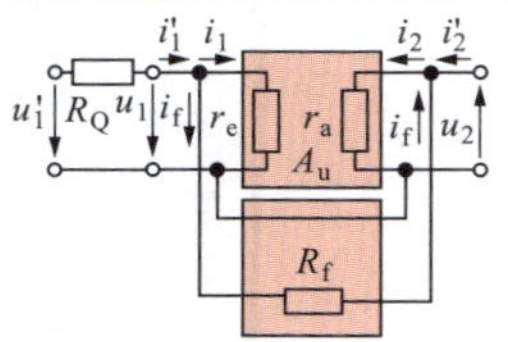	$R'_ü = \frac{u_2}{i'_1} = \frac{r_e\,(A_u\, R_f + r_a)}{r_e\,(A_u + 1) + r_a + R_f}$ $R_ü \approx R_f$ $\quad A'_u = \frac{u_2}{u'_1} \approx \frac{R_f}{R_Q}$	$r'_e = \frac{r_e\,(r_a + R_f)}{r_e\,(1 + A_u) + r_a + R_f}$ $\boldsymbol{r'_e < r_e}$ $r'_a = \frac{r_a\,(r_e + R_f)}{r_e\,(1 + A_u) + r_a + R_f}$ $\boldsymbol{r'_a < r_a}$
Strom-Parallel-gegenkopplung	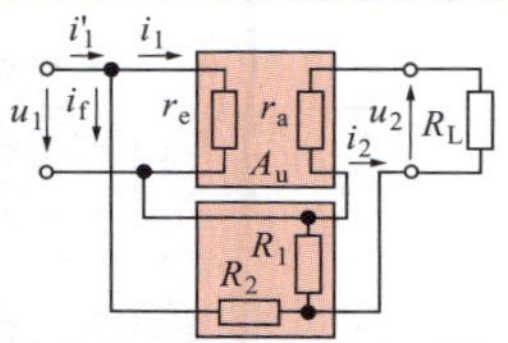	$A'_i = \frac{i_2}{i'_1} = \frac{r_e\,[A_u\,(R_1 + R_2) + R_2]}{A_u\, r_e\, R_1 + (r_a + R_L)\,(r_e + R_1 + R_2) + R_2\,(r_e + R_2)}$ $A'_i \approx \frac{R_1 + R_2}{R_1}$	$r'_e = \frac{r_e}{1 + \frac{r_e\,[R_1\,(1 + A_u) + r_a + R_L]}{R_2\,(r_a + R_1 + R_L) + R_1\,(r_a + R_L)}}$ $\boldsymbol{r'_e < r_e}$ $r'_a = \frac{r_a\,(r_e + R_2) + r_e\, R_1\,(1 + A_u) + R_1\,(r_a + R_2)}{r_e + R_1 + R_2}$ $\boldsymbol{r'_a > r_a}$

6

6.2 Sperrschicht-Halbleiterbauelemente

6.2.3 Transistoren als Verstärker

Beispiele für häufig angewendete Verstärkerschaltungen aus Einzeltransistoren

$+U_s$, $-U_s$ = Betriebsspannungen ⊥, 0 = Bezugspotenzial für Betriebsspannungen und Signale

Emitterschaltung mit Stromgegenkopplung

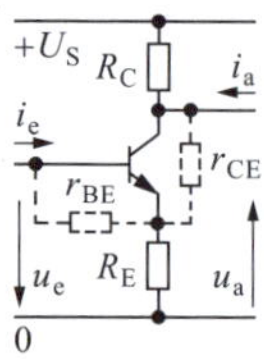

$$A_u = \frac{u_a}{u_e} \approx \frac{R_C}{R_E}$$

$$r_e = \frac{u_e}{i_e} = r_{BE} + \beta R_E \approx \beta R_E$$

$$r_a = \frac{u_a}{i_a} = R_C \parallel r_{CE} \left(1 + \beta \frac{R_E}{r_{BE}}\right) \approx R_C$$

Emitterschaltung mit Spannungsgegenkopplung

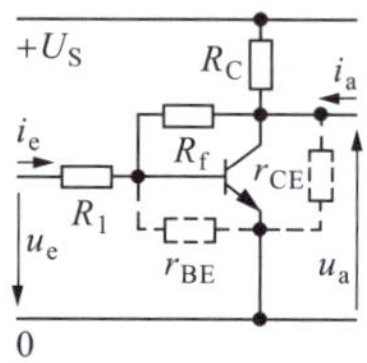

$$A_u = \frac{u_a}{u_e} \approx \frac{R_f}{R_1}$$

$$r_e = R_1 + (r_{BE} \parallel R_f / A_u) \approx R_1$$

$$r_a = R_C \parallel r_{CE}$$

Bootstrap-Schaltung

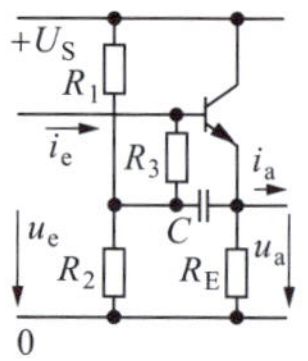

$$A_u \approx 1 \qquad C \geq \frac{5}{2\pi f_u (R_1 \parallel R_2)}$$

$$r_e = (r_{BE} + \beta R_E) \parallel R_3 \frac{\beta (R_E \parallel r_{CE})}{r_{BE}}$$

$$r_a \approx R_E \left\| \frac{r_{BE} + R_3}{\beta} \right. \qquad R_1 \parallel R_2 \geq 10\, R_E \quad I_B R_3 \ll U_{BE}$$

2-stufiger Verstärker mit Bootstrap-Schaltung

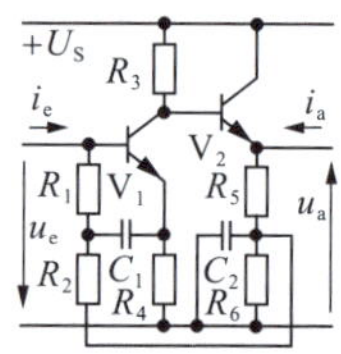

$$A_u \approx \frac{R_3}{R_4}$$

$$r_e = (r_{BE1} + \beta_1 R_E) \parallel R_3 \cdot \frac{\beta (R_{E1} \parallel r_{CE1})}{r_{BE1}}$$

$$r_a = R_5 \left\| \frac{r_{BE2} + R_3}{\beta_2} \right.$$

Gegentakt-Schaltung

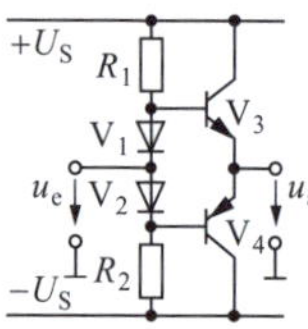

$A_u \approx 1 \qquad A_i \approx \beta$

$\beta_{V3} = \beta_{V4} = \beta$

V_1 und V_2 gleiche Typen

$R_1 = R_2$

Mit R_1 und R_2 wird AB- oder B-Betrieb eingestellt.

Kaskode-Schaltung

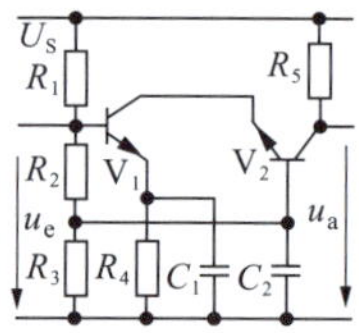

$$A_u \approx \beta_1 \frac{R_5}{r_{BE1}}$$

$$r_e = r_{BE1} \parallel (R_2 \parallel R_3)$$

$$r_a \approx R_5$$

Darlington-Schaltung aus gleichartigen Transistoren

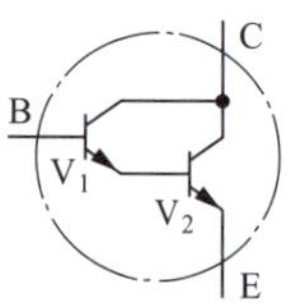

$$\beta_{ges} \approx \beta_1 \cdot \beta_2$$

$$r_{BEges} = r_{BE1} + \beta_1 r_{BE2}$$

$$r_{CEges} = r_{CE2} \left\| \frac{2 r_{CE1}}{\beta_2} \right.$$

Darlington-Schaltung aus komplementären Transistoren

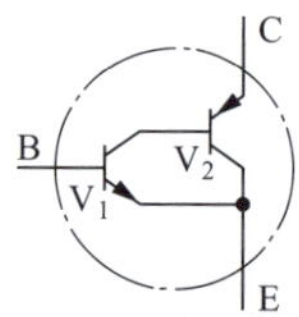

$$\beta_{ges} \approx \beta_1 \cdot \beta_2$$

$$r_{BEges} = r_{BE1}$$

$$r_{CEges} = r_{CE2} \left\| \frac{r_{CE1}}{\beta_2} \right.$$

Konstantspannungsquelle

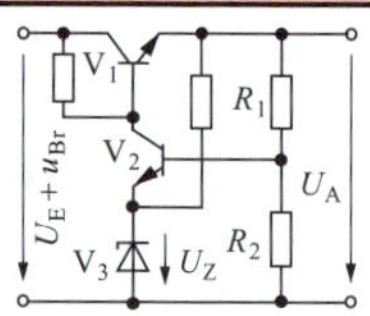

$$U_A \approx (U_Z + U_{BEV2}) \frac{R_1 + R_2}{R_2}$$

$$U_E - \hat{U}_{Br} \geq U_A + U_{CEsatV1}$$

Konstantstromquelle

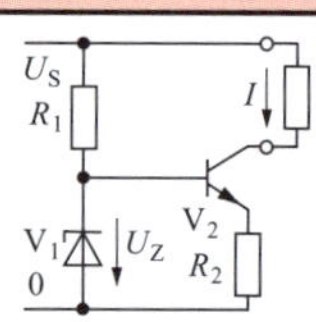

$$I = \frac{U_Z - U_{BE}}{R_2}$$

6.2 Sperrschicht-Halbleiterbauelemente

6.2.4 Differenz- und Operationsverstärker

Differenzverstärker

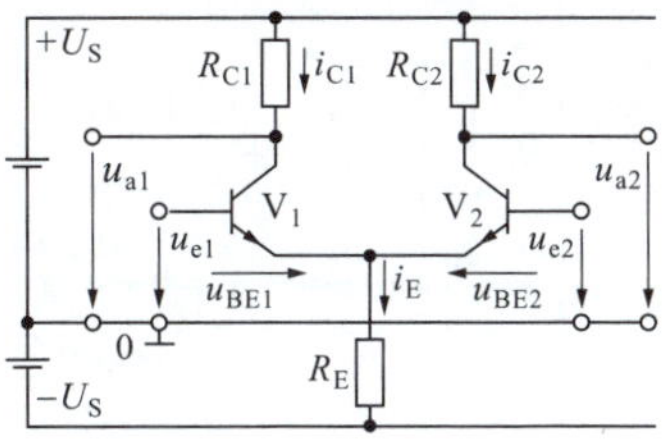

Voraussetzung für die nachfolgend angegebenen Eigenschaften sind die vollständige Symmetrie des Schaltungsaufbaus:

$$R_{C1} = R_{C2} = R_C$$

und gleiche Eigenschaften von V_1 und V_2

Symmetrische Differenzverstärkung	$\frac{u_{a2} - u_{a1}}{u_{e2} - u_{e1}} = A_{uE} = -\beta \frac{R_C \parallel r_{CE}}{r_{BE}}$ $u_{a1} = (u_{e1} - i_E R_E) A_{uE}$ $u_{a2} = (u_{e2} - i_E R_E) A_{uE}$ A_{uE} Spannungsverstärkung einer Emitterschaltung
Unsymmetrische Differenzverstärkung	$\frac{u_{a1}}{u_{e1} - u_{e2}} = -\beta \frac{R_C \parallel r_{CE}}{2 r_{BE}}$ $\frac{u_{a2}}{u_{e1} - u_{e2}} = \beta \frac{R_C \parallel r_{CE}}{2 r_{BE}}$
Gleichtaktverstärkung	$u_{e1} = u_{e2} = u_{1C}$ $\quad u_{a1} = u_{a2} = i_C R_C$ $i_C \approx i_E / 2$ $\quad u_{1C} \approx i_E R_E \approx 2 i_C R_E$ $\frac{u_{a1}}{u_{1C}} = \frac{u_{a2}}{u_{1C}} = \frac{R_C}{2 R_E}$
$r_{eD} = 2 r_{BE}$	Differenz-Eingangswiderstand
$r_{aG} = \beta R_E$	Gleichtakt-Eingangswiderstand
$r_a = R_C$	Ausgangswiderstand

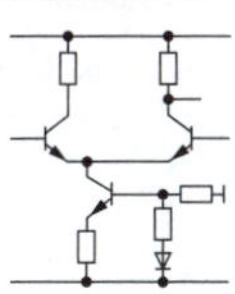

Verwendet man an Stelle von R_E eine Konstantstromquelle, so ist deren Innenwiderstand $\gg R_C$ und die Gleichtaktverstärkung geht gegen Null (Gleichtaktunterdrückung)

Operationsverstärker

Eine Zusammenschaltung aus

- Eingangs-Differenzverstärkerstufe,
- zweiter Differenzverstärkerstufe und
- unsymmetrischer Ausgangsstufe

bezeichnet man als Operationsverstärker.
Die verstärkenden Bauelemente können auch Feldeffekt-Transistoren oder Elektronenröhren sein.

Aus Halbleiterbauelementen aufgebaute **Operationsverstärker stellen** als integrierte Schaltung **einen universell einsetzbaren analogen Verstärker** dar. Sie haben

- sehr hohe Spannungsverstärkung,
- hohen Eingangswiderstand und
- kleinen Ausgangswiderstand

Schaltzeichen und Kennlinie	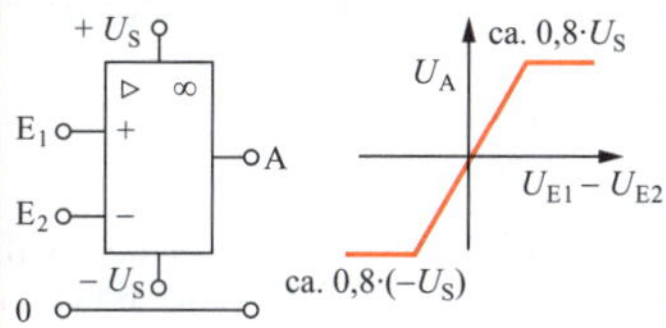
0	Bezugspotenzial
$+U_S, -U_S$	Betriebsspannungen
E_1	nicht invertierender Eingang
E_2	invertierender Eingang
A	Ausgang
Vereinfachte Ersatzschaltung	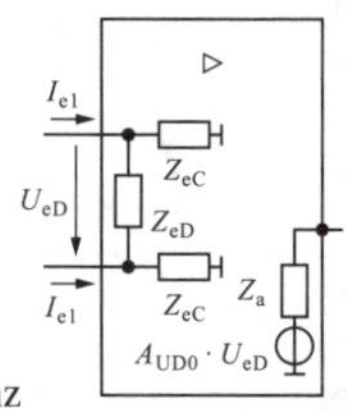
Z_{eC}	Gleichtakt-Eingangsimpendanz
Z_{eD}	Differenz-Eingangsimpedanz
Z_a	Ausgangsimpedanz
A_{UD0}	Differenz-Leerlaufverstärkung
Offset	Infolge von Fertigungstoleranzen wird die Ausgangsspannung bei $u_{E1} = u_{E2}$ nicht genau 0. Dieser Fehler kann durch eine konstante Spannung an E_1 oder E_2 (Offset-Spannung) kompensiert werden

6.2.4 Differenz- und Operationsverstärker

Frequenzverhalten des Operationsverstärkers

Prinzip

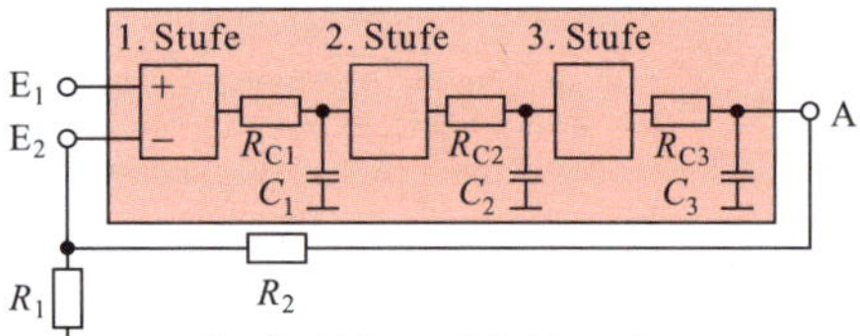

C_1, C_2, C_3 innere Schaltkapazitäten

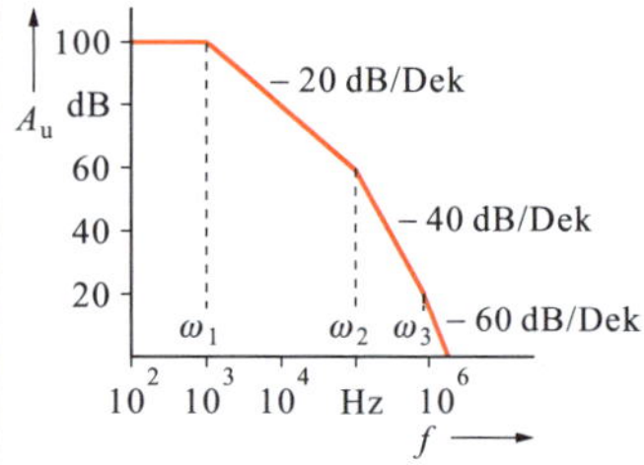

$$\omega_1 = \frac{1}{C_1 R_{C1}} \quad \omega_2 = \frac{1}{C_2 R_{C2}} \quad \omega_3 = \frac{1}{C_3 R_{C3}} \quad \omega = 2\pi f$$

$$A_u(\omega) = \frac{A_{u1}}{1 + j\dfrac{\omega}{\omega_1}} \cdot \frac{A_{u2}}{1 + j\dfrac{\omega}{\omega_2}} \cdot \frac{A_{u3}}{1 + j\dfrac{\omega}{\omega_3}}$$

Die Gegenkopplung R_1, R_2 geht bei der Frequenz ω_3 in eine Mitkopplung über. Die Schaltung schwingt, wenn bei $\omega \geq \omega_3$

$$A_u \cdot \frac{R_2}{R_1} \geq 1 \quad \text{ist}$$

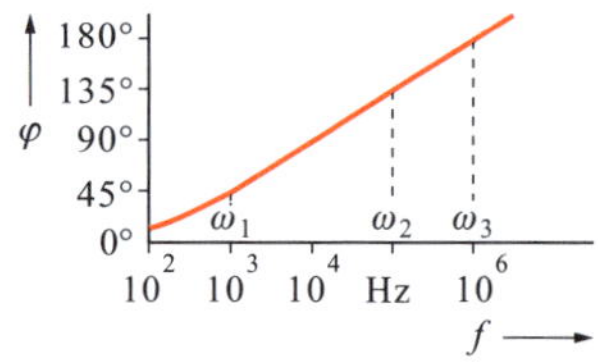

Kompensation

Die Schwingneigung wird vermieden, wenn durch zusätzliche Beschaltung mit Kompensationsgliedern (*C*-, oder *RC*-Schaltungen) die Grenzfrequenz ω_1 so weit nach unten verschoben wird, dass A_u bei ω_3 kleiner als 1 (kleiner 0 dB) wird.
An integrierten Schaltungen sind dazu ggf. spezielle Anschlüsse vorhanden

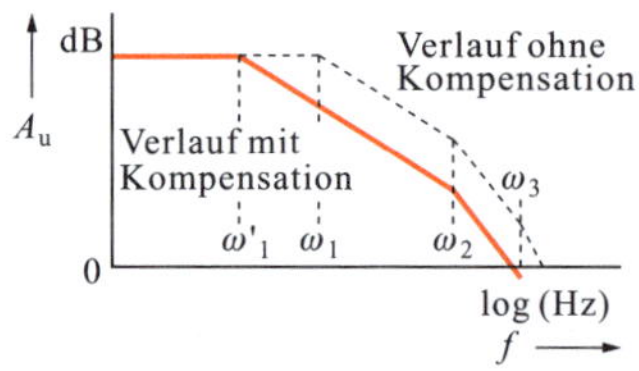

Slew-Rate

(Änderungsgeschwindigkeit der Ausgangsspannung)

Infolge der inneren Schaltkapazitäten und ggf. angeschlossener Kompensationskondensatoren ändert sich die Ausgangsspannung langsamer als die Eingangsspannung. Die maximale Änderungsgeschwindigkeit wird bei sprunghafter Änderung der Eingangsspannung erreicht und ist eine Kenngröße des Operationsverstärkers.

$$SR = \frac{\Delta U_a}{\Delta t}$$

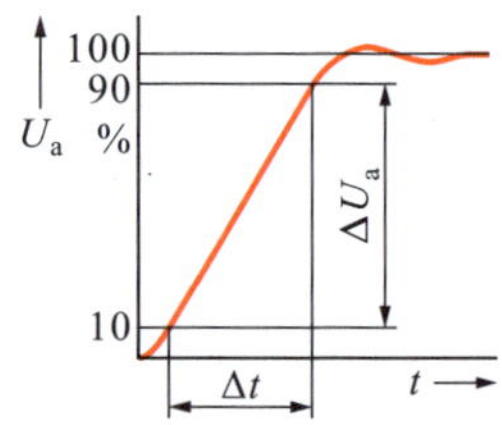

Sonderformen von Operationsverstärkern 6-24

Spannungskomparatoren	Transconductance – Verstärker (OTA)
Operationsverstärker mit rel. kleiner Spannungsverstärkung und hoher Slew-Rate für den Betrieb als Komparator ohne Hysterese	Operationsverstärker mit einer Stromquelle als Ausgangsstufe. An Stelle der Spannungsverstärkung wird die Vorwärtssteilheit angegeben. $S = \dfrac{i_a}{u_1 - u_2}$

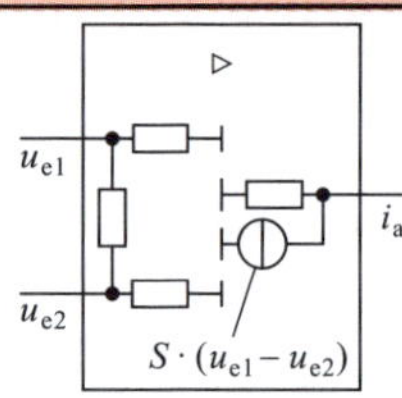

6.2 Sperrschicht-Halbleiterbauelemente

6.2.4 Differenz- und Operationsverstärker

Schaltungsbeispiele für lineare analoge Verstärkerschaltungen

Invertierender Verstärker

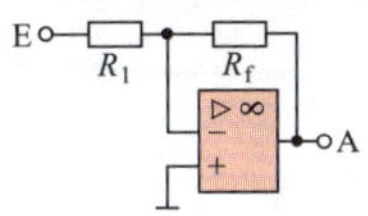

$$U_A = -U_E \frac{R_f}{R_1}$$

Nicht invertierender Verstärker (Elektrometer-Verstärker)

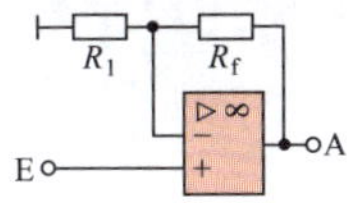

$$U_A = U_E \left(1 + \frac{R_f}{R_1}\right)$$

Verstärker mit erdfreiem Eingang

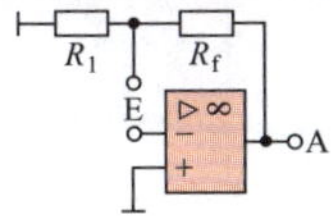

$$U_A = U_E \left(1 + \frac{R_f}{R_1}\right)$$

Impedanzwandler

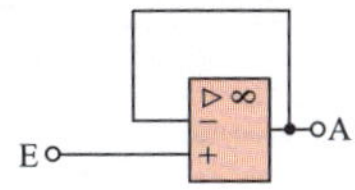

$$U_A = U_E$$

Instrumentenverstärker

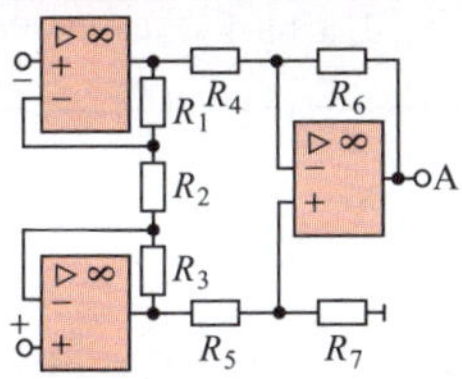

$$R_1 = R_3$$
$$R_4 = R_5$$
$$R_6 = R_7$$
$$A_u = \frac{R_6}{R_4}\left(1 + \frac{2R_1}{R_2}\right)$$

Leitungsverstärker, symmetrisch

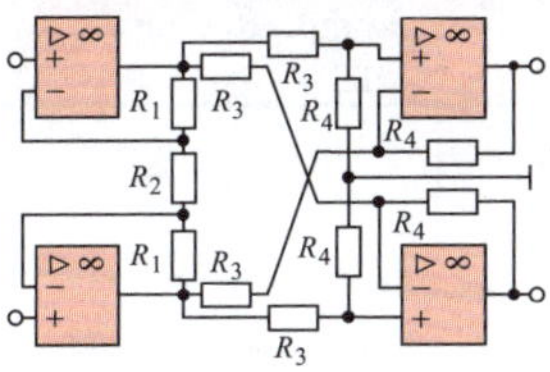

$$A_u = 2\frac{R_4}{R_3} \cdot \left(1 + \frac{2R_1}{R_2}\right)$$

Schaltungsbeispiele für lineare Analogrechner-Schaltungen

Summierer – Subtrahierer

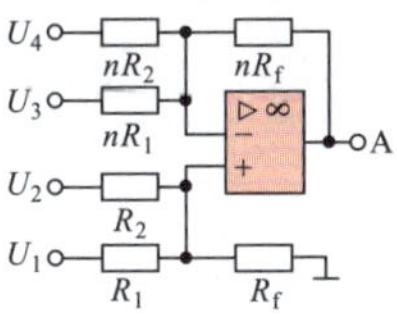

$$U_A = R_f \cdot \left(\frac{U_1}{R_1} + \frac{U_2}{R_2} - \frac{U_3}{R_3} - \frac{U_4}{R_4}\right)$$

Bipolarer Koeffizient

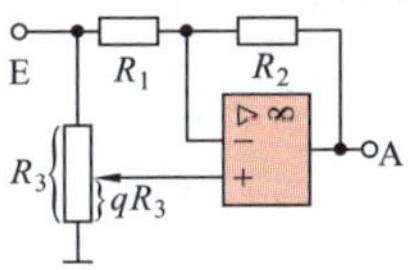

$$U_A = (2q - 1) \cdot U_E$$
$$0 \leq q \leq 1$$

Differenzierer

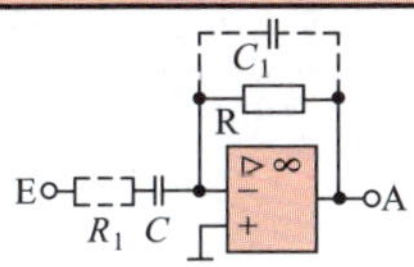

$$f_u = \frac{1}{2\pi R_1 C};$$
$$R \cdot C_1 \leq R_1 \cdot C$$
$$U_A = RC \frac{dU_E}{dt}$$

Integrierer

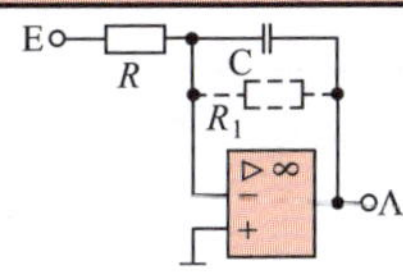

$$f_u = \frac{1}{2\pi R_1 C}$$
$$U_A = \frac{1}{RC}\int_0^t U_E \, dt$$

Schaltungsbeispiele für Impedanztransformationen

Negative Impedanz

kurzschlussstabil

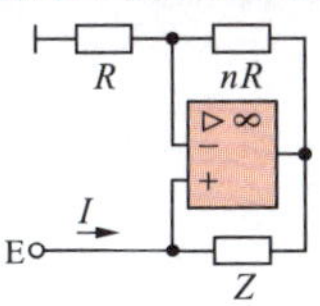

$$Z = \frac{U_E}{I} = -\frac{Z}{n}$$

leerlaufstabil

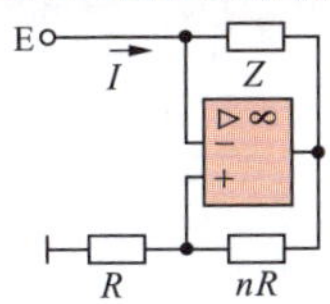

$$Z = \frac{U_E}{I} = -\frac{Z}{1+n}$$

Gyrator

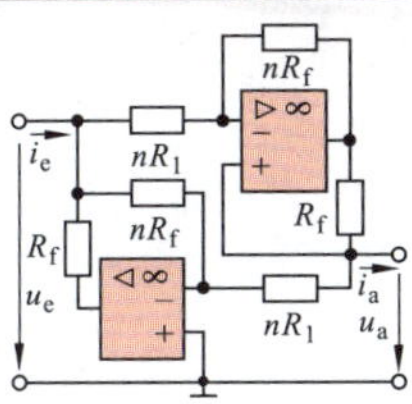

$$n \gg 1$$
$$i_a = \frac{u_e}{R_1}; \qquad i_e = \frac{u_a}{R_1}$$
$$\frac{u_e}{i_e} = \frac{i_a}{u_a} R_1^2; \quad Z_1 = \frac{1}{Z_2} R_1^2$$

6.2 Sperrschicht-Halbleiterbauelemente

6.2.4 Differenz- und Operationsverstärker

Schaltungsbeispiele für nichtlineare analoge Anwendungen

Lineare Einweggleichrichter

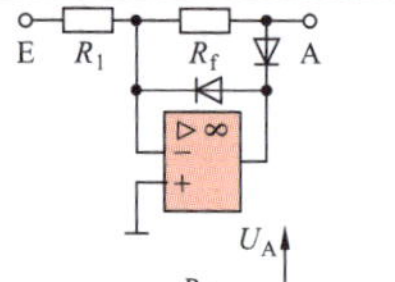

$U_A = -U_E \dfrac{R_f}{R_1}$

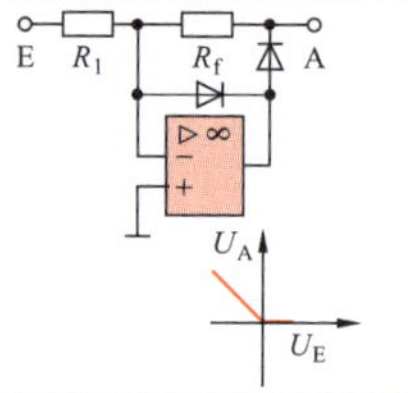

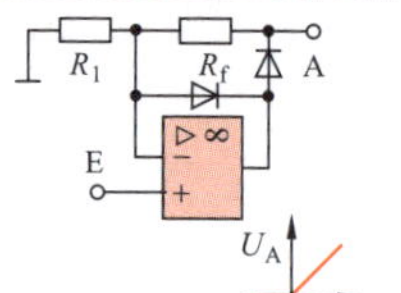

$U_A = U_E\left(1 + \dfrac{R_f}{R_1}\right)$

Präzisions-Zweiweg-gleichrichter

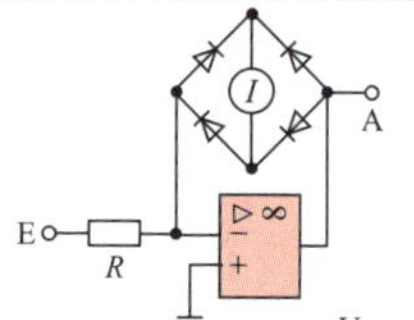

$I = \dfrac{U_E}{R}$

Schaltungsbeispiele für digitale Anwendungen

Komparator o. Hysterese

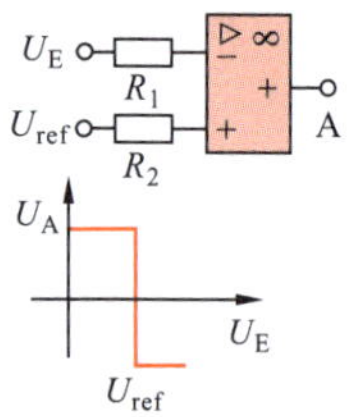

Komparator mit Hysterese

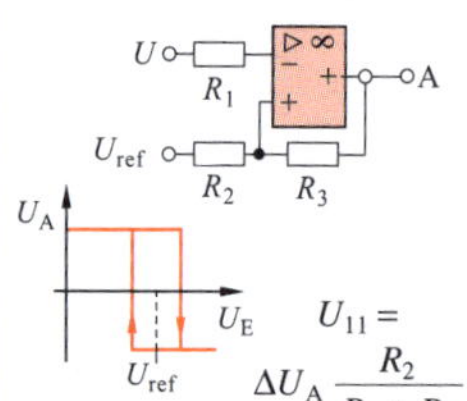

$U_{11} = \Delta U_A \dfrac{R_2}{R_2 + R_3}$

Fensterdiskriminator

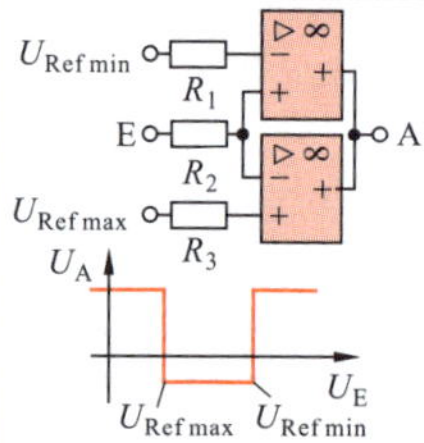

Bistabiler Multivibrator

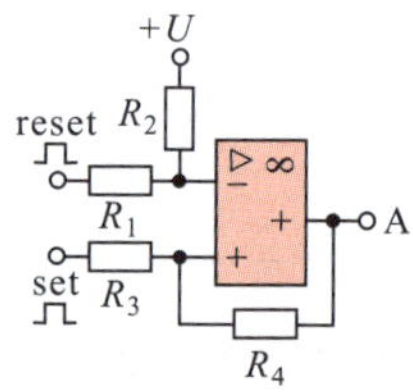

6.2.5 Sinus-Generatoren

Phasenketten-*RC*-Generator

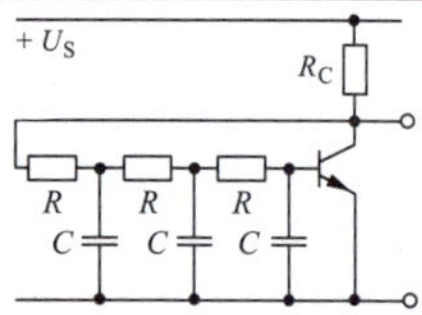

$$y_{21} R_C \geq 29$$

$$R \approx \tfrac{1}{3} h_{21} R_C$$

$$f_0 = \frac{1}{2{,}56\,RC}$$

***RC*-Oszillator mit Wien-Robinson-Brücke**

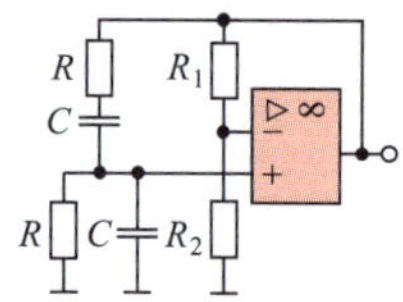

$$R_1 = 2nR\,; \quad R_2 = nR$$

$$f_0 = \frac{1}{2\pi RC}$$

Meißner-Schaltung

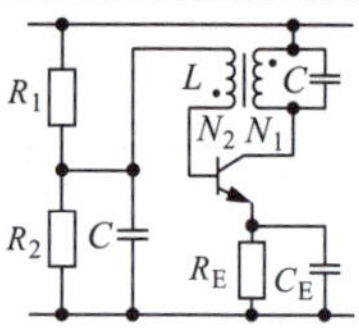

$$f_0 = \frac{1}{2\pi\sqrt{LC}}$$

$$h_{21} > \frac{N_1}{N_2}$$

Ind. Dreipunktschaltung (Hartley-Schaltung)

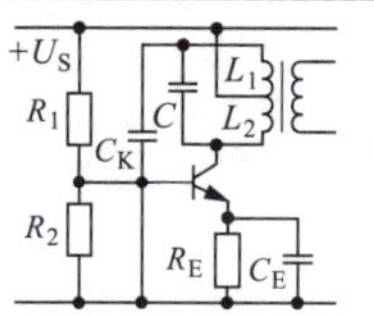

$$f_0 = \frac{1}{2\pi\sqrt{LC}}$$

$$h_{21} > \sqrt{\frac{L_1}{L_2}}\,; \quad \omega C_K \to \infty$$

Kap. Dreipunkt-schaltung nach Colpits

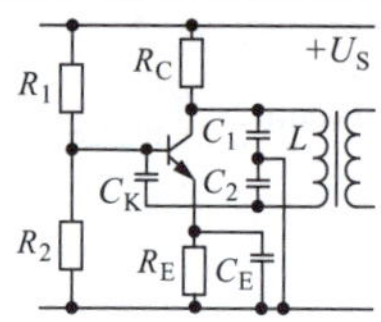

$$f_0 = \frac{1}{2\pi\sqrt{LC}}$$

$$\frac{C_2}{C_1} > h_{\eta b}\, g_a\,; \quad \omega C_K \to \infty$$

Quarzoszillator (Pierce-Schaltung)

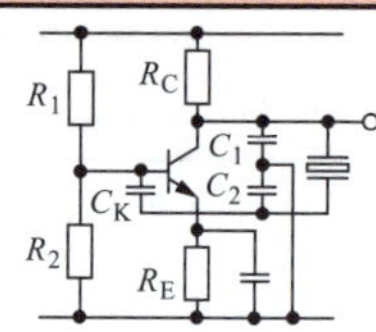

f_0 = Eigenfrequenz des Quarzes (Herstellerangabe)

$$\frac{C_2}{C_1} > h_{\eta b}\, g_a\,; \quad \omega C_K \to \infty$$

6.2 Sperrschicht-Halbleiterbauelemente

6.2.6 Transistoren als Schalter

⟹ 10-26

Arbeitspunkte

Als Schalter wird der Transistor nur in den Zuständen Kollektorstrom **„aus“** und Kollektorstrom **„ein“** betrieben.

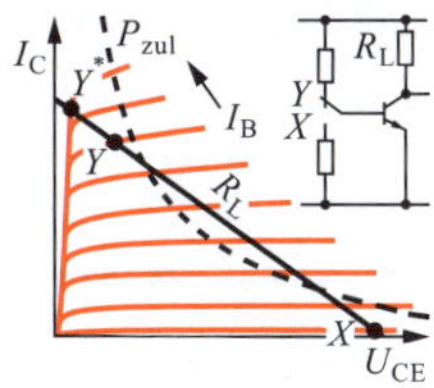

Arbeitspunkt *X* (Kollektorstrom „aus“):

$U_{BE} = 0$ (ggf: <0)

$I_B = 0$

$U_{CE} \leq U_{CE0}$, U_{CER}, U_{CES} oder U_{CEV} (Bedingung)

$I_C = I_{CE0}$, I_{CER}, I_{CES} oder I_{CEV}

Arbeitspunkt *Y* (Kollektorstrom „ein“, Transistor nicht gesättigt):

$U_{BE} \leq U_{CE}$; $I_{BY} = I_C / B$; $U_{CE} > U_{CEsat}$;
$I_C = R_L (U_S - U_{CE})$

Arbeitspunkt *Y** (Kollektorstrom „ein“, Transistor gesättigt):

$U_{BE} > U_{CE}$; $I_{BY*} = I_C / B^*$, $B^* < B$;
$U_{CE} < U_{CEsat}$; $I_C = R_L (U_S - U_{CE})$

Verlustleistung

Die zul. Verlustleistung darf während des Umschaltvorganges überschritten werden, solange die zul. Sperrschichttemperatur nicht erreicht wird.

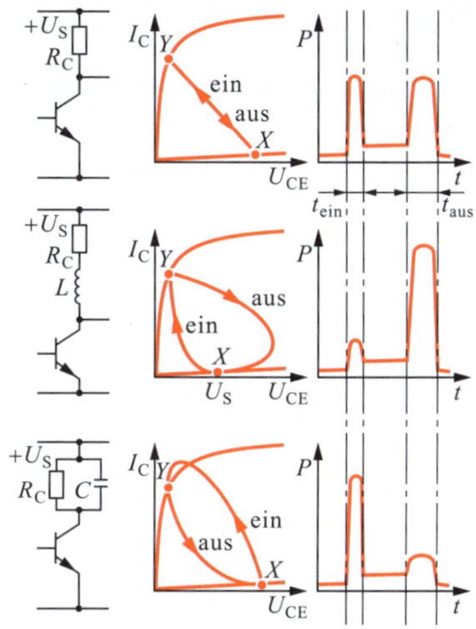

Zeitverhalten

t_d delay time
Verzögerungszeit

t_r rise time
Anstiegszeit

t_s storage time
Speicherzeit

t_f fall time
Abfallzeit

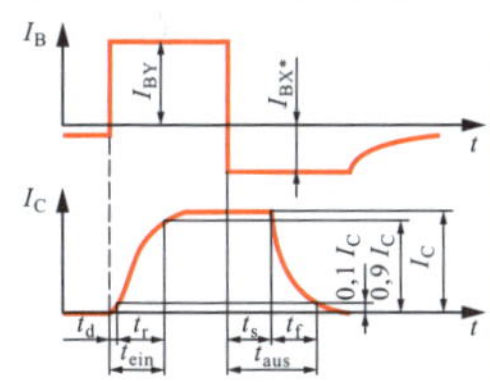

Schutz gegen Überspannung bei induktiver Last

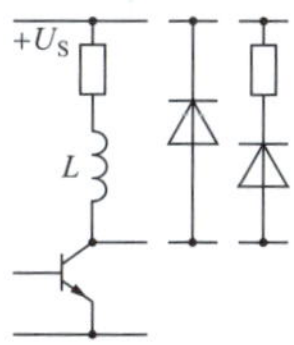

Relais, Leitungen

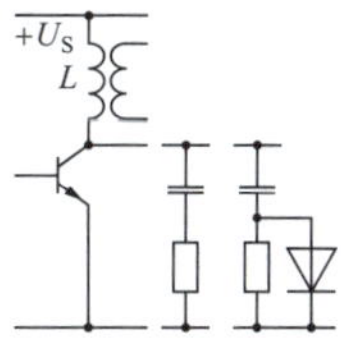

Transformatoren

Gestaltung des Zeitverhaltens

Zeitkonstanten des gewählten Transistors:
τ Einschaltzeitkonstante; τ_s Speicherzeitkonstante

Einflussfaktoren aus der angewendeten Schaltung:

$ü = I_{BY*} / I_{BY}$ (Einschalt-)Übersteuerungsfaktor
$|a| = I_{BX*} / I_{BY}$ Ausräumfaktor

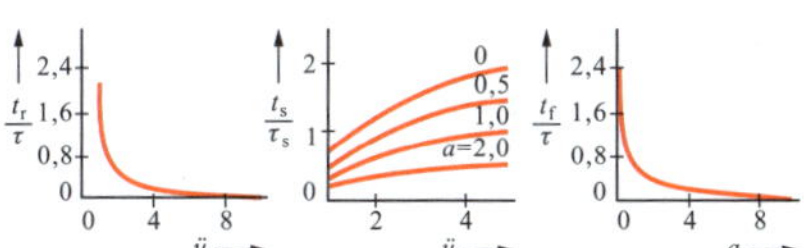

Kondensator verkürzt t_r und t_s:

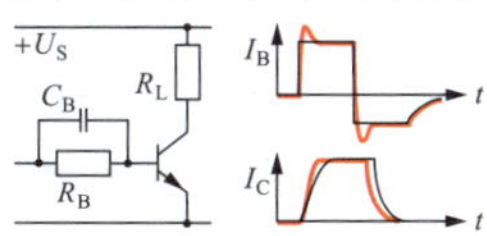

V_1 verhindert Sättigung von V_2, t_s verschwindet

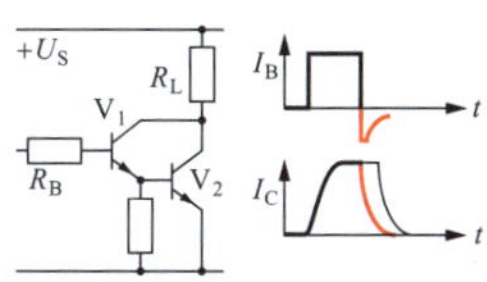

6

6.2 Sperrschicht-Halbleiterbauelemente

6.2.6 Transistoren als Schalter (Forts.)

Kippschaltungen

	Monostabiler Multivibrator	Astabiler Multivibrator	Bistabiler Multivibrator	Schmitt-Trigger
Schaltung	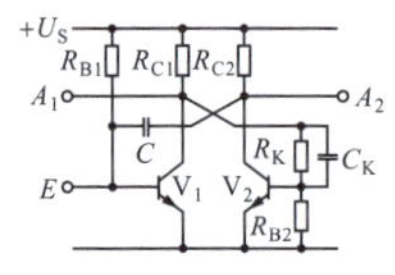	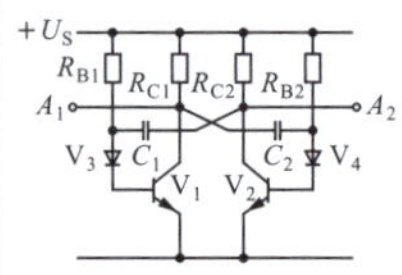	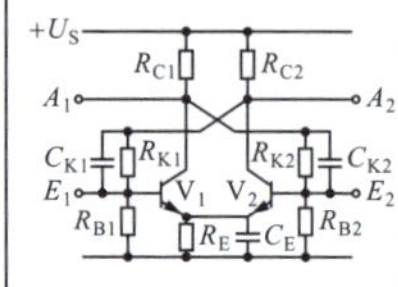	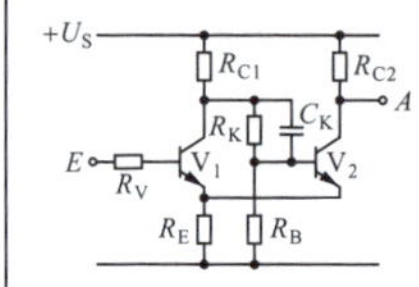
Eingangs-spannungen			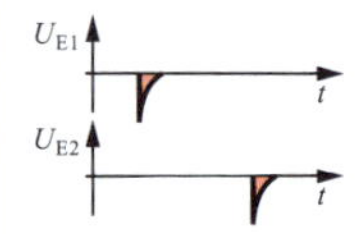	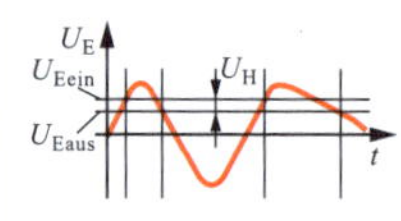
Basis-spannungen	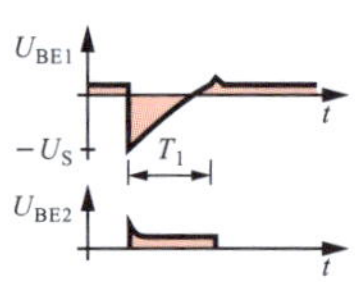	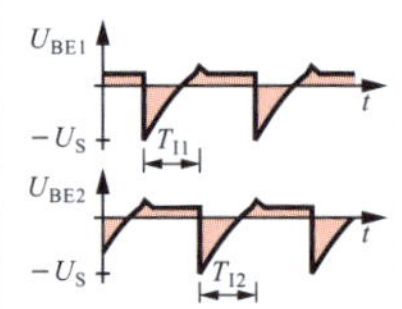	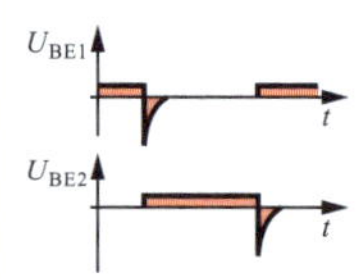	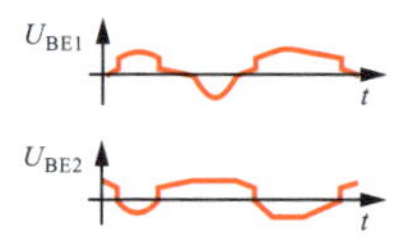
Ausgangs-spannungen	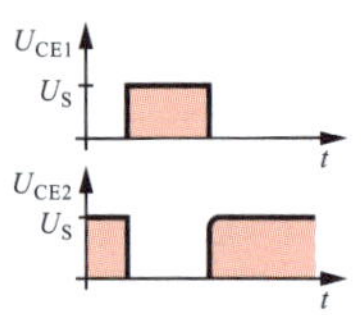	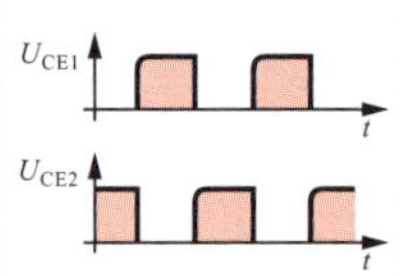	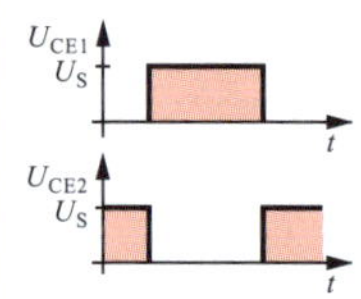	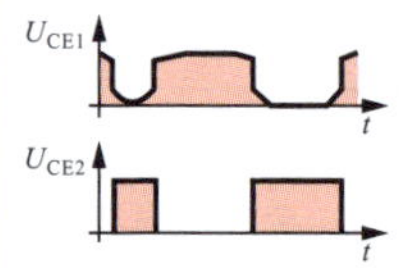
Dimensionierungshinweise	$R_{Cn} \approx \frac{U_S}{I_{Cn}}$ $n = 1, 2$ V_1 ein: $R_{B1} < 0{,}8\, B_{V1}\, R_{C1}$ V_2 ein: $R_{B2} \geq \frac{U_{BE2*}}{(5 \ldots 10)\, I_{B2}}$ $\geq \frac{U_{BE2*}\, B_{V2}\, R_{C2}}{(5 \ldots 10)\, U_S}$ $T_1 \approx 0{,}7\, R_{B1}\, C$	$R_{Cn} \approx \frac{U_S}{I_{Cn}}$ $n = 1, 2$ $R_{B1} < 0{,}8\, B_{V1}\, R_{C1}$ $R_{B2} < 0{,}8\, B_{V2}\, R_{C2}$ $T_{11} \approx 0{,}7\, R_{B1}\, C_1$ $T_{12} \approx 0{,}7\, R_{B2}\, C_2$ $f = \frac{1}{T_{11} + T_{12}}$	$R_{Cn} \approx \frac{U_S - U_E}{I_{Cn}}$ $n = 1, 2$ $R_E = \frac{2\, U_E}{I_{C1} + I_{C2}}$ $0{,}5\ \text{V} < U_E < 1{,}5\ \text{V}$ $R_{B1} \geq \frac{(U_{BE1*} + U_E)\, B_{V1}\, R_{C1}}{(5 \ldots 10)\, U_S}$ $R_{B2} \geq \frac{(U_{BE2*} + U_E)\, B_{V2}\, R_{C2}}{(5 \ldots 10)\, U_S}$ $R_{K1} \leq R_{B1} \cdot \left(\frac{U_S}{U_{BE1*} + U_E} - 1 \right) - R_{C2}$ $R_{K2} \leq R_{B2} \cdot \left(\frac{U_S}{U_{BE2*} + U_E} - 1 \right) - R_{C1}$	$R_{C2} \approx \frac{U_S - U_E}{I_{C2}}$ $R_{C1} \leq R_{C2}$ $R_E \approx \frac{U_E}{I_{C2}}$ $0{,}5\ \text{V} < U_E < 1{,}5\ \text{V}$ $R_B \geq \frac{(U_{BE2*} + U_E)\, B_{V2}\, R_{C2}}{(5 \ldots 10)\, U_S}$ $R_K \leq R_B \cdot \left(\frac{U_S}{U_{BE2*} + U_E} - 1 \right) - R_{C1}$
	U_{BE1*}, U_{BE2*}: Basisspannung beim Übergang in den leitenden Zustand			

6.2 Sperrschicht-Halbleiterbauelemente

6.2.7 Trigger-Bauelemente

Bei Triggerbauelementen tritt an die Stelle der kontinuierlichen Ladungsträgerinjektion durch den Basisstrom die Überschwemmung mit Ladungsträgern, wenn ein PN-Übergang leitfähig wird oder durchbricht. Sie werden dann schlagartig leitfähig und verlieren diese Leitfähigkeit erst wieder, wenn der Strom unter den sog. **Haltestrom I_H** sinkt. Mit verschiedenen Schichtfolgen und Dotierungsprofilen können für unterschiedliche Aufgaben geeignete Bauelemente bzw. Kennlinien realisiert werden

Zweirichtungsdiode (Diac)

Schaltzeichen

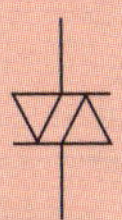

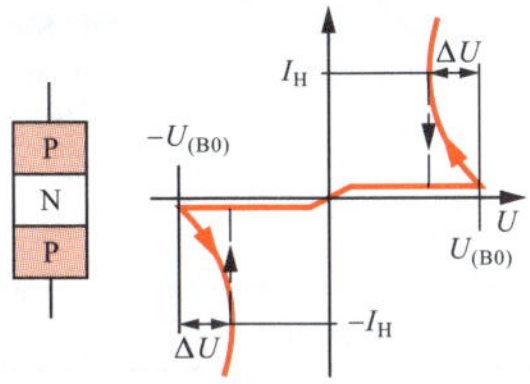

Typische Werte

Durchbruchspannung	$U_{(B0)}$	20 … 40 V
	ΔU	5 … 10 V
period. Spitzenstrom	I_{FRM}	… 2 A
zul. Verlustleistung	P_{Vmax}	… 300 mW

Zweirichtungs-Thyristordiode

Schaltzeichen

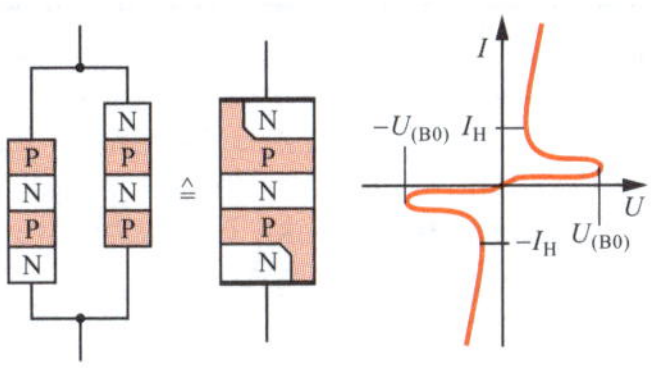

Typische Werte

Durchbruchspannung	$U_{(B0)}$	< 10 V
Haltestrom	I_H	0,5 … 5 mA
zul. Durchlassstrom	I_F	100 … 300 mA
zul. Verlustleistung	P_F	… 300 mW

Vierschichtdiode

Schaltzeichen

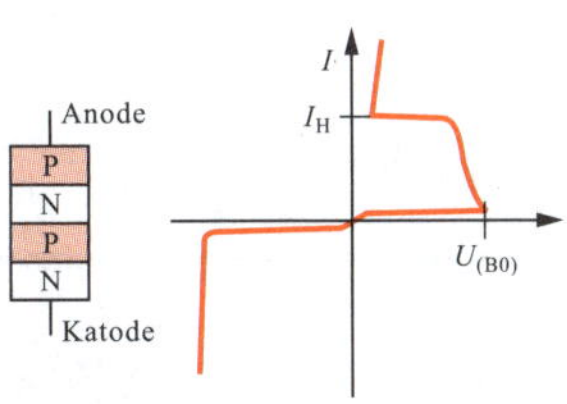

Typische Werte

Durchbruchspannung	$U_{(B0)}$	5 … 250 V
Haltestrom	I_H	< 50 mA
zul. Durchlassstrom	I_F	100 … 300 mA
period. Spitzenstrom	I_{FRM}	2 … 20 A
zul. Verlustleistung	P_F	… 1 W

Unijunction-Transistor (Zweizonentransistor, Doppelbasisdiode)

Schaltzeichen

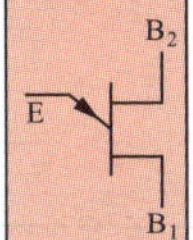

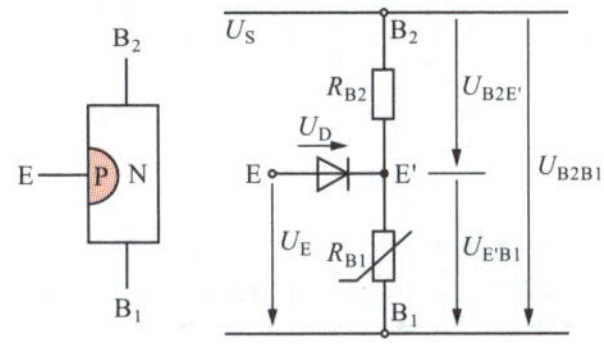

Bei kleiner Emitterspannung U_E wird der pn-Übergang infolge der Potenzialverteilung im n-leitenden Material gesperrt gehalten. Mit $U_E > U_{EB1}$ werden Ladungsträger in den Raum von R_{B1} injiziert, die Leitfähigkeit dieses Raumteiles nimmt stark zu und es entsteht ein Kennlinienabschnitt mit negativem differenziellen Widerstand.

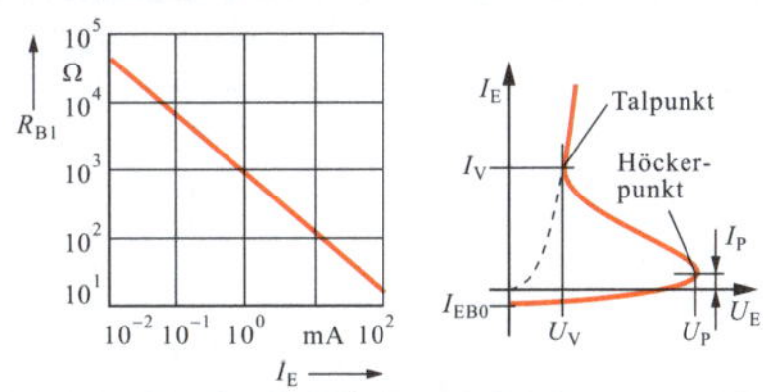

Kenngrößen (typische Werte)

Inneres Spannungsteilerverhältnis	$\eta = \frac{R_{B2}}{R_{B1}}$	0,5 … 0,9
Höckerstrom	I_P	1 … 20 µA
Talstrom	I_V	4 … 8 mA
Emitterreststrom	I_{EB0}	0,1 … 12 µA
Maximaler Emitterstrom	I_{Emax}	… 70 mA
Emitterdurchbruchspannung	U_{EB0}	… 65 V
Emitterdurchlassspannung	U_E	2 … 5 V
Zwischenbasiswiderstand	$R_{B1} + R_{B2}$	4 … 12 kΩ

Schaltungsbeispiel

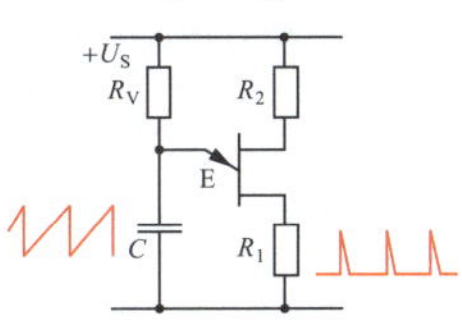

$$R_1 \approx \frac{U_P - U_D}{I_E}$$

Temperaturkompensation von U_P:

$$R_2 = \frac{0{,}7 \cdot R_{BB}/\Omega}{\eta \cdot U_{BB}/V}$$

6.2 Sperrschicht-Halbleiterbauelemente

6.2.7 Trigger-Bauelemente (Forts.)

Programmierbarer Unijunction-Transistor (PUT)

Der PUT entspricht im Aufbau einem anodenseitig steuerbaren Thyristor, wird mit R_1 und R_2 beschaltet (programmiert) und wie ein Unijunction-Transistor verwendet

Schaltzeichen

Aufbau

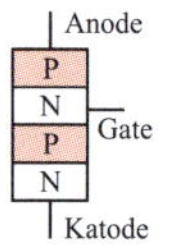

PUT mit äußerer Beschaltung

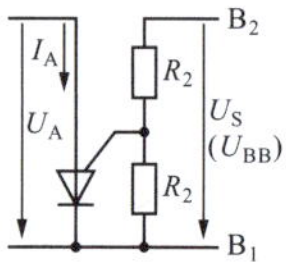

Äquivalentes Schaltzeichen

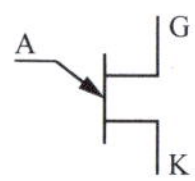

Kennlinie

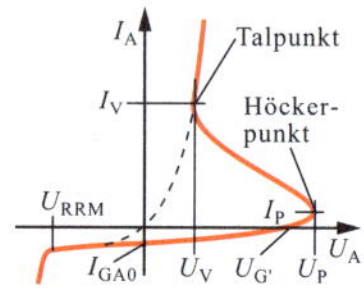

Kenngrößen (typische Werte)

I_{AKmax} … 150 mA
I_{GA0} < 10 µA
U_{RRM} … 40 V

I_P, I_V siehe Programmierung

Programmierung

$$R_{BB} = R_1 + R_2$$

$$R_G = \frac{R_1 \cdot R_2}{R_1 + R_2}$$

$$\eta = \frac{R_1}{R_1 + R_2}$$

$$U_{G'} = \eta \cdot U_S$$

Höckerstrom

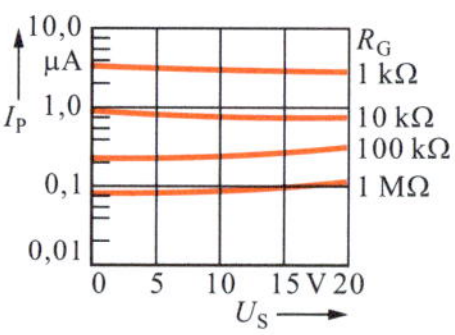

Talstrom

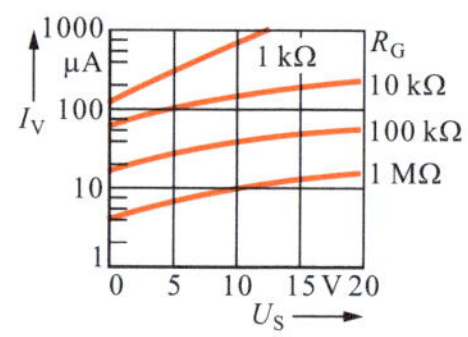

6.2.8 Thyristoren

10-

Bei Thyristoren wird die Überschwemmung mit Ladungsträgern durch einen **Zündstrom I_G** ausgelöst, der über den **Steueranschluss (Gate)** zugeführt wird. Sie werden dann schlagartig leitfähig und verlieren die Leitfähigkeit erst wieder, wenn der Strom unter den sog. **Haltestrom I_H** sinkt. Überschreiten der Durchbruchspannungen U_{RPV} oder U_{DRM} führt in der Regel zur Zerstörung des Thyristors

Rückwärts sperrender Thyristor

Schaltzeichen

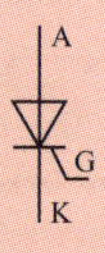

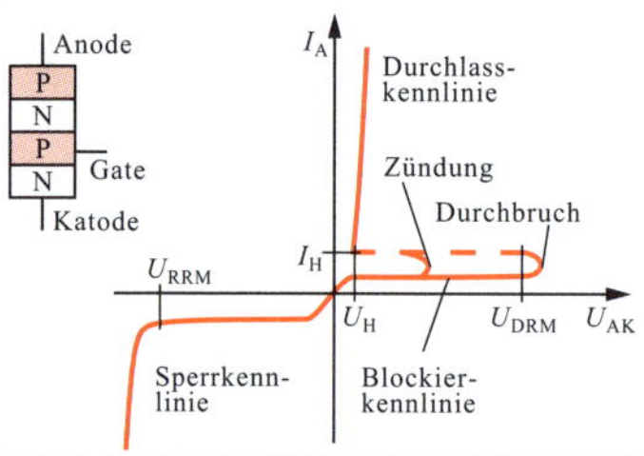

Kenngrößen

I_{GD}	höchster nicht zündender Steuerstrom
I_{GT}	Zündstrom für sicheres Zünden
I_{GM}	höchster zulässiger Vorwärts-Spitzensteuerstrom
U_{GD}	höchste nicht zündende Steuerspannung
U_{GT}	Zündspannung für sicheres Zünden
U_{GM}	höchste zulässige Vorwärts-Spitzensteuerspannung

Typische Werte

U_{RRM}, U_{DRM}	20 … 4000 V
I_{TA}	0,3 … 1000 A
I_H	2 … 500 mA

Zündstromkreis

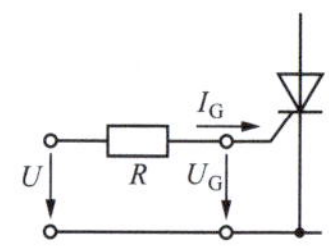

Zündkennlinien

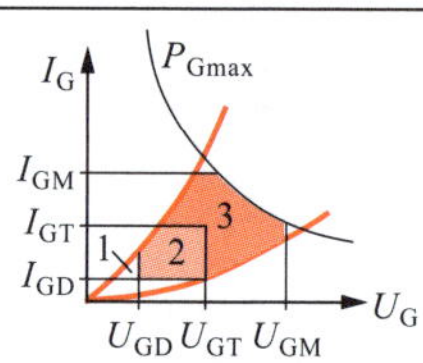

1 Bereich des sicheren Nichtzündens
2 Bereich des nicht sicheren Zündens
3 Bereich des sicheren Zündens

6.2 Sperrschicht-Halbleiterbauelemente

6.2.8 Thyristoren (Forts.)

Temperaturverhalten

Blockier- und Sperrkennlinie

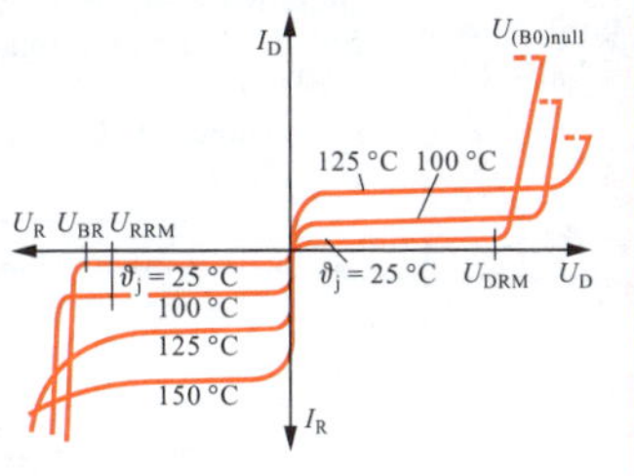

Zündkennlinien

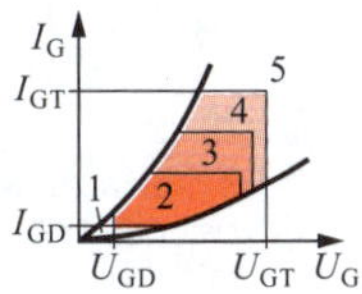

1 sicheres Nichtzünden
2 sicheres Zünden bei $\vartheta_i > 125$ °C
3 sicheres Zünden bei $\vartheta_i > 80$ °C
4 sicheres Zünden bei $\vartheta_i > 25$ °C
5 sicheres Zünden bei $\vartheta_i > -40$ °C

Typische Werte

I_{GT}: 0,01 … 500 mA
U_{GT}: 0,8 … 3 (10) V

Zeitverhalten – Ausschaltvorgang

Definition der Schaltzeiten

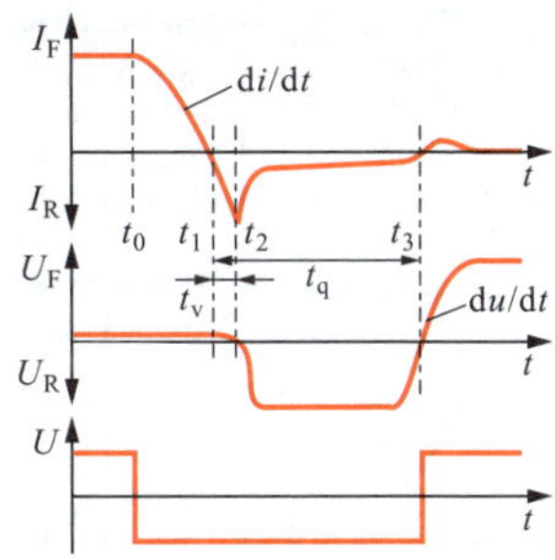

t_0 bis t_2	Trägerstaueffekt (TSE), die Ladungsträgerüberschwemmung wird abgebaut
t_v	Sperrverzugszeit
t_q	Freiwerdezeit, Ladungsträger aus den äußeren Sperrschichten werden abgezogen, der Thyristor wird wieder blockierfähig

Typische Werte

t_q: (2) 10 … 50 (300) µs

Zeitverhalten – Einschaltvorgang

Definition der Schaltzeiten

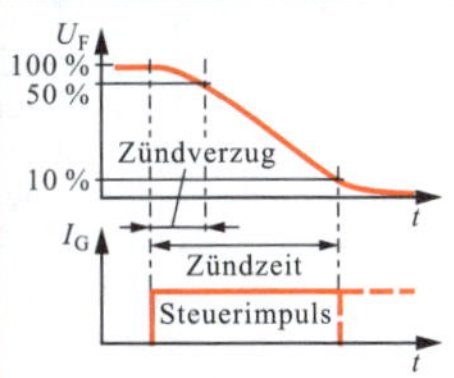

Der Zündstrom muss mindestens bis zum Ende der Zündzeit eingeschaltet sein

Einfluss der Last

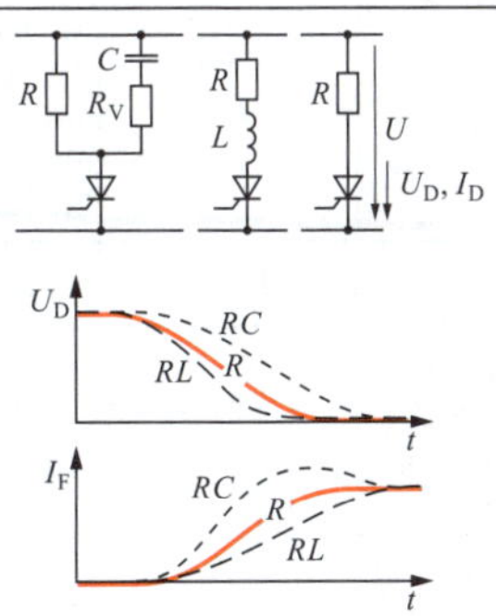

Belastung mit positiver Spannung vor Ablauf der Freiwerdezeit führt zu ungesteuerter (spontaner) Zündung und muss verhindert werden.

Die Freiwerdezeit t_q wird kürzer mit
- niedrigerer Sperrschichttemperatur
- niedrigerem Durchlassstrom I_D
- langsamerem Stromabfall di/dt beim Abschalten
- höherer Sperrspannung U_R beim Abschalten
- langsamerem Anstieg der Blockierspannung du/dt
- niedrigerer Blockierspannung U_D

Abschalten im Gleichstromkreis (Prinzip)

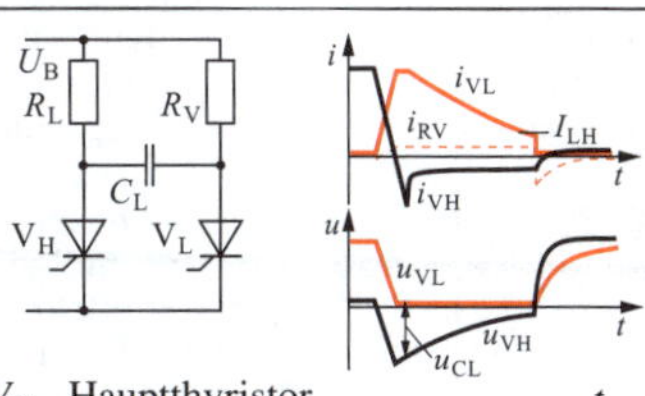

V_H	Hauptthyristor
V_L	Löschthyristor
C_L	Löschkondensator
R_L	Lastwiderstand
R_V	Ausgleichswiderstand
I_{LH}	Haltestrom d. Löschth.

$$C_L \geq \frac{t_q}{3 R_L}$$

$$R_V \geq \frac{U_B}{I_{LH}}$$

6

6.2 Sperrschicht-Halbleiterbauelemente

6.2.8 Thyristoren (Forts.)

Phasenanschnittsteuerung

6-31

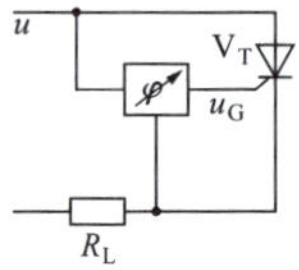

Mit Phasenanschnittsteuerung wird der **Mittelwert** der gleich gerichteten Spannung kontinuierlich gesteuert

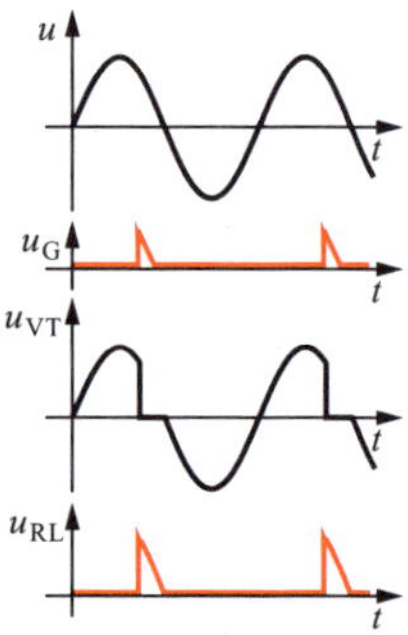

$\bar{u}_{RL}$ klein

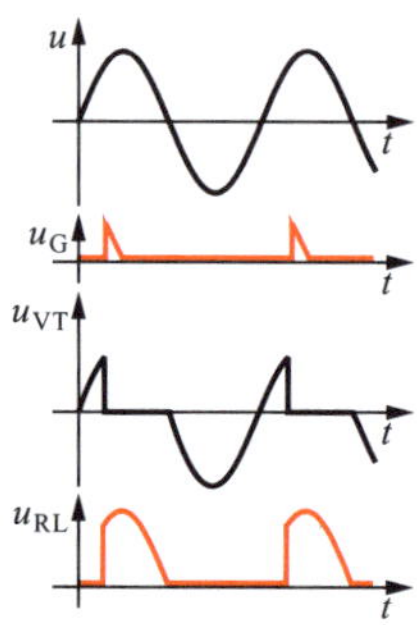

$\bar{u}_{RL}$ groß

Funkentstörung (EMV)

11-33
11-40

Bei Zündung im Maximum der Wechselspannung entstehen steile und hohe Strom- und Spannungsflanken, die starke Funkstörungen verursachen.

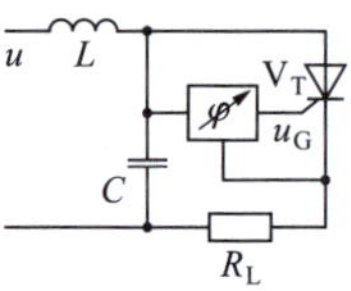

Mit zusätzlichen *LC*-Schaltungen wird die Ausbreitung dieser Störungen auf das Netz verhindert

Schaltungen zum Schutz des Thyristors

TSE-Schutzschaltung	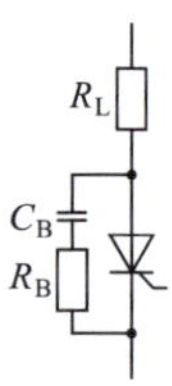 Beim Ausschalten entstehen – Spannungsspitzen aus induktiver Last – hoher Rückstrom infolge Trägerstaueffekt – Unterschreiten der Freiwerdezeit durch schnellen Spannungsanstieg d*u*/d*t* Grundwerte für R_B und C_B werden vom Thyristor-Hersteller angegeben
Schutz gegen zu hohe Ausschaltspannung	Spannungsbegrenzung durch – Metalloxidvaristoren (MOV) – Selen-Überspannungsbegrenzer (U-Dioden) – Controlled-Avalanche-Dioden (CAD) 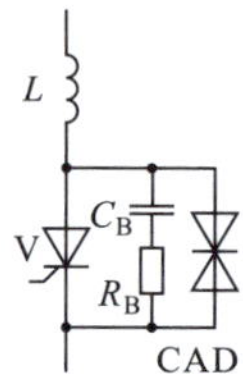 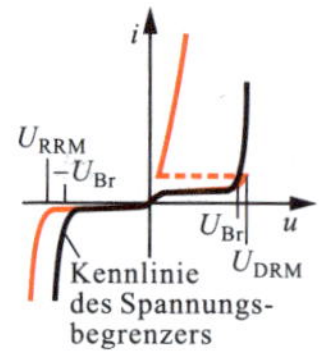
Schutz gegen zu hohen Dauerstrom	Gegen unzulässige Werte von I_{FM} bzw. I_{Feff} müssen Sicherungen verwendet werden, deren I^2t-Wert kleiner als der Wert des Grenzlastintegrals des Thyristors ist

Parallelschaltung von Thyristoren

Zünden	Sicheres Zünden aller Thyristoren wird durch überdimensioniert hohe und steile Zündimpulse erreicht
Widerstände	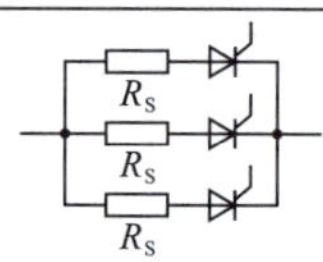 Mit den Widerständen R_S wird gleichmäßige Stromverteilung erzwungen
Stromteilerdrossel	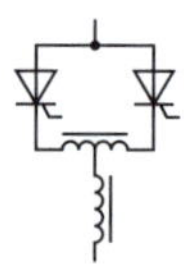 Induktivitäten mit Sättigungsverhalten nehmen während der Zündverzugszeit die gesamte Sperrspannung auf und verlieren mit steigendem Strom ihre Induktivität

Reihenschaltung von Thyristoren

Spannungsaufteilung durch Widerstände	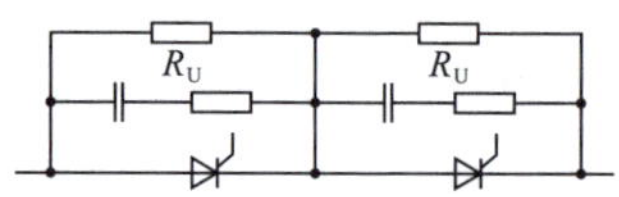

6.2 Sperrschicht-Halbleiterbauelemente

6.2.8 Thyristoren (Forts.)

Triac

Der Triac ist eine in einem Si-Kristall integrierte Antiparallelschaltung von zwei Thyristoren mit als Anode A_1 und A_2 bezeichneten Hauptanschlüssen und einem gemeinsamen Steueranschluss G (Gate)

Schaltzeichen

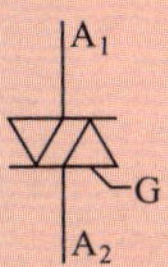

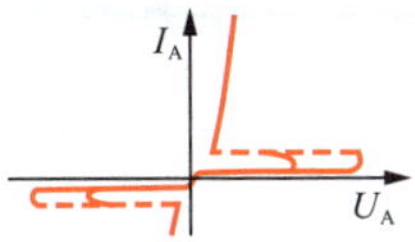

Zeitverhalten beim Ein- und Ausschalten und **Schaltungen zum Schutz des Triac** entsprechen denen des rückwärts sperrenden Thyristors

Zündung

Der Triac kann unabhängig von der Polung der Hauptanschlüsse mit positiven oder negativen Impulsen zwischen Anode A_2 und Gate gezündet werden

Zündquadranten

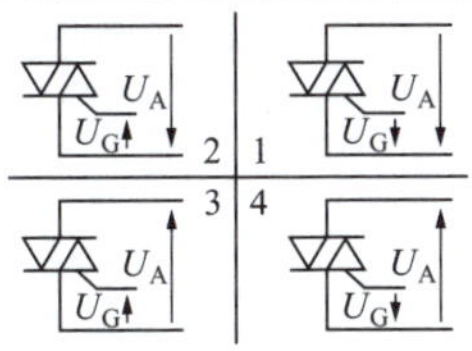

1,3: Empfindlichkeit maximal
4: ungünstig, da di/dt kleiner als in 1 – 3

Schaltungsbeispiel: Dimmer

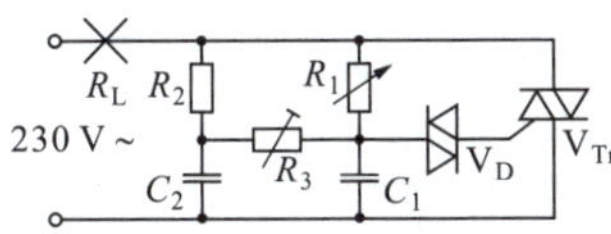

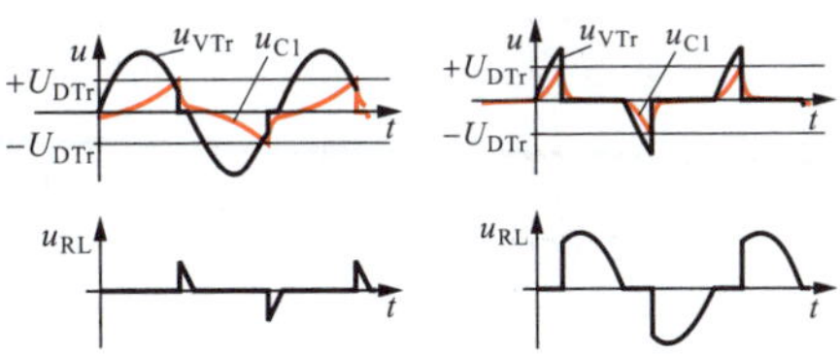

R_1 groß R_1 klein

Prinzipdarstellung! Bei Betrieb dieser Schaltung sind unbedingt Maßnahmen zur Funkentstörung zu realisieren

-33
-40

Rückwärts leitender Thyristor (RLT)

Beim RLT ist zu einem rückwärts sperrenden Thyristor eine antiparallel geschaltete schnelle Leistungsdiode integriert

Schaltz.

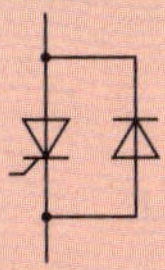

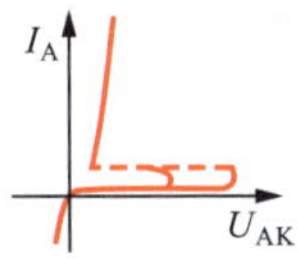

Anwendungsbeispiel

Reihenschwingkreiswechselrichter

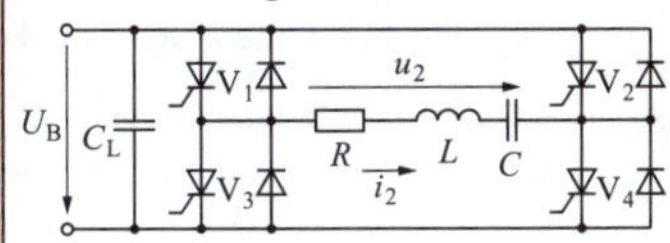

Abschaltthyristor (GTO)

Der Abschaltthyristor (gate turn off thyristor) ist aufgebaut wie ein rückwärts sperrender Thyristor, es ist jedoch ein **negativer Gatestrom** I_{LR} zulässig, mit dem der GTO abgeschaltet werden kann

Schaltz.

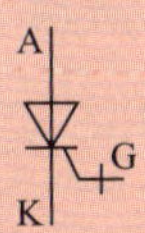

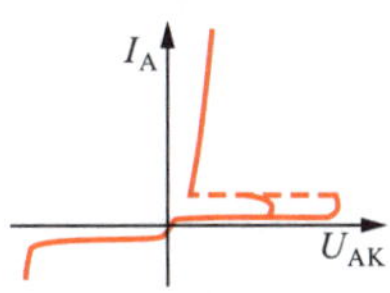

Steuergenerator

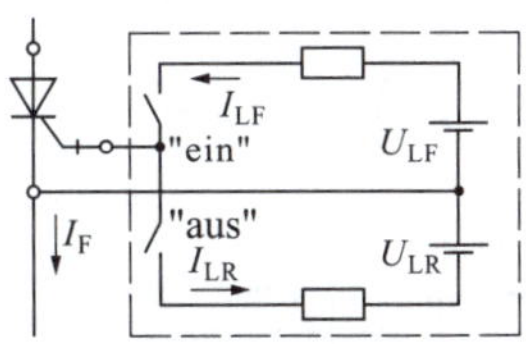

Für sicheren Betrieb mit Strömen wenig über dem Haltestrom soll der Steuerstrom I_{LF} eingeschaltet bleiben. Für sicheres Sperren soll U_{LR} ständig am Gate anliegen

Typische Werte

U_{LF}	8 … 24 V	
U_{LR}	>2 V	
I_{LR}	(0,2 … 0,3) · I_F	(in der Freiwerdezeit)

6

6.2.9 Stromrichter

10-2

Stromrichter sind Schaltungen zur Steuerung des elektrischen Energieflusses von Null bis zu seinem Nennwert, wobei im Allgemeinen periodisch zwischen mehreren Stromzweigen umgeschaltet (kommutiert) wird. Sonderfälle sind Schalter und Steller in nur einem Stromzweig und ungesteuerte Gleichrichter

Begriffe

Kommutierung	Der Übergang des Stromes von einem Stromzweig auf einen anderen
Überlappungszeit t_u	Die vom Kommutierungsvorgang benötigte Zeit, in der beide Zweige Strom führen
Kommutierungsspannung u_k	Die Spannung, die den Strom so treibt, daß er von einem auf einen anderen Zweig der Schaltung wechselt

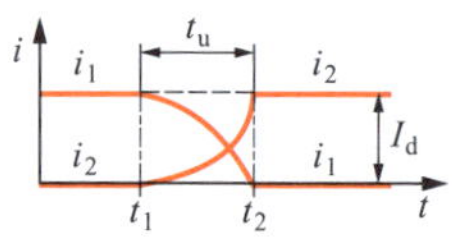

Übersicht

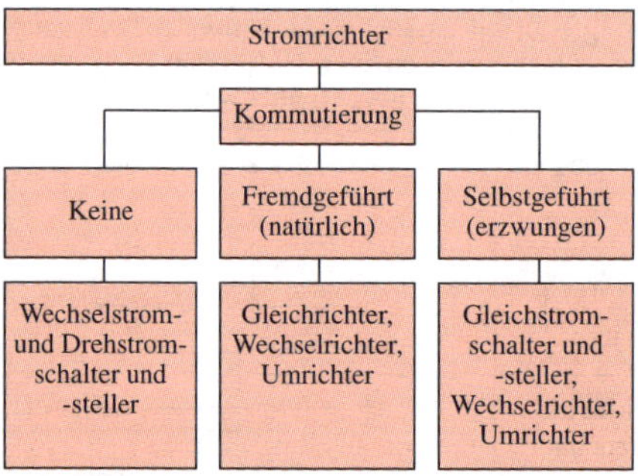

Selbstgeführte Stromrichter	Die Kommutierungsspannung wird von der Stromrichterschaltung selbst erzeugt
Fremdgeführte Stromrichter	Die Kommutierungsspannung wird von der Stromquelle (Netz) oder von der Last erzeugt
Ungesteuerter Betrieb	Die Kommutierungsspannung wird vom Netz geliefert. (Dioden-Gleichrichter)
Gesteuerter Betrieb	Die Kommutierung wird durch die Zündung eines steuerbaren Bauelementes eingeleitet

Beispiele

Parallelwechselrichter – selbstgeführt

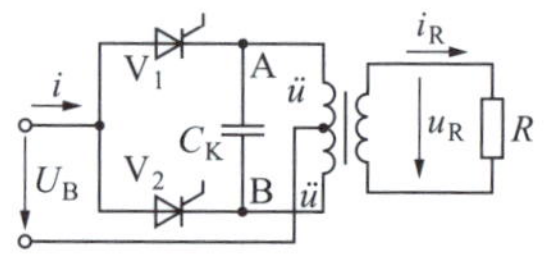

Phasenfolgelöschung	Die Spannung an C_K hat bei jedem Zünden die zum Löschen des anderen Thyristors notwendige Polarität
Zeitablauf (Prinzip)	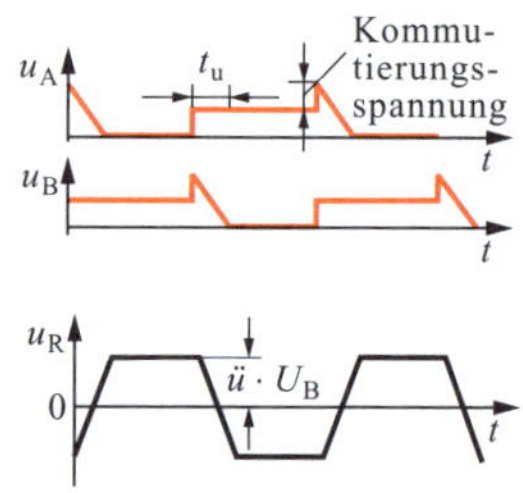
Vorteil	Geringer Aufwand
Nachteile	– Nur für Wirklast geeignet – Kein Betrieb im Leerlauf möglich – Große Rückwirkung auf die Speisespannung

Parallelwechselrichter für beliebige Last

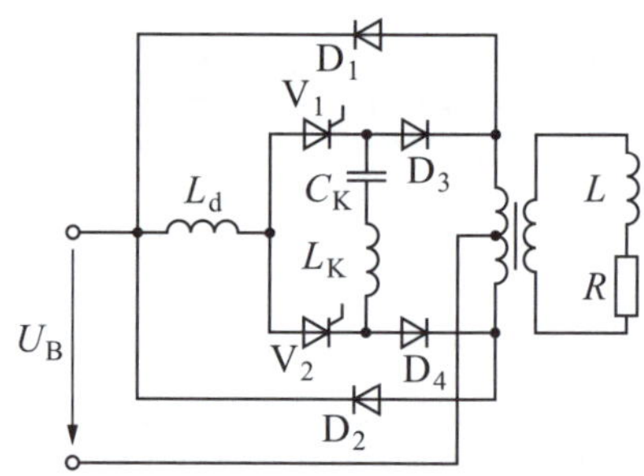

6.3 Feldeffekt-Transistoren

Im Feldeffekt-Transistor (FET) fließt der Strom in einem Kanal aus N- oder P-leitendem Halbleitermaterial.

Der Strom wird von einem elektrischen Feld gesteuert, das durch eine an die Steuerelektrode (Gate) angelegte Spannung entsteht.

Vom Kanal isoliert ist die Steuerelektrode durch
- gesperrten PN-Übergang (Sperrschicht-FET) oder
- Isolierschicht (Isolierschicht-FET)

Nach dem Isolierschichtmaterial unterscheidet man
- **M**etal-**O**xide-**S**emiconductor = MOS-FET und
- **M**etal-**N**itrid-**S**emiconductor = MNS-FET

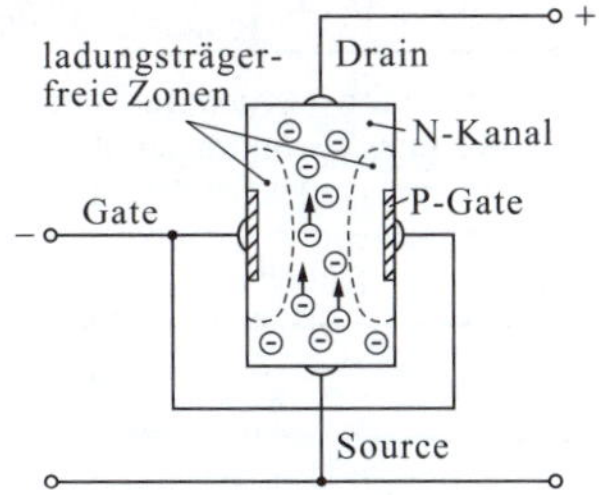

Prinzipieller Aufbau eines Sperrschicht-FET

Ausführungsformen

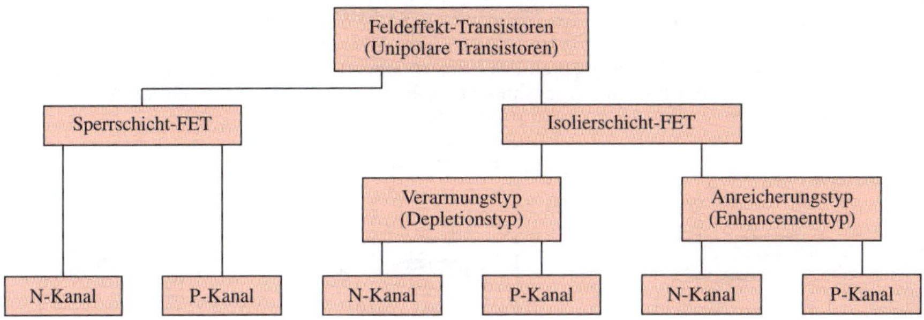

Schaltzeichen

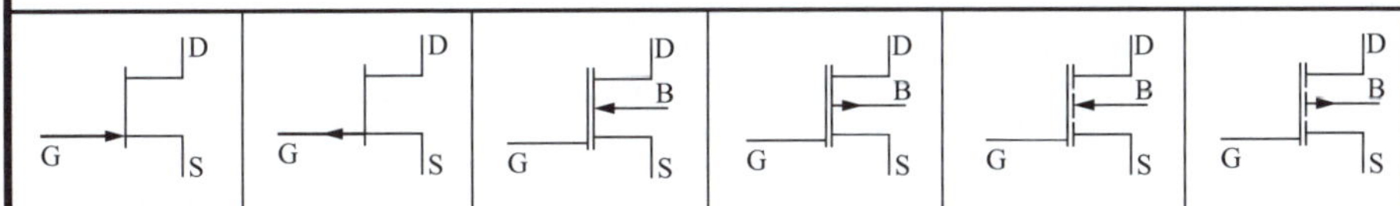

Eingangskennlinien

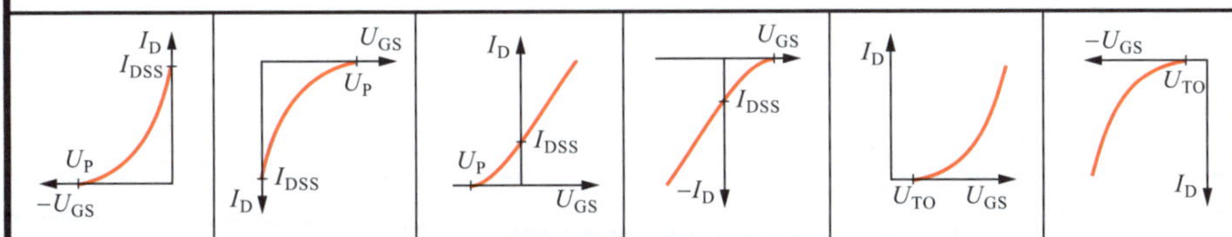

Ausgangskennlinien

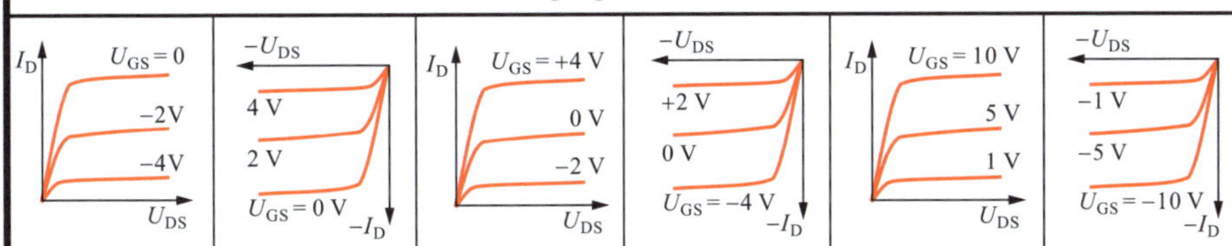

6.3 Feldeffekt-Transistoren

Aufbau und Wirkungsweise

Feldeffekt-Transistoren werden im Epitaxie- oder Diffusionsverfahren von der Oberfläche eines N- oder P-leitenden Substrates (Grundmaterial) aus schichtförmig aufgebaut. Im Kanal kann ein Strom sowohl von Source nach Drain als auch von Drain nach Source fließen (unipolares Verhalten)

	N-Kanal-Sperrschicht-FET	N-Kanal-Verarmungs-FET	N-Kanal-Anreicherungs-FET
FET ohne äußere Potenziale	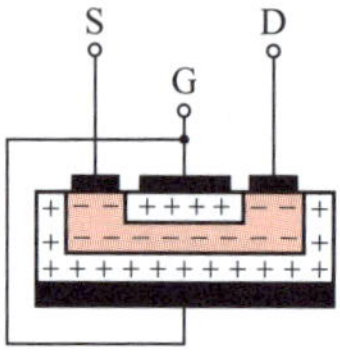 Der N-Kanal ist vollständig in P-leitendes Material mit gleichem Potenzial eingebettet. Drain und Source sind leitend verbunden	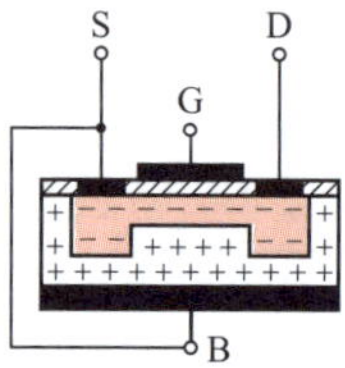 Der N-Kanal ist zur Oberfläche isoliert und auf der Rückseite durch das Substrat abgedeckt. Der Substratanschluss ist getrennt herausgeführt oder intern mit Source verbunden	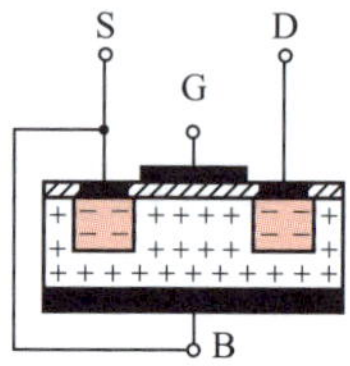 Es sind nur Kontaktzonen für Drain und Source vorhanden. Im spannungslosen Zustand besteht keine leitfähige Verbindung
Betriebsspannung angelegt	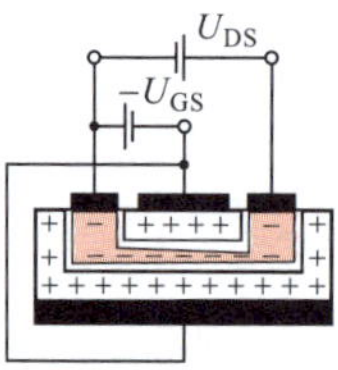 Bei Anlegen einer Spannung zwischen Drain und Source fließt der Drainstrom I_D. Wird das Gate in Sperrrichtung vorgespannt, breitet sich eine ladungsträgerfreie Sperrschicht in den Kanal hinein aus, der Kanalquerschnitt verringert sich, die Leitfähigkeit nimmt ab	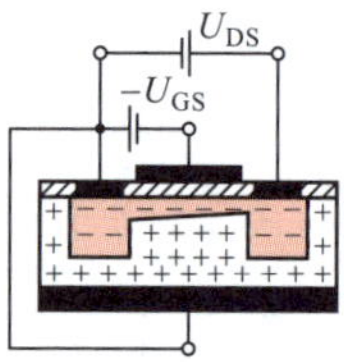 Bei Anlegen einer Spannung zwischen Drain und Source fließt der Drainstrom I_D. Je nach Polarität der Gatespannung U_{GS} wird die Trennschicht zum Substrat in den Kanal hinein- oder herausgeschoben. Kanalquerschnitt und Leitfähigkeit verändern sich entsprechend	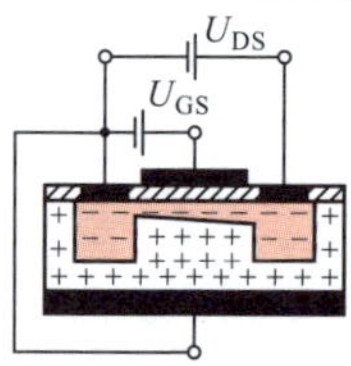 Bei Anlegen einer Spannung zwischen Drain und Source wird einer der PN-Übergänge gesperrt, es fließt kein Drainstrom. Bei positiver Gatespannung werden negative Ladungsträger in die ladungsträgerfreie Sperrschicht gezogen, es entsteht ein für negative Ladungsträger leitfähiger Kanal

Bezeichnung der Anschlüsse

S **Source** – (Quelle)
Anschluss für das Bezugspotenzial zum Gate und die Zuführung des zu steuernden Stromes

G **Gate** – (Tor)
Steuerelektrode

D **Drain** – (Abfluss)
Anschluss für Abnahme des gesteuerten Stromes

B **Bulk** – (Körper, Substrat)
normal mit Source verbunden, auch als zweite Steuerelektrode nutzbar

Ersatzschaltung

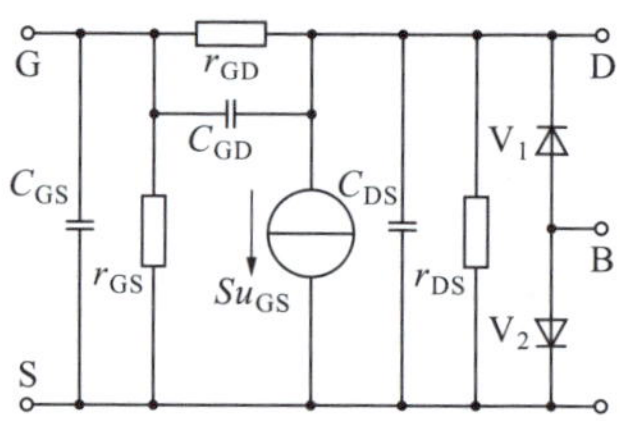

Gültig bis ca. 300 MHz

6.3 Feldeffekt-Transistoren

Kenngrößen	
Steilheit	$S = \Delta I_D / \Delta U_{GS}$
Schwell-spannung	U_P (bei S-FET), U_{To} (bei IG-FET) Steuerspannung U_{GS}, bei welcher der Drainstrom I_D praktisch null (< 10 µA) wird
Abschnür-spannung	U_{DSP} Drainspannung, bei welcher der Kanalquerschnitt an einem Drainende praktisch null wird $U_{DSP} = U_{GS} - U_P$ bzw. $U_{DSP} = U_{GS} - U_{To}$
Drain-Source-durchbruch-spannung	$U_{(BR)DS}$ Höchste zulässige Drain-Source-Spannung, bei der noch kein Durchbruch einer Sperrschicht erfolgt
Drain-strom bei $U_{GS} = 0$	I_{DSS} Der Wert wird für eine bestimmte Drain-Source-Spannung angegeben

Arbeitsbereiche

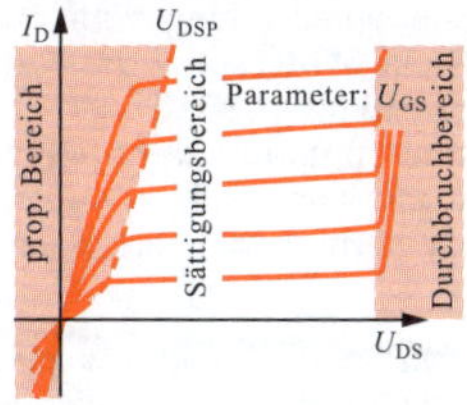

Proportionaler Bereich $U_{DS} < U_{DSP}$
Der FET verhält sich wie ein von U_{GS} abhängiger Widerstand.

Sättigungsbereich $U_{DS} > U_{DSP}$
Der Kanal ist abgeschnürt, I_D ist praktisch nur noch von U_{GS} abhängig,
Arbeitsbereich für Verstärkeranwendungen.

Durchbruchbereich $U_{DS} > U_{(BR)DS}$
Die Sperrschicht zwischen Kanal und Gate oder Bulk bricht durch, der FET wird zerstört, wenn keine äußere Strombegrenzung erfolgt.

Typische Betriebs- und Grenzwerte für FET mit Verlustleistungen bis ca. 500 mW

Steilheit	1 … 25	mA/V	Grenzfrequenz	100 … 400	MHz
Schwellspannung	0,5 … 15	V	Gate-Sourcekapazität	5 … 20	pF
Drain-Sourcedurchbruchspannung	12 … 60	V	Gate-Drainkapazität	0,05 … 15	pF
Gate-Sourcedurchbruchspannung	10 … 50	V	Einschaltzeit	8 … 100	ns
Max. Drainstrom	5 … 50 (500)	mA	Ausschaltzeit	10 … 160	ns

Grundschaltungen

Bezeichnung	Sourceschaltung	Drainschaltung	Gateschaltung
Schaltung Anmerkung: $g_m = y_{21} - y_{12}$	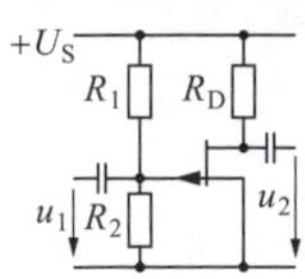	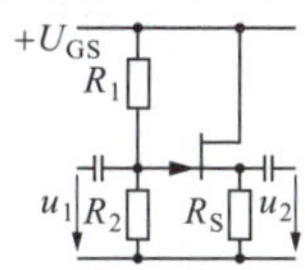	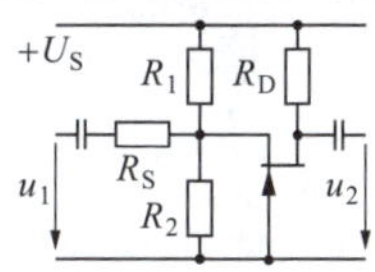
Spannungsverstärkung $A_u = u_2/u_1$	$A_u \approx -S \cdot R_D$	$A_u \approx 1$	$A_u \approx \frac{R_D}{R_S}$; $R_S \ll R_1 \parallel R_2$
Eingangswiderstand $z_e = u_1/i_1$	$z_e \approx R_1 \parallel R_2$	$z_e \approx R_1 \parallel R_2$	$z_e \approx R_S + (R_1 \parallel R_2) + 1/g_m$
Ausgangswiderstand $z_a = u_2/i_2$	$z_a \approx R_D$	$z_a \approx \frac{R_S}{1 + S R_S}$	$z_a \approx R_D$

6.3 Feldeffekt-Transistoren

Temperaturverhalten

In Abhängigkeit von der Temperatur ändern sich:
- der **spezifische Widerstand des Kanals.** Im Bereich –50 bis +150 °C: **TK positiv**
- die **Diffusionsspannung der Sperrschicht.** Sie nimmt mit wachsender Temperatur ab, das bewirkt eine Verbreiterung des Kanals. **TK negativ**

Je nach Aufbau des FET und je nach Betriebszustand sind beide Einflüsse unterschiedlich wirksam. Dadurch können folgende Situationen eintreten:

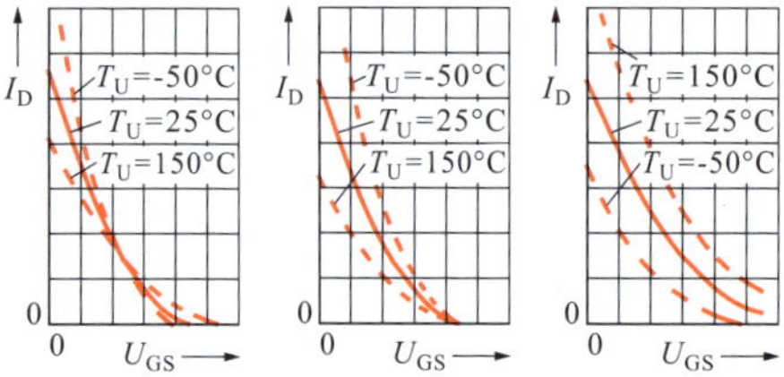

Arbeitspunkteinstellung und -stabilisierung

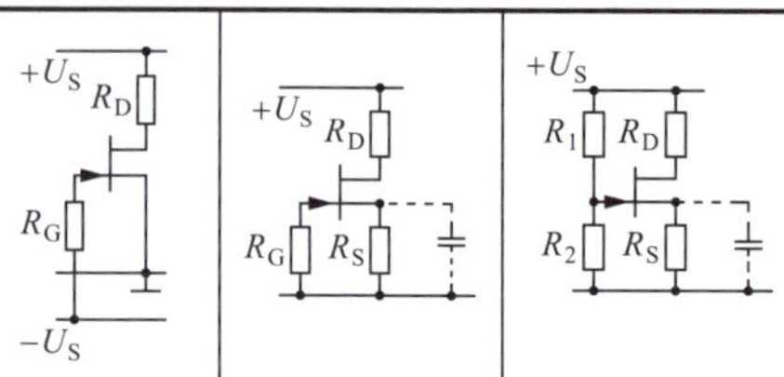

Vorspannung negativ		Vorspannung positiv
keine Stabilisierung	Stabilisierung gegen Exemplarstreuungen und Temperatureinfluss	

Über R_G bzw. $R_1 \| R_2$ muss Strom aus statischen Aufladungen am Gate abgeleitet werden. Es genügt, wenn der Ableitwiderstand kleiner als der Eingangswiderstand r_{GS} (typisch $10^{12}\ \Omega$) gewählt wird.

Praktische Werte: $R_G = 470\ \text{k}\Omega \ldots 10\ \text{M}\Omega$

MOS-Leistungstransistoren

Um die durch die planare Bauform bedingten Grenzen für I_D und $U_{(BR)DS}$ zu erweitern, wird der Grundaufbau in folgender Form verändert:

- Source und Drain werden an Ober- und Unterseite des Halbleiterkörpers angeordnet, der Drainstrom fließt vertikal durch den Kristall
- Source und Gateanschlüsse werden netzartig über die Oberfläche verteilt, sodass eine Parallelschaltung von vielen MOS-FET-Systemen in einem Kristall entsteht. Die Chipfläche kann erhöht werden, ohne dass sich die Steuereigenschaften verändern
- Die Gateelektrode wird aus Poly-Silizium hergestellt und vollständig von Siliziumdioxid umgeben, um die Gateisolation zu verbessern

FET ausgeschaltet

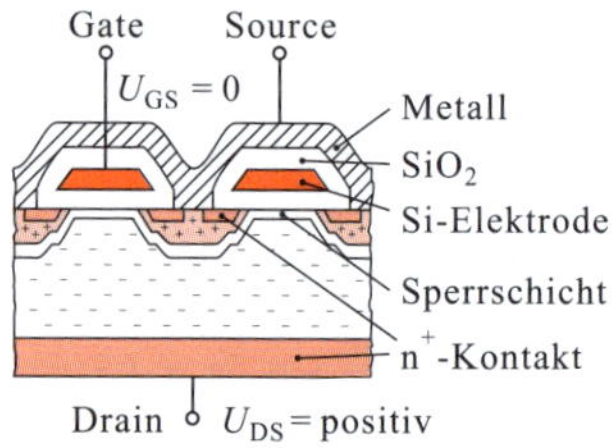

Stromfluss bei eingeschaltetem FET

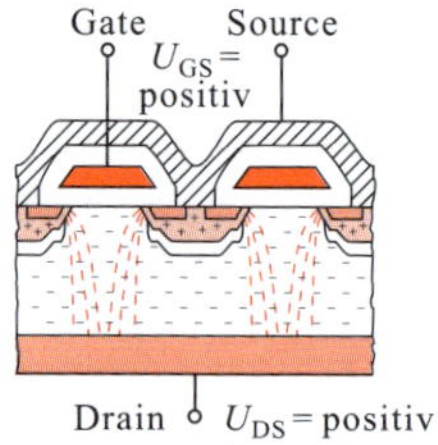

Typische Betriebs- und Grenzwerte für MOS-Leistungstransistoren

Steilheit	1 … 25	A/V	Min. Drain-Sourcewiderstand	10 … 0,03	Ω
Zulässige Verlustleistung	20 … 300	W	Gate-Sourcekapazität	50 … 500	pF
Drain-Sourcedurchbruchspannung	50 … 1000	V	Gate-Drainkapazität	50 … 500	pF
Gate-Sourcedurchbruchspannung	10 … 50	V	Einschaltzeit	8 … 100	ns
Max. Drainstrom	1 … 50	A	Ausschaltzeit	10 … 160	ns

6.4 Magnetfeldabhängige Bauelemente

6.4.1 Hallgenerator

Aufbau

Schaltz.

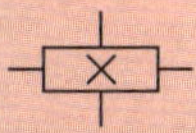

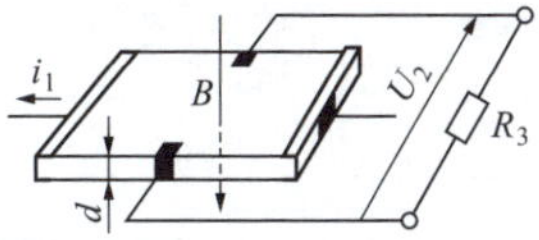

Halleffekt

In einer dünnen Schicht eines elektrischen Leiters der Dicke d fließt ein Steuerstrom i_1.
Ein Magnetfeld mit der Flussdichte B lenkt die Ladungsträger so ab, dass sich an den zum Strom i_1 parallelen Kanten des Leiters ein Potenzial mit der Leerlaufspannung U_{20} aufbaut.

$$U_{20} = \frac{R_h}{d} \cdot i_1 \cdot B$$

R_h Materialkonstante

Geeignete Materialien sind Halbleiter auf Indium- und Arsen-Basis. In Metallen ist der Effekt sehr klein

Typische Werte

Leerlaufhallspannung: 85 … 1000 mV
bei $i_1 = 10 \ldots 150$ mA
und $B = 1$ T

Der Nennsteuerstrom i_{1n} ist so festgelegt, dass in ruhender Luft am Bauelement eine Übertemperatur von 10 … 15 °C entsteht

Typische Kennlinie

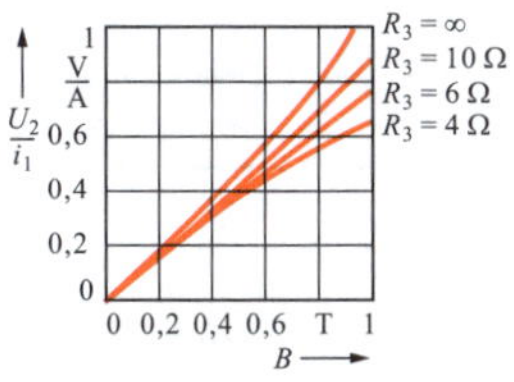

Linearität

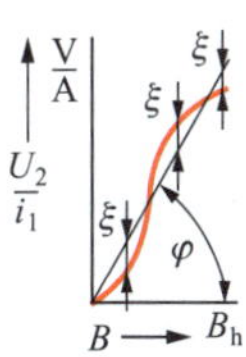

$$F_{lin} = \frac{\xi_{max}}{\tan\varphi \cdot B_h}$$

F_{lin} hängt vom Lastwiderstand R_3 ab, der optimale Wert muss jeweils experimentell ermittelt werden

6.4.2 Feldplatte

Aufbau

Schaltz.

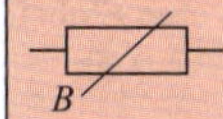

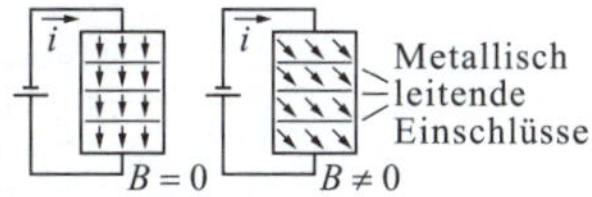

Wirkungsweise

Feldplatten bestehen aus einer dünnen Schicht Indiumantimonid, in die nadelförmige Kristalle aus metallisch leitendem Nickelantimonid eingelagert sind.

Ohne Magnetfeld fließen die Ladungsträger auf kürzestem Wege durch die Schicht, unter dem Einfluss des Feldes (Halleffekt) werden sie zwischen den Nickelantimonidkristallen abgelenkt, sodass sich der Stromweg verlängert und der Widerstand der Schicht ansteigt

Typische Werte

Grundwiderstand R_0: 10 … 500 Ω

Arbeitstemperaturbereich: −40 … 150 °C

Typische Kennlinie

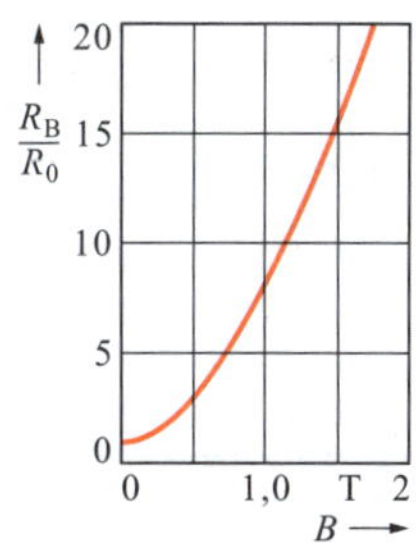

R_B Widerstand bei Flussdichte B
R_0 Widerstand ohne Magnetfeld

Temperaturverhalten

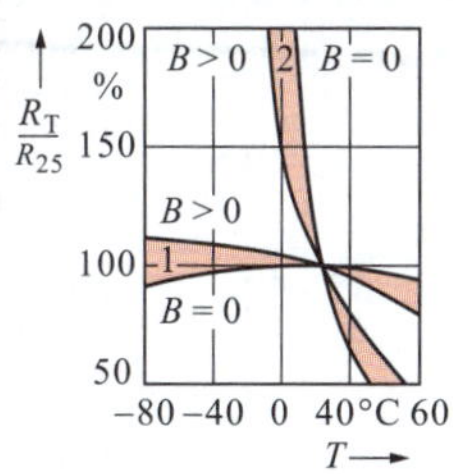

1 Material mit kleinem TK

2 Material mit großem TK

6

6.5 Integrierte Schaltungen

Übersicht

Mikroschaltung
Elektronische Schaltung mit großer Bauelementedichte, die als eine Einheit angesehen wird.

Zusammengesetzte Mikroschaltung
Aus mehreren Bauelementen oder integrierten Schaltungen aufgebaut, die getrennt voneinander hergestellt und vor dem Zusammenbau einzeln geprüft werden können

Integrierte Schaltung
Elektronische Schaltung aus untrennbar zusammengebauten und untereinander elektrisch verbundenen Schaltungselementen. Die Schaltung ist hinsichtlich Datenblattangaben, Prüfung, Vertrieb, Anwendung und Instandhaltung eine unteilbare Einheit

Integrierte Schichtschaltung
Integrierte Schaltung, bei der wesentliche Teile aus Schichten bestehen, die auf einen Träger aus Isoliermaterial aufgetragen sind

Dickschichtschaltungen
Die Schichten werden im Siebdruckverfahren hergestellt

Dünnschichtschaltungen
Die Schichten werden im Vakuum aufgedampft

Monolithische integrierte Halbleiterschaltung
In einem Halbleitereinkristall durch zonenweise Gestaltung der Leitfähigkeit aufgebaute elektronische Schaltung

Integrierte Analogschaltungen
Lineare Verstärker
- Operationsverstärker
- NF-Verstärker, Videoverstärker, Mehrkanalverstärker für die Nachrichtentechnik
- HF- und ZF-Verstärker

Spannungs- und Stromregler 6-2
Schalter für analoge Signale 6-2

Integrierte Digitalschaltungen 7-

Anmerkungen: Im engeren Sinne werden nur monolithisch integrierte Halbleiterschaltungen als **Integrierte Schaltungen** (abgekürzt **IS** oder **IC** von engl. „**i**ntegrated **c**ircuit") bezeichnet. Für zusammengesetzte Mikroschaltungen wird auch der Begriff **Hybridschaltung** verwendet.

Erläuterung	Kurzz.	Integrationsgrad	Transistoren/IS	Gatter/IS
Nach der Zahl der Transistorfunktionen bzw. der Zahl der Gatter pro IS werden sechs Integrationsgrade unterschieden	SSI	**S**mall **S**cale **I**ntegration niedriger Integrationsgrad	< 100	
	MSI	**M**edium **S**cale **I**ntegration mittlerer Integrationsgrad	<1000	
	LSI	**L**arge **S**cale **I**ntegration hoher Integrationsgrad	< 10000	< 1000
	VLSI	**V**ery **L**arge **S**cale **I**ntegration sehr hoher Integrationsgrad	$< 10^5$	> 1000
	V^2LSI	**V**ery **V**ery **L**arge **S**cale **I**ntegration sehr sehr hoher Integrationsgrad	$> 10^6$	< 10000
	ULSI	**U**ltra **L**arge **S**cale **I**ntegration extrem hoher Integrationsgrad		> 10000

6.6 Wärmeableitung bei Halbleiterbauelementen

Elektro-thermische Analogie

Die Analogie beruht auf der Ähnlichkeit der Widerstandsdefinition. Die Vorteile sind:

- anschauliche Ersatzschaltbilder
- einfache Rechenmethoden der Elektrotechnik

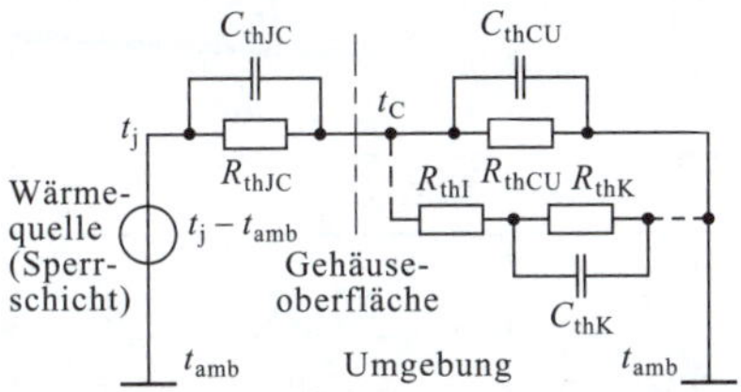

Elektrische Größe		Thermische Größe	
Widerstand	R	Wärmewiderstand	R_{th}
$R = \frac{U}{I}$		$R_{th} = \frac{t_2 - t_1}{P}$	
Spannung	U	Temperaturdifferenz	$t_2 - t_1$
Strom	I	Verlustleistung	P
Kapazität	C	Wärmekapazität	C_{th}
Zeitkonstante	τ	Wärmezeitkonstante	τ_{th}
$\tau = C \cdot R$		$\tau_{th} = C_{th} \cdot R_{th}$	

Größen in Wärme-Ersatzschaltungen

Art	Kurzzeichen DIN IEC	Kurzzeichen alternativ	Art	Kurzzeichen DIN IEC	Kurzzeichen alternativ
Gesamtverlustleistung	P_{tot}		Wärmewiderstand zwischen Sperrschicht und Gehäuseoberfläche (innerer Wärmewiderstand)	$R_{thJcase}$	R_{thcase}
Ersatzsperrschichttemperatur	t_{vj}	t_{VJ}, ϑ_{vj}, ϑ			
Umgebungstemperatur	t_{amb}	ϑ_{amb}			
Wärmewiderstand zwischen Sperrschicht und Umgebung ($R_{thJamb} = R_{thJcase} + R_{thcase\,amb}$)	$R_{thJ\text{-}amb}$	R_{thJU}, R_{thU}	Wärmewiderstand zwischen Gehäuse und Kühlkörper		R_{thCK}

ϑ wird verwendet, wenn die Verwechslung mit Zeitgrößen ausgeschlossen werden muss.

Wärmewiderstand quadratischer Kühlbleche bei ruhender Luft und Wärmequelle im Mittelpunkt Temperaturdifferenz zwischen Kühlblech und Umgebung > 60 K

Kupferblech

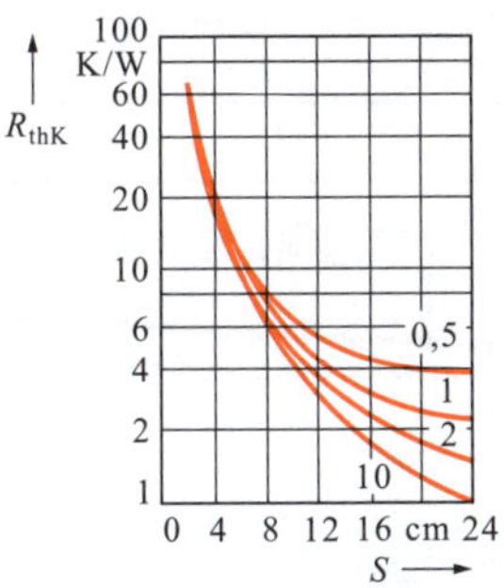

Aluminiumblech

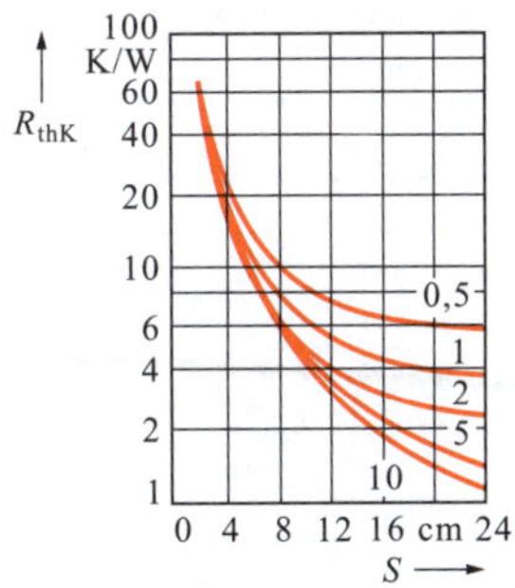

Stahlblech

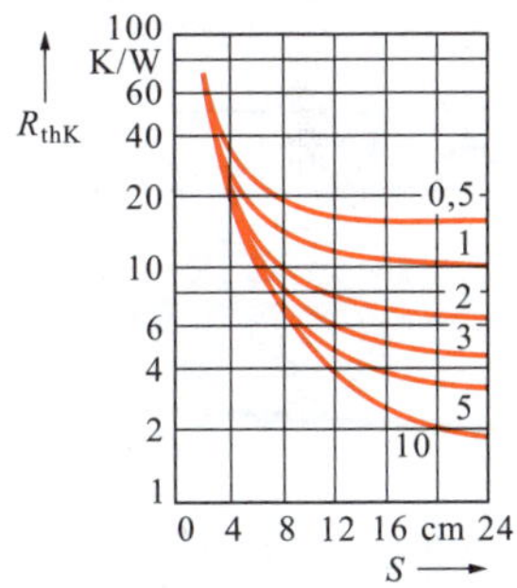

S	Kantenlänge bei senkrechter Anordnung, Oberfläche blank
$S_{sw} = 0{,}85 \cdot S$	Kantenlänge bei senkrechter Anordnung, Oberfläche geschwärzt
$S_w = 1{,}15 \cdot S$	Kantenlänge bei waagerechter Anordnung, Oberfläche blank
Parameter	Blechdicke in mm

6.7 Gehäuse für Halbleiterbauelemente (Auswahl) [1)]

Abmessungen, Anschlusszuordnung, typische Wärmewiderstandswerte

(DO-35)

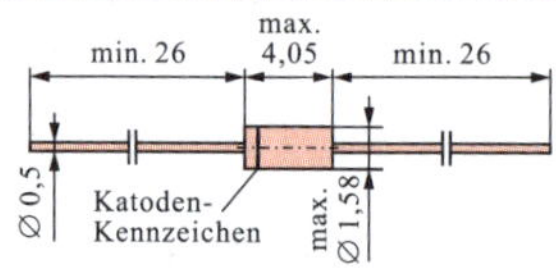

$R_{\text{thJamb}} \leq 800$ K/W

(DO-7)

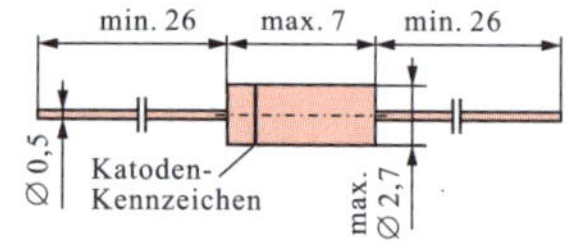

$R_{\text{thJamb}} \leq 800$ K/W

(DO-13)

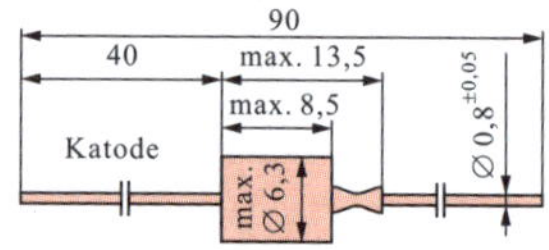

$R_{\text{thJamb}} \leq 100$ K/W

DIN: 10 D 3 (TO-92)

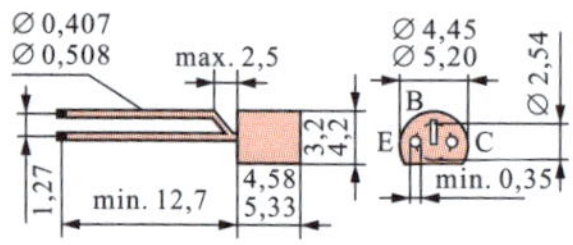

$R_{\text{thJamb}} = 200 \ldots 500$ K/W

DIN: 18 A 3 (TO-18)

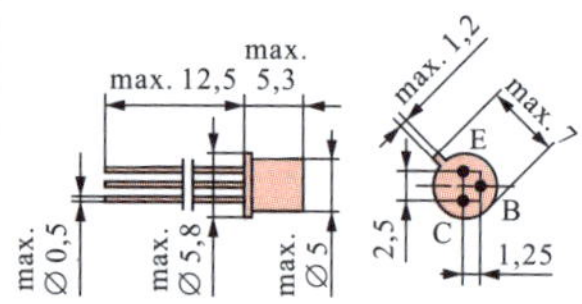

$R_{\text{thJcase}} \leq 200$ K/W
$R_{\text{thcase amb}} \approx 300$ K/W

DIN: 5 C 3 (TO-15)

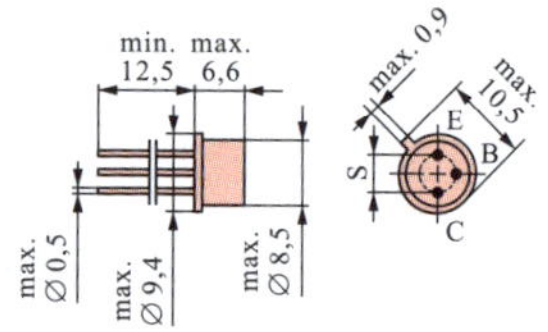

$R_{\text{thJcase}} = 25 \ldots 60$ K/W
$R_{\text{thcase amb}} \approx 170$ K/W

DIN: 50 A 3 (SOT-37)

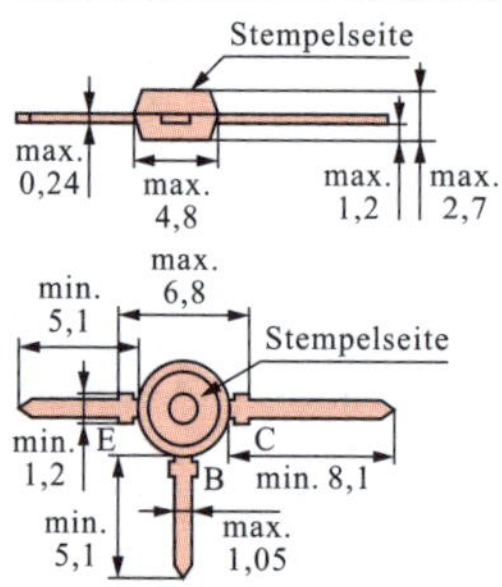

DIN: 12 A 3 (TO-126)

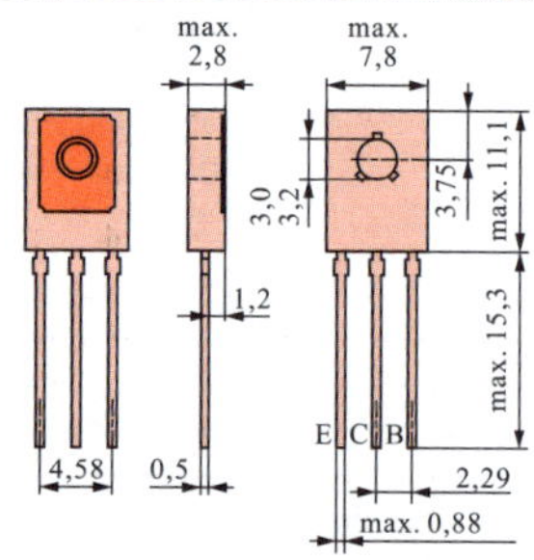

$R_{\text{thJcase}} = 3 \ldots 10$ K/W
$R_{\text{thcase amb}} \approx 95$ K/W

DIN: 34 A 3 (TO-202)

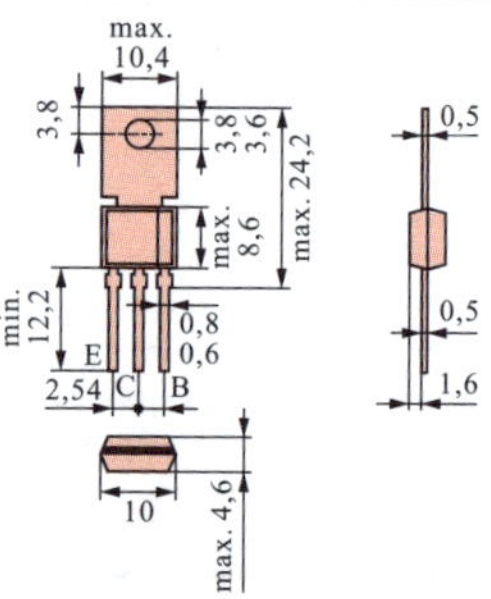

$R_{\text{thJcase}} = 8 \ldots 13$ K/W
$R_{\text{thcase amb}} \approx 60$ K/W

DIN: 9 A 2 (SOT-9)

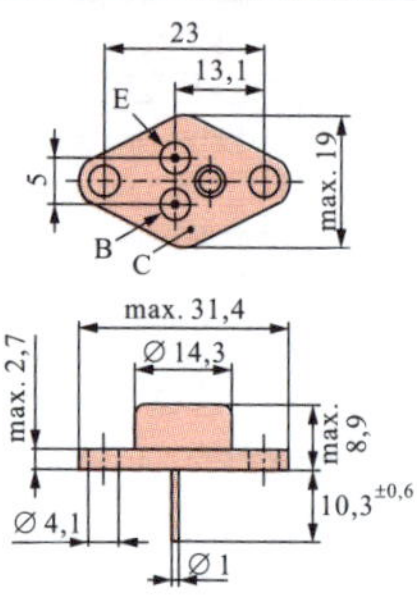

$R_{\text{thJcase}} = 4 \ldots 13$ K/W

DIN: 3 A 2 (TO-3)

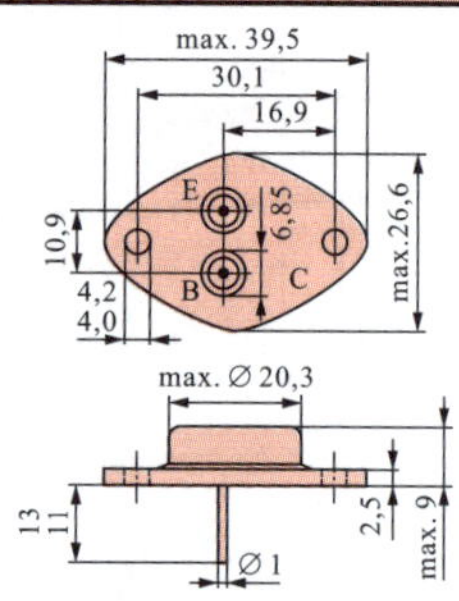

$R_{\text{thJcase}} = 1 \ldots 6$ K/W

DIN IEC: A77A (TO-198)

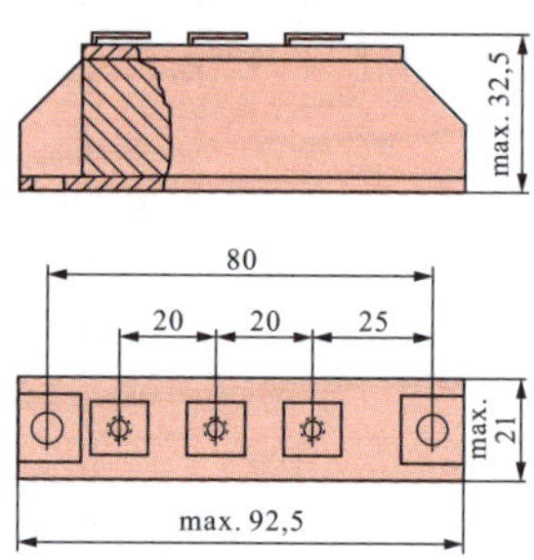

[1)] Im Tabellenkopf stehen links genormte und rechts in Klammern andere gebräuchliche Bezeichnungen.

6.8 Elektronenröhren

6.8.1 Aufbau und Wirkungsweise der Grundanordnung (Diode)

→ 6-2

Anordnung ohne äußeres Potenzial

Katode	**Diffusionsstrom I_D** Dem Leiter wird so viel Energie (Austrittsarbeit) zugeführt, dass Elektronen aus dem Kristallverband austreten. **Positive Raumladung** Im Leiter überwiegen positive Metallionen
Vakuum	**Negative Raumladung** Im Vakuum bildet sich eine Elektronenwolke **Feldstrom I_V** Das positive Raumladungspotenzial zieht Elektronen in den Kristallverband zurück
Anode	**Anlaufstrom $I_0 = I_D - I_V$** Bei ausreichender Katodentemperatur erreichen einige Elektronen aus der Katode die Anode

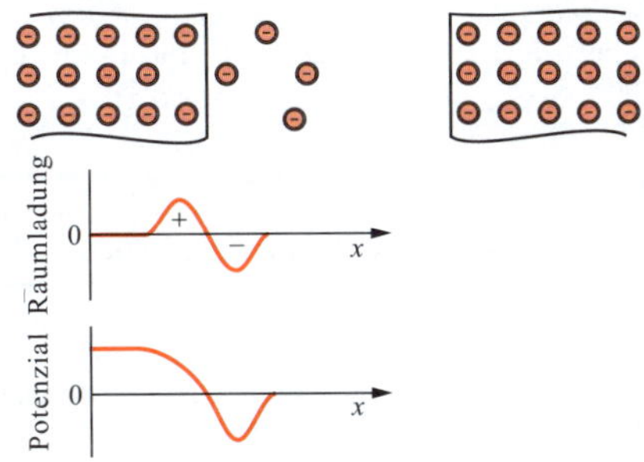

6

Anordnung mit äußerem Potenzial

Anode negativ	**Diode sperrt** Die Elektronen werden in Richtung Katode beschleunigt, der Anlaufstrom wird unterdrückt
Anode positiv	**Anodenstrom I_a** Die Elektronen werden in Richtung Anode beschleunigt und von dieser aufgenommen

Allgemeine Kennlinie

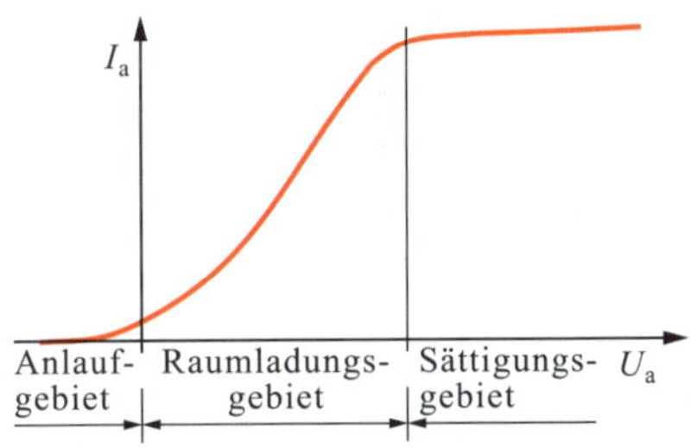

Katodeneigenschaften

Material	Betriebstemperatur	Sättigungsstromdichte
Wolfram	2400 K	0,1 A/cm^2
Thorium	1600 K	0,5 A/cm^2
Barium	1000 K	2,0 A/cm^2

Austrittsarbeit kann auch zugeführt werden durch
- Bestrahlung mit Licht (Fotoemission)
- Elektronen- od. Ionenbeschuss (Sekundärelektronen)
- hohe elektrische Feldstärke (Feldemission)

Katodenbauarten

Aufbau

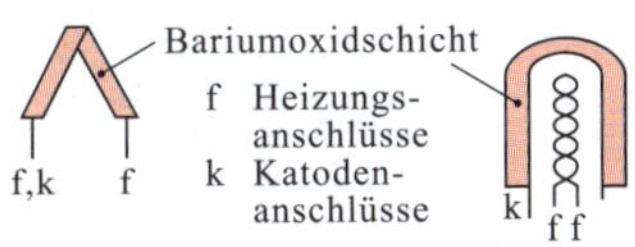

Schaltzeichen

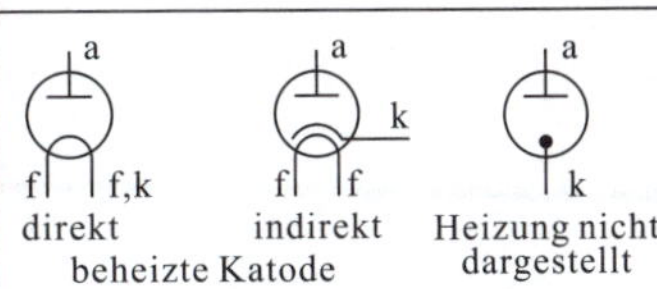

Gitterelektroden (Gitter)

Gitterförmige Elektroden zwischen Katode und Anode steuern den Potenzialverlauf und den Anodenstrom zwischen Katode und Anode

Elektrodenbezeichnungen
(Beispiel: Pentode)

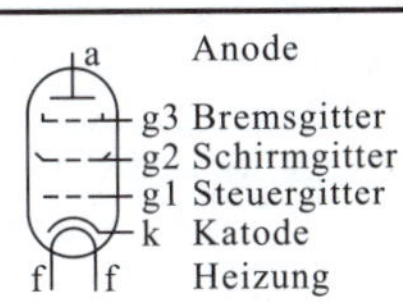

→ 6-42

6.8 Elektronenröhren

6.8.2 Verstärkerröhren

Triode (Drei-Elektroden-Röhre)

Gegenüber der Katode negative Spannung am Steuergitter, steuert den Anodenstrom ohne dass Elektronen an das Gitter gelangen. Es fließt kein Strom über das Steuergitter

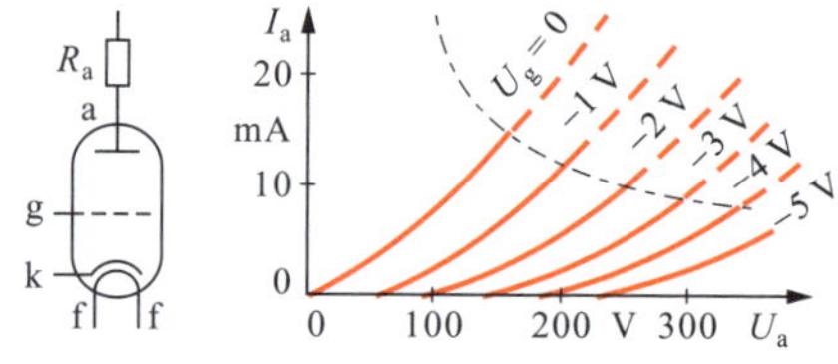

Tetrode (Vier-Elektroden-Röhre)

Das mit konstanter positiver Spannung vorgespannte Schirmgitter g_2 beschleunigt die Elektronen auch dann gleichmäßig, wenn sich die Anodenspannung ändert.

Bei $U_{g2} > U_a$ gelangen Sekundärelektronen aus der Anode auf das Schirmgitter (Einsattelungen in der Kennlinie)

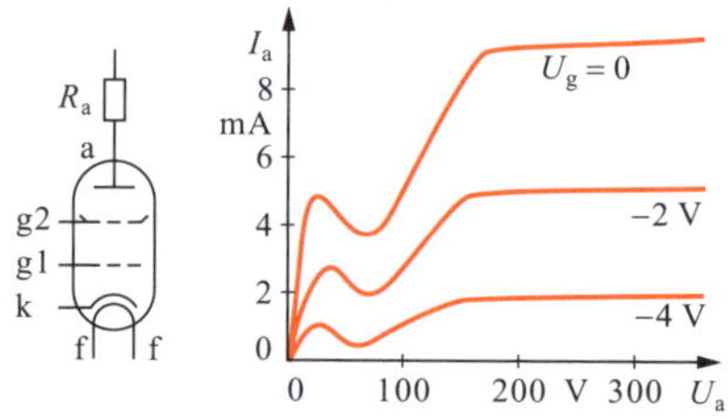

Pentode (Fünf-Elektroden-Röhre)

Das mit Katodenpotenzial zwischen Anode und Schirmgitter eingebaute Bremsgitter g_3 verhindert, dass Sekundärelektronen aus der Anode auf das Schirmgitter gelangen

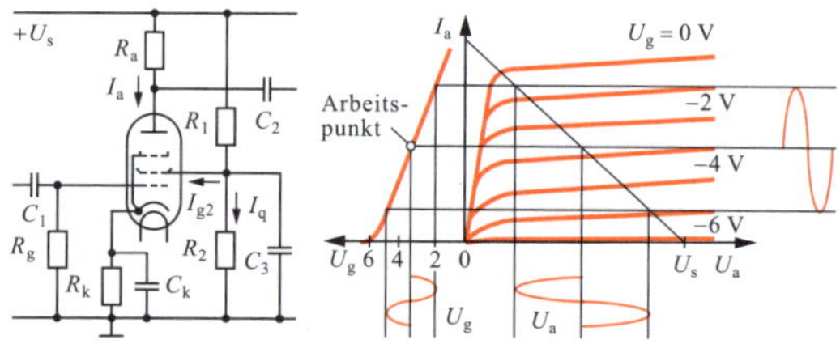

Kennwerte von Verstärkerröhren

Im gleichen Arbeitspunkt für S, D und R_i gilt die Barkhausen-Gleichung: $S \cdot D \cdot R_i = 1$

Steilheit	$S = \Delta I_a / \Delta U_g$	bei U_a = konstant
Durchgriff	$D = \Delta U_g / \Delta U_a$	bei I_a = konstant
Innenwiderstand	$R_i = \Delta U_a / \Delta I_a$	bei U_g = konstant

Grundschaltungen einer Röhrenverstärkerstufe

Bezeichnung	Katodenbasisschaltung	Anodenbasisschaltung	Gitterbasisschaltung
Schaltung	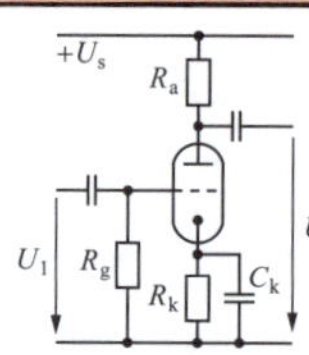	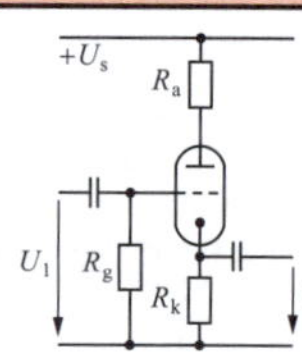	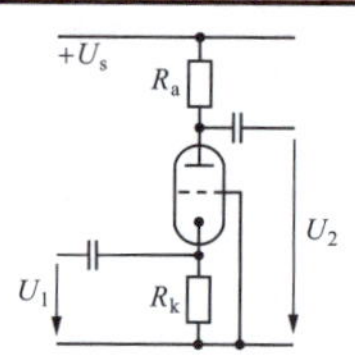
Spannungsverstärkung	$A_u = -S \dfrac{R_i \cdot R_a}{R_i + R_a}$	$A_u < 1$	$A_u = -S \dfrac{R_i \cdot R_a}{R_i + R_a}$
Eingangswiderstand	$r_1 \approx R_g$	$r_1 \approx R_g$	$r_1 \approx R_k$
Ausgangswiderstand	$r_2 = \dfrac{R_i \cdot R_a}{R_i + R_a}$	$r_2 \approx \dfrac{1}{S}$	$r_2 \approx S \cdot R_a$

6

6-1.

6.8 Elektronenröhren

6.8.3 Spezialröhren

Elektronenstrahlröhre (Braunsche Röhre)

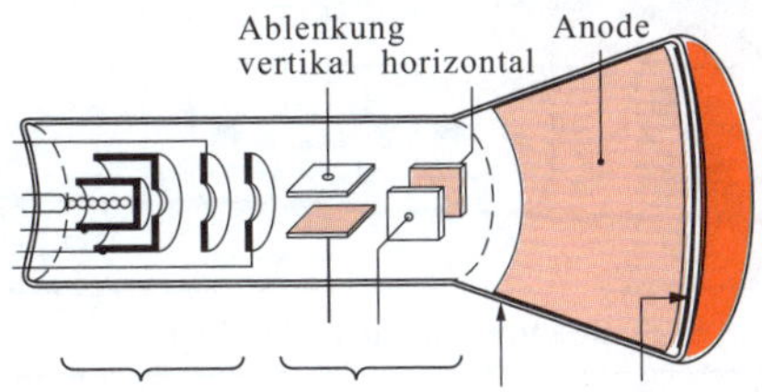

Ablenkung des Elektronenstrahls

Im elektrischen Feld

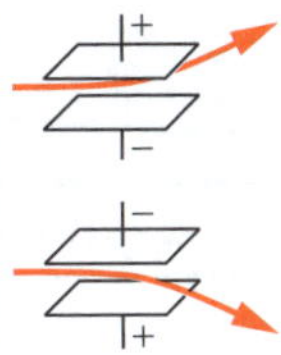

Im magnetischen Feld

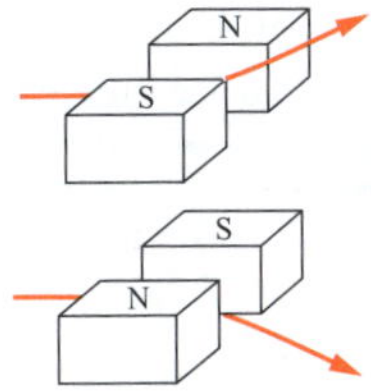

Typische Betriebswerte	Anodenspannung: 0,3 … 25 kV Strahlstrom: … 0,5 mA	Anwendung	Messtechnik (Anzeige von Funktionsverläufen), Bildwiedergabe

Mikrowellenröhren

Klystron

Ein Elektronenstrahl fliegt durch ein Gitterpaar, das an den UHF-Eingangskreis gekoppelt ist. Dabei entsteht eine Geschwindigkeitsmodulation, aus der sich im Laufraum eine Dichtemodulation entwickelt. Am Gitterpaar des Ausgangskreises wird die verstärkte Spannung induziert. Beim Mehrkreisklystron verstärken weitere Gitterpaare und Resonatoren im Laufraum die Dichtemodulation zusätzlich

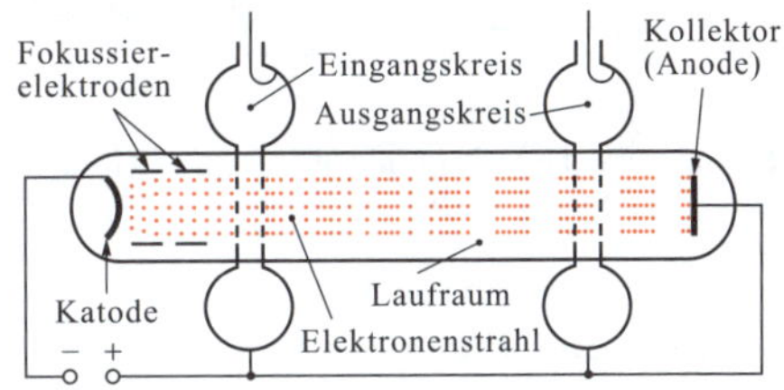

Anwendung: UHF-Sender-Endstufen

Typische Betriebswerte	Betriebsspannung: 20 … 300 kV Leistungsverstärkung: 20 … 10^4 Frequenzbereich: 0,3 … 100 GHz	Strahlstrom: 2 … 20 A bei Impulsbetrieb: … 200 A Ausgangsleistung: 40 … 500 kW bei Impulsbetrieb: … 20 MW

Magnetron

In einer zylindrischen Anordnung aus Katode und Anode bewirkt ein zur Zylinderachse paralleles Magnetfeld, dass sich eine rotierende Elektronenwolke ausbildet, die an Schlitzen in der Anode Wechselspannung induziert, mit der die in die Anode eingearbeiteten Hohlraumresonatoren erregt werden. Die HF-Energie wird mit einem Hohlleiter aus einem der Resonatoren ausgekoppelt

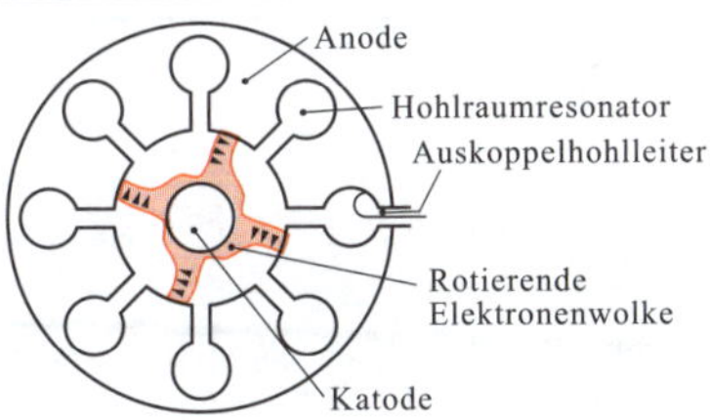

Anwendung: Radartechnik, HF-Erwärmung, Mikrowellenherde

Typische Betriebswerte	Betriebsspannung: 4 … 14 kV Strahlstrom: 0,3 … 1 A bei Impulsbetrieb … 15 A	Frequenzbereich: 1 … 100 GHz in Haushaltsgeräten: 2,450 GHz Ausgangsleistung: 0,2 … 1 (6) kW bei Impulsbetrieb: … 50 kW

6.9 Gasgefüllte Röhren

Aufbau, Schaltzeichen

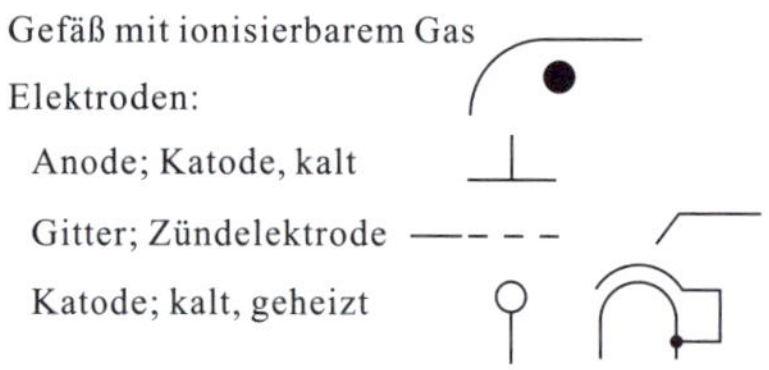

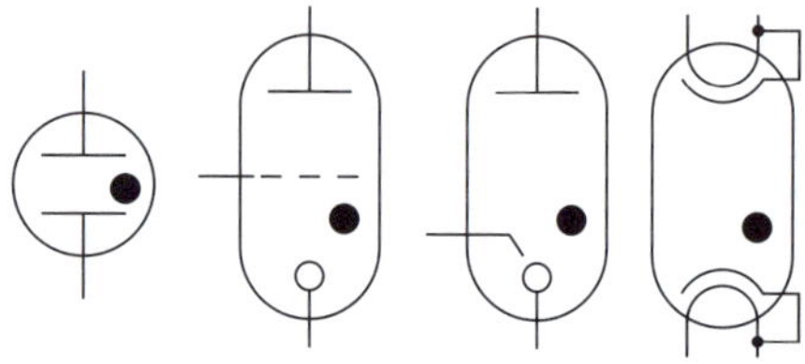

Kennlinie (typischer Verlauf)

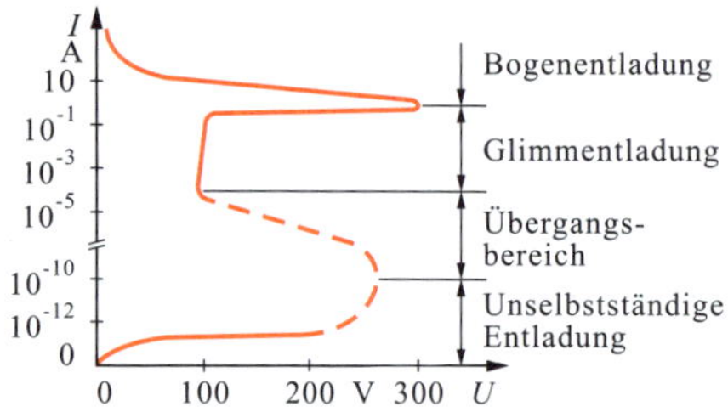

Der tatsächliche Verlauf in den einzelnen Abschnitten ist von folgenden Faktoren abhängig:

- Art und Druck des **Gases**,
- Material der **Elektroden**,
- Form, Abstand und Abmessungen der **Elektroden**,
- Art und Intensität der **von außen einwirkenden Ionisation**

Beschreibung der Vorgänge

Unselbstständige Entladung
Wärme, Licht oder radioaktive Strahlung verursachen eine geringe (spontane) Ionisation. Der sehr kleine Strom bleibt nahezu konstant, wenn alle Ionen an den Elektroden entladen werden.

Übergangsbereich, Glimmentladung
Mit zunehmender Spannung werden die Ionen so schnell, dass sie weitere Gasatome beim Zusammenstoß ionisieren (Stoßionisation). Zusammenstöße, die nicht zur Ionisation führen, können die Atome zur Aussendung von Lichtblitzen anregen (Glimmlicht). Der Vorgang ist unstabil und würde ohne äußere Strombegrenzung direkt zur Bogenentladung führen.

Bogenentladung
Wenn an der Katode nicht mehr alle Ionen entladen werden können, steigt die Spannung steil an, die Katode wird erhitzt und sendet freie Elektronen aus. Diese ionisieren lawinenartig weitere Gasatome, es entsteht ein niederohmiges heißes Plasma. Der Vorgang erhält sich auch bei sehr niedriger Spannung aufrecht und führt ohne äußere Strombegrenzung zur Zerstörung der Röhre.

Anwendungen (Übersicht)

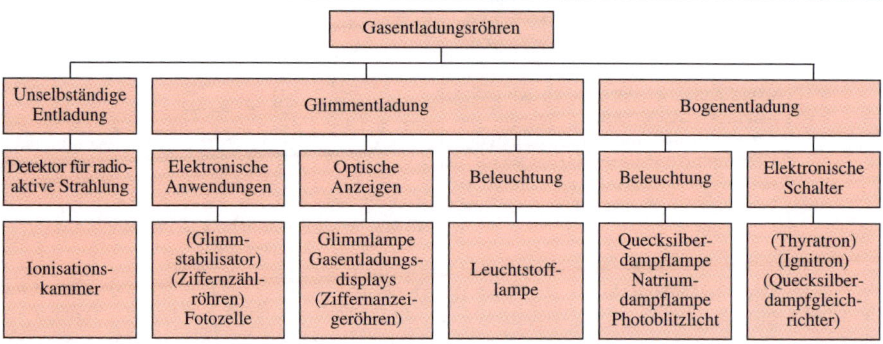

Die in Klammern gesetzten Anwendungen haben durch die Weiterentwicklung der Halbleitertechnik stark an Bedeutung verloren.

6.10 Optoelektronische Bauelemente

Übersicht

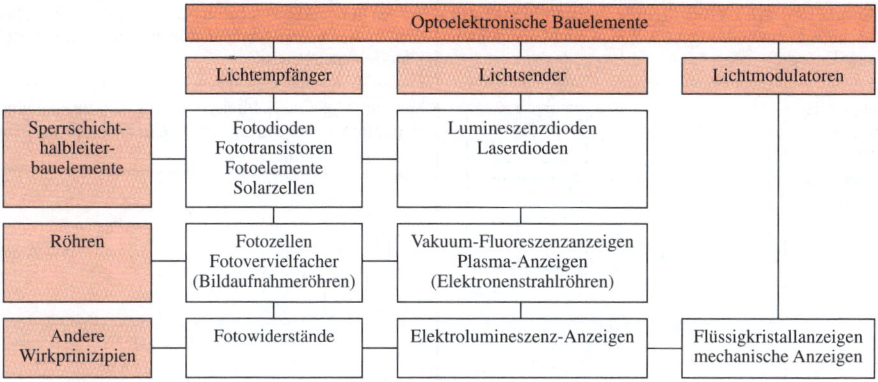

6.10.1 Lichtempfänger (Fotosensoren)

Fotodioden

Fotodioden sind Halbleiterdioden, bei denen die Abhängigkeit des Sperrstromes von der Beleuchtung der Sperrschicht genutzt wird.
Sie werden mit möglichst hoher Sperrspannung betrieben, damit sich eine kleine Sperrschichtkapazität einstellt

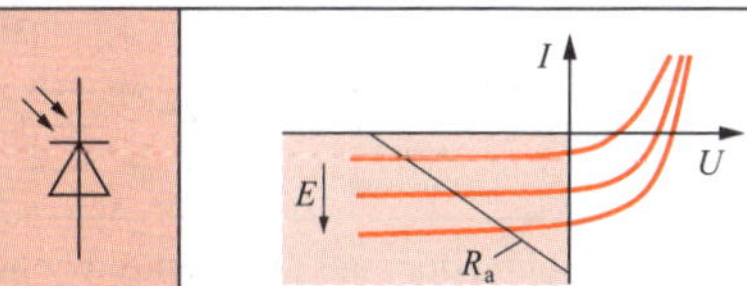

Fotoelemente

Fotoelemente sind Halbleiterdioden, deren pn-Übergang ohne äußeres Potenzial als Strom- oder Spannungsquelle betrieben wird.
Mit zunehmender Beleuchtungsstärke steigen die Zahl der freien Ladungsträger und das Raumladungspotenzial an der Sperrschicht

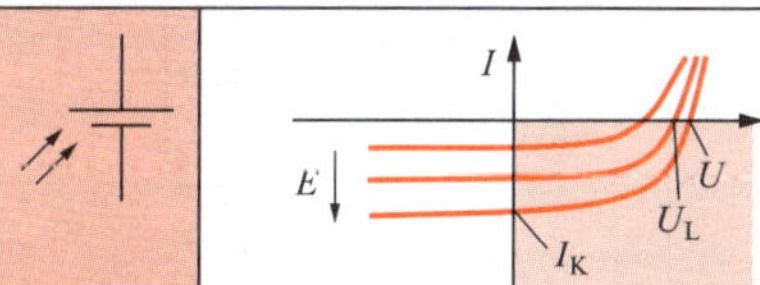

Leerlaufbetrieb (Spannungsquelle)

$R_L \rightarrow \infty$

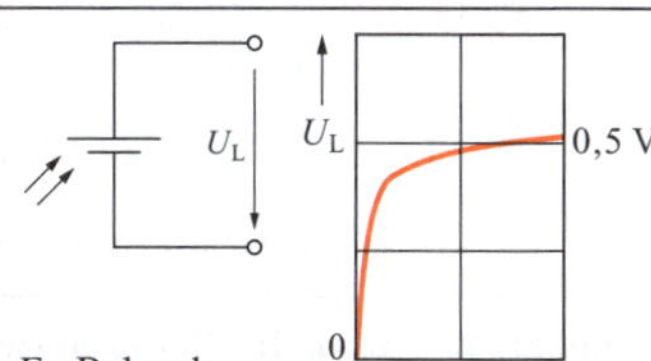

E = Beleuchtungsstärke

Kurzschlussbetrieb (Stromquelle)

$R_L <$ 0,4 V/I_K

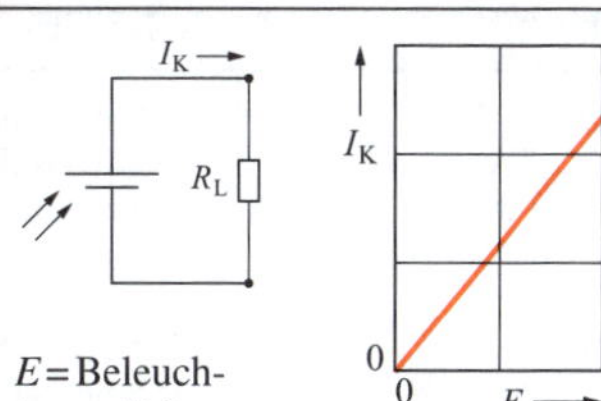

E = Beleuchtungsstärke

Fototransistoren

Bei Fototransistoren entsteht der Basisstrom durch Ladungsträgerbildung, wenn die Basis-Kollektor-Sperrschicht beleuchtet wird. Bei Fototransistoren mit herausgeführtem Basisanschluss kann der Kollektorstrom zusätzlich mit Hilfe eines von außen zugeführten Basisstromes gesteuert werden (Arbeitspunkteinstellung)

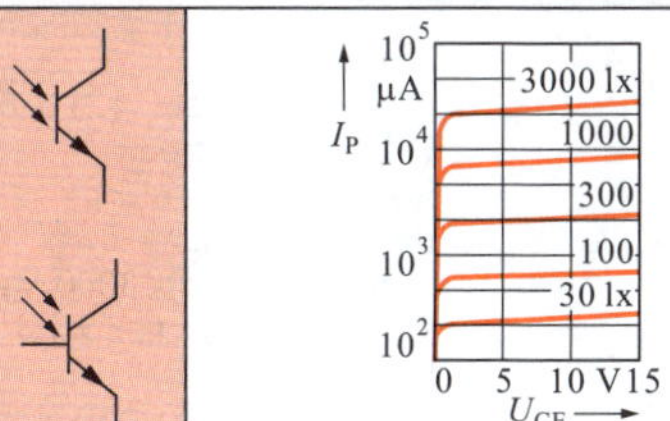

6-2
6-3

6

6.10 Optoelektronische Bauelemente

Solarzellen

Solarzellen sind großflächige Fotoelemente zur direkten Umwandlung von Sonnenlicht in elektrische Energie

Typische Belastungskennlinien

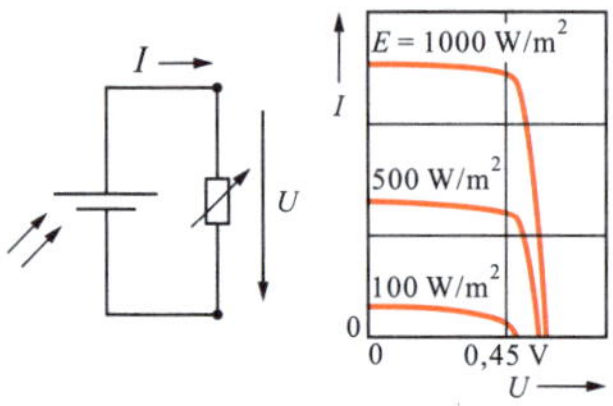

Nenn-Betriebsspannung: 0,45 V pro Zelle

Parallelschaltung

Die Parallelschaltung von Solarzellen entspricht der Zusammenfassung der lichtempfindlichen Flächen. Sie ist ohne schädliche Folgen zulässig

Reihenschaltung, Solargenerator

Bei Reihenschaltung von Solarzellen addieren sich die Zellenspannungen, es entsteht ein Solargenerator.

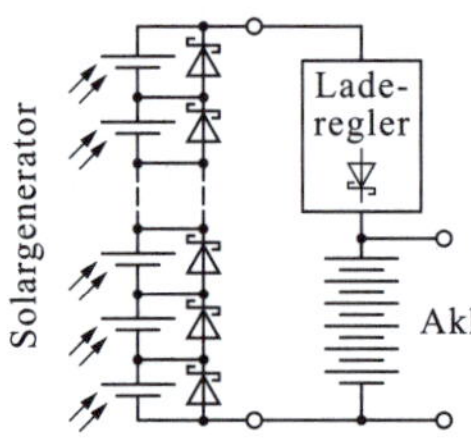

Die Paralleldioden (Schottky-Dioden) verringern den Spannungsfall über zeitweise unbeleuchtete Zellen

Benötigte Zellenzahl für Pufferbetrieb mit Akku (Richtwerte)

Akkus	Solarzellen
1 NiCd-Akku	5 Solarzellen
2 NiCd-Akkus	8 Solarzellen
3 NiCd-Akkus	12 Solarzellen
4 NiCd-Akkus	16 Solarzellen
Bleiakku 6 V	18 Solarzellen
Bleiakku 12 V	36 Solarzellen

Fotozellen

Fotozellen sind gasgefüllte oder Vakuumröhren, bei denen die Austrittsarbeit durch Beleuchtung der Katode erzeugt wird

Vakuumfotozellen

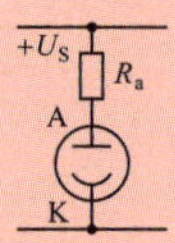

Oberhalb der Sättigungsspannung sind Fotostrom und Lichtstrom proportional

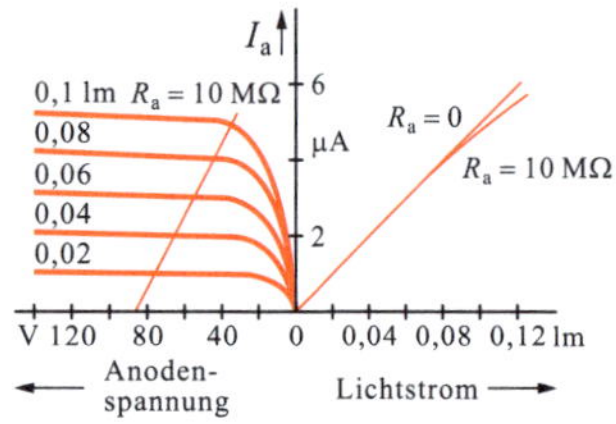

Gasgefüllte Fotozellen

Durch Stoßionisation entstehen aus Gasmolekülen zusätzliche Ladungsträger. Die Lichtempfindlichkeit wird größer, bei Belastung geht die Linearität verloren

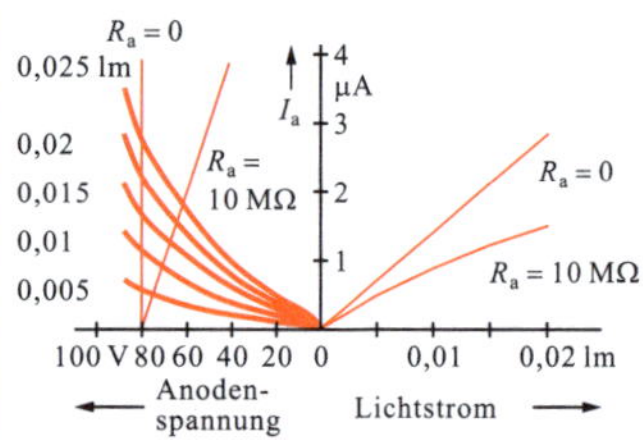

Fotovervielfacher

Kombination aus Vakuumfotozelle und Sekundärelektronen-Vervielfacher

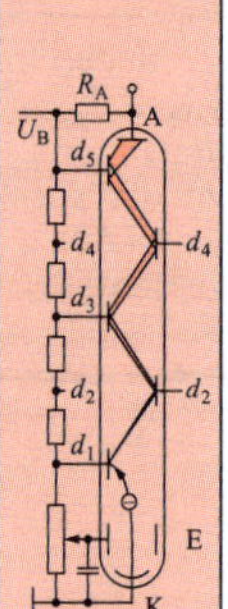

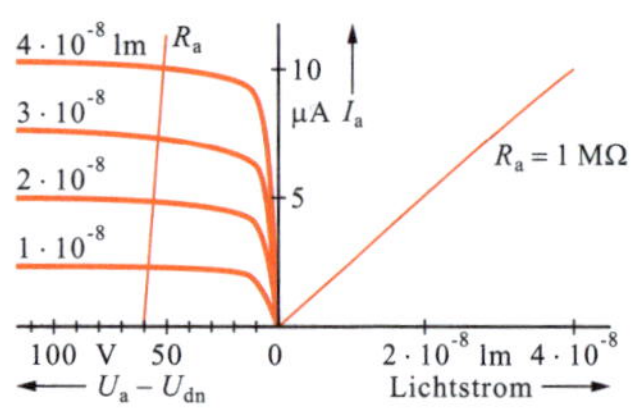

A	Anode
$d_1 \dots d_n$	Dynoden ($n = 5 \dots 12$)
E	Fokussierelektrode
K	Katode
U_B	Betriebsspannung (typisch 1000 bis 3000 V)
$U_{d(n-1)-dn}$	Spannung zwischen zwei Dynoden (typisch 100 bis 200 V)

6.10 Optoelektronische Bauelemente

Fotowiderstände

Fotowiderstände bestehen aus Halbleiter-Mischkristallen, deren Leitfähigkeit unabhängig von der Stromrichtung mit der Beleuchtungsstärke größer wird

Allgemeine Kennlinien

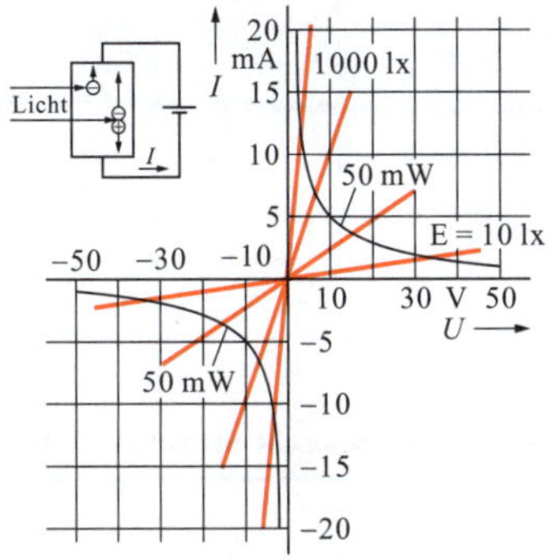

Temperaturverhalten

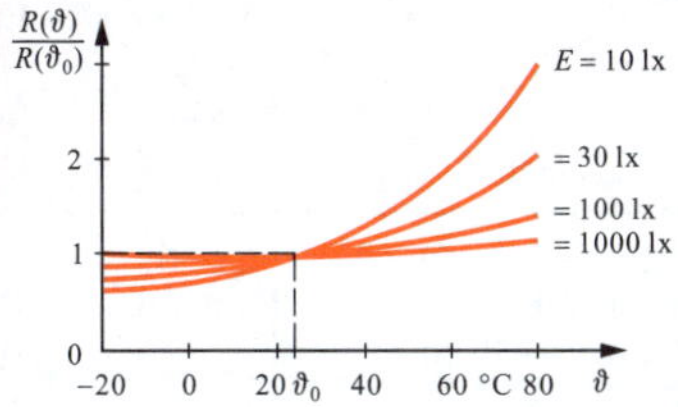

Zeitverhalten bei plötzlichem Beleuchten bzw. Abdunkeln

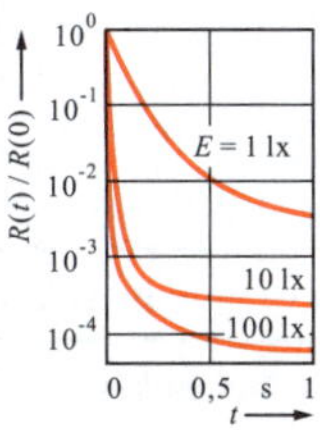

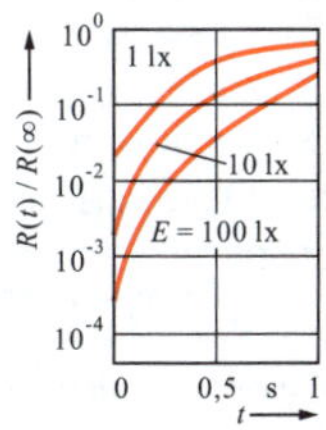

Bauformen (Auswahl)

Fotodiode, -transistor Metallgehäuse

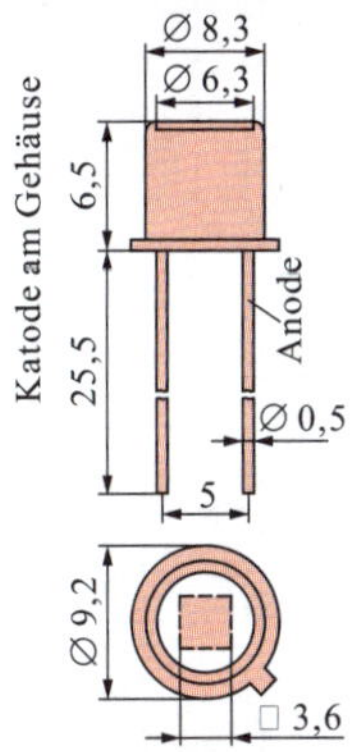

Fotodiode, -transistor Plastikgehäuse

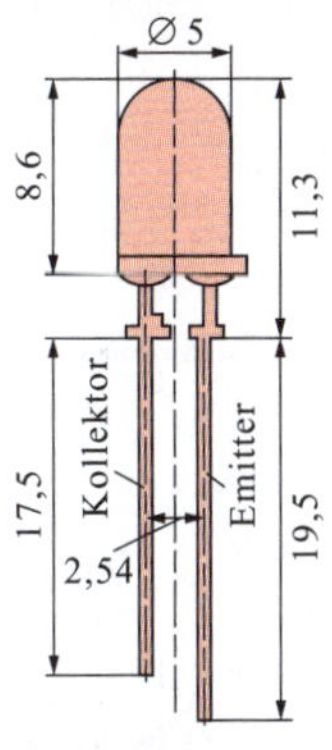

Solarzelle runde Form

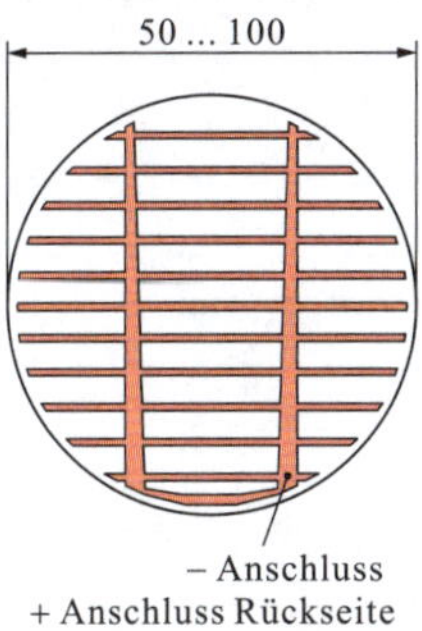

Fotowiderstand offene Bauform

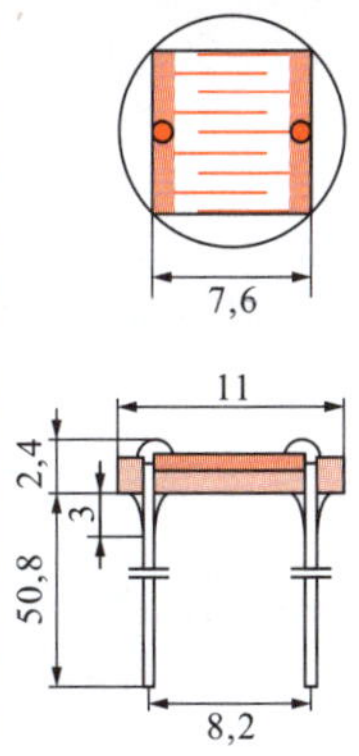

Orientierungswerte für lichttechnische Größen

Ereignis	Bel.-Stärke (lx)	Ereignis	Leuchtdichte (sb)
Sonnenlicht (Sommer)	50 000	Volle Sonne	≤150 000
Sonnenlicht (Winter)	10 000	Grauer Himmel	≤0,3
Bedeckter Himmel (Sommer)	5 000 … 20 000	Blauer Himmel	1,0
Bedeckter Himmer (Winter)	1 000 … 200	Mond	0,25
Nacht (Vollmond)	0,1 … 0,2	Nachthimmel	10^{-7}
Nacht (mondlos, klar)	0,0003	Kerzenflamme	1,0

6

⇒ 11-1

6.10 Optoelektronische Bauelemente

Typische Werte von Fotosensoren

Größe / Bauelemente	Lichtempfindliche Fläche cm²	Empfindlichkeit bei Farbtemperatur 2850 K nA/lx	Maximaler Fotostrom mA	Zulässige Betriebsspannung V	Belastbarkeit mW	Grenzfrequenz kHz
Vakuumfotozelle	1 … 6	1 … 5	$5 \cdot 10^{-3}$	50 … 150	250	10^5
Gasgef. Fotozelle	1 … 10	1 … 50	$5 \cdot 10^{-3}$	… 90	250	10
Fotovervielfacher	1 … 10	$10^7 \dots 5 \cdot 10^9$	1 … 2	… 3000	500	10^5
Ge-Fotodiode	0,1	40 … 220	0,5 … 2	10 … 100	… 50	50
Si-Fotodiode	0,01 … 0,2	4 … 100	… 10	10 … 50	… 100	10^3
Si-Fototransistor	0,1	$(0{,}5 \dots 8) \cdot 10^3$	0,1 … 10	10 … 30	… 300	1
Si-Fotoelement	0,01 … 2	$20 \dots 2 \cdot 10^3$	0,1 … 50	1	5 … 50	0,3 … 0,5
Solarzelle (Einzelzelle)	… 100	$\dots 7 \cdot 10^4$	… 3500		2500	
CdS-Fotowiderstand	0,01 … 3	$10^4 \dots 10^7$			… 100	

Einsatzbereich von Fotosensoren

Geordnet nach Lichtempfindlichkeit

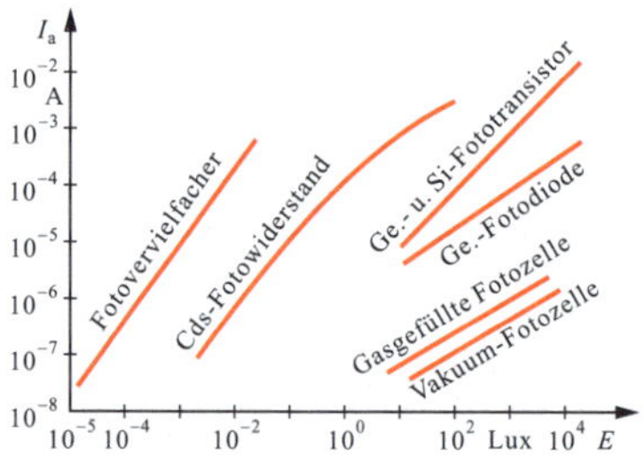

Geordnet nach oberer Grenzfrequenz des Signals

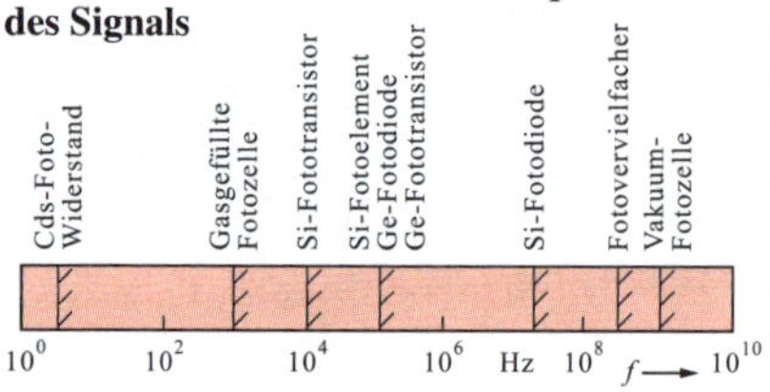

Relative Lichtempfindlichkeit von Halbleitermaterial

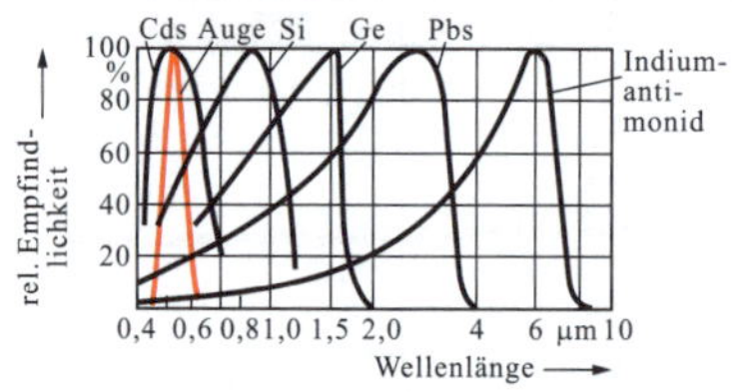

Elektromagnetische Strahlung (Übersicht)

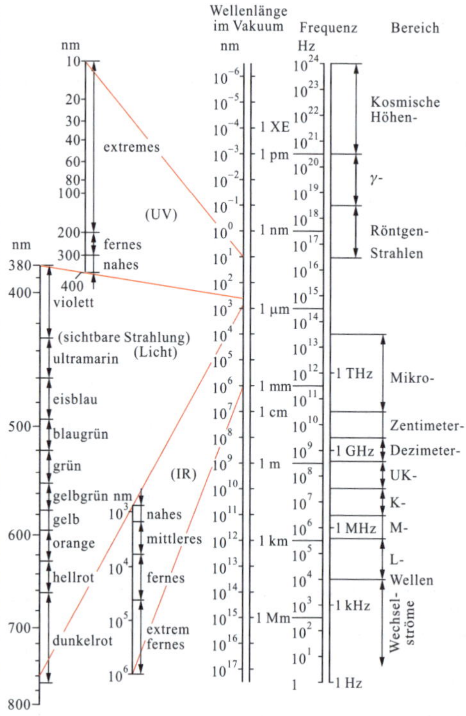

6.10 Optoelektronische Bauelemente

6.10.2 Lichtsender

Lumineszenzdioden (LED)

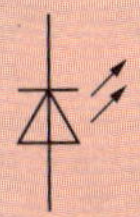

Lumineszenzdioden (Light Emitting Diodes, Leuchtdioden, LED) geben bei Betrieb in Durchlassrichtung Licht in den Farben infrarot, rot, gelb, grün oder blau ab

Typische Kennlinien

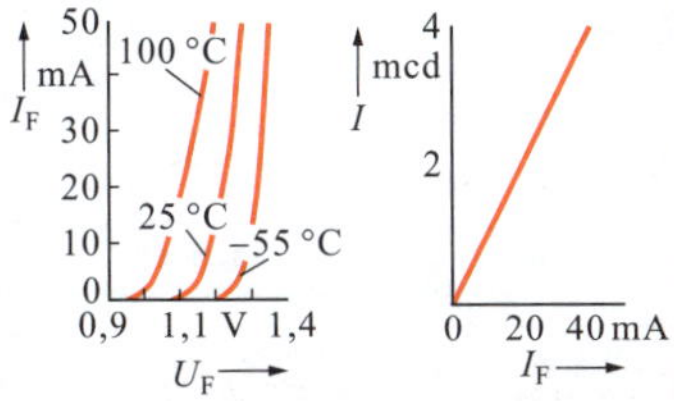

Typische Werte

I_F	10 … 50 mA
I_{FRM}	… 500 mA
U_R	2 … 5 V
P_V	30 … 100 mW

Materialabhängige Eigenschaften von LED

Material	Farbe	Wellenlänge	Durchlasssp.
GaAs	infrarot	900 nm	typ. 1,3 V
GaAsP	rot	650 nm	typ. 1,7 V
GaAsP	orange	610 nm	typ. 2,0 V
GaAsP	gelb	590 nm	typ. 2,5 V
GaP	grün	560 nm	typ. 2,5 V
SiC	blau	480 nm	typ. 4,0 V

Schutzmaßnahmen (LED, Laser)

Gefahren für den Benutzer

Auch bei kleiner Leistung entsteht durch Bündelung eine sehr hohe Energiedichte. Blendung, Augenschäden und Verbrennungen sind möglich

Schutzmaßnahmen für den Benutzer

Hinweisschilder nach EN 60825-1: 1994-3

Lichtaustrittsöffnungen und Abdeckungen deutlich kennzeichnen.

Nicht direkt in die Strahlenquelle blicken

Schutzmaßnahmen für LED und Laser

Stabilisierung des Betriebsstromes, ausreichende Kühlung, ggf. Impulsbetrieb

Laserdioden

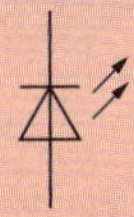

Laserdioden sind lichtemittierende Dioden, bei denen bei Kristallkörper quer zur Stromflussrichtung als Laserresonator eingerichtet ist

Aufbau (Prinzip)

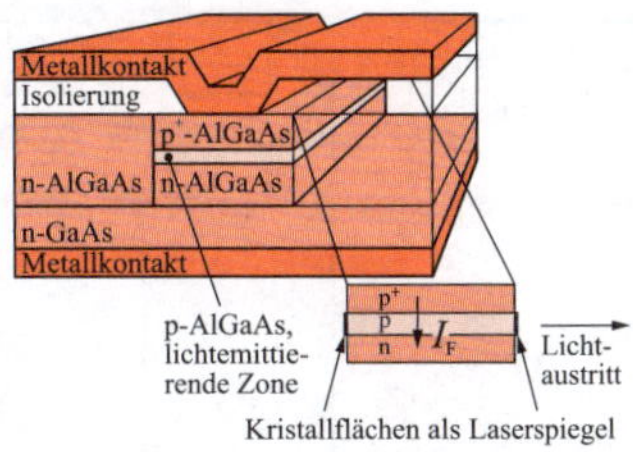

Durch die Dotierung wird sowohl das Ladungsträgerprofil (n-p-p$^+$) als auch das Profil der optischen Brechzahl $n = f(s)$ festgelegt

Wirkungsweise

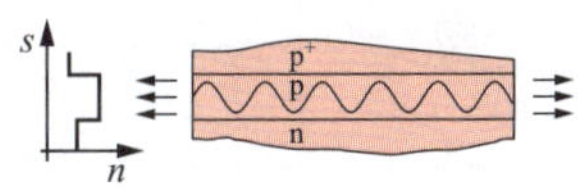

Licht entsteht nur in der p-Schicht.

Durch Totalreflexion an den Grenzen zur n- und p$^+$-Schicht kann Licht nur an den ca. 50% reflektierenden Kristallaußenflächen austreten.

Bei Überschreiten des Schwellstromes I_{th} bilden sich zwischen den Spiegelflächen „stehende" Lichtwellen und damit eine zusätzliche Lichtverstärkung aus (Resonanzeffekt)

Allgemeine Kennlinie

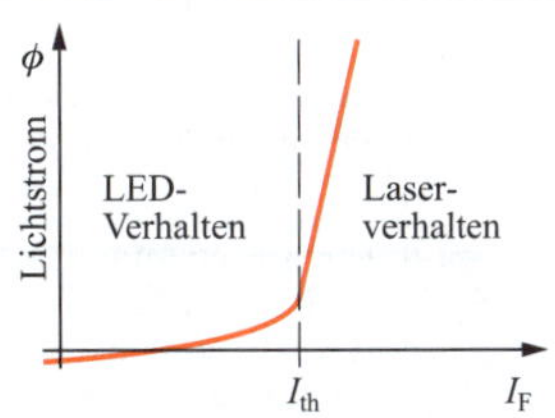

Typische Werte

I_{th}	0,5 … 20 A	U_F	1,2 V
I_F	0,5 … 40 A,	U_R	3 … 5 V
P_v	0,6 … 50 W		

Farben: infrarot, rot, gelb, grün

6

6.10 Optoelektronische Bauelemente

6.10.3 Anzeigebauelemente

Übersicht

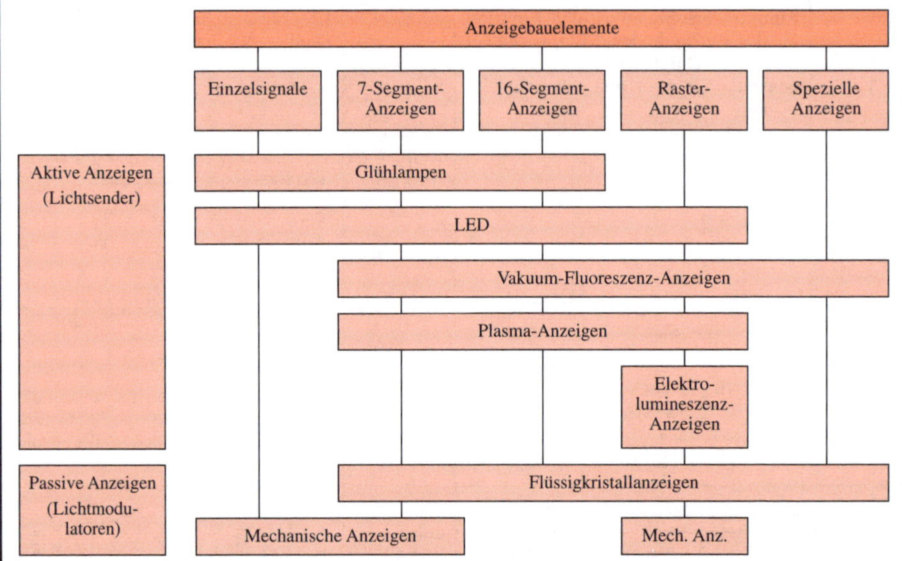

Standardbauformen

7-Segment-Anzeige

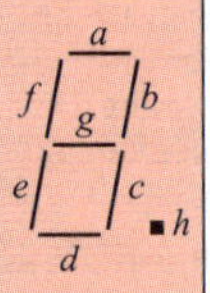

Die Anzeige besteht aus sieben gleich großen Segmenten und einem Punkt.

Zur Ansteuerung sind acht Leitungen (8 bit) und eine Rückleitung erforderlich.

Darstellbare Zeichen:

alle Ziffern	0 1 2 3 4 5 6 7 8 9
die Buchstaben	A b c d E F H L P U
einige Zeichen	. [ ] –

16-Segment-Anzeige

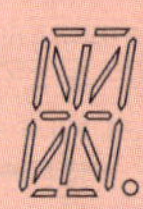

Die Anzeige besteht aus 15 Zeichenelementen und einem Punkt.

Zur Ansteuerung sind 16 Leitungen (16 bit) und eine Rückleitung erforderlich.

Darstellbare Zeichen:
- alle Ziffern
- alle Großbuchstaben
- alle ASCII-Zeichen

Raster-Anzeige

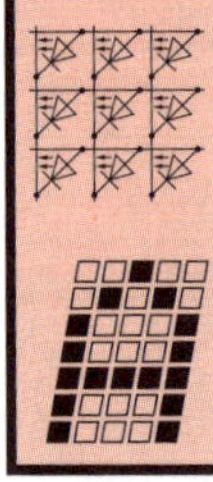

Die Anzeige besteht aus Punktelementen, die in Zeilen und Spalten angeordnet sind.

Zur Ansteuerung werden Zeilen- und Spaltenleitungen benutzt. Es werden alle aktiven Punkte einer Zeile gleichzeitig und alle Zeilenmuster nacheinander eingeschaltet.

Mit 7 Zeilen und 5 Spalten lassen sich alle Ziffern, Buchstaben und Zeichen deutlich unterscheidbar darstellen

ASCII-Schrifttabelle für 16-Segment-Anzeige

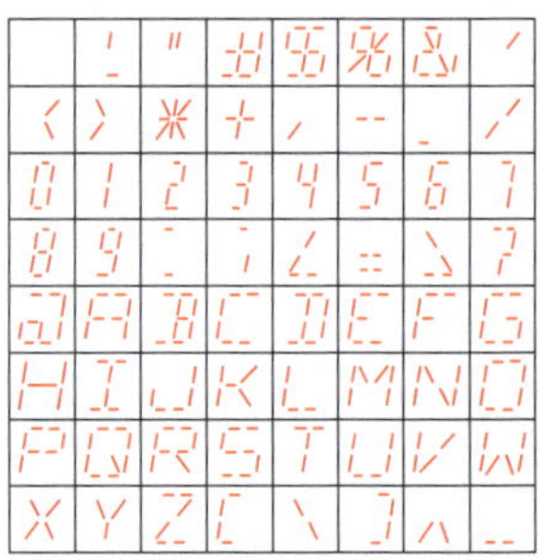

6.10 Optoelektronische Bauelemente

Vakuum-Fluoreszenz-Anzeige (VFD)

Vakuum-Fluoreszenz-Anzeigen (-Displays, VFD) sind Elektronenröhren (Trioden), bei denen die Anoden als Leuchtelemente eingerichtet sind

Aufbau

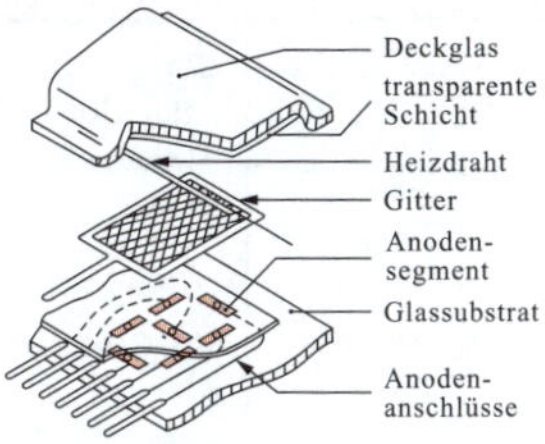

Funktion

Direkt geheizte Katode (Heizdraht)
dünn, glüht nicht, unsichtbar

Gitter
überdeckt mehrere Leuchtsegmente

Anode
mit Leuchtstoff beschichtet,
Segmente getrennt ansteuerbar

Steuerung

Segment	Potenziale Katode	Gitter	Anode
hell	0	+	+
dunkel	0	+	–
dunkel	0	–	+

Plasmaanzeige

Plasmaanzeigen sind Anordnungen aus Gasentladungselementen, in denen das Leuchten einer Glimmentladung genutzt wird

Aufbau

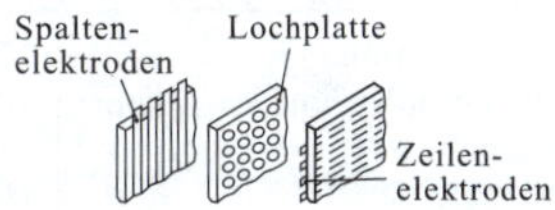

Funktion

Eine Zelle leuchtet, wenn zwischen den entsprechenden Zeilen- und Spaltenelektroden eine Potenzialdifferenz von ca. 250 V besteht

Elektrolumineszenz-Anzeige

Eine durch elektrisches Feld erregbare organische Lumineszenzschicht ist zwischen transparente Elektroden eingebettet

Aufbau

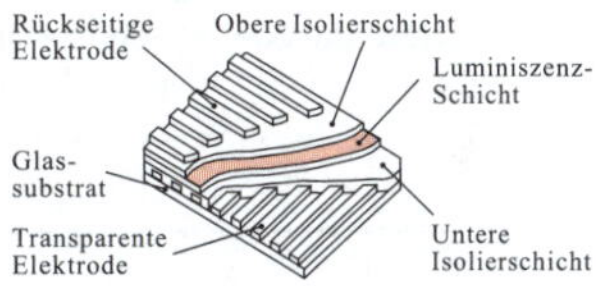

Funktion

Ein Leuchtpunkt entsteht am Kreuzungspunkt von zwei Elektroden, wenn eine Wechselspannung (Frequenz ca. 1 kHz) angelegt wird

Flüssigkristallanzeige (LCD)

Aufbau

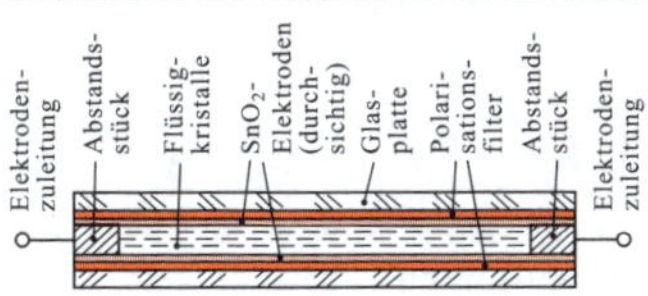

Flüssigkristalle sind organische Substanzen, die bei normaler Temperatur fließen, aber eine definierte Molekülstruktur besitzen. Diese Struktur dreht die Polarisationsebene von durchscheinendem Licht

Funktion

Durchlicht

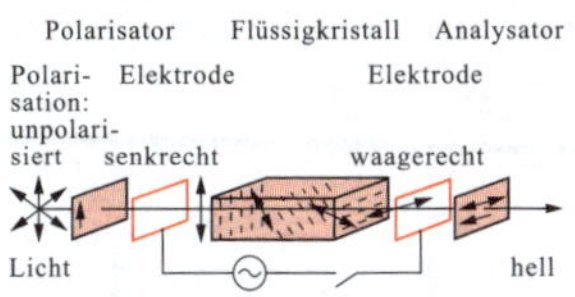

ausgeschaltet

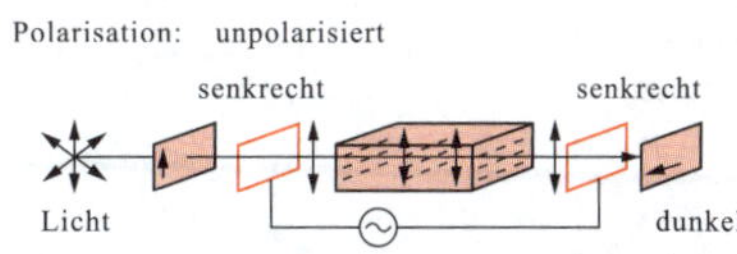

eingeschaltet

Auflicht

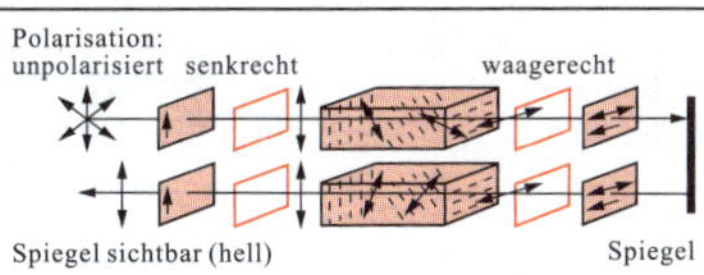

Die durchsichtigen Elektroden haben die Form der Bildelemente.

Die Steuerung erfolgt mit Wechselstrom, damit der Flüssigkristall nicht elektrolytisch zersetzt wird

6.10 Optoelektronische Bauelemente

Typische Werte von Anzeigebauelementen

	Lumineszenzdiode LED	Vakuum-Fluoreszenzanzeige VFD	Plasmaanzeige	Elektro-Lumineszenzanzeige EL-Display	Flüssigkristallanzeige LCD
Betriebsspannung V	2 … 10	6 … 150	80 … 200	≤ 5	2 … 20
Leistungsaufnahme mW/cm²	10 … 100	10 … 50	50 … 300	10 … 20	$2 \cdot 10^{-3}$
Ansprechzeit µs	10	10	10	100	10^5 (20 °C)
Leuchtdichte cd/m²	1000 … 6500	700	300	100	–
Betriebstemperatur °C	–30 … 85	–20 … 70	–30 … 90	–30 … 60	–25 … 85
Lebensdauer h	$5 \cdot 10^5$	$5 \cdot 10^4$	$5 \cdot 10^4$	$(0{,}5 \ldots 1) \cdot 10^4$	$5 \cdot 10^4$
Farben	rot, orange, gelb, grün, blau	rot, orange, gelb, grün	rot, grün, blau	rot, grün, blau	Einstellung mit Lampe und Filter

6.10.4 Optokoppler

Optoelektronische Koppler (Optokoppler) sind Kombinationsbauelemente aus einem Lichtsender und einem von diesem elektrisch isolierten Lichtempfänger. Optokoppler dienen zur potenzialfreien Signalübertragung oder als Sensoren für die Erkennung von Kanten und Licht reflektierenden Flächen

Aufbau (Signalübertragung)

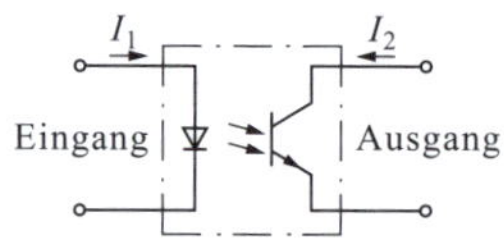

Schaltungsvarianten (Auswahl)

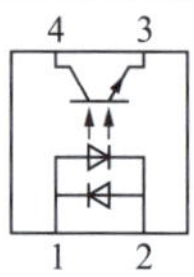
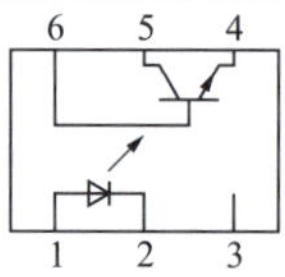
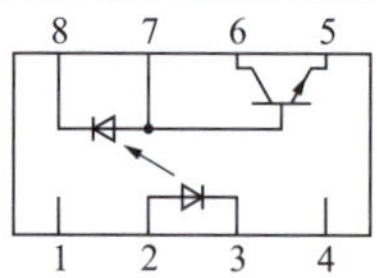
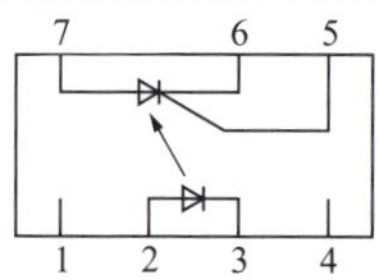
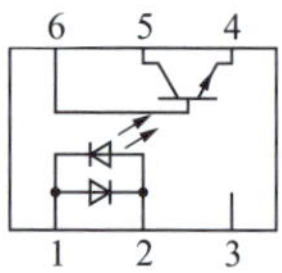
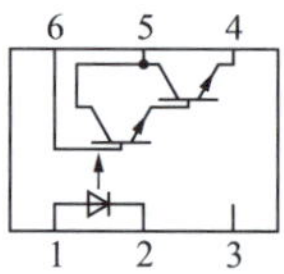
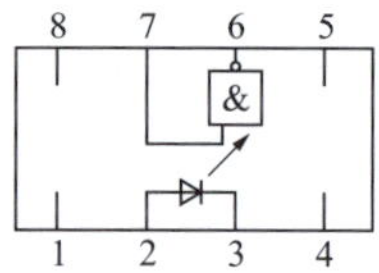
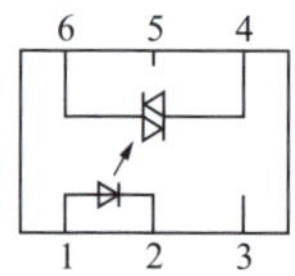

Sensoren (Lichtschranken)

Gabelkoppler

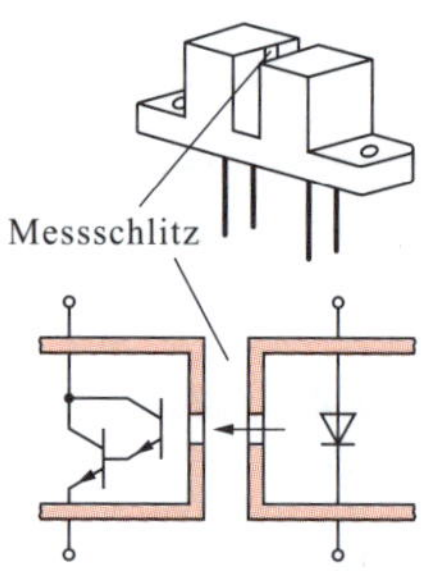

Reflexkoppler

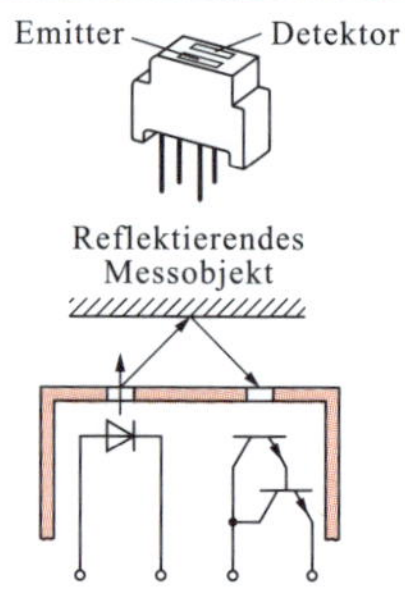

6.10 Optoelektronische Bauelemente

6.10.5 Lichtwellenleiter

Lichtwellenleiter (LWL) sind dünne runde Fasern aus Quarzglas oder Kunststoff (Plast-LWL), in denen Lichtwellen durch Totalreflexion oder Brechung geführt und dämpfungsarm übertragen werden. Für die Übertragung wird infrarotes Licht mit Wellenlängen von 1300 nm bis 1550 nm verwendet.

	Brechzahlprofil	Geometrischer Aufbau	Wellen- und Impulsausbreitung
Multimode-Stufenindexfaser	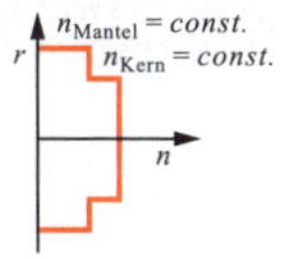 Typische Werte $n_M = 1{,}517$ $n_K = 1{,}527$	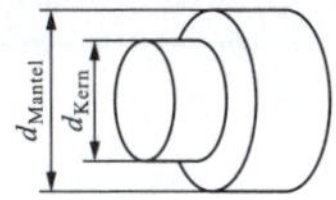 Typ. d_K/d_M: 100 µm/140 µm 100 µm/200 µm 200 µm/300 µm 400 µm/500 µm	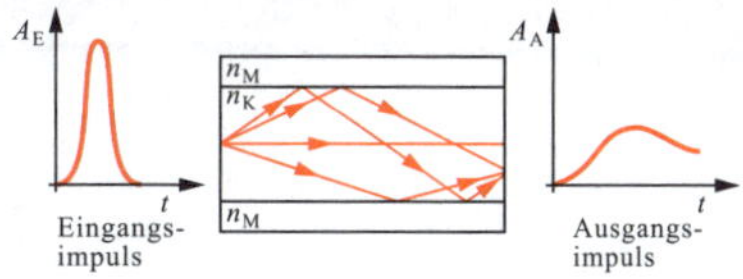 Bandbreite bei 1 km Länge: 30 … 100 MHz Dispersion: 10 … 150 ns/km
Multimode-Gradientenindexfaser	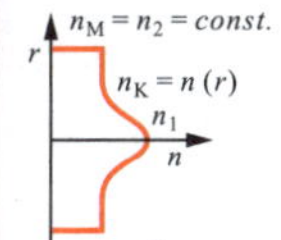 $n(r) = n_1 \left[1 - \frac{n_1 - n_2}{n_1} \left(\frac{2r}{d_M} \right)^2 \right]$ Typische Werte $n_2 = 1{,}54$, $n_1 = 1{,}562$	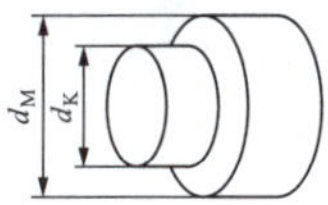 Typ. d_K/d_M: 45 µm/130 µm 50 µm/125 µm 63 µm/130 µm	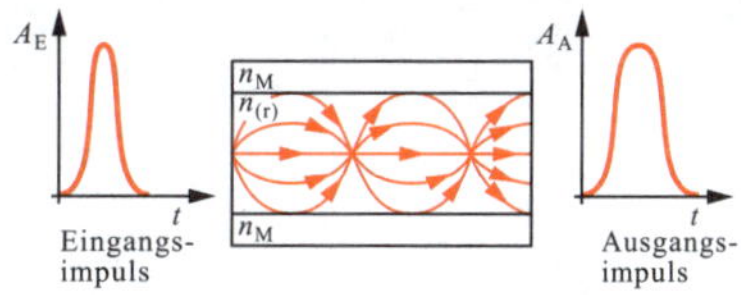 Bandbreite bei 1 km Länge: … 1 GHz Dispersion: 1 … 5 ns/km
Monomode-Stufenindexfaser	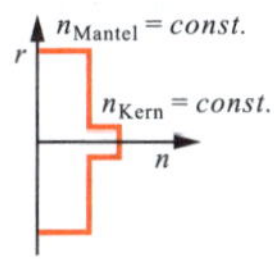 Typische Werte $n_M = 1{,}457$ $n_K = 1{,}471$	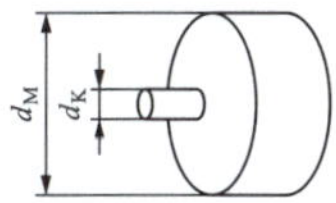 Typ. d_K/d_M: 5 µm/40 µm 6 µm/60 µm 5 µm/100 µm 5 µm/125 µm	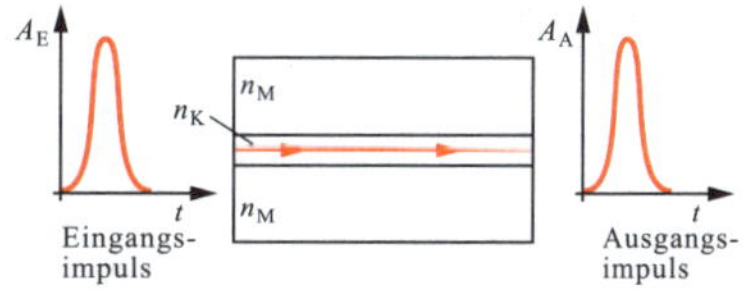 Bandbreite bei 1 km Länge: 10 … 50 GHz Dispersion: 4 … 100 ps/km

Begriffe

Brechzahlprofil	Verlauf der Brechzahl *n* über der Querschnittsfläche des LWL	Mantel	Alles optisch transparente Material des LWL, das nicht zum Kern gehört
Dispersion	Unterschiedliche Übertragungsgeschwindigkeit in der Faser in Abhängigkeit von Wellenlänge, Modus, Material, oder Polarisation. Die Dispersion führt zu Verbreiterung übertragener Impulse	Modus	Spezielle Ausbreitungsform der Lichtwellen im LWL. Nur in einem für den LWL möglichen Modus können Wellen dämpfungsarm geführt werden.
Kern	Zentraler Bereich des LWL in dem die Welle geführt wird. Im Kern ist die Brechzahl größer als im Mantel	Bandbreite	Frequenzbereich von null bis zu der Frequenz, bei der die Dämpfung 3 dB beträgt

7 Steuerungs- und Regelungstechnik

7.1 Digitaltechnik

7.1.1 Einteilungen in der Digitaltechnik

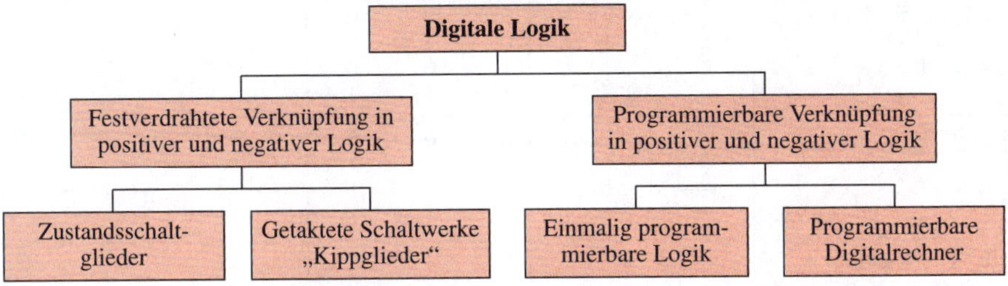

7.1.2 Definition der Begriffe „analog“ und „digital“

Eine **analoge** Größe kann jeden beliebigen Wert innerhalb eines vereinbarten Wertebereiches annehmen. Eine **digitale** Größe kann nur die Werte „wahr“ oder „unwahr“ annehmen. Dabei wird per Definition dem Wert „wahr“ und dem Wert „unwahr“ jeweils ein bestimmter, diskreter Wert zugewiesen.

7.1.3 Zahlendarstellung und Pegelzuordnung

⇒ 7-10

In digitalen Schaltungen treten nur die beiden Zustände „wahr“ oder „unwahr“ auf. Deshalb ist das binäre System Grundlage der digitalen Schaltungen.

Per Definition gilt:
der Zustand „wahr“ = logisch 1 oder H (high)
der Zustand „unwahr“ = logisch 0 oder L (low)

Positive Logik	**Negative Logik**
logisch 1 = z.B. 10 V	logisch 1 = 0 V
logisch 0 = 0 V	logisch 0 = z.B. 10 V

Informationen (Zahlen) werden in der Digitaltechnik binär dargestellt und verarbeitet. Das binäre Zahlensystem verfügt nur über zwei Symbole. Die Zahlendarstellung wird deshalb sehr schnell unübersichtlich. Aus diesem Grunde verwendet man zur einfacheren Darstellung häufig Sedezimalzahlen mit einem Zeichenvorrat von 16 verschiedenen Symbolen. Eine Stelle im Sedezimalsystem ersetzt vier Stellen im Binärsystem.

Dezimal	Binär	Sedezimal
0	0	0
1	1	1
2	10	2
3	11	3
4	100	4
5	101	5
6	110	6
7	111	7
8	1000	8
9	1001	9
10	1010	A
11	1011	B
12	1100	C
13	1101	D
14	1110	E
15	1111	F
16	10000	10

7.1.4 Schaltalgebra (Boole'sche Algebra)

Entsprechend DIN 5474 „Zeichen der mathematischen Logik“ sind in DIN 66000 den Schaltfunktionen folgende mathematische Zeichen zugeordnet:

Operation	UND	ODER	NICHT
Zeichen	∧	∨	¬
Ersatzweise	*	+	–

Das Zeichen für die Operation „NICHT“ bindet stärker als das Zeichen ∧ und ∨. Da diese beiden Zeichen unter sich gleich stark binden, sind einzelne Terme einzuklammern. **De Morgan'sche Theoreme:**

$$\overline{a \wedge b \wedge c \wedge \ldots \wedge n} = \bar{a} \vee \bar{b} \vee \bar{c} \vee \ldots \vee \bar{n}$$

$$\overline{a \vee b \vee c \vee \ldots \vee n} = \bar{a} \wedge \bar{b} \wedge \bar{c} \wedge \ldots \wedge \bar{n}$$

4-1
7-2

7.1.5 Verknüpfungsbausteine der kombinatorischen Logik (Zustandsschaltglieder)

Benennung Verknüpfungsgleichung	Schaltzeichen	Wertetabelle A	 B	 y	Ersatzschaltung
UND (Konjunktion) $y = A \wedge B$	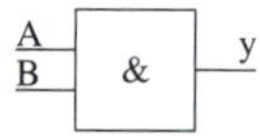	0 0 1 1	0 1 0 1	0 0 0 1	
ODER (Disjunktion) $y = A \vee B$	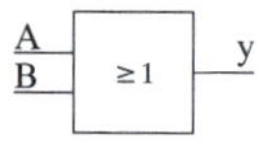	0 0 1 1	0 1 0 1	0 1 1 1	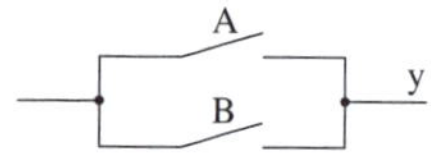
NICHT (Negation) $y = \overline{A}$	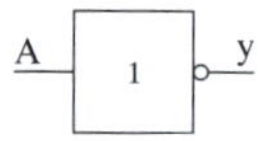	0 1 – –	– – – –	1 0 – –	
NAND $y = \overline{A \wedge B}$	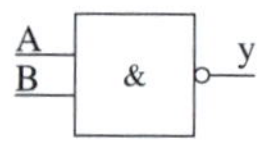	0 0 1 1	0 1 0 1	1 1 1 0	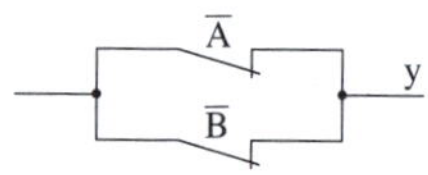
NOR $y = \overline{A \vee B}$	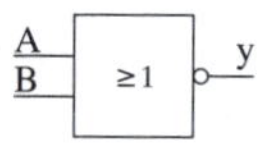	0 0 1 1	0 1 0 1	1 0 0 0	
Ex(klusiv)-ODER (Antivalenz) $y = (\overline{A} \wedge B) \vee (A \wedge \overline{B})$	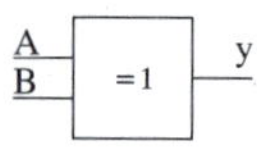	0 0 1 1	0 1 0 1	0 1 1 0	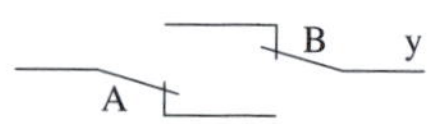
Äquivalenz, Äquijunktion $y = (A \wedge B) \vee (\overline{A} \wedge \overline{B})$	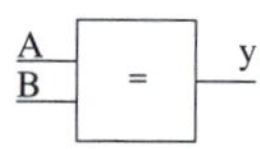	0 0 1 1	0 1 0 1	1 0 0 1	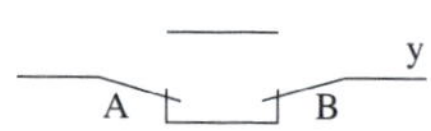
Sperrgatter (Inhibition) $y = \overline{A} \wedge B$	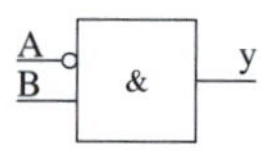	0 0 1 1	0 1 0 1	0 1 0 0	
Implikation, Subjunktion $y = \overline{A} \vee B$	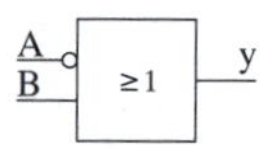	0 0 1 1	0 1 0 1	1 1 0 1	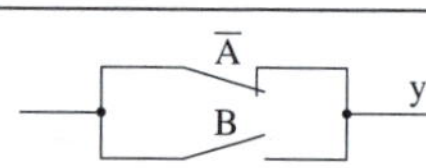

Ersetzen von Verknüpfungsgliedern durch andere

Man erhält gleichwertige Verknüpfungsglieder,

1. wenn alle & durch ≥ ersetzt werden und
2. alle ≥ durch & ersetzt werden und
3. alle Anschlüsse gegenüber dem Ausgangszustand invertiert werden (beim NICHT-Glied besteht eine Ausnahme)

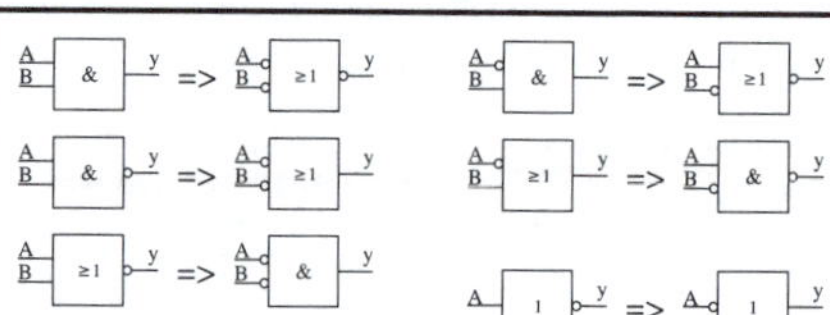

7.1 Digitaltechnik

7.1.6 Vereinfachung von Schaltnetzen mit Karnaugh-Veitch-Tafeln (KV-Tafeln)

d	c	b	a	Zeile Feld
0	0	0	0	0
0	0	0	1	1
0	0	1	0	2
0	0	1	1	3
0	1	0	0	4
0	1	0	1	5
0	1	1	0	6
0	1	1	1	7
1	0	0	0	8
1	0	0	1	9
1	0	1	0	10
1	0	1	1	11
1	1	0	0	12
1	1	0	1	13
1	1	1	0	14
1	1	1	1	15

für 2 Variable

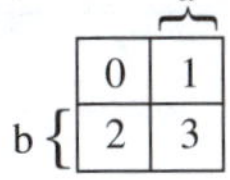

für 3 Variable

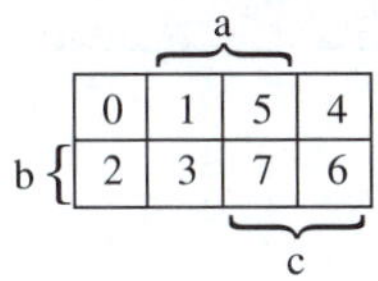

für 4 Variable

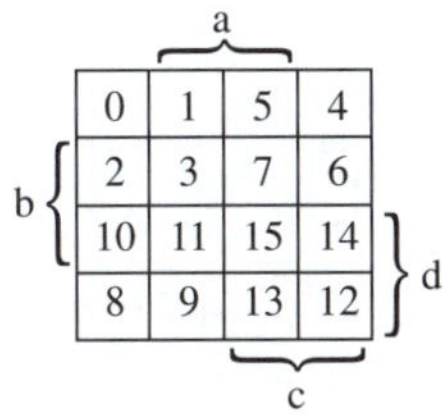

Das KV-Diagramm dient zur Vereinfachung (Minimierung) von Schaltnetzen. Hierzu überträgt man die Wertetabelle in das Diagramm.

Jedes Feld des KV-Diagramms entspricht einer Zeile der Wertetabelle.

Im KV-Diagramm unterscheiden sich alle waagerechten bzw. senkrechten benachbarten Felder nur in einer Variablen. Dasselbe gilt für ein Feld am Rand mit dem waagerecht oder senkrecht gegenüberliegenden Randfeld. Dasselbe gilt für die vier Eckfelder im KV-Diagramm für vier Variable.

Vorgehensweise

1. Alle Verknüpfungen der Wahrheitstabelle, für die $y = 1$ ist, in das entsprechende Feld der KV-Tabelle übertragen.
2. Von Feld zu Feld nur jeweils eine Eingangsvariable ändern.
3. Es sind 2^n-Felder (n = Anzahl der Eingangsvariablen) erforderlich.
4. „Benachbarte" Vollkonjunktionen zu 2er-, 4er- oder 8er-Blöcke zusammenfassen.
5. Benachbart sind Vollkonjunktionen der Felder, die mit einer Seite (nicht mit der Ecke) aneinanderstoßen.
6. Auch Felder, die am Rande der Tafel liegen, können zusammengefasst werden.
7. Variable eines Blockes, die negiert und nichtnegiert auftreten, entfallen.
8. Die in einem Block verbleibenden Variablen werden UND-verknüpft.
9. Werden diese UND-Verknüpfungen durch ODER-Verknüpfungen miteinander verbunden, entsteht die vereinfachte Funktionsgleichung.

Beispiel

d	c	b	a	y	Gleichung	
0	0	0	0	1	$y = (a \wedge b \wedge c \wedge d)$	
0	0	0	1	1	$\vee (a \wedge b \wedge c \wedge d)$	
0	0	1	0	0		
0	0	1	1	0		
0	1	0	0	1	$\vee (\bar{a} \wedge \bar{b} \wedge c \wedge \bar{d})$	
0	1	0	1	1	$\vee (a \wedge b \wedge c \wedge d)$	
0	1	1	0	0		
0	1	1	1	0		
1	0	0	0	1	$\vee (\bar{a} \wedge \bar{b} \wedge \bar{c} \wedge d)$	
1	0	0	1	0		
1	0	1	0	0		
1	0	1	1	0		
1	1	0	0	1	$\vee (\bar{a} \wedge \bar{b} \wedge c \wedge d)$	$y = (\bar{a} \wedge \bar{b}) \vee (\bar{b} \wedge \bar{d}) \vee (c \wedge d)$
1	1	0	1	1	$\vee (a \wedge b \wedge c \wedge d)$	
1	1	1	0	1	$\vee (a \wedge b \wedge c \wedge d)$	$y = \bar{b} \wedge (\bar{a} \vee \bar{d}) \vee (c \wedge d)$
1	1	1	1	1	$\vee (a \wedge b \wedge c \wedge d)$	

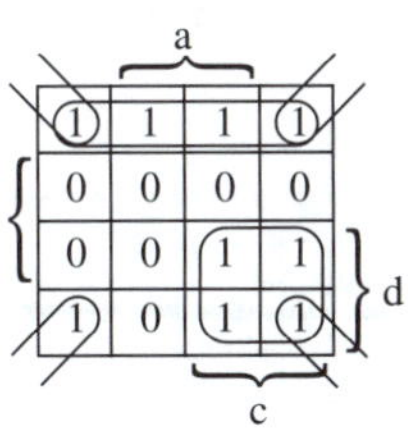

Im KV-Diagramm sind drei Zusammenfassungen von je vier benachbarten Feldern möglich, einschließlich gegenüberliegender Randfelder. Es bleiben drei UND-Verknüpfungen übrig, die den Zusammenfassungen gemeinsam sind:

$$y = (\bar{a} \wedge \bar{b}) \vee (\bar{b} \wedge \bar{d}) \vee (c \wedge d)$$

Aus dieser Funktion kann man nach dem 1. Distributiv-Gesetz noch eine Variable ausklammern:

$$y = \bar{b} \wedge (\bar{a} \vee \bar{d}) \vee (c \wedge d)$$

7

7.1 Digitaltechnik

7.1.7 Monostabiles Kippglied, astabiles Kippglied, Schwellwertschalter

⟹ 6-24

Symbol und Diagramm	Funktionsprinzip und Diagramm	Erläuterung Anwendung
Monostabile Kippschaltung (Monoflop) 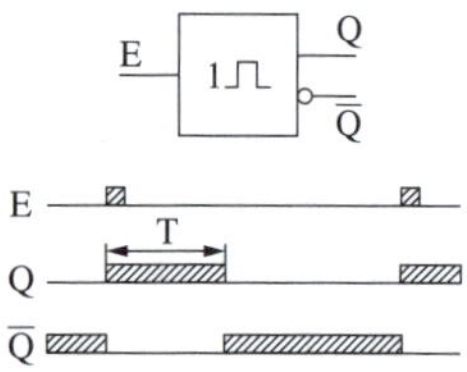	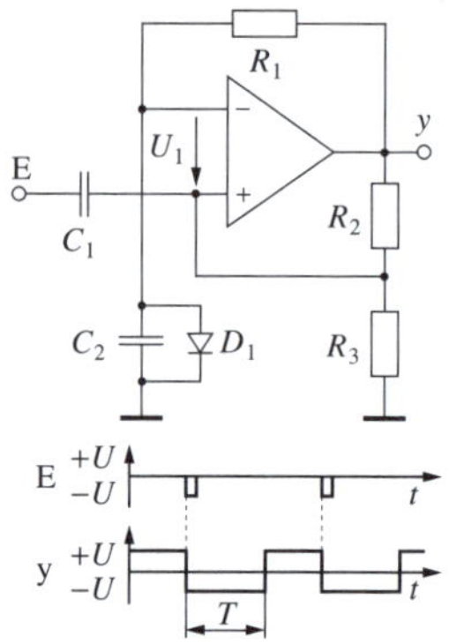	Im stabilen Zustand ist die Ausgangsspannung U_y positiv. Ein negativer Impuls am Eingang E schaltet U_y negativ. C_2 lädt sich über R_1 negativ auf, bis $U_{C2} > U_{R3}$ ist. Dann wechselt U_1 die Richtung, und U_y wird wieder positiv. $T = R_1 \cdot C_2 \cdot \ln(1 + R_3/R_2)$ Einzelimpulsgeber, Impulsformer, Zeitgeber, Verzögerungsschaltung
Astabile Kippschaltung (Multivibrator) 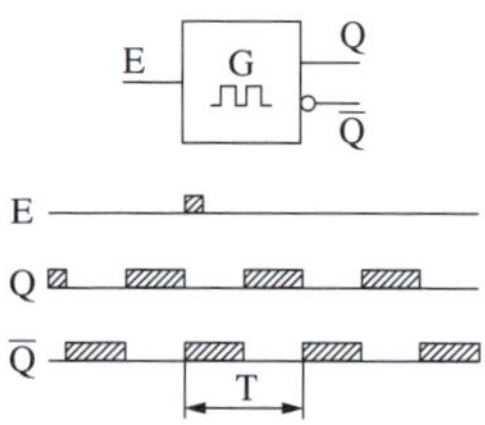	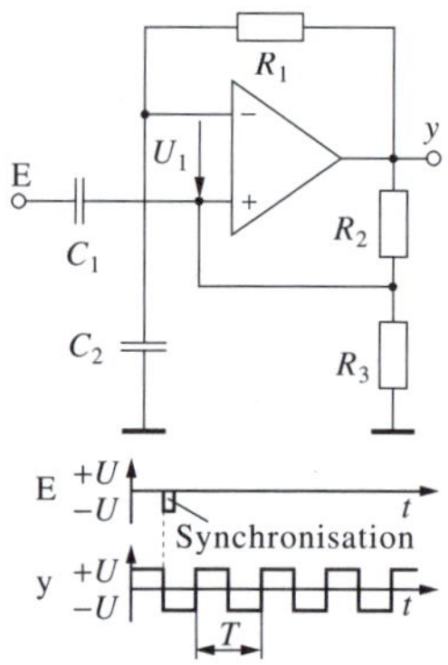	U_y lädt über R_1 den Kondensator C_2 auf, bis U_1 und U_y die Richtung wechseln (Mitkopplung). Dann wird C_2 über R_1 umgeladen, bis U_1 wieder die Richtung wechselt. Ein negativer Impuls am Eingang E synchronisiert die Kippstufe. $T = 2 \cdot R_1 \cdot C_2 \cdot \ln(1 + (2R_3)/R_2)$ $f_0 = 1/T$ synchronisierbarer Rechteckgenerator, Impulsgeber, Taktgeber
Schwellwertschalter (Schmitt-Trigger) 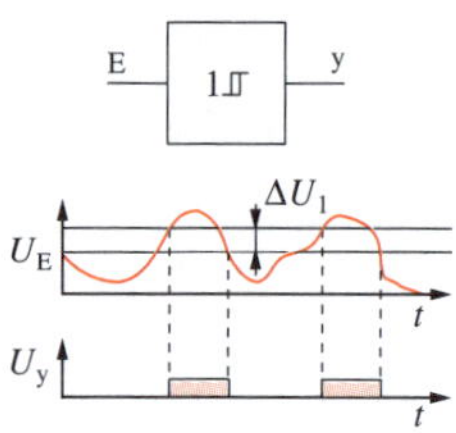	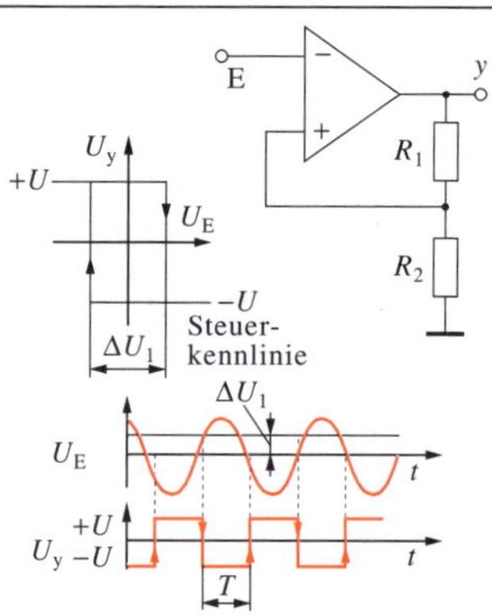	Bei Ansteuerung mit $+U_E$ kippt die Ausgangsspannung auf $\approx -U$. Wird U_E negativ, kippt die Ausgangsspannung auf $\approx +U$. In der Beispielschaltung wird das Eingangssignal invertiert. $\Delta U_1 \approx (+U - -U) \cdot R_2/(R_1 + R_2)$ Impulsformer, Flankenverbesserung, Konditionierung von Analogsignalen

7.1.8 Bistabile Kippglieder (Flipflops)

⇒ 4-14

7.1.8.1 Zustandsgesteuerte (statische) Flipflops (Latches)

RS-Flipflop
mit Triggerung auf positiver Flanke

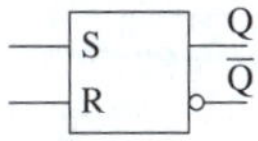

S	R	Q	$\overline{Q}$	
1	0	1	0	Setzen
0	1	0	1	Rücksetzen
0	0	×	×	unverändert
1	1	–	–	unbestimmt

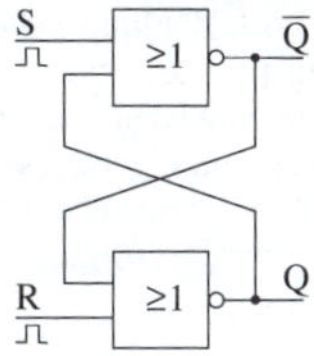

Andere Bezeichnungen:
RS-Kippglied
Basiskippglied
asynchrones Kippglied

Spricht sofort auf Eingangssignaländerungen an.

RS-Flipflop
mit Triggerung auf negativer Flanke

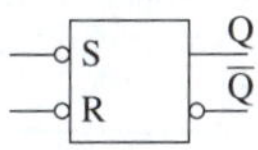

S	R	Q	$\overline{Q}$	
0	1	1	0	Setzen
1	0	0	1	Rücksetzen
1	1	×	×	Speichern
0	0	–	–	unbestimmt

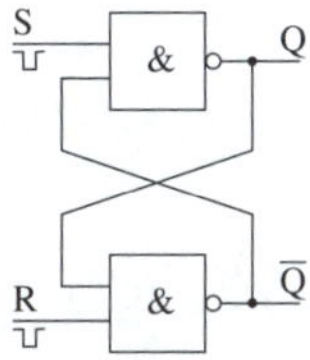

Diagramm für Typ mit Triggerung auf positiver Flanke:

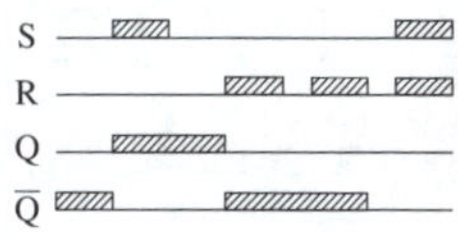

7.1.8.2 Taktzustandsgesteuerte Flipflops

RS-Flipflop

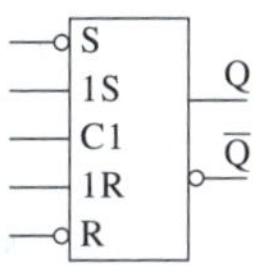

		T_n		T_{n+1}	
S	R	Q	$\overline{Q}$	Q	$\overline{Q}$
0	0	0	1	0	1
0	1	0	1	0	1
1	0	0	1	1	0
1	1	0	1	–	–
0	0	1	0	1	0
0	1	1	0	0	1
1	0	1	0	1	0
1	1	1	0	–	–

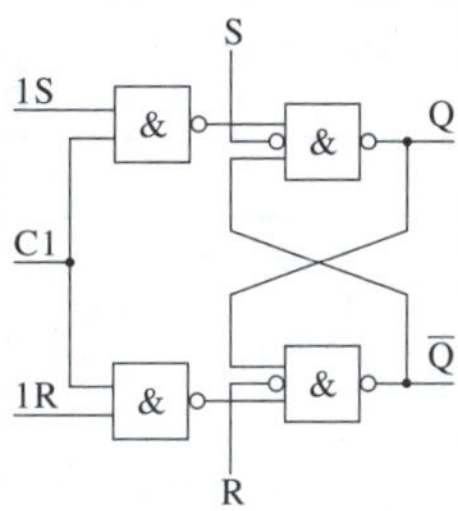

T_n Zustand vor dem Taktimpuls
T_{n+1} Zustand nach dem Taktimpuls
– unbestimmtes Resultat

Antivalente Signale an 1S und 1R (Vorbereitungseingänge) werden nur wirksam, wenn am Eingang C_1 ein 1-Signal anliegt

Delay-(D)-Flipflop
mit positiver Flankensteuerung

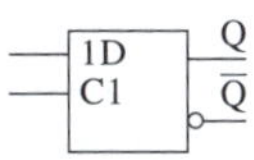

	T_n		T_{n+1}	
D	Q	$\overline{Q}$	Q	$\overline{Q}$
0	0	1	0	1
1	0	1	1	0
0	1	0	0	1
1	1	0	1	0

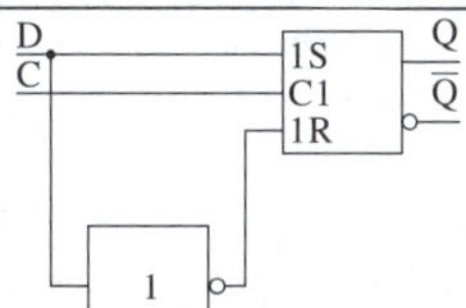

D-Kippglieder sind als zustandsgesteuerte, ein- und zweiflankengesteuerte Kippglieder handelsüblich. Die Signalkombination S = R = 1 ist bei diesem Typ ausgeschlossen

J-K-Flipflop

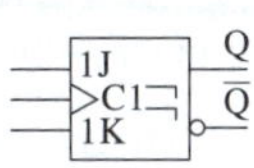

		T_n		T_{n+1}	
J	K	Q	$\overline{Q}$	Q	$\overline{Q}$
0	0	0	1	0	1
0	1	0	1	0	1
1	0	0	1	1	0
1	1	0	1	1	0
0	0	1	0	1	0
0	1	1	0	0	1
1	0	1	0	1	0
1	1	1	0	0	1

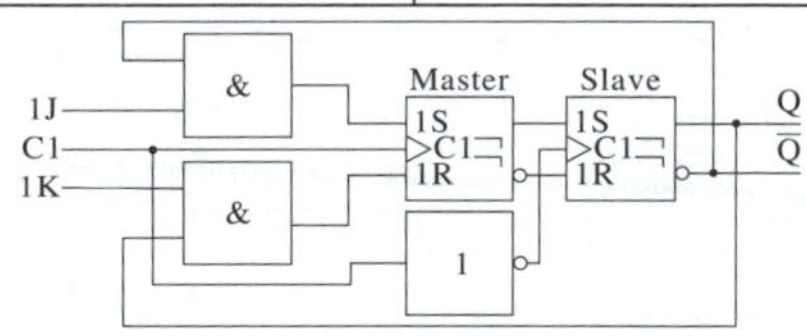

Infolge der inneren Rückführung öffnet der Taktimpuls immer nur das UND-Glied, dessen zweiter Eingang vom Ausgang her ein 1-Signal erhält. Liegt an J und K gleichzeitig ein 1-Signal, erhält man einen Binärteiler; in allen anderen Konfigurationen ein RS-Kippglied

7.1.9 Getaktete Schaltwerke (Zähler und Register)

Asynchrone Schaltungstechnik

Nur das erste Kippglied wird vom Zähltakt gesteuert. Die anderen werden seriell (nacheinander) von einem davorliegenden Kippglied angesteuert. Schaltet man *n* Kippglieder so hintereinander, dass jeweils ein Ausgang den nächsten Takteingang ansteuert, erhält man an den Ausgängen eine Zählfolge bis 2^n.

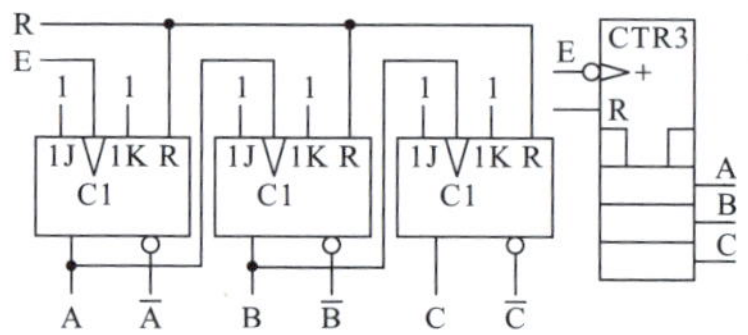

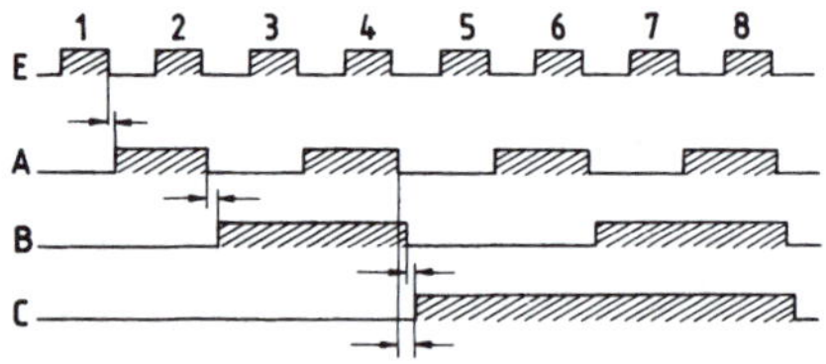

Vorteil	Nachteil
Einfacher Schaltungsaufbau	Impulsverzögerung in den einzelnen Kippgliedern addiert sich; die max. mögliche Zählfrequenz nimmt mit steigender Zählergröße ab

Zur Begrenzung des Schaltungsaufwandes – besonders bei der Decodierung – werden Zähler oft nach dem Dezimalsystem organisiert, wobei die einzelnen Dekaden binär codiert werden (BCD = Binär Codierte Dezimalziffer).

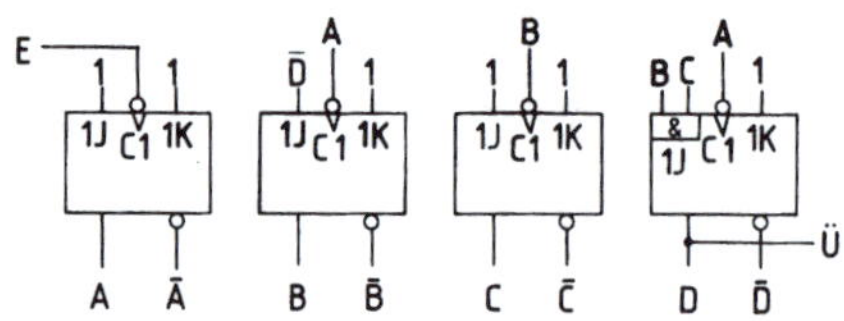

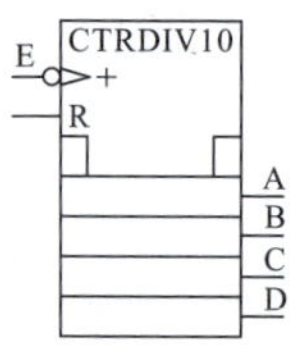

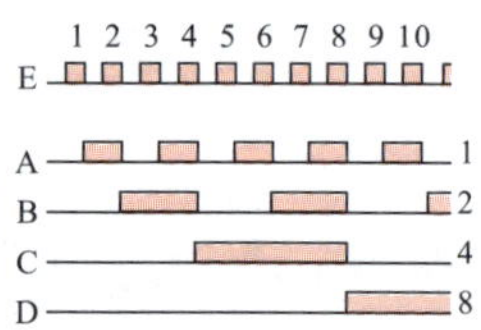

Ausgang D liefert den Übertrag für die nächste Dekade.

Synchrone Schaltungstechnik

Die Takteingänge aller Glieder sind miteinander verbunden. Die Umschaltung der an einem Schaltvorgang beteiligten Kippglieder erfolgt gleichzeitig.

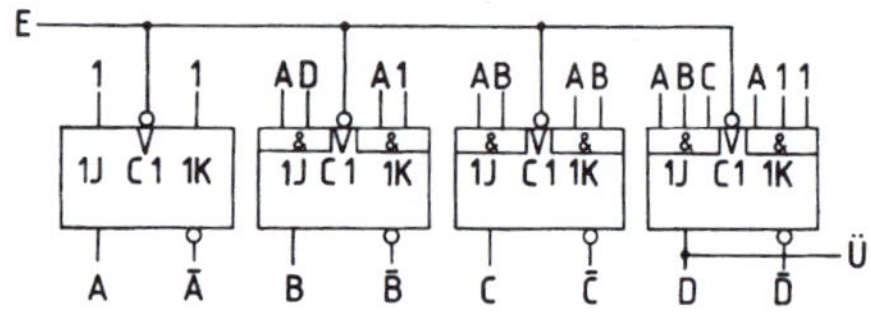

Bei Vernachlässigung der Kippgliedschaltzeiten stimmt das Impulsdiagramm des synchronen BCD-Zählers mit 8421-Code mit dem des asynchronen BCD-Zählers mit 8421-Code überein.

Vorteil	Nachteil
Vergleichsweise hohe Taktfrequenz zulässig, da die Kippgliedverzögerungszeit nur einmal auftritt; hohe Störsicherheit, weil die Vorbereitungseingänge nur kurz von der wirksamen Taktflanke freigegeben werden	Höherer Schaltungsaufwand

Schieberegister (Kettenschaltung)

Der gemeinsame Takt schiebt die in den Kippgliedern gespeicherte Information eine Stelle nach links oder rechts. Man unterscheidet:

SISO = seriell in/seriell out
SIPO = seriell in/parallel out

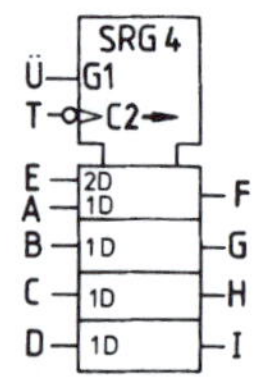

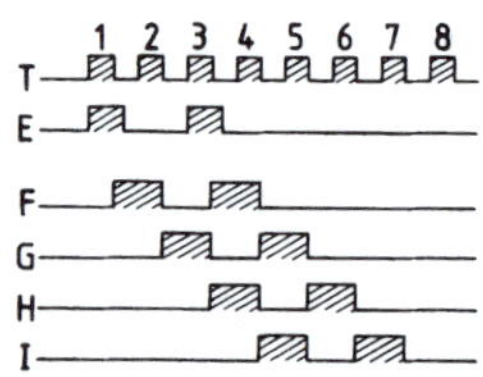

Ein 4-Bit-Wort kann mit 4 Taktimpulsen seriell (nacheinander) über den Eingang E in ein 4-Bit-Schieberegister geschoben und dann an den Ausgängen F bis I parallel (gleichzeitig) abgefragt werden. Weitere 4 Taktimpulse schieben das gespeicherte Wort seriell zum Ausgang I. Ein an die Eingänge A bis D parallel angelegtes 4-Bit-Wort wird mit einem Impuls an Ü parallel übernommen. Verbindet man Ausgang I mit Eingang E, erhält man ein **Ringschieberegister**. Die eingespeicherte Information wird ringförmig (endlos) weitergeschoben.

7.1 Digitaltechnik

7.1.10 Baustein-Familien

Grobüberblick über die Eigenschaften der digitalen Bausteinfamilien

	Verlustleistung bei $f = 1$ MHz	Durchlaufzeit	Störabstand bei $U_b = 5$ V	Integrationsdichte
TTL	mittel	kurz	klein	mittel
CMOS	gering	lang	groß	sehr hoch
ECL	hoch	extrem kurz	sehr klein	gering
I^2L	extrem gering	mittel	–	extrem hoch
ACL	sehr gering	sehr kurz	groß	sehr hoch

Die Bezeichnung gibt Auskunft über die Eigenschaften einer Logikfamilie:

A	Advanced	L	Low-Power
C	CMOS	S	Schottky
F	Fast	T	TTL-kompatibel
H	High Speed		

Beispiel:
ALS
- S – Schottky
- L – Low-Power
- A – Advance

Einige ausgewählte, häufig verwendete Standard-Bausteinfamilien im Vergleich

Technologie	Low-Power Schottky TTL	Neue Schottky TTL	Silicon Gate CMOS	Standard CMOS-Logik B-Serie	Neue schnelle CMOS-Logik	3,3 V-HCMOS Logik	Schnelle 3,3 V-CMOS-Logik
Logik-Familie	74LS …	74ALS …	74HC …	40 …	ACL …	74LV …	74HLL …
U_{cc}/V min. nom. max.	4,75 5,0 5,5	4,75 5,0 5,5	2,0 5,0 6,0	3,0 – 15,0	2,0 – 5,5	1,0 3,3 3,6	1,2 3,3 3,6
Temperaturbereich °C	0 … +70			–40 … +85	–40 … +85	–40 … +125	–40…+85
Ausgangsstrom I_{OH}/I_{OL} mA Standard Ausgänge High Current Ausgänge	 16/16 48/48	 8/8 24/48	 4/4 6/6	 1,6/1,6	 24/24	 4/4 6/6	 32/64
Verlustleistung je Gatter statisch mW bei 100 kHz mW bei 1 MHz mW	 2 2	 1 1	 $2{,}5 \cdot 10^{-6}$ 0,17 –	 $1 \cdot 10^{-3}$ 0,1	 $5 \cdot 10^{-6}$ – 1,5		
Typ. mittlere Signallaufzeit bei kapazitiver Last ns/pF	10/15	4/15	10/15	30/–	3/–	9/–	2,1/–
Max. Taktfrequenz MHz	40	70	40	16	150		200
Pegelkompatibel zu	TTL	TTL	TTL CMOS	CMOS	TTL CMOS	CMOS	TTL
Fan Out Standard/High Current	 20/60	 20/60	 10/15	 4/–	 50/–		
Eingangs-Pegel U_{IH}/V min U_{IL}/V max	 2,0 0,8	 2,0 0,8	 3,15 1,0	 70% U_b 30% U_b	$U_b = 5$V: 2 0,8	 70% U_b 30% U_b	 2,0 0,8
Ausgangs-Pegel U_{OH}/V min U_{OL}/V max	 2,7 0,4	 2,7 0,5	 4,9 0,1	$U_b = 5$V: 4,95 0,05	 0,5 $U_b - 0{,}8$		 1,0
Eingangs-Pegel I_{IH}/µA max I_{IL}/µA max	 20 –400	 20 –100	 1 –1	 1,0 –1,0			
Ausgangs-Pegel I_{OH}/µA max I_{OL}/µA max	 400 –8000		 3,4 –3400	 500 –500			 –24 000 24 000

Erklärungen zu den Begriffen auf der nächsten Seite.

7.1 Digitaltechnik

Begriffe zur vorseitigen Tabelle

Abk.	Erklärung
U_{cc}	(Supply Voltage) Versorgungsspannung, bezogen auf Massepotenzial (Ground)
I_{OH}/I_{OL}	(High/Low-Level Output Current) Ausgangsstrom je Ausgang bei H/L-Pegel
Signallaufzeit t_p	(Propagation delay time) Die Signallaufzeit t_{PLH} gibt die Impulsverzögerungszeit zwischen Ein- und Ausgangsspannung an, wenn das Signal von L nach H wechselt. Gleiches gilt für die Signallaufzeit t_{PHL}, bei der das Signal von H nach L wechselt. Für die **mittlere Signallaufzeit** t_{pd} gilt: $t_{pd}=(t_{PLH}+t_{PHL})/2$ Impulsverzögerungszeiten werden zwischen den Bezugspunkten der Flanke am Eingang 0,5 $(U_{IL}+U_{IH})$ und am Ausgang 0,5 $(U_{OL}+U_{OH})$ gemessen. Signal-Übergangszeiten der Impulsflanken werden zwischen den 10%- und 90%-Punkten ermittelt.
Ausgangslastfaktor	(Fan-Out) gibt an, mit wie vielen Eingängen (Eingangslastfaktoren) ein Ausgang innerhalb einer Schaltungsfamilie belastet werden darf.
U_{IH}/U_{IL}	(High-Low-Level Input Voltage) Eingangsspannung für H-/L-Pegel
U_{OH}/U_{OL}	(High-Low-Level Output Voltage) Ausgangsspannung für H-/L-Pegel
I_{IH}/I_{IL}	(High-Low-Level Input Current) Eingangsstrom je Eingang bei H-/L-Pegel
I_{OH}/I_{OL}	(High-Low-Level Output Current) Ausgangsstrom je Ausgang bei H-/L-Pegel

7.1.11 Programmierbare Digitalrechner

Prinzipschaltung eines programmierbaren Digitalrechners

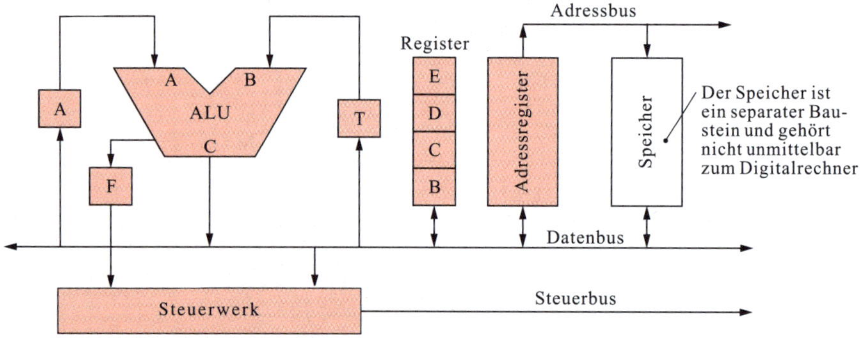

Vor-/Nachteile programmierbarer Digitalrechner gegenüber festverdrahteter Logik:
- höherer Entwicklungsaufwand gegenüber festverdrahteter Logik;
- Einsatz für unterschiedlichste Aufgaben nur durch Programmierung, ohne Hardwareänderungen;
- jederzeitige Änderungen des Verknüpfungsalgorithmus ohne Hardwareänderungen.

Der programmierbare Digitalrechner besteht aus den Komponenten
- ALU (arithmetic logic unit; in der ALU erfolgt die Verknüpfung der Daten);
- Steuerwerk (enthält u.a. die Hardware zur Umsetzung des Befehlsatzes des Digitalrechners);
- Registern (im Beispiel: A,B,C,D,E,F,T; Register = Speicher für ein Datenwort). Einige Register haben spezielle Aufgaben zu erfüllen:

  A = Akkumulator, Eingabe- und Ergebnisregister
  F = Flag, Register für Statusanzeigen (z. B. Überlauf)
  T = temporäres Register zur Zwischenspeicherung bis zur Verarbeitung in der ALU
  B … E = universell verwendbare Register

Insgesamt werden drei Datenbusse benutzt:

Datenbus: zur Weiterleitung der zu verarbeitenden Daten
Adressbus: zur Adressierung z. B. von Speicherstellen
Steuerbus: zur Steuerung der Komponenten (z. B. Schreib/Lese-Anweisungen)

7.2 Informationsverarbeitung

7.2.1 Begriffe in der Informationsverarbeitung

Ablaufdiagramm	Dient zur Veranschaulichung organisatorischer Zusammenhänge, sowohl für zeitliche Abläufe, als auch für Arbeitsabschnitte
Adresse	Ein bestimmtes Wort zur Kennzeichnung eines Speicherplatzes, eines zusammenhängenden Speicherbereiches oder einer Funktionseinheit
ASCII-Code	**A**merican **s**tandard **c**ode for **i**nformation **i**nterchange; Code, der in der EDV die weltweit größte Verbreitung und Akzeptanz gefunden hat
BCD-Code	**b**inary **c**oded **d**ecimals; Binärcode, bei dem jede Ziffer einer Zahl einzeln binär codiert wird
Betriebssystem	Grundprogramm zur Verwaltung der DV-Anlage; es besteht aus den Komponenten Ein-/Ausgabesystem, Dienstprogramme, Testhilfen
Binärsystem	Logische Systeme, Code- oder Zahlensysteme mit einem Zeichenvorrat von zwei Zeichen (0 und 1) für die Darstellung von Daten
Code	Eindeutige Zuordnungsvorschrift der Zeichen eines Zeichenvorrates zu denjenigen eines anderen Zeichenvorrates ⟹ 4-14
Computer	Speicherprogrammierte, elektronisch arbeitende Anlage zur Verarbeitung von Daten (Datenverarbeitungsanlage – abgekürzt: DV)
Daten	Bezeichnung für alles, was sich in einer für die EDV erkennbaren Weise codieren läßt (i. a. numerische, alphanumerische oder Steuerangaben)
Datei	Für eine bestimmte Aufgabe oder unter einem bestimmten Gesichtspunkt zusammengestellte Daten in einem Speicher
Diskette	Magnetisch sensitive Scheibe zur Speicherung von Daten
EDV	Abkürzung für „**e**lektronische **D**aten**v**erarbeitungsanlage"
Festplatte	Engl. „Harddisk"; eine fest im Gehäuse eingebaute Diskette mit kurzen Zugriffszeiten zur Speicherung großer Datenmengen
Modem	**Mo**dulator-**Dem**odulator; ermöglicht die Übertragung digitaler Daten über Fernsprechleitungen
Monitor	1. Ausgabegerät einer DV-Anlage (Bildschirm); 2. Steuerprogramm (Monitorprogramm) zur Koordination bzw. Steuerung mehrerer Einzelprogramme bzw. Programmteile; 3. Programm zur Ausgabe von Daten
Multitasking	Die Fähigkeit eines Computers bzw. eines Betriebssystems, gleichzeitig mehrere Programme abzuarbeiten
Periphere Einheit	Funktionseinheit, die nicht zur Zentraleinheit gehört
Programm	Folge von Anweisungen (Befehlen) zur Lösung einer bestimmten Aufgabe
Prozessor	Besteht aus Rechenwerk und Leitwerk; führt die logischen Verknüpfungen aus
Sedezimalsystem	(Häufig auch als Hexadezimalsystem bezeichnet) Zahlensystem mit der Basis 16 mit folgendem Zeichenvorrat: 0, 1, 2, 3, 4, 5, 6, 7, 8, 9, A, B, C, D, E, F
Schnittstelle	Verbindungsstellen zwischen DV-Anlagen untereinander und zu Peripheriegeräten
Software	Programme und Daten für programmgest. Datenverarbeitungs- und Steuerungsanlagen
Sonderzeichen	Zeichen, die weder Buchstaben noch Ziffern sind
Speicher	Medien, die Informationen über einen beliebig langen Zeitraum hinweg festhalten und bei Bedarf wieder ausgeben können (RAM, ROM, Diskette, usw.)
Terminal	(Datensichtgerät) Gerät für die Ausgabe von Daten auf einem Bildschirm und die Eingabe von Daten über eine Tastatur
Virus	Parasitäres Programm, das Daten oder Programme eines Computers zerstört
Wort	Kleinste adressierbare Speichereinheit in einem Computer; eine Reihe von Bits – meist 8 bis 32 –, die einen gemeinsamen Speicherplatz belegt und vom Computer als Einheit verarbeitet wird
Zentraleinheit	Beinhaltet den Prozessor, Ein- und Ausgabekanäle und den Arbeitsspeicher; bewerkstelligt die Verarbeitung der Daten

-12

-12

7

7.2 Informationsverarbeitung

7.2.2 Abkürzungen in der EDV

ACK	acknowledge, Übertragung abgeschlossen
CD	compact disk, Nur-lese-Speicher
CLI	command line interpreter; Befehlszeilenübersetzer
CPU	central processing unit, Mikroprozessor
DD	double density, Bez. für Disketten mit doppelter Speicherdichte (typ. mit 360/720 KByte Kapazität)
DFÜ	Datenfernübertragung
EOF	end of file, Ende der Datei
FD(D)	Floppy Disk (Driver)/Diskette(nlaufwerk)
HD(D)	1. Harddisk (Driver)/Festplatte; 2. high density, Bez. für Disketten mit hoher Speicherdichte (typ. mit 1,2/1,44 MByte Kapazität)
IOS	input-output-system
LPT	Lineprinter; Drucker bzw. parallele Druckerschnittstelle
PC	Personal Computer
RAM	random access memory; Speicher mit wahlfreiem Zugriff; Arbeitsspeicher
ROM	read only memory; Nur-lese-Speicher

⇐ 7-1

7.2.3 Zahlensysteme

Dezimal	Dual/Binär	Oktal	Sedezimal
0	0	0	0
1	1	1	1
2	10	2	2
3	11	3	3
4	100	4	4
5	101	5	5
6	110	6	6
7	111	7	7
8	1000	10	8
9	1001	11	9
10	1010	12	A
11	1011	13	B
12	1100	14	C
13	1101	15	D
14	1110	16	E
15	1111	17	F

Grundlage der elektronischen Informationsverarbeitung sind die Dual- bzw. Binärzahlen (Basis 2). Zur besseren Übersicht verwendet man Oktalzahlen (Basis 8 mit den Ziffern 0…7) und Sedezimalzahlen (Basis 16 mit den Ziffern 0…F). Letztere werden manchmal auch als Hexadezimalzahlen bezeichnet. Beim oktalen Zahlensystem werden drei und beim sedezimalen Zahlensystem vier aufeinander folgende Dualziffern zu einer Ziffer zusammengefasst.

Beispiel: Binär nach Oktal

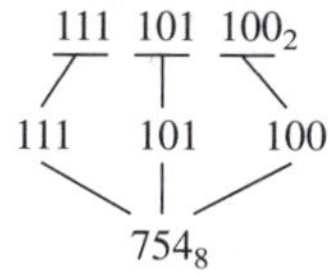

Binär nach Sedizimal

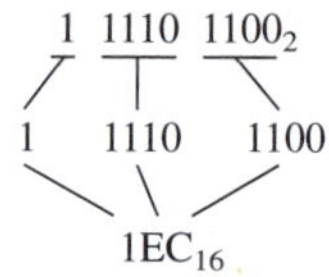

Zahlen-Umwandlungstabelle Sedezimal ↔ Dezimal

	0	1	2	3	4	5	6	7	8	9	A	B	C	D	E	F
0	0	1	2	3	4	5	6	7	8	9	10	11	12	13	14	15
1	16	17	18	19	20	21	22	23	24	25	26	27	28	29	30	31
2	32	33	34	35	36	37	38	39	40	41	42	43	44	45	46	47
3	48	49	50	51	52	53	54	55	56	57	58	59	60	61	62	63
4	64	65	66	67	68	69	70	71	72	73	74	75	76	77	78	79
5	80	81	82	83	84	85	86	87	88	89	90	91	92	93	94	95
6	96	97	98	99	100	101	102	103	104	105	106	107	108	109	110	111
7	112	113	114	115	116	117	118	119	120	121	122	123	124	125	126	127
8	128	129	130	131	132	133	134	135	136	137	138	139	140	141	142	143
9	144	145	146	147	148	149	150	151	152	153	154	155	156	157	158	159
A	160	161	162	163	164	165	166	167	168	169	170	171	172	173	174	175
B	176	177	178	179	180	181	182	183	184	185	186	187	188	189	190	191
C	192	193	194	195	196	197	198	199	200	201	202	203	204	205	206	207
D	208	209	210	211	212	213	214	215	216	217	218	219	220	221	222	223
E	224	225	226	227	228	229	230	231	232	233	234	235	236	237	238	239
F	240	241	242	243	244	245	246	247	248	249	250	251	252	253	254	255

Anwendungsbeispiele:

Dezimalzahl 177 → Zeile = B, Spalte = 1 — Ergebnis: B1

Sedezimalzahl AB → Kreuzungspunkt Zeile A und Spalte B — Ergebnis: 171

7.2 Informationsverarbeitung

7.2.4 Bits and Bytes

Bit

Bit (Binary Digit) ist die Kurzform für Binärzeichen (das Bit – die Bits). Es kann 2 Zustände annehmen: Die Sondereinheit bit gibt die Anzahl der Binärentscheidungen an.

Anzahl der Bits	1	2	3	4	5	6	7	8	9	10
Binärentscheidungen	2	4	8	16	32	64	128	256	512	1024

1024 = K (großes K) 1024 bit = 1 Kbit 1024 Kbit = 1 Mbit 1024 Mbit = 1 Gbit

Byte

Ein Byte ist ein *n*-Bit-Zeichen mit fest vorgegebenem *n* (meist *n*=8); ein 8-Bit-Zeichen ermöglicht die Codierung/Zuordnung von 256 verschiedenen Zeichen (s. o. Tabelle).

8 Bit ⇒ 1 Byte ⇒ 1 Zeichen

1024 byte = 1 Kbyte 1024 Kbyte = 1 Mbyte 1024 Mbyte = 1 Gbyte

7.2.5 Der ASCII-Code

Beim ASCII-Code (**A**merican **S**tandard **C**ode for **I**nformation **I**nterchange) codieren 7 Bit 128 Zeichen. Bit 6 und 7 dienen zur Unterscheidung von Steuerbefehl, alphanumerischen Zeichen und Sonderzeichen. Arten von Steuerbefehlen: Übertragungs-Steuerbefehle CC (**C**ommunication **C**ontrol), Format-Steuerbefehle FE (**F**ormat **E**ffektor) und Trennbefehle IS (**I**nformation **S**eparator). Bit B wird als Prüfbit oder für Erweiterungen ergänzt. Jedes Codewort wird auf eine gerade Anzahl von Stellen mit der Wertigkeit 1 (even parity) oder eine ungerade Anzahl von Stellen mit der Wertigkeit 1 (odd parity) gebracht.

Zeile \ Spalte	0		1		2		3		4		5		6		7	
0	NUL	0	DLE	16	∪	32	0	48	@	64	P	80	`	96	p	112
1	SOH	1	DC1	17	!	33	1	49	A	65	Q	81	a	97	q	113
2	STX	2	DC2	18	„	34	2	50	B	66	R	82	b	98	r	114
3	ETX	3	DC3	19	#	35	3	51	C	67	S	83	c	99	s	115
4	EOT	4	DC4	20	$	36	4	52	D	68	T	84	d	100	t	116
5	ENQ	5	NAK	21	%	37	5	53	E	69	U	85	e	101	u	117
6	ACK	6	SYN	22	&	38	6	54	F	70	V	86	f	102	v	118
7	BEL	7	ETB	23	‘	39	7	55	G	71	W	87	g	103	w	119
8	BS	8	CAN	24	(	40	8	56	H	72	X	88	h	104	x	120
9	HT	9	EM	25	)	41	9	57	I	73	Y	89	i	105	y	121
10	LF	10	SUB	26	*	42	:	58	J	74	Z	90	j	106	z	122
11	VT	11	ESC	27	+	43	;	59	K	75	[	91	k	107	{	123
12	FF	12	FS	28	,	44	<	60	L	76	\	92	l	108	|	124
13	CR	13	QS	29	–	45	=	61	M	77	]	93	m	109	}	125
14	SO	14	RS	30	.	46	>	62	N	78	∧	94	n	110	‾	126
15	SI	15	US	31	/	47	?	63	O	79		95	o	111	DEL	127

Bedeutung der Steuerzeichen

Zeichen	Platz	Art	Benennung
NUL	0	–	Null, (Nichts)
SOH	1	TC	Start of Heading
STX	2	TC	Start of Text
ETX	3	TC	End of Text
EOT	4	TC	End of Transmission
ENQ	5	TC	Enquiry (Stationsaufruf)
ACK	6	TC	Acknowledge
BEL	7	–	Bell (Klingel)
BS	8	FE	Backspace
HT	9	FE	Horizontal Tabulation
LF	10	FE	Line Feed
VT	11	FE	Vertical Tabulation
FF	12	FE	Form Feed
CR	13	FE	Carriage Return
SO	14	–	Shift-out (Dauerumschaltung)
SI	15	–	Shift-in (Rückschaltung)
DLE	16	TC	Date Link Escape
DC	17–20	DC	Device Control
NAK	21	TC	Negative Acknowledge
SYN	22	TC	Synchronous Idle
ETB	23	TC	End of Transmission Block
CAN	24		Cancel (Ungültig)
EM	25	–	End of Medium
SUB	26	–	Substitute Character
ESC	27	–	Escape (Umschaltung)
FS	28	IS	File Separator
GS	29	IS	Group Separator
RS	30	IS	Record Separator
US	31	IS	Unit Separator

7.2 Informationsverarbeitung

7.2.6 Aufbau einer EDV-Anlage

EVA-Prinzip: Daten**e**ingabe → **V**erarbeitung → Daten**a**usgabe

Eingabegerät	Ausgabegerät	Sowohl Eingabe- als auch Ausgabegerät
Tastatur Maus Scanner	Monitor Drucker Plotter	Modem Diskettenlaufwerk Festplattenlaufwerk

7

⟹ 7-9

Bestandteile einer EDV-Anlage

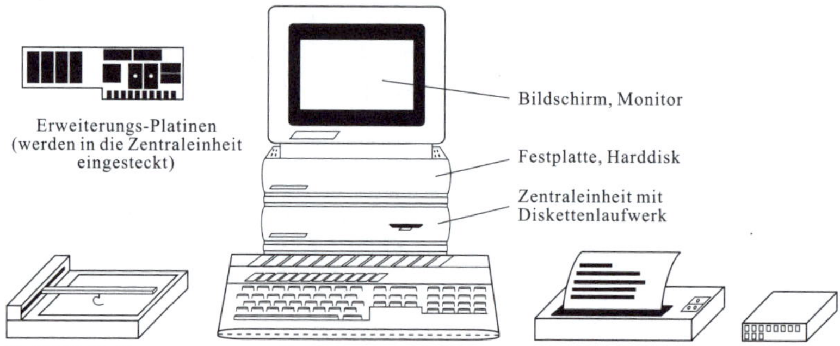

Massenspeicher

Als Massenspeicher werden alle die Speicher bezeichnet, die in der Lage sind, große Datenmengen aufzunehmen und diese über einen langen Zeitraum ohne Energiezufuhr aufzubewahren: Magnetplattenspeicher (Diskette, Festplatte), Magnetbandspeicher (Streamer).

Diskette (floppy disc)	Eine, mit einer magnetisierbaren Schicht versehene flexible Plastikscheibe, die sich in einem quadratischen Umschlag befindet. Gängige Formate: Minidisc: Scheibe mit Durchmesser von 5 1/4-Zoll (≈ 133 mm) Mikrodisc: Scheibe mit Durchmesser von 3 1/2-Zoll (≈ 89 mm)
Festplatte	Ähnlich wie Diskettenlaufwerke, jedoch mit erheblich höherer Speicherkapazität und geringerer Zugriffzeit. Festplatten sind nicht portabel.
Streamer	Magnetband für die Speicherung größter Datenmengen.

Interner Aufbau eines Computers / Bussystem und Taktfrequenz

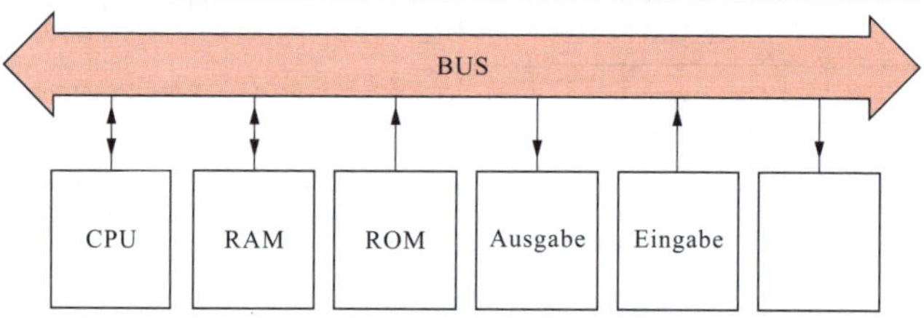

Der Datenaustausch geschieht intern über einen zentralen Datenbus, mit dem alle Komponenten verbunden sind. Dieser Bus besteht bei PCs aus 8, 16 oder 32 Datenleitungen. Die Daten werden nacheinander (z. B. beim 8-Bit-Datenbus zeichenweise) übertragen. Ein Taktgenerator steuert den Ablauf. Die Taktfrequenz wird in MHz angegeben. Typische Taktfrequenzen sind 4, 8, 16, 25, 33, 64, 75, 90 oder 100 MHz.

7.2 Informationsverarbeitung

7.2.7 Schnittstellen

⇒ 8-28

7.2.7.1 Parallele Schnittstellen

Centronics-Schnittstelle

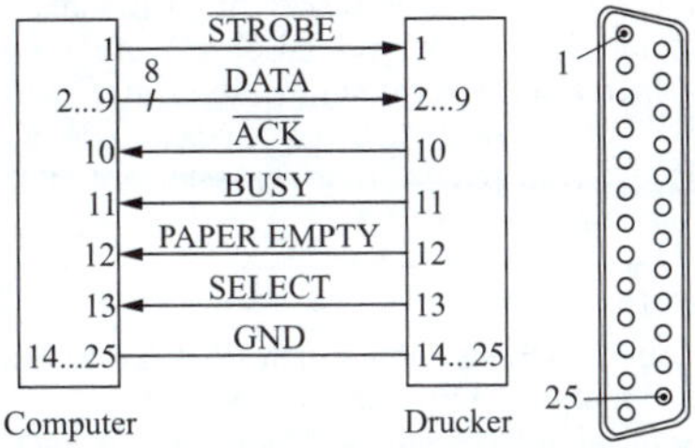

Zur Kopplung von Rechnern und Peripheriegeräten z. B. Druckern. Reichweite: 90 m bei 100 Kbyte/s; 1 m bei 1 Mbyte/s. Stecker/Buchse: heute 25-polig; früher 36-polig.

STROBE	Steuerleitung für Daten gültig
DATA	Datenleitungen
ACKNLG (ACK)	acknowledge, Quittierung für erhaltenes Datenbyte
BUSY	tätig, z. B. Drucker kann keine Daten empfangen
PAPER EMPTY	Papier ist zu Ende
SELECT	Drucker ist/wird angewählt
GROUND (GND)	Masse

SCSI (Small Computer System Interface)

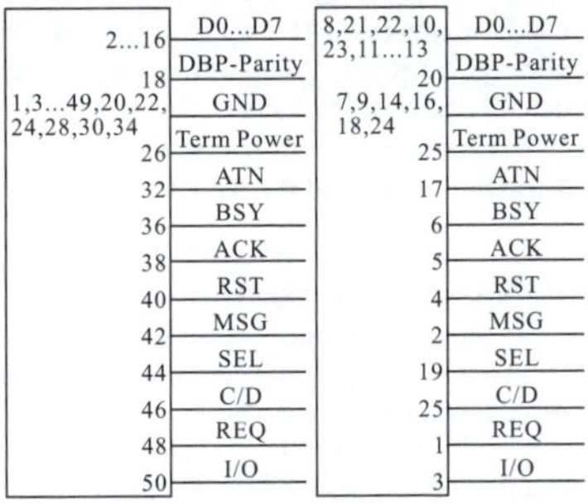

Für große Datenmengen (Anschluss von Streamern, Scannern, CD-ROM-Laufwerken). Stecker: 50-polig/25-polig.

DATA	Datenleitungen
DBP	Parity
GND	Masse, Ground
TP	Term Power
ATN	Attention
BSY	tätig, Datenempfang nicht möglich
ACK	acknowledge, Quittierung einer Information
RST	Reset, Rücksetzen
MSG	Message
SEL	Select
C/D	Control/Data
REQ	Request
I/O	Input/Output

7.2.7.2 Serielle Schnittstellen

RS-232 (V.24)

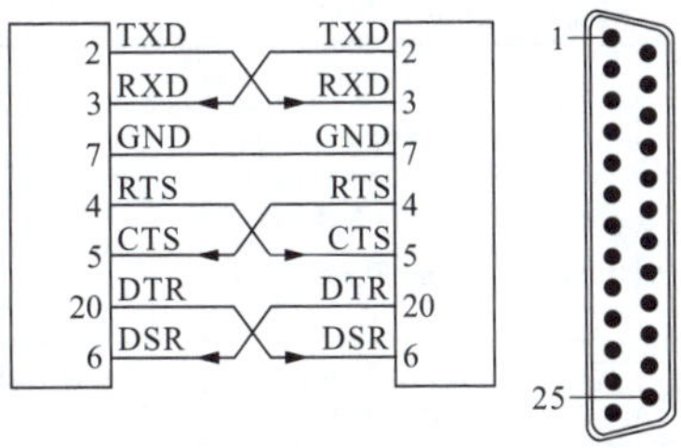

Reichweite für gesicherte Datenübertragung: 15 m. Beim Binärzeichen 0 ist die Spannung 3 … 15 V, beim Binärzeichen 1 ist die Spannung –3 … –15 V.
Übertragungsraten: 300, 600, 1200, 2400, 4800, 9600 oder 19200 bit/s. Stecker/Buchsen sind normalerweise 25-polig.

TXD	Transmit Data, Sendedaten
RXD	Receive Data, Empfangsdaten
GND	Ground, Masse
RTS	Request to Send, Anforderung zum Senden
CTS	Clear to Send, sendebereit
DTR	Data Terminal Ready, betriebsbereit
DSR	Data Set Ready, Sendedaten vorhanden

MIDI

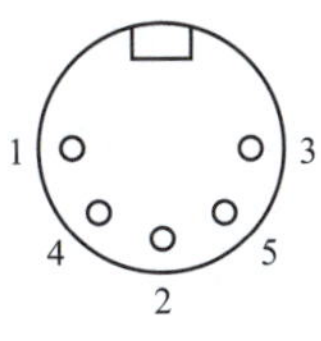

Schnittstelle mit galvanischer Trennung durch Optokoppler. Stecker/Buchse: 5-pol. DIN. Übertragungsrate: 31,25 kBd. Betriebsart: 5-mA-Stromschleife.

Pin	MIDI-Out	MIDI-In
1	THRU Transmit Data	–
2	Abschirmung	–
3	THRU Loop Return (+)	–
4	OUT Transmit Data	IN receive Data
5	OUT Loop Return	IN Loop Return (+)

7.2 Informationsverarbeitung

7.2.8 Das Betriebssystem

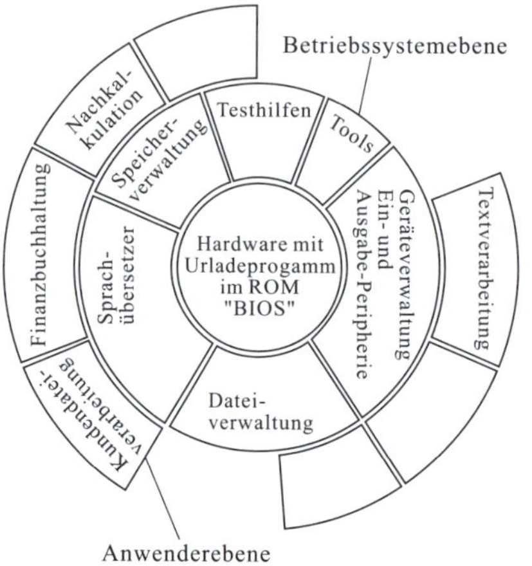

Voraussetzung für den Betrieb einer EDV-Anlage bzw. eines Computers ist das Vorhandensein eines Betriebssystems. Es erledigt grundlegende Aufgaben wie Überwachung der ausgeführten Benutzerprogramme; die Verteilung der Betriebsmittel auf die einzelnen Benutzerprogramme; die Aufrechterhaltung der Betriebsart; Datei- und Speicherverwaltung. Das weitverbreiteste Betriebssystem ist DOS (Disk Operating System).

DOS-Syntax

1. Laufwerke werden durch einen Buchstaben mit Doppelpunkt gekennzeichnet z. B.: A: C:
2. Zwischen Laufwerken, Befehlen und Dateinamen muß ein Leerzeichen stehen.
3. Ein beliebiges Zeichen in Dateinamen kann durch das Globalzeichen ? ersetzt werden. Mehrere beliebige Zeichen in Dateinamen können durch das Globalzeichen * ersetzt werden.

Wichtige DOS-Befehle im Beispiel

c:\>d:	Laufwerkswechsel z. B. nach D:
c:\>dir a:	zeigt das Inhaltsverzeichnis der Diskette im Laufwerk a:
c:\>copy *.* a:	kopiert Dateien von c: nach a:
c:\>del abc.txt	löscht die Datei abc.txt auf c:
c:\>cls	löscht den Bildschirm
c:\>chkdsk a:	Prüfung des Laufwerkes a:
c:\>date	Datumsanzeige/-korrektur
c:\>time	Zeitanzeige

Dateiorganisation unter DOS

_ _ _ _ _ _ _ _ .	_ _ _
Vorname mit max. 8 Zeichen	Nachname (Extension) mit max. 3 Zeichen

Bei der Eingabe muss zwischen Vor- und Nachname ein Punkt stehen. Die Extension erklärt den Dateityp:

.COM (Command) ausführbare Systemdatei
.SYS (System) initialisierende Systemdatei
.EXE (Execute) ausführende Datei, Programmdatei
.BAT (Batch) Stapeldatei

Die wichtigsten Betriebssysteme im Überblick

Name	Eigenschaften	Typischer Einsatzbereich
BS2000	Siemens-Betriebssystem für Großrechner	Siemens-Großrechner
DOS	16-Bit-Betriebssystem DOS (Disk Operating System) mit CLI; Hersteller: Microsoft; Filesystem FAT16	Besonders weit verbreitetes Betriebssystem; Einplatzsysteme/PCs; basierend auf der 80xxx-Mikroprozessorreihe
OS/2	32-Bit-System mit grafischer Oberfläche; multitaskingfähig; Hersteller: IBM	Einplatzsysteme/Personalcomputer
SYSTEM 7	32-Bit-Betriebssystem mit grafischer Benutzeroberfläche; Hersteller: Apple	Einplatzsysteme/Personalcomputer basierend auf 68xxx-Mikroprozessoren
UNIX	32-Bit-Betriebssystem; entwickelt von Kernighan/Ritchie; verbreitete Versionen: 1. allgemeine Version V von 1983 2. Version BSD4.2 der Uni Berkeley/USA	Mehrplatzsysteme; Derivate für die Verwendung auf verschiedenen Mikroprozessor-Systemen („Plattformen"); LINUX für 68xxx-Prozessoren, SINUX, usw.
WINDOWS	Grafische Benutzeroberfläche für das Betriebssystem DOS; WINDOWS for Workgroups und Windows 95 auch für PC-Netzwerke; Hersteller: Microsoft	Weit verbreitete Benutzeroberfläche für Personalcomputer (PC's) und PC-Netzwerke; basierend auf der 80xxx-Mikroprozessorreihe
WINDOWS NT	32-Bit-System; mit grafischer Benutzeroberfläche; Filesystem NTFS; NT = New Technology; Hersteller: Microsoft	Einzelplatzsysteme und Netzwerke mit hoher Betriebssicherheit

7.2 Informationsverarbeitung

7.2.9 Sinnbilder für Struktogramme und Ablaufdiagramme

⇒ 7-27

Sinnbilder für Struktogramme	Erläuterung
Prozess (Aktivität, Operation) 	Darstellung eines oder mehrerer Befehle. Die Form ist rechteckig. Die Größe ist frei wählbar. Anwendungsbeispiele: – Wertzuweisung (arithmetische Zuordnungsanweisung) – Ein- und Ausgabeanweisungen – Unterprogrammaufruf
Verzweigung (Entscheidung, Selektion) 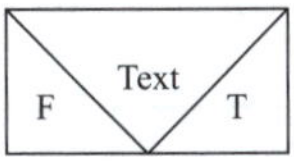	Darstellung bedingter Verzweigungen mit zwei Alternativen (Ja/Nein). Das mittlere Dreieck (Text) enthält die Bedingung (Frage), die mit NEIN (F=FALSE) oder JA (T=TRUE) zu beantworten ist. Je nach Beantwortung der Frage wird das Programm mit einem Prozesssinnbild, das direkt auf das entsprechende Dreieck folgt, fortgesetzt
Wiederholung (Schleife, Iteration) 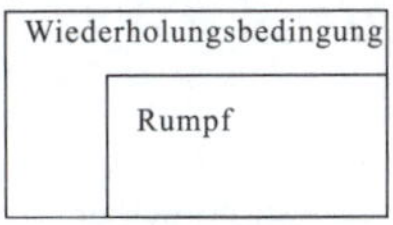	Darstellung von Schleifen. Die Wiederholungsbedingung steht links oben im Sinnbild. Hier wird die Zahl der Wiederholungen angegeben oder die Wiederholungsbedingung. Die zu wiederholenden Anweisungen stehen im inneren Rechteck (Rumpf). Der Rumpf kann aus einer Struktur beliebiger Verwicklungen bestehen. Verschachtelung von Schleifen ist möglich
Mehrfachverzweigungen (Fallunterscheidung) 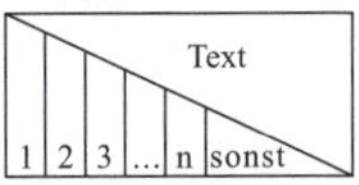	Darstellung bedingter Verzweigungen mit mehr als zwei Alternativen. Das obere Dreieck des Sinnbildes enthält die Fallabfrage (Bedingung), d. h. hier wird angegeben, unter welcher Verbindung zu den einzelnen Fällen (1,2, …, *n*) verzweigt wird. Falls die Fallabfrage zu keiner Verzweigung zu den einzelnen Fällen führt, werden die unter „sonst“ stehenden Anweisungen ausgeführt

Bilder für Ablaufdiagramme	Erläuterung	Beispiel
Allgemeine Operation 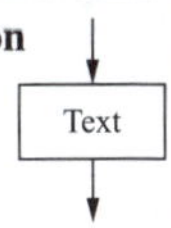	Dient zur Darstellung einer oder mehrerer Operationen	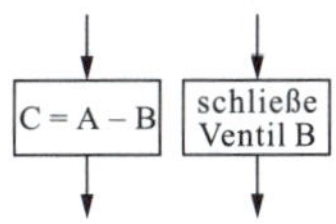
Verzweigung 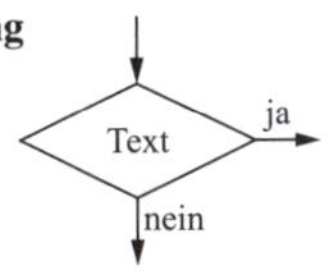	Der Text muss eine Frage (Bedingung) enthalten, die entweder mit ja oder nein zu beantworten ist. Je nach Beantwortung der Frage wird das Programm mit dem „Ja“- oder „Nein“-Zweig fortgesetzt	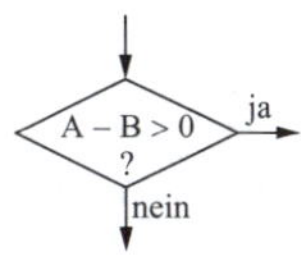
Unterablauf 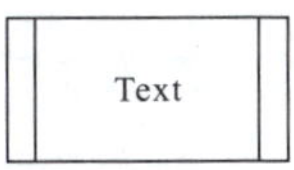	Das Symbol ist eine zusammenfassende Darstellung eines an anderer Stelle definierten Ablaufs, z. B. der Ausführung eines Unterprogramms	
Grenzstelle 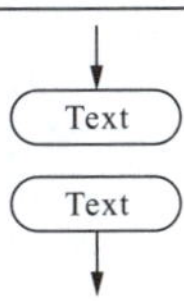	Die Grenzstelle ist z. B. das Sinnbild für den Beginn oder das Ende eines Programmes	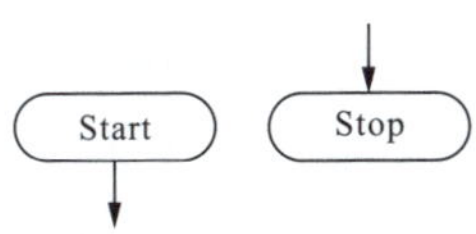

7.2 Informationsverarbeitung

⟹ 7-28

7.2.10 Programmierung

Klassische Einteilung der Programmiersprachen [1]

Programmier-sprache	Interpreter-sprache	Compiler-sprache	Besonders strukturiert	Objekt-orientiert	Problem-orientiert	Maschinen-bezogen
FORTRAN	×				×	
BASIC	×	(×)	(×)	(×)	×	
MODULA		×	×			
PASCAL		×	×			
C		×	×			(×)
C++		×	×	×		(×)
ASSEMBLER						×

Interpreter:
Übersetzungsprogramm, das bei jedem Programmlauf den Quellcode erneut übersetzt
Compiler:
Übersetzungsprogramm, das den Quellcode in ausführbaren Code (Maschinencode) überführt
Besonders strukturiert:
Sprache unterstützt aufgrund des Befehlssatzes bzw. der Syntax strukturiertes Programmieren

Objektorientiert:
objektorientierte Programmierung wird unterstützt
Problemorientiert:
die Sprache ist weitgehend unabhängig von der verwendeten Anlage/Maschine; fertige Programme sind leicht portierbar
Maschinenbezogen:
die Sprache ist anlagen-/maschinenbezogen; fertige Programme sind nur schwer portierbar

Logischer Ablauf für die Programmerstellung

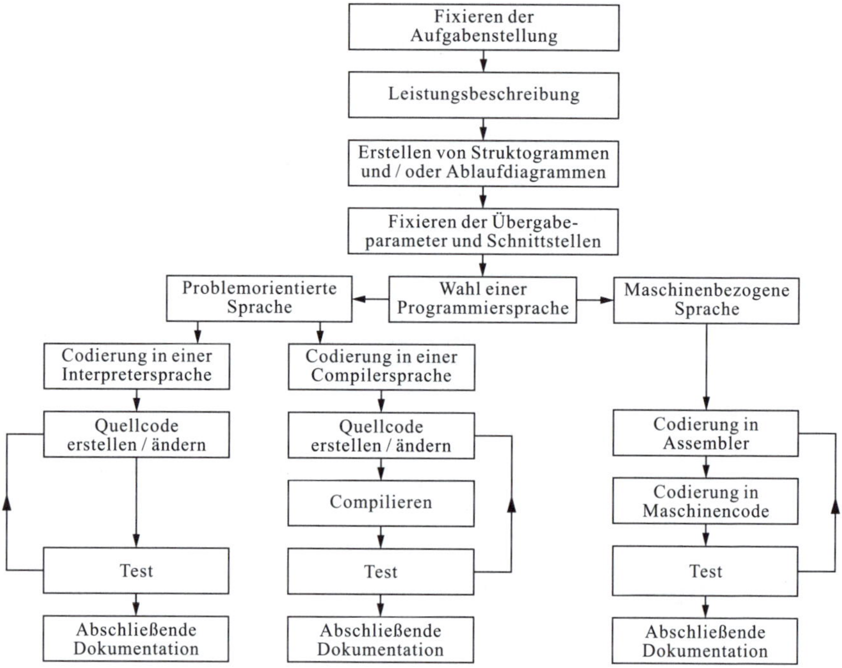

[1] × trifft zu (×) trifft manchmal/teilweise zu

7.3 Steuerungstechnik

7.3.1 Einteilungen in der Steuerungstechnik

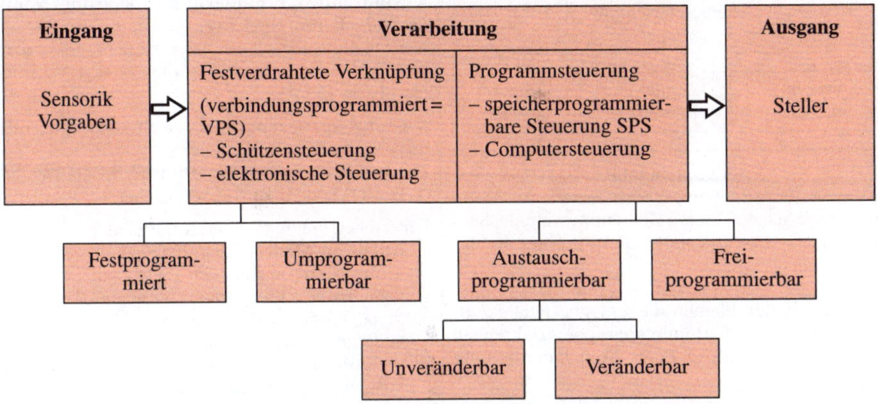

7.3.2 Kennzeichen des Steuerns

- Eingangsgrößen beeinflussen Ausgangsgrößen
- dies geschieht nach den Gesetzmäßigkeiten, die das System besitzt
- der Wirkungskreis ist offen → Steuerkette
- die Ausgangsgröße wird nicht rückgeführt → keine Stabilitätsprobleme
- die Ausgangsgröße wird beeinflusst von den Eingangsgrößen und von den Störgrößen

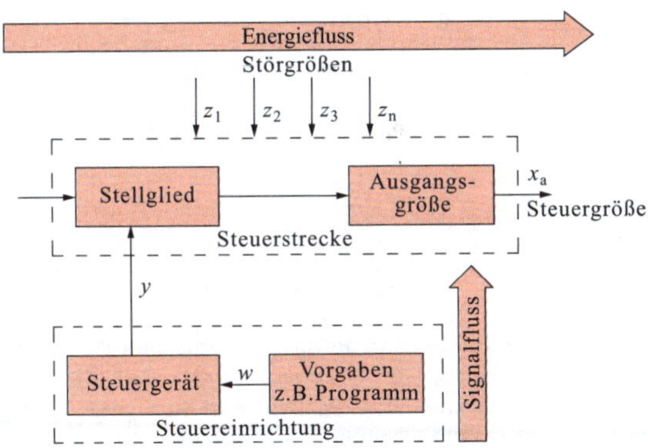

Beispiel: Lichtsteuerung

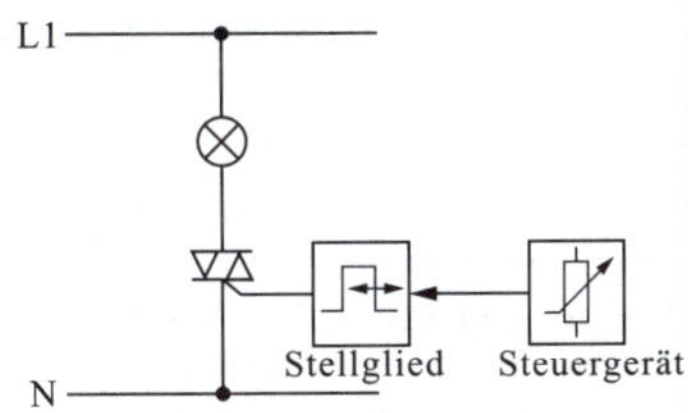

Das Steuergerät gibt einen Sollwert vor, der die Pulsbreite im Stellglied und damit die Leuchtstärke der Lampe festlegt

Das Prinzip der Steuerung kann eingesetzt werden, wenn
- ein System gut bekannt ist, wenig Störungen auftreten und/oder keine hohe Genauigkeit gefordert ist;
- wenn, meist einem Regelkreis überlagert, der Sollwert vorgegeben bzw. die Führungsgröße verändert werden soll. Dies ist dann häufig eine sogenannte Ablaufsteuerung.

Beispiel: Vorgabe eines Temperaturzyklus bei der Nachtabsenkung einer Raumheizung

7.3 Steuerungstechnik

7.3.3 Begriffe der Steuerungstechnik (Auszug) nach DIN 19226: 1994-02

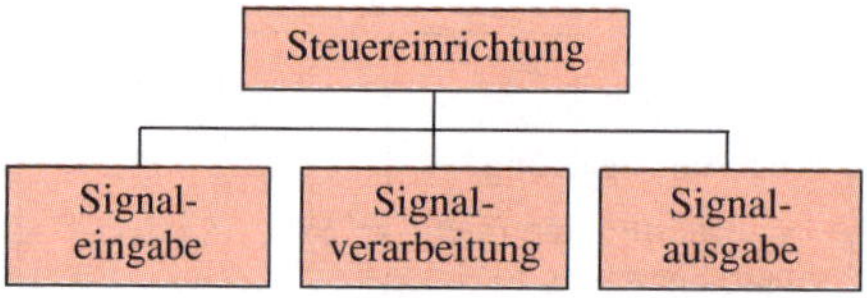

Signaleingabe

Taster und Schalter liefern **Bedienungssignale**, Sensoren u. Grenzwertschalter liefern **Rückmeldesignale.**

Eingabeglieder können die Eingabesignale z.B. entstören, umformen, umsetzen, potenzialtrennen und an die Signalpegel der Signalverarbeitung anpassen.

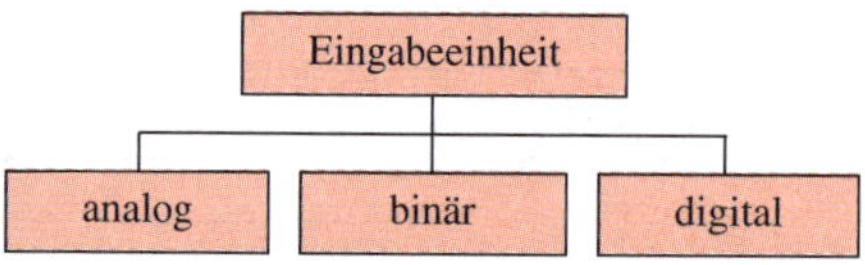

Signalverarbeitung

Die Signalverarbeitung leitet aus den Eingabesignalen im Sinne von Verknüpfungs-, Zeit- und/oder Speicherfunktionen die Ausgabesignale ab. Die Gesamtheit aller Anweisungen/Vereinbarungen für die Signalverarbeitung ergibt das **Steuerprogramm.** Entsprechend der Programmverwirklichung ergeben sich folgende Unterscheidungen:

Verbindungsprogrammierte Steuerung (VPS):
Das Programm ist vorgegeben durch die Funktionsglieder u. die Verbindungen. VPS können elektrisch, elektronisch, pneumatisch oder hydraulisch sein.

Festprogrammierte Steuerungen:
Programmänderungen sind nicht vorgesehen; das Programm ist z.B. durch feste Draht-, Schlauch- oder Leiterplattenverbindungen vorgegeben.

Umprogrammierbare Steuerungen:
Programmänderungen möglich, z.B. durch Umstecken von Leitungen, Auswechseln von Lochkarten o.ä.

⇐ 7-27

Speicherprogrammierte Steuerung (SPS):
Programm ist in Symbolform änderbar gespeichert.

Freiprogrammierbare Steuerung:
Der Programmspeicher ist ein Schreib-Lese-Speicher (RAM), dessen Inhalt ohne mechanischen Eingriff in die Steuerungseinrichtung, d.h. ohne Herausnahme des Speichers, verändert werden kann.

Austauschprogrammierbare Steuerungen mit veränderbarem Speicher:
Der Inhalt kann nach der Herstellung programmiert und mehrmalig verändert werden (z.B. UV-Licht-löschbares ROM).

Austauschprogrammierbare Steuerungen mit unveränderlichem Speicher:
Der Inhalt kann nur einmal programmiert werden (z.B. ROM oder PROM als Speicher).

Unterscheidung nach Signalverarbeitung:
- **synchrone Steuerungen:** die Signalverarbeitung erfolgt synchron zu einem Taktsignal;
- **asynchrone Steuerungen:** arbeiten ohne Taktsignal; Signaländerungen werden nur durch Änderungen der Eingangssignale ausgelöst;
- **Verknüpfungs-Steuerungen:** die Zustände der Ausgangssignale sind den Zuständen der Eingangssignale im Sinne boolescher Verknüpfungen zugeordnet;
- **Ablaufsteuerungen:** bei denen das Weiterschalten von einem Schritt auf den programmgemäß folgenden abhängig von Weiterschaltbedingungen erfolgt;
- **zeitgeführte Ablaufsteuerungen:** deren Weiterschaltbedingungen nur von der Zeit abhängig sind;
- **prozessabhängige Ablaufsteuerungen,** deren Weiterschaltbedingungen von Signalen der gesteuerten Anlage (Prozess) abhängig sind.

Signalausgabe

Die Ausgabeeinheit besteht aus **Ausgabegliedern**, die Signale oder Daten aufbereiten und ausgeben.

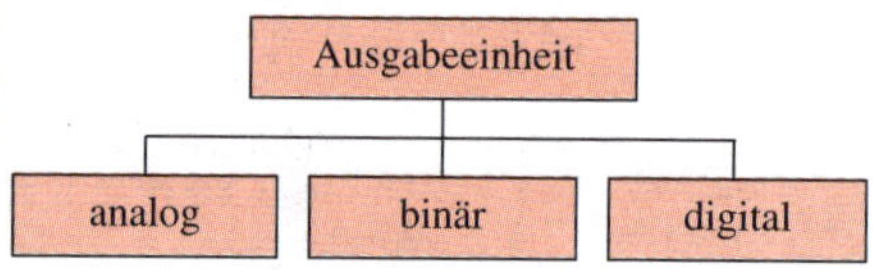

Gerätetechnische Begriffe

Kontaktlose Steuerung: Steuerung mit Signalverarbeitung ohne mechanisch wirkende Schaltglieder.

Störfestigkeit: Grenzwert eines Störsignals, bis zu dem eine Steuerung in ihrer Funktion noch nicht beeinträchtigt wird.

Zerstörfestigkeit: Grenzwert eines Störsignals, bis zu dem die Steuerung noch nicht zerstört wird.

Verarbeitungstiefe: Anzahl der signalverarbeitenden Grundfunktionen n_s (Verknüpfungs-, Zeit- u. Speicherfunktionen) einer Steuerungseinrichtung, bezogen auf die Summe der Eingänge n_E und Ausgänge n_A. $V = n_s/(n_E + n_A)$

7.3 Steuerungstechnik

7.3.4 Steuerungsarten nach DIN 19226: 1994-02

Steuerungsart		Hinweis	Beispiel
	Führungssteuerung	Ausgangsgrößen sind Eingangsgrößen fest zugeordnet, jedoch störgrößenabhängig	Dimmer für stufenlose Helligkeitssteuerung
	Haltegliedsteuerung	Eingangssignal wird gespeichert, bis ein neues Signal eintritt	Motorsteuerung mit Schützen
Programmsteuerungen	Zeitplansteuerung	Zeitabhängige Beeinflussung der Führungsgröße durch Programmspeicher	Steuerung mit Schaltuhr
	Wegplansteuerung	Wegabhängige Beeinflussung der Führungsgröße	Aufzugsteuerung, Bremsen durch Etagenkontakte, mechanisch gesteuerte Drehautomaten
	Ablaufsteuerung	Führungsgröße folgt einem Programm, dessen Schritte von der Ausgangsgröße quittiert werden, bevor neue Schritte beginnen	Aufzugsteuerung mit fest eingebautem Programm, Werkzeugmaschine mit numerischer Lochstreifensteuerung
	Speicherprogrammierte Steuerung	Steuerung, deren Programm in einem Programmspeicher gespeichert ist	Mikrocomputersteuerung mit frei programmierbarem Speicher

7.3.5 Kennfarben für Leuchtmelder und Druckknöpfe EN 60204: 1991-06

Farbe	Leuchtmelder			Druckknöpfe	
	Bedeutung	Erläuterung	Typische Anwendung	Bedeutung	Typische Anwendung
Rot	Notfall, Gefahr oder Alarm	Warnung vor möglicher Gefahr oder Zuständen die ein sofortiges Eingreifen erfordern	– Ausfall des Schmiersystems – Gefahr durch zugängliche spannungsführende oder sich bewegende Teile	Handeln im Gefahrenfall STOPP (HALT)	– Not-Halt – Brandbekämpfung – Stoppen von Motoren und Maschinenteilen – Ausschalten eines Schaltgerätes – Rückstellknopf, kombiniert mit Stoppfunktion
Gelb	Vorsicht, anomal	Veränderung oder bevorstehende Änderung der Bedingungen	– Temperatur, abweichend von Normalwert – Überlast mit begrenzt zulässiger Dauer	Eingriff	– Eingriff, um anomale Bedingungen zu unterdrücken oder unerwünschte Änderungen zu vermeiden
Grün	Sicherheit	Anzeige sicherer Betriebsverhältnisse oder Freigabe des weiteren Betriebsablaufes	– Kühlmittel läuft – Maschine fertig zum Start – Autom. Steuerung eingeschaltet	START oder EIN	– Alles einschalten – Starten von Motoren und Maschinenteilen – Einschalten eines Schaltgerätes
Blau	Spezielle Information	Darf jede bel. Bed. haben, nicht jedoch die der Farben Rot, Gelb, Grün	– Anzeige für Fernsteuerung – Wahlschalter in Einrichtstellung – Rückstellen	Jede beliebige Bedeutung, die nicht durch die Farben Rot, Gelb, Grün abgedeckt ist	
Weiß	Allgemeine Information	Jede beliebige Bedeutung z. B. wenn Zweifel bezüglich der Anwendung von Rot, Gelb und Grün bestehen und z. B. als Bestätigung		Keiner besonderen Bedeutung zugeordnet (auch Grau u. Schwarz zul.)	– Kann für jede Bedeutung angewendet werden, mit Ausnahme von STOP- oder AUS-Drucktasten

7.3.6 Kennzeichnung von elektrischen Betriebsmitteln nach DIN 40719: 1978-06

Kennbuchstabe 6.78	9.57	Art des Betriebsmittels	Beispiele
A		Baugruppen	Gerätekombinationen und Teilbaugruppen, die eine konstruktive Einheit bilden, anderen Buchstaben aber nicht eindeutig zugeordnet werden können; z. B. Einschübe, Einsätze, Rahmen, Steckkarten
B	f	Umsetzer von nichtel. Größen auf el. Größen und umgekehrt	Messumformer für Temperatur, Licht, Drehfrequenz u. a.; Näherungsinitiatoren, Weg- und Winkelumsetzer
C	k	Kondensatoren	
D		Binäre Elemente, Verzögerungseinrichtungen, Speichereinrichtungen	Einrichtungen und integrierte Schaltkreise der digitalen Steuerungs-, Regelungs- und Rechentechnik; z. B. UND-Glieder, digitale Zähler, Plattenspeicher
E		Verschiedenes	An anderer Stelle dieser Tabelle nicht aufgeführte Einrichtungen, z. B. Heizungen, Beleuchtungen
F	e	Schutzeinrichtungen	Sicherungen, Schutzrelais, Überspannungsableiter, Druckwächter, Windfahnenrelais, Buchholzschutz
G	m	Stromversorgungen, Generatoren	Stromversorgungseinrichtungen, Generatoren, Batterien, Ladegeräte, Oszillatoren, Taktgeneratoren
H	h	Meldeeinrichtungen	Leucht- und Hörmelder, Zeitfolgemelder
K	c, d	Schütze, Relais	Leistungs- und Hilfsschütze; Hilfsrelais, Blinkrelais
L	k	Induktivitäten	Drosselspulen, Frequenzspulen
M	m	Motoren	
N	p	Verstärker, Regler	Einrichtungen der analogen Steuerungs-, Regelungs- und Rechentechnik; Operationsverstärker
P	g	Messgeräte, Prüfeinrichtungen	Analog und digital anzeigende und registrierende Messeinrichtungen, Datensichtgeräte, Simulatoren
Q		Starkstrom-Schaltgeräte	Leistungsschalter und -trenner, Motorschutzschalter, Installationsschalter, Stern-Dreieck-Schalter
S	a, b	Schalter, Wähler	Taster, Grenztaster, Befehlsgeräte, Wählscheiben
T	m	Transformatoren	Spannungs- und Stromwandler, Netz- und Trenntransformator
U		Modulatoren, Umsetzer von el. Größen in andere el. Größen	Spannungs-Frequenz-Wandler, Code-Umsetzer, Parallel-Serien-Umsetzer, Opto-Koppler, Fernwirkgeräte
V	p	Halbleiter, Röhren	Transistoren, Thyristoren, Röhren, Thyratrons
W		Übertragungswege, Leitungen, Antennen	Schaltdrähte, Sammelschienen, Kabel, Hohlleiter, Dipole, Lichtleiter
X		Klemmen, Stecker, Steckdosen	
Y		El. betätigte mech. Einr.	Bremsen, Kupplungen, Ventile
Z		Filter, Entzerrer, Begrenzer, Abschlüsse	Hoch-, Tief- und Bandpässe; Funkentstör- und Funkenlöscheinrichtungen; Frequenzweichen

Kennzeichnung allgemeiner Funktionen

Kennbuchst.	Allgemeine Funktion	Kennbuchst.	Allgemeine Funktion	Kennbuchst.	Allgemeine Funktion
A	Hilfsfunktion, Aus	J	Integration	R	Rückstellen, löschen
B	Bewegungsrichtung	K	Tastbetrieb	S	Speichern, aufzeichnen
C	Zählung	L	Leiterkennzeichnung	T	Zeitmessung, verzögern
D	Differenzierung	M	Hauptfunktion	V	Geschwindigkeit, (bremsen, beschleunigen)
E	Funktion Ein	N	Messung		
F	Schutz	P	Proportional		
G	Prüfung	Q	Zustand (Start, Stopp, Begrenzung)	W	Addieren
H	Meldung				

Vorzeichen: = Anlage – Funktion; + Ort : Anschluß

Beispiel: – K3M — – Funktion, K Schütz, 3 Zählnummer, M Hauptfunktion

7.3 Steuerungstechnik

7.3.7 Anschlussbezeichnung, Kennzahlen, Kennbuchstaben für Niederspannungs(NV)schaltgeräte

Allgemeine Regeln nach EN 50005: 1977-7

Geltungsbereich NV-Geräte: Wechselspannung bis 1000 V; Gleichspannung bis 1200 V
Die Festlegungen gelten für den Auslieferungszustand. Ordnungsziffern legt der Anwender fest. Jede Anschlussbezeichnung darf nur einmal am gleichen Betriebsmittel vorkommen. Zugehörigkeiten der Anschlüsse eines Stromkreiselementes in einer Strombahn müssen erkennbar sein. I.d. R. erhält ein Eingang gegenüber einem Ausgang die niedrigere Zahl

Spulen und Leuchtmelder

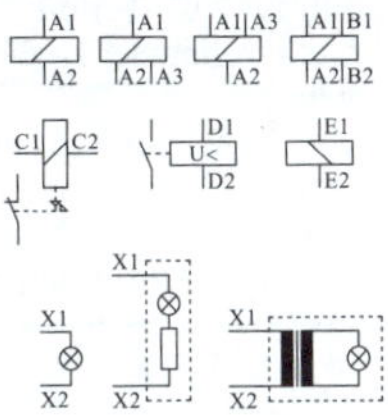

Alphanumerische Bezeichnung

A1, A2	Spule eines Antriebes
B1, B2	2. Wicklung eines Antriebes
C1, C2	Arbeitsstromauslöser
D1, D2	Unterspannungsauslöser
E1, E2	Verriegelungsmagnete
X1, X2	Leuchtmelder

Hauptstromkreise

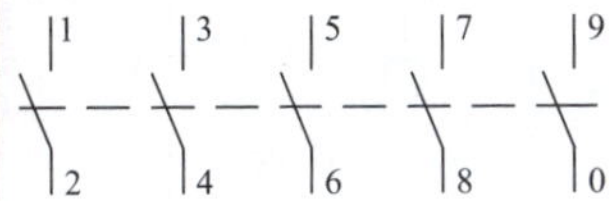

Anschlüsse von Hauptschaltgliedern werden mit 1-ziffrigen Zahlen bezeichnet. Zu jedem mit einer ungeraden Zahl bezeichneten Anschluss gehört der Anschluss mit der unmittelbar folgenden geraden Zahl

Hilfsstromkreise

Anschlüsse von Hilfsschaltgliedern werden 2-ziffrig bezeichnet:
Einerstelle → Funktion
Zehnerstelle → Ordnungsziffer
Ziffern für Öffner: 1 u. 2, für Schließer: 3 u. 4; für Wechsler: der gemeinsame Punkt erhält eine ungerade Ziffer; die zweite ungerade entfällt.

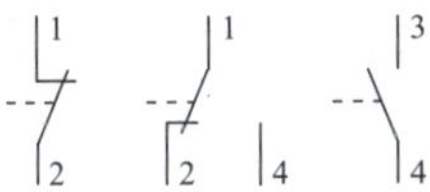

Gleiche Ordnungsziffern kennzeichnen zusammengehörige Anschlüsse. Alle Schaltglieder eines Betriebsmittels mit gleicher Funktion müssen unterschiedliche Ordnungsziffern haben.

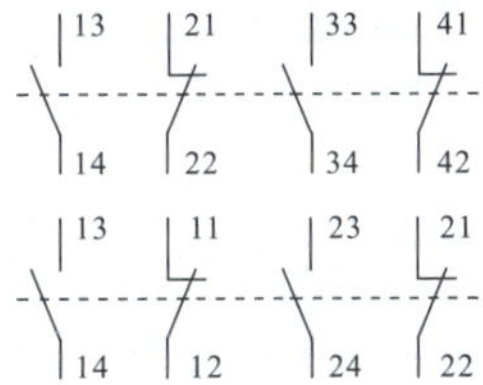

Überlast-Schutzgeräte

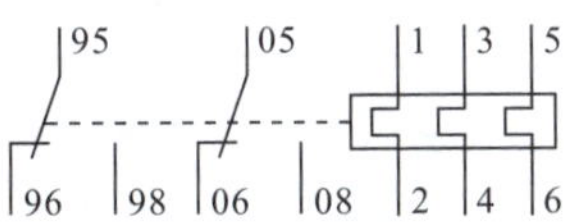

Anschlüsse der Hauptstrombahnen werden wie Anschlüsse von Hauptschaltgliedern bezeichnet. Anschlüsse der Hilfsschaltglieder werden wie die Anschlüsse von Spezialschaltgliedern, jedoch mit der Ordnungsziffer 9, bezeichnet

Kennzahlen

Die Einerstelle gibt die Anzahl der festen Hilfsöffner, die Zehnerstelle die der festen Hilfsschließer an. Z. B.: 3 Schließer, 1 Öffner: Kennzahl: 31

Hilfsschaltglieder von Schützen

Hilfsschaltglieder von bestimmten Schützen nach DIN EN 50012 können eine Kennzahl u. eine Anschlussbezeichnung nach DIN EN 50005 erhalten. Die Bezeichnungen stimmen mit der entsprechender Hilfsschütze mit dem Kennbuchstaben E (EN 50011) überein. Aufgeführte Kennziffern: 01, 10, 11, 12, 13, 21, 22, 23, 31, 32, 41

Bestimmte Befehlsgeräte nach DIN EN 50013: 1978-5

Weiter sind aufgeführt:

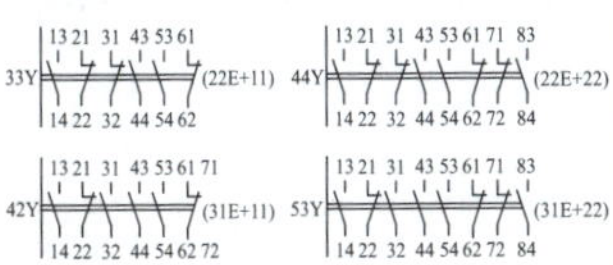

Schaltglieder von Befehlsgeräten mit 2 definierten Schaltstellungen können eine Kennzahl und eine Anschlussbezeichnung entsprechend DIN EN 50005 erhalten. Die Bezeichnungen stimmen mit denen der Hilfsschütze mit Kennbuchstaben E (DIN EN 50011: 1978-5) überein. Aufgeführte Kennziffern sind: 01, 02, 03, 04, 10, 11, 12, 13, 20, 21, 22, 30, 31

7.3 Steuerungstechnik

7.3.8 Steuerstromkreise

5-1

Bereitstellung der Steuerspannung

Abnahme zwischen einem Außenleiter L und dem Mittelleiter N	Es gibt Probleme im Hinblick auf eine weltweite Verwendung der Maschinen, da der Betrieb an Netzen ohne Mittelleiter nicht möglich ist
Abnahme zwischen zwei Außenleitern (z. B. L 1 und L 2)	Bei Phasenausfall bricht die Steuerspannung eventuell nur auf 40...80% zusammen, wobei viele Schütze nicht abfallen. Die Ursache dafür ist der laufende Motor, der in der vom Netz abgetrennten Wicklung eine Spannung erzeugt
Direkte Speisung	Diese kann angewandt werden bei Drehstromnetzen (400 V/230 V) mit starr geerdetem Mittelleiter N
Speisung über Steuertransformator	DIN VDE 0113: 1993-12 fordert bei mehr als 5 elektromagnetischen Betätigungsspulen oder bei außenliegenden Steuergeräten die Verwendung eines Steuertransformators. Übliche Kleintransformatoren sind hierfür meist ungeeignet, weil der Spannungsfall bei der stark induktiven Last ($\cos\varphi \sim 0{,}3...0{,}4$) von Schützspulen unzulässig hoch würde
Erdung von Steuerstromkreisen	Auf der Sekundärseite können die Hilfsstromkreise einseitig geerdet oder ungeerdet betrieben werden. Die Erdung ist unzulässig bei Kleinspannung. Bei geerdeten Stromkreisen führt ein Erdschluss zur Störung, bei ungeerdeten Stromkreisen sind zwei Erdschlüsse (Isolationsschäden) Voraussetzung für eine Störung. Ungeerdete Steuerstromkreise sind deshalb mit einer Isolationsüberwachung auszurüsten. Erd- und Körperschlüsse in Hilfsstromkreisen dürfen weder zum unbeabsichtigten Anlaufen einer Maschine führen, noch deren beabsichtigtes Stillsetzen verhindern

9-6

Vorzugsausgangsspannungen für Steuertransformatoren bei 50 Hz

V	Erläuterung
24 V	Vorzugswert bei offenliegenden stromführenden Teilen; bei mechanischer Gefährdung der Befehlsgeräte und Leitungen
48 V	wie 24 V, wenn größere Ströme vorkommen (geringerer Spannungsfall)
115 V	Vorzugswert für Werkzeugmaschinen
230 V	Vorzugswert für den Normalfall

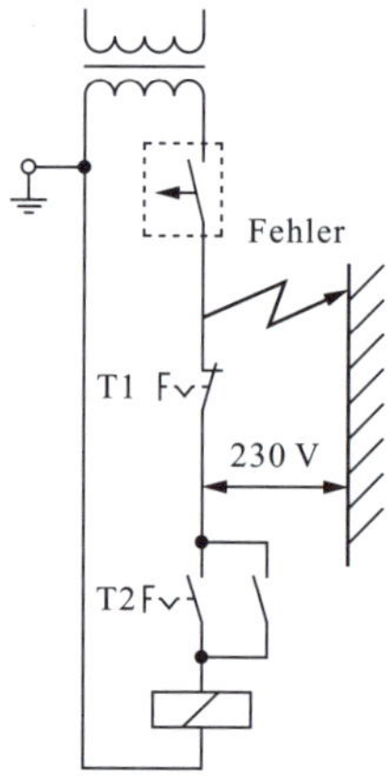

geerdet

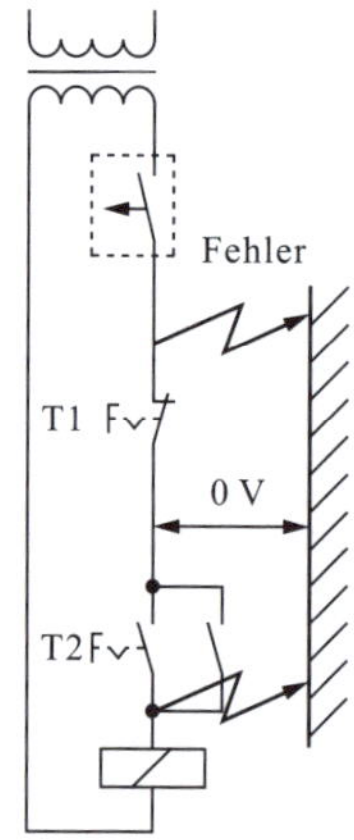

ungeerdet

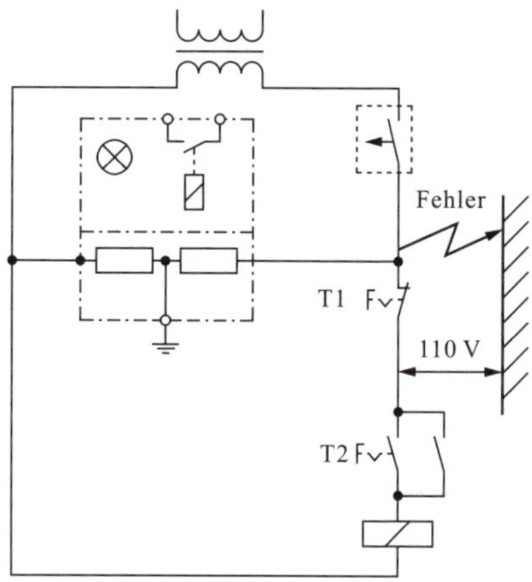

mit Isolationsüberwachung

7.3.9 Bestimmungen zur elektrischen Ausrüstung von Industriemaschinen (Auszug) nach DIN IEC 44: 1994-7

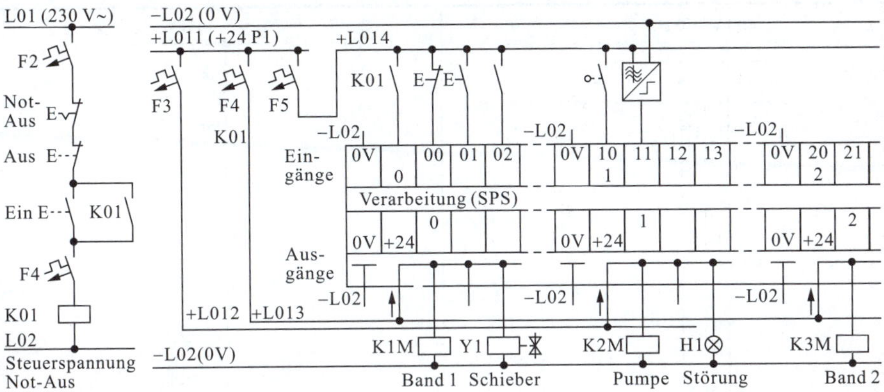

⇒ 7-27

7

Haupt-schalter	Die elektrische Ausrüstung der Maschine muss ausgestattet sein mit: a) Einrichtungen zum Stillsetzen im Notfall und – falls notwendig – zur Drehrichtungsumkehr; b) Einrichtungen zum Trennen der Ausrüstung von der Netzspannung. Wenn für die NOT-AUS-Einrichtungen die gleichen Stromkreise ausgeschaltet werden dürfen, darf für beide Funktionen ein Gerät verwendet werden
NOT-AUS	Bei Gefahr müssen durch Betätigen der NOT-AUS-Einrichtungen gefährliche Teile der Maschine oder die ganze Maschine stillgesetzt werden. Hierzu ist eine der beiden folgenden Methoden anzuwenden: a) Ein NOT-AUS-Schalter, der die Speisung der entsprechenden Stromkreise unterbricht. b) Eine Anordnung in den Steuerstromkreisen, die durch einen Befehl alle Stromverbraucher durch Entregen unmittelbar abschaltet, die zu einer Gefährdung führen können. Die Betätigung der NOT-AUS-Einrichtung darf weder den Bedienenden noch die Maschine gefährden und darf nicht solche Hilfseinrichtungen abschalten, die im Notfall weiterarbeiten müssen. Das Rückstellen (Entriegeln) der NOT-AUS-Einrichtung darf nicht den Wiederanlauf bewirken. Ein NOT-AUS-Schalter muss gut sichtbar und leicht erreichbar sein
Anschluss von Signal-gebern	Hinsichtlich der Drahtbruchsicherheit wird verlangt: a) Das Starten wird durch Einschalten des entsprechenden Stromkreises oder, im Falle digitaler elektronischer Bauelemente, durch 1-Signal ausführt. b) Das Stillsetzen wird durch Ausschalten des entsprechenden Stromkreises oder, im Falle digitaler elektronischer Bauelemente, durch 0-Signal ausgeführt. c) Der Halt-Befehl hat Vorrang vor dem zugeordneten Startbefehl
Erdschluss	Erdschlüsse in Steuerstromkreisen dürfen weder zum unbeabsichtigten Anlauf oder zu gefährlichen Bewegungen einer Maschine führen, noch deren Stillsetzung verhindern. Deshalb sollen die Steuerstromkreise einseitig mit dem Schutzleitersystem verbunden sein
Spulen/ Hilfsschalt-glieder	Bis auf Ausnahmefälle muss in Steuerstromkreisen eine Anschlussstelle von Betätigungsspulen direkt an den Schutzleiter angeschlossen sein. Alle Schaltglieder von Steuergeräten, die auf diese Spule wirken, müssen zwischen dem anderen Anschluss der Spule und dem nicht mit dem Schutzleiter verbundenen Leiter des Steuerstromkreises angeschlossen sein
Steuertrans-formator	Zur Speisung elektronischer Steuer- und Meldestromkreise müssen Steuertransformatoren vorgesehen werden

7.3 Steuerungstechnik

7.3.10 Steuerung mit Schützen

Direktes Schalten eines Drehstrommotors

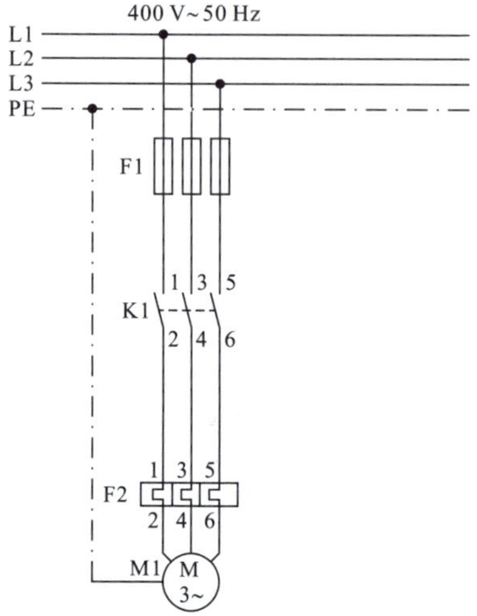

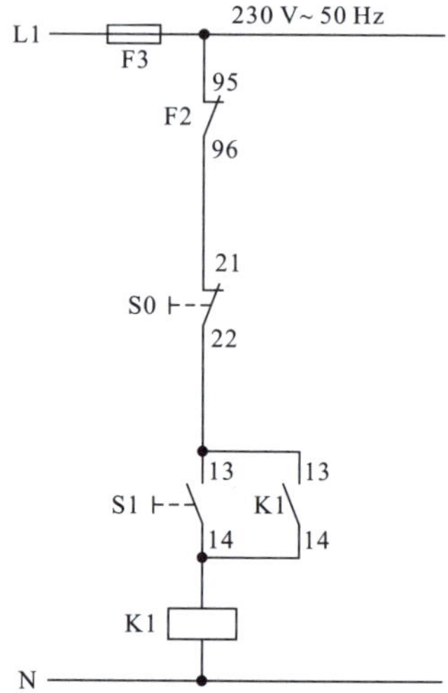

Motorsteuerung mit Drehrichtungswahl nach Betätigung des S0-Tasters

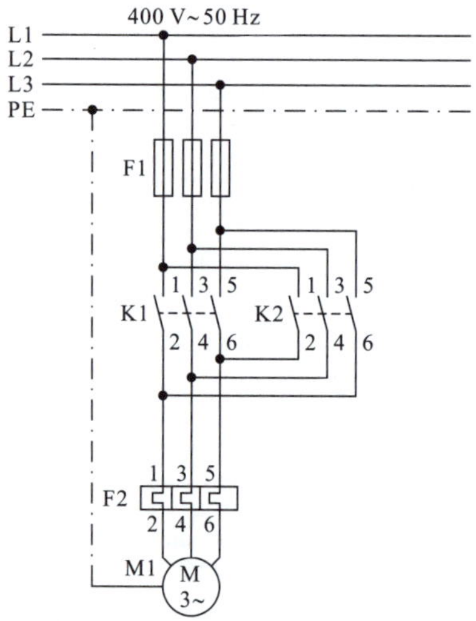

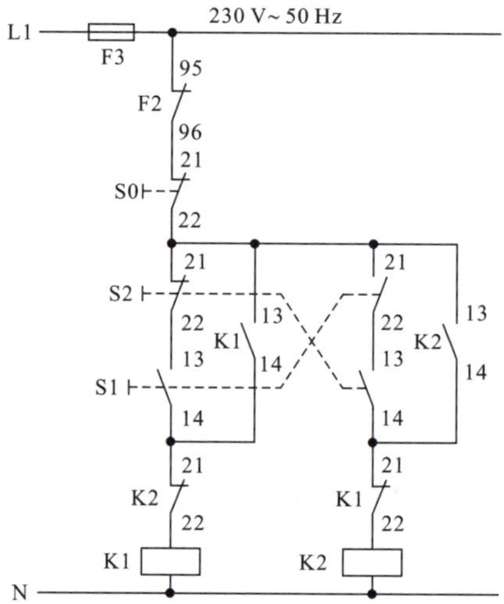

Durch Betätigen des Tasters S 1 wird Spule vom Schütz K 1 erregt. Schütz K 1 schaltet den Motor im Rechtslauf ein und hält sich nach Freigabe des Tasters S 1 über seinen Hilfsschalter K 1/13–14 und Taster S 0 an Spannung. Der Öffner K 1/21–22 sperrt elektrisch die Einschaltung von Schütz K 2. Bei Betätigung von S 2 erfolgt Einschaltung von Schütz K 2 (Motor Linkslauf). Zur Umschaltung von Rechtslauf auf Linkslauf muß vorher der Taster S 0 betätigt werden.

7.3.10 Steuerung mit Schützen (Forts.)

Anlassen mit automatischer Stern-Dreieck-Schaltung

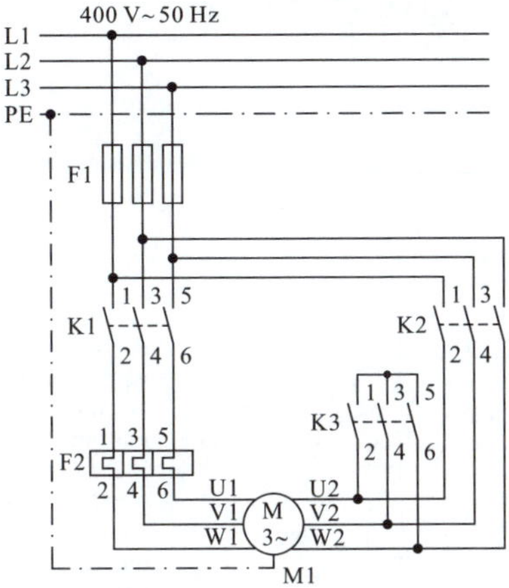

K 1 Netzschütz; K 2 Dreieckschütz; K 3 Sternschütz

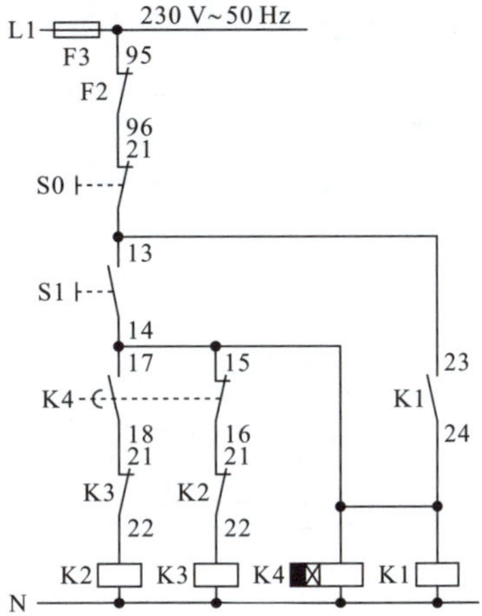

Taster S 1 gibt Spannung an Sternschütz K 2 und Netzschütz K 1. K 1 legt den Motor M 1 in Sternschaltung an Netzspannung. K 1 und K 3 halten sich selbst über Schließer K 1/23–24 und Taster S 0 an Spannung. Gleichzeitig erhält Zeitrelais K 4 Spannung. Entsprechend der eingestellten Umschaltzeit öffnet K 4/15–16 Stromkreis K 3 und schließt über K 4/17–18 Stromkreis K 2. Sternschütz K 3 fällt ab. Dreieckschütz K 2 zieht an und bringt M 1 an volle Netzspannung. Öffner K 2 unterbricht den Stromkreis K 3 und verriegelt damit gegen erneutes Einschalten während des Betriebszustandes.

Automatischer Stern-Dreieck-Schalter für 2 Drehrichtungen

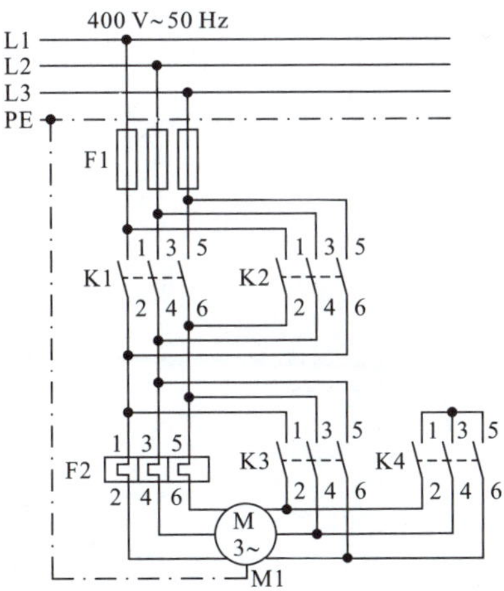

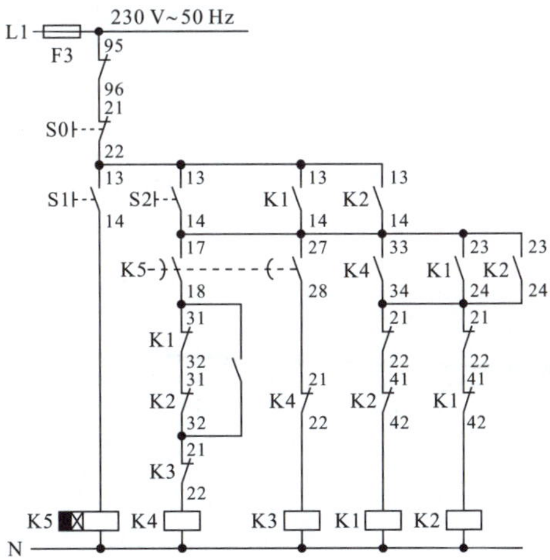

K 1 Netzschütz für Linkslauf; K 2 Netzschütz für Rechtslauf; K 3 Dreieckschütz; K 4 Sternschütz

7

7.3.10 Steuerung mit Schützen (Forts.)

Anlassen von Drehstrommotoren mit Käfigläufer (KUSA-Schaltung)

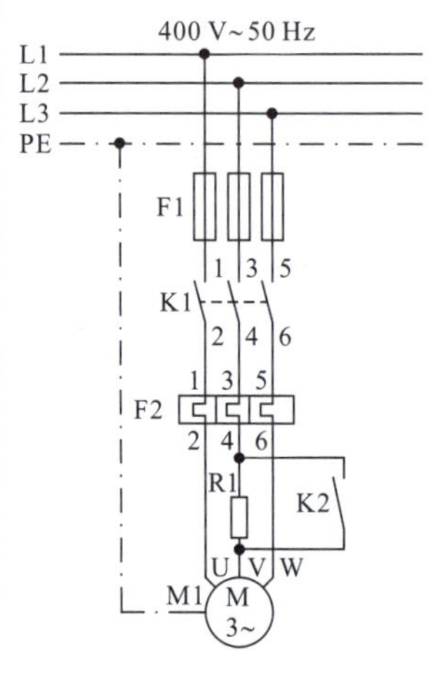

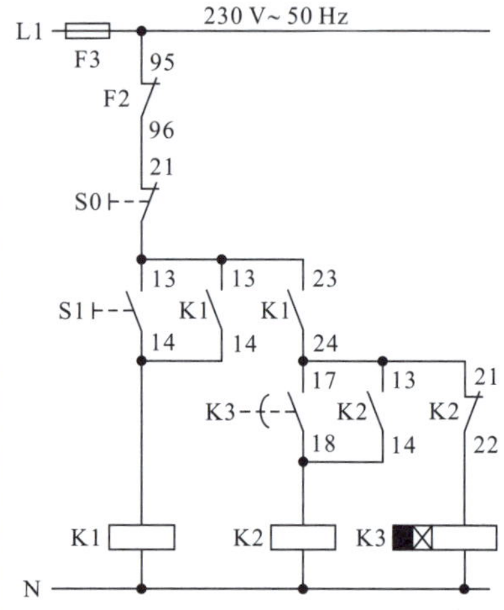

Während der Anlaufphase ist R 1 im Leitungsweg geschaltet. Nach der Anlaufphase wird R 1 durch K 2 überbrückt. Die Anlaufzeit wird durch K 3 bestimmt.

Polumschaltung eines Drehstrommotors mit 2 Drehzahlen, 1 Drehrichtung (Dahlanderschaltung)

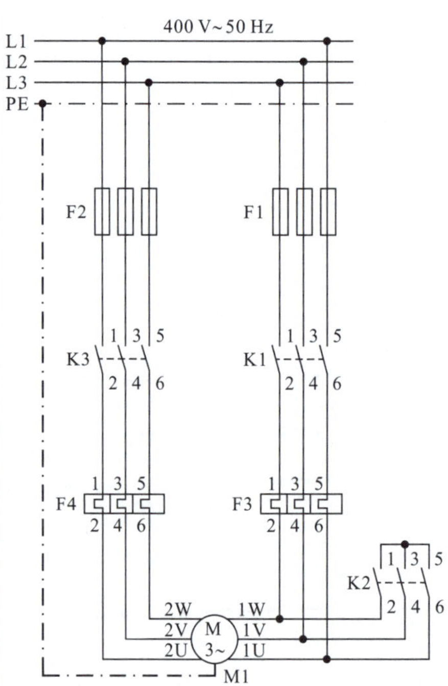

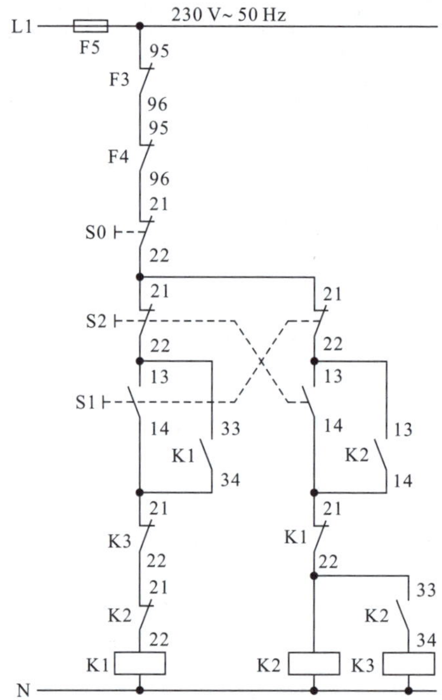

7.3 Steuerungstechnik

7.3.11 Speicherprogrammierbare Steuerung (SPS)

Prinzip einer SPS

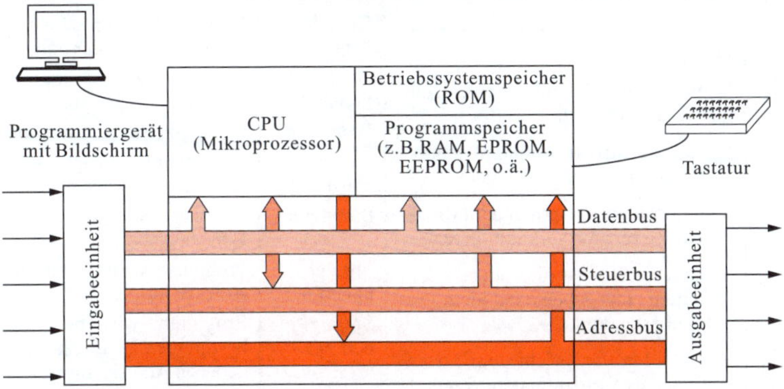

7-8

Der interne Aufbau einer SPS entspricht etwa dem eines Computers. Eingangsgrößen werden erfasst, verknüpft und beeinflussen die Ausgangsgrößen. Das Programm (die Gesamtheit aller Anweisungen und Vereinbarungen für die Signalverarbeitung) wird mittels einer Programmiereinheit in den Programmspeicher abgelegt. Nach dem Einschalten wird der Befehlszähler, der die einzelnen Anweisungen im Speicher abruft, rückgesetzt. Das vom Befehlszähler adressierte 16-Bit-Wort des Befehlsspeichers enthält eine vollständige Steuerungsanweisung. Die ersten 4 Bit enthalten den Operationsteil, die folgenden 12 Bit den Operandenteil. Der Operationsteil beschreibt die auszuführende Operation, z. B. eine logische Verknüpfung, während der Operandenteil die Adresse des Datenbits beschreibt, mit dem die Operation ausgeführt werden soll.

Nach der Bearbeitung der letzten im Befehlsspeicher stehenden Anweisung oder der Anweisung PE (Programmende) wird der Befehlszähler rückgesetzt, sodass sich die Bearbeitung der Anweisungsfolge ständig wiederholt. Die Zeit für eine einmalige Bearbeitung aller Anweisungen wird Zykluszeit genannt; sie beträgt 1 ms…50 m je 1 K (=1024) Anweisungen. Vielfach wird die Zykluszeit mit einer Watch-Dog-Schaltung überwacht. Wird ein Bearbeitungszyklus nicht innerhalb einer bestimmten Zeit beendet, weil z. B. ein Programm- oder Gerätefehler vorliegt, so wird die Programmbearbeitung gestoppt und alle Ausgänge der SPS zurückgesetzt. Die Watch-Dog-Schaltung spricht ebenfalls an, wenn bei zugeschalteter Programmiereinheit die Betriebsart „RUN" verlassen wird.

Beschaltung einer SPS

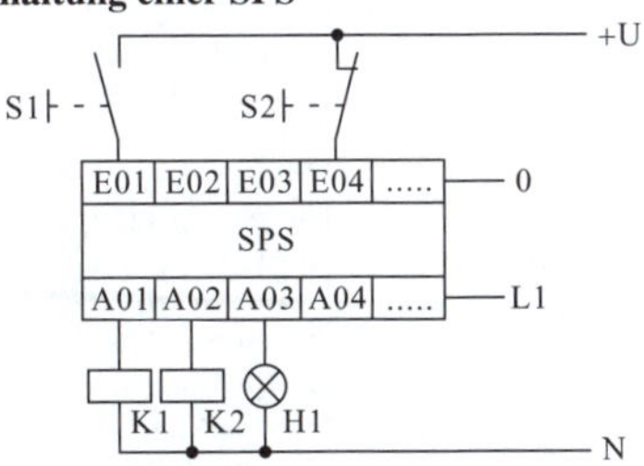

-23

Aufbau einer Steueranweisungszeile

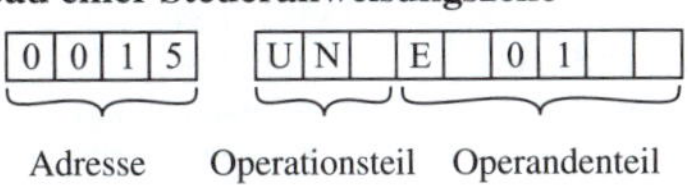

Prinzip der Programmverarbeitung

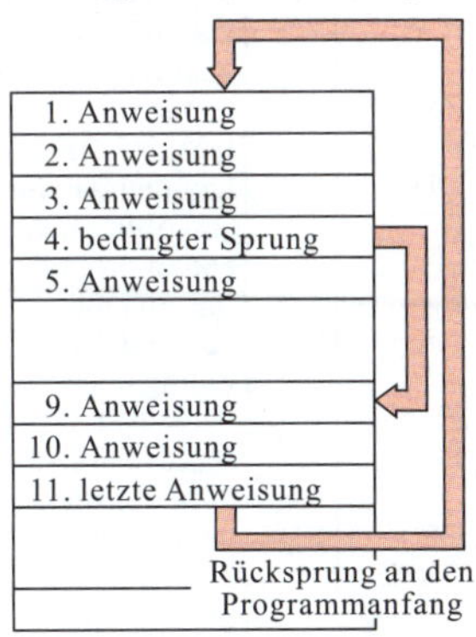

7-16

7.3 Steuerungstechnik

Begriffe und Abkürzungen

Ausgabeeinheit	Verbindet die Steuersignale mit den Stellgliedern (Schütze, usw.)	NOP	Nulloperation; dient der Platzreservierung
AWL	Anweisungsliste, enthält die einzelnen Programmbefehle	Operandenteil	Kennzeichnet Eingänge, Ausgänge, Merker, Zeitglieder und Adressen
Eingabeeinheit	Verbindet die SPS mit den verschiedenen Signalgebern	Operationsteil	Legt die Signalverarbeitung und die Programmorganisation fest
Funktionsbaustein	Enthält aufrufbare Standardfunktionen, z. B. Zeitglied oder Zähler	Programm	Folge von Steueranweisungen.
FUP	Funktionsplan, entspricht dem Blockschaltplan binärer Verknüpfungen	Programmbaustein	Aufrufbares Programmstück aus Steuerungsanweisungen
Handhabungsbefehle	Steuern die SPS, werden ohne Zeilennummern eingegeben, sind nicht Programmbestandteil	Simulator	Simuliert die Eingangssignale für die Eingabeeinheit
KOP	Kontaktplan, entspricht dem Stromlaufplan. Es werden andere Symbole für Schließer, Öffner und Schützspulen verwendet	Sprung, unbedingt	Programm wird an der angegebenen Adresse fortgesetzt
Laden	Satzanfang, kennzeichnet den Beginn einer AWL (wird oft durch U oder O ersetzt)	Sprung, bedingt	Programm wird bei Eintritt einer bestimmten Bedingung an der angegebenen Adresse fortgesetzt
Merker	Hilfsschützfunktion	Steueranweisung	Besteht aus Operationsteil und Operandenteil
		Zähler	Funktionsbaustein, oft eigener Geräte-Einschub
		Zeitglied	Ermöglicht die Erzeugung von Verzögerungszeiten, z. B. Einschalt-/Ausschaltverzögerungen

Programmieranweisungen

Englisch	Deutsch	Sym.	Bedeutung
=	=	=	Zuweisung
A	U	&	AND/UND-Glied
ADD	ADD	+	Addierer
BID	BID		Binär-Dezimal-Wandler
C	Z		Counter/Zähler
CD	ZR		counter down/ Abwärtszähler
CM	BA		call module/Modulaufruf
CMC	BAB		call module conditionally/ bedingter Programmaufruf
CU	ZV		counter up/Aufwärtszähler
DEB	DEB		Dezimal-Binär-Umsetzer
DIV	DIV		Dividier-Modul
EM	BE		end of module/Blockende
EP	PE		end of program/ Programmende
EQ	GL	!=	equal/gleich
F	A		falling delay/ Ausschaltverzögerung
F	F		function module/ Funktionsmodul
GT	GR	>	greater than/größer als
GTE	GRG	>=	greater than or equal to/ größer gleich

Englisch	Deutsch	Sym.	Bedeutung
I	E		Input/Eingang
JC	SPB		jump conditionally/ bedingter Sprung
JP	SP		jump/unbedingter Sprung
K	K		Konstante
L	L	!	load/laden (z. B. L A01)
LT	KL	<	less than/kleiner als
LTE	KLG	< =	less than or equal to/ kleiner gleich
NOP	NOP		no operation/Nulloperation
M	M		memory/Merker
MUL	MUL	*	Multiplikation
O	A		output/Ausgang
O	O	/	or/oder-Verknüpfung
P	P		program module/ Programmbaustein
P	I		Pulse/Impuls
R	R		Reset/Rücksetzen
R	E		raising delay/ Einschaltverzögerung
S	S		Set/Setzen
SUB	SUB	–	Subtraktion
T	T		Timer/Zeitglied
T	T		Transfer/Übertragung

7.3 Steuerungstechnik

Steueranweisungen für SPS

Funktion	Funktionsplan (FUP)	Kontaktplan (KOP); Erläuterung	Anweisungsliste
UND $y_A = e_{01} \wedge e_{02}$	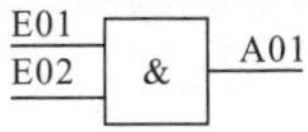	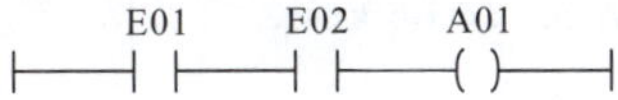	0001 U E01 0002 U E02 0003 = A01
ODER $y_A = e_{01} \vee e_{02}$	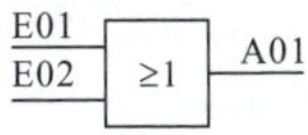	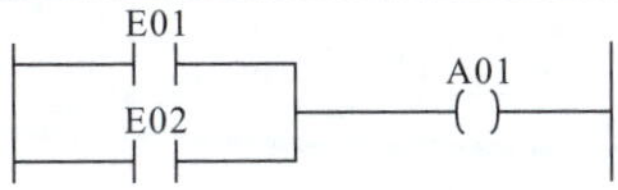	0001 O E01 0002 O E02 0003 = A01
NICHT $y_A = \overline{e_{01}}$	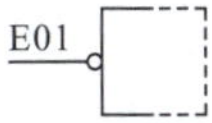		0001 UN E01 0002 = A01
Exklusiv-ODER (Antivalenz) $y_A = (e_{01} \wedge \overline{e_{02}}) \vee (\overline{e_{01}} \wedge e_{02})$	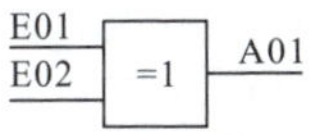	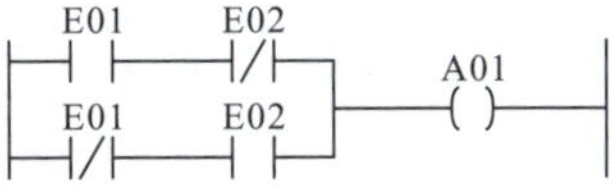	0001 U E01 0002 UN E02 0003 O 0004 UN E01 0005 U E02 0006 = A01
Äquivalenz $y_A = (e_{01} \wedge e_{02}) \vee (\overline{e_{01}} \wedge \overline{e_{02}})$	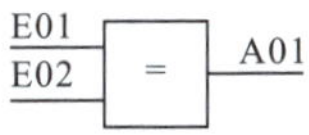	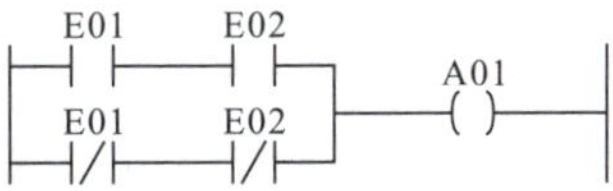	0001 U E01 0002 U E02 0003 O 0004 UN E01 0005 UN E02 0006 = A01
Vergleicher	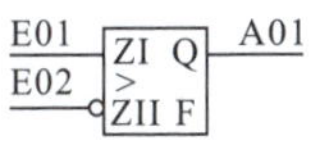	Es wird unterschieden: > größer >= größer gleich < kleiner <= kleiner gleich != gleich ≠ ungleich	0001 U (0002 L E01 0003 L E02 0004 >F 0005) 0006 = A01
Arithmetik	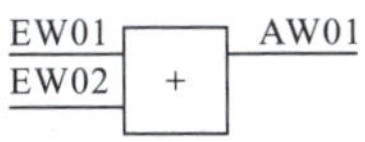	EW01 und EW02 werden arithmetisch verknüpft. Das Ergebnis wird am Ausgang AW01 ausgegeben. Im Beispiel wird addiert (+)	0001 L EW01 0002 L EW01 0003 +F 0004 T AW01
Setzen, Rücksetzen (Speichern)	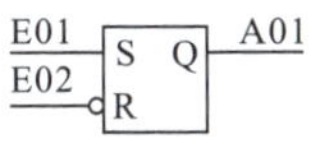	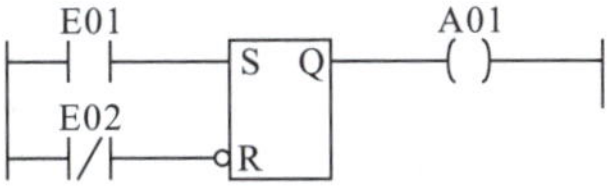	0001 U E01 0002 S A01 0003 UN E02 0004 R A01 … . …
Zählen	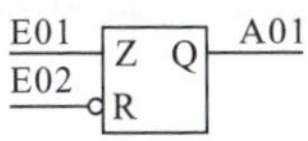	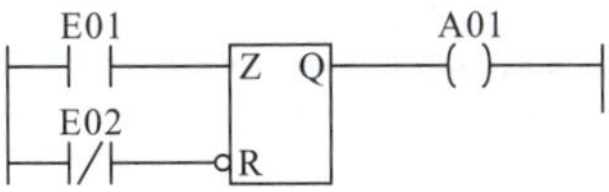	0001 U E01 0002 ZV Z1 0003 UN E02 0004 R Z1 0005 U Z1 0006 = A01
Impuls (Verzögerung)	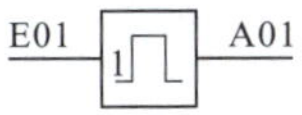	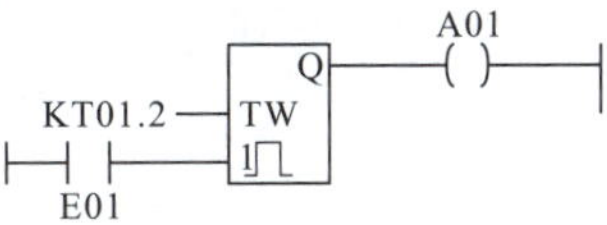	0001 U E01 0002 L KT01.2 0003 SI T5 0004 U T5 0005 = A01

7

7.3 Steuerungstechnik

Programmierbeispiele für SPS

Stromlaufplan	Funktionsplan (FUP)	Kontaktplan (KOP); Erläuterung	Anweisungsliste
Selbsthaltung mit vorrangigem Rücksetzen 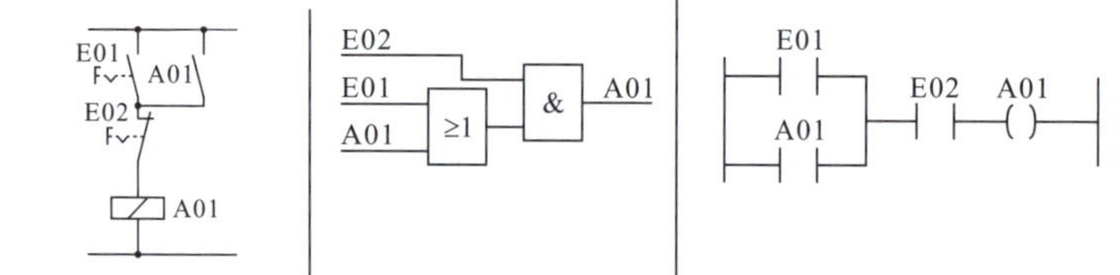			0001 U(0002 U E01 0003 O A01 0004) 0005 U E02 0006 = A01 0007 PE
Selbsthaltung mit vorrangigem Setzen 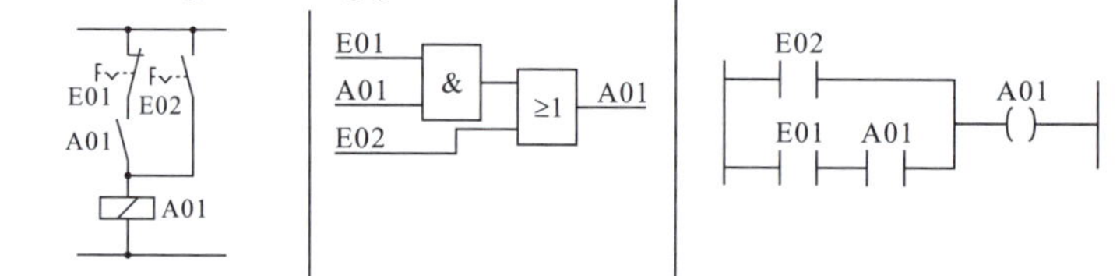			0001 U(0002 U E01 0003 U A01 0004) 0005 O E02 0006 = A01 0007 PE
Einschaltverzögerung 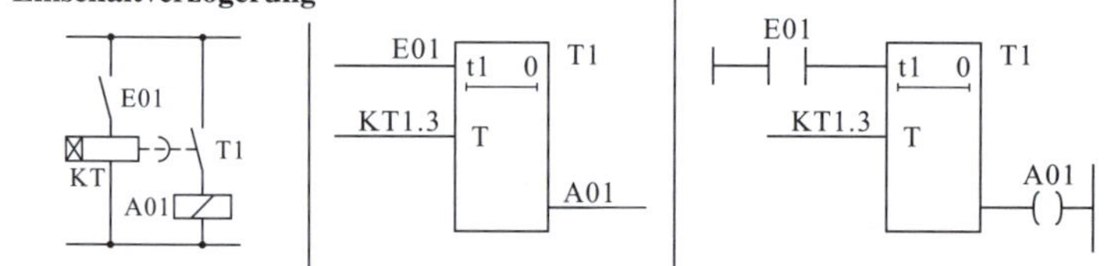			0001 U E01 0002 L KT01.3 0003 SE T1 0004 U T1 0005 = A01 0006 PE
Wischkontaktnachbildung (Flankenauswertung) 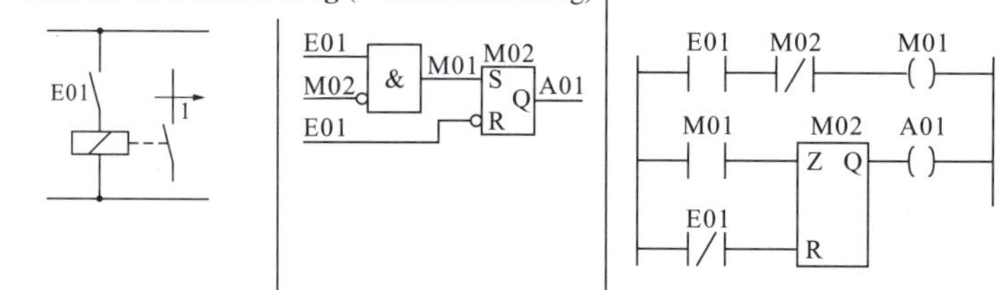			0001 U E01 0002 UN M02 0003 = M01 0004 U M01 0005 S M02 0006 UN E01 0007 R M02 0008 U M02 0009 = A01 0010 PE
Binäruntersetzer: Am Ausgang erscheint die halbe Ausgangsfrequenz von E 1. 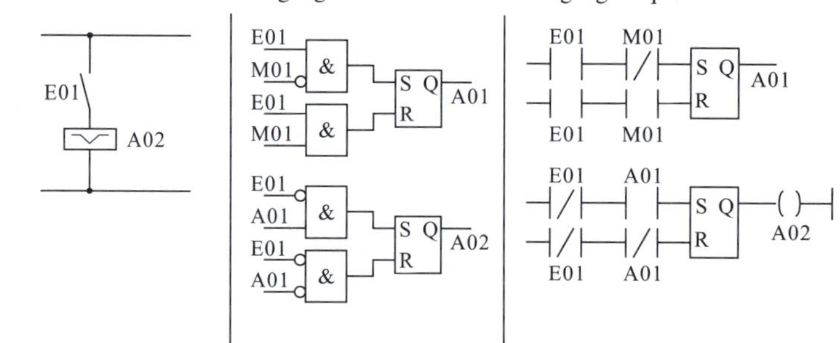			0001 U E01 0002 UN M01 0003 S A01 0004 U E01 0005 U M01 0006 R A01 0007 UN E01 0008 U A01 0009 S M01 0010 UN E01 0011 UN A01 0012 R M01 0013 U M01 0014 = A02

7.3 Steuerungstechnik

7.3.12 Schrittmotoren

Das Prinzip des Schrittmotors

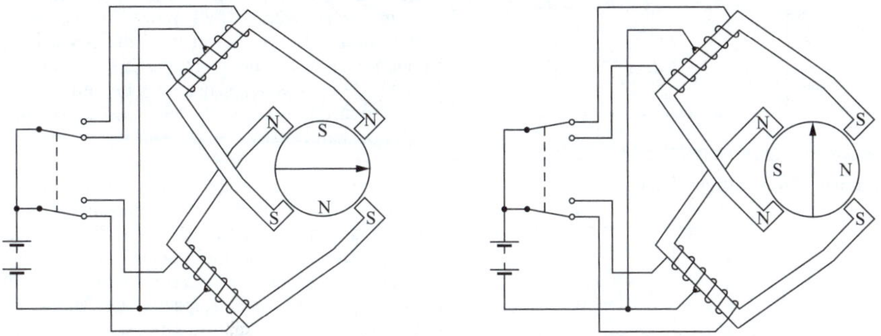

Aufbau und Wirkungsweise des Schrittmotors entsprechen der Synchronmaschine. Die Drehbewegung wird durch wechselweises Ansteuern der Statorwicklungen (Ändern der Polarität) mit Hilfe einer elektronischen Steuerung erreicht.

Das Bild verdeutlicht die Funktion eines 4-Strang-Schrittmotors. Nach Umschalten des Schalters dreht sich der Rotor um 90°. Bei Betrieb des Motors mit abwechselnder Umschaltung macht der Motor dann 90°-Schritte. Die Drehrichtung kann durch abwechselndes Umschalten in anderer Reihenfolge umgekehrt werden. Neben normaler Rotation erlaubt ein Schrittmotor auch exaktes Positionieren der Motorwelle.

Ansteuerung von Schrittmotoren

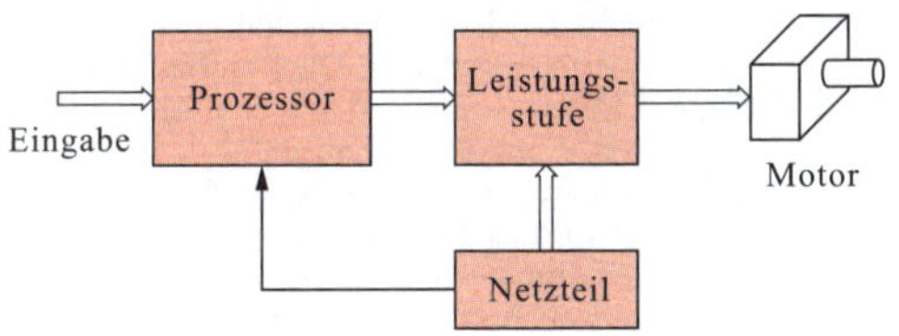

Ein Schrittmotoren-Antrieb besteht immer aus einer Ansteuerschaltung einschließlich einem Netzteil, dem Elektronik-Bauteil, und einem Energie-Umformer, dem Schrittmotor. Beide gehören untrennbar zusammen und sind elektrisch und mechanisch optimal auf das anzutreibende Gerät abgestimmt bzw. abstimmbar

Unipolare Ansteuerung

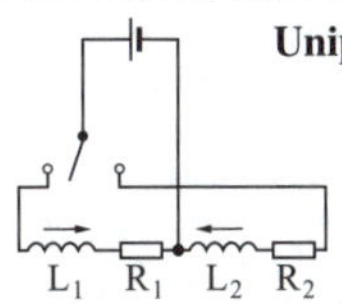

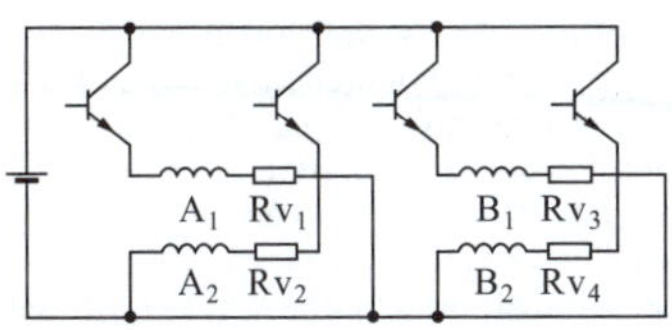

Vorteil	Einfache Leistungsstufe
Nachteil	Cu-Volumen wird nicht ausgenutzt; kein volles Drehmoment

Bipolare Ansteuerung

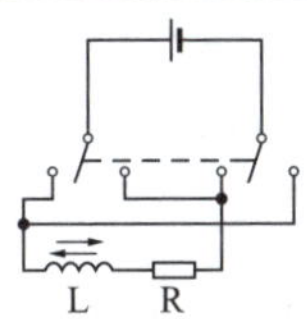

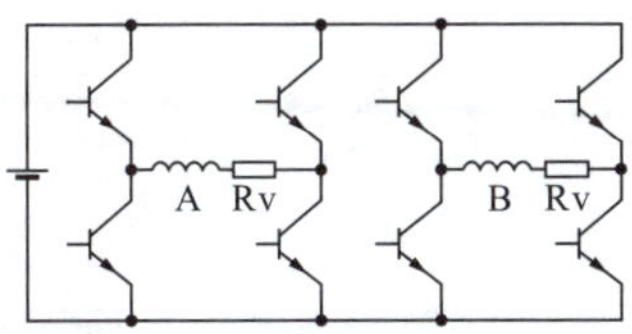

Vorteil	Cu-Volumen wird gut ausgenutzt; hohes Drehmoment; hohe Schrittfrequenz
Nachteil	Aufwendige Leistungsstufe

7.3 Steuerungstechnik

7.3.13 Sensorik

Induktive Näherungsschalter

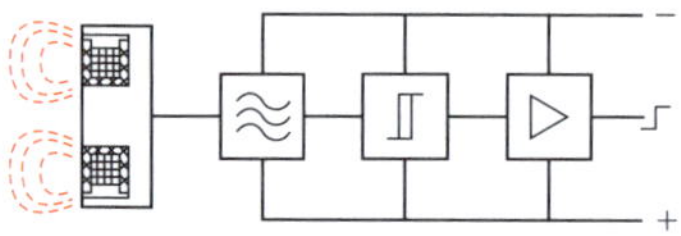

Die Schwingkreisspule des Oszillators erzeugt vor der aktiven Fläche des Näherungsschalters ein magnetisches Wechselfeld. Beim Eintauchen eines Metallteils in dieses Feld wird der Schwingkreis bedämpft, sodass die Triggerstufe kippt und einen Wechsel des Ausgangszustandes herbeiführt. Nach Entfernen des Metallteils wird der ursprüngliche Schaltzustand wieder hergestellt

Kapazitive Näherungsschalter

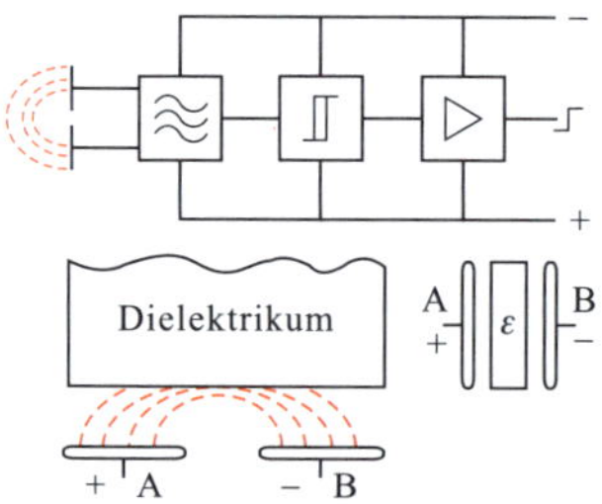

Zwei konzentrisch angeordnete metallische Elektroden auf der aktiven Fläche des Näherungsschalters wirken als Kondensator eines *RC*-Oszillators, der bei freier Fläche nicht schwingt. Gelangt ein Gegenstand in das elektrische Feld vor den Elektroden, vergrößert sich die Kapazität und der Oszillator schwingt. Die Triggerstufe kippt und wechselt den Ausgangszustand. 3-10

Der Schaltabstand ist umso kleiner, je kleiner die Dielektrizitätskonstante des zu erfassenden Gegenstandes ist. Berechnungsfaktoren zur Ermittlung des Schaltabstandes sind:

Metalle	1,0	Wasser	1,0
Holz	0,2 bis 0,7	PVC	0,6
Glas	0,5	Öl	0,1

Ultraschall-Näherungsschalter

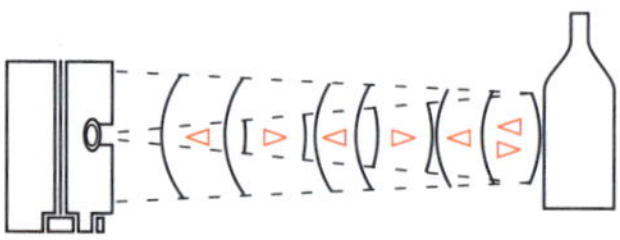

Ein Ultraschall-Sender emittiert Ultraschallwellen, die vom zu erfassenden Objekt reflektiert werden. Anschließend wird der Ultraschall-Wandler auf Empfangsbetrieb geschaltet. Die Zeit bis zum Eintreffen des Echos ist proportional zum Abstand des Objektes vom Näherungsschalter. 2-1

Digitale Ausgänge ermöglichen eine Objekterkennung innerhalb des Erfassungsbereiches, der mit einem Potenziometer einstellbar ist. Ultraschall-Sensoren mit einem analogen Ausgang liefern ein elektrisches Signal, das proportional zum Abstand des zu erfassenden Objektes ist

Aktiver Infrarot-Näherungsschalter

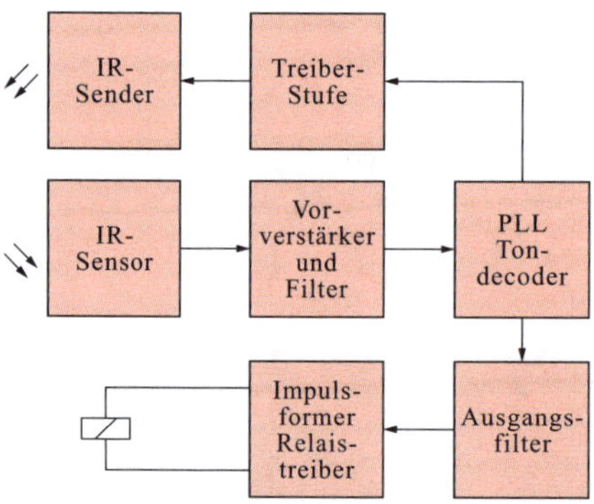

Infrarot-Näherungsschalter können passiv oder aktiv ausgeführt sein. Passive Sensoren reagieren auf warme, aktive Sensoren reagieren auf reflektierende Gegenstände. Das können aufgrund der verwendeten Infrarotstrahlung allerdings auch welche sein, denen man diese Eigenschaft ohne weiteres nicht anmerkt. Damit Fremdlichtquellen keinen Einfluss auf den Sensor haben, wird die Lichtquelle mit einer bestimmten Frequenz moduliert, auf die der Empfangsteil reagiert. Um Störungen auszuschließen, wählt man eine Frequenz die einen großen Abstand zum Netzbrummen und zu den von Fernbedienungen verwendeten Frequenzen hat. Einsatzbereiche sind z. B. automatische Wasserhähne oder Handtrockner

6-4
6-4
6-5

7.3 Steuerungstechnik

7.3.13 Sensorik

Einweg-Lichtschranke

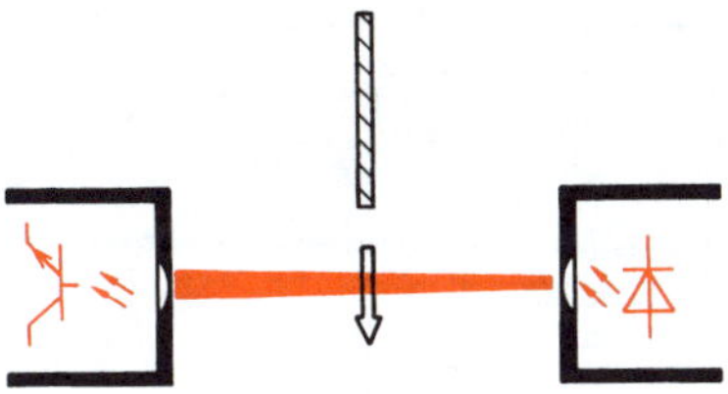

Sender und Empfänger sind räumlich getrennt und einander gegenüberliegend montiert. Eine Unterbrechung des Lichtstrahls löst im Empfänger einen Schaltvorgang aus.
Durch Synchronisation des Empfängers mit dem gepulsten Sender, auf die Sendefrequenz abgestimmte Filter im Empfänger und Infrarot-Filter wird eine hohe Störsicherheit gegen Fremdlicht erreicht. Dem Nachteil des größeren Montage- und Installationsaufwandes im Vergleich zu den anderen Positionssensoren stehen die große Reichweite (bis >100 m) und die Erkennung kleinster Gegenstände bei kleinen Abständen gegenüber

⇒ 6-48 6-49

Reflexions-Lichtschranke

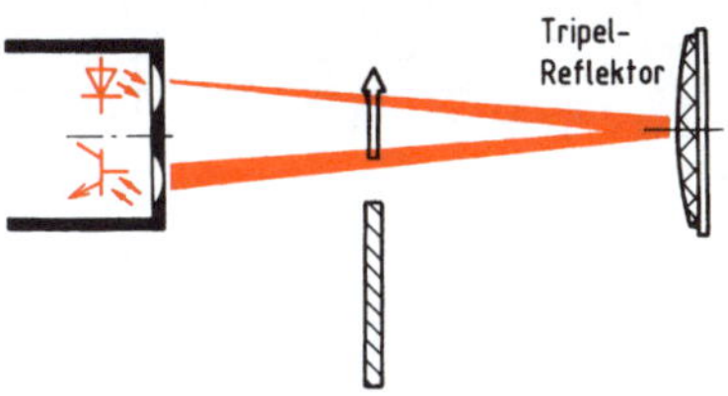

Sender und Empfänger sind in einem Gehäuse untergebracht. Der Sender strahlt ein Lichtbündel auf einen gegenüber liegend angebrachten Reflektor aus Glas oder Kunststoff, sodass ein Teil des Lichtstrahls vom Reflektor zurück auf den Empfänger gelangt. Wird der Lichtweg vom zu erfassenden Objekt unterbrochen, so wird im Empfänger ein Schaltvorgang ausgelöst.
Dem erheblich reduzierten Montage- und Installationsaufwand steht eine geringere Reichweite gegenüber

⇒ 2-21
⇒ 6-48 6-49 6-52

Reflexions-Lichttaster

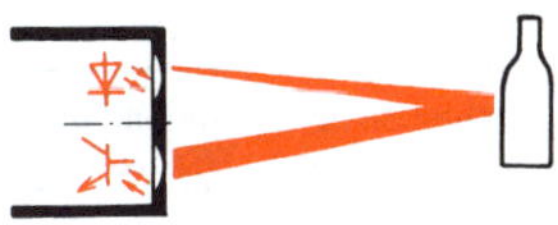

Sender und Empfänger sind in demselben Gehäuse untergebracht. Das zu erfassende Objekt wirkt selbst als Reflektor.
Reflexions-Lichttaster finden Anwendung, wenn weder Empfänger noch Reflektoren montiert werden können. Von Nachteil ist die große Abhängigkeit der Reichweite von der Farbe, Oberfläche und Größe des zu erfassenden Objektes

⇒ 2-21
⇒ 6-48 6-49

2-Leiter-Anschluss

Der Anschluss erfolgt wie bei mech. Grenztastern mit der Last in Reihe. Der Sensor erhält seine Versorgungsspannung von typ. 10…60 V Gleichspannung (DC) oder 20…250 V Wechselspannung (AC) über den Verbraucher. Deshalb fließt auch im gesperrten Zustand ein Ruhestrom von ca. 3 mA…5 mA. Im durchgeschalteten Zustand tritt bei maximalem Strom von ≤100 mA ein Spannungsfall von 5 V bis 10 V auf.
Gleichspannungsschalter sind verpolungssicher oder können z. T. mit beliebiger Polarität angeschlossen werden. Wechselspannungsschalter sind meist für 2-Leiter-Anschluss ausgelegt und gegen Spannungsspitzen aus dem Netz geschützt.

3- und 4-Leiter-Anschluss

Die Versorgungsspannung wird über einen zusätzlichen Leiter zugeführt. Der Reststrom über den Verbraucher im gesperrten Zustand ist vernachlässigbar klein. Der Spannungsfall im durchgesteuerten Zustand bei einem maximalen Laststrom von typisch 200 mA beträgt nur ca. 2 V bis 4 V.
Näherungsschalter mit 4-Leiter-Anschluss haben einen antivalenten Ausgang und können als Umschalter eingesetzt werden.
Beide Ausführungen sind meist gegen Kurzsschluss, Überlast und Zerstörung durch Spannungsspitzen beim Schalten induktiver Lasten geschützt. Gleichspannungsschalter sind verpolungssicher oder mit beliebiger Polarität anschließbar.

7.3.14 Mikrokontroller

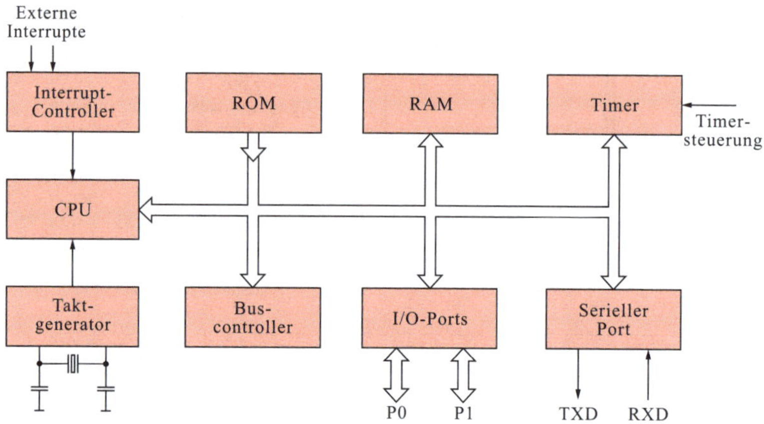

7-8

Für Steuerungsaufgaben innerhalb von Geräten verwendet man überwiegend Mikrokontroller. Neben dem eigentlichen Mikroprozessor beinhaltet der Mikrokontroller je nach Typ noch:
- Programmspeicher (ROM)
- Arbeitsspeicher (RAM)
- Timer für Zeitablaufsteuerungen
- serielle und/oder parallele Schnittstellen für die Kommunikation mit der Außenwelt
- A/D-Konverter zur direkten Verarbeitung von Analogsignalen

Damit enthält ein Mikrokontroller alle Komponenten eines Computers. Er kann mit entsprechender Programmierung, ohne weitere Peripherie, Steuerungsaufgaben in einem Gerät übernehmen. Die Programmierung erfolgt in Assembler. Spezialausführungen lassen auch die Programmiersprache BASIC zu.

7-1(

Begriffe und Abkürzungen

Akkumulator	ALU-nahes Register zur Zwischenspeicherung	Interface	Schnittstelle zur Verbindung des Computers mit peripheren Geräten
Assembler	Prozessornahe Programmiersprache	LSB	Least Significant Bit – niederwertigstes Bit
ALU	Arithmetic Logic Unit – die Recheneinheit	MSB	Most Significant Bit – höchstwertigstes Bit
Buffer	Zwischenspeicher	PROM	Programmable Read Only Memory – Programmierbarer Festwertspeicher
Compiler	Sprachübersetzer für eine höhere Programmiersprache in Maschinencode	Programmzähler	(programm counter); setzbares Register mit Inkrementierer, speichert die Adresse des nächsten Befehles
EEPROM	Electrically Erasable ROM – nicht flüchtiger Speicher, elektr. löschbar	RAM	Random Access Memory – flüchtiger Schreib-/Lese-Speicher
EPROM	Erasable PROM – nicht flüchtiger Speicher, mit UV-Licht löschbar	Stack	Stapel, Magazin – definierte Speicherstellen zur Speicherung von Informationen, die bei der Ausführung von Unterprogrammen und Interrupts nicht zerstört werden dürfen
Emulation	Softwaremäßige Nachbildung eines Mikroprozessors	Stack-Zeiger	Register, das die Adresse des Speicherwortes enthält

7.3 Steuerungstechnik

7.3.14 Mikrokontroller (Fortsetzung)

Übersicht der weit verbreiteten Mikrokontroller der MCS-51-Familie

Baustein-Nr.	Internes ROM	Externes ROM	Internes RAM	Externes RAM	16-Bit-Timer	Technik
8051	4 K	64 K	128 byte	64 K	2	NMOS
8031	keines	64 K	128 byte	64 K	2	NMOS
8751	4 K EPROM	64 K	128 byte	64 K	2	NMOS
8052	8 K	64 K	256 byte	64 K	3	NMOS
8032	keines	64 K	256 byte	64 K	3	NMOS
8752	8 K EPROM	64 K	256 byte	64 K	3	NMOS
80C51	4 K	64 K	128 byte	64 K	2	CMOS
80C31	keines	64 K	128 byte	64 K	2	CMOS
87C51	4 K EPROM	64 K	128 byte	64 K	2	CMOS

7.3.14.1 Verwendung der Ein- und Ausgänge

7

Kondition. eines Analogsignals für einen Eingang

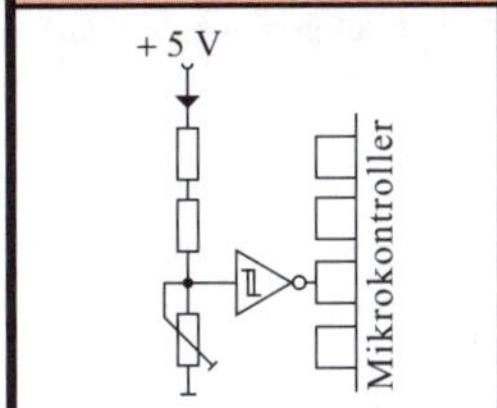

-24

Externe Eingangsschutzschaltung

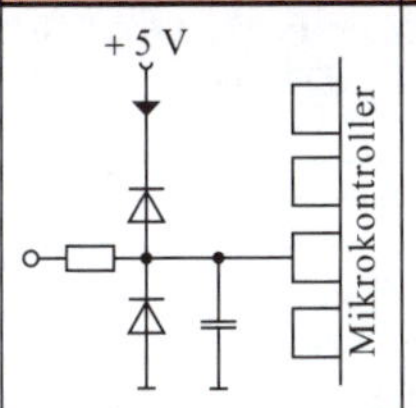

Ansteuerung von Relais durch einen Portausgang

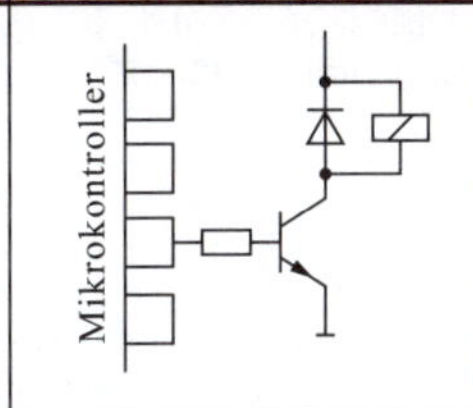

Typ. Anschluss einer LED an einen Portausgang

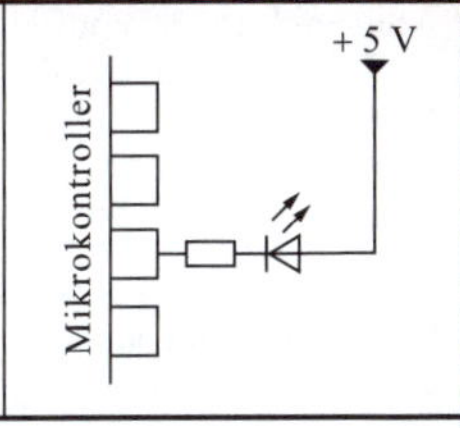

7.3.14.2 Programmierung von Mikrokontrollern

Die Programmierung erfolgt meistens in Assembler, Vorgehensweise:
1. Erstellung eines Struktogramms, das die zu lösende Problemstellung eindeutig beschreibt.
2. Überführen des Struktogramms in Mnemoniks.
3. Überführen der Mnemoniks in Maschinencode.
4. Laden des Maschinencodes in den Programmspeicher (z. B. ein EPROM).
5. Ausführlicher Funktionstest.

2. und 3. werden normalerweise mit Hilfe eines Editorprogramms auf einem PC durchgeführt. Für 4. benutzt man ein EPROM-Programmiergerät. In der Regel ist das Programm zunächst nicht fehlerfrei. Ein wesentlicher Punkt bei der Programmentwicklung ist deshalb die Fehlersuche („debugging“).

Das Programm besteht aus der Speicheradresse, dem Maschinencode (Inhalt der Adresse), dem Mnemonik-Code sowie Kommentaren zur Dokumentation des Programmes. 7-16

Adresse	Maschinencode	Mnemonik-Code			Kommentar
			ORG	1800H	
1800	60 00		LD	B,00	Höheres Byte des Zählers löschen
1802	60		LD	H,B	Divisor laden
1803	69		LD	L,C	Divisor laden
1804	0E 00		LD	C,00	Niederes Byte des Zählers löschen
1806	ED 52	WEI	SBC	DE,HL	Divisor vom Dividend abziehen
1808	FA 0F 18		JP	S,END	Falls Dividend negativ – zum Ende
180B	03		INC	BC	Zähler inkrementieren
180C	C3 06 18		JP	WEI	weitermachen
180F	60	END	LD	H,B	Quotient übergeben
1810	69		LD	L,C	Quotient übergeben
1811	C9		RET		Rücksprung zum Hauptprogramm

7.3.15 Fuzzy-Logik (unscharfe Logik) und neuronale Netze

7-48

Gegenüberstellung von dualer und Fuzzy-Logik

Wertebereich dualer Logik	Wertebereich von Fuzzy-Logik
Exakter Eingangswert Exakter Ausgangswert	Eingangswertbereich Ausgangswertebereich
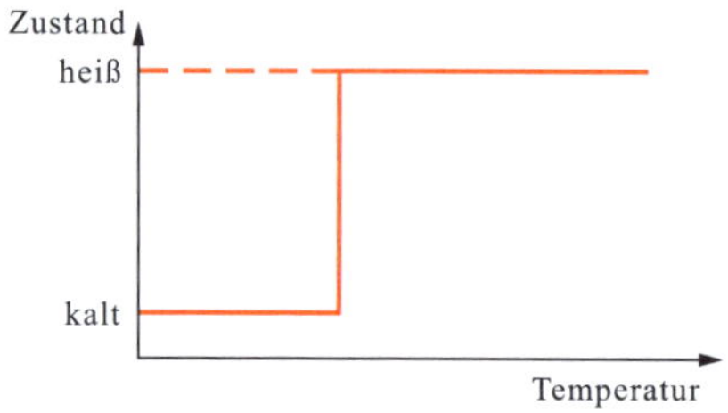 	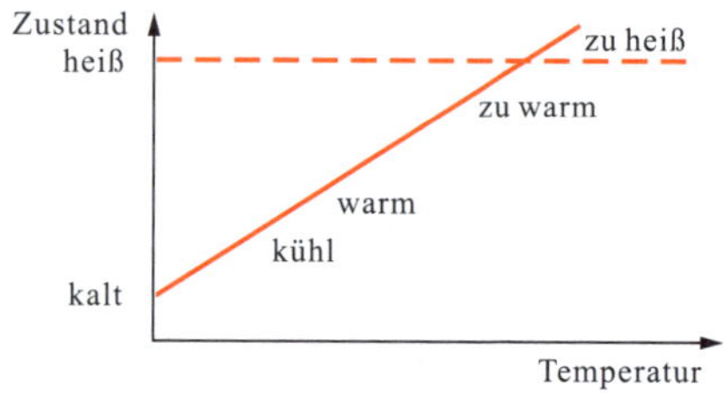
Alle Funktionen und Berechnungen werden auf zwei unterschiedliche Zustände zurückgeführt.	Alle Funktionen und Berechnungen werden auf Ereignis- bzw. Ergebnismengen zurückgeführt. Zwischenwerte sind zulässig.

Technische Gestaltung

Mit einem **digitalen Rechner** (z. B. PC) und entsprechender Programmierung lassen sich fuzzy-logische Aufgabenstellungen bearbeiten. Das Computerprogramm ahmt fuzzy-logische Entscheidungen nach.

Neuronale Netze eignen sich zur Lösung von Fuzzy-Aufgaben. Sie gehen in ihrem Aufbau von der Struktur des menschlichen Gehirns aus, das aus Milliarden von Gehirnzellen (Neuronen) besteht. Jede Zelle kann Rechen- oder Speicherbereich ausführen oder ein Teil davon sein. Die ausgeführte Funktion oder Zugehörigkeit zu einem Rechenwerk oder Speicherbereich kann sich zeitlich ändern. Die Neuronen sind untereinander durch Synapsen verbunden.

Die Funktion eines Neurons entspricht der eines addierenden Operationsverstärkers mit nachgeschaltetem Schmitt-Trigger und einstellbarer Verstärkung v. Über die Eingangskanäle werden die gewichteten Eingangssignale mit dem Faktor v an den Schmitt-Trigger gegeben, der bei Überschreitung des Schwellwertes einen Ausgangsimpuls abgibt. Die Neuronen werden zu einem Netz verknüpft.

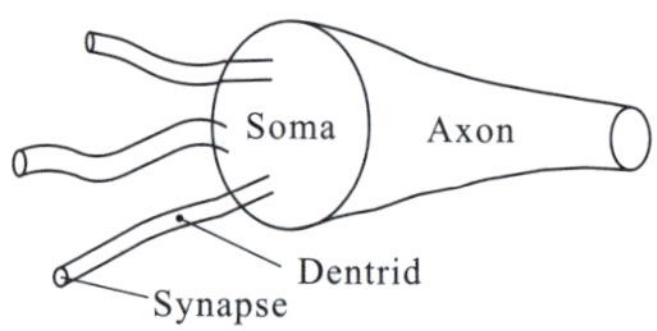

Teile einer Gehirnzelle (Neuron)

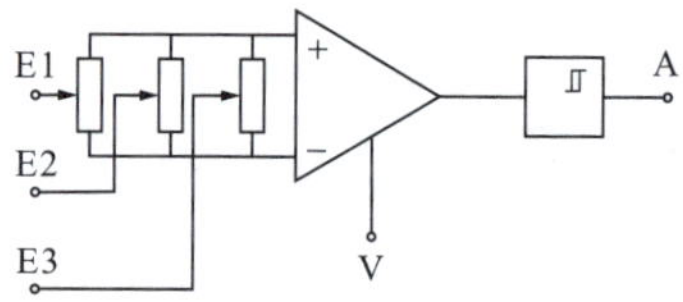

Ersatzschaltbild eines Neurons

Programmierung und Einsatzbereiche

Neuronale Netze werden trainiert. Es werden bestimmte Aufgaben und deren bekannte Lösungen an Ein- und Ausgängen des Netzes in Form von Spannungen angelegt. Das Netz stellt sich dann selbst so ein, dass eine Übertragungsfunktion entsteht, die den Zusammenhang zwischen Eingangs- und Ausgangswerten beschreibt. Nach vielen unterschiedlichen Trainingsläufen hat das Netzwerk „gelernt“.

Fuzzy-Logik und neuronale Netze liefern schnelle und grobe Ergebnisse. Sie sind dort einsetzbar, wo es nicht auf eine genaue Berechnung, sondern auf das schnelle Erfassen und Auswerten von Eingangswertebereichen ankommt:
- Spracherkennung und Spracherzeugung,
- Erkennung von Handschrift,
- Bilderkennung und Mustererkennung,
- Regelung von Klimaanlagen und Haushaltsgeräten

7.4 Regelungstechnik

7.4.1 Einteilungen in der Regelungstechnik

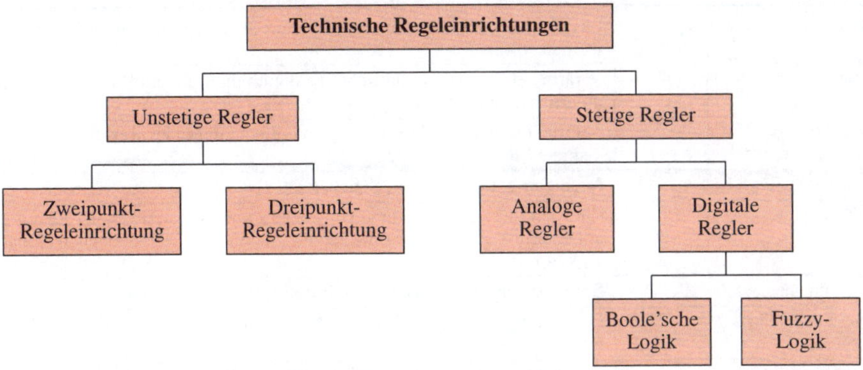

7.4.2 Kennzeichen des Regelns

- Die zu regelnde Größe wird fortlaufend erfasst.
- Die zu regelnde Größe wird mit der Führungsgröße verglichen.
- Die zu regelnde Größe wird durch Eingriffe in das System an die Führungsgröße angeglichen.
- Der Wirkungskreis ist geschlossen → Regelkreis.
- Die Ausgangsgröße wird rückgeführt → Stabilitätsprobleme.

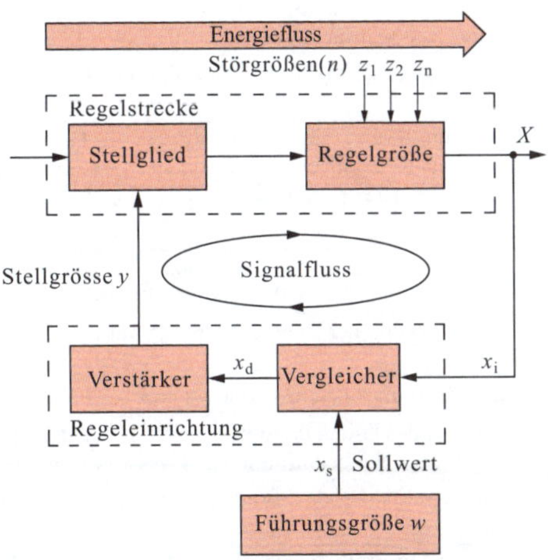

Beispiel: Drehzahlregelung

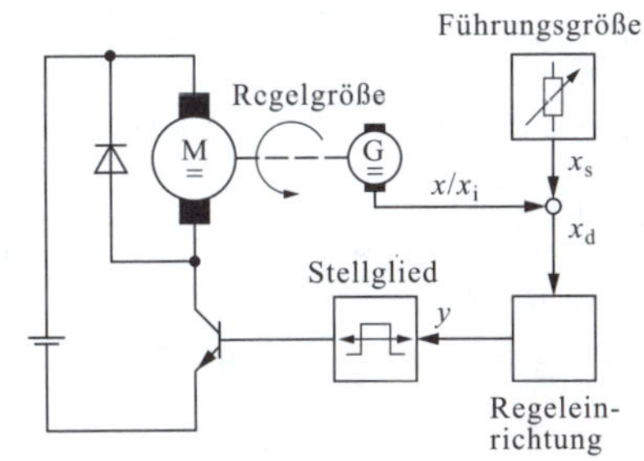

Der Generator G liefert eine Ausgangsspannung, die proportional zur Drehzahl steigt. Steigt die Spannung am Generator, verkleinert die Regeleinrichtung mit Hilfe des Stellgliedes die Energiezufuhr zum Motor. Fällt die Spannung, wird die Energiezufuhr erhöht

Das Prinzip der Regelung kann eingesetzt werden, wenn

a) hohe Genauigkeit gefordert ist;

b) die Ausgangsgröße unabhängig vom Einfluß von Störgrößen auf einen konstanten Wert gehalten werden muss.

7.4 Regelungstechnik

7.4.3 Begriffe der Regelungstechnik

Begriff	Zeichen	Definition nach DIN 19221: 1993-5 u. 19226: 1994-2
Ausgangsgröße	x_a	Physikalische Größe, die entsprechend festgelegten Regeln beeinflusst werden soll
Analogregler		Verarbeitet wertkontinuierliche, zeitkontinuierliche und/oder wertkontinuierliche, zeitdiskrete Signale
Digitalregler		Verarbeitet wertdiskrete, zeitkontinuierliche und/oder wertdiskrete, zeitdiskrete Signale; Abtastregler
Dreipunkt-Regler		Regeleinrichtung mit drei Schaltstellungen
Führungsgröße	w	Eine den Regeleinrichtungen von außen zugeführte und von der Regelung unbeeinflusste Größe, der die Regelgröße in einer vorgegebenen Abhängigkeit folgen soll
Führungsbereich	W_h	Bereich, innerhalb dessen die Führungsgröße liegen kann
Nicht selbsttätige Regelung		Einrichtung, bei der ein Mensch die Funktion der Regeleinrichtung übernimmt (Handregelung)
Regeleinrichtung		(Auch Einrichtung oder Regler genannt) Die gesamte Einrichtung, die über das Stellglied aufgabengemäß (meist Konstanthaltung der Regelgröße) auf die Strecke einwirkt
Regelkreis		Alle Glieder des geschlossenen Wirkungsablaufs der Regelung bilden den Regelkreis (Zusammenhaltung von Regelstrecke und Regeleinrichtung)
Regelstrecke		(Auch Strecke genannt) Der gesamte Teil der Anlage, in dem die Regelgröße aufgabengemäß (meist Konstanthaltung) beeinflusst wird
Regelgröße	x	Größe, die in der Regelstrecke konstant gehalten oder nach einem vorgegebenen Programm beeinflusst werden soll
Regelbereich	X_h	Bereich, innerhalb dessen die Regelgröße unter Berücksichtigung der zulässigen Grenzen der Störgrößen eingestellt werden kann, ohne die Funktionsfähigkeit der Regelung zu beeinträchtigen
Istwert der Regelgröße	x_i	Der tatsächliche Wert der Regelgröße im betrachteten Zeitpunkt
Regelabweichung	x_w	Die Differenz zwischen Regelgröße und Führungsgröße $x_w = x - w$. Die negative Regelabweichung wird als Regeldifferenz bezeichnet $x_d = w - x = -x_w$
Regeldifferenz	$e = w - x$	Die Regeldifferenz wird in DIN 19221: 1993-5 anstelle der Regelabweichung verwendet
Selbsttätige Regelung		Regeleinrichtung, die die Regeldifferenz zur Stellgröße selbstständig so verarbeitet, daß das Stellglied in geeigneter Weise verstellt wird
Stellgröße	y	Sie überträgt die steuernde Wirkung der Regeleinrichtung auf die Regelstrecke
Stellbereich	Y_h	Bereich, innerhalb dessen die Stellgröße einstellbar ist
Stellglied		Am Eingang der Strecke liegendes Glied, das dort den Masse- oder Energiestrom entsprechend der Stellgröße beeinflusst
Störgröße	z	Von außen auf den Regelkreis einwirkende Störungen, die die Regelgröße ungewollt beeinträchtigen
Störbereich	Z_h	Bereich, innerhalb dessen die Störgröße liegen darf, ohne dass die Funktionsfähigkeit der Regelung beeinträchtigt wird
Übergangsfunktion		Funktion, die das Verhalten einer Regeleinrichtung bei einem Signalsprung am Eingang beschreibt (Sprungantwort)
Zwei(Drei)punkt-Regler		Regeleinrichtung mit zwei (drei) Schaltstellungen

7.4 Regelungstechnik

7.4.4 Zeitverhalten von Führungsgrößen und Regelkreisgliedern

Allgemeines

Zum Verständnis und zur Optimierung wird der Regelkreis sinnvollerweise längs des Wirkungsweges in gleichberechtigte, rückwirkungsfreie Glieder – wobei Regelstrecke und Regeleinrichtung ebenfalls aus solchen Gliedern zusammengesetzt sein können – unterteilt.

Ein solches Regelkreisglied kann im einfachsten Fall durch ein Rechteck mit einem Eingangssignal u und einem Ausgangssignal v dargestellt werden

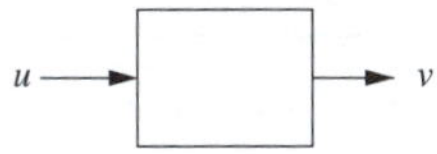

Sprungantwort oder Übergangsfunktion

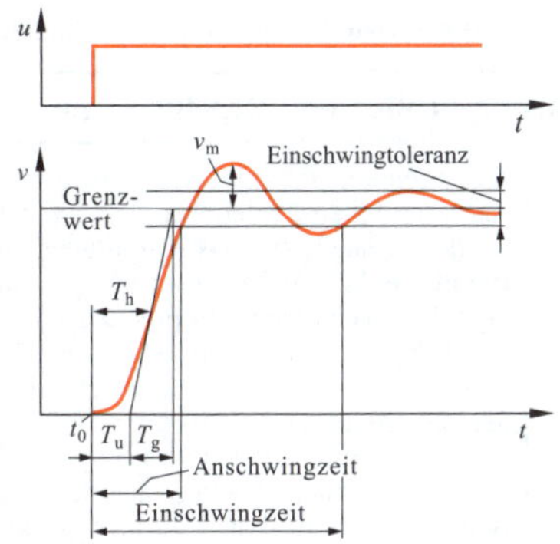

Zeitlicher Verlauf der Ausgangsgröße v nach einer sprungartigen Änderung der Eingangsgröße u.

Hat sie für alle $t \geq t_0$ das gleiche Vorzeichen und strebt für $t \to \infty$ gegen einen von Null verschiedenen endlichen Grenzwert, so lassen sich unten stehende Kennwerte bestimmen.

Wird sie auf die Sprunghöhe der Eingangsgröße bezogen, so entsteht die bezogene Sprungantwort, die Übertragungsfunktion

$$h(t) = v(t)/u(t).$$

Läßt sich mit geringem Aufwand experimentell ermitteln

Verzugszeit T_u	Bestimmt durch den Punkt t_0 und den Schnittpunkt der ersten Wendetangente mit der Zeitachse	Einschwingzeit	Ist beendet, wenn die Sprungantwort erstmalig eine der Grenzen der Einschwingtoleranz überschreitet
Ausgleichszeit T_g	Ist bestimmt durch die Schnittpunkte der ersten Wendetangente mit der Zeitachse und der Abszissenparallele durch den Grenzwert	Einschwingtoleranz	Ist die Differenz der zulässigen größten und kleinsten Abweichung der Sprungantwort vom Grenzwert
Halbwertszeit T_h	Sie endet, wenn die Sprungantwort erstmalig den halben Grenzwert erreicht	Überschwingweite V_m	Gibt die maximale Abweichung der Sprungantwort vom Grenzwert nach dem erstmaligen Überschreiten einer der Grenzen der Einschwingtoleranz an
Anschwingzeit	Sie vergeht vom Zeitpunkt t_0 an bis die Sprungantwort erstmalig eine der Grenzen der Einschwingtoleranz überschreitet		

Impulsantwort oder Gewichtsfunktion

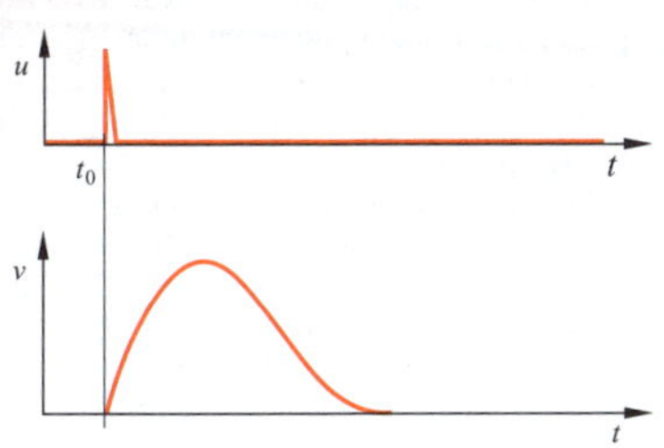

Die Impulsantwort ist der zeitliche Verlauf der Ausgangsgröße bei einem Nadelimpuls (im Idealfall der Differenzialquotient des Sprunges eines idealen Rechteckimpulses → Dirac-Impuls) als Eingangsgröße.

Wird die Impulsantwort auf die Zeitfläche der Eingangsgröße bezogen, entsteht die bezogene Impulsantwort, Gewichtsfunktion $g(t) = v(t)/u(t)$ genannt

7.4 Regelungstechnik

7.4.4 Zeitverhalten von Führungsgrößen und Regelkreisgliedern (Forts.)

Anstiegsantwort

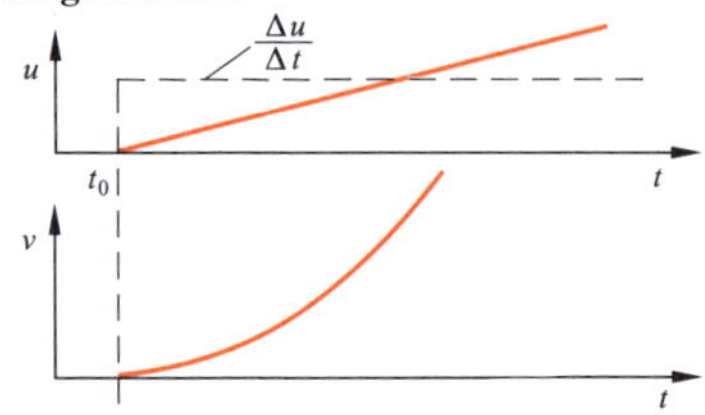

Die Anstiegsantwort ist der zeitliche Verlauf der Ausgangsgröße v bei einer Anstiegsfunktion mit bestimmter Änderungsgeschwindigkeit $\mathrm{d}u/\mathrm{d}t$ als Eingangsgröße

Sinusantwort siehe Frequenzverhalten

7.4.5 Frequenzverhalten von Führungsgrößen und Regelkreisgliedern

Frequenzgang

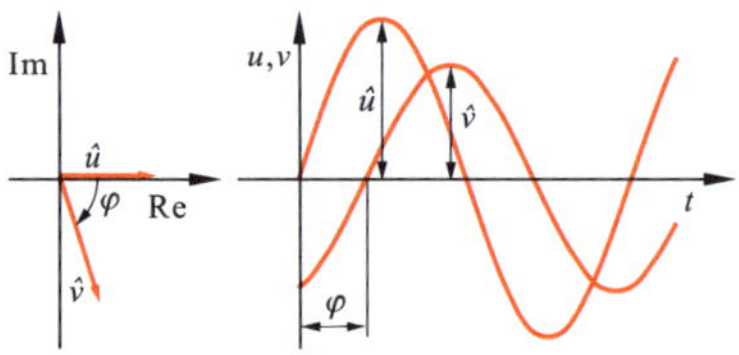

$$F(\mathrm{j}\omega) = \frac{\hat{v} \cdot e^{\mathrm{j}(\omega t + \varphi)}}{\hat{u} \cdot e^{\mathrm{j}\omega t}} = \frac{\hat{v}}{\hat{u}} e^{\mathrm{j}\varphi} = \left|\frac{\hat{v}}{\hat{u}}\right| e^{\mathrm{j}\varphi} = |F(\mathrm{j}\omega)|\, e^{\mathrm{j}\varphi}$$

Der Frequenzgang, meist als Zeigerdarstellung in der komplexen Zahlenebene, ist die zusammenfassende Aussage über das Amplitudenverhältnis und die Phasenlage zwischen Ausgangs- und Eingangssignal bei verschiedenen Frequenzen.
Die Länge der Zeiger ergibt sich aus dem Amplitudenverhältnis v/u, die Winkelstellung aus der Phasenverschiebung des Ausgangssignals gegenüber dem Eingangssignal. Die komplexe Variable $\mathrm{j}\omega$ wird häufig mit p abgekürzt geschrieben. Klingt die Schwingung mit dem Dämpfungsfaktor σ ab, so gilt entsprechend $p = \mathrm{j}\omega + \sigma$

Ortskurve des Frequenzganges

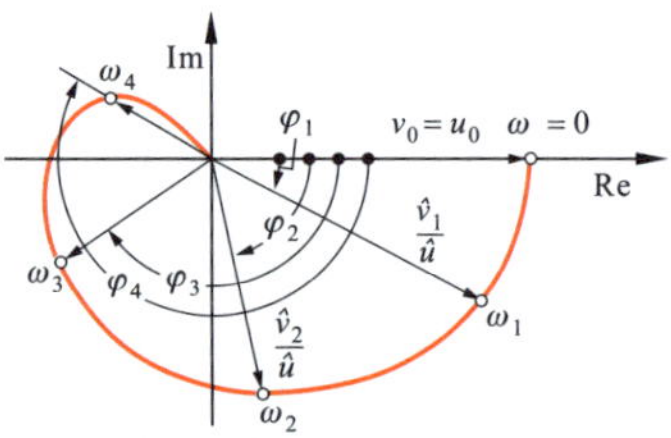

Werden Amplitudenverhältnis und Phasenlage für den Frequenzbereich $\omega = 0$ bis $\omega = \infty$ als Zeiger in die Gauß'sche Zahlenebene (Polarkoordinaten) eingetragen und die Endpunkte aller Zeiger miteinander verbunden, so erhält man die Ortskurve des Frequenzgangs, auch Nyquist-Diagramm genannt

Amplituden und Phasengang

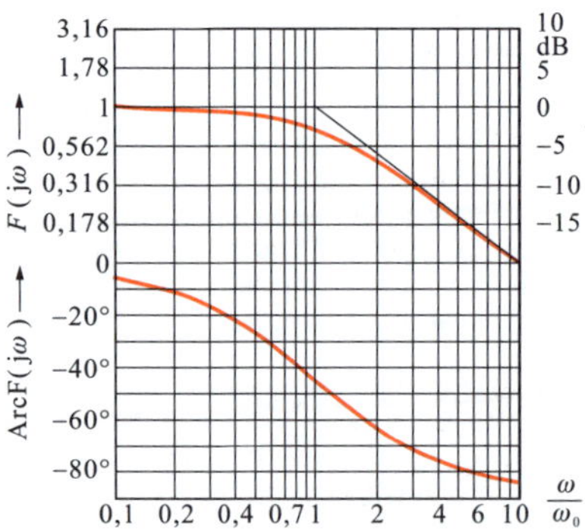

Der Amplitudengang ist das Amplitudenverhältnis $|F(\mathrm{j}\omega)| = |\hat{v}/\hat{u}|$ in Abhängigkeit von der Frequenz; der Phasengang ist der Phasenwinkel Arc $F(\mathrm{j}\omega) = \varphi$ des Frequenzganges in Abhängigkeit von der Frequenz. Üblich ist die Darstellung im rechtwinkligen Koordinatensystem, wobei die Kreisfrequenz und der Amplitudengang meist im logarithmischen Maßstab oder in normierter Form dargestellt werden. Häufig wird der Amplitudengang auch in Dezibel (dB) aufgetragen.
Als Frequenzlinien, auch Bode-Diagramm genannt, werden Amplituden- und Phasengang gemeinsam in Abhängigkeit von dem logarithmisch abgebildeten Wert der Kreisfrequenz ω oder der normierten Kreisfrequenz ω/ω_0 dargestellt

7.4 Regelungstechnik

7.4.6 Regelstrecken

Regelstrecken ohne Ausgleich (I-Strecken)

Strecken mit gegen ∞ gehendem Übertragungsbeiwert K_s (bzw. gegen 0 strebendem Ausgleichswert Q) meist auf I-Verhalten zurückzuführen.

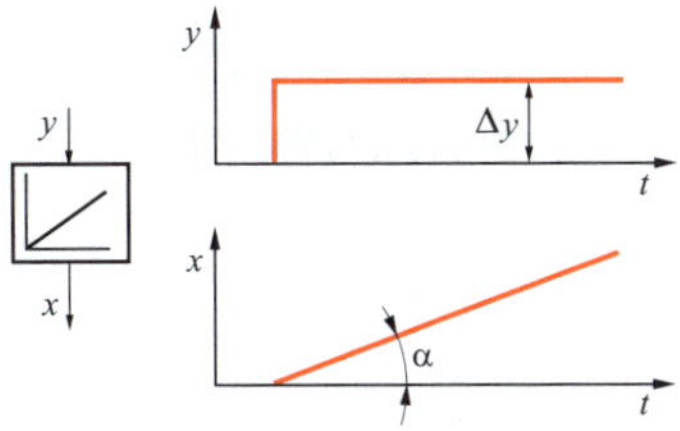

Die Regelgröße wächst nach einer Änderung der Stellgröße oder einer Störgrößenänderung stetig weiter an, ohne einem Endwert zuzustreben. Kenngröße ist der Anlaufwert A bei einer Verstellung des Stellgliedes um den ganzen Stellbereich Y_h. Ist eine Änderung um Y_h nicht möglich, wird die Stellgröße nur um den Betrag Δy verstellt und umgerechnet

$$A = \frac{1}{\tan\alpha} = \frac{\Delta t}{\Delta x} \qquad A = \frac{\Delta t}{\Delta x} \cdot \frac{\Delta y}{\Delta Y_h}$$

Der Kehrwert des Anlaufwertes ist die maximale Änderungsgeschwindigkeit der Regelgröße, die bei einer Verstellung des Stellgliedes um den ganzen Stellbereich Y_h auftritt

Regelstrecken mit Ausgleich (P-Strecken)

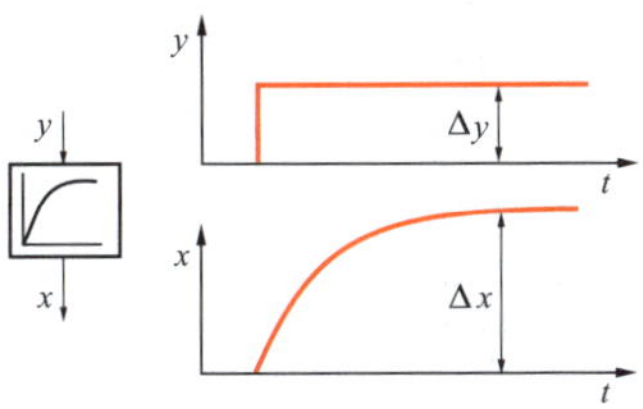

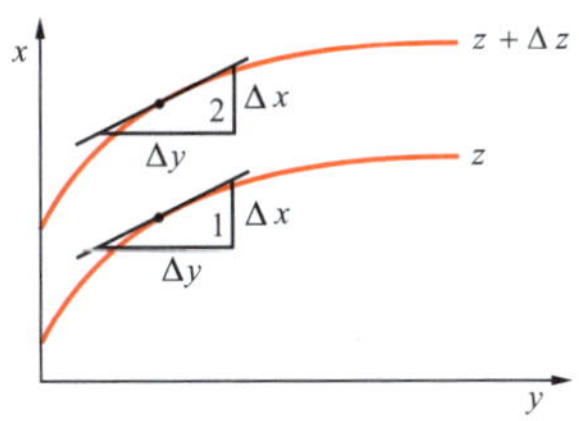

Die Regelgröße x strebt nach einer Stellgrößenänderung Δy oder Störgrößenänderung Δz einem neuen Endwert zu (Beharrungszustand). Kennzeichnend ist der Übertragungsbeiwert der Regelstrecke im Beharrungszustand K_s (auch Verstärkung der Regelstrecke genannt), bzw. der reziproke Wert von K_s, Ausgleichswert der Regelstrecke Q genannt, bei konstantem Werten der Störgrößen

$$K_S = \frac{\Delta x}{\Delta y} \qquad Q = \frac{1}{K_S} = \frac{\Delta y}{\Delta x}$$

Je kleiner K_s, umso besser ist die Regelbarkeit. K_s u. Q für einzelne Arbeitspunkte und Störgrößenwerte sind dem Strecken-Kennlinienfeld entnehmbar. Zur Berechnung werden die Kennlinien oder Abschnitte davon, durch Tangenten angenähert. Kennzeichen einer Regelstrecke mit Ausgleich ist ein endlicher K_s-Wert bzw. $Q > 0$; sie stellt ein P- oder P-T-Glied dar, dessen P-Beiwert K_p identisch mit K_s ist

Regelstrecken mit Verzögerung

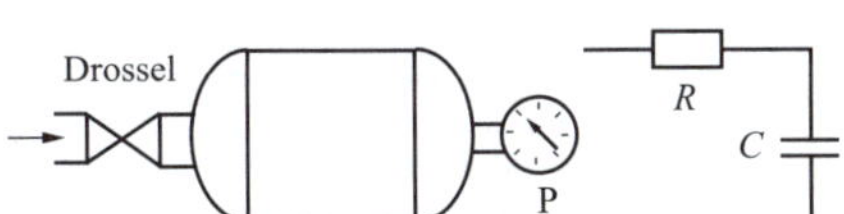

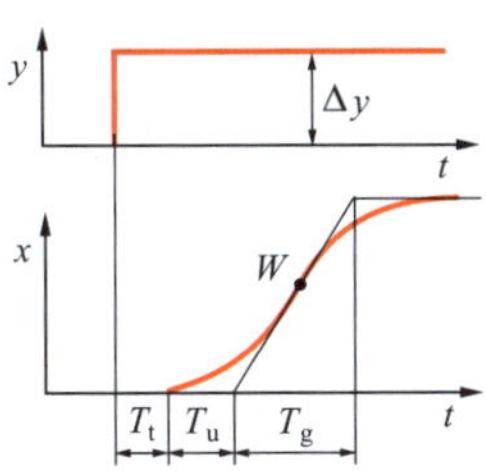

W Wendepunkt
T_u Verzugszeit
T_g Ausgleichszeit
T_t Totzeit

Reihenschaltung aus P-Systemen (Strecken mit Ausgleich) mit einem/mehreren T_1-System(en) (Strecken mit Trägheit). Eine Strecke 1. Ordnung entsteht z. B. bei einer Drosselstelle mit nachgeschaltetem Speicher. Reihenschaltung von n P-T_1-Gliedern führt zu einer Regelstrecke n. Ordnung. Die Sprungantwort gibt Aufschluss über die Regelbarkeit.
Je größer T_g/T_u, desto besser die Regelbarkeit der Strecke. Richtwerte:

$T_g/T_u \geq 10$ gut regelbar
$T_g/T_u \approx 6$ mäßig regelbar
$T_g/T_u \leq 3$ schwer regelbar

Bei Strecken mit Totzeit reagiert die Regelgröße erst nach Ablauf der Totzeit T_t auf eine Änderung der Stellgröße. Anstelle der Verzugszeit T_u ist die Totzeit T_t bzw. die Summe aus $T_t + T_u$ ein Maß für die Regelbarkeit

7.4 Regelungstechnik

7.4.7 Zeitverhalten typischer Regelstrecken

Bezeich.	Frequ. u. Diff.-gleich.	Sprungantwort	Ortskurve	Bode-Diagramm	Typisches Beispiel
P	$F = K_P$ $v = K_P \cdot u$	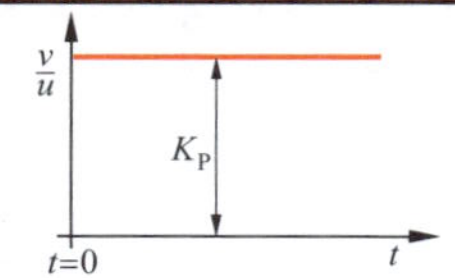	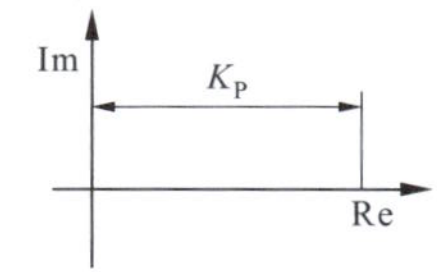	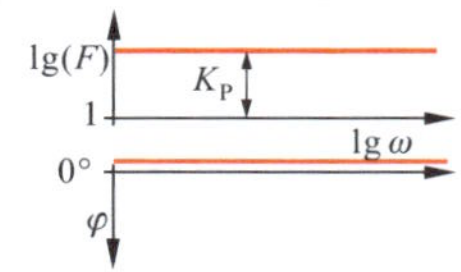	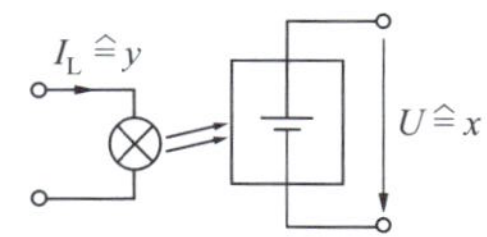
I	$F = \frac{K_I}{p}$ $v = K_I \int u \, dt$	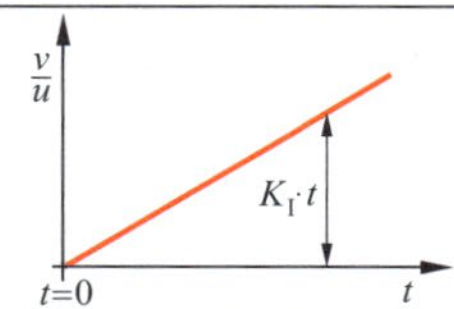	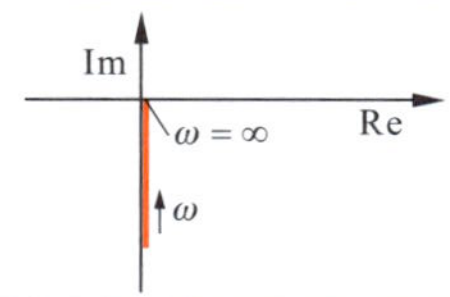	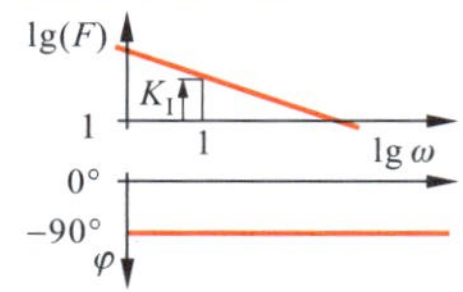	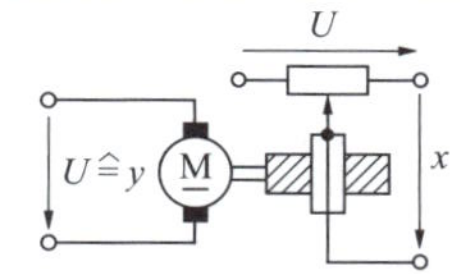
D	$F = K_D \cdot p$ $v = K_D \frac{du}{dt}$	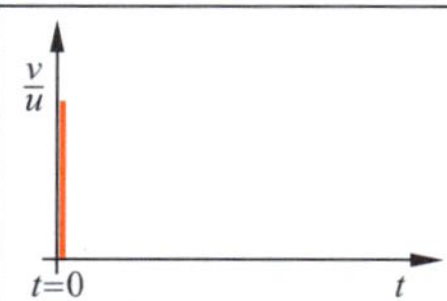	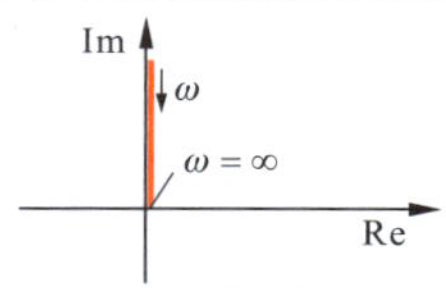	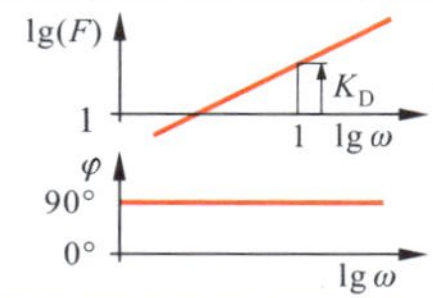	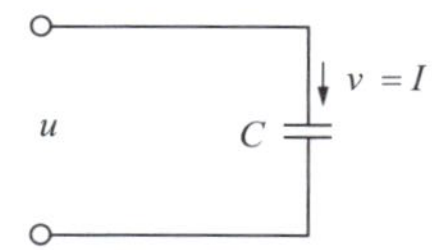
t	$F = e^{-p \cdot T_t}$ $v(t) = u(t - T_t)$	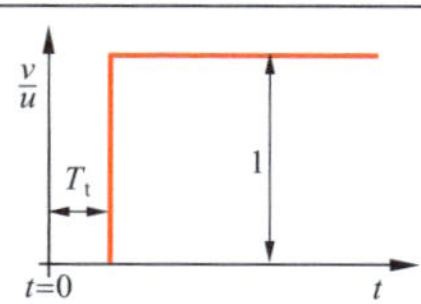	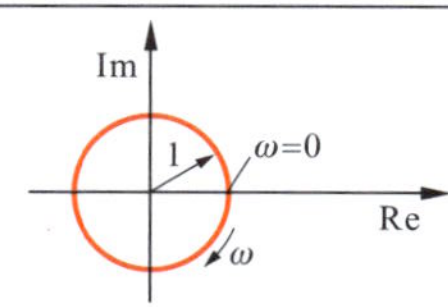	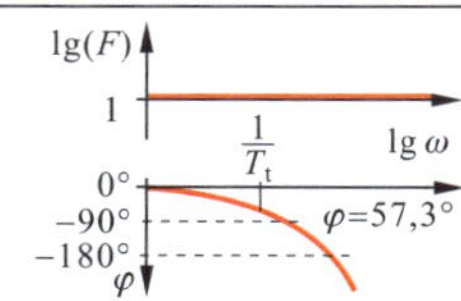	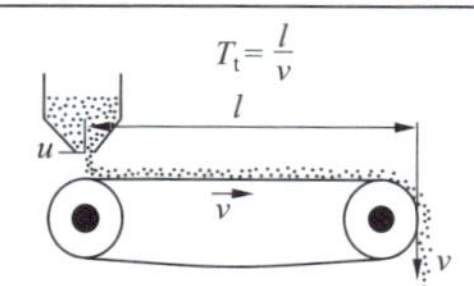
P_{T1}	$F = \frac{K_P}{1 + T_1 \, p}$ $v + T_1 \frac{dv}{dt} = K_P \cdot u$	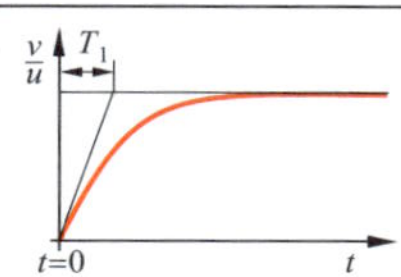	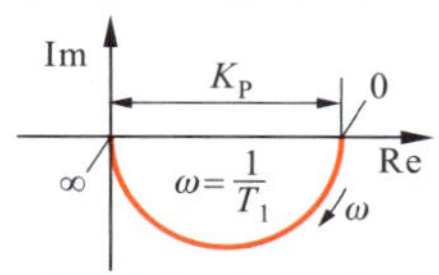	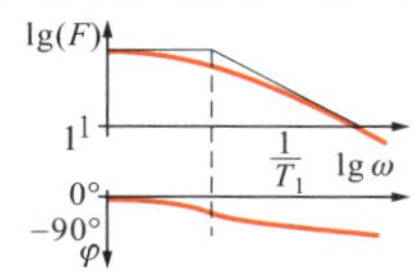	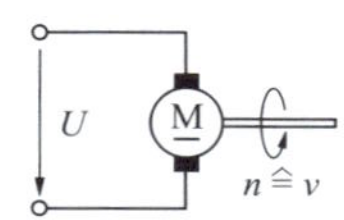

7.4 Regelungstechnik

7.4.7 Zeitverhalten typischer Regelstrecken (Forts.)

Bezeich.	Frequ. u. Diff.-gleich.	Sprungantwort	Ortskurve	Bode-Diagramm	Typisches Beispiel
P_{T2}	$F = \dfrac{K_P}{1 + T_1 \cdot p + T_2^2 \cdot p^2}$ $v + T_1 \dfrac{dv}{dt} + T_2^2 \dfrac{d^2v}{dt^2} = K_P \cdot u$	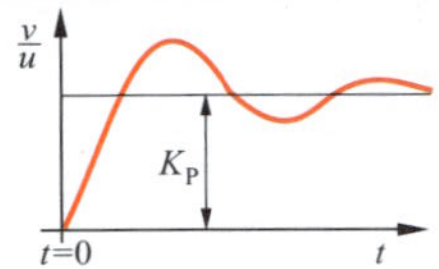	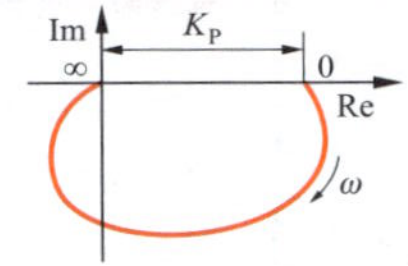	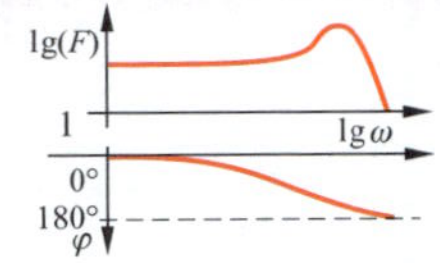	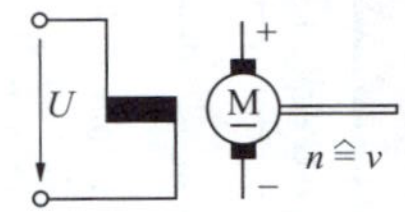
D_{T1}	$F = \dfrac{K_D \cdot p}{1 + T \cdot p}$ $v + T \dfrac{dv}{dt} = K_D \dfrac{du}{dt}$	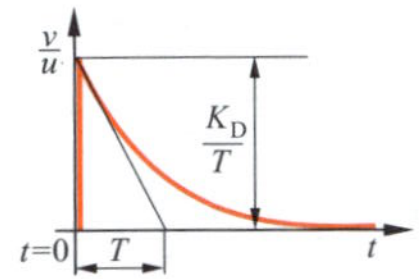	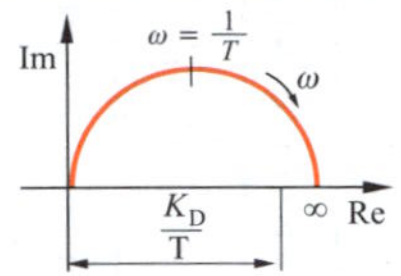	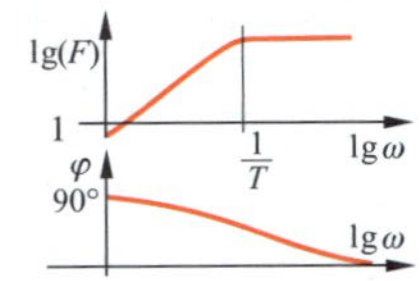	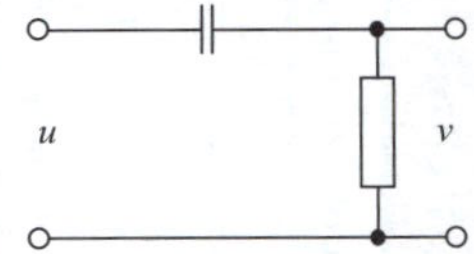
PI	$F = K_P \left(1 + \dfrac{1}{T_n \cdot p}\right)$ $v = K_P \left(u \cdot \dfrac{1}{T_n} \int u\,dt\right)$	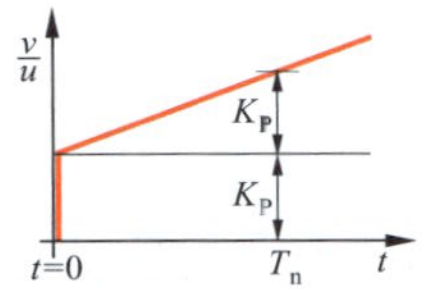	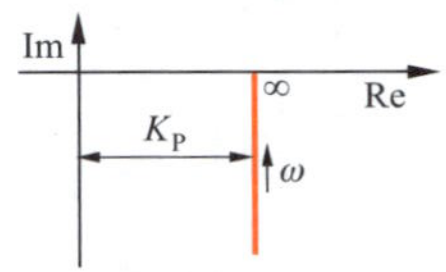	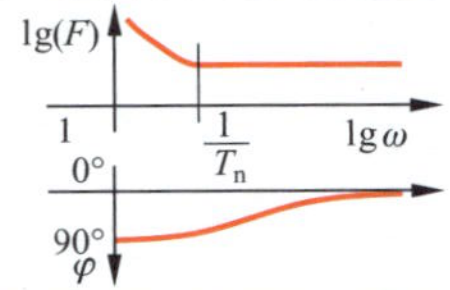	
PD	$F = (1 + T \cdot p)$ $v = K_P \left(u + T_v \dfrac{du}{dt}\right)$	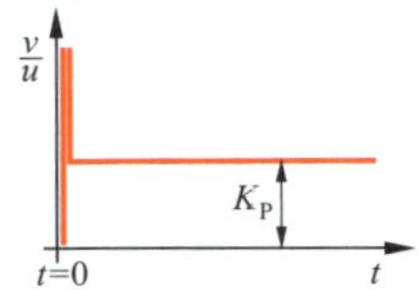	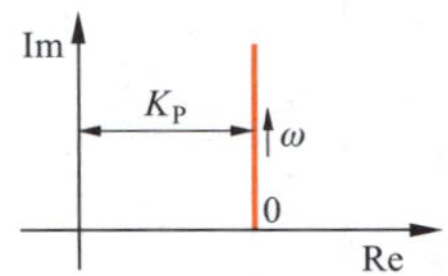	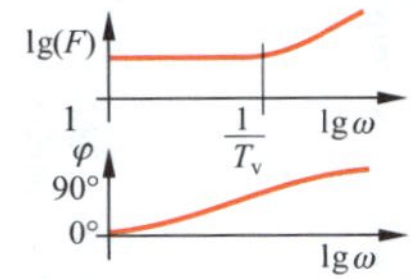	
PID	$F = K_P \left(1 + \dfrac{1}{T_n \cdot p} + T_v\, p\right)$ $v = K_P \left(u + \dfrac{1}{T_n} \int u\,dt + T_v \dfrac{du}{dt}\right)$	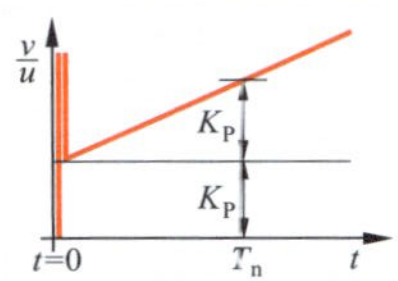	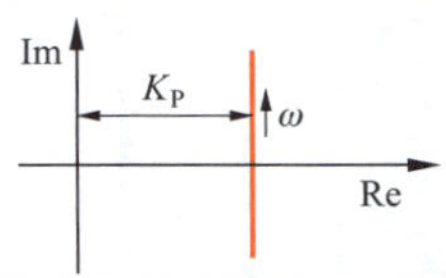	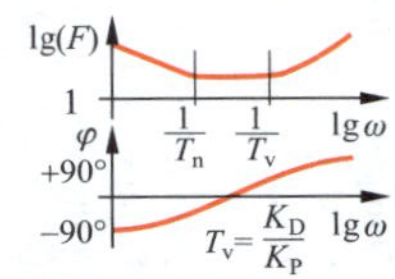	

7.4 Regelungstechnik

7.4.8 Typische dynamische Kennwerte von Regelstrecken

Regelgröße	T_t	T_u	A
Temperatur			
Kleiner elektrischer Laboratoriumsofen	0,5 min … 1 min	5 min … 15 min	1 s/°C
Großer elektrischer Glühofen	1 min … 3 min	10 min … 20 min	3 s/°C
Destillations-Kolonne	1 min … 3 min	5 min … 15 min	3 s/°C
Raumheizung	1 min … 5 min	10 min … 60 min	1 min/°C
Druck			
Dampfkessel (bei Mühlenfeuerung)	1 min … 2 min	2 min … 5 min	–
Gasrohrleitungen	0,1 s		
Wasserstand			
in Dampfkesseln	0,5 min … 1 min		3 s/cm … 10 s/cm
Drehfrequenz			
Dampfturbine	0		20 s/1000 U/min
Kleine Elektromotorantriebe	0	0,2 s … 20 s	
Große Elektromotorantriebe	0	5 s … 40 s	–
Spannung			
Kleine Generatoren	0	0,5 s … 5 s	
Große Generatoren	0	5 s … 10 s	–

7.4.9 Wahl einer geeigneten Regeleinrichtung bei gegebener Strecke

Strecke \ Regler		P	I	PI	PD	PID
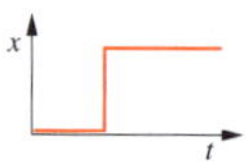	reine Totzeit	nicht brauchbar	etwas schlechter als PI	Führung + Störung	nicht brauchbar	nicht brauchbar
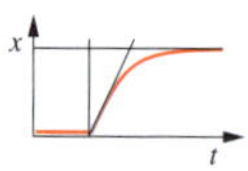	Totzeit + Verzögerung 1. Ordng.	nicht brauchbar	schlechter als PI	etwas schlechter als PID	nicht brauchbar	Führung + Störung
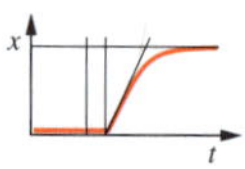	Totzeit + Verzögerung 2. Ordng.	nicht geeignet	schlecht	schlechter als PID	schlecht	Führung + Störung
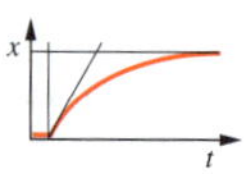	1. Ordnung + sehr kleine Totzeit	Führung	nicht geeignet	Störung	Führung bei Verzugszeit	Störung bei Verzugszeit
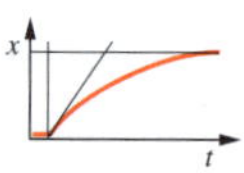	höherer Ordnung	nicht geeignet	schlechter als PID	etwas schlechter als PID	nicht geeignet	Führung + Störung
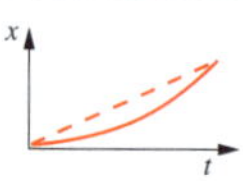	ohne Ausgleich mit Verzögerung	Führung (ohne Verzögerung)	unbrauchbar, Struktur instabil	Störung (ohne Verzögerung)	Führung	Störung

Es ist zu unterscheiden, ob der Einfluss von Störgrößen (Störung) auf die Regelgröße ausgeregelt werden soll oder der Istwert einer Folgeregelung einem laufend veränderten Sollwert nachgeführt werden soll (Führung). Zur Totzeit der Regelstrecke ist die Totzeit des Messfühlers zu addieren.

7.4 Regelungstechnik

7.4.10 Regler

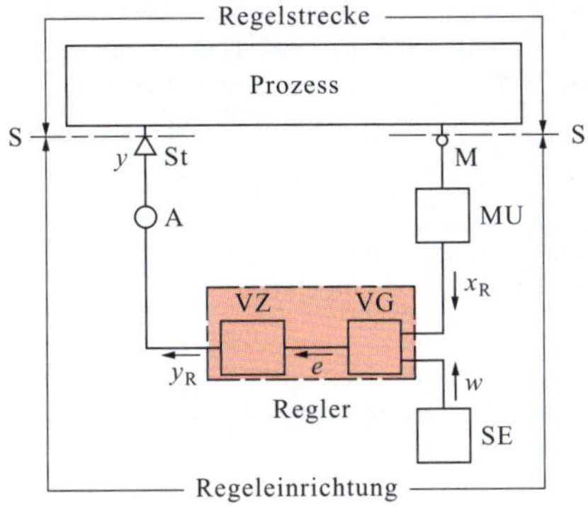

Nach DIN 19225 ist der Regler ein Ausschnitt der Regeleinrichtung mit.

M	Messgrößenaufnehmer	VZ	Verstärker mit Zusatzgliedern
MU	Messumformer	A	Stellantrieb
SE	Sollwertumformer	St	Stellglied
VG	Vergleicher	S	Schnittstellen

Der Regler umfasst mindestens den Vergleicher und ein wesentliches Bauglied, z. B. den Verstärker mit das Zeitverhalten bestimmenden Zusatzgliedern. Bei **stetigen Reglern** kann die Stellgröße y_R innerhalb des Stellbereiches y_h jeden Wert annehmen. Im Gegensatz dazu kann die Stellgröße bei **unstetigen Reglern** nur zwei oder mehrere fixe Werte annehmen. Die Verwendung von Relais als Stellglied ergibt eine hohe Verstärkung bei geringem Aufwand

7.4.10.1 Analoge Regeleinrichtungen (Beispiel: analoge Regler mit Operationsverstärker)

Typ, Schaltung/Reglerantwort	Kenngrößen/Bemerkungen

P-Regler (proportional wirkender Regler)

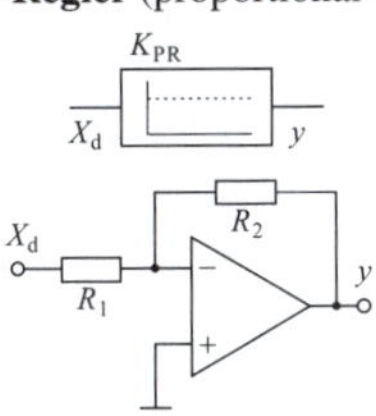

$$K_{PR} = \frac{R_2}{R_1} = \frac{y - y_0}{x_d}$$

Sprungantwort:

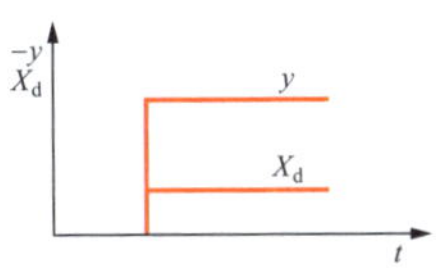

Bei Änderung der Regelgröße um die Regeldifferenz x_d ändert der Regler die Stellgröße unverzögert um einen verhältnisgleichen (proportionalen) Betrag. **Kenngröße:** Proportionalbeiwert K_{PR}

$$y - y_0 = K_{PR} \cdot x_d \quad (y_0 = \text{Startbedingung}).$$

Oft wird der auf den Regelbereich X_h bezogene P-Bereich X_P/X_h in Bruchteilen oder % angegeben. Je kleiner der K-Wert, umso geringer ist der Reglereingriff, umso gedämpfter verläuft die Regelung. Da der Regler beim Einwirken einer Störgröße eine veränderte Stellgröße aufrechterhalten muss, tritt eine bleibende Regeldifferenz auf (max. so groß wie der Proportionalbereich $X_P = 1/K_{PR} \cdot 100\%$). Ein zu großer K_{PR}-Wert führt zur Instabilität. Zwischen Stabilität und bleibender Regeldifferenz ist ein Kompromiss erforderlich

-23

I-Regler (integral wirkender Regler)

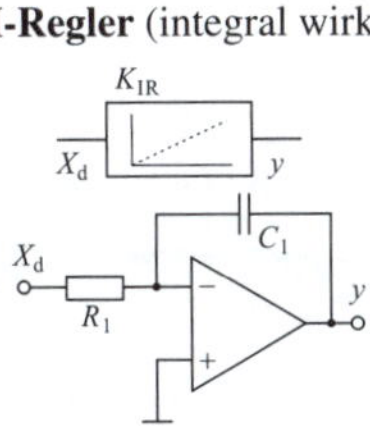

Integrierbeiwert:

$$K_{IR} = \frac{1}{x_d} \cdot \frac{dy}{dt} = \frac{1}{R_1 \cdot C_1}$$

Integrierzeit: $T_{IR} = 1/K_{IR}$

Sprungantwort:

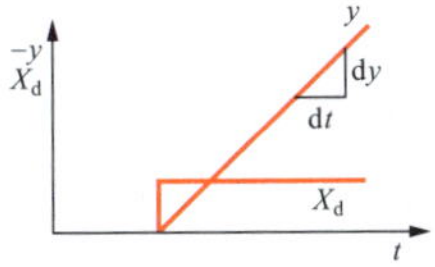

Die Änderungsgeschwindigkeit der Stellgröße $\Delta y/\Delta t$ ist proportional zur Regeldifferenz x_d. Die Änderung der Stellgröße entspricht dem Zeitintegral von x_d. **Kenngröße:** Integrierbeiwert K_{IR}; Integrierzeit T_{IR}

$$\Delta y/\Delta t = K_{IR} \cdot x_d \quad y - y_0 = K_{IR} \cdot \int X_d \, dt \,.$$

y_0 ist Anfangswert der Stellgröße zum Zeitpunkt der Regelgrößenänderung $t = 0$. Oft gibt man den Kehrwert von K_{IR} in normierter Form als Integrierzeit T_{IR} an. Ein I-Regler summiert x_d über die Zeit; das Stellglied wird so lange nachgestellt, bis x_d aufgehoben ist. Das Stellglied nimmt nach dem Ausregeln die ursprüngliche Lage nicht wieder ein; es kommt zum Überschwingen. Außerdem erfolgt der Eingriff langsam, weshalb meist PI- oder PID-Regler eingesetzt werden

-23

7.4 Regelungstechnik

7.4.10.1 Analoge Regeleinrichtungen (Forts.)

Typ, Schaltung/Reglerantwort	Kenngrößen/Bemerkungen
PI-Regler 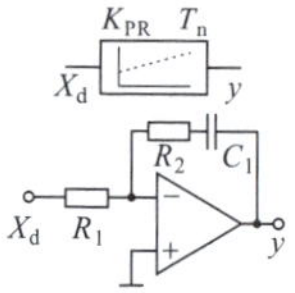 Nachstellzeit: $T_n = R_2 \cdot C_1 = K_P/K_I$ $K_P = R_2/R_1$ $K_I = 1/(C_1 \cdot R_1) = K_P/T_n$ Sprungantwort: 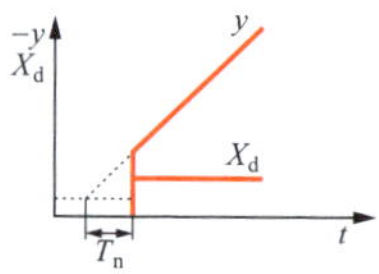	Eine Änderung der Regelgröße bewirkt eine proportionale Veränderung der Stellgröße, der sich eine Verstellung der Stellgröße mit einer bestimmten Verstellgeschwindigkeit anschließt. $y - y_0 = x_d \ (K_P + K_I \cdot t)$ **Kenngrößen:** Proportionalbeiwert K_P Integrierbeiwert K_I Nachstellzeit T_n Während der Nachstellzeit ruft die I-Wirkung die gleiche Stellgrößenänderung hervor wie der P-Anteil
PD-Regler 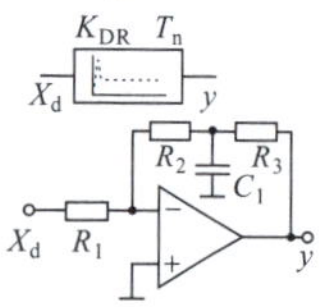 $K_P = (R_2 + R_3)/R_1$ $K_D = K_P \cdot T_V$ $T_V = C_1 \cdot \frac{(R_2 \cdot R_3)}{(R_2 + R_3)}$ Sprungantwort: $T \approx T_V \cdot 0{,}01 \ldots 0{,}001$ 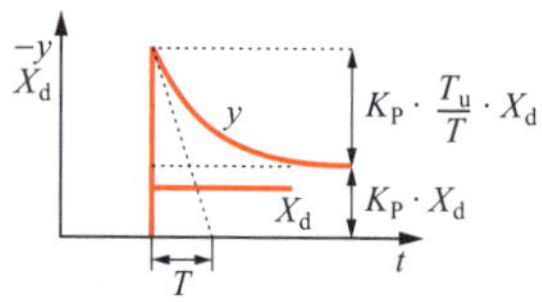	Zum P-Anteil der Stellgröße wird noch ein Anteil entsprechend der Änderungsgeschwindigkeit der Regeldifferenz dx_d/dt addiert. **Kenngrößen:** Proportionalbeiwert K_P Differenzierbeiwert K_D Vorhaltezeit T_V T_V würde einen P-Regler benötigen, um die gleiche Änderung der Stellgröße zu bewirken, die ein PD-Regler sofort bewirkt. $y - y_0 = K_P \cdot x_d + K_D \ (\Delta x_d/\Delta t)$ D-Glieder geben bei statischen Eingangsgrößen kein Stellsignal ab. Der D-Anteil bringt aber eine Erhöhung des K_{PR}-Wertes und damit schnelleres Eingreifen und eine kleinere Regeldifferenz
PID-Regler 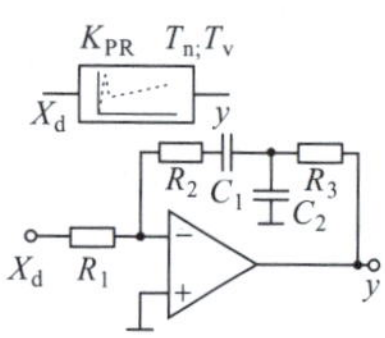 $K_{PR} = (R_2 + R_3)/R_1$ $T_V = C_2 \cdot \frac{(R_2 \cdot R_3)}{(R_2 + R_3)}$ $T_n = C_1 \cdot (R_2 + R_3)$ Sprungantwort: 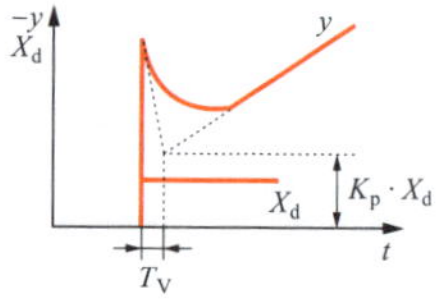 $K_{PR} = y/x_d$ $K_I = K_{PR}/T_n$ $K_D = T_V$	Die Stellgrößenänderung setzt sich zusammen aus P-, I- und D-Anteil: $y - y_0 = K_{PR} \cdot x_d + K_{PR}/T_n \cdot x_d \ \Delta t + T_V \ (\Delta x_d/\Delta t)$ **Kenngrößen:** Proportionalbeiwert K_{PR} bzw. K_P Integrierbeiwert K_I oder Nachstellzeit T_n Differenzierbeiwert K_D oder Vorhaltezeit T_V Erst ändert sich die Stellgröße y um einen von der Änderungsgeschwindigkeit der Eingangsgröße $\Delta x_d/\Delta t$ abhängigen (D-)Beitrag. Nach T_V geht y auf einen dem Proportionalbereich entsprechenden Wert zurück und ändert sich dann gemäß T_n. Gegenüber PI-Reglern verkleinert der D-Anteil die Zeit T_n; die bleibende Regeldifferenz des P-Anteils wird schneller ausgeregelt. Gegenüber PD-Reglern bringt der I-Anteil eine größere Vorhaltezeit; der PID-Regler kann während des Entstehens von x_d wirkungsvoller eingreifen. Fazit: PID-Regler sind so schnell wie PD-Regler bei völliger Ausregelung der Regeldifferenz

7.4.10.2 Digitale Regeleinrichtungen

Digitaler P-Regler

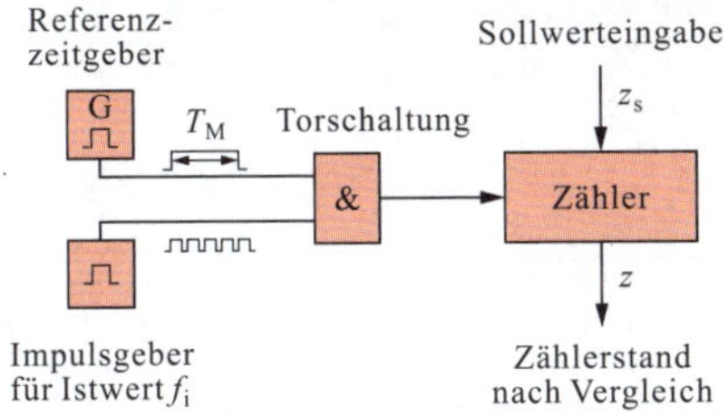

Beispiel für die Ausführung eines auf digitaler Basis arbeitenden P-Reglers mit digitaler Ein-/Ausgabe, ohne Prozessrechner. Die Vergleichsoperation wird auf eine Zähloperation zurückgeführt. Der Istwert erscheint mit Impulsen der Frequenz f_1. Die Torschaltung öffnet periodisch während des Referenzzeitintervalls T_M den Weg zum Zähler. Im Zähler ist der Sollwert z_s digital vorgewählt und zwischengespeichert. Digitale Regler werden heute als DDC-Regler ausgeführt

Digitaler I-Regler

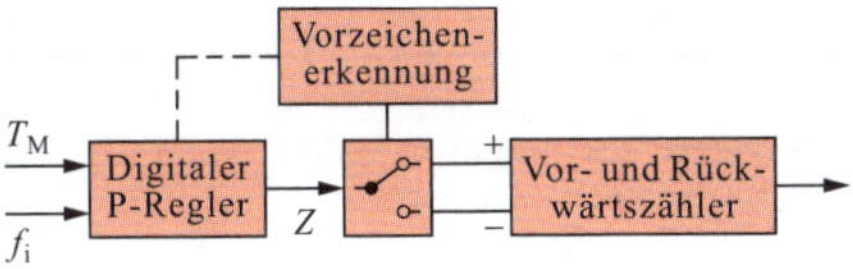

Den I-Anteil kann man durch fortlaufende Summierung der Proportionalabweichungen gewinnen. Im digitalen P-Regler erfolgt die Bildung der Regelabweichung z. Diese gelangen zum Zähler mit umschaltbarer Zählrichtung. Je nach Vorzeichen muss er vorwärts oder rückwärts zählen. Das Ausgangssignal des Zählers entspricht dem Zeitintegral der Regelabweichungen

DDC-Regler

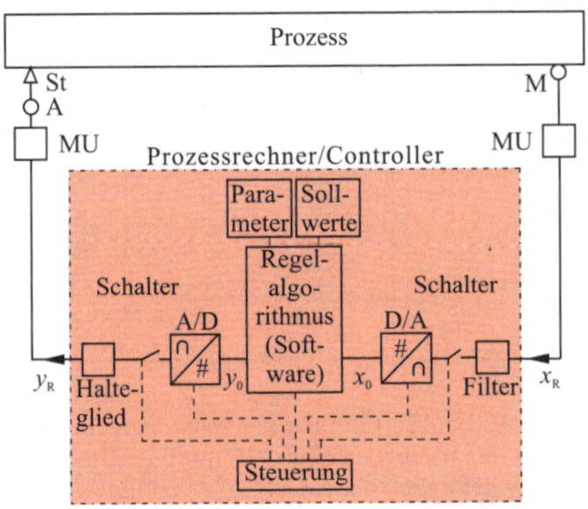

Bei digitalen Reglern (DDC-Regler; Direct Digital Control) bestimmt ein Prozessrechner nach einem mittels Programm (Software) vorgegebenen Algorithmus das Regelverhalten. Damit sind alle Reglertypen reproduzierbar.
Die analoge Eingangsgröße x_R wird gefiltert, abgetastet und mittels AD-Wandler digitalisiert. Der Rechner vergleicht die digitalisierte Regelgröße x_D mit der digitalisierten Führungsgröße w_D und errechnet entsprechend dem mittels Software bestimmten Regelalgorithmus die digitale Ausgangsgröße y_D. Diese wird über den DA-Wandler in ein stetiges Signal umgewandelt, abgetastet, mit einem Halteglied bis zur nächsten Abtastung gespeichert und über einen Messumformer MU und Stellantrieb A einem stetig arbeitenden Stellantrieb St zugeführt. Für ein gutes quasi-kontinuierliches Regelverhalten darf die Abtastzeit des Reglers höchstens ein Fünftel der Streckenzeitkonstante betragen

Selbstoptimierende Regler

Mittels entsprechendem Algorithmus kann ein digitaler Regler selbsttätig einen Sollwertsprung auf die Regelstrecke geben und gemäß der Reaktion der Regelgröße selbsttätig die optimalen Reglerparameter K_P, T_n und T_V (z. B. nach Ziegler und Nichols) berechnen und einstellen. Auch diese Regler werden zunehmend als adaptive Regler bezeichnet, selbst wenn die Parametereinstellung auf diese Weise nur einmalig erfolgt.

Adaptive Regler

Adaptive Regler passen die Optimierung der Reglerparameter fortlaufend veränderlichen Streckenparametern bzw. Betriebsbedingungen selbsttätig an. Z. B. können die Parameter von Strecken mit nichtlinearem Übertragungsverhalten während des Betriebsablaufs variieren, wenn durch einen relativ großen Sollwertsprung der Arbeitspunkt der Strecke verschoben wird.

7.4.10.2 Digitale Regeleinrichtungen (Forts.)

Fuzzy-Regler

7-36

Der prinzipielle Aufbau entspricht dem des DDC-Reglers. Die Programmierung erfolgt jedoch nach der Fuzzy-Logik (unscharfe Logik). Fuzzy-Regler haben z. B. folgende Vorteile:
- schnelle Erfassung, schnelle Reaktion;
- einfachere Beherrschung schwieriger und/oder schlecht beschreibbarer Strecken

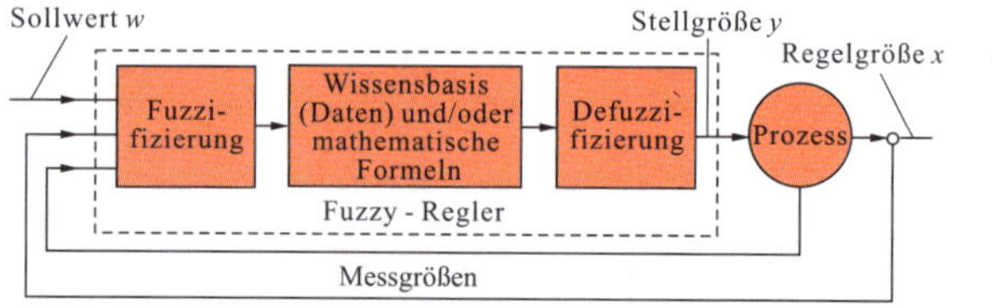

Prozessgrößen und Vorgaben stehen am Ende der Fuzzifizierung als normierte unscharfe Größen zur Verfügung. In der Wissensbasis werden die Größen mathematisch-analytisch und/oder logisch mit Hilfe von Stützwerten (Tabellen) verknüpft. Bei der Defuzzifierung werden aus den unscharfen Ausgangsgrößen wieder scharfe Größen, zur Ansteuerung der üblichen Aktuatoren

7.4.10.3 Unstetige Regeleinrichtungen

Zweipunkt-Regeleinrichtung

Die Stellgröße kann 2 Zustände annehmen: EIN und AUS. Wegen des unstetigen Verhaltens zur Eignung für Strecken, bei denen die Veränderung der Regelgröße zeitbehaftet (verzögert) erfolgt.
Praktische Eigenschaften: einfache Bedienung: billig; einfacher Aufbau; ungenau: die Ausgangsgröße pendelt zwischen einem Höchst- und Niedrigstwert um den Sollwert herum; relativ langsam.
Einsatzbeispiel: Thermostat in einem Bügeleisen; Raumtemperatur-Regelung

Kennlinie, Kenngrößen	Zeitverhalten	Ausführungsbeispiel
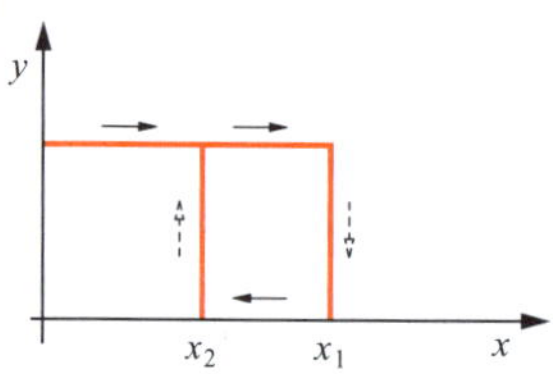 T_t = Totzeit; T_s = Zeitkonstante	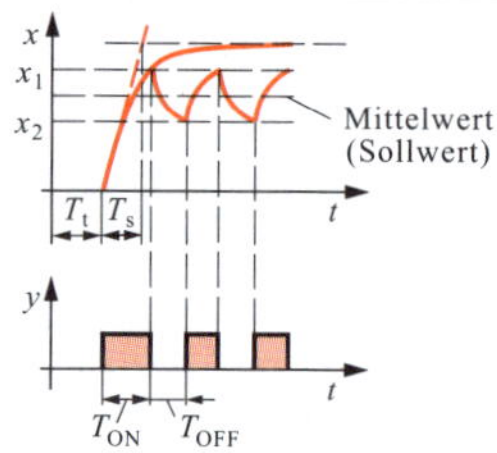	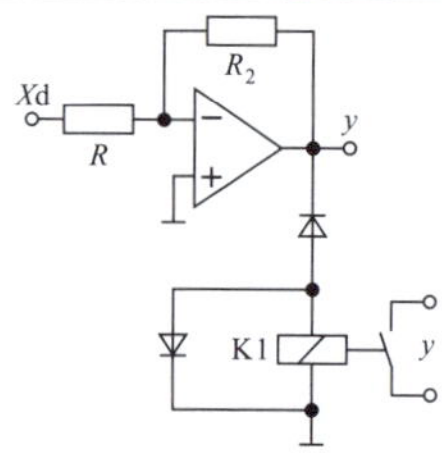

6-2

Dreipunkt-Regeleinrichtung

Die Stellgröße kann 3 Zustände annehmen: Zustand I, AUS, Zustand II. Für Strecken mit verzögerter Veränderung. Oft ist zusätzlich hinter dem Schalter (Steller) ein integrierendes Glied (Dämpfungsglied, z. B. Induktivität, Stellmotor, Tiefpass) geschaltet, das starke Schwankungen der Regelgröße verhindert.
Praktische Eigenschaften: wie Zweipunkt-Regler. **Einsatzbeispiel:** Positionieren mit Stellmotor.

Kennlinie, Kenngrößen	Zeitverhalten	Ausführungsbeispiel
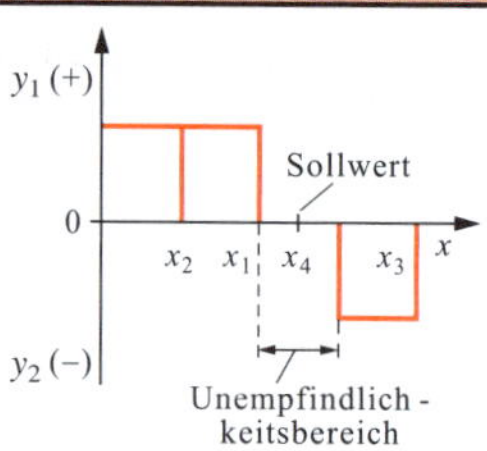 T_t = Totzeit; T_s = Zeitkonstante	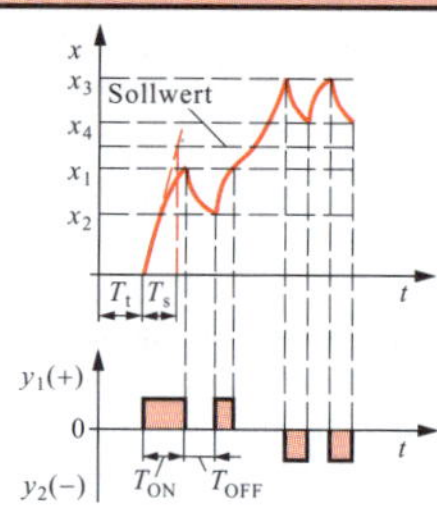	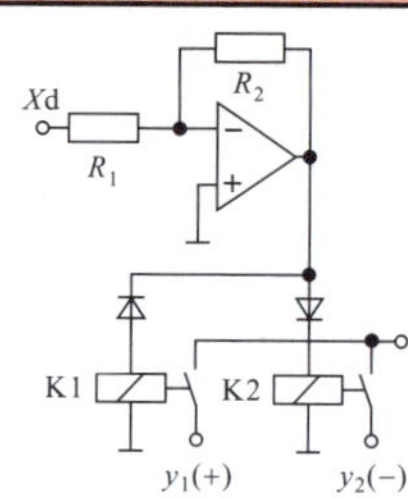

7.4 Regelungstechnik

7.4.11 Einstellung der Regler-Kennwerte (Optimierung)

Sprungantwort einer Reglerstrecke

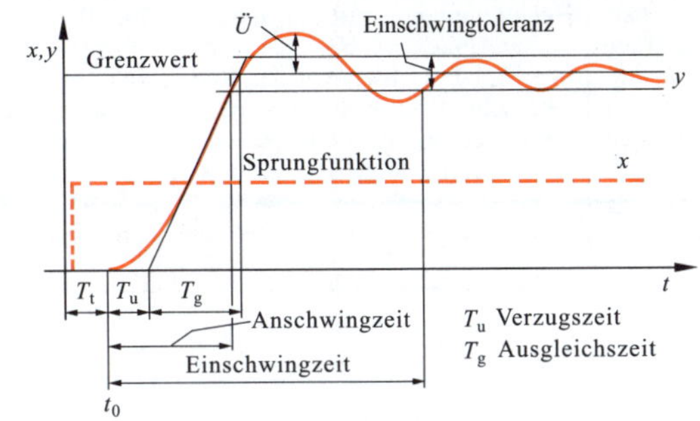

Zur Beurteilung und Einstellung der Regeleinrichtung wird meistens die Sprungantwort benutzt. Die Regeleinrichtung ist umso besser eingestellt,

- je kürzer die Ausregelzeit (Einschwingzeit),
- je kleiner die Überschwingweite $\ddot{U}$ der Regelgröße und
- je kleiner die bleibende Regelabweichung x_w ist.

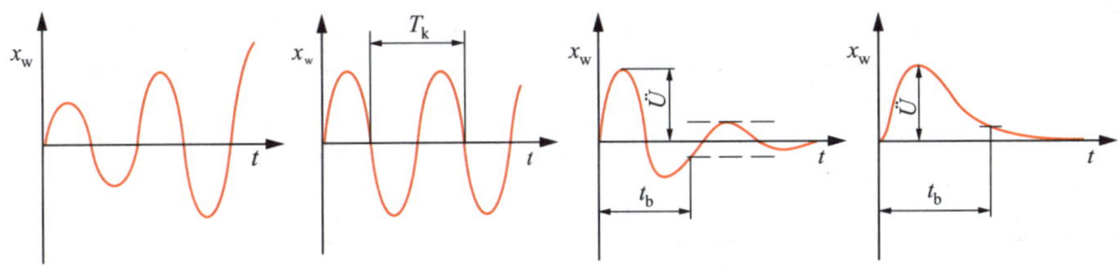

a) instabil b) Stabilitätsgrenze c) gedämpfte Schwingung d) aperiodische Dämpfung

Aufschluss gibt der Verlauf der Regelgröße als Funktion der Zeit.
Zu (a): Im ungünstigsten Fall wird die Schwingung der Regelgröße um den Sollwert immer größer; der Regelkreis arbeitet instabil. Ursache ist meist eine zu große **Kreisverstärkung** $V_0 = |K_{PR} \cdot K_{PS}|$ bzw. ein zu kleiner **Regelfaktor**

$$R = \frac{1}{1 + |K_{PR} \cdot K_{PS}|} = \frac{1}{1 + V_0}$$

Zu (b): Wird der Proportionalbeiwert K_{PR} soweit verringert, dass der Regelkreis stabil zu arbeiten beginnt (Stabilitätsgrenze), führt die Regelgröße sinusförmige Dauerschwingungen um den Sollwert aus. Kenngrößen hierfür sind die kritische Periodendauer T und der kritische Proportionalbeiwert K_{PRk}.

Zu (c und d): Weitere Verringerung von K_{PR} führt zum erwünschten Verhalten des Regelkreises. Kennwerte sind die Überschwingweite $\ddot{U}$ der Regelgröße und die Beruhigungszeit t_b bis zum Erreichen der zulässigen Regelabweichung nach einem Einheitssprung der Führungsgröße w oder einer Störgröße z.

Einstellungen nach Ziegler und Nichols

Einsatz nur, wenn Betrieb an der Stabilitätsgrenze erlaubt ist. Zunächst werden keine Regelstreckendaten vorausgesetzt. Vorgehensweise:

- Betrieb zuerst nur als P-Regler ($T_V = 0$, $T_n = \infty$).
- Der Proportionalbeiwert K_{PR} wird langsam erhöht bis die Regelgröße x gerade Dauerschwingungen mit konstanter Amplitude ausführt (Stabilitätsgrenze). Der hierfür am Regler eingestellte Proportionalbeiwert heißt K_{PR}.
- Dann wird die kritische Periodendauer T T_k der Reglergeschwindigkeit ermittelt.
- Die Werte für die Reglerparameter sind entsprechend der unteren Tabelle zu berechnen.
- Einstellung nach den errechneten Werten.

Regler	Proportionalbeiwert K_{PR}	Nachstellzeit T_n	Vorhaltzeit T_v
P	$0{,}5 \cdot K_{PR}$	–	–
PI	$0{,}45 \cdot K_{PR}$	$0{,}85 \cdot T_k$	–
PD	$0{,}8 \cdot K_{PR}$	–	$0{,}12 \cdot T_k$
PID	$0{,}6 \cdot K_{PR}$	$0{,}5 \cdot T_k$	$0{,}12 \cdot T_k$

7

7.4.11 Einstellung der Regler-Kennwerte (Forts.)

Einstellregeln nach Chien, Hrones und Reswik

Von der Regelstrecke muss bekannt sein: der Übertragungsbeiwert K_s, die Ausgleichszeit T_g und die Verzugszeit T_u. Ermittlung z. B. durch Sprungantwort. Bei Regelstrecken mit Totzeit T_t verwendet man anstelle der Verzugszeit T_u die Ersatztotzeit $T_u + T_t$.

Bei Parameterermittlung nach der Tabelle ist zu unterscheiden, ob ein aperiodischer Regelverlauf oder ein Einschwingen der Regelgröße mit 20% Überschwingen erreicht werden soll oder ob ein optimales Stör- oder ein optimales Führungsverhalten (Folgeregelung) angestrebt wird.

Regler	aperiodischer Regelverlauf		Regelverlauf mit 20% Überschwingen	
	Störung	Führung	Störung	Führung
P	$K_{PR} \approx \frac{0{,}3}{K_S} \frac{T_g}{T_u}$	$K_{PR} \approx \frac{0{,}3}{K_S} \frac{T_g}{T_u}$	$K_{PR} \approx \frac{0{,}7}{K_S} \frac{T_g}{T_u}$	$K_{PR} \approx \frac{0{,}7}{K_S} \frac{T_g}{T_u}$
PI	$K_{PR} \approx \frac{0{,}6}{K_S} \frac{T_g}{T_u}$ $T_n \approx 4 \cdot T_u$	$K_{PR} \approx \frac{0{,}35}{K_S} \frac{T_g}{T_u}$ $T_n \approx 1{,}2 \cdot T_g$	$K_{PR} \approx \frac{0{,}7}{K_S} \frac{T_g}{T_u}$ $T_n \approx 2{,}3 \cdot T_u$	$K_{PR} \approx \frac{0{,}6}{K_S} \frac{T_g}{T_u}$ $T_n \approx T_g$
PID	$K_{PR} \approx \frac{0{,}95}{K_S} \frac{T_g}{T_u}$ $T_n \approx 2{,}4 \cdot T_u$ $T_v \approx 0{,}42 \cdot T_u$	$K_{PR} \approx \frac{0{,}6}{K_S} \frac{T_g}{T_u}$ $T_n \approx T_g$ $T_v \approx 0{,}5 \cdot T_u$	$K_{PR} \approx \frac{1{,}2}{K_S} \frac{T_g}{T_u}$ $T_n \approx 2 \cdot T_u$ $T_v \approx 0{,}42 \cdot T_u$	$K_{PR} \approx \frac{0{,}95}{K_S} \frac{T_g}{T_u}$ $T_n \approx 1{,}35 \cdot T_g$ $T_v \approx 0{,}47 \cdot T_u$

Reglereinstellung für Strecken ohne Ausgleich

Einstellwerte

Regler	K_{PR}	T_n	T_v	x_p
P	$0{,}5 \frac{1}{K_I \cdot T_u}$			$2 \cdot \frac{T_u}{T_I} \cdot 100\%$
PD	$0{,}5 \frac{1}{K_I \cdot T_u}$		$0{,}5 \cdot T_u$	$2 \cdot \frac{T_u}{T_I} \cdot 100\%$
PI	$0{,}42 \frac{1}{K_I \cdot T_u}$	$5{,}8 \cdot T_u$		$2{,}4 \cdot \frac{T_u}{T_I} \cdot 100\%$
PID	$0{,}4 \frac{1}{K_I \cdot T_u}$	$3{,}2 \cdot T_u$	$0{,}8 \cdot T_u$	$2{,}5 \cdot \frac{T_u}{T_I} \cdot 100\%$

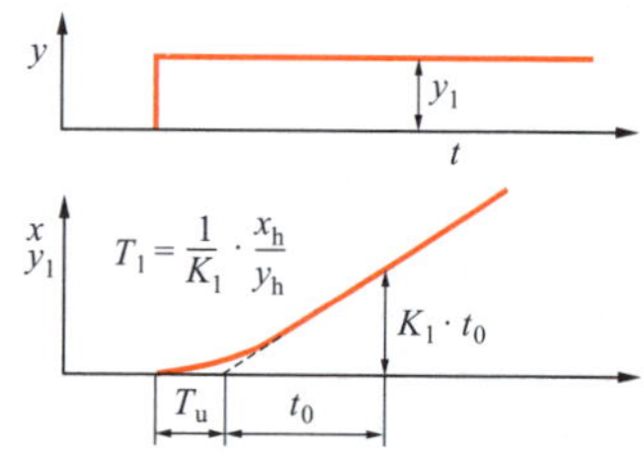

Integrierzeit T_I, Verzugszeit T_u und Integrierbeiwert K_I z. B. mit Sprungantwort ermitteln

7.4.12 Kaskadenregelung

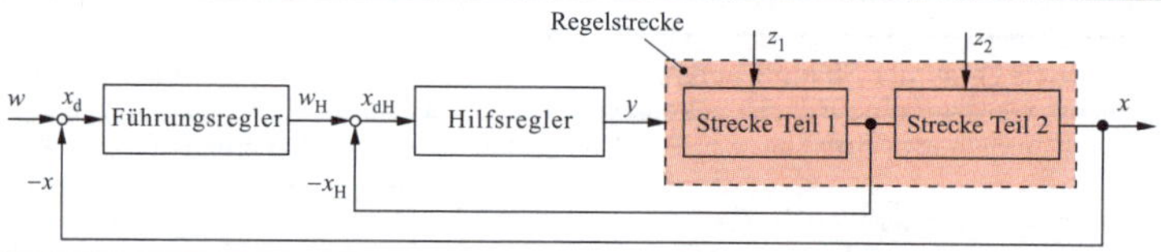

Das dyn. Verhalten von schwierigen Strecken mit einem Verhältnis $T_g/T_u < 2$ bis 3 ist durch eine Kaskadenregelung optimierbar. Der Regelkreis wird in Teilkreise zerlegt, die nur einen Teil der Gesamtverzugszeit haben. Die Kenngrößenbestim. kann nach den o.a. Verfahren erfolgen.

Der innerste Hilfsregler (HR) wird an seine Teilstrecke angepasst, dann der nächste HR usw., zuletzt stellt man den Führungsregler ein. Komplizierte Regelaufgaben sind in einfache zerlegbar; Zwischengrößen sind begrenzbar; die Abnahme ist in Abschnitte aufteilbar.

8 Messtechnik

8.1 Einteilungen in der Messtechnik

Messwertaufnahme	Messwertverarbeitung/-aufbereitung	Messwertausgabe/ Anzeige	Fehleranalyse
Sensorik	A/D-Wandlung	Messwerke	Genauigkeit
Messbrücken	Berechnung	Digitale Anzeigen	Statistik
Sample & Hold	D/A-Wandlung	Oszilloskop	Fehlerrechnung

8.2 Begriffe der Messtechnik

Bezeichnung	Bedeutung
Anlaufwert	Ansprechwert integrierender Messgeräte, z. B. von Zählern und Durchflussmessgeräten
Ansprechwert	Ansprechschwelle am Nullpunkt
Anzeigebereich	Ausgabebereich bei anzeigenden Messgeräten bzw. der Bereich aller an einem Messgerät ablesbaren Werte der Messgröße
Bandbreite	Bereich zwischen der niedrigsten und der höchsten Frequenz der Messgröße, in dem ein Wechselspannungs(strom)messer ein Messergebnis innerhalb der Klassengenauigkeit liefert
Eichen	Prüfen und Stempeln eines Messgerätes von der Eichbehörde nach den Eichvorschriften
Empfindlichkeit	Quotient einer beobachteten Änderung des Ausgangssignals bzw. der Anzeige durch die sie verursachende (hinreichend kleine) Änderung der Messgröße als Eingangssignal
Graduieren	Teilen einer Skala (Aufbringen von Teilungsmarken auf dem Skalenträger)
Gerätekonstante	Siehe Skalenkonstante
Justieren (Abgleichen)	Einstellen oder Abgleichen eines Messgerätes, damit die Anzeige so wenig wie möglich vom richtigen Wert oder als richtig geltenden Wert abweicht
Kalibrieren (Einmessen)	Feststellen der Messabweichungen am fertigen Gerät (ohne technischen Eingriff am Gerät)
Messen	Experimentelles Ermitteln eines speziellen Wertes einer physikalischen Größe als Vielfaches einer Einheit oder eines Bezugswertes
Messbereich	Derjenige Bereich von Messgeräten, in dem angegebene Fehlergrenzen nicht überschritten werden
Messgröße	Die durch eine Messung erfasste physikalische Größe (z. B. Strom, Spannung, Länge)
Messprinzip	Die bei der Messung zugrundeliegende charakteristische Erscheinung (z. B. die Auswertung der Auslenkkraft bei der Strom- oder Spannungsmessung)
Messverfahren	Praktische Auswertung eines Messprinzips; es umfasst alle für die Gewinnung eines Messwertes notwendigen experimentellen Maßnahmen
Direkte Messverfahren	Der gesuchte Messwert einer Messgröße wird durch unmittelbaren Vergleich mit einem Bezugswert derselben Messgröße gewonnen, z. B. der Vergleich elektr. Spannung mit Referenzwert

8.2 Begriffe der Messtechnik

Bezeichnung	Bedeutung
Indirekte Mess-verfahren	Der gesuchte Messwert einer Messgröße wird unter Anwendung von physikalischen Zusammenhängen zu andersartigen physikalischen Größen ermittelt (z. B. der Weg aus der Schleiferverstellung eines Potenziometers)
Messeinrich-tung	Besteht aus einem Messgerät oder mehreren zusammenhängenden Messgeräten mit zusätzlichen Einrichtungen, die ein Ganzes bilden
Messfehler	Alle Fehler, die durch das Messgerät selbst, durch äußere Einflüsse oder durch das Ablesen entstehen und das Messergebnis verfälschen
Messwert	Der gemessene spezielle Wert der Messgröße; er wird als Produkt aus Zahlenwert und Einheit angegeben (z. B. 4,5 A, 230 V, 12 m)
Messwerk	Bestandteil des Messinstrumentes, der die elektrische Größe in eine mechanische Größe umformt. Das Messwerk besteht aus größtenteils standardisierten Bauelementen
Messkette	System aus Aufnehmer, in Kette geschalteten Übertragungsgliedern (Messverstärker, Messumformer und Messumsetzer) und Ausgeber
Messanlage	Umfasst mehrere voneinander unabhängige Messeinrichtungen, die in räumlichem oder funktionalem Zusammenhang stehen
Normal	Komponente, die eine praktikable Bezugsgröße darstellt
Prüfen	Feststellen, ob der Prüfgegenstand vereinbarte, vorgeschriebene oder erwartete Bedingungen erfüllt. Mit dem Prüfen ist immer eine Entscheidung verbunden. Das Prüfen kann subjektiv durch Sinneswahrnehmung oder objektiv mit Mess- oder Prüfgeräten (auch automatisch) erfolgen
Referenz-messgerät	Messgerät, das verglichen mit dem in einer tatsächlichen Messung eingesetzten Messgerät eine erheblich höhere Genauigkeit besitzt
Skalenlänge	Abstand zwischen dem ersten und letzten Teilstrich der Skale, die oft besonders gekennzeichnet sind
Skalen-konstante	Größenwert k, mit dem der Zahlenwert der Anzeige z_A multipliziert werden muss, um den gesuchten Messwert x zu erhalten. $x = k \cdot z_A$ und $k = x / z_A$
Skalenteil	Teilstrichabstand als Teilungseinheit, in der die Anzeige ausgegeben werden kann
Skalentei-lungswert	Änderung des Wertes der Messgröße, die einer Verschiebung der Marke um ein Skalenteil entspricht
Störspannung	Rausch- und Brummspannungen, die durch den Messaufbau oder durch das Messgerät selbst (z. B.: Eingangsrauschen) hervorgerufen werden und die Messung beeinträchtigen
Systematische Abweichun-gen	Ergeben sich z. B. aufgrund falscher Justierung des Messgerätes, Abnutzung und Alterung. Sie haben während der Messung einen konstanten Betrag und ein bestimmtes Vorzeichen. Wird die systematische Abweichung berücksichtigt, so erhält man den berichtigten Messwert; andernfalls ist das Ergebnis unrichtig
Umkehr-spanne	Die Differenz der Anzeigen, wenn der festgelegte Messwert einmal von kleineren Werten her und einmal von größeren Werten her stetig oder schrittweise langsam eingestellt wird
Unterdrü-ckungsbereich	Derjenige Bereich von Messgeräten, oberhalb dessen das Messgerät erst anzuzeigen beginnt

8.3 Messfehler und Fehlerrechnung

8.3.1 Messfehler

Gerätefehler	Fehler, die fertigungsbedingt, kalibrierbedingt und konstruktionsbedingt sind
Einflussfehler	Fehler durch Temperatur, Luftfeuchte, magnetische und elektrische Störgrößen
Beeinflussungsfehler	Durch Messverfahren/Messeinrichtung verursachte Fehler. Z. B. durch Spannungs- u. Stromfehlerschaltung; rückwirkungsfreies Messen ist kaum möglich
Ablesefehler	Durch Fehlbedienung und falsches Ablesen des Messwertes verursacht (meist der größte Fehlereinfluss)
Absoluter Fehler	Der absolute Fehler *F* der Messeinrichtung kann positive und negative Werte annehmen. Er ergibt sich zu $F = A - W$. Dabei ist *A* der angezeigte Wert und *W* der wahre Wert, der zunächst unbekannt ist
Relativer Fehler	Der relative Fehler *f* beschreibt die Genauigkeit des Messgerätes. $f = \frac{F}{W} = \frac{A-W}{W} = \frac{A}{W} - 1$ **Definition nach VDE 0410** $f = \frac{A-W}{E}$ *E* Skalenendwert

8.3.2 Ermittlung des wahren Wertes

Ermittlung des wahren Wertes

- Mit Referenzmessgerät (Der Fehler des Referenzmessgerätes bleibt unberücksichtigt)
- Mit Hilfe der Statistik (es bleibt eine stat. Unsicherheit)

Ermittlung des wahren Wertes mit Hilfe der Statistik

Verfahren	Berechnung
Einzelmessung	$\bar{x} = \frac{1}{n} \cdot \sum_{i=1}^{i=n} Xi$
Absoluter Fehler jeder Einzelmessung	$\delta_i = x_i - \bar{x}$
Durchschnittsfehler	$\bar{\delta} = \frac{1}{n} \cdot \sum_{i=1}^{i=n} \lvert \delta_i \rvert$
Standardabweichung	$S = \sqrt{\frac{\sum_{i=1}^{i=n} \delta_i^2}{n-1}}$
Vertrauensbereich	$\bar{x} - v = \bar{x} - \frac{t}{\sqrt{n}} \cdot S,$ $\bar{x} + v = \bar{x} + \frac{t}{\sqrt{n}} \cdot S$

Erläuterung

$\bar{x}$	Mittelwert → wahrer Wert
Xi	*i*-te-Einzelmessung
n	Anzahl der Messungen
$\bar{\delta}$	Durchschnittsfehler
δ_i	absoluter Fehler jeder Einzelmessung
n	Anzahl der Messungen

Tabelle zur *t*-Funktion

Die Statistische Sicherheit SH gibt den Anteil der Messwerte an, die innerhalb des Vertrauensbereiches liegen.

	SH = 68,3%		SH = 95%		SH = 99%	
n	*t*	*t/n*	*t*	*t/n*	*t*	*t/n*
3	1,32	0,76	4,3	2,5	9,9	5,7
6	1,11	0,45	2,6	1,05	4,0	1,6
10	1,06	0,34	2,3	0,72	3,25	1,03
100	1,0	0,1	2,0	0,2	2,6	0,26

4-10
4-11

8

8.4 Symbole für Messgeräte

Sinnbild	Bedeutung
	Messwerke
	Drehspul-Messwerk mit Dauermagnet, allgemein
	Drehspul-Quotientenmesswerk
	Drehmagnet-Messwerk
	Dreheisen-Messwerk
	Elektrodynamisches Messwerk
	Eisengeschlossenes, elektrodynamisches Messwerk
	Elektrodynamisches Quotientenmesswerk
	Eisengeschlossenes, elektrodynamisches Quotientenmesswerk
	Induktions-Messwerk
	Bimetall-Messwerk
	Elektrostatisches Messwerk
	Vibrations-Messwerk
	Thermoumformer allgemein
	Isolierter Thermoumformer
	Drehspul-Messwerk mit Thermoumformer
	Gleichrichter
	Drehspul-Messwerk mit Gleichrichter

Sinnbild	Bedeutung
	Art des zu messenden Stromes
	Gleichstrom
	Wechselstrom
	Gleich- u. Wechselstrom
	Drehstrominstrument mit einem Messwerk
	Drehstrominstrument mit zwei Messwerken
	Drehstrominstrument mit drei Messwerken
	Gebrauchslage
	Senkrecht
	Waagerecht
60 °	Schräg mit Neigungswinkelangabe
	Prüfspannung
0	Keine Spannungsprüfung
	500 V
2	über 500 V, z. B. 2 kV
	Sonstiges
	Magnetischer Schirm
	Elektrostatischer Schirm
	Nullsteller
	Gebrauchsanleitung beachten
1,5	Genauigkeitsklasse; Klassenzeichen für Anzeigefehler; z. B. 1,5% vom Endwert

8.5 Messwerke

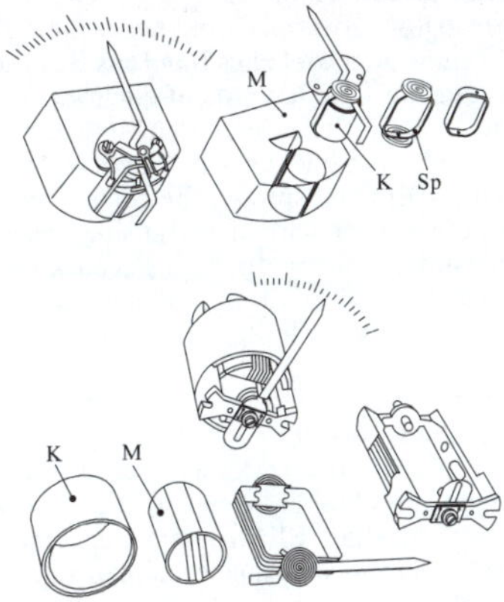

Drehspul-Messwerk
– mit Außenmagnet
Im Feld eines Dauermagneten M ist eine Spule Sp drehbar gelagert. Im Innern dieser Drehspule befindet sich ein Weicheisenkern K. Der Strom wird dieser Spule über zwei Spiralfedern aus Bronze zugeführt. Die Federn sind gegensinnig gewickelt.
– mit Kernmagnet
Im Innern der Drehspule befindet sich ein zylindrischer Dauermagnet M. Die Feldlinien werden über einen Weicheisenmantel K geschlossen. Dieser Mantel ist zugleich Schutz vor Fremdfeldern. Diese Anordnung ermöglicht den Bau kleiner Messwerke
Eigenschaften: messen den arithmetischen Mittelwert; Skalenbeschriftung bei Geräten mit Gleichrichter erfolgt nach Effektivwerten bei sinusförmigem Strom; Messung von nicht sinusförmigen Wechselströmen ergibt Fehlresultate; lineare Skalenteilung; der Eigenverbrauch beträgt wenige mW; der Innenwiderstand ist 10 … 100 kΩ/V

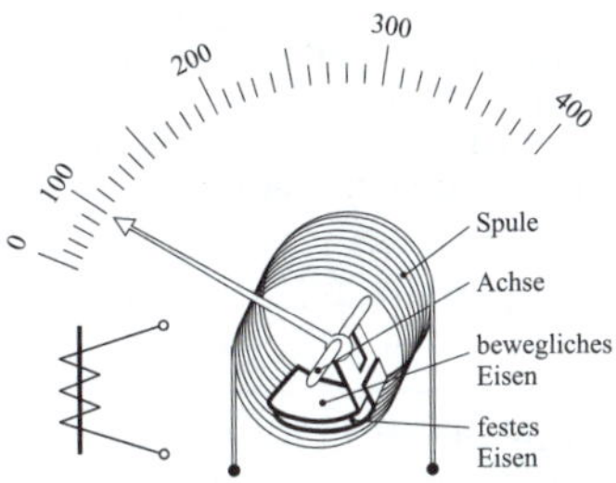

Dreheisen-(Weicheisen-)Messwerk
Im Innern der Spule sind ein festes und ein – an der Zeigerachse befestigtes – bewegliches Eisenstück angeordnet. Die beiden Weicheisenbleche werden im Magentfeld der Spule in gleicher Richtung magnetisiert und stoßen sich ab. Die Ablenkung ist umso größer, je mehr Strom durch die Spule fließt. Als Gegenkraft wirken Spiralfedern.
Eigenschaften: misst Effektivwerte; ist unempfindlich gegen kurzzeitige Überlastung; einfach und robust gebaut; hat eine nichtlineare Skala; hoher Eigenverbrauch

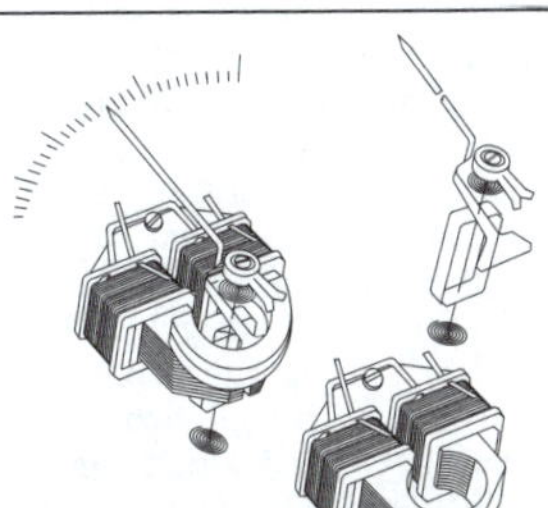

Elektrodynamisches Messwerk
Das elektrodynamische Messwerk gleicht im Aufbau den Drehspulmesswerken, jedoch tritt an die Stelle des Dauermagneten ein Elektromagnet. Die Auslenkung ist also von zwei veränderbaren Magnetfeldern abhängig.
Eigenschaften: Einsatz als Wirkleistungsmessgerät (Spule 1 für Strompfad, Spule 2 für Spannungspfad)

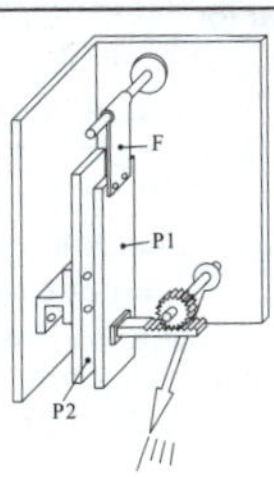

Elektrostatisches Messwerk
Bei angeschlossener Spannung wird die bewegliche Platte P 1 von der feststehenden Platte P 2 abgestoßen. Der Ausschlag wird auf den Zeiger übertragen. Die Blattfeder F bildet die Gegenkraft.
Eigenschaften: für Hochspannungsmessungen; der Messstrom ist frequenzabhängig

8.5 Messwerke

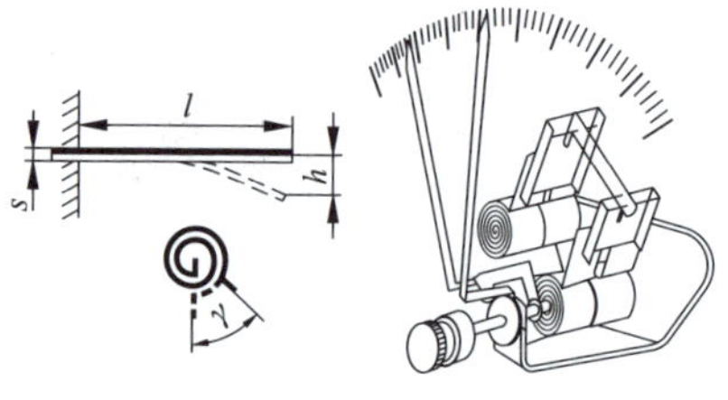

Bimetall-Messwerk
Der Messstrom erwärmt – direkt oder indirekt – ein spiralförmig aufgewickeltes Band aus Bimetall. Die Bewegung der Spirale wird auf einen Zeiger übertragen. Der Einfluss der Umgebungstemperatur kann durch eine zweite – in Gegenrichtung gewickelte – Bimetallspirale, die nicht vom Messstrom durchflossen wird, aufgehoben werden.
Eigenschaften: unempfindlich gegen kurzzeitige Spannungs- und Stromspitzen; kleine Stromstärken sind nicht anzeigbar; billig herstellbar; robust

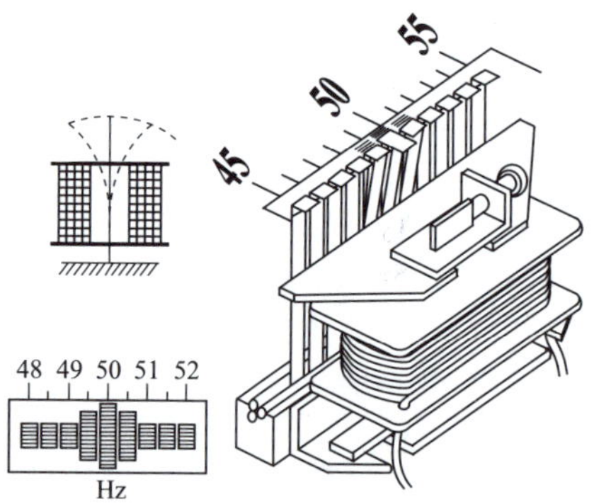

Vibrationsmesswerk
Beim Zungenfrequenzmesser, der bekanntesten Ausführung des Vibrationsmesswerks, befindet sich im Kraftfeld eines Elektromagneten eine Reihe federnder, verschieden langer Stahlzungen. Wie die Schenkel einer Stimmgabel sind die Stahlzungen auf bestimmte Schwingungszahlen abgestimmt. Fließt Wechselstrom durch die Spule des Magneten, wird jeweils die Zunge, deren Eigenschwingungszahl der doppelten Frequenz des Wechselstromes entspricht, erregt.
Eigenschaften: Einsatz als Frequenzmesser für Netzfrequenz; Eigenverbrauch: 0,5 … 10 VA

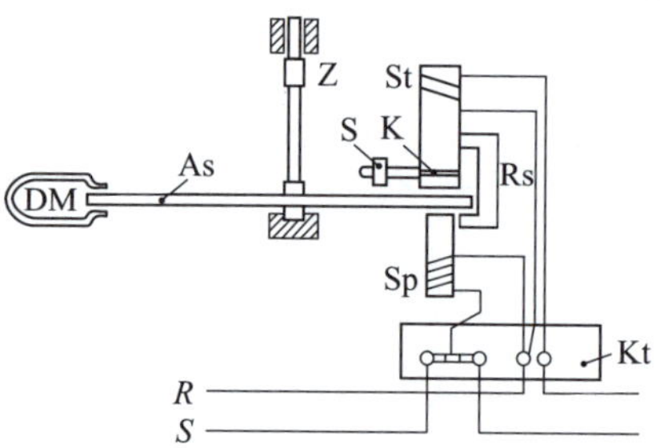

Wechselstromzähler
Messstrom und -spannung werden feststehenden Spulen auf Kernen aus lamellierten Blechen zugeführt. Durch die beiden Wechselfelder der gegeneinander versetzten Stromspule St und Spannungsspule Sp entsteht ein Wanderfeld, das in der Al-Scheibe Induktionswärme erzeugt. Es entsteht ein Drehmoment, das proportional zu $U \cdot I \cdot \cos\varphi$ (Wirkleistung) ist. Das Magnetfeld schließt sich außen über den Rückschlussbügel Rs. Der Kern der Stromspule trägt noch eine Kurzschlusswicklung K, deren Induktivität so abgeglichen wird, dass der Zähler bei dem Leistungsfaktor $\cos\varphi = 0$ des Verbraucherstromes stillsteht. Die Al-Scheibe wird abgebremst durch die zwischen den Polen des Dauermagneten DM in ihr erzeugten Wirbelströme. Die Drehfrequenz der Aluminiumscheibe ist verhältnisgleich der dem Netz entnommenen Wirkleistung. Die vom Zählwerk Z angezeigte Gesamtzahl der Umdrehungen in der Zeit t ist ein Maß für die in dieser Zeit aus dem Netz entnommene Arbeit.
Drehstromzähler sind eine Kombination aus 2 oder 3 Wechselstromzählern. Durch entsprechende Schaltung der Spannungsspule lassen sich auch Blindleistungen messen: $U \cdot I \cdot \sin\varphi$

8-3
8-3
8-3

8.6 Messbereichserweiterung

⇒ 3-5 3-6

8.6.1 Strommessung

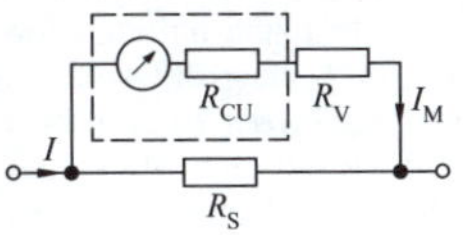

Einfacher Shunt

$$R_S = \frac{I_M \cdot (R_{CU} + R_V)}{I - I_M}$$

R_S Shuntwiderstand
R_{CU} Widerstand des Messinstrumentes (durch Kupferwicklung)
R_V Widerstand zur Temperaturkompensation
I_M Strom durch das Messwerk für Vollausschlag
I zu messender Strom

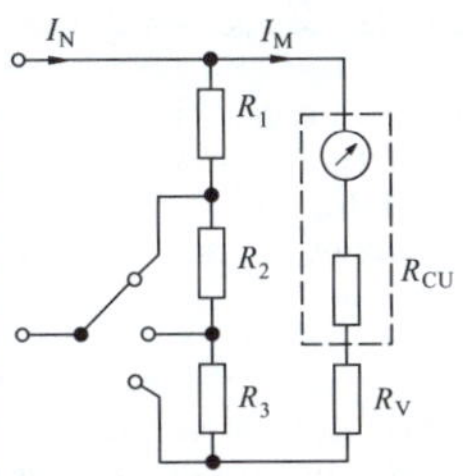

Ringschaltung

$$R_1 = \frac{I_M \cdot (R_{CU} + R_V)}{I_1 - I_M} \qquad R_2 = \frac{I_M \cdot (R_{CU} + R_V)}{I_2 - I_M} - R_1$$

$$R_3 = \frac{I_M \cdot (R_{CU} + R_V)}{I_3 - I_M} - R_1 - R_2$$

Der Schalter muss unterbrechungsfrei schalten. Übergangswiderstände am Schalter können in der Messschaltung selbst keine Messfehler verursachen. Der Übergangswiderstand ist lediglich in Reihe mit dem Messstromkreis wirksam

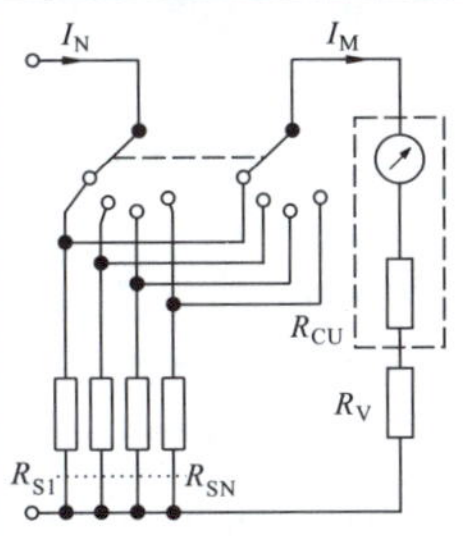

Schaltung mit Einzelshunts

$$R_{SN} = \frac{I_M \cdot (R_{CU} + R_V)}{I_N - I_M}$$

Es ist ein Schalter mit 2 Ebenen erforderlich. Der Übergangswiderstand des Schalters R_{sch} ist nur in Reihe mit dem Messinstrument wirksam. Der verursachte Fehler ist normalerweise vernachlässigbar, da die Bedingung $R_{sch} \ll (R_{CU} + R_V)$ in der Regel immer erfüllt wird

8.6.2 Spannungsmessung

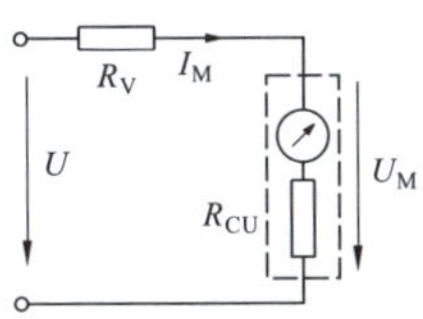

Einfacher Vorwiderstand

$$R_V = \frac{U - U_M}{I_M}$$

U zu messende Spannung
U_M Messwerkspannung für Vollausschlag
I_M Strom durch das Messwerk für Vollausschlag
R_V Vorwiderstand

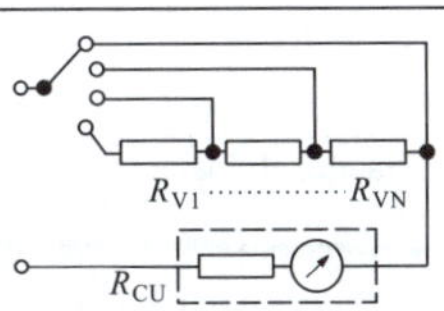

Schaltung mit vom Messbereich abhängigem Eingangswiderstand
(besonders geeignet für Messwerke mit kleinem Innenwiderstand)

$$R_{V1} = \frac{U_1 - U_M}{I_M} \qquad R_{VN} = \frac{U_N - U_M}{I_M} - R_{V1} - R_{V2} - \ldots - R_{VN}$$

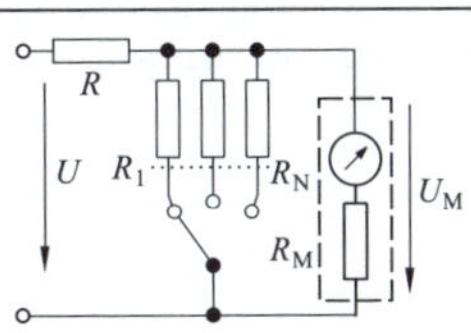

Schaltung mit annähernd konstantem Eingangswiderstand
(besonders geeignet für digitale Panelmeter mit hohem Eingangswiderstand)

$$R_N = \frac{R}{\frac{U}{U_M} - \frac{R}{R_M} - 1} \qquad R_M \gg R \qquad U_M \ll U$$

8.7 Messgleichrichter

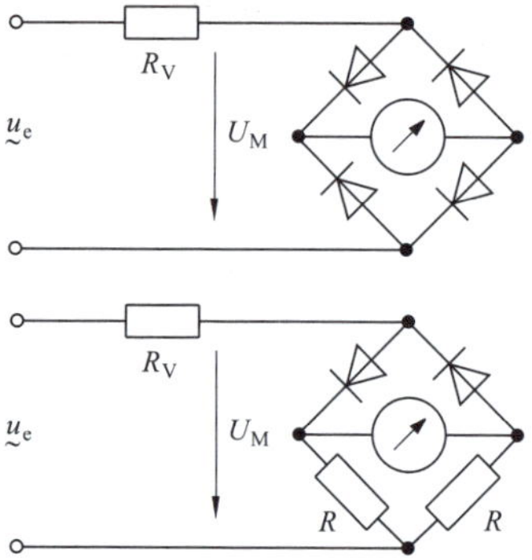

Gleichrichter für Drehspulmesswerke
Es wird der Gleichricht-Mittelwert angezeigt. Um bei Sinusgrößen den Effektivwert zu erhalten, ist in der Skala der Formfaktor für Sinusgrößen (1,11) berücksichtigt. Um unabhängig von der Kurvenform den Gleichricht-Mittelwert zu erhalten, muss der angezeigte Wert durch den Formfaktor dividiert werden. Wegen der Schleusenspannung der Dioden können nicht beliebig kleine Größen gemessen werden.
Durch Ersatz zweier Dioden durch Widerstände erreicht man eine Verkleinerung der wirksamen Schleusenspannung. Gleichzeitig wird aber der Eingangswiderstand des Messgerätes verkleinert und damit die Empfindlichkeit reduziert

⇒ 8-5

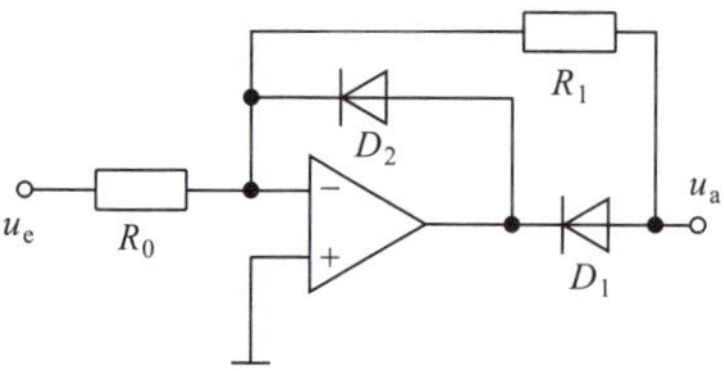

Elektronische Messgleichrichter mit Verstärker
Idealisierung der Gleichrichterkennlinie durch einen Verstärker. Der Formfaktor kann im Verstärkungsfaktor berücksichtigt werden.

Idealer Einweggleichrichter: Für positive Eingangsspannungen arbeitet die Schaltung als invertierender Verstärker

$$-u_a = (R_1/R_0) \cdot u_e$$

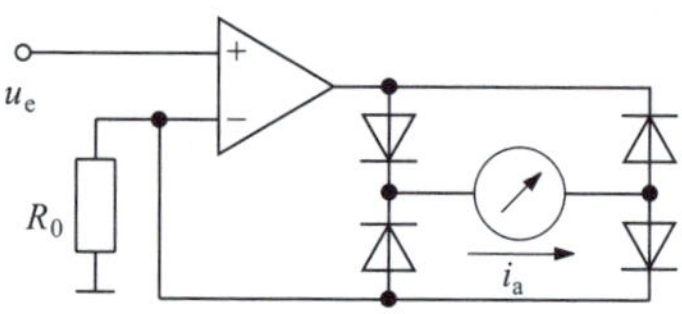

Idealer Zweiweggleichrichter mit erdungsfreiem Ausgang. Die Schaltung eignet sich sowohl zur Messung von Gleichspannungen beliebiger Polarität, als auch zur Messung des arithmetischen Mittelwertes einer Wechselspannung.

$$i_a = |u_e|/R_0$$

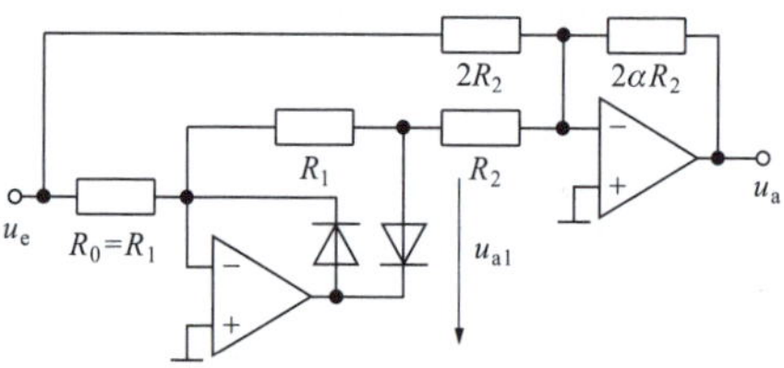

Die Kombination eines idealen Einweggleichrichters mit einem Umkehraddierer liefert einen idealen Zweiweggleichrichter (auch Vollweggleichrichter genannt) mit geerdetem Ausgang:

$$-u_a = \alpha(u_e + 2u_{a1})$$

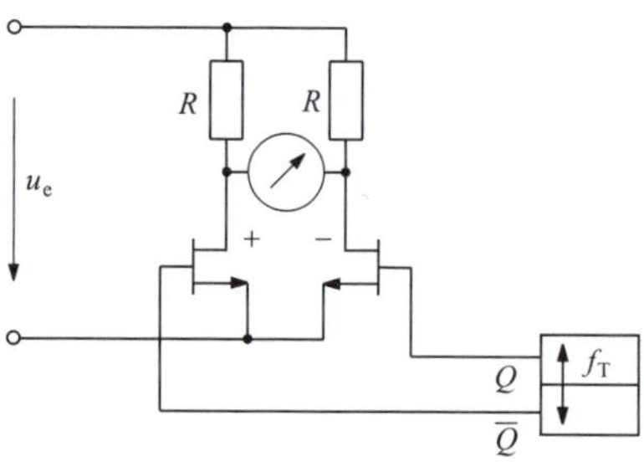

Synchrongleichrichter/Phasenselektiver Gleichrichter
Ein Phasendetektor ermittelt die Polung der Messwechselspannung und steuert die beiden elektronischen Schalter (FETs) so, dass der Strom durch das Messwerk immer in der gleichen Richtung fließt

8

⇒ 3-2

8.8 Messen von Mischspannungen und Mischströmen

Je nach Messwerk werden elektrische Spannungen und Ströme durch den arithmetischen Mittelwert (AV) oder durch den Effektivwert (RMS [1]) charakterisiert. Der Formfaktor gibt das Verhältnis von Effektivwert zu arithmetischem Mittelwert an. Der Crest- oder Scheitelfaktor gibt das Verhältnis von Scheitel- oder Spitzenwert zu Effektivwert an.

Formfaktor: $F = \frac{I_{RMS}}{I_{AV}}$; $F = \frac{U_{RMS}}{U_{AV}}$ Scheitelfaktor: $F_{crest} = \frac{|\hat{i}|}{I_{RMS}}$; $F_{crest} = \frac{|\hat{u}|}{U_{RMS}}$

Stromform	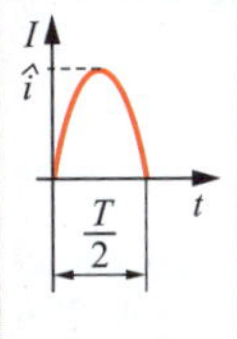	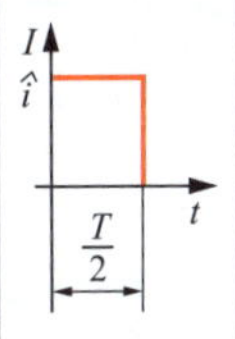	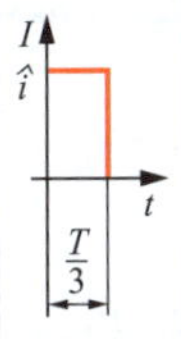	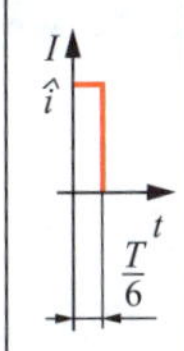	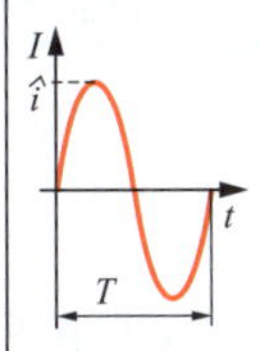	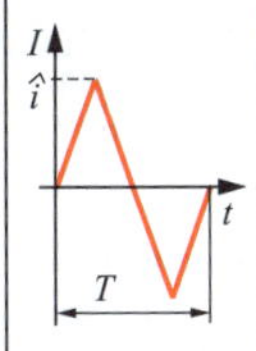	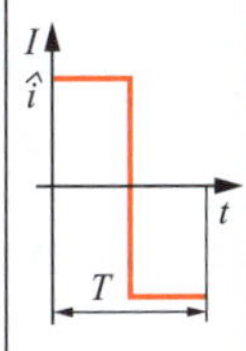
I_{AV}	0,318×i	0,5×i	0,333×i	0,167×i	0,636×i[2]	0,5×i[2]	1,0×i[2]
I_{RMS}	0,5×i	0,707×i	0,578×i	0,408×i	0,707×i	0,578×i	1,0×i
F	1,57	1,41	1,73	2,45	1,11	1,16	1,0
F_{crest}	2,0	1,41	1,73	2,45	1,41	1,73	1,0

⇒ 3-17

8.9 Effektivmessung

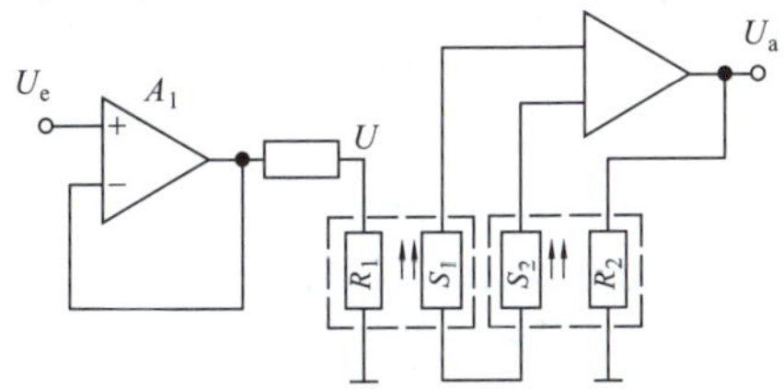

Thermische Methode (Thermoumformer)
Die Wechselspannung erzeugt an R_1 die Leistung U^2/R_1, die als Verlustleistung in Wärme umgesetzt wird. Der identische Widerstand R_2 wird mit Gleichspannung beaufschlagt. Man erhöht die Gleichspannung so lange, bis die Temperatur von R_2 mit der von R_1 übereinstimmt. Der Wert der Gleichspannung ist das Maß für den Effektivwert der Messgröße, unabhängig von der Kurvenform. Dieses Messverfahren liefert hohe Genauigkeit bei Bandbreiten bis in den HF-Bereich

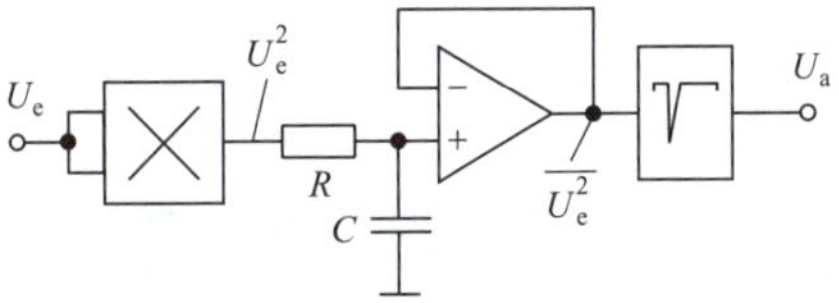

Direkte (explizite) Methode
Berechnung durch Multiplizierer, Integrator und Wurzelbilder. Das Ausgangssignal des Mulitplizierers ändert sich quadratisch zum Eingangssignal. Eingangsspannungsänderungen sind deshalb maximal um den Faktor 10 möglich. Die erreichbare Genauigkeit ist ≈ 0,1% bei mittlerer Bandbreite

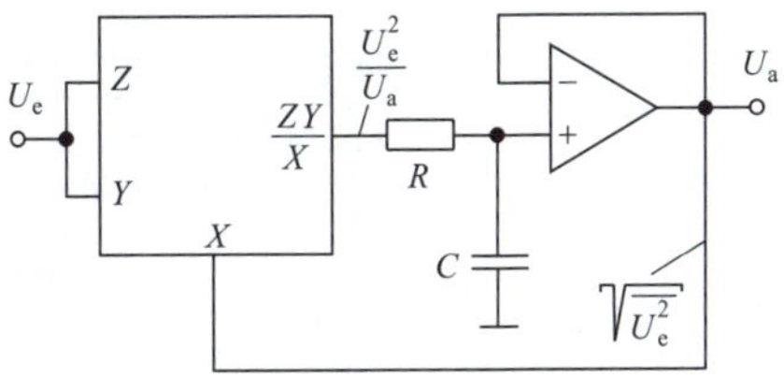

Indirekte (implizite) Methode
Quadrierung durch einen 4-Quadranten-Multiplizierer und anschließende Integration. Das Ausgangssignal wird gleichzeitig zum Quadrierer zurückgekoppelt und dient als Divisor für das Ausgangssignal des Mulitplizierers. Die erreichbaren Bandbreiten sind gering

[1] RMS = Root-Mean-Square.
[2] Nach Zweiweggleichrichtung.

3-7

8.10 Messbrücken

Schaltbild	Funktion u. Abgleichbedingung	Anwendung u. Hinweise
Wheatstone-Messbrücke 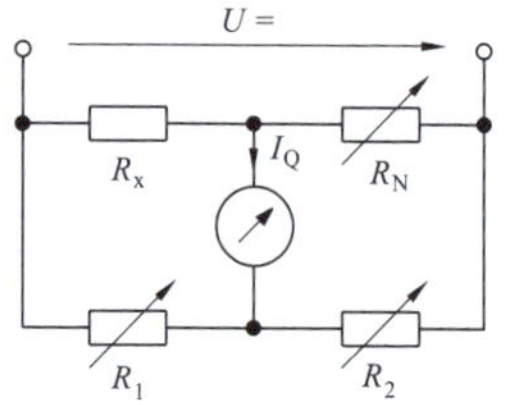	Abgleich: $I_Q = 0$ $$R_X = R_N \cdot \frac{R_1}{R_2}$$ Die Messgenauigkeit hängt u. a. von der Messwerkempfindlichkeit und der Genauigkeit der Vergleichswiderstände ab	– Widerstandsmessung für $R_X = 1\ \Omega \dots 1\ \text{M}\Omega$ Fehlergrenze 0,02% – Ausschlags-Messbrücke ($I_Q \neq 0$) für Gleich- und Wechselstrom zur Messung anderer physikalischer Größen. Dafür gilt: $$I_Q = \frac{U_0\,(R_N R_1 - R_X R_2)}{(R_X + R_N)\,[R_1 R_2 + R_Q (R_1 + R_2)] + R_X R_N (R_1 + R_2)}$$
Thomson-Messbrücke 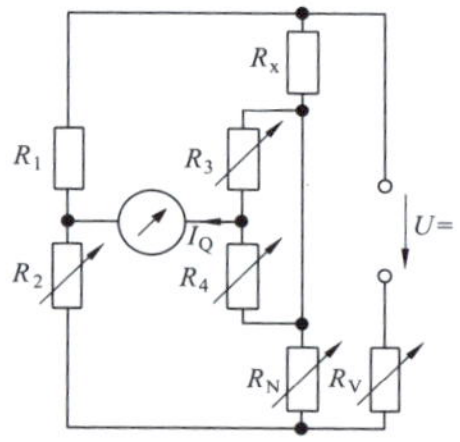	Abgleich: $I_Q = 0$ meist ist $R_1 = R_3$ und $R_2 = R_4$ dann gilt im Abgleichfall: $$R_X = R_N \cdot \frac{R_1}{R_2} = R_N \cdot \frac{R_3}{R_4}$$	– Messung kleinster Widerstände im Bereich $R_X = 1\ \mu\Omega \dots 10\ \Omega$ Fehlergrenze 0,1% Direkter Abgriff an R_X u. R_N, schaltet den Einfluss der Leitungswiderstände aus (R_X u. $R_N \ll R_1 \dots R_4$). Übergangswiderstände werden kompensiert durch R_3 und R_4
Wien-Messbrücke 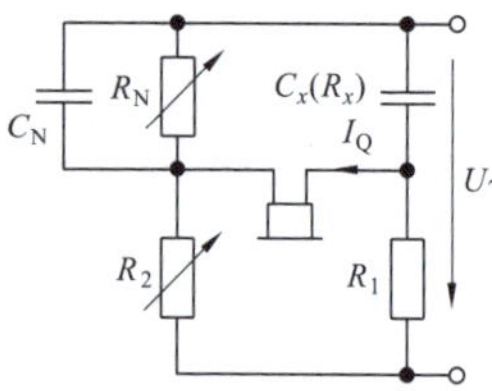	Abgleich: $I_Q = 0$ (Tonlosigkeit) Betragsabgleich durch R_2 Phasenabgleich durch R_N bei Scheinwiderständen: $$Z_N : Z_2 = Z_x : Z_1$$ $\tan\varphi_X = \tan\varphi_N$ $\quad C_X = C_N \cdot R_1/R_2$ $\tan\varphi_X = \omega \cdot C_N \cdot R_N$ $\quad R_x = R_N \cdot R_2/R_1$	– Kapazitätsmessungen für $C_X = 0{,}1\ \text{pF} \dots 1000\ \mu\text{F}$ Fehlergrenze 0,1% – Verlustfaktor ($\tan\delta$)-Messung Fehlergrenze 1% Je nach Ausführung kann R_N auch in Reihe zu C_N geschaltet sein
Maxwell-Messbrücke 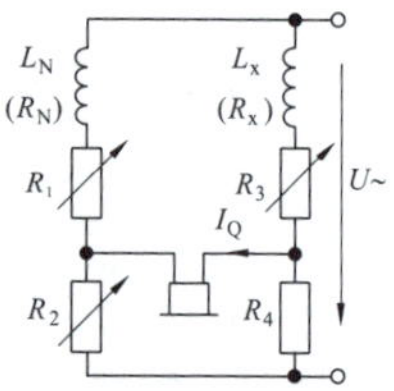	Abgleich: $I_Q = 0$ $$L_X = L_N \cdot \frac{R_4}{R_2}$$ $(R_X + R_3) \cdot R_2 = (R_N + R_1) \cdot R_4$ Vergleich von L_X und L_N Phasenabgleich durch R_1 und R_3	– Induktivitätsmessungen für $L_X = 1\ \mu\text{H} \dots 10\ \text{H}$ Bei Spulen ohne Eisenkern ist R_X Widerstand der Spulenwicklung ($R_X = R_W$). Bei Spulen mit Eisenkern ist R_X der Wirkwiderstand, R_W ist durch Gleichstrom zu ermitteln
Schering-Messbrücke 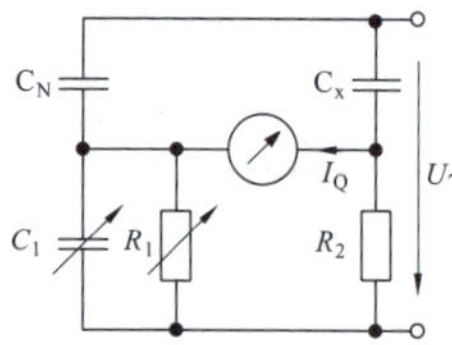	Abgleich: $I_Q = 0$ $$C_X = C_N \frac{R_1}{R_2} \cdot \frac{1}{1 + (\omega \cdot C_1 \cdot R_1)^2} \approx C_N \frac{R_1}{R_2}$$ $\tan\delta_X = \omega \cdot C_1 \cdot R_1$ C_1 muß verlustfrei sein ($\tan\delta_N = 0$) Phasenabgleich durch C_1	– Kapazitäts- und Verlustfaktormessung, Fehlergrenzen wie bei der Wien-Brücke – als Hochspannungs-Messbrücke zur Kapazitätsbestimmung, z. B. von Kabeln, Isolatoren bei Messspannungen bis 1 MV, Frequenzbereich: 50 … 150 Hz

8.11 Kompensatoren

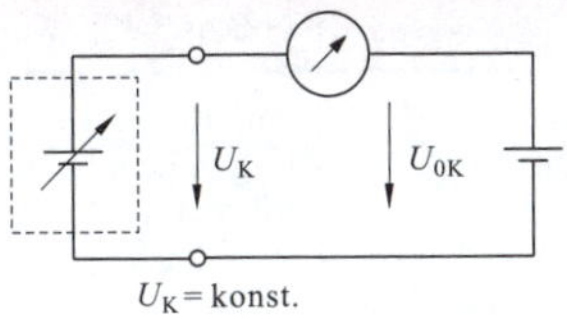

Prinzip der rückwirkungsfreien Messung

Das Messwerk dient nur für den Nullabgleich. Nach dem Nullabgleich gilt: $U_K = U_{0x}$

U_K Vergleichsspannung = *konst.*
U_{0x} Nullspannung des Prüflings

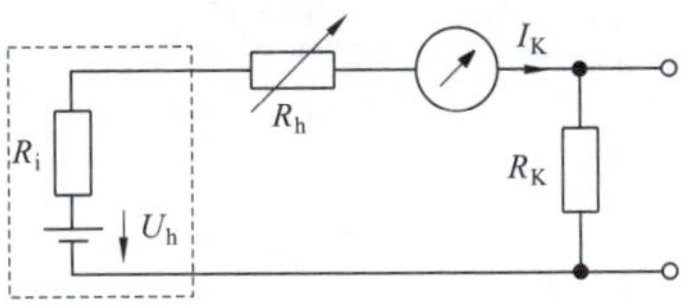

Lindeck-Rothe-Kompensator

$$U_K = R_K \cdot I_K$$

Der Messfehler von I_K bestimmt die Messunsicherheit.

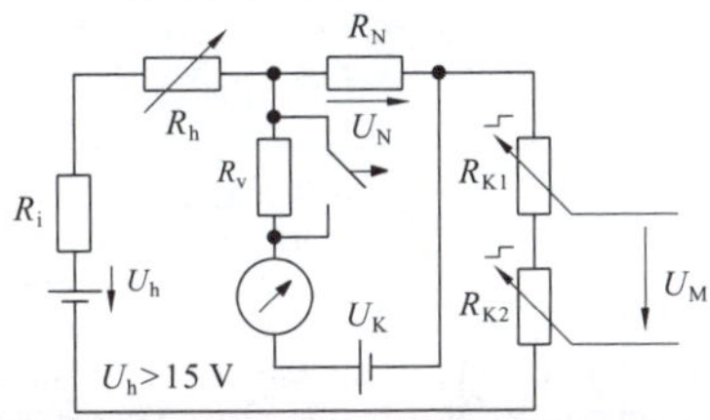

Poggendorff-Kompensator

Ausführungsbeispiel:

U_K Konstantspannung z. B. 1 V
R_N 1 kΩ
R_{K1} 10 kΩ; 1000 Einstellungen
R_{K2} 1 kΩ; 1000 Einstellungen

für einen Messbereich von 1 mV … 11 V (11,000 V)

8

8.12 Schallpegelmessung

⇒ 2-19

<table>
<tr><th>Darstellung</th><th>Funktionsprinzip</th><th>Prakt. Anwendung</th></tr>
<tr><td>**Schallpegelmessung Lärmmessung**
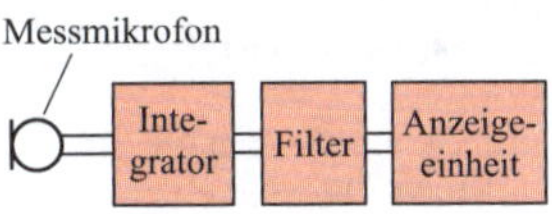</td><td>Grundlage für die Messung ist
$L_P = 20 \lg \frac{p_0}{p}$
p_0 Bezugsschalldruck $2 \cdot 10^{-5}$ Pa
p Effektivwert des Schalldruckes in Pa
L_p Schalldruckpegel in dB
Die Integrationszeit für p ist endlich. Sie beträgt 1000 ms oder 125 ms. Die Messung wird normalerweise bewertet</td><td>Messung mit Bewertungskurven nach DIN 45630: 1967-09 z. B.:
A: entspricht dem menschlichen Gehör
C: für lineare Messung
D: für sehr hohe Schalldruckpegel</td></tr>
<tr><td>**Selektive Schallpegelmessung**
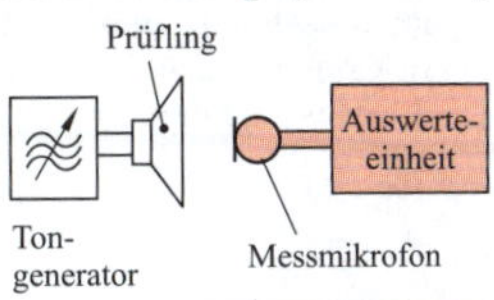</td><td>Ein Messmikrofon nimmt den Schall vor dem Lautsprecher auf. Die Anordnung ist in einem schalltoten Raum aufgestellt, um Messfehler zu vermeiden, die durch Reflexionen verursachte Resonanz-, Absorptions- oder Auslöscheffekte entstehen</td><td>Ermittlung des Frequenzganges von Lautsprechern oder anderen Schallwandlern</td></tr>
<tr><td>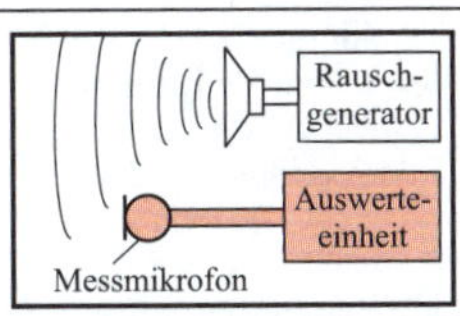</td><td>Zur Messung der Raumakustik wird das Messmikrofon in dem auszumessenden Raum aufgestellt, der mit Rauschen beschallt wird</td><td>Auffinden von Resonanz- oder Absorptionsbereichen in der Raumakustik</td></tr>
</table>

8.13 Durchflussmessung

Darstellung	Funktionsprinzip	Praktische Anwendung
Magnetisch-induktive Durchflussmesser 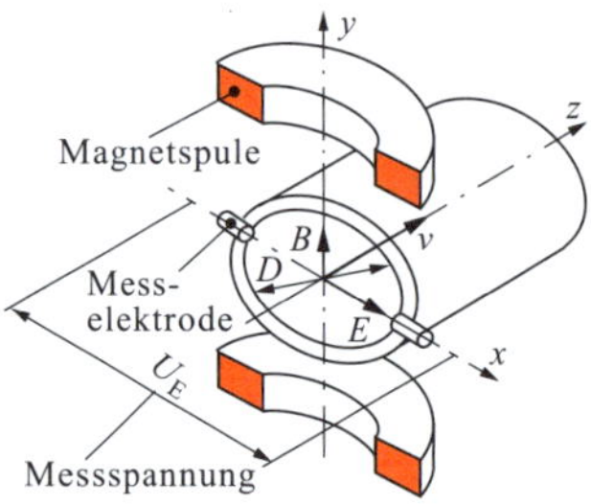 $U_q = B \cdot D \cdot v$	Physikalischer Effekt: Faraday'sches Induktionsgesetz Die Flüssigkeit läuft mit der Geschwindigkeit v durch das senkrecht zur Strömungsrichtung wirkende Magnetfeld mit der Flussdichte B. Zwischen den Elektroden entsteht durch Induktion die Spannung U_q. Bei Einbeziehung des Rohrquerschnittes ist U_q proportional zum Durchflussvolumen	Nur für elektrisch leitende Flüssigkeiten mit einer elektrischen Leitfähigkeit $\gamma > 0{,}5\ \mu S/cm$. Temperaturgrenze: ca. 180 °C Fehlergrenze: 0,5% vom Messwert Messspanne: 1 : 20 bis 1 : 50 Gasanteil in der Flüssigkeit verursacht Messfehler.
Ultraschall-Durchflussmesser 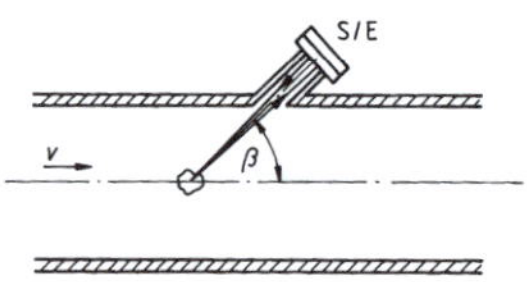 $v_s = c \cdot \cos\beta \left(1 - \frac{f_g}{f_g - \Delta f}\right)$	Physikalischer Effekt: Doppler-Effekt Die vom piezoelektrischen Sender S gegen die Strömungsrichtung geschickten Schallwellen treffen auf ein Partikel (Feststoffteilchen oder Gasblase) und werden in Strömungsrichtung zum Empfänger E reflektiert. Die Geschwindigkeit v_P des Partikels beeinflusst die Frequenz f_s der Schallwelle und damit die Empfangsfrequenz f_E. Aus der Frequenzänderung $\Delta f = f_s - f_E$ und der Schallgeschwindigkeit c ergibt sich die Strömungsgeschwindigkeit v_s	Die Schallgeschwindigkeit c ist abhängig von der Dichte und damit von Temperatur- und Konsistenzschwankungen. Dies verursacht Fehler. Ein Mindestanteil von Feststoffen ist erforderlich. Temperaturgrenze: ca. 150 °C Fehlergrenze: bis 10% vom Endwert Messspanne: 1 : 20 Gasanteile über 5% sind nicht zulässig.
Laufzeitverfahren 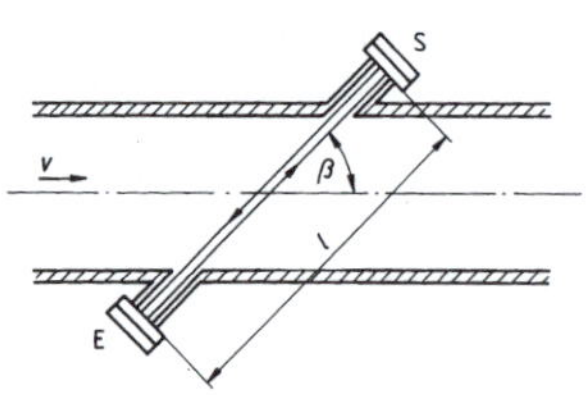 $v = \Delta f \, \frac{1}{2 \cdot \cos\beta}$	Physikalischer Effekt: Schalllaufzeit Sender S schickt gegen die Strömungsrichtung eine Folge von Schallimpulsen, deren Laufzeit t_1 zum Empfänger E erfasst wird. Daraus ergibt sich die Frequenz dieser Impulsfolge $f_1 = 1/t_1$. Danach werden die Funktionen von S und E umgekehrt, sodass die Impulsfolgefrequenz $f_2 = 1/t_2$ in Strömungsrichtung gemessen wird. Der Frequenzunterschied $\Delta f = f_1 - f_2$ ist der Strömungsgeschwindigkeit v proportional	Schallgeschwindigkeit c und Dichte beeinflussen die Messung nicht. Feststoffe im Messgut führen zu Reflexionen und beeinflussen die Messung negativ. Temperaturgrenze: ca. 150 °C Fehlergrenze: 1% vom Endwert Messspanne: 1 : 20

8.13 Durchflussmessung

Darstellung	Funktionsprinzip	Praktische Anwendung

Wirkdruckverfahren

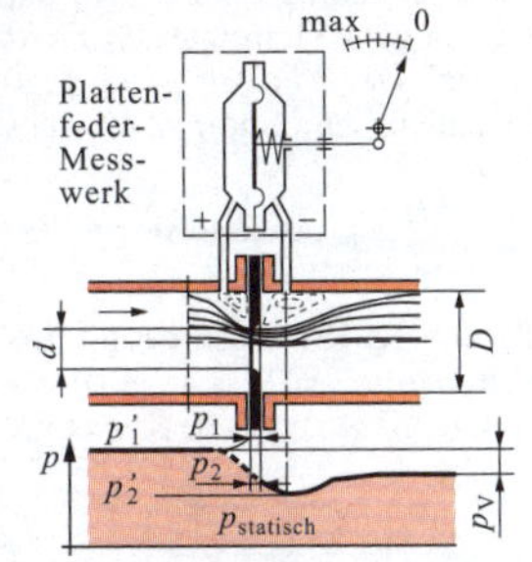

Strömungsbild und Druckverlauf an einer Normblende

p_1 Plusdruck
p_2 Minusdruck
Δp Wirkdruck
p_v bleibender Druckverlust

$$q = c \cdot \sqrt{\Delta p}$$

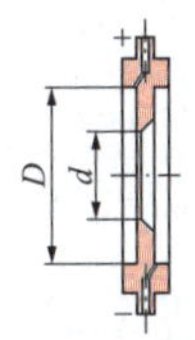

Normblende

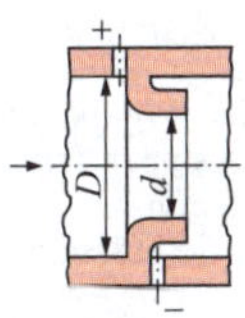

Normdüse

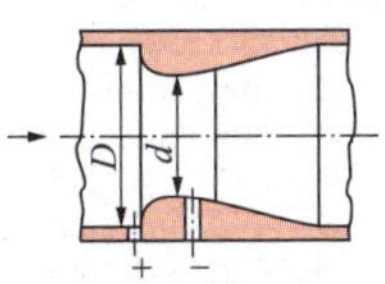

Normventuridüse

Physikalischer Effekt:
Druckabfall

Durchströmt ein Stoff eine Rohrleitung mit einem verengtem Querschnitt, entsteht an der Einschnürstelle eine Erhöhung der Strömungsgeschwindigkeit *w*. Die dadurch entstehende Druckdifferenz Δp, der Wirkdruck, ist ein Maß für den Durchfluss *q*.
Die Konstante *k* hängt u. a. ab von der Drosselgeräteart, dem zugehörigen Öffnungsverhältnis $m = d^2/D^2$, der Rohrrauheit und der Viskosität des Messstoffs. Die zur genauen Berechnung von *k* erforderlichen Zusammenhänge und Daten sind in der DIN 1952 für Norm-Drosselgeräte aufgeführt oder werden vom Hersteller angegeben.

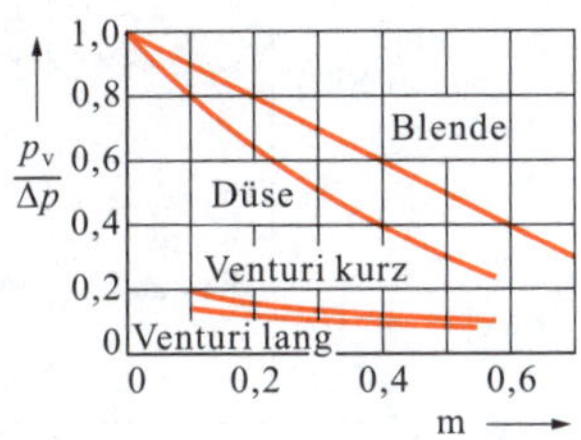

Druckverlust in Drosselgeräten

Für kontinuierliche Durchflussmessungen von flüssigen, gas- oder dampfförmigen Stoffen

Temperaturgrenze:
ca. 1000 °C

Fehlergrenze:
1 bis 3% vom Endwert

Messspanne: 1 : 3 bis 1 : 10

Gasanteil in einer Flüssigkeit verursacht Messfehler

Der vom Drosselgerät hervorgerufene Wirkdruck wird mit einem Differenzdruckmessumformer in ein elektrisches oder pneumatisches Einheitssignal umgeformt.

Für eine lineare Anzeige muss das Ausgangssignal radiziert werden

Anwendungsgrenzen der Drosselgeräte

	Normblende	Normdüse	Venturidüse
D in mm	50 … 1000	50 … 500	50 … 250
$m = d/D$	0,05 … 60	0,09 … 0,64	0,09 … 0,56
Reynoldszahl	$5 \cdot 10^3 \dots 10^8$	$2 \cdot 10^4 \dots 10^7$	$2 \cdot 10^5 \dots 2 \cdot 10^6$

Dralldurchflussmesser

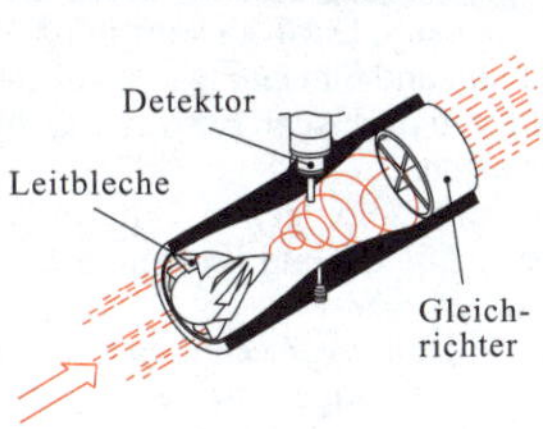

Das Medium wird im Messgerät durch den Leitkörper, vergleichbar mit einem festen Turbinenrad, zur Rotation gezwungen. Im Zentrum des Messrohres entsteht ein Wirbelkern, der im Auslaufdiffusor die Schraubenbewegung mitmacht. Die Umdrehungsfrequenz ist ein Maß für die Durchflussgeschwindigkeit bzw. dem dazu proportionalen Volumendurchfluss.

Für kontinuierliche Durchflussmessungen flüssiger Stoffe.

Temperaturgrenze: ca. 215 °C

Fehlergrenze:
0,5 bis 1% vom Messwert.

Messspanne: 1 : 15

Druckverlust bei der Viskosität 1 mPas: 50 … 100 mbar

8

8.14 Dehnungsmessstreifen (DMS)

Messprinzip

Umwandlung einer durch Zug oder Druck verursachten Längenänderung Δl (Dehnung oder Stauchung) in eine proportionale Widerstandsänderung ΔR. Ein DMS kann alle physikalischen Größen erfassen, die in eine Formänderung umwandelbar sind. Größenordnung der Messbereiche:
Zug- u. Druckkräfte: einige mN bis viele 100 MN
Drehmomente: einige Ncm bis 100 Nm
Gas-/Flüssigkeitsdrücke: 1 … 2000 bar
Max. Dehnungsänderungsfrequenz: einige 100 kHz

Aufbau

Konstantan-Draht o. ä. mit ca. 20 … 30 µm Durchmesser ist auf einer Trägerfolie rund gewickelt oder mäanderförmig flach aufgebracht.
Folien-DMS: mäanderförmiges Messgitter aus einer 2 … 10 µm dicken Metallfolie, ähnlich wie bei einer gedruckten Schaltung geätzt und beidseitig durch eine Kunststofffolie geschützt.
Halbleiter-DMS: Messgitter aus einem ca. 15 µm dicken Silizium-Streifen, der durch Ätzen aus einem Silizium-Einkristall hergestellt wird.

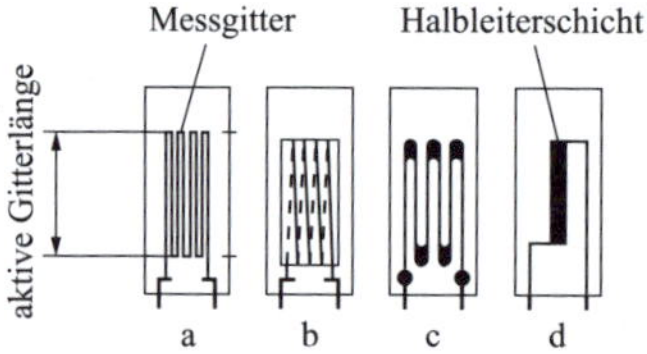

a Drahtstreifen, flach gewickelt, b Drahtstreifen, rund gewickelt, c Folienstreifen, d Halbleiterstreifen

DMS mit einem Messgitter werden zur Messung von Dehnungen mit bekannter Hauptrichtung eingesetzt. Bei unbekannter Hauptrichtung nimmt man zur Ermittlung von Betrag und Richtung DMS mit mehreren rosettenförmig angeordneten Messgittern

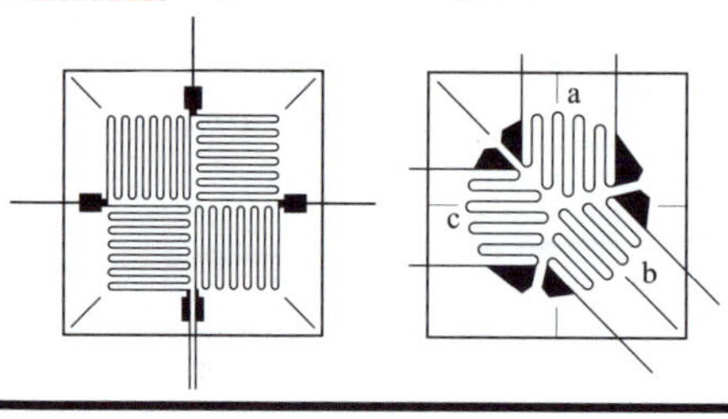

k-Faktor

Bei vielen Metallen ist die relative Widerstandsänderung $\Delta R/R_0$ innerhalb des elastischen Bereiches (relative Längenänderung bis ca. 5%) der relativen Längenänderung $\Delta l/l_0$ direkt proportional. Der k-Faktor ist ein Maß für die Dehnungsempfindlichkeit eines DMS:

$$\frac{\Delta R}{R_0} = k \cdot \frac{\Delta l}{l_0} = k \cdot \varepsilon$$

Metallische DMS: vorwiegend aus Konstantan mit $k = 2 \ldots 3$; geringer Temperatureinfluss; typische Kennlinie:

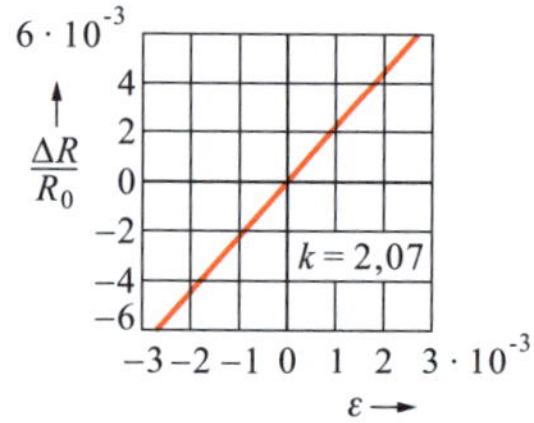

Halbleiter-DMS: aus p-Si mit $k = 110 \ldots 130$; aus n-Si mit $k = -80 \ldots -110$; hoher Temperatureinfluss; nicht lineare Kennlinie

Nennwiderstand

Übliche Widerstandswerte bei 23 °C (Vorzugstypen fett gedruckt), übliche Abweichungen ≤ 1% **120 Ω**, 300 Ω, 350 Ω, 500 Ω, **600 Ω**, 1 kΩ

Maximale Dehnbarkeit

Bei einwandfreier Klebung kann bei Raumtemperatur von den folgenden maximal zulässigen statischen Dehnungen ausgegangen werden:

Draht-DMS	≤ 5 mm Gitterlänge	1%
	> 5 mm Gitterlänge	1 … 2%
Folien-DMS	≤ 5 mm Gitterlänge	3%
	> 5 mm Gitterlänge	3 … 4%
Halbleiter-DMS	ca. 0,5%	

Befestigung

Mit hartelastischen organ. Klebern auf das Messobjekt. Der Klebstoff muss:
- Dehnung und Stauchung ohne elastische und plastische Einwirkungen übertragen;
- beständig sein gegen Alterung, Luftfeuchtigkeit und Temperaturänderungen;
- gute Isolationseigenschaften haben;
- dünne Klebefugen bei einfacher Anwendung ermöglichen

8

⇒ 2-1

8.15 Temperaturmessung

8.15.1 Begriffe für Thermometer (Auswahl) nach DIN 16160: 1990-11

Thermometer sind Messeinrichtungen, deren Eingangs-(Mess-)größe die Temperatur ist. Ausgangsgröße kann jede Größe sein, die eindeutig von der Temperatur abhängt.
Eintauchtiefe ist die Länge des Thermometerteiles, der vom Messobjekt umgeben ist.
Fühlerlänge ist die Länge des Temperaturfühlers.
Mantelrohre/Schutzrohre/Tauchrohre schützen den Fühler vor mech. oder chem. Beanspruchung.
Verwendungsbereich gibt die Temperaturgrenzen für die Verwendung des Thermometers an.
Zeitverhalten gibt an, wie die Anzeige/das Ausgangssignal einer Temperaturänderung zeitlich folgt.

Übergangsfunktion $\eta(z)$ kennzeichnet das Zeitverhalten der dargestellten Temperatur ϑ_z nach einer sprungförmigen Temperaturänderung des Messobjektes von ϑ_1 auf ϑ_2 zur Übergangszeit $z=0$.

$$\eta(z) - (\vartheta_2 - \vartheta_1)/(\vartheta_2 - \vartheta_1)$$

Diskrete Werte der Übergangsfunktion $\eta(z)$ heißen Übergangswerte η, die zugehörigen Zeiten Übergangszeiten z. Die Übergangsfunktion kann meist durch 1- bis 3-diskrete Wertepaare $(z; \eta)$ beschrieben werden, z. B. durch die Übergangswerte 0,1; 0,5; 0,9 mit den Zeiten 1/10-Wert-Zeit ($z_{0,1}$), Halbwert-Zeit ($z_{0,5}$) und 9/10-Wert-Zeit ($z_{0,9}$).

8.15.2 Thermometer mit Thermoelement

Messprinzip

Physikalischer Effekt: Seebeck-Effekt
Zwei Leiter verschiedener Werkstoffe, die an einem Ende leitend verbunden sind, bilden ein Thermopaar. An den freien Enden entsteht eine Spannung (Thermospannung), deren Wert mit der Temperaturdifferenz zwischen Verbindungsstelle (Messstelle) und den freien Enden (Vergleichsstelle) ansteigt.

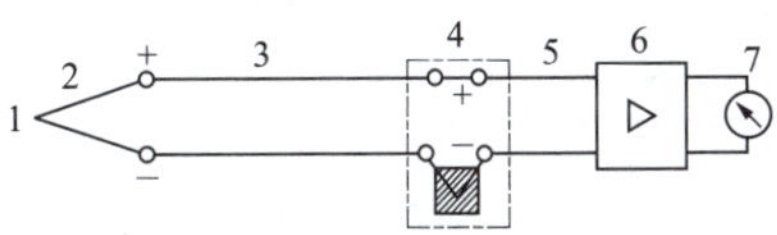

Thermoelement-Messanordnung
1 Messstelle 2 Thermopaar 3 Ausgleichsleitung 4 Thermopaar 5 Kupferleitungen 6 Verstärker 7 Anzeigeinstrument

Um die Thermospannung als Maß für die Temperatur auswerten zu können, müssen die freien Enden des Thermopaares (Vergleichsstelle) einer konstanten Bezugstemperatur ausgesetzt sein. Ist die Vergleichsstelle Temperaturschwankungen ausgesetzt, so müssen diese kompensiert werden.

Thermopaare

Thermoelemente haben eine nicht lineare Kennlinie $U = f(\vartheta)$. Die Linearisierung findet heute meist auf elektronischem Wege im Messgerät statt. Für die am häufigsten verwendeten Thermopaare enthält die Norm DIN IEC 584-2: 1992-06 Tabellen mit den Grundwerten und Grenzabweichungen für die Thermospannungen in Abhängigkeit von der Temperatur.

Die Thermopaare können in verschiedenen Ausführungsformen, z. B. als Mantel-Thermoelemente nach DIN EN 61515: 1996-09 bezogen, oder vom Anwender aus Drähten nach DIN 43722: 1994-04 hergestellt werden.

Thermopaar-Werkstoffe

- Edelmetallwerkstoffe
  Vorteil: hoher Schmelzpunkt; hohe Beständigkeit gegen Oxidation; hohe Reinheit → hohe Genauigkeit
- unedle Metalle
  Vorteil: 5- bis 7-mal höhere Thermospannung als bei Edelmetallwerkstoffen

Fehlerquellen: infolge der niedrigen Thermospannung verursachen Übergangsstellen (Steckverbinder) leicht Messfehler

Thermopaare nach DIN EN 60584-01: 1996-10

Material	Typ	Positiver Schenkel	Negativer Schenkel	Messbereich	Thermospannung
Cu-CuNi	T	Kupfer	Kupfer + Nickel	–270 … 400 °C	–6,26 … 20,87 mV
NiCr-CuNi	E	Eisen Kupfer	Kupfer + Nickel	–270 … 1000 °C	–9,84 … 76,36 mV
Fe-CuNi	J	Eisen	Kupfer + Nickel	–210 … 1200 °C	–8,10 … 69,54 mV
NiCr-Ni	K	Nickel + Chrom	Nickel	–270 … 1372 °C	–6,46 … 54,88 mV
PtRh13-Pt	R	Platin + 13% Rhodium	Platin	–50 … 1769 °C	–0,23 … 21,10 mV
PtRh10-Pt	S	Platin + 10% Rhodium	Platin	–50 … 1769 °C	–0,24 … 18,69 mV
PtRh30-PtRh6	B	Platin + 30% Rhodium	Platin + 6% Rhodium	–0 … 1820 °C	–0,00 … 13,81 mV

8.15 Temperaturmessung

Thermoelement-Spannungen in mV bei 0 °C Bezugstemperatur nach DIN IEC 584-2: 1992-6

Messtemperatur	Typ T	Typ E	Typ J	Typ K	Typ R
−100 °C	−3,378	−5,237	−4,632	−3,553	
−50 °C	−1,819	−2,787	−2,431	−1,889	−0,226
0 °C	0	0	0	0	0
100 °C	4,277	6,317	5,268	4,095	0,647
200 °C	9,286	13,419	10,777	8,137	1,468
300 °C	14,860	21,033	16,325	12,207	2,4
400 °C	20,869	28,943	21,846	16,395	3,407
500 °C		36,999	27,388	20,640	4,471
600 °C		45,085	33,096	24,902	5,582
700 °C		53,11	39,13	29,128	6,741
800 °C		61,022	45,498	33,277	7,949
1000 °C		76,358	57,942	41,269	10,503
1300 °C				52,398	14,624
1600 °C					18,842

Ausgleichsleitungen

Zur Verbindung von Thermoelement u. Vergleichsstelle muss eine Leitung aus denselben Leitungsmaterialien wie beim Thermopaar oder eine Ausgleichsleitung verwendet werden. Ausgleichsleitungen aus Sonderwerkstoffen, die für 0 … 200 °C die gleiche Thermospannung abgeben wie das Thermoelementmaterial, setzt man ein, da sie billiger sind als Leitungen mit Thermopaarwerkstoffen, z. T. einen kleineren spez. Widerstand haben u. den Anforderungen der Installationstechnik genügen. Spezifikationen von Ausgleichsleitungen sind in DIN 43722: 1994-4 festgelegt:
Typ T: braun; Typ J: dunkelblau; Typ K: grün; Typ R und S: weiß

Einadrig mit Ausgleichs-Draht (D)	10 D	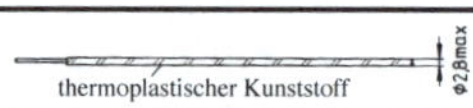
	11 D	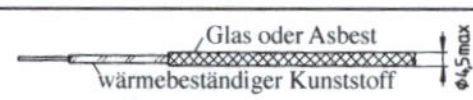
Zweiadrig mit verseilten Ausgleichs-Drähten (D)	20 D	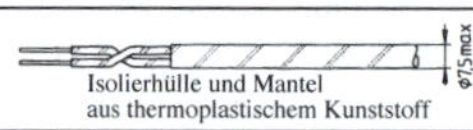
	21 D[1]	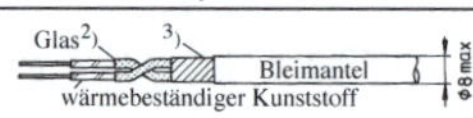
	22 D[1]	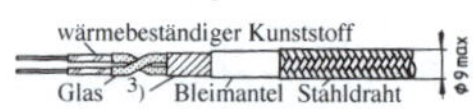
	23 D	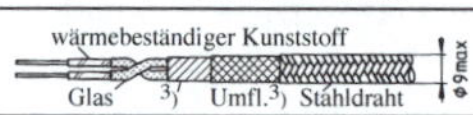
Zweiadrig mit verseilten Ausgleichs-Litzen (L)	25 L	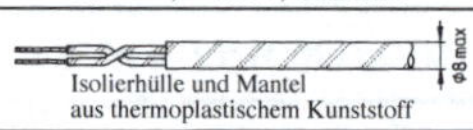
	26 L	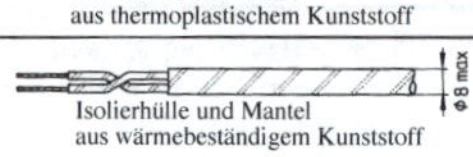
	27 L	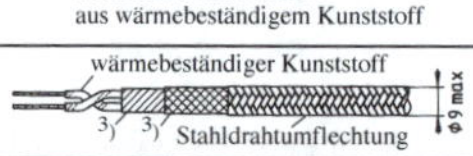

Bei allen Ausgleichsleitungen ist der Pluspol rot gekennzeichnet. Nichtbeachtung führt zu Anzeigefehlern!
Bezeichnungsbeispiel: Agl DIN 43722–21D Fe-CuNi

Auswahlkriterien

Typ B

Ähnliche korrosionschemische Eigenschaften wie Typ R u. S, aber weniger empfindlich gegen Verunreinigungen

Typ J

Bis $\upsilon \leq 500$ °C fast unbegrenzte Gebrauchsdauer; bei $\upsilon > 600$ °C beginnt starkes Zundern des Fe-Drahtes; beständig gegen reduzierende Gase (außer H_2)

Typ K

Resistent gegen oxidierende Gase (Feuergase); empfindlich gegen schwefelhaltige Gase; wird in reduzierender Atmosphäre von Silizium-Dämpfen angegriffen; Gasgemische mit einem O_2-Gehalt < 1% verursachen die „Grünfäule“, die Thermospannung und Festigkeit verändert

Typ R und S

Gute chemische Beständigkeit in rein oxidierender Atmosphäre; wegen Reinheit der Metalle aber anfällig gegen Verunreinigungen

Typ T

Rostet nicht; Einsatz bis ca. 400 °C, da Kupfer darüber hinaus oxidiert

Schutzrohre aus Keramik schützen Thermopaare besonders bei höheren Temperaturen vor den Einwirkungen agressiver Gase u. Dämpfe. Das metallene Außenrohr bietet keinen ausreichenden Schutz, da bei hohen Temperaturen Gase u. Dämpfe durch das Metall hindurch diffundieren. Genaue Angaben sind den Normen für metallene u. keramische Schutzrohre (DIN 43772-2, DIN 43724) sowie Firmenunterlagen zu entnehmen. Bezeichnungsbeispiel: Schutzrohr DIN 43724 – 15 × 1030 – Ker410 (Keramisches Schutzrohr, Außendurchmesser = 15 mm; Länge = 1030 mm; Werkstoff KER410 DIN 43724)

[1] Nicht verwendbar für Dauertemperaturen über 150 °C.
[2] Nach Wahl des Herstellers auch ohne Glasumflechtung.
[3] Werkstoffe und Aufbau für Beilauf, Seelenbewicklung und Umflechtung nach Wahl des Herstellers.

8.15 Temperaturmessung

8.15.3 Widerstandsthermometer

Messprinzip

Verwendung eines temperaturabhängigen Widerstandes als Messfühler. Mit Hilfe einer Brückenschaltung wird z. B. die Widerstandsänderung in ein elektrisches Signal umgewandelt.
Vorteile gegenüber Thermopaaren:
– wesentlich höheres elektrisches Signal,
– weitgehend lineare Kennlinie,
– höhere Langzeitstabilität,
– keine Vergleichsstelle notwendig
Nachteil:
– maximaler Temperaturbereich bis ca. 800 °C

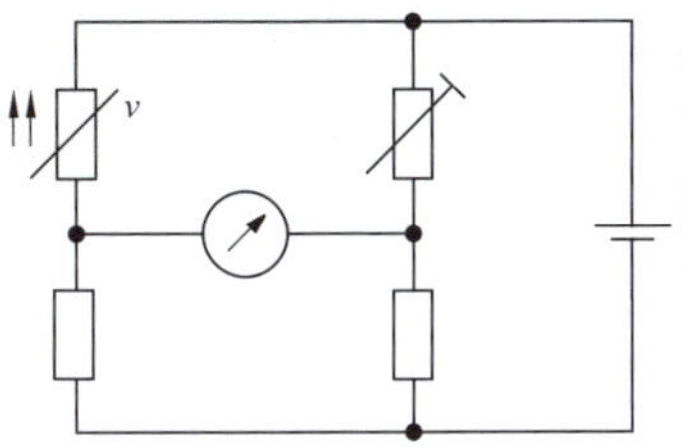

Messwiderstände

Messwiderstände werden vorwiegend aus Nickel oder Platin gemäß DIN 43762: 1986-3 hergestellt.

Temperatur in °C	Ni 100 Grundwert in Ω	Ni 100 zul. Abw. in Ω	Pt 100 Grundwert in Ω	Pt 100 zul. Abw. in Ω Kl. A	Pt 100 zul. Abw. in Ω Kl. B
–200	–	–	18,49	0,24	0,56
–100	–	–	60,25	0,14	0,32
–60	69,5	1,0	–	–	–
0	100,0	0,2	100,00	0,06	0,12
100	161,8	0,8	138,50	0,13	0,30
180	223,2	1,3	–	–	–
200	–	–	175,84	0,20	0,48
300	–	–	212,02	0,27	0,64
400	–	–	247,04	0,33	0,79
500	–	–	280,90	0,38	0,93
600	–	–	313,59	0,43	1,06
650	–	–	329,51	0,46	1,13
700	–	–	345,13	–	1,17
800	–	–	375,51	–	1,28
850	–	–	390,26	–	1,34

Wegen der geringen Korrosionsanfälligkeit, dem großen Temperaturbereich und der hohen Konstanz wird der Pt 100-Messwiderstand vorwiegend eingesetzt. Um Eigenerwärmung zu vermeiden, sollte der Messstrom 5 mA nicht überschreiten

Anschlussarten

Die Messgenauigkeit hängt wesentlich von der Anschlussart des Messfühlers ab

Zweileiterschaltung

Vergleichsweise geringer Leitungsaufwand notwendig; genauer Abgleich des Widerstandes der Anschlussleitungen ist erforderlich, da dieser in Reihe zum Messwiderstand liegt; Widerstandsänderungen der Zuleitung gehen als Fehler in die Messung ein.

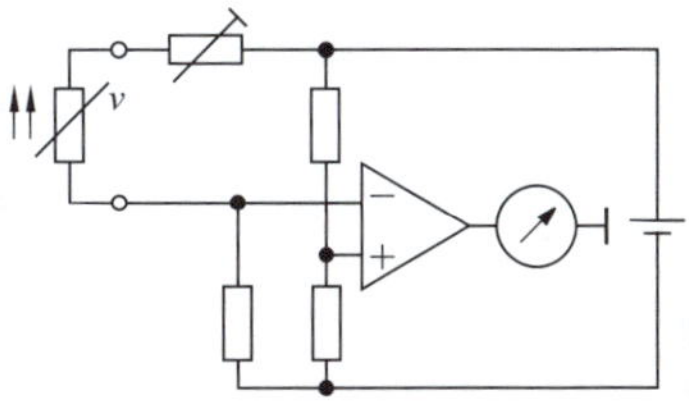

Dreileiterschaltung

Getrennte Leitungsverlegung für Energieversorgung des Messwertgebers und Abgriff des Messsignals; eine gemeinsame Leitung dient als Bezugspotenzial; bei gleichem Widerstandswert der Leitungsadern kann der Leitungsabgleich entfallen; nur geringer Einfluss durch Änderungen der Leitungswiderstände infolge Temperaturschwankungen.

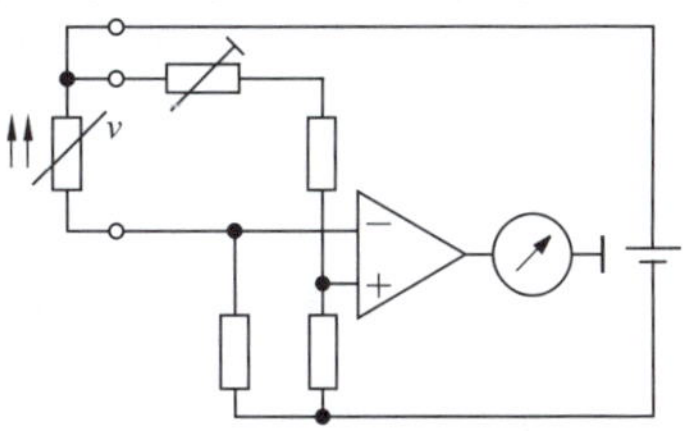

Vierleiterschaltung

Ein Adernpaar versorgt den Messwertgeber mit Energie; das Messsignal wird hochohmig über ein zweites Adernpaar abgegriffen; kein Leitungsabgleich notwendig; Änderungen der Zuleitungswiderstände bleiben ohne Einfluss auf das Messergebnis.

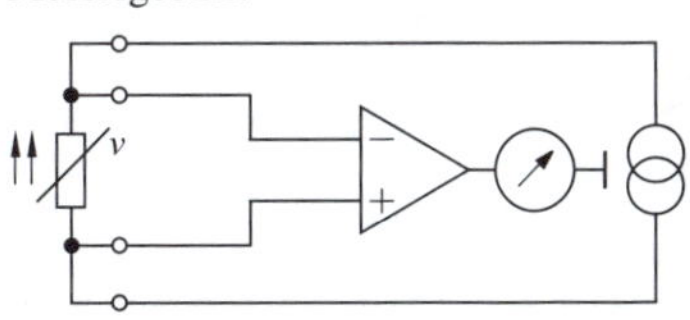

8

8.16 Analoge Weg- und Winkelmessung

Prinzipbild	Funktionsprinzip u. Hinweise	Richtwerte				
		Messbereich	Auflösung	Frequenzbereich	Linearität	Empfindlichkeit
Potenziometer 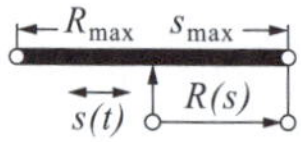	Änderung des Widerstandswertes durch Änderung der Schleiferstellung (Weg, Winkel)	0 bis 2000 mm	0,1 bis 0,001 mm	0 bis 5 Hz	≤0,2%	300 Ω/°
Bolometer 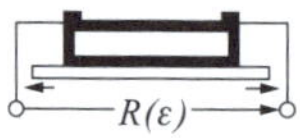	Änderung des Widerstandswertes durch Temperaturänderung	bis 0,1 mm	bis 0,001 mm	0 bis 100 Hz	1%	0,1 Ω/mm
Kapazitive Abstandsaufnehmer 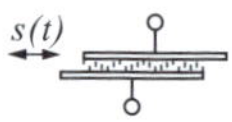	Für Weg und Winkelmessung; Kapazitätsänderung durch Änderung der wirksamen Fläche	1 bis 1000 mm	10^{-5} mm	0 bis 10^4 Hz	<0,05%	50 pF/mm
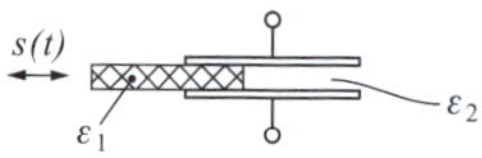	Unwucht- u. Füllstandsmessung, Kapazitätsänderung durch Änderung der Lage des Dielektrikums	bis mehrere m		0 bis 10^4 Hz	sehr gut	
Tauchkern-Aufnehmer 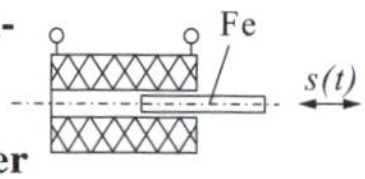	Induktivitätsänderung durch Änderung der Lage des Kerns	0 bis 2 m	10 mm	0 bis 10 kHz	1%	1 V/mm
Flussverdrängungs-Aufnehmer 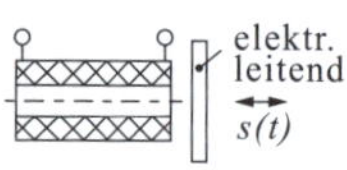	Absolut-Aufnehmer; Diff.-Aufnehmer; Tauchanker-Ausführung, Vibrometer für kleinste Wegänderungen	bis 3 mm	10 µm	0 bis 100 Hz	nicht linear	1 mV pro nm
Messung mit Laser 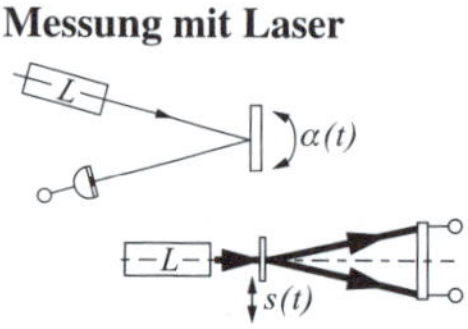	Autokollimationslaser, Verändern der Resonatorlänge (Frequenzmessung) Laser mit Konverter (Asymmetriemessung), Pulslaserradar	10^{-6} mm 100 m	10^{-6} mm 10^{-4} mm			
Schattenbildverfahren 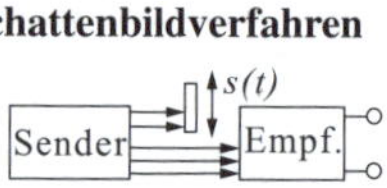	Optoelektronischer Bewegungswandler, Schattenbildverfahren	±0,25 µm bis 2 mm	≤1 µm	0 bis 100 kHz	±1,5%	2 V pro mm
Ultraschall-Entfer.-Messer 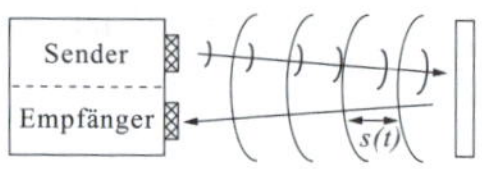	Handentfernungsmesser, Entfernungsmesser in Flurfahrzeugen für grobe Entfernungsmessungen	0 bis 15 m	2,5 cm	>16 kHz		

8.17 Lichtstärkemessung

Prinzipbild	Funktionsprinzip u. Hinweise	Richtwerte Mess-bereich	Auf-lö-sung	Fre-quenz-bereich	Linea-rität	Emp-find-lichk.
Lichtstärkemessung mit Fotoelement 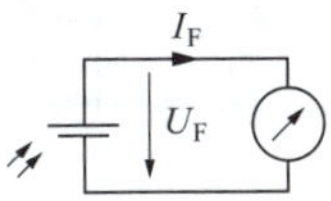 	Bei Belichtung entsteht Fotospannung bzw. Fotostrom. Einsatzbereich ≈550 nm … 1050 nm Maximale Ausgangsspannung pro Element: ≤550 mV			mittel	$U_{(Ev)}$ log. $I_{(Ev)}$ linear	47 nA pro lx im Kurzbetrieb ⇒ 2-1
Lichtstärkemessung mit Fotowiderstand 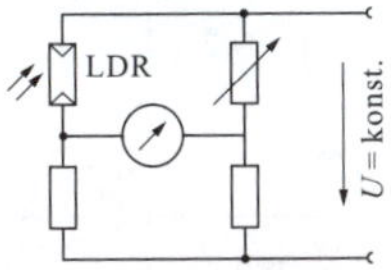 	Bei Belichtung verringert sich der Widerstandswert des Fotowiderstandes (LDR). Sehr träge bei Helligkeitsänderungen, je nach Basismaterial für $\lambda = 500 \ldots 750$ nm, Spezialausführungen auch für IR u. UV	10 bis 10^4 lx		niedrig; je nach Messbereich bis einige Hz	gut	1 Ω pro lx ⇒ 2-1

8.18 Drehzahlmessung

Prinzipbild	Funktionsprinzip u. Hinweise	Mess-bereich	Auf-lö-sung	Fre-quenz-bereich	Linea-rität	Emp-find-lichk.
Drehzahlmessung mit induktivem Geber 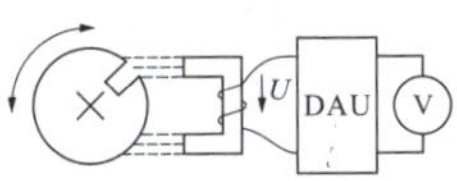 	Änderungen des magn. Leitwertes erzeugen im Tastkopf Spannungsimpulse. Digital-Analog-Wandler setzen Impulse pro Zeiteinheit in drehzahlproportionale Spannung um	i.d.R. bis 30^3 Umdr. pro Minute	1 Hz und besser	üblicherweise bis ca. 500 Hz	sehr gut	
Drehzahlmesser mit Hall-Effekt-Geber 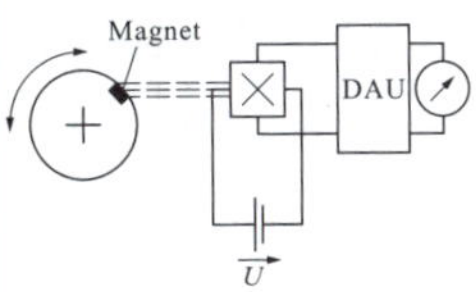 	Wird die Hallplatte einem magn. Feld ausgesetzt, dessen Feldlinien sie im rechten Winkel zur Stromrichtg. durchströmen, tritt an den im rechten Winkel zur Stromrichtg. gelegenen Kanten des Plättchens die Hallspg. auf. Ausgangssig. ist weitgehend unabhängig von der Änderungsgeschw. des Magnetfeldes; deshalb auch für sehr kleine Drehzahlen geeignet	häufiger Einsatzbereich: 0 … ca. 15^3 Umdr. pro Minute		häufiger Einsatzbereich: 0 … ca. 250 Hz	≈ bis 2 V Hallspg. prop. zu Strom- und Feldstärke	

8.19 pH-Wert-Messung

pH-Wert-Messung 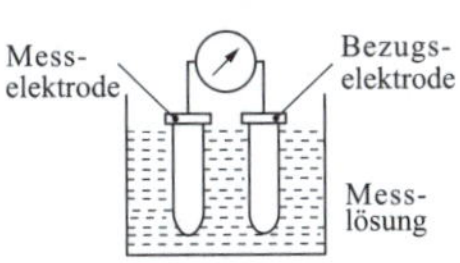 	pH-Wert = 7 → neutral; pH-Wert größer als 7 → alkalisch (Base, Lauge); pH-Wert kleiner als 7 → sauer (Säure). Das Potenzial der Bezugselektrode ist pH-Wert-unabhängig; das Potenzial der Messelektrode ist pH-Wert-abhängig; die Zellenspannung ist das Maß für den pH-Wert der Messlösung; es sind Säuren- und Basenmessungen durchführbar; übliche pH-Wert-Geber sind: Antimonmesselektrode mit Silberchlorid-Bezugselektrode Glasmesselektrode mit Silberchlorid-Bezugselektrode

→ 2-9

8.20 Analoge Geschwindigkeitsmessung

Prinzipbild	Funktionsprinzip u. Hinweise	Richtwerte Mess-bereich	Auf-lösung	Fre-quenz-bereich	Linea-rität	Emp-find-lichkeit
Präzessionsmoment 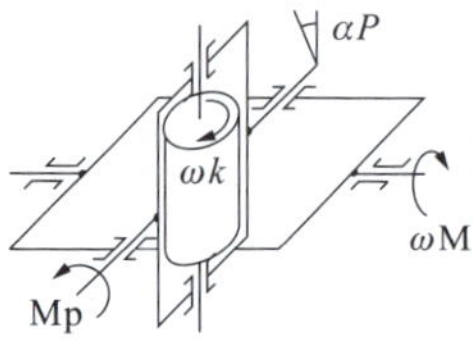	Kardanisch aufgehängter Kreisel $\alpha P \sim \omega M$ Winkelabgriff mit Potenziometer	0,1 bis 2 m/s		10 Hz	≤2%	
Doppler-Effekt 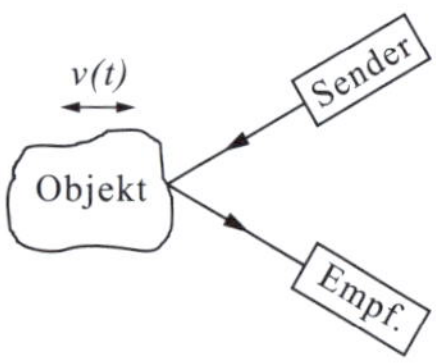	Mit He-Ne-Laser mit Ringlaser (Drehgeschwindigkeit)	0,003 bis 1000 m/s		bis 120 kHz	≤0,2%	
	Geschwindigkeitsmessung an Flugzeugen, Schiffen, Autos usw.	1 m/s bis 500 m/s	1 m/s		1%	
Tauchspulaufnehmer 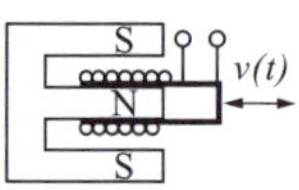	Elektrodynamischer Effekt; die Bewegung der Spule im Magnetfeld erzeugt eine Spannung; Tauchspulgerät; Tauchanker	10^{-4} bis 2,5 m/s		1 kHz	±1%	100 mV pro mm/s
Strommitnahme-aufnehmer 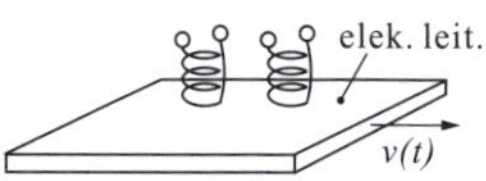	Die Kopplung zwischen der aussendenden und der empfangenden Spule ist abhängig von der Geschwindigkeit des leitenden Bandes. Für Linear- und Winkelgeschwindigkeiten	1 bis 200 m/s		40 Hz bis 10 kHz	≤1%	1 V pro m/s
Widerstandsänderung durch Temperatur-änderung 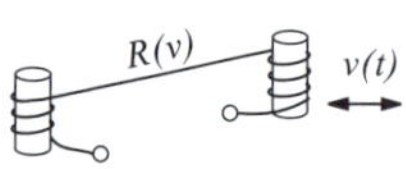	Hitzdraht; Heißfilm-Anemometer; Bolometer; auch für Messungen bei hohen Frequenzen geeignet	10 mm/s bis 150 m/s	10^{-3} m/s	0,2 Hz bis 1,2 MHz	≤2%	hoch

8.20 Analoge Geschwindigkeitsmessung

⇒ 2-9

Prinzipbild	Funktionsprinzip u. Hinweise	Richtwerte				
		Messbereich	Auflösung	Frequenzbereich	Linearität	Empfindlichkeit
Tauchmagnetaufnehmer 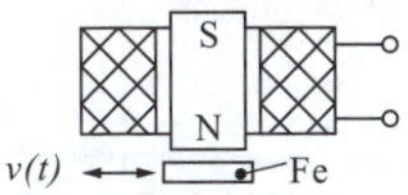	Elektromagnetischer Effekt; einfache Ausführung des Tauchmagnetaufnehmers	55 m/s		45 Hz bis 2 kHz	≤ 1%	250 mV pro cm/s
Dehnungsmessstreifen (DMS) 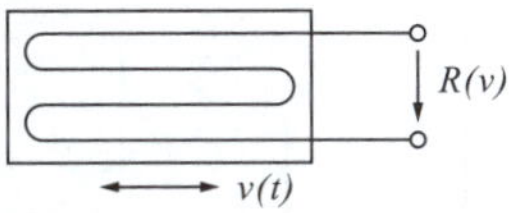	Integration der Beschleunigung; seism. Geber; Rechenverstärker	4 cm/s		1 Hz bis 2 kHz	≤2%	
Airflow-Meter 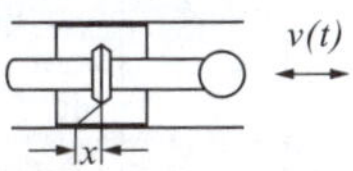	Messung über Ionenlaufbahn; für präzise Messungen mit hoher Auflösung	0 bis 100 m/s	0,005 m/s	0,1 Hz bis 1 kHz	≤2%	

8.21 Analoge Beschleunigungsmessung

⇒ 2-9

Prinzipbild	Funktionsprinzip u. Hinweise	Richtwerte				
		Messbereich	Auflösung	Frequenzbereich	Linearität	Empfindlichkeit
Potenziometer 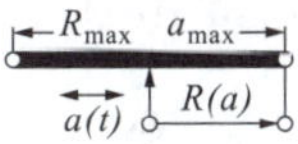	Draht-Potenziometer, Kohle-Potenziometer	bis 1000 m/s^2 ≈ 100 g	hoch	0 bis 5 Hz	±1%	
Dehnungsmessstreifen (DMS) 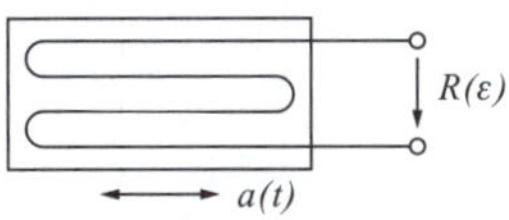	DMS, Halbleitergeber, Freidrahtgeber, Metallfilmgeber, Verform. verursacht Widerstandsänderung	±5000 m/s^2 ≈ 500 g	hoch	2 bis $1{,}5 \cdot 10^4$ Hz	±1%	3 mV pro m/s^2
Quarz-Beschleunigungsaufnehmer 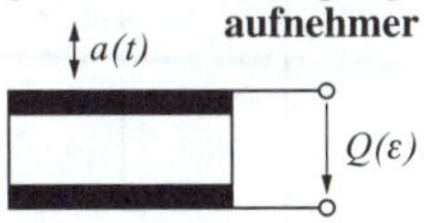	Piezo-Effekt, bei der Verformung des Kristalls entsteht eine Spannung	10^{-5} bis 10^6 m/s^2 ≈ 10^{-6} bis 10^5 g	$3 \cdot 10^{-3}$ m/s^2 ≈ $3 \cdot 10^{-4}$ g	1 bis $2{,}4 \cdot 10^4$ Hz		0,25 bis 10^3 mV pro m/s^2
Tauchkernaufnehmer 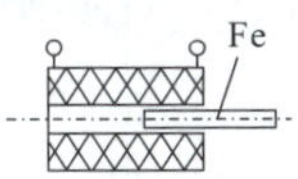	Induktionsänderung durch Lageänderung des Kerns	5 bis 500 m/s^2 ≈ 0,5 bis 50 g		45 bis $2 \cdot 10^3$ Hz	±1%	hoch

2-6

8.22 Analoge Kraftmessung

Prinzipbild	Funktionsprinzip u. Hinweise	Richtwerte Messbereich	Auflösung	Frequenzbereich	Linearität	Empfindlichkeit
Engewiderstandskraftgeber 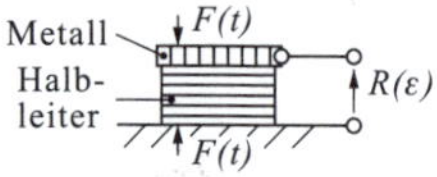	Widerstandsänderung durch Druck			bis 20 kHz	nicht linear	hoch
Dehnungsmessstreifen (DMS) 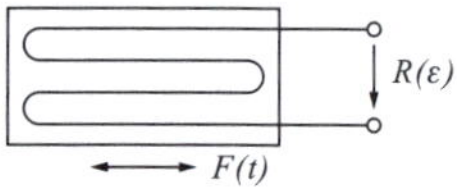	Widerstandsänderung durch Änderung der Abmessungen mit DMS (Halbleitergeber, Freidrahtgeber, Metallfilmgeber, Flüssigkeitsgeber)	0 bis 10^9 N	bis 10^{-6} N	0 bis 50 Hz	≤0,15%	
Kapazitätsänderung 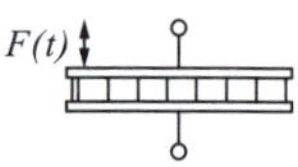	Kapazitätsänderung durch Änderung des Plattenabstandes; Kraftmessung über Wegmessung	0 bis 20 N		0 bis 40 kHz	nicht linear	abhängig vom Messweg
Tauchkern-Aufnehmer 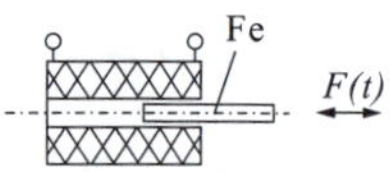	Kraftmessung durch Wegmessung; Induktivitätsänderung, verursacht durch die Lage des Eisenkerns	10^{-4} bis $4 \cdot 10^6$ N	bis 10^{-6} N	0 bis 10 kHz	≤1%	1 mV pro N
Quarz-Geber 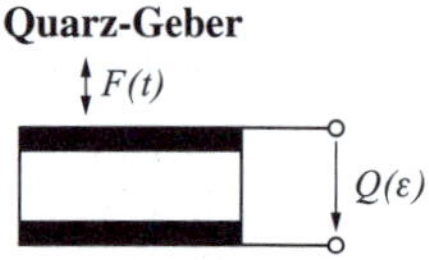	Piezoeffekt: Änderung der Ladung durch Krafteinwirkung (Druck)	0 bis $5 \cdot 10^4$ N	10^{-5} N	10^{-3} bis 10^5 Hz	< ±1%	40 mV pro N
Schwingsaitengeber 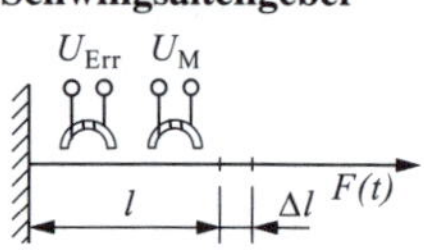	Messung der Schwingfrequenz, die sich in Abhängigkeit von der einwirkenden Zugkraft *F* ändert	0 bis 10^6 N	0,2 N	bis 25 Hz	≤1%	groß
Halbleiteraufnehmer 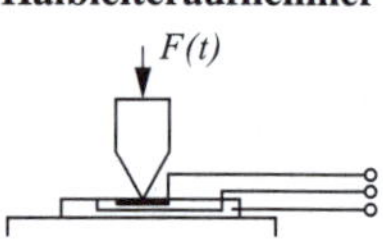	Druckempfindlicher Si-npn-Planar-Transistor; die Leitfähigkeit des pn-Überganges ändert sich durch Druckeinwirkung	ab 10^{-2} N		bis 10^3 Hz	±0,5%	
Pressduktor 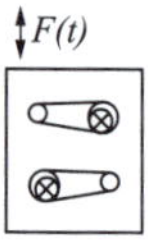	Änderung der Permeabilität durch Kraft-(Druck-)einwirkung	bis $5 \cdot 10^7$ N		bis 3 kHz	< 1%	50 µV pro N

8

8.23 Analoge Druckmessung

Prinzipbild	Funktionsprinzip u. Hinweise	Richtwerte Mess-bereich	Auf-lösung	Fre-quenz-bereich	Linea-rität	Emp-find-lichkeit
Widerstandsdraht-Druckgeber 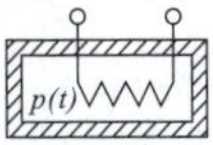	Änderung des Widerstandswertes durch Änderung des mechanischen Spannungszustandes	bis 10^7 N/cm²		0 bis 50 Hz	≤ ±1%	gering
Dehnungsmessstreifen (DMS) 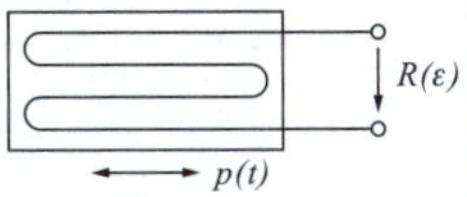	Widerstandsänderung durch Änderung der Abmessungen mit DMS (Halbleitergeber, Freidrahtgeber, Metallfilmgeber, Flüssigkeitsgeber)	bis $7 \cdot 10^7$ N/cm²		0 bis 100 kHz	≤ ±1%	50 mV pro N/cm²
Kohledruckdose 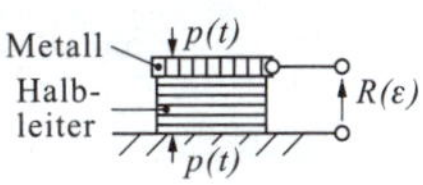	Änderung des Widerstandes durch Änderung der Dichte bei Druckeinwirkung	bis 10^2 N/cm²	hoch	0 bis 10 kHz	nicht linear	hoch
Tauchkerngeber 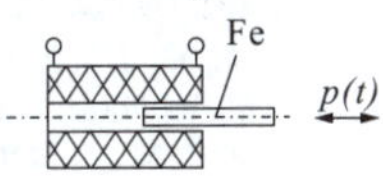	Änderung der Lage des Kerns ändert die Induktivität; Druckmessung über die Wegmessung	0 bis $2 \cdot 10^4$ N/cm²		0 bis 30 kHz	≤ ±1%	4 mV pro N/cm²
Quarz-Druckaufnehmer 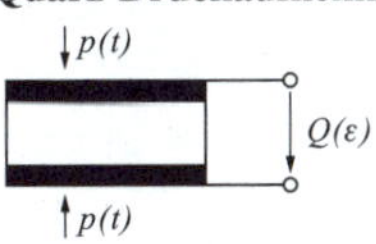	Piezoeffekt: Änderung der Ladung durch Druckeinwirkung	1 bis 10^4 N/cm²	$2 \cdot 10^{-2}$ N/cm²	10 bis $2 \cdot 10^5$ Hz	±1%	0,1 V pro N/cm²
Schwingsaitenaufnehmer 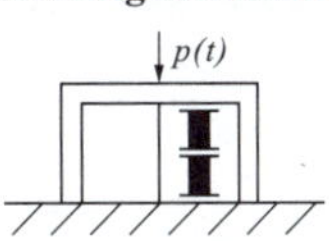	Messung der Schwingfrequenz, die sich in Abhängigkeit des einwirkenden Druckes *p* ändert	bis $3 \cdot 10^4$ N/cm²	0,2 N/cm²	bis 25 Hz	< 1%	hoch
Halbleiteraufnehmer 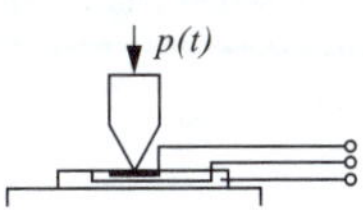	Druckempfindlicher Si-npn-Planar-Transistor; die Leitfähigkeit des pn-Überganges ändert sich durch Druckeinwirkung	ab 5 N/cm²		bis 10^3 Hz	±0,5%	hoch
Pressduktor 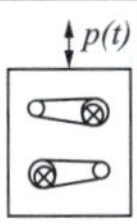	Änderung der Permeabilität durch Druckeinwirkung; Magnetoelastischer Geber	bis 10^6 N/cm²		bis 10 kHz	≤ 1%	hoch

8.24 Analog-Digital-Wandlung (ADU)

8.24.1 Abtast-Halte-Kreis (Sample & Hold) und Abtasttheorem

Abtast-Halte-Glied

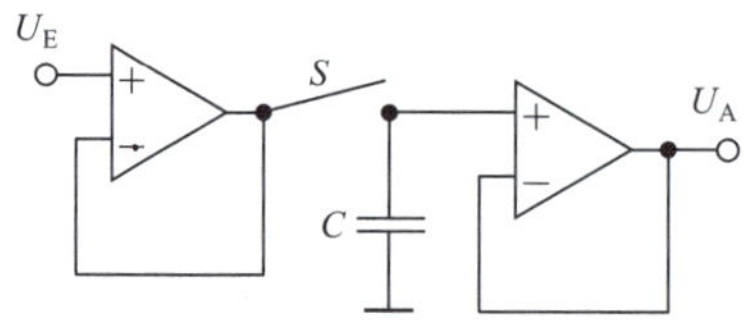

Das **Abtast-Halte-Glied** bildet den Übergang vom analogen in den digitalen Wertebereich. Das analoge Signal wird im Zeitbereich quantisiert (abgetastet) und zwischengespeichert (gehalten).
S wird kurzzeitig geschlossen, sodass der Kondensator mit Hilfe des ersten Impedanzwandlers auf U_E aufgeladen wird. Der zweite Impedanzwandler sorgt dafür, dass der abgetastete Wert bis zum Abschluss der **A**nalog-**D**igital-**U**msetzung (ADU) erhalten bleibt.

Gemäß dem **Abtasttheorem** muss die Abtastung mit mindestens dem zweifachen der Frequenz der zu messenden Eingangswechselspannung erfolgen.

$$f_A > 2 f_0$$

8.24.2 Zählverfahren

Kompensationswandler

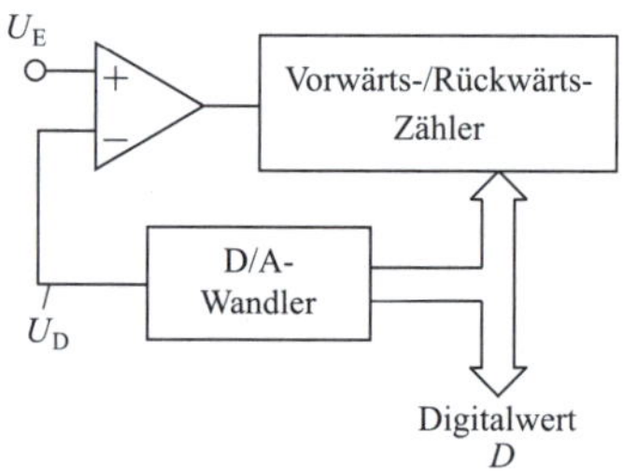

Das Ergebnis ist die Anzahl der zu addierenden Referenzspannungen, die nötig ist, um den Pegel von U_E zu erreichen. Der Digitalwert folgt

$$D = U_E / U_{LSB}$$

Der Subtrahierer zieht die Kompensationsspannung U_D von U_E ab. Ist die Differenz größer als $U_{LSB}/2$, zählt der Zähler vorwärts, um sich U_E zu nähern. Ist die Differenz kleiner als $-U_{LSB}/2$, läuft der Zähler rückwärts. Es besteht ständige Nachführung. Die Konvertierungszeit hängt von der Höhe des Eingangssignals ab. 7-6

Fehlersicherheit: mittel
Geschwindigkeit: mittel
Schaltungsaufwand: mittel

Single-Slope-Converter

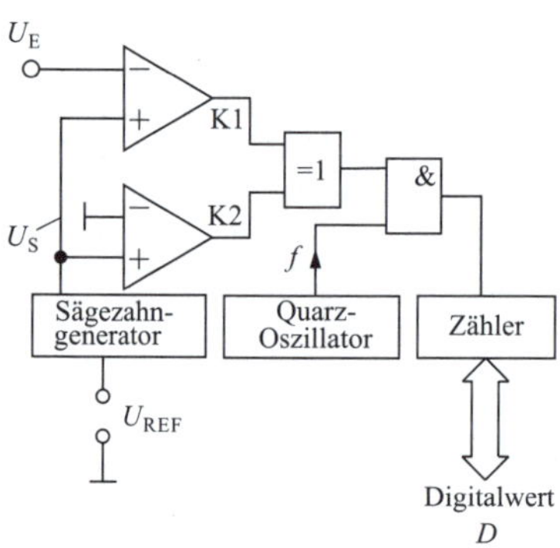

K 1 u. K 2 setzen U_E in eine proportionale Zeit um; für die Sägezahnspannung gilt: $U_s = (U_{REF} \cdot t)/\tau - V_0$
Das Ex-Or-Gatter gibt 1 aus, solange gilt:

$$0 \leq U_s \leq U_E$$

Für diese Zeitdauer Δt gilt: $\Delta t = (\tau \cdot U_E)/U_{REF}$.
Ein Zähler bestimmt die Zeitdauer, indem er die Oszillatortakte während dieser Periode zählt. Der resultierende Zählerstand D ist: 7-6

$$D = \Delta t / T = (\tau \cdot f \cdot U_E)/U_{REF}$$

Fehlersicherheit: gering
Geschwindigkeit: gering
Schaltungsaufwand: gering

8.24 Analog-Digital-Wandlung (ADU)

Dual-Slope-Verfahren (Integrationsverfahren)

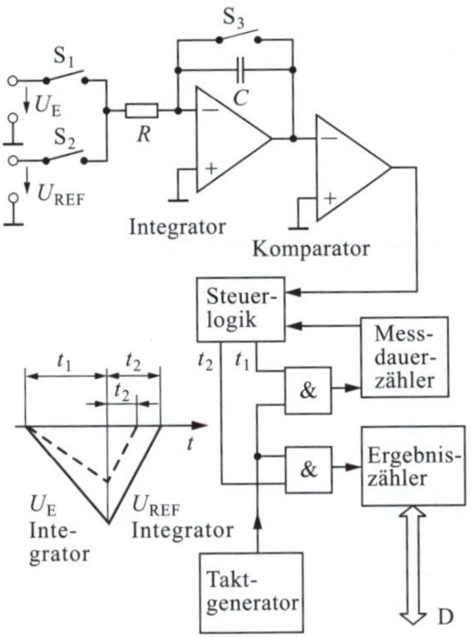

In Ruhe ist nur S3 geschlossen. Die Integrator-Ausgangsspannung ist 0. Nun öffnet S3 u. S1 schließt, um U_E über eine Periode zu integrieren. Die Ausgangsspannung des Integrators erreicht

$$U_I(t_1) = -\frac{1}{\tau}\int_0^{t_1} U_E\,dt = -\frac{U_E \cdot n_1 \cdot T}{\tau}$$

n_1 ist die Anzahl der Taktperioden und T die Periodendauer des Taktgenerators. S1 öffnet; über S2 wird U_{REF} mit entgegengesetzter Polarität zu U_E an den Integrator gelegt. Die Zeit t_2, die verstreicht, bis der Nulldurchgang wieder erreicht ist, bestimmt ein Komparator und ein Ereigniszähler:

$$t_2 = n_2 \cdot T = \tau / U_{REF} \cdot |U_I(t_1)|$$

Der Digitalwert ergibt sich zu $D = n_2 = \dfrac{n_1 \cdot U_E}{U_{REF}}$

Fehlersicherheit: hoch
Geschwindigkeit: gering
Schaltungsaufwand: hoch

8.24.3 Wägeverfahren

Sukzessive Approximation/
Parallelumsetzer (Flash-Konverter)

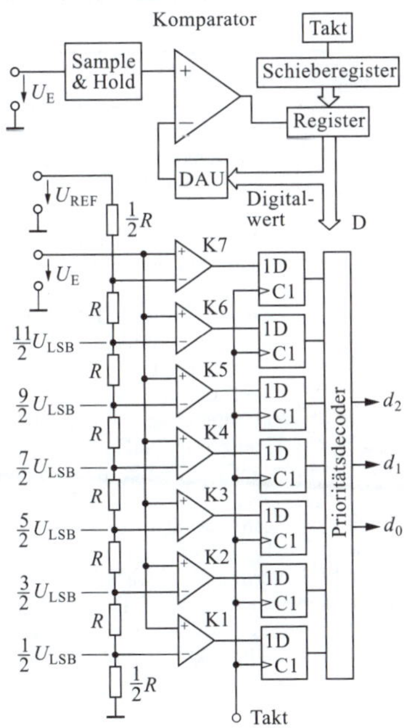

Vergleich von U_E mit der Ausgangsspannung eines Digital-Analog-Umsetzers (DAU). Ist U_E höher als die Ausgangsspannung des DAU's, wird MSB auf 1 gesetzt, andernfalls auf 0. Der Vorgang wird dann entsprechend fortgesetzt, und zwar bis zum LSB. Je Bit wird eine feste Umsetzungszeit benötigt.

Fehlersicherheit: mittel
Geschwindigkeit: mittel
Schaltungsaufwand: mittel

Bestehen prinzipiell aus einer Kette gleicher Widerstände, die an U_{REF} angeschlossen ist, und einer der binären Auflösung entsprechenden Anzahl von Komparatoren. Die Zahl der benötigten Komparatoren steigt exponential mit der Wortbreite. Es erfolgt ein Vergleich von U_E durch die einzelnen Komparatoren. Nach einer Zwischenspeicherung – beispielsweise durch D-Flipflops – kann eine Auswertung mit einem Prioritätscodierer erfolgen, um einen für einen Prozessor geeigneten Code zu erhalten. Die Tabelle zeigt die Flash-AD-Wandler-Variablenzustände in Abhängigkeit von U_E.

Fehlersicherheit: mittel
Geschwindigkeit: hoch
Schaltungsaufwand: hoch

8

8.25 Elektronenstrahl-Oszilloskop

Schema für ein Zweikanal-Oszilloskop

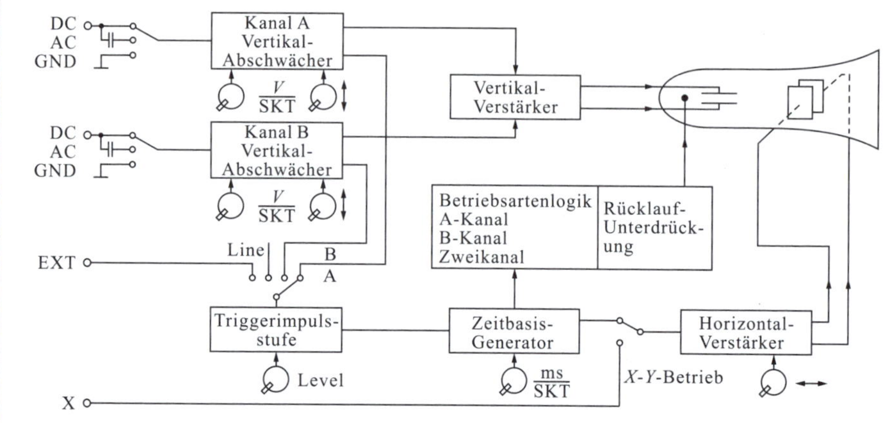

Technische Daten	Beispiel
Eingangsempfindlichkeit	10 mV/cm … 20 V/cm
Eingangsimpedanz	1 MΩ ‖ 25 pF
Vertikalbandbreite	0 Hz … 20 MHz
Eingangskopplung	DC-AC-GND
Anstiegszeit	< 20 ns

Beispiel für Zubehör

Tastteiler z. B. 1 : 1; 10 : 1; 100 : 1
Demodulatortaster z. B. 0 Hz … 15 kHz
Vierkanal-Umschalter
Lichtschutztubus mit Kamera

Bedienungselemente

Beschriftung	Bedeutung
POWER	Netzschalter, Ein/Aus
	Rasterbeleuchtung
INTENS HELLIGK	Helligkeitseinstellung des Oszillogrammes
FOCUS	Schärfeeinstellung des Oszillogrammes
INPUT A (B)	Eingangsbuchse für Kanal A (Kanal B), oft Kanal 1 und 2
AC-DC-GND	Eingang über Kondensator (AC) – direkt (DC) – auf Masse (GND) geschaltet
CHOP	Strahlumschaltung mit Festfrequenz von einem Vertikalkanal kanal zum anderen
ALT	Strahlumschaltung am Ende des Zeitablenkzyklus von einem Vertikalkanal zum anderen
INVERT CH.B	Messsignal auf Kanal B wird invertiert
ADD	Addition der Signale von A und B
POSITION	Vertikale Strahlverschiebung
	Horizontale Strahlverschiebung

Beschriftung	Bedeutung
X-MAGN	Dehnung der Zeitablenkung
Triggerung:	Zeitablenkung getriggert durch
A; B	– Signal von Kanal A (B)
EXT	– externes Signal
Line	– Signal von der Netzspannung
LEVEL NIVEAU	Einstellung des Triggersignalpegels
AUTO	Endstellung der LEVEL-Einstellung. Automatische Triggerung der Zeitablenkung beim Spitzenpegel. Ohne Triggersignal ist die Zeitablenkung frei laufend.
+/–	Triggerung auf positiver bzw. negativer Flanke des Triggersignals
TIME/DIV ZEIT/SKT	Zeitmaßstab in µs/DIV oder ms/SKT oder ms/cm
VOLTS/DIV V/SKT; V/cm	Vertikalabschwächer für Kanal A und B in mV/DIV oder mV/SKT oder V/cm
CAL	Eichpunkt für Maßstabsfaktoren

[1] SKT = Skalenteil entspricht DIV (Divison engl.).

⇒ 8-26

8.25 Elektronenstrahl-Oszilloskop

Beispiel: Spannungs- und Strommessung mit dem Zweikanaloszilloskop

Da beide *Y*-Ablenksysteme eine gemeinsame Masse besitzen, müssen die Messleitungen einen gemeinsamen Bezugspunkt M haben. Bedingung: $u_{AC} \gg u_{BC}$, sodass gilt $u_{AB} \approx u_{AC}$ und u_{BC} ist dann proportional zum Strom *i*.

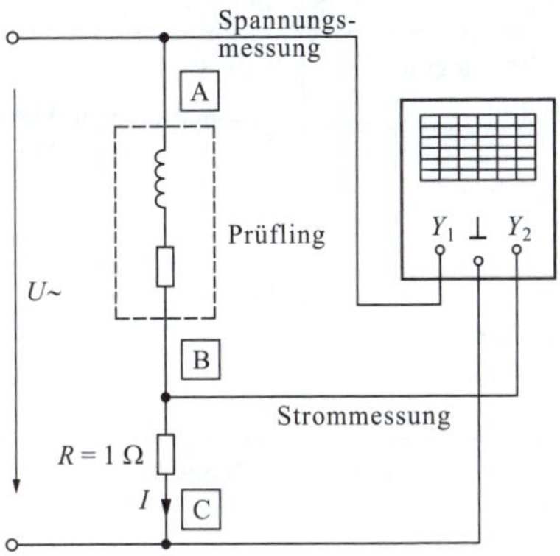

Messen von u_{AB} als Differenzspannung:

- für beide Kanäle den gleichen Vertikal-Maßstab einstellen
- ein *Y*-Eingangssignal invertieren
- die Addition beider *Y*-Signale auslösen (ADD)

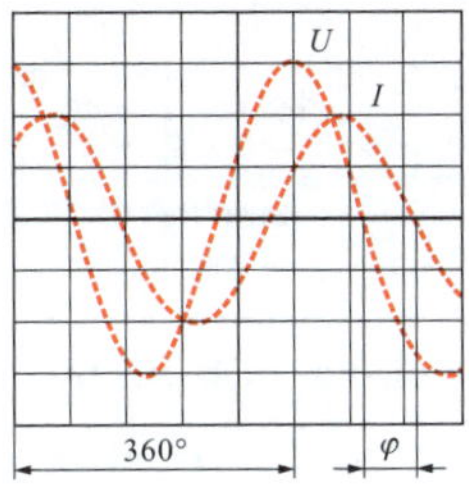

Einstellungen:

Ablenkfaktor in *X*-Richtung: $k_x = 1$ ms/DIV
Ablenkfaktoren in *Y*-Richtung:
für Kanal 1: $k_{y1} = 5$ V/DIV
für Kanal 2: $k_{y2} = 0{,}5$ V/DIV

Auswertung:

$T = X_1 \cdot k_x = 5$ DIV $\cdot$ 1 ms/SKT = 5 ms
$\quad \rightarrow f = 1/T = 1/5$ ms = 200 Hz

$\hat{u}_{AB} = Y_1 \cdot k_{y1} \cdot k_{T1} = 3{,}1$ DIV $\cdot$ 5 V/DIV = 15,5 V

$\hat{u}_{BC} = Y_2 \cdot k_{y2} \cdot k_{T2} = 1$ DIV $\cdot$ 0,5 V/DIN = 0,5 V

$\hat{\imath} = \hat{u}_{BC}/R_{SHUNT} = 0{,}5$ V/1 Ω = 0,5 A

$\varphi = X_2 \cdot k_x \cdot 360°/5$ ms
$\quad = 1$ DIV $\cdot$ 1 ms/DIV $\cdot$ 360°/5 ms = 72°

Kennliniendarstellung (Komponententest)

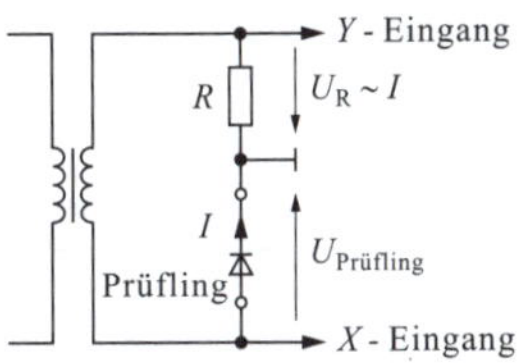

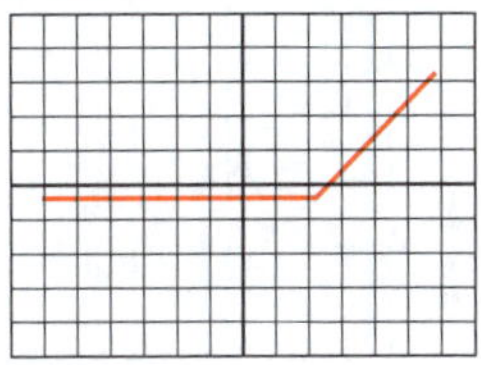

Messungen in der Leistungselektronik

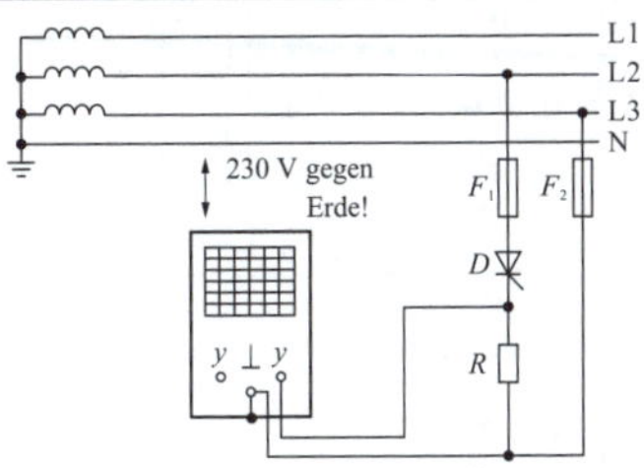

Damit jeder Punkt des geerdeten Niederspannungsnetzes mit der Masse des Oszilloskops verbunden werden kann, muss der Betrieb über einen Trenntransformator erfolgen.

Gefahr: Die Massebuchsen und ein metallisches Gehäuse nehmen Netzspannungspotenzial an! Bei der Messung sind deshalb besondere Schutzmaßnahmen erforderlich: Abdeckung mit isolierenden Materialien; Bedienung mit Gummihandschuhen; Verwendung von Trenn-Messverstärkern, usw.

8.26 IEC-Bus-Steuerung

7-12
7-13

Prinzip der IEC-Bus-Steuerung

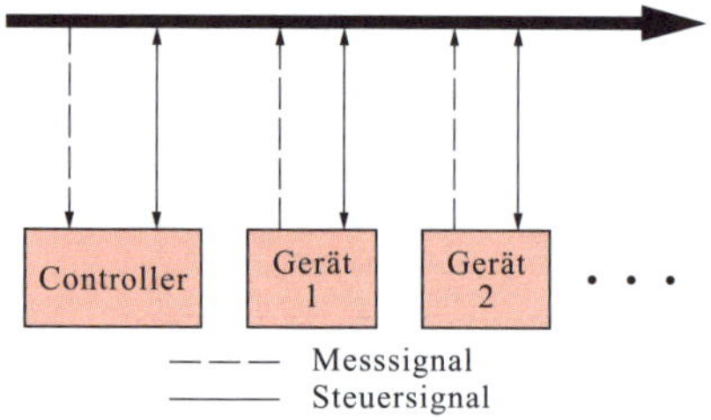

Aufbau des IEC-Bus nach DIN IEC 6622

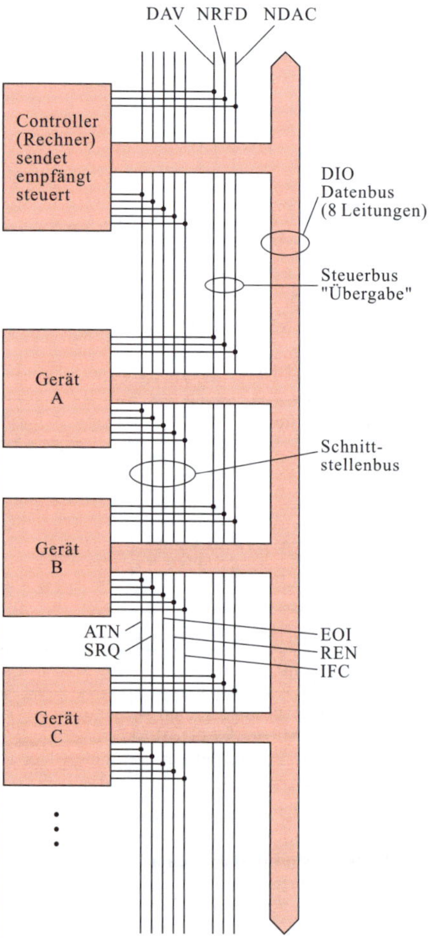

Bus zur autom. Steuerung von Messgeräten.

Normen: IEEE 488 (USA) 1987, IEC 625 (international), DIN IEC 6622 (Deutschland)

Eigenschaften	
Übertragungsart	8-Bit-Parallel
Anschluss	25-pol. Stecker in Europa 24-pol. Stecker in USA
Übertragungsrate	1 Mbit/s
Code	ISO-7-Bit (ähnl. ASCII)
Pegel	TTL
max. Geräteanzahl	15
max. Leitungslänge	20 m

Leitungsbezeichnung		
DIO	Data-Bus	Daten-Bus
DAV NRFD NDAC	Data-Byte Transfer- Control-Bus	Übergabe-Bus (Handshake-Bus)
ATN SRQ EOI REN IFC	General- Interface- Management- Bus	Steuer-Bus

Anschlussbelegung eines 24-poligen Stecker	
DIO1	1
DIO2	2
DIO3	3
DIO4	4
EOI	5
DAV	6
NRFD	7
NDAC	8
IFC	9
SRQ	10
ATN	11
SHIELD (Schirmung)	12
DIO5	13
DIO6	14
DIO7	15
DIO8	16
REN	17
GND	18 … 23
LOGIC GND	24

8.27 Messwandler

⇒ 4-10

8

Wechselstromwandler

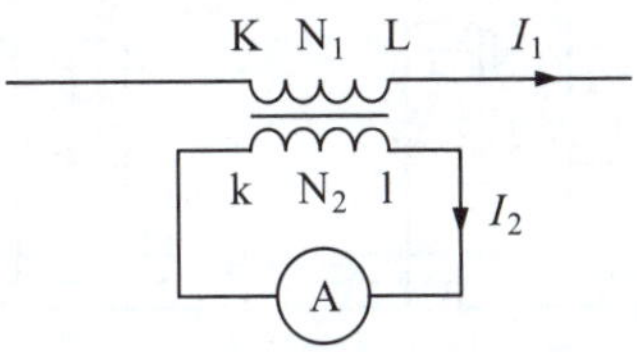

Betrieb immer im Kurzschluss oder mit der angegebenen/vorgeschriebenen Bürde! Beim Betrieb mit einem Strommessgerät (wie im Bild) bildet der Messgeräte-Innerwiderstand die Bürde.

$$I_1 \cdot N_1 = I_2 \cdot N_2$$

$I_2 = I_{NENN} = 1$ A oder 5 A (standardisiert)

Fehlerklassen und Winkelfehler sind standardisiert. Der Winkelfehler hängt von der verwendeten Bürde und dem Arbeitspunkt ab.

Fehler-klasse	Winkelfehler in ° bei		
	1 … 1,2 I_{NENN}	0,2 I_{NENN}	0,1 I_{NENN}
0,1	5	8	10
0,2	10	15	20
0,5	30	40	60
1 und 5	60	80	120

Wechselspannungswandler

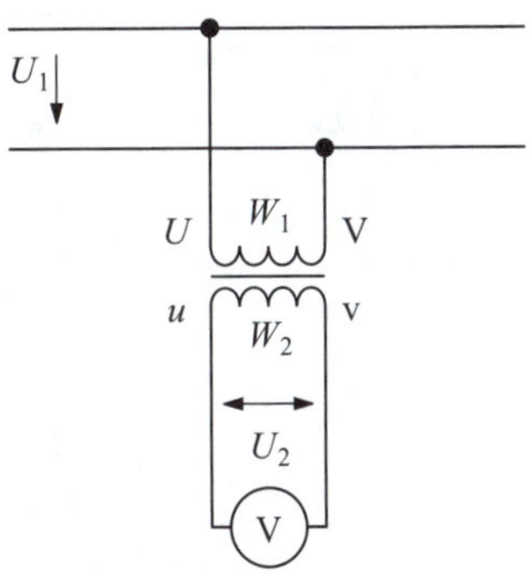

Betrieb immer im Leerlauf! Maximale Belastung durch den minimal zulässigen Bürdenwiderstand.

$$U_1/U_2 = W_1/W_2 = \mathrm{K}$$

$U_2 = 100$ V (standardisiert)

Fehlerklassen und Winkelfehler sind standardisiert und gelten für 25 … 100% der Nennbürde bei 85 … 120% der Nennspannung.
Der Winkelfehler hängt von der verwendeten Bürde und dem Arbeitspunkt ab.

Fehlerklasse	Winkelfehler in °
0,1	5
0,2	10
0,5	20
1,0	40
3,0	120

Kapazitiver Spannungswandler

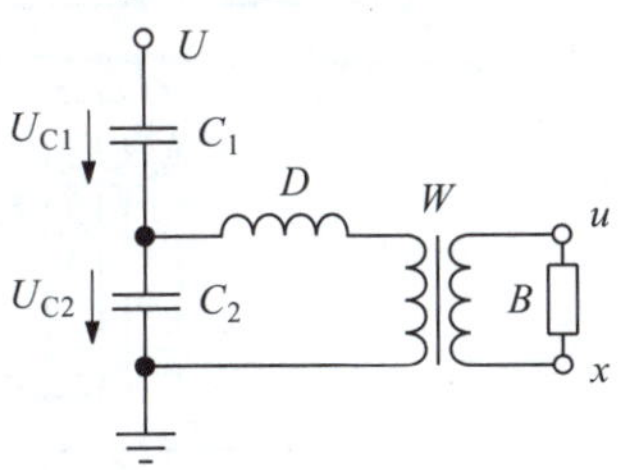

Liegt die zu messende Spannung oberhalb von etwa 200 kV, stellt der kapazitive Spannungswandler die günstigere Lösung dar.

Die über die erdseitige Kapazität C_2 abgeteilte Spannung U_{C2} liegt über einer Drossel D am Anpassungswandler W. Die Drossel wird so bemessen, dass bei Nennfrequenz im Messkreis Resonanz herrscht, damit der Sekundärstrom möglichst groß ist

8.28 Leistungs- und Leistungsfaktor-Messung

Gleichstrom-Leistungsmessgeräte

1210

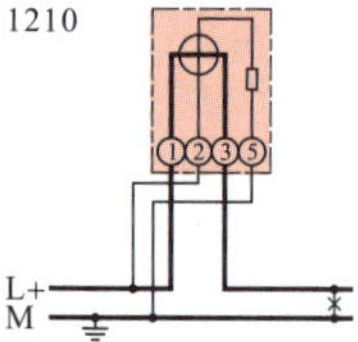

1213

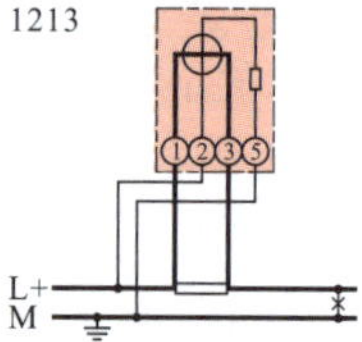

2230

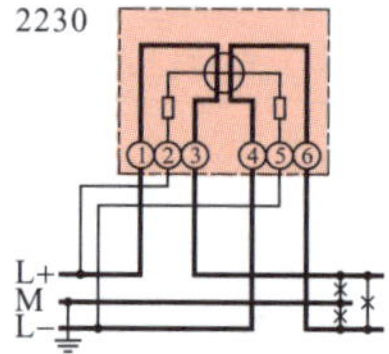

2243

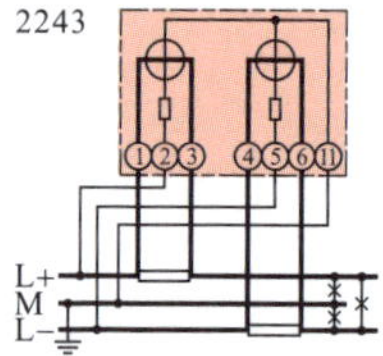

Wirkleistung	Blindleistung	Leistungsfaktor	Wirkleistung

Wechselstrom

3200

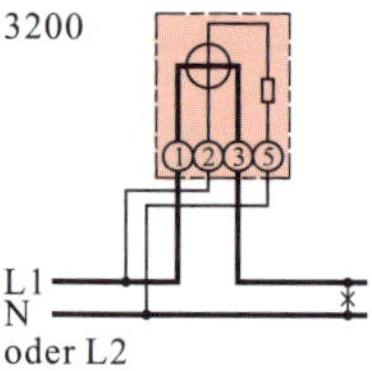

3300

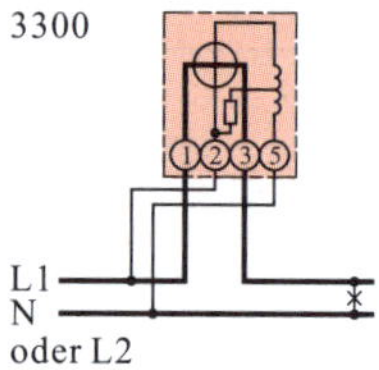

3400

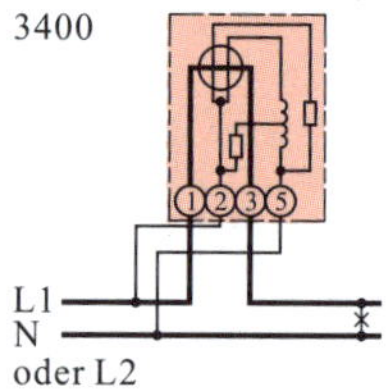

Beispiele mit Messwandlern und getrennten Vorwiderständen

4261

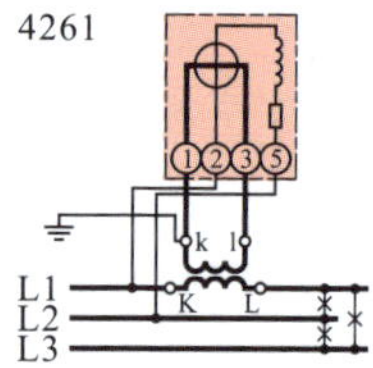

4262

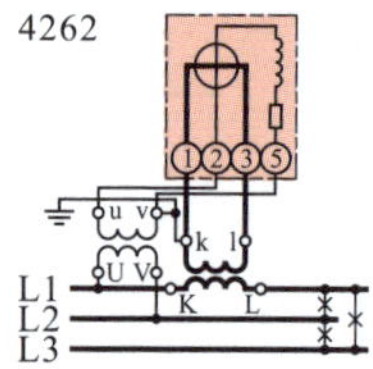

Dreileiter-Drehstrom gleicher Belastung

4250

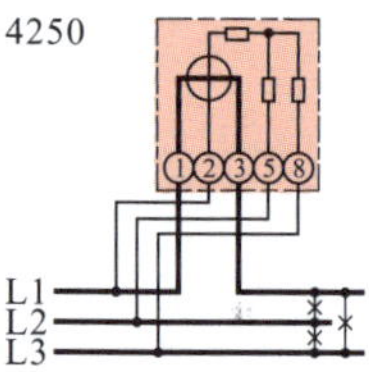

4300

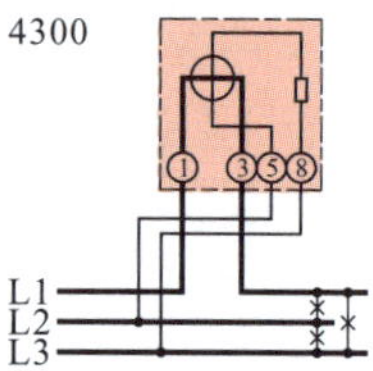

4400

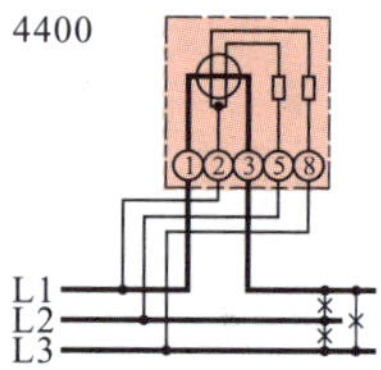

6202

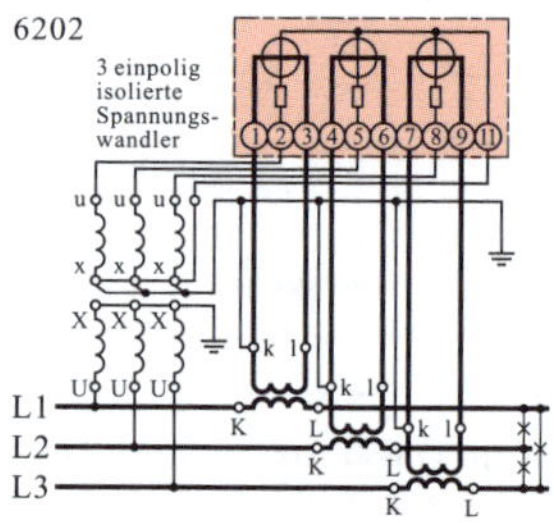

Dreileiter-Drehstrom beliebiger Belastung

5200

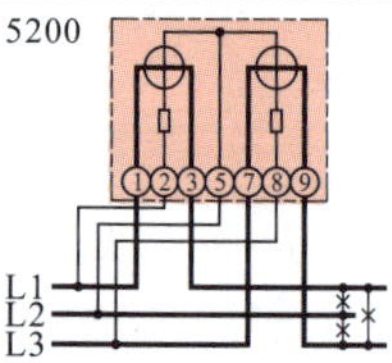

5300

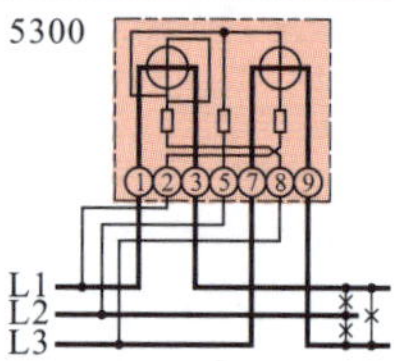

Vierleiter-Drehstrom

6200

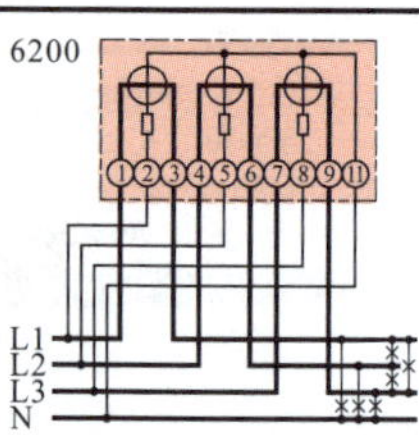

6300

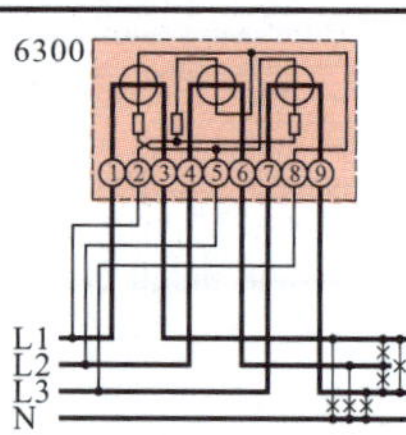

6200a

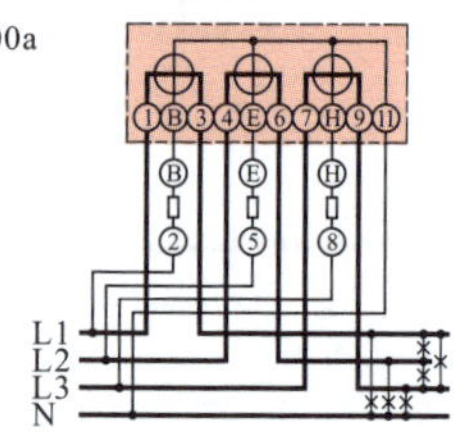

Anmerkung: Die Schaltplan-Nummern entsprechen dem Kennzeichenschlüssel nach DIN 43807: 1983-10.

8.29 Elektrizitätszähler

⇒ 8-6

Anschlussklemmen nach DIN 43856: 1973-1

	Nummer	Klemmenart
Zähler	1 bis 12 13 14 15 16 17, 18, 19	Strom- und Spannungspfade Zweitarifauslöser Maximumauslöser gemeinsamer Anschluss der Zusatzeinrichtungen Überbrückung für die Kurzschließschaltung Maximum-Rückstellung
Tarif-schalt-uhren	1, 2 3, 4 3, 4, 5 6, 7 8, 9	Netzanschluss Tagesschalter Tagesumschalter Maximumschalter Wochenschalter
Rund-steuer-Emp-fänger	1, 2 3, 4, 5 6, 7, 8 9, 10, 11 12, 13, 14	Netzanschluss erster Umschalter zweiter Umschalter dritter Umschalter vierter Umschalter
		Umschaltkontakt jeweils an 4, 7, 10 und 13

Technische Werte nach DIN 43850: 1980-8

Nennströme

Nennströme in A		Zählerart
10		für Einphasen-Wechselstrom
10	15	für Drehstrom
1	5	für Stromwandler-Anschluss

Grenzströme

Zählerart (in A)	für Einphasen-Wechselstrom	für Drehstrom	
Nennstrom I_N	10	10	15
Grenzstrom I_G	40 oder 60	40 oder 60	60

Überschreitet I_G das 1,25fache von I_N, so ist der Wert von I_G hinter dem Wert von I_N in Klammern anzugeben, z.B. 10(40) A.

Zählerkonstante C_Z in U/kWh

120 150 187,5 240 300 375 480 600 750 960
sowie ihre dekadischen Vielfachen und Teile

Messperiode für Maximumzähler

5 10 15 (Vorzugswert) 30 oder 60 Minuten

8.30 Schaltungsnummern für Elektrizitätszähler

⇒ 8-6

Zahlenstelle 1	2	3	4	Zähler-Ausführung
				Grundart des Zählers
1				einpoliger Wechselstrom-Wirkverbrauchzähler
2				zweipoliger Wechselstrom-Wirkverbrauchzähler
3				Dreileiter- Drehstrom-Wirkverbrauchzähler
4				Vierleiter- Drehstrom-Wirkverbrauchzähler
5				Dreileiter- Drehstrom-Blindverbrauchzähler mit 60°-Abgleich
6				Dreileiter- Drehstrom-Blindverbrauchzähler mit 90°-Abgleich
7				Vierleiter- Drehstrom-Blindverbrauchzähler mit 90°-Abgleich
				Zusatzeinrichtungen
	0			ohne Zusatzeinrichtung
	1			mit Zweitarifeinrichtung
	2			mit Maximumeinrichtung
	3			mit Zweitarif- und Maximumeinrichtung
	4			mit Maximumeinrichtung einschl. el. Rückstellung
	5			mit Zweitarif- und Maximumeinr. einschl. el. Rückst.
				Äußerer Anschluss der Grundart
		0		für unmittelbaren Anschluss
		1		für Anschluss an Stromwandler
		2		für Anschluss an Strom- und Spannungswandler
				Schaltungen der Zusatzeinrichtungen
			0	ohne äußeren Anschluss
			1	mit einpoligem inneren Anschluss
			2	mit äußerem Anschluss
			3	mit einpoligem inneren Anschluss und Maximumauslöser in Öffnungsschaltung
			4	mit einpoligem inneren Anschluss und Maximumauslöser in Kurzschließschaltung
			5	mit äußerem Anschluss und Maximumauslöser in Öffnungsschaltung
			6	mit äußerem Anschluss und Maximumauslöser in Kurzschließschaltung

	Ausführung der Tarifschaltuhr
01	mit Tagesschalter
02	mit Maximumschalter
03	mit Tages- und Maximumschalter
04	mit Tages- und Wochenschalter
05	mit Maximum- und Wochenschalter
06	mit Tages-, Wochen- und Maximumschalter
	Ausführung von Rundsteuerempf.
11	mit einem Umschalter
12	mit zwei Umschaltern
13	mit drei Umschaltern
14	mit vier Umschaltern
	Zusätzliche Bezeichnungen
Z	Zweitarif-Auslöser zum Umschalten der Zählwerke
d	Tagesschalter zum Betätigen der Zweitarif-Auslöser
w	Wochenschalter
M	Maximum-Auslöser
ML	Maximum-Laufwerk
MR	Auslöser für Maximum-Rücksteller
mo	Maximum-Schalter zum Betätigen der Maximum-Auslöser in Öffnungsschaltung
mk	Maximum-Schalter zum Betätigen der Maximum-Auslöser in Kurzschließschaltung
Ⓜ	Antriebsmotor
[E]	Rundsteuerempfänger-Empfangsteil

8.31 Zählerschaltungen

8-6

8

Wechselstrom-Wirkverbrauchzähler (unmittelbarer Anschluss)

1000

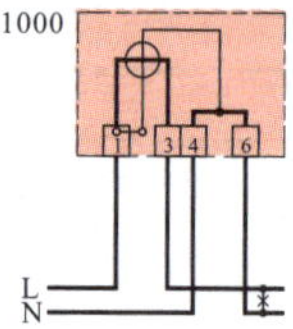

Einpoliger Anschluss

2000

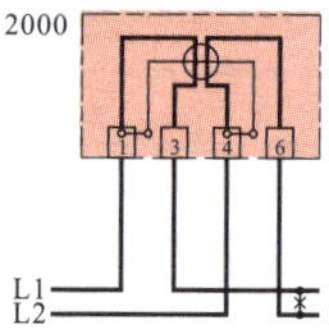

Zweipoliger Anschluss

1101 · 01

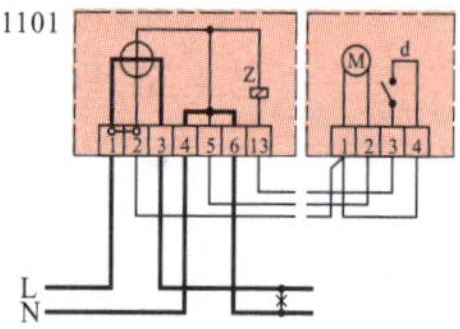

Mit innerem Anschluss einer Zweitarifeinr.

Tarifschaltuhr mit Tagesschalter

1102 · 01

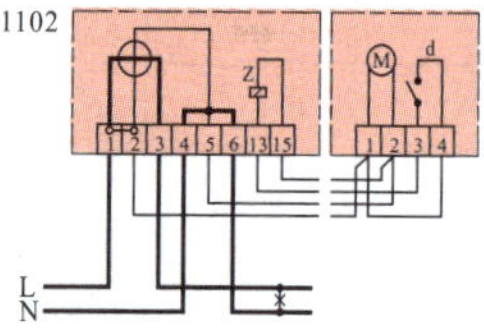

Mit äußerem Anschluss einer Zweitarifeinr.

Tarifschaltuhr mit Tagesschalter

Dreileiter-Drehstrom-Wirkverbrauchzähler

3000

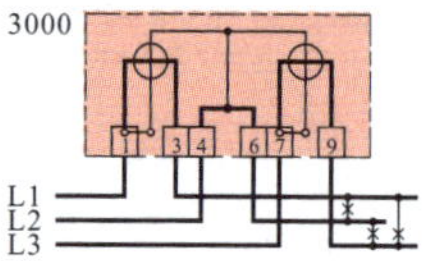

Mit unmittelbarem Anschluss

3020

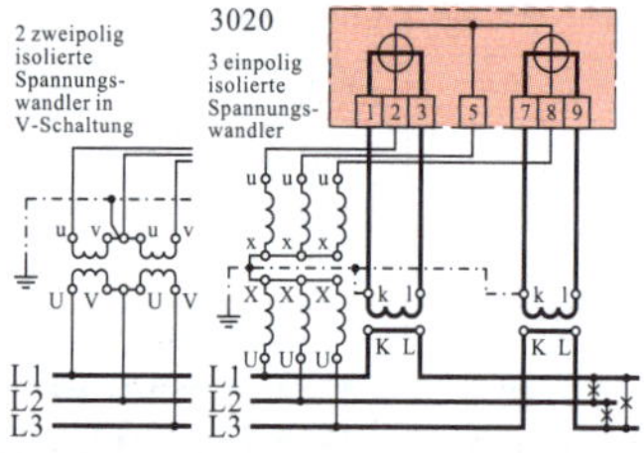

Für Anschluss an Strom- und Spannungswandler

3303 · 03

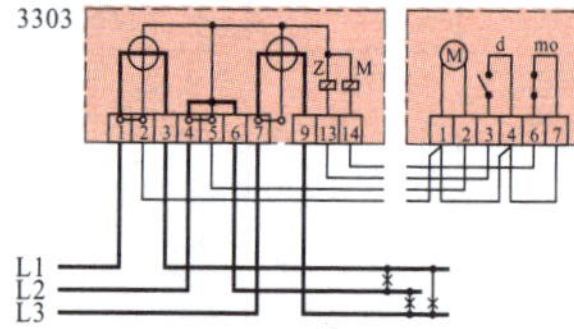

Für unmittelbaren Anschluss mit äußerem Anschluss von Zweitarifeinr. u. Maximum-Auslöser in Öffnungssch.

Tarifschaltuhr mit Tages- und Maximumschalt. für Öffnungssch.

Vierleiter-Drehstrom-Wirkverbrauchzähler

4000

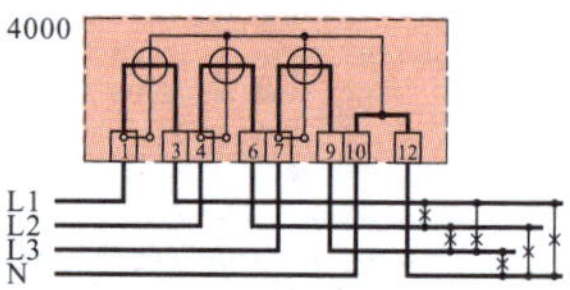

Mit unmittelbarem Anschluss

4525 · 13

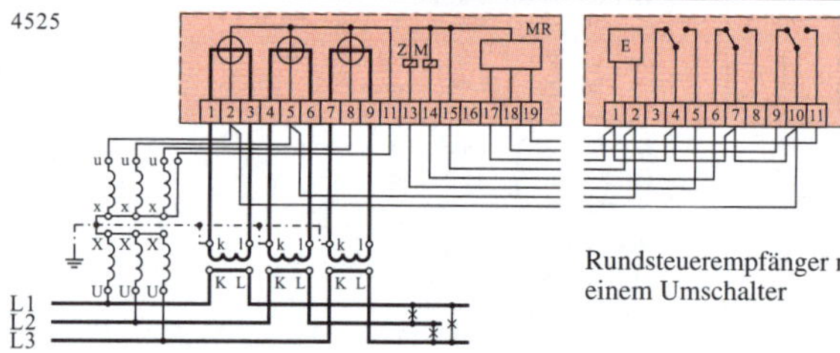

Rundsteuerempfänger mit einem Umschalter

Für Anschluss an Strom- und Spannungswandler, mit Maximum-Laufwerk und elektrischer Maximum-Rückstellung (äußerer Anschluss)

Drehstrom-Blindverbrauchzähler (für Anschluss an Strom- und Spannungswandler)

5020

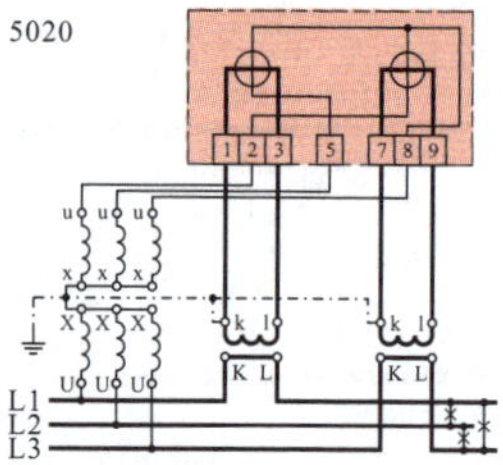

Dreileiter-Anschluss mit 60°-Abgl.

6020

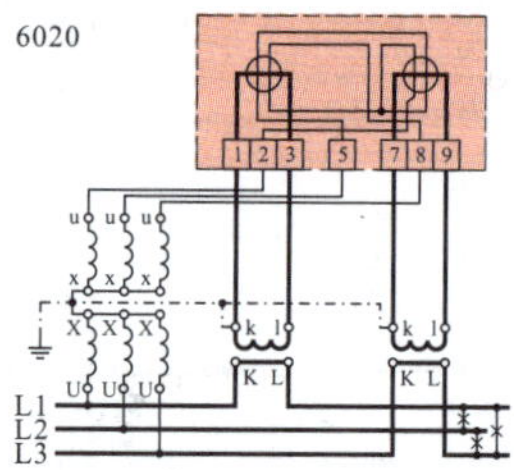

Dreileiter-Anschluss mit 90°-Abgl.

7020

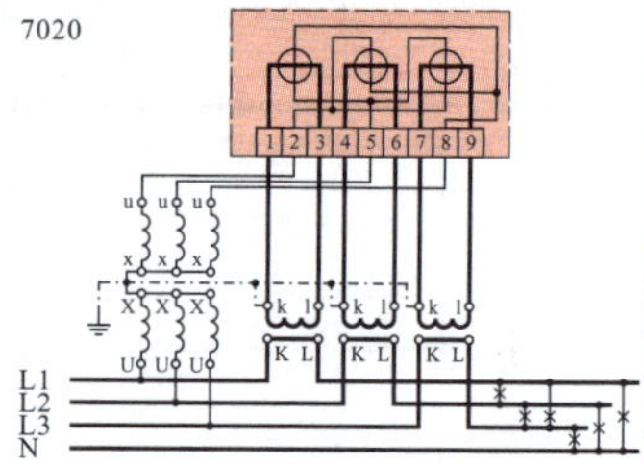

Vierleiter-Anschluss mit 90°-Abgleich

9 Schutzbestimmungen und Prüfungen

9.1 Systemkomponenten einer elektrischen Anlage

⇒ 9-15
⇒ 9-2

Elektrische Anlage

Leitung aus PVC

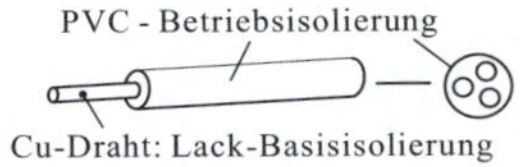

Schutz und Prüfung

- Betriebsmäßige Überlastung
- Vollkommene Kurzschlüsse

Kabel aus PVC und PE

- Elektrischer Widerstand
- Schirm und Isolierung
- Spannung, Verlustfaktor
- Abmessung, Biegung
- Vernetzungsgrad
- Lastwechsel
- Alterung

Kabel aus VPE

Zusatzprüfungen:
- Teilentladung
- Schrumpfung
- Längswasserdichtigkeit
- Alterung unter Wasser
- Geometrieanforderungen

⇐ 13-20
⇐ 13-19

Aufbau | Bezeichnung

- Mittelspannungsnetz (10 kV, 50 Hz)
- Ortsnetzstation (Transformator 10 / 0,4 kV)
- Niederspannungsnetz (400 / 230 V, 50 Hz)
- Hausanschlussleitung
- Hauseinführungsleitung
- Hausanschlusskasten (HAK)
- Hauptleitung
- Stromkreisverteiler
- Stromkreise

Schutzbestimmungen und Prüfungsvorschriften

- Elektrischer Schlag (Menschen und Tiere)
- Thermische Einflüsse (Eigen- und Fremderwärmung)
- Überspannungen (Datenverarbeitungsanlagen)
- Unterspannungen (Leistungsschalter löst bei einem eingestellten Wert aus)
- Trennen und Schalten
- Elektromagnetische Verträglichkeit (EMV) ⇒ 11-33 ff
- Brand und Brandbekämpfung
- Blitzeinwirkung und Explosionsschutz ⇒ 11-30 ff
- Beleuchtung am Arbeitsplatz
- Arbeiten an elektrischen Anlagen
- Erste Hilfe und Maßnahmen bei elektrischen Unfällen

Anlagenteil Badezimmer

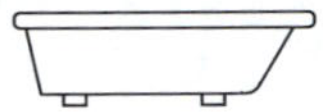

Sondervorschriften: z. B. Schutzbereiche, zusätzlicher Potenzialausgleich

Betriebsmittel Motor

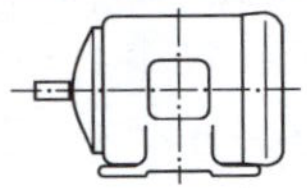

Schutzklasse I (mit PE-Anschluß), Schutzart IP 54 (Staub- u. Spritzwasser)

Nicht elektrische Komponenten einer elektrischen Anlage

Schutzbestimmungen und Prüfungsvorschriften

- Be- und Verarbeitungsmaschinen
- Gefährliche Arbeitsstoffe
- Transport von Gefahrstoffen
- Sicherheitskennzeichnung in Anlagen und am Arbeitsplatz nach VBG
- Brennbare Flüssigkeiten
- Persönliche Ausrüstung
- Bundesimmissionsschutzgesetz
- Verhalten bei Störfällen
- Abfallvermeidung und -entsorgung

9.2 Sicherheitstechnische Festlegungen in elektrischen Anlagen

Elektrische Anlagen und Betriebsmittel erfordern einen Sicherheitsstandard, der den allgemein anerkannten Regeln der Technik entspricht. Anerkannte Regeln der Technik sind insbesondere in den DIN-Vorschriften, VDE-Bestimmungen und VDI-Richtlinien formuliert. Der Stand der Sicherheitstechnik in der Europäischen Union (EU) ist in der Niederspannungsrichtlinie (Richtlinie 73/23 des Rates der EWG vom 19.02.1973) festgeschrieben.
Für die Errichtung und den Betrieb von elektrischen Anlagen und Betriebsmitteln sind unter sicherheitstechnischem Aspekt die VDE-Vorschriften maßgebend. Sie haben quasi Gesetzescharakter. Gerichtsurteile im Zusammenhang mit Stromunfällen und Sachschäden stützen sich auf Gutachten von vereidigten Sachverständigen, die die Einhaltung der VDE-Vorschriften kontrollieren.

Gesetze und Verordnungen

EnWG	Energiewirtschaftsgesetz
GSG	Gerätesicherheitsgesetz
GTA	Gesetz über technische Arbeitsmittel
GewO	Gewerbeordnung
LBO	Landesbauordnung
AVBEltV	Verordnung über Allgemeine Bedingungen für die Elektrizitätsversorgung von Tarifkunden
ElexV	Verordnung über elektrische Anlagen in explosionsgefährdeten Räumen
HandwO	Handwerksordnung
BImSchG	Bundesimmissionsschutzgesetz
CE	CE = **C**ommunauté **E**uropéenne (Conformité Européenne). Die Europäische Union (EU) hat verbindliche Rechtsvorschriften erlassen. Fällt der Anwendungsbereich eines Erzeugnisses in eine EU-Richtlinie, besteht CE-Kennzeichnungspflicht. Die CE-Kennzeichnung auf einem Erzeugnis bestätigt die Übereinstimmung mit den EU-Richtlinien

Organisationen und Institutionen

DIN	Deutsches Institut für Normung
VDE	Verband Deutscher Elektrotechniker
VDI	Verein Deutscher Ingenieure
DKE	Deutsche Elektrotechnische Kommission im DIN und VDE
DITR	Deutsches Informationszentrum für technische Regeln (im DIN)
ISO	Internationale Organisation für Normung
IEC	Internationale Elektrotechnische Kommission
CEN	Europäisches Komitee für Normung
CENELEC	Europäisches Komitee für elektrotechnische Normung
CECC	CENELEC-Komitee für Bauelemente der Elektronik
IECEE	IEC-System für Konformitätsprüfungen nach Sicherheitsnormen für elektrotechnische Erzeugnisse

Bestimmungen und Vorschriften

UVV	Unfallverhütungsvorschriften der Berufsgenossenschaft
VBG 4	Unfallverhütungsvorschrift „Elektrische Anlagen und Betriebsmittel“
TAB	Technische Anschlussbedingungen (der EVU)
VOB	Verdingungsordnung für Bauleistungen

Anmerkung:

Nach BGB ist der VDE ein eingetragener Verein. Der Verein Deutscher Elektrotechniker e. V. wurde am 22.01.1893 gegründet.

Die DKE konstituierte sich 1970. Sie entwickelte sich aus der Normungsarbeit im DIN und VDE. Die Deutsche Elektrotechnische Kommission vertritt deutsche Interessen in den europäischen und internationalen Organisationen.

9.3 Harmonisierte Schutzbestimmungen

Die Normenreihe DIN VDE 0100 „Errichten von Starkstromanlagen mit Nennspannungen bis 1000 V“ enthält Festlegungen und Bestimmungen für das Errichten von elektrischen Anlagen bis $U_{RMS} = 1000$ V (RMS = Effektivwert der Wechselspannung) mit maximal 500 Hz und 1500 V Gleichspannung.

Die Neufassung der Schutzmaßnahmen (ab Mai 1982) berücksichtigt internationale (IEC-Normen) und europäische (CENELEC-Normen) Vereinbarungen. Die DIN VDE 0100, Gruppen 100–600 sind in den CENELEC-Harmonisierungsdokumenten HD 384 auf der Basis der IEC-Publikationen IEC 364 sachlich umgesetzt; die Gruppe 700 mit den Teilen 701–739 wird z. Zt. bearbeitet. ⇒ 9-2

9.3.1 Gliederung der HD 384 und IEC 364

Gruppe/Teile	Erläuterung
100	Anwendungsbereich, Allgemeine Anforderungen
200	Allgemeingültige Begriffe
300	Allgemeine Angaben zur Planung elektrischer Anlagen (Leistungsbedarf, Gleichzeitigkeitsfaktor, Stromerzeugung, Netzsysteme, Aufteilung in Stromkreise, äußere Einflüsse, Verträglichkeit, Wartbarkeit)
400 410 420 430 440 450 460 470 480	Schutzmaßnahmen Schutz gegen elektrischen Schlag Schutz gegen thermische Einflüsse Schutz von Kabeln und Leitungen bei Überstrom Schutz bei Überspannungen Schutz bei Unterspannungen Schutz durch Trennen und Schalten Anwendung von Schutzmaßnahmen Auswahl von Schutzmaßnahmen
500 510 520 530 540 550 560	Auswahl und Errichtung elektrischer Betriebsmittel Allgemeines Kabel, Leitungen, Stromschienen Schalt- und Steuergeräte Erdung; Schutzleiter, Potenzialausgleichsleiter Sonstige elektrische Betriebsmittel Elektrische Anlagen für Sicherheitszwecke
600 610	Prüfungen Erstprüfungen (Besichtigen, Erproben und Messen, Schutzleiter und Potenzialausgleich, Schutz durch sichere Trennung, Isolationswiderstand, Schutz durch automatische Abschaltung, Spannungspolarität, Spannungsfestigkeit, Funktionsprüfungen).

⇒ 9-6
9-7
⇒ 9-19
⇒ 9-20
⇒ 9-14
⇐ -15
⇐ -10

9.3.2 Auszüge aus DIN VDE 0100 Gruppe 700

Gruppe/Teile	Erläuterung
700 701 702 704 705 720 739	Betriebsstätten, Räume und Anlagen besonderer Art Räume mit Badewanne oder Dusche Überdachte Schwimmbäder (Schwimmhallen) und Schwimmbäder im Freien Baustellen Landwirtschaftliche und gartenbauliche Anwesen Feuergefährdete Betriebsstätten Zusätzl. Schutz in Wohnungen durch Schutzeinrichtungen mit $I_{\Delta N} \leq 30$ mA

9

9.4 Stromwirkungen und gefährliche Körperströme

9.4.1 Physikalische und physiologische Stromwirkungen

Schutz und Stromwirkung

Physikalische/Chemische Wirkung (Anlagen und Lebewesen)

Wärmewirkung

- Brandgefahr durch überlastete Leitungen
- Explosionsgefahr durch Kurzschlüsse
- Vollkommene Kurzschlüsse
- Überlastete Geräte

Lebewesen:
- Strommarken an Ein- und Austrittsstellen
- Innere Verbrennungen an Gelenken
- Flüssigkeitsverluste
- Verkochungen
- Gerinnung von Eiweiß
- Platzen der roten Blutkörperchen

Chemische Wirkung

- Korrosionsgefahr

Lebewesen:
- Zersetzen der Zellflüssigkeit

Magnetische Wirkung

- Kraftwirkung bei hohen Kurzschlussströmen

Lebewesen:
- Elektromagnetische Verträglichkeit (EMV)

⇐ 11-33ff

Lichtwirkung

Lebewesen:
- Verbrennungen infolge Lichtbogen
- Blendungen infolge Lichtbogen

Physiologische Wirkung (ausschließlich Lebewesen)

- Muskelbewegungen (Elektromedizin für Therapiezwecke mit 4000 bis 5000 Hz)
- Muskelverkrampfungen
- Muskelkontraktionen
- Nervenstörungen
- Atemlähmungen
- Blutdrucksteigerungen
- Herzstillstand
- Herzkammerflimmern

Elektrokardiogramm, EKG eines Tierherzes

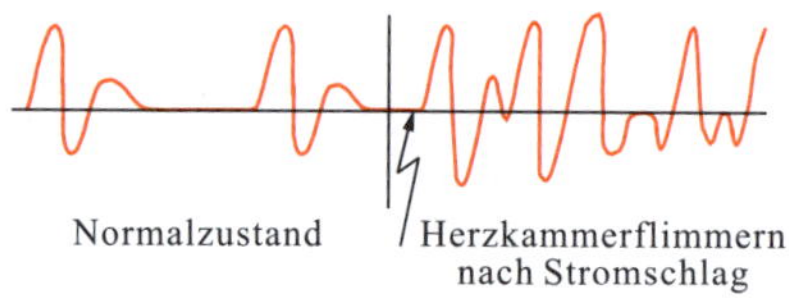

Der „elektrische Schlag" ist eine physiopathologische Erscheinung. Der rhythmisch betonte Herzschlag kann bei Stromeinwirkung (etwa ab 50 mA, Einwirkdauer ca. 1 s) zu einem unkoordinierten Fibrillieren (Herzkammerflimmern) werden. Folge: Die Pumpwirkung des Herzes setzt aus, der Blutkreislauf bricht zusammen, die Körperzellen werden nicht mehr mit Sauerstoff versorgt. Nach ca. 4 Minuten ist der Mensch klinisch tot. Anmerkung: Schutzmaßnahmen verhindern den Stromfluss durch den menschlichen Körper. 9-5

9.4.2 Körperstromwirkungen und Einflussfaktoren

Über die Wirkungen des elektrischen Stromes auf den menschlichen Körper gibt der IEC-Bericht 479 (1985) erschöpfend Auskunft. Die Stromwirkung auf den Körper des Menschen wird hauptsächlich von folgenden Faktoren beeinflusst:

- Stromstärke, Stromart, Frequenz,
- Einwirkungsdauer und Stromweg,
- Hautbeschaffenheit, physische und psychische Verfassung.

Der Strom durch den menschlichen Körper wird vom Körperwiderstand (Impedanz des menschlichen Körpers) begrenzt. Neben den vorgenannten Einflussgrößen sind ebenfalls Kontaktdruck, Berührungsfläche, Feuchtigkeit und Umgebungstemperatur zu berücksichtigen.

Die Körperimpedanz ist ebenfalls von der Höhe der anliegenden Berührungsspannung abhängig. Der Körperwiderstand hat einen mittleren Wert von 1000 Ω. 9-6

9.5 Strom – Zeit – Gefährdungsbereiche

Die physiologischen Beeinflussungen des elektrischen Stromes auf den menschlichen Körper hängen maßgeblich ab von den Faktoren:

- Stromstärke,
- Einwirkungsdauer,
- Frequenz.

Der Frequenzbereich 50–60 Hz zeigt für Wechselstrom das größte Gefährdungspotenzial.
Bei Gleichstrom kann man von höheren Stromwerten ausgehen. Außerdem hängt die Gefährdung bei Gleichstromeinwirkung von der Stromrichtung ab.

Nach dem gegenwärtigen Erkenntnisstand des IEC-Berichts 479 unterscheidet man vier Wirkungsbereiche und drei Grenzkurven: Wahrnehmbarkeitsschwelle, Loslassschwelle und Flimmerschwelle.

Bereich ① Gewöhnlich keine Reaktion.
Bereich ② Gewöhnlich keine schädliche Wirkung.
Bereich ③ Keine organischen Schäden, Herzkammerflimmern unwahrscheinlich, leichte Muskelkontraktionen, Atembeschwerden.
Bereich ④ Herzkammerflimmern mit fallender Wahrscheinlichkeit in der Nähe der Flimmerschwelle.

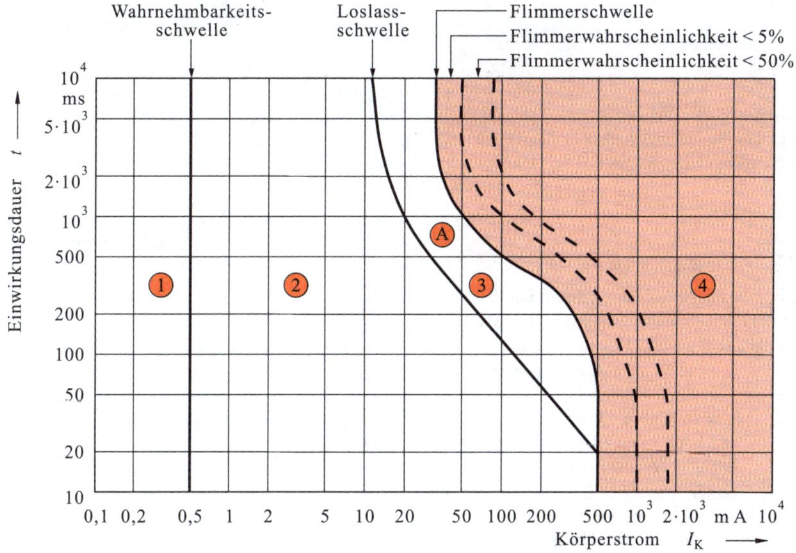

Die Bereiche ①; ② und ③ haben für die elektrotechnisch genormten Schutzmaßnahmen eine untergeordnete Bedeutung. Geringe Körperdurchströmungen bei kurzer Einwirkzeit führen zu schreckhaften Reaktionen. Diese verursachen Sekundärunfälle (z. B. Fall von der Leiter). Primäre Stromunfälle treten im Bereich ④ auf. Der Stromweg linke Hand–linker Fuß und eine Einwirkdauer >200 ms erhöhen die Gefahr des Herzkammerflimmerns bei entsprechenden Stromstärken.

9.5.1 Körperstromwirkungen und Körperwiderstand

Entscheidende Beeinflussungsfaktoren für die Gefährdung des Menschen sind:

- Stromstärke
- Einwirkungsart (AC oder DC)
- Einwirkungsdauer
- Stromweg
- Stromfrequenz
- Hautbeschaffenheit
- Gesundheitszustand

Der Körperwiderstand ist keine konstante Größe. Der Widerstand des menschlichen Körpers

- nimmt ab mit steigender Spannung,
- verringert sich bei Vergrößerung der Berührungsflächen,
- wird kleiner bei hoher Hautfeuchtigkeit und großem Berührungsdruck.

9.6 Fehlerstromkreis und internationale Begriffe

9.6.1 Fehlerstromkreis und Berührungsspannung

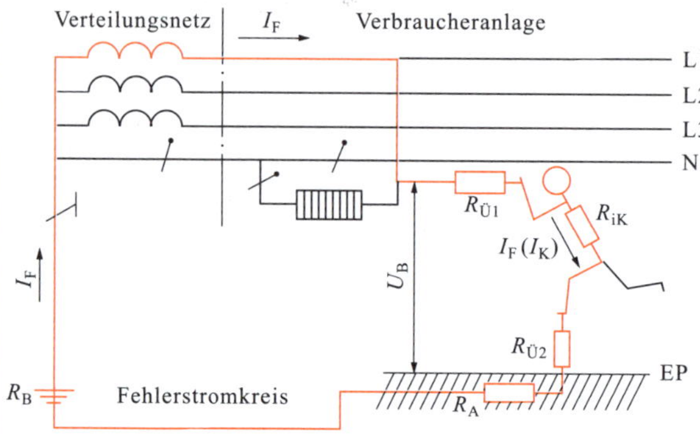

R_B Betriebserde
EP Erdpotenzial
$R_ü$ Übergangswiderstände (Hand und Fuß)
R_{ik} innerer Widerstand des menschlichen Körpers
R_A Anlagenerder
I_K Körperstrom
I_F Fehlerstrom
U_B Berührungsspannung
R_K Gesamtkörperwiderstand
$R_K = R_{Ü1} + R_{iK} + R_{Ü2} = 1000\ \Omega$

Der Körperstrom wird durch den Widerstand des menschlichen Körpers (Körperimpedanz) begrenzt. Stromstärken bis 50 mA kann der Mensch kurzzeitig ertragen (s. Punkt Ⓐ im Diagramm Strom – Zeit – Gefährdungsbereiche, Kapitel 9.5). Der Mensch überbrückt die im Fehlerstromkreis messbare Berührungsspannung U_B.

9-5

$U_B = I_F \cdot R_K = 50\ \text{mA} \cdot 1000\ \Omega$
$U_B = 50\ \text{V}$
($U_B = U_L$, L = Limit, Grenze)

Grenzen der höchstzulässigen Berührungsspannung:
AC: $U_L = 50\ \text{V}$
DC: $U_L = 120\ \text{V}$

Anmerkung: Für besondere Anwendungsfälle kleinere Werte.

Den Körperstrom bezeichnet man im Fehlerstromkreis als Fehlerstrom I_F. Fehlerstromschutzeinrichtungen trennen bei entsprechend großem Fehlerstrom die Verbraucheranlage allpolig vom Verteilungsnetz.

9.6.2 Internationale Begriffe (Auszüge)

Ableitstrom	Der in einem fehlerfreien Stromkreis zur Erde oder zu einem fremden leitfähigen Teil abfließende Strom	Indirektes Berühren	Das Berühren von Körpern elektrischer Betriebsmittel, die infolge eines Fehlers unter Spannung stehen
Aktive Teile	Unter normalen Betriebsbedingungen unter Spannung stehende Leiter und leitfähige Teile. Hierzu gehören auch Neutralleiter, nicht aber PEN-Leiter und die mit diesem leitend verbundenen Teile	Körper	Ein berührbares, leitfähiges Teil eines elektrischen Betriebsmittels, das nur im Fehlerfall unter Spannung stehen kann
Direktes Berühren	Das Berühren aktiver Teile durch Personen oder Nutztiere	Nennspannung	Kennzeichnet eine Anlage oder einen Teil davon. Die tatsächliche Spannung kann innerhalb der zulässigen Grenzen hiervon abweichen
Elektrische Betriebsmittel	Alle Gegenstände, die zur Erzeugung, Umwandlung, Übertragung, Verteilung und Anwendung von elektrischer Energie genutzt werden	Neutralleiter (N)	Ein mit dem Mittel- oder Sternpunkt verbundener Leiter, der geeignet ist, elektrische Energie zu übertragen
(Elektrischer) Stromkreis	Hierzu gehören alle elektrischen Betriebsmittel einer Anlage, die von demselben Speisepunkt versorgt und durch dieselben Schutzeinrichtungen geschützt sind	Schutzleiter (PE)	Verbinden Körper elektrischer Betriebsmittel je nach Schutzmaßnahme mit fremden leitfähigen Teilen, Erdern, einem künstlichen Sternpunkt oder einem geerdetem Punkt der Stromquelle oder der Haupterdungsklemme
Erde	Die Bezeichnung für das leitfähige Erdreich mit dem elektrischen Potenzial Null	Verteilungsstromkreis	Der eine Verteilungstafel versorgende Stromkreis

9-15

9.7 Nationale Begriffe (Auszüge)

Außenleiter (L1, L2, L3) – Verbinden die Stromquellen mit den Verbrauchsmitteln; sie gehen nicht vom Mittel- oder Sternpunkt aus

9-6
Berührungsspannung (U_B) – Der Teil der Fehler- oder Erderspannung, der vom Menschen überbrückt werden kann. U_L ist die für ein Betriebsmittel oder Anlagenteil höchstzulässige Berührungsspannung (z. B. $U_L = 25$ V für landwirtschaftliche Betriebsstätten)

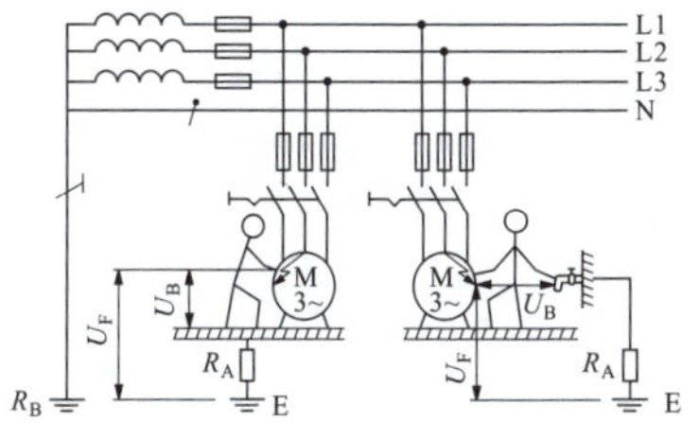

U_F Fehlerspannung
U_B Berührungsspannung
E Bezugserde
R_B Summe der Erdungswiderstände des Verteilungsnetzes
R_A Erdungswiderstand am Standort (Anlagenerder)

Betriebserdung – Erdung eines Punktes des Betriebsstromkreises. Sie ist unmittelbar, wenn sie außer dem Erdungswiderstand keine weiteren Widerstände enthält und mittelbar, wenn sie über zusätzliche Wirk- oder Blindwiderstände hergestellt ist

Erdschluss – Eine durch Fehler oder Lichtbogen entstandene leitende Verbindung eines Außenleiters oder betriebsmäßig isolierten Mittelleiters mit Erde oder geerdeten Teilen

-22
Erdung – Die Gesamtheit aller Mittel und Maßnahmen zum Erden. Bei einer offenen Erdung sind Überspannungsschutzorgane oder Schutzfunkenstrecken eingebaut

-6
Fehlerstrom (I_F) – Der durch einen Isolationsfehler zum Fließen kommende Strom

Freischalten – Das allpolige Abschalten und Abtrennen einer Anlage oder eines Betriebsmittels von allen nicht geerdeten Leitern

Hausinstallationen – Starkstromanlagen mit Nennspannungen bis 250 V gegen Erde, die in Art und Umfang der Ausführung den Starkstromanlagen für Wohnungen entsprechen

Körperschluss – Eine durch einen Fehler entstandene leitende Verbindung zwischen Körpern und aktiven Teilen elektrischer Betriebsmittel 9-19 9-22

Kurzschluss – Eine durch einen Fehler entstandene leitende Verbindung zwischen betriebsmäßig gegeneinander unter Spannung stehenden Leitern (aktiven Teilen), wenn kein Nutzwiderstand im Fehlerstromkreis liegt 9-19 9-22

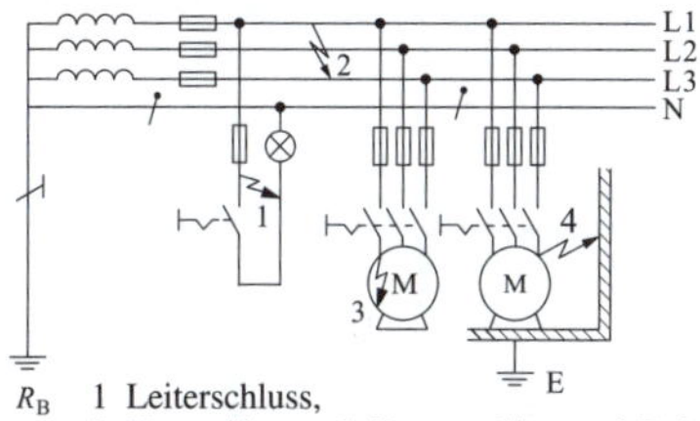

1 Leiterschluss,
2 Kurzschluss, 3 Körperschluss, 4 Erdschluss

Unfallgefährlich: Körperschluss
Brandgefährlich: Kurzschluss, Erdschluss

Leiterschluss – Eine durch einen Fehler entstandene leitende Verbindung zwischen betriebsmäßig gegeneinander unter Spannung stehenden Leitern, wenn ein Nutzwiderstand im Fehlerstromkreis liegt

Leitungsnetz – Die Gesamtheit aller Leitungen und Kabel vom Stromerzeuger bis zum Verbraucher- oder Betriebsmittelanschluss

Natürlicher Erder – Ein unmittelbar oder über Beton mit der Erde in Verbindung stehendes Metallteil, das als Erder wirkt, dessen ursprünglicher Zweck aber nicht die Erdung ist (z. B. metallene Rohrleitung)

Schleifenimpedanz – Die Summe aller Scheinwiderstände in einer Stromschleife (Impedanz der Stromquelle und Impedanzen von Hin- und Rückleitungen zwischen Stromquelle und Messstelle)

Starkstromanlage – Elektrische Anlagen mit Betriebsmitteln zum Erzeugen, Umwandeln, Speichern, Fortleiten, Verteilen und Umformen elektrischer Energie, um Arbeit zu verrichten

Verbraucheranlage – Die Gesamtheit aller elektrischen Betriebsmittel hinter dem Hausanschlusskasten oder, wo dieser nicht erforderlich ist, hinter den Ausgangsklemmen der letzten Verteilung vor den Verbrauchsmitteln 9-8

9

9.8 Schutz und Schutzeinrichtungen

Schutz sind Maßnahmen in elektrischen Anlagen, um Lebewesen (Menschen und Tiere), Sachwerte, Anlagenteile, Betriebsmittel und Geräte vor Gefahr und Schaden zu bewahren.

Die Unfallverhütung hat in diesem Zusammenhang die wichtigste Priorität. Den Schutz garantieren Überstrom-Schutzeinrichtungen und Fehlerstrom-Schutzeinrichtungen.

9.8.1 Schutz einer elektrischen Anlage

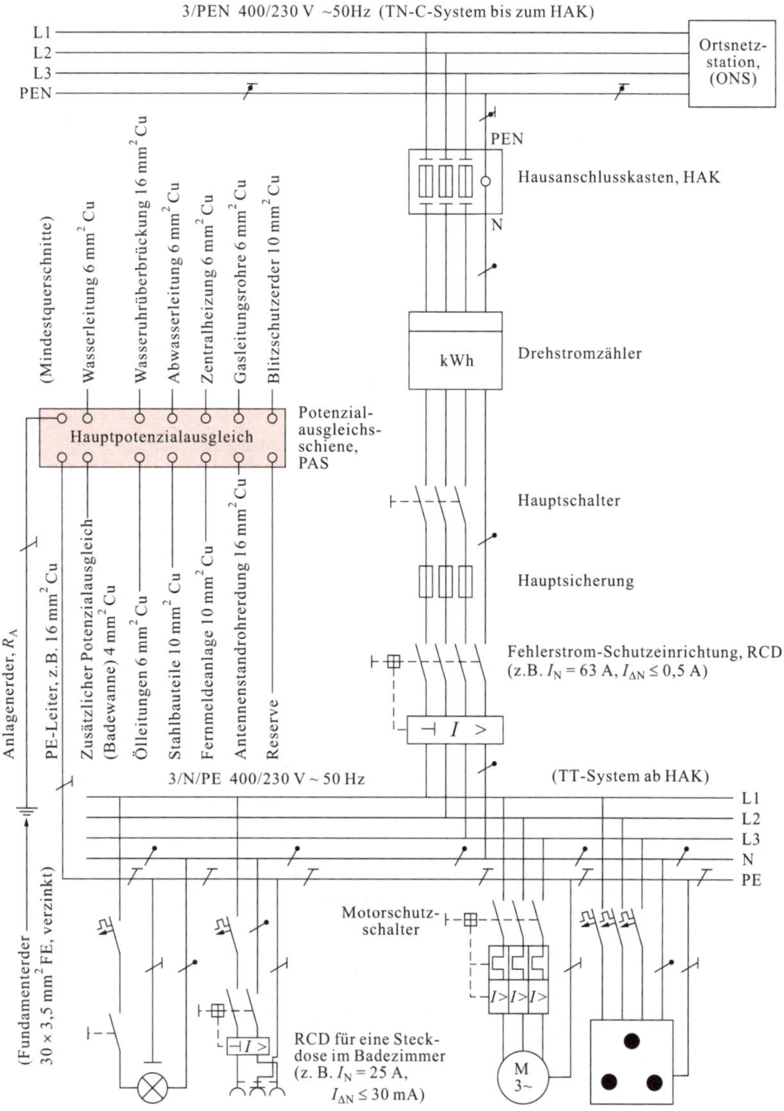

⇒ 9-20

9.9 Schutzeinrichtungen

Schutzeinrichtungen sind selbstauslösende Überwachungseinrichtungen für den Personen-, Anlagen-, Betriebsmittel- und Geräteschutz. Sie kontrollieren elektrische (z. B. Strom, Spannung, Isolationswiderstand) und nichtelektrische (z. B. Temperatur, Druck) Parameter. Erreicht die zu überwachende Größe einen festgelegten Grenzwert, wird die Anlage allpolig vom Netz getrennt oder die Energiezufuhr vorübergehend vermindert.

9.9.1 Überstrom-Schutzeinrichtungen

Überstromschutzeinrichtungen, ÜSE

Kurzschlussschutz
- Geräte- und Feinsicherungen
- Geräteschutzschalter

Überlast- und Kurzschlussschutz
- Schmelzsicherungen
  NH-Sicherungen
  DIAZED-Sicherungen
  NEOZED-Sicherungen
- Leistungsschutzschalter
- Leistungsschalter
- Motorschutzschalter

Überlastschutz
- Motorstarter (auch Anlaufhilfe)
- Überstromschutzrelais
- Motorschutzrelais

9.9.2 Fehlerstrom-Schutzvorrichtung

FIVR im TT-System

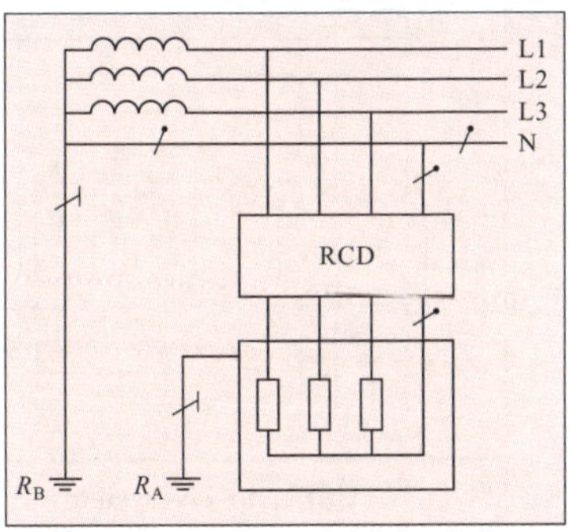

Die Fehlerstrom-Schutzvorrichtung (FIVR) besteht aus der Fehlerstrom-Schutzeinrichtung (RCD, Wirkungsweise s. 9.11) und der Erdungsanlage (im TT-System R_A und R_B). Fehlerstrom-Schutzvorrichtungen zeichnen sich durch einen hohen Schutzpegel aus und werden im TN-, TT- und IT-System eingesetzt. Sie garantieren Schutz bei indirektem und direktem Berühren und ermöglichen einen hervorragenden Brandschutz.
Die Fehlerstrom-Schutzvorrichtung eignet sich besonders bei schlechten Erdungsverhältnissen, da die Schutzeinrichtung im Fehlerfall schon bei geringen Fehlerströmen auslöst.
Ausführungen von RCDs:
Nennstrom, I_N von 16 A bis 224 A.
Bemessungsdifferenzstrom, $I_{\Delta N}$ von 10 mA bis 1 A.

9.9.3 Fehlerspannungs-Schutzeinrichtung

FUSE im TT-System

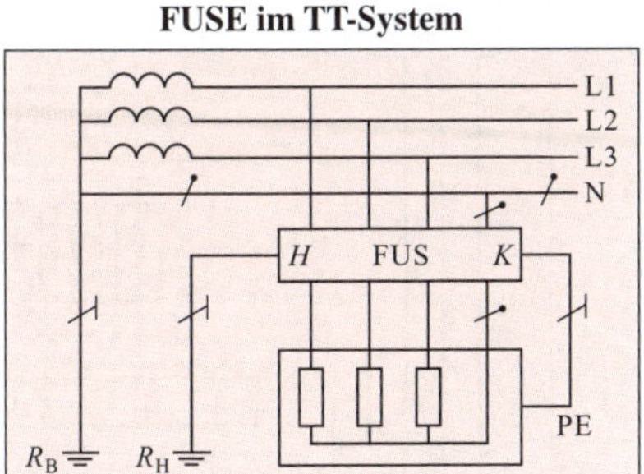

Bei der Fehlerspannungs-Schutzeinrichtung (FUSE) wirkt ein spannungsmessendes Relais zwischen dem Gehäuse des zu schützenden Gerätes und der Erde auf den Auslöser des Fehlerspannungs-Schutzschalters (FUS). Überschreitet die Fehlerspannung eine festgelegte Grenze, trennt der Schutzschalter das defekte Gerät allpolig vom Netz. Die Fehlerspannungs-Schutzeinrichtung kann im TT- und IT-System angewendet werden.
Die Fehlerspannungs-Schutzeinrichtung wird nur noch für Sonderfälle eingesetzt; ihre ordnungsgemäße Funktion verlangt strenge Installationsvorschriften.

9.10 Weitere Schutzeinrichtungen

5-29
9-24

FI/LS-Schalter (RCBO)	Idealer Anlagenschutz. Integrierte Baueinheit bestehend aus Fehlerstrom-Schutzeinrichtung und Leitungsschutzschalter
LS/DI-Schalter (RCBO)	Idealer Personenschutz. Neben dem Leitungsschutzschalter wirkt eine zusätzliche Auslösung infolge eines Fehlerstromes, der als Differenzstrom auftritt. Aktive elektronische Bauteile unterstützen den Summenstromwandler in der FI-Einheit bei der DI-Auslösung
Isolations-überwachungs-Einrichtung	Der Isolationswiderstand der zu schützenden Anlage gegenüber der Erde (z. B. 500 Ω/V) wird permanent gemessen. Der Isolationswächter aktiviert bei dem festgelegten Grenzwert des Isolationswiderstandes einen optischen und/oder akustischen Melder

9.10.1 Überspannungs-Schutzeinrichtung

11-32

Überspannungen sind kurzzeitig auftretende Stoßspannungen infolge Blitzentladungen, Schaltvorgängen und Fehlerfällen. Überspannungs-Schutzeinrichtungen (ÜSPE) haben die Aufgabe, Überspannungen zu begrenzen, elektrische Anlagen und Betriebsmittel vor Überspannungen zu schützen oder den Potenzialausgleich herzustellen.

Aufbau einer ÜSPE

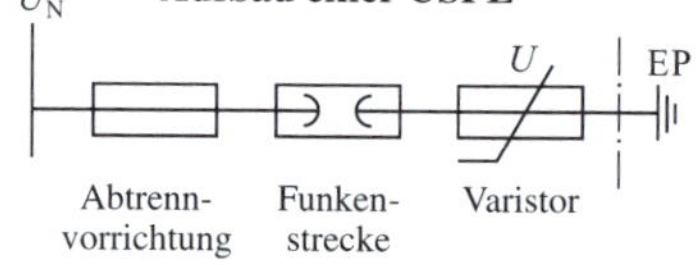

Anlage mit selektivem Überspannungsschutz

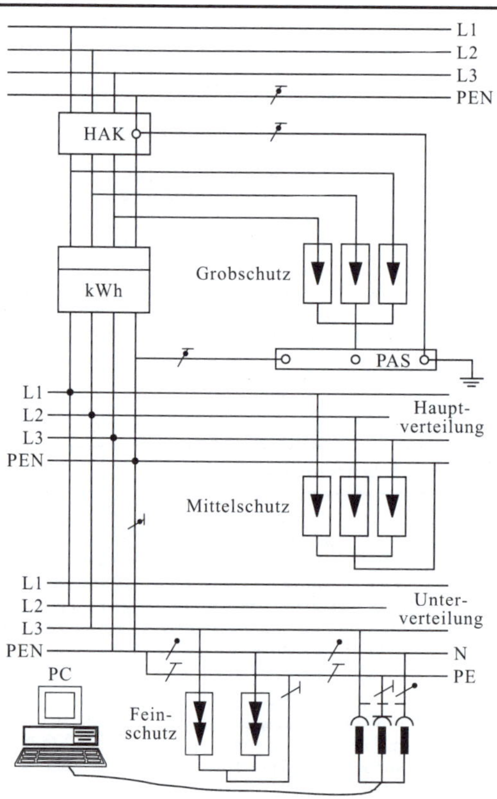

ÜSPE im TT-System

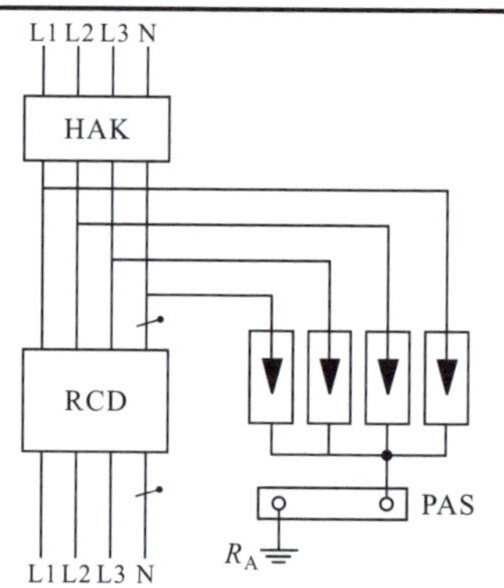

ÜSPE im TN-System

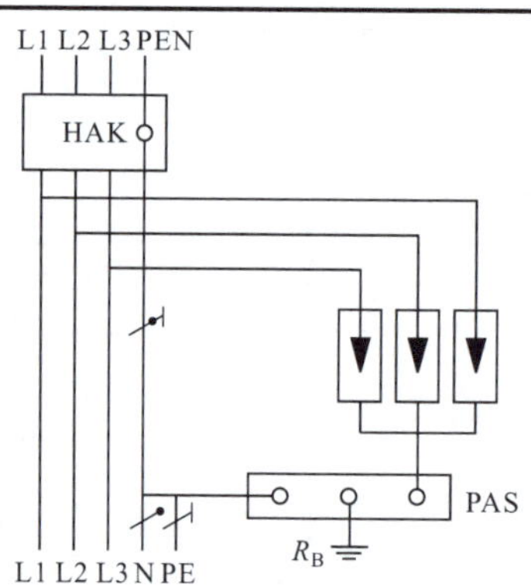

9.11 Wirkungsablauf für Überstromschutz und Fehlerstromschutz

Systemkomponenten	Erläuterung
Zuleitung vom Netz (Stromquelle)	Netzseitige Einspeisung von der Stromquelle (z. B. Ortsnetzstation) für eine elektrische Anlage oder ein elektrisches Betriebsmittel. Die Überstrom-Schutzeinrichtung (z. B. NH-Schmelzsicherung) übernimmt den Überlastschutz und den Kurzschlussschutz für die elektrische Anlage (Betriebsmittel und Leitungen) bis zur nachfolgenden Überstrom-Schutzeinrichtung
Komponenten der Fehlerstrom-schutzeinrichtung	Fehlerstrom-Schutzeinrichtungen sind netzspannungsunabhängige Schutzeinr. Im Normalbetrieb ist die Summe der zufließenden Ströme gleich der Summe der abfließenden Ströme in den aktiven Leitern. Ein Fehlerstrom, der im gestörten Betrieb (z. B. Körperschluss durch Isolationsfehler) an (in) der zu schützenden, geerdeten Anlage oder dem Betriebsmittel auftritt, bewirkt die allpolige Trennung vom Netz
Summenstrom-wandler	Der Summenstromwandler vergleicht alle Ströme in den aktiven Leitern zur Anlage oder zum Betriebsmittel mit den zurückfließenden Strömen von der Anlage oder vom Betriebsmittel zur Stromquelle. **Wichtig:** Der Schutzleiter darf nicht über den Summenstromwandler geführt werden! Moderne Wandlereinheiten registrieren Wechselfehlerströme (sie arbeiten wechselstromsensitiv), pulsierende Gleichfehlerströme (sie sind pulsstromsensitiv) und glatte Gleichfehlerströme (sie vergleichen alle auftretenden Stromarten). In Neuanlagen werden vorzugsweise allstromsensitive, hochempfindliche Fehlerstrom-Schutzeinrichtungen mit $I_{\Delta N} \leq 30$ mA eingesetzt
Elektronik-einheit	Die Elektronikeinheit garantiert hohe Funktionssicherheit durch passive elektronische Bauelemente. Ein Resonanzkreis bestehend aus Summenstromwandler, Magnetauslöser und Kondensator garantiert und unterstützt eine zweckmäßige Auslöseabstimmung
Auslöser	Der Sperrmagnetauslöser reagiert, wenn ein festgelegter Grenzfehlerstrom (Bemessungsdifferenzstrom, z. B. $I_{\Delta N} \geq 30$ mA) zur Erde abfließt. Die Stromänderung induziert im Magnetkern des Summenstromwandlers eine Spannung. Diese Spannung bewirkt die Auslösung der Fehlerstrom-Schutzeinrichtung
Schaltschloss / Schaltglieder	Der Auslöser beeinflusst das mechanische Schaltschloss. Die zwei- bis vierpoligen Schaltglieder trennen die elektrische Anlage oder das Betriebsmittel allpolig vom Netz
Ableitung zum Anlagenteil oder Betriebsmittel	Zuleitung für einen Teil der elektrischen Anlage (Stromkreis) oder ein Betriebsmittel. Der zeitverzögerte thermische Auslöser der Überstrom-Schutzeinrichtung (z. B. Leitungsschutzschalter) sorgt für den Überlastschutz und der unverzögerte magnetische Auslöser garantiert den Kurzschlussschutz der Leitung bis zum Anlagenteil oder Betriebsmittel. Anmerkung: Der Wirkungsablauf für den Überstromschutz und den Fehlerstromschutz findet Anwendung im TN-, TT- und IT-System. Bei Überströmen löst in den drei Netzsystemen infolge Überlastung oder Kurzschlüssen die entsprechende Überstrom-Schutzeinrichtung aus. Infolge eines Körperschlusses oder Erdschlusses reagiert die Fehlerstrom-Schutzeinrichtung. Im TN- und TT-System erfolgt die Abschaltung der Fehlerstrom-Schutzeinrichtung beim 1. Fehler, im IT-System beim 2. auftretenden Fehler

⇒ 9-19
⇒ 9-9

9.12 Schutzbestim. und int. Kennzeichnung bei Fehlerstromschutz

Anlagen- und Personenschutz

Fehlerstrom-Schutzeinrichtung (RCD)

Brandschutz

Maximale Wärmeleistung bei Bränden:
$P = 100$ W
Beispiel:
Mit RCD
$I_{\Delta N} = 30$ mA
$P = U \cdot I_{\Delta N}$
$P = 230$ V $\cdot\, 0{,}03$ A
$P = 6{,}9$ W

Indirekter Berührungsschutz

TT-System

RCD mit R_A (Anlagenerder) und R_B (Betriebserder) ist eine Fehlerstrom-Schutzvorrichtung

TN-System

RCD mit R_B (Betriebserder des Netzes) ist eine Fehlerstrom-Schutzvorrichtung

TT-System und TN-System: Abschaltung beim 1. Fehler

IT-System

RCD (für separate Stromkreise) mit allen Erdern und Körpern ist eine Fehlerstrom-Schutzvorrichtung ($I_{\Delta N} \geq 100$ mA)

Abschaltung beim 2. Fehler

Direkter Berührungsschutz

Fehlerstrom-Schutzeinrichtung mit $I_{\Delta N} \leq 30$ mA und $I_N = 32$ A

Keine autonome Schutzmaßnahme, sondern Ergänzungsschutz bei direktem Berühren

5-2
9-1

Internationale Kennzeichnung und Einteilung von Fehlerstrom-Schutzeinrichtungen

RCD[1)]

RCD ohne Hilfsspannungsquelle

Bezeichnung:
Fehlerstrom-Schutzeinrichtung

Ein festgelegter Bemessungsdifferenzstrom (z. B. $I_{\Delta N} \leq 30$ mA) garantiert die allpolige Abschaltung. Die Funktion der Schutzeinrichtung ist spannungsunabhängig

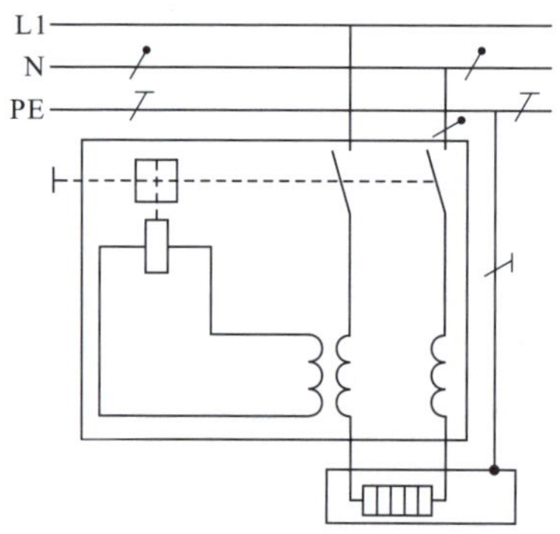

RCD mit Hilfsspannungsquelle

Bezeichnung:
Differenzstrom-Schutzeinrichtung

Ein festgelegter Differenzstrom (Fehlerstrom) garantiert die Abschaltung. Die Funktion der Schutzeinrichtung ist von einer Hilfsspannung (in der Regel die Netzspannung) abhängig

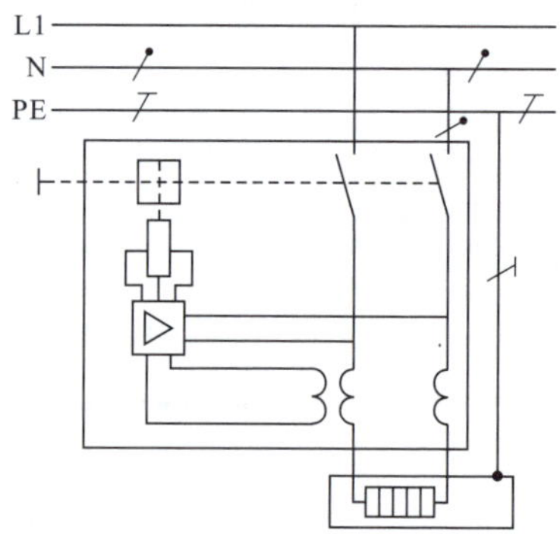

SRCD
Ortsfeste Fehlerstrom-Schutzeinrichtung in Steckdosenausführung

PRCD
Ortsveränderliche (p = portable) Fehlerstrom- und Differenzstrom-Schutzeinrichtung (OVS)

PRCD-S
OVS mit Schutzleiterüberwachung bei Beschädigung einer Fremdleitung (s = safety)

1) RCD: **R**esidual **C**urrent protective **D**evice (Reststrom-Schutzschalter).

9.13 Schutzmaßnahmen und Prüfungen

Der Errichter installiert eine elektrische Anlage nach den anerkannten Regeln der Technik. Die Technischen Anschlussbedingungen (TAB) der für ein Versorgungsgebiet zuständigen Elektrizitäts-Versorgungs-Unternehmen (EVU) basieren auf den Vorschriften der Vereinigung Deutscher Elektrizitätswerke e.V. (VDEW). Die Vorschriften der VDEW und der Berufsgenossenschaft der Feinmechanik und Elektrotechnik normieren die anerkannten Regeln der Technik. Sicherheit in elektrischen Anlagen ist garantiert, wenn die VDE-Vorschriften eingehalten werden. 9-3

Die TAB des EVU verpflichten den Errichter einer elektrischen Anlage, Prüfungen, die den ordnungsgemäßen Zustand der Anlage anzeigen, durchzuführen. Die Ergebnisse der Prüfungen werden in Prüfprotokollen (Übergabebericht + Prüfprotokoll des Zentralverbandes der Deutschen Elektrohandwerke, ZVEH) dokumentiert. Prüfprotokolle schützen sowohl den Errichter als auch den Betreiber einer elektrischen Anlage vor zivilrechtlichen Konsequenzen und Folgen. Im Zusammenhang mit Personen- und Sachschäden infolge eines Elektrounfalls können die Sicherheitsprüfungen in Strafprozessen als Beweislast dienen.

Im Produkthaftungsgesetz und in den EU-Richtlinien Maschinen (in Kraft ab 1.1.1993) erhalten die Technischen Dokumentationen einen hohen haftungsrechtlichen Stellenwert. Dieses Gesetz zwingt den Hersteller von elektrischen Betriebsmitteln einen hohen Sicherheitsstandard einzuhalten.

Übersicht über Schutzmaßnahmen und Prüfungen

Schutzmaßnahmen und Prüfungen

- Personen- und Anlagenschutz
  - Schutz gegen direktes Berühren (Basisschutz) -16
  - Schutz bei direktem Berühren (Zusatzschutz, RCD mit $I_{\Delta N} \leq 30$ mA) -16
  - Schutz sowohl gegen direktes als auch bei indirektem Berühren (Grundschutz) -17
  - Schutz bei indirektem Berühren (Fehlerschutz) -18
  - Leitungsschutz 22 ff
  - Brandschutz
  - Blitzschutz 30 ff
- Betriebsmittel- und Geräteschutz
  - Schutzarten 10-14
  - Schutzklassen 9-15
- Prüfungen 9-14
  - Erstprüfungen
  - Wiederkehrende Prüfungen oder Wiederholungsprüfungen
  - Herstellerprüfung
  - Geräteprüfungen nach Instandsetzungen

9.13 Schutzmaßnahmen und Prüfungen

9.13.1 Prüfungen in elektrischen Anlagen

Prüfungen

- Besichtigen
- Erproben und Messen

Reihenfolge der Prüfungen nach Errichtung einer Neuanlage

Hinweis: Der Prüfer einer elektrischen Anlage setzt voraus, daß der Querschnitt der Leitungen den Anforderungen auf Strombelastbarkeit und Einhaltung des Spannungsfalls entspricht.

1. **Besichtigungen** (Leitungen, Betriebsmittel, Geräte, Überwachungseinrichtungen, Auswahl der Überstromschutzeinrichtungen, Dokumentation der Anlage, Schaltpläne und Bedienungsanleitungen).
2. **Isolationsmessung** (Überprüfung der Einhaltung der erforderlichen Mindestwerte).
3. **Messung des Erdungswiderstandes** (die Größe des Mindestwertes richtet sich nach der in der elektrischen Anlage angewendeten Schutzmaßnahme).
   Die Anlage wird nun mit elektrischer Energie versorgt. Fortsetzung des Prüfverfahrens.
4. **Erprobung** der elektrischen Anlage oder Anlagenteile, Betriebsmittel und Geräte.
5. Durchführung der für die elektrische Anlage erforderlichen **Messungen**, um den Schutz von Personen, Tieren und Sachwerten zu garantieren. Die Messergebnisse werden in das Prüfprotokoll eingetragen.

9

Messgeräte für die Überprüfung der Schutzmaßnahmen

Prüfgerät	Toleranz	Messergebnisse (Auswahl)
Isolations-Messgerät	±30%	Messgleichspannung 500 V: Riso ≥ 0,5 MΩ Messgleichspannung 1000 V: Riso ≥ 1,0 MΩ
Schleifenimpedanz-Messgerät	±30%	Z_s in Ω ($Z_s \leq 2$ Ω im TN-System)
Widerstands-Messgeräte	±30%	Messung der niederohmigen Verbindung des Schutzleiters (Messwert: $R \leq 1$ Ω)
Erdungs-Messgeräte Kompensations-Messverfahren (Problemlose Messung, von Schritt- und Berührungsspannungen unbeeinflusst) Strom-Spannungs-Messverfahren (Sondenmessung)	±10% ±30% ±30%	Erdungsprüfzange (neues Konzept) Linienmethode: Geeignet für Einzelerder (Tiefenerder) mit geringer Ausdehnung. Winkelmethode (90°-Methode): Geeignet für Flächenerder mit großer Ausdehnung Abstand zwischen Erder und Sonde >20 m (außerhalb des Spannungstrichters)
Isolations-Überwachungsgeräte	±30%	Akustische und optische Melder
Messschaltungen zur Prüfung von RCDs FU-Schutzeinrichtungen	$I_a \pm 10\%$ $U_F \pm 20\%$	Strom-Spannungs-Messmethoden TT-System: Messschaltungen mit und ohne Sonde Ermittlung von I_a, I_F, U_F, U_B
Drehfeld-Richtungskontrolle	re/li	Drehrichtung von Elektromotoren
Prüfverfahren für Geräteprüfungen		Ersatz-Ableitstrom, Isolationswiderstand, niederohmiger Widerstand
Hochspannungs-Prüfungen		Kontrolle der Spannungsfestigkeit

⇐ 9-23

9.13 Schutzmaßnahmen und Prüfungen

9.13.2 Gliederung der Schutzmaßnahmen

Personenschutz gegen elektrischen Schlag

9-16

Schutz bei direktem Berühren

Zusätzlicher Schutz

Hochempfindliche RCD mit $I_{\Delta N} \leq 30$ mA

Hinweis:
Anwendung nur mit anderen Schutzmaßnahmen

9-16

Schutz gegen direktes Berühren

Vollständiger Schutz
- Abdeckung
- Isolierung
- Umhüllung

Teilweiser Schutz
- Abstand
- Hindernisse

9-12

Schutz sowohl gegen direktes als auch bei indirektem Berühren

- Schutzkleinspannung (SELV)
- Funktionskleinspannung
  mit sicherer Trennung (PELV)
  ohne sichere Trennung (FELV)
- Begrenzung der Entladungsenergie

Schutzklasse III

9-18

Schutz bei indirektem Berühren

Schutzmaßnahmen mit Schutzleiter (Schutzklasse I)

Abschaltung oder Meldung

Abschaltung:

TN-System
- ÜSE
- RCD

TT-System
- ÜSE
- RCD
- FUSE (Sonderfall)

IT-System
- ISOÜWE
- ÜSE
- RCD
- FUSE (Sonderfall)

Meldung

IT-System
- ISOÜWE

Schutzmaßnahmen ohne Schutzleiter (Schutzklasse II)

Schutzisolierung
- Betriebsisolierung
- Basisisolierung
- Zusätzliche Isolierung
- Verstärkte Isolierung

Schutz durch nichtleitende Räume

Schutz durch **erdfreien** örtlichen Potenzialausgleich

Schutztrennung
- mit einem Verbrauchsmittel
- mit mehreren Verbrauchsmitteln

Abkürzungen

ÜSE	Überstrom-Schutzeinrichtung
RCD	Fehlerstrom-Schutzeinrichtung
FUSE	Fehlerspannungs-Schutzeinrichtung
ISOÜWE	Isolations-Überwachungseinrichtung

Hinweis: Schutzklassen I, II, III ergänzend zu den Schutzmaßnahmen als Geräteschutz

9.13 Schutzmaßnahmen und Prüfungen

⇐ 9-15

9.13.3 Schutz gegen direktes Berühren

Schutzmaßnahme

Diese Schutzmaßnahmen beabsichtigen, betriebsmäßig unter Spannung stehende Teile vor direktem Berühren von Menschen und Tieren zu schützen. Das wird erreicht mit vollständigem Schutz oder teilweisem Schutz.

Vollständiger Schutz
Vollständiger Schutz als Grundschutz wird garantiert durch die Maßnahmen:
- Isolierung aktiver Teile,
- Abdeckungen und Umhüllungen

Beispiel: Vollisolierung eines Betriebsmittels

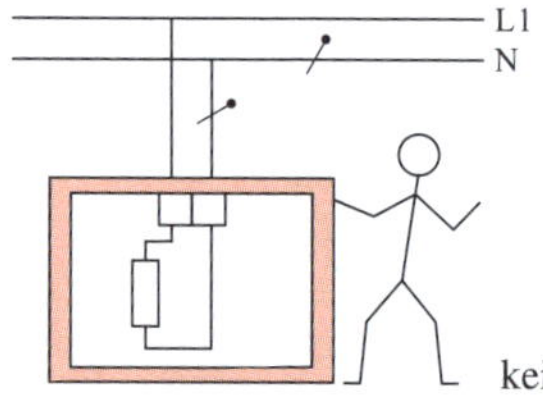

Voraussetzung:
Die aktiven Teile müssen vollständig isoliert sein.

kein Fehlerstrom

Konstruktive Maßnahmen und ein zweckmäßiger mechanischer Schutz mit entsprechender Festigkeit sind beim Einsatz von **Abdeckungen und Umhüllungen** zu beachten. Die Einhaltung der Schutzart IP4X ist eine Mindestforderung.

Teilweiser Schutz
Gegen unbeabsichtigtes Berühren oder zufällige Annäherung gelingt ein teilweiser Schutz mit Hilfe von **Hindernissen** (z. B. Gitterwände, Geländer, Schutzleisten). Die Hindernisse dürfen ohne Werkzeug abnehmbar sein. Ein beabsichtigtes direktes Berühren verhindert der teilweise Schutz durch Hindernisse jedoch nicht. Diese Schutzmaßnahme findet vorzugsweise in abgeschlossenen elektrischen Betriebsstätten Anwendung.
Der teilweise Schutz durch **Abstand** schließt im Handbereich gleichzeitig berührbare Teile (weniger als 2,5 m voneinander entfernt) aus. Die Abstände können sich in speziellen Anwendungsfällen vergrößern (z. B. isolierte Freileitungen) oder verkleinern.

Prüfungen

Besichtigung:
Systematische Kontrolle (Sichtprüfung und z.T. mechanische Belastung), ob die Bedingungen des vollständigen und teilweisen Schutzes eingehalten werden.

Beispiele:

1. Die Betriebsmittel weisen keine äußerlich erkennbaren Mängel und Schäden auf.
2. Die Isolierungen der Betriebsmittel und Anlagenteile genügen den elektrischen und mechanischen Beanspruchungen.
3. Die Abdeckungen und Umhüllungen entsprechen den äußeren Einflüssen am Verwendungsort.

Garantiert der Schutz durch Hindernisse die zu erwartenden Betriebsbedingungen? Kontrolle der Abmessungen des Handbereichs.

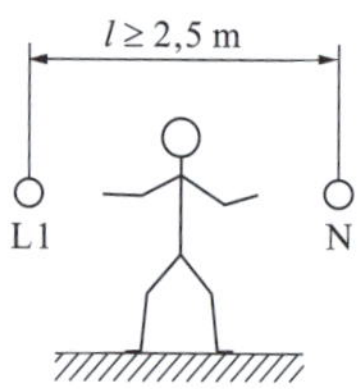

⇐ 9-15

9.13.4 Schutz bei direktem Berühren

Direkter FI-Schutz

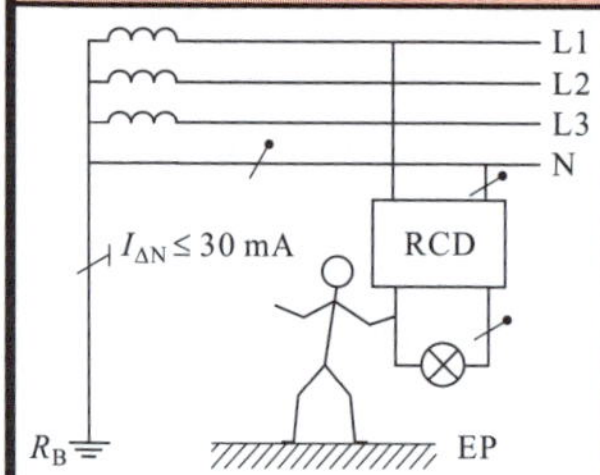

Auslösekennlinie (s. S. 9-5)

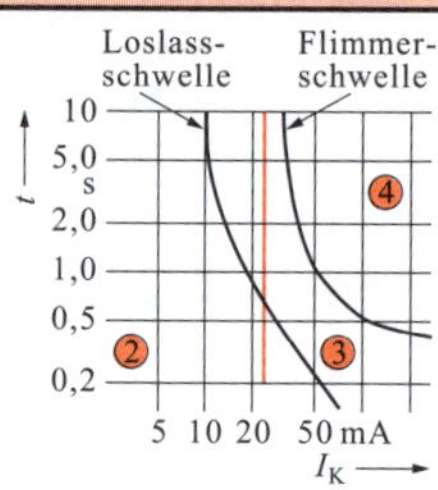

Erläuterung

Ergänzungsschutz, darf **niemals** die Schutzmaßnahmen gegen direktes oder indirektes Berühren ersetzen. Bei günstigen Voraussetzungen fließt der Fehlerstrom über das Erdreich ab und die hochempfindlichen FI-Schutzeinrichtungen trennen die Anlage in 10 bis 30 ms allpolig vom Netz.

9.13 Schutzmaßnahmen und Prüfungen

9.13.5 Schutz sowohl gegen direktes als auch bei indirektem Berühren

9-15

Kleinspannungen
(bis 50 V AC und bis 120 V DC)

Schutzkleinspannung (SELV)	Funktionskleinspannung	Medizinsche Schutzkleinspannung (MSELV)
Menschen: 50 V AC, 120 V DC Tiere: 25 V AC, 60 V DC	– ohne sichere Trennung: (FELV) – mit sicherer Trennung: (PELV)	(bis 25 V AC und 60 V DC)

SELV Safety Extra Low Voltage
FELV Function Extra Low Voltage
PELV Protection Extra Low Voltage
MSELV Medical Safety Extra Low Voltage

} International vereinbarte Bezeichnungen

Schutz	Prüfungen

Schutz

9-15

Schutzkleinspannung
Erzeugung mit Sicherheitstransformatoren, die eine einwandfreie galvanische Trennung von Stromkreisen höherer Spannung garantieren.

Spannungserzeuger für Schutzkleinspannung
- Spielzeug- und Klingeltransformatoren.
- Motorgeneratoren und Generatoren mit Dieselaggregat.
- Galvanische Elemente und elektronische Geräte.

Schutzbestimmungen
- Sichere Spannungserzeugung.
- Keine Verbindungen zu Stromkreisen höherer Spannung.
- Erdfreiheit muß sicher garantiert sein.
- Unverwechselbarkeit der Steckvorrichtungen.
- Abschirmung von Leitungen höherer Spannung.
- Schutzart IP2X für Abdeckungen und Umhüllungen.
- Kein Schutz erforderlich gegen direktes Berühren bei Nennspannungen bis 25 V AC und 60 V DC.
- Schutzmaßnahmen bei indirektem Berühren werden nicht verlangt.

9-15

Funktionskleinspannung
Die Funktionskleinspannung erlaubt die Erdung aktiver Teile oder Körper der entsprechenden Stromkreise. Es dürfen auch Betriebsmittel eingesetzt werden, die die Bedingungen der Schutzkleinspannung nicht erfüllen.

Funktionskleinspannung mit sicherer Trennung
Die Vorschriften für die Funktionskleinspannung mit sicherer Trennung entsprechen den Bestimmungen der Schutzkleinspannung. Davon abweichend wird ein Schutz gegen direktes Berühren verlangt. Maßnahmen im Zusammenhang mit dem Schutz bei indirektem Berühren werden nicht getroffen.

Funktionskleinspannung ohne sichere Trennung
Steuertransformatoren mit normaler Isolierung zwischen Primär- und Sekundärwicklung reichen zur Erzeugung der Funktionskleinspannung ohne sichere Trennung aus. Der Schutz bei indirektem Berühren entspricht dem der Schutzkleinspannung.
Schutz gegen direktes Berühren ist für alle Spannungen der FELV zwingend vorgeschrieben.

Prüfungen

Besichtigungen (SELV; PELV)
- Erlaubte Spannungserzeuger vorhanden?

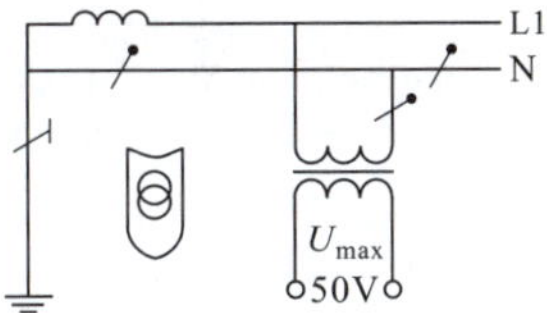

- Zugelassene Betriebsmittel verwendet?
- Absolute Erdfreiheit der aktiven Teile?
- Direkter Berührungsschutz bei ≥25 V AC und ≥60 V DC?

Messungen (SELV; PELV)
- Kontrolle der Spannungen.
- R_{iso} = 0,25 MΩ für Leiter gegen Erde ($U_{prüf}$ = 250 V DC).
- Sichere Trennung von Primär- und Sekundärwicklung (mit Isolationsmessgerät.
- Spannungsfestigkeit):
  U_N ≥ 25 V AC und ≥ 60 V DC
  $U_{prüf}$ = 500 V AC, 1 min

Zusatzmessungen (FELV)
- Der Schutzleiter hat Verbindung zur Primärseite! (Niederohmige Widerstandsmessung)
- R_{iso} = 0,5 MΩ für Leiter gegen Erde ($U_{prüf}$ = 500 V DC)

9.13 Schutzmaßnahmen und Prüfungen

⇐ 9-15

9.13.6 Schutz bei indirektem Berühren

Schutz bei indirektem Berühren

Mit Schutzleiter	Ohne Schutzleiter	Anzuwenden in jeder elektrischen Anlage, unabhängig vom Netzsystem.
Abschaltung oder Meldung Anwendung in den Netzen: TN-, TT- und IT-System	– Schutzisolierung, – Schutztrennung, – nichtleitende Räume, – erdfreier, örtlicher Potenzialausgleich	– Schutzkleinspannung, – Funktionskleinspannung

Netzbedingungen beim Schutz durch Abschaltung oder Meldung

Bedingungen für jedes Netzsystem	Prüfungen für jedes Netzsystem
1. Jeder Körper der Verbrauchs- und Betriebsmittel erhält einen Schutzleiteranschluss. 2. Das Netzsystem und die Schutzeinrichtung (Überstrom- oder Fehlerstromschutzeinrichtung) ist maßgebend für die Ausführung des Schutzleiters. 3. Übersteigt die höchstzulässige Berührungsspannung im Fehlerfall den vorgeschriebenen Wert (50 V AC bzw. 120 V DC) muss die entsprechende Schutzeinrichtung den zu schützenden Anlagenteil in festgelegten Zeiten (0,2 s bis 5 s) abschalten. 4. Für jede Anlage ist hinter der Schnittstelle Verteilernetz/Verbrauchernetz auf der Verbraucherseite ein Potenzialausgleich zwingend vorgeschrieben. **Wichtiger Hinweis** Die Körper der Verbrauchs- oder Betriebsmittel dürfen nur im Fehlerfall unter Spannung stehen!	**Besichtigungen** 1. Die Installationsvorschriften für Kennzeichnung, Auswahl (z.B. Querschnitt) und Verlegung von Schutzleiter, Erdungsleiter und Potenzialausgleichsleiter müssen unbedingt eingehalten werden. 2. Keine Verbindung der Schutzleiter mit aktiven Teilen. 3. Keine Vertauschung zwischen Neutralleiter und Schutzleiter. 4. Keine Schalter oder Schutzorgane in Schutzleiter und/oder PEN-Leiter. 5. Koordinierung der Leiterquerschnitte mit den Nenn- und Einstellströmen der entsprechenden Schutzeinrichtungen. 6. Richtige Auswahl von Fehlerstrom-Schutzeinrichtung, Fehlerspannungs-Schutzeinrichtung, Isolations-Überwachungseinrichtung und Überspannungsableiter. **Messungen** 1. Kontrolle des Isolationswiderstandes ($R_{iso} \geq 0{,}5$ MΩ bei $U_N \leq 500$ V AC) zwischen: – Außenleitern (L1, L2, L3) und Schutzleiter (PE), – Außenleitern (L1, L2, L3) und Neutralleiter (N), – Neutralleiter (N) und Schutzleiter (PE). (Anm.: Bei Schutz mit RCD wichtigste Messung). 2. Verwechselungsprüfungen zwischen – Außenleitern (L1, L2, L3) und Schutzleiter (PE), – Neutralleiter (N) und Schutzleiter (PE). Erdschlussfreiheit des Neutralleiters beachten. 3. Überprüfen des Potenzialausgleichs durch niederohmige Widerstandsmessung.

9.13 Schutzmaßnahmen und Prüfungen

9.13.6 Schutz bei indirektem Berühren

9-15

Schutz durch Abschaltung oder Meldung

Beschreibung und Kurzzeichen der Netzsysteme

T	N	-C-S-	System

1. Buchstabe: Erdungsverhältnisse der speisenden Stromquelle	2. Buchstabe: Erdungsverhältnisse der Körper der elektrischen Anlage	3. oder 3. u. 4. Buchstabe: Anordnung des Neutralleiters und des Schutzleiters (TN-System)
T: Direkte Erdung eines Punktes (Betriebserde des Transformators R_B). **I:** Entweder Isolierung aller aktiven Teile gegen Erde oder Verbindung eines Punktes mit der Erde über eine hochohmige Impedanz	**T:** Körper direkt geerdet (Anlagenerder R_A). **N:** Körper direkt mit dem Betriebserder R_B der speisenden Stromquelle verbunden. In Wechselspannungsnetzsystemen ist der geerdete Punkt meist der Sternpunkt des Transformators	**C:** Neutral- und Schutzleiterfunktion kombiniert in einem Leiter, dem PEN-Leiter (TN-C-System). **S:** Neutral- und Schutzleiterfunktion durch getrennte Leiter (TN-S-System). Kombination: Anwendung im TN-C-S-System

9

TN-System (Übersicht)

9-15

TN-System

Wirkungsweise des Schutzes	Abschaltbedingung $Z_s \cdot I_a \leq U_0$	Kurzschluss und Körperschluss
Ein Körperschluss wird zum Kurzschluss.	Bei Nichterfüllung zusätzlicher Potenzialausgleich.	Schutz garantieren ÜSE.

Wirkungsweise des Schutzes

Infolge eines Körperschlusses entsteht an der Fehlerstelle eine Berührungsspannung. Im niederohmigen Fehlerstromkreis (Körper – PE-Leiter des Verbrauchernetzes – PE- oder PEN-Leiter) des Verteilungsnetzes sorgt der hohe Abschaltstrom für das Auslösen der Schutzeinrichtung.

Körperschluss

Schutz garantiert eine FIVR
Beispiel:
FIS mit $I_{\Delta N} \leq 0{,}5$ A.
$Z_s \cdot I_a \leq U_0$, $I_a = I_{\Delta N}$
$Z_s \leq U_0 / I_{\Delta N} \leq 230\ \text{V} / 0{,}5\ \text{A}$
$Z_s \leq 460\ \Omega$
RCD löst sicher aus,
da $Z_s \leq 2\ \Omega$ im TN-System.

Kurzschluss und Körperschluss

Schutz garantieren ÜSE.
Beispiel:
LS-Schalter,
B-Auslösecharakteristik:
$I_N = 16$ A
$I_{ak} = 5 \cdot I_N = 80$ A
$Z_s \leq 2\ \Omega$
$Z_s \cdot I_a \leq U_0$
$I_a \geq U_0 / Z_s \geq 230\ \text{V} / 2\ \Omega$
$I_a \geq 115$ A
$I_a \geq I_{ak}$; der LS-Schalter schaltet innerhalb von ms automatisch ab.
Hinweis: Im TN-System fließen im Fehlerstromkreis bei $Z_s \leq 2\ \Omega$ immer große Abschaltströme.

5-27

Fehlerstromkreis

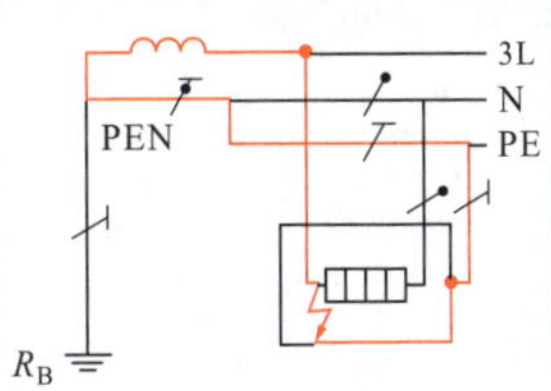

Abkürzungen

- U_0 Spannung gegen den geerdeten Leiter
- Z_s Impedanz der Fehlerschleife
- I_a Strom, der die automatische Abschaltung bewirkt
- I_{ak} Abschaltstrom der ÜSE laut Auslösekennlinie
- $I_{\Delta N}$ Bemessungsdifferenzstrom des RCD
- I_N Nennstrom der ÜSE
- ÜSE Überstrom-Schutzeinrichtung
- RCD Fehlerstrom-Schutzeinrichtung
- FIVR Fehlerstrom-Schutzvorr.

9.13 Schutzmaßnahmen und Prüfungen

9.13.6 Schutz bei indirektem Berühren

9-15

Potenzialausgleich und Schutzleiter

Hauptpotenzialausgleich

9-8

Spannungsunterschiede (Potenzialdifferenzen) zwischen den Körpern elektrischer Betriebsmittel und fremden leitfähigen Teilen beseitigen Potenzialausgleichsleitungen. Die Spannungen werden so quasi kurzgeschlossen. In der Nähe des Hausanschlusskastens oder einer entsprechenden Versorgungseinrichtung muss ein Hauptpotenzialausgleich (s. Kap. 9.8.1) vorgesehen werden.

Zusätzlicher Potenzialausgleich

9-19
9-22

Neben dem Hauptpotenzialausgleich ist ein zusätzlicher Potenzialausgleich durchzuführen, wenn

- im TN- oder TT-System die Abschaltbedingungen nicht erfüllt werden können,
- im IT-System, sofern nur eine Isolationsüberwachungseinrichtung eingesetzt wird,
- besondere Bestimmungen das verlangen (Baderäume).

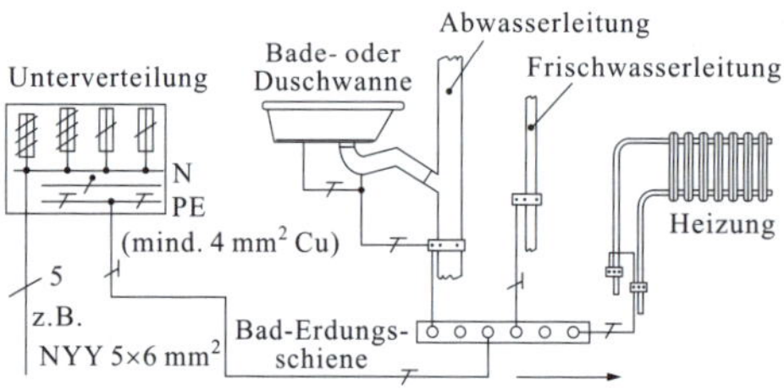

Verbindung zur UV oder Pot.-Schiene im HA-Raum

Schutzleiter

Die Schutzmaßnahmen durch Abschaltung oder Meldung verlangen den Anschluss eines Schutzleiters an jeden leitfähigen Körper eines Betriebsmittels.

Zuordnungsquerschnitte Außenleiter – Schutzleiter Cu-Leiter, Leiterquerschnitt in mm²

Außenleiter	PE- o. PEN-Leiter Isolierte Leitungen		Separater PE-Leiter	
	PE	PEN	isoliert	nicht isol.
1,5	1,5	–	2,5	4
2,5	2,5	–	2,5	4
6	6	–	6	6
10	10	10	10	10
16	16	16	16	16
50	25	25	25	25
95	50	50	50	50
150	70	70	50	50
185	95	95	50	50

Hinweis: Auszug aus der Normquerschnittsreihe.

Querschnitte Hauptpotenzialausgleich

Normal: 0,5 × Querschnitt des Hauptschutzleiters.
Mindestens: 6 mm² Cu oder gleichwertiger Leitwert.
Mögliche Begrenzung: 25 mm² Cu oder gleichwertiger Leitwert.

Querschnitte Zusätzlicher Potenzialausgleich

Normal:
Zwischen zwei Körpern:
1 × Querschnitt des kleineren PE.
Zwischen einem Körper und einem fremden leitfähigen Teil: 0,5 × Querschnitt des PE.
Mindestens:
Bei mechanischem Schutz: 2,5 mm² Cu oder 4 mm² Al. Ohne mechanischen Schutz: 4 mm² Cu.

Prüfungen Schutzleiter, Erdungsleiter, Potenzialausgleichsleiter

Sind besondere Forderungen zu berücksichtigen (TAB der EVU)?

Besichtigungen:

- Vorschriftsmäßige Legung,
- richtige Kennzeichnung (grüngelbe Aderisolation),
- Auswahl der Querschnitte,
- Eignung der fremden leitfähigen Teile,
- kein Einbau von Schaltern oder Schutzorganen.

Weitere Besichtigungen:

- Kein Vertauschen von Schutz- und Neutralleiter.
- Funktion der Schutzkontakte in Steckvorrichtungen.

Messungen:

- Entscheidung: Welche Schutzleiterabschnitte müssen gemessen werden?
- Messungen sind bei verdeckter Legung der Leitungen wichtig.
- Die vorschriftsmäßige, niederohmige Verbindung ist nachzuweisen. Exakte Widerstandswerte gibt es nicht.

9

9.13 Schutzmaßnahmen und Prüfungen

9.13.6 Schutz bei indirektem Berühren

Schutz durch Abschaltung im TN-System

TN-S-System mit Überstrom-Schutzeinrichtung

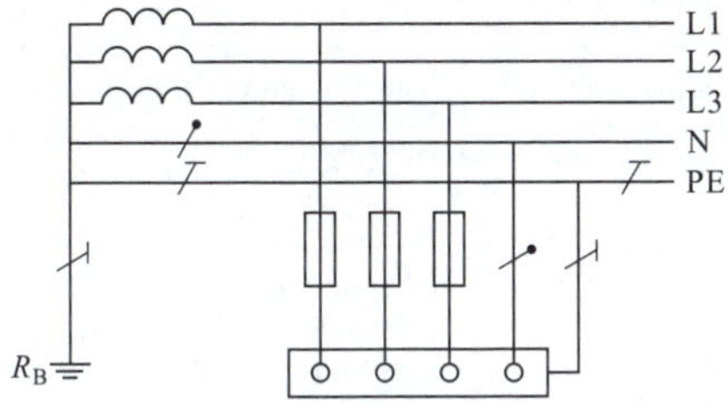

TN-C-System mit Überstrom-Schutzeinrichtung

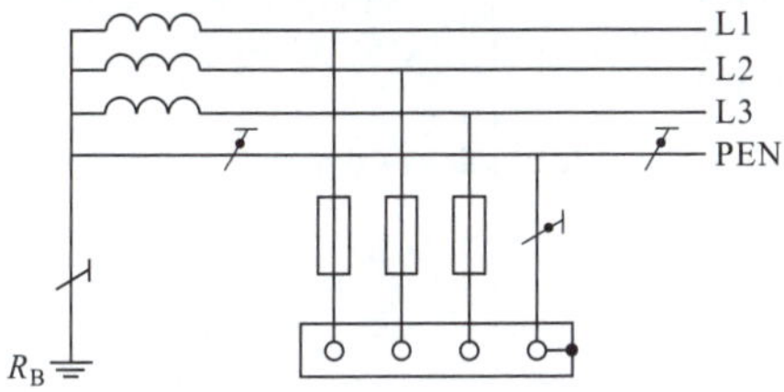

TN-C-S-System mit Überstrom-Schutzeinrichtung

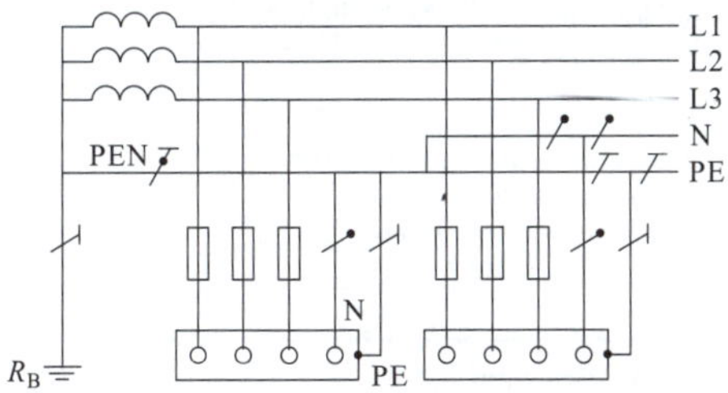

TN-C-S-System mit Fehlerstrom-Schutzeinrichtung

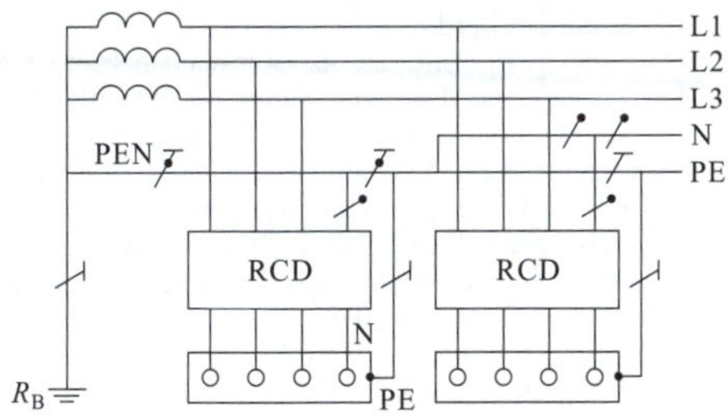

Prüfungen

TN-System mit Überstrom-Schutzeinrichtung

Überprüfung der Abschaltbedingung ($Z_s \cdot I_a \leq U_0$) durch Messung oder Berechnung.
Messung des Schleifenwiderstandes (auch Schleifenimpedanz Z_s) oder des Kurzschlussstromes mit dem Nachweis auf Einhaltung der Abschaltzeiten der Überstrom-Schutzeinrichtung.

Abschaltzeiten bei Körperschlüssen
Endstromkreise:
- 0,4 s bei U_0 bis 230 V AC,
- 0,2 s bei U_0 bis 400 V AC,
- 0,1 s bei U_0 > 400 V AC

Verteilerstromkreise von Gebäuden: ≤ 5 s

TN-System mit Fehlerstrom-Schutzeinrichtung

Erprobung
Die elektrische Funktion der FI-Schutzeinrichtung wird durch Betätigen der Prüftaste kontrolliert.

Messungen
Überprüfung der Abschaltbedingung ($Z_s \cdot I_{\Delta N} \leq U_0$) durch Messung.
(U_0: Spannung gegen geerdeten Leiter.)
Messen der Berührungsspannung (U_B) oder des Auslösestromes (I_Δ) der Fehlerstrom-Schutzeinrichtung mit einem FI-Prüfgerät oder speziellen Prüfschaltungen.
Es müssen folgende Bedingungen erfüllt werden:
- $U_B \leq U_L$
  Die höchstzulässige Berührungsspannung U_L (50 V bzw. 25 V AC) darf bei Erreichen des Bemessungsdifferenzstromes (z.B. $I_{\Delta N}$ = 30 mA) nicht überschritten werden.
- $I_\Delta \leq I_{\Delta n}$
  Die FI-Schutzeinrichtung muß spätestens bei Erreichen des Bemessungsdifferenzstromes (z.B. $I_{\Delta N}$ = 30 mA) auslösen. I_Δ: Auslösestrom.

Weitere Prüfungen im TN-System s. Seite 9-18, Prüfungen für jedes Netzsystem.

⇒ 9-18

9.13.6 Schutz bei indirektem Berühren

9-15
9-15

TT-System (Übersicht)

Wirkungsweise des Schutzes

Ein Körperschluss wird zum Erdschluss.

Alle leitfähigen Körper der Betriebsmittel einer Anlage sind einem gemeinsamen Erder zugeordnet. Infolge eines Körperschlusses entsteht der Fehlerstromkreis: Erder – Erdreich – Betriebserder des Transformators – Leitungen des Verteilernetzes und Anlagennetzes – Fehlerstelle. ÜSE (praxisfremd) sorgen für die einpolige Abschaltung. RCDs (praxisnah) schalten die Anlage im Fehlerfall allpolig ab.

Abschaltbedingung $R_A \cdot I_a \leq U_L$

Bei Nichterfüllung zusätzlicher Potenzialausgleich.

TT-System

Körperschluss

Schutz garantiert eine FIVR.
Beispiel:
RCD mit $I_{\Delta N} \leq 0{,}5$ A.
$R_A \cdot I_a \leq U_L$, $I_a = I_{\Delta N}$
$R_A \leq U_L / I_{\Delta N} \leq 50$ V/0,5 A
$R_A \leq 100\ \Omega$
RCD löst sicher aus, da bei normalen Bodenverhältnissen $R_A \leq 100\ \Omega$ mit Fundamenterder realisierbar.

Kurzschlussschutz

Diesen Schutz garantieren wie im TN- und IT-System ÜSE.

Körperschlussschutz mit ÜSE

Schutz mit ÜSE nur mit Sicherungen bis 4 A Nennstrom realisierbar.
Beispiel:
LS-Schalter,
B-Auslösecharakteristik:
$I_N = 16$ A 5-27
$I_{ak} = 5 \cdot I_N = 80$ A
$R_A \cdot I_a \leq U_L$, $I_a = I_{ak}$
$R_A \leq U_L / I_{ak} \leq 50$ V/80 A
$R_A \leq 0{,}625\ \Omega$
Der Wert 0,625 Ω ist für einen Anlagenerder kaum erreichbar.

Fehlerstromkreis

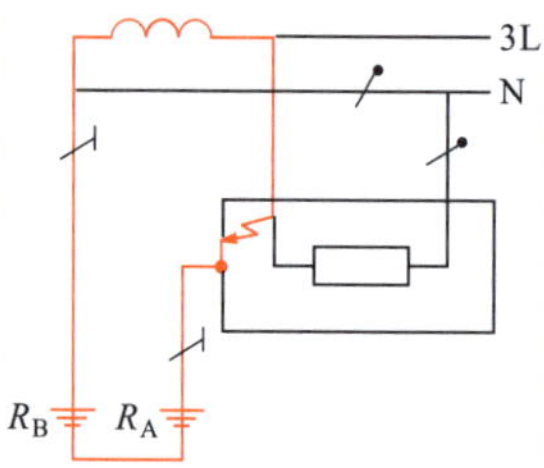

Abkürzungen

R_A	Anlagenerder (z. B. Fundamenterder)
I_a	Strom, der die automatische Abschaltung bewirkt
I_{ak}	Abschaltstrom der ÜSE laut Kennlinie
I_N	Nennstrom der ÜSE
$I_{\Delta N}$	Bemessungsdifferenzstrom der RCD
U_L	Höchstzulässige Berührungsspannung
ÜSE	Überstrom-Schutzeinrichtung
RCD	Fehlerstrom-Schutzeinrichtung
FIVR	Fehlerstrom-Schutzvorrichtung

Erdungsanlage im TT-System

Voraussetzung für die Realisierung der Schutzmaßnahme Schutz durch Abschalten im TT-System ist eine für den Standort zweckmäßige Erdungsanlage. Bestandteile der Erdungsanlage sind die Erdungsleitung, der Erder und sein Ausbreitungswiderstand.
Der Ausbreitungswiderstand hat für die Erdungsanlage eine besonders wichtige Bedeutung.
Der Ausbreitungswiderstand hängt ab
- vom spezifischen Erdwiderstand (Art des Erdreichs, z. B. Lehm, Ton, Sand, Kies, Moorboden, Ackerboden, steiniger Boden),
- von der Anordnung und Art des Erders.

Ausführungen von Erdern:
- Fundamenterder (sollen in Neubauten bevorzugt installiert werden),
- Band- oder Seilerder als Oberflächenerder (Ausführung als Maschen-, Ring- und Strahlenerder oder Kombinationen davon, Verlegetiefe 0,5–1 m),
- Plattenerder (sie sollten ab ca. 1 m Tiefe senkrecht im Erdreich angeordnet werden),
- Stab- und Rohrerder als Tiefenerder (Verlegetiefe größer als 1 m, daher bessere leitende Verbindung zu feuchteren Erdschichten).

Material: Stahl (feuerverzinkt oder kupferplattiert) und Kupfer.

9-15

9.13.6 Schutz bei indirektem Berühren

9-15

Schutz durch Abschaltung im TT-System

TT-System mit Überstrom-Schutzeinrichtung

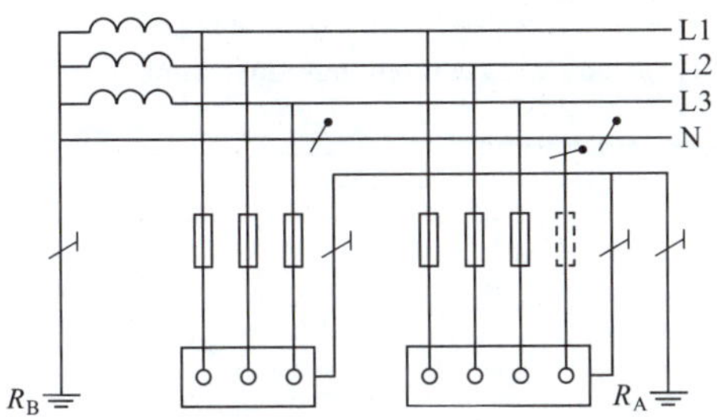

TT-System mit Fehlerstrom-Schutzeinrichtung

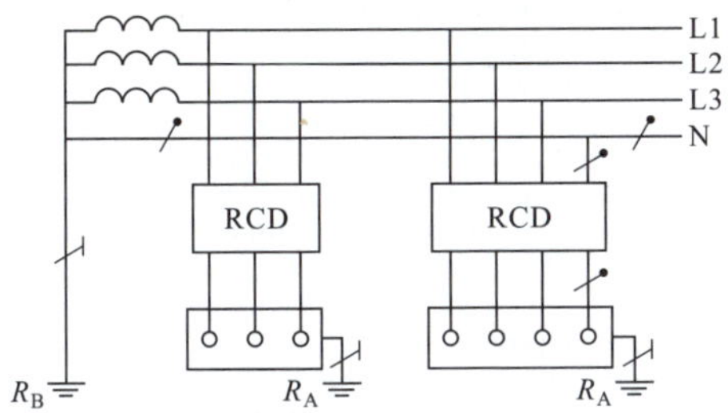

TT-System mit Fehlerspannungs-Schutzeinrichtung (nicht dargestellt): Praxisfremd.

Prüfungen

TT-System mit Überstrom-Schutzeinrichtung

Für das sichere Abschalten sind sehr kleine Erdungswiderstände erforderlich.
Prüfverfahren:
1. Messung des Anlagenerders R_A.
2. Rechnerische Kontrolle der Abschaltzeit $t_a \leq 5$ s.

Zweckmäßige Vorgehensweise:
- Ermittlung des Abschaltstromes I_{ak} aus der I-t-Kennlinie der Überstrom-Schutzeinrichtung. 5-26
- Höchstzulässige Berührungsspannung U_L für die Anlage feststellen (z. B. 50 V).
- Rechnerische Kontrolle, ob $R_A \leq U_L / I_{ak}$.

TT-System mit Fehlerstrom-Schutzeinrichtung

Erprobung: Bei Betätigen der Prüftaste muß die RCD auslösen.
Messungen:
Überprüfen der Abschaltbedingung $R_A \cdot I_{\Delta N} \leq U_L$ durch Messung.
1. $I_\Delta < I_{\Delta N}$ (I_Δ: Abschaltstrom) oder
2. $U_L \leq 50$ V.

Hinweis: Werden I_Δ oder U_L nicht gemessen, ist die erforderliche Größe des Anlagenerders R_A durch Messung nachzuweisen.

9

Prüfung der Fehlerstrom-Schutzeinrichtung im TT-System

Messschaltung ohne Sonde

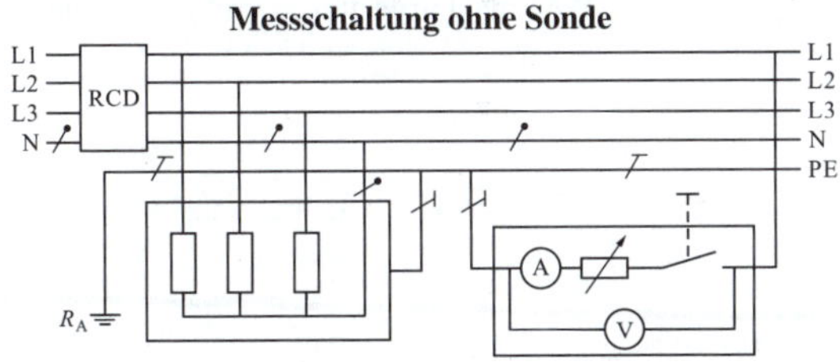

Anwendung

- Netzspannung während der Messung annähernd konstant.
- Schutzleiter unbelastet durch Fremdspannungen.

Ohne Betätigung der Prüfeinrichtung wird U_0 ($U_{L1\text{-}PE}$) angezeigt.
Über einen stellbaren Widerstand wird ein Körperschluss geschaltet. Im Einschaltmoment wird der Widerstandswert (R ist groß) so gewählt, dass der Fehlerstrom I_F unterhalb des Bemessungsdifferenzstromes $I_{\Delta N}$ der RCD liegt.

Durch Verringern des Widerstandes wird der Fehlerstrom erhöht.
Entspricht die Anlage den Vorschriften, löst die Fehlerstrom-Schutzeinrichtung (RCD) aus
- bevor der Spannungsmesser $U_0 - U_L$ und
- bevor der Strommesser $I_{\Delta N}$

anzeigt.

9.13 Schutzmaßnahmen und Prüfungen

9-15

9.13.6 Schutz bei indirektem Berühren

9-15

Schutz durch Abschaltung oder Meldung im IT-System

Merkmale des IT-Systems:

- Sternpunkt des Transformators ist nicht oder über eine hochohmige Impedanz geerdet.
- Aktive Teile der Anlage dürfen nicht geerdet werden.
- Körper sind einzeln, gruppenweise oder insgesamt über Schutzleiter und Potenzialausgleich mit Erder (R_A) verbunden.
- Erster Fehlerstrom, I_d löst keine Schutzeinrichtung aus, wenn $R_A \cdot I_d \leq U_L$. Alle Körper nehmen dann den Wert der Berührungsspannung an.
- Akustische und/oder optische Meldeeinrichtung zeigt den ersten Fehler an.
- Schutz- und Abschaltbedingungen beim zweiten Fehler:
  - Alle Körper mit Schutzleiter zum Erder verbunden: TN-System ($Z_s \cdot I_a \leq U_0$).
  - Körper einzeln oder in Gruppen mit Schutzleiter zum Erder verbunden: TT-System ($R_A \cdot I_a \leq U_L$).
- Einsatz einer Isolations-Überwachungs-Einrichtung erfordert bei erstem Körper- oder Erdschluss eine optische und/oder akustische Anzeige.

Schutz- und Überwachungseinrichtungen
Überstrom-, Fehlerstrom-, Fehlerspannungs- und Isolationsüberwachungs-Einrichtung.

Isolations-Überwachungseinrichtung

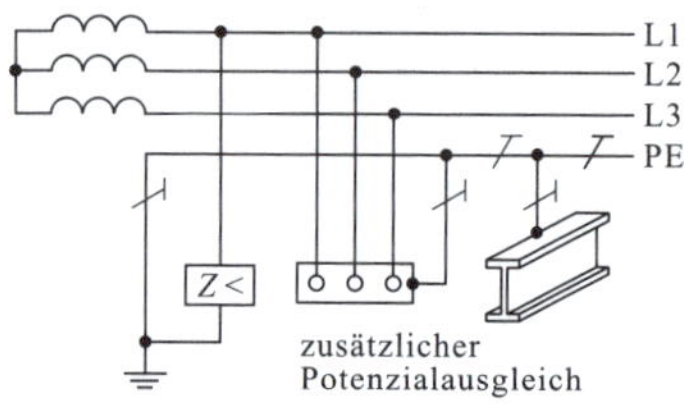

Prüfungen:

- Abschätzung des ersten Fehlerstromes I_d (er ist abhängig von der Art der Anlage),
- Messung des Anlagenerders, R_A und rechnerische Kontrolle: $R_A \leq U_L / I_d$,
- durchgehende Verbindung des PE,
- Ansprechen der Isolations-Überwachungs-Einrichtung durch künstlichen Fehler,
- Bei Doppelkörperschluss gelten entsprechend der Erdungsverhältnisse die Bedingungen des TN- bzw. TT-Systems.

Schutzmaßnahmen ohne Schutzleiter

9-15

Schutzisolierung

Realisierung der Schutzmaßnahme durch

- zusätzliche Isolierung zur Basisisolierung,
- Verstärkung der Basisisolierung.

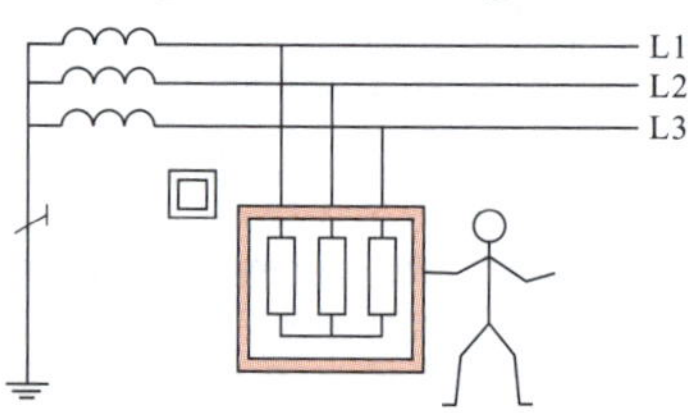

Leitfähige Teile dürfen nur so durch die Isolierstoffumhüllung geführt werden, dass keine Spannungsverschleppung möglich ist. Der Schutzleiter darf nicht im Betriebsmittel angeschlossen werden. Den Schutz der Leitung garantiert der Schutzleiteranschluss im Stecker.

Prüfung:
Keine Prüfung erforderlich.
Kontrolle der Durch- und Überschlagsfreiheit mit 4000 V AC (RMS), Dauer: 1 min.

Schutztrennung

Prinzip:

- Betriebsmittel darf nicht geerdet sein.
- Sichere galvanische Trennung (Trenntransformator oder Motorgenerator) vom speisenden Netz.

Wichtige Forderungen und Prüfbedingungen:

- Kein Erdschluss im Sekundärnetz.
- Spannungsübertragung aus dem Primärnetz muss ausgeschlossen sein.

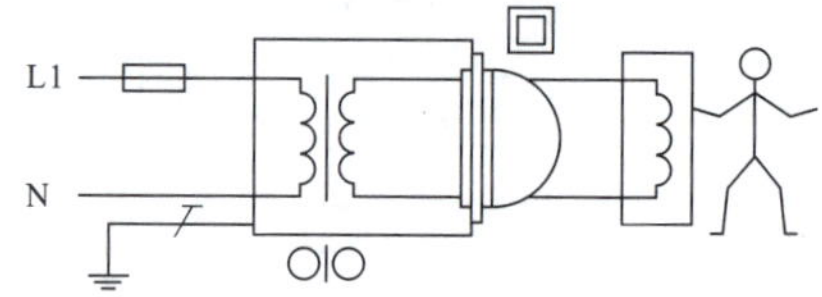

Ein Verbraucher: Stecker ohne Schutzkontakt.
Mehrere Verbraucher: Erdfreier, örtlicher PA.

Die Anwendung des Schutzes durch erdfreien, örtlichen Potenzialausgleich und durch nicht leitende Räume ist in Sonderfällen möglich; der Einsatz jedoch nicht empfehlenswert.

9-1

9

10 Leistungselektronik und Antriebstechnik

10.1 Dreiphasen-Wechselspannung

⇒ 3-18

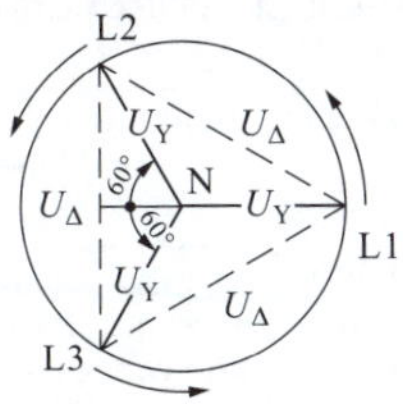

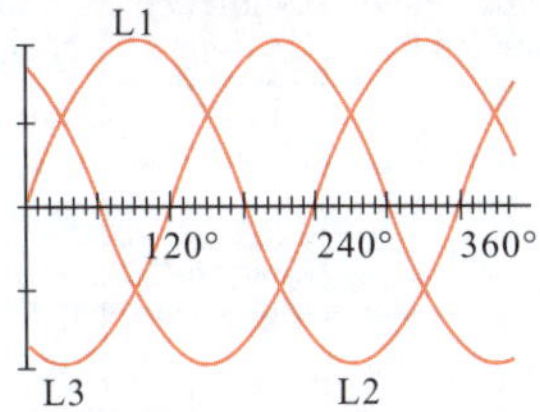

Dem Drehstromnetz kann man entnehmen: 3 Sternspannungen U_Y (Leiter gegen N, je 120° versetzt) und 3 Dreieckspannungen $U_\triangle$ (Leiter gegen Leiter, je 30° vor U_Y).

$$U_\triangle = 2 \cdot U_Y \sin 60° = U_Y \cdot \sqrt{3}$$

10.2 Stern- und Dreieckverkettung bei symmetrischer Belastung

Sternschaltung	**Dreieckschaltung**
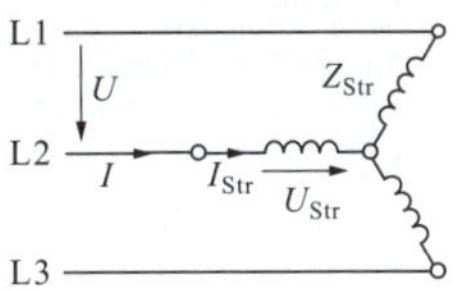 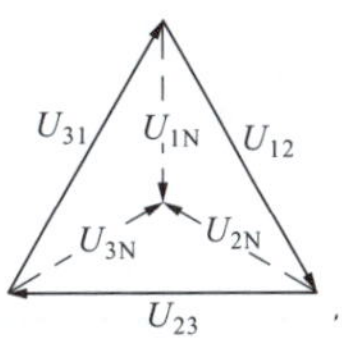	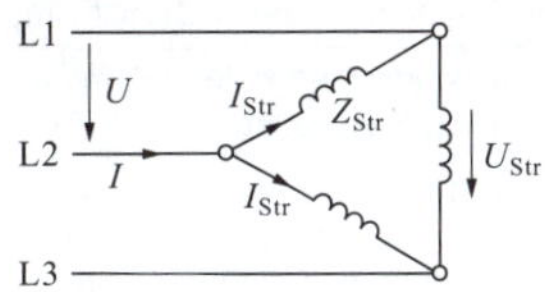 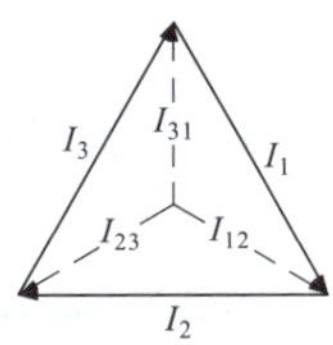
U_{Str} Strangspannungen U_{1N}, U_{2N}, U_{3N} U Außenleiterspannungen U_{12}, U_{23}, U_{31}	I_{Str} Strangströme I_{12}, I_{23}, I_{31} I Leiterströme I_1, I_2, I_3
Y ⇒ Stern ⇒ Verkettung der Spannungen. Jeder Strang zwischen Sternpkt. N u. Leiter	△ ⇒ Dreieck ⇒ Verkettung der Ströme. Jeder Strang zwischen zwei Außenleitern
$I = I_{Str}$ $\quad I_{Str} = U_{Str}/Z_{Str}$ $\quad U_{Str} = U/\sqrt{3}$	$I = I_{Str} \cdot \sqrt{3}$ $\quad I_{Str} = U_{Str}/Z_{Str}$ $\quad U_{Str} = U$
Scheinleistung für 1 Strang $S_{Str} = U/\sqrt{3} \cdot I$	Scheinleistung für 1 Strang $S_{Str} = I/\sqrt{3} \cdot U$
Gesamt-Scheinleistung $S = 3 \cdot U/\sqrt{3} \cdot I$	Gesamt-Scheinleistung $S = 3 \cdot I/\sqrt{3} \cdot U$
Misst man U und I in der Zuleitung, gelten sowohl für die Stern- als auch für die Dreieckschaltung die nebenstehenden Leistungsformeln.	Scheinleistung $S = \sqrt{3} \cdot U \cdot I$ Wirkleistung $P = \sqrt{3} \cdot U \cdot I \cdot \cos\varphi$ Blindleistung $Q = \sqrt{3} \cdot U \cdot I \cdot \sin\varphi$

Figure text (Sternschaltung):

Figure text (Dreieckschaltung):

Spannungsverlust bei einem Drehstromsystem

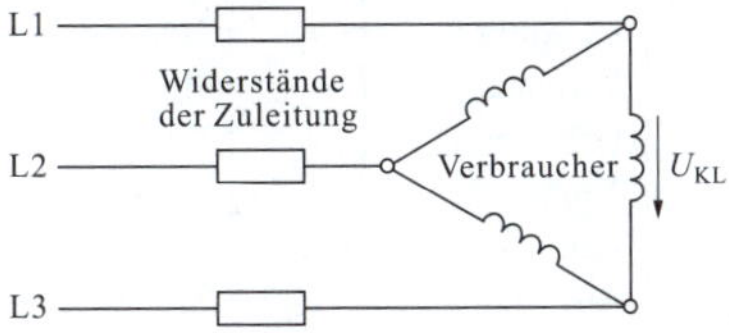

Spannungsverlust: $\Delta U = U_{Netz} - U_{Klemmen}$

$$\Delta U = \sqrt{3} \cdot \frac{I \cdot 1}{æ \cdot S} \cos\varphi$$

S Drahtquerschnitt in mm²
æ spez. Leitfähigkeit in m/(Ω · mm²)
l Länge der Zuleitung in m

10.3 Begriffe nach DIN 40108: 1978-5

Außenleiter	Leiter, der an einem Außenpunkt angeschlossen ist, z. B. L1, L2, L3
Außenleiterspannung	Spannung zwischen zwei Außenleitern mit zeitlich aufeinander folgenden Phasen, z. B. U_{12}, U_{23}, U_{31}
Außenleiter-Mittelspannung	Spannung zwischen einem Außenleiter und dem Mittelleiter (Mittelpunkt), z. B. U_{1N}, U_{2N}, U_{3N}
Drehstromsystem	Übliche Bezeichnung für ein dreiphasiges Wechselstromsystem
Dreieckstrom	Andere Bezeichnung für den Strangstrom in Dreieckschaltung
Dreieckspannung	Effektiver Nennwert der Außenleiterspannung eines Drehstromsystems
Mittelleiter	Neutralleiter, der an einem Mittelpunkt angeschlossen ist
Mittelpunkt	Bei einem Mehrphasensystem auch Sternpunkt genannt, ist ein Anschlusspunkt, von dem in Anordnung und Wirkung gleichwertige Stränge eines Systems ausgehen
Mittelpunktspannung	Spannung zwischen einem Mittelpunkt (Mittelleiter) und einem Punkt mit festgelegtem Potenzial, z. B. der Bezugserde
Neutralleiter	Leiter, der an einem Mittel- oder Sternpunkt angeschlossen ist
Nullleiter	Unmittelbar geerdeter Leiter, meist der Neutralleiter
Phase	Augenblicklicher Schwingungszustand eines periodischen Schwingungsvorganges
Phasenfolge	In einem Mehrphasensystem die zeitliche Reihenfolge, in der die gleichartigen Augenblickswerte der Spannungen in den einzelnen Strombahnen nacheinander auftreten
Strang	Die Strombahn in einem Mehrphasensystem, in der Strom einer Phase (in der Bedeutung von Schwingungszustand) fließt
Strangspannung	Spannung zwischen den Enden eines Stranges, egal in welcher Schaltung die Stränge zusammengeschlossen sind
Sternspannung	Spannung zwischen einem Außenleiter und dem Sternpunkt
Sternstrom	Andere Bezeichnung für den Strangstrom bei Mehrphasensystemen in Sternschaltung
Sternpunktspannung	Spannung zwischen einem Sternpunkt und einem Punkt mit festgelegtem Potenzial, z. B. der Bezugserde

10.4 Betriebsarten von umlaufenden Maschinen

Betrieb: Festlegung der Belastung einer Maschine, ihrer Dauer u. Reihenfolge sowie eventuell inklusive Anlauf, elektr. Bremsen, Leerlauf, Pausen.
Eine Betriebsart kann durch eines der folgenden Kennzeichen gekennzeichnet werden (VDE 0530)

Erweiterung der Betriebsarten-Kennzeichnung

S2	Danach folgt die Angabe der Betriebsdauer (z. B. S2 30 min.)
S3 und S6	Es folgt die Angabe der rel. Einschaltdauer und der Spieldauer, falls sie von 10 min abweicht (z. B. S3 30% S6 40%)
S4 und S5	Werden erweitert um die Angabe der rel. Einschaltdauer sowie das Trägheitsmoment des Motors (J_M) u. der Last (J_{ext}), beide auf die Motorwelle bezogen (z. B. S4 25% $J_M = 0{,}15$ kg m^2)
S7	Das Kurzzeichen wird erweitert um das Trägheitsmoment des Motors (J_M) und der Last (J_{ext}), beide auf die Motorwelle bezogen (z. B. S7 $J_M = 0{,}4$ kg m^2, $J_{ext} = 7{,}2$ kg m^2)
S8	Das Kurzzeichen wird erweitert um das Trägheitsmoment des Motors (J_M) und das Trägheitsmoment der Last (J_{ext}), beide auf die Motorwelle bezogen, sowie die Last, die Drehfrequenz und die relative Einschaltdauer für jede in Frage kommende Drehfrequenz (Beispiel: S8 $J_M = 0{,}4$ kg m^2 $J_{ext} = 7{,}2$ kg m^2 | 15 kW 740 min^{-1} 30% | 25 kW 980 min^{-1} 40% | 40 kW 1460 min^{-1} 30% |). Folgt der Nennleistung keine Kennzeichnung, so gilt Nenn-Dauerbetrieb.

Formelzeichen

P	Leistung	t_B	Belastungszeit
P_V	Verluste	t_{Br}	Bremszeit
n	Drehfrequenz	t_L	Leerlaufzeit
υ	Temperatur	t_r	rel. Einschaltdauer
t	Zeit	t_S	Spieldauer
t_A	Anlaufzeit	t_{St}	Stillstandszeit

10.4 Betriebsarten von umlaufenden Maschinen

Dauerbetrieb (S 1)

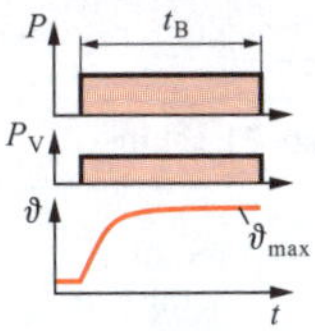

Ein Betrieb mit konstanter Belastung *P*, dessen Dauer ausreicht, den thermischen Beharrungszustand zu erreichen

Kurzbetrieb (S 2)

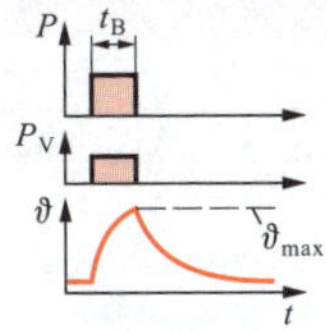

Die Betriebsdauer mit konstanter Belastung *P* reicht nicht aus, um den thermischen Beharrungszustand zu erreichen. In der Pause erfolgt Abkühlung, bis Maschinen- und Kühlmitteltemperatur höchstens um 2 K voneinander abweichen

Aussetzbetrieb (S 3)

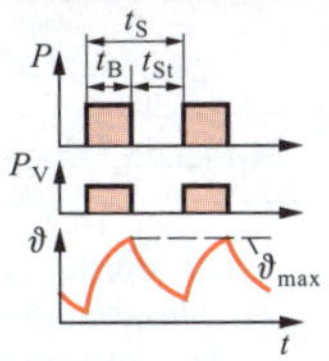

Der Betrieb ist eine Folge gleichartiger Spiele mit konstanter Nennlast und Stillstandszeit. Der Anlaufstrom beeinflusst die Erwärmung nicht merklich

$$t_r = \frac{t_B}{t_B + t_{St}} \cdot 100\%$$

Aussetzbetrieb mit Einfluss des Anlaufsvorgangs (S 4)

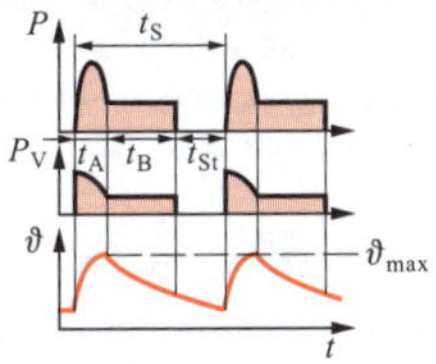

Betriebsart mit einer Folge gleichartiger Spiele aus merklicher Anlaufzeit, Zeit mit konstanter Belastung und Pause

$$t_r = \frac{t_A + t_B}{t_A + t_B + t_{St}} \cdot 100\%$$

Aussetzbetrieb mit elektrischer Bremsung (S 5)

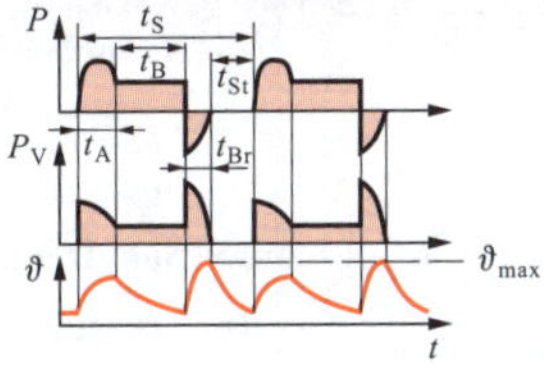

Betriebsart mit einer Folge gleichartiger Spiele aus merklicher Anlaufzeit, Zeit mit konstanter Belastung, Zeit schneller elektrischer Bremsung und Pause

$$t_r = \frac{t_A + t_B + t_{Br}}{t_A + t_B + t_{Br} + t_{St}} \cdot 100\%$$

Ununterbrochener periodischer Betrieb mit Aussetzbelastung (S 6)

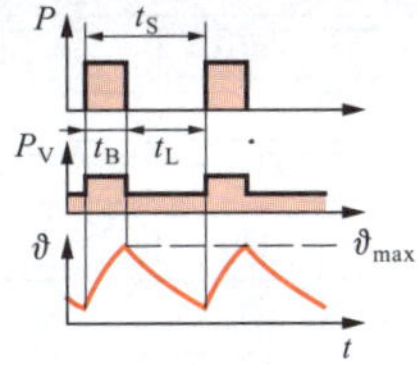

Der Betrieb ist eine Folge gleichartiger Spiele aus Zeit mit konstanter Belastung und Leerlaufzeit. Es tritt keine Pause auf

$$t_r = \frac{t_B}{t_B + t_L} \cdot 100\%$$

Ununterbrochener periodischer Betrieb mit elektrischer Bremsung (S 7)

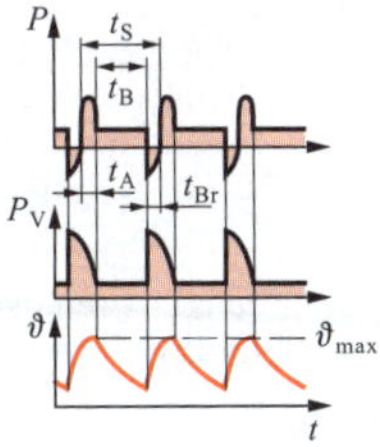

Der Betrieb ist eine Folge gleichartiger Spiele aus merklicher Anlaufzeit, Zeit mit konstanter Belastung und Zeit mit schneller elektrischer Bremsung. Es tritt keine Pause auf

Ununterbrochener periodischer Betrieb mit Drehfrequenzänderung (S 8)

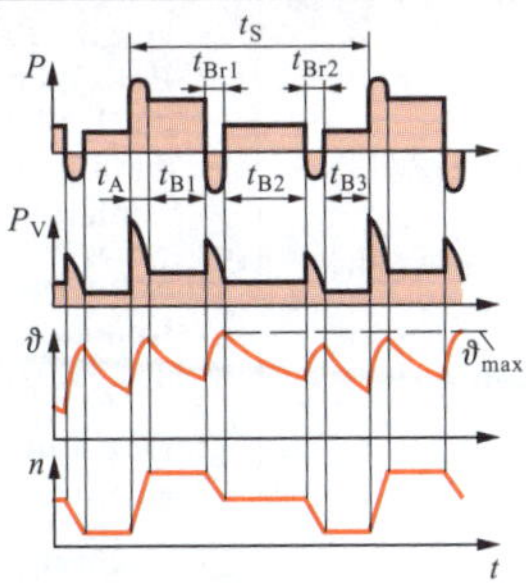

Folge gleichartiger Spiele aus Zeit mit konstanter Belastung und bestimmter Drehfrequenz; anschließend Zeit(en) mit anderer konstanter Drehfrequenz und Belastung

Ununterbrochener Betrieb mit nicht periodischer Last- und Drehfrequenzänderung (S 9)

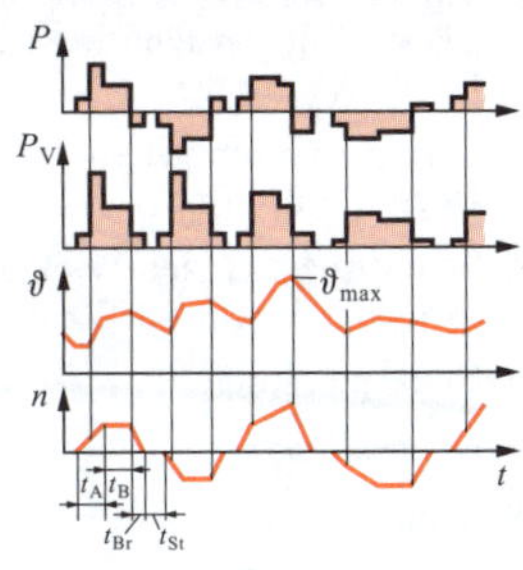

Belastung und Drehfrequenz ändern sich innerhalb des zulässigen Betriebsbereiches nicht periodisch; häufig auftretende Belastungsspitzen können weit über der Nennleistung liegen

10

10.5 Arten elektrischer Maschinen

Elektrische Maschinen

- **Ruhende Maschinen**
  - Transformatoren
  - Messwandler
  - Drosselspulen
- **Rotierende Maschinen**
  - Elektromotoren
  - Generatoren
- **Lineare Maschinen**
  - Linearmotor
  - MHD-Generatoren
  - Schwinger

10.6 Leistungsschilder nach DIN 42961: 1980-6

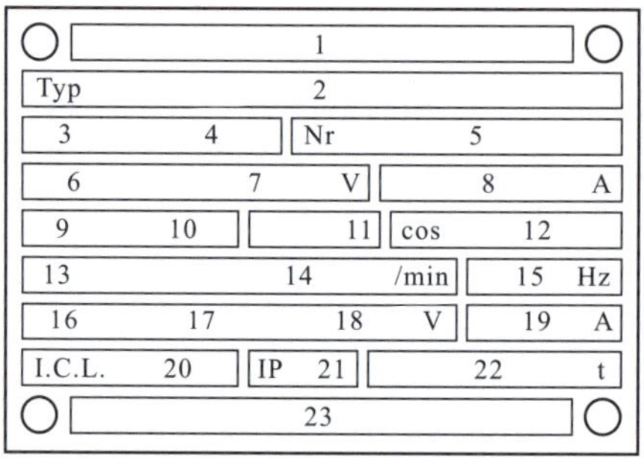

Erklärung der Felder

1 **Hersteller**

2 **Typ**, bei Normmotoren zusätzlich Baugröße

3 **Stromart**, Schaltzeichen nach DIN 40700-4

4 **Art der Maschine**
Gen. Generator
Mot. Motor
Bl. M. Blindleistungsmaschine
U. Umformer

5 **Fertigungsnummer** (oder Typ-Kennz.) und **Herstellungsjahr**

6 **Schaltungsart** der Wicklung von Wechselstrommaschinen, Schaltz. n. DIN 407000

7 **Nennspannung**

8 **Nennstrom**

9 **Nennleistung**

10 **Einheit und Leistung**

11 **Nennbetriebsarten**, Abkürzung und Bedeutung entsprechend VDE 0530

12 **Leistungsfaktor**
Bei Blindleistung aufnehmenden Synchron- und Blindleistungsmaschinen ist das Zeichen „u“ für untererregt hinzugefügt.

13 **Drehrichtung** nach DIN 57530

14 **Nenndrehfrequenz** und wenn notwendig, zulässige Überdrehfrequenz bzw. Schleuderdrehfrequenz und im Betrieb höchstzulässige Höchstdrehfrequenz

15 **Nennfrequenz** bei Wechselstrommaschinen

16 **Erregung** oder Err bei Gleichstrommaschinen, Synchronmaschinen oder Einanker-Umformern

17 **Schaltungsart** (Schaltzeichen) der Läuferwicklung, wenn keine Dreiphasenwicklung vorliegt

18 **Nennerregerspannung** bei Gleichstrom- und Synchronmaschinen

19 **Erregerstrom** für Nennbetrieb bei Gleichstrom- und Synchronmaschinen

20 **Isolierstoffklasse**
Kennbuchstabe nach VDE 0530 und 0532 oder Grenz-Übertemperatur.
Bei unterschiedlicher Ausführung ist zunächst die Isolierstoffklasse der Ständerwicklung und dann – durch Schrägstrich getrennt – die der Läuferwicklung anzugeben

21 **Schutzart**
Kennbuchstabe für Berührungs-, Fremdkörper- und Wasserschutz nach DIN IEC 34-5

22 **Gewicht** (ungefähr) in t bei Maschinen mit einem Gesamtgewicht über 1 t.

23 **Zusätzliche Vermerke**
z. B. Kühlmittelmenge bei Fremdkühlung, Trägheitsmoment oder Trägheitskonstante, Jahr der Reparatur usw.

10.7 Ermittlung der Übertemperaturen von Wicklungen

⟹ 2-16 8-15

Anzuwenden ist das Widerstandsverfahren. Die Übertemperatur $\upsilon_2 - \upsilon_a$ wird für Kupferwicklungen nach folgender Zahlenwertgleichung ermittelt:

$$(\upsilon_2 + 235)/(\upsilon_1 + 235) = (R_2/R_1)$$

Daraus folgt: $\upsilon_2 - \upsilon_a = \frac{R_2 - R_1}{R_1}(235 + \upsilon_2) + \upsilon_1 - \upsilon_a$

- υ_1 Temperatur der kalten Wicklung zum Zeitpunkt der Anfangsmessung in °C
- υ_2 Wicklungstemp. am Ende der Prüfg. in °C
- υ_a Temperatur des Kühlmittels am Ende der Prüfung in °C
- R_1 Widerstand der Wicklung bei der Temperatur υ_1 im kalten Zustand
- R_2 Wicklungswiderstand am Ende der Prüfung

10.8 Grenz-Übertemperaturen in K von indirekt mit Luft gekühlten Maschinen

Ermittlung der Übertemperaturen nach dem Widerstandsverfahren

Maschinenteil	Isolierung nach Klasse Y	A	E	B	F	H	C
1 Alle Wicklungen, mit Ausnahme von 2, 3 und 4	nicht festgelegt	60	75	80	105	125	nicht festgelegt
2 Wechselstromwicklungen von Maschinen <600 W (VA) sowie Maschinen mit Eigenkühlung, ohne Lüfter (IC40):	nicht festgelegt	65	75	85	110	130	nicht festgelegt
Wechselstromwicklungen der übrigen Maschinen mit P_N < 200 kW (kVA)	nicht festgelegt	60	75	80	105	125	nicht festgelegt
3 Feldwicklungen von Vollpolläufer-Synchronmaschinen mit in Nuten eingebetteter Gleichstromwicklung	nicht festgelegt			90	110	135	nicht festgelegt
4 Einlagige Feldwicklungen mit freiliegender blanker oder lackierter Metalloberfläche und einlagige Kompensationswicklungen	nicht festgelegt	65	80	90	110	135	nicht festgelegt
5 Eisenkerne und andere Teile, die mit Wicklungen Berührung haben	nicht festgelegt	60	75	80	100	125	nicht festgelegt
6 Kommutatoren und Schleifringe	nicht festgelegt	60	70	80	90	100	nicht festgelegt
7 Dauernd kurzgeschlossene, nicht isolierte Wicklungen, Eisenkerne und andere Teile, die mit Wicklungen nicht in Berührung sind	Die Grenz-Übertemperaturen dürfen Isolationen und andere benachbarte Teile nicht gefährden						
Grenztemperaturen je Isolierstoffklasse in °C	90	105	120	130	155	180	>180

Die Werte gelten für eine max. Eintrittstemp. des Kühlmittels von 40 °C und eine Aufstellungshöhe < 1000 m

10.9 Toleranzen elektrischer Maschinen

Nenngröße	Art der Maschine	Zulässige Abweichung
Drehfrequenz bei Nennlast in betriebswarmem Zustand		$P_N/(n/1000)$ <0,67 ≥0,67…2,5 ≥0,67…2,5 ≥10
	Nebenschlussmotor	±15% ±10% ±7,5% ±5%
	Reihenschlussmotor, Doppelschlussmotor	±20% ±15% ±10% ±7,5%
	Drehstrom-Komm. mit Nebenschlussverhalten	–3% der synchronen Drehfrequenz bei Höchstdrehfreq. +3% der synchronen Drehfrequenz bei Mindestfrequenz
Drehfreq.-Änderung zw. Leerlauf und Nennlast	Gleichstrommotoren mit Nebenschluss- oder Doppelschluss-Verhalten	±20% der gewährleisteten Drehfrequenzänderung; mindestens ±2% der Nenndrehfrequenz
Wirkungsgrad	Elektromotoren allgem.	bei indirekter Ermittlung $P_N \leq 50$ kW: $-0{,}15\,(1-\eta)$ $P_N > 50$ kW: $-0{,}10\,(1-\eta)$ bei direkter Messung $-0{,}15\,(1-\eta)$
Anzugsstrom	Käfigläufer Synchronmotoren	±20% des gewährleisteten Anzugsstromes; keine Begrenzung nach unten

Siehe auch VDE 0530.

10.10 Ruhende Maschinen

10.10.1 Einphasentransformatoren

4-9
5-1

Idealer Transformator

$\ddot{u} = \frac{U_1}{U_2} \qquad \frac{U_1}{U_2} = \frac{N_1}{N_2} \qquad \frac{I_1}{I_2} = \frac{N_2}{N_1}$

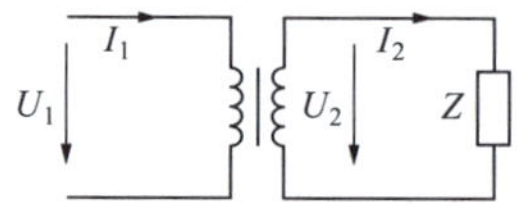

für Widerstandstransformation:

$Z' = Z \cdot \ddot{u}^2 \qquad R' = R \cdot \ddot{u}^2 \qquad X' = X \cdot \ddot{u}^2$

Kupfer und Eisenverluste werden nicht berücksichtigt.

- U_1 Primärspannung
- U_2 Sekundärspannung
- N_1 prim. Windungszahl
- N_2 sek. Windungszahl
- I_1 Primärstrom
- I_2 Sekundärstrom
- $\ddot{u}$ Übersetzungsverhältnis

Realer Transformator

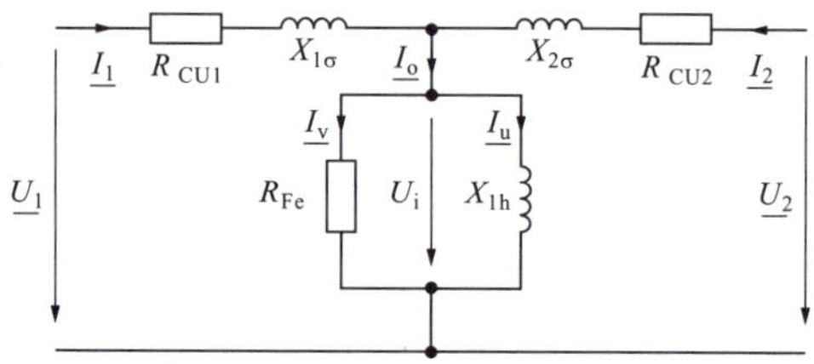

Es werden auch die in der Praxis vorkommenden Kupfer- und Eisenverluste berücksichtigt.

- R_{CU1} prim. Cu-Widerstand
- R_{CU2} sek. Cu-Widerstand
- $X_{1\sigma}$ Streufluss der prim. Seite
- $X_{2\sigma}$ Streufluss der sek. Seite
- X_{1h} Hauptfluss (Kopplungsfluss)
- R_{Fe} Eisenverluste

$U_2 = U_1 \cdot \ddot{u} \qquad Z' = Z \cdot \ddot{u}^2 \qquad \underline{U}_i = \underline{U}_1 - R_1 \cdot \underline{I}_1 - jX_{1\sigma} \cdot \underline{I}_1$

$R_{CU2} = R_{CU1} \cdot \ddot{u}^2 \qquad \underline{U}_2 = \underline{U}_i + R_2 \cdot \underline{I}_2 + jX_{2\sigma} \cdot \underline{I}_2$

$I_2 = I_1 \cdot 1/\ddot{u} \qquad X_{2\sigma} = X_{2\sigma} \cdot \ddot{u}^2$

Das Ersatzschaltbild stellt einen 1 : 1-Transformator dar. Die tatsächliche Ausgangsspannung U_2' bzw. der tatsächliche Ausgangsstrom I_2' ergibt sich unter Berücksichtigung des Übersetzungsverhältnisses $\ddot{u}$.

$U_2' = \underline{U}_2 \cdot \ddot{u} \qquad I_2' = \underline{I}_2 \cdot \ddot{u} \qquad R_2 = R_2'/\ddot{u}_2$

Fallunterscheidungen

Leerlauf	Kurzschluss	Belastung	Hohe Frequenz
$R_{CU} \ll R_{Fe}$ $X_\sigma \ll X_{1h}$	R_{Fe} und X_{1h} vernachlässigbar, da $I_0 \ll I_2$ $R_{CU} = R_{CU1} + R_{CU2}$ $\qquad R_{CU1} \approx R_{CU2}$		$R_{CU}, R_{Fe} < X_\sigma$ X_{1h} vernachlässigbar, da $I_0 \ll I_2$
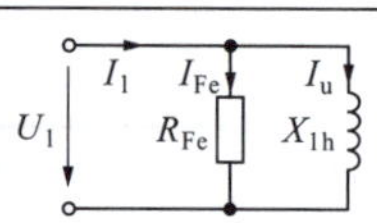	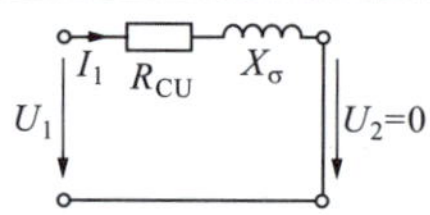	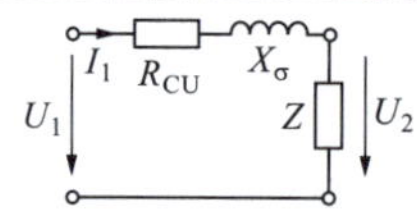	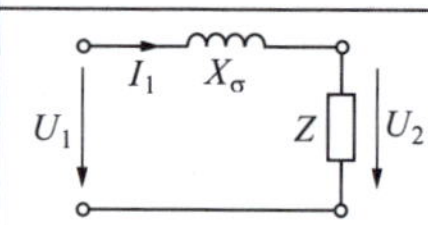
$R_{Fe} \approx U_1^2/P_0$ P_0 = Leerlaufleistung $I_1^2 = R_{Fe}^2 + I_u^2$	$R_{CU} = P_K/I_1^2$ P_K = Kurzschlussleistung $Z_K = U_1/I_1$ $X_\sigma^2 = Z_K^2 - R_K^2$	U_2 hängt von I_2 und vom Lastwinkel φ ab (dies gilt bei Leistungstransformatoren)	
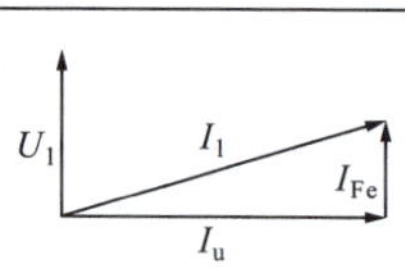	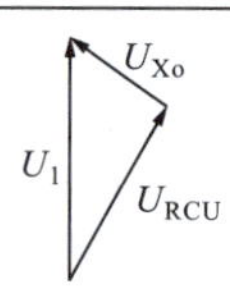	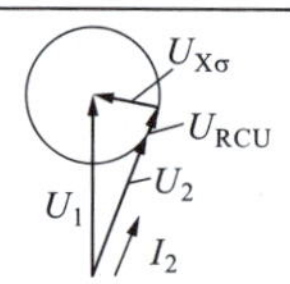	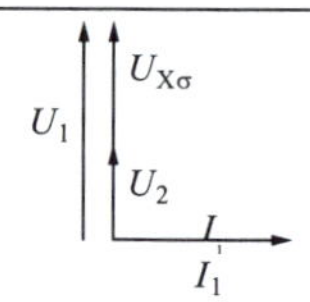

10.10 Ruhende Maschinen

10.10.2 Aufbau von Leistungstransformatoren

4-9

Anordnung von Wicklungen und Eisenkern bei Einphasen- und Dreiphasentransformatoren

5-19
5-20
5-21

Der magnetische Kreis ist bei Leistungstransformatoren aus dünnen kornorientierten Blechen (Kern- und Jochbleche) in Mantel- oder Schenkelform aufgebaut.

P Sitz der Primärwicklung S Sitz der Sekundärwicklung

Kerntransformator	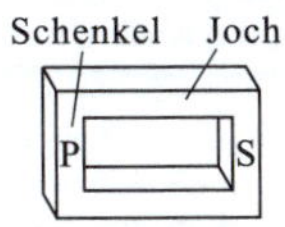	Für Einphasentransformatoren einsetzbar
Manteltransformator	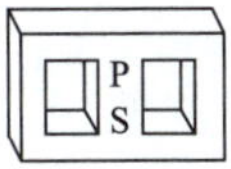	Bei Einphasentransformatoren am häufigsten eingesetzter Typ. Gegenüber dem Kerntransformator wird der magnetische Fluss besser geleitet. Dies führt zur Verringerung des Streufeldes
Dreischenkeltransformator	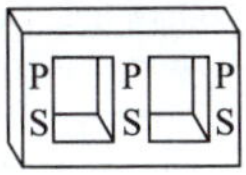	Bei diesem, am häufigsten verwendeten Typ, liegen alle drei Schenkel in einer Ebene
Fünfschenkeltransformator	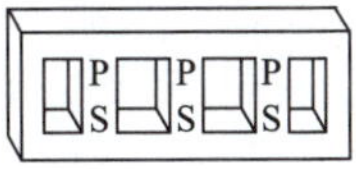	Vermeidet den Nachteil ungleicher Magnetisierungsströme in den einzelnen Strängen, die beim Dreischenkeltransformator auftreten können. Außerdem ist ein erheblicher Gewinn an Wickelhöhe durch Reduzierung des Jochquerschnittes auf den $1/\sqrt{3}$-fachen Wert des Schenkelquerschnittes zu erzielen. Die beiden außenliegenden Schenkel sind unbewickelt
Dreiphasen-Manteltransformator	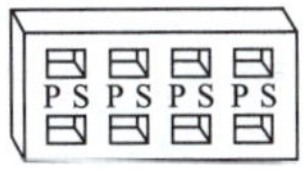	Wie Fünfschenkeltransformator. Unterschiedlich ist die Lage der Wicklungen
Dreiphasentransformator, Tempeltyp	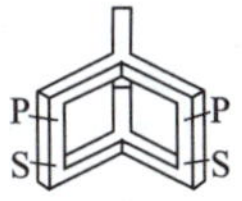	Da bei einem symmetrischen Stromsystem die Summe der magn. Flüsse immer Null ist, kann eine konstruktive Zusammenfassung von drei Einphasentransformatoren zum sogenannten Tempeltyp vorgenommen werden

Bewicklung eines Transformators

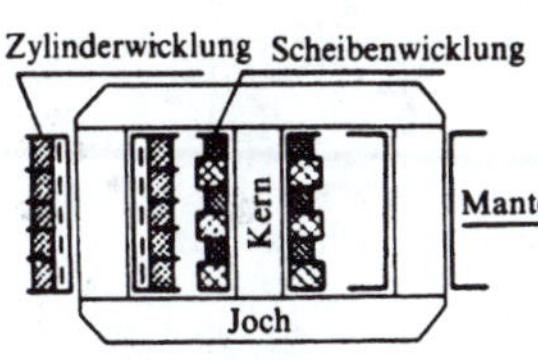

Drehstrom-Schenkelkern-Transformator

Einphasen-Mantelkern-Transformator

Meistens wird die Zylinderwicklung gewählt. Aus isolationstechnischen und mechanischen Gründen wird die Oberspannungswicklung auf die Unterspannungswicklung gewickelt. Eine Verringerung der Kurzschlussspannung und Kurzschlusskräfte sowie Erhöhung der Leistung wird mit der doppelkonzentrischen Wicklung erreicht; die Unterspannungswicklung wird so in zwei Teile unterteilt, dass die Oberspannungswicklung radial innerhalb der unterteilten Unterspannungswicklung liegt. Für besonders geringe Streuung wird die Scheibenwicklung angewendet; Primär- und Sekundärwicklung werden unterteilt und abwechselnd übereinandergeschichtet.

10.10 Ruhende Maschinen

10.10.3 Transformatorhauptgleichung

Mit Hilfe der Transformatorhauptgleichung wird die Leerlaufspannung aus den Konstruktionsgrößen des Transformators bestimmt.

$$|U_0| = N \frac{\Delta \Phi}{\Delta t}$$

$$U_0 = 4{,}44 \cdot B \cdot A_{Fe} \cdot f \cdot N$$

Kurzschlussspannung: $u_k = U_k / U_N \cdot 100\%$

Kurzschlussstrom: $I_{kd} = I_N / u_k \cdot 100\%$

$$I_S = 1{,}8 \cdot \sqrt{2} \cdot I_{kd}$$

Fließt bei kurzgeschlossener Sekundärwicklung in der Primärwicklung der Nennstrom, so liegt an der Primärwicklung die Kurzschlussspannung U_k.

10.10.4 Wicklungen und Schaltgruppen für Transformatoren

Wicklungen

Wicklung: Gesamtheit der Windungen, die einen elektrischen Kreis mit einer der dem Transformator zugeordneten Spannung angehören. Bei einem Mehrphasentransformator wird die Gesamtheit der Wicklungsstränge als Wicklung bezeichnet.

Wicklungsstrang: Die Gesamtheit der zu einer Phase einer mehrphasigen Wicklung gehörenden Windungen.

Primärwicklung oder **Eingangswicklung:** Die Wicklung, die unter Betriebsbedingungen die Wirkleistung aus dem speisenden Netz aufnimmt.

Sekundärwicklung oder **Ausgangswicklung:** Die Wicklung, die Wirkleistung an den Belastungsstromkreis abgibt.

Unterspannungswicklung (US-Wicklung): Die Wicklung für die niedrigste Nennspannung.

Mittelspannungswicklung (MS-Wicklung): Die Wicklung eines Mehrwicklungstransformators, deren Nennspannung zwischen denen der Wicklungen liegt.

Oberspannungswicklung (OS-Wicklung): Die Wicklung für die höchste Nennspannung.

Parallelwicklung: Der gemeinsame Teil der Wicklungen eines Spartransformators.

Reihenwicklung: Der Teil der Wicklung eines Spartransformators oder die Wicklung eines Zusatztransformators, die mit einem System in Reihe liegt.

Hilfswicklung: Eine Wicklung, deren zulässige Belastung gegenüber der Nennleistung des Transformators gering ist.

Ausgleichswicklung: Eine Zusatzwicklung in Dreieckschaltung, insbesonders bei Transformatoren in Stern-Stern- oder Stern-Zickzackschaltung, um die Nullimpedanz der Sternwicklung zu verringern.

Schaltgruppe

Die Schaltgruppenbezeichnung besteht aus:
- einem Großbuchstaben für die Schaltung der OS-Wicklung,
- einem Kleinbuchstaben für die Schaltung der US-Wicklung, gegebenfalls auch MS-Wicklung,
  D bzw. d für Dreieckschaltung
  Y bzw. y für die Sternschaltung
  Z bzw. z für die Zickzackschaltung
- einer Kennzahl
- einem N bzw. n hinter dem Schaltungszeichen der Wicklung, bei herausgeführtem Sternpunkt.

Bei Spartransformatoren mit einem gemeinsamen Teil zweier Wicklungen wird die Wicklung dieses Paares, welche die niedrigere Nennspannung aufweist, mit dem Buchstaben a gekennzeichnet.
Bei Mehrwicklungstransformatoren folgen die Zeichen in der Reihenfolge der abnehmenden Nennspannungen der Wicklungen, z. B. Y, yn0, zn1.
Die Kennzahl, mit 30° multipliziert, gibt die Winkeldifferenz (Phasenverschiebung) zwischen den Zeigern der US-Wicklung und den entsprechenden Zeigern der OS-Wicklung (Bezugsgröße) an. Bei beiden Wicklungen wird vom vorhandenen oder einem gedachten Sternpunkt und den entsprechenden Anschlüssen ausgegangen.

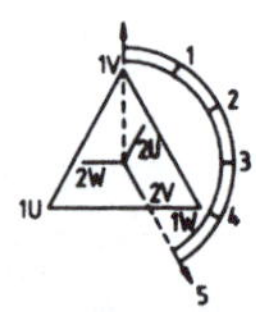

Schaltgruppe Dy5

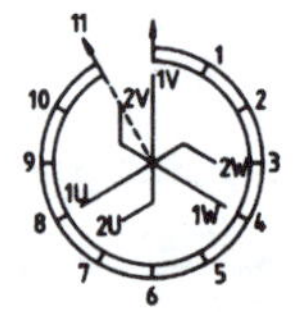

Schaltgruppe Yz11

Kennzahlermittlung: Spannungszeigerbild der OS-Wicklung mit dem Zifferblatt einer Uhr so in Deckung bringen, dass der Zeiger der Klemme IV auf die Ziffer 12 fällt. Dann an der Klemme 2V1 oder 2V2 der US-Seite die Kennzahl der Schaltgruppe ablesen.

Siehe auch VDE 0532.

10.10 Ruhende Maschinen

10.10.5 Gebräuchliche Schaltgruppen für Drehstromtransformatoren

Bezeichnung Kennzahl	Bezeichnung Schaltgruppe	Zeigerbild OS US	Schaltungsbild[1] OS US	Übersetzung $N_1 : N_2$	Alte Bezeichnung	Belastbarkeit d. Sternpunktes auf der Unterspannungsseite
0	D d 0		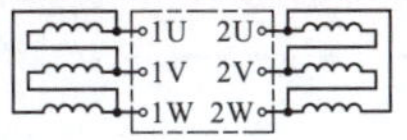	$\frac{N_1}{N_2}$	A 1	—
	Y y 0		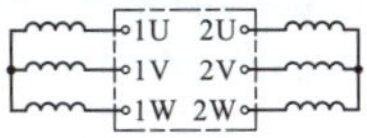	$\frac{N_1}{N_2}$	A 2	Mit maximal 10% des Nennstromes belastbar
	D z 0		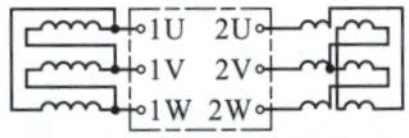	$\frac{2N_1}{3N_2}$	A 3	Mit Nennstrom belastbar
5	D y 5	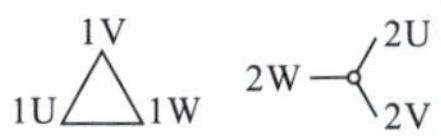		$\frac{N_1}{\sqrt{3}\,N_2}$	C 1	Mit Nennstrom belastbar
	Y d 5	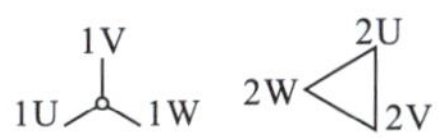	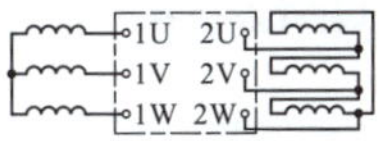	$\frac{\sqrt{3}\,N_1}{N_2}$	C 2	—
	Y z 5	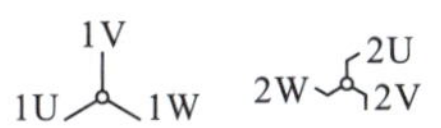	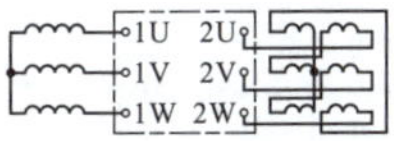	$\frac{2N_1}{\sqrt{3}\,N_2}$	C 3	Mit Nennstrom belastbar
6	D d 6	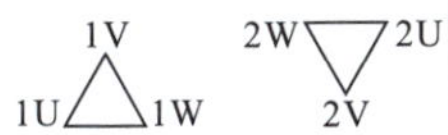	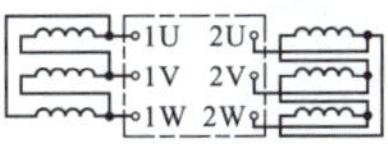	$\frac{N_1}{N_2}$	B 1	—
	Y y 6	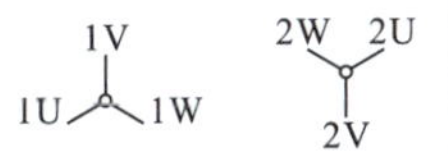	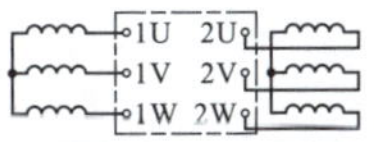	$\frac{N_1}{N_2}$	B 2	Mit maximal 10% des Nennstromes belastbar
	D z 6	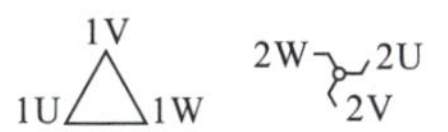	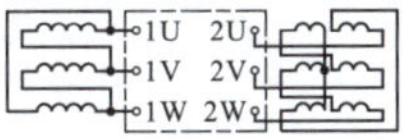	$\frac{2N_1}{3N_2}$	B 3	Mit Nennstrom belastbar
11	D y 11	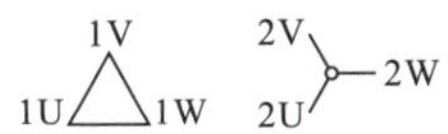	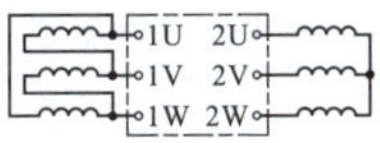	$\frac{N_1}{\sqrt{3}\,N_2}$	D 1	Mit Nennstrom belastbar
	Y d 11	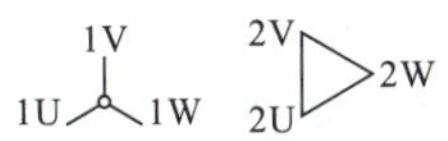	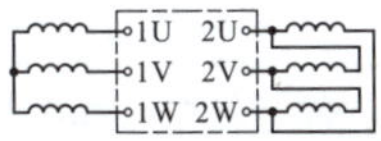	$\frac{\sqrt{3}\,N_1}{N_2}$	D 2	—
	Y z 11	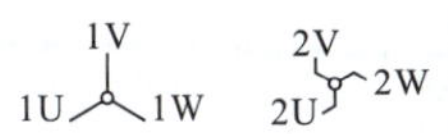	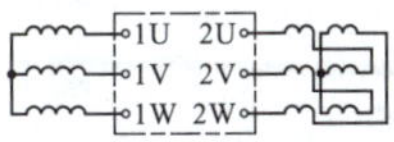	$\frac{2N_1}{\sqrt{3}\,N_2}$	D 3	Mit Nennstrom belastbar

10.10.6 Einphasentransformatoren

Kennzahl	Schaltgruppe	Zeigerbild	Schaltungsbild	Übersetzung	Alte Bezeichnung	Belastbarkeit
0	1 i 0	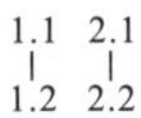	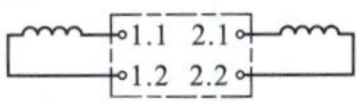	$\frac{N_1}{N_2}$	E	
	1 a 0	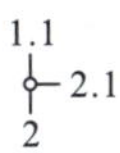	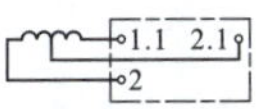	$\frac{N_1}{N_{ges}}$	E	

[1] Bei den Wicklungen ist gleicher Wicklungssinn vorausgesetzt, d. h., räumlich gesehen sind in den Schaltungsbildern die Wicklungen nach unten geklappt zu denken. Herausgeführte Sternpunkte werden mit 1 N bzw. 2 N bezeichnet.

10.10 Ruhende Maschinen

10.10.7 Leistungsaufnahme, Leistungsabgabe und Wirkungsgrad bei Drehstromtransformatoren

Da die Belastungsart des Drehstromumspanners (ohmsche, induktive, kapazitive), die sich während des Betriebes laufend ändern kann, unbekannt ist, gilt als Nennleistung die sekundäre Scheinleistung S_{N2}.

Lastabgabe	$S_{N2} = U_{N2} \cdot I_{N2} \cdot \sqrt{3}$	VA
Lastaufnahme	$S_{N1} = U_{N1} \cdot I_{N1} \cdot \sqrt{3}$	VA
Abgeg. Wirkleistung	$P_2 = U_2 \cdot I_2 \cdot \sqrt{3} \cdot \cos\varphi_2$	W

Im Transformator entstehen Verluste. Die sekundäre Wirkleistung P_2 ist um die Eisenverluste V_{Fe} = Ummagnetisierungsverluste und um die Kupferverluste V_{CU} = Wicklungsverluste kleiner als die primäre Wirkleistung P_1. Die Fe-Verluste sind konstant, die Cu-Verluste steigen mit der Stromaufnahme und sind damit direkt von der Größe der Scheinleistung S_{N2} der sekundär angeschlossenen Verbraucher abhängig.

Im Nennlastbereich ist der Unterschied zwischen P_1 und P_2 und dem primären und sekundären Wirkleistungsfaktor $\cos\varphi$ gering, sodass der Nennlast-Wirkungsgrad zwischen 0,95 und 0,99 liegt.

Leistungswirkungsgrad:

$$\eta = P_2/(P_2 + V_{Fe} + V_{Cu}) = P_2/P_1$$

Die Messung der Eisenverluste V_{Fe} erfolgt im Leerlaufversuch. Die Messung der Kupferverluste V_{Cu} erfolgt im Kurzschlussversuch.

10.10.8 Parallelbetrieb von Transformatoren

Parallelbetriebsbedingungen zur Vermeidung von Ausgleichströmen

1. Die Nennspannungen der parallel zu schaltenden Wicklungen müssen gleich sein.
2. Die Kurzschlussspannungen der parallel zu schaltenden Transformatoren dürfen maximal 10% vom Mittelwert der Kurzschlussspannungen abweichen. Andernfalls kann nicht pauschal die Nennleistung jedes Transformators berücksichtigt werden.
3. Das Verhältnis der Nennleistungen soll kleiner als 3:1 sein.
4. Die Phasenlage der Spannungen muss gleich sein. Bei **Einphasentransformatoren** kann eine falsche Phasenlage durch Umpolen korrigiert werden. **Drehstromtransformatoren** müssen gleiche Kennzahlen der Schaltgruppen haben. Ausnahme: Transformatoren der Kennzahl 5 können mit Transformatoren der Kennzahl 11 parallel geschaltet werden, wenn das folgende Anschlussschema eingehalten wird.

Geforderte Kennzahl	Vorhandene Kennzahl	Anschluss an die Leiter der Oberspannungsseite			Unterspannungsseite		
		1L1	1L2	1L3	2L1	2L2	2L3
5	5	1U	1V	1W	2U	2V	2W
5	11	1U	1V	1W	2W	2V	2U
11	11	1U	1V	1W	2U	2V	2W
11	5	1U	1W	1V	2W	2V	2U

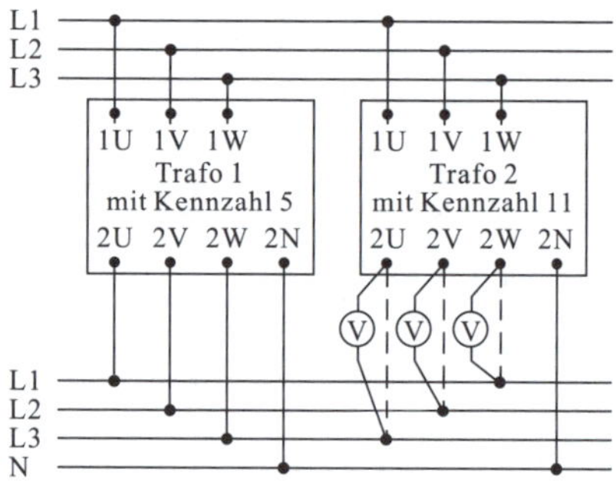

Prüfung der Phasenlage beim Parallelschalten

Im Beispiel links hat der erste Transformator die Kennzahl 5. Der parallel zu schaltende Transformator hat die Kennzahl 11. Gemäß der obigen Tabelle muss Anschluss 2U mit L3, Anschluss 2V mit L2 und Anschluss 2W mit L1 verbunden werden.

Nach Anschluss aller Primärwicklungen und eines Außenleiters auf der Sekundärseite darf zwischen den noch zu verbindenden Ausgangsklemmen und den zugehörigen Anschlusspunkten keine Spannung liegen. Die Überprüfung erfolgt z.B. mit Spannungsmessern.

10.10 Ruhende Maschinen

Lastaufteilung beim Parallelbetrieb

Zur Berechnung der Lastanteile aus den einzelnen Nennleistungen $S_1 \ldots S_n$ (bei n parallel zu schaltenden Transformatoren) benötigt man die resultierende Kurzschlussspannung u_{kres}, die man folgendermaßen ermittelt:

$$u_{kres} = \frac{\Sigma S_N}{\frac{S_{N1}}{u_{k1}} + \frac{S_{N2}}{u_{k2}} + \ldots + \frac{S_{Nn}}{u_{kn}}}$$

Es ist sicherzustellen, dass kein Transformator überlastet wird. Der Lastanteil des Transformators n ergibt sich zu:

$$S_n = S_{Nn} \cdot \frac{u_{kres}}{u_{kn}} \cdot \frac{\Sigma S}{\Sigma S_N}$$

Die Gesamtleistung setzt sich zusammen aus den Einzelleistungen:

$$\frac{\Sigma S}{u_{kres}} = \frac{S_{N1}}{u_{k1}} + \frac{S_{N2}}{u_{k2}} + \ldots + \frac{S_{Nn}}{u_{kn}}$$

Sonderfall

Bei gleichen Kurzschlussspannungen

$$u_{k1} = u_{k2} = \ldots = u_{kn}$$

vereinfachen sich die Zusammenhänge wie folgt:

$$S_{Nges} = S_{N1} + S_{N2} + S_{N3} + \ldots + S_{Nn}$$

Die von den einzelnen Transformatoren abgegebene Leistung beträgt:

$$S_1 = S_{ges} \cdot \frac{S_{N1}}{S_{Nges}} \quad \text{bzw.} \quad S_n = S_{ges} \cdot \frac{S_{Nn}}{S_{Nges}}$$

Jeder Transformator kann mit seiner Nennleistung betrieben werden.

Anwendung: Verlustarmer Parallelbetrieb von Transformatoren gleicher Bauart und Leistung

Niederspannungsnetze werden oft über mehrere parallel geschaltete Transformatoren gleicher Bauart und Nennleistung gespeist. Die Zu- und Abschaltung erfolgt meist entsprechend wirtschaftlicher Überlegungen nach der geringsten Verlustleistung aller in Betrieb befindlichen Transformatoren und nicht nach dem jeweiligen Leistungsbedarf.
Die Nennleistung von n in Betrieb befindlichen Transformatoren mit der Nennleistung S_N beträgt

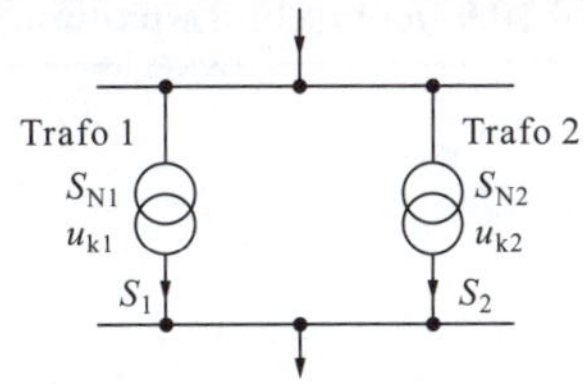

Formelzeichen

$S_{N1}, S_{N2}, \ldots S_{Nn}$	Nennleistungen der einzelnen parallel geschalteten Transformatoren
$S_1, S_2, \ldots S_n$	Lastabgaben der einzelnen parallel geschalteten Transformatoren
ΣS	Gesamte übertragene Leistung
ΣS_N	Summe der Nennleistungen der parallel geschalteten Transformatoren
u_{kres}	Resultierende Kurzschlussspannung der Parallelschaltung
$u_{k1}, u_{k2}, \ldots u_{kn}$	Kurzschlussspannungen der einzelnen Transformatoren

$$P_{Vn} = n\,P_0 = \frac{S^2}{n^2 \cdot S_N^2} \cdot n \cdot P_k$$

Für die Zuschaltung eines weiteren Transformators ist die Gleichheit der Verluste maßgebend:

$$P_{Vn} = P_{V(n+1)} \rightarrow \frac{S}{S_N} = \frac{P_0}{P_k} \cdot n(n+1)$$

Bei einem Verhältnis $P_0 : P_k = 1 : 6$ bei Öltransformatoren nach DIN 42500-1: 1993-12 ergibt sich die folgende Gegenüberstellung.

n	S/S_N	$S/n \cdot S_N$
1	0,577	0,577
2	1,000	0,500
3	1,416	0,472
4	1,825	0,457

Die Zuschaltung eines weiteren Transformators sollte etwa bei Halblast der in Betrieb befindlichen Transformatoren erfolgen. Eine hohe Auslastung der Transformatoren ist deshalb im Normalbetrieb nicht wirtschaftlich.

10

10.10 Ruhende Maschinen

10.10.9 Kurzschlussspannung und Kurzschlussstrom bei Transformatoren

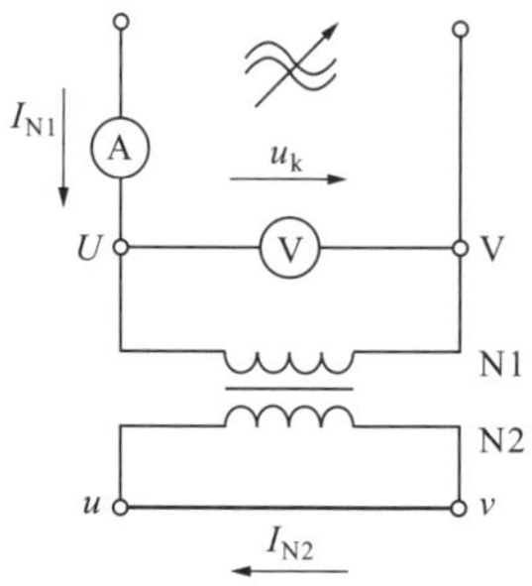

U_K	**Kurzschlussspannung:** Spannung in V bei Nennfrequenz und bei Nennstrom auf der Primärseite bei kurzgeschlossener Sekundärseite
u_k	Maßzahl für die **Kurzschlussspannung**. Sie wird in % angegeben und in der Regel auf den Nennwert U_{N1} bezogen $u_k = 100\% \cdot U_K / U_{N1}$
I_{KD}	**Dauerkurzschlussstrom.** Er stellt sich nach Abklingen des Kurzschlussstromstoßes ein und nimmt bei kleiner u_k einen gefährlich hohen Wert an. $I_{KD} = I_N \cdot 100\% / u_k$

10.10.10 Bauarten von Leistungstransformatoren

Leistungstransformator (LT)	Die elektrisch getrennten Wicklungen sind parallel zu den zugehörigen Netzen geschaltet. Die gesamte Leistung wird induktiv übertragen
Spartransformator	Mindestens zwei Wicklungen sind elektrisch leitend hintereinander geschaltet. Die Durchgangsleistung wird teils leitend, teils induktiv übertragen
Zusatztransformator	Beide Wicklungen sind galvanisch getrennt; eine Wicklung ist mit einem System in Reihe geschaltet, um dessen Spannung zu ändern. Die Primärwicklung liegt parallel zum zugehörigen Netz. Die Zusatzleistung wird rein induktiv übertragen
Öltransformator	Kern und Wicklungen befinden sich in Öl. (In diesem Zusammenhang werden auch Kühl- und Isolierflüssigkeiten als Öl angesehen. Üblicherweise werden Transformatoren dann nach dem Handelsnamen ihrer Füllung bezeichnet, z. B. Clophentransformator.)
Trockentransformator	Weder Kern noch Wicklung befinden sich in einer Kühl- und Isolierflüssigkeit

10.10.11 Kühlungsarten bei Leistungstransformatoren

Die ersten beiden Buchstaben geben Kühlmittel und Kühlmittelbewegung für die Wicklung und die letzten beiden Buchstaben Kühlmittel und Kühlmittelbewegung für die äußere Kühlung an. Trockentransformatoren ohne dicht schließendes Schutzgehäuse erhalten lediglich zwei Kurzzeichen für die Wicklungskühlung. Unterschiedliche Kühlungsarten eines Transformators werden mittels Schrägstrich getrennt.

Kühlmittel	Kurzzeichen	Kühlmittelbewegung	Kurzzeichen
Brennbare Kühl- und Isolierflüssigkeit (z. B. Mineralöl)	O	Natürlich	N
Nicht brennbare Kühl- u. Isolierflüssigkeit (z. B. Askarel „Clophen“)	L	Erzwungen (Öl nicht gerichtet)	F
Gas	G	Erzwungen (Öl gerichtet)	D
Wasser	W		
Luft	A		

Beispiel: OFAF Öltransformator mit erzwungener Öl- und Luftkühlung
AN Trockentransformator ohne dicht schließendes Schutzgehäuse bei natürlicher Luftbewegung

10.10 Ruhende Maschinen

10.10.12 Begriffe für Transformatoren

Nennübersetzung $ü_N$	Das Verhältnis der Nennspannung einer Wicklung zu der niedrigeren oder gleichen Nennspannung einer anderen Wicklung
Leerlaufstrom I_0	Der über einen Leiteranschluss einer Wicklung fließende Strom, wenn Nennspannung U_N mit der Nennfrequenz f_N anliegt und die anderen Wicklungen unbelastet bleiben. Die Angabe erfolgt oft in % des Nennstromes dieser Wicklung. Bei Mehrwicklungstransformatoren bezieht sich dieser Prozentsatz auf die Wicklung mit der höchsten Nennleistung. Bei Mehrphasentransformatoren werden die Einzelströme oder der arithmetische Mittelwert dieser Leerlaufströme angegeben
Nennleistung S_N	Die abgegebene Scheinleistung in kVA oder MVA legt einen bestimmten Nennstrom fest, der bei angelegter Nennspannung und festgelegten Bedingungen fließt
Leerlaufverluste P_0	Die aufgenommene Wirkleistung, wenn an einer Wicklung Nennspannung mit der Nennfrequenz f_N anliegt und die anderen Wicklungen unbelastet bleiben
Kurzschlussverluste P_K	Die aufgenommene Wirkleistung, wenn eine Wicklung Nennstrom aufnimmt, während die andere Wicklung kurzgeschlossen ist. Die restlichen Wicklungen bleiben gegebenenfalls unbelastet
Gesamtverluste P_G	$P_G = P_0 + P_K$
Nennkurzschlussspannung U_{kN}	Die mit Nennfrequenz an die Primärseite anzulegende Spannung, damit bei kurzgeschlossener Sekundärseite der Nennstrom I_N fließt. Die Angabe erfolgt meist in % der Nennspannung U_N der Wicklung, an die die Spannung angelegt wird. $u_{kN} = 100\%\ U_{kN}/U_N$ Die Kurzschlussspannung setzt sich aus dem mit dem Strom in Phase liegenden Spannungsfall U_R, u_R und die dem Strom um 90° vorauseilende Streuspannung U_X, u_X zusammen: $u_{kN}^2 = u_X^2 + u_R^2$ In Verteilnetzen setzt man meist Transformatoren mit $u_{kN} = 4\%$ ein, um den Spannungsfall klein zu halten. In Industrie- und Verteilnetzen hoher Leistung sind zur Begrenzung der Kurzschlussbeanspruchung Transformatoren mit $u_{kN} = 6\%$ vorzuziehen. Noch höher liegen die Nennkurzschlussspannungen der Mittel- und Großtransformatoren, um ausreichende Kurzschlussfestigkeit zu erzielen

Spannungsänderung u_φ

Aus der Nennkurzschlussspannung u_{kN} und den Kurzschlussverlusten P_K kann man die Spannungsänderung bei einer beliebigen symmetrischen Belastung S und beliebigem $\cos\varphi$ berechnen.

$$u_\varphi = n \cdot u'_\varphi + 0{,}5\,\frac{(n \cdot u''_\varphi)^2}{10^2} + 0{,}125\,\frac{(n \cdot u''_\varphi)^4}{10^6}$$

mit $n = S/S_N$

$u'_\varphi = u_{RN} \cdot \cos\varphi + u_{XN} \cdot \sin\varphi$

$u''_\varphi = u_{RN} \cdot \sin\varphi - u_{XN} \cdot \cos\varphi$

Beispiel:

Es ist die Spannungsänderung u_φ eines 50 kVA/600-V-Transformators bei Nennlast und $\cos\varphi = 0{,}8$ mit $u_R = 2{,}5\%$ und $u_{kN} = 3{,}6\%$ zu berechnen.

Lösung:

$u_X = 3{,}6^2 - 2{,}5^2 = 2{,}59 = 2{,}6\%$

$u'_\varphi = 2{,}5\% \cdot 0{,}8 + 2{,}6\% \cdot 0{,}6 = 3{,}56\%$

$u''_\varphi = 2{,}5\% \cdot 0{,}6 - 2{,}6\% \cdot 0{,}8 = -0{,}58\%$

$$u_\varphi = 3{,}56\% + 0{,}5\,\frac{(-0{,}58\%)^2}{10^2} + 0{,}125\,\frac{(-0{,}58\%)^4}{10^6} \approx 3{,}56\%$$

10

10.11 Rotierende Maschinen

10.11.1 Schutzarten für umlaufende elektrische Maschinen

IP 21 S

Kurzzeichen (International Protection) — IP; 1. Ziffer — 2; 2. Ziffer — 1; ergänzender Buchstabe (fakultativ) — S

Wird nur eine Kennziffer für den Schutzgrad gebraucht, so wird die andere durch ein X ersetzt.

1. Ziffer	Berührungs- und Fremdkörperschutz Schutzgrad
0	Kein besonderer Schutz
1	Geschützt gegen feste Fremdkörper mit ∅ ≥ 50 mm. Geschützt gegen das Berühren von gefährlichen Teilen mit dem Handrücken
2	Geschützt gegen feste Fremdkörper mit ∅ ≥ 12,5 mm. Geschützt gegen das Berühren von gefährlichen Teilen mit einem Finger oder Gegenständen nicht länger als 80 mm
3	Geschützt gegen feste Fremdkörper mit ∅ ≥ 2,5 mm. Geschützt gegen das Berühren von gefährlichen Teilen mit einem Werkzeug. Berührungsschutz ist erfüllt, wenn ein ausreichender Abstand eingehalten wird
4	Geschützt gegen feste Fremdkörper ∅ ≥ 1 mm. Geschützt gegen das Berühren von gefährlichen Teilen mit einem Draht. Berührungsschutz ist erfüllt, wenn ein ausreichendem Abstand eingehalten wird
5	Schutz gegen schädliche Staubablagerungen im Innern. Vollständiger Berührungsschutz. Berührungsschutz ist erfüllt, wenn ein ausreichender Abstand eingehalten wird
6	(Nur bei DIN 40050) Schutz gegen Eindringen von Staub. Vollständiger Berührungsschutz

2. Ziffer	Wasserschutz Schutzgrad
0	Kein besonderer Schutz
1	Senkrecht fallendes Tropfwasser darf keine schädliche Wirkung haben
2	wie 1; zusätzlich: ...wenn die Maschine um bis 15° gegenüber ihrer normalen Lage gekippt ist
3	Wasser, das in einem Winkel von 60° von der Senkrechten fällt, hat keine schädliche Wirkung
4	Spritzwasser aus allen Richtungen gegen die Maschine, darf keine schädliche Wirkung haben
5	Wasser, aus jeder Richtung als Strahl gegen das Gehäuse gerichtet, darf keine schädliche Wirkungen haben
6	Wasser, das aus jeder Richtung als starker Strahl gegen das Gehäuse gerichtet ist, darf keine schädlichen Wirkungen haben
7	Wasser darf nicht in schädlichen Mengen eindringen, wenn die Maschine unter festgelegten Druck- und Zeitbedingungen in Wasser getaucht wird
8	Die Maschine ist geeignet zum dauernden Untertauchen in Wasser bei Bedingungen, die durch den Hersteller zu beschreiben sind und schwieriger sein müssen als für die Kennziffer 7

Buchstabe	Bedeutung
H	Speziell für Hochspannungsgeräte
S	Stillstehende Maschine während der Wasserprüfung
M	Laufende Maschine während der Wasserprüfung
W	Für offene, durchzugbelüftete Maschinen zum Einsatz unter festgelegten Wetterbedingungen und mit zusätzlichen Schutzmaßnahmen oder Einrichtungen

Gegenüber DIN 40050: 1980-7 enthält DIN VDE 0530-5: 1992-5 Ergänzungen für die besonderen Belange bei umlaufenden Maschinen. Häufig verwendete Schutzarten: IP12; IP21; IP22; IP23; IP44; IP54; IP55.

10.11.2 Drehstrom-Asynchronmaschine (Kurzschlussläufer-Motor/Generator)

Eigenschaften		Anwendungen	
	– preiswert – robust, wartungsarm – Drehzahl ist abhängig von der Belastung – schlechtes Anlaufdrehmoment – nimmt stets Blindleistung auf		– fast ausschließlich als Motor – Hebezeuge – Verarbeitungsmaschinen – Lüfter – Förderbänder – Werkzeugmaschinen

Hochlaufkennlinie

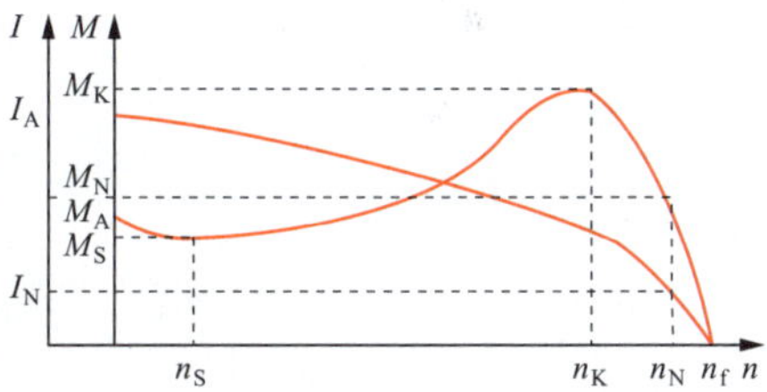

M_N Nenndrehmoment
M_A Anlaufdrehmoment
M_S kleinstes Drehmoment beim Hochlauf
M_K Kippmoment
I_A Anlaufstrom
I_N Nennstrom

Belastungskennlinie

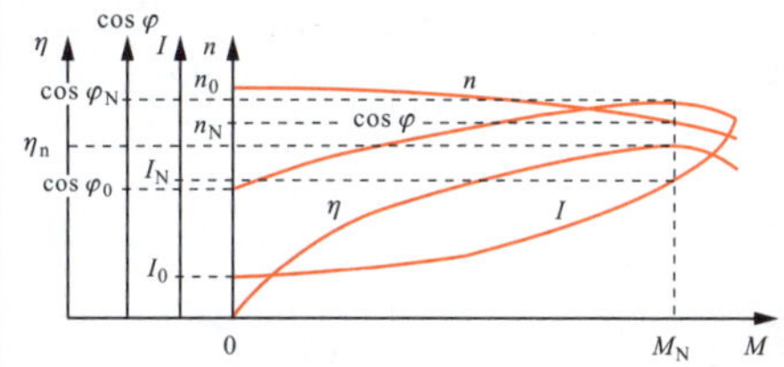

η Wirkungsgrad
η_N Nennwirkungsgrad
I_N Nennstrom
I_0 Leerlaufstrom
n_0 Leerlaufdrehzahl
n_N Nenndrehzahl
$\cos\varphi_N$ $\cos\varphi$ bei Nennbetrieb

Schema einer Drehstrommaschine mit der Polpaarzahl $p = 1$ in Sternschaltung

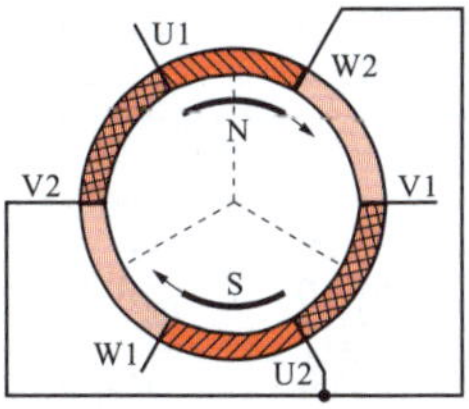

Je Wechselstromperiode dreht das Ständermagnetfeld um ein N-S-Polpaar p weiter. n_F = Felddrehzahl = synchrone Drehzahl:

$$n_F = (f \cdot 60)/p \quad \text{in 1/min}$$

Drehzahlen bei 50-Hz-Netzfrequenz

Polpaarzahl p	n_P min^{-1}
1	3000
2	1500
3	750

Der Kurzschlussläufer wird nur dann vom Drehfeld mitgenommen, wenn er langsamer läuft als die synchrone Felddrehzahl n_F, denn bei Gleichlauf wird keine Elektromotorische Kraft induziert.

Der **„Schlupf“** $s = n_F - n$ bestimmt die Läuferfrequenz f_L. Er wird angegeben in 1/min oder % von n_F:

$$s/n_F = s\%/100\% = f_L/f$$

Mit steigender Belastung des Motors wird der Schlupf s größer und die Drehzahl nimmt ab. Mit der Drehzahl n ändert sich das Drehmoment M. Die Drehmoment-Drehfrequenz-Kennlinie lässt sich durch Wahl des Werkstoffes und der Form der Läuferstäbe beeinflussen.
Drehmomente:

$$M/M_K = 0{,}5 \cdot (s/s_K) + (s_K/s)$$

$$M = C_M \cdot U_{str}^2 \quad (C_M = \text{Drehmoment-Koeffizient})$$

$$M_A \sim U^2 \quad M_A/M_N = 0{,}5 \ldots 3$$

Anlaufzeit t_A in Sekunden:

$$t_A \approx 4 + 2 \cdot \sqrt{P_{kW}}$$

Wellenleistung:

$$P_{Welle} = U \cdot I \cdot \sqrt{3} \cdot \cos\varphi \cdot \eta$$

Anlaufstrom:

$$I_A/I_N = 3 \ldots 7$$

Asynchronmaschine im Generatorbetrieb

Die Asynchronmaschine als Generator funktioniert nur am Drehstromnetz, da sie ein Drehfeld braucht. Asynchrongeneratoren belasten das Netz induktiv.

10.11 Rotierende Maschinen

10.11.2.1 Typische Betriebswerte oberflächengekühlter Drehstrommotoren mit Käfigläufer

Typ	Nennleistung kW	Nenndrehfrequenz min^{-1}	Nennstrom bei 230 V A	Nennstrom bei 400 V A	Nennstrom bei 500 V A	Wirkungsgrad η %	Leistungsfaktor $\cos\varphi$	Anzugsmoment bei direktem Einschalten als Vielfaches des Nennmoment	Kippmoment bei direktem Einschalten als Vielfaches des Nennmoment	Anzugsstrom bei direktem Einschalten als Vielfaches des Nennstroms	Gewicht netto ca. kg
Drehfrequenz 3000 min^{-1}											
63 b	0,25	2800	1,30	0,75	0,57	67,0	0,76	2,80	2,80	4,80	5
71 b	0,55	2780	2,35	1,36	1,03	73,5	0,84	2,90	2,70	5,50	7
90 S	1,50	2825	5,90	3,40	2,60	77,0	0,87	2,40	2,40	5,20	14
100 L	3,00	2885	10,9	6,30	4,80	83,0	0,87	2,70	3,10	6,60	24
132 S2	7,50	2920	27,2	15,70	12,00	84,5	0,86	2,90	2,60	6,40	59
180 M	22,00	2950	73,5	42,50	32,50	89,5	0,88	2,90	2,60	6,50	155
225 M	45,00	2965	143,0	83,0	63,00	92,0	0,90	2,20	2,40	6,50	340
280 S	75,00	2980	280,0	136,0	103,00	94,5	0,89	2,00	2,00	6,80	613
315 S	110,00	2980	342,0	198,0	150,00	93,0	0,91	1,35	2,80	6,80	785
Drehfrequenz 1500 min^{-1}											
63 b	0,12	1370	1,12	0,65	0,49	62,0	0,70	2,00	1,90	3,10	5
71 b	0,37	1375	1,97	1,14	0,87	69,0	0,72	2,40	2,30	3,70	7
90 S	1,10	1410	4,80	2,75	2,10	75,0	0,81	1,90	2,10	4,70	14
100 L1	2,20	1405	8,80	5,10	3,90	80,0	0,82	2,40	2,80	5,50	24
132 S	5,50	1440	19,70	11,40	8,70	86,0	0,85	2,60	3,20	6,20	62
180 M	18,50	1470	64,00	37,00	28,00	90,0	0,86	2,80	2,20	6,10	155
225 M	45,00	1470	147,00	85,00	65,00	92,5	0,87	2,60	2,40	6,50	370
280 S	75,00	1485	252,00	146,00	111,00	93,0	0,84	2,40	2,10	6,80	630
315 S	110,00	1485	343,00	198,00	150,00	93,5	0,90	1,90	2,10	6,60	845
Drehfrequenz 1000 min^{-1}											
71 b	0,25	865	1,73	1,00	0,76	55,0	0,72	1,80	2,00	2,50	7
90 S	0,75	890	4,15	2,40	1,80	62,0	0,77	1,70	1,90	3,20	15
100 L	1,50	940	7,80	4,50	3,40	73,0	0,70	2,10	2,50	4,00	24
132 S	3,00	960	11,70	6,80	5,20	83,0	0,80	2,60	2,80	5,80	62
160 L	11,00	965	40,60	23,50	17,80	88,0	0,82	2,30	2,60	6,50	135
180 M	15,00	965	54,00	31,00	23,50	89,0	0,83	2,00	1,90	5,80	175
225 M	30,00	975	105,00	61,00	46,50	91,0	0,83	2,60	2,10	6,20	350
280 S	45,00	990	145,00	84,00	64,00	92,5	0,88	2,30	2,20	6,70	660
315 S	75,00	985	252,00	146,00	111,00	93,0	0,84	2,40	2,40	6,20	845
Drehfrequenz 750 min^{-1}											
71b	0,12	655	1,20	0,70	0,53	51,0	0,60	2,20	2,00	2,00	7
90S	0,37	690	2,60	1,50	1,14	63,0	0,60	1,80	1,90	2,70	15
100L1	0,75	700	4,30	2,50	1,90	67,0	0,68	2,00	2,00	3,50	24
112M	1,50	700	7,60	4,35	3,30	74,0	0,72	1,90	2,20	3,70	43
132S	2,20	715	10,20	5,90	4,50	81,0	0,70	2,10	2,30	4,20	62
180L	11,00	720	41,50	24,00	18,20	86,5	0,81	2,10	1,80	5,50	175
225M	22,00	725	84,00	48,50	37,00	89,0	0,78	2,60	2,30	5,00	360
280S	37,00	740	130,00	75,00	57,00	92,5	0,81	2,20	2,00	5,50	640
315M2	90,00	740	313,00	181,00	138,00	93,5	0,81	2,50	2,40	7,20	1010

10.11 Rotierende Maschinen

10.11.3 Drehstrom-Synchronmaschine (Motor/Generator)

⇒ 4-9

Motor

Eigenschaften	– Drehzahl ist unabhängig von der Belastung – Fällt bei Überlast außer Tritt – Selbstanlauf ist nur durch zusätzliche Anlaufkäfigwicklung oder durch Kurzschluss der Erregerwicklung möglich – Der Blindstromanteil ist durch den Erregerstrom einstellbar
Anwendungen	– Drehzahlkonstante Antriebe – Kolbenverdichter – Umformersätze – Phasenschieber – Schiffschraubenantriebe
Belastungskennlinie	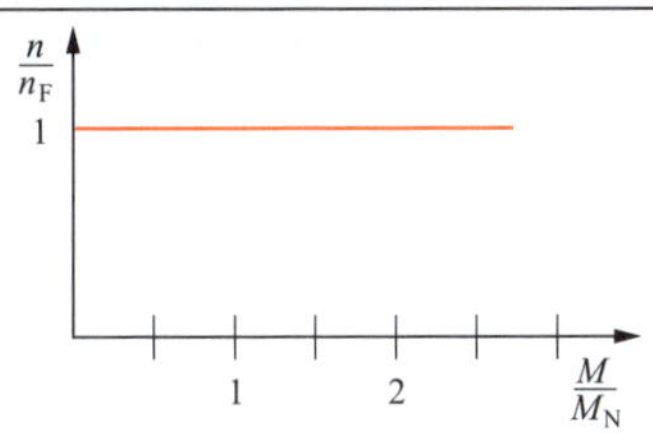
Abhängigkeit des Eingangsstromes von Belastung und Feldstrom	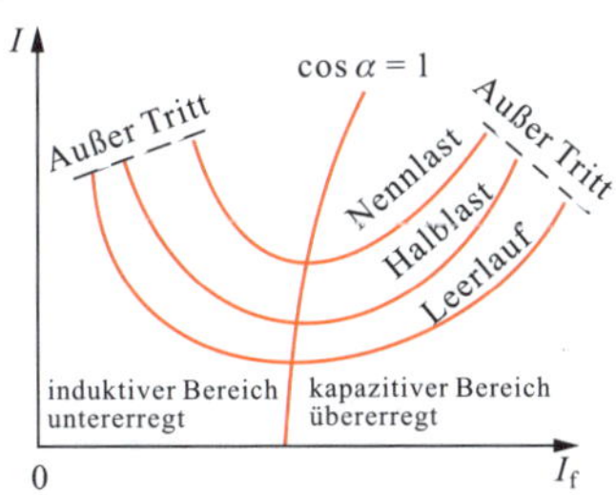
Drehzahl/Anlauf	Drehzahl wie bei Asynchronmaschine, aber ohne Schlupf: $n_F = (f \cdot 60)/p$ in 1/min Anlaufdrehmoment: $M_A/M_N = 0{,}5 \dots 1{,}2$ Wellenleistung wie bei der Asynchronmaschine. Anlaufstrom: $I_A/I_N = 1{,}5 \dots 4{,}5$ Anlauf über Dämpferwicklung ähnl. wie beim Käfigläufermotor. Nach dem Hochlaufen wird an die bis dahin kurzgeschlossene Läuferwicklung Gleichspannung angelegt – das Polrad fällt in Synchronismus

Generator

Eigenschaften	– Klemmenspannung ist abhängig von Drehzahl und Last – Fällt bei Überlast außer Tritt – Frequenz hängt ab von Drehzahl und Polpaarzahl
Anwendungen	– Erzeugung von Drehstrom im Bereich kleiner bis größter Leistungen z. B. in Kraftwerken oder bei Inselbetrieb zur Versorgung abgeschlossener Areale – Notstromaggregate
Einpoliges Ersatzschaltbild	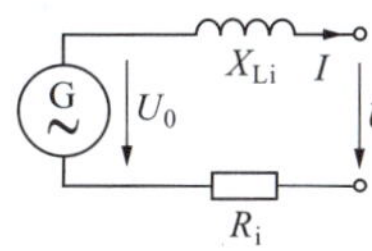
Belastungskennlinien bei konstantem Erregerstrom	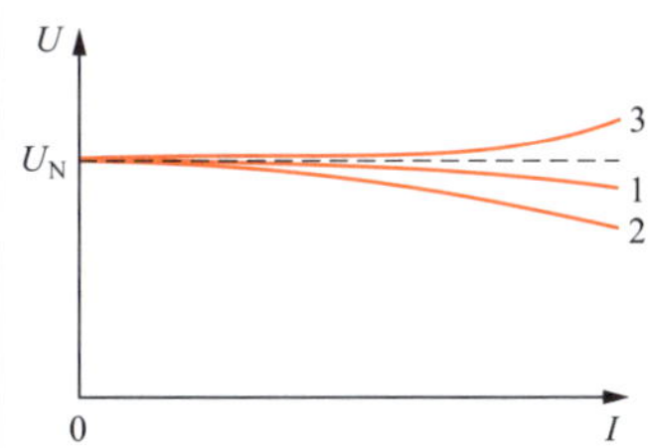 Spannung und Leistung werden von der Belastungsart bestimmt. Bei ohmscher (1) und induktiver (2) Belastung sinkt die Spannung ab – Konstanthaltung erfolgt durch Erhöhung des Erregerstromes. Bei kapazitiver (3) Belastung erhöht sich die Klemmenspannung – Konstanthaltung erfolgt durch Verringern des Erregerstromes Generatoren benötigen eine in weiten Grenzen veränderbare Erregerspannung, um den Erregerstrom dem Belastungszustand entsprechend einstellen zu können. Kraftwerksgeneratoren werden übererregt betrieben

10.11 Rotierende Maschinen

10.11.4 Anschluss von Drehstrommaschinen

10-1

Anschluss der Drehstrom-Asynchronmaschine für Rechtslauf

Statoranschluss in Sternschaltung	Statoranschluss in Dreieckschaltung

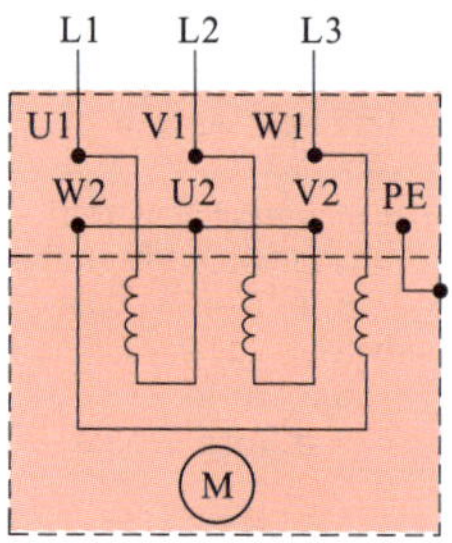

- Strangspannung U_{str} = Außenleiterspannung/$\sqrt{3}$
- Strangstrom I_{str} = Leiterstrom
- verglichen mit Dreieckschaltung niedriges Drehmoment

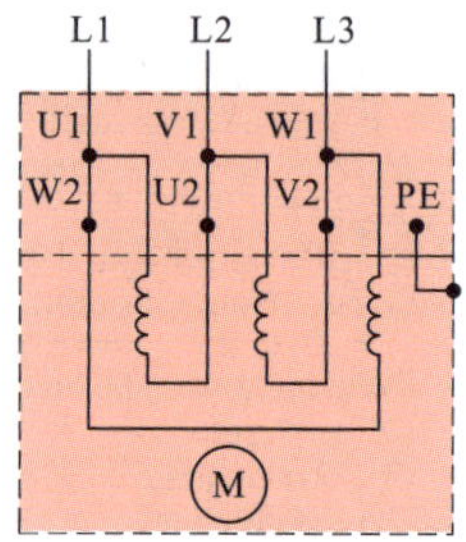

- Strangspannung U_{str} = Außenleiterspannung
- Strangstrom I_{str} = Leiterstrom/$\sqrt{3}$
- verglichen mit Sternschaltung hohes Drehmoment

Klemmbrett (Sternschaltung)

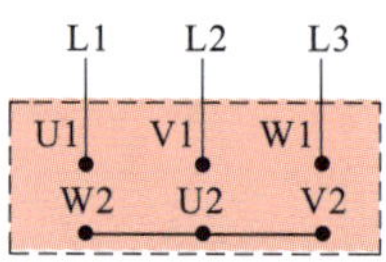

Klemmbrett (Dreieckschaltung)

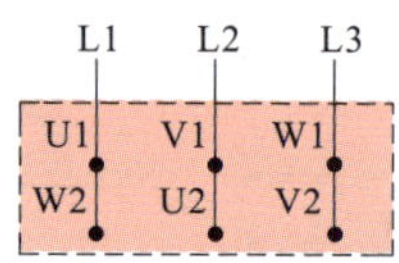

Bei Rechtslauf stimmen die alphabetische Reihenfolge der Buchstaben und die zeitliche Phasenfolge der Spannungen überein (L1 → U1 L2 → V1 L3 → W1)

Für Linkslauf müssen, bezogen auf den Rechtslauf, zwei Netzzuleitungen vertauscht werden:
z. B. L1 an V1, L2 an U1, L3 an W1

Anschluss der Drehstrom-Synchronmaschine

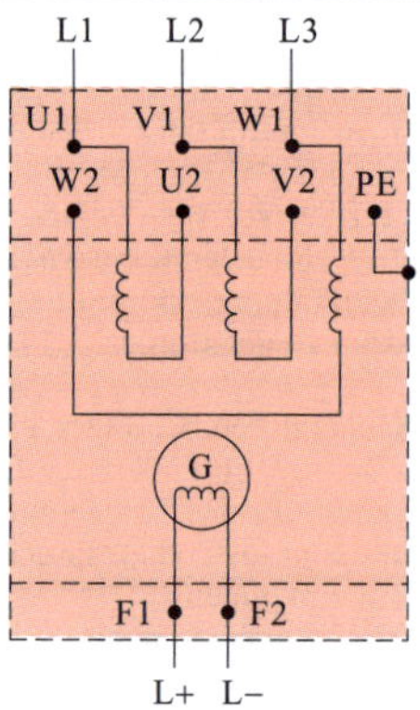

Statoranschluss:
Wie bei der Drehstrom-Asynchronmaschine

Läuferanschluss (Erregerspannung):
F1 = Plus; F2 = Minus

Klemmbrett; Anschluss des Läufers (entfällt bei Maschinen mit Permanentmagnet)

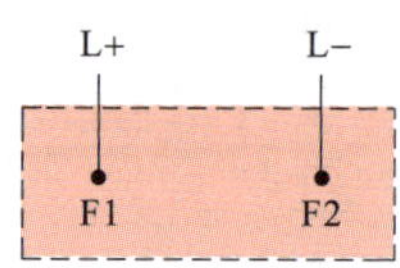

10.11 Rotierende Maschinen

10.11.5 Wechselstrommotoren

Asynchronmotor an Wechselspannung	Wechselstrommotor mit Hilfswicklung Kondensatormotor	Wechselstrommotor mit Hilfswicklung mit Widerstand
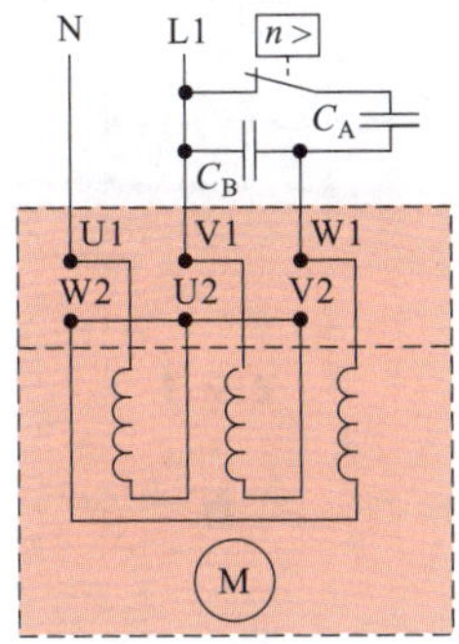	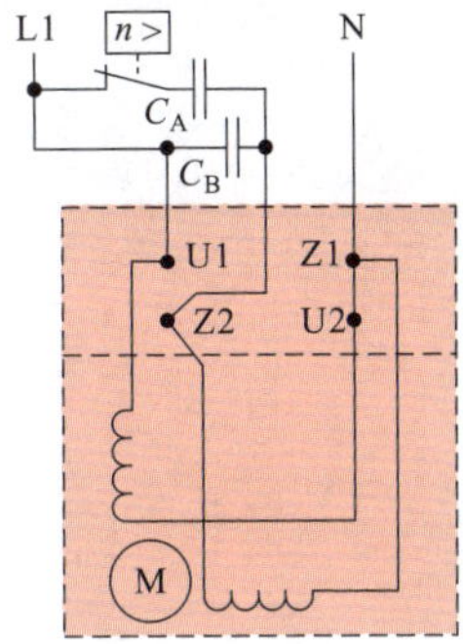	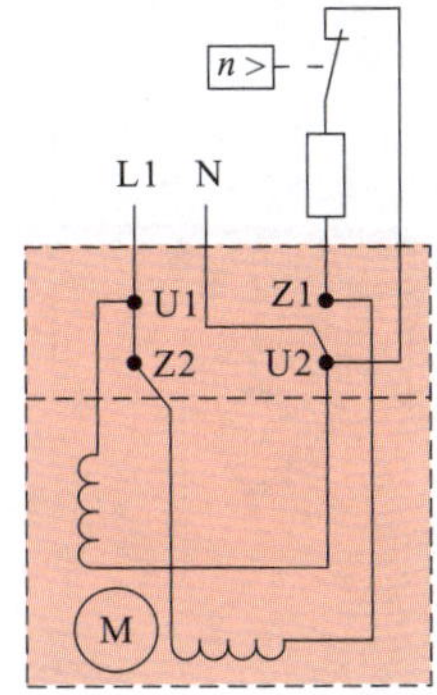
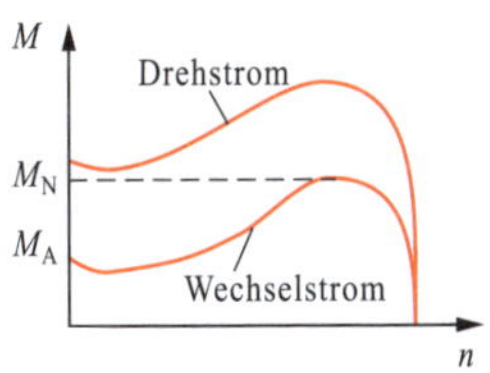	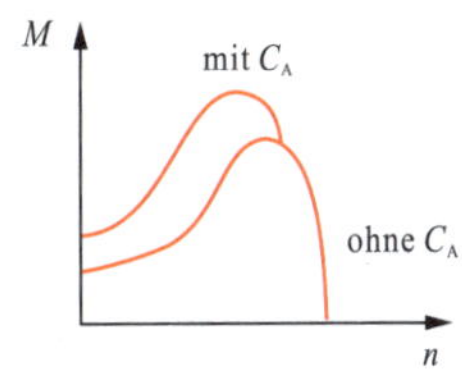	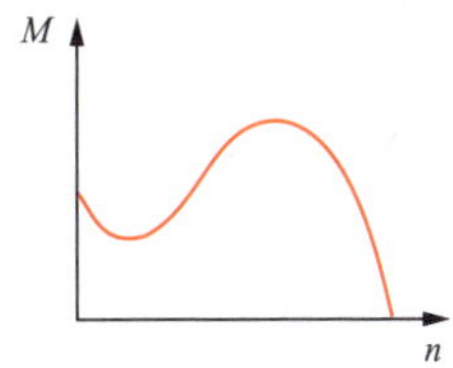
see table below; $C_A = 2 \cdot C_B$	$Q_{CB} = 1\,\text{kvar} \cdot \text{P/kW}$ $C_A = 3 \cdot C_B$	Wegen der hohen Stromwärmeverluste im Hilfsstrang wird dieser abgeschaltet, wenn der Motor angelaufen ist. Die erreichbare Phasenverschiebung ist kleiner als bei der Ausführung mit Kondensator
Nebenschlussverhalten Wirkungsgrad 0,5 … 0,75 $M_A \approx 12\%$ von M_A bei Drehstrom (gilt ohne C_A) $M_N \approx 80\%$ von M_N bei Drehstrom $M \sim U^2$ $M_A/M_N = 1 \dots 3$	**Nebenschlussverhalten** Wirkungsgrad 0,5 … 0,7 für Drehzahlen unter 3000 min^{-1} $M_A/M_N = 2 \dots 5$ $M \sim U^2$ mit C_A höheres Anlaufmoment überwiegend für Leistungen unter 250 W	**Nebenschlussverhalten** einfache Bauweise Wirkungsgrad 0,5 … 0,7 für Drehzahlen unter 3000 min^{-1} $M_A/M_N = 2 \dots 5$ $M \sim U^2$
Anwendung überwiegend in Baumaschinen und Antrieben in der Landwirtschaft	Anwendung überwiegend in Haushaltsgeräten wie z. B. Waschmaschinen	Anwendung überwiegend in Haushaltsgeräten wie z. B. Waschmaschinen

U_{Netz}	C_B
110 V	200 µF · P/kW
230 V	70 µF · P/kW
400 V	20 µF · P/kW

$C_A = 2 \cdot C_B$

10

⇐ 11-40

10.11 Rotierende Maschinen

10.11.5 Wechselstrommotoren

⇒ 11-4

Reihenschlussmotor (Universalmotor)	Spaltpolmotor	Permanentmagnetmotor
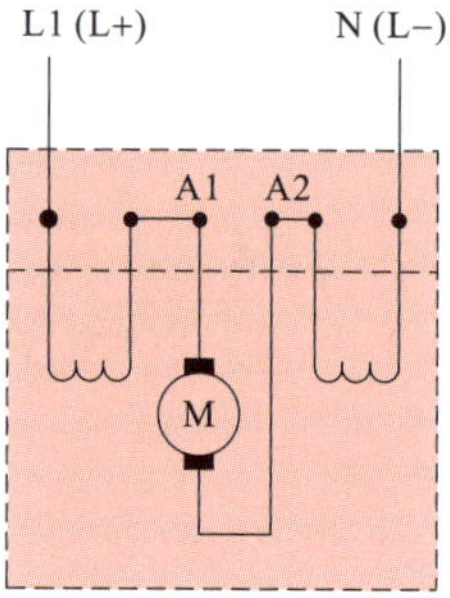	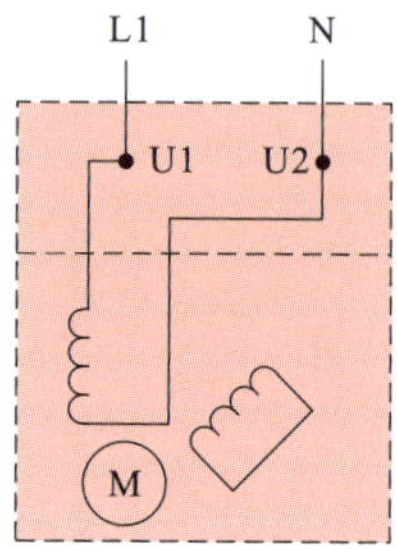	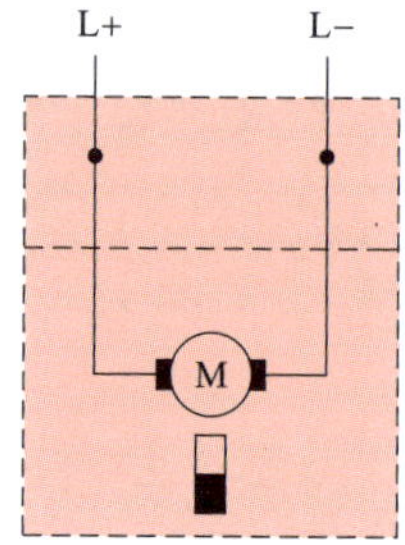
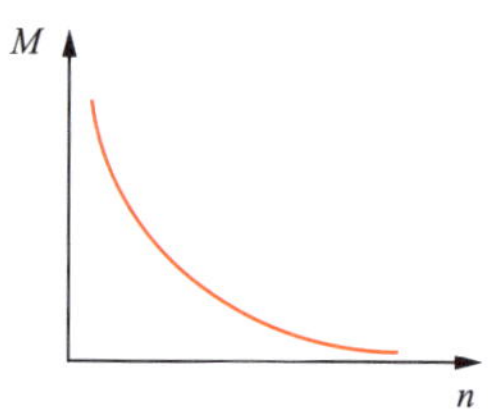	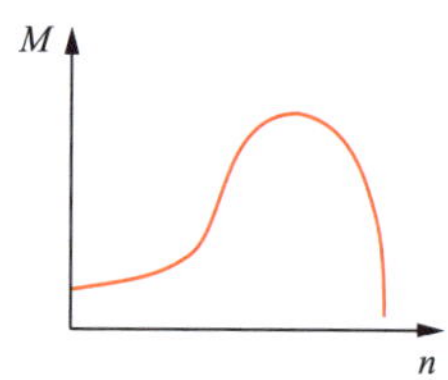	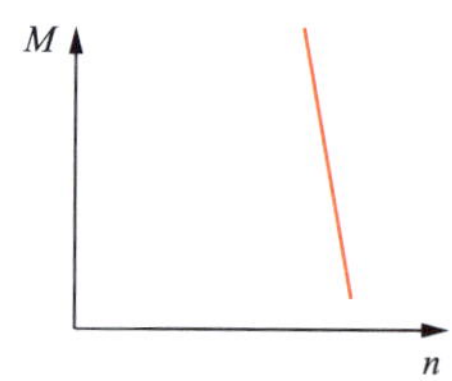
2-poliger Kommutatormotor mit Reihenschlussverhalten Funktioniert an Wechselspannung/-strom und an Gleichspannung/-strom gleichermaßen Drehzahlen > 3000 min^{-1} sind möglich Wirkungsgrad 0,5 … 0,8 $M \sim I^2$ $M_A/M_N = 2 \dots 5$	Reihenschlussverhalten Einfache Bauweise für Leistungen unter 150 W Für Drehzahlen unter 3000 min^{-1} Wirkungsgrad = 0,1 … 0,35 $M \sim U^2$ $M_A/M_N = 0{,}2 \dots 1$	Kommutatormotor für Wechsel- und Gleichspannung/-strom Überwiegend für den Niederspannungsbereich 12 … 24 V Drehzahlen ≥ 2000 min^{-1} sind möglich Wirkungsgrad 0,6 … 0,85 $M \sim I, \Phi$ $M_A/M_N = 4 \dots 6$
Anwendung überwiegend in Haushaltsgeräten wie Staubsauger oder Küchenmaschinen und elektrisch betriebenen Werkzeugen	Anwendung überwiegend in Haushaltsgeräten für kleine Leistungen	Anwendung z. B. in elektrischem Spielzeug, im Auto, in Kleinstwerkzeugmaschinen und in der Computerperipherie; aber auch in Haartrocknern

10

10.11 Rotierende Maschinen

10.11.6 Gleichstrommaschinen

⇒ 4-8

Gleichstromgeneratoren

Motor	Nebenschlussmotor	Reihenschlussmotor	Doppelschlussmotor
Stromlaufplan Rechtslauf	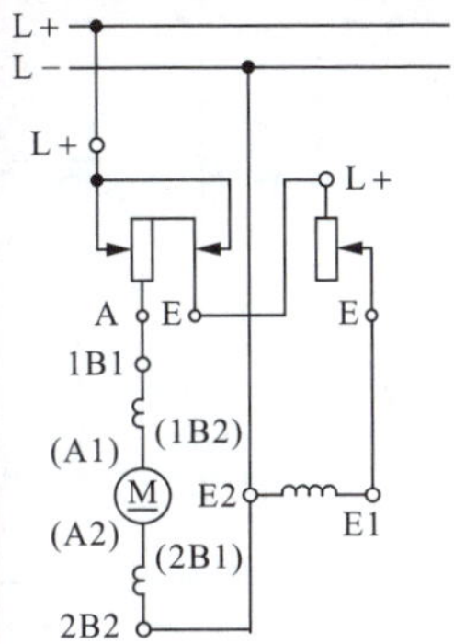	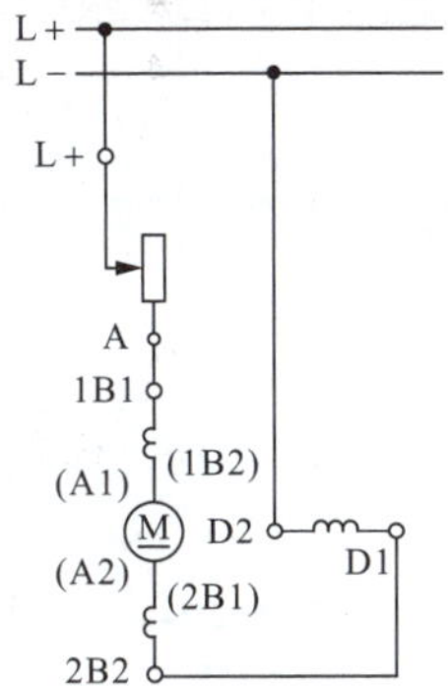	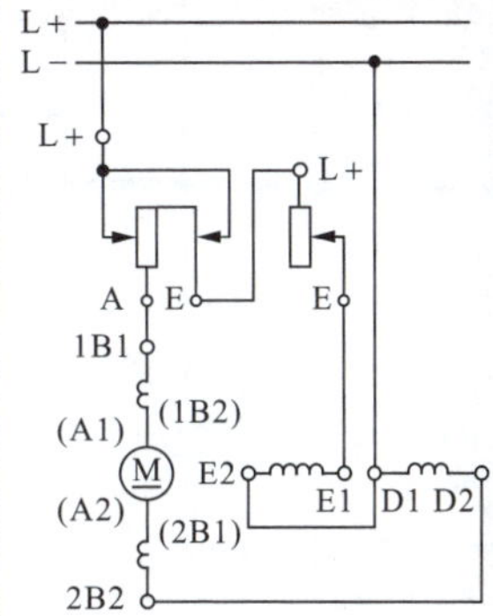
Anschließen Rechtslauf Linkslauf	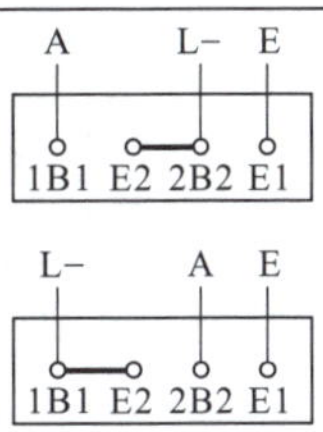	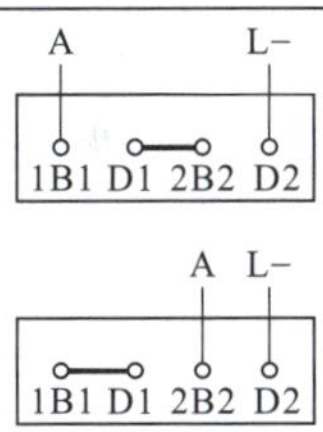	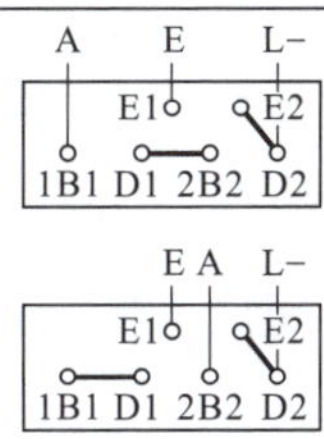
Drehmoment-Drehfrequenz-Kennlinien (normierte Darstellung)	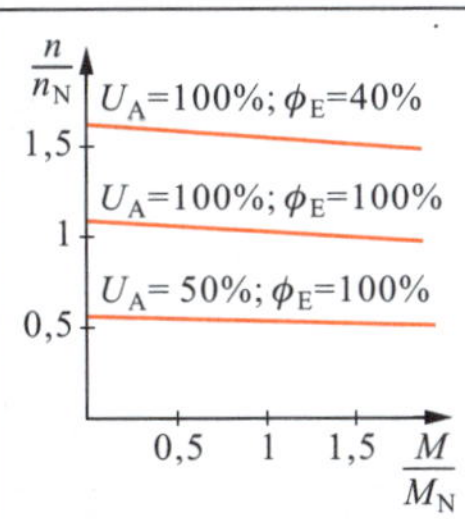	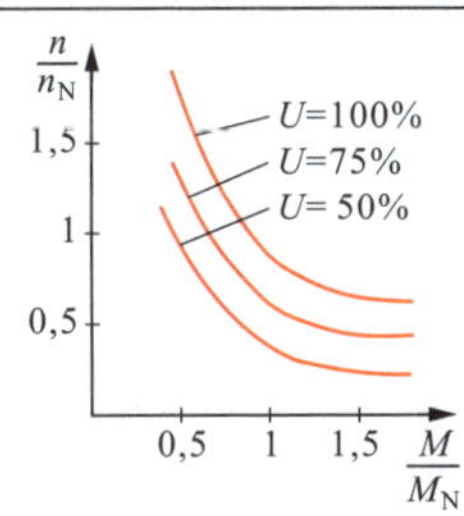	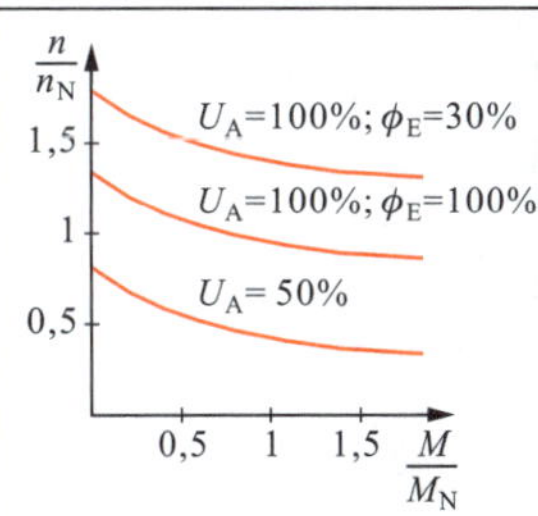
Eigenschaften	Bleiben Ankerspannung und Erregung konstant, so haben Belastungsänderungen nur wenig Einfluss auf die Drehfrequenz. Durch Feldschwächung lässt sich die Nenndrehfrequenz bis ca. 3:1 überschreiten. Das Unterschreiten der Nenndrehfrequenz bei konstanter Belastung ist nur durch Verringerung der Ankerspannung möglich	Der Reihenschlussmotor entwickelt ein sehr hohes Anzugsmoment. Völlige Entlastung (Leerlauf) kann zum Durchgehen (Zerstörung) führen. Bei Belastung nimmt die Drehfrequenz schnell ab. Die Drehfrequenzerhöhung über die Nenndrehfrequenz erfolgt mittels Parallelwiderstand zur Feldwicklung	Das Drehmoment-Drehfrequenz-Verhalten liegt zwischen dem des Nebenschluss- und dem des Reihenschlussmotors. Die Leerlaufdrehfrequenz ist begrenzt. Die Drehfrequenzeinstellung erfolgt wie beim Nebenschlussmotor. Aus Stabilitätsgründen müssen die Erregerwicklungen gleichsinnig durchflossen werden

10.11 Rotierende Maschinen

Gleichstrommotoren

	Nebenschlussgenerator (selbsterregt)	Reihenschlussgenerator	Doppelschlussgenerator (mitkompoundiert)
Stromlaufplan Rechtslauf	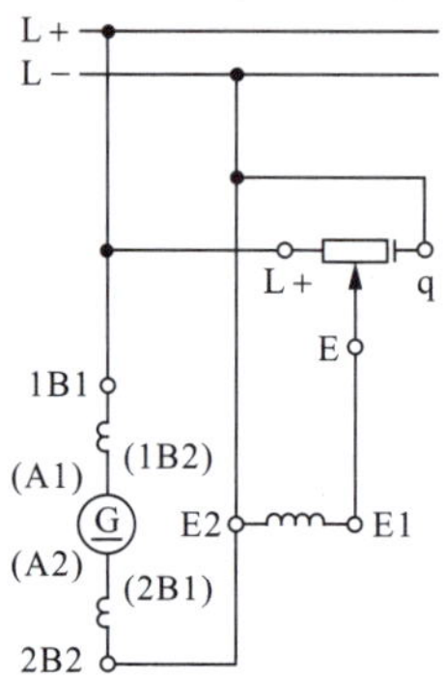	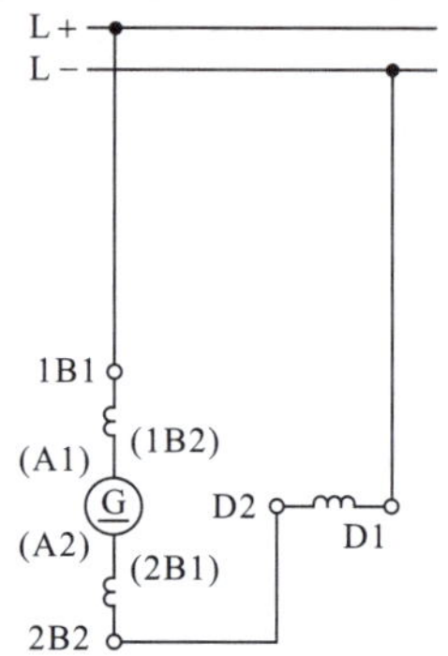	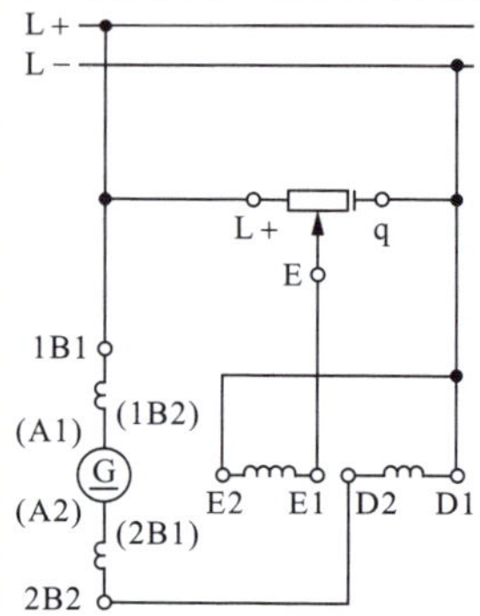
Anschließen Rechtslauf Linkslauf	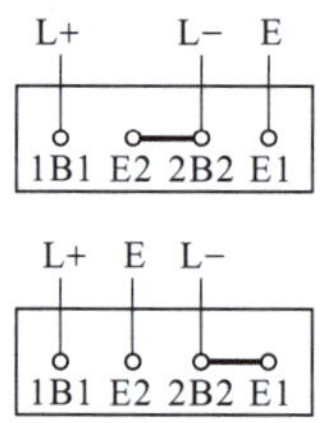	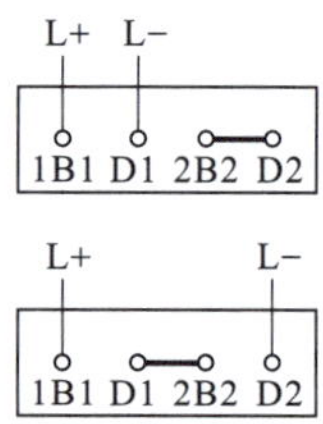	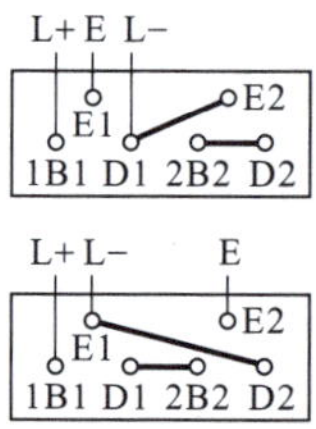
Belastungskennlinien bei konstanter Drehfrequenz	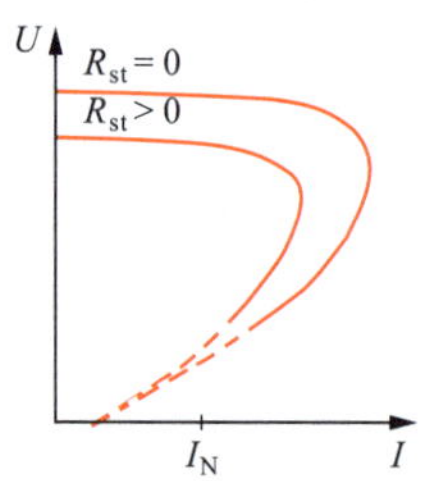	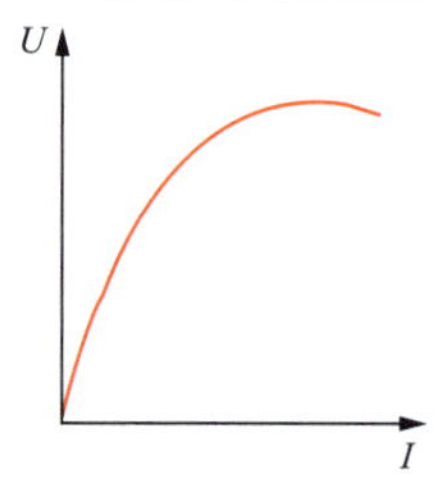	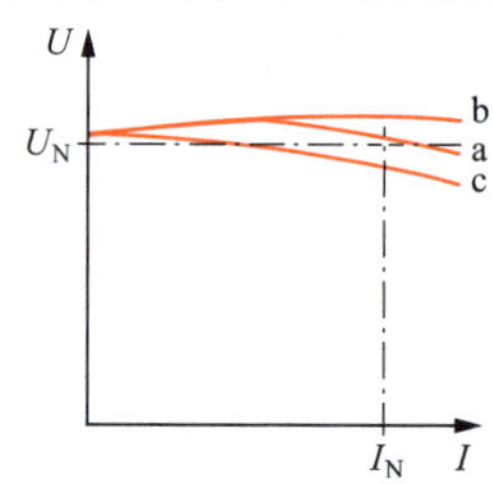
Eigenschaften	Belastungsänderungen haben nur geringe Spannungsänderungen zur Folge, die jedoch bei Selbsterregung höher als bei Fremderregung sind. Die Spannungseinstellung erfolgt mittels Feldsteller. Damit der Restmagnetismus erhalten bleibt, muss bei Drehrichtungsumkehr der Erregerstrom seine Richtung beibehalten	Bis zur magn. Sättigung des Eisens steigt die Spannung mit dem Strom an. Zur Spannungseinstellung muss ein Stellwiderstand parallel zur Feldwicklung geschaltet werden. Bei Rückstrom polt sich die Maschine um. Der Reihenschlussgenerator liefert den größten Kurzschlussstrom; seine praktische Bedeutung ist sehr gering	a) Der Spannungsfall des Nebenschlussgenerators infolge Belastung lässt sich durch eine die Nebenschlusswicklung unterstützende Reihenschlusswicklung vermeiden (kompoundieren). b) Durch Überkompoundierung lässt sich auch der Spannungsfall auf den Leitungen ausgleichen. c) Sollen mehrere Generatoren parallel arbeiten, wird gegenkompoundiert (Umpolung der Reihenschlussfeldwicklung)

10.11 Rotierende Maschinen

Ein- und Mehrquadrantenantriebe

Antriebe erfordern vielfach sowohl ein treibendes als auch bremsendes Drehmoment, sodass dieselbe Maschine ohne Änderung der Schaltung zeitweise als Motor und zeitweise als Generator arbeiten muss. Häufig kommen noch beide Drehrichtungen hinzu. Die möglichen Betriebsarten lassen sich anschaulich im kartesischen Koordinatensystem (hier am Beispiel der Gleichstrommaschine) darstellen. Die Felder zwischen den Koordinaten werden als Quadranten bezeichnet, entgegen dem Ührzeigersinn gezählt und mit dem römischen Ziffern I bis IV gekennzeichnet. Der Drehrichtung Rechtslauf und dem rechtsdrehenden Moment werden positive Vorzeichen zugeordnet.

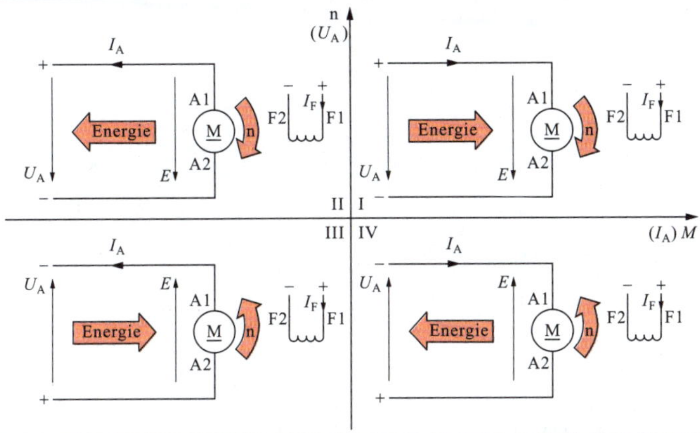

In den Quadranten I und III wirkt die Maschine als Motor, in den Quadranten II und IV als Generator. Bei Generatorbetrieb wird die in elektrische Energie umgewandelte mechanische Energie über Widerstände in Wärme umgesetzt oder über einen Wechselrichter in das Netz zurückgespeist.

Einquadrantbetrieb

Einquadrantantriebe eignen sich nur für den Motorbetrieb. Sie arbeiten im I. und/oder III. Quadranten. Werden beide Drehrichtungen ohne Bremsbetrieb benötigt, erfolgt bei stehendem Motor die Polaritätsumkehr mit Schützen im Anker- oder Feldkreis.

Zweiquadrantbetrieb

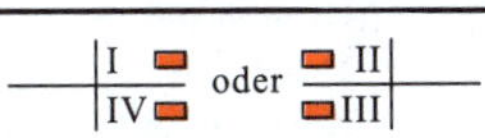

Zweiquadrantantriebe arbeiten i.d.R. in den Quadranten I u. IV oder III u. II. Es sind Antriebe mit 2 Drehrichtungen, aber nur einer Drehmomentrichtung. Sie ergibt sich z.B. bei Hubwerken, deren Ladegeschirr kein Kraftsenken notwendig macht. Dafür setzt man vollgesteuerte Einfachstromrichter ein.

Vierquadrantantrieb

Vierquadrantantriebe arbeiten mit zwei Drehmomentrichtungen und zwei Drehrichtungen mit der vorteilhaften Möglichkeit der geführten Bremsung und Zwischenbremsung durch Netzrückspeisung. Diese Rückspeisung erfolgt über die Stromrichtungsumkehr; sie kann im Ankerkreis (Abb. oben) oder im Feldkreis (Abb. unten) des Motors vorgenommen werden.

Feldumsteuerung

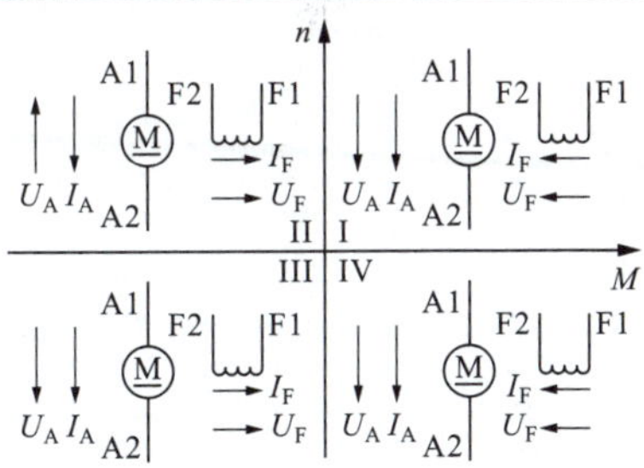

10.11 Rotierende Maschinen

10.11.7 Bauformen und Aufstellung von umlaufenden elektrischen Maschinen Code I DIN IEC 34-7: 1983-4

Kurzz.	Bild	Erklärung
		2 Lagerschilde, mit Füßen
B 3	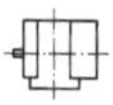	Aufstellung auf Unterbau
B 35	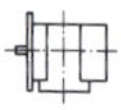	Aufstellung auf Unterbau mit zusätzlichem Befestigungsflansch; Zugang von der Gehäuseseite
B 34	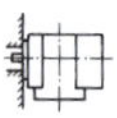	Aufstellung auf Unterbau mit zusätzlichem Befestigungsflansch; kein Zugang von der Gehäuseseite
B 6		Wandbefestigung; Füße auf Antriebsseite gesehen links; Bauform B 3; Lagerschilde nötigenfalls um 90° gedreht
B 7		Wandbefestigung; Füße auf Antriebsseite gesehen rechts; Bauform B 3, Lagerschilde nötigenfalls um 90° gedreht
B 8		Deckenbefestigung; Bauform B 3; Lagerschilde nötigenfalls um 180° gedreht
B 20	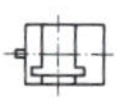	Eingelassen in Unterbau, mit hochgezogenen Füßen
		2 Lagerschilde, ohne Füße
B 5	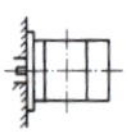	Befestigungsflansch in Lagernähe; Zugang von der Gehäuseseite
B 10	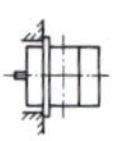	Befestigungsflansch in Lagernähe auf Antriebsseite; Zugang von der Gehäuseseite
B 14	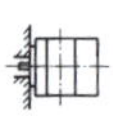	Befestigungsflansch in Lagernähe auf Antriebsseite; kein Zugang von der Gehäuseseite
B 30	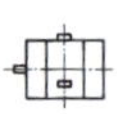	Einbau in Kanal oder Rohrleitung; 3 oder 4 Nocken an einem Lagerschild, beiden Lagerschilden oder am Gehäuse
		1 Lagerschild
B 9	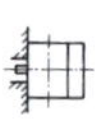	Anbau an Gehäusestirnfläche auf Antriebsseite; Bauform B 5 oder B 14 ohne Lagerschild und ohne Wälzlager auf Antriebsseite
B 15	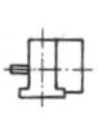	Aufstellung und Unterbau; Anbau an Gehäusestirnfläche auf Antriebsseite; Bauform B 3 ohne Lagerschild und ohne Wälzlager auf Antriebsseite
		2 Lagerschilde, ohne Füße
V 1	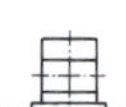	Flanschanbau unten auf Antriebsseite; Zugang von der Gehäuseseite
V 2	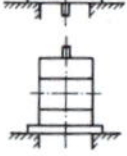	Befestigungsflansch unten entgegen der Antriebsseite; Zugang von der Gehäuseseite
V 3	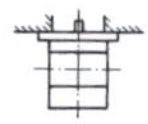	Befestigungsflansch oben auf der Antriebsseite; Zugang von der Gehäuseseite
V 4	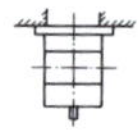	Befestigungsflansch oben entgegen der Antriebsseite; Zugang von der Gehäuseseite
V10	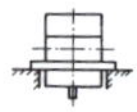	Befestigungsflansch unten in Gehäusenähe; Zugang von der Gehäuseseite
V 14	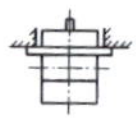	Befestigungsflansch oben in Gehäusenähe; Zugang von der Gehäuseseite
V 16	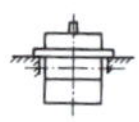	Befestigungsflansch in Gehäusenähe auf Antriebsseite; Befestigungsflansch unten; Zugang von der Gehäuseseite
V 18	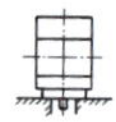	Befestigungsflansch unten auf der Antriebsseite; kein Zugang von der Gehäuseseite
V 19	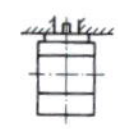	Befestigungsflansch oben auf der Antriebsseite; kein Zugang von der Gehäuseseite
V 21	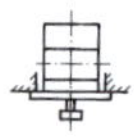	Befestigungsflansch unten auf der Antriebsseite; Befestigungsfläche oben; Zugang von der Gehäuseseite
V 30	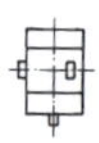	Einbau in Kanal oder Rohrleitung; 3 oder 4 Nocken an einem Lagerschild, beiden Lagerschilden oder am Gehäuse. Wellenende unten
V 31	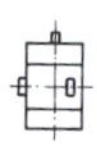	Einbau in Kanal oder Rohrleitung; 3 oder 4 Nocken an einem Lagerschild, beiden Lagerschilden oder am Gehäuse. Wellenende oben
		2 Lagerschilde, mit Füßen
V 15	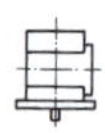	Befestigung an der Wand, zusätzlicher Befestigungsflansch unten; Zugang oder kein Zugang von der Gehäuseseite
V 36	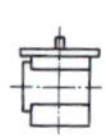	Befestigung an der Wand oder auf Unterbau mit zusätzlichem Befestigungsflansch oben; Zugang von der Gehäuseseite
V 5	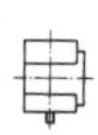	Befestigung an der Wand oder auf Unterbau; freies Wellenende unten
V 6	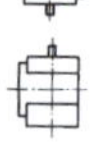	Befestigung an der Wand oder auf Unterbau; freies Wellenende oben
		1 Lagerschild
V 8	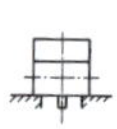	Anbau an Gehäusestirnfläche; Bauform V 1 oder V 18 ohne Lagerschild und ohne Wälzlager auf der Antriebsseite
V 9		Anbau an Gehäusestirnfläche; Bauform V 3 oder V 19 ohne Lagerschild und ohne Wälzlager auf der Antriebsseite

Anmerkung: Diese Norm betrifft nur umlaufende elektrische Maschinen mit Schildlager und einem freien Wellenende. Die Bezeichnung besteht aus den Buchstaben IM (International Mounting), denen ein Buchstabe (B: waagerechte und V: senkrechte Anordnung) und eine Zahl folgt.

10.11.8 Anschlussbezeichnung und Drehsinn von umlaufenden elektrischen Maschinen

1. Grundregeln für Anschlussbezeichnungen

Zahlen und Großbuchstaben sind ohne Zwischenraum aneinandergefügt. Jedem Wicklungsstrang ist ein Buchstabe zugeordnet. Eine nachgestellte Zahl kennzeichnet Anfang, Ende und Zwischenanzapfungen.
Der Anfang wird mit einer nachgestellten 1, das Ende mit einer nachgestellten 2 bezeichnet. Anzapfungen sind fortlaufend, beginnend mit 3 bei der dem Anfang nächst gelegenen Anzapfung, mit einer nachgestellten Zahl nummeriert.
Für Informationszwecke sind die Bezeichnungen von Wicklungsenden, die nicht als äußere Klemmen oder Anschlussenden für den Netzanschluss bestimmt sind, in Klammern angegeben.

2. Drehsinn

Die Drehrichtung wird durch Blick auf die Stirnseite des einzigen oder des dickeren Wellenendes festgestellt.
Bei Maschinen mit zwei Wellenenden gleicher Dicke oder ohne Wellenenden wird die Drehrichtung festgestellt durch Beobachtung der dem Kommutator abgewendeten Maschinenseite.
Drehrichtung im Uhrzeigersinn gilt als Rechtslauf.

3. Kommutatorlose Wechselstrommaschinen

Wicklung		Kennbuchstabe			
		Strang			Sternpkt.
		1	2	3	
primär	Anfang Ende	U1 U2	V1 V2	W1 W2	N
sekundär	Anfang Ende	K1 K2	L1 L2	M1 M2	Q

Für gleichstromdurchflossene Erregerwicklungen ist der Buchstabe F zu verwenden.
Bei Systemen mit mehr als 3 Strängen erfolgt die Unterscheidung durch eine vorangestellte Zahl.

a) b)

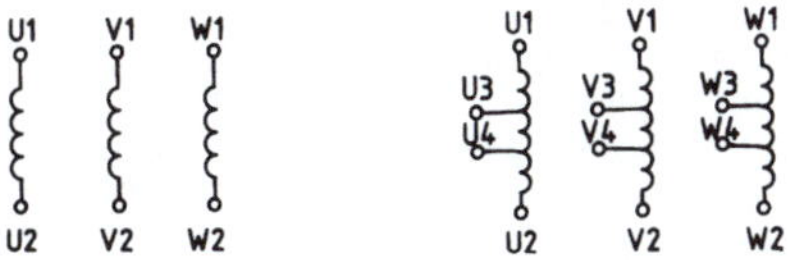

Dreiphasen-Asynchronmotor mit Käfigläufer a) mit offenen und b) mit angezapften Wicklungen

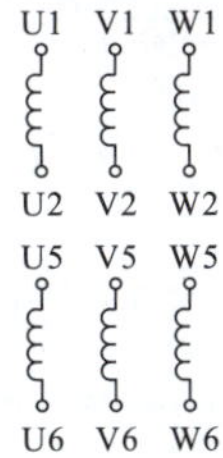

Dreiphasen-Asynchronmotor mit Käfigläufer und aufgeteilter Wicklung

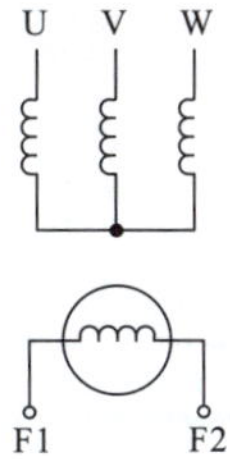

Dreiphasen-Wechselstromgenerator mit gleichstromerregtem Läufer

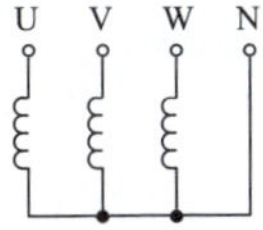

Dreiphasen-Asynchronmotor mit Käfigläufer in Sternschaltung

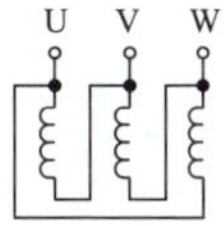

Dreiphasen-Asynchronmotor mit Käfigläufer in Dreieckschaltung

Drehsinn: Entspricht die alphabetische Folge der Buchstaben in den Anschlussbezeichnungen (U1, V1, W1) der zeitlichen Phasenfolge der Spannungen (L1, L2, L3), ergibt sich Rechtslauf.

4. Gleichstrommaschinen

Kennbuchstabe		Wicklung
A1	A2	Ankerwicklung
B1	B2	Wendepolwicklung
C1	C2	Kompensationswicklung
D1	D2	Reihenschluss-Erregerwicklung
E1	E2	Nebenschluss-Erregerwicklung
F1	F2	Fremderregungs-Erregerwicklung
H1	H2	Hilfswicklung in der Längsachse
I1	I2	Hilfswicklung in der Querachse

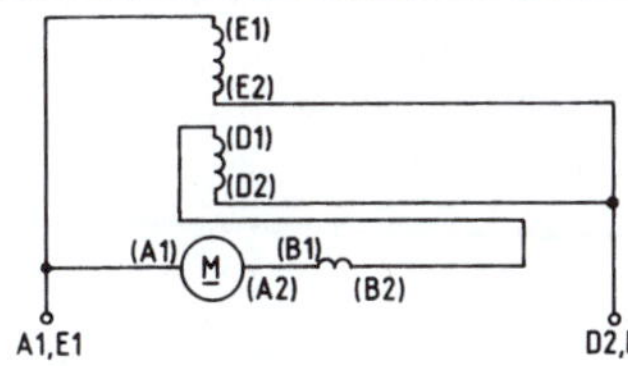

Gleichstrom-Nebenschlussmotor mit Hilfsreihenwicklung und Wendepolwicklung

Drehsinn: Werden die Wicklungen in gleicher Folge der nachgestellten Zahl in der Anschlussbezeichnung vom Strom durchflossen, ergibt sich Rechtslauf.

Siehe auch VDE 0530.

10.12 Statische Umrichter

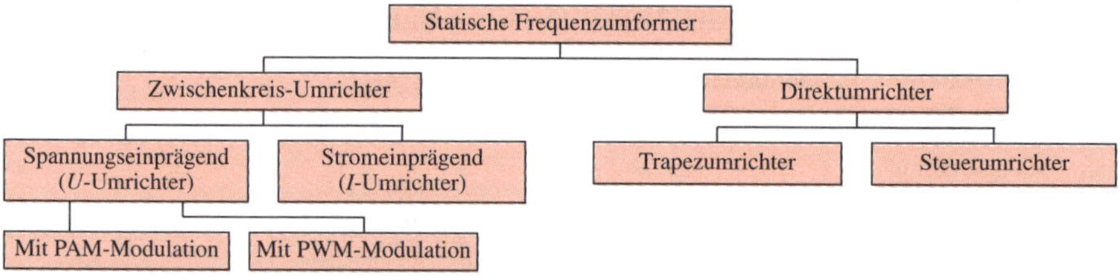

Umrichter formen Wechselstrom der Frequenz f_A in Wechselstrom der Frequenz f_B um, wobei gleichzeitig die Phasenzahl geändert werden kann (z. B. 1-Phasen-Wechselstrom in Drehstrom). Typ. Einsatzbereiche:
- Drehzahlsteuerung/-regelung von Drehstrom-Asynchronmotoren
- Einspeisung von Energie in das Versorgungsnetz (z. B. bei Bremsvorgängen oder Windrädern)
- Formen einer Wechselspannung mit konstanter Frequenz und Amplitude aus einer stark schwankenden Batterie (z. B. bei einer Notstromversorgung)

10.12.1 Zwischenkreis-Umrichter

Prinzipieller Aufbau der Zwischenkreis-Umrichter	Netzwechselspannung (U, f = const.) → Gleichrichter → Zwischenkreis mit Gleichspannung bzw. Gleichstrom → Wechselrichter → Motor (U, I, f = variabel)

Spannung einprägende Umrichter

Die Netzwechselspannung wird in eine Gleichspannung überführt, die mit Hilfe eines Wechselrichters in eine Wechselspannung (in ein Drehstromsystem) mit variabler Frequenz und Amplitude überführt wird. Durch die integrierende Wirkung der Motorinduktivität bildet sich der Strom sinusförmig ab.

Prinzip des *U*-Umrichters mit Pulsamplitudenmodulation (PAM) und Chopper

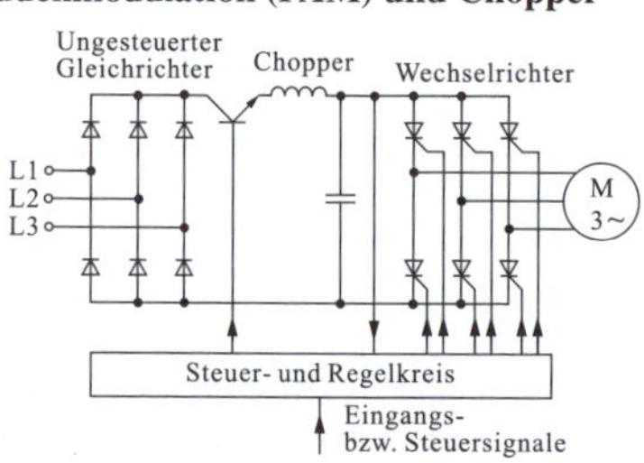

Eigenschaften

- Konstantes *U*/*f*-Frequenzverhältnis; der Motor bleibt auch bei Überlastung nicht stehen
- Geeignet für Motor-Parallelbetrieb
- Gleichmäßiger Motorlauf, auch bei niedrigen Drehzahlen
- Kurzschlusssicher
- Hoher Systemwirkungsgrad
- Geräuscharmer Motorlauf
- Bremsleistung kann nicht zurück ins Netz abgegeben werden

Prinzip des *U*-Umrichters mit Pulsamplitudenmodulation (PAM) und gesteuertem Gleichrichter

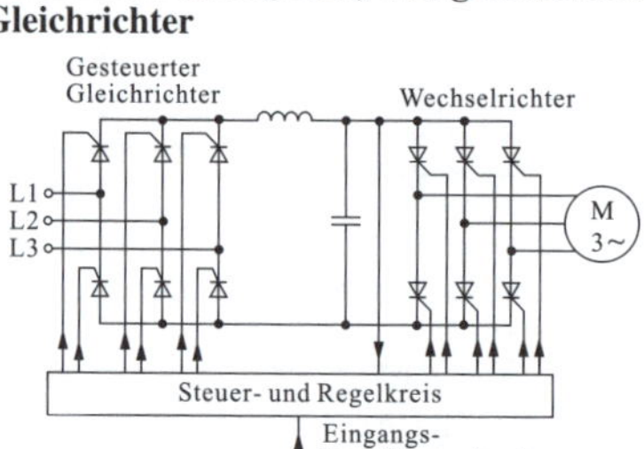

Eigenschaften

- Motoren-Parallelbetrieb möglich, wenn die Einschaltung der Motoren nicht zur Strombegrenzung führt
- Guter Systemwirkungsgrad
- Der Netzgleichrichter verursacht Netzrückwirkungen u. Blindleistung
- Geht der Umformer in die Strombegrenzung, bleibt der Motor stehen
- Langsame Spannungsregelung, da die Thyristoren-Schaltpunkte nur jede Halbperiode geändert werden können
- Störendes Pendelmoment bei sehr niedrigen Drehzahlen

10.12 Statische Umrichter

U-Umrichter m. Pulsamplitudenmodulation (PAM), gesteuertem Gleichrichter u. Bremswechselrichter

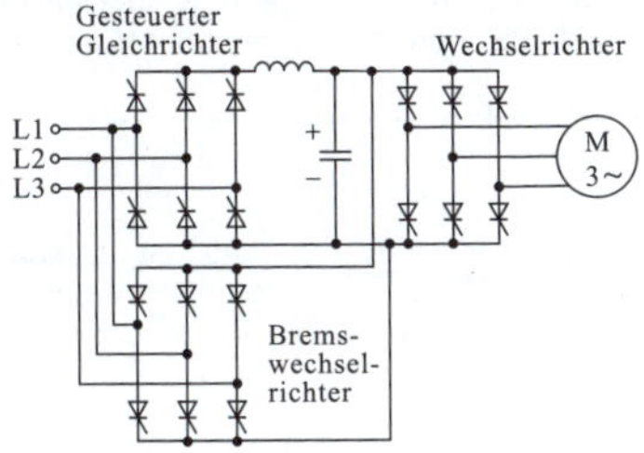

Eigenschaften

- Die Bremsleistung kann über einen separaten Wechselrichter in das Netz zurückgeführt werden.

- Wie beim Umrichter mit gesteuertem Gleichrichter ohne Bremswechselrichter.

Prinzip des *U*-Umrichters mit Pulsbreitenmodulation (PWM)

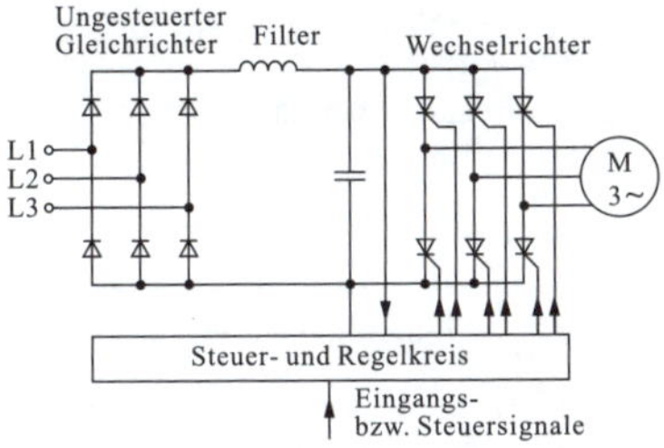

Eigenschaften

- Gleichmäßiger Motorenlauf bei niedrigen Drehzahlen
- Brems-Chopper möglich
- Motoren-Parallelbetrieb möglich, wenn die Motoren eingeschaltet werden können, ohne zur Strombegrenzung zu führen
- Guter Systemwirkungsgrad
- Teilweise kurzschlusssicher
- Motorgeräusche durch die Spannungskurvenform
- Motor bleibt stehen, wenn der Umrichter in die Strombegrenzung geht

Typ. Verlauf von Netzstrom und -spannung

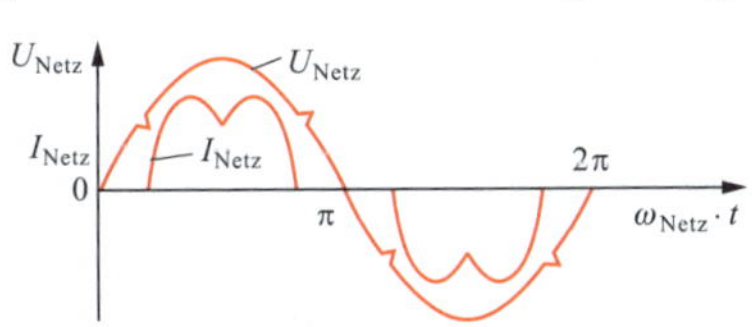

Typ. Verl. von Zw.-kreisstrom und -spannung

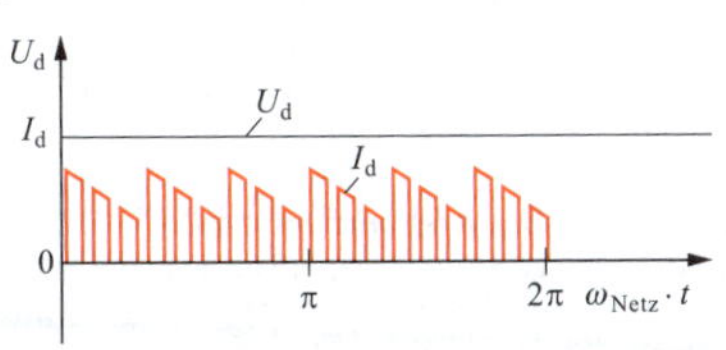

Typ. Verlauf von Motorstrom und -spannung

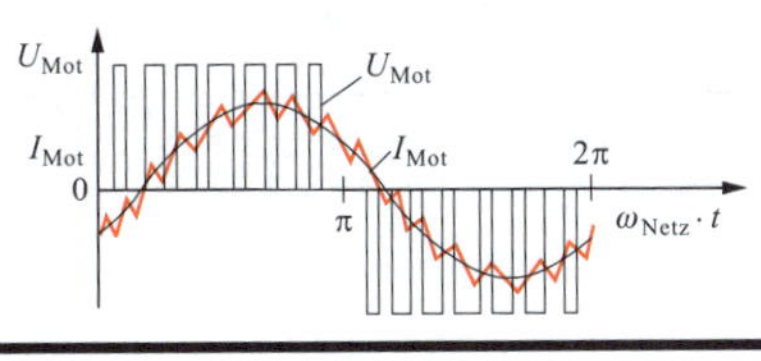

Arbeitsprinzip des PWM-Umrichters	Beim PWM-Umrichter ist die Spannung bis zum Wechselrichter konstant. Sowohl Spannungs- als auch Frequenzänderungen erfolgen im Wechselrichter. Der Effektivwert der Motorspannung wird durch kürzeres oder längeres Durchschalten der Zwischenkreisspannung zum Motor verändert. Der Steuerkreis gewinnt die Ein- u. Ausschaltzeitpunkte der Thyristoren aus den Schnittpunkten zwischen einer Sinus- und einer Dreieckspannung
Spannungsanhebung im unteren Drehzahlbereich	Für ein konstantes Drehmoment muss die Motorspannung proportional zur Frequenz steigen/fallen. Zur Kompensation der ohmschen Widerstandsanteile der Motorwicklung bei niedrigen Frequenzen kann in diesem Bereich die Ausgangsspannung überproportional erhöht werden
Maximale Drehzahl	Normmotoren mit Umrichterspeisung können bis zur doppelten Nenndrehzahl betrieben werden (100-Hz-Betrieb). Oberhalb von 50 Hz (Nenndrehzahl) bleibt die Ausgangsspannung konstant

10

10.12 Statische Umrichter

Strom einprägende Umrichter

Die Netzwechselspannung wird in einen lastabhängig eingeprägten Gleichstrom überführt, der durch einen Wechselrichter in einen Wechselstrom (Drehstrom) mit variabler Frequenz und Amplitude überführt wird. Durch die integrierende Wirkung der Motorinduktivität bildet sich die Motorspannung lastabhängig sinusförmig ab.

Prinzip des Umrichters mit Stromzwischenkreis (*I*-Umrichter)

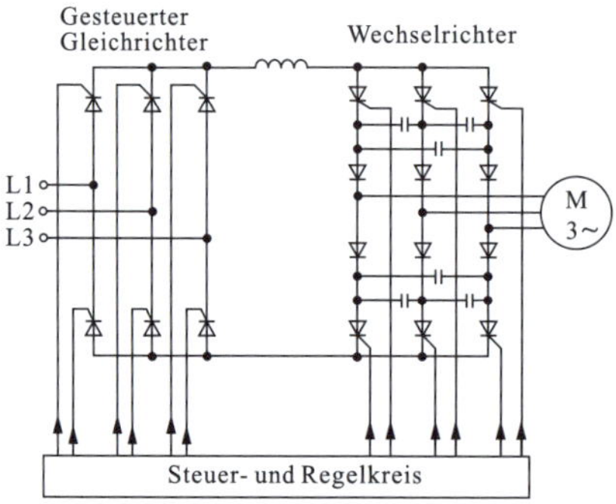

Eigenschaften:

- Bremsleistung kann ohne zusätzliche Komponenten in das Netz zurückgespeist werden
- Kurzschlusssicher durch den stromgeprägten Zwischenkreis
- Guter Gesamtwirkungsgrad
- Geräuscharmer Motorlauf
- Motoren-Parallelbetrieb nur schwer möglich
- Störendes Pendelmoment bei sehr niedrigen Drehzahlen
- Der gesteuerte Gleichrichter führt zu Netzstörungen und Verlusten
- Langsame Reaktion bei Lastwechsel
- Nicht leerlauffest

Typ. Verlauf von Netzstrom und -spannung

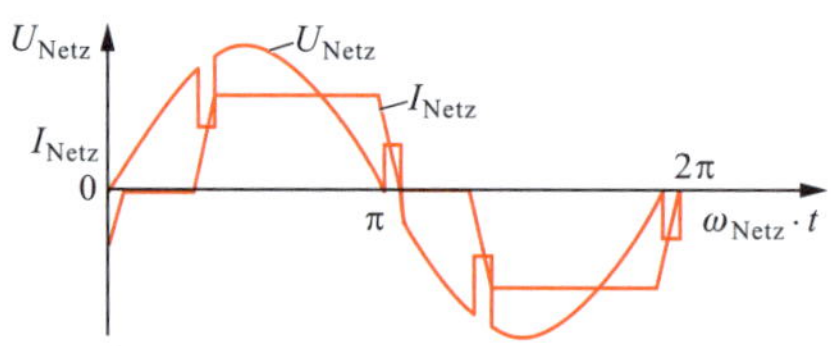

Typ. Verl. von Zw.-kreisstrom und -spannung

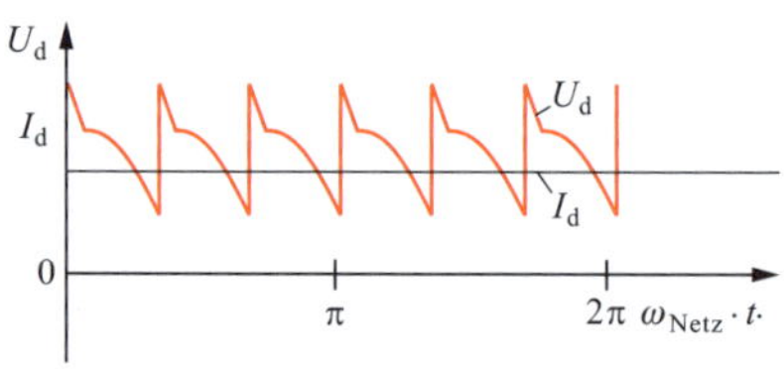

Typ. Verlauf von Motorstrom und -spannung

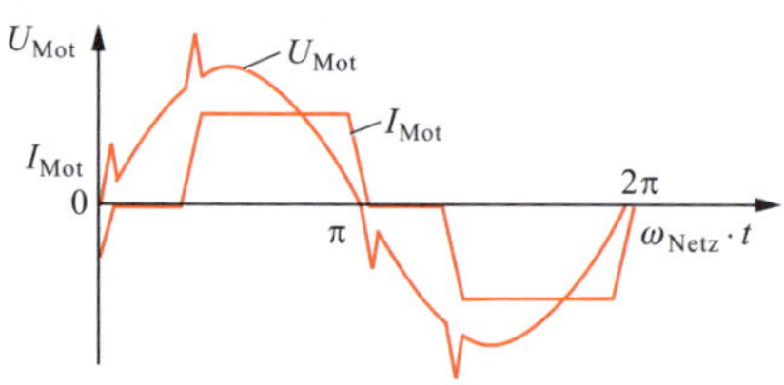

Typ. Einsatz	Einmotorenbetrieb
Betriebsart	In beiden Drehrichtungen motorisch antreiben und generatorisch bremsen; 4-Quadrantenbetrieb
Drehzahlstellbereich	ca. 1 : 15
Bremsbetrieb	Arbeitet der Motor als Generator, wird die Spannung über dem Motor umgekehrt und damit auch die Spannung im Zwischenkreis. Der Strom ändert die Richtung nicht
Kommutierungskondensatoren	Beim *I*-Umrichter sind die Kommutierungskondensatoren des Wechselrichters der Motorgröße angepasst. Deshalb ist der Parallelbetrieb von Motoren nicht ohne weiteres möglich

Nennspannung	C_k je Strang
400 V	$C_k = 1{,}2\ \mu F/A$
660 V	$C_k = 0{,}416\ \mu F/A$

10.12 Statische Umrichter

10.12.2 Direktumrichter

Die Frequenzumformung erfolgt durch direktes Umschalten der Phasenspannungen des Primärnetzes ohne Benutzung eines Gleichstromzwischenkreises. Die Anzahl der benötigten Thyristoren und entsprechenden Ansteuereinrichtungen ist groß, sodass die Kosten des direkten Umrichters relativ hoch liegen. Die erreichbare Ausgangsfrequenz ist nach oben begrenzt, $f_2 = (0 \ldots 0{,}8) \cdot f_{\text{Netz}}$.

Trapez- oder Hüllkurvenumrichter

Leistungsteil einer Phase beim Trapezumrichter

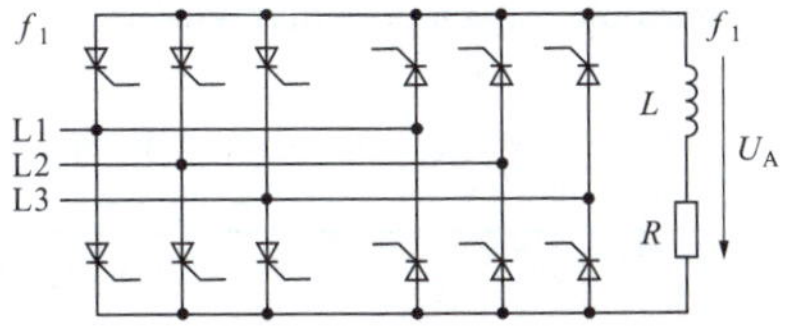

Spannung einer Phase beim Trapezumrichter

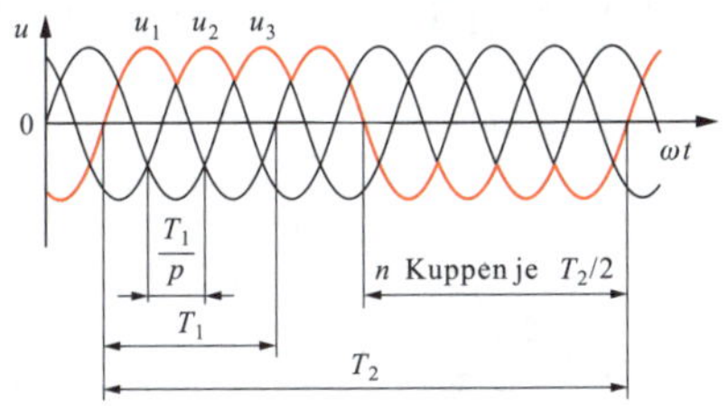

Die Spannung einer Ausgangsphase verläuft auf den Kuppen der Phasenspannungen des speisenden Drehstromnetzes.

$$T_2 = T_1 + 2(n-1)\,\frac{T_1}{p}$$

Es können nur diskrete, berechenbare Ausgangsfrequenzen f_2 erreicht werden (frequenzstarrer Umrichter):

$$\frac{f_2}{f_1} = \frac{1}{1 + \dfrac{2(n-1)}{p}}$$

n Anzahl der Spannungskuppen (1, 2, 3, …)
p Pulszahl

Steuerumrichter

Sechspulsiger Steuerumrichter

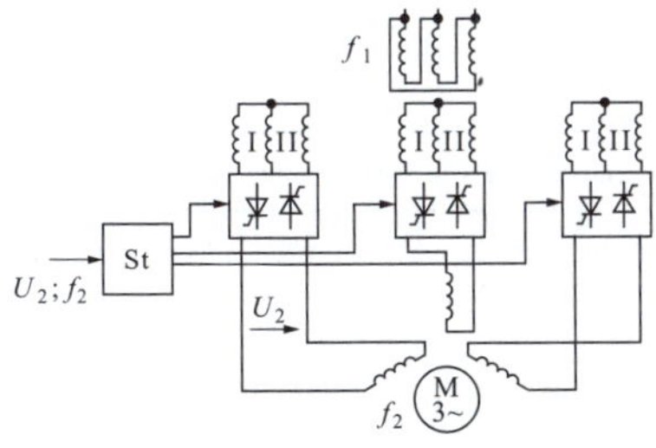

Spannung einer Phase beim Steuerumrichter

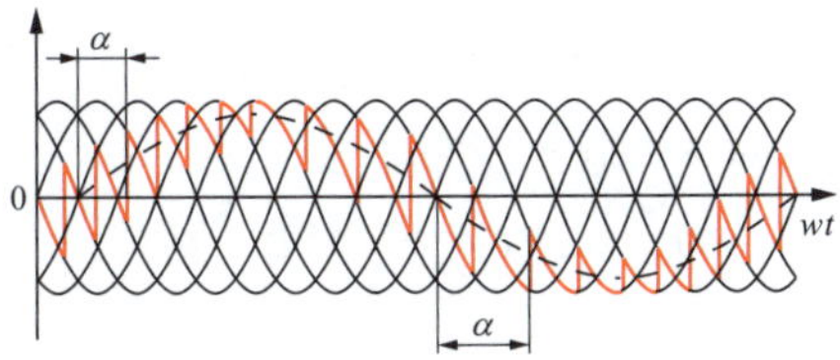

Beim Steuerumrichter werden die beiden gegenparallel arbeitenden Teilstromrichter so angesteuert, dass die abgegebene Ausgangsspannung einem vorgegebenen sinusförmigen Sollwert möglichst gut angenähert wird. Jede Ausgangsphase wird hier von der Gegenparallelschaltung sechspulsiger Teilstromrichter gebildet. Insgesamt sind also mindestens $3 \times 2 \times 6 = 36$ Stromrichterventile erforderlich.

Eigenschaften

- Vierquadrantenbetrieb
- Ausgangsspannung mit geringem Oberschwingungsanteil
- hoher Blindleistungsbedarf
- Einsatz vorwiegend für langsamlaufende Einzel- oder Mehrmotoren-Drehstromantriebe
- Leistungsbereich bis zu mehreren Megawatt

10

10.12 Statische Umrichter

10.12.3 Netzrückwirkungen bei Umrichterbetrieb

11-33

Grund- und Oberschwingungsgehalt des Netzstromes netzgelöschter Stromrichter bei vollständiger Glättung

Bei symmetrischen Schaltungen entstehen folgende Oberschwingungen:

$$\nu = n \cdot p \pm 1 \quad \text{mit } n = 1, 2, 3, \ldots$$

p Pulszahl des Stromrichters

Der tatsächliche Effektivwert der stromrichtertypischen Oberschwingungen ist abhängig von Traforeaktanz, Steuerwinkel, Welligkeit des Zwischenstromes und dem Gesamtstrom.

Grundschwingungsgehalt (Verzerrungsfaktor):

$$g = I_1 / I$$

I_1 Effektivwert der Grundschwingung des Stromes
I Effektivwert des gesamtes Stromes

Oberschwingungsgehalt (Klirrfaktor):

$$k = \sqrt{\Sigma I_\nu^2} / I$$

$\sqrt{\Sigma I_\nu^2}$ Effektivwert der Oberschwingungen
I Gesamteffektivwert

Pulsanzahl des Stromrichters	2	3	6	12
Oberschwingungs-Ordnungszahlen	1, 3, 5, 7, 9, …	1, 2, 4, 5, 7, 8, …	1, 5, 7, 11, 13, …	11, 13, 23, 25, …
Spektrum	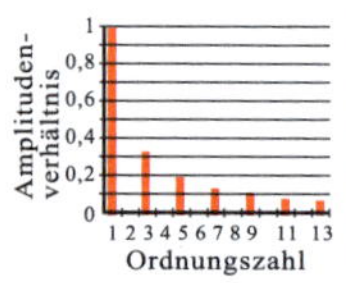	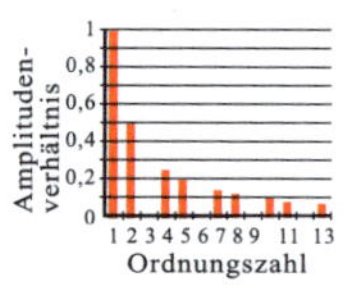	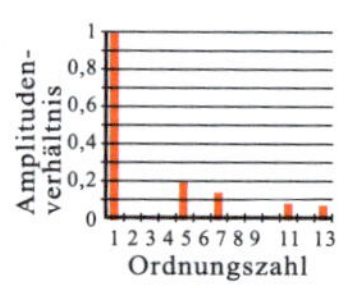	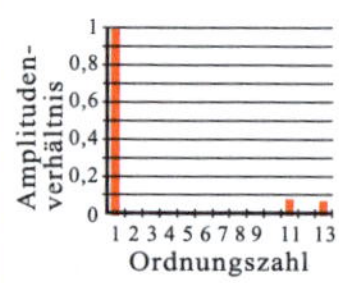
g	0,900	0,820	0,955	0,988
k	0,435	0,563	0,290	0,156
k/g	0,480	0,680	0,300	0,160

Verminderung der Oberschwingungsströme durch Saugkreise

Ein Saugkreis besteht aus einer Reihenschaltung eines Kondensators mit einer Drossel. Er stellt einen Kurzschluss dar für diejenige Oberschwingung, auf die er abgestimmt ist.
Beispiel für eine Saugkreisanlage zur Minderung der 5., 7. und 11. Oberschwingung:

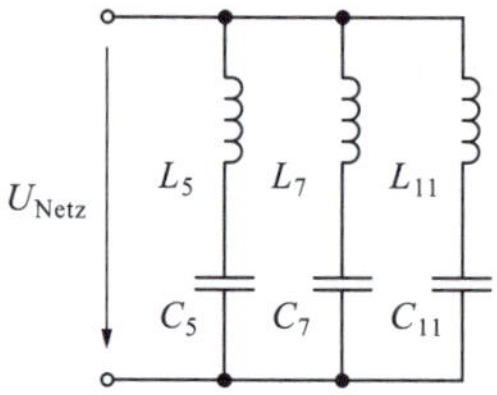

Es gilt für den Saugkreis zur Minderung der Oberschwingung ν-ter Ordnung:

$$LC = \frac{1}{(\nu \omega_L)^2}$$

Die Kondensatoren müssen ausgelegt sein für den Strom:

$$I_{C\nu} \approx \omega_L C U_{netz} + I_\nu$$

und für die Leistung:

$$P_C \approx \omega_L C (U_{netz})^2 + I_\nu^2 / (\nu \omega_L C)$$

10.13 Schaltnetzteile (getaktete DC/DC-Wandler)

Einteilung der getakteten DC/DC-Wandler (Schaltnetzteile = SNTs)

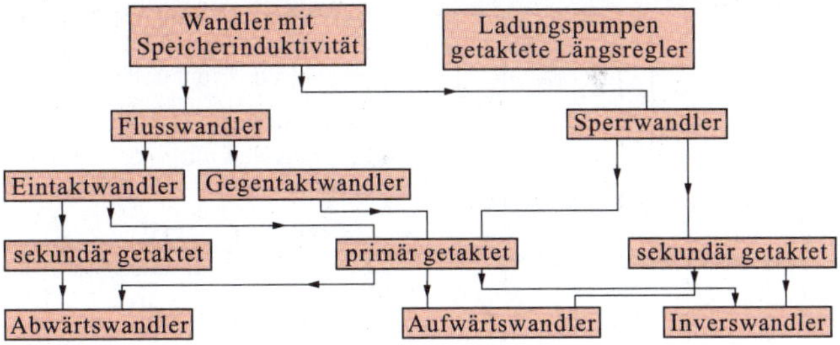

Der Aufbau von Schaltnetzteilen entspricht im Grundprinzip immer den hier vorgestellten. Die wesentliche Energieumwandlung erfolgt beim Zerhacken.

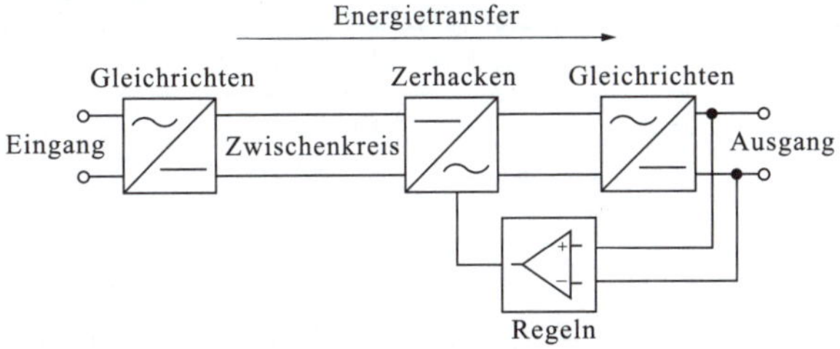

Begriff	Beschreibung	Eigenschaften/Einsatz
Ladungspumpen	Getaktete Gleichspannungswandler ohne Speicherdrossel	Nur für sehr kleine Leistungen; mäßiger Wirkungsgrad
Sekundär getaktet	Das schaltende Element befindet sich hinter der galvanischen Trennung	Schwerer 50-Hz-Netztransformator zur galvanischen Trennung erforderlich; guter Wirkungsgrad; geringe Anforderungen an die Bauelemente
Primär getaktet	Das schaltende Element befindet sich vor der galvanischen Trennung	Leichter Hochfrequenztransformator übernimmt Energietransfer und galvanische Trennung; sehr guter Wirkungsgrad; hohe Anforderungen an die Bauelemente
Sperrwandler	Das magnetische Speicherelement (Transformator/Drossel) wird mit Gleichspannung beaufschlagt	Einfache Bauweise; für Leistungen bis ca. 200 W geeignet; ungeeignet für sehr kleine Ausgangsspannungen
Flusswandler	Während beider Schaltzustände des schaltenden Elementes wird Energie transferiert	Für kleine bis hohe Leistungen (bis ca. 800 W; in der Bauart als Gegentaktwandler auch für sehr hohe Leistungen (200 … >10 000 W) einsetzbar

Hauptarten von sekundär getakteten Drosselwandlern

Abwärtswandler (buck-conv.)	Sekundär getakteter Wandler, bei dem die Ausgangsspannung kleiner ist als die Eingangsspannung
Aufwärtswandler (boost-conv.)	Sekundär getakteter Wandler, bei dem die Ausgangsspannung größer ist als die Eingangsspannung
Inverswandler (flyback-conv.)	Sekundär getakteter Wandler, bei dem die Ausgangsspannung die umgekehrte Polarität hat wie die Eingangsspannung

10.13 Schaltnetzteile (getaktete DC/DC-Wandler)

10.13.1 Einsatzbereich verschiedener Schaltreglerkonzepte

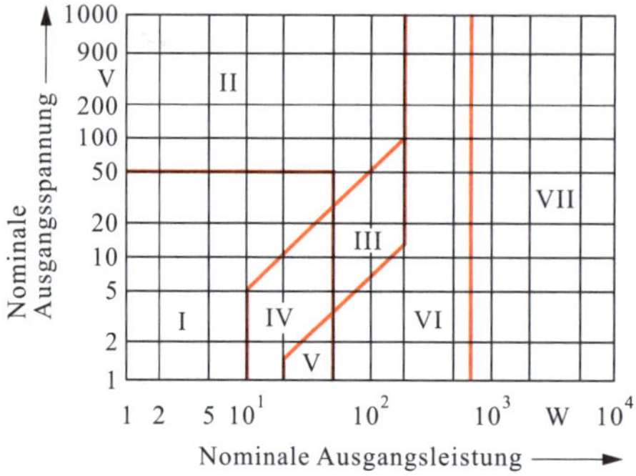

Bereiche I, IV und V:
Drosselwandler (für kleine Leistungen), sofern galvanische Trennung nicht erforderlich ist

Bereiche I und II:
Sperrwandler mit einer oder mehreren Ausgangsspannungen

Bereiche III und IV:
Sowohl Sperr- als auch Flusswandler

Bereiche V und VI:
Überwiegend Eintakt-Flusswandler

Bereich VII:
Gegentakt-Flusswandler

10.13.2 Drosselwandler

Abwärtswandler (buck-converter)

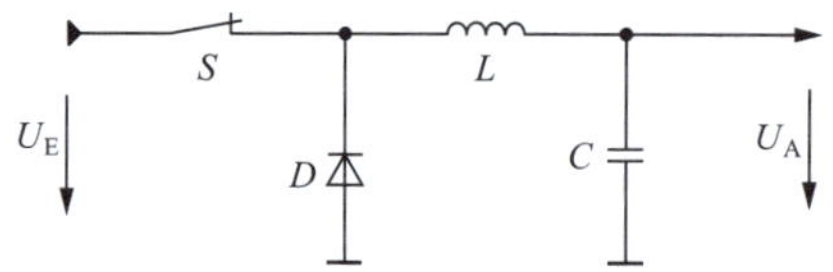

Einschaltphase (Schalter S ist geschlossen)
Energie wird in der Drossel L und im Kondensator C gespeichert. Die Diode D sperrt.

Ausschaltphase (Schalter S ist geöffnet)
Die in der Drossel L gespeicherte Energie wird über die Diode in den Kondensator umgeladen. Der Stromfluss wird aufrechterhalten

Aufwärtswandler (boost-converter)

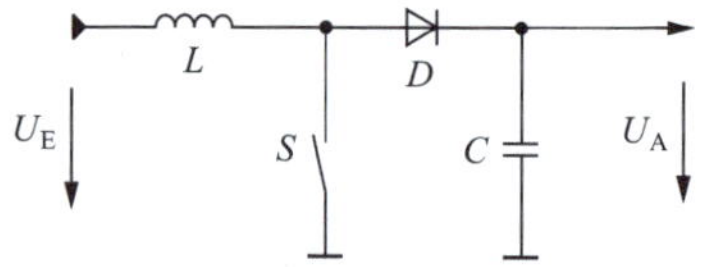

Einschaltphase (Schalter S ist geschlossen)
Energie wird in der Drossel L gespeichert. Die Diode D sperrt.

Ausschaltphase (Schalter S ist geöffnet)
Die gespeicherte Energie wird über die Diode in den Kondensator umgeladen. Dabei addieren sich die Spannungen über der Drossel und U_E.

Invertierender Wandler (flyback-converter)

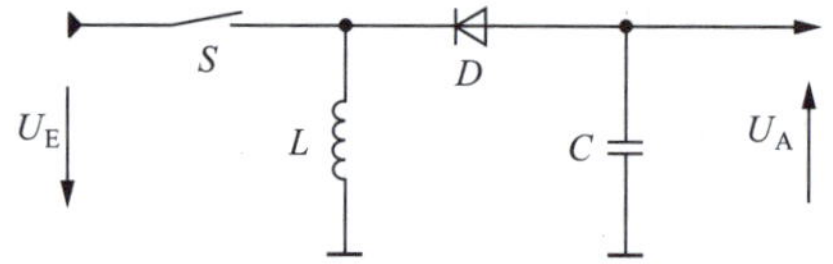

Einschaltphase (Schalter S ist geschlossen)
Energie wird in der Drossel L gespeichert. Die Diode D sperrt.

Ausschaltphase (Schalter S ist geöffnet)
Die gespeicherte Energie wird über die Diode in den Kondensator umgeladen.

10.13.3 Primär getaktete Wandler

Primär getakteter Sperrwandler

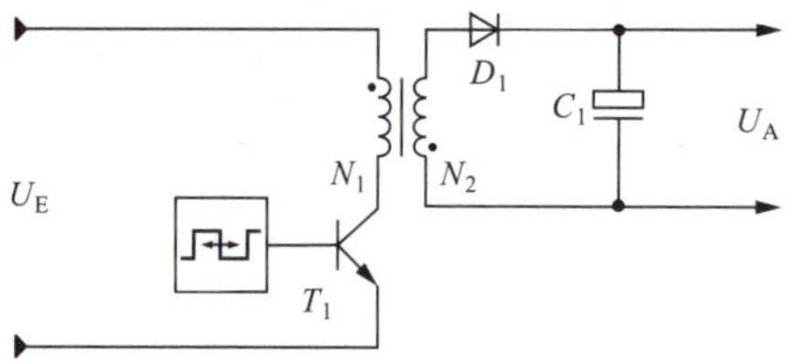

Der Transistor ist leitend:
Der Transformatorkern nimmt Energie auf.

Der Transistor sperrt:
Die gespeicherte Energie wird über D_1 in den Kondensator C_1 gespeist.

$$U_{CEmax} = 2 \cdot U_e \quad \text{bei } v_T = 0{,}5$$

10.13 Schaltnetzteile (getaktete DC/DC-Wandler)

Sperrwandler mit mehreren Ausgangsspannungen

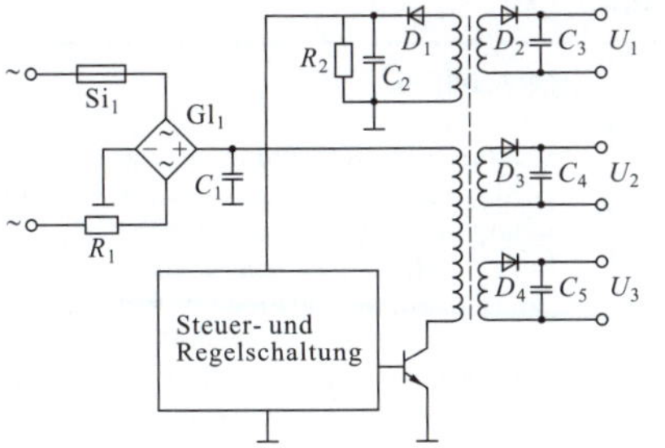

$U_{\text{CEmax}} = 2 \cdot U_{\text{e}}$ bei $v_{\text{T}} = 0{,}5$

Häufig wird eine Ausgangsspannung mit Hilfe einer Regelschleife über einen Optokoppler geregelt. Die anderen laufen frei mit

Primär getakteter Flusswandler

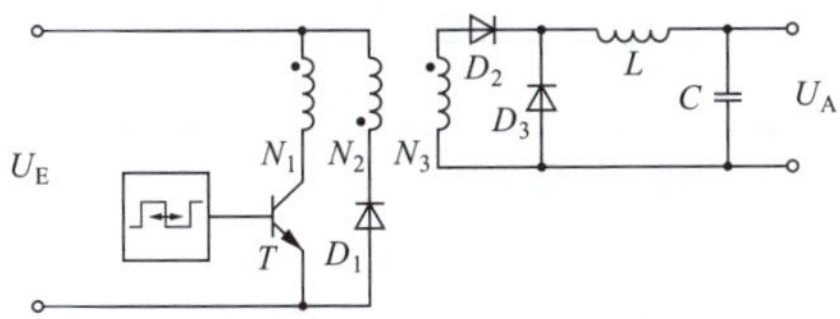

N_1 erfüllt die Aufgabe von L beim Abwärtswandler. Während der Leitphase fließt in N_1 u. N_3 ein Strom. Während der Sperrphase öffnet D_3 und hält den Stromfluss in den Kondensator C aufrecht (vgl. Abwärtswandler). Gleichzeitig öffnet D_1 und leitet die im Transformator noch gespeicherte Energie zurück in den speisenden Kreis.

$U_{\text{CE}} \leq 2 \cdot U_{\text{e}}$

Gegentakt-Durchflusswandler

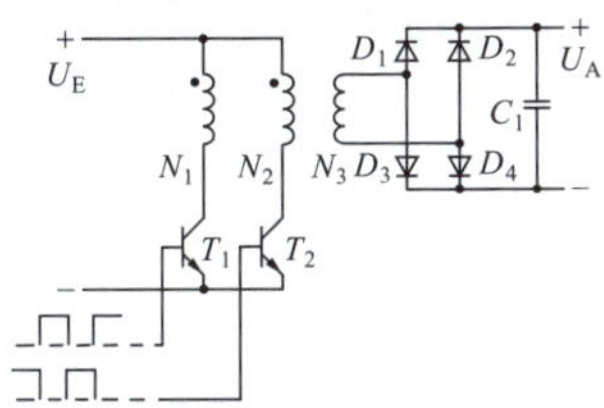

Die Transistoren werden abwechselnd durchgeschaltet. Der Wickelsinn der beiden Primärwicklungen ist gegensinnig. Es ist eine sehr gute Symmetrierung im Primärkreis erforderlich, damit keine Gleichstromvormagnetisierung im Trafo entsteht.

$U_{\text{CE}} \leq 2 \cdot U_{\text{e}}$

Halbbrücken-Gegentaktflusswandler

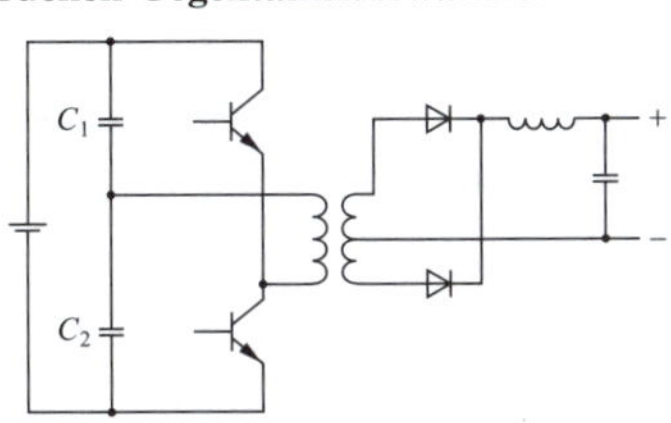

Die Kondensatoren C_1 und C_2 vermeiden die Gefahr der Gleichstromvormagnetisierung im Trafo, wie sie beim Gegentakt-Durchflusswandler besteht.

$U_{\text{CE}} \leq U_{\text{e}}$

Vollbrücken-Gegentaktflusswandler

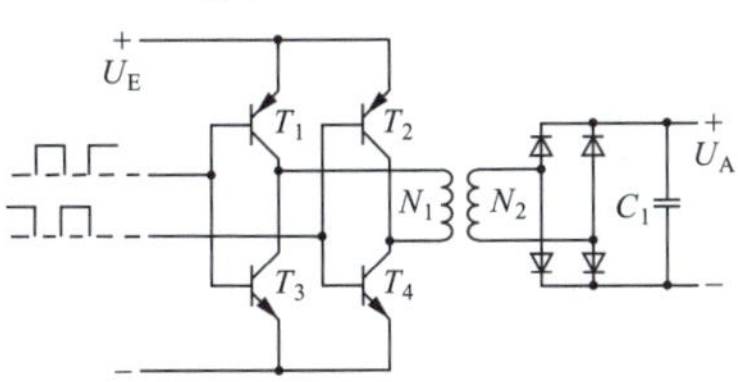

Es werden abwechselnd die Transistoren T_1–T_4 und T_2–T_3 durchgeschaltet.
Die Gegentakt-Brückenschaltung ermöglicht die Umsetzung besonders großer Leistungen. Problematisch ist die Ansteuerung der Transistoren, weil niemals alle Transistoren gleichzeitig leitend sein dürfen.

$U_{\text{CE}} \leq U_{\text{e}}$

10.14 Unterbrechungsfreie Stromversorgungen für Einphasen-Niederspannung (USV)

10.14.1 Offline-USV

Prinzipielles Blockschaltbild

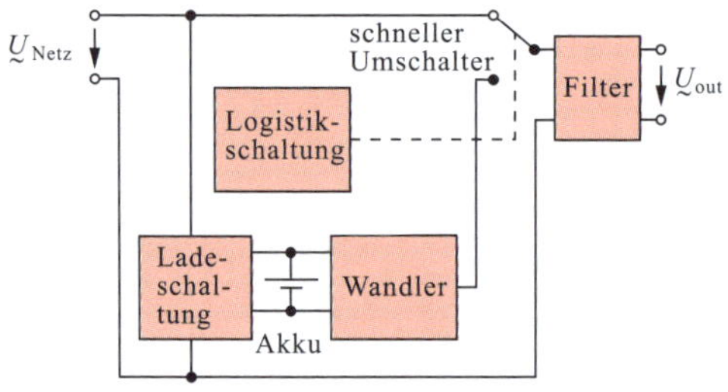

Eigenschaften

- Solange die Netzspannung vorhanden ist, wird diese direkt zum Ausgang durchgeschaltet (eventuell über ein Filter).
- Bei Ausfall der Netzspannung wird die Ausgangsspannung von einem Wandler erzeugt. Energiequelle ist nun der Akkumulator
- Bei der Umschaltung von Netz- auf Akkuversorgung muss der Wandler erst hochgefahren werden. Es tritt eine Unterbrechungszeit von etwa 2 bis 4 ms auf

10.14.2 Online-USV

Prinzipielles Blockschaltbild

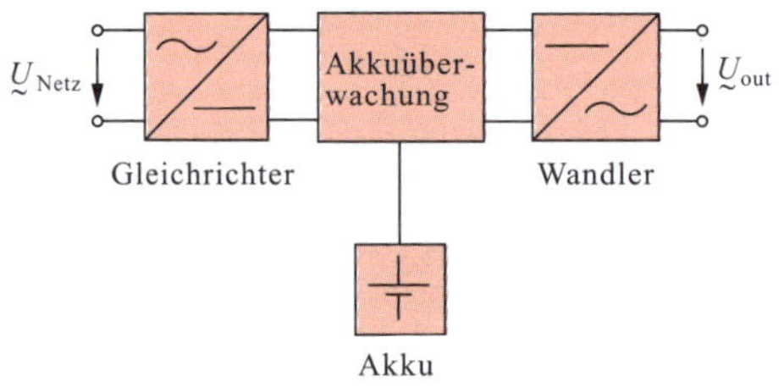

Eigenschaften

- Der Ausgang wird immer vom Wandler gespeist. Der Akkumulator wird geladen bzw. die Ladung wird erhalten, solange die Netzspannung vorhanden ist
- Bei Ausfall der Netzspannung erfolgt die Speisung des Wandlers automatisch durch den Akkumulator
- Bei der Umschaltung von Netz- auf Akkuversorgung tritt keine Unterbrechung auf

10.14.3 Wechselrichter/Wandler

Der Wechselrichter in der USV erzeugt aus der Gleichspannung des Akkumulators die Ausgangswechselspannung mit rechteck- oder sinusförmigem Verlauf.

Wechselrichter mit Rechteckausgangsspannung

- Einfach zu realisieren
- Die Effektivspannung ist gleich der Scheitelspannung
- Die Ausgangsspannung enthält sehr viele Oberschwingungen
- Sehr hoher Wirkungsgrad möglich

Typische Kurvenform der Ausgangsspannung

Wechselrichter mit Sinusausgangsspannung

- Aufwendige Technik
- Die Effektivspannung ist gleich der Scheitelspannung geteilt durch $\sqrt{2}$
- Die Ausgangsspannung enthält wenige Oberschwingungen
- Mittlerer Wirkungsgrad möglich

Typische Kurvenform der Ausgangsspannung

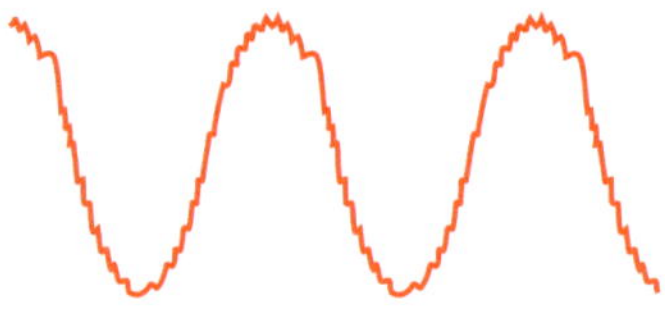

11 Elektrische Anlagen

11.1 Beleuchtungstechnik

11.1.1 Größen, Einheiten und Begriffe

Größen und Zeichen	Einheit	Erläuterung	
Lichtstrom Φ	lm (Lumen)	Der von einer Lichtquelle ausgestrahlte oder auf eine Fläche auftreffende Strahlungsfluss. Φ_L Lichtstrom einer Leuchte; Φ_l Lichtstrom der Lampen einer Leuchte; Φ_N Nutzlichtstrom; Φ_0 Anfangslichtstrom	⟹ 2-1 2-3
Lichtmenge Q	lm h (Lumenstunde)	$Q = \Phi \cdot t$ Produkt aus Lichtstrom und Zeit	⟹ 2-1 2-3
Lichtstärke I	cd (Candela)	$I = \Phi / \Omega$ Quotient aus dem von einer Lichtquelle in einer bestimmten Richtung ausgesandten Lichtstrom und dem durchstrahlten Raumwinkel	⟹ 2-1 2-3
Beleuchtungsstärke E	$1\ \text{lm/m}^2 = 1\ \text{lx}$ (Lux)	$E = \Phi / A$ Quotient aus dem auf eine Fläche auftreffenden Lichtstrom und der Größe der Fläche	
Leuchtdichte L	cd/cm^2 bei Selbststrahlern cd/m^2 bei Flächen	$L = \Phi / (\Omega \cdot A \cos \varepsilon)$ Quotient aus dem durch eine Fläche in einer bestimmten Richtung durchtretenden Lichtstrom und dem Produkt aus dem durchstrahlten Raumwinkel und der Projektion der Fläche auf eine zur betrachteten Richtung senkrechten Ebene	
Belichtung H	lx s	$H = E \cdot t$ Produkt aus der Beleuchtungsstärke und Dauer des Beleuchtungsvorganges	
Lichtausbeute η	lm/W	$\eta = \Phi / P$ Verhältnis des abgegebenen Lichtstromes zur aufgewendeten Leistung	⟹ 2-12
Reflexionsgrad	1	Verhältnis des von einem Körper zurückgestrahlten Lichtstromes zu dem auffallenden Lichtstrom. Der Reflexionsgrad gilt für gerichtete, gestreute und gemischte Reflexion	
Absorptionsgrad α	1	Verhältnis des von einem Körper absorbierten Lichtstromes zu dem auffallenden Lichtstrom $\varrho + \tau + \alpha = 1$	
Gleichmäßigkeit ϱ	1	$g = \frac{E_{min}}{E_{max}}$ bzw. $\frac{E_{min}}{E_m}$ Verhältnis der kleinsten zur größten bzw. mittleren Beleuchtungsstärke auf einer Fläche	
Messebene		Im Innenraum 0,85 m über dem Boden, bei Außenanlagen auf der Fahrbahn oder maximal 20 cm darüber	
Raumwinkel Ω	sr (Steradiant)	$\Omega = A / r^2$ Der Raumwinkel schneidet aus einer Kugel mit dem Radius r die Fläche A aus. Ein voller Raumwinkel beträgt $4\pi \cdot$ sr	⟹ 1-8 2-1
Lichtstärkeverteilungskurve (LKV)	cd	Gibt die Lichtstärke I_ε einer Lichtquelle in Abhängigkeit vom Ausstrahlungswinkel ε an. Darstellung in Polarkoordinaten für $\Phi = 1000$ lm	

11.1 Beleuchtungstechnik

11.1.2 Lichtquellen und Leuchten

Glühlampen

3-1 3-3

Standardlampen für 230 V

Leistungsaufnahme W	Lichtstrom lm	Lichtstrom lm/W	Sockel
25	230	9,2	E 27
40	430	10,7	
60	730	12,1	
75	960	12,8	
100	1380	13,8	
150	2220	14,8	
200	3150	15,7	

Lampen der Hauptreihe von 40 W bis 200 W werden mit Doppelwendel geliefert. Sie geben bis 20% mehr Licht als Einfachwendellampen. Lampen von 25 W bis 200 W sind mattiert und klar; Lampen von 300 W bis 1000 W klar. Mattierte Lampen verringern die Blendung und dämpfen die Schattenbildung.

Kerzenlampen für 230 V, klar oder mattiert

3-1 3-3

Leistung W	25	40	60
Durchmesser mm	35		
Länge mm	100		
Sockel	E 14		

Halogen-Reflektorglühl. 12 V, Sock. GX5.3

3-1

Leistung W	20	35	50	65
Strahlungswinkel (°)	8, 12, 24, 38, 50			
Lampen ∅ mm	51			

Halogen-Glühlampen 230 V, Sockel R7S

Leistung W	100	150	300	500	1000
lm/W	14	14	17	19	21
Länge mm	80	80	120	120	190

Bei Halogenlampen bis 65 W ist ein Abstand zu brennbaren Teilen von 0,5 m und ab 100 W von 1,0 m einzuhalten.

Quecksilberdampf-Hochdrucklampen mit Yttrium-Vanadat-Leuchtstoff für 230 V

3-1 15-3

Leistungsaufnahme W	Lichtstrom lm	Lichtausbeute lm/W	Leuchtdichte cd/cm²	Nennstrom A	Leistungsfaktor cos φ	Kompensationskondensator für 50 Hz und cos φ ≈ 0,9 µF	Sockel
50	2000	40	4	0,6	0,43	7	E 27
80	3800	48	5	0,8	0,51	7	
125	6300	50	7	1,15	0,54	10	
250	13500	54	10	2,15	0,56	18	
400	23000	58	11	3,25	0,59	25	E 40
700	40000	57	13	5,45	0,61	40	
1000	55000	55	15	7,50	0,63	50	

3-5

Die vorgeschaltete Sicherung muss für den erhöhten Anlaufstrom (bis zum doppelten Nennstrom) bemessen sein. Es werden träge Schmelzsicherungen/Automaten empfohlen.

Werden in kompensierten Anlagen mehrere Lampen zwischen den Außenleitern eines Drehstromnetzes betrieben, muss wegen Resonanzerscheinungen bei Ausfall eines Außenleiters automatisch abgeschaltet werden.

11.1 Beleuchtungstechnik

Halogen-Metalldampflampen, Sockel E 40

Leistungsaufnahme der Lampe W	Lichtstrom lm	Lichtausbeute lm/W	Leuchtdichte cd/cm²	Netzspannung V	Nennstrom A	Leistungsfaktor cos φ	Kompensationskondensator für 50 Hz und cos $\varphi = 0{,}9$ µF
250	19000	76	1100	230	3	0,42	32
360	28000	78	700	230	3,5	0,5	35
1000	80000	80	810	230	9,5	0,5	85
2000	170000	85	920	400	10,3	0,53	50
3500	300000	86	880	400	18	0,53	90

⇒ 3-1

Natrium-Dampflampen für 230 V

⇒ 3-1 15-3

Leistungsaufnahme W	Lichtstrom lm	Lichtausbeute lm/W	Leuchtdichte cd/cm²	Nennstrom A	Kompensationskondensator für 50 Hz und cos $\varphi = 0{,}9$ µF	Sockel
Natrium-Niederdrucklampen (monochromatisch gelb)						
35	4800	137	10	1,4	20	BY22d
55	8000	145	10	1,4	20	
90	13500	150	10	2,1	26	
135	22500	166	10	3,1	45	
Natrium-Hochdrucklampen (Lichtfarbe warmweiß)						
150	14500	97	300	1,8	20	E40
250	25500	102	400	3	32	
400	48000	120	500	4,4	50	
1000	130000	130	600	10,3	100	

Leuchtstofflampen für 230 V

⇒ 3-1 15-3

Bezeichnung	Leistungsaufnahme W	Nennstrom A	Lichtstrom lm	Lichtausbeute lm/W	Abmessungen Rohr-∅ mm	Abmessungen Länge bzw. ∅ mm
Lampen in Stabform						
L 4 W/25	4	0,17	120	30	16	136
L 6 W/25	6	0,16	240	40	16	212
L 8 W/25	8	0,145	350	43,8	16	288

11.1 Beleuchtungstechnik

Leuchtstofflampen für 230 V (Forts.)

15-3

Bezeichnung	Leistungsaufnahme W	Nennstrom A	Lichtstrom lm	Lichtausbeute lm/W	Abmessungen Rohr-∅ mm	Länge mm
Lampen in Stabform						
L13 W/25	13	0,165	650	50	16	517
L10 W/41	10	0,17	630	63	26	470
L15 W/25	15	0,33	720	48	26	438
L16 W/25	16	0,2	950	60	26	720
L30 W/25	30	0,365	1800	60	26	895
L30 W/21			2400	80		
L30 W/41			2300	76		
Lampen in U-Form						
NL16 W/25U	16	0,2	900	56	26	370
NL16 W/30U	16	0,2	1050	66	26	370
NL20 W/25U	20	0,37	950	47	38	310
NL40 W/25U	40	0,43	2400	60	38	607
NL40 W/30U	40	0,43	2700	68	38	607
NL65 W/25U	65	0,67	3900	60	38	765
NL65 W/30U	65	0,67	4500	70	38	765

Mischlichtlampen mit Leuchtstoff

Leistungsaufnahme W	Lichtstrom lm	Lichtausbeute lm/W	Sockel
160	3100	19	E27
250	5600	22	E27/E40
500	14000	28	E40
1000	32500	32,5	E40

3-1

Glühlampen mit Leuchtstoff
Mischlichtlampen werden für zwei Nennspannungen gebaut:
a) für 225 V (220 V bis 229 V),
b) für 235 V (230 V bis 239 V).

Niederdruck-Entladungslampe 230 V

15-

Leistungsaufnahme W	Lichtstrom lm	Lichtausbeute lm/W	Lampenstrom A
9	425	47	0,08
13	600	46	0,12
18	900	50	0,17
25,5	1200	48	0,224

Niederdruck-Entladungslampen lassen sich mit individuellem Vorschaltgerät anstelle von Glühlampen einsetzen. Sie sind so hell wie 40-, 60-, 75- bzw. 100-W-Glühlampen. Mittlere Lebensdauer: 8000 h, zul. Umgebungstemperatur –10 … +55 °C.

11.1 Beleuchtungstechnik

Niederdruck-Entladungslampen mit elektron. Vorschaltgerät im Sockel, 230 V				Emissionsspektren von Lampen		
Leistungsaufnahme W	Lichtstrom lm	Lichtausbeute lm/W	Sockel	Typ	Strahlungsmaximum	Optische Eigenschaft
7	400	57	E 14; E 27	Glüh-	infrarot	hoher Rotanteil
11	600	55	E 14; E 27	Halogen-	rot-gelb	brillantes Licht
15	900	60	E 27	Quecksilberdampf-	blau	kalt wirkend
20	1200	60	E 27	Natriumdampf-	grün-gelb	Kontrastsehen
23	1500	65	E 27	Leuchtstoff-	Effektfarben	Rot, grün, blau

Zusammenstellung der Eigenschaften von Lichtquellen

Eigenschaft	Glühlampen	Leuchtstofflampen	Mischlichtlampen	Quecksilberdampfhochdrucklampen	Metall-Halogendampflampen	Hochdruck-Natriumdampflampen
Lichtstrom lm	230 bis 18800	120 bis 8700	1100 bis 32500	2000 bis 120000	11250 bis 300000	3500 bis 130000
Lichtausbeute lm/W	9,2 bis 18,8	30 bis 85	11 bis 32,5	40 bis 60	76 bis 97	70 bis 130
Leistung W	25 bis 1000	4 bis 140	100 bis 1000	50 bis 2000	150 bis 3500	50 bis 1000
Lichtfarbe		ww, nw, tw	nw	ww, nw	nw	ww
Farbwiedergabestufe	1	1, 2, 3	3	3	2	4
Lebensdauer h	1000	7500	2000 bis 5000	9000	2000 bis 6000	9000
Vorschaltgerät	keine	Drosselspule	keine	Drosselspule	Drosselspule	Drosselspule
Zündvorrichtung	keine	Starter	keine	keine	Zündgerät	Zündgerät
Anlaufzeit min	keine	keine	sofort/2	4	4	4
Wiederzündzeit min	sofort	sofort	5	5	10	1

Lichtfarben: ww = warmweiß, nw = neutralweiß, tw = tageslichtweiß

Einteilung der Leuchten nach DIN 5040-1 und 2: 1976-2

Leuchten werden entsprechend der Verteilung ihres Lichtstromes in den oberen und unteren Halbraum eingeteilt.	Leuchten werden zusätzlich in Bezug auf den direkt auf die Nutzebene und den direkt auf die Decke fallenden Lichtstrom eingeteilt.

11

11.1 Beleuchtungstechnik

Einteilung der Leuchten nach DIN 5040-1 und 2: 1976-2 **(Forts.)**

Art der Beleuchtung	Lichtstromanteil in % oberhalb der Horizontalen	Lichtstromanteil in % unterhalb der Horizontalen	Kennbuchstabe	1. Kennziffer	Lichtstromanteil in % vom unteren halbräumlichen Lichtstrom	Lichtstromanteil in % vom oberen halbräumlichen Lichtstrom	2. Kennziffer
Direkt	0–10	90–100	A	1	0–30	0–50	1
Vorwiegend direkt	über 10–40	60 – unter 90	B	2	über 30–40	über 50–70	2
Direkt indirekt	über 40–60	40 – unter 60	C	3	über 40–50	über 70–90	3
Vorwiegend indirekt	über 60–90	10 – unter 40	D	4	über 50–60	über 90–100	4
Indirekt	über 90–100	0 – unter 10	E	5	über 60–70		
				6	über 70–100		

Kurzzeichen für Leuchten setzen sich aus Kennbuchstabe, 1. und 2. Kennziffer zusammen: **Innenleuchte C 41** ist eine Leuchte mit einem unteren Lichtstromanteil zwischen 40 und 60%, bei der zwischen 50 und 60% des unteren halbräumlichen Lichtstromes direkt auf die Nutzebene und zwischen 0 und 50% des oberen halbräumlichen Lichtstromes direkt auf die Decke gelangen.

11.1.3 Beleuchtung im Innenraum

Allgemeine Anforderungen nach DIN 5035-1: 1979-10

Mindestbeleuchtungsstärken am Arbeitsplatz
Ständig besetzte Arbeitsplätze: 200 lx. Räume, in denen sich ständig Personen aufhalten: 100 lx. Unabhängig vom Alterungszustand darf der arithmetische Mittelwert der Beleuchtungsstärke 80% der Nennbeleuchtungsstärke nicht unterschreiten.

Leuchtdichteverteilung im Gesichtsfeld
Für gute Sehbedingungen ist ein ausgewogenes Verhältnis der Leuchtdichten im Gesichtsfeld erforderlich.

Anzustreben ist für die horizontale Nutzebene im Raum bzw. in der Raumzone eine Gleichmäßigkeit der Beleuchtungsstärken von etwa 1 : 1,5.
Die Reflexionsgrade der Umgebung des Arbeitsplatzes sollten so gewählt werden, dass sich zwischen dem Arbeitsfeld und dem Umfeld keine größeren Leuchtdichteverhältnisse als 3 : 1 ergeben.
Für Oberflächen von Arbeitstischen sind Reflexionsgrade von 0,2 bis 0,5 angebracht. Ein guter Wirkungsgrad der Beleuchtung und eine ausreichende Aufhellung der Raumbegrenzungsflächen wird im Allgemeinen erreicht, wenn der Reflexionsgrad der Decke im Mittel 0,7, der Wände 0,5 und der des Bodens 0,2 beträgt.

Güteklassen der Blendungsbegrenzung

Güteklasse	Anforderung
1	hoch
2	mittel
3	gering

Geforderte Güteklassen für Beleuchtungsanlagen siehe Seite 11-8 ff. 11-8

Reflexionsblendung durch Lichtreflexe auf dem Sehobjekt kann verringert oder verhindert werden durch:
- Anordnung von Leuchten und Arbeitsplätzen,
- Leuchtdichtebegrenzung der Leuchten,
- Gestaltung der Oberflächen, in denen sich Leuchten spiegeln können (matt oder entspiegelt),
- helle Decken oder Wände.

Lichtfarbengruppen

Ähnlichste Farbtemperatur unter 3300 K	Warmweiße Lichtfarben (ww) 2-1
Ähnlichste Farbtemperatur 3300–5000 K	Neutralweiße Lichtfarben (nw)
Ähnlichste Farbtemperatur über 5000 K	Tageslichtweiße Lichtfarben (tw) 2-1

11.1 Beleuchtungstechnik

Farbwiedergabe

Die Farbwiedergabeeigenschaften werden durch den allgemeinen Farbwiedergabeindex R_a in der folgenden Stufung gekennzeichnet:

Stufe	R_a-Bereich
1	$85 \leq R_a$
2	$70 \leq R_a < 85$
3	$40 \leq R_a < 70$
4	$R_a < 40$

Für Farbkontrollen/Farbprüfungen: $R_a > 90$ und Nennbeleuchtungsstärke mindestens 1000 lx. Die natürlichste Farbwiedergabe wird bei Sonnenlicht erreicht. Deshalb werden Lichtquellen mit einem dem Sonnenlicht ähnlichem Spektrum im sichtbaren Bereich bevorzugt. Nachfolgend ist das gesamte Sonnenlichtspektrum mit dem sichtbaren als auch den beiden unsichtbaren Bereichen angegeben.
Die Erde umgebende Ozonschicht dämpft die krebserregenden UV-Strahlen, insbesondere im C-Bereich. Vorsicht vor UV-Lampen, die im B- und C-Bereich Strahlen aussenden.
Die kurzwelligen (höherfrequenten) Anteile des Lichtes sind die energiereicheren, die für das menschliche Auge nicht sichtbar sind. Diese Wellen wirken auf lebende Zellen auf Dauer schädigend, zumal hier ein Summierungseffekt wirksam ist.

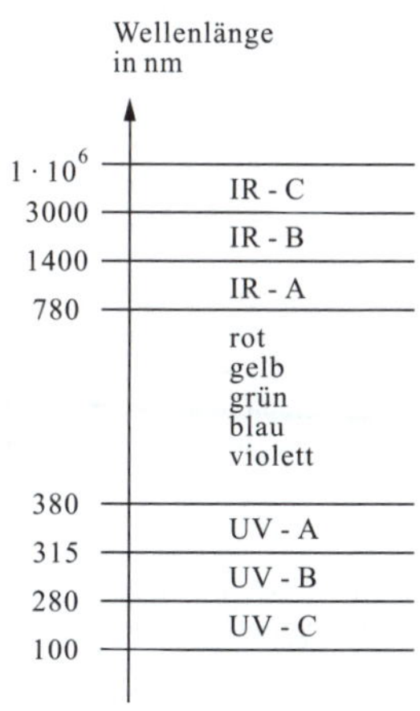

Spektrum des Sonnenlichts

Lichtfarben und Farbwiedergabeeigenschaften von Lampen

Farbwiedergabe	Lichtfarbe: tageslichtweiß (tw)	Lichtfarbe: neutralweiß (nw)	Lichtfarbe: warmweiß (ww)
Stufe 1 sehr gut	Leuchtstofflampen der Lichtfarben 11, 19 Halogen-Metalldampflampe	Leuchtstofflampen der Lichtfarbe 21 Halogen-Metalldampflampe	Glühlampe Leuchtstofflampen der Lichtfarben 31, 41
Stufe 2 gut		Leuchtstofflampe der Lichtfarbe 25 Mischlichtlampe	Mischlichtlampe Halogen-Metalldampflampe
Stufe 3 weniger gut		Leuchtstofflampe der Lichtfarbe 20 Halogen-Metalldampflampe Quecksilberdampf-Hochdrucklampe Mischlichtlampe	Leuchtstofflampe der Lichtfarbe 30 Quecksilberdampf-Hochdrucklampe
Stufe 4 ungenügend			Natriumdampflampe

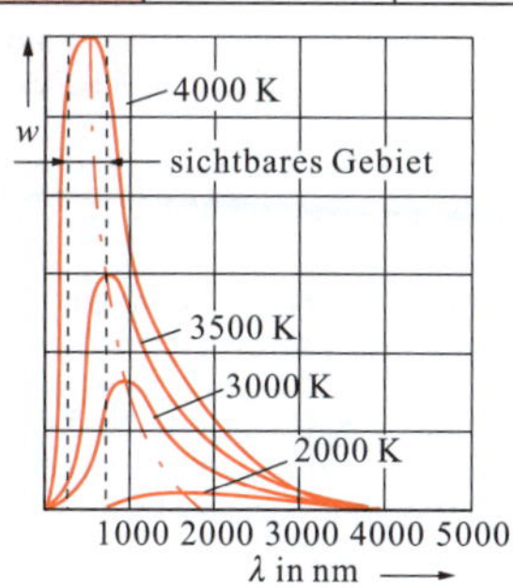

Strahlungsenergieverteilung eines schwarzen Körpers bei verschiedenen Temperaturen
W Strahlungsenergie
λ Wellenlänge

11

⇒ 2-4 2-18

11.1 Beleuchtungstechnik

Richtwerte für die Beleuchtung von Arbeitsstätten im Innenraum		
Nenn-beleuch-tungs-stärke in lx	Farb-wieder-gabe-Stufe	Art der Tätigkeit bzw. Art des Raumes
Lichtfarbe: ww		
200	1	Speiseräume
Lichtfarbe: nw		
300	2	Nahrungsmittelindustrie: Auslesen von Gemüse und Obst
300	2	Arbeitsplätze in Schlachtereien, Molkereien und Mühlen
500	2	Nahrungsmittelindustrie: Produktionskontrolle, Garnieren und Dekorieren
500	2	Herstellung von Feinkost und Zigarren, Küchen
Lichtfarbe: ww, nw		
50	3	Abstellräume und Lagerräume für großteiliges Lagergut
50	3	Verfahrungstechnische Anlagen mit Fernbedienung, ohne manuelle Eingriffe
100	2	Empfangsräume
100	2	Umkleideräume, Waschräume und Toilettenräume
100	3	Geneigte Verkehrswege in Gebäuden, Treppen, Fahrtreppen
100	3	Lagerräume mit Suchaufgaben, Verkehrswege in Gebäuden, Verladerampen, automatische Fördereinrichtungen, verfahrenstechnische Anlagen mit gelegentlichen manuellen Eingriffen, Maschinenräume, Energieversorgung und Energieverteilung
200	2	Kantinen, Räume mit Publikumsverkehr
200	2	Arbeiten an der Hobelbank, Leimen und Zusammenbau
200	2	Arbeitsplätze im Brauhaus, am Malzboden, Waschen, Abfüllen in Fässer, Reinigung, Sieben, Schälen, Kochen, Arbeitsplätze in Zuckerfabriken
200	3	Lagerräume mit Leseaufgabe, Versand, Freiform-Schmieden kleiner Teile, Verarbeitung von schweren Blechen, Grobmontage, Gussputzerei, am Kuppelofen
200	3	Ständige besetzte Arbeitsplätze
300	2	Telefonvermittlung, Büroräume mit Arbeitsplätzen nur in unmittelbarer Fensternähe, Sitzungszimmer, Verkaufsräume, Selbstbedienungsgaststätten
300	2	Messstände Steuerbühnen, Warten, Laboratorien, in der Nahrungsmittelindustrie: Verlesen und Waschen von Produkten, Mahlen, Mischen, Abpacken

11.1 Beleuchtungstechnik

Richtwerte für die Beleuchtung von Arbeitsstätten im Innenraum (Forts.)

Nennbeleuchtungsstärke in lx	Farbwiedergabe-Stufe	Art der Tätigkeit bzw. Art des Raumes
		Lichtfarbe: ww, nw
300	3	Mittelfeinmontage, Kabel- und Leitungsherstellung, Lackieren und Tränken von Spulen, Montage großer elektrischer Maschinen, Wickeln von Spulen und Ankern mit grobem Draht
300	3	Schweißen, mittlere und grobe Maschinenarbeiten wie Drehen, Fräsen, Hobeln, Draht- und Rohrziehen, Herstellung von Kaltbandprofilen, Verarbeitung von leichten Blechen, Handformerei, Kernmacherei
500	1	Sanitätsräume, Räume für erste Hilfe, ärztliche Betreuung, Modelltischlerei
500	2	Arbeiten mit erhöhter Sehaufgabe, Fernschreibstelle, Poststelle, Büroräume, Räume für Datenverarbeitung, Abrichten, Holzveredelung, Kassen
500	3	Feine Maschinenarbeiten, Feinmontage, Modellbau
750	1	Fehlerkontrolle
750	2	Großraumbüros (mit hoher Reflexion), Technisches Zeichnen
750	3	Anreiß- und Kontrollplätze, Messplätze
1000	2	Großraumbüros (mit mittlerer Reflexion)
		Lichtfarbe: ww, nw, tw
500	1	Haarpflege
500	2	Prüf- und Kontrollplätze
500	3	Montage von Telefonapparaten, Wickeln von Spulen mit mittlerem Draht
500	3	Karosserie-Rohbau, Karosserie-Oberflächen-Bearbeitung
750	1	Kosmetik
750	3	Lackiererei-Schleifplätze und Inspektion
1000	2	Herstellung von Schmuckwaren
1000	3	Nacharbeit Lackiererei, Montage feiner Geräte, Rundfunk- und Fernsehapparate Wickeln feiner Drahtspulen, Fertigung von Schmelzsicherungen, Justieren, Prüfen, Eichen
1500	2	Montage feiner Teile, elektronische Bauteile, Optiker und Uhrmacherwerkstatt

⇐ 2-21

11.1 Beleuchtungstechnik

Beleuchtungskalender (Mitteleuropäische Zeit)

Monat	Beleuchtungszeit		Monat	Beleuchtungszeit	
	Beginn	Ende		Beginn	Ende
Januar 1.–10.	16^{35}	7^{50}	Juli 1.–10.	20^{50}	3^{15}
Januar 11.–20.	16^{50}	7^{50}	Juli 11.–20.	20^{40}	3^{45}
Januar 21.–31.	17^{05}	7^{40}	Juli 21.–31.	20^{30}	4^{00}
Februar 1.–10.	17^{25}	7^{25}	August 1.–10.	20^{10}	4^{2}
Februar 11.–20.	17^{40}	7^{05}	August 11.–20.	19^{50}	4^{35}
Februar 21.–28.	18^{00}	6^{45}	August 21.–31.	19^{30}	4^{50}
März 1.–10.	18^{15}	6^{30}	September 1.–10.	19^{05}	5^{10}
März 11.–20.	18^{30}	6^{10}	September 11.–20.	18^{45}	5^{25}
März 21.–31.	18^{45}	5^{45}	September 21.–30.	18^{20}	5^{40}
April 1.–10.	19^{05}	5^{20}	Oktober 1.–10.	18^{00}	6^{00}
April 11.–20.	19^{20}	5^{00}	Oktober 11.–20.	17^{35}	6^{15}
April 21.–30.	19^{40}	4^{35}	Oktober 21.–31.	17^{15}	6^{30}
Mai 1.–10.	19^{55}	4^{15}	November 1.–10.	16^{55}	6^{50}
Mai 11.–20.	20^{10}	4^{00}	November 11.–20.	16^{40}	7^{05}
Mai 21.–31.	20^{25}	3^{45}	November 21.–30.	16^{30}	7^{20}
Juni 1.–10.	20^{35}	3^{35}	Dezember 1.–10.	16^{25}	7^{35}
Juni 11.–20.	20^{45}	3^{30}	Dezember 11.–20.	16^{20}	7^{45}
Juni 21.–30.	20^{50}	3^{15}	Dezember 21.–31.	16^{25}	7^{50}

Berechnung von Innenraum-Beleuchtungsanlagen

Wirkungsgradverfahren

Ziel der Berechnung ist, die Zahl der Lampen und Leuchten zu bestimmen. Dabei werden alle auf das Beleuchtungsergebnis einflussnehmenden Faktoren im Beleuchtungswirkungsgrad η_B zusammengefasst. Dieser errechnet sich aus dem Leuchten-Betriebswirkungsgrad η_{LB} · Raumwirkungsgrad η_R zu: $\eta_B = \eta_{LB} \cdot \eta_R$

η_{LB}

Der **Betriebswirkungsgrad** η_{LB} der Leuchten wird in den lichttechnischen Laboratorien der Herstellerwerke bei einer Umgebungstemperatur von 25 °C bestimmt

Raumwirkungsgrad η_R

η_R wird durch folgende Faktoren beeinflusst:

1. Lichtstromverteilung der Leuchten;
2. Reflexionsgrad ϱ der Raumbegrenzungsflächen;
3. Leuchtenanordnung im Raum;
4. Geometrische Verhältnisse des Raumes, ausgedrückt durch den Raumkoeffizient k

Leuchtenspiegel	Eigenschaften
Gold	Reflexionsgrad ca. 92%
Alu, unvergütet	Guter Reflexionsgrad
Alu, vergütet	Reflexionsgrad ca. 90%
Edelstahl	Reflexionsgrad ca. 75%

Raumkoeffizient k

k wird aus der Länge und der Breite des Raumes (a und b) sowie der Leuchtenhöhe h über der Nutzebene errechnet nach der Beziehung $k = \frac{a \cdot b}{h \cdot (a+b)}$

Eine Bestimmung des Raumwirkungsgrades η_R ist mit den tabellierten Werten möglich: Angegeben ist η_R in Abhängigkeit vom Raumindex k der Leuchtenart (direkt, vorwiegend direkt usw.) und der Reflexionsgrade ϱ der Raumbegrenzungsflächen (Decke, Wände, Boden).

Um eine geforderte Nennbeleuchtungsstärke E (entsprechend DIN 5035) zu erhalten, ist ein bestimmter Gesamtlichtstrom $\Phi_{RH} = n \cdot \Phi$ erforderlich, der von der Anzahl n der Lampen mit dem Lichtstrom Φ erzeugt wird. Der Gesamtlichtstrom ist dann $n \cdot \Phi = \frac{E \cdot A}{\eta_B} \cdot 1{,}25$ und damit $n = \frac{1{,}25 \cdot E \cdot A}{\Phi \cdot \eta_B}$. Dabei ist $A = a \cdot b$ die Größe der Nutzfläche in m^2 und 1,25 der Faktor, der den Rückgang des Lichtstromes durch Alterung und Verschmutzung berücksichtigt

11.1 Beleuchtungstechnik

⇐ 2-21

⇒ 2-22

Reflexionsgrade ϱ verschiedener Farben und Materialien für weißes Licht

Farbe	ϱ	Material	ϱ
Weiß	0,7 –0,85	Beton hell	0,3 –0,5
		Beton dunkel	0,15–0,25
Steingrau	0,4 –0,5	Chrom poliert	0,6 –0,7
Dunkelgrau	0,1 –0,2	Email weiß	0,75–0,85
Schwarz	0,03–0,09	Glas-Silberspiegel	0,8 –0,9
Creme	0,5 –0,75	Granit	0,15–0,25
Gelbbraun	0,3 –0,4	Holz hell	0,3 –0,5
Dunkelbraun	0,1 –0,2	Holz dunkel	0,1 –0,25
Rosa	0,45–0,55	Lack weiß	0,8 –0,85
Hellrot	0,3 –0,5	Marmor weiß	0,6 –0,7
Dunkelrot	0,1 –0,2	Messing matt	0,5 –0,55
		Messing poliert	0,6
Hellgrün	0,45–0,65	Mörtel hell	0,35–0,55
Dunkelgrün	0,1 –0,2	Mörtel dunkel	0,2 –0,3
Hellblau	0,45–0,55	Nickel poliert	0,3 –0,65
Dunkelblau	0,05–0,15	Sandstein hell	0,3 –0,4
		Sandstein dunkel	0,15–0,25
Material	–	Stahl poliert	0,55–0,65
Aluminium hochglanz	0,8 –0,85	Ziegel hell	0,3 –0,4

Leuchten-Betriebswirkungsgrade η_{LB}

Art der Lichtverteilung Art der Leuchte	Betriebswirkungsgrad
Direkt	
Reflektorleuchten	0,7 –0,8
Einbauleuchten mit Raster	0,52–0,62
Einbauleuchten mit Kunststoffglas, weiß	0,45–0,6
Vorwiegend direkt	
Leuchten mit Kunststoffglaswannen: weiß	0,5 –0,65
Leuchten mit Kunststoffglaswannen: glasklar	0,6 –0,85
Lamellen-Rasterleuchten in Deckenmontage	0,55–0,75
Gleichförmig	
frei strahlende Leuchten	0,84–0,92
Lamellen-Rasterleuchten in Pendelmontage	0,65–0,85
Vorwiegend indirekt	0,6 –0,8
Indirekt	0,6 –0,8

Temperaturabhängigkeit des Wirkungsgrades von Leuchtstofflampen

Temp. °C	Temperaturfaktor für Lampe L 40 W	L 65 W	L 120 W
25	1,0	1,0	1,0
35	0,94	0,91	0,94
45	0,88	0,83	0,88
55	0,82	0,74	0,82

Raumwirkungsgrade η_R

Raumgestaltung	Raumindex k	Beleuchtungsart: direkt	vorwiegend direkt	gleichförmig	vorwiegend indirekt	indirekt
Decke hell $\varrho = 0{,}8$	0,6	0,4	0,3	0,25	0,21	0,14
	0,8	0,51	0,4	0,35	0,28	0,23
Wände mittelhell $\varrho = 0{,}5$	1,0	0,59	0,48	0,43	0,36	0,3
	1,25	0,67	0,56	0,49	0,43	0,37
Boden mittelhell $\varrho = 0{,}3$	1,5	0,76	0,63	0,55	0,5	0,43
	2	0,87	0,73	0,66	0,6	0,53
	2,5	0,93	0,8	0,71	0,67	0,61

11.1 Beleuchtungstechnik

Raumwirkungsgrade η_R

Raumgestaltung	Raumindex k	Beleuchtungsart: direkt	vorwiegend direkt	gleichförmig	vorwiegend indirekt	indirekt
Decke mittelhell	0,6	0,34	0,23	0,19	0,13	0,07
$\varrho = 0{,}5$	0,8	0,43	0,3	0,25	0,17	0,1
Wände dunkel	1,0	0,51	0,37	0,31	0,22	0,13
$\varrho = 0{,}3$	1,25	0,58	0,41	0,35	0,27	0,17
Boden dunkel	1,5	0,64	0,44	0,4	0,31	0,2
$\varrho = 0{,}3$	2	0,72	0,53	0,46	0,37	0,25
	2,5	0,77	0,59	0,5	0,41	0,29

Berechnungsbeispiel einer Innenraumbeleuchtung mit Leuchtstofflampen

Art der Raumes	Büro
Maße: Breite a in m	4,8
Länge b in m	8,2
Fläche $A = a \cdot b$ in m²	$4{,}8 \cdot 8{,}2 = 39{,}4$
Raumhöhe h_R in m	2,8
Leuchtenhöhe über Nutzebene h in m	$2{,}8 - 0{,}85 = 1{,}95$
Raumindex $k = \frac{a \cdot b}{h \cdot (a+b)}$	$\frac{4{,}8 \cdot 8{,}2}{1{,}95 \cdot (4{,}8+8{,}2)} = 1{,}55$
Raumtemperatur t in °C	≈ 21 °C
Reflexionsgrade (ϱ) für Decke/Wände/Boden	Hell (0,8)/mittelhell (0,5)/mittelhell (0,3) (Tabelle Seite 11-11)
Raumzweck/Sehaufgabe	Stenogramm, Maschinenschreiben
Nennbeleuchtungsstärke E in lx	500 (Tabelle Seite 11-8)
Lichtfarbe	nw (Tabelle Seite 11-8)
Stufe der Farbwiedergabeeigenschaften	2 (Tabelle Seite 11-7)
Art der Lichtverteilung	Vorwiegend direkt (Tabelle Seite 11-6)
Art der Leuchte	Leuchten mit Kunstoffglaswanne, weiß

11-1
11-8
11-8
11-7
11-6

11

Berechnungsbeispiele einer Innenraumbeleuchtung (Forts.)

Leuchten-Betriebswirkungsgrad η_{LB}	0,6 0,6 · 1,0 = 0,6 für η_{LB} (Tabelle Seite 11-11)
Temperaturfaktor	1,0
Raumwirkungsgrad η_R	0,64 (durch Interpolation zwischen $k=1{,}5/\eta_R=0{,}63$ und 2/0,73) (Tabelle Seite 11-11)
Beleuchtungswirkungsgrad $\eta_B=\eta_{LB}\cdot\eta_R$	0,64 · 0,6 = 0,384
Lampenart	L 65 W/25
Nennlichtstrom Φ in lm	4000 (Tabelle Seite 11-4)
Lampenanzahl $n=\dfrac{1{,}25\cdot E\cdot A}{\Phi\cdot\eta_B}$	$\dfrac{1{,}25\cdot 500\cdot 39{,}4}{4000\cdot 0{,}384}=16{,}03\approx 16$
Leuchtenanzahl nach Rechnung	2 Lampen je Leuchte ergeben $\dfrac{16}{2}=8$
Leuchtenanzahl gewählt	8
Kontrolle $E=\dfrac{n\cdot\Phi\cdot\eta_B}{1{,}25\cdot A}$ in lx	$\dfrac{8\cdot 2\cdot 4000\cdot 0{,}384}{1{,}25\cdot 39{,}4}=499$
Elektr. Leistung (Lampe und Vorschaltgerät) in W	76 · 16 = 1216
Leuchtenanordnung	2 unterbrochene Lichtbänder

⇒ 2-12

11.1.4 Beleuchtung im Freien

Berechnung der Beleuchtungsstärke E aus der Lichtstärke I

Entfernungsgesetz

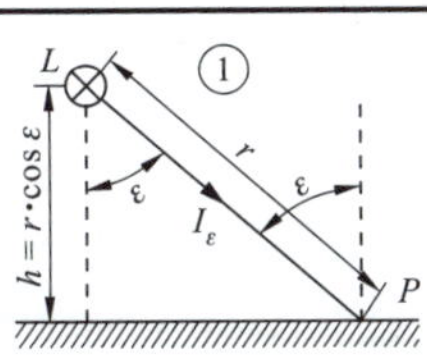

Straßen- und Streckenbeleuchtung

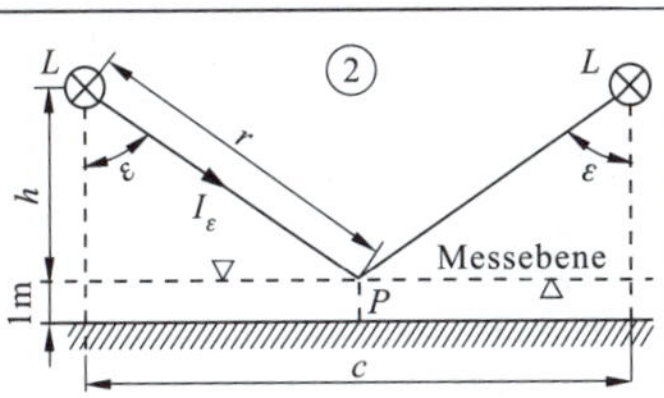

- E Beleuchtungsstärke (im Punkt P)
- I_ε Lichtstärke der Lichtquelle in Richtung zum Punkt P
- ε Winkel zwischen Strahlrichtung und Flächennormale
- r Entfernung in m
- h Lichtpunkthöhe über der Messebene (1 m über dem Boden)
- L Leuchten

Vorgegeben ist meistens die in der Mitte zwischen zwei Leuchten bestehende Mindestbeleuchtungsstärke E, die von den zwei Leuchten erzeugt wird. Eine Leuchte hat dann nur den Anteil $E/2$ zu liefern

11.1 Beleuchtungstechnik

Berechnung der Beleuchtungsstärke E aus der Lichtstärke I

⇐ 11-13

Berechnung

$$I_\varepsilon = \frac{E \cdot r^2}{2 \cdot \cos\varepsilon}$$

$$r = \frac{h}{\cos\varepsilon}$$

$$I_\varepsilon = \frac{E \cdot h^2}{2 \cdot \cos^3\varepsilon}$$

$$E = \frac{I_\varepsilon \cdot \cos^3\varepsilon}{h^2}$$

E	Beleuchtungsstärke (im Punkt P)
I_ε	Lichtstärke der Lichtquelle in Richtung zum Punkt P
ε	Winkel zwischen Strahlrichtung und Flächennormale
r	Entfernung in m
h	Lichtpunkthöhe über der Messebene (1 m über dem Boden)
L	Leuchten

Abb. siehe S. 11-13

Zu den ermittelten Beleuchtungsstärken müssen noch die von benachbarten Leuchten erzeugten Beleuchtungsstärken anteilmäßig addiert werden.

Es werden die Beleuchtungsstärken E für die gegebene Lichtausstrahlung (Lichtstärkeverteilungskurve) einer Leuchte an mehreren beliebigen Punkten auf der Messebene ermittelt

⇐ 11-5

Straßenbeleuchtung

Die Auswahl der Lampe erfolgt nach Tabelle Seite 11-5.

Im Regelfall soll:
1. die Lichtpunkthöhe h nicht kleiner sein als ein Drittel der Straßenbreite;
2. der Leuchtenabstand c
   a) bei Tiefenstrahlern und Leuchten für direktes Licht gleich dem 3- bis 4fachen der Lichtpunkthöhe sein,
   b) bei Schirmbreitstrahlern gleich dem 3- bis 5,5fachen der Lichtpunkthöhe sein.

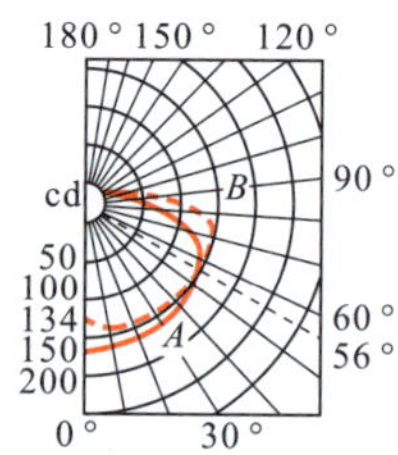

Lichtstärkeverteilung einer Leuchte für direktes Licht für 1000 lm

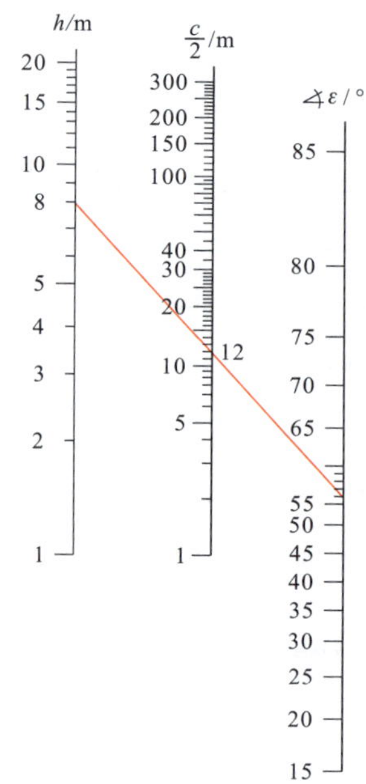

Beispiel Straßenbeleuchtung

Beispiel: Eine Straße von 22 m Breite soll mit Leuchten für direktes Licht beleuchtet werden, Mindestbeleuchtung 4 lx.

Lösung: Lichtpunkthöhe $h > 1/3$ der Straßenbreite

$$h > \frac{1}{3} \cdot 22\ \text{m} > 7{,}33\ \text{m}\,; \quad \text{gewählt}\ \ h = 8\ \text{m}$$

Fluchtlinientafel nach G. Laue

Nach der Fluchtlinientafel ergibt sich mit $h = 8$ m und $c/2 = 12$ m ein Winkel von 56°. Der $\cos^3\varepsilon$ 0,1749. Damit errechnet sich die benötigte Lichtstärke I_ε zu

$$I_\varepsilon = \frac{E \cdot h^2}{2 \cdot \cos^3\varepsilon} = \frac{4\ \text{lx} \cdot 8^2\ \text{m}^2}{2 \cdot 0{,}1749} \approx 730\ \text{cd}$$

Aus der Lichtstärkeverteilungskurve der verwendeten Leuchten liest man auf Linie B unter 56° eine Lichtstärke 134 cd ab. Die Lampe muss also den 730 : 134 = 5,45fachen Lichtstrom der für 1000 lm angegebenen Lichtstärkeverteilungslinie abgeben, also 5450 lm. Gewählt wird eine Quecksilberdampf-Hochdrucklampe von 125 W mit 6300 lm

11.1 Beleuchtungstechnik

Beleuchtungswirkungsgradverfahren

$$E = \frac{1{,}25 \cdot \Phi \cdot \eta_B}{a \cdot b}$$

1,25 Faktor, der die Alterung berücksichtigt

a Abstand zwischen zwei Leuchten in m

b Breite der Straße in m

η_B Beleuchtungswirkungsgrad

$\eta_B = \eta_R \cdot \eta_{LB}$

Der Beleuchtungswirkungsgrad η_B wird als Funktion b/h angegeben. h = Lichtpunkthöhe in m. In der Abb. gilt Kurve 1 für eine Mastaufsatzleuchte mit schräggestellter und Kurve 2 für eine Seilleuchte mit symmetrischer Optik

Bei positivem Leuchtenüberhang s, Leuchten ragen bis über die Fahrbahn, denkt man sich die Fahrbahn in einzelne Streifen b_1, b_2 und b_3 unterteilt und kommt zu einzelnen Werten von η_{B1}, η_{B2} und η_{B3}.

Der gesamte Beleuchtungswirkungsgrad ergibt sich aus der Summe der Streifenwirkungsgrade:

$$\eta_{Bges} = \eta_{B1} + \eta_{B2} + \eta_{B3}$$

Achtung: Bei Leuchtstofflampen ist der Lampenlichtstrom stark temperaturabhängig (für Deutschland gilt eine Jahresdurchschnittstemperatur von 6 °C)

Bildliche Darstellung

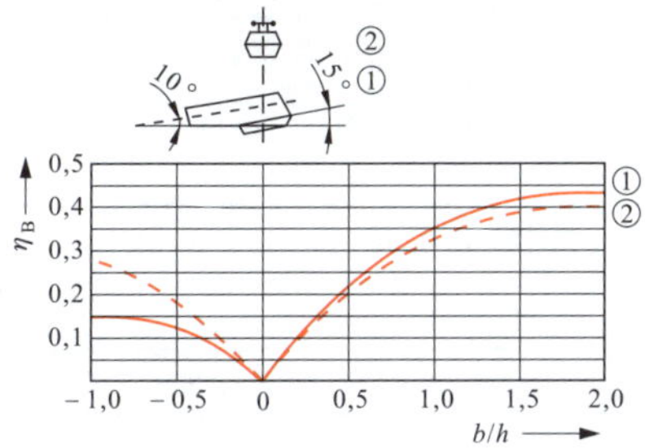

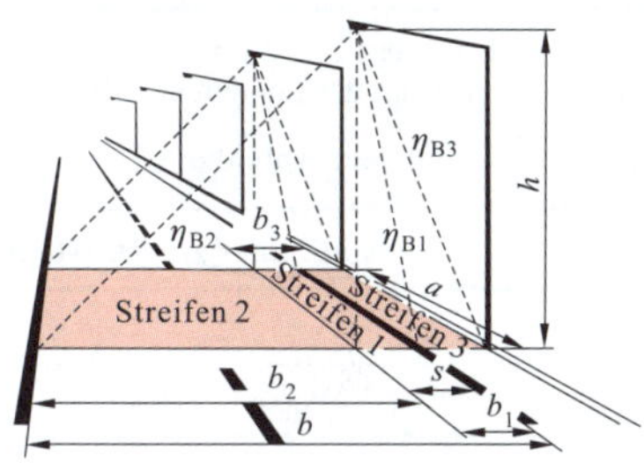

Beispiel

Einseitige Leuchtenanordnung von Mastansatzleuchten mit schräggestellter Optik für eine Verkehrsstraße von 16 m Breite. Abstand der Leuchten $Q = 20$ m; Lichtpunkthöhe $h = 8$ m; positiver Leuchtenüberhang $s = 2$ m, mittlere Beleuchtungsstärke $E = 5$ lx.
Gesucht: Notwendige Lampe

Lösung: Einteilung der Straße in zwei Streifen:

$b_1 = 14$ m und $b_2 = 2$ m $= s$

$$\frac{b_1}{h} = \frac{14\ \text{m}}{8\ \text{m}} = 1{,}75 \qquad \frac{b_2}{h} = \frac{2\ \text{m}}{8\ \text{m}} = 0{,}25$$

Aus der Darstellung für die Beleuchtungswirkungsgrade für Kurve 1 erhält man:

$$\eta_{B1} = 0{,}425 \text{ und } \eta_{B2} = 0{,}11$$

Damit gesamter Beleuchtungswirkungsgrad

$$\eta_{Bges} = \eta_{B1} + \eta_{B2} = 0{,}425 + 0{,}11 = 0{,}535$$

Für den Lichtstrom ergibt sich

$$\Phi = \frac{E \cdot a \cdot b}{1{,}25 \cdot \eta_B} = \frac{5\ \text{lx} \cdot 20\ \text{m} \cdot 16\ \text{m}}{1{,}25 \cdot 0{,}535} = 2393\ \text{lm}$$

Gewählt wird als Lampe eine Quecksilberdampf-Hochdrucklampe von 80 W und 3800 lm

Richtlinien zur Straßenbeleuchtung

Blendungsbegrenzungsklasse KB

KB	Maximale Lichtstärke für $\gamma = 90°$	Maximale Lichtstärke für $\gamma = 80°$
1	10 cd/1000 lm höchstens 500 cd	30 cd/1000 lm höchstens 1000 cd
2	50 cd/1000 lm höchstens 1000 cd	100 cd/1000 lm höchstens 2000 cd

Richtwerte für die ortsfeste Beleuchtung von Straßen mit geringer Verkehrsbelastung, die ausnahmsweise nach der Beleuchtungsstärke zu bemessen sind

Straße überw. mit	E in lx	g_1	KB
Anliegerfunktion	3	0,1	2
Sammelfunktion	7	0,2	2

11

11.1 Beleuchtungstechnik

Richtlinien zur Straßenbeleuchtung

Gleichmäßigkeit der Leuchtdichte

$$U_1 = \frac{L_{1,\min}}{L_{2,\max}}$$

U	Längsgleichmäßigkeit
$L_{1\min}$	min. Leuchtdichte
$L_{2\min}$	max. Leuchtdichte

$$U_0 = \frac{L_{\min}}{L}$$

U_0	Gesamtgleichmäßigkeit (Regel: ≥ 0,4)
$L_{\min}$	min. Leuchtdichte
L	mittlere Leuchtdichte

Empfohlene Bereiche für die Abstufung des Lichtstromes im Verlauf einer Adaptionsstrecke

Φ_{Red} reduzierter Lichtstrom
Φ_{Hot} Lichtstrom der Leuchten der Hauptstrecke

Siehe nebenstehende Abbildung.

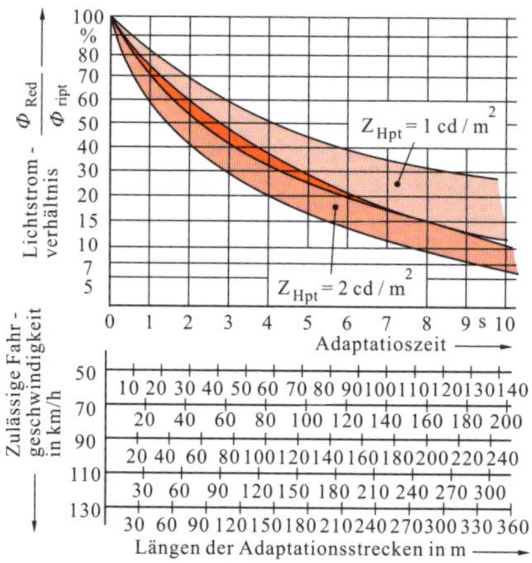

Sinnbilder zur Darstellung der Straßenbeleuchtung in Lageplänen

Leuchten

Art	Leuchte, allgemein	Ansatzleuchte	Aufsatzleuchte	Hängeleuchte
Elektrisch, allgemein				
Kolbenförmige Lichtquellen elektrisch	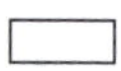	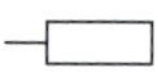		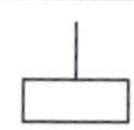
Stabförmige Lichtquellen elektrisch	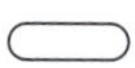			
Gas		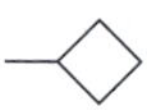		

Lichtmaste

Holzmast	Gittermast	Stahlmast	Betonmast	Aluminiummast	Kunstoffmast
(H)	(Gi)	(S)	(B)	(Al)	(K)

Zubehör

Spannseil	Mauerhaken	Anschluss- und Übergangskasten	Schaltstelle
			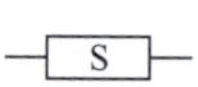

Beispiel

Gittermast mit elektrischer Ansatzleuchte
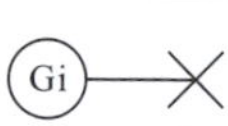

11.1 Beleuchtungstechnik

Richtwerte für die ortsfeste Beleuchtung von Straßen innerhalb bebauter Gebiete[1)]
(Abschnitte außerhalb von Knotenpunkten)

Straßenquerschnitt ohne Mittelstreifen

Straßenart	Verkehrsstärke bei Dunkelheit in Kfz/(h × Fahrstreifen)											
	600			300			100			100		
	Überschreitungsdauer in h/Jahr											
	≥ 200			≥ 300			≥ 300			< 300		
	L_n	U_1	*KB*	L_n	U_1	*KB*	L_n	U_1	*KB*	L_n	U_1	*KB*
Ortsstraße												
bebaut, ruhiger Verkehr auf/an der Fahrbahn	2	0,7	1	2	0,7	1	1,5	0,6	1	0,5	0,4	2
bebaut, kein ruhiger Verkehr auf/an der Fahrbahn	2	0,7	1	1,5	0,6	1	1	0,6	2	0,5	0,4	2
anbaufrei, kein ruhiger Verkehr auf/an der Fahrbahn	1,5	0,6	1	1,5	0,6	1	1	0,6	2	0,5	0,4	2
Kraftfahrstraßen (Z. 331 StVO)												
$v_{zul} > 70$ km/h	1,5	0,6	1	1	0,6	1	0,5	0,6	2	0,5	0,6	2
$v_{zul} \leq 70$ km/h	1	0,6	1	1	0,6	1	0,5	0,5	2	0,5	0,5	2

Straßenquerschnitt mit Mittelstreifen

Straßenart	Verkehrsstärke bei Dunkelheit in Kfz/(h × Fahrstreifen)											
	900			600			200			200		
	Überschreitungsdauer in h/Jahr											
	≥ 200			≥ 300			≥ 300			< 300		
	L_n	U_1	*KB*	L_n	U_1	*KB*	L_n	U_1	*KB*	L_n	U_1	*KB*
Ortsstraße												
bebaut, ruhiger Verkehr auf/an der Fahrbahn	2	0,7	1	2	0,7	1	1,5	0,6	1	1	0,6	2
bebaut, kein ruhiger Verkehr auf/an der Fahrbahn	1,5	0,6	1	1,5	0,6	1	1	0,6	2	0,5	0,5	2
anbaufrei, kein ruhiger Verkehr auf/an der Fahrbahn	1	0,6	1	1	0,6	1	0,5	0,5	2	0,5	0,5	2
Kraftfahrstraßen (Z. 331 StVO)												
$v_{zul} > 70$ km/h	1,5	0,6	1	1	0,6	1	0,5	0,6	2	0,5	0,6	2
$v_{zul} \leq 70$ km/h	1	0,6	1	0,5	0,6	1	0,5	0,6	1	0,5	0,6	1
Kraftfahrstraßen (Z. 330 StVO)												
$V_{zul} > 110$ km/h	1	0,7	1	1	0,7	1	1	0,7	1	1	0,7	1
$V_{zul} \leq 110$ km/h	1	0,7	1	0,5	0,6	1	0,5	0,6	1	0,5	0,6	1

1) L_n Nennleuchtdichte in cd/m²
Lichtpunktabstände < 30 m; U_1 + 0,05; > 40 m; U_1 − 0,05

11.1 Beleuchtungstechnik

← 3-18 3-20

11.1.5 Schaltungen für Leuchtstofflampen

→ 3-18 3-20

Mit Elektrodenvorheizung und Starter

Induktive Schaltung

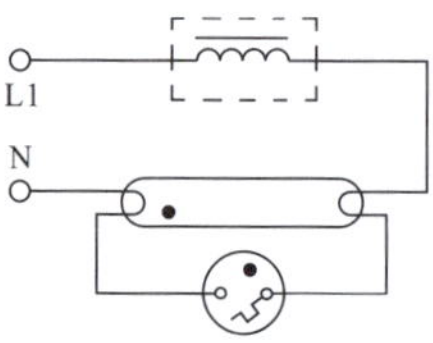

Das Vorschaltgerät (Drosselspule) liegt in Reihe mit der Lampe und zu ihr parallel der Starter (mit Glimmzünder und Entstörkondensator) $\cos\varphi \approx 0{,}5$

Induktiv-kompensierte Schaltung

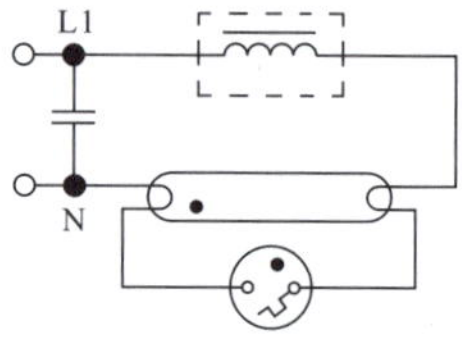

Parallel zum Netz wird der Kompensationskondensator angeordnet $\cos\varphi \approx 0{,}9$

Kapazitive Schaltung

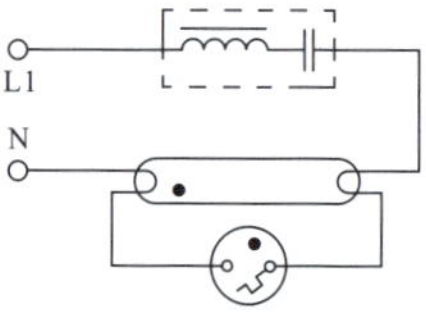

Das Vorschaltgerät besteht aus einem Kondensator und einer Drosselspule in Reihe. Überkompensierte Schaltung $\cos\varphi \approx 0{,}5$ kapazitiv

Kapazitive Schaltung

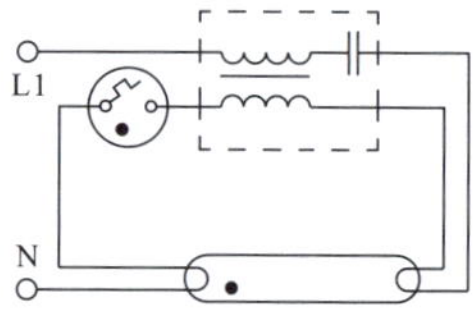

Je Lampe ist ein Spezialvorschaltgerät erforderlich $\cos\varphi \approx 0{,}5$ kapazitiv

Induktive Tandemschaltung

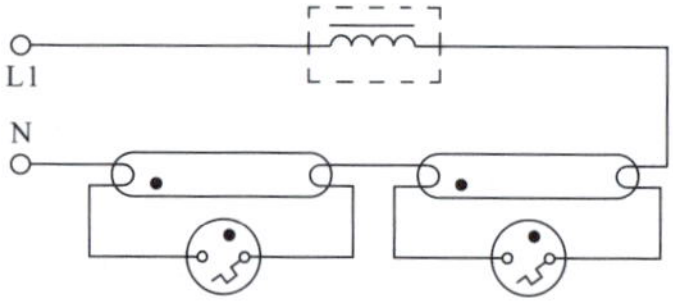

Schaltung eignet sich für Lampen von 4–40 W, wobei zwei Lampen in Reihe an 230 V~ liegen. Vorschaltgerät: Drosselspule $\cos\varphi \approx 0{,}5$. Zur Kompensation Kondensator parallel zum Netz schalten

Kapazitive Tandemschaltung

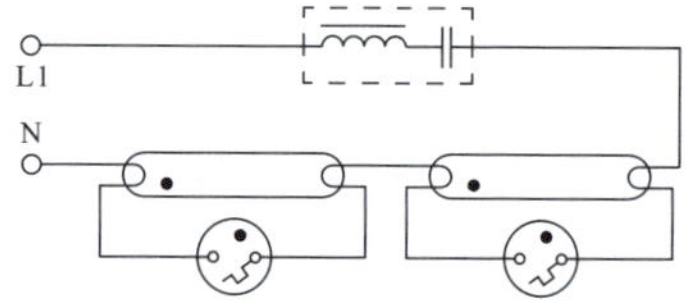

Für Lampen von 4–40 W. Zwei Lampen (z. B. 2×15 W) werden an einem Vorschaltgerät (30 W) betrieben $\cos\varphi \approx 0{,}5$ kapazitiv

Duo-Schaltung

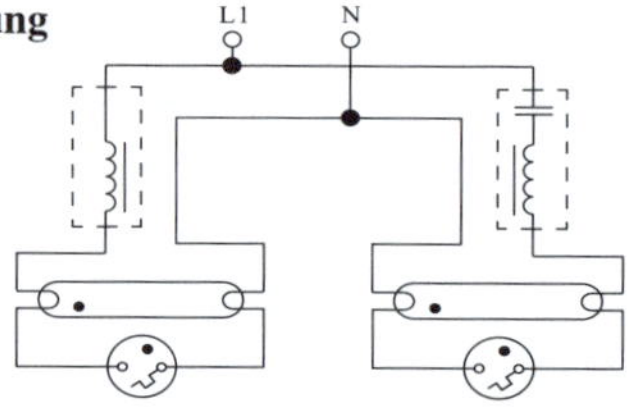

Bei dieser Schaltung sind stets zwei Lampen zusammengefasst, entweder in einer zweilampigen oder zwei einlampigen Leuchten. Die eine Lampe wird dabei in induktiver, die andere in kapazitiver Schaltung betrieben. Je Lampe ist ein Vorschaltgerät erforderlich. (Auch kapazitive und induktive Tandemschaltung können zusammen in Duo-Schaltung betrieben werden) $\cos\varphi \approx 1$

Mit Elektrodenvorheizung ohne Starter

Induktive RS-Schaltung

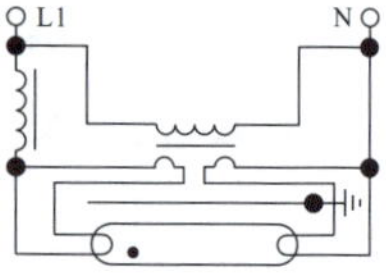

Transformator heizt Elektroden vor. Zündung nach ca. 1–2 s flackerfrei. Zündhilfe durch Zündnetz über Lampe

RD-Schaltung

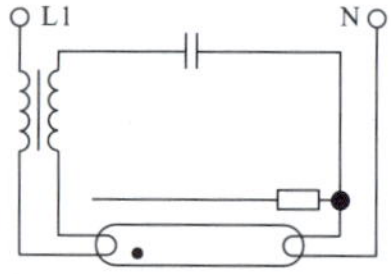

Vorschaltgerät: Drosselspule und Kondensator. Reihenresonanzkreis (Spannungserhöhung!)-zündung.

11.1 Beleuchtungstechnik

4-16

Kompensationskondensatoren von Leuchtstofflampen für cos φ > 0,9

4-16

Lampen-Leistung	Durchmesser bzw. Rohrlänge	Kapazität des Parallelkondensators in µF ± 10% bei induktiver Schaltung an 50 Hz und Netzspannung			bei Tandem-schaltung	Kapazität des Reihen-kondensators bei kapazitiver Schaltung in µF ± 4% an
W	mm	230 V	127 V	110 V	230 V/50 Hz	230 V/50 Hz
4		2,0	3,0	3,5	1,5	1,2
6		2,0	3,0	3,5	1,5	1,2
8		2,0	3,0	3,5	1,5	1,3
10		2,0	12,0	16,0	–	1,4
13		2,0	12,0	16,0	–	1,4
14		4,5	8,0	9,0	4,5	3,0
15	Ø 26	3,5	6,0	6,0	3,5	–
15	Ø 38	4,5	7,0	8,0	3,5	2,6
16		2,5	12,0	16,0	–	1,7
20	59	4,5	7,0	7,0	3,5	3,0
22	22	3,0	8,0	8,0	4,5	3,3
25	97	3,5	16,0	22,0	–	2,5
30	Ø 26	4,5	18,0	24,0	–	3,0
30	Ø 38	4,5	18,0	24,0	–	3,0
32	31	4,5	22,0	30,0	–	3,6
33	74	8,0	12,0	12,0	7,0	–
40	59	12,0	18,0	20,0	10,0	–
40	97	6,0	–	–	–	4,6
40	102	4,5	22,0	30,0	–	3,75
42	104,7	6,0	–	–	–	4,4
65	150	7,0	–	–	–	5,9
80	120	10,0	–	–	–	7,6
80	150	10,0	–	–	–	7,2
90	150	20,0	–	–	–	–
100	120	18,0	–	–	–	≈ 12
100	150	20,0	–	–	–	–
120	150	18,0	–	–	–	≈ 12

11

11.1.6 Schaltungen für Metalldampflampen

Induktive Schaltung für Quecksilberdampf-Hochdrucklampen

-21
-22

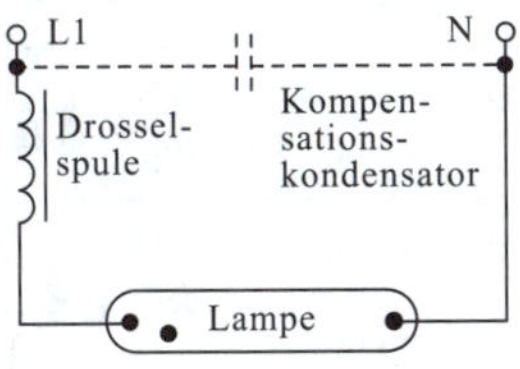

Schaltung mit Zündgerät für Halogen-Metalldampflampe und Natriumdampf-Hochdrucklampe

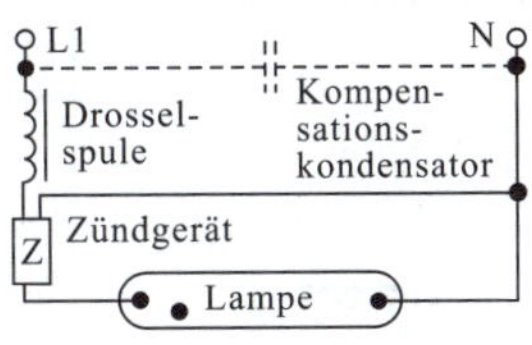

Schaltung mit Streufeld-Transformator für Natriumdampf-Niederdrucklampe

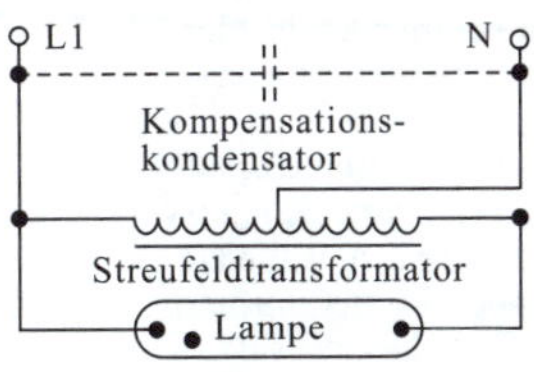

3-21
3-22

11.1.7 Montage von Leuchten und Zubehör

In Abhängigkeit vom Brandverhalten des Montageflächenmaterials sind Leuchten nach den folgenden Tabellen auszuwählen.

Leuchten für die Montage auf Gebäudeteilen

Gebäudeteile aus Baustoffen nach DIN 4102-1	Leuchten für Glühlampen	Leuchten für Entladungslampen
Nicht brennbar	Alle Leuchten	Alle Leuchten
Schwer oder normal entflammbar		Nur Leuchten mit dem Kennzeichen  oder 

Leuchten für die Montage an und in Einrichtungsgegenständen (Möbelleuchten)

Einrichtungsgegenstände aus Werkstoffen	Leuchten für Glühlampen	Leuchten für Entladungslampen
– Die in ihrem Brandverhalten nicht brennbaren Baustoffe im Sinne von DIN 4102-1 entsprechen (z. B. Metall)		Mit dem Zeichen  oder 
– Die in ihrem Brandverhalten schwer oder normal entflammbaren Baustoffe im Sinne von DIN 4102-1 entsprechen (z. B. Holz oder Holzwerkstoffe, auch wenn sie beschichtet, lackiert oder furniert sind)	mit dem Zeichen 	
– Deren Brandverhalten nicht bekannt ist (gilt auch, wenn sie beschichtet, furniert oder lackiert sind)		Mit dem Zeichen 

Intern. Schutzartzeichen	Schutzgrade für 1. Ziffer Fremdkörperschutz	Schutzgrade für 2. Ziffer Wasserschutz	Bildzeichen nach VDE 0710 und IEC 162/11
IP 20	Abgedeckt	Kein Schutz	–
IP 40	Fremdkörper (bis ∅ 1 mm)	Kein Schutz	–
IP 50	Staubgeschützt	Kein Schutz	
IP 60	Staubdicht	Kein Schutz	
IP 22	Abgedeckt	Schräges Tropfwasser	
IP 23	Abgedeckt	Regen	
IP 43	Fremdkörper (bis ∅ 1 mm)	Regen	
IP 44	Fremdkörper (bis ∅ 1 mm)	Spritzwasser	
IP 53	Staubgeschützt	Regen	
IP 54	Staubgeschützt	Spritzwasser	
IP 55	Staubgeschützt	Strahlwasser	
IP 65	Staubdicht	Strahlwasser	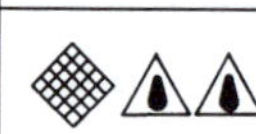
IP 67	Staubdicht	Wasserdicht	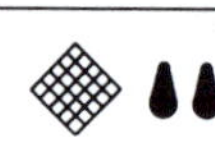
IP 68	Staubdicht	Druckwasserdicht	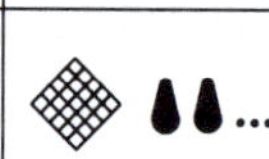

11.1.8 Lichtquellenübersicht und Sockel

Lampentyp	Spannung V	Leistung W	Lichtstrom lm-cd	Farbindex Ra	Sockel	Farbtemperatur °K	Lebensdauer h
Halogen- 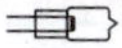	12	20	350	100	G4	3000	2000
Halogen- 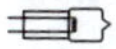	12	50	975	100	G6,35	3000	3000
Kaltlichtreflektor- 	12 12	20 35	1750 3000	100 100	G4 G4	3000 3000	3000 3000
Kaltlichtreflektor- 	12 12 12	20 50 75	 2500 2950	100 100 100	G5,3 G5,3 G5,3	3000 3000 3000	2000 2000 2000
Halogen- 	230 230 230	200 300 500	3520 5600 9900	100 100 100	R7S R7S R7S	3000 3000 3000	2000 2000 2000
Halogen- 	230 230	100 150	1650 2700	100 100	R7S R7S	2700 2700	2000 2000
Halogen- 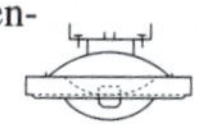	12 12	50 75	3000 3000	100 100	G53 G53	3000 3000	2000 2000
Glüh- 	230 230 230 230	40 60 75 100	430 730 960 1380	100 100 100 100	E27 E27 E27 E27	2700 2700 2700 2700	1000 1000 1000 1000
Glüh- 	230 230	25 50	200 400	100 100	E14 E14	2700 2700	1000 1000
Krypton- 	230 230	30 40	170 400	100 100	E14 E14	2700 2700	1000 1000
Krypton- 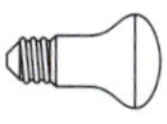	230 230 230 230	60 75 100 100	650 730 1030 1030	100 100 100 100	E27 E27 E27 E27	2700 2700 2700 2700	1000 1000 1000 1000
Na-Dampf- 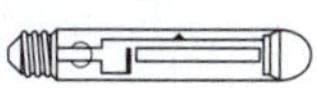		50 70 100	3500 6000 9600	20 20 20	E27 E27 E27	2000 2000 2000	9000 9000 9000
Kompakt- 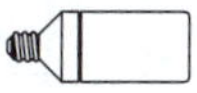	230 230 230 230	9 13 18 25	450 650 900 1200		E27 E27 E27 E27	4000 4000 4000 4000	6000 6000 6000 6000
Leuchtstoff- 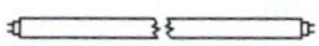		8 13	430 950	82/97 82/97	G5 G5	3000 3000	5000 5000

11.1 Beleuchtungstechnik

11.1.8 Lichtquellenübersicht und Sockel (Forts.)

Lampentyp	Betrieb nur mit Vorschaltgerät	Leistung W	Lichtstrom lm-cd	Farbindex Ra	Sockel	Farbtemperatur °K	Lebensdauer h
Leuchtstoff- 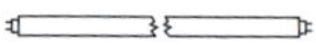		18 30 36	1450 2400 3150	82/97 82/97 82/97	G13 G13 G13	3000 3000 3000	12000 12000 12000
Kompakt- 		5 7 9 11	250 400 600 900	82 82 82 82	G23 G23 G23 G23	4000 4000 4000 4000	6000 6000 6000 6000
Kompakt- 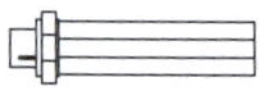		10 13 18 26	600 900 1200 1800	82 82 82 82	G24d1 G24d1 G24d2 G24d3	4000 4000 4000 4000	8000 8000 8000 8000
Kompakt- 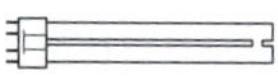		18 24 36	1200 1800 2900	85 85 85	2G11 2G11 2G11	4000 4000 4000	8000 8000 8000
Leuchtstoff- 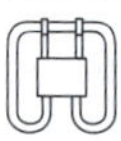		16 21	1050 1350	82 82	GR10q GR10q	3500 3500	8000 8000
Leuchtstoff- 		10	650	82	GR10q	3500	8000
Kompakt Leuchtstoff- 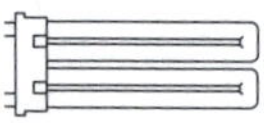		36	2900	82	2G10-60	4000	8000
Elektronik Kompakt- 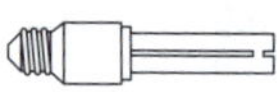	230[1)] 230 230 230 230	9 11 15 20 23	400 600 900 1200 1500	82 82 82 82 82	E27 E27 E27 E27 E27	3000 3000 3000 3000 3000	8000 8000 8000 8000 8000
Metallhalogen- 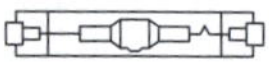		NDL70 WDL70 NDL150 WDL150	5000 5000 11250 11000	85 85 85 85	R7S R7S R7S R7S	4200 3000 4200 3000	6000 6000 6000 6000
Metallhalogen- 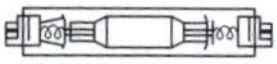		NDL250 WDL250	20000 20000	85 85	FC2 FC2	3000 4200	6000 6000
Metallhalogen- 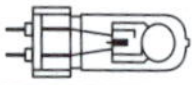		WDL35 WDL70 WDL150	2400 5200 12000	82 82 82	G12 G12 G12	3000 3000 3000	6000 6000 6000
Hochdruck- 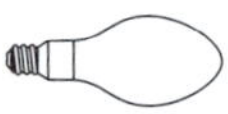	1)	Hg 50 Hg 80 Hg 125 Sap 70	2000 4000 6500 5600	>70 >70 >70 >70	E27 E27 E27 E27	3500 3500 3500 2000	8000 8000 8000 8000

1) Ohne Vorschaltgerät, direkt am Netz zu betreiben.

11.2 Leitungsberechnung

11.2.1 Gleichungen zur Leitungsberechnung

γ	elektrische Leitfähigkeit in $m/(\Omega \cdot mm^2)$	P	Wirkleistung in W
l	einfache Leiterlänge in m	$p_v\%$	Leistungsverlust in % von P
U	Nennspannung in V (bei Drehstrom = Außenleiterspannung)	I	Stromstärke in der Leitung in A
U_V	Spannungsverlust auf der Leitung in V	S	Querschnitt der Leitung in mm^2
ΔU	Spannungsunterschied zw. Leitungsanfang und -ende in V	$\cos\varphi$	Wirkleistungsfaktor

Leitungsart	Spannungsverlust	Querschnitt	Leistungsverlust	Querschnitt
Für Gleichstrom und Wechselstrom mit $\cos\varphi = 1$				
Unverzweigte Leitung	$U_V = \frac{2 \cdot l \cdot I}{\gamma \cdot S}$	$S = \frac{2 \cdot l \cdot I}{\gamma \cdot U_V}$	$p_v\% = \frac{200 \cdot l \cdot P}{\gamma \cdot S \cdot U^2}$	$S = \frac{200 \cdot l \cdot P}{\gamma \cdot U^2 \cdot p_v\%}$
Verzweigte Leitung mit gleichbl. Querschnitt	$U_V = \frac{2 \cdot \Sigma(l \cdot I)}{\gamma \cdot S}$	$S = \frac{2 \cdot \Sigma(l \cdot I)}{\gamma \cdot U_V}$	$p_v\% = \frac{200 \cdot \Sigma(l \cdot P)}{\gamma \cdot S \cdot U^2}$	$S = \frac{200 \cdot \Sigma(l \cdot P)}{\gamma \cdot U^2 \cdot p_v\%}$
	$\Sigma(l \cdot I) = l_1 \cdot I_1 + l_2 \cdot I_2 + l_3 \cdot I_3 + \ldots$		$\Sigma(l \cdot P) = l_1 \cdot P_1 + l_2 \cdot P_2 + l_3 \cdot P_3 + \ldots$	

Leitungsart	Spannungsunterschied	Querschnitt	Leistungsverlust	Querschnitt
Einphasenwechselstrom mit Blindlast				
Unverzweigte Leitung	$\Delta U = \frac{2 \cdot l \cdot I \cdot \cos\varphi}{\gamma \cdot S}$	$S = \frac{2 \cdot l \cdot I \cdot \cos\varphi}{\gamma \cdot \Delta U}$	$p_v\% = \frac{200 \cdot l \cdot P}{\gamma \cdot U^2 \cdot \cos^2\varphi \cdot S}$	$S = \frac{200 \cdot l \cdot P}{\gamma \cdot U^2 \cdot \cos^2\varphi \cdot p_v\%}$
Verzweigte Leitung mit gleichbl. Querschnitt	$\Delta U = \frac{2 \cdot \Sigma(l \cdot I \cdot \cos\varphi)}{\gamma \cdot S}$	$S = \frac{2 \cdot \Sigma(l \cdot I \cdot \cos\varphi)}{\gamma \cdot \Delta U}$		
	$\Sigma(l \cdot I \cdot \cos\varphi) = l_1 \cdot I_1 \cdot \cos\varphi_1 + l_2 \cdot I_2 \cdot \cos\varphi_2 + l_3 \cdot I_3 \cdot \cos\varphi_3 + \ldots$			
Drehstrom mit Blindlast				
Unverzweigte Leitung	$\Delta U = \frac{1{,}73 \cdot l \cdot I \cdot \cos\varphi}{\gamma \cdot S}$	$S = \frac{1{,}73 \cdot l \cdot I \cdot \cos\varphi}{\gamma \cdot \Delta U}$	$p_v\% = \frac{100 \cdot l \cdot P}{\gamma \cdot S \cdot U^2 \cdot \cos^2\varphi}$	$S = \frac{100 \cdot l \cdot P}{\gamma \cdot U^2 \cdot \cos^2\varphi \cdot p_v\%}$
Verzweigte Leitung mit gleichbl. Querschnitt	$\Delta U = \frac{1{,}73 \cdot \Sigma(l \cdot I \cdot \cos\varphi)}{\gamma \cdot S}$	$S = \frac{1{,}73 \cdot \Sigma(l \cdot I \cdot \cos\varphi)}{\gamma \cdot \Delta U}$		

11

11.2 Leitungsberechnung

Zwischen der Übergabestelle des EVU und den Messeinrichtungen darf nach § 12 AVBEltV ein **Spannungsfall** (Spannungsverlust) von 0,5% auftreten. Bei einem Leistungsbedarf von mehr als 100 kVA sind nach TAB zulässig: über 100 bis 250 kVA maximaler Spannungsfall 1,00%, über 250 bis 400 kVA maximaler Spannungsfall 1,5%.
Der Spannungsfall in der elektrischen Anlage hinter den Messeinrichtungen soll nach DIN 18015-1 3% nicht überschreiten.

Bedingungen für Klemmen zur Herstellung von Leitungsverbindungen

Nennstrom A / Klemmbereich mm^2	6	10	16	25	40	63
Ein- und mehrdrähtige Leitungen	0,75–1,5	1,0–2,5	1,5–4,0	2,5–6,0	4,0–16	6,0–25
Feindrähtige Leitungen	0,5–1,5	0,75–2,5	1,0–4,0	1,5–4,0	2,5–10	6,0–16

11.2.2 Leitungen, Spannungsverlust, übertragbarer Strom

13-4

Querschnitt	Spannungsverlust U_V bei Gleichstrom oder Zweileiter-Wechselstrom mit $\cos\varphi = 1$ in V								Widerstand für 1–1000 m
	1	3	6	8	10	12	14	16	
S mm^2	Streckenlänge × Stromstärke Produktwerte $l \times I$ in Am								R Ω
1,5	42,8	128	257	342	428	513	600	684	23,4
2,5	71	214	428	570	713	855	1000	1140	14,0
4	114	342	684	912	1140	1370	1600	1820	8,77
6	171	513	1030	1370	1710	2050	2400	2740	5,85
10	285	855	1710	2280	2850	3420	3990	4560	3,51
16	456	1370	2740	3650	4560	5470	6380	7300	2,19
25	713	2140	4280	5700	7130	8550	9980	11400	1,40
35	1000	2990	5990	7980	9980	11800	14000	16000	1,00
50	1430	4280	8550	11400	14300	17100	20000	22800	0,702
70	2000	5990	12000	16000	20000	23900	27900	31900	0,501
95	2710	8120	16200	21700	27100	32500	37900	43300	0,370
120	3420	10300	20500	27400	34200	41000	47900	54700	0,292
150	4280	12800	25700	34200	42800	51300	59900	68400	0,234
185	5280	15800	31600	42200	52700	63300	73800	84400	0,190
240	6840	20500	41000	54700	68400	82100	95800	109400	0,146

11.2 Leitungsberechnung

11.2.3 Dimensionierung von Leitungen für Niedervoltleuchten

⇐ 5-22
⇒ 5-22

Leistung	5 m	10 m	15 m	20 m
50 Watt	2,5 mm²	4,0 mm²	6,0 mm²	6,0 mm²
100 Watt	4,0 mm²	6,0 mm²	10,0 mm²	16,0 mm²
150 Watt	6,0 mm²	10,0 mm²	16,0 mm²	25,0 mm²
200 Watt	6,0 mm²	16,0 mm²	25,0 mm²	25,0 mm²
250 Watt	10,0 mm²	16,0 mm²	25,0 mm²	
300 Watt	10,0 mm²	25,0 mm²		
400 Watt	16,0 mm²	25,0 mm²		
500 Watt	16,0 mm²			

11.2.4 Höchstzulässige Dauerbelastung, Leistungs- u. Spannungsverluste je 100 m Streckenlänge[1]

⇐ 5-24
⇒ 5-24
⇒ 12-1 12-8

Leitungsquerschnitt mm²	Höchstzuläss. Dauerstrom[2] A	Nennwertüberstromschutz[2] A	Gruppe A[3]		Gleichstrom Betriebsspannung Volt 220	Gleichstrom 440	Gleichstrom 600	Wechselstrom 230 V cos φ 1	Wechselstrom 0,8	Wechselstrom 0,6	Drehstrom 400 V cos φ 1	Drehstrom 0,8	Drehstrom 6
					Isolierte Kupferleitungen								
	15,5	16	Höchstbelastung	kW	3,41	6,82	9,30	3,57	2,85	2,14	9,00	7,20	5,40
			Leistungsver-	kW	0,55	0,55	0,55	0,55	0,55	0,55	0,58	0,58	0,58
1,5			lust ΔP	%	16,2	8,10	5,95	15,4	19,3	25,7	6,44	8,06	10,7
	13	10	Spannungsver-	V	35,7	35,7	35,7	35,7	28,6	21,4	25,9	20,7	13,3
			lust ΔU	%	16,2	8,10	5,95	15,5	12,4	9,30	6,48	5,18	3,89
	19,5	20	Höchstbelastung	kW	4,29	8,58	11,7	4,49	3,59	2,69	12,5	9,96	7,47
			Leistungsver-	kW	0,32	0,32	0,32	0,32	0,32	0,32	0,67	0,67	0,67
2,5			lust ΔP	%	12,2	6,11	4,48	11,6	14,5	19,3	5,36	6,70	8,93
	18	16	Spannungsver-	V	26,9	26,9	26,9	2,69	21,5	16,1	21,5	17,2	12,9
			lust ΔU	%	12,2	6,11	4,48	11,7	9,35	7,00	5,38	4,30	3,23
	26	25	Höchstbelastung	kW	5,72	11,4	15,6	5,98	4,78	3,59	16,6	13,3	9,96
			Leistungsver-	kW	0,58	0,58	0,58	0,58	0,58	0,58	0,74	0,74	0,74
4			lust ΔP	%	10,2	5,09	3,73	9,70	12,1	16,2	4,46	5,57	7,43
	24	20	Spannungsver-	V	22,4	22,4	22,4	22,4	17,9	13,4	17,9	14,3	10,7
			lust ΔU	%	10,2	5,09	3,73	9,74	7,78	5,83	4,48	3,58	2,69
	34	32	Höchstbelastung	kW	7,48	14,9	20,4	7,82	6,24	4,69	21,5	17,2	12,9
			Leistungsver-	kW	0,66	0,66	0,66	0,66	0,66	0,66	0,83	0,83	0,83
6			lust ΔP	%	8,91	4,45	3,26	8,44	10,5	14,1	3,86	4,83	6,43
	31	25	Spannungsver-	V	19,6	19,6	19,6	19,6	15,7	11,8	15,4	12,3	9,24
			lust ΔU	%	8,91	4,45	3,26	8,52	6,83	5,13	3,85	3,08	2,31
	46	40	Höchstbelastung	kW	10,1	20,2	27,6	10,6	8,46	6,35	29,1	23,3	17,4
			Leistungsver-	kW	0,73	0,73	0,73	0,73	0,73	0,73	0,92	0,92	0,92
10			verlust ΔP	%	7,23	3,61	2,65	6,89	8,61	11,5	3,16	3,95	5,27
	42	40	Spannungsver-	V	15,9	15,9	15,9	15,9	12,7	9,34	12,7	10,2	7,63
			lust ΔU	%	7,23	3,61	2,65	6,91	5,52	4,15	3,18	2,54	1,91

[1] Siehe auch DIN VDE 0298-4.
[2] Obere Werte für 2 belastete Adern; untere Werte für 3 belastete Adern.
[3] Gruppe A: Legung in wärmegedämmten Wänden.

11.2.4 Höchstzulässige Dauerbelastung, Leistungs- u. Spannungsverluste je 100 m Streckenlänge[1]

5-24
5-24
12-1
12-8

Leitungsquerschnitt mm²	Höchstzuläss. Dauerstrom[2] A	Nennwertüberstromschutz[2] A	Gruppe B1[3]		Gleichstrom Betriebsspannung Volt 220	440	600	Wechselstrom 230 V cos φ 1	0,8	0,6	Drehstrom 400 V cos φ 1	0,8	6
					Isolierte Kupferleitungen								
1,5	17,5	16	Höchstbelastung	kW	3,85	7,70	10,5	4,03	3,22	2,42	10,7	8,38	6,44
			Leistungsver-	kW	0,70	0,70	0,70	0,70	0,70	0,70	0,83	0,83	0,83
			lust ΔP	%	18,2	9,09	6,67	17,4	21,7	28,9	7,72	9,66	12,9
	15,5	16	Spannungsver-	V	40,3	40,3	40,3	40,3	32,2	24,2	30,8	24,7	18,5
			lust ΔU	%	18,2	9,09	6,67	17,4	14,0	10,5	7,72	6,16	4,62
2,5	24	20	Höchstbelastung	kW	5,28	10,6	14,4	5,52	4,42	3,31	14,5	11,6	8,72
			Leistungsver-	kW	0,79	0,79	0,79	0,79	0,79	0,79	0,91	0,91	0,91
			lust ΔP	%	15,1	7,53	5,52	14,3	17,9	23,9	6,28	7,85	10,5
	21	20	Spannungsver-	V	33,1	33,1	33,1	33,1	26,5	19,9	25,1	20,1	15,0
			lust ΔU	%	15,1	7,53	5,52	14,3	11,5	8,63	6,28	5,01	3,76
4	32	32	Höchstbelastung	kW	7,04	14,1	19,2	7,36	5,89	4,42	19,4	15,5	11,6
			Leistungsver-	kW	0,88	0,88	0,88	0,88	0,88	0,88	1,01	1,01	1,01
			lust ΔP	%	12,5	6,27	4,60	12,0	14,9	19,9	5,21	6,52	8,69
	28	25	Spannungsver-	V	27,6	27,6	27,6	27,6	22,1	16,6	20,9	16,7	12,5
			lust ΔU	%	12,5	6,27	4,60	12,0	9,60	7,20	5,21	4,18	3,13
6	41	40	Höchstbelastung	kW	9,02	18,0	24,6	9,43	7,54	5,66	24,9	19,9	14,9
			Leistungsver-	kW	0,97	0,97	0,97	0,97	0,97	0,97	1,11	1,11	1,11
			lust ΔP	%	10,7	5,36	3,93	10,3	12,9	17,1	4,47	5,59	7,45
	36	35	Spannungsver-	V	23,6	23,6	23,6	23,6	18,9	14,2	17,9	14,3	10,7
			lust ΔU	%	10,7	5,36	3,93	10,3	8,21	6,16	4,47	3,57	2,68
10	57	50	Höchstbelastung	kW	12,5	25,1	34,2	13,1	10,5	7,87	34,6	27,7	20,8
			Leistungsver-	kW	1,12	1,12	1,12	1,12	1,12	1,12	1,31	1,31	1,31
			lust ΔP	%	8,94	4,47	3,27	8,55	10,7	14,2	3,78	4,73	6,31
	50	50	Spannungsver-	V	19,7	19,7	19,7	19,7	15,8	11,8	15,1	12,1	9,08
			lust ΔU	%	8,94	4,47	3,27	8,55	6,85	5,14	3,78	3,03	2,27
16	76	63	Höchstbelastung	kW	16,7	33,4	45,6	7,5	14,0	10,5	47,1	37,6	28,2
			Leistungsver-	kW	1,25	1,25	1,25	1,25	1,25	1,25	1,49	1,49	1,49
			lust ΔP	%	7,46	3,73	2,74	7,14	8,93	11,9	3,17	3,97	5,29
	68	63	Spannungsver-	V	16,4	16,4	16,4	16,4	13,1	9,84	12,7	10,2	7,62
			lust ΔU	%	7,46	3,73	2,74	7,14	5,70	4,28	3,17	2,54	1,91
25	101	100	Höchstbelastung	kW	22,2	44,4	60,6	23,2	18,6	13,9	61,6	49,3	37,0
			Leistungsver-	kW	1,41	1,41	1,41	1,41	1,41	1,41	1,64	1,64	1,64
			lust ΔP	%	6,34	3,17	2,33	6,07	7,60	10,1	2,66	3,32	4,43
	89	80	Spannungsver-	V	13,9	13,9	13,9	13,9	11,1	8,34	10,6	8,50	6,37
			verlust ΔU	%	6,34	3,17	2,33	6,07	4,83	3,63	2,66	2,12	1,59

1) Siehe auch DIN VDE 0298-4.
2) Obere Werte für 2 belastete Adern; untere Werte für 3 belastete Adern.
3) Gruppe B1: Aderleitungen in Instarohren oder -kanälen.

11.2.4 Höchstzulässige Dauerbelastung, Leistungs- u. Spannungsverluste je 100 m Streckenlänge[1]

5-24
5-24
12-1
12-8

Leitungsquerschnitt mm²	Höchstzuläss. Dauerstrom[2] A	Nennwertüberstromschutz[2] A	Gruppe C[3]		Gleichstrom Betriebsspannung Volt 220	440	600	Wechselstrom 230 V cos φ 1	0,8	0,6	Drehstrom 400 V cos φ 1	0,8	6
					Isolierte Kupferleitungen								
	19,5	20	Höchstbelastung	kW	4,29	8,58	11,7	4,50	3,59	2,69	12,1	9,67	7,27
			Leistungsver-	kW	0,87	0,87	0,87	0,87	0,87	0,87	1,05	1,05	1,05
1,5			lust ΔP	%	20,3	10,2	7,48	19,3	24,2	32,2	8,71	10,9	14,5
	17,5	16	Spannungsver-	V	44,9	44,9	44,9	44,9	35,9	26,9	34,8	27,9	20,9
			lust ΔU	%	20,3	10,2	7,48	19,3	15,6	11,5	8,71	6,96	5,22
	26	25	Höchstbelastung	kW	5,72	11,4	15,6	5,98	4,78	3,59	16,6	13,3	9,96
			Leistungsver-	kW	0,93	0,93	0,93	0,93	0,93	0,93	1,19	1,19	1,19
2,5			lust ΔP	%	16,3	8,15	6,00	15,6	19,4	25,9	7,17	8,96	11,9
	24	20	Spannungsver-	V	35,9	35,9	3,59	3,59	28,7	21,5	28,6	22,9	17,2
			lust ΔU	%	16,3	8,15	6,00	15,6	12,5	9,37	7,17	5,73	4,30
	35	35	Höchstbelastung	kW	7,70	15,4	21,0	8,05	6,44	4,83	22,1	17,7	13,3
			Leistungsver-	kW	1,06	1,06	1,06	1,06	1,06	1,06	1,32	1,32	1,32
4			lust ΔP	%	13,7	6,86	5,05	13,2	16,5	21,9	6,00	7,47	9,96
	32	32	Spannungsver-	V	30,2	30,2	30,2	30,2	24,2	18,1	23,9	19,1	14,3
			lust ΔU	%	13,7	6,86	5,05	13,2	10,5	7,88	6,00	4,77	3,58
	46	40	Höchstbelastung	kW	10,1	20,2	27,6	10,6	8,46	6,35	28,4	22,7	17,0
			Leistungsver-	kW	1,22	1,22	1,22	1,22	1,22	1,22	1,44	1,44	1,44
6			lust ΔP	%	12,0	6,00	4,42	11,5	14,4	19,2	5,08	6,36	8,47
	41	40	Spannungsver-	V	26,5	26,5	26,5	26,5	21,2	15,9	20,4	16,3	12,2
			lust ΔU	%	12,0	6,00	4,42	11,5	9,22	6,91	5,09	4,07	3,05
	63	63	Höchstbelastung	kW	13,9	27,7	37,8	14,5	11,6	8,69	39,4	31,6	23,7
			Leistungsver-	kW	1,37	1,37	1,37	1,37	1,37	1,37	1,70	1,70	1,70
10			lust ΔP	%	9,88	4,94	3,62	9,45	11,8	15,7	4,32	5,40	7,20
	57	50	Spannungsver-	V	21,7	21,7	21,7	21,7	17,4	13,0	17,3	13,8	10,4
			lust ΔU	%	9,88	4,94	3,62	9,45	7,55	5,66	4,32	3,45	2,59
	85	80	Höchstbelastung	kW	18,7	37,4	51,0	19,6	15,6	11,7	52,6	42,1	31,6
			Leistungsver-	kW	1,56	1,56	1,56	1,56	1,56	1,56	1,87	1,87	1,87
16			lust ΔP	%	8,35	4,17	3,06	7,96	9,95	13,3	3,55	4,44	5,92
	76	63	Spannungsver-	V	18,4	18,4	18,4	18,4	14,7	11,0	14,2	11,4	8,52
			lust ΔU	%	8,35	4,17	3,06	7,96	6,40	4,80	3,55	2,84	2,13
	112	100	Höchstbelastung	kW	24,6	49,3	67,2	25,8	20,6	15,5	66,4	53,1	39,9
			Leistungsver-	kW	1,73	1,73	1,73	1,73	1,73	1,73	1,90	1,90	1,90
25			lust ΔP	%	7,04	3,52	2,57	6,71	8,38	11,2	2,87	3,58	4,78
	96	80	Spannungsver-	V	15,5	1,55	15,5	15,5	12,4	9,30	11,5	9,17	6,88
			verlust ΔU	%	7,04	3,52	2,57	6,71	5,39	4,04	2,87	2,20	1,72
	138	125	Höchstbelastung	kW	30,4	60,7	82,8	31,7	25,4	19,0	82,3	65,9	49,4
			Leistungs-	kW	1,88	1,88	1,88	1,88	1,88	1,88	2,09	2,09	2,09
35			verlust ΔP	%	6,17	3,09	2,27	5,92	7,41	9,88	2,54	3,17	4,23
	119	100	Spannungs-	V	13,6	13,6	13,6	13,6	10,9	8,16	10,1	8,12	6,90
			verlust ΔU	%	6,17	3,09	2,27	5,92	4,73	3,55	2,54	2,03	1,52

[1] Siehe auch DIN VDE 0298-4.
[2] Obere Werte für 2 belastete Adern; untere Werte für 3 belastete Adern.
[3] Gruppe C: Mehradrige Leitungen oder einadrige Mantelleitungen auf oder in der Wand.

11.3 Elektrowärme

11.3.1 Raumheizung

Behaglichkeitstemperaturen in Abhängigkeit von der Luftfeuchte

Um Heizkosten zu sparen, kann es zweckmäßig sein, Wasserdampfer (-sprüher) aufzustellen.

⇐ 8-15

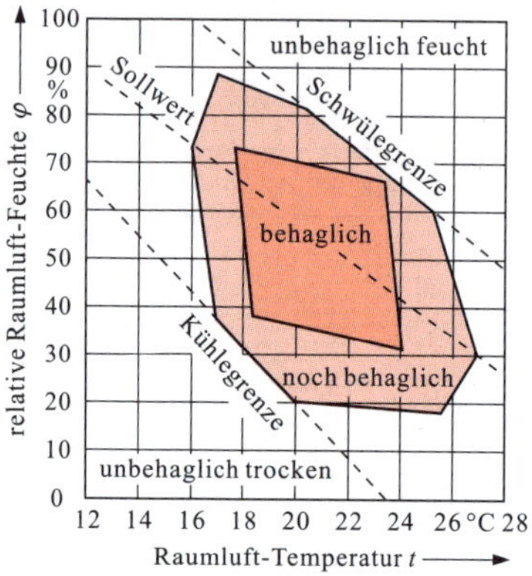

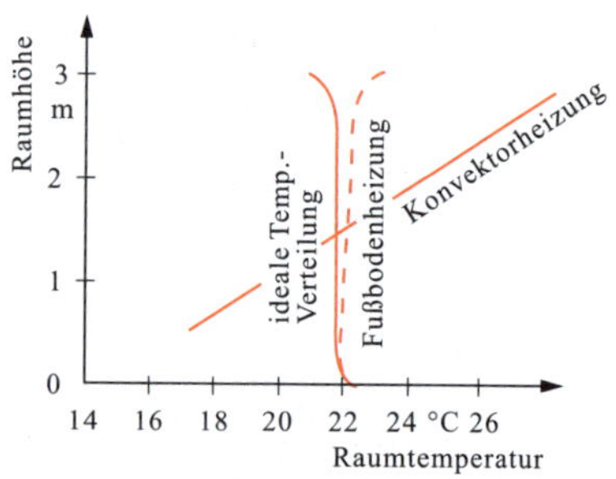

Grundlage einer Raumheizungsberechnung ist die Errechnung des Wärmedurchgangs durch Wände, Decke, Fußboden usw. Die über eine Fläche abströmende Wärme muss als elektrische Leistung zugeführt werden.

$$P = k \cdot S \cdot (t_2 - t_1)$$

P Leistung in W
k Wärmedurchgangszahl in W/(K·m²)
S Fläche in m² (Wand, Decke …)
t_2 Zimmertemperatur
t_1 Außentemperatur

Tabelle der *k*-Werte

Fläche	k in $\frac{W}{K \cdot m^2}$
Stein-Außenwand, 11,5 cm Stein-Außenwand, 24 cm Stein-Außenwand, 36,5 cm	2,8 2,0 1,2
Stein-Innenwand, 11,5 cm Stein-Innenwand, 24 cm Stein-Innenwand, 36,5 cm	2,5 1,7 1,0
Decke (je nach Dicke)	0,6 bis 1,4
Fußboden (je nach Dicke)	0,45 bis 1,1
Innentür Einfachfenster Verbundfenster Doppelfenster	2,3 7,0 3,5 2,7

Für Räume mit mehreren Außenwänden ist noch ein Zuschlag von 10 bis 15% erforderlich.

⇐ 8-15

Raumart	Günstigste Temp./°C
Bad Wohnraum Küche Schlafraum Treppe, Flur	24 21 18 15 15

Die notwendige Heizleistung(-arbeit) ist abhängig vom Gebäudewärmeschutz und der Größe der Wohnfläche.

Gebäude-wärmeschutz	Spez. Heizleistung W/m²	Jährl. Heizarbeit kWh/m²
Gut Mittel Schlecht	80 120 180	60 160 280

Heizart	Typische Merkmale
Nachtspeicher	Einzelgerät pro Zimmer günst. Nachttarif
Zentralspeicher	Raumheizung und Warmwasserversorgung
Fußbodenheizung	El. Flächenheizer oder mittels Warmwasser bis 10% Heizkostenersparnis
Wärmepumpe	35% Wärmeenergie aus el. Antrieb 65% Wärmeenergie aus Wärmequelle

11

11.3 Elektrowärme

11.3.2 Warmwasserbereitung

Warmwasserbedarf

Gewerbe/ Anwendung	Wasser von 60 °C pro Liter/Tag	bezogen auf je
Bäckereien		
Teigbereitung	50	1 m² Backfläche
Maschinenreinigung		
Betriebsreinigung	0,5	1 m² Betriebsfläche
Körperpflege	30	Beschäftigten
Fleischereien		
Maschinen- und Gerätereinigung	80	1 Schwein/ Woche
Betriebsreinigung	1	1 m² Betriebsfläche
Friseurbetriebe		
Herrensalon	40	Nassplatz
Damensalon		
bis 8 Nassplätze	100	Nassplatz
9 … 14 Nassplätze	80	Nassplatz
mehr als 14 Nassplätze	60	Nassplatz
Hotels		
Zimmer mit Bad und Dusche	120 … 180	Gast
Zimmer mit Dusche	50 … 95	Gast
Pensionen, Heime	25 … 50	Gast

Ermittlung der Warmwasserleistung von Durchlauferhitzern

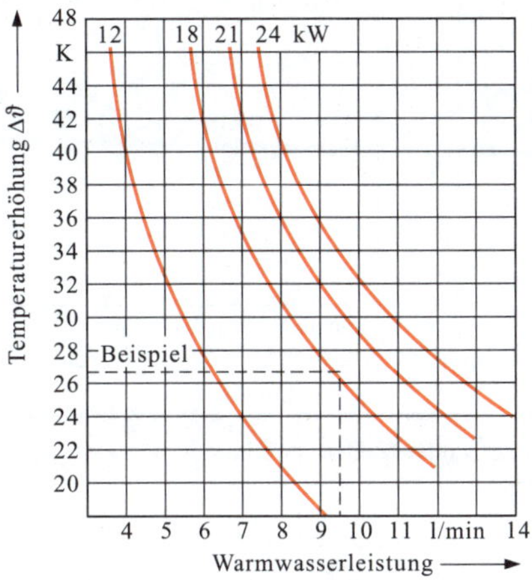

Beispiel: Ein 18-kW-Durchlauferhitzer soll Wasser mit 37 °C erzeugen; Kaltwassertemperatur 10 °C.

Wie groß ist die Warmwasserleistung?

Lösung: $\Delta\vartheta = 37\,°C - 10\,°C = 27\,°C \rightarrow 9{,}3$ l/min.

Einsatz von Warmwassergeräten im Wohnbereich

Warmwassergerät	Kochendwassergerät	Warmwasserspeicher offen	Warmwasserspeicher geschlossen	Durchlauferhitzer	Durchlaufspeicher	Standspeicher	Wärmetauscherspeicher
Nennleistung kW				18/21/24			
Einzelversorgung							
Küchenspüle							
Waschtisch							
Dusche							
Badewanne							
Badversorgung							
Waschtisch, Dusche							
Waschtisch, Dusche, Wanne							

11.4 Blitzschutz

11.4.1 Blitzstrom und Wirkung

Genormter Blitzstromverlauf (Stoßwelle)

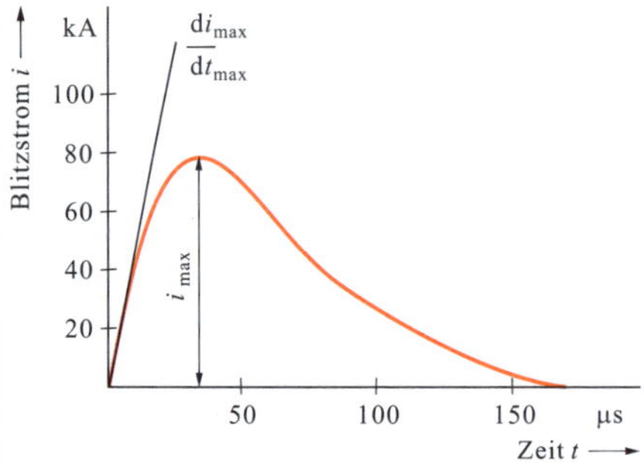

Blitzstromparameter	Wirkung
$Q = \int i\,dt$	Abbrand an Einschlagpunkten
$\int i^2\,dt$	Kraftwirkung und Leitererwärmung
(di/dt) max	Induzierte Spannungsspitze in benachbarten Leiterschleifen
i_{max}	Maximale Potenzialanhebung an Leiterschleifen

Insbesondere die Kraftwirkung und Leitererwärmung kann folgende Schäden in der Blitzstrombahn hervorrufen:

- Zerstörung elektrischer- und elektronischer Einrichtungen,
- Abbrand geringer Leiterquerschnitte mit eventuellen Folgebränden,
- Zerstörung von Dach, Mauerwerk und Holzkonstruktionen.

Zur Vermeidung derartiger Schäden sind Blitzschutzanlagen an gefährdeten Bauten erforderlich. Blitzfangeinrichtungen, Ableitungen und Erdungsanlagen sollen außen an Gebäuden für eine gefahrlose Ableitung des Blitzstromes sorgen.
Überspannungsableiter an elektrischen Netzen innerhalb von Gebäuden sollen Sekundarschäden an elektrischen und elektronischen Geräten verhindern.

11.4.2 Äußerer Blitzschutz

Der Schutzbereich einer Fangeinrichtung ist definiert als Raum unterhalb eines Schutzwinkels von 45° ausgehend von den oberen Punkten der Fangeinrichtung

Gebäudehöhe m	Notwendige Maßnahmen
≤ 20	Höhe der Fangeinrichtung so bemessen, dass Bauwerk im Schutzraum von 45° liegt
> 20 ≤ 30	wie vorher, zusätzlich sind größere Metallteile mit der Ableitung zu verbinden
> 30	wie vorher, zusätzlich ist Gebäude mit Netz von Fangleitung zu umgeben, dessen Maschenweite nicht mehr als 20 m beträgt

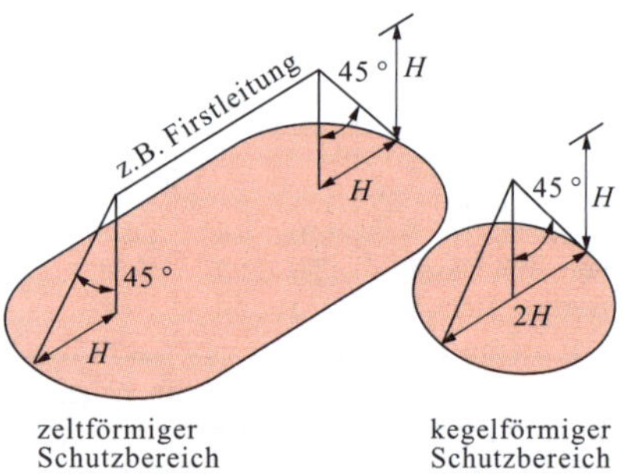

45°-Schutzbereich für $H \leq 20$ m

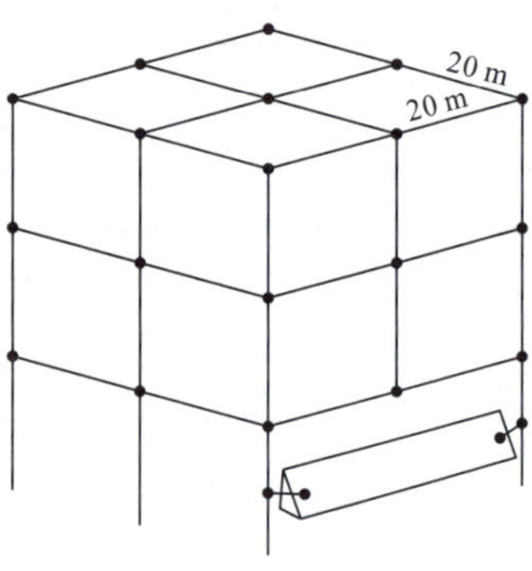

Gebäudehöhe $H > 30$ m

11.4 Blitzschutz

Fang- und Ableitungen, rund

Werkstoff	Durchmesser in mm^2
Stahl feuerverzinkt	10
Aluminium	8 bis 10
Kupfer	8

Größere, durchgehende Metallteile an oder in Gebäuden dürfen in die Ableitung einbezogen werden.

Erdausbreitungswiderstand und Erder

Zum gefahrlosen Ableiten des Blitzstromes sind hinreichend kleine Ausbreitungswiderstände nötig. Diese werden mit einer genügend großen Erdanlage erreicht.

Erderanlage	Ausbreitungswiderstand R_A/Ω
Senkrechter Stab	$\frac{\varrho_g}{L}$
Sternförmig	$\frac{2 \cdot \varrho_g}{L}$
Ringförmig	$\frac{2 \cdot \varrho_g}{3D}$
Maschenförmig	$\frac{\varrho_g}{2L}$
Plattenförmig	$\frac{\varrho_g}{4{,}5 \cdot a}$

ϱ_E spez. Erdwiderstand (Ωm)
L Erderlänge
D fiktiver Ringdurchmesser $D = 1{,}13\ \sqrt{A}$
A von Erdungsanlage umschlossene Fläche (m^2)
a Kantenlänge der Erderplatte (m) bei Rechteck $a = \sqrt{b \cdot c}$

Erdbodenart	Spez. Erdwiderstand ϱ_E (Ωm)
Steinig	3000
Sandig, trocken	1000
Sandig, feucht	300
Lehmig, Ackerboden	100

Erderwerkstoff	Mindestquerschnitt (mm^2)
Stahl, feuerverzinkt rechteckig	100
Stahl, rund (Tiefenerder)	314
Stahl, rund (Oberflächenerder)	78
Kupfer, rechteckig Kupfer, rund	35[1); 50 35[1); 50

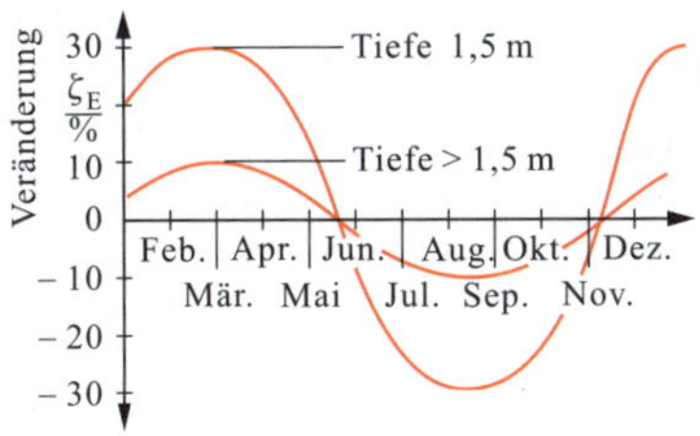

11.4.3 Innerer Blitzschutz

Potenzialausgleich

Um unzulässige Berührungsspannungen zu vermeiden, sind Metallteile von Installationen und Konstruktionen mit den Blitzschutzeinrichtungen elektrisch leitend zu verbinden.

Pot.ausgleichsleitung	Mindestquerschnitt (mm^2)
Kupfer	10
Aluminium	16
Stahl	50

⇒ 13-12 13-13

Eine direkte Verbindung zur elektrischen Anlage ist zulässig mit

- dem PEN-Leiter, wenn ein TN-C-System vorliegt und der Sternpunkt des Umspanners niederspannungsseitig geerdet ist
- Erdungsanlagen von Hochspannungsanlagen über 1 kV
- Erdungsanlagen in Fernmelde- und Antennenanlagen, wenn dadurch keine Störungen zu erwarten sind.

[1)] Für Starkstromanlagen.

11.4 Blitzschutz

Potenzialausgleich (Forts.)

Eine indirekte Verbindung über Trennfunkenstrecken ist zulässig mit
- Erdung von Gleich- und Wechselstrombahnen, wenn bei direktem Zusammenschluss signaltechnische Störungen zu erwarten sind,
- Messerden in Labors,
- Anlagen mit kathodischem Korrosionsschutz.

Schutz aktiver Leiter (Grob- und Feinschutz)

Sind unzulässige Überspannungen auf spannungsführenden Leitern (Phasen) zu erwarten, sind diese über Überspannungsableiter an den Blitzschutzpotenzialausgleich anzuschließen.

Ventilableiter

Ventilableiter bestehen aus in Reihe geschalteten Funkenstrecken und zu deren Schutz zusätzlich mit einer Überstromsicherung.
Die Funkenstrecken sind im Normalzustand hochohmig. Wird der Schutzpegel, der durch Anzahl und Größe der Funkenstrecken gegeben ist, von der Überspannung erreicht, so wird durch Funkenüberschlag ein niederohmiger Zustand erreicht. Dieser **baut** die Überspannung gegen Erde ab. Ggfs. ist die Sicherung zu erneuern.

11

Varistoren

Varistoren auf Zinkoxid-Basis besitzen eine nicht lineare Strom-Spannung-Kennlinie (spannungsabhängiger Widerstand). Bei niedrigen Spannungen ist der Varistor hochohmig, bei höheren wird er in kürzester Zeit niederohmig. Sinkt die angelegte Spannung wieder auf den ursprünglichen Wert ab, so kehrt der Varistor selbsttätig in den hochohmigen Zustand zurück (Mehrfachverwendung).

⇐ 5-10 5-11

Ausführungsbeispiele

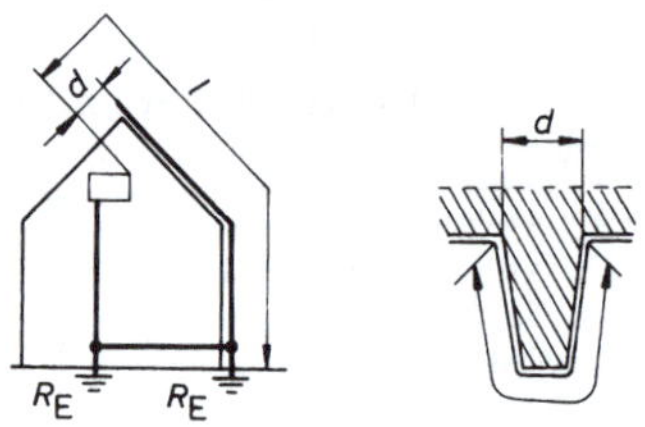

Näherung – Gefahr, wenn d kleiner als $\frac{1}{20}\,l$

Blitzschutzanlagen eines Wohnhauses

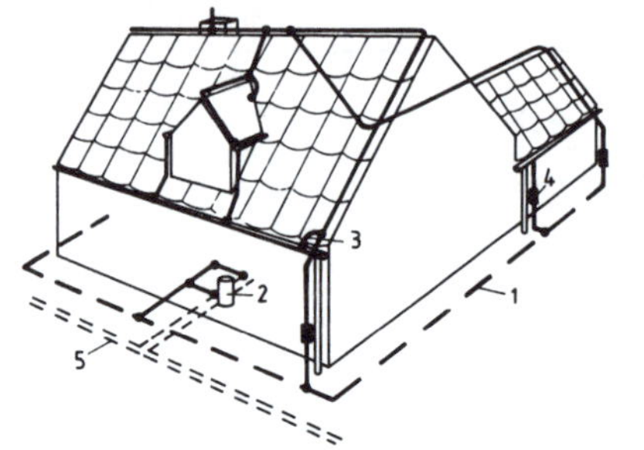

1 Erdsammelleitung 2 Überbrückung des Wasserzählers 3 Dachrinnenanschluss 4 Trennstück 5 Wasserleitung

Schornstein in Firstnähe

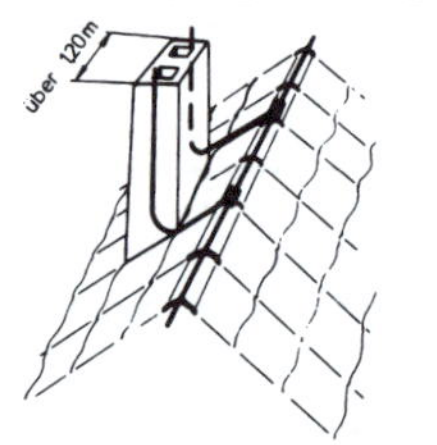

Schornstein im First

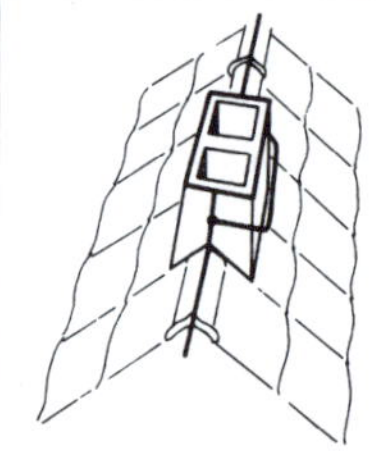

Metallaufsätze an eine Dachleitung anschließen

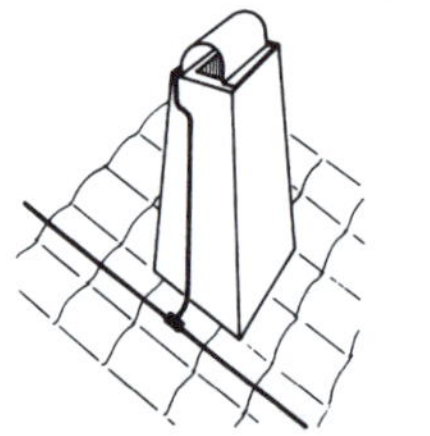

Schornstein in Dachrinnennähe

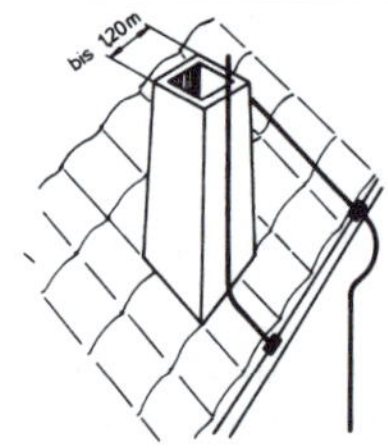

Schutz empfindlicher elektronischer Einrichtungen auf dem Dach durch Schutzkäfig

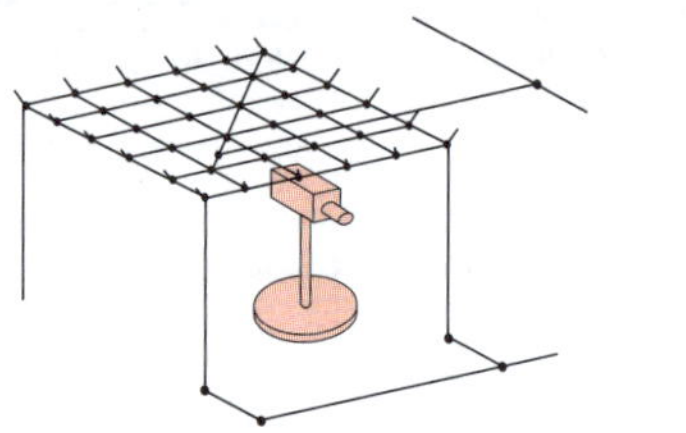

11.5 Elektromagnetische Verträglichkeit (EMV)

Eine elektrische Spannung U hat im Raum ein elektrisches Feld E, einen Strom I, ein magnetisches Feld H zur Folge. Ein Maß für die von den Feldern transportierte Leistung je Flächeneinheit ist der poyntingsche Vektor S.

$$S = E \times H$$

Wird diese Leistung infolge hoher Spannung und Ströme des verursachenden Stromkreises (Störquelle) zu groß, kann die Funktionsfähigkeit mikroelektronischer Schaltung (Störsenke) empfindlich gestört, ja sogar zerstört werden. Die zu steuernden oder zu regelnden Prozesse geraten außer Kontrolle. Die Folgen können unüberschaubar werden. Lebende Zellen können zerstört werden (vgl. EMV-Gesetz 01. 01. 1996).

Beeinflussungsweg	Frequenzspektrum	Art	Gegenmaßnahmen
Störquelle	Schmalbandig (diskret. Spektrum)	Funksender, HF-Generator (Schweiß-, Mikrowellengeräte), getaktete Einrichtungen (Mikroprozessoren, Netzgeräte)	Wenn möglich, Verringern des nach außen abgegebenen Energieanteils (z. B. Schirmung). Mit abnehmender Wellenlänge Verkleinern der Spaltbreite. Die abgestrahlte Energie steigt etwa mit der 3. Potenz der Spalt(Maschen)weite
↓	Breitbandig	Schaltgeräte, Halbleiter, Kommutator-Motoren, Zündanlagen, Zweipunktregler, Blitz- und elektrostatische Entladungen	Wenn möglich, Begrenzen der Überspannung am Entstehungsort
Kopplung	Schmal- und breitbandig	Kapazitiv, induktiv, galvanisch, Strahlung	Verkleinern der Kopplung
↓	Schmalbandig	Funkempfänger, Datenübertragungsanlagen, frequenzcodierte Einrichtungen	Erhöhen der Störfestigkeit durch schaltungstechnische Maßnahmen
Störsenke	Breitbandig	Steuer- und Regeleinrichtungen	Mindestforderungen: $\text{Störabstand} = \dfrac{\text{Störschwelle}}{\text{Störsignal}} > 6\ \text{dB}$

⇒ 11-37ff
11-36 ⇒
⇒ 11-41

11.5.1 Kopplungsarten

Die Erscheinung der Beeinflussung ist stets an beide Feldkomponenten E und H gebunden. Wird eine der beiden genügend klein, ist es möglich die Verhältnisse rechnerisch überschaubar zu gestalten.

Feldverhältnis	Spannungseinkopplung	Rechenmodell
$E \gg H$	Kapazitiv	Kapazitiver Spannungsteiler
$E \ll H$	Induktiv	Transformator
$E \approx H$	Induktiv und kapazitiv, Strahlung	Kapazitiver Spannungsteiler und Trafo, Antenne

11.5 Elektromagnetische Verträglichkeit (EMV)

Feld/ Frequenz	Kopplungsform	Leiteranordnung	Charakteristik	Gegenmaßnahmen
Nahfeld quasistatisch ≤ 30 MHz	Kapazitiv	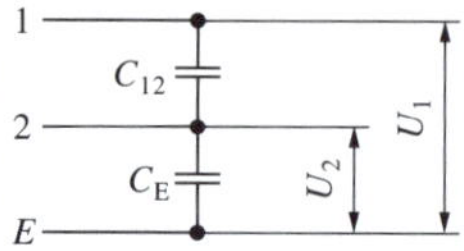	Zeitlich veränderliche Störspannung U_1 verursacht störende Spannung U_2 infolge Stromfluss über Koppelkapazität C_{12}	– Elektr. Schirmung – Reduzieren von C_{12} durch Vergrößern des Abstandes $\overline{12}$ – Vergrößern von C_E durch z. B. Abstandsverringerung $\overline{2E}$
	Induktiv	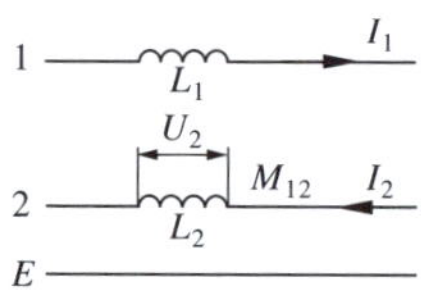	Induktive Leitungskomponente der störenden Leitung 1 induziert bei zeitlich veränderl. Strom I_1 in der gestörten indukt. Leitungskomponente 2 eine Störspannung U $M_{12} = \sqrt{L_1 \cdot L_2}$	– Magnetische Schirmung – Reduzieren von M durch Vergrößern des Abstandes $\overline{12}$ – Paariges Verdrillen der Leitung 2 mit Rückleitung (etwa 30 Schläge/ 1 m) – Verringern von L_1, rechteckige Leiterquerschnitte (Sandwichleitung)
–	Galvanisch	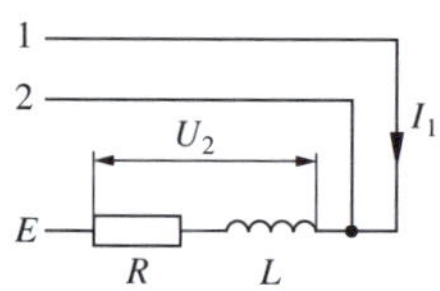	Haben Störquelle und Störsenke eine gemeinsame Rückleitung, verursacht der Strom des Störers I_1 eine Spannung U_2 im gestörten Kreis (ohmscher Anteil kann durch hohen Rückleitquerschnitt minimiert werden; induktiver Anteil bei schnellem Lastwechsel kritisch)	– Vermeiden, zumindest Verringern der Länge der gemeinsamen Rückleitung – Galvanische Trennung der Rückleitung 1 + 2 – Reduzieren von L (Sandwichleitung; Rückleitung nicht magn. Material) – Sternförmiges Erdungssystem
Fernfeld dynamisch > 30 MHz	Elektromagnetische Welle (Strahlung)	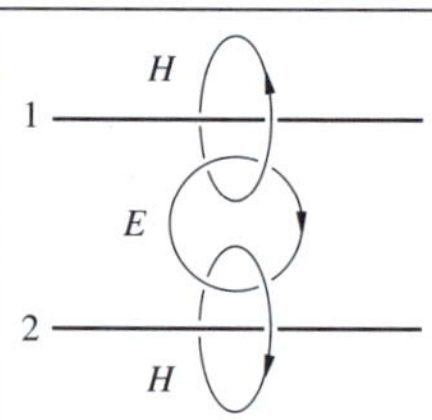	Genügend schnell veränd. Ströme und Spannungen erzeugen schnell veränd. el. und magn. Felder, die senkrecht aufeinander stehen, sich gegenseitig aufbauen und sich über den Wellenwiderstand Z_0 des Raumes ausbreiten. $Z_0 = E/H = 377\ \Omega$. Beim Auftreffen der Welle auf die gestörte Leitung 2 werden Spannungen und in deren Folge Ströme verursacht	– Schirmung der Senke (Problemstellen sind Lüftungsöffnung und Stoßfugen). Mit abnehmender Wellenlänge Verringern der Maschenweite. Entscheidend ist der freie Maschenquerschnitt. Die Schirmdämpfung ist für ferromagn. Materialien am höchsten, da beide Feldkomponenten E und H gedämpft werden. Schirmfoliendicken sollen größer als die frequenzabh. Eindringtiefe sein (Skineffekt)

11.5 Elektromagnetische Verträglichkeit (EMV)

11.5.2 Überspannungsbegrenzung

Gleichstromkreis

Begrenzungsschaltung	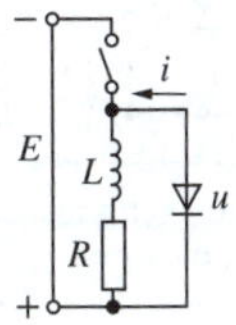	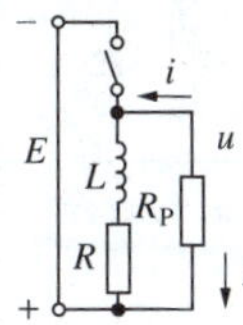	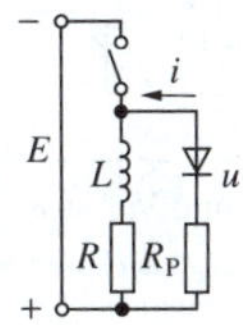	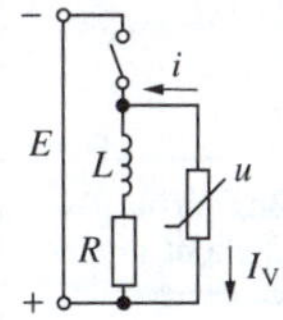
Begrenzungselement	Diode	Widerstand	Diode und Widerstand	Varistor
Prinzipieller zeitlicher Verlauf der Spulenspannung u nach dem Abschalten	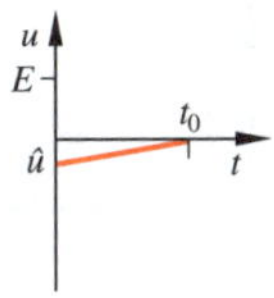	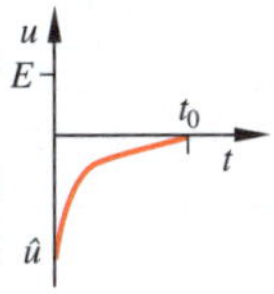	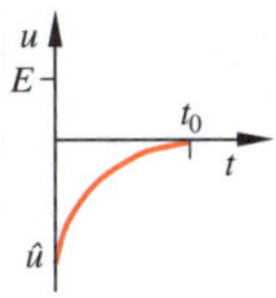	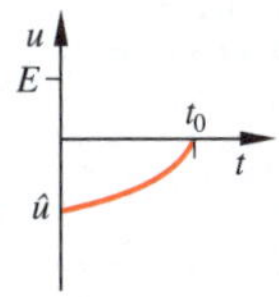
Prinzipieller zeitlicher Verlauf des Spulenstromes i nach dem Abschalten	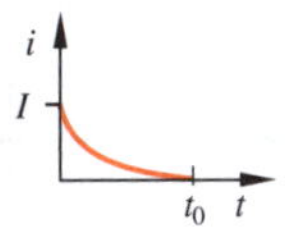	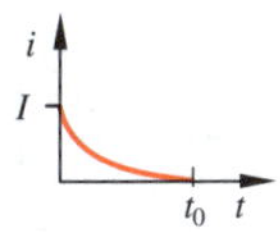	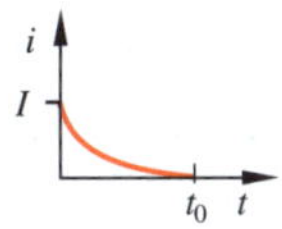	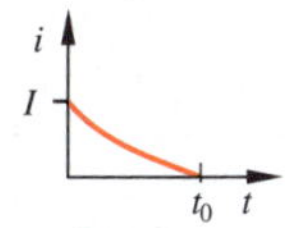
Erreichbare Richtwerte für: $\gamma = \frac{\hat{u}}{E}$	–0,5 bis 0	–5 bis –3	–5 bis –1	–5 bis –1,5
$\frac{t_0}{4 \cdot \tau_L}$	1	0,2 bis 0,25	0,2 bis 0,5	0,1 bis 0,25
Stromaufnahme der Begrenzungselemente	0	$\frac{E}{R_p}$	0	$\frac{1}{\left(\frac{E}{K}\right)^{\beta}}$
Bemerkungen	Keine Anzugsverzögerung bei langsamen Schaltorganen, große Rückfallverzugszeit, kleinste Abschaltspannung, keine Dauerverluste, hoher Einschaltstrom bei schnellem Schaltorgan	Keine Anzugsverzögerung, mittlere Rückfallverzugszeit, mittlere Abschaltspannung, hoher Dauerverlust	Keine Anzugsverzögerung, große Rückfallverzugszeit, mittlere Abschaltspannung, keine Dauerverluste	Keine Anzugsverzögerung, geringe Rückfallverzugszeit bei geringerer Abschaltspannung, erhebliche Dauerverluste, preisgünstig

11.5 Elektromagnetische Verträglichkeit (EMV)

Begrenzungsschaltung	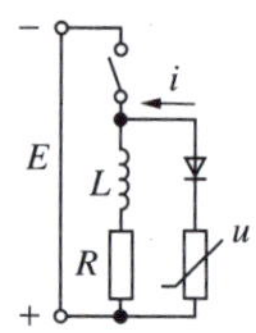	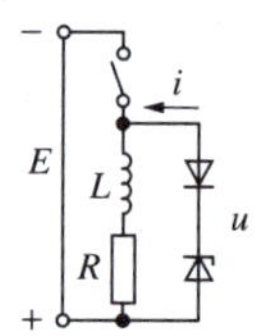	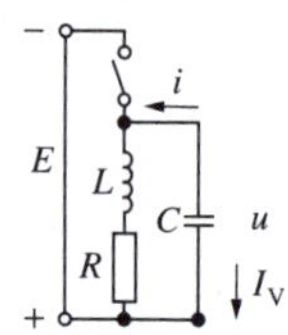	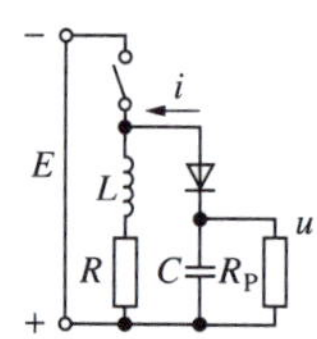
Begrenzungselement	Diode und Varistor	Diode und Zenerdiode	Kapazität schwingend bemessen	Kapazität, Diode und Widerstand
Prinzipieller zeitlicher Verlauf der Spulenspannung *u* nach dem Abschalten	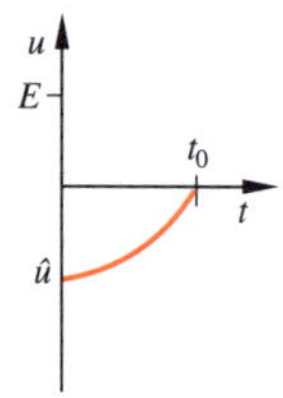	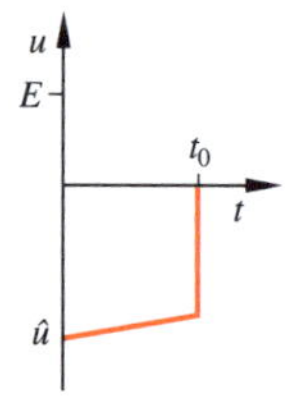	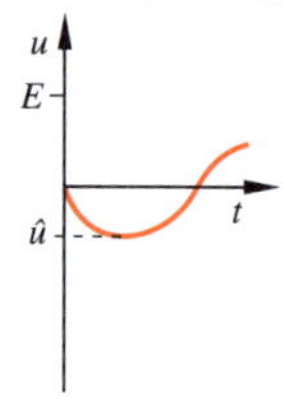	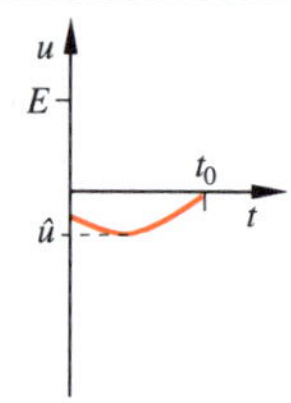
Prinzipieller zeitlicher Verlauf des Spulstromes *i* nach dem Abschalten	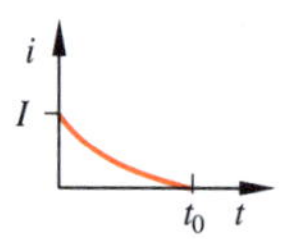	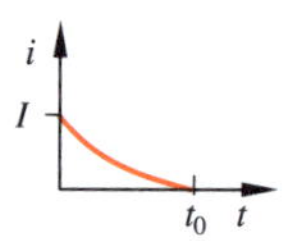	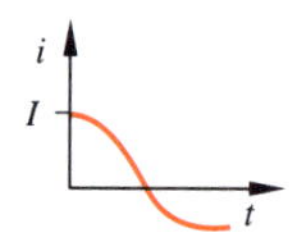	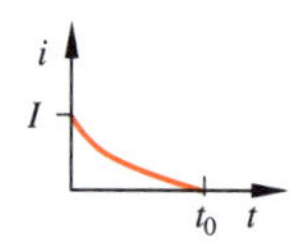
Erreichbare Richtwerte für: $\gamma = \frac{\hat{u}}{E}$	–5 bis –0,5	–5 bis –0,5	bis –2	–5 bis –0,5
$\frac{t_0}{4 \cdot \tau_L}$	0,1 bis 0,5	0,06 bis 0,35	bis 4	0,06 bis 0,6
Stromaufnahme der Begrenzungselemente	0	0	$\frac{E}{R_i}\, e^{-t/\tau}$	0
Bemerkungen	Keine Anzugsverzögerung, geringe Rückfallverzugszeit, kleine Abschaltspannung, keine Dauerverluste	Keine Anzugsverzögerung, geringe Rückfallverzugszeit, geringe Abschaltspannung, geringes Volumen	Große Anzugsverzögerung, Einschaltstromstoß bei hoher Abschaltspannung, große Rückfallverzugszeit, ungeeignet	Keine Anzugsverzögerung, geringe Abschaltspannung bei geringer Rückfallverzugszeit (Optimum abhängig vom Induktivitätswert), Scheitelwert der Spannung tritt nicht sofort auf, große Kondensatoren erforderlich, elektrisch ideal, mechan. voluminös

11.5 Elektromagnetische Verträglichkeit (EMV)

	Wechselstromkreis		
Begrenzungs-schaltung	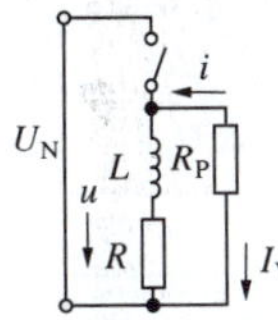	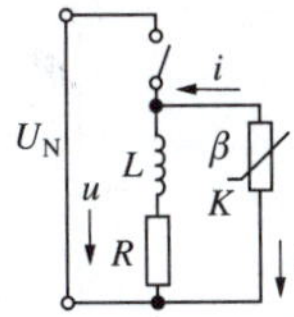	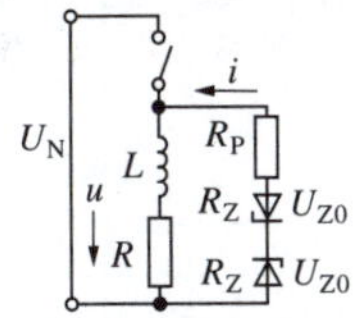
Begrenzungs-element	Widerstand	Varistor	Gegengeschaltete Zenerdioden mit Widerstand
Prinzipieller zeitlicher Verlauf der Spulenspannung u nach dem Abschalten	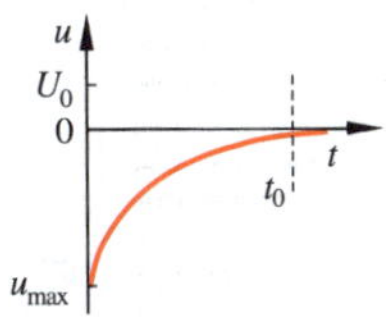	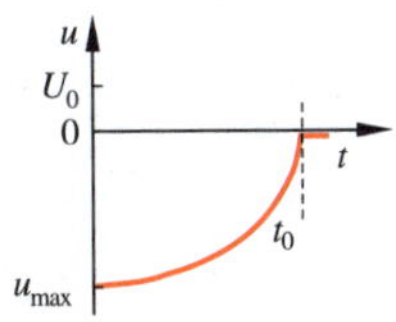	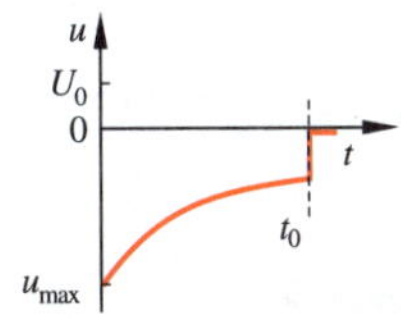
Prinzipieller zeitlicher Verlauf des Spulenstromes i nach dem Abschalten	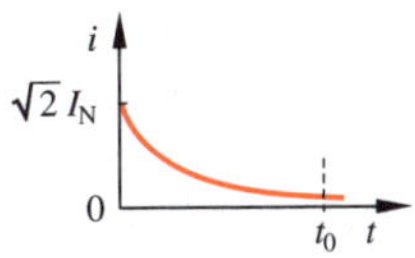	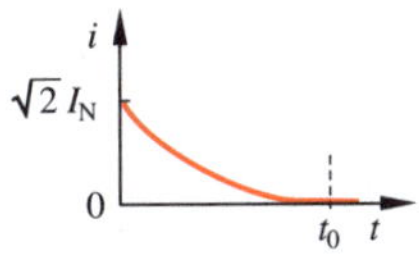	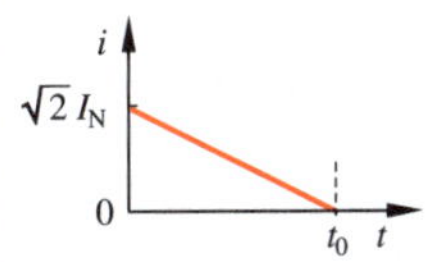
Maximalwert der Spulenspannung $\hat{u}$	$-\sqrt{2}\,U_N\,\frac{R_p}{R}\cos\varphi$	$-K\,(\sqrt{2}\cdot I)^{\beta}$	$-\sqrt{2}\,U_N\,\frac{R}{R_s}\cos\varphi - U_{zo}$
Realisierbare Wertebereiche u_{max}/U_N	−3 bis −5	−2 bis −4	−1,5 bis −2,5
Stationäre Stromaufnahme der Begrenzungsschaltung	$\frac{\sqrt{2}\cdot I}{u_{max}/U_N}$	$\frac{2^{\frac{1+\beta}{2\beta}}}{(u_{max}/U_N)^{1/\beta}}\cdot f_1(\beta)$	für $U_{zo} > \sqrt{2}\cdot U_N$ vernachlässigbar
Bemerkungen	Einfachste und billigste Anordnung, jedoch schlechte Begrenzung der Abschaltüberspannungen und relativ hoher stationärer Verluststrom I_v; Rückfallverzugszeiten erheblich größer als im unbeschalteten Zustand; für Störschutzbeschaltung nicht zu empfehlen wegen Linearität zwischen Strom und Spannung	Billig, kleine Abmessungen, nur geringfügige Rückfallverzugszeit; kleinstmöglicher Wert der Spulenüberspannung 2 U_N, da sonst stationärer Verluststrom I_v zu groß; nur für Geräte mit kleiner Leistung geeignet	Anwendung empfiehlt sich nur, wenn mit der verfügbaren Zenerdiode nicht genügend große U_{zo}/U_N-Werte realisiert werden können $R = R_\tau + R_p$

11.5 Elektromagnetische Verträglichkeit (EMV)

Begrenzungs-schaltung	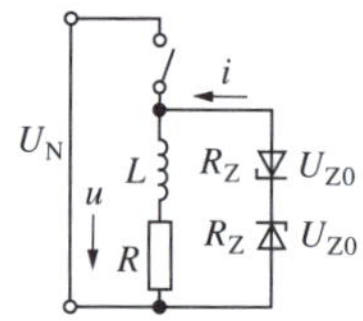	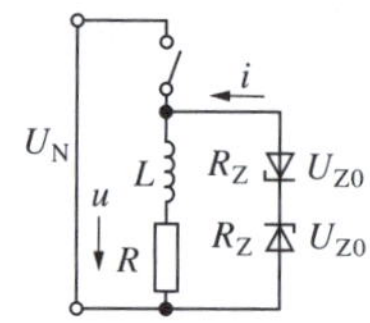	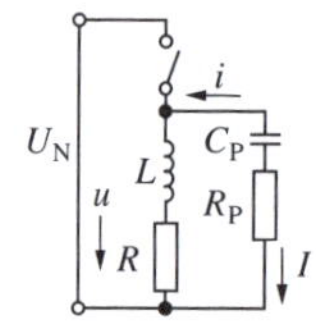
Begrenzungs-element	Gegengeschaltete Zenerdioden	Gegengeschaltete Selenventile	*RC*-Glied schwingend bemessen
Prinzipieller zeitlicher Verlauf der Spulenspannung u nach dem Abschalten	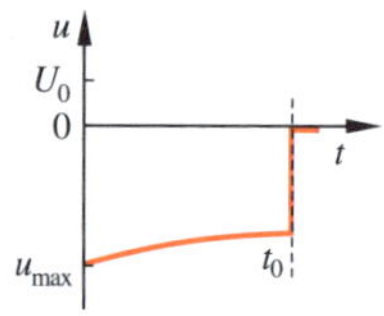	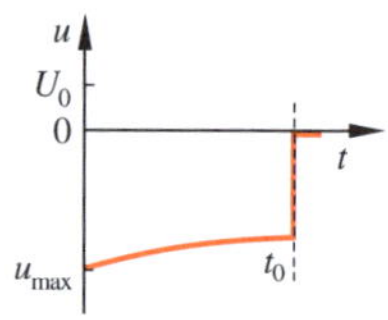	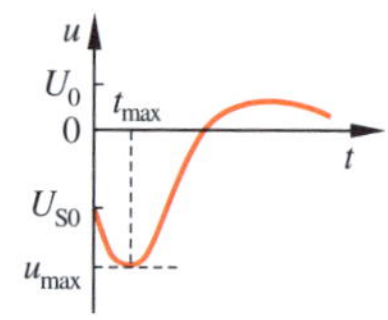
Prinzipieller zeitlicher Verlauf des Spulenstromes i nach dem Abschalten	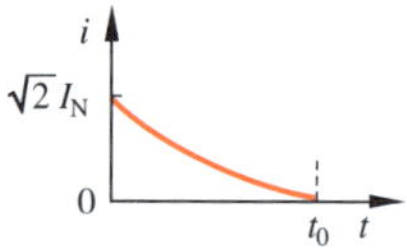	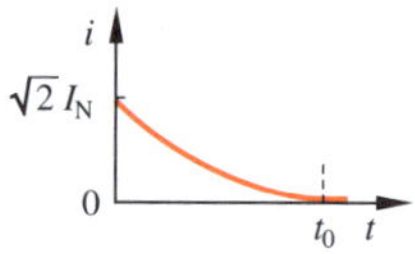	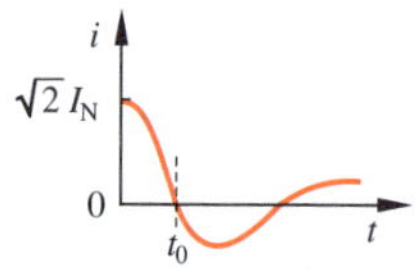
Maximalwert der Spulenspannung u_{max}	$-\sqrt{2}\,U_N \dfrac{R_z}{R_s}\cos\varphi - U_{zo}$	$-\sqrt{2}\,U_N \dfrac{R_{sp}}{R_s}\cos\varphi - U_{sp}$	$f(R, C_p, R_p, L)$
Realisierbare Wertebereiche u_{max}/U_N	–	–	–
Stationäre Stromaufnahme der Begrenzungsschaltung	für $U_{zo} > \sqrt{2}\cdot U_N$ vernachlässigbar	für $U_{sp} > \sqrt{2}\cdot U_N$ vernachlässigbar	$\dfrac{\omega C_p U_N}{\sqrt{1+(\omega C_p R_p)^2}}$
Bemerkungen	Kleine Abmessungen, kaum Vergrößerungen der Rückfallverzugszeit, teuer und nicht universell einsetzbar. Nur für Geräte kleinster Leistung und Nennspannung unter 100 Volt geeignet	Kostengünstige Beschaltungsvariante, jedoch im Bereich größerer Leistungen relativ aufwendig, da viele Selenplatten in Reihe zu schalten sind	Zur Überspannungsbegrenzung sehr gut geeignet; preisgünstig, mäßiger Raumbedarf, Blindstrom kompensierend, Rückfallverzugszeit des beschalteten Gerätes klein; $u_{s\,max}$ tritt nicht sprunghaft auf, für alle Leistungsklassen geeignet, Strom und Spannung schwingen gedämpft auf den Endzustand von Null ein

11

11.5 Elektromagnetische Verträglichkeit (EMV)

11.5.3 Erreichen des notwendigen Störabstandes

Störsenke

Maßnahmen im beeinflussten System	Voraussetzung	Bauteil
Signalsiebung am Eingang	Die Frequenzspektren von Nutz- und Störsignal müssen genügend weit auseinander liegen	Filter; z. B. *RC*-Siebglieder für geringe, *LC*-Glieder für große Übergangssteilheiten
Reduzieren der Arbeitsgeschwindigkeit	Der Grad der Reduzierung wird durch die notwendige Arbeitsgeschwindigkeit begrenzt	– Schaltkreise mit niedriger Arbeitsgeschwindigkeit sind störfester – Integrationskondensator am Eingang
Erhöhen des Leistungshubes zwischen *L* und 0-Zustand	Nutzsignalpegel genügend groß	– Lineare oder nichtlineare Spannungsteiler am Systemeingang
Verdrosseln von Stromversorgungseingängen	Kurzzeitige Netzspannungseinbrüche sowie überlagerte Störspannungsverläufe sollen nicht zu Systemstörungen führen, Sperrschaltungen symmetrisch ausführen	Vgl. Entstörschaltungen für Netzleitungen

⇒ 11-42

Störquelle

Zur Sicherstellung des nötigen Störabstandes sind in DIN VDE 08753-3 frequenzabhängige Störpegel/-spannungen vorgegeben.

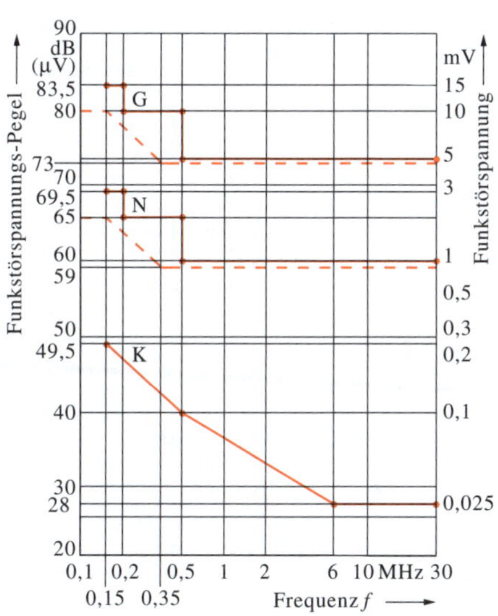

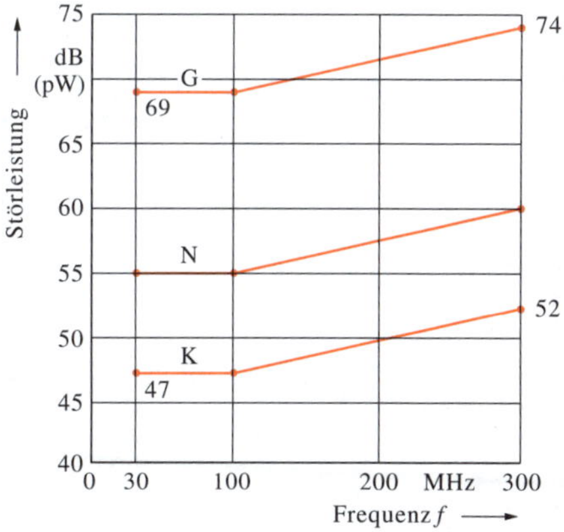

Die Buchstaben in den Störschutzzeichen geben die Einhaltung der in den Bildern angegebenen Pegel an.

11.5 Elektromagnetische Verträglichkeit (EMV)

Schaltkontakt	z.B. für Klingel, el. Zählwerk 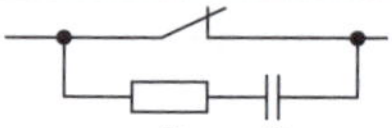	$C = 0{,}1$ bis $1\ \mu F$ $R = 20$ bis $100\ \Omega$
Geräte der Schutzklasse I (C_K = Koppelkapazität zum Gehäuse)	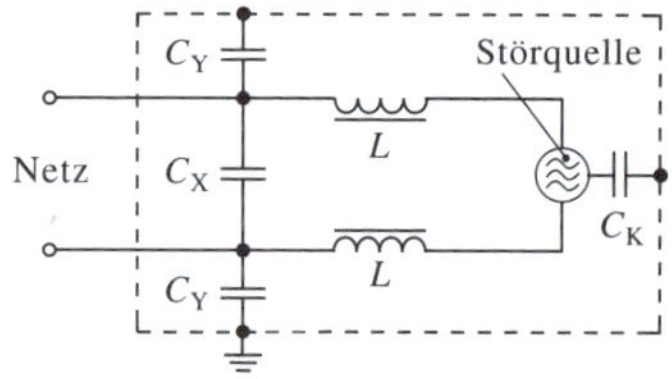	Ortsveränderliche Geräte $C_X = 0{,}1\ \mu F$ $C_Y \leq 7500$ pF ortsfeste Geräte $C_X = 0{,}1\ \mu F$ $C_Y \leq 35\,000$ pF
Geräte der Schutzklasse II (C_K = Koppelkapazität zum Gehäuse)	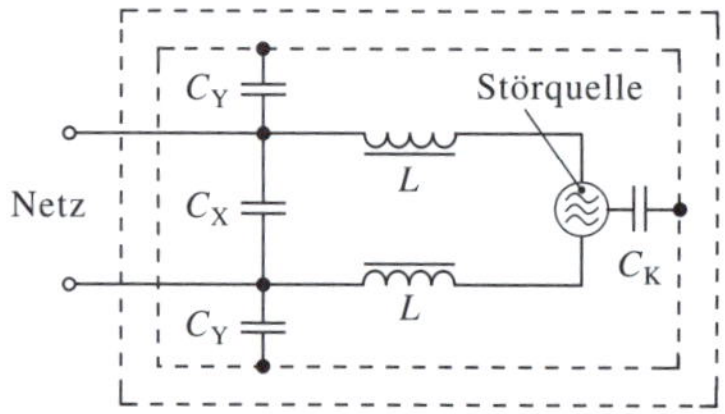	$C_X = 0{,}1\ \mu F$ $C_Y \leq 2500$ pF
Leuchtröhre mit Hochspannungsanlage	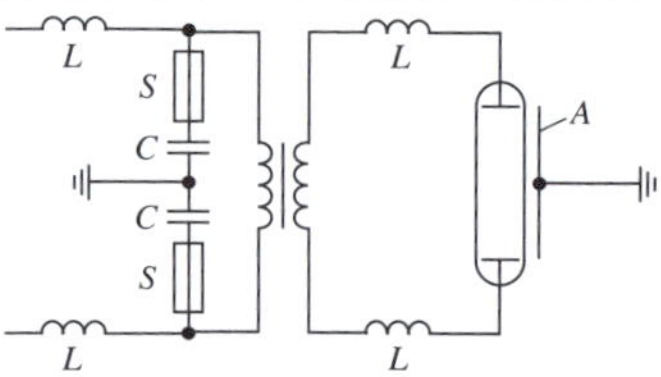	$C = 0{,}1$ bis $0{,}5\ \mu F$ $L = 30$ bis 50 mH A Röhrenfassung S Sicherung
Thyristorsteuerung	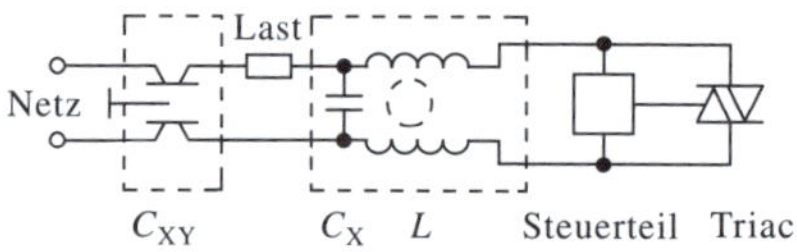	Hochwertige Entstörung durch Breitband-Vierpol-Kondensator C_{XY} (0,2 F + 2 × 2500 pF)
Motor oder Generator mit Stromwender — ortsbeweglich	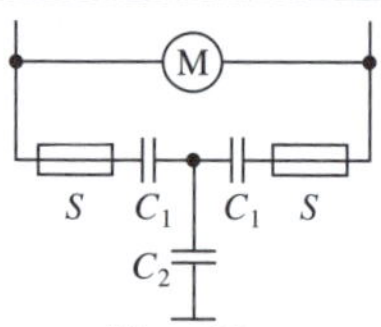 größerer Motor 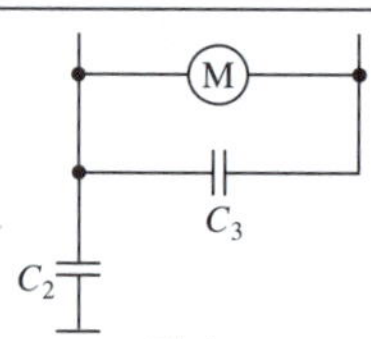 Kleinmotor	$C_1 = 0{,}1$ bis $2\ \mu F$ $C_2 = 5000$ pF $C_3 = 0{,}02$ bis $0{,}1\ \mu F$ S Sicherung
ortsfest	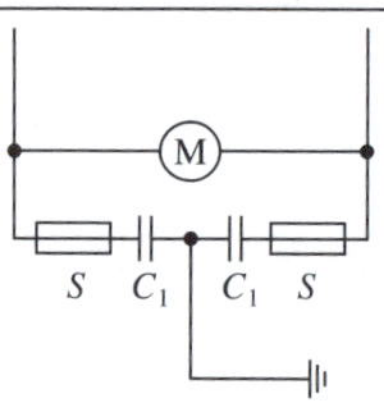 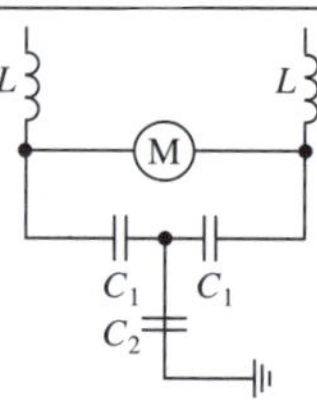	$C_1 = 0{,}5$ bis $4\ \mu F$ $C_2 = 5000$ pF L = 100 mH S Sicherung

11.5 Elektromagnetische Verträglichkeit (EMV)

11.5.4 Physiologische Auswirkungen

Ein elektrisches, ein magnetisches und damit auch ein elektromagnetisches Feld üben eine Kraftwirkung auf elektrische Ladungsträger aus (vgl. Felddefinition). Die Kraftrichtung ist abhängig von der Feldrichtung, so dass bei Wechselfeldern die Ladungsträger im Takt des Wechselfeldes bewegt werden. Diese Bewegung äußert sich bei genügend hohen Frequenzen in mechanischer Reibungswärme. Elektrische Ladungsträger können neben Elektronen und Protonen auch positive und negative Ionen (z.B. dissoziierte Salze) und elektrisch unsymmetrische Moleküle (z.B. Wasser) sein; Wasser besitzt ein elektrisches Dipolmoment.
In menschlichen, tierischen und pflanzlichen Zellen sind sowohl an Zellwänden elektrische Ladungsträger als auch in den Zellen gelöste Salze und Wasser vorhanden. Demzufolge können bei genügend hohen Feldstärken und Frequenzen unzulässig hohe Erwärmungen mit bleibenden Schäden für den Organismus entstehen. Maß für die Schädlichkeit dieser Hochfrequenzstrahlung sind die elektrische, magnetische Feldstärke und die Leistungsflussdichte *S* (poyntingscher Vektor) bei elektromagnetischen Wellen und deren Frequenzen.
Die Eindringtiefe elektromagnetischer Strahlung und damit der unmittelbar erwärmte Bereich in der Zellstruktur von Lebewesen hängt maßgeblich von der Frequenz der Strahlung ab.

Strahlungsquelle	Frequenz in MHz	Eindringtiefe in cm
Mobilfunk	500	1 bis 10
Radar	1000 bis 35000	0,1

Wie bei allen Erwärmungsprozessen spielt die Einwirkzeit sowie die Größe der betroffenen Oberfläche eine wesentliche Rolle.
Eine Erhöhung der Temperatur des gesamten Organismus um 1 °C lässt verändertes Stoffwechselverhalten, veränderte Wärmeregulierung und Verhaltensveränderungen erwarten. Die in den Körper eingestrahlte Leistung darf deshalb 0,4 W/kg Körpergewicht nicht überschreiten. Für Säuglinge, Kranke und ältere Menschen ist ein Fünftel dieses Wertes, also 0,08 W/kg einzuhalten.
Bei Strahlungsfrequenzen unter 10 MHz überwiegt der Effekt der Verschiebung von Ladungsträgern an Zellwänden gegenüber der Erwärmung. Das ungestörte Vorhandensein dieser Ladungsträger ist für einen reibungslosen Stoffwechsel notwendig.
Darüber hinaus können Strahlungen elektromagnetische Geräte, wie z.B. Herzschrittmacher aus dem notwendigen Rhythmus bringen. Hier sind die zulässigen Strahlungswerte zu unterschreiten.

Strahlungsquelle	Maximale Frequenz	Zulässiger Strahlungswert	Einzuhaltender Mindestabstand in m
Niederspannungs-Trafostation			0
Hochspannungsleitung	50/60 Hz	5 kV/m 80 A/m = 100 µT	
380 kV			10 (von Trassenmitte)
220 kV			0
110 kV			0
Rundfunksender			
MW	1,4 MHz	73,5 V/m	350 bei 1,8 MW Sendeleistung
KW	10 MHz	27,5 V/m	220 bei 750 kW Sendeleistung
UKW	108 MHz	2 W/m²	250 bei 100 kW Sendeleistung
CB-Funk	27 MHz	2 W/kg	0 für Sendeleistung bis 4 W
Fernsehsender			
VHF	216 MHz	2 W/m²	150
UHF	890 MHz	4 W/m²	75
Mobilfunk D-Netz			
Basisgerät		4 W/m²	60
Handy (Antenne direkt am Kopf)	960 MHz	2 W/kg	0 bei 2 W Sendeleistung
Mikrowelle	2,45 GHz	50 W/m²	0,01 – 0,02
Warensicherungs- und Suchgeräte	10 GHz	10 W/m²	0
Radar Flugradar	10 GHz	10 W/m²	200 bei 20 kW Sendeleistung
Verkehrsradar	35 GHz	10 W/m²	0,5 bei 100 mW Sendeleistung

Alle Geräte, die das CE-Kennzeichen nach EG-Richtlinien 89/336/EWG tragen, halten die angegebenen Grenzwerte ein oder unterschreiten diese.

12 Drähte, Leitungen, Kabel

12.1 Runddrähte aus Kupfer

12.1.1 Zulässige Belastung lackisolierter Wickeldrähte nach DIN 46435: 1977-4 bei verschiedenen Stromdichten (elektrische Leitfähigkeit 58 m/(Ω · mm²))

⇒ 3-4

Nenn-durch-messer mm	Quer-schnitt mm²	Wider-stand bei 20 °C Ω/m	Stromdichte in A/mm² 1,5	2	2,5	3	3,5	4	5	6
			zulässige Belastung in A							
0,02	0,000314	54,88	0,00047	0,00063	0,00079	0,00094	0,00110	0,00126	0,00157	0,00188
0,03	0,000707	24,39	0,00106	0,00141	0,00177	0,00221	0,00247	0,00283	0,00354	0,00424
0,04	0,001257	13,72	0,00189	0,00251	0,00314	0,00377	0,00440	0,00503	0,00629	0,00754
0,05	0,001964	8,781	0,00295	0,00393	0,00491	0,00589	0,00687	0,00786	0,00982	0,0118
0,06	0,002827	6,098	0,00424	0,00565	0,00707	0,00848	0,00990	0,0113	0,0141	0,0170
0,071	0,003959	4,355	0,00594	0,00792	0,00990	0,0119	0,0139	0,0158	0,0198	0,0238
0,08	0,005027	3,430	0,00754	0,0101	0,0126	0,0151	0,0176	0,0201	0,0251	0,0302
0,09	0,006362	2,710	0,00954	0,0127	0,0159	0,0191	0,0223	0,0254	0,0318	0,0382
0,1	0,007854	2,195	0,0118	0,0157	0,0196	0,0236	0,0275	0,0314	0,0393	0,0471
0,112	0,009852	1,750	0,0148	0,0197	0,0246	0,0296	0,0345	0,0394	0,0493	0,0591
0,125	0,01227	1,405	0,0184	0,0245	0,0307	0,0368	0,0429	0,0491	0,0614	0,0736
0,14	0,01539	1,120	0,0231	0,0308	0,0385	0,0462	0,0539	0,0616	0,0770	0,0923
0,15	0,01767	0,9757	0,0265	0,0353	0,0442	0,0530	0,0618	0,0707	0,0884	0,106
0,16	0,02011	0,8575	0,0302	0,0402	0,0503	0,0603	0,0704	0,0804	0,101	0,121
0,17	0,02270	0,7596	0,0341	0,0454	0,0568	0,0681	0,0795	0,0908	0,114	0,136
0,18	0,02545	0,6775	0,0382	0,0509	0,0636	0,0764	0,0891	0,102	0,127	0,153
0,19	0,02836	0,6081	0,0425	0,0567	0,0709	0,0851	0,0993	0,113	0,142	0,170
0,2	0,03142	0,5488	0,0471	0,0628	0,0786	0,0943	0,110	0,126	0,157	0,189
0,212	0,03530	0,4884	0,0530	0,0706	0,0883	0,106	0,124	0,141	0,177	0,212
0,224	0,03941	0,4375	0,0592	0,0788	0,0985	0,118	0,138	0,158	0,197	0,236
0,236	0,04372	0,3941	0,0656	0,0874	0,109	0,131	0,153	0,175	0,219	0,262
0,25	0,04909	0,3512	0,0736	0,0982	0,123	0,147	0,172	0,196	0,245	0,295
0,265	0,05517	0,3126	0,0828	0,110	0,138	0,166	0,193	0,221	0,276	0,331
0,28	0,06158	0,2800	0,0924	0,123	0,154	0,185	0,216	0,246	0,308	0,369
0,3	0,07069	0,2439	0,106	0,141	0,177	0,212	0,247	0,283	0,353	0,424
0,315	0,07793	0,2212	0,117	0,156	0,195	0,234	0,273	0,312	0,390	0,468
0,335	0,08815	0,1956	0,132	0,176	0,220	0,264	0,309	0,353	0,441	0,529
0,355	0,09898	0,1742	0,148	0,198	0,247	0,297	0,346	0,396	0,495	0,594
0,375	0,11046	0,1561	0,166	0,221	0,276	0,331	0,387	0,442	0,552	0,663
0,4	0,1257	0,1372	0,189	0,251	0,314	0,377	0,440	0,503	0,629	0,754
0,425	0,1419	0,1215	0,213	0,284	0,355	0,426	0,497	0,568	0,710	0,851
0,45	0,1590	0,1084	0,239	0,318	0,398	0,477	0,557	0,636	0,795	0,954
0,475	0,1772	0,09730	0,266	0,354	0,443	0,532	0,620	0,709	0,886	1,06
0,5	0,1964	0,08781	0,295	0,393	0,491	0,589	0,687	0,786	0,982	1,18
0,56	0,2463	0,07000	0,369	0,493	0,616	0,739	0,862	0,985	1,23	1,48
0,6	0,2827	0,06098	0,424	0,565	0,707	0,848	0,989	1,131	1,41	1,70
0,71	0,3959	0,04355	0,594	0,792	0,990	1,19	1,39	1,58	1,98	2,38
0,75	0,4418	0,03903	0,663	0,884	1,10	1,33	1,55	1,77	2,21	2,65
0,8	0,5027	0,03430	0,754	1,01	1,26	1,51	1,76	2,01	2,51	3,02
0,85	0,5675	0,03038	0,851	1,14	1,42	1,70	1,97	2,27	2,84	3,41
0,9	0,6362	0,02710	0,954	1,27	1,59	1,91	2,23	2,54	3,18	3,82
0,95	0,7088	0,02432	1,06	1,42	1,77	2,13	2,48	2,84	3,54	4,25
1	0,7854	0,02195	1,18	1,57	1,96	2,36	2,75	3,14	3,93	4,71
1,12	0,9852	0,01750	1,48	1,97	2,46	2,96	3,45	3,94	4,93	5,91
1,25	1,227	0,01405	1,84	2,45	3,07	3,68	4,29	4,91	6,14	7,36
1,32	1,369	0,01260	2,05	2,74	3,42	4,11	4,79	5,48	6,85	8,21
1,4	1,539	0,01120	2,31	3,08	3,85	4,62	5,39	6,16	7,70	9,32
1,5	1,767	0,009757	2,65	3,53	4,42	5,30	6,18	7,07	8,84	10,60
1,6	2,011	0,008575	3,02	4,02	5,03	6,03	7,04	8,04	10,06	12,07
1,7	2,270	0,007596	3,41	4,54	5,68	6,81	7,95	9,08	11,35	13,62
1,8	2,545	0,006775	3,82	5,09	6,36	7,64	8,91	10,18	12,73	15,27
1,9	2,836	0,006081	4,25	5,67	7,09	8,51	9,93	11,34	14,18	17,02
2	3,142	0,005488	4,71	6,28	7,86	9,43	11,00	12,57	15,71	18,85
2,12	3,530	0,004884	5,30	7,06	8,83	10,59	12,36	14,12	17,65	21,18
2,24	3,941	0,004375	5,91	7,88	9,85	11,82	13,79	15,76	19,71	23,65
2,36	4,375	0,003941	6,56	8,75	10,94	13,12	15,31	17,50	21,88	26,25
2,5	4,909	0,003512	7,36	9,82	12,27	14,73	17,18	19,64	24,55	29,45
2,65	5,516	0,003126	8,27	11,03	13,79	16,55	19,31	22,06	27,58	33,10
2,8	6,158	0,002800	9,24	12,32	15,40	18,47	21,55	24,63	30,79	36,95
3	7,069	0,002439	10,60	14,14	17,67	21,21	24,74	28,28	35,35	42,41

12.1 Runddrähte aus Kupfer

12.1.2 Runddrähte aus Kupfer, lackisoliert, nach DIN 46435: 1977-4

Außendurchmesser: Kl = Kleinstmaß, Gr = Größtmaß; Lackisolierung: L = lackisoliert Grad 1, 2L = lackisoliert Grad 2; Gleichstromwiderstand errechnet mit der Leitfähigkeit 58 m/(Ω · mm²)

3-4

Durchmesser d_1 mm	Außendurchmesser d_2 L Kl mm	L Gr mm	2L Kl mm	2L Gr mm	Widerstand bei 20 °C Ω/m
0,02	0,023	0,025	0,025	0,027	54,88
0,025	0,028	0,031	0,032	0,034	35,12
0,03	0,034	0,038	0,039	0,041	24,39
0,032	0,036	0,040	0,041	0,043	21,44
0,036	0,040	0,045	0,045	0,049	16,94
0,04	0,044	0,050	0,050	0,054	13,72
0,045	0,050	0,056	0,055	0,061	10,84
0,05	0,056	0,062	0,062	0,068	8,781
0,056	0,062	0,069	0,068	0,076	7,000
0,06	0,066	0,074	0,073	0,081	6,098
0,063	0,068	0,078	0,077	0,085	5,531
0,071	0,076	0,088	0,087	0,095	4,355
0,08	0,088	0,098	0,099	0,105	3,430
0,09	0,098	0,110	0,109	0,117	2,710
0,1	0,109	0,121	0,121	0,129	2,195
0,106	0,115	0,127	0,128	0,136	1,954
0,112	0,122	0,134	0,135	0,143	1,750
0,118	0,128	0,142	0,142	0,150	1,577
0,125	0,135	0,149	0,147	0,159	1,405
0,132	0,143	0,157	0,157	0,167	1,260
0,14	0,152	0,166	0,164	0,176	1,120
0,15	0,163	0,177	0,174	0,187	0,9757
0,16	0,173	0,187	0,185	0,199	0,8575
0,17	0,184	0,198	0,196	0,210	0,7596
0,18	0,195	0,209	0,206	0,222	0,6775
0,19	0,204	0,220	0,217	0,233	0,6081
0,2	0,216	0,230	0,227	0,245	0,5488
0,212	0,229	0,243	0,240	0,258	0,4884
0,224	0,242	0,256	0,252	0,272	0,4224
0,236	0,254	0,268	0,266	0,286	0,3941
0,25	0,268	0,284	0,279	0,301	0,3512
0,265	0,285	0,299	0,295	0,317	0,3126
0,28	0,301	0,315	0,310	0,334	0,2800
0,3	0,322	0,336	0,333	0,355	0,2439
0,315	0,336	0,352	0,349	0,371	0,2212
0,335	0,358	0,374	0,370	0,392	0,1956
0,355	0,377	0,395	0,392	0,414	0,1742

Durchmesser d_1 mm	Außendurchmesser d_2 L Kl mm	L Gr mm	2L Kl mm	2L Gr mm	Widerstand bei 20 °C Ω/m
0,375	0,398	0,416	0,413	0,435	0,1561
0,4	0,424	0,442	0,438	0,462	0,1372
0,425	0,450	0,468	0,465	0,489	0,1215
0,45	0,475	0,495	0,490	0,516	0,1084
0,475	0,500	0,522	0,517	0,543	0,09730
0,5	0,526	0,548	0,543	0,569	0,08534
0,53	0,556	0,580	0,575	0,601	0,07815
0,56	0,587	0,611	0,606	0,632	0,07000
0,6	0,626	0,654	0,648	0,674	0,06098
0,63	0,658	0,684	0,678	0,708	0,05531
0,67	0,698	0,726	0,720	0,748	0,04890
0,71	0,739	0,767	0,762	0,790	0,04355
0,75	0,779	0,809	0,802	0,832	0,03903
0,8	0,829	0,861	0,853	0,885	0,03430
0,85	0,879	0,913	0,905	0,937	0,03038
0,9	0,929	0,965	0,956	0,990	0,02710
0,95	0,979	1,017	1,007	1,041	0,02432
1	1,030	1,068	1,059	1,093	0,02195
1,06	1,090	1,130	1,123	1,155	0,01954
1,12	1,150	1,192	1,181	1,217	0,01750
1,18	1,210	1,254	1,241	1,279	0,01576
1,25	1,281	1,325	1,313	1,351	0,01405
1,32	1,351	1,397	1,385	1,423	0,01260
1,4	1,433	1,479	1,466	1,506	0,01120
1,5	1,533	1,581	1,568	1,608	0,009757
1,6	1,633	1,683	1,669	1,711	0,008575
1,7	1,733	1,785	1,771	1,813	0,007596
1,8	1,832	1,888	1,870	1,916	0,006775
1,9	1,932	1,990	1,972	2,018	0,006081
2	2,032	2,092	2,074	2,120	0,005488
2,12	2,154	2,214	2,195	2,243	0,004884
2,24	2,274	2,336	2,316	2,366	0,004375
2,36	2,393	2,459	2,436	2,488	0,003941
2,5	2,533	2,601	2,577	2,631	0,003512
2,65	2,682	2,754	2,728	2,784	0,003126
2,8	2,831	2,907	2,878	2,938	0,002800
3	3,030	3,110	3,078	3,142	0,002439

Kennbuchstaben der Lackdrahttypen

Kennzeichnung	Lackdrahttyp
Typ M	Drähte für mechanische Beanspruchung
Typ V	Direkt verzinnbare Drähte
Typ VB	Direkt verzinnbare Backlackdrähte
Typ W155	Wärmebeständige Drähte mit Temperaturindex 155
Typ W180	Wärmebeständige Drähte mit Temperaturindex 180

Bei der Errechnung der Gleichstromwiderstände in der Tabelle wurde von einer elektrischen Leitfähigkeit von 58 m/(Ω · mm²) ausgegangen. Mit dem zunehmenden Reinheitsgrad ist in den letzten Jahren die Leitfähigkeit aber im Mittel um etwa 1% auf einen Wert von 58,5 m/(Ω · mm²) angestiegen.

Bezeichnungssbeispiel:
Bezeichnung eines Runddrahtes aus Kupfer, lackisoliert nach Grad 1 (L), Nenndurchmesser 0,1, direkt verzinnbar (V):

Rund DIN 46435 – L 0,1 V

oder kurz **Rd DIN 46435 – L 0,1 V**

12.2 Drähte aus Widerstandslegierungen

12.2.1 Runddrähte aus Cu-Widerstandslegierungen, blank, nach DIN 46461: 1984-4

3-4
13-15

Nenn-durch-messer mm	Nenn-quer-schnitt mm^2	Gleichstrom-Widerstand je Meter bei 20 °C (Ω/m) CuMn2Ni Nennwert	zul. Abw. %	CuNi44 Nennwert	zul. Abw. %	CuNi30Mn Nennwert	zul. Abw. %	CuMn3 Nennwert	zul. Abw. %	CuMn12NiAl Nenn-wert	zul. Abw. %
0,02	0,0003142	1370		1560		1270		–		–	
0,022	0,0003801	1130		1290		1050		–		–	
0,025	0,0004909	876	±10	998	±10	815	±10	–		–	
0,028	0,0006158	698		796		650		–		–	
(0,03)	0,0007069	608		693		566		–		–	
0,032	0,0008042	535		609		497		–		–	
0,036	0,001018	422		481		393		–		–	
0,04	0,001257	342		390		318		–		–	
0,045	0,001590	270		308		252		–		–	
0,05	0,001964	219		249		204		63,6		–	
0,056	0,002463	175		199		162		50,8		–	
(0,06)	0,002827	152	±8	173	±8	141	±8	44,2	±8	–	–
0,065	0,003117	138		157		128		40,1		–	
0,075	0,003959	109		124		101		31,6		–	
0,08	0,005027	85,5		97,5		79,6		24,9		–	
0,09	0,006362	67,6		77,0		62,9		19,6		–	
0,1	0,007854	54,7		62,4		50,9		15,9		–	
0,112	0,009852	43,6		49,7		40,6		12,7		–	
0,125	0,01227	35,0		39,9		32,6		10,2		–	
0,14	0,01539	27,9	±7	31,8	±7	26,0	±7	8,12	±7	–	–
(0,15)	0,01767	24,3		27,7		22,6		7,07		–	
0,16	0,02011	21,4		24,4		19,9		6,22		–	
0,18	0,02545	16,9		19,3		15,7		4,91		–	
0,2	0,03142	13,7		15,6		12,7		3,98		–	
0,224	0,03941	10,9		12,4		10,1		3,17		–	
0,25	0,04909	8,76	±6	9,98	±6	8,15	±6	2,55	±6	–	–
0,28	0,06158	6,98		7,96		6,50		2,03		–	
(0,3)	0,07069	6,08		6,93		5,66		1,77		–	
0,315	0,07793	5,52		6,29		5,13		1,60		–	
0,355	0,09898	4,34	±5	4,95	±5	4,04	±5	1,26	±5	–	–
0,4	0,1257	3,42		3,90		3,18		0,994		–	
0,45	0,1590	2,70		3,08		2,52		0,786		–	
0,5	0,1964	2,19		2,49		2,04		0,636		–	
0,56	0,2463	1,75		1,99		1,62		0,508		2,03	
(0,6)	0,2877	1,52		1,73		1,41		0,442		1,77	
0,63	0,3117	1,38	±4	1,57	±4	1,28	±4	0,401	±4	1,60	±4
0,71	0,3959	1,09		1,24		1,01		0,316		1,26	
0,8	0,5027	0,855		0,975		0,796		0,249		0,995	
0,9	0,6362	0,676		0,770		0,629		0,196		0,786	
1	0,7854	0,547	±4	0,624	±4	0,509	±4	0,159	±4	0,637	±4
1,12	0,9852	0,436		0,497		0,406		0,127		0,508	
1,25	1,227	0,350		0,399		0,326		0,102		0,407	
1,4	1,539	0,279		0,318		0,260		0,0812		0,325	
1,5	1,767	0,243		0,277		0,226		0,0707		0,283	
1,6	2,011	0,214	±4	0,244	±4	0,199	±4	0,0622	±4	0,249	±4
1,8	2,545	0,169		0,193		0,157		0,0491		0,196	
2	3,142	0,137		0,156		0,127		0,0398		0,159	
2,24	3,941	0,109		0,124		0,101		0,0317		0,127	
2,5	4,909	0,0876		0,0998		0,0815		0,0255		0,102	
2,8	6,158	0,0698		0,0796		0,0650		0,0203		0,0812	
3	7,069	0,0608	±4	0,0693	±4	0,0566	±4	0,0177	±4	0,0707	±4
3,15	7,793	0,0552		0,0629		0,0513		0,0160		0,0642	
3,55	9,898	0,0434		0,0495		0,0404		0,0126		0,0505	
4	12,57	0,0342		0,0390		0,0318		0,00994		0,0398	
4,5	15,90	0,0270		0,0308		0,0252		0,00786		0,0314	
5	19,64	0,0219	±4	0,0249	±4	0,0204	±4	0,00637	±4	0,0255	±4
5,6	24,63	0,0175		0,0199		0,0162		0,00508		0,0203	
6	28,27	0,0152		0,0173		0,0141		0,00442		0,0177	
6,3	31,17	0,0138		0,0157		0,0128		0,00401		0,0160	

12.2 Drähte aus Widerstandslegierungen

12.2.2 Runddrähte aus Nickel-Widerstandslegierungen, blank, nach DIN 46463: 1981-5

15-4
15-9
3-4
13-15

Durchmesser mm	Querschnitt mm²	Gleichstrom-Widerstand je Meter bei 20 °C (Ω/m) NiCr 80 20 Nennwert	NiCr 80 20 zul. Abw.	NiCr 60 15 Nennwert	NiCr 60 15 zul. Abw.	NiCr 20 AlSi Nennwert	NiCr 20 AlSi zul. Abw.
0,01	0,0000785	13800		14100		16800	
0,011	0,00009503	11400		11700		13900	
0,013	0,0001327	8140		8360		9950	
0,014	0,0001539	7020	± 10%	7210	± 10%	8570	± 10%
0,016	0,0002011	5370		5520		6570	
0,018	0,0002545	4240		4360		5190	
0,02	0,0003142	3440		3530		4200	
0,022	0,0003801	2840		2920		3470	
0,025	0,0004909	2200		2260		2690	
0,028	0,0006158	1750	± 8%	1800	± 8%	2140	± 8%
(0,03)	0,0007069	1530		1570		1870	
0,032	0,0008042	1340		1380		1640	
0,036	0,001018	1060		1090		1300	
0,04	0,001257	859		883		1050	
0,045	0,001590	679		698		830	
0,05	0,001964	550	± 8%	565	± 8%	672	± 8%
0,056	0,002463	438		451		536	
(0,06)	0,002827	382		393		467	
0,063	0,003117	346		356		423	
0,071	0,003959	273		280		333	
0,08	0,005027	215	± 8%	221	± 8%	263	± 8%
0,09	0,006362	170		174		207	
0,1	0,007854	138		141		168	
0,112	0,009852	110		113		134	
0,125	0,01227	88,0		90,5		108	
0,14	0,01539	70,2		72,1		85,7	
(0,15)	0,01767	61,1	± 5%	62,8	± 5%	74,7	± 5%
0,16	0,02011	53,7		55,2		65,7	
0,18	0,02545	42,4		43,6		51,9	
0,2	0,03142	34,4		35,3		42,0	
0,224	0,03941	27,4		28,2		33,5	
0,25	0,04909	22,0		22,6		26,9	
0,28	0,06158	17,5	± 5%	18,0	± 5%	21,4	± 5%
(0,3)	0,07069	15,3		15,7		18,7	
0,315	0,07793	13,9		14,2		16,9	
0,355	0,09898	10,9		11,2		13,3	
0,4	0,1257	8,59		8,83		10,5	
0,45	0,1590	6,79		6,98		8,30	
0,5	0,1964	5,50	± 5%	5,65	± 5%	6,72	± 5%
0,56	0,2463	4,38		4,51		5,36	
(0,6)	0,2827	3,82		3,93		4,67	
0,63	0,3117	3,46		3,56		4,23	
0,71	0,3959	2,73		2,80		–	
0,8	0,5027	2,15	± 5%	2,21	± 5%	–	± 5%
0,9	0,6362	1,70		1,75		–	
1	0,7854	1,38		1,41		–	

15-4
15-9
13-15

12.2 Drähte aus Widerst.-Leg.

Drähte aus Nickel-Legierungen (Forts.)

Werkstoff	Spez. elektr. Widerstand bei 20 °C $\Omega \cdot mm^2/m$	Temperatur-Koeffizient des Widerstands $10^{-6}/K$
NiCr 80 20	≈ 1,08	+50 … +150
NiCr 60 15	≈ 1,11	+100 … +200
NiCr 20 AlSi	≈ 1,32	−50 … +50

Bei Verwendung für Präzisionswiderstände wird der Temperatur-Koeffizient für NiCr 20 AlSi auf Werte zwischen +10 und $-10 \cdot 10^{-6}$ eingestellt.

12.2.3 Strombelastbarkeit blanker Widerstandsdrähte

Durchmesser mm	Querschnitt mm^2	Belastbarkeit Dauerbetrieb A/mm^2	Belastbarkeit Dauerbetrieb A
0,1	0,0078	9,9	0,077
0,2	0,0314	7,6	0,24
0,3	0,0707	6,7	0,47
0,4	0,126	6,0	0,76
0,5	0,196	5,6	1,1
0,6	0,283	5,3	1,5
0,7	0,385	5,0	1,9
0,8	0,503	4,8	2,4
0,9	0,636	4,6	2,9
1,0	0,785	4,4	3,5
1,1	0,95	4,3	4,1
1,2	1,13	4,1	4,7
1,3	1,33	4,0	5,4
1,4	1,54	4,0	6,2
1,5	1,77	3,9	6,9
1,6	2,01	3,8	7,6
1,7	2,27	3,7	8,5
1,8	2,54	3,6	9,3
1,9	2,84	3,6	10,2
2,0	3,14	3,5	11,1
2,2	3,80	3,4	13,0
2,5	4,91	3,3	16,1
2,8	6,16	3,2	19,5
3,0	7,07	3,0	21,3
3,3	8,55	3,0	25,6
3,5	9,62	2,9	28,2

12.3 Sammelschienen

12.3.1 Dauerbelastbarkeit einer Sammelschiene aus Kupfer oder Aluminium

13-4

Querschnitt mm^2	Abmessungen mm	Kupfer (blank) Gew. kg/m	Kupfer (blank) zul. Dauerbel.[1] A	Aluminium (blank) zul. Dauerbel.[1] A	Aluminium (blank) Gew. kg/m
23,5	12×2	0,209	108	84	0,0633
29,5	15×2	0,262	128	100	0,0795
44,5	15×3	0,396	162	126	0,120
39,5	20×2	0,351	162	127	0,107
59,5	20×3	0,529	204	159	0,161
99,1	20×5	0,882	274	214	0,268
199	20×10	1,77	427	331	0,538
74,5	25×3	0,663	245	190	0,201
124	25×5	1,11	327	255	0,335
89,5	30×3	0,796	285	222	0,242
149	30×5	1,33	379	295	0,403
299	30×10	2,66	573	445	0,808
119	40×3	1,06	366	285	0,323
199	40×5	1,77	482	376	0,538
399	40×10	3,55	715	557	1,08
249	50×5	2,22	583	455	0,673
499	50×10	4,44	852	667	1,35
299	60×5	2,66	688	533	0,808
599	60×10	5,33	985	774	1,62
399	80×5	3,55	885	688	1,08
799	80×10	7,11	1240	983	2,16
499	100×5	4,44	1080	846	1,35
999	100×10	8,89	1490	1190	2,70
1500	100×15	–	–	1450	4,04
1200	120×10	10,7	1740	1390	3,24
1800	120×15	–	–	1680	4,86
1600	160×10	14,2	2220	1780	4,32
2400	160×15	–	–	2130	6,47
2000	200×10	17,8	2690	2160	5,40
3000	200×15	–	–	2580	8,09

12.3.2 Stromschienen mit Kreisquerschnitt

13-4

Ø/Querschnitt mm/mm^2	Gewicht Cu kg/m	Gewicht Al kg/m	Dauerstrom in A bei Gleich- und Wechselstrom bis 60 Hz: Kupfer gestr.	Kupfer blank	Aluminium gestr.	Aluminium blank
5/19,6	0,175	0,053	95	85	75	67
8/50,3	0,447	0,136	179	159	142	124
10/78,5	0,699	0,212	243	213	193	167
16/201	1,79	0,543	464	401	370	314
20/314	2,80	0,848	629	539	504	424
32/804	7,16	2,17	1160	976	954	789
50/1960	17,5	5,30	1930	1610	1680	1360

Die **Dauerstromwerte** gelten für Stromschienen in Innenanlagen bei 35 °C Lufttemperatur und 65 °C Schienentemperatur.

[1] Die Belastbarkeit gilt für hochkant stehende Schienen für Wechselstrom bis 60 Hz.

12.4 Leitungsseile

12.4.1 Leitungsseile nach DIN 48201-1: 1981-4 (Kupfer), 5: 1981-4 (Aluminium)

→ 13-4

Querschnitt Nennwert mm²	Querschnitt Sollwert mm²	Einzeldrähte Anzahl	Einzeldrähte Durchmesser mm	Seildurchmesser mm	Aluminium Gewicht kg/km	Aluminium Rechner. Bruchkraft kN	Aluminium Max. Dauerstrom[1] A	Kupfer Gewicht kg/km	Kupfer Rechner. Bruchkraft kN	Kupfer Max. Dauerstrom[1] A
10	10,02	7	1,35	4,1	–	–	–	90	4,02	90
16	15,89	7	1,7	5,1	43	2,84	110	143	6,37	125
25	24,25	7	2,1	6,3	66	4,17	145	218	9,72	160
35	34,36	7	2,5	7,5	94	5,78	180	310	13,77	200
50	49,48	7	3	9,0	135	7,94	225	446	19,84	250
50	48,35	19	1,8	9,0	133	8,45	225	437	19,38	250
70	65,81	19	2,1	10,5	181	11,32	270	596	26,38	310
95	93,27	19	2,5	12,5	256	15,68	340	845	37,39	380
120	116,99	19	2,8	14,0	322	18,78	390	1060	46,90	440
150	147,11	37	2,25	15,8	406	25,30	455	1337	58,98	510
185	181,62	37	2,5	17,5	500	30,54	520	1649	72,81	585
240	242,54	61	2,25	20,3	670	39,51	625	2209	97,23	700
300	299,43	61	2,5	22,5	827	47,70	710	2725	120,04	800
400	400,14	61	2,89	26,0	1104	60,86	855	3640	160,42	960
500	499,83	61	3,23	29,1	1379	74,67	990	4545	200,38	1110
625	626,20	91	2,96	32,6	1732	95,25	1140			
800	802,09	91	3,35	36,9	2218	118,39	1340			
1000	999,71	91	3,74	41,1	2767	145,76	1540			

And. Werkst. n. DIN 48 201: Bronze (Teil 2), Stahl (Teil 3), Aldrey (Teil 6), Staku (Teil 7).

12.4.2 Aluminium-Stahl-Leitungsseile nach DIN 48204: 1984-4

12

→ 13-4

Querschnitt Nennwert mm²	Querschnitt Sollwert mm²	Gewicht (etwa) kg/km	Rechnerische Bruchkraft[2] N	Max. Dauerstrom[1] A	Aluminium-Anteil Drähte Anzahl	Aluminium-Anteil Drähte Durchmesser mm	Aluminium-Anteil Mantel Drahtlagenanzahl	Aluminium-Anteil Mantel Querschnitt mm²	Stahl-Anteil Drähte Anzahl	Stahl-Anteil Drähte Durchmesser mm	Stahl-Anteil Kern Durchmesser mm	Stahl-Anteil Kern Querschnitt mm²
16/2,5	17,8	62	5810	105	6	1,8	1	15,27	1	1,8	–	2,54
25/4	27,8	97	9020	140	6	2,25	1	23,86	1	2,25	–	3,98
35/6	40,1	140	12700	170	6	2,7	1	34,35	1	2,7	–	5,73
44/32	75,7	373	45460	–	14	2	1	43,98	7	2,4	7,2	31,67
50/8	56,3	196	17180	210	6	3,2	1	48,25	1	3,2	–	8,04
70/12	81,3	284	26310	290	26	1,85	2	69,89	7	1,44	4,32	11,4
95/15	109,7	383	35170	350	26	2,15	2	94,39	7	1,67	5,01	15,33
105/75	181,2	899	106690	–	14	3,1	1	105,67	19	2,25	11,25	75,55
125/30	157,8	590	57860	425	30	2,33	2	127,92	7	2,33	6,99	29,85
170/40	211,9	794	77010	520	30	2,7	2	171,77	7	2,7	8,1	40,08
210/35	243,2	848	74940	590	26	3,2	2	209,1	7	2,49	7,47	34,09
265/35	297,8	998	82940	680	24	3,74	2	263,66	7	2,49	7,47	34,09
300/50	353,7	1233	105090	740	26	3,86	2	304,26	7	3	9	49,48
340/30	369,1	1174	92560	790	48	3	3	339,29	7	2,33	6,99	29,85
380/50	431,5	1448	120910	840	54	3	3	381,7	7	3	9	49,48
435/55	490,6	1647	136270	900	54	3,2	3	434,29	7	3,2	9,6	56,3
510/45	555,8	1770	134330	995	48	3,68	3	510,54	7	2,87	8,61	45,28
680/85	764,5	2564	209990	1150	54	4	3	678,58	19	2,4	12	85,95
1045/45	1090,9	3249	217870	1580	72	4,3	4	1045,58	7	2,87	8,61	45,28

[1] Bis 60 Hz, 0,6 m/s Windgeschwindigkeit und Sonneneinwirkung, Umgebungstemperatur 35 °C, Seil-Endtemperatur 80 °C bei Al und 70 °C bei Cu (in ruhender Luft Werte um 30% herabsetzen). Keine Angabe: Erdseile.
[2] Gilt für St III.

12.5 Freileitungen

12.5.1 Mindestquerschnitte und zulässige Höchstzugspannungen[1] für Starkstrom-Freileitungen

Leiterwerkstoff	Leitungen bis 1 kV			Leitungen über 1 kV
	Anzahl Drähte	Mindestquerschnitt mm²	max. Zugspannung N/mm²	Mindestquerschnitt mm²
Kupfer DIN 48201-1: 1981-4	7 oder 19	10	175	25
Kupfer-Knetlegierungen DIN 48201-2: 1981-4	7 oder 19	10	Bz I: 235 Bz II: 295 Bz III: 365	25
Aluminium DIN 48201-5: 1981-4	7 oder 19	25	70	50
E-AlMgSi DIN 48201-6: 1981-4	7 oder 19	25	140	35
Stahl DIN 48201-3: 1984-4	7 oder 19	25	St I: 160 St II: 280 St III: 450 St IV: 550	25
Aluminium-Stahl DIN 48204: 1984-4	14/7 12/7 6/1 26/7 24/7	25/4	240 220 120 120 110	35/6
E-AlMgSi/St DIN 48206: 1984-4	14/7 12/7 6/1 26/7 24/7	25/4	270 255 175 175 165	35/6
Isolierte Freileitungsseile DIN VDE 0274	7 oder 19	nicht festgelegt	70	nicht genormt
Stahl, aluminium-ummantelt DIN 48201-8: 1981-4	–	–	–	25

12.5.2 Dauerstrombelastbarkeit für Freileitungen nach DIN 48201-1…7

Nenn-querschnitt mm²	Dauerstrombelastbarkeit[2] in A bei										
	Cu	Al	E-AlMgSi	Bz I	Bz II	Bz III	alum.-umm. Stahl	Staku I/30	Staku I/40	Staku II/30	Staku II/40
6	–	–	–	–	–	–	–	40	45	36	42
10	90	–	–	85	75	50	–	56	61	51	59
16	125	110	105	115	100	70	–	75	84	70	80
25	160	145	135	150	130	90	65	95	105	90	100
35	200	180	170	185	160	115	80	119	140	112	127
50	250	225	210	235	200	145	115	150	167	140	157
70	310	270	255	285	245	175	135	180	200	170	193
95	380	340	320	355	305	215	170	227	250	213	244
120	440	390	365	410	350	250	195	260	290	244	280
150	510	455	425	470	410	290	225				
185	585	520	490	540	465	330	255				
240	700	625	585	645	560	395	310				
300	800	710	670	735	635	450	355				
400	960	855	810	890	765	540					
500	1110	990	930	1020	880	625					
625	–	1140	1075	–	–	–					
800	–	1340	1255	–	–	–					
1000	–	1540	1450	–	–	–					

[2] Richtwerte gültig bis 60 Hz bei Windgeschwindigkeit 0,6 m/s und Sonneneinwirkung für Umgebungs-Ausgangs-Temperatur 35 °C und Leitungsseil-Endtemperatur 70 °C (bei Cu und Bz) bzw. 80 °C (bei allen anderen). Für besondere Fälle bei ruhender Luft die Werte im Mittel um 30% herabsetzen.

[1] Die Höchstzugspannung ist der Wert der Horizontalkomponente der Leiterzugspannung.
Siehe auch DIN VDE 0210 und 0211.

12.6 Kennzeichnung blanker und isolierter Leitungen

12.6.1 Farben und Farbkurzzeichen nach DIN 47002: 1987-8

Farbe	Kurzz.	Farbe	Kurzz.	Farbe	Kurzz.	Farbe	Kurzz.	Farbe	Kurzz.
Blau[1] Gelb Grün	bl ge gn	Grau Rot Weiß	gr rt ws	Braun Schwarz Orange	br sw or	Violett Türkis Rosa	vi tk rs	Naturfarben Glasklar Transparent	nf gk tr

12.6.2 Kennzeichnung isolierter und blanker Leiter nach DIN 40705: 1980-2

⇐ 4-22

Leiterbezeichnung		Kennzeichnungen alphanumerisch	Kennzeichnungen Bildzeichen	Kennzeichnungen Farbe	Bemerkungen
Gleichstromnetz	Positiv Negativ Mittelleiter	L + L – M	+ – 	2) 2) Hellblau[3]	Einadrige isolierte Leiter bei Innenverdrahtungen von Geräten sollten vorzugsweise schwarz ausgeführt werden. Ist nur eine zusätzliche Farbe für die individuelle Kennzeichnung von getrennten Leitergruppen erforderlich, sollte braun bevorzugt werden. **Frühere Aderkennzeichnung:** Als Mittel- oder Nullleiter wurde bei Leitungen oder Kunststoffkabeln die hellgraue Ader, bei papierisolierten Kabeln die naturfarbene Ader verwendet. Als Schutzleiter wurde bei allen Leitungen und Kabeln ohne konzentrischen Leiter die rote Ader verwendet
Wechselstromnetz	Außenleiter 1 Außenleiter 2 Außenleiter 3 Mittelleiter	L 1 L 2 L 3 N		2) 2) 2) Hellblau[3]	
Schutzleiter		PE	⏚	Grüngelb[4]	
Neutralleiter mit Schutzfunktion		PEN	⏚	Grüngelb[4]	
Erde		E	⏚	2)	
Fremdspannungsarme Erde		TE		2)	

⇐ 4-5

12.6.3 Aderkennzeichnung isolierter Starkstromleitungen/-kabel

⇒ 12-1

Anzahl Adern	Mit grüngelb gekennzeichnete Ader	Ohne grüngelb gekennzeichnete Ader	Mit konzentrischem Leiter	Bemerkungen
Leitungen/Kabel für feste Verlegung				
2	gnge/sw[5]	sw/bl	sw/bl	Einadrige ummantelte Leitungen und einadrige Kabel sind schwarz oder grüngelb, ausgenommen Illuminations- oder Lichterkettenleitungen, bei denen die Ader braun ist
3	gnge/sw/bl	sw/bl/br	sw/bl/br	
4	gnge/sw/bl/br	sw/bl/br/sw	sw/bl/br/sw	
5	gnge/sw/bl/br/sw	sw/bl/br/sw/sw	sw mit Zahlenaufdr.	
6 und mehr	gnge, weitere Adern sw mit Zahlenaufdruck	sw mit Zahlenaufdr.	sw mit Zahlenaufdr.	

Flexible Leitungen

⇐ 12-14

	Mit grüngelber Ader	Ohne grüngelbe Ader	
2 3 4 5 6 und mehr	– gnge/br/bl gnge/sw/bl/br gnge/sw/bl/br/sw gnge/weitere Adern sw mit Zahlenaufdr.	br/bl sw/bl/br sw/bl/br/sw sw/bl/br/sw/sw Ader sw mit Zahlenaufdruck	Vieladrige Leitungen mit Gummiisolierung dürfen auch eine grüngelb gekennzeichnete und eine blaue oder eine blaue und eine braune Ader aufweisen. Sind weitere Lagen vorhanden, befindet sich in jeder eine braune Ader; alle übrigen Adern in allen Lagen sind gleichfarbig, aber nicht grün, gelb, blau oder braun. In vieladrigen Leitungen und Kabeln besteht die Bedruckung aus einer sich wiederholenden Zahl, deren Leserichtung durch Unterstreichung angegeben ist

[1] In harmonisierten Bestimmungen der Starkstromtechnik z. Z. mit hellblau (hbl) bezeichnet. [2] Farbkennzeichnung nicht festgelegt. [3] Ist kein Mittelleiter vorhanden, kann der hellblaue Leiter in einem mehradrigen Kabel auch für andere Zwecke, jedoch nicht für den Schutzleiter, verwendet werden. [4] Diese Farbkennzeichnung darf für keinen anderen Zweck verwendet werden. [5] Nur zulässig bei Leiterquerschnitten ab 10 mm² Cu oder 16 mm² Al.

2-14
4-5

12.7 Isolierte Starkstromleitungen

12.7.1 Isolierte Starkstromleitungen

Bauart	Bauartkurzzeichen	Nennspannung U_0/U V	Aderanzahl	Leiterquerschnitt, Leiteraufbau[1] mm²	Verwendung
Leitungen für feste Verlegung					
PVC-Verdrahtungsleitungen erhöhter Wärmebeständigkeit (90 °C)	NYFAW NYFAFW NYFAZW	230/400	1 1 2	0,5 … 2,5 e 0,5 … 1 f 0,5 … 0,75 f	Für d. Einsatz bei Umgebungstemperaturen über 55 °C, innere Verdrahtung v. Leuchten, Wärmegeräten bis höchstens 105 °C
Gummiaderleitungen mit erhöhter Wärmebeständigkeit (120 °C)	N4GA N4GAF	450/750	1	0,5 … 16 e 16 … 95 m 0,5 … 95 f	Bei Umgebungstemperaturen über 55 °C, innere Verdrahtung von Leuchten, Wärmegeräten, Schaltanlagen bis 750 V– bzw. 1000 V~
ETFE-Aderleitungen mit erhöhter Wärmebeständigkeit (135 °C)	N7YA N7YAF	450/750	1	0,25 … 6 e 0,25 … 6 f	Bei Umgebungstemperaturen über 55 °C, innere Verdrahtung von Geräten der Leistungselektronik, Wärmegeräte, Leuchten
Silikon-Fassungsader erhöhter Wärmebeständigkeit (180 °C)	N2GFA N2GFAF	300/300	1	0,75 e 0,75 f	Bei Umgebungstemperaturen über 55 °C, insbes. zur Verdrahtung von Leuchten
Sonder-Gummiaderleitungen	NSGAÖU NSGAFÖU	0,6/1 kV 1,8/3 kV 3,6/6 kV 0,6/1 kV 1,8/3 kV 3,6/6 kV	1 1 1 1 1 1	1,5 … 10 e 16 … 300 m 1,5 … 10 e 16 … 300 m 1,5 … 10 e 16 … 185 m 1,5 … 300 f 1,5 … 300 f 1,5 … 185 f	In Schienenfahrzeugen und Omnibussen sowie in trockenen Räumen. Leitungen mit mindestens 1,7/3 kV gelten in Schaltanlagen und Verteilern bis 1000 V als kurzschluss- und erdschlusssicher. NSGAFCMÖU für höhere mechanische Beanspruchung bestimmt, z. B. als Kupplungsleitung für Heizkreise (Fahrzeuge)
Stegleitungen	NYIF NYIFY	230/400	2 … 5 2 u. 3	1,5 … 2,5 e 1,5 … 4 e	Verlegung im oder unter Putz in trockenen Räumen
PVC-Mantelleitungen	NYM	300/500	1 2 … 5 7	1,5 … 10 e 16 m 1,5 … 10 e 16 … 35 m 1,5 … 2,5 e	Verlegung über, auf, im und unter Putz in trockenen, feuchten und nassen Räumen, Mauerwerk, Beton (nicht in Rüttel- oder Stampfbeton), auch im Freien (ohne Sonneneinstrahlung)
PVC-Mantelleitungen mit Traggeflecht	NYMZ	300/500	2 … 5	1,5 … 10 e 16 m	Bei selbsttragender Aufhängung auch im Freien; Spannweiten bis 50 m
PVC-Mantelleitungen mit Tragseil	NYMT	300/500	2 … 5	1,5 … 10 e 16 … 35 m	Bei selbsttragender Aufhängung auch im Freien; Spannweiten bis 50 m
Umhüllte Rohrdrähte für Räume mit HF-Anlagen	NHYRUZY	300/500	2 … 4 5	1,5 … 10 e 16 … 25 m 1,5 … 6 e	Verlegung in Räumen mit Hochfrequenz-Anlagen, nicht in explosionsgefährdeten Räumen
Bleimantelleitungen	NYBUY	300/500	2 … 4 5	1,5 … 10 e 16 … 35 m 1,5 … 6 e	Für Anwendungen, bei denen Einwirkungen durch Lösungsmittel/Chemikalien zu erwarten sind, auch in explosionsgefähr. Bereichen
Wetterfeste PVC-Leitungen	NFYW	0,6/1 kV	1	6 … 50 m	Verwendung als Hausanschlussleitungen nach VDE 0211
Gummi-Pendelschnüre	NPL	230/400	2 … 3	0,75 f	Zum Anschluss von Zugpendel- oder Schnurpendelleuchten
PVC-Pendelschnüre erh. Wärmeb. (90 °C)	NYPLYW	230/400	2 … 4	0,75 f	Zum Anschluss von Leuchten (oberhalb 90 °C bis 105 °C geringere Gebrauchsdauer)
Illuminations-Flachleitungen	NIFLÖU	300/500	2	1,5 f	Für Lichtketten mit besonderen Lampenfassungen
PVC-Leuchtröhrenleitungen	NYL	4/8 kV	1	1,5 f	Für Leuchtröhrenanlagen nach DIN VDE 0128; in Rohre verlegen
PVC-Leuchtröhrenleit. mit Metallumhüllung	NYLRZY NYLY	4/8 kV	1	1,5 f	Für Leuchtröhrenanlagen nach DIN VDE 0128

[1] e = eindrähtiger, f = feindrähtiger, ff = feinstdrähtiger, m = mehrdrähtiger Leiter.

Fortsetzung Seite 12-10

⇐ 12-14

12.7 Isolierte Starkstromleitungen

Isolierte Starkstromleitungen (Fortsetzung)

Bauart	Bauartkurzzeichen	Nennspannung U_0/U V	Aderanzahl	Leiterquerschnitt, Leiteraufbau[1] mm²	Verwendung
Dachständer-Einführungsleitung	NYDY	300/500	4	10…35 m	Für Dachständeranschlüsse zum Einführen in Dachständerrohre
Halogenfreie Mantelleitung mit verbessertem Verhalten im Brandfall	NHXMH	300/500	1 2…5 7	1,5…10 e 16 m 1,5…10 e 16…35 m 1,5…2,5 e	Zur Verlegung über, auf, im, unter Putz in trockenen und nassen Räumen, im Mauerwerk, im Beton (nicht direkt in Rüttelbeton), im Freien
Halogenfreie Adernleitung mit verbessertem Verhalten im Brandfall	NHXA NHXAF	450/750	1 1	0,5…10 e 6…400 m 0,5…240 f	In tr. Räumen zur Verdrahtung von Leuchten, Geräten, Schaltanlagen; für Verlegung in Rohren, geschlossenen Installationskanälen
Flexible Leitungen					
PVC-Schlauchleitungen	NYMHYV	300/500	2…5	1 und 1,5 f	Für den Anschluss gewerblich genutzter Bodenreinigungsgeräte
PVC-Steuerleitungen	NYSLYÖ NYSLY-CYÖ	300/500	3…60	0,5…2,5 f	Für Steuergeräte an Werkzeugmaschinen, Förderanlagen usw., in trockenen, feuchten, nassen Räumen
Silikonaderschnüre mit erh. Wärmebeständigkeit (180 °C)	N2GSA rd N2GSA fl	300/300	2 u. 3 2	0,75…1,5 f 0,75…1,5 f	Für den Anschluss von Heizgeräten und Leuchten
Silikon-Schlauchleitungen mit erh. Wärmebeständigkeit (180 °C)	N2GMH2G	300/500	2…5	0,75…2,5 f	Bei hohen Umgebungstemperaturen in trockenen, feuchten und nassen Räumen, auch im Freien; geringe mech. Beanspruchung
Sonder-Gummi-Schlauchleitungen	NMHVÖU	230/400	2…4 3…4	0,75 f 1,5 f	Zum Anschluss von Elektrowerkzeugen; hohe Verdrehbeanspruchung
Geschirmte Gummi-Schlauchleitungen	NSHCÖU	0,6/1 kV	2…4	1,5…16 f	Bei hohen mechanischen Beanspruchungen in trockenen, feuchten, nassen Räumen und im Freien, wenn elektrische Schirmung erf.
Gummi-Schlauchleitungen NSSH…	NSSHÖU	0,6/1 kV	1 2…4 5…7 vielad.	2,5…400 f 1,5…185 f 1,5…95 f 1,5…4 f	Für sehr hohe mechanische Beanspruchung; Bergbau, Baustellen, Industrie; in trockenen und feuchten Räumen, im Freien; auch feste Verlegung auf Putz
Gummi-Schlauchleitungen für Hebezeuge	NSHTÖU	0,6/1 kV	3 u.4 5…7 vielad.	1,5…240 f 1,5…95 f 1,5…4 f	Für Fälle, bei denen häufiges Auf- und Abwickeln auftritt bei gleichzeitiger Zug- und Torsionsbean., bei Zwangsführung der Leit.
Theaterleitungen	NTSK	300/500	beliebig	2,5…35 f	Für beweglich aufgehängte Beleuchtungskörper bzw. -gerüste
Schweißleitungen	NSLFFÖU	bis 100 V	1	16…185 f	Verbindung vom Schweißgerät zur Elektrode
Gummi-Flachleitungen	NGFLGÖU	300/500	2…24 3…8 3…7 3 u.4	1…2,5 f 1…4 f 1…35 f 1…95 f	Anschluss bewegter Teile von Werkzeugmaschinen, Förderanlagen usw. bei Biegungen in nur einer Ebene; in trockenen, feuchten und nassen Räumen und im Freien
Leitungstrossen	NTM…WÖU NTS…WÖU	0,6/1 kV bis 20/35 kV	1…4 5…7 vielad.	2,5…185 f 2,5…95 f 2,5…4 f	Für sehr hohe mechanische Beanspruchung, z. B. Bergbau, Baustellen, Industrie. Weitere Nennspannungen siehe DIN VDE 0250-813.
Schlauchleitung mit Polyurethanmantel	NGMH11YÖ	300/500	2…5 3…4	0,75…2,5 f 4…6 f	Für hohe mechanische Beanspruchung (scheuern, schleifen) in trockenen und nassen Räumen und im Freien. Anschluss von Elektr.-Werkzeug

[1] e = eindrähtiger, f = feindrähtiger, ff = feinstdrähtiger, m = mehrdrähtiger Leiter.

12.7 Isolierte Starkstromleitungen

12.7.2 Mindest-Leiterquerschnitt für Leitungen

Verlegungsart		Querschnitt in mm² bei Al	Querschnitt in mm² bei Cu
Feste geschützte Verlegung		2,5	1,5
Leitungen in Schaltanlagen und Verteilern	bis 2,5 A	–	0,5
	über 2,5 bis 16 A	–	0,75
	über 16 A	–	1,0
Offene Verlegung auf Isolatoren			
Abstand der Befestigungspunkte	bis 20 m	16	4
	über 20 bis 45 m	16 m	6
Fassungsadern			0,75

Verlegungsart	Querschnitt in mm² Cu
Bewegliche Leitungen zum Anschluss von: leichten Handgeräten bis 1 A und 2 m Länge	0,1
Geräten bis 2,5 A und 2 m Leitungslänge	0,5
Geräten, Gerätesteck- und Kupplungsdosen bis 10 A	0,75
Geräten über 10 A, Mehrfachsteck-, Gerätesteck- und Kupplungsdosen über 10 bis 16 A	1,0
Lichtketten für Innenräume (VDE 0710-3) zwischen Lichtkette und Stecker	0,75
zwischen einzelnen Lampen	0,5

12.7.3 Aufbau der harmonisierten Typenkurzzeichen[1)]

Das Kurzzeichen für harmonisierte Starkstromkabel/isolierte Starkstromleitungen setzt sich aus 3 Teilen zusammen; Teil 1 enthält die Bestimmungsart und die Nennspannung; Teil 2 beschreibt den Aufbau; Teil 3 umfasst Angaben über Adernzahl und Leitungsquerschnitt.

Kennzeichen der Bestimmung
- Harmonisierte Bestimmung — H
- Anerkannter nationaler Typ — A

Nennspannung U_0/U
- 300/300 V — 03
- 300/500 V — 05
- 450/750 V — 07

Isolier- und Mantelwerkstoff
- Ethylenpropylen-Kautschuk — B
- Polyethylen — E
- Ethylenvinylacetat-Copolymere — G
- Glasfaserbeflechtung — J
- Mineralisolierung — M
- Chloropren-Kautschuk — N
- Polyurethan — Q
- Ethylenpropylen-Kautschuk, Natur-Kautschuk oder Elastomer – R
- Silikon-Kautschuk — S
- Textilbeflechtung — T
- PVC (weich) — V
- vernetztes Polyethylen — X

… — **Nennquerschnitt des Leiters**

Schutzleiter
- X — ohne Schutzleiter
- G — mit Schutzleiter

… — **Aderzahl**

Leiterart
- F — Feindrähtig (flexibel)
- H — Feinstdrähtig (flexibel)
- K — Feindrähtig (fest verlegt)
- M — Milliken-Leiter
- R — Mehrdrähtig, rund
- S — Mehrdrähtig, Sektor
- U — Eindrähtig, rund
- W — Eindrähtig, Sektor
- Y — Lahnlitze

Besonderheiten im Aufbau
- H — Flach, aufteilbar
- H2 — Flach, nicht aufteilbar
- H3 — Stegleitung

1) Siehe auch Entwurf DIN VDE 0292: 1991-12.

12.7 Isolierte Starkstromleitungen

12.7.4 PVC-isolierte Starkstromleitungen

15-4
12-11
4-5

Bauart	Bauart-kurzzeichen	Nenn-spannung U_0/U V	Ader-anzahl	Leiterquer-schnitt, Leiteraufbau[1] mm²	Verwendung
Leitungen für feste Verlegung					
PVC-Verdrah-tungsleitungen	H05V-U H05V-K	300/500	1	0,5…1 e 0,5…1 f	Für die innere Verdrahtung von Geräten, Leuchten. Für Signal-anlagen in Rohren auf und unter Putz
PVC-Ader-leitungen	H07V-U H07V-R H07V-K	450/750	1	1,5…10 e 6…400 m 1,5…240 f	Für Verlegung in Rohren auf, in und unter Putz sowie in geschlos-senen Installations-Kanälen
Wärmebeständige PVC-Verdrah-tungsleitung	H05V2-U H05V2-K	300/500	1 1	0,5…2,5 e 0,5…2,5 f	Für die innere Verdrahtung von Leuchten, Wärmegeräten bis 85 °C Berührungstemperatur
Wärmebeständige PVC-Ader-Leitung	H07V2-U H07V2-R H07V2-K	450/750	1	1,5…2,5 e 1,5…2,5 m 1,5…2,5 f	Innere Verdrahtung von Be-triebsmitteln; höchste Berüh-rungstemperatur 85 °C; höchste Leitertemperatur 90 °C
Kältebeständige PVC-Aderleitung	H07V3-U H07V3-R H07V3-K	450/750	1 1 1	1,5…10 e 1,5…400 m 1,5…240 f	Verlegung in Rohren auf, in, unter Putz; in geschlossenen Installationskanälen bis –25 °C. Mit mechanischem Schutz in Anlagen auch bis 600/1000 V
PVC-Lichter-kettenleitung	H03VH7-H	300/300	1	0,5 ff	Innenraum-Lichterketten mit E5-Fassungen, $P_{max} = 100$ W
Flexible Leitungen					
Leichte Zwillings-leitungen	H03VH-Y	300/300	2	0,1 (Lahnlitze)	Anschluss besonders leichter Handgeräte, bis 2 m Länge zul., Strombelastung nicht über 0,2 A
Zwillings-leitungen	H03VH-H	300/300	2	0,5 und 0,75 ff	Anschluss leichter Elektrogeräte bei sehr geringen mechanischen Beanspruchungen
PVC-Schlauch-leitungen 03VV	H03VV-F H03VVH2-F A03VV-F	300/300	2…4 2 3…4	0,5…0,75 f 0,5…0,75 f 0,5…0,75 f	Anschluss leichter Elektrogeräte bei geringen mechanischen Be-anspruchungen
PVC-Schlauch-leitungen 05VV	H05VV-F H05VVH2-F A05VV-F	300/500	2…5 7 2 3…5 7	0,75…4 f 1…2,5 f 0,75 f 0,75…4 f 1…2,5 f	Anschluss von Elektrogeräten mit mittleren mechanischen Be-anspruchungen auch in feuchten und nassen Räumen
PVC-Flachlei-tungen 05VVH6	H05VVH6-F H05VVD3H6-F	300/500	3…5 6…24	1 f 0,75 und 1 f	Installation von Transportanla-gen, Werkzeugmaschinen; für Aufzüge, Hebezeuge bei einer freien Einhängelänge bis 35 m und einer Fahrgeschwindigkeit bis 1,6 m/s. (Nicht im Freien oder bei Umgebungstemp. <0 °C bzw. >40 °C)
PVC-Flachlei-tungen 07VVH6	H07VVH6-F H07VVD3H6-F A07VVH6-F A07VVD3H6-F	450/750	3…12 4 und 5 4 5	1,5 und 2,5 f 4…25 f 25 f 1,5…25 f	

[1] e = eindrähtiger, f = feindrähtiger, ff = feinstdrähtiger, m = mehrdrähtiger Leiter.

12.7 Isolierte Starkstromleitungen

12.7.5 Gummi-isolierte Starkstromleitungen

⇒ 12-11

Bauart	Bauartkurzzeichen	Nennspannung U_0/U V	Aderanzahl	Leiterquerschnitt, Leiteraufbau[1] mm^2	Verwendung
Leitungen für feste Verlegung					
Silikon-Aderleitungen erh. Wärmebeständigkeit (180 °C)	H05SJ-K A05SJ-K A05SJ-U	300/500	1	0,5…16 f 25…95 f 1…16 e	Für Umgebungstemperaturen über 55 °C; innere Verdrahtung von Leuchten, Wärmegeräten; in Schaltanlagen
Wärmebeständige Gummiaderleitungen	H07G-U H07G-R H07G-K	450/750	1	0,5…10 e 1,5…95 m 0,5…95 f	Für Leuchten (Durchgangsverdrahtung), in Wärmegeräten, Schaltanlagen, Verteilern bis 110 °C
Flexible Leitungen					
Gummi-Aderschnüre	H03RT-F	300/300	2 u.3	0,75…1,5 f	Bei geringen mechanischen Beanspruchungen für den Anschluss von Heizgeräten (z. B. Bügeleisen)
Gummi-Schlauchleitungen 05RR	H05RR-F A05RR-F A05RRT-F	300/500	2 u. 5 3 u. 4 3 u. 4 5	0,75…2,5 f 0,75…6 f 0,75…6 f 0,75…2,5 f	Anschluss von Elektrogeräten bei geringen mechanischen Beanspruchungen in Haushalten, Büros; in Möbeln
Illuminationsleitungen	H05RN-F H05RNH2-F	300/500	1 2	0,75…1,5 f 1,5 f	Für Lichterketten, dekorative Einrichtungen; auch im Freien
Gummi-Schlauchleitungen 05RN	H05RN-F A05RN-F	300/500	1…3 4	0,75…1 f 0,75 f	Anschluss von Elektrogeräten bei geringen mechanischen Beanspruchungen in trockenen und nassen Räumen, im Freien; in Möbeln
Gummi-Schlauchleitungen 07RN	H07RN-F A07RN-F	450/750	1 2 u. 5 3 u. 4 3 u. 4 5 7, 12, 18 27, 36	1,5…500 f 1…25 f 1…300 f 1…300 f 1…25 f 1,5…4 f 1,5…2,5 f	Bei mittleren mechanischen Beanspruchungen in trockenen, feuchten und nassen Räumen, im Freien; für Geräte in gewerblichen und landwirtschaftlichen Betrieben; transportable Motore auf Baustellen; auch für feste Verlegung auf Putz
Gummi-isolierte Aufzugssteuerleitungen 05RT und 05RN	H05RTD5-F H05RND5-F H05RTD3-F H05RND3-F A05R… D5FM-F	300/500	4…24	0,75 f	Anschluss von Aufzugs-, Förder- und Transportanlagen; bewegte Teile von Werkzeugmaschinen und Großgeräten bei mittlerer mechanischer Beanspruchung. Für die Installation von Aufzügen und Hebezeuge, deren freie Einhängelängen 35 m und deren Fahrgeschwindigkeit 1,6 m/s nicht überschreiten
Gummi-isolierte Aufzugssteuerleitung 07RT und 07RN	H07RTD5-F H07RND5-F H07RTD3-F H07RND3-F A07R… D5FM-F	450/750	4…24	1 f	
Schweißleitung	H01N2-D H01N2-E	100 100	1 1	10…185 10…185	Mit normaler Flexibilität Mit bes. hoher Flexibilität

[1] e = eindrähtiger, f = feindrähtiger, ff = feinstdrähtiger, m = mehrdrähtiger Leiter.

12.8 Starkstromkabel

12.8.1 Allgemeines für Kabel bis 18/30 kV

4-4

Kurzzeichen

Kurzzeichen	Bedeutung	Kurzzeichen	Bedeutung
Bauartkurzzeichen für Kabel mit Kunststoffisolierung		**Bauartkurzzeichen für Kabel mit Papierisolierung**	
A	Aluminiumleiter	A	Aluminiumleiter
Y	Isolierung aus Polyvinylchlorid (PVC)	H	Schirmung beim Höchstädter Kabel
2Y	Isolierung aus Polyethylen (PE)	E	Einzeln mit Metallmantel umgebene Adern (Dreimantelkabel)
2X	Isolierung aus vernetztem Polyethylen (VPE)	K	Bleimantel
C	Konzentrischer Leiter aus Kupfer	KL	Gepresster, glatter Aluminiummantel
CW	Konzentrischer Leiter aus Kupfer, wellenförmig aufgebracht	E	Schutzhülle mit eingebetteter Schicht aus Elastromerband oder Kunststofffolie
CE	Konzentrischer Leiter aus Kupfer bei 3-adrigen Kabeln über jede Ader aufgebracht	Y	Innere PVC-Schutzhülle
		B	Bewehrung aus Stahlband
S	Schirm aus Kupfer	F	Bewehrung aus Stahlflachdraht
SE	Schirm aus Kupfer bei 3-adrigen Kabeln über jede Ader aufgebracht	FO	Bewehrung aus Stahlflachdraht, offen
		R	Bewehrung aus Stahlrunddraht
K	Bleimantel	RO	Bewehrung aus Stahlrunddraht, offen
Y	PVC-Schutzhülle zwischen Kupferschirm bzw. konzentrischem Leiter und Bewehrung	G	Gegen- oder Haltewendel aus Stahlband
F	Bewehrung aus verzinkten Stahlflachdrähten	Z	Bewehrung aus Z-förmigem Stahlprofildraht
R	Bewehrung aus verzinkten Stahlrunddrähten	A	Schutzhülle aus Faserstoffen
G	Gegen- oder Haltewendel aus verzinktem Stahlband	Y	PVC-Mantel
		YV	Verstärkter PVC-Mantel
Y	PVC-Mantel	–J[1]	Kabel mit grün-gelb (grün-naturfarben) gekennzeichneter Ader
2Y	PE-Mantel		
–J[1]	Kabel mit grün-gelb gekennzeichneter Ader	–O[1]	Kabel ohne grün-gelb (grün-naturfarben) gekennzeichnete Ader
–O[1]	Kabel ohne grün-gelb gekennzeichnete Ader		

Kurzzeichen für Leiterform und -art

RE	Eindrähtiger Rundleiter	SE	Eindrähtiger Sektorleiter
RM	Mehrdrähtiger Rundleiter	SM	Mehrdrähtiger Sektorleiter
RF	Feindrähtiger Rundleiter		

Nennspannung

Höchste dauernd zulässige Betriebsspannung

Nennspannung U_0/U kV/kV	Höchste Spannung U_m in Drehstromsystemen kV	Einphasensystemen: beide Außenleiter isoliert kV	Einphasensystemen: ein Außenleiter geerdet kV
0,6/1	1,2	1,4	0,7
3,6/6	7,2	8,3	4,1
6/10	12	14	7
12/20	24	28	14
18/30	36	42	21

Es werden die Spannungen U_0/U angegeben:

- U_0 Spannung zwischen Leiter und metallener Umhüllung oder Erde,
- U Spannung zwischen Außenleitern eines Drehstromsystems.

Für den Einsatz in Drehstromsystemen sind Kabel geeignet mit einer Nennspannung $U_N = \sqrt{3} \cdot U_0$.

Für den Einsatz in Einphasensystemen mit beiden Außenleitern isoliert sind Kabel geeignet für eine Nennspannung $U_N = 2 \cdot U_0$.

Für den Einsatz in Einphasensystemen mit einem geerdeten Außenleiter sind Kabel geeignet für eine Nennspannung $U_N = U_0$.

[1] Für Kabel mit U_0/U 0,6/1 kV.

12.8 Starkstromkabel

12.8.2 Einsatzgebiete von Kabeln mit Nennspannungen U_0/U bis 18/30 kV

Kabel	Zulässige Einsatzgebiete in Innen-räumen	im Freien	in Erde	in Wasser [2)]	in Beton
Kabel mit massegetränkter Papierisolierung und Metallmantel (ausgenommen Gasdruck- und Ölkabel) nach DIN VDE 0255 A4: 1981-10 [1)]	×	×	×	×	
Installationskabel mit Isolierung aus Polyethylen (VPE) und Mantel aus PVC nach DIN VDE 0262: 1991-2	×	×			×
Kabel mit Kunststoffisolierung und Bleimantel für Starkstromanlagen nach DIN VDE 0265: 1981-10	×	×	×	×	×
Halogenfreie Kabel mit verbessertem Verhalten im Brandfall: Nennspannungen U_0/U 0,6/1 kV nach DIN VDE 0266: 1985-2	×	×			×
Kabel mit Isolierung und Mantel aus thermoplastischem PVC; Nennspannungen bis 6/10 kV nach DIN VDE 0271: 1986-6	×	×	×	×	× [3)]
Kabel mit Isolierung aus vernetztem Polyethylen und Mantel aus thermoplast. PVC; Nennspannung U_0/U 0,6/1 kV nach DIN VDE 0272: 1989-9	×	×	×	×	×
Kabel mit Isolierung aus vernetztem Polyethylen; Nennspannungen U_0/U 6/17, 12/20, 18/30 kV nach DIN VDE 0273: 1987-12	×	×	×	×	

12.8.3 Aufbau von Kabeln

Kurzzeichen	Aufbau	Aderanzahl	Leiterquerschnitt mm²
	Kabel (Isolation und Mantel: PVC) bis 6/10 kV		
NYY	Isolierung (Y) und Mantel (Y) aus PVC	1…40	1,5…1000
NYCWY	Wie NYY mit konzentrischem, wellenförmigem Leiter (CW)	3…40	1,5…240
NYFGY	Wie NYY mit Stahldrahtflachbewehrung (FG)	3	25…240
NYCYFGY	Wie NYFGY mit konzentrischem Leiter (C)		
NYSEY	Wie NYY mit Kupferschirm, einzeln über den Adern (SE)	3	25…240
NAYY	Wie NYY mit Aluminiumleiter (A)	4	25…185
NAYCWY	Wie NAYY mit konzentrischem, wellenförmigem Leiter (CW)	3	25…185
NAYSEY	Wie NYSEY mit Aluminiumleiter	3	25…240
	Kabel (Isolation: vernetztes Polyethylen, Mantel: PVC) für 0,6/1 kV		
NA2XY NA2XCWY	Aluminiumleiter (A), Isolierung aus vernetztem Polyethylen VPE (2X), Mantel aus PVC (Y) Wie NA2XY mit konzentrischem, wellenförmigem Leiter (CW)	1…4	25…240
	Halogenfreie Kabel für 0,6/1 kV		
NHXHX NHXCHX	Isolierung und Mantel aus vernetzter, halogenfreier Polymer-Mischung (HX) Wie NHXHX mit konzentrischem Kupferleiter	1…40	1,5…500
	Installationskabel für 0,6/1 kV		
NI2XY	Installationskabel (I), Isolierung VPE (2X), Mantel PVC (Y)	1…40	1,5…35

1) Zulässig auch, wenn die Gefahr der Einwirkung von Lösungsmitteln und Treibstoffen besteht.
2) Wenn nach der Verlegung keine mechanische Beschädigung zu erwarten ist.
3) Gilt nur für Kabel mit der Nennspannung U_0/U 0,6/1 kV.

Fortsetzung Seite 12-16

12.8 Starkstromkabel

12.8.3 Aufbau von Kabeln (Forts.)

Kurzzeichen	Aufbau	Ader-anzahl	Leiterquer-schnitt mm^2
Kabel für 6/10 kV, 12/20 kV und 18/30 kV			
N2XS2Y	Isolierung aus vernetztem Polyethylen (2X), Schirm aus Kupfer (S), Mantel aus thermoplastischem Polyethylen (2Y)	1	25…500
NA2XS2Y	Wie N2XS2Y mit Aluminiumleiter (A)		
Kabel für feste Verlegung auf Schiffen mit 0,6/1 kV			
MGG	Gummiisolierung (G) und Gummimantel (G)		1,5…300
MGCG	Wie MGG mit Schirm aus Kupferdrähten (C)		

12.8.4 Aufbau und Verwendung von Kabeln für große Nennspannungen

Kurzzeichen	Aufbau	Verwendung
Kabel für U_0/U von 18/30 kV bis 87/150 kV		In Drehstromnetzen – deren Sternpunkt niederohmig geerdet ist, – deren Sternpunkt gelöscht oder isoliert ist (Erdschluss nicht länger als 8 h anstehend, Gesamtdauer aller Erdschlüsse im Jahr <125 h)
N2XS(FL)2Y	Isolation vernetztes Polyethylen VPE (2X), Kupferschirm (S), längswasserdicht (FL), AL/PE-Schichtenmantel (2Y)	
Niederdruck-Ölkabel für Nennspannungen bis 230/400 kV		
NÖKUDEY	Niederdruckölkabel (Ö), Bleimantel (K), unmagnetische Druckschutzbandage (UD), Schutzhülle und eingebettete Schicht (E), PVC-Mantel (Y)	
Gasaußendruckkabel für Nennspannungen bis 127/220 kV		
NPKDVFST2Y	Gasaußendruckkabel (P), Bleimantel (K), unmagnetische Druckschutzbandage (D), verseilte Adern (V), Stahlflachdrahtbewehrung (F), Stahlrohr (ST), PE-Schutzhülle (2Y)	
NPAKDGLST2Y	Wie NPKDVFST2Y mit Aluminiumleiter, unmagnetische Gleitdrähte (GL) statt Stahlflachdrahtbewehrung	
Gasinnendruckkabel für Nennspannungen bis 127/220 kV		
NIKLEY	Gasinnendruckkabel (I), glatter Aluminiummantel (KL), Schutzhülle mit eingebetteter Schicht (E), PVC-Mantel (Y)	
NIAVST2Y	Wie NIKLEY mit Aluminiumleiter, verseilte Adern (V), Stahlflachdrahtbewehrung (F), Stahlrohr (ST), PE-Schutzhülle (2Y)	

12.8.5 Zulässige Biegeradien für Kabel mit U_0/U bis 18/30 kV

Kabel	Kunststoffkabel		Papierisolierte Kabel	
	U_0=0,6 kV	U_0>0,6 kV	mit Bleimantel oder gewelltem Al-Mantel	mit glattem Al-Mantel
Einadrig	$15 \cdot d$	$15 \cdot d$	$25 \cdot d$	$30 \cdot d$
Mehradrig vieladrig	$12 \cdot d$	$15 \cdot d$	$15 \cdot d$	$25 \cdot d$

d = Kabeldurchmesser

Beim einmaligen Biegen können die Biegeradien auf die Hälfte verringert werden, wenn fachgemäße Bearbeitung (auf 30 °C erwärmen, über Schablone biegen) sichergestellt ist.

12

12.8 Starkstromkabel

12.8.6 Strombelastbarkeit von Starkstromkabeln

⟹ 12-18
⟹ 15-4

PVC-isolierte Kabel mit $U_0/U = 0{,}6/1$ kV

Nennquerschnitt	Belastbarkeit in A bei einer Anordnung entsprechend Darstellung – Verlegung in Erde										Verlegung in Luft									
	⊙[2]		⊙̈		(∴)[1] (∷)		△⊙⊙⊙		⊙⊙⊙[3]		⊙[2]		⊙̈		(∴)[1] (∷)		△⊙⊙⊙		⊙⊙⊙[3]	
mm²	Cu	Al	Cu	Al	Cu	Al	Cu	Al	Cu	Al	Cu	Al	Cu	Al	Cu	Al	Cu	Al	Cu	Al
1,5	40	–	32	–	26	–	–	–	–	–	26	–	20	–	18,5	–	20	–	25	–
2,5	54	–	42	–	34	–	–	–	–	–	35	–	27	–	25	–	27	–	34	–
4	70	–	54	–	44	–	–	–	–	–	46	–	37	–	34	–	37	–	45	–
6	90	–	68	–	56	–	–	–	–	–	58	–	48	–	43	–	48	–	57	–
10	122	–	90	–	75	–	–	–	–	–	79	–	66	–	60	–	66	–	78	–
16	160	–	116	–	98	–	107	–	127	–	105	–	89	–	80	–	89	–	103	–
25	206	–	–	–	128	99	137	–	163	–	140	128	118	91	106	83	118	–	137	–
35	249	192	–	–	157	118	165	127	195	151	174	145	145	113	131	102	145	113	169	131
50	296	229	–	–	185	142	195	151	230	179	212	176	176	138	159	124	176	138	206	160
70	365	282	–	–	228	176	239	186	282	218	269	224	224	174	202	158	224	174	261	202
95	438	339	–	–	275	211	287	223	336	261	331	271	271	210	244	190	271	210	321	249
120	499	388	–	–	313	242	326	254	382	297	386	314	314	244	282	220	314	244	374	291
150	561	435	–	–	353	270	366	285	428	332	442	361	361	281	324	252	361	281	428	333
185	637	494	–	–	399	308	414	323	483	376	511	412	412	320	371	289	412	320	494	384
240	743	578	–	–	464	363	481	378	561	437	612	484	484	378	436	339	484	378	590	460
300	843	654	–	–	524	412	542	427	632	494	707	548	–	–	481	377	549	433	678	530
400	986	765	–	–	600	475	624	496	730	572	859	666	–	–	560	444	657	523	817	642
500	1125	873	–	–	–	–	698	562	823	649	1000	776	–	–	–	–	749	603	940	744

VPE-isolierte Kabel mit $U_0/U = 0{,}6/1$ kV

Nennquerschnitt	Belastbarkeit in A bei einer Anordnung entsprechend Darstellung – Verlegung in Erde								Verlegung in Luft							
	⊙[2]		(∴)[1] (∷)		△⊙⊙⊙		⊙⊙⊙[3]		⊙[2]		(∴)[1] (∷)		△⊙⊙⊙		⊙⊙⊙[3]	
mm²	Cu	Al	Cu	Al	Cu	Al	Cu	Al	Cu	Al	Cu	Al	Cu	Al	Cu	Al
1,5	48	–	30	–	32	–	39	–	32	–	24	–	25	–	32	–
2,5	63	–	40	–	43	–	51	–	43	–	32	–	34	–	42	–
4	82	–	52	–	55	–	66	–	57	–	42	–	44	–	56	–
6	103	–	64	–	68	–	82	–	72	–	53	–	57	–	71	–
10	137	–	86	–	90	–	109	–	99	–	73	–	77	–	96	–
16	177	–	111	–	115	–	139	–	131	–	96	–	102	–	128	–
25	229	177	143	111	149	–	179	–	177	137	130	100	139	–	173	–
35	275	212	173	132	178	137	213	164	218	168	160	122	170	131	212	163
50	327	253	205	157	211	163	251	195	266	206	195	147	208	161	258	200
70	402	311	252	195	259	201	307	238	338	262	247	189	265	205	328	254
95	482	374	303	233	310	240	366	284	416	323	305	232	326	253	404	313
120	550	427	346	266	352	274	416	323	487	377	355	270	381	296	471	366
150	618	479	390	299	396	308	465	361	559	433	407	308	438	341	541	420
185	701	543	441	340	449	350	526	408	648	502	469	357	507	395	626	486
240	819	637	511	401	521	408	610	476	779	605	551	435	606	475	749	585
300	931	721	580	455	587	462	689	537	902	699	638	501	697	548	864	675
400	1073	832	663	526	669	531	788	616	1070	830	746	592	816	647	1018	798
500	1223	949	–	–	748	601	889	699	1246	966	–	–	933	749	1173	926

[1] Kabel im Drehstrombetrieb. [2] Belastbarkeit in Gleichstromanlagen. [3] Zwischenraum 7 cm.
Siehe auch VDE 0271, 0272, 0298.

12.8 Starkstromkabel

12.8.6 Strombelastbarkeit von Starkstromkabeln (Forts.)

Umrechnungsfaktoren für Verlegung in Erde[1)]

Erdbodentemperatur	Spezifischer Erdbodenwärmewiderstand in K · m/W: 0,7 Belastungsgrad				1,0 Belastungsgrad				1,5 Belastungsgrad				2,5 Bel.-Grad
	0,50	0,70	0,85	1,00	0,50	0,70	0,85	1,00	0,50	0,70	0,85	1,00	0,5 bis 1,00
Zulässige Betriebstemperatur 90 °C													
5	1,24	1,18	1,13	1,07	1,11	1,07	1,03	1,00	0,99	0,97	0,96	0,94	0,89
10	1,23	1,16	1,11	1,05	1,09	1,05	1,01	0,98	0,97	0,95	0,93	0,91	0,86
15	1,21	1,14	1,08	1,03	1,07	1,02	0,99	0,95	0,95	0,92	0,91	0,89	0,84
20	1,19	1,12	1,06	1,00	1,05	1,00	0,96	0,93	0,92	0,90	0,88	0,86	0,81
25					1,02	0,98	0,94	0,90	0,90	0,87	0,85	0,84	0,78
30						0,95	0,91	0,88	0,87	0,84	0,83	0,81	0,75
35										0,82	0,80	0,78	0,72
40													0,68
Zulässige Betriebstemperatur 80 °C													
5	1,27	1,20	1,14	1,08	1,12	1,07	1,04	1,00	0,99	0,97	0,95	0,93	0,88
10	1,25	1,17	1,12	1,06	1,10	1,05	1,01	0,97	0,97	0,94	0,92	0,91	0,85
15	1,23	1,15	1,09	1,03	1,07	1,03	0,99	0,95	0,94	0,92	0,90	0,88	0,82
20	1,20	1,13	1,07	1,01	1,05	1,00	0,96	0,92	0,91	0,89	0,87	0,85	0,78
25					1,03	0,97	0,93	0,89	0,88	0,86	0,84	0,82	0,75
30						0,95	0,91	0,86	0,85	0,83	0,81	0,78	0,72
35										0,80	0,77	0,75	0,68
40													0,64
Zulässige Betriebstemperatur 70 °C													
5	1,29	1,22	1,15	1,09	1,13	1,08	1,04	1,00	0,99	0,97	0,95	0,93	0,86
10	1,27	1,19	1,13	1,06	1,11	1,06	1,01	0,97	0,96	0,94	0,92	0,89	0,83
15	1,25	1,17	1,10	1,03	1,08	1,03	0,99	0,94	0,93	0,91	0,88	0,86	0,79
20	1,23	1,14	1,08	1,01	1,06	1,00	0,96	0,91	0,90	0,87	0,85	0,83	0,76
25					1,03	0,97	0,93	0,88	0,87	0,84	0,82	0,79	0,72
30						0,94	0,89	0,85	0,84	0,80	0,78	0,76	0,68
35										0,77	0,74	0,72	0,63
40													0,59
Zulässige Betriebstemperatur 60 °C													
5	1,33	1,24	1,17	1,10	1,15	1,09	1,05	1,00	0,99	0,96	0,94	0,92	0,84
10	1,30	1,21	1,14	1,07	1,12	1,06	1,02	0,97	0,96	0,93	0,90	0,88	0,80
15	1,28	1,19	1,12	1,04	1,09	1,03	0,98	0,93	0,92	0,89	0,87	0,84	0,76
20	1,25	1,16	1,09	1,01	1,06	1,00	0,95	0,90	0,89	0,86	0,83	0,80	0,72
25					1,03	0,97	0,92	0,86	0,85	0,82	0,79	0,76	0,67
30						0,93	0,88	0,82	0,81	0,78	0,75	0,72	0,62
35										0,73	0,70	0,67	0,57
40													0,51

Die Tabellenwerte gelten für Größtlast und einen Bel.-Grad von 0,7 (Größtlast = größte Last des Tageslastspiels; Durchschnittslast = Mittelwert der Last des Tageslastspiels; Bel.-Grad = Durchschnittslast/Größtlast). Als Legetiefe gilt 0,7 … 1,2 m; Erdbodentemperatur in Legetiefe ist 20 °C; spezifische Erdbodenwärmewiderstände: im Feuchtebereich 1 K · m/W, im Trockenbereich 2,5 K · m/W. Bei Verlegung in Rohrsystemen wird eine Belastungsminderung auf 85% der Tabellenwerte empfohlen (Ausnahme: nur stellenweise Rohrverlegung im Netz)

[1)] Nicht gültig für PVC-Kabel für 6/10 kV.
Siehe auch DIN VDE 0298.

12.8 Starkstromkabel

Umrechnungsfaktoren für Kabelsysteme

Die Tabellenwerte gelten für Verlegung in Erde bei einem Erdbodenwärmewiderstand von 1 K · m/W und einem Belastungsgrad von 0,7.

Kabelart	Anzahl der Syst. 1	2	3
Einadrige Kabel in Drehstromsystemen im Dreieck gebündelt verlegt mit einem lichten Abstand von 7 cm			
VPE-Kabel 0,6/1 bis 18/30 kV	1,00	0,85	0,75
PE-Kabel 6/10 bis 18/30 kV	1,00	0,85	0,75
PVC-Kabel 0,6/1 bis 6/10 kV	1,00	0,85	0,75
Masse-Kabel 0,6/1 bis 18/30 kV	1,00	0,85	0,75
Einadrige Kabel in Drehstromsystemen nebeneinander verlegt mit einem lichten Abstand von 7 cm			
VPE-Kabel 0,6/1 bis 18/30 kV	1,00	0,87	0,77
PE-Kabel 0,6/1 bis 18/30 kV	1,00	0,87	0,77
PVC-Kabel 0,6/1 bis 6/10 kV	1,00	0,87	0,78
Masse-Kabel 0,6/1 bis 18/30 kV	1,00	0,87	0,78

Kabelart	Anzahl der Syst. 1	2	3
Dreiadrige Kabel in Drehstromsystemen[1] mit einem lichten Abstand von 7 cm			
VPE-Kabel[2] 0,6/1 und 6/10 kV	1,00	0,85	0,75
PE-Kabel 6/10 kV	1,00	0,85	0,75
PVC-Kabel[2] 0,6/1 und 3,6/6 kV	1,00	0,86	0,76
Masse-Kabel, Gürtelkabel 0,6/1; 3,6/6 kV Dreimantelkabel 3,6/6; 6/10 kV	1,00	0,86	0,77

[1] In Drehstromsystemen gelten diese Werte auch für Kabel für 0,6/1 kV mit vier oder fünf Leitern.

[2] Die Werte gelten auch in Gleichstromsystemen für einadrige Kabel für 0,6/1 kV.

Umrechnungsfaktoren für vieladrige PVC-Kabel (Leiterquerschnitt von 1,5 bis 10 mm²)

⟹ 12-17

Die Faktoren sind bezogen auf die Werte für drei- bzw. vieradrige PVC-Kabel auf Seite 12-17.

	Anzahl der belasteten Adern 5	7	10	14	19	24	40	61
Verlegung in Erde	0,70	0,60	0,50	0,45	0,40	0,35	0,30	0,25
Verlegung in Luft	0,75	0,65	0,55	0,50	0,45	0,40	0,35	0,30

Umrechnungsfaktoren für abweichende Lufttemperaturen

Kabel-Bauart	Lufttemperatur in °C 10	15	20	25	30	35	40	45	50
Gürtelkabel, Massekabel									
0,6/1 bis 3,6/6 kV	1,05	1,05	1,05	1,05	1,0	0,95	0,89	0,84	0,77
6/10 kV	1,0	1,0	1,0	1,0	1,0	0,93	0,85	0,76	0,65
Einadrige, Dreimantel- u. H-Kabel									
0,6/1 bis 3,6/6 kV	1,05	1,05	1,05	1,05	1,0	0,95	0,89	0,84	0,77
6/10 kV	1,06	1,06	1,06	1,06	1,0	0,94	0,87	0,79	0,71
12/20 kV	1,0	1,0	1,0	1,0	1,0	0,93	0,85	0,76	0,65
18/30 kV	1,0	1,0	1,0	1,0	1,0	0,91	0,82	0,71	0,58
VPE-Kabel	1,15	1,12	1,08	1,04	1,0	0,96	0,91	0,87	0,82
PE-Kabel PVC-Kabel	1,22	1,17	1,12	1,07	1,0	0,94	0,87	0,79	0,71

12.8 Starkstromkabel

Umrechnungsfaktoren für Häufung in Luft

Einadrige Kabel in Drehstromsystemen

Anordnung der Kabel: Ebene Verlegung, Zwischenraum = Kabeldurchmesser *d*, Abstand von Wand ≥ 2 cm					
Anzahl der Systeme nebeneinander		1	2	3	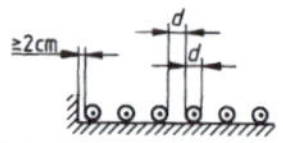
Auf dem Boden liegend		0,92	0,89	0,88	
Auf Kabelwannen liegend (behinderte Luftzirkulation)	Anzahl der Wannen				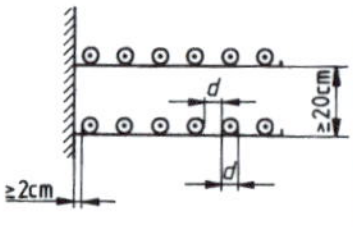
	1	0,92	0,89	0,88	
	2	0,87	0,84	0,83	
	3	0,84	0,82	0,81	
	6	0,82	0,80	0,79	
Auf Kabelrosten liegend (unbehinderte Luftzirkulation)	Anzahl der Roste				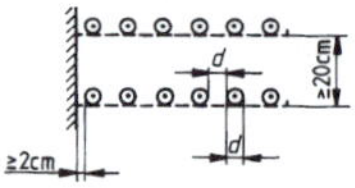
	1	1,00	0,97	0,96	
	2	0,97	0,94	0,93	
	3	0,96	0,93	0,92	
	6	0,94	0,91	0,90	
Anzahl der Systeme übereinander		1	2	3	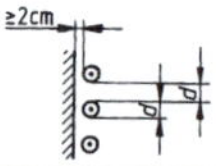
Auf Gerüsten oder an der Wand angeordnet		0,94	0,91	0,89	
Anordnungen, für die keine Reduktion erforderlich ist		Bei ebener Verlegung mit größerem Abstand wird die gegenseitige Erwärmung zwar geringer, gleichzeitig nehmen aber die Mantel- und Schirmverluste zu. Daher keine Angaben			
Anordnung der Kabel: gebündelte Verlegung, Zwischenraum = 2*d*, Abstand von der Wand ≥ 2 cm					
Anzahl der Systeme nebeneinander		1	2	3	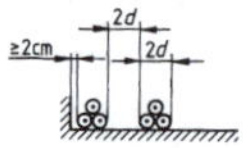
Auf dem Boden liegend		0,95	0,90	0,88	
Auf Kabelwannen liegend (behinderte Luftzirkulation)	Anzahl der Wannen				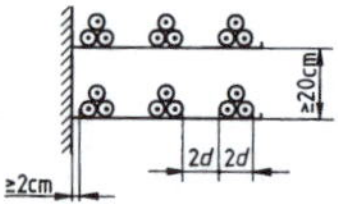
	1	0,95	0,90	0,88	
	2	0,90	0,85	0,83	
	3	0,88	0,83	0,81	
	6	0,86	0,81	0,79	
Auf Kabelrosten liegend (unbehinderte Luftzirkulation)	Anzahl der Roste				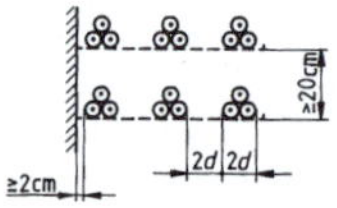
	1	1,00	0,98	0,96	
	2	1,00	0,95	0,93	
	3	1,00	0,94	0,92	
	6	1,00	0,93	0,90	
Anzahl der Systeme übereinander		1	2	3	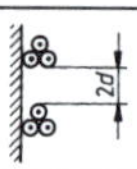
Auf Gerüsten oder an der Wand angeordnet		0,89	0,86	0,84	
Anordnungen, für die keine Reduktion erforderlich ist		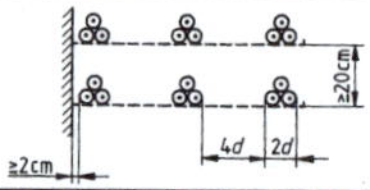			

Siehe auch DIN VDE 0298.

12.8 Starkstromkabel

Umrechnungsfaktoren für Häufung in Luft (Forts.)

Mehradrige Kabel und einadrige Gleichstromkabel

Anordnung der Kabel: Zwischenraum = Kabeldurchmesser *d*, Abstand von Wand ≥2 cm							
Anzahl der Kabel nebeneinander		1	2	3	6	9	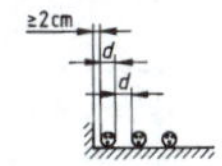
Auf dem Boden liegend		0,95	0,90	0,88	0,85	0,84	
Auf Kabelwannen liegend (behinderte Luftzirkulation)	Anz. der Wannen						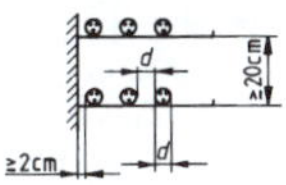
	1	0,95	0,90	0,88	0,85	0,84	
	2	0,90	0,85	0,83	0,81	0,80	
	3	0,88	0,83	0,81	0,79	0,78	
	6	0,86	0,81	0,79	0,77	0,76	
Auf Kabelrosten liegend (unbehinderte Luftzirkulation)	Anz. der Roste						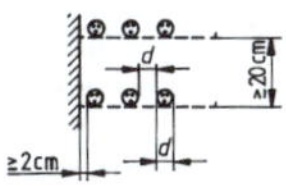
	1	1,00	0,98	0,96	0,93	0,92	
	2	1,00	0,95	0,93	0,90	0,89	
	3	1,00	0,94	0,92	0,89	0,88	
	6	1,00	0,93	0,90	0,87	0,86	
Anzahl der Kabel übereinander		1	2	3	6	9	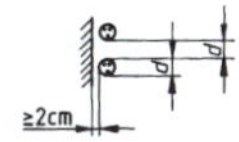
Auf Gerüsten oder an der Wand angeordnet		1,00	0,93	0,90	0,87	0,86	
Anordnungen, für die keine Reduktion erforderlich ist		Anzahl der übereinander angeordneten Kabel beliebig					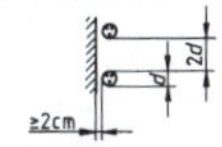
Anordnung der Kabel: gegenseitige Berührung, Wandberührung							
Anzahl der Kabel nebeneinander		1	2	3	6	9	
Auf dem Boden liegend		0,90	0,84	0,80	0,75	0,73	
Auf Kabelwannen liegend (behinderte Luftzirkulation)	Anz. der Wannen						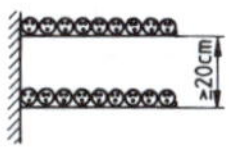
	1	0,95	0,84	0,80	0,75	0,73	
	2	0,95	0,80	0,76	0,71	0,69	
	3	0,95	0,78	0,74	0,70	0,68	
	6	0,95	0,76	0,72	0,68	0,66	
Auf Kabelrosten liegend (unbehinderte Luftzirkulation)	Anz. der Roste						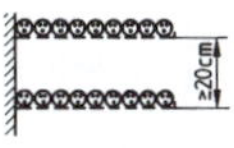
	1	0,95	0,84	0,80	0,75	0,73	
	2	0,95	0,80	0,76	0,71	0,69	
	3	0,95	0,78	0,74	0,70	0,68	
	6	0,95	0,76	0,72	0,68	0,66	
Anzahl der Kabel übereinander		1	2	3	6	9	
Auf Gerüsten oder an der Wand angeordnet		0,95	0,78	0,73	0,68	0,66	
Anordnungen, für die keine Reduktion erforderlich ist		Anzahl der Kabel nebeneinander beliebig					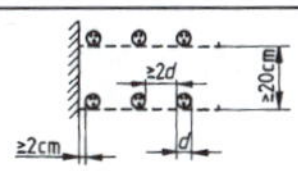

Siehe auch DIN VDE 0298.

12.9 Leitungen und Kabel der Nachrichtentechnik

12.9.1 Kurzzeichen für die Bezeichnung von Installationsleitungen und Kabeln für Fernmeldeanlagen

Kurzzeichen	Bedeutung
Installationsleitungen	
J-	Installationskabel und Stegleitung
JE-	Installationskabel für Industrie-Elektronik
Y	Isolierhülle oder Mantel aus Polyvinylchlorid (PVC)
2Y	Isolierhülle/Mantel aus Polyethylen (PE)
(St)	Statischer Schirm
(Zg)	Zugentlastung aus gebündelten Glasgarnen
Lg	Lagenverseilung
Bd	Bündelverseilung
Li	Litzenleiter aus Drähten
C	Schirm aus Kupferdrahtgeflecht
F	Stegleitung, flach
StIII	Stern-Vierer mit besonderen Eigenschaften
Kabel	
A-	Außenkabel
AB-	Außenkabel mit Blitzschutzforderungen
AJ-	Außenkabel mit Induktionsschutzforderungen
G-	Grubenkabel
GJ-	Grubenkabel mit Induktionsschutzforderungen
P	Isolierhülle aus Papier
Y	Mantel oder Schutzhülle aus PVC
Yv	Verstärkte Schutzhülle aus PVC
2Y	Isolierhülle aus Voll-PE oder Mantel oder Schutzhülle aus Polyethylen (PE)
2Yv	Verstärkte Schutzhülle aus PE
O2Y	Isolierhülle aus Zell-PE

Kurzzeichen	Bedeutung
D	Konzentrische Lage aus Kupferdrähten, z. B. in Signalkabeln der Bahn
M	Bleimantel
Mz	Bleimantel mit Erhärtungszusatz
L	Glatter Aluminiummantel
LD	Aluminiumwellmantel
(L)2Y	Schichtenmantel
F(L)2Y	Kabelseele mit Petrolatfüllung und Schichtenmantel
W	Stahlwellmantel
b	Bewehrung
(Z)	Stahldrahtgeflecht über PVC-Innenmantel
c	Schutzhülle aus Jute und zähflüssiger Masse
E	Masseschicht mit Kunststoffband
DM	Dieselhorst-Martin-Vierer
F	Stern-Vierer in Streckenfernkabeln der Bahn
St	Stern-Vierer
StI	Stern-Vierer
StIII	Stern-Vierer mit besonderen Eigenschaften
PiMF	Geschirmtes Paar (in Metallfolie)
S	Signalkabel der Bahn
Bd	Bündelverseilung
Lg	Lagenverseilung

Beispiel: JE-Y(St) Y 8×2×0,8 Bd
Installationskabel für Industrie-Elektronik mit PVC-Isolierhülle, statischem Schirm, PVC-Mantel, 8 Paaren mit Kupferleitern von 0,8 mm Durchmesser und in Bündelverseilung.

12.9.2 Installationsleitungen für Fernmeldeanlagen

Bezeichnung Kurzzeichen	Aderzahlen bzw. Doppeladerzahlen	Leiterdurchmesser mm	Max. Leiterwiderstand Ω/km	Mindest-Isolationswiderstand MΩ/km	Verseilelement bzw. Verseilart	Verwendung
Installationsdraht Y	1, 2, 3, 4 (Adern)	0,6	65	100	Mehradrig: Schlaglänge ≈ 50 mm	In trockenen und zeitweise feuchten Betriebsstätten
		0,8	36,6			
Stegleitung J-FY	2, 3 (Adern)	0,6	65		Parallel angeordnet	Wie oben, in und unter Putz
Einführungsdraht 2YY	1 (Ader)	1,0 verzinnt	23,4	5000	–	Wie oben, im Freien, in und unter Putz
Installationskabel J-Y (St) Y…Lg	2, 4, 6, 10, 16, 20, 24, 30, 40, 50, 60, 80, 100 (Doppeladern)	0,6	130	100	In Paaren verseilt	In trockenen und feuchten Betriebsstätten, in und unter Putz
		0,8	73,2 (Schleife)			
Installationskabel JE-Y (St) Y…Bd	2, 4, 8, 12, 20, 32, 40 (Doppeladern)	0,8	73,2 (Schleife)		Bündelverseilung Paar	Wie oben, im Freien bei fester Verlegung
Installationskabel JE-YCY…Bd						

Siehe auch DIN VDE 0815.

12.9 Leitungen und Kabel der Nachrichtentechnik

12.9.3 Koaxiale HF-Kabel (Antennenkabel)

4-4

3-25

Kabeltyp	Anwendung Verlegung	Abmaße in mm	elektr. Daten	Dämpfung in dB/100 m
KOKA 702 	Einzel- und Gemeinschaftsantennenempfangsanlagen Auf- oder Unterputz in Rohren	$d=0{,}75$ $D=4{,}8$ $D_a=7{,}0$ $r_{st}=35$ $r_{dy}=70$	$Z_L=75\ \Omega$ $R=4{,}28\ \Omega$ $k=0{,}66$	1 MHz: 0,8 68 MHz: 6,5 100 MHz: 8,5 300 MHz: 14,8 800 MHz: 26,0 1750 MHz: 40,0
KOKA 712 	Einzel- und Gemeinschaftsantennenempfangsanlagen Auf- oder Unterputz in Rohren	$d=0{,}75$ $D=4{,}8$ $D_a=6{,}8$ $r_{st}=70$ $r_{dy}=340$	$Z_L=75\ \Omega$ $R=4{,}85\ \Omega$ $k=0{,}66$	1 MHz: 0,8 68 MHz: 6,4 100 MHz: 8,4 300 MHz: 14,5 800 MHz: 25,2 1750 MHz: 40,0
KOKA 792 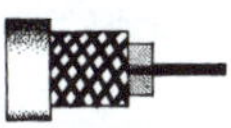	Empfängeranschlusskabel	$d=0{,}6$ $D=3{,}3$ $D_a=5{,}0$ $r_{st}=50$ $r_{dy}=250$	$Z_L=75\ \Omega$ $R=10{,}02\ \Omega$ $k=0{,}66$	1 MHz: 1,1 68 MHz: 9,6 100 MHz: 12,0 300 MHz: 22,0 800 MHz: 41,0 1750 MHz: 65,0
KOKA 715 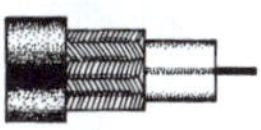	Vorwiegend Außeninstallation Auf- oder Unterputz in Rohren	$d=0{,}75$ $D=4{,}8$ $D_a=6{,}8$ $r_{st}=70$ $r_{dy}=340$	$Z_L=75\ \Omega$ $R=4{,}85\ \Omega$ $k=0{,}66$	1 MHz: 0,8 68 MHz: 6,4 100 MHz: 8,2 300 MHz: 14,5 800 MHz: 25,2 1750 MHz: 40,0
KOKA 744 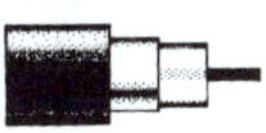	Große Gemeinschaftsantennenempfangsanlagen Auf- oder Unterputz, Erdverlegung	$d=1{,}8$ $D=11{,}5$ $D_a=14{,}8$ $r_{st}=150$ $r_{dy}=750$	$Z_L=75\ \Omega$ $R=1{,}08\ \Omega$ $k=0{,}66$	1 MHz: 0,3 68 MHz: 2,7 100 MHz: 3,4 300 MHz: 6,2 800 MHz: 11,5 1750 MHz: 20,1
KOKA 751 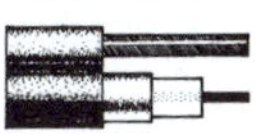	Große Gemeinschaftsantennenempfangsanlagen Freileitung: Zugbelastung 5490 N	$d=1{,}1$ $D=7{,}3$ $D_a=10{,}6$ $r_{st}=105$ $r_{dy}=575$	$Z_L=75\ \Omega$ $R=2{,}31\ \Omega$ $k=0{,}66$	1 MHz: 0,5 68 MHz: 4,2 100 MHz: 5,3 300 MHz: 9,6 800 MHz: 17,0 1750 MHz: 28,0

12

Aufbau und Kenndaten

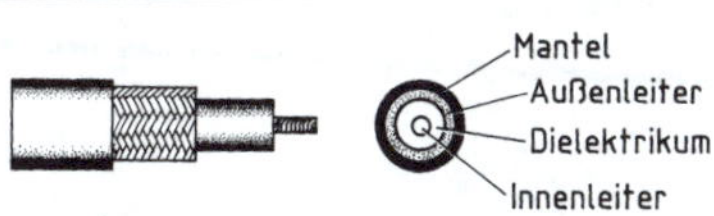

Abmessungen:
- d Durchmesser des Innenleiters;
- D Innendurchmesser des Außenleiters;
- D_a Außendurchmesser des Mantels.

Wellenwiderstand Z_L:
Eigenschaft einer Übertragungsstrecke.

Gleichstromwiderstand R: Widerstand der Schleife aus Innen- und Außenleiter für 100 m Kabel bei 20 °C.

Verkürzungsfaktor k: Gibt an, um wieviel die Signalfortpflanzungsgeschwindigkeit v auf der Leitung kleiner ist als die Lichtgeschwindigkeit c_0.

2-4

Biegeradius:
- r kleinster zulässiger Biegeradius;
- r_{st} für einmaliges Biegen (feste Montage);
- r_{dy} für mehrmaliges Biegen (bewegte Anwendung).

13 Werkstoffe und Werkstoffnormung

13.1 Chemische Elemente und ihre Verbindungen

13.1.1 Trivialnamen und chemische Benennung technisch wichtiger Stoffe

⇒ 15-7ff

Trivialname	Chemische Formel	Chemischer Name bzw. Erläuterung
Aceton	C_3H_6O	Propanon
Acetylen	C_2H_2	Ethin
Äther[1]	$C_4H_{10}O$	Diethylether
Ätzkali	KOH	Kaliumhydroxid
Ätzkalk	$Ca(OH)_2$	Calciumhydroxid
Ätznatron[2]	NaOH	Natriumhydroxid
Aktivkohle	C	feinteilige, porenreiche Kohle
Aluminiumazetat	$Al(CH_3COO)_3$	Essigsaure Tonerde
Anilin	$C_6H_5NH_2$	Aminobenzol
Antichlor	$Na_2S_2O_3 \cdot 5\,H_2O$	Natriumthiosulfat
Benzol	C_6H_6	Benzol
Bittersalz	$MgSO_4 \cdot 7\,H_2O$	Magnesiumsulfat
Blausäure	HCN	Zyanwasserstoff
Bleiglätte	PbO	Blei(II)-oxid
Blutlaugensalz, gelbes	$K_4Fe(CN)_6 \cdot 3\,H_2O$	Kaliumhexacyanoferrat(II)
–, rotes	$K_3Fe(CN)_6$	Kaliumhexacyanoferrat(III)
Borax	$Na_2B_4O_7 \cdot 10\,H_2O$	Natriumtetraborat
Borsäure	H_3BO_3	Borsäure
Braunstein	MnO_2	Mangandioxid
Carborundum	SiC	Siliciumcarbid
Chlorkalk	CaCl(OCl)	Calciumchlorid-hypochlorid
Chloroform	$CHCl_3$	Trichlormethan
Eisenchlorid	$FeCl_2 \cdot 4\,H_2O$	Eisen(II)-chlorid-tetrahydrat
Eisenrost	$FeO \cdot Fe_2O_3 \cdot 2\,H_2O$	Eisenoxidhydrat
Eisessig, Essig, Essigsäure	CH_3COOH	Ethansäure
Fixiersalz	$Na_2S_2O_3$	Natriumthiosulfat
Flusssäure	HF	Fluorwasserstoffsäure
Gips	$CaSO_4 \cdot 2\,H_2O$	Calciumsulfat-dihydrat
Glaubersalz	$NaSO_4 \cdot 10\,H_2O$	Natriumsulfat-decahydrat
Glycerin	$C_3H_5(OH)_3$	Propantriol
Holzessig	CH_3COOH	Ethansäure
Holzgeist	CH_3OH	Methanol
Kalk, gebrannter	CaO	Calciumoxid
–, gelöschter	$Ca(OH)_2$	Calciumhydroxid
Karbid	CaC_2	Calciumcarbid
Karborund	SiC	Siliciumcarbid

Trivialname	Chemische Formel	Chemischer Name bzw. Erläuterung
Kochsalz	NaCl	Natriumchlorid
Königswasser		Gemisch aus 3 Teilen konz. HCl und 1 Teil konz. HNO_3
Kohlendioxid	CO_2	Kohlenstoffdioxid
Kohlenoxid	CO	Kohlenstoffmonooxid
Korund, Schmirgel	Al_2O_3	Aluminiumoxid
Kreide, Kalkstein	$CaCO_3$	Calciumcarbonat
Kupfervitriol	$CuSO_4 \cdot 5\,H_2O$	Kupfer(II)-sulfat-pentahydrat
Linolsäure	$C_{18}H_{32}O_2$	Linolsäure
Lötsalz (in Lösung) Lötwasser	$ZnCl_2 + 2\,NH_4Cl$	Lösung von Zinkchlorid und Ammoniumchlorid
Lachgas	N_2O	Distickstoffoxid
Magnesia	MgO	Magnesiumoxid
Mennige	Pb_3O_4	Blei(II, IV)-oxid
Methylenchlorid	CH_2Cl_2	Dichlormethan
Natron	$NaHCO_3$	Natriumbicarbonat
Nitroglycerin	$C_3H_5(NO_3)_3$	Propantrioltrinitrat
Öl	$C_{57}H_{104}IO_6$	Trioleïn
Oxalsäure	$C_2H_2O_4$	Ethandisäure
Perchloräthylen	$CCl_2{=}CCl_2$	Tetrachlorethen
Pottasche	K_2CO_3	Kaliumcarbonat
Salmiak	NH_4Cl	Ammoniumchlorid
Salmiakgeist	NH_4OH	Ammoniumhydroxid
Salpetersäure	HNO_3	Salpetersäure
Salzsäure	HCl	Hydrogenchlorid
Schwefelkies	FeS_2	Pyrit
Soda calc.	Na_2CO_3	Natriumcarbonat
Soda krist.	$Na_2CO_3 \cdot 10\,H_2O$	Natriumcarbonat-decahydrat
Spiritus	C_2H_5OH	Ethanol
Tetra	CCl_4	Tetrachlormethan
Toluol	$C_6H_5CH_3$	Methylbenzol
Tonerde	Al_2O_3	Aluminiumoxid
Tri	C_2HCl_3	Trichlorethen
Wasserglas		Lösung von Natrium- und Kaliumsilikaten
Weingeist	C_2H_5OH	Ethanol
Zellulose	$C_6H_{10}O_5$	Dextrin

[1] Nach DIN 32640: 1986-12 lautet die Schreibweise Ether.
[2] Trivialname Ätznatron soll nach DIN 32640: 1986-12 nicht mehr verwandt werden.

13.1 Chemische Elemente und ihre Verbindungen

13.1.2 Das Periodensystem der Elemente

Erklärung

Ordnungszahl	26
Elementname	Eisen
relative Atommasse	55,847
Elementsymbol	Fe
Aufbau der Elektronenhülle (Orbitalmodell)	$\mathrm{[Ar]3d^6 4s^2}$

Gruppe / Periode	Hauptgruppen I	Hauptgruppen II	Nebengruppen						
1.	1 Wasserstoff 1,00797 **H** $\mathrm{1s^1}$								
2.	3 Lithium 6,639 **Li** $\mathrm{1s^2\ 2s^1}$	4 Beryllium 9,0122 **Be** $\mathrm{1s^2\ 2s^2}$							
3.	11 Natrium 22,9898 **Na** $\mathrm{[Ne]3s^1}$	12 Magnesium 24,312 **Mg** $\mathrm{[Ne]3s^2}$							
4.	19 Kalium 39,102 **K** $\mathrm{[Ar]4s^1}$	20 Calcium 40,08 **Ca** $\mathrm{[Ar]4s^2}$	21 Scandium 44,956 **Sc** $\mathrm{[Ar]3d^1 4s^2}$	22 Titan 47,90 **Ti** $\mathrm{[Ar]3d^2 4s^2}$	23 Vanadium 50,942 **V** $\mathrm{[Ar]3d^3 4s^2}$	24 Chrom 51,996 **Cr** $\mathrm{[Ar]3d^5 4s^1}$	25 Mangan 54,938 **Mn** $\mathrm{[Ar]3d^5 4s^2}$	26 Eisen 55,847 **Fe** $\mathrm{[Ar]3d^6 4s^2}$	27 Cobalt 58,933 **Co** $\mathrm{[Ar]3d^7 4s^2}$
5.	37 Rubidium 85,47 **Rb** $\mathrm{[Kr]5s^1}$	38 Strontium 87,62 **Sr** $\mathrm{[Kr]5s^2}$	39 Yttrium 88,905 **Y** $\mathrm{[Kr]4d^1 5s^2}$	40 Zirkon 91,22 **Zr** $\mathrm{[Kr]4d^2 5s^2}$	41 Niob 92,906 **Nb** $\mathrm{[Kr]4d^4 5s^1}$	42 Molybdän 95,94 **Mo** $\mathrm{[Kr]4d^5 5s^1}$	43 Technetium (98) **Tc** [1] $\mathrm{[Kr]4d^5 5s^2}$	44 Ruthenium 101,07 **Ru** $\mathrm{[Kr]4d^7 5s^1}$	45 Rhodium 102,905 **Rh** $\mathrm{[Kr]4d^8 5s^1}$
6.	55 Cäsium 132,905 **Cs** $\mathrm{[Xe]6s^1}$	56 Barium 137,34 **Ba** $\mathrm{[Xe]6s^2}$	57 Lanthan 138,91 **La** $\mathrm{[Xe]5d^1 6s^2}$	72 Hafnium 178,49 **Hf** $\mathrm{[Xe]4f^{14} 5d^2 6s^2}$	73 Tantal 180,948 **Ta** $\mathrm{[Xe]4f^{14} 5d^3 6s^2}$	74 Wolfram 183,85 **W** $\mathrm{[Xe]4f^{14} 5d^4 6s^2}$	75 Rhenium 186,2 **Re** $\mathrm{[Xe]4f^{14} 5d^5 6s^2}$	76 Osmium 190,2 **Os** $\mathrm{[Xe]4f^{14} 5d^6 6s^2}$	77 Iridium 192,2 **Ir** $\mathrm{[Xe]4f^{14} 5d^7 6s^2}$
7.	87 Francium (223) **Fr** $\mathrm{[Rn]7s^1}$	88 Radium (226) **Ra** $\mathrm{[Rn]7s^2}$	89 Actinium (227) **Ac** $\mathrm{[Rn]6d^1 7s^2}$	104 Kurtschatovium (261) **Ku** $\mathrm{[Rn]5f^{14} 6d^2 7s^2}$	105 Hahnium (262) **Ha** $\mathrm{[Rn]5f^{14} 6d^3 7s^2}$				
Lanthaniden-Elemente					58 Cer 140,12 **Ce** $\mathrm{[Xe]4f^2 5d^0 6s^2}$	59 Praseodym 140,907 **Pr** $\mathrm{[Xe]4f^3 5d^0 6s^2}$	60 Neodym 144,24 **Nd** $\mathrm{[Xe]4f^4 5d^0 6s^2}$	61 Promethium (147) **Pm** $\mathrm{[Xe]4f^5 5d^0 6s^2}$	62 Samarium 150,35 **Sm** $\mathrm{[Xe]4f^6 5d^0 6s^2}$
Actiniden-Elemente					90 Thorium 232,04 **Th** $\mathrm{[Rn]5f^0 6d^2 7s^2}$	91 Protactinium (231) **Pa** $\mathrm{[Rn]5f^2 6d^1 7s^2}$	92 Uran 238,03 **U** $\mathrm{[Rn]5f^3 6d^1 7s^2}$	93 Neptunium (237) **Np** $\mathrm{[Rn]5f^4 6d^1 7s^2}$	94 Plutonium (242) **Pu** $\mathrm{[Rn]5f^5 6d^1 7s^2}$

[1] Graue Schrift: künstlich hergestelltes Element

13.1 Chemische Elemente und ihre Verbindungen

Fortsetzung: **Das Periodensystem der Elemente**

Nebengruppen			Hauptgruppen III	IV	V	VI	VII	VIII
								2 Helium 4,0026 **He** $1s^2$
			5 Bor 10,811 **B** $1s^2 2s^2 2p^1$	6 Kohlenstoff 12,01115 **C** $1s^2 2s^2 2p^2$	7 Stickstoff 14,0067 **N** $1s^2 2s^2 2p^3$	8 Sauerstoff 15,9994 **O** $1s^2 2s^2 2p^4$	9 Fluor 18,9984 **F** $1s^2 2s^2 2p^5$	10 Neon 20,183 **Ne** $1s^2 2s^2 2p^6$
			13 Aluminium 26,9815 **Al** $[Ne]3s^2 3p^1$	14 Silicium 28,086 **Si** $[Ne]3s^2 3p^2$	15 Phosphor 30,9738 **P** $[Ne]3s^2 3p^3$	16 Schwefel 32,064 **S** $[Ne]3s^2 3p^4$	17 Chlor 35,453 **Cl** $[Ne]3s^2 3p^5$	18 Argon 39,948 **Ar** $[Ne]3s^2 3p^6$
28 Nickel 58,71 **Ni** $[Ar]3d^8 4s^2$	29 Kupfer 63,54 **Cu** $[Ar]3d^{10} 4s^1$	30 Zink 65,37 **Zn** $[Ar]3d^{10} 4s^2$	31 Gallium 69,72 **Ga** $[Ar]3d^{10} 4s^2 4p^1$	32 Germanium 72,59 **Ge** $[Ar]3d^{10} 4s^2 4p^2$	33 Arsen 74,922 **As** $[Ar]3d^{10} 4s^2 4p^3$	34 Selen 78,96 **Se** $[Ar]3d^{10} 4s^2 4p^4$	35 Brom 79,909 **Br** $[Ar]3d^{10} 4s^2 4p^5$	36 Krypton 83,80 **Kr** $[Ar]3d^{10} 4s^2 4p^6$
46 Palladium 106,4 **Pd** $[Kr]4d^{10} 5s^0$	47 Silber 107,87 **Ag** $[Kr]4d^{10} 5s^1$	48 Cadmium 112,40 **Cd** $[Kr]4d^{10} 5s^2$	49 Indium 114,82 **In** $[Kr]4d^{10} 5s^2 5p^1$	50 Zinn 118,69 **Sn** $[Kr]4d^{10} 5s^2 5p^2$	51 Antimon 121,75 **Sb** $[Kr]4d^{10} 5s^2 5p^3$	52 Tellur 127,6 **Te** $[Kr]4d^{10} 5s^2 5p^4$	53 Iod 126,9 **I** $[Kr]4d^{10} 5s^2 5p^5$	54 Xenon 131,3 **Xe** $[Kr]4d^{10} 5s^2 5p^6$
78 Platin 195,09 **Pt** $[Xe]4f^{14} 5d^9 6s^1$	79 Gold 196,967 **Au** $[Xe]4f^{14} 5d^{10} 6s^1$	80 Quecksilber 200,59 **Hg** $[Xe]4f^{14} 5d^{10} 6s^2$	81 Thallium 204,37 **Tl** $[Xe]4f^{14} 5d^{10} 6s^2 6p^1$	82 Blei 207,19 **Pb** $[Xe]4f^{14} 5d^{10} 6s^2 6p^2$	83 Bismut 208,98 **Bi** $[Xe]4f^{14} 5d^{10} 6s^2 6p^3$	84 Polonium (210) **Po** $[Xe]4f^{14} 5d^{10} 6s^2 6p^4$	85 Astat (210) **At** $[Xe]4f^{14} 5d^{10} 6s^2 6p^5$	86 Radon (222) **Rn** $[Xe]4f^{14} 5d^{10} 6s^2 6p^6$
63 Europium 151,96 **Eu** $[Xe]4f^7 5d^0 6s^2$	64 Gadolinium 157,25 **Gd** $[Xe]4f^7 5d^1 6s^2$	65 Terbium 158,924 **Tb** $[Xe]4f^9 5d^0 6s^2$	66 Dysprosium 162,50 **Dy** $[Xe]4f^{10} 5d^0 6s^2$	67 Holmium 164,93 **Ho** $[Xe]4f^{11} 5d^0 6s^2$	68 Erbium 167,62 **Er** $[Xe]4f^{12} 5d^0 6s^2$	69 Thulium 168,93 **Tm** $[Xe]4f^{13} 5d^0 6s^2$	70 Ytterbium 173,04 **Yb** $[Xe]4f^{14} 5d^0 6s^2$	71 Lutetium 174,97 **Lu** $[Xe]4f^{14} 5d^1 6s^2$
95 Americium (243) **Am** $[Rn]5f^7 6d^0 7s^2$	96 Curium (247) **Cm** $[Rn]5f^7 6d^1 7s^2$	97 Berkelium (247) **Bk** $[Rn]5f^9 6d^0 7s^2$	98 Californium (249) **Cf** $[Rn]5f^{10} 6d^0 7s^2$	99 Einsteinium (254) **Es** $[Rn]5f^{11} 6d^0 7s^2$	100 Fermium – **Fm** $[Rn]5f^{12} 6d^0 7s^2$	101 Mende-levium – **Md** $[Rn]5f^{13} 6d^0 7s^2$	102 Nobelium – **No** $[Rn]5f^{14} 6d^0 7s^2$	103 Lawren-cium – **Lw** $[Rn]5f^{14} 6d^1 7s^2$

13

13.2 Physikalische Eigenschaften von Metallen

13.2.1 Reine Metalle

15-7

Metall	Dichte ϱ (20 °C) $\frac{g}{cm^3}$	Schmelzpunkt (1,03 bar) °C	Siedepunkt (1,03 bar) °C	Spezifische Wärmekapazität c (20 … 100 °C) $\frac{kJ}{kg \cdot °C}$	Wärmeleitfähigkeit λ (0 °C) $\frac{W}{m \cdot °C}$	Längenausdehnungskoeffiz. α (0 … 100 °C) $\frac{10^{-6}}{°C}$	Spezifischer Widerstand ϱ $\frac{\Omega \cdot mm^2}{m}$	Elektrische Leitfähigkeit γ $\frac{m}{\Omega \cdot mm^2}$	Temperaturbeiwert α $\frac{10^{-3}}{°C}$
Aluminium	2,70	660	2500	0,896	231	23,9	0,0265	37,8	4,7
Antimon	6,69	630,5	1635	0,21	231	10,8	0,386	2,59	5,4
Beryllium	1,85	1285	2970	1,99	159	12	0,032	31,2	9,0
Blei	11,34	327,4	1750	0,128	35,3	29	0,21	4,77	4,2
Cadmium	8,65	321	767	0,233	96,2	31	0,073	13,7	4,2
Chrom	7,19	1903	2500	0,44	–	8,5	0,15	6,76	–
Cobalt	8,89	1492	3185	0,428	68,6	14,2	0,056	17,8	5,9
Eisen	7,87	1539	3070	0,465	72,3	11,9	0,1	10	4,6
Gallium	5,91	29,78	2400	0,335	–	18	0,4	2,5	4,0
Germanium	5,32	936	2700	0,306	–	6	890	0,0011	1,4
Gold	19,28	1063	2950	0,133	310	14,2	0,021	47,6	4,0
Iridium	22,55	2454	4527	0,134	58,5	6,6	0,049	20,4	4,1
Kalium	0,862	63,5	754	0,72	96,2	84	0,063	15,9	5,7
Kupfer	8,93	1083	2595	0,386	395	16,8	0,0173	58	4,3
Lithium	0,53	180,5	1340	3,44	67	58	0,085	11,7	4,9
Magnesium	1,74	650	1105	0,102	143	26	0,043	23,3	4,1
Mangan	7,47	1244	2041	0,486	50	22,8	0,39	2,56	5,3
Molybdän	10,22	2620	5550	0,247	142	5,3	0,05	20	4,7
Natrium	0,966	97,8	881	1,165	138	71	0,043	23,3	5,4
Nickel	8,9	1458	2730	–	92,2	13,3	0,069	14,5	6,7
Osmium	22,48	2700	4400	0,131	–	7,0	0,095	10,5	4,2
Palladium	11,99	1552	2930	0,247	70,3	10,6	0,098	10,2	3,7
Platin	21,45	1769	3800	0,134	71,2	9,0	0,098	10,2	3,9
Quecksilber	13,55	–38,84	356,6	0,139	8,05	–	0,9407	1,063	0,99
Rhenium	21,02	3180	5500	0,137	–	4	0,19	5,26	4,5
Rhodium	12,42	1960	3670	0,247	87,3	9	0,043	23,3	4,4
Selen	4,26	220	68,5	0,377	–	–	–	–	–
Silber	10,5	961,3	2177	0,234	410	19,7	0,0149	67,1	4,1
Silicium	2,33	1420	2600	0,71	–	7	1000	0,001	–
Tantal	16,67	2990	4100	0,138	54,5	6,58	0,14	7,14	3,5
Titan	4,508	1668	3260	0,616	–	–	0,42	2,38	5,4
Uran	19,05	1130	3500	0,106	25,67	–	0,21	4,76	2,8
Vanadium	5,96	1890	3000	0,487	–	–	–	–	3,9
Wolfram	19,25	3380	6000	0,135	162	4,5	0,055	18,2	4,8
Zink	7,134	419,5	908,5	0,388	113	30	0,057	17,6	4,2
Zinn	7,285	231,9	2507	0,227	66	23	0,115	8,7	4,6

13.2.2 Legierungen

Legierung	Dichte ϱ (20 °C) $\frac{g}{cm^3}$	Schmelzpunkt (1,03 bar) °C	Siedepunkt (1,03 bar) °C	Spezifische Wärmekapazität c (20 … 100 °C) $\frac{kJ}{kg \cdot °C}$	Wärmeleitfähigkeit λ (0 °C) $\frac{W}{m \cdot °C}$	Längenausdehnungskoeffiz. α (0 … 100 °C) $\frac{10^{-6}}{°C}$	Spezifischer Widerstand ϱ $\frac{\Omega \cdot mm^2}{m}$	Elektrische Leitfähigkeit γ $\frac{m}{\Omega \cdot mm^2}$	Temperaturbeiwert α $\frac{10^{-3}}{°C}$
AlMgSi	2,7	–	–	–	–	23	0,033	30,3	3,6
CrAl 20 5	7,2	1500	–	0,462	–	12	1,37	0,73	0,05
CuNi 44	8,9	1280	–	0,411	–	15,2	0,49	2,04	0,04
CuMn 12 Ni	8,4	960	–	0,408	–	19,5	0,43	2,33	0,01
CuNi 30 Mn	8,8	1180	–	0,399	–	16	0,4	2,5	0,15
CuZn 36	8,3	950	–	0,391	–	18,5	0,07	14,3	1,3

13.2 Physikalische Eigenschaften von Metallen

13.2.3 Kontaktwerkstoffe

Werkstoff	Dichte $\frac{g}{cm^3}$	Schmelzpunkt °C	Siedepunkt °C	Spez. elektr. Widerstand $\frac{\Omega \cdot mm^2}{m}$	Temperaturbeiwert des elektr. Widerst. $a \cdot 10^{-3}$ 1/K	Elektr. Leitfähigkeit $\frac{m}{\Omega \cdot mm^2}$	Wärmeleitfähigkeit $\frac{W}{m \cdot °C}$
Kontaktlegierungen							
Kupfergruppe:							
Cu-Ag (2 … 6% Ag) (Silberbronze)	9,2	1010	2500	0,026	–	38	113
Cu+0,7% Cr (Elmedur)	8,92	1075	2600	0,021	–	48	335
Cu-Si-Bronze 0,2 Si	8,7	1096	2500	0,067	2,6	28	–
Cu-Ni-Si 97,4/2/0,6 (Kuprodur)	8,8	1050	2650	0,084	–	12	67
Silbergruppe:							
Ag mit 2% Cu+Ni (Hartsilber)	10,45	945	2150	0,0193	3,5	52	406
Ag-Cu 90/10	10,3	900	2150	0,019	3,7	52	343
Ag-Cd 92/8	10,4	930	950	0,035	1,9	28	172
Ag-Au 90/10	11,4	965	2160	0,036	–	28	197
Ag-Pd 96/4	10,54	985	2200	0,037	1,74	27	222
Goldgruppe:							
Au-Ni 95/5	18,2	1010	2600	0,14	0,68	7,1	84
Au-Cu 92/8	18,5	950	2400	0,105	0,42	10	92
Au-Ag 92/8	18,7	1045	2300	0,09	–	11	100
Au-Pt 90/10	19,5	1150	2600	0,125	0,98	8,3	92
Au-Ag-Cu 70/20/10	15,1	890	2200	0,14	0,446	7,2	71
Au-Ag-Pt 67/26/7	17,1	1100	2400	0,15	–	6,7	
Platingruppe:							
Pt-Ir 90/10	21,6	1790	4400	0,245	2,2	5,5	46
Pt-Ir 80/20	21,7	1840	4450	0,31	0,77	3,21	18
Pt-W 88/12	21,1	1920	4800	0,48	0,23	2,1	–
Pt-Cu 90/10	19	1610	3400	0,65	0,06	1,51	–
Pt-Ag 70/30	12,8	1090	2600	0,3	0,3	3,4	–
Palladiumgruppe:							
Pd-Ag 40/60	11	1230	2200	0,204	0,34	4,9	–
Pd-Ag 60/40	11,3	1360	2500	0,42	0,006	2,4	–
Pd-Cu 60/40	10,5	1230	2450	0,37	0,28	2,7	–
Pd-Cu-Ni 80/10/10	11,2	1430	3800	0,37	0,8	2,7	–
Pd-W 90/10	12,6	1730	4300	0,38	0,83	2,65	–
Pd-W 80/20	13,4	1840	4600	1,09	0,06	0,91	–
Gesinterte Kontaktwerkstoffe							
Silber-Nickel 90/10	10,1	960	2150	0,02	–	50	356
Silber-Nickel 70/30	9,7	960	2150	0,025	–	40	264
Silber-Cadmiumoxid (10% CdO)	10,2	960	2150	0,0208	–	43	285
Silber-Zinnoxid (5% SnO_2)	9,8	960	2150	0,0205	–	49	–
Silber-Grafit (2,5% C)	9,5	960	2150	0,021	–	48	–
Wolfram-Kupfer 80/20	15,5	1050	2240	0,05	–	20	155
Wolfram-Silber 80/20	15,5	960	2150	0,045	–	22	230
Silber-Wolframcarbid: 50/50	13	960	2150	0,045	–	22	–
20/80	12,5	960	2150	0,05	–	20	–
Wolframcarbid	15,8	2870	–	0,053	–	19	29

13

13.3 Stahl und Eisen/Werkstoffnormung

13.3.1 Normbezeichnung und Einteilung der Eisenwerkstoffe

Werkstoffnummern nach DIN 17007-1: 1959-4, **-2:** 1961-9, **-3:** 1971-1

⟹ 13-12

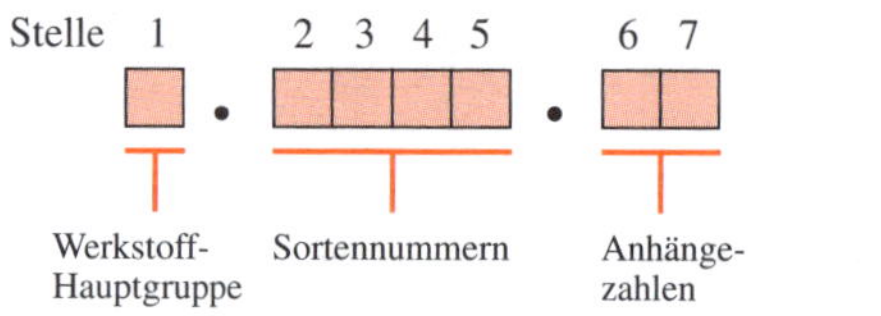

Das Nummernsystem für Werkstoffe aller Art ist besonders für die Datenverarbeitung geeignet. Die Punkte zwischen den Stellen sind wichtiger Bestandteil der Werkstoffnummer. Die Stellen 4 und 5 sind Zählnummern, ohne mögliche Rückschlüsse auf die Zusammensetzung.

Stelle 1	Werkstoff-Hauptgruppen	Stelle 2, 3 Sorten-nummer	Werkstoff-Hauptgruppe 0 Sortenklasse
0	Roheisen, Ferrolegierungen	00 … 19	Roheisen
1	Stahl	20 … 49	Sonderroheisen, Vorlegierungen
2	Nichteisen-Schwermetalle	60 … 69	Gusseisen, Lamellengrafit
3	Leichtmetalle	70 … 99	Gusseisen, Kugelgrafit
4 … 8	Nichtmetallische Werkstoffe	80 … 89	Temperguss
9	Frei für interne Benutzung	90 … 99	Sondergusseisen

Stelle 2, 3 Sorten-nummer	Werkstoff-Hauptgruppe 1 Sortenklasse	Stelle 2, 3 Sorten nummer	Werkstoff-Hauptgruppe 1 Sortenklasse
	Massen- und Qualitätsstahl		**Legierter Edelstahl**
00	Handels- und Grundgüte	20 … 28	Werkzeugstahl
01 … 02	Allgemeiner Baustahl	32 … 33	Schnellarbeitsstahl
03 … 07	Qualitätsstahl, unlegiert	34	verschleißfester Stahl
08 … 09	Qualitätsstahl, legiert	35	Wälzlagerstahl
90 … 99	Sondersorten	36 … 39	Eisenwerkstoff mit besonderer physikalischer Eigenschaft
	Unlegierter Edelstahl	40 … 45	Nicht rostender Stahl
10	Stahl mit besonderer physikalischer Eigenschaft	47 … 48	Hitzebeständiger Stahl
		49	Hochtemperaturwerkstoffe
11 … 12	Baustahl	50 … 84	Baustahl
15 … 18	Werkzeugstahl (W1, W2, W3, WS)	85	Nitrierstahl
		88	Hartlegierung

Anhängezahlen			
Stelle 6	**Erschmelzung**	**Stelle 7**	**Behandlung**
0	unbestimmt oder ohne Bedeutung	0	keine oder beliebige
1	unberuhigter Thomasstahl	1	normal geglüht
2	beruhigter Thomasstahl	2	weich geglüht
3	unberuhigte sonstige Erschmelzung	3	auf gute Zerspanbarkeit wärmebeh.
4	beruhigte sonstige Erschmelzung	4	zäh vergütet
5	unberuhigter Siemens-Martin-Stahl	5	vergütet
6	beruhigter Siemens-Martin-Stahl	6	hart vergütet
7	unberuhigter Sauerstoffaufblas-Stahl	7	kalt verformt
8	beruhigter Sauerstoffaufblas-Stahl	8	federhart kalt verformt
9	Elektrostahl	9	nach besonderen Angaben

13.3 Stahl und Eisen/Werkstoffnormung

Kurznamen für Stähle nach DIN V 17006 Teil 100: 1993-11 **und DIN-Normenheft 3:** 1994

Aufbau des Bezeichnungssystems

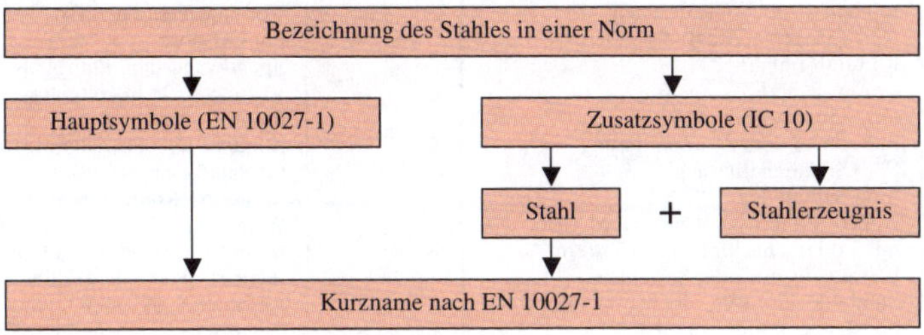

Hauptgruppen der Kurznamen

Gruppe 1:
Enthält Hinweise auf die Verwendung und die mechanischen oder physikalischen Eigenschaften der Stähle (siehe Tabelle unten). Diesem Buchstaben folgt eine Zahl, die dem Mindeststreckgrenzenwert in N/mm^2 für die kleinste Erzeugnisdicke entspricht, gefolgt von Zusatzsymbolen (ECISS-Mitteilung IC 10).

Gruppe 2:
a) Unlegierte Stähle mit einem mittleren Mangangehalt < 1% werden durch das Symbol C (für Kohlenstoff) und eine Zahl, die dem Hundertfachen des mittleren Kohlenstoffgehalts entspricht, gekennzeichnet.
b) Unlegierte Stähle mit einem mittleren Mangangehalt > 1% und legierte Stähle (außer Schnellarbeitsstähle) mit Gehalten der einzelnen Legierungselemente < 5% werden durch eine Zahl, die dem Hundertfachen des mittleren Kohlenstoffgehalts entspricht sowie den chemischen Symbolen der Legierungselemente und Zahlen gekennzeichnet. Die Zahlen geben einen Hinweis auf den mittleren Massegehalt der Legierungselemente mit den folgenden Multiplikatoren:

Multiplikator 4		Multiplikator 10				Multiplikator 100		Multiplikator 1000	
Cr	Chrom	Al	Aluminium	Nb	Niob	Ce	Cer	B	Bor
Co	Cobalt	Be	Beryllium	Ta	Tantal	P	Phosphor		
Mn	Mangan	Pb	Blei	Ti	Titan	S	Schwefel		
Ni	Nickel	Cu	Kupfer	V	Vanadium	N	Stickstoff		
Si	Silicium	Mo	Molybdän	Zr	Zirconium				
W	Wolfram								

c) Legierte Stähle (außer Schnellarbeitsstähle) mit einem Gehalt eines Legierungselements ≥ 5% werden durch den Buchstaben X und einer Zahl, die dem Hundertfachen des mittleren Kohlenstoffgehalts entspricht, sowie den chemischen Symbolen der Legierungselemente und Zahlen gekennzeichnet. Die Zahlen geben den Gehalt der Legierungselemente an.
d) Schnellarbeitsstähle werden durch die Kennbuchstaben HS und Zahlen, die in der Reihenfolge W, Mo, V, Co die Massegehalte in ganzen gerundeten Zahlen angeben, gekennzeichnet.

Kennbuchstaben für die Stahlverwendung (Gruppe 1)

Buchstabe	Verwendung	Buchstabe	Verwendung
S	Stähle für allgemeinen Stahlbau	H	Kalt gewalzte Flacherzeugnisse (für höherfeste Ziehgüter)
P	Stähle für Druckbehälterbau		
L	Stähle für Rohrleitungsbau	D	Flacherzeugnisse aus weichen Stählen zum Kaltumformen
E	Stähle für den Maschinenbau		
B	Betonstähle	T	Feinst- und Weißblech und -band sowie spezialverchromtes Blech/Band
Y	Spannstähle		
R	Stähle für (in Form von) Schienen	M	Elektroblech und -band

(Fortsetzung siehe Seite 13-8)

Kennbuchstaben für die Stahlverwendung: Zusatzsymbole (Forts.)

Buchstabe	Bedeutung	Buchstabe	Bedeutung
B	Bake hardening; Gasflaschen	N	Normalisierend gewalzt
C	Kalt gezogener Draht; besondere Kaltumformbarkeit	O	Für Offshore
Cr	Chrom-legiert	P	Spundwandstahl; Phosphor-legiert
D	Für Schmelztauchüberzüge	Q	Vergüteter Draht; vergütet
EK	Für konventionelle Emaillierung	R	Raumtemperatur
ED	Für Direktemaillierung	S	Einfache Druckbehälter; Litze; für Schiffsbau
F	Zum Schmieden	T	Rohre; für Rohre
G	Andere Merkmale, wenn erforderlich mit 1 oder 2 nachfolgenden Ziffern	W	Wetterfest
H	Warm geformte oder behandelte Stähle; Hohlprofile, Hochtemperatur	X	Dualphase; Hoch- u. Tieftemperatur
L	Für tiefere Temperaturen	Y	Interstitialfree steel (F-Stahl)
M	Thermomechanisch gewalzt	a [1]	Anforderungsklassen (evtl. mit Ziffer)
Mn	Hoher Mn-Gehalt	an [2]	Chemische Symbole für zusätzliche Elemente (evtl. mit einstelliger Ziffer für den mit 10 multiplizierten, auf 0,1% gerundeten Gehalt)
N	Normal geglüht		

13.3.2 Eisenwerkstoffe

Vergütungsstähle nach DIN EN 10083-1, 2: 1991-10

Werkstoff- Kurzname	Nummer	Zugfestigkeit [3] R_m in N/mm²	Dehngrenze $R_{p0,2}$	Bruchdehnung A_5 in %	Verwendung
1 C 22	1.0402	500 … 650	300	22	Normale Beanspruchung, kleine Querschnitte, allgemeiner Maschinenbau: Zahnräder, Wellen, Zapfen, Nockenwellen
1 C 35	1.0501	600 … 750	370	19	
1 C 45	1.0503	650 … 800	430	16	
1 C 55	1.0535	750 … 900	500	14	
1 C 60	1.0601	800 … 950	520	13	
28 Mn 6	1.1170	690 … 840	490	15	Mittlere Beanspruchung, große Querschnitte, Motoren- und Fahrzeugbau: Keil-, Kurbelwellen, Lenkhebel, Achsschenkel, Kipphebel, Turbinenteile
38 Cr 2	1.7003	700 … 850	450	15	
46 Cr2	1.7006	800 … 950	550	14	
37 Cr 4	1.7034	850 … 1000	630	13	
25 CrMo 4	1.7218	800 … 950	600	14	
50 CrMo 4	1.7228	1000 … 1200	780	10	Hohe Beanspruchung, sehr große Querschnitte, Schwermaschinenbau: Generatorwellen, Kurbelwellen, Pleuel, Kugelbolzen
36 CrNiMo 4	1.6511	1000 … 1200	800	11	
30 CrNiMo 8	1.6580	1250 … 1450	1050	9	
51 CrV 4	1.8159	1000 … 1200	800	10	

Automatenstähle nach DIN 1651: 1970-4

Kurzname	Nummer	R_m in N/mm²	$R_{p0,2}$	A_5 in %	Verwendung
9 S 20	1.0711	360	220	25	Nicht für Wärmebehandlung bestimmt: niedrige Beanspruchung, kleine Teile, Griffe, Füße, Scheiben, Stifte, Bolzen
9 SMn 28	1.0715	380	230	23	
9 SMnPb 28	1.0718	380	230	23	
9 SMn 36	1.0736	380	230	23	
9 SMnPb 36	1.0737	380	230	23	
10 S 20	1.0721	360	230	25	Automaten-Einsatzstähle: höhere Flächenpressung, Bolzen, Stifte
10 SPb 20	1.0722	360	210	25	
35 S 20	1.0726	490 … 610	290	18	Automaten-Vergütungsstähle: hohe Beanspruchung, Wellen, Spindeln, Stifte
45 S 20	1.0727	590 … 710	330	14	
60 S 20	1.0728	660 … 790	360	9	

[1] a Buchstabe. [2] an alphanumerisch (Buchstabe und Ziffer).
[3] Die Festigkeitswerte gelten für den vergüteten Zustand bei Querschnitten von 16 bis 40 mm Durchmesser. Die Werte unter 16 mm liegen ≈10% höher, zwischen 40 und 100 mm ≈10% niedriger.

13.3 Stahl und Eisen/Werkstoffnormung

Werkzeugstähle nach DIN 17350: 1980-10

Werkstoff- Kurzname	Nummer	Verwendung
Unlegierte Kaltarbeitsstähle		
C 45 W C 60 W	1.1730 1.1740	Handwerkzeuge, landw. Werkzeuge, Zangen, Schäfte von HSS- bzw. Hartmetallwerkzeugen, Aufbauteile für Werkzeuge, Warmsägeblätter
C 70 W 2 C 80 W 1	1.1620 1.1525	Handmeißel, Handsägen, Körner, Messer, Drucklufteinsteckwerkzeuge für Straßen- und Bergbau, Gesenke für flache Gravuren
C 85 W 1	1.1830	Mähmaschinenmesser, Holzbearbeitungswerkzeuge: Kreis-, Bandsägen
C 105 W 1	1.1545	Endmaße, Gewindeschneid-, Präge-, Gesteinswerkzeuge
Legierte Kaltarbeitsstähle		
21 MnCr 5	1.2162	Einsatzgehärtete Kunststoffbearbeitungswerkzeuge (spanend bearbeitet)
51 CrV 4	1.2241	Schraubwerkzeuge
60 WCrV 7 90 MnCrV 8	1.2550 1.2842	Schnitte für Blech, Stempel zum Lochen, Auswerfer, Schneidwerkzeuge, Tiefziehwerkzeuge, Messzeuge, Zähne für Kettensägen, Prägewerkzeuge
60 MnSiCr 4	1.2826	Spannzeuge
100 Cr 6 105 WCr 6	1.2067 1.2419	Messwerkzeuge, Lehren, Dorne, Kaltwalzen, Schnittplatten, Stempel, Ziehdorne, Fäser, Reibahlen, Bohrer, Gewindeschneidwerkzeuge, Scherenmesser, Holzbearbeitungswerkzeuge
115 CrV 3	1.2210	Senker, Gewindebohrer, Auswerfer, Stemmeisen, Stempel
145 V 33	1.2838	Gesenke mit hohem Verschleißwiderstand, Kaltschlagwerkzeuge
X 19 NiCrMo 4 X 36 CrMo 17 X 40 CrMnMoS 8 6	1.2764 1.2316 1.2312	Einsatzstahl (lufthärtend) für Kunststoffformen Werkzeuge für chemisch aggressive Kunststoffe Werkzeuge für Kunststoffverarbeitung, Formrahmen
X 45 NiCrMo 4	1.2767	Höchst beanspruchte Kaltverformungswerkzeuge, Scherenmesser für größte Dicken, Massivprägewerkzeuge höchster Zähigkeit
X 155 CrV Mo 12 1	1.2379	Maßbeständiger Hochleistungsschnittstahl, Metallsägen, Biege-, hoch beanspruchte Holzbearbeitungs-, Fließpresswerkzeuge
X 210 CrW 12	1.2436	Räumnadeln, Schnitt-, Tiefzieh-, Presswerkzeuge, Ziehringe, Scherenmesser bis 3 mm Stahlblech, Gewindewalzwerkzeuge, Sandstrahldüsen
Warmarbeitsstähle		
55 NiCrMoV 6	1.2713	Hammergesenke bis zu mittleren Abmessungen
X 32 CrMoV 3 3 X 38 CrMoV 5 1 X 40 CrMoV 5 1	1.2365 1.2343 1.2344	Gesenke und Gesenkeinsätze, Druckgussformen für Leichtmetalle und Kupferlegierungen, hoch beanspruchte Strangpresswerkzeuge für Leichtmetalle und Kupferlegierungen, Werkzeuge für Schmiedemaschinen
Schnellarbeitsstähle		
S 6-5-2 S 6-5-2-5	1.3343 1.3243	Kreissägen, Räumwerkzeuge, Bohrer, Reibahlen, Fräser, Senker, Gewindebohrer, Hobel-, Schneid-, Umformwerkzeuge
S 10-4-3-10 S 12-1-4-5 S 18-1-2-5	1.3207 1.3202 1.3255	Drehmeißel, Formstähle Drehmeißel, Formstähle Fräser, Dreh-, Hobelmeißel

13.4 Magnetische Werkstoffe

13.4.1 Elektroblech und Elektroband nach DIN 46400

⇒ 3-12

Kurzname	Nenndicke	Ummagnetisierungsverlust P in W/kg (max.)			Magnetische Polarisation J in T (min.) bei Feldstärke in A/m				Stapelfaktor (min.)	Dichte
	mm	1,5 T	1,0 T	1,7 T	800	2500	5000	10000		kg/dm³
Teil 1: 1983-4: **kaltgewalzt, nicht kornorientiert, schlussgeglüht**										
V250-35A	0,35	2,50	1,00			1,49	1,60	1,70	0,95	7,60
V300-35A	0,35	3,00	1,20			1,49	1,60	1,70	0,95	7,65
V270-50A	0,50	2,70	1,10			1,49	1,60	1,70	0,97	7,60
V290-50A	0,50	2,90	1,15			1,49	1,60	1,70	0,97	7,60
V310-50A	0,50	3,10	1,25			1,49	1,60	1,70	0,97	7,60
V330-50A	0,50	3,30	1,35			1,49	1,60	1,70	0,97	7,60
V400-50A	0,50	4,00	1,70			1,51	1,61	1,71	0,97	7,65
V530-50A	0,50	5,30	2,30			1,54	1,64	1,74	0,97	7,70
V700-50A	0,50	7,00	3,00			1,58	1,68	1,76	0,97	7,80
V350-65A	0,65	3,50	1,50			1,49	1,60	1,70	0,97	7,60
V470-65A	0,65	4,70	2,00			1,51	1,61	1,71	0,97	7,65
V600-65A	0,65	6,00	2,60			1,54	1,64	1,74	0,97	7,70
V800-65A	0,65	8,00	3,60			1,58	1,68	1,76	0,97	7,80
V940-65A	0,65	9,40	4,20			1,58	1,68	1,77	0,97	7,80
Teil 2: 1987-1: **kaltgewalzt, nicht kornorientiert, nicht schlussgeglüht**										
VH660-50	0,50	6,60	2,80			1,62	1,70	1,79		7,85
VH890-50	0,50	8,90	3,70			1,60	1,68	1,78		7,85
VH1050-50	0,50	10,50	4,30			1,58	1,65	1,77		7,85
VH800-65	0,65	8,00	3,30			1,62	1,70	1,79		
VH1000-65	0,65	10,00	4,20			1,60	1,68	1,78		7,85
VH1200-65	0,65	12,00	5,00			1,58	1,65	1,77		7,85
Teil 3: 1989-4: **kornorientiert**										
VM89-27N [1]	0,27	0,89		1,40	1,75				0,950	7,65
VM97-30N [1]	0,30	0,97		1,50	1,75				0,955	7,65
VM111-35N [1]	0,35	1,11		1,65	1,75				0,960	7,65
VM130-27S [2]	0,27			1,30	1,78				0,950	7,65
VM140-30S [2]	0,30			1,40	1,78				0,955	7,65
VM155-35S [2]	0,35			1,55	1,78				0,960	7,65
VM111-30P [3]	0,30			1,11	1,85				0,955	7,65
VM117-30P [3]	0,30			1,17	1,85				0,955	7,65
Teil 4: 1987-1: **aus legierten Stählen, kaltgewalzt, nicht kornorientiert, nicht schlussgeglüht**										
VE340-50	0,50	3,40	1,40			1,52	1,62	1,73		7,65
VE390-50	0,50	3,90	1,60			1,54	1,64	1,75		7,70
VE450-50	0,50	4,50	1,90			1,55	1,65	1,76		7,75
VE560-50	0,50	5,60	2,40			1,56	1,66	1,77		7,80
VE390-65	0,65	3,90	1,60			1,52	1,62	1,73		7,65
VE450-65	0,65	4,50	1,90			1,54	1,64	1,75		7,70
VE520-65	0,65	5,20	2,20			1,55	1,65	1,76		7,75
VE630-65	0,65	6,30	2,70			1,56	1,66	1,77		7,80

[1] Kennbuchstabe N: Erzeugnisse mit normalen Ummagnetisierungsverlusten.
[2] Kennbuchstabe S: Erzeugnisse mit eingeschränkten Ummagnetisierungsverlusten.
[3] Kennbuchstabe P: Erzeugnisse mit niedrigen Ummagnetisierungsverlusten.

13.4 Magnetische Werkstoffe

13.4.2 Dauermagnetwerkstoffe nach DIN 17410: 1977-5

Gruppe	Kurzname	Hauptbestandteile
Metallische Dauermagnetwerkstoffe	AlNiCo PtCo FeCoVCr SECo	Aluminium-Nickel-Cobalt-Eisen-Kupfer-Titan Platin-Cobalt Eisen-Cobalt-Vanadin-Chrom Seltenerdmetall-Cobalt
Keramische Dauermagnetwerkstoffe	Hartferrite	Zusammensetzung: $MeO \cdot x\ Fe_2O_3$ (mit Me = Ba, Sr und/oder Pb und mit x = 4,5 bis 6,5)

⇒ 3-12

Werkstoff	Chemische Zusammensetzung in %, Rest Fe (Richtwerte) Al	Co	Cu	Nb	Ni	Ti	Remanenz B_r mT	Koerzitivfeldstärke $_BH_c$ [1] kA/m	Koerzitivfeldstärke $_JH_c$ [2] kA/m	$(B \cdot H)_{max}$-Wert kJ/m³	Dichte g/cm³
Isotrope AlNiCo-Legierungen											
AlNiCo 9/5	11 … 13	0 … 5	2 … 4		21 … 28	0 … 1	550	44	47	9,0	6,8
AlNiCo 12/6	9 … 13	12 … 17	2 … 6		18 … 24	0 … 1	650	54	57	12,0	7,1
AlNiCo 18/9	6 … 8	24 … 34	3 … 6		13 … 19	5 … 9	600	80	86	18,0	7,2
Anisotrope AlNiCo-Legierungen											
AlNiCo 35/5	8 … 9	23 … 26	3 … 4	0 … 1	13 … 16	–	1120	47	48	35,0	7,2
AlNiCo 44/5	8 … 9	23 … 26	3 … 4	0 … 1	13 … 16	–	1200	52	53	44,0	7,2
AlNiCo 52/6	8 … 9	23 … 26	3 … 4	0 … 1	13 … 16	–	1250	55	56	52,0	7,2
AlNiCo 26/6	7 … 9	25 … 27	3 … 4	0 … 3	14 … 16	0 … 1	900	58	60	26,0	7,2
AlNiCo 30/10	6 … 8	30 … 36	3 … 4	0 … 1	13 … 15	4 … 6	800	100	104	30,0	7,2
AlNiCo 60/11	6 … 8	35 … 39	2 … 4	0 … 1	13 … 15	4 … 6	900	110	112	60,0	7,2
AlNiCo 30/14	6 … 8	38 … 42	2 … 4	0 … 1	13 … 15	7 … 9	680	136	144	30,0	7,2
Kunststoffgebundene isotrope AlNiCo-Legierungen											
AlNiCo 3/5p	11 … 13	0 … 5	2 … 4		21 … 28	0 … 1	280	37	46	3,1	5,3
AlNiCo 5/6p	9 … 13	12 … 17	2 … 6		18 … 24	0 … 1	320	46	56	5,2	5,4
AlNiCo 7/8p	6 … 8	24 … 34	3 … 6		13 … 19	5 … 9	340	72	84	7,0	5,5

⇒ 3-12

Werkstoff	Chemische Zusammensetzung in %, Rest Fe (Richtwerte) Pt	Co	V	Cr	Remanenz B_r mT	Koerzitivfeldstärke $_BH_c$ [1] kA/m	Koerzitivfeldstärke $_JH_c$ [2] kA/m	$(B \cdot H)_{max}$-Wert kJ/m³	Relative permanente Permeabilität μ_p	Dichte g/cm³
PtCo-Legierung										
PtCo 60/40	77 … 78	22 … 23			600	350	400	60,0	1,1	15,5
FeCoVCr-Legierungen										
FeCoVCr 11/2		51 … 54	8 … 15	0 … 4	800	24	24	11,0	2,0 … 8,0	8,2
FeCoVCr 4/1		51 … 54	3 … 15	0 … 6	1000	5	5	4,0	9,0 … 25,0	8,2
Seltenerdmetall-Cobalt-Legierung										
SECo 112/100					750	520	1000	112,0	1,1	8,1
Isotrope und anisotrope Hartferrite										
Hartferrit 7/21					190	125	210	6,5	1,2	4,9
Hartferrit 20/19					320	170	190	20,0	1,1	4,8
Hartferrit 20/28					320	220	280	20,0	1,1	4,6
Hartferrit 24/23					350	215	230	24,0	1,1	4,8
Hartferrit 25/14					380	130	135	25,0	1,1	5,0
Hartferrit 25/25					370	230	250	25,0	1,1	4,8
Kunststoffgebundene isotrope und anisotrope Hartferrite										
Hartferrit 1/18p					63	50	175	0,8	1,1	2,3
Hartferrit 3/18p					135	85	175	3,2	1,1	3,9
Hartferrit 9/19p					220	145	190	9,0	1,1	3,4

[1] Koerzitivfeldstärke der magnetischen Flussdichte.
[2] Koerzitivfeldstärke der magnetischen Polarisation.

13.5 Nichteisenmetalle

13.5.1 Werkstoffnummern nach DIN 17007-4: 1963-7

⇒ 13-6

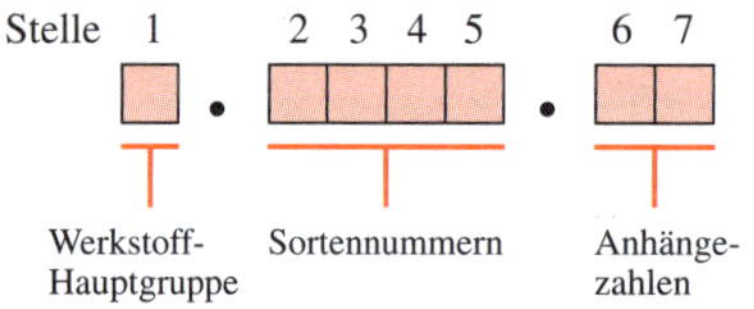

Stelle 1	Werkstoff-Hauptgruppen
2	Nichteisenschwermetalle
3	Leichtmetalle

Sortennummer	Grundmetalle
2.0000 … 2.1799	Kupfer
2.2000 … 2.2499	Zink, Cadmium
2.3000 … 2.3499	Blei
2.3500 … 2.3999	Zinn
2.4000 … 2.4999	Nickel, Cobalt
2.5000 … 2.5999	Edelmetalle
2.6000 … 2.6999	Hochschmelz. Metalle
3.0000 … 3.4999	Aluminium
3.5000 … 3.5999	Magnesium
3.7000 … 3.7999	Titan

Stelle 6	Zustandsgruppe
0	Unbehandelt
1	Weich
2	Kaltverfestigt (Zwischenhärten)
3	Kaltverfestigt („hart“ und darüber)
4	Lösungsgeglüht, ohne mechan. Nacharbeit
5	Lösungsgeglüht, kalt nachbearbeitet
6	Warm ausgehärtet, ohne mechan. Nacharbeit
7	Warm ausgehärtet, kalt nachbearbeitet
8	Entspannt, ohne vorherige Kaltverfestigung
9	Sonderbehandlungen (z. B. Stabilisierungsglühen)

13.5.2 Werkstoffkurzzeichen für Nichteisenmetalle nach DIN 1700: 1954-7

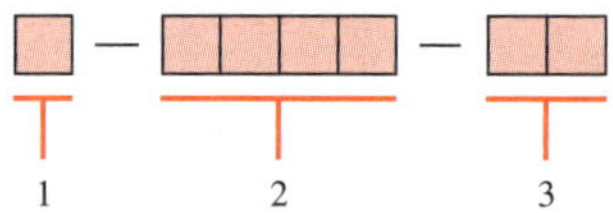

1. Herstellung und Verwendung
2. Zusammensetzung: chemische Symbole für Grundwerkstoff und Legierungselemente, falls erforderlich auch Kennzahlen in Prozent (meist nur für Legierungselemente).
3. Besondere Eigenschaften

Herstellung/Verwendung	
E	Elektrische Leitlegierung
E1	Sauerstoffhaltig
E2	Sauerstoffhaltig
F	Feuerraffiniert (sauerstoffhaltig)
S	Sauerstofffrei
G	Guss (allgemein) Sand- und Formguss
GC	Strangguss
GD	Druckguss
GK	Kokillenguss
GZ	Schleuderguss (Zentrifugalguss)
Gl	Gleitmetall (Lagermetall)
L	Lot
S	Schweißzusatzlegierung
V	Vor- und Verschnittlegierung

Zusammensetzung	
Al	Aluminium
Ag	Silber
As	Arsen
Be	Beryllium
Co	Cobalt
Cr	Chrom
Cu	Kupfer
Cd	Cadmium
Fe	Eisen
Mg	Magnesium
Mn	Mangan
Mo	Molybdän
Nb	Niob
Ni	Nickel
P	Phosphor
Pb	Blei
S	Schwefel
Si	Silicium
Sn	Zinn
Te	Tellur
Ti	Titan
Zn	Zink
Zr	Zirkon

Besondere Eigenschaften	
F	Mindestzugfestigkeit als 10. Teil in N/mm^2
H	Hüttenwerkstoff
L	Leitfähigkeit
R	Reinstwerkstoff
a	ausgehärtet
g	geglüht und abgeschreckt
h	hart
fh	federhart
hh	halbhart
ho	homogenisiert
ka	kalt ausgehärtet
p	gepresst
pl	plattiert
ta	teilausgehärtet
w	weich
wa	warm ausgehärtet
wh	walzhart
zh	ziehhart

13.5 Nichteisenmetalle

13.5.3 Nichteisenmetalle und ihre Legierungen

Kupfer nach DIN 1708: 1973-1

Kurzzeichen	Zusammensetzung in %	Elektr. Leitfähigkeit	Verwendung
Katodenkupfer			
KE-Cu	99,9 Cu	Min. 58 m/(Ω · mm²)	Katoden
Sauerstoffhaltiges Kupfer			
E 1-Cu 58 E 2-Cu 58 E-Cu 57	99,9 Cu, 0,005 … 0,04 Sauerstoff 99,9 Cu, 0,005 … 0,04 Sauerstoff 99,9 Cu, 0,005 … 0,04 Sauerstoff	Im weichen Zustand Min. 58 m/(Ω · mm²) Min. 57 m/(Ω · mm²)	Ohne Anforderung an Schweiß- und Hartlötbarkeit
Sauerstofffreies Kupfer, nicht desoxidiert			
OF-Cu	99,95 Cu	Min. 58 m/(Ω · mm²)	Herstellung von Gussstücken und Legierungen
Sauerstofffreies Kupfer, mit Phosphor desoxidiert			
SE-Cu SW-Cu SF-Cu	99,9 Cu, 0,003 P 99,9 Cu, 0,005 … 0,014 P 99,9 Cu, 0,015 … 0,04 P	 Min. 57 m/(Ω · mm²) Etwa 52 m/(Ω · mm²)	Gut schweiß- und lötbar Gut schweiß- und lötbar Sehr gut schweiß- und lötbar

Kupfer für Bleche und Bänder der Elektrotechnik nach DIN 40500-1: 1980-4 ⇒ 2-14, 3-4

Kurzzeichen	Festigkeitskurzzeichen	Dicke mm	Zugfestigkeit R_m N/mm²	0,2-Grenze[1] $R_{p0,2}$ N/mm²	Bruchdehnung A_5 % (min.)	Bruchdehnung A_{10} % (min.)	Brinell-Härte HB 2,5/62,5	Elektr. Eigensch. b. 20 °C: spez. Widerstand ϱ Ω · mm²/m	Elektr. Eigensch. b. 20 °C: Leitfähigkeit γ m/(Ω · mm²)
E-Cu 57 E-Cu 58 SE-Cu[2]	F 20	0,1 … 1	200 … 250	max. 120	38	32	45 … 70	0,01754 0,01724 0,01754	57 58 57
		über 1 … 5			45	38			
E-Cu 57 SE-Cu[2] CuAg0,1 CuAg0,1P	F 25	0,1 … 1	250 … 300	min. 200 (bis 290)	17	14	70 … 90	0,01786	56
		über 1 … 5			20	16			
	F 30	0,1 … 1	300 … 360	min. 250 (bis 350)	7	4	85 … 105	0,01818	55
		über 1 … 5			8	5		0,01786	56
	F 37	0,1 … 1	min. 360	min. 320	3	2	95 … 120	0,01818	55
		über 1 … 3			5	3			
E-Cu 58	F 25	0,1 … 1	250 … 300	min. 200 (bis 290)	17	14	70 … 90	0,01737	57,5
		über 1 … 5			20	16			
	F 30	0,1 … 1	300 … 360	min. 250 (bis 350)	7	4	85 … 105	0,01786	56
		über 1 … 5			8	5		0,01770	56,5
	F 37	0,1 … 1	min. 360	min. 320	3	2	95 … 120	0,01786	56
		über 1 … 3			5	3			

[1] Eingeklammerte Werte nur dann bindend, wenn sie vereinbart werden.
[2] Kann auch mit einer elektr. Leitfähigkeit mindestens 58 m/(Ω · mm²) im weichen Zustand geliefert werden.

13.5 Nichteisenmetalle

Aluminium für die Elektrotechnik nach DIN 40501-1 … 3: 1985-6, **-4:** 1973-8

Kurzzeichen	Zugfestigkeit R_m N/mm²	0,2-Grenze N/mm	Bruchdehnung A_5 in %	Brinellhärte HB	Elektrische Leitfähigkeit γ_{20} m/(Ω · mm²)	Verwendung
E-Al F 7	65 … 100	25 … 80	25	20 … 30	35,4	Bleche,
E-Al F 8	80	50 … 100	15	22 … 32	35,2	Bänder,
E-Al F 10	100 … 140	70 … 120	7	28 … 38	34,8	Rohre,
E-Al F 13	130	110 … 160	5	32	34,5	Profile,
E-AlMgSi 0,5 F 17	170 … 220	120 … 180	12	45 … 65	32	Stangen,
E-AlMgSi 0,5 F 22	215 … 280	160 … 240	12	65 … 90	30	Drähte

⟹ 2-14

Kupferlegierungen

Kurzzeichen	Zusammensetzung (Massenanteil) in %	Dichte kg/dm³	Verwendung
Kupfer-Zink-Legierung nach DIN 17660: 1983-12			
CuZn5	94 … 96 Cu, Rest Zn. Zulässig: 0,02 Al, 0,05 Fe, 0,2 Ni, 0,05 Pb, 0,05 Sn	8,9	Für Dämpferstäbe, als Emaillier-Qualität
CuZn10	89 … 91 Cu, Rest Zn. Zulässig: wie CuZn5	8,8	Installationsteile für Elektrotechnik
CuZn15	84 … 86 Cu, Rest Zn. Zulässig: wie CuZn5	8,8	Für Schlauchrohre, Druckmessgeräte, Hülsen für Federungskörper
CuZn20	79 … 81 Cu, Rest Zn. Zulässig: wie CuZn5	8,7	
CuZn28	71 … 73 Cu, Rest Zn. Zulässig: wie CuZn5	8,6	Musikinstrumente, Blattfedern, Tiefziehteile aller Art, Kühlerbänder
CuZn30	69 … 71 Cu, Rest Zn. Zulässig: wie CuZn5	8,5	
CuZn33	66 … 68,5 Cu, Rest Zn. Zulässig: wie CuZn5	8,5	Kühlerbänder
CuZn36	63,5 … 65 Cu, Rest Zn. Zulässig: wie CuZn5	8,4	Zifferblätter, sonst wie CuZn37
CuZn37	62 … 64 Cu, Rest Zn. Zulässig: 0,03 Al, 0,1 Fe, 0,3 Ni, 0,1 Pb, 0,1 Sn	8,4	Hauptlegierung für Kaltumformen durch Tiefziehen, Drücken, Stauchen, Walzen
CuZn40	59,5 … 61,5 Cu, Rest Zn. Zulässig: 0,05 Al, 0,2 Fe, 0,3 Ni, 0,3 Pb, 0,2 Sn	8,4	Beschlag- und Schlossteile, Nippeldraht, Kondensatorböden
Kupfer-Zinn-Legierungen nach DIN 17662: 1983-12			
CuSn4	3,5 … 4,5 Sn, 0,01 … 0,35 P, Rest Cu. Zulässig: 0,1 Fe, 0,3 Ni, 0,05 Pb, 0,3 Zn	8,9	Strom führende Federn, Steckverbinder
CuSn6	5,5 … 7 Sn, sonst wie CuSn4	8,8	Federn, Steckverbinder, Siebdrähte
CuSn8	7,5 … 8,5 Sn, sonst wie CuSn4	8,8	Gleitelemente, Holländermesser
CuSn6Zn6	5 … 7 Sn, 0,01 … 0,1 P, 5 … 7 Zn, Rest Cu. Zulässig: 0,1 Fe, 0,3 Ni, 0,05 Pb	8,8	Verschleißteile aller Art
Kupfer-Nickel-Legierungen nach DIN 17664: 1983-12 (Auszug)			
CuNi9Sn2	8,5 … 10,5 Ni, 1,8 … 2,8 Sn, Rest Cu. Zulässig: 0,3 Fe, 0,3 Mn, 0,03 Pb, 0,1 Zn	8,9	Federnde Kontakte (Relais, Schalter, Steckverbinder), Lötrahmen, Gehäuse
CuNi10 Fe1Mn	9 … 11 Ni, 1 … 2 Fe, 0,5 … 1 Mn, Rest Cu. Zulässig: 0,05 C, 0,03 Pb, 0,05 S, 0,5 Zn	8,9	Rohre für Seewasserleitungen; Rohre, Platten, Böden für Wärmetauscher
CuNi25	24 … 26 Ni, Rest Cu. Zulässig: 0,3 Fe, 0,5 Mn, 0,05 C, 0,03 Pb, 0,02 S, 0,5 Zn	8,9	Münzlegierung, Plattierwerkstoff
CuNi44Mn1	43 … 45 Ni, 0,5 … 2 Mn, Rest Cu. Zulässig: 0,5 Fe, 0,05 C, 0,01 Pb, 0,02 S, 0,2 Zn	8,9	Anlass-, Regel-, Kontroll- und Belastungswiderstände, Röhreneinbauwerkstoff

⟹ 15-4 15-9

13.5 Nichteisenmetalle

13.5.4 Widerstandslegierungen nach DIN 17471: 1983-4

⟹ 15-4
⟹ 3-4

Kurzzeichen	Zusammensetzung (Massenanteile) in %							Spez. Widerstand b. 20 °C $\Omega \cdot mm^2/m$	Anwendungsgrenze °C	Temperaturkoeffizient d. Widerstands zwischen 20 und 105 °C 10^{-6}/K	Verwendung
	Al	Cr	Fe	Mn	Si	Ni	Cu				
CuNi2	–	–	–	–	–	2	Rest	0,05	300	+1000 … +1600	Niedrigohmige Widerstände, Heizdrähte ger. Temperatur
CuNi6	–	–	–	–	–	6	Rest	0,10	300	+500 … +900	
CuMn3	–	–	–	3	–	–	Rest	0,125	200	+280 … +380	Niedrigohmige Widerstände ger. Belastung
CuNi10	–	–	–	–	–	10	Rest	0,15	400	+350 … +450	Wie CuNi2/CuNi6
CuNi23Mn	–	–	–	1,5	–	23	Rest	0,3	500	+220 … +280	Widerstände, Heizdrähte und -kabel
CuNi30Mn	–	–	–	3	–	30	Rest	0,4	500	+80 … +130	Widerstände, Anlasser, Kennmelder
CuMn12Ni	–	–	–	12	–	2	Rest	0,43	140	−10 … +10	Präzisions- und Messwiderstände
CuNi44	–	–	–	1	–	44	Rest	0,49	600	−80 … +40	Widerstände, Potenziometer, Heizdrähte
CuMn12NiAl	1,2	–	–	12	–	5	Rest	0,5	500	−50 … +50	Widerstände
NiCr8020	–	20	–	–	–	Rest	–	1,08	600	+50 … +150	Hochohmige Widerstände, Heizleiter
NiCr6015	–	15	20	–	–	Rest	–	1,11	600	+100 … +200	
NiCr20AlSi	3,5	20	0,5	0,5	1	Rest	–	1,32	200	−50 … +50	Hochohmige Präzisions- und Messwiderstände

13.5.5 Thermobimetalle nach DIN 1715-1: 1983-11

⟸ 3-4
2-18

13

Kurzzeichen	Werkstoffkurzzeichen	Spezifische thermische [1] Krümmung 10^{-6} K^{-1}	Spezifische thermische [1] Ausbiegung 10^{-6} K^{-1}	Linearitätsbereich °C	Anwendung bis °C	Spez. elektr. Widerstand bei 20 °C $\mu\Omega \cdot m$	Wärmeleitzahl W/(m · K)
TB20110	MnCuNi	39,0 ± 5%	20,8	−20 … 200	350	1,10 ± 5%	6
TB1577A	NiMn20 6	28,5 ± 5%	15,5	−20 … 200	450	0,78 ± 5%	13
TB1577B	X60NiMn14 7	28,5 ± 5%	15,5	−20 … 200	450	0,78 ± 5%	13
TB1170A	NiMn20 6	22,0 ± 5%	11,7	−20 … 380	450	0,70 ± 5%	13
TB1170B	X60NiMn14 7	22,0 ± 5%	11,7	−20 … 380	450	0,70 ± 5%	13
TB1075	NiCr16 11	20,0 ± 5%	10,8	−20 … 200	550	0,75 ± 5%	19
TB0965	NiMn20 6	18,6 ± 5%	9,8	−20 … 425	450	0,65 ± 5%	15
TB1555	NiMn20 6	28,2 ± 5%	15,0	−20 … 200	450	0,55 ± 5%	16
TB1435	NiMn20 6	27,4 ± 5%	14,8	−20 … 200	450	0,35 ± 5%	22
TB1425	NiMn20 6	26,1 ± 5%	14,0	−20 … 200	450	0,25 ± 7%	28
TB1511	NiMn20 6	27,8 ± 5%	15,0	−20 … 200	400	0,11 ± 10%	70
TB1109	NiMn20 6	21,6 ± 5%	11,5	−20 … 380	400	0,09 ± 10%	88

Das Kurzzeichen TB … wird gebildet aus dem Wert für die spezifische thermische Ausbiegung α in $10^{-6} \cdot K^{-1}$ und dem Wert des spezifischen elektrischen Widerstands ϱ in $\mu\Omega m \cdot 100$.

[1] Für den Temperaturbereich 20 bis 130 °C.

13.5.6 Lote

⇒ 15-4 15-7 15-1

Kurzzeichen	Chemische Zusammensetzung in Gew.-%	Schmelzber. °C fest	Schmelzber. °C flüssig	Arbeits-temp. °C	Verwendung
Weichlote für Schwermetalle nach DIN 1707: 1981-2					
Blei-Zinn und Zinn-Blei-Weichlote					
L-PbSn 35 Sb L-Sn 50 PbSb L-Sn 60 Pb (Sb)	35 Sn; 0,5 … 2,0 Sb; Rest Pb 50 Sn; 0,5 … 3,0 Sb; Rest Pb 60 Sn; 0,12 … 0,5 Sb; Rest Pb	186 186 183	235 205 190		Schmierlot, Bleilötungen, feinere Klempnerarbeiten, Verzinnung, Feinlötungen, Elektroindustrie
Zinn-Blei-Weichlote mit Kupfer oder Silber-Zusatz					
L-Sn 50 PbCu L-Sn 60 PbCu L-Sn 50 PbAg L-Sn 60 PbAg	50 Sn; 1,2 … 1,6 Cu; Rest Pb 60 Sn; Rest Pb 50 Sn; 3,0 … 4,0 Ag; Rest Pb 60 Sn; 3,0 … 4,0 Ag; Rest Pb	183 183 178 178	215 190 210 180		Elektrogerätebau, Elektronik, Miniaturtechnik, gedruckte Schaltungen
Sonder-Weichlote					
L-SnAg 5 L-PbAg 3 L-SnPbCd 18	3,0 … 5,0 Ag; Rest Sn 2,1 … 3,0 Ag; Rest Pb 32 Pb; 18 Cd; Rest Sn	221 304 145	240 305 145		Elektro- u. Kälteindustrie Elektromotoren Schmelzsicherungen, Kabellötung
Weichlote für Aluminium-Werkstoffe					
L-SnZn 10 L-SnZn 40 L-CdZn 20	8 … 15 Zn; Rest Sn 30 … 50 Zn; Rest Sn 17 … 25 Zn; Rest Cd	200 200 265	250 350 280	 280	Reiblot, Ultraschall-Löten für Al-Kabelmäntel mit Flussmittel
Hartlote für Schwermetalle nach DIN 8513-1 … 4					
Kupferlote 1: 1979-10					
L-CuSn 6 L-CuSn 12 L-ZnCu 42 L-CuZn 46 L-CuNi 10 Zn 42 L-CuP 7	5 … 8 Sn; bis 0,4 P; Rest Cu 11 … 13 Sn; bis 0,4 P; Rest Cu 41 … 43 Cu; Rest Zn 53 … 55 Cu; Rest Zn 46 … 50 Cu; 8 … 11 Ni; 0,1 … 0,3 Si; Rest Zn 6,7 … 7,5 P; Rest Cu	910 825 835 880 890 710	1040 990 845 890 920 820	1040 990 845 890 910 720	Eisen- und Nickelwerkstoffe Neusilber Stahl, Temperguss, Cu u. Cu-Legierung Stahl, Temperguss, Ni u. Ni-Legierung, Gusseisen Kupfer
Silberhaltige Hartlote mit weniger als 20% Silber 2: 1979-10					
L-Ag 12 Cd L-Ag 12	11 … 13 Ag; 5 … 9 Cd; 49 … 51 Cu; Rest Zn 11 … 13 Ag; 47 … 49 Cu; Rest Zn	620 800	825 830	800 830	Stahl, Temperguss, Cu u. Cu-Legierungen, Ni u. Ni-Legierungen
L-Ag 15 P L-Ag 5 P	14 … 16 Ag; 4,7 … 5,3 P; Rest Cu 4 … 6 Ag; 5,7 … 6,3 P; Rest Cu	650 650	800 810	710 710	Kupfer, Messing, Bronze, Rotguss, Cu- u. Zn-Leg. Cu- u. Sn-Legierungen
Hartlote (Aluminiumbasislote) 4: 1981-2					
L-AlSi 7,5 L-AlSi 10 L-AlSi 12	Si 6,8 … 8,2; Rest Al Si 9,0 … 10,5; Rest Al 11,0 … 13,5; Rest Al	575 1) 575 1) 575 1)	615 1) 595 1) 590 1)	615 1) 605 1) 600 1)	Lotplattiertes Blech Lotplattiertes Blech angesetzt, eingelegt

1) Schmelzbereich und Arbeitstemperatur sind Richtwerte.

13.5 Nichteisenmetalle

Hartlote für Schwermetalle (Forts.)

Kurzzeichen	Chemische Zusammensetzung in Gew.-%	Schmelzber. °C fest	Schmelzber. °C flüssig	Arbeitstemp. °C	Verwendung
Silberhaltige Hartlote mit mind. 20% Silber 3: 1986-6					
L-Ag 50 Cd	49 … 51 Ag; 15 … 19 Cd; 14 … 16 Cu; Rest Zn	620	640	640	Edelmetalle, Cu-Leg., Stahl
L-Ag 40 Cd	39 … 41 Ag; 18 … 22 Cd; 18 … 20 Cu; Rest Zn	595	630	610	Stahl, Temperguss, Cu u. Cu-Legierungen, Ni u. Ni-Legierungen
L-Ag 20 Cd	19 … 21 Ag; 13 … 17 Cd; 39 … 41 Cu; Rest Zn	605	765	750	
L-Ag 25	24 … 26 Ag; 40 … 42 Cu; Rest Zn	700	800	780	Stahl, Temperguss, Cu und Cu-Legierungen, Ni und Ni-Legierungen
L-Ag 20	19 … 21 Ag; 43 … 45 Cu; Rest Zn	690	810	810	
L-Ag 72	71 … 73 Ag; Rest Cu	779	779	780	
L-Ag 60	59 … 61 Ag; 25 … 27 Cu; Rest Zn	695	730	710	

13.5.7 Heizleiterlegierungen für Rund- und Flachdrähte nach DIN 17470: 1984-10

⇒ 3-4 2-14 2-18

Kurzname	Zusammensetzung Massenanteile in % Al	Cr	Fe	Ni	Spez. elektr. Widerstand ϱ [1] in Ω · mm²/m bei °C 20	200	400	600	800	1100	Dichte bei 20 °C	Zugfestigkeit [2]	Wärmeausdehnungskoeffizient 10^{-6}/K zwischen 20 °C und 400 °C	800 °C	1000 °C
					zulässige Abweichung ±5%		±6%	±7%		±8%	g/cm³	N/mm²			
NiCr 80 20	–	20	–	80	1,12	1,13	1,15	1,15	1,14	1,16	8,3	650	15	16	17
NiCr 70 30	–	30	–	70	1,19	1,22	1,24	1,24	1,24	1,25	8,1	650	15	16	17
NiCr 60 15	–	15	22	60	1,13	1,16	1,20	1,21	1,22	1,26	8,2	600	15	16	17
NiCr 30 20	–	20	Rest	30	1,04	1,11	1,17	1,22	1,26	1,32	7,9	600	16	18	19
CrNi 25 20	–	25	Rest	20	0,95	1,03	1,11	1,18	1,22	1,28	7,8	600	17	18	19
CrAl 25 5	5	25	Rest	–	1,44	1,44	1,45	1,46	1,48	1,49	7,1	600	12	14	15
CrAl 20 5	5	20	Rest	–	1,37	1,38	1,39	1,42	1,44	1,45	7,2	600	12	14	15
CrAl 14 4	4	14	Rest	–	1,25	1,27	1,30	1,34	1,39	1,44	7,3	600	12	14	15

Kurzname	Obere Anwendungstemperatur an Luft °C	Beständigkeit bei 20 °C gegen atmosphärische Korrosion	Beständigkeit bis obere Anwendungstemperatur gegen: Luft und andere sauerstoffhaltige Gase	stickstoffhaltige, sauerstoffarme Gase	schwefelhaltige Gase oxidierend	schwefelhaltige Gase reduzierend	Aufkohlung
NiCr 80 20	1200	hoch	hoch	hoch	gering	gering	gering
NiCr 70 30	1200	hoch	hoch	hoch	mittel	gering	gering
NiCr 60 15	1150	hoch	hoch	hoch	gering	gering	hoch
NiCr 30 20	1100	hoch	hoch	mittel	mittel	gering	hoch
CrNi 25 20	1050	hoch	hoch	mittel	mittel	mittel	mittel
CrAl 25 5	1300	mittel	hoch	gering	hoch	hoch	hoch
CrAl 20 5	1200	mittel	hoch	gering	hoch	hoch	hoch
CrAl 14 4	1000	mittel	hoch	gering	hoch	hoch	hoch

[1] Die Werte gelten für den Zustand, der sich nach 15 min langem Glühen bei über 600 °C und anschließender langsamer Abkühlung (Abkühlungsgeschwindigkeit ≤10 K/min) einstellt.
[2] Bei 20 °C, weich geglüht.

13.6 Kunststoffe

13.6.1 Kennzeichnung der Polymere nach DIN 7728-1: 1988-1

Aufbau des Kurzzeichens: □ □ — □ □ □ □ (Stellen 1, 2, 3, 4)

Stelle	Erläuterung
1	Buchstabe für Basispolymer (z. B. PP für Polypropylen). Buchstaben bei Copolymeren; die Komponenten werden durch Schrägstrich getrennt (z. B. S/B für Styrol/Butadien).
2	Zahlen nach dem/den ersten Buchstaben kennzeichnen verschiedene Kondensationsreihen (z. B. PA 11 für Polymer aus 11-Aminoundecansäure).
3	Mittestrich
4	Kennbuchstaben für besondere Eigenschaften; möglich sind bis zu vier Angaben (z. B. PVC-P für Polyvinylchlorid, weichmacherhaltig).

Kennzeichen für besondere Eigenschaften

⟹ 13-21

Zeichen	Eigenschaften	Zeichen	Eigenschaften	Zeichen	Eigenschaften
C	chloriert	I	schlagzäh	R	erhöht, Resol
D	Dichte	L	linear, niedrig	U	ultra, weichmacherfrei
E	verschäumt, verschäumbar	M	Masse, mittel, molekular	V	sehr
F	flexibel, flüssig	N	normal, Novolak	W	Gewicht
H	hoch	P	weichmacherhaltig	X	vernetzt, vernetzbar

Kurzzeichen	Erklärung
ABS	Acrylnitril/Butadien/Styrol (-Polymer)
A/MMA	Acrylnitril/Methylmethacrylat (-Polymer)
ASA	Acrylnitril/Styrol/Acrylester (-Polymer)
CA	Celluloseacetat
CAB	Celluloseacetobutyrat
CF	Kresol-Formaldehyd
CMC	Carboxymethylcellulose, Celluloseglykolsäure
CN	Cellulosenitrat
CP	Cellulosepropionat
CSF	Casein-Formaldehyd
CTA	Cellulosetriacetat
EC	Ethylcellulose
E/EA	Ethylen/Ethylacrylat
EP	Epoxid (-Harz)
E/VA	Ethylen/Vinylacetat
E/VAL	Ethylen/Vinylalkohol
E/TFE	Ethylen/Tetrafluorethylen
FEP	Tetrafluorethylen/Hexafluorpropylen
MBS	Methacrylat/Butadien/Styrol (-Polymer)
MC	Methylcellulose
MF	Melamin-Formaldehyd
MPF	Melamin/Phenol-Formaldehyd (-Harz)
PA	Polyamid
PA 6	Polymeres aus ε-Caprolactam
PA 66	Polykondensat aus Hexamethylendiamin und Adipinsäure
PA 610	Polymer aus Hexamethylendiamin und Sebazinsäure

Kurzzeichen	Erklärung
PA 6/12	Copolymer aus ε-Caprolactam und ω-Dodekanolactam
PA 11	Polymer aus 11-Aminoundecansäure
PA 12	Polymer aus ω-Dodekanolactam
PA 66/610	Copolymer aus Hexamethylendiaminadipinsäure und Sebazinsäure
PAN	Polyacrylnitril
PB	Polybuten-1
PBT	Polybutylenterephthalat
PC	Polycarbonat
PCTFE	Polychlortrifluorethylen
PDAP	Polydiallylphthalat
PE	Polyethylen
PE-C	Chloriertes Polyethylen
PEOX	Polyethylenoxid
PET	Polyethylenterephthalat
PF	Phenol-Formaldehyd
PI	Polyimid
PIB	Polyisobutylen
PIR	Polyisocyanurat
PMI	Polymethacrylimid
PMMA	Polymethylmethacrylat
PMP	Poly-4-methylpenten-1
POM	Polyoxymethylen, Polyformaldehyd, Polyacetal
PP	Polypropylen
PPE	Polyphenylenether
PPOX	Polypropylenoxid
PPS	Polyphenylensulfid
PPSU	Polyphenylensulfon
PS	Polystyrol
PSU	Polysulfon
PTFE	Polytetrafluorethylen

Kurzzeichen	Erklärung
PUR	Polyurethan
PVAC	Polyvinylacetat
PVAL	Polyvinylalkohol
PVB	Polyvinylbutyral
PVC	Polyvinylchlorid
PVC-C	Chloriertes Polyvinylchlorid
PVDC	Polyvinylidenchlorid
PVDF	Polyvinylidenfluorid
PVF	Polyvinylfluorid
PVFM	Polyvinylformal
PVK	Polyvinylcarbazol
PVP	Polyvinylpyrrolidon
SAN	Styrol/Acrylnitril
S/B	Styrol/Butadien
S/MA	Styrol/Moleinsäureanhydrid
S/MS	Styrol/α-Methylstyrol
UF	Harnstoff-Formaldehyd (-Harz)
UP	Ungesättigter Polyester
VC/E	Vinylchlorid/Ethylen
VC/E/MA	Vinylchlorid/Ethylen/Methylacrylat (-Polymer)
VC/E/VAC	Vinylchlorid/Ethylen/Vinylacetat (-Polymer)
VC/MA	Vinylchlorid/Methylacrylat (-Polymer)
VC/MMA	Vinylchlorid/Methylmethacrylat (-Polymer)
VC/OA	Vinylchlorid/Octylacrylat (-Polymer)
VC/VAC	Vinylchlorid/Vinylacetat (-Polymer)
VC/VDC	Vinylchlorid/Vinylidenchlorid (-Polymer)

13.6 Kunststoffe

13.6.2 Thermoplaste (Plastomere)

Werkstoff nach DIN 7728-1: 1988-1	Handelsname	Chemische Beständigkeit	Eigenschaften	Verwendung
CA Celluloseacetat CAB, CP	Cellidor, Cellit, Cellan, Trolit	Benzin, Benzol, Trichlorethylen	hart, zäh, glasklar, einfärbbar, hohe Wasseraufnahme, geruch-, geschmackfrei, schalldämmend	bis 80 °C, Brillengestelle, Folien, Gerätegehäuse, Werkzeuggriffe
PA Polyamide	Durethan, Rilsan, Ultramid, Vestamid, Nylon, Perlon	Alkohol, Kraftstoffe, Öle, schwache Laugen, Säuren, Salze	hart, sehr zäh, teilkristallin, abriebfest, gleitfähig, schall-, schwingungsdämpfend, maßbeständig	bis 100 °C formbest., kurzzeitig bis 150 °C, Druckschläuche, Feinwerktechnik, Lager, Fasern, Zahnräder
PC Polycarbonat	Makrolon, Makrofol, Lexan	Alkohol, Benzin, Öl, schwache Säuren	hart, steif, schlagfest, formstabil, glasklar, glänzend, elektr. Isolierung	bis 135 °C, schlagzäh bis –100 °C, Gehäuse, Schalter, Stecker, Filme, Lacke
PE Polyethylen	Hostalen, Lupolen, Vestolen, Trolen	Laugen, Lösungsmittel, Säuren, keine Wasseraufnahme, witterungsbeständig	weich, flexibel (PE-LD) bis steif, unzerbrechlich (PE-HD), teilkristallin, durchscheinend bis milchig, geruchfrei	bis 80 °C (PE-LD), bis 100 °C (PE-HD), Behälter, Dichtungen, Hohlkörper, Folien, Isoliermaterial, Rohre
PI Polyimide	Kapton, Vespel	fast alle Lösungsmittel (außer Laugen)	abriebfest, formbeständig, sehr gute Gleit- und elektrische Eigenschaften, geringste Gasdurchlässigkeit, strahlenbeständig	bis 280 °C dauernd, bis 480 °C kurzzeitig, bis –240 °C kältebeständig, Formgebung durch Sintern, Dichtungen, Lager
PMMA Poly(methylmethacrylat)	Degulan, Plexiglas, Resarit	schwache Laugen, Säuren, Benzin, witterungsbeständig	hart, spröde, splittert nicht, alterungsbeständig, transparent	bis 90 °C, Modelle, Leuchten, Sicherheitsverglasungen, Zeichengeräte
POM Polyoxymethylen	Delrin, Hostaform, Ultraform	fast alle Lösungsmittel	hart, zäh, teilkristallin, maßbeständig, geringe Wasseraufnahme	bis 150 °C, Armaturen, Beschläge, Lager, Zahnräder
PP Polypropylen	Hostalen PP, Luparen, Novolen, Vestolen P	ähnlich PE	hart, unzerbrechlich, formstabil, teilkristallin, geruch-, geschmackfrei	bis 130 °C, versprödet unter 0 °C, Batteriekästen, Geräteteile, Waschmaschinenteile
PS Polystyrol	Hostyron, Trolitul, Vestyron	Alkohol, Laugen, Öl, Säuren, Wasser	hart, spröde, steif, glasklar, glänzend, einfärbbar, geruch- und geschmackfrei	bis 80 °C, Isolierfolien, Spielwaren, Verpackungen, Zeichengeräte
S/B Styrol/Butadien (PS schlagfest)	Hostyren, Polystyrol 400, Vestyron 500	wie PS	schlagfest, schwer zerbrechlich, Versprödung durch Licht, Wärme, sonst wie PS	bis 70 °C, Behälter, Elektroinstallation, Geräte- und Tiefziehteile
SAN Styrol/Acrylnitril	Luran, Vestoran	ätherische Öle, sonst wie PS	sehr schlagzäh, steif, stabil, temperatur-, wechselbeständig	bis 95 °C, Battterie-kästen, Gerätegehäuse, Spielwaren

⇐ 15-6

13.6 Kunststoffe

	Werkstoff nach DIN 7728-1: 1988-1	Handelsname	Chemische Beständigkeit	Eigenschaften	Verwendung	
⇐ 15-6	ABS Acrylnitril/ Butadien/Styrol	Novodur, Terluran, Vestodur	besser als PS	alterungsbeständig, sonst wie SAN	bis 95 °C, Armaturen, Batteriekästen, Schutzhelme	
⇐ 15-6	PS-E Polystyrol verschäumt	Styropor, Vestypor	wie S/B	geringe Dichte, gute Schall-, Wärmedämmung	Platten für Wärme-, Schallschutz, Schwimmkörper, Verpackungen	
⇐ 15-4	PVC-H D Poly(vinylchlorid)	Hostalit, Trosiplast, Vestolit, Vinnol, Vinoflex	Alkohol, Laugen, Säuren, Mineralöl	abriebfest, hornartig, zäh	bis 60 °C, Rohre, Fittings, Folien, Hohlkörper, Batteriekästen	⇒ 15-4
⇐ 15-3	PVC-L D Poly(vinylchlorid)	Acella, Mipolam, Skay, Vestolit	etwas geringer als PVC hart	abriebfest, gummi- bis lederartig, keine Wasseraufnahme	bis 80 °C, Bekleidung, Bodenbelag, Folien, el. Isolierung	⇒ 15-4
	PTFE Poly(tetrafluorethylen)	Hostaflon, Teflon	beste Beständigkeit	hart, zäh, teilkristallin, keine Wasseraufnahme, sehr gute Gleit- und elektrische Eigenschaften, nicht benetzbar	bis 250 °C, kältebeständig bis –90 °C, Formgebung durch Sintern, Beschichtungen, Dichtungen, Isolierfolien, Lager	

13.6.3 **Duroplaste** (Duromere)

	Werkstoff nach DIN 7728-1: 1988-1	Handelsname	Chemische Beständigkeit	Eigenschaften	Verwendung
	EP Epoxyd (-Harz)	Araldit, Epikote, Epoxin, Lekutherm, Uhu-plus	Alkohol, schwache Laugen, Säuren, Lösungsmittel, geringe Wasseraufnahme, witterungsbeständig	hart, zäh, schwer, zerbrechlich, glasklar bis gelblich, gute Haft- und elektrische Eigenschaften, geruch- und geschmackfrei	bis 130 °C, Gieß-, Laminier-, Kleb- und Lackharz, elektrische Isolierungen, Schalter, Geräte
⇐ 15-6	PF Phenol-Formaldehyd	Alberite, Bakelite, Corephan, Luphen, Supraplast	schwache Laugen, Säuren, Lösungsmittel, Wasser	hart, spröde, gelbbraun, einfärbbar, gute elektrische Isolierung	bis 100 °C, Schalter, Gehäuse, Kupplungs-, Bremsbeläge, Lager, Hartpapier, Schichtpressholz, Gieß-, Kleb-, Laminierharz
	PUR Polyurethan	Bayflex, Contilan, Desmocoll, Lycra, Moltopren, Ultramid, Vulkollan	schwache Laugen, Säuren, Lösungsmittel, Öl, Treibstoffe	hart, zäh, (Duroplast) bis weich, elastisch (Elastomer), abriebfest, gelblich, gute Haftfähigkeit, alterungsbeständig	Kupplungsbeläge, Lager, Laufrollen, Riemen, Zahnräder, Lack und Klebharz, Schaumformteile
	UF Harnstoff-Form. (-Harz) MF Melamin-Form.	Hornitex, Kaurit, Pollopas, Resamin, Resopal, Urecoll	Lösungsmittel, Öl	hart, schlagfest, glasklar, lichtecht, geruch- und geschmackfrei	MF bis 130 °C, UF bis 90 °C, Holzleim, Haushalts-, Küchengeräte, Möbelschichtstoffe
	UP Ungesättigter Polyester	Aldenol, Laminac, Leguval, Palatal, Vestopal, Diolen, Trevira	schwache Laugen, Säuren, Lösungsmittel, witterungsbeständig	je nach Füllstoff hart, zäh bis weich elastisch, glasklar, glänzend, einfärbbar, gute Haft- und elektrische Eigenschaften	bis 120 °C, Fasern, Textilien, Gieß-, Laminier-, Kleb- und Lackharz, Kunstharzbeton

13.6 Kunststoffe

13.6.4 Eigenschaften von Kunststoffen

→ 13-19
→ 3-4 3-10
← 15-7
← 15-3 15-4

Kunststoff	Kurzzeichen	Mechanische Eigenschaften			Elektrische Eigenschaften		
		Dichte kg/dm^3	Zugfestigkeit N/mm^2	Kerbschlagzähigkeit N · mm/mm^2	Spez. Widerstand Ω · cm [1]	Oberflächenwiderstand Ω [1]	Permittivitätszahl ε_r
Acrylnitril/Butadien/Styrol	ABS	1,04 ··· 1,06	32 ··· 45	7 ··· 20	10^{15}	10^{13}	2,4 ··· 5
Celluloseacetat	CA	1,27 ··· 1,40	25 ··· 70	15	10^{12}		5
Ethylcellulose	EC	1,14	49 ··· 63		10^{15}		4
Epoxidharz	EP	1,9	30 ··· 40	3	10^{14}	10^{12}	3,5 ··· 5
Tetrafluorethylen/Hexafluorpropylen	FEP	2,12 ··· 2,17	22 ··· 28	13 ··· 15	10^{18}	10^{17}	2,1
Melamin-Formaldehyd	MF	1,5	30	1,5	10^{11}	10^{8}	9
Polyamid	PA	1,1 ··· 1,2	60 ··· 80		10^{10}	10^{10}	3 ··· 4
Polybuthylenterephthalat	PBT	1,31	40	4	10^{16}	10^{13}	3
Polycarbonat	PC	1,2	60	20 ··· 30	10^{16}	10^{13}	3
Polydiallylphthalat	PDAP	1,51 ··· 1,78	40 ··· 75		10^{13}	10^{13}	5,2
Polyethylen	Weich-PE	0,92	8 ··· 20		10^{17}	10^{14}	2,3
	Hart-PE	0,95	20 ··· 30		10^{17}	10^{14}	2,5
Polyethylenterephthalat	PET	1,37	47	4	10^{16}	10^{16}	4
Phenol-Formaldehyd	PF	1,4	25	1,5	10^{11}	10^{8}	6
Polyimid(-folie)	PI	1,7	180		10^{18}	10^{15}	3
Polymethylmethacrylat	PMMA	1,20	50 ··· 70	2	10^{15}	10^{15}	3
Polyacetal	POM	1,4	70		10^{15}		4
Polypropylen	PP	0,9	20 ··· 35	3 ··· 17	10^{17}	10^{13}	2,5
Polyphenylensulfid	PPS	1,34	75		10^{16}		3,1
Polystyrol	PS	1,05	45	2 ··· 2,5	10^{14}	10^{13}	2,3 ··· 2,5
Polysulfon	PSU	1,24	50 ··· 100		10^{16}		3,1
Polytetrafluorethylen	PTFE	2,2	15 ··· 30		10^{16}	10^{17}	2
Polyurethan	PUR	1,1 ··· 1,2	20 ··· 60		10^{15}	10^{14}	3 ··· 4
Polyvinylchlorid	Weich-PVC	1,16 ··· 1,35	10 ··· 20		10^{11}	10^{11}	3 ··· 8
	Hart-PVC	1,38 ··· 1,55	50 ··· 70	2 ··· 50	10^{15}	10^{13}	3,5
Polyvinylcarbazol	PVK	1,19	20 ··· 30	2	10^{16}	10^{14}	3
Styrol/Acrylnitril	SAN	1,08	75	2 ··· 3	10^{16}	10^{13}	2,6 ··· 3,4
Ungesättigter Polyester	UP	1,4 ··· 2,0	18 ··· 28	3	10^{13}	10^{10}	3 ··· 4

[1] Mindestwerte.

13.7 Isolierstoffe

13.7.1 Eigenschaften elektrischer Isolierstoffe

3-10
3-24

Werkstoff	Spez. Widerstand Ω cm	Permittivitätszahl ε_r bei 20 °C	Verlustfaktor für $f = 1$ kHz $\tan \delta$ $\cdot 10^{-3}$	Durchschlagfestigkeit bei 20 °C kV_{eff}/cm	Dichte kg/dm^3
Epoxidharz EP	10^{15} bis 10^{16}	3,2 bis 3,9	5 bis 8	200 bis 450	1,8
Glas	$>10^{10}$	3,5 bis 9	0,5 bis 10	100 bis 400	2,5
Glimmer	10^{14} bis 10^{17}	4 bis 8	0,1 bis 1	600 bis 2000	2,6 bis 3
Hartgewebe	10^{10} bis 10^{12}	5 bis 8	40 bis 80	60 bis 300	1,3 bis 1,4
Hartgummi	10^{15} bis 10^{16}	3 bis 3,5	2,5 bis 25	100 bis 150	1,2
Hartpapier	10^{12} bis 10^{14}	4 bis 6	30 bis 100	100 bis 200	1,4
Hartporzellan	10^{11} bis 10^{12}	5 bis 6,5	10 bis 20	340 bis 380	2,3 bis 2,5
Luft		1		24	0,00129
Naturgummi	10^{15} bis 10^{16}	2,2 bis 2,8	2 bis 10	100 bis 300	1
Papier, imprägniert	bis 10^{15}	2,5 bis 4	1,5 bis 10	160	0,94
Phenolharz	10^{12}	5	bis 250	200	1,25
Polyacetal POM	10^{15}	4	1 bis 1,5	700	1,42
Polyamid (PA 66)	10^{14}	3,5	20	400	1,12 bis 1,15
Polycarbonat PC	$>10^{16}$	3	≈1	250 bis 1000	1,2
Polyesterharz UP	10^{13} bis 10^{15}	3 bis 7	3 bis 30	250 bis 450	1,6 bis 1,8
Polyethylen PE	10^{16} bis 10^{17}	2,3	0,5	600	0,92
Polypropylen PP	10^{18}	2,25	0,5	400	0,9
Polystyrol PS	10^{19}	2,5	0,1 bis 0,3	600	1,05
Polyurethan PUR	bis 10^{13}	3,1 bis 4	15 bis 60	200 bis 250	1,2
PVC-Isoliermischung	10^{15} bis 10^{16}	5 bis 8	100 bis 150	200 bis 500	1,28
PVC hart (Vinidur)	10^{16} bis 10^{17}	3,2 bis 3,5	20	400	1,3 bis 1,4
Pressspan	–	2,5 bis 4	–	100 bis 130	1,2 bis 1,4
Quarz	10^{14} bis 10^{16}	1,7 bis 4,4	0,1		2,7
Quarzglas	10^{15} bis 10^{19}	4,2	0,5	250 bis 400	2,2
Rutil Typ 311	10^{12}	40 bis 60	0,3 bis 2	100 bis 200	3,7
Silikonharz	10^{15}	3	0,5 bis 1	200 bis 700	1,65
Steatit Typ 211	10^{12}	6	1,5 bis 2,5	300 bis 450	2,7
Teflon	bis 10^{16}	2	0,2 bis 0,5	400	2,2
Transformatorenöl	bis 10^{13}	2 bis 2,5	1	125 bis 230	0,8

15-3
15-4

13.7 Isolierstoffe

13.7.2 Isolierfolien nach DIN 40634-2: 1969-11 (Dicke bis 1 mm)

→ 3-10

Kurzzeichen	Werkstoff	Zugfestigkeit N/mm²		Durchschlagsfestigkeit kV/mm	Permittivitätszahl			Durchgangswiderstand Ωcm
		längs	quer		50 Hz	1 kHz	1 MHz	
Kohlenwasserstoffe								
F 1110	PE	20 … 26	16 … 19	200	2,2	2,2	2,2	10^{17}
F 1115	PE	20 … 40	20 … 30	200	2,2	2,2	2,2	10^{17}
F 1130	PP	120 … 180	140 … 200	300	2,3	2,3	2,3	10^{17}
F 1150	PS	50 … 80	40 … 70	200	2,5	2,5	2,5	10^{17}
Halogen-Kohlenwasserstoffe								
F 1210	PVC	20 … 32	16 … 28	60 … 170	5 … 12	4 … 10	3 … 8	10^{12} … 10^{13}
F 1215	PVC	18 … 35	16 … 34	60 … 150	3,5 … 10	3 … 9	2,5 … 8	10^{11} … 10^{14}
F 1220	PVC	40 … 60	40 … 60	110	4,2	4,0	3,0	10^{13}
F 1240	PTFE	10 … 25	10 … 25	50	2,1	2,1	2,1	10^{17}
Polyamide, Polyimide								
F 1310	PA	25 … 40	25 … 40	100	18	12	–	10^{10}
F 1410	PA	160 … 200	160 … 200	270	3,5	3,5	3,4	10^{17}
Polyester								
F 1510	PETP	160 … 250	200 … 290	300	3,3	3,2	3,1	10^{17}
F 1515	PETP	260 … 350	160 … 250	300	3,3	3,2	3,1	10^{17}
F 1530	PC	80 … 90	80 … 90	240	3,1	3,0	2,9	10^{17}
F 1535	PC	130 … 140	70 … 80	260	2,9	2,9	2,8	10^{17}
F 1540	PC	220 … 280	70 … 80	280	2,8	2,8	2,7	10^{17}
Celluloseester								
F 1610	Cellulose-	80 … 100	80 … 100	220	4,5	4,4	4,1	10^{14}
F 1615	triacetat	70 … 80	70 … 80	200	4,3	4,1	3,6	10^{15}
F 1620	CAB	50 … 60	50 … 60	220	3,8	3,8	3,6	10^{15}
F 1625	CAB	50 … 60	50 … 60	220	3,8	3,8	3,6	10^{14}

13.7.3 Pressspan nach DIN 7733: 1962-6 (Aus hochw. Zellulosefasern gepresste Feinpappe)

← 3-10

Typ	Lieferform	Rohdichte g/cm³	Durchschlagfestigkeit in kV/mm bei 20 °C Nenndicke in mm				Verwendung
			bis 0,25	bis 1,0	bis 1,5	bis 2,5	
Psp 3010, 3011, 3012	Tafel	1,25	10,0	11,0	10,0	9,5	Elektromaschinen, Spulen, Spulenkörper
Psp 3020, 3021, 3022	Rolle	1,1	8,0	10,0	–	–	
Psp 3030, 3032	Tafel	1,3	11,0	13,0	12,0	11,0	Nutenisolation für Elektromaschinen
Psp 3040, 3042	Rolle	1,1	8,0	10,0	–	–	
Psp 3050 [1], 3051, 3052	Tafel	1,2	10,5	12,0	11,0	10,0	Für Transformatoren
Psp 3055	Rolle	1,2	9,5	10,5	–	–	
Psp 3060	Tafel	1,3	10,5	12,0	11,0	10,0	Für Kondensatoren

Tafeln: 0,1 bis 5 mm dick, 600 bis 1000 mm breit, 1000 bis 2000 mm lang; Rollen zu 50 kg.

[1] Werte gelten für Psp 3050.

2-15 ⇑ 2-14 ⇑

13

13.7 Isolierstoffe

13.7.4 Schichtpressstoffe nach DIN 7735-2: 1975-9 (Mindestwerte)

Hartpapier Hp, **Hartgewebe** Hgw und **Hartmatte** Hm

Typ	Zusammensetzung PF = Phenol-, MF = Melamin-, EP = Epoxid- u. SI = Silikonharz	Rohdichte	Zugfestigkeit N/mm²	Druckfestigkeit N/mm²	Biegefestigkeit N/mm²	Elastizitätsmodul N/mm²	Elektr. Widerstand Ω	Kriechstromfestigkeit Verfahren KC	1-min-Prüfspann. in kV parallel zur Schichtung Elektr.-Abstand 25 mm	1-min-Prüfspann. in kV senkrecht zur Schichtung Elektr.-Abstand 3 mm	Grenztemperatur °C
Hp 2061	PF + Papier	1,3···1,4	120	150	150	7000	–	KC 100	15	15	120
2061,5			100	150	130	7000	–	KC 100	40	40	120
2062,8			70	120	80	7000	10^{10}	KC 100	25	30	120
2063			70	–	80	7000	10^{10}	KC 100	20	25	120
2064			100	100	130	7000	–	KC 100	–	–	120
Hp 2262	MF + Papier	1,3···1,4	80	150	100	5000	10^{6}	KC 600	25	20	90
Hp 2361	EP + Papier	1,3···1,4	70	120	120	6000	10^{10}	KC 180	20	20	110
Hgw 2031	PF + Asbestgewebe	1,7···1,9	40	120	65	10000	10^{8}	KC 100	–	–	130
2072	+ Glasfilamentgewebe	1,6···1,8	100	150	200	14000	10^{8}	KC 100	20	25	130
2081	+ Baumwoll-Grobgewebe	1,3···1,4	50	170	100	7000	10^{8}	KC 100	8	5	110
2082	+ Baumwoll-Feingewebe	1,3···1,4	80	170	130	7000	–	KC 100	8	5	110
2083	+ Baumwoll-Feinstgewebe	1,3···1,4	100	170	150	7000	–	KC 100	8	5	110
Hgw 2272	MF + Glasfilamentgewebe	1,8···2,0	120	180	270	14000	10^{7}	KC 600	20	25	130
2282	+ Baumwoll-Feingewebe	1,3···1,4	70	200	100	5000	–	KC 500	8	5	95
Hgw 2372	EP + Glasfilamentgewebe	1,7···1,9	220	200	350	18000	$5 \cdot 10^{10}$	KC 200	40	40	130
2372,1			220	200	350	18000	$5 \cdot 10^{10}$	KC 200	40	40	120
2372,4			220	150	350	18000	$5 \cdot 10^{10}$	KC 180	40	40	155
Hgw 2572	SI + Glasfilamentgewebe	1,6···1,7	90	50	125	13000	10^{8}	KC 440	25	20	180
Hm 2471	ungesättigtes Polyesterharz	1,4···1,6	60	140	125	7000	10^{8}	KC 500	30	25	130
2472	+ Glasfilamentgewebe	1,6···1,8	100	150	200	10000	10^{8}	KC 500	30	25	130
Lieferform: Tafeln und daraus hergestellt Streifen											
Hp 2068	PF + Papier	1,2···1,4	–	70	80	70000	10^{5}	KC 100	10	15	120
Hgw 2088	+ Baumwoll-Feingewebe	1,2···1,4	–	70	80	70000	10^{5}	KC 100	5	5	120
2089	+ Baumwoll-Feinstgewebe	1,15···1,4	50	80	80	70000	–	KC 100	5	–	120
Lieferform: Formgepresste Rohre, Vollstäbe, Flachleisten, Formteile und Umpressungen											
Hp 2065	PF + Papier	über 1,05	50	40	100	6000	–	KC 100	25	25	120
2067			50	50	100	6000	$5 \cdot 10^{5}$	KC 100	25	–	120
Hgw 2084	PF + Baumwoll-Grobgewebe	1,15···1,4	50	40	80	6000	–	KC 100	–	–	120
2085	+ Baumwoll-Feingewebe		50	40	80	6000	–	KC 100	10	5	120
2086	+ Baumwoll-Feinstgewebe		50	40	80	6000	–	KC 100	10	5	120
Hgw 2275	MF + Glasfilamentgewebe	1,6···1,8	90	80	120	14000	–	KC 500	10	10	130
2375	EP + Glasfilamentgewebe	1,7···1,9	200	150	300	18000	10^{10}	KC 180	40	30	130
Lieferform: Nicht formgepresste , gewickelte Rundrohre											

13.8 Gedruckte Schaltungen

13.8.1 Gestaltung und Anwendung von Leiterplatten nach DIN IEC 326-3: 1993-9

⇒ 15-12

Eigenschaften von Leiterplattenwerkstoffen

	Starre Leiterplatten				Flexible Leiterplatten		
	Phenolharz-hartpapier	Epoxidharz-hartpapier	Polyester-glasmatte	Epoxidharz Glashart-gewebe	Poly-ester-folie	Poly-imid-folie	Fluorierte Ethylen-Propylen-Folie
Mechanische Eigenschaften	Zufrieden-stellend	Fast gut	Gut	Sehr gut	Nicht anwend-bar	Nicht anwend-bar	Nicht anwend-bar
Elektrische Eigenschaften	Fast gut	Gut	Hervor-ragend	Sehr gut	Hervor-ragend	Sehr gut	Keine Aussage
Temperatur-beständigkeit	Gut	Fast gut	Gut	Sehr gut	Fast gut	Hervor-ragend	Keine Aussage
Feuchtigkeits-beständigkeit	Zufrieden-stellend	Zufrieden-stellend	Gut	Gut	Gut	Gut	Sehr gut
Löttemperatur-beständigkeit	Gut	Gut	Gut	Sehr gut	Proble-matisch	Fast gut	Zufrieden-stellend

Nenn-Plattendicke

mm	0,2	0,5	0,7	0,8	1,0	1,2	1,5	1,6	2,0	2,4	3,2	6,4

Rastermaß nach DIN EN 60097: 1993-9

Zur Positionierung von Bauteile-Anschlüssen auf Leiterplatten dient ein Raster mit einem Abstand von 0,5 mm bzw. ganzzahlige Vielfache von 0,5 mm in beiden Richtungen. Ist dieses Raster nicht möglich, so muss ein Raster mit einem Abstand von 0,05 mm bzw. ganzzahlige Vielfache von 0,05 mm genommen werden. Das Raster von 0,05 mm darf nicht weiter unterteilt werden.

Nenndurchmesser und Grenzabmaße für nicht metallisierte Löcher

Loch-Nenndurchmesser mm	0,4	0,5	0,6	0,8	0,9	1,0	1,3	1,6	2,0
Grenzabmaße mm	± 0,05					± 0,1			

Empfohlene und zu vermeidende Leiterbilder

Empfohlen	Zu vermeiden

13.8.2 Elektrische Eigenschaften von Leiterplatten nach DIN IEC 326-1: 1993-9

Elektrischer Widerstand der Leiter

Für Leiter aus Kupfer (spez. Widerstand $\varrho = 1{,}8 \cdot 10^{-6}\ \Omega\text{cm}$) mit konstanter Breite sowie Dicken von 18, 35, 70 bzw. 105 µm zeigt das Diagramm den Widerstand je 10 mm Leiterlänge in Abhängigkeit von der Leiterbreite und der Temperatur. ⟹ 3-4

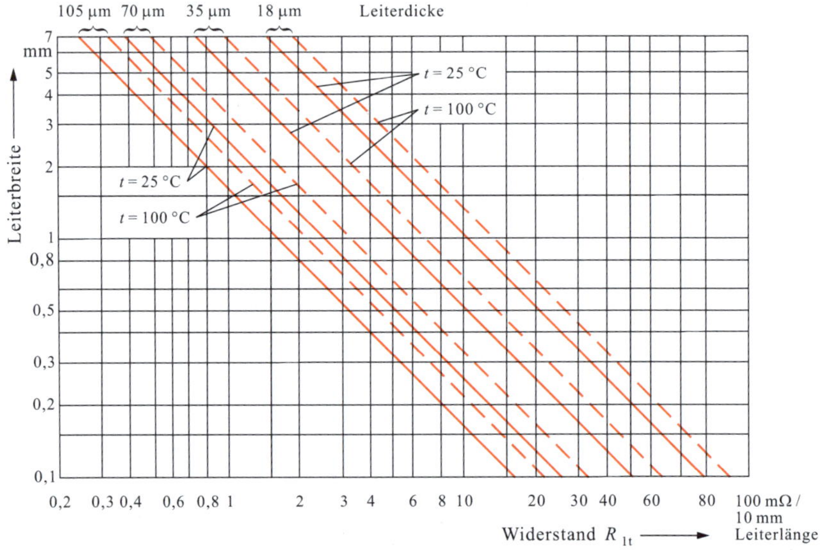

Temperaturerhöhung durch Dauerstrom

Dargestellt sind die Temperaturerhöhungen in Abhängigkeit von Leiterdicke, Strom und Leiterbreite. Sie gelten für Platten mit Leiterbild auf einer Seite und Dicken von 1,6 bis 3,2 mm.

Leiterdicke 18 µm

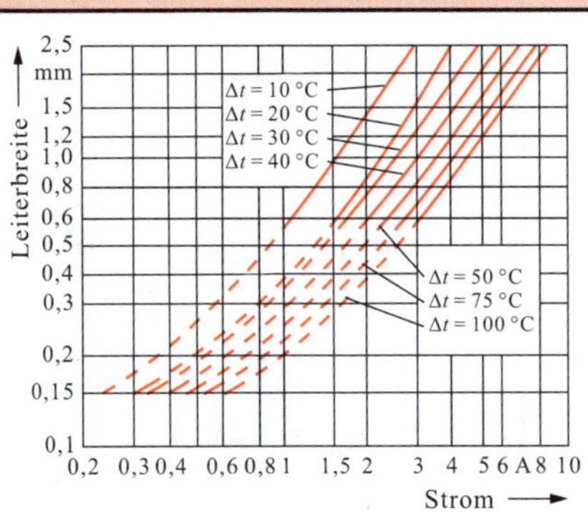

Leiterdicke 105 µm

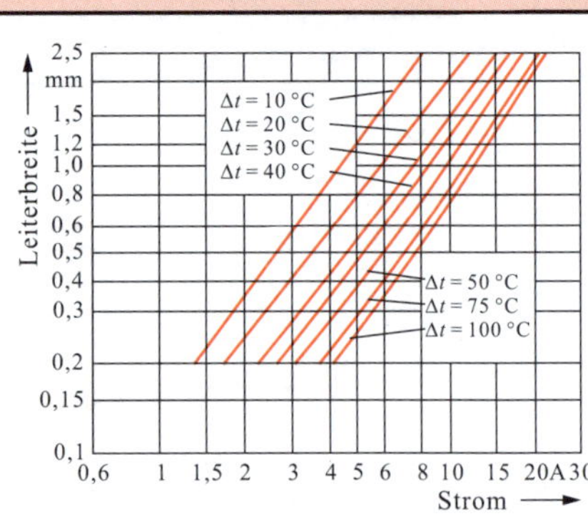

14 Technisches Zeichnen/Maschinennormteile

14.1 Technisches Zeichnen

14.1.1 Endformate für Schreibpapier nach DIN 476-1: 1991-2

Hauptreihe (ISO-A-Reihe)				Zusatzreihe (ISO-B-Reihe)			
Benennung	mm	Benennung	mm	Benennung	mm	Benennung	mm
4A0	1682×2378	A5	148×210	B0	1000×1414	B6	125×176
2A0	1189×1682	A6	105×148	B1	707×1000	B7	88×125
A0	841×1189	A7	74×105	B2	500× 707	B8	62× 88
A1	594× 841	A8	52× 74	B3	353× 500	B9	44× 62
A2	420× 594	A9	37× 52	B4	250× 353	B10	31× 44
A3	297× 420	A10	26× 37	B5	176× 250		
A4	210× 297			B-Reihe nur in Ausnahmefällen benutzen			

14.1.2 Schriftzeichen nach DIN 6776-1: 1976-4

Schriftform B, vertikal [1)]

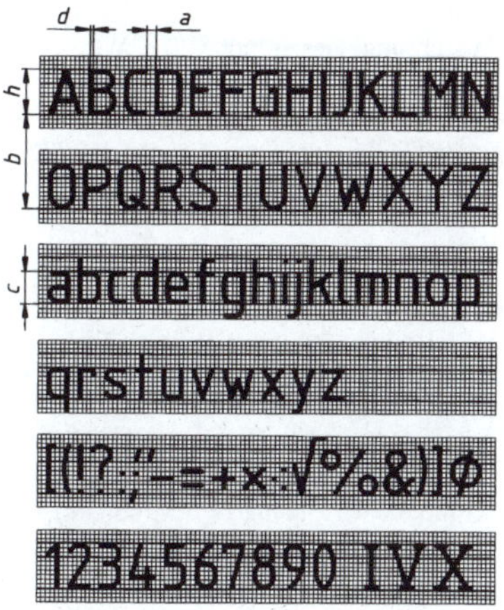

Maße

Beschriftungsmerkmal	Schriftform A	Schriftform B
h Höhe der Großbuchstaben	(14/14) *h*	(10/10) *h*
c Höhe der Kleinbuchstaben ohne Ober-/Unterlängen	(10/14) *h*	(7/10) *h*
a Mindestabstand zwischen Schriftzeichen	(2/14) *h*	(2/10) *h*
b Mindestabstand zwischen Grundlinien	(20/14) *h*	(14/10) *h*
Mindestabstand zwischen Grundlinien bei Buchstaben mit Ober-/Unterlängen	(22/14) *h*	(16/10) *h*
e Mindestabstand zwischen Wörtern	(6/14) *h*	(6/10) *h*
d Linienbreite	(1/14) *h*	(1/10) *h*

Für die Höhe *h* ist folgende Reihe festgelegt:

2,5 – 3,5 – 5 – 7 – 10 – 14 und 20 mm

14.1.3 Maßstäbe für technische Zeichnungen nach DIN ISO 5455: 1979-12

Die vollständige Angabe eines Maßstabes in technischen Zeichnungen erfolgt im Schriftfeld mit dem Wort „Maßstab" sowie dem Maßstabsverhältnis. Innerhalb der Zeichnung wird der Maßstab neben die Kennzeichnung der Einzelheiten und/oder der Schnitte geschrieben, beispielsweise X 10 : 1 oder A-B 5 : 1. Wird mehr als ein Maßstab in einer Zeichnung benötigt, wird der Hauptmaßstab in das Schriftfeld und werden alle anderen Maßstäbe in die Nähe der Positionsnummer oder der Kennbuchstaben der Einzelheit (oder des Schnittes) des betroffenen Teils eingetragen.

Kategorie	Maßstäbe	Kategorie	Maßstäbe
Natürlicher Maßstab	1 : 1	Verkleinerungsmaßstäbe	1 : 2 1 : 5 1 : 10 1 : 20 1 : 50 1 : 100 1 : 200 1 : 500 1 : 1000 1 : 2000
Vergrößerungsmaßstäbe	50 : 1 20 : 1 10 : 1 5 : 1 2 : 1		

1) **Schriftform kursiv** ist vertikal unter einem Winkel von 15° nach rechts geneigt.

14.1.4 Linien nach DIN 15: 1984-6

Linienarten	Liniengruppen Nennmaße *d* in mm				Anwendung Die Liniengruppe ist nach Art und Größe der Zeichnung auszuwählen
	0,35	0,5	0,7	1,0	
A **Vollinie (breit)**	0,35	0,5	0,7	1,0	Sichtbare Kanten und Umrisse, nutzbare Gewindelänge, Systemlinien (Stahlbau), Kurven in Diagrammen, Oberflächenstrukturen
B **Vollinie (schmal)**	0,18	0,25	0,35	0,5	Lichtkanten, Maß-, Maßhilfslinien, Maßlinienbegrenzungen, Hinweislinien, Schraffur, Gewindegrund, Diagonalkreuz, Biegelinien, Umrisse eingeklappter Querschnitte, Umrahmungen (Prüfmaße, Einzelheiten), Richtungen (Fasern, Schichtungen), Projektionslinien, Rasterlinien
C **Freihandlinie (schmal)**					Begrenzung abgebrochener oder unterbrochener Ansichten und Schnitte, wenn die Begrenzung keine Mittellinie ist
D **Zickzacklinie (schmal)**					Ausführung: Gesamthöhe 20 *d*, Winkel 30°
E **Strichlinie (breit)**	0,35	0,5	0,7	1,0	Bereich zulässiger Oberflächenbehandlung. Ausführung: Strich 10 *d*, Lücke 2,5 *d*
F **Strichlinie (schmal)**	0,18	0,25	0,35	0,5	Verdeckte Kanten und Umrisse. Ausführung: Strich 20 *d*, Lücke 5 *d*
G **Strichpunktlinie (schmal)**					Mittellinien, Symmetrielinien, Teil-, Lochkreise, Teilungsebenen, Trajektorien (Übertragungslinien). Ausführung: Strich 40 *d*, Punkt/Abstand 5 *d*
H **Strichpunktlinie (schmal/breit)**	0,18 0,35	0,25 0,5	0,35 0,7	0,5 1,0	Schnittebene (Linienart J bevorzugen). Ausführung: wie Linienarten G und J
J **Strichpunktlinie (breit)**	0,35	0,5	0,7	1,0	Schnittebene, Bereich geforderter Behandlungen. Ausführung: Strich 20 *d*, Pkt./Abstd. 2,5 *d*
K **Strich-Zweipunktlinie**	0,18	0,25	0,35	0,5	Umrisse vor Umformung, Umrisse angrenzender Teile, Fertigformen in Rohteilen, Umrisse wahlweiser Ausführungen, Grenzstellungen, Teile vor der Schnittebene, Umrahmungen besonderer Bereiche, Schwerlinien (Stahlbau). Ausführung: Strich 40 *d*, Pkt./Abstd. 5 *d*

Rangfolge beim Überdecken von Linien:

1. sichtbare Kanten (A)
2. verdeckte Kanten (F)
3. Schnittebenen (J)
4. Mittellinien (G)
5. Schwerlinien (K)
6. Maßhilfslinien (B)

14

14.1 Technisches Zeichnen

14.1.5 Grafische Darstellungen nach DIN 461: 1973-3

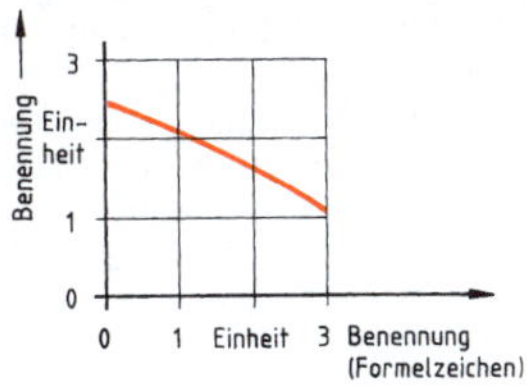

Die grafische Darstellung ist die Veranschaulichung und zeichnerische Lösung funktioneller Zusammenhänge. Die Linienbreiten werden nach DIN 15: 1984-6 etwa im Verhältnis Netz zu Achsen zu Kurven von 1 zu 2 zu 4 gewählt.
Zur Beschriftung dient vertikale Normschrift mit Ausnahme der Formelzeichen und Hinweisziffern, die kursiv auszuführen sind. Die Beschriftung soll von unten, nur ausnahmsweise (z. B. lange Ausdrücke an der Ordinate) von rechts lesbar sein.

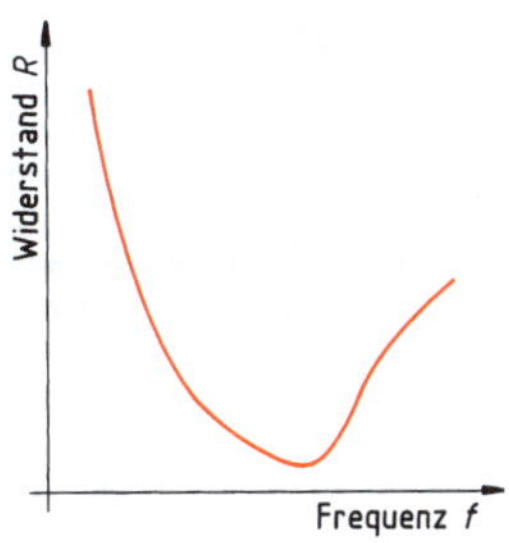

Diagramme (Schaubilder) **im kartesischen Koordinatensystem**

Jeder Punkt ist festgelegt durch Angabe der beiden Abstände von den zueinander rechtwinkligen Achsen. Die waagerechte Achse (Abszisse, x-Achse) für die unabhängige Veränderliche und die senkrechte Achse (Ordinate, y-Achse) für die abhängige Veränderliche schneiden sich im Nullpunkt. Zunehmende Werte werden nach rechts und oben, abnehmende nach links und unten abgetragen. Die positiven Achsrichtungen werden mit einer Pfeilspitze versehen. Formelzeichen oder Benennungen stehen unter der waagerechten und links neben der senkrechten Pfeilspitze. Die Pfeile können auch parallel zu den Achsen mit den Formelzeichen an der Wurzel der Pfeile angebracht werden.
Bei der qualitativen Darstellung (Übersichtsdiagramm) besitzt das Koordinatensystem keine Teilung. Koordinaten wichtiger Punkte können durch Kreise und Formelzeichen oder Ziffern markiert werden. Auf nicht lineare Teilung ist hinzuweisen (z. B. $\log y$, z^2, $1/x$).

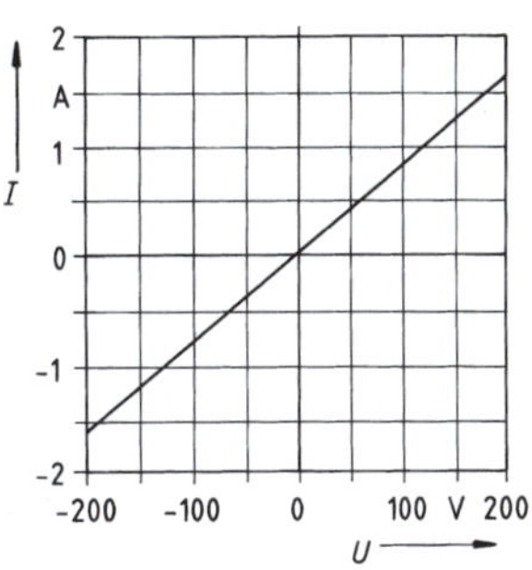

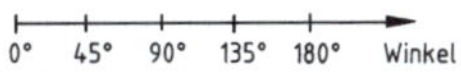

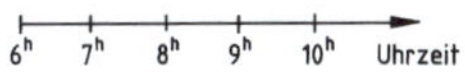

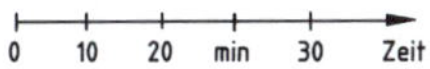

Zur quantitativen Darstellung erhalten die Achsen eine bezifferte Teilung (Skale) in Schritten von $1 \cdot 10^n$, $2 \cdot 10^n$ oder $5 \cdot 10^n$ mit $n = 0, \pm 1, \pm 2 \ldots$ Bei positiven Zahlenwerten kann auf das Pluszeichen (+) verzichtet werden. Jeder negative Wert ist mit dem Minuszeichen (–), die Nullpunkte beider Achsen mit einer Null (0) zu versehen. Der Anfangsbereich einer Kurve (einschließlich Nullpunkt) kann auch unterdrückt werden. Von den Teilstrichen müssen mindestens die ersten und letzten beziffert sein. Bei sehr großen oder sehr kleinen Zahlenwerten wird die Zehnerpotenz nur einmal zwischen die beiden letzten Zahlenwerte gesetzt. Bei größeren Zahlenbereichen erzeugt eine logarithmische Teilung eine gleich bleibende Ablesegenauigkeit.
Zum Ablesen kann ein Koordinatennetz mit Beschriftung außerhalb der Diagrammfläche bis zu den Randlinien ergänzt werden. Die Einheitenzeichen stehen am rechten Ende der Abszisse bzw. am oberen Ende der Ordinate zwischen den beiden letzten Ziffern (bei Platzmangel vor- und drittletzte Ziffer auslassen). Die Einheit darf nicht in Klammern gesetzt werden. Winkelangaben erhalten an jedem Zahlenwert die Angabe Grad (°) bzw. Minuten (′) oder Sekunden (″), ebenso Zeitpunkte mit hochgestellten Einheiten für Stunden (^{h}) bzw. Minuten (^{min}) oder Sekunden (^{s}). Die Einheit der Zeitspanne wird nur einmal angegeben (z. B. s, min, h). Zahlenwertangaben sind auch möglich in Bruchform $\left(\text{z. B. } s/\text{mm oder } \frac{s}{\text{mm}}\right)$ oder mit dem Wort „in" (z. B. U in V).

14.1 Technisches Zeichnen

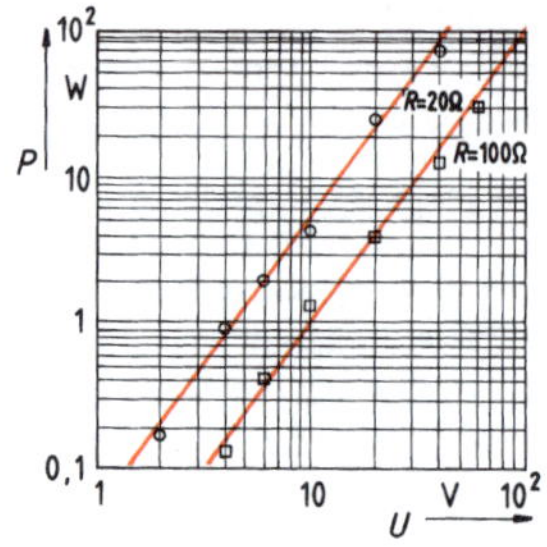

Bei mehreren Kurven der gleichen Veränderlichen in einem Koordinatensystem werden an jede Kennlinie der Parameter oder Hinweisziffern oder -buchstaben mit Erläuterungen in der Bildunterschrift verwendet.
Verschiedene abhängige Veränderliche in einem Diagramm können in gleicher oder unterschiedlicher Linienart, farbig und mit ihren Formelzeichen verdeutlicht werden.
Die Kurven sind die zügig ausgleichende Verbindung der errechneten oder gemessenen Werte. Messpunkte können mit diesen Zeichen eingetragen werden:

○ ● □ ■ △ ▲ + ×

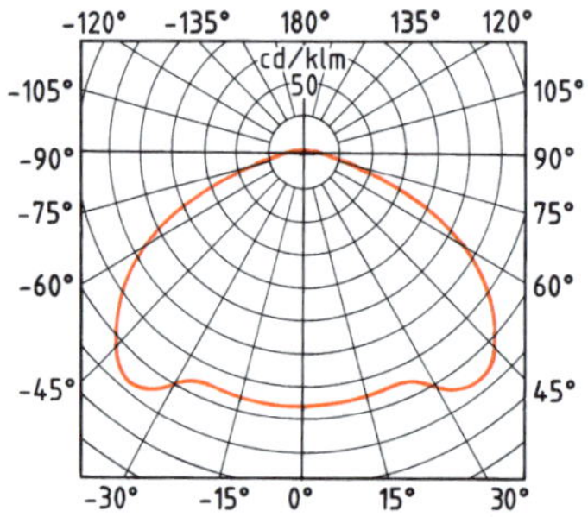

Diagramme im Polarkoordinatensystem

Im Polarkoordinatensystem wird der vom Nullpunkt (Pol) nach rechts oder nach unten gehenden Achse meist der Winkel Null zugeordnet. Der Winkel wird positiv entgegen dem Uhrzeigersinn bzw. negativ im Uhrzeigersinn abgetragen. Der Radius nimmt vom Nullpunkt nach außen hin zu. Zur Erzeugung eines Koordinatennetzes wird die Teilung des Radius mit konzentrischen Kreisen, die des Winkels mit Strahlen eingetragen.
Beispiel: Lichtstärkeverteilung einer Leuchte (cd/klm)

⇒ 11-14

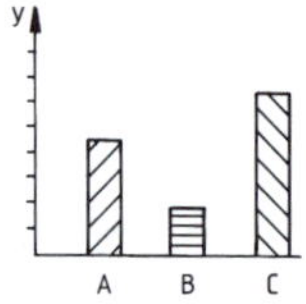

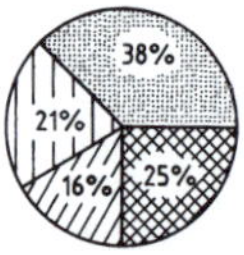

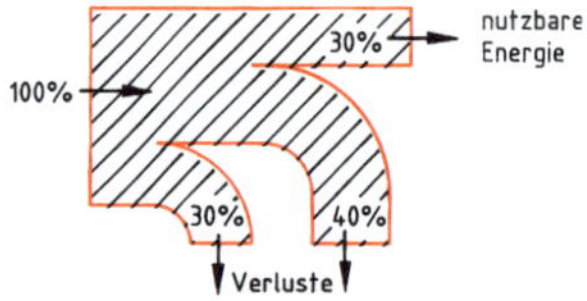

Flächendiagramme

Säulendiagramm: Die zu vergleichenden Größen werden als senkrechte oder waagerechte Balken mit der gleichen Breite und gegebenenfalls verschiedener Schraffur oder Farbe dargestellt.
Kreisflächendiagramm: Prozentwerte werden als Kreisausschnitte (Sektoren) verdeutlicht. Der Umfang der Kreisfläche entspricht 100%. Der Mittelpunktswinkel α des Ausschnitts von x Prozent ist $\alpha = x\% \cdot 360°/100\%$.
Sankey-Diagramm: Aufteilung von Energieströmen durch Abzweigungen bandförmiger Flächenstreifen. Die Breite der Streifen entspricht den zu- bzw. abgeführten Energien. Der in ursprünglicher Richtung verlaufende Reststreifen ist die nutzbare Energie

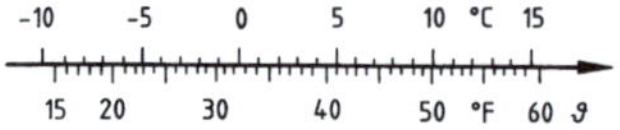

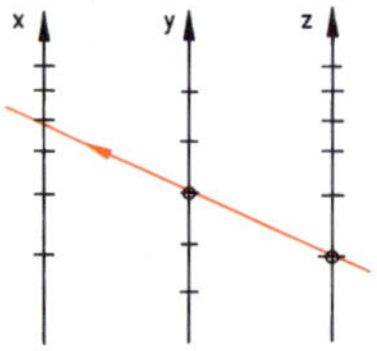

Nomogramme

Zahlenleiter: Auf einer Geraden werden zwei veränderliche Größen dargestellt.
Leitertafeln (Fluchtlinientafeln): Eine unbekannte Größe (x) wird aus zwei oder mehreren bekannten Veränderlichen (y, z) bestimmt. An dem Schnittpunkt der Verbindungslinie (bzw. deren Verlängerung) der bekannten Größen mit der Leiter der unbekannten ist das Ergebnis abzulesen

⇒ 11-14

14.1 Technisches Zeichnen

14.1.6 Normalprojektionen nach DIN 6-1: 1986-12

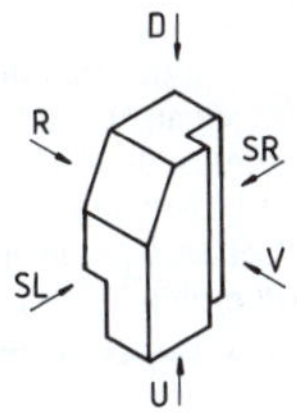

V	Vorderansicht
D	Draufsicht
SL	Seitenansicht von links
U	Untersicht
R	Rückansicht
SR	Seitenansicht von rechts

Objektlage

Die Anordnung des Werkstücks wird von der Gebrauchslage bestimmt (Fertigung, Montage). Die Vorderansicht soll die wichtigsten Merkmale erkennen lassen. Weitere Ansichten und auch verdeckte Kanten werden nur gezeichnet, wenn dies für die eindeutige Darstellung und Bemaßung nötig ist

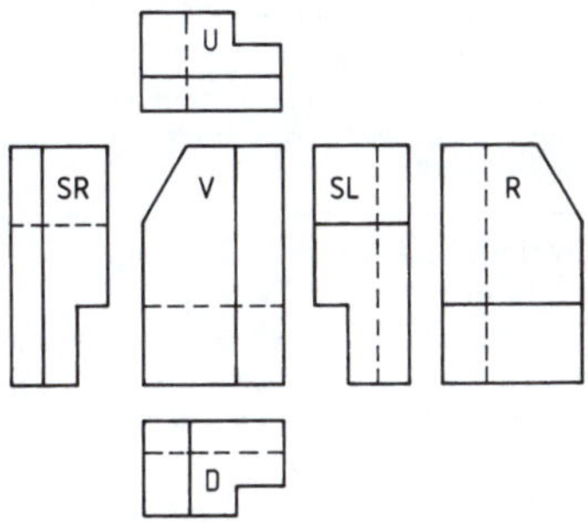

Projektionsmethode 1

Anwendung in Deutschland, EG (überwiegend). Von der wichtigen Vorderansicht aus gesehen gilt folgende Anordnung:

1. Seitenansicht von links (SL) rechts
2. Draufsicht (D) unter
3. Seitenansicht von rechts (SR) links
4. Untersicht (U) oberhalb
5. Rückansicht (R) rechts oder links neben den Seitenansichten

Falls erforderlich, das Symbol im oder in der Nähe des Schriftfeldes eintragen:

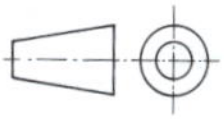

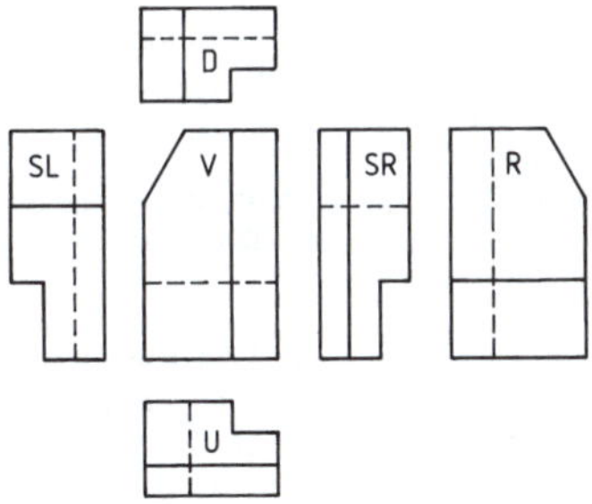

Projektionsmethode 3

Anwendung: Deutschland im Stahlbau, GB, USA. Von der wichtigen Vorderansicht aus gesehen gilt folgende Anordnung:

1. Seitenansicht von links (SL) links
2. Draufsicht (D) oberhalb
3. Seitenansicht von rechts (SR) rechts
4. Untersicht (U) unterhalb
5. Rückansicht (R) rechts oder links neben den Seitenansichten

Symbol, falls erforderlich:

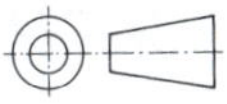

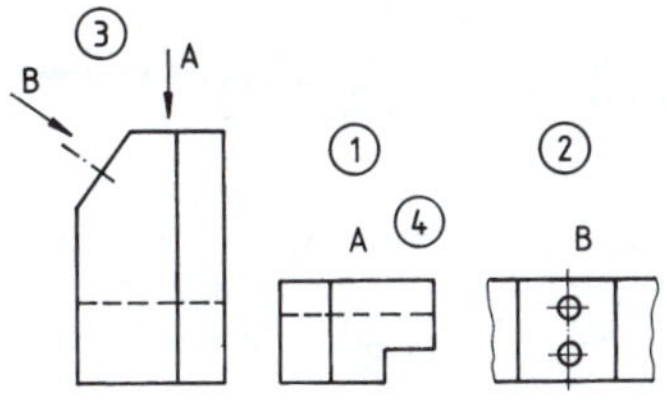

Pfeilmethode

Anwendung zur beliebigen Anordnung der Ansichten bei:

1. Platzmangel (z. B. nachträgliches Hinzufügen)
2. Besondere Projektionsrichtungen (z. B. um Verkürzungen zu vermeiden)
3. Erforderliches Symbol am Objekt ist ein Pfeil in Projektionsrichtung mit beliebigem Großbuchstaben rechts oder oberhalb (1,5fache Maßpfeilgröße)
4. Die Ansicht erhält den Großbuchstaben direkt oberhalb

14

14.1.7 Darstellungen in Normalprojektion nach DIN 6-1, 2: 1986-12

Bild 1

Schnittdarstellungen

Ist es nicht möglich, einen Gegenstand eindeutig darzustellen, sind Schnittdarstellungen anzuwenden. Der Schnitt ist die gedachte Zerlegung des Gegenstands durch eine oder mehrere Ebenen senkrecht zur Zeichenebene. Die Schnittflächen werden mit einer **Schraffur** aus parallelen, schmalen Volllinien unter 45° zu den Hauptachsen oder Umrissen gekennzeichnet (Bild 1)

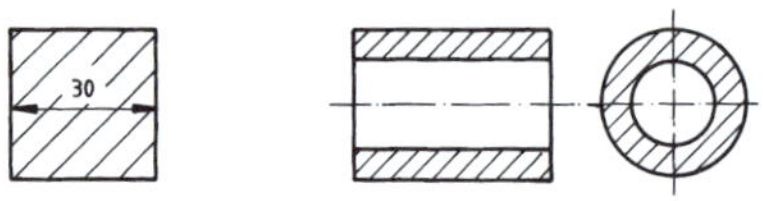

Bild 2

Der **Schraffurabstand** ist der Schnittflächengröße anzupassen. Für Eintragungen (z. B. Maßzahlen) die Schraffur unterbrechen.
Alle Schnittflächen eines Teils werden in allen Ansichten gleichartig (Richtung und Abstand) schraffiert (Bild 2)

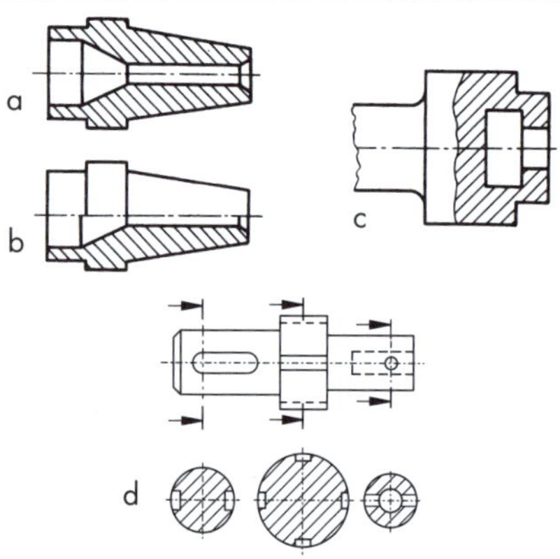

Bild 3

Schnittarten (Bild 3):

a) **Vollschnitt**
Gezeichnet wird der Bereich hinter der schraffierten Schnittfläche. Verdeckte Kanten werden im Schnitt nur gezeichnet, wenn sie zum Verständnis unbedingt erforderlich sind.

b) **Halbschnitt**
Der Schnitt liegt bevorzugt unter bzw. rechts von der Mittellinie. Körperkanten auf der Mittellinie sind darzustellen.

c) **Teilschnitt**
Nur ein Teilbereich der Ansicht wird geschnitten. Die Begrenzungslinie darf nicht mit anderen Linien zusammenfallen.

d) **Profilschnitt**
Dargestellt wird nur die Schnittfläche ohne die übrigen Umrisse, wenn diese für die Anschaulichkeit unbedeutend sind

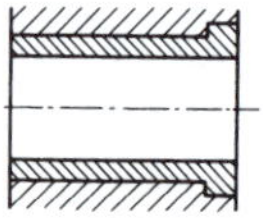

Bild 4

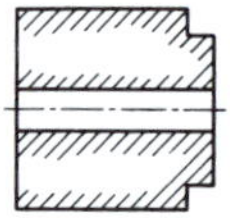

Bild 5

Bild 6

Bild 7

Bild 8

Bei zusammengesetzten Werkstücken (Bild 4) wird die Schraffur der einzelnen Teile gewechselt.
Bei großen Schnittflächen (Bild 5) kann die Schraffur auf eine Randzone beschränkt bleiben. Schnittflächen und Ausbrüche (durch Freihandlinie begrenzt) werden in gleicher Art schraffiert.
Sehr schmale Schnittflächen (Bild 6 u. 7) können voll geschwärzt werden.
Mehrere geschwärzte Schnittflächen (Bild 8), die aneinanderstoßen, sind durch Andeuten der Fugen zu kennzeichnen

Bild 9

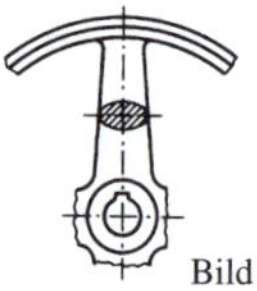

Bild 10

Schrauben, Niete, Bolzen, Wellen, Rippen (Bild 9) und Speichen (Bild 10), die in der Schnittebene liegen, werden nicht im Längsschnitt dargestellt

14.1.7 Darstellungen in Normalprojektion nach DIN 6-1, 2: 1986-12 (Forts.)

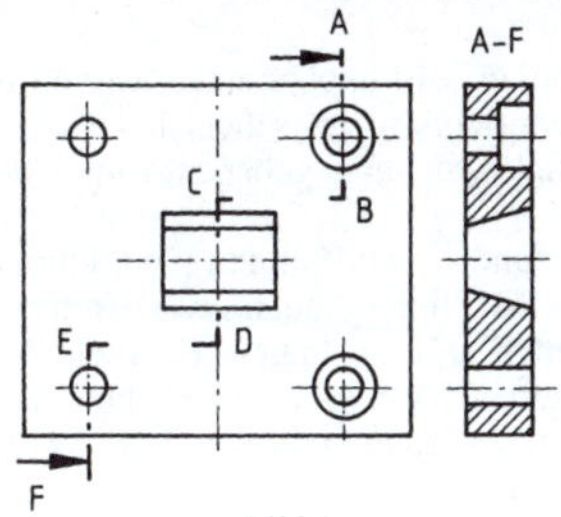

Bild 1

Schnittverlauf

Ist der Schnittverlauf (Bild 1) durch einen Körper nicht ohne weiteres ersichtlich, so ist er durch breite Strichpunktlinien zu kennzeichnen. Die Blickrichtung auf den Schnitt wird durch Pfeile angedeutet, die vollschwarz sind und einen Winkel von etwa 15° einschließen, sie sind 1,5-mal Maßpfeilgröße lang.
Ist die Schnittlinie mit Buchstaben (im Bedarfsfall durch Ziffern ergänzt) gekennzeichnet, so stehen der Anfangs- und Endbuchstabe der Schnittlinie über dem entsprechenden Schnitt

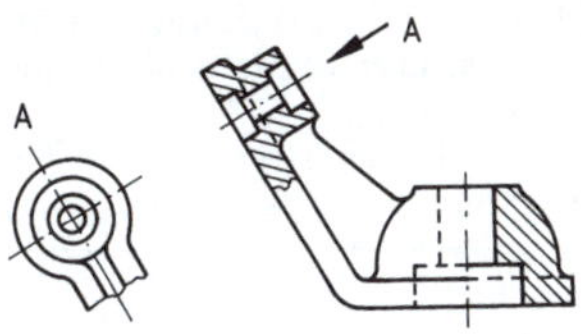

Bild 2

Betrachtungsrichtung

Bei Werkstücken, die geneigt zu den Zeichenrissen liegen, legt man die Betrachtungsrichtung, angegeben durch den Pfeil, so fest, dass eine günstige Projektion (ohne Verkürzungen) möglich ist. Die zugehörige Ansicht wird in der durch den Pfeil gekennzeichneten Richtung projektionsgerecht angeordnet (Bild 2).
Die Ansicht darf auch in einer anderen Lage dargestellt werden. Dann ist an den Buchstaben ein Symbol für die Drehung in die entsprechende Richtung anzufügen; auch der Drehwinkel darf angegeben werden

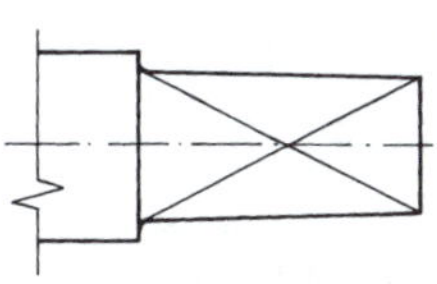
Bild 3

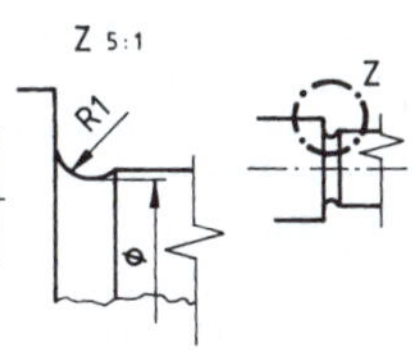

Bild 4

Diagonalkreuz/Einzelheiten

Das Diagonalkreuz (schmale Volllinie) (Bild 3) kennzeichnet ebene Flächen. Wenn Seitenansicht oder Draufsicht fehlen, muss das Diagonalkreuz angewendet werden. Das Diagonalkreuz ist aber auch bei Vorhandensein zweier Ansichten zulässig. Einzelheiten (Bild 4) können im vergrößerten Maßstab herausgezeichnet werden. Ein strichpunktierter Kreis (Linienbreite wie bei Mittellinie) wird um die herauszuzeichnende Stelle gezogen

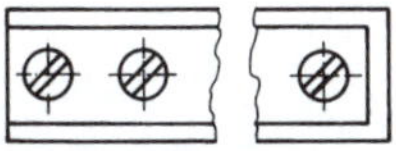
Bild 5

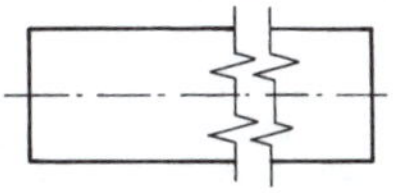
Bild 6

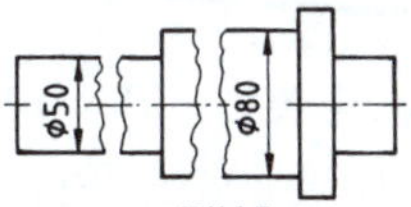

Bild 7

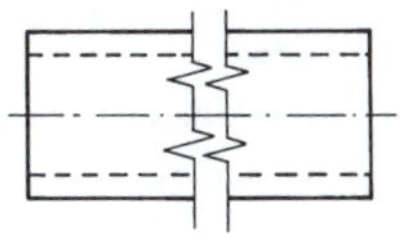
Bild 8

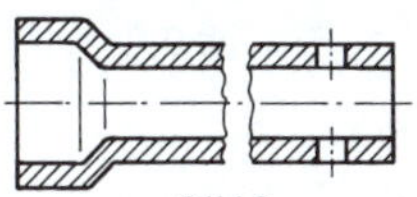
Bild 9

Bruchlinien

Zur Ersparnis an Zeichenfläche können Gegenstände (Bild 5) abgebrochen gezeichnet werden. Die Bruchlinie ist als Freihandlinie oder als Zickzacklinie zu zeichnen (Bild 6).
Auch rotationssymmetrische Körper erhalten als Kennzeichnung für die Bruchkanten eine Freihandlinie (Bild 7) oder eine Zickzacklinie (Bild 8).
Bei Durchdringungen von Zylindern (Bild 9), deren Durchmesser sich wesentlich unterscheiden, darf auf flach verlaufende Durchdringungskurven verzichtet werden.

14.1 Technisches Zeichnen

14.1.8 Maßeintragung in Zeichnungen, Regeln, nach DIN 406-10 bis 12: 1992-12

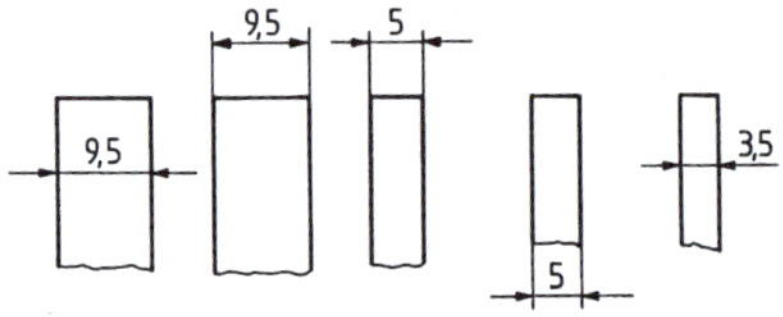

Maßlinien

Die Maßlinien bei Längenmaßen werden im allgemeinen rechtwinklig zwischen den Körperkanten oder parallel zu der angegebenen Abmessung angeordnet.
Maßlinien und Maßhilfslinien sind schmale Volllinien. Die Maßlinien sollen etwa 10 mm von den Körperkanten entfernt liegen. Parallele Maßlinien sollen voneinander etwa 7 mm Abstand haben.
Mittellinien und Kanten dürfen nicht als Maßlinien benutzt werden.

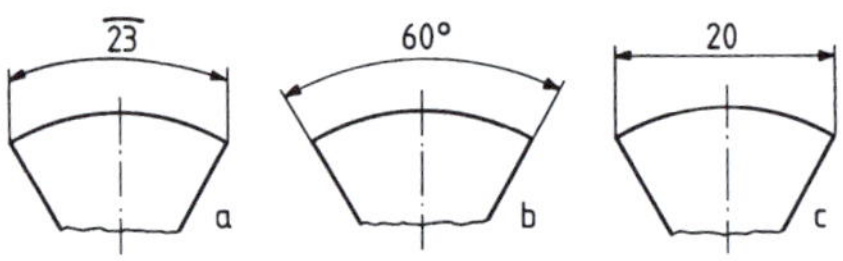

Bei Bogen- und bei Winkelmaßen (Bild a und b) ist die Maßlinie ein Kreisbogen.
Beim Bogen (Bild a, Zentriwinkel kleiner als 90°) werden Maßlinienbogen vom Mittelpunkt des Bogens eingetragen, über die Maßzahl wird ein Bogenstrich gesetzt.
Beim Sehnenmaß (Bild c) werden die Maßhilfslinien rechtwinklig zur Maßlinie gezeichnet

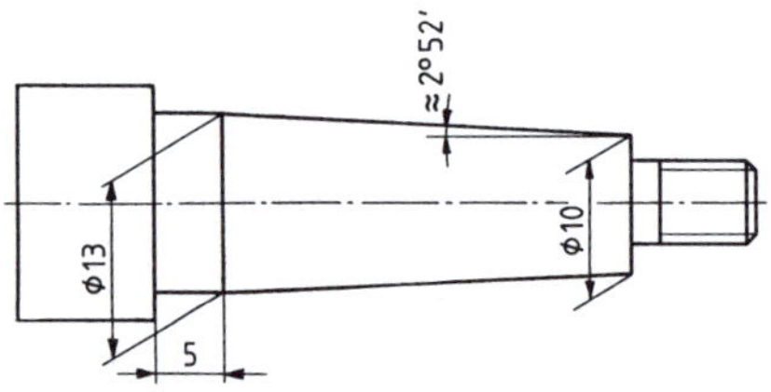

Maßhilfslinien

Maßhilfslinien beginnen unmittelbar an den Körperkanten. Sie ragen 1 bis 2 mm über die Maßlinie hinaus. Maßhilfslinien sollen andere Linien möglichst nicht schneiden.
Maßhilfslinien dürfen ausnahmsweise unter Winkeln von 60° zur Richtung der Maßlinie stehen, wenn dadurch die Maßeintragung deutlicher wird.
Von einer Ansicht zur anderen dürfen Maßhilfslinien nicht durchgezogen werden

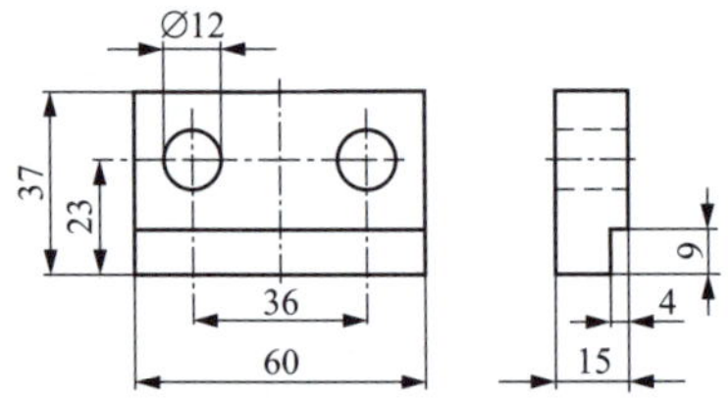

Mittellinien

Mittellinien sind Linien zur Festlegung der geometrischen Mitte dargestellter Formelemente.
Mittellinien können als Maßhilfslinien benutzt werden. Außerhalb der Körperkanten sind sie dann als schmale Vollinie auszuziehen

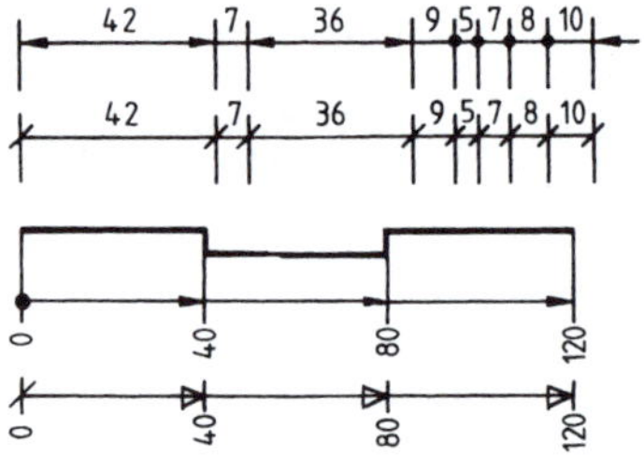

Maßlinienbegrenzung

1. Maßpfeile

ausgefüllt oder nicht ausgefüllt oder offen

2. Schrägstriche

3. Punkte

ausgefüllt oder nicht ausgefüllt

14.1 Technisches Zeichnen

14.1.8 Maßeintragung in Zeichnungen, Regeln, nach DIN 406-10 bis 12: 1992-12 (Forts.)

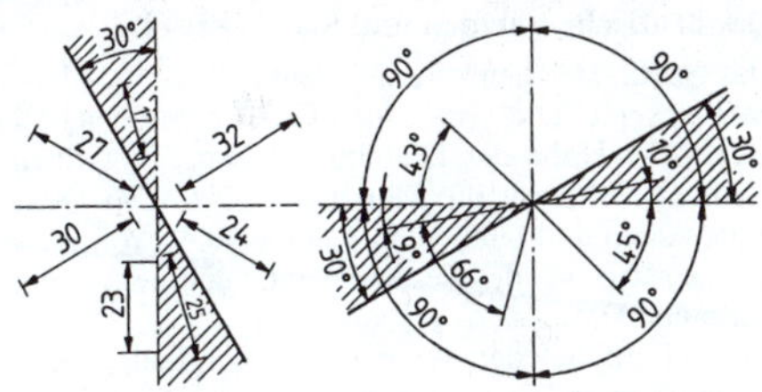

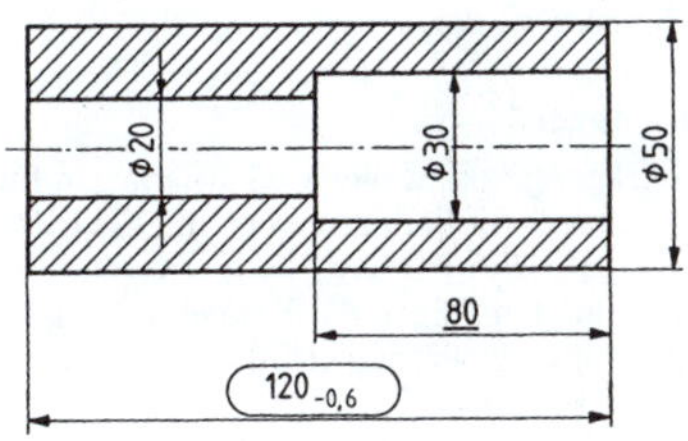

Maßzahlen

Die Maßzahlen dürfen durch Linien nicht getrennt oder gekreuzt werden. Sie sollen in Zeichnungen nicht kleiner als 3,5 mm sein.

Alle Maßzahlen und Winkelangaben sollen von unten oder von rechts lesbar sein. Maßzahlen sollen möglichst nicht im schraffierten Winkelbereich von 30° stehen. Ist dies nicht zu vermeiden, müssen sie von links her lesbar sein. Maßzahlen, bei denen Verwechslungen möglich sind (z. B. 9, 66, 86 und ähnliche) erhalten hinter der Zahl einen Punkt.

Bei nicht maßstäblich gezeichneten Abmessungen müssen die Maßzahlen unterstrichen werden, jedoch nicht bei unterbrochen gezeichneten Teilen.

In einer Zeichnung sind alle Maße in der gleichen Einheit anzugeben, vorzugsweise in mm. Abweichende Einheiten müssen angegeben werden

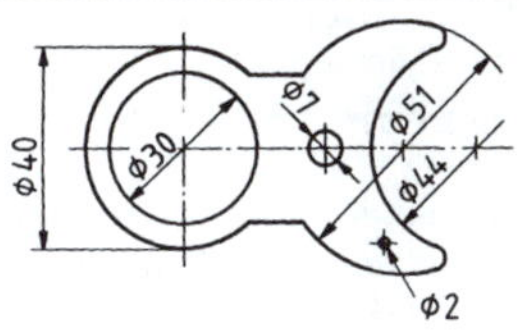

Durchmesser

Das grafische Symbol ⌀ wird in jedem Fall vor die Maßzahl gesetzt.

Beim Durchmesserzeichen ist der Kreisdurchmesser gleich der Größe der Kleinbuchstaben. Das ⌀-Zeichen ist in gleicher Höhe vor die Maßzahl zu setzen

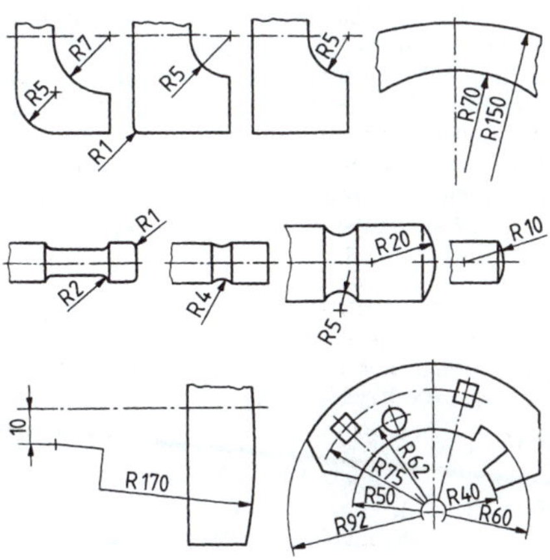

Radien

Die Maßlinien der Radien erhalten nur einen Maßpfeil am Kreisbogen. Der Mittelpunkt wird durch ein Mittellinienkreuz gekennzeichnet.

Vor die Maßzahl ist in jedem Falle ein „R" zu setzen. Liegt bei großen Radien der Mittelpunkt außerhalb der Zeichenfläche, so ist die Maßlinie in zwei parallelen Abschnitten mit einem rechtwinkligen Knick zu zeichnen. Die Maßzahl soll an dem Abschnitt, der den Kreisbogen berührt und auf den geometrischen Mittelpunkt des Radius gerichtet ist, eingetragen werden.

Sind Radien in größerer Anzahl anzuordnen, so brauchen sie nicht bis zum Mittelpunkt, sondern nur bis zu einem kleinen Hilfskreisbogen gezogen zu werden

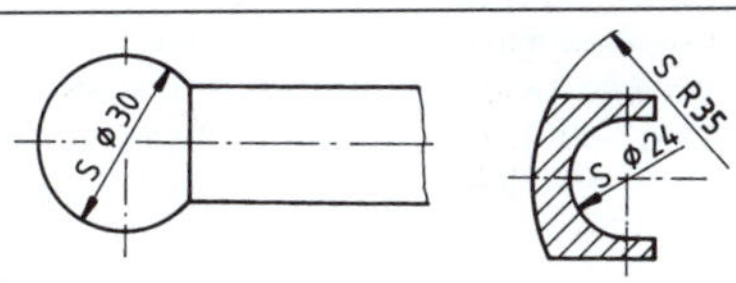

Kugel

Bei Kugelformen ist dem Durchmesser- oder Halbmesserzeichen der Großbuchstabe S vor dem R- oder ⌀-Zeichen voranzustellen

14.1.8 Maßeintragung in Zeichnungen, Regeln, nach DIN 406-10 bis 12: 1992-12 (Forts.)

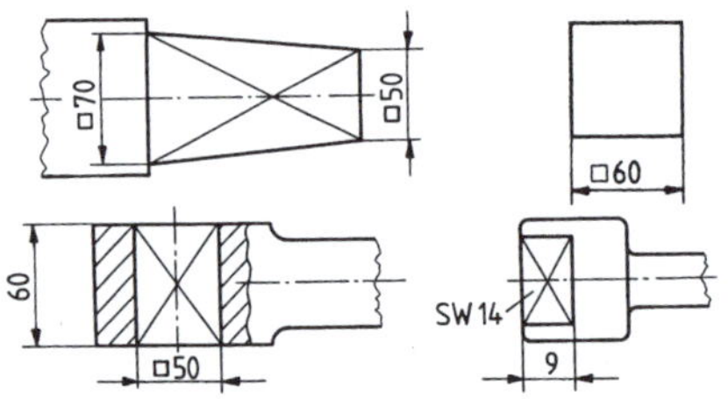

Quadratische Formen und Schlüsselweite

Das Quadratzeichen wird in jedem Fall vor die Maßzahl gesetzt. Die Größe des Quadratzeichens ist gleich der Höhe der Kleinbuchstaben. Es wird in gleicher Höhe vor die Maßzahl gesetzt. Das Quadratzeichen und Diagonalkreuz (schmale Volllinie) müssen angewendet werden, wenn nur eine Ansicht vorhanden ist.

Ist die Form aus der Benennung ersichtlich, genügt bei genormten Vierkanten die einmalige Angabe der Seitenlänge bzw. der Schlüsselweite

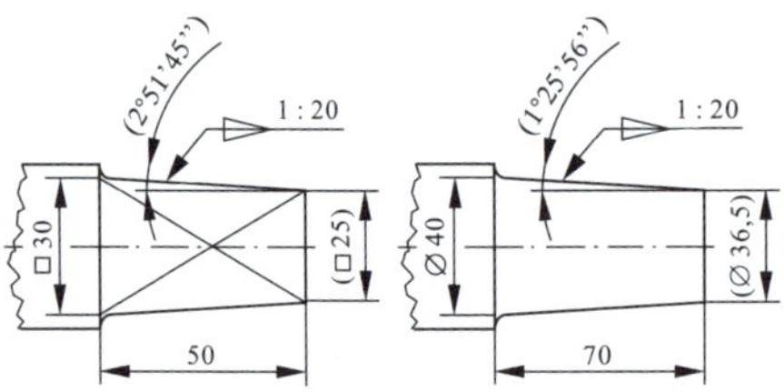

Verjüngungen

Die Eintragung von Maßen und Toleranzen für Kegel in technische Zeichnungen ist in DIN ISO 3040 genormt.

Die Abbildungen zeigen die Bemaßung eines pyramidenförmigen Übergangs (links) und eines kegelförmigen Übergangs (rechts).

Der Einstellwinkel (halber Kegelwinkel) kann angegeben werden, um das Einstellen der Bearbeitungsmaschinen zu erleichtern

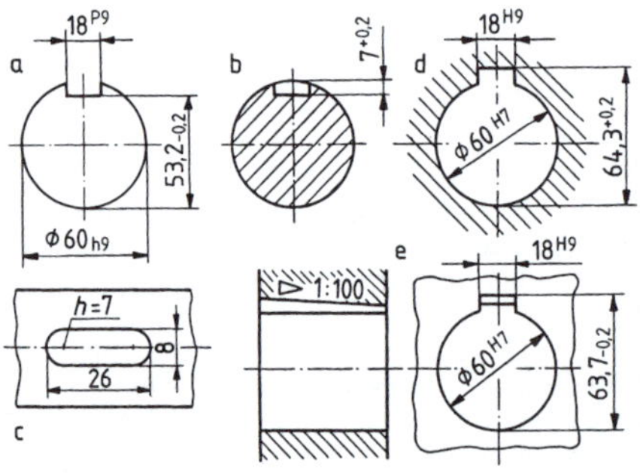

Nuten

Die Bemaßung der Nuten für Passfedern und Keile in zylindrischen Wellen und Bohrungen zeigen die Bilder.

Nuten in Wellen werden entsprechend Darstellung a oder b bemaßt; a wird angewendet bei durchgehenden Nuten, b bei nicht durchgehenden Nuten.

Die Tiefe von Nuten kann in der Draufsicht vereinfacht angegeben werden, wenn andere Ansichten fehlen (Darstellung c).

Nuten für Passfedern in zylindrischen Bohrungen werden entsprechend Darstellung c bemaßt, Keilnuten in Naben entsprechend Darstellung e

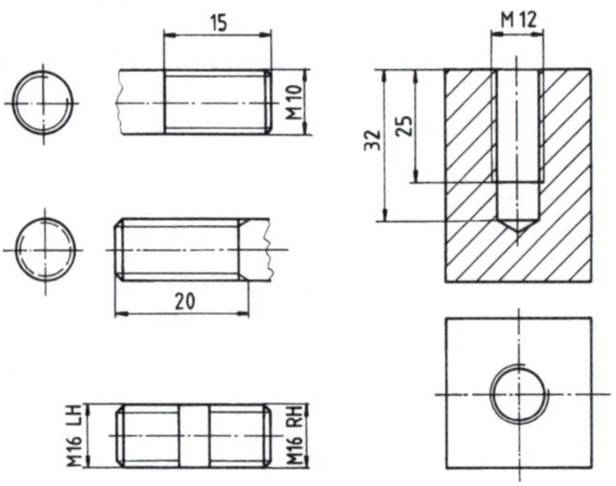

Gewinde

Für genormte Gewinde sind die Kurzbezeichnungen nach DIN 202 anzuwenden.

M 16 LH = Metrisches Linksgewinde mit 16 mm Gewinde-Nenndurchmesser

M 16 RH = Metrisches Rechtsgewinde mit 16 mm Gewinde-Nenndurchmesser

Bei Stiftschrauben rechnet der Gewindeauslauf des Einschraubendes mit zur nutzbaren Gewindelänge. Bei Gewindesacklöchern wird die Kernlochtiefe und die nutzbare Gewindelänge ohne Auslauf angegeben

14.1 Technisches Zeichnen

14.1.8 Maßeintragung in Zeichnungen, Regeln, nach DIN 406-10 bis 12: 1992-12 (Forts.)

Anordnung der Maße

In eine Zeichnung ist jedes Maß nur einmal einzutragen und zwar in der Ansicht, in der die Zuordnung von Darstellung und Maß am deutlichsten zu erkennen ist. Maße, die zusammengehören, sollten auch möglichst zusammen eingetragen werden.
Maßlinien werden an Volllinien angesetzt, an Strichlinien (verdeckte Kanten) sollten sie nicht angesetzt werden.
Bei flachen Werkstücken darf in die Darstellung oder auf einer abgeknickten Hinweislinie neben der Darstellung die Werkstückdicke *t* angegeben werden

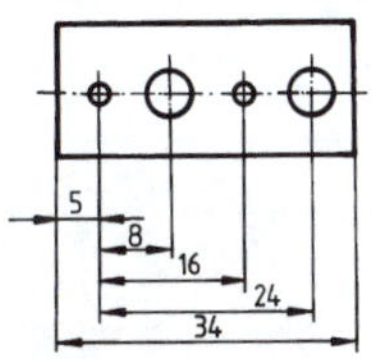

Bezugsbemaßung (absolute Bemaßung)

Alle Maße gehen von einer Bezugsfläche (z. B. Körperkante) oder einem Bezugspunkt (z. B. Bohrungsmitte) aus. So können Toleranzsummenfehler vermieden werden

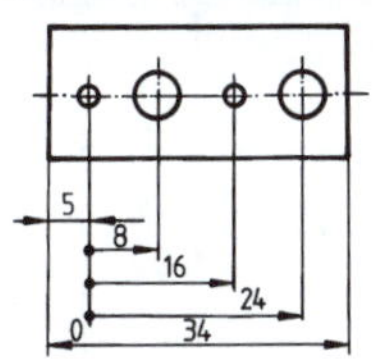

Bei der Koordinatenbemaßung wird der Nullpunkt besonders gekennzeichnet (0). Der gemeinsame Anfang aller Maße erhält einen Kreis, das Ende einen Pfeil als Maßlinienbegrenzung

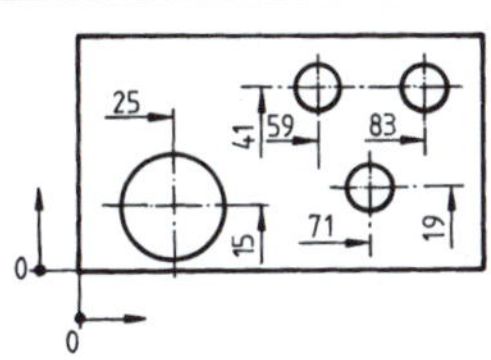

Die Maßlinien können auch verkürzt werden (nur ein Pfeil)

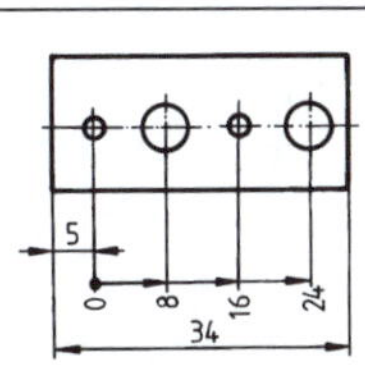

Die Darstellung kann als steigende Bemaßung auf einer gemeinsamen Maßlinie vom Nullpunkt aus vereinfacht werden. Die Maßzahlen stehen dann in Verlängerung und Leserichtung der zugehörigen Maßhilfslinie

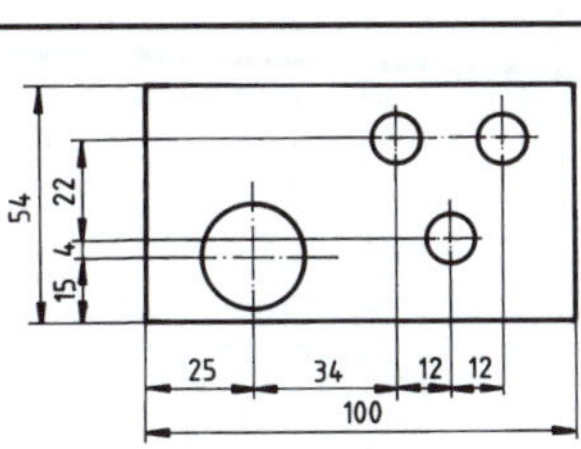

Zuwachsbemaßung
(relative, inkrementale oder Kettenbemaßung)

Beim Aneinanderreihen von Maßen wird der Maßzuwachs auf den Endpunkt des jeweils vorangehenden Maßes bezogen. Dabei können sich die Toleranzen ungünstig summieren

14.2 Maschinennormteile

14.2.1 Gewinde

Metrisches ISO-Gewinde nach DIN 13-1: 1986-12
Regelgewinde-Nennmaße (Maße in mm)

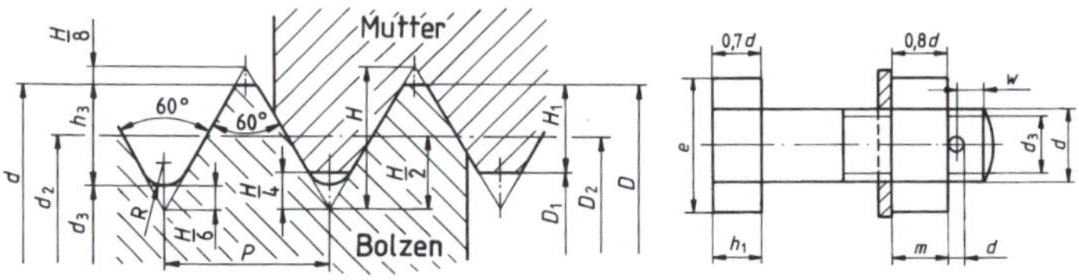

$H = 0{,}86603\,P$

$h_3 = 0{,}61343\,P$

$H_1 = 0{,}54127\,P$

$\frac{H}{8} = 0{,}10825\,P$

$R = \frac{H}{6} = 0{,}14434\,P$

Bezeichnung eines Metrischen Regelgewindes von Gewinde-Nenndurchmesser $d = 16$ mm : M 16

Gewinde-Nenndurchmesser $d=D$ Reihe 1	Reihe 2	Steigung P	Flankendurchmesser $d_2=D_2$	Kerndurchmesser Bolzen d_3	Kerndurchmesser Mutter D_1	Gewindetiefe Bolzen h_3	Gewindetiefe Mutter H_3	Kern-Lochbohr-Ø mm	Scheibe DIN 125 Loch-Ø	Scheibe DIN 125 Außen-Ø	Scheibe DIN 125 Dicke	Schlüsselweite s	Spitzkant e
M1		0,25	0,838	0,693	0,729	0,153	0,135	0,75	–	–	–	2,5	2,9
	M 1,1	0,25	0,938	0,793	0,829	0,153	0,135	0,85	–	–	–	3	3,5
M 1,2		0,25	1,038	0,893	0,929	0,153	0,135	0,95	–	–	–	3	3,5
	M 1,4	0,3	1,205	1,032	1,075	0,184	0,162	1,1	–	–	–	3	3,5
M 1,6		0,35	1,373	1,171	1,221	0,215	0,189	1,25	1,7	4	0,3	3,2	3,7
	M 1,8	0,35	1,573	1,371	1,421	0,215	0,189	1,45	–	–	–	3,5	4
M 2		0,4	1,740	1,509	1,567	0,245	0,217	1,6	2,2	5	0,3	4	4,6
	M 2,2	0,45	1,908	1,648	1,713	0,276	0,244	1,75	–	–	–	4,5	–
M 2,5		0,45	2,208	1,948	2,013	0,276	0,244	2,05	2,7	6,5	0,5	5	5,8
M 3		0,5	2,675	2,387	2,459	0,307	0,271	2,5	3,2	7	0,5	5,5	6,4
	M 3,5	0,6	3,110	2,764	2,850	0,368	0,325	2,9	3,7	8	0,5	6	6,9
M 4		0,7	3,545	3,141	3,242	0,429	0,379	3,3	4,3	9	0,8	7	8,1
	M 4,5	0,75	4,013	3,580	3,688	0,460	0,406	3,7	–	–	–	–	–
M 5		0,8	4,480	4,019	4,134	0,491	0,433	4,2	5,3	10	1	8	9,2
M 6		1	5,350	4,773	4,917	0,613	0,541	5	6,4	12,5	1,6	10	11,5
M 8		1,25	7,188	6,466	6,647	0,767	0,677	6,8	8,4	17	1,6	13	15
M 10		1,5	9,026	8,160	8,376	0,920	0,812	8,5	10,5	21	2	17	19,6
M 12		1,75	10,863	9,853	10,106	1,074	0,947	10,2	13	24	2,5	19	21,9
	M 14	2	12,701	11,546	11,835	1,227	1,083	12	15	28	2,5	22	25,4
M 16		2	14,701	13,546	13,835	1,227	1,083	14	17	30	3	24	27,7
	M 18	2,5	16,376	14,933	15,294	1,534	1,353	15,5	19	34	3	27	31,2
M 20		2,5	18,376	16,933	17,294	1,534	1,353	17,5	21	37	3	30	34,6
	M 22	2,5	20,376	18,933	19,294	1,534	1,353	19,5	23	39	3	32	36,9
M 24		3	22,051	20,319	20,752	1,840	1,624	21	25	44	4	36	41,6
	M 27	3	25,051	23,319	23,752	1,840	1,624	24	28	50	4	41	47,3
M 30		3,5	27,727	25,706	26,211	2,147	1,894	26,5	31	56	4	46	53,1
	M 33	3,5	30,727	28,706	29,211	2,147	1,894	29,5	34	60	5	50	57,7
M 36		4	33,402	31,093	31,670	2,454	2,165	32	37	66	5	55	63,5
	M 39	4	36,402	34,093	34,670	2,454	2,165	35	40	72	6	60	69,3
M 42		4,5	39,077	36,479	37,129	2,760	2,436	37,5	43	78	7	65	75
	M 45	4,5	42,077	39,479	40,129	2,760	2,436	40,5	46	85	7	70	80,8
M 48		5	44,752	41,866	42,587	3,067	2,706	43	50	92	8	75	86,5
	M 52	5	48,752	45,866	46,587	3,067	2,706	47	54	98	8	80	92,4
M 56		5,5	52,428	49,252	50,046	3,374	2,977	50,5	58	105	9	85	98
	M 60	5,5	56,428	53,252	54,046	3,374	2,977	55	62	110	9	90	104
M 64		6	60,103	56,639	57,505	3,681	3,248	58	66	115	9	95	110
	M 68	6	64,103	60,639	61,505	3,681	3,248	62	70	120	10	100	116

14.2 Maschinennormteile

Metrisches ISO-Gewinde
Feingewinde mit Steigungen von 1 … 4 mm nach DIN 13-5 bis 9

5: 1986-12 $P=1$ mm			6: 1986-12 $P=1{,}5$ mm			7: 1986-12 $P=2$ mm			8: 1986-12 $P=3$ mm			9: 1986-12 $P=4$ mm		
d	d_1	D_1	d	d_1	D_1	d	d_1	D_1	d	d_1	D_1	d	d_1	D_1
8	6,773	6,917	12	10,16	10,376	18	15,546	15,835	30	26,319	26,752	42	37,093	37,67
10	8,773	8,917	14	12,16	12,376	20	17,546	17,835	33	29,319	29,752	45	40,093	40,67
12	10,773	10,917	16	14,16	14,376	22	19,546	19,835	36	32,319	32,752	48	43,093	43,67
14	12,773	12,917	18	16,16	16,376	24	21,546	21,835	39	35,319	35,752	52	47,093	47,67
16	14,773	14,917	20	18,16	18,376	27	24,546	24,835	42	38,319	38,752	56	51,093	51,67
18	16,773	16,917	22	20,16	20,376	30	27,546	27,835	45	41,319	41,752	60	55,093	55,67
20	18,773	18,917	24	22,16	22,376	33	30,546	30,835	48	44,319	44,752	64	59,093	59,67
22	20,773	20,917	27	25,16	25,376	36	33,546	33,835	52	48,319	48,752	68	63,093	63,67
24	22,773	22,917	30	28,16	28,376	39	36,546	36,835	56	52,319	52,752	72	67,093	67,67
27	25,773	25,917	33	31,16	31,376	42	39,546	39,835	60	56,319	56,752	76	71,093	71,67
30	28,773	28,917	36	34,16	34,376	45	42,546	42,835	64	60,319	60,752	80	75,093	75,67
33	31,773	31,917	39	37,16	37,376	48	45,546	45,835	68	64,319	64,752	85	80,093	80,67
36	34,773	34,917	42	40,16	40,376	52	49,546	49,835	72	68,319	68,752	90	85,093	85,67
39	37,773	37,917	45	43,16	43,376	56	53,546	53,835	76	72,319	72,752	95	90,093	90,67
42	40,773	40,917	48	46,16	46,376	60	57,546	57,835	80	76,319	76,752	100	95,093	95,67
45	43,773	43,917	52	50,16	50,376	64	61,546	61,835	85	81,319	81,752	105	100,093	100,67
48	46,773	46,917	56	54,16	54,376	68	65,546	65,835	90	86,319	86,752	110	105,093	105,67
52	50,773	50,917	60	58,16	58,376	72	69,546	69,835	95	91,319	91,752	120	115,093	115,67
56	54,773	54,917	64	62,16	62,376	76	73,546	73,835	100	96,319	96,752	130	125,093	125,67
60	58,773	58,917	68	66,16	66,376	80	77,546	77,835	105	101,319	101,752	140	135,093	135,67
64	62,773	62,917	72	70,16	70,376	85	82,546	82,835	110	106,319	106,752	150	145,093	145,67
68	66,773	66,917	76	74,16	74,376	90	87,546	87,835	120	116,319	116,752	160	155,093	155,67
72	70,773	70,917	80	78,16	78,376	100	97,546	97,835	130	126,319	126,752	170	165,093	165,07
76	74,773	74,917	90	88,16	88,376	110	107,546	107,835	140	136,319	136,752	180	175,093	175,67
80	78,773	78,917	100	98,16	98,376	120	117,546	117,835	150	146,319	146,752	190	185,093	185,67
90	88,773	88,917	110	108,16	108,376	130	127,546	127,835	160	156,319	156,752	200	195,093	195,67
100	98,773	98,917	120	118,16	118,376	140	137,546	137,835	170	166,319	166,752	210	205,093	205,67

d Gewindedurchmesser, d_1 Kerndurchmesser Bolzen, D_1 Kerndurchmesser Mutter, P Steigung

Bohrerdurchmesser der Kernlöcher für metrische Gewinde nach DIN 336-1: 1969-4

Maße in mm (∅ = Bohrerdurchmesser)

Kurzzeichen M	∅	Kurzzeichen M	∅	Kurzzeichen M	∅	Kurzzeichen M	∅	Kurzzeichen M	∅	Kurzzeichen M	∅
1 ×0,2	0,8	3 ×0,35	2,65	9×0,75	8,2	14×1	13	18×1,5	16,5	24×2	22
1,1×0,2	0,9	3,5×0,35	3,15	9×1	8	14×1,25	12,8	18×2	16	25×1	24
1,2×0,2	1	4 ×0,5	3,5	10×0,75	9,2	14×1,5	12,5	20×1	19	25×1,5	23,5
1,4×0,2	1,2	4,5×0,5	4	10×1	9	15×1	14	20×1,5	18,5	25×2	23
1,4×0,25	1,15	5 ×0,5	4,5	10×1,25	8,8	15×1,5	13,5	20×2	18	26×1,5	24,5
1,6×0,2	1,4	5,5×0,5	5	11×0,75	10,2	16×1	15	22×1	21	27×1	26
1,8×0,2	1,6	6 ×0,75	5,2	11×1	10	16×1,5	14,5	22×1,5	20,5	27×1,5	25,5
2 ×0,25	1,75	7 ×0,75	6,2	12×1	11	17×1	16	22×2	20	27×2	25
2,2×0,25	1,95	8 ×0,75	7,2	12×1,25	10,8	17×1,5	15,5	24×1	23	28×1	27
2,5×0,35	2,15	8 ×1	7	12×1,5	10,5	18×1	17	24×1,5	22,5	28×1,5	26,5

14.2 Maschinennormteile

14.2.2 Schrauben und Muttern

14.2.2.1 Ausführungen von Schrauben

Bild	Benennung	DIN
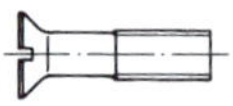	Senkschraube mit Schlitz Senkschraube mit Kreuzschlitz	EN ISO 2009 EN ISO 7046
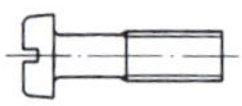	Zylinderschraube mit Schlitz Flachkopfschraube mit Schlitz	EN ISO 1207 EN ISO 1580
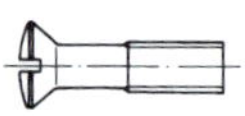	Linsensenkschraube mit Schlitz Linsensenkschraube mit Kreuzschlitz	EN ISO 2010
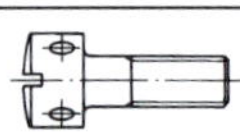	Kreuzlochschraube mit Schlitz	404
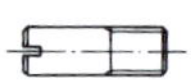	Schaftschraube mit Schlitz und Kegelkuppe	427
	Gewindestift mit Schlitz und Ringschneide Gewindestift mit Schlitz und Kegelkuppe Gewindestift mit Schlitz und Spitze	EN 27 436 EN 24 766 EN 27 434
	Augenschraube Augenschraube mit kleinem Auge	444 81 698
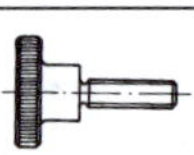	Hohe Rändelschraube	464
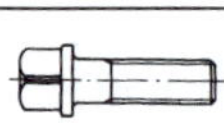	Vierkantschraube mit Bund	478
	Sechskantschraube Sechskantschraube mit großen Schlüsselweiten	7990 6914
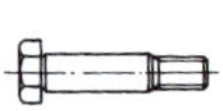	Sechskant-Passschraube mit langem Gewindezapfen Sechskant-Passschraube mit kurzem Gewindezapfen	609 610

Bild	Benennung	DIN
	Zylinderschraube mit Innensechskant und niedrigem Kopf dgl. mit Schlüsselführung	7984 6912
	Senkschraube mit Innensechskant	7991
	Linsenschraube mit Kreuzschlitz	EN ISO 7047
	Sechskant-Gewinde-Schneidschraube (auch Zylinder-, Senk- u. Linsensenkschraube) dgl. mit Kreuzschlitz (nicht Sechskantschr.)	7513 7516
	Zylinder-Blechschraube mit Schlitz weitere Blechschr.: Senk-Blechschraube mit Schlitz mit Kreuzschlitz Sechskant-Blechschr.	7971 7972 7982 7976
	Linsensenk-Holzschr. mit Schlitz mit Kreuzschlitz weitere Holzschr.: Halbrund mit Schlitz mit Kreuzschlitz Senk mit Schlitz mit Kreuzschlitz	 95 7995 96 7996 97 7997
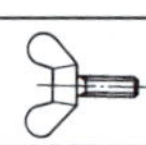	Flügelschrauben	315, 316
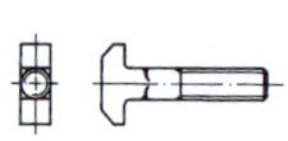	Hammerschraube mit Vierkant mit Nase mit großem Kopf Hammerschraube	 186 188 7992 261
	Flachkopfschraube mit Schlitz und kleinem Kopf und großem Kopf	 920 921
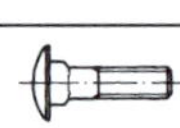	Flachrundschraube mit Vierkantansatz	603
	Stiftschraube Einschraubende $\approx 2d$ Einschraubende $\approx 1d$ Einschraubende $\approx 1{,}25d$ Einschraubende $\approx 2{,}5d$	 835 938 939 940

14

14.2 Maschinennormteile

14.2.2.2 Zylinderschrauben mit Innensechskant

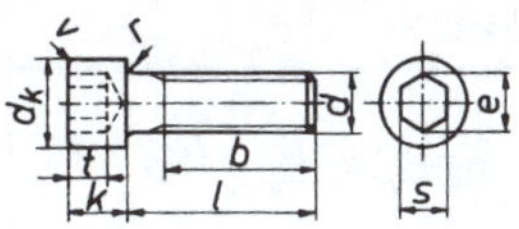

Bezeichnung einer Zylinderschraube mit Innensechskant, mit Gewinde M 12 und Nennlänge $l = 60$ mm, Festigkeitsklasse 10.9:

Zylinderschraube DIN 912 – M 12×60 – 10.9

Zylinderschrauben nach DIN 7984: 1985-5
(Maße in mm)

d_1	b	d_k	$e\approx$	k	r	s	t	l
M 3	12	5,5	2,3	2	0,1	2	1,5	5 … 20
M 4	14	7	2,87	2,8	0,2	2,5	2,3	6 … 25
M 5	16	8,5	3,44	3,5	0,2	3	2,7	8 … 30
M 6	18	10	4,58	4	0,25	4	3	10 … 40
M 8	22	13	5,72	5	0,4	5	3,8	12 … 60
M 10	26	16	8,01	6	0,4	7	4,5	16 … 70
M 12	30	18	9,15	7	0,6	8	5	20 … 80
M 14	34	21	11,43	8	0,6	10	5,3	30 … 80
M 16	38	24	13,72	9	0,6	12	5,5	30 … 80
M 18	42	27	13,72	10	0,6	12	6,5	40 … 100

Zylinderschrauben nach DIN 912: 1983-12
(Maße in mm)

d	b	d_k [1]	e	t	k	r	s	l
M 1,4	14	2,6	1,5	0,6	1,4	0,1	1,3	2 … 12
M 1,6	15	3	1,73	0,7	1,6	0,1	1,5	2,5 … 16
M 2	16	3,8	1,73	1	2	0,1	1,5	2,5 … 20
M 2,5	17	4,5	2,3	1,1	2,5	0,1	2	3 … 25
M 3	18	5,5	2,87	1,3	3	0,1	2,5	5 … 30
M 4	20	7	3,44	2	4	0,2	3	6 … 40
M 5	22	8,5	4,58	2,5	5	0,2	4	8 … 50
M 6	24	10	5,72	3	6	0,25	5	10 … 60
M 8	28	13	6,86	4	8	0,4	6	12 … 80
M 10	32	16	9,15	5	10	0,4	8	16 … 100
M 12	36	18	11,43	6	12	0,6	10	20 … 120
M 14	40	21	13,72	7	14	0,6	12	25 … 140
M 16	44	24	16,00	8	16	0,6	14	25 … 160
M 18	48	27	16,00	9	18	0,6	14	30 … 180
M 20	52	30	19,44	10	20	0,8	17	30 … 200

Stufung der Nennlängen *l* in mm

2; 2,5; 3; 4; 5; 6; 9; 10; 12; 16; 20; 25; 30; 35; 40; 45; 50; 55; 60; 65; 70; 80; 90; 100; 110; 120; 130; 140; 150; 160; 180

14.2.2.3 Linsen-Blechschrauben mit Kreuzschlitz nach DIN 7981: 1990-8

Alle Maße in mm.

Form C mit Spitze **Form F mit Zapfen**

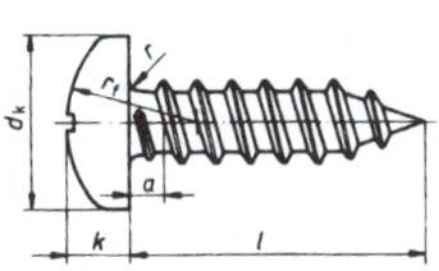

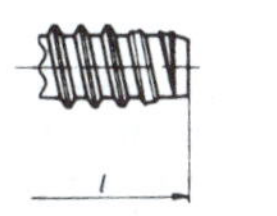

Bezeichnung einer Linsen-Blechschraube mit der Gewindegröße ST 4,2, der Länge $l = 16$ mm, der Spitze Form C und Kreuzschlitz Z:

Blechschraube DIN 7981 – ST 4,2×16 – C – Z

Gewindegröße	P [2]	a max	d_k	k	r max	r_f ≈	l
ST 2,2	0,8	0,8	4,2	1,8	0,3	3,4	4,5 … 16
ST 2,9	1,1	1,1	5,6	2,2	0,4	4,4	6,5 … 19
ST 3,5	1,3	1,3	6,9	2,6	0,5	5,4	9,5 … 25
ST 3,9	1,3	1,3	7,5	2,8	0,5	5,8	9,5 … 25
ST 4,2	1,4	1,4	8,2	3,05	0,6	6,2	9,5 … 32
ST 4,8	1,6	1,6	9,5	3,55	0,7	7,2	9,5 … 38
ST 5,5	1,8	1,8	10,8	3,95	0,8	8,2	13 … 38
ST 6,3	1,8	1,8	12,5	4,55	0,9	9,5	13 … 38

14.2.2.4 Blechschraubenverbindungen nach DIN 7975: 1989-8

Bei einer Schraubenverbindung mit Blechschrauben werden die zu verbindenden Teile vorgebohrt oder gelocht; die Schraube formt sich ihr Gewinde selbst. Für Blechdicken an der unteren Grenze S_{min} und/oder geringer Festigkeit des Blechwerkstoffs ($R_m = 100$ N/mm²) die kleinen Kernlochdurchmesser wählen; für große Blechdicken und große Werkstofffestigkeit (R_m bis 500 N/mm²) die großen Kernlochdurchmesser wählen.

Grenzen der Blechdicken und Kernlochdurchmesser
(Angaben in mm)

Gewindegröße	Untere Grenze S_{min}	Obere Grenze S_{max}	Kernlochdurchmesser [3] von	bis
ST 2,2	0,8	1,8	1,7	1,9
ST 2,9	1,1	2,2	2,2	2,5
ST 3,5	1,3	2,8	2,6	3,1
ST 3,9	1,3	3	2,9	3,5
ST 4,2	1,4	3,5	3,1	3,7
ST 4,8	1,6	4	3,6	4,3
ST 5,5	1,8	4,5	4,2	5,0
ST 6,3	1,8	5	4,9	5,8
ST 8	2,1	6,5	6,3	7,4

14

1) Für glatte Köpfe.
2) P = Gewindesteigung.
3) Kleiner Kernlochdurchmesser für S_{min}, großer Kernlochdurchmesser für S_{max}; genaue Zwischenwerte siehe DIN 7975.

14.2.2.5 Blechschrauben mit Blechschraubengewinde[1] nach DIN 7504: 1992-2

Form	Bild	Norm	Form	Bild	Norm
K	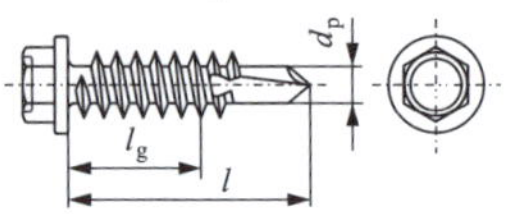	DIN 6928	O	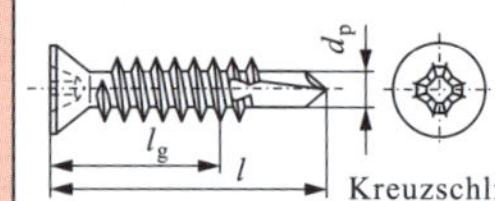 Kreuzschlitz H	DIN ISO 7050
L	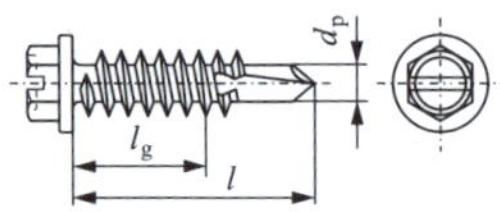	DIN 6928	P	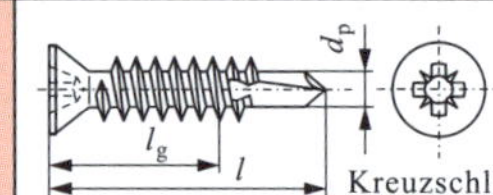 Kreuzschlitz Z	DIN 7982
M	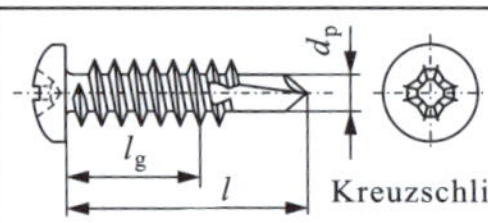 Kreuzschlitz H	DIN ISO 7049	R	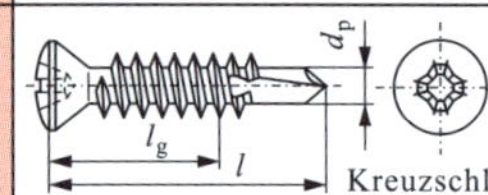 Kreuzschlitz H	DIN ISO 7051
N	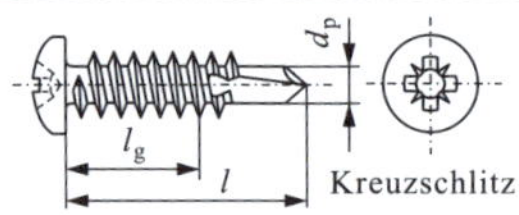 Kreuzschlitz Z	DIN 7981	Q	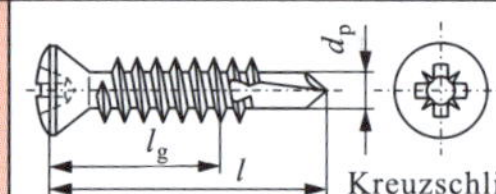 Kreuzschlitz Z	DIN 7983

Bohrbereich (Blechdicke) und Schraubenlänge

Gewinde	ST 2,9	ST 3,5	(ST 3,9)	ST 4,2	ST 4,8	ST 5,5	ST 6,3
Blechdicke von	0,7	0,7	0,7	1,75	1,75	1,75	2
bis	1,9	2,25	2,4	3	4,4	5,25	6
d_p max.	2,3	2,8	3,1	3,6	4,1	4,8	5,8
Nennlänge l	9,5 … 19	9,5 … 25	13 … 38	13 … 38	13 … 50	16 … 50	19 … 50
Gew.-Länge l_g	3,25 … 12,5	2,85 … 18,1	5,8 … 30,5	4,3 … 29	3,7 … 39,5	5 … 39	7 … 38

14.2.2.6 Gewinde-Schneidschrauben[2] nach DIN 7513: 1986-11

Form	Bild	Norm	Form	Bild	Norm
A	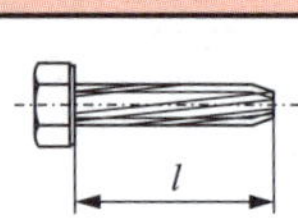	DIN 933	F	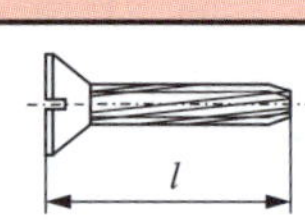	DIN 963
B	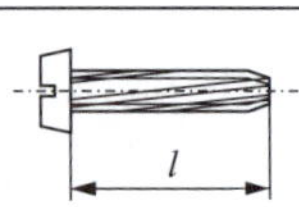	DIN 84	G	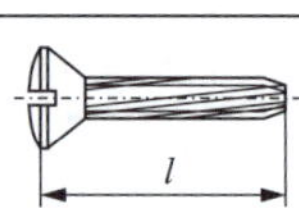	DIN 964

Form	B und F		A, B, F und G			
Gewinde d	**M 2,5**	**M 3**	**M 4**	**M 5**	**M 6**	**M 8**
Kernlochdurchmesser	2,2	2,7	3,6	4,5	5,5	7,4
Nennlänge l	6 … 20	6 … 22	8 … 25	10 … 30	12 … 35	14 … 40

[1] Bohren bei der Montage ihr Kernloch selbst und formen ihr Gegengewinde selbst.
[2] Schneiden bei der Montage ihr Gegengewinde selbst.

14.2 Maschinennormteile

14.2.2.7 Ausführungen von Muttern

Bild	Benennung	DIN
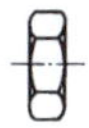	Rohrmutter (Whitworth-Rohrgewinde)	431
	Sechskantmutter, niedrige Form	EN 24036
	Sechskantmutter Typ 1	EN 28673
	Sechskantmutter Typ 2	EN 28674
	Sechskantmutter 1,5 *d* hoch	6330
	Sechskantmutter mit großen Schlüsselweiten	6915
	Vierkantmutter, Ausführung g	557
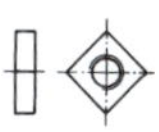	Vierkantmutter, niedrige Form	562
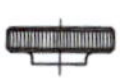	Flache Rändelmutter (Hohe Rändelmutter)	467 466
	Vierkant-Schweißmutter	928 929
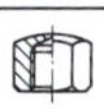	Hutmutter, niedrige Form	917
	Sechskantmutter, selbstsichernd, niedrige Form	985

Bild	Benennung	DIN
	Hutmutter, selbstsichernd (Hutmutter, hohe Form)	986 1587
	Sechskantmutter 1,5 *d* hoch mit Bund	6331
	Kronenmutter Ausführung m, mg, g flache Ausführung niedrige Form	 935 937 979
	Einschraubmutter (Schraubdübel)	7965
	Dreikantmutter (für schlagwetter- und explosionsgeschützte Geräte)	22425
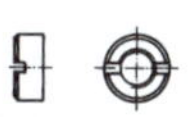	Schlitzmutter	546
	Zweilochmutter	547
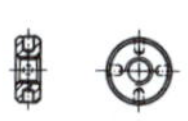	Kreuzlochmutter	548

14.2.2.8 Schraube-Mutter-Verbindungen nach DIN ISO 898-2: 1981-3

Muttern mit Nennhöhen ≥0,8 *D*	Festigkeitsklasse der Mutter	Zugehörige Schraube Festigkeitsklasse	Zugehörige Schraube Größe	Festigkeitsklasse der Mutter	Zugehörige Schraube Festigkeitsklasse	Zugehörige Schraube Größe
	4	3.6; 4.6; 4.8	>M 16	9	8.8	>M 16
	5	3.6; 4.6; 4.8	≤M 16			≤M 39
	5	5.6; 5.8	alle	9	9.8	≤M 16
	6	6.8	alle	10	10.9	alle
	8	8.8	alle	12	12.9	≤M 39

Muttern mit Nennhöhe ≥0,5 *D* <0,8 *D*	Mutter Festigkeitsklasse	Mutter Prüfspannung N/mm²	Mindestspannung in Schraube vor Abstreifen des Gewindes in N/mm² bei Paarung mit Schrauben der Festigkeitsklasse 6.8	8.8	10.9	12.9
	04	380	260	300	330	350
	05	500	290	370	410	450

14.2 Maschinennormteile

14.2.3 Toleranzen und Passungen

Allgemeintoleranzen nach DIN ISO 2768-1: 1991-6

Toleranzklasse	Grenzabmaße für Längenmaße in mm Nennmaßbereiche von … bis								
	0,5 … 3	3 … 6	6 … 30	30 … 120	120 … 400	400 … 1000	1000 … 2000	2000 … 4000	(4000 … 8000)
f (f) fein	± 0,05	± 0,05	± 0,1	± 0,15	± 0,2	± 0,3	± 0,5	± –(0,8)	(–)
m (m) mittel	± 0,1	± 0,1	± 0,2	± 0,3	± 0,5	± 0,8	± 1,2	± 2	(± 3)
c (g) grob	± 0,2 (0,15)	± 0,3 (0,2)	± 0,5	± 0,8	± 1,2	± 2	± 3	± 4	(± 5)
v (sg) sehr grob	–	± 0,5	± 1	± 1,5	± 2,5 (2)	± 4 (3)	± 6 (4)	± 8 (6)	(± 8)

Passungen nach DIN ISO 286-1,2: 1990-11

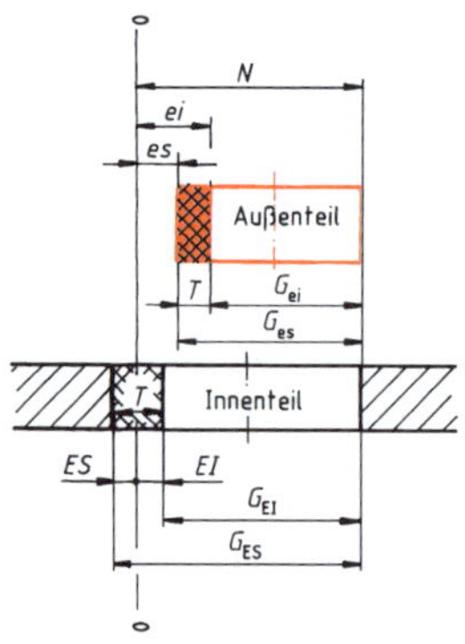

Wird die Funktion eines Werkstücks durch die Anwendung der Allgemeintoleranzen bei einem Nennmaß nicht gewährleistet, ist ein Passmaß erforderlich. Die Toleranzfeldlage wird entsprechend der Bearbeitungsrichtung gewählt, d. h. bei Innenmaßen wird das Mindestmaß, bei Außenmaßen das Höchstmaß zum Nennmaß gemacht. Das Nennmaß legt die Nulllinie als Bezugslinie für die Grenzmaße fest.

Bezeichnungen

Nennmaß N
oberes/unteres Abmaß für Wellen es/ei
Höchstmaß $G_{es} = N + es$
Mindestmaß $G_{ei} = N + ei$
Maßtoleranz $T = G_{es} - G_{ei}$ oder $T = es - ei$
oberes/unteres Abmaß für Bohrungen ES/EI
Höchstmaß $G_{ES} = N + ES$
Mindestmaß $G_{EI} = N + EI$
Maßtoleranz $T = G_{ES} - G_{EI}$ oder $T = ES - EI$

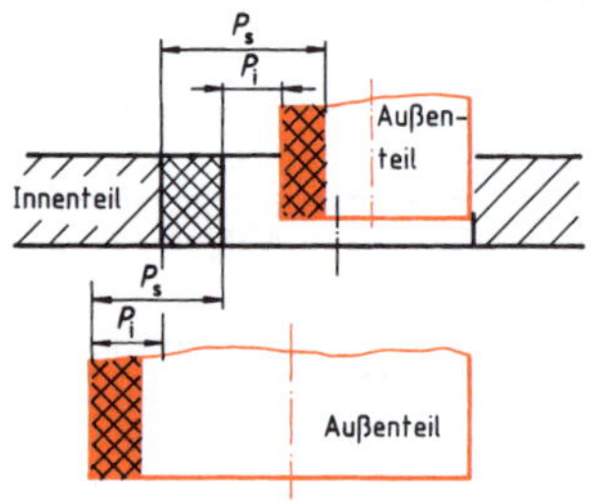

Spielpassung

Höchstpassung (Höchstspiel) P_s = positiv
Mindestpassung (Mindestspiel) $P_i \geq$ Null
Höchstpassung $P_s = G_{ES} - G_{ei}$
Mindestpassung $P_i = G_{EI} - G_{es}$
Passtoleranz $P_t = P_s - P_i$

Übermaßpassung

Höchstpassung (Mindestübermaß) $P_s \leq$ Null
Mindestpassung (Höchstübermaß) P_i = negativ

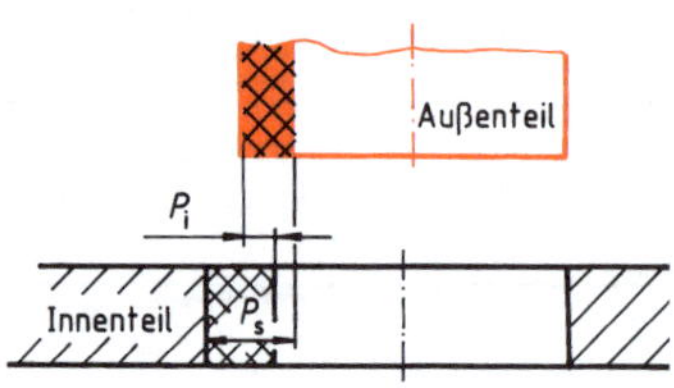

Übergangspassung

Höchstpassung (Höchstspiel) P_s = positiv
Mindestpassung (Höchstübermaß) P_i = negativ

14.2 Maschinennormteile

Passsysteme

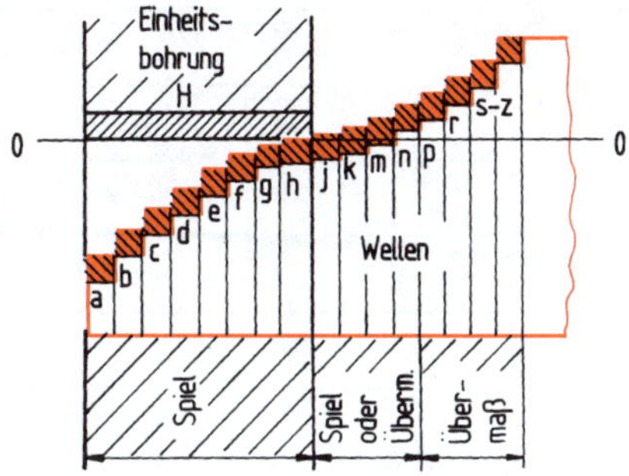

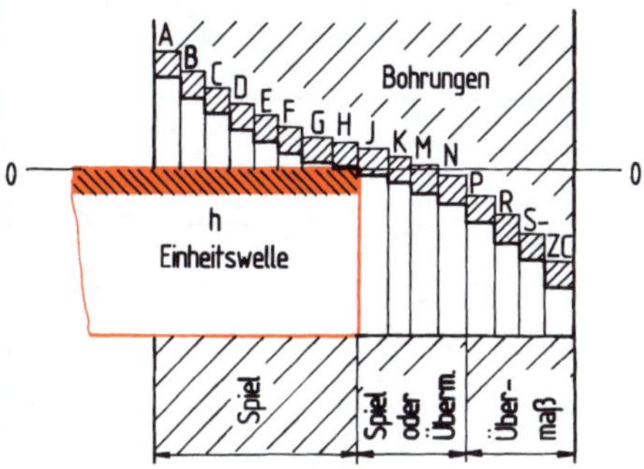

1. Um in Konstruktion und Fertigung die Funktion der Passung kostengünstig (geringe Zahl von Werkzeugen und Prüfmitteln) zu erreichen, wurden planmäßige Reihen von Abmaßen aufgebaut: die Passsysteme Einheitsbohrung, Einheitswelle sowie ein noch engeres, überwiegend anzuwendendes Auswahlsystem (DIN 7157).
2. Die ISO-Toleranzen gelten nicht für Absatzmaße und Lochmittenabstände.
3. Die Toleranzfeldlage zur Nulllinie wird zur Angabe im Kurzzeichen durch Buchstaben festgelegt. Um Verwechslungen mit anderen Zeichen zu vermeiden, scheiden die Groß- und Kleinbuchstaben i, l, o, q und w aus. Zusätzlich werden die Kombinationen cd, ef, fg, js, za, zb und zc verwendet.
4. Die Größe des Toleranzfeldes bestimmt sich aus Nennmaß und Toleranzgrad der Passung. Die Angabe im Kurzzeichen erfolgt durch eine Ziffer.
5. Im System Einheitsbohrung erhält die Bohrung für alle Passungen desselben Nennmaßes einheitlich das H-Toleranzfeld (Mindestmaß = Nennmaß). Die Art der Passung wird durch entsprechende Wahl der Wellentoleranz erreicht.
6. Im System Einheitswelle wird die Welle für alle Passungen desselben Nennmaßes einheitlich mit dem h-Toleranzfeld (Höchstmaß = Nennmaß) gefertigt. Die Art der Passung wird durch die Bohrungstoleranz erzielt

ISO-Grundtoleranzen

Nennmaß über … bis in mm	Toleranzgerade IT in µm																		
	Lehren							allgem. Maschinenbau						Walz-, Press-, Schmiedeerzeugnisse						
	01	0	1	2	3	4	5	6	7	8	9	10	11	12	13	14	15	16	17	18
… 3	0,3	0,5	0,8	1,2	2	3	4	6	10	14	25	40	60	100	140	250	400	600	1000	1400
3 … 6	0,4	0,6	1	1,5	2,5	4	5	8	12	18	30	48	75	120	180	300	480	750	1200	1800
6 … 10	0,4	0,6	1	1,5	2,5	4	6	9	15	22	36	58	90	150	220	360	580	900	1500	2200
10 … 18	0,5	0,8	1,2	2	3	5	8	11	18	27	43	70	110	180	270	430	700	1100	1800	2700
18 … 30	0,6	1	1,5	2,5	4	6	9	13	21	33	52	84	130	210	330	520	840	1300	2100	3300
30 … 50	0,6	1	1,5	2,5	4	7	11	16	25	39	62	100	160	250	390	620	1000	1600	2500	3900
50 … 80	0,8	1,2	2	3	5	8	13	19	30	46	74	120	190	300	460	740	1200	1900	3000	4600
80 … 120	1	1,5	2,5	4	6	10	15	22	35	54	87	140	220	350	540	870	1400	2200	3500	5400
120 … 180	1,2	2	3,5	5	8	12	18	25	40	63	100	160	250	400	630	1000	1600	2500	4000	6300
180 … 250	2	3	4,5	7	10	14	20	29	46	72	115	185	290	460	720	1150	1850	2900	4600	7200
250 … 315	2,5	4	6	8	12	16	23	32	52	81	130	210	320	520	810	1300	2100	3200	5200	8100
315 … 400	3	5	7	9	13	18	26	36	57	89	140	230	360	570	890	1400	2300	3600	5700	8900
400 … 500	4	6	8	10	15	20	27	40	63	97	155	250	400	630	970	1550	2500	4000	6300	9700

14

ISO-Passungen: Grenzabmaße in µm

Einheitsbohrung nach DIN ISO 286-2: 1990-11

Nennmaß-bereich[1)]		H 6	n 5	m 5	k 5	j 5	h 5	g 5	H 7	s 6	r 6	n 6	k 6	j 6	h 6	g 6	f 7
über 1	Gut	0	+ 8	+ 6	+ 4	+ 2	0	– 2	0	+ 20	+ 16	+10	+ 6	+ 4	0	– 2	–6
bis 3	Aus	+ 6	+ 4	+ 2	0	– 2	– 4	– 6	+10	+ 14	+ 10	+ 4	0	– 2	– 6	– 8	– 16
über 3	Gut	0	+13	+ 9	+ 6	+ 3	0	– 4	0	+ 27	+ 23	+16	+ 9	+ 6	0	– 4	– 10
bis 6	Aus	+ 8	+ 8	+ 4	+ 1	– 2	– 5	– 9	+12	+ 19	+ 15	+ 8	+ 1	– 2	– 8	–12	– 22
über 6	Gut	0	+16	+12	+ 7	+ 4	0	– 5	0	+ 32	+ 28	+19	+10	+ 7	0	– 5	– 13
bis 10	Aus	+ 9	+10	+ 6	+ 1	– 2	– 6	–11	+15	+ 23	+ 19	+10	+ 1	– 2	– 9	–14	– 28
über 10	Gut	0	+20	+15	+ 9	+ 5	0	– 6	0	+39	+ 34	+23	+12	+ 8	0	– 6	–16
bis 14	Aus																
über 14	Gut																
bis 18	Aus	+11	+12	+ 7	+ 1	– 3	– 8	–14	+18	+ 28	+ 23	+12	+ 1	– 3	–11	–17	– 34
über 18	Gut	0	+24	+17	+11	+ 5	0	– 7	0	+ 48	+ 41	+28	+15	+ 9	0	– 7	– 20
bis 24	Aus																
über 24	Gut																
bis 30	Aus	+13	+15	+ 8	+ 2	– 4	– 9	–16	+21	+ 35	+ 28	+15	+ 2	– 4	–13	–20	–41
über 30	Gut	0	+28	+20	+13	+ 6	0	– 9	0	+ 59	+ 50	+33	+18	+11	0	– 9	– 25
bis 40	Aus																
über 40	Gut																
bis 50	Aus	+16	+17	+ 9	+ 2	– 5	–11	–20	+25	+ 43	+ 34	+17	+ 2	– 5	–16	–25	– 50
über 50	Gut	0	+33	+24	+15	+ 6	0	–10	0	+ 72	+ 60	+39	+21	+12	0	–10	– 30
bis 65	Aus									+ 53	+ 41						
über 65	Gut									+ 78	+ 62						
bis 80	Aus	+19	+20	+11	+ 2	– 7	–13	–23	+30	+ 59	+ 43	+20	+ 2	– 7	–19	–29	– 60
über 80	Gut	0	+38	+28	+18	+ 6	0	–12	0	+ 93	+ 73	+45	+25	+13	0	–12	– 36
bis 100	Aus									+ 71	+ 51						
über 100	Gut									+101	+ 76						
bis 120	Aus	+22	+23	+13	+ 3	– 9	–15	–27	+35	+ 79	+ 54	+23	+ 3	– 9	–22	–34	– 71
über 120	Gut	0	+45	+33	+21	+ 7	0	–14	0	+117	+ 88	+52	+28	+14	0	–14	– 43
bis 140	Aus									+ 92	+ 63						
über 140	Gut									+125	+ 90						
bis 160	Aus									+100	+ 65						
über 160	Gut									+133	+ 93						
bis 180	Aus	+25	+27	+15	+ 3	–11	–18	–32	+40	+108	+ 68	+27	+ 3	–11	–25	–39	– 83
über 180	Gut	0	+51	+37	+24	+ 7	0	–15	0	+151	+106	+60	+33	+16	0	–15	– 50
bis 200	Aus									+122	+ 77						
über 200	Gut									+159	+109						
bis 225	Aus									+130	+ 80						
über 225	Gut									+169	+113						
bis 250	Aus	+29	+31	+17	+ 4	–13	–20	–35	+46	+140	+ 84	+31	+ 4	–13	–29	–44	– 96
über 250	Gut	0	+57	+43	+27	+ 7	0	–17	0	+190	+126	+66	+36	+16	0	–17	– 56
bis 280	Aus									+158	+ 94						
über 280	Gut									+202	+130						
bis 315	Aus	+32	+34	+20	+ 4	–16	–23	–40	+52	+170	+ 98	+34	+ 4	–16	–32	–49	–108

Einheitswelle nach DIN ISO 286-2: 1990-11

Nennmaß-bereich[1)]		h 8	X 8[2)] / U 8	H 8	F 8	E 8	D 9	h 11	H 9	H 11	D 10	C 11	A 11
über 1	Gut	0	– 34	0	+ 6	+ 14	+ 20	0	0	0	+ 20	+ 60	+ 270
bis 3	Aus	–14	– 20	+14	+ 20	+ 28	+ 45	– 60	+ 25	+ 60	+ 60	+120	+ 330
über 3	Gut	0	– 46	0	+ 10	+ 20	+ 30	0	0	0	+ 30	+ 70	+ 270
bis 6	Aus	–18	– 28	+18	+ 28	+ 38	+ 60	– 75	+ 30	+ 75	+ 78	+145	+ 345
über 6	Gut	0	– 56	0	+ 13	+ 25	+ 40	0	0	0	+ 40	+ 80	+ 280
bis 10	Aus	–22	– 34	+22	+ 35	+ 47	+ 76	– 90	+ 36	+ 90	+ 98	+170	+ 370
über 10	Gut	0	– 67	0	+ 16	+ 32	+ 50	0	0	0	+ 50	+ 95	+ 290
bis 14	Aus		– 40										
über 14	Gut		– 72										
bis 18	Aus	–27	– 45	+27	+ 43	+ 59	+ 93	–110	+ 43	+110	+120	+205	+ 400
über 18	Gut	0	– 87	0	+ 20	+ 40	+ 65	0	0	0	+ 65	+110	+ 300
bis 24	Aus		– 54										
über 24	Gut		– 81										
bis 30	Aus	–33	– 48	+33	+ 53	+ 73	+117	–130	+ 52	+ 130	+149	+240	+ 430
über 30	Gut	0	– 99	0	+ 25	+ 50	+ 80	0	0	0	+ 80	+120	+ 310
bis 40	Aus		– 60									+280	+ 470
über 40	Gut		–109									+130	+ 320
bis 50	Aus	–39	– 70	+39	+ 64	+ 89	+142	–160	+ 62	+160	+180	+290	+ 480
über 50	Gut	0	–133	0	+ 30	+ 60	+100	0	0	0	+100	+140	+ 340
bis 65	Aus		– 87									+330	+ 530
über 65	Gut		–148									+150	+ 360
bis 80	Aus	–46	–102	+46	+ 76	+106	+174	–190	+ 74	+190	+220	+340	+ 550
über 80	Gut	0	–178	0	+ 36	+ 72	+120	0	0	0	+120	+170	+ 380
bis 100	Aus		–124									+390	+ 600
über 100	Gut		–198									+180	+ 410
bis 120	Aus	–54	–144	+54	+ 90	+126	+207	–220	+ 87	+220	+260	+400	+ 630
über 120	Gut	0	–233	0	+ 43	+ 85	+145	0	0	0	+145	+200	+ 460
bis 140	Aus		–170									+450	+ 710
über 140	Gut		–253									+210	+ 520
bis 160	Aus		–190									+460	+ 770
über 160	Gut		–273									+230	+ 580
bis 180	Aus	–63	–210	+63	+106	+148	+245	–250	+100	+250	+305	+480	+ 830
über 180	Gut	0	–308	0	+ 50	+100	+170	0	0	0	+170	+240	+ 660
bis 200	Aus		–236									+530	+ 950
über 200	Gut		–330									+260	+ 740
bis 225	Aus		–258									+550	+1030
über 225	Gut		–356									+280	+ 820
bis 250	Aus	–72	–284	+72	+122	+172	+285	–290	+115	+290	+355	+570	+1110
über 250	Gut	0	–396	0	+ 56	+110	+190	0	0	0	+190	+300	+ 920
bis 280	Aus		–315									+620	+1240
über 280	Gut		–431									+330	+1050
bis 315	Aus	–81	–350	+81	+137	+191	+320	–320	+130	+320	+400	+650	+1370

1) Gut = Gutseite, Aus = Ausschussseite.
2) Bis Nennmaß 24 mm: x 8, über 24 mm: u 8.

14.2 Maschinennormteile

Passungsauswahl nach DIN 7157: 1966-1

Einheitsbohrung	Einheitswelle	Merkmale	Anwendung
H8/x8 H7/s6 **H7/r6**		Großes bis geringes Übermaß, Fügen durch hohen Druck oder Schrumpfen, ohne zusätzliche Sicherung gegen Verdrehen	Zapfen, Bunde, Räder auf Achsen, Rad-, Zahnkränze, Buchsen in Radnaben
H7/n6 H7/k6 H7/j6		Spiel kleiner als Übermaß, Fügen mit mittlerem Druck oder Schrumpfen, Sicherung gegen Verdrehen erforderlich	Zahn-, Schneckenräder auf Achsen, Buchsen im Gehäuse
H7/k6 H7/j6		Spiel und Übermaß etwa gleich groß, Fügen mit geringer Kraft möglich	Häufiger auszubauende Teile, Kupplungen, Stifte, Bolzen
H7/h6 **H7/h9**		Sehr geringes Spiel, gerade gleitfähig, mit geringer Kraft verschiebbar	Fräser auf Dorn, Pinole, Säulenführungen, Stellringe
H7/g6 **H7/f7** **H8/f7**	G7/h6 **F8/h6** **F8/h9**	Bewegung mit merklichem Spiel für gute Schmierung, leichtes Verschieben	Schieberäder, Gleitlager, Gleitführungen
H8/e8 H8/d9	**E9/h9** **D10/h9**	Bewegung mit reichlichem Spiel	Lange Wellen, Lager an Bau-, Landmaschinen, Förderanlagen
H11/h11 H11/d9	H11/h11 **C11/h9**	Bewegung mit geringem Spiel bei großen Toleranzen	Gezogene Wellen, Fügeteile zum Stiften, Schrauben, Schweißen, Lager an Bau-, Landmaschinen
H11/c11 H11/a11	C11/h11 A11/h11	Bewegung mit großem Spiel bei großen Toleranzen	Haushaltsmaschinen, Lager bei starker Verschmutzung, Erwärmung, mangelhafter Schmierung

Nach DIN 7157 wird aufgrund von Erfahrungen nur eine geringe Zahl von Passungen zur Nutzung empfohlen. Diese gewährleisten für den größten Teil des Maschinenbaus funktionsgerechte Lösungen. Die hervorgehobenen Passungen sind zu bevorzugen.

Wälzlagerpassungen nach DIN 5425-1: 1984-11

Innenring	Welle	Außenring	Gehäuse	Beispiele
Radiallager				
Punktlast, Loslager loser Sitz zulässig	j h g f	Umfangslast, fester Sitz nötig, Gehäuse ungeteilt	J K M N P	Laufräder, Seilrollen, Unwuchtschwinger
Umfangslast fester Sitz nötig	h j k m n p	Punktlast, loser Sitz zulässig, geteilte Gehäuse möglich, Loslager	J H G F	Stirnradgetriebe, Elektromaschinen, Naben mit Unwucht
Axiallager				
Punktlast loser Sitz zulässig	j	Umfangslast fester Sitz nötig	K M	
Umfangslast axial und radial	j k m	Punktlast loser Sitz zulässig	H J	
Reine Axiallast	h j k		H G E	

Soweit Montage und Funktion es zulassen, sind für Wälzlager festere Passungen vorzuziehen. Dies gilt besonders bei steigender oder ungleichmäßiger Last und Rollenlagern. Mit zunehmender Lagergröße werden Höchst- bzw. Mindestpassung vergrößert.

14

15 Arbeits- und Umweltschutz

15.1 Übersicht: Belastungen am Arbeitsplatz/Arbeits- u. Umweltschutz

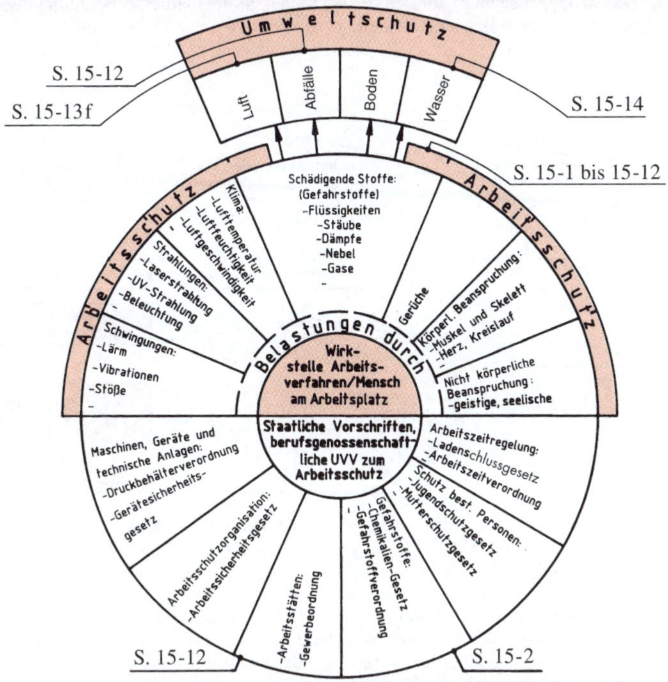

15.2 Gefahrstoffe am Arbeitsplatz

15.2.1 Grundbegriffe und Abkürzungen

MAK[1]	**Maximale Arbeitsplatzkonzentration.** Gibt die höchstzulässige Konzentration eines Arbeitsstoffes als Gas, Dampf oder Schwebstoff in der Luft am Arbeitsplatz an. Nach dem gegenwärtigen Kenntnisstand wird dadurch die Gesundheit der Beschäftigten im Allgemeinen nicht beeinträchtigt. Die MAK-Werteliste wird jährlich von der Senatskommission der Deutschen Forschungsgemeinschaft neu aufgelegt und in der TRGS 900 veröffentlicht
TRK[1]	**Technische Richtkonzentration.** Gilt für Stoffe, die Krebs erregend sind und für die deshalb keine unschädlichen Konzentrationen angegeben werden können. Dieser Wert gibt die Konzentration eines Stoffes am Arbeitsplatz an, die derzeitig nach dem Stand der Technik erreicht werden kann
BAT	**Biologischer Arbeitsstoff-Toleranzwert.** Dieser gibt den Grenzwert für die Konzentration von Schadstoffen im menschlichen Körper (Blut, Urin etc.) an
TRGS	**Technische Regeln für Gefahrstoffe.** Diese werden vom Ausschuss für Gefahrstoffe herausgegeben und geben Hinweise für einen Gefahren mindernden Umgang mit Gefahrstoffen
UVV	**Unfallverhütungsvorschriften.** Diese werden von den Berufsgenossenschaften erarbeitet und stellen verbindliches Recht nach der Reichsversicherungsordnung dar
Gef-StoffV	**Gefahrstoffverordnung**

[1] Bei Erreichen der Auslöseschwelle (ALS), einer bestimmten Konzentration (ALS < MAK od. TRK) oder bei unmittelbarem Hautkontakt sind zusätzliche Schutzmaßnahmen erforderlich.

15.2 Gefahrstoffe am Arbeitsplatz

15.2.2 Pflichten zum Schutz vor Gefahrstoffen am Arbeitsplatz GefStoffV 1994

Ermittlungspflicht § 16 GefStoffV

Der Arbeitgeber muss vor dem Einsatz eines Stoffes, einer Zubereitung oder eines Erzeugnisses in seinem Betrieb ermitteln, ob es sich um einen Gefahrstoff handelt.

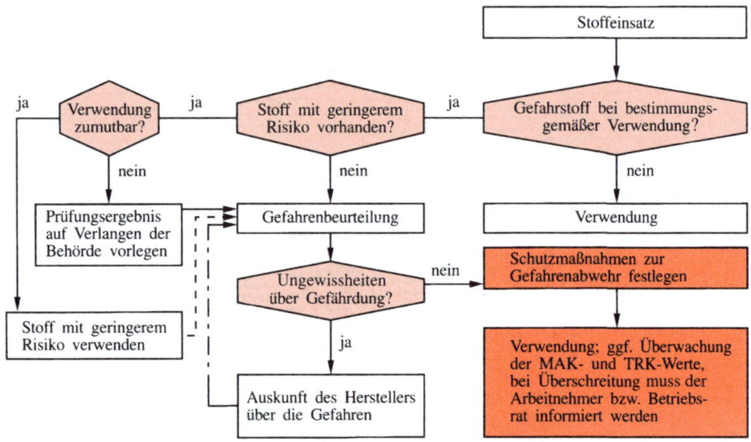

Führen die erhaltenen Informationen aus der Kennzeichnungs- und Auskunftspflicht nicht zum gewünschten Ergebnis, so muss das zuständige Gewerbeaufsichtsamt eingeschaltet werden. Nach § 21 ChemG verfügt es über ein weitergehendes Auskunftsrecht

⇐ 11-11 11-12

Kennzeichnungspflicht § 23 GefStoffV

Gefährliche Stoffe, Zubereitungen und Erzeugnisse sind verpackungs- und kennzeichnungspflichtig auch bei ihrer Verwendung. Weil bei der Kennzeichnungspflicht dadurch Lücken bestehen, dass nicht unbedingt alle Inhaltsstoffe erfasst werden, trifft folgende Aussage zu (siehe auch S. 15-11 unten):
Kennzeichnung bedeutet in jedem Fall „Gefahr". Keine Kennzeichnung schließt eine Gefahr nicht in jedem Falle aus!

Sicherheitsdatenblatt und Auskunftspflicht § 14 GefStoffV

Das Sicherheitsdatenblatt gibt detaillierte Auskunft über die Gefahren, die von einem Produkt für Mensch und Umwelt ausgehen. Dem Verwender muss das Sicherheitsdatenblatt über die/den gefährliche/n Zubereitung/Stoff spätestens bei der ersten Lieferung zugeleitet werden. Auch muss es auf Verlangen des berufsmäßigen Verwenders geliefert werden. Ergeben sich innerhalb von 12 Monaten Änderungen im Sicherheitsdatenblatt, so muss es dem Verwender unaufgefordert erneut zugestellt werden

Rangfolge der Schutzmaßnahmen § 19 GefStoffV

Werden beim Umgang mit Gefahrstoffen Schutzmaßnahmen erforderlich, so ist den sicherheitstechnischen Maßnahmen stets der Vorzug vor persönlicher Schutzausrüstung zu geben

1. Verhindern, dass Gefahrstoffe frei werden; Abkapselung des fraglichen Arbeitsprozesses.
2. Gefahrstoffe an der Entstehungsstelle absaugen.
3. Geeignete Lüftungsmaßnahmen vorsehen.
4. Persönliche Schutzausrüstung zur Verfügung stellen

Betriebsanweisung § 20 GefStoffV

Es muss für den betreffenden Arbeitsplatz eine schriftliche arbeitsbereich- und stoffbezogene Betriebsanweisung erstellt werden, in der die beim Umgang mit dem Gefahrstoff auftretenden Gefahren für Mensch und Umwelt sowie die erforderlichen Schutzmaßnahmen und Verhaltensregeln festgelegt werden. Außerdem muss auf die sachgerechte Entsorgung entstehender gefährlicher Abfälle hingewiesen werden. Einmal jährlich muss hierüber eine mündliche arbeitsplatzbezogene Unterweisung erfolgen

15.2 Gefahrstoffe am Arbeitsplatz

15.2.3 Aufnahmewege und Schutzmaßnahmen

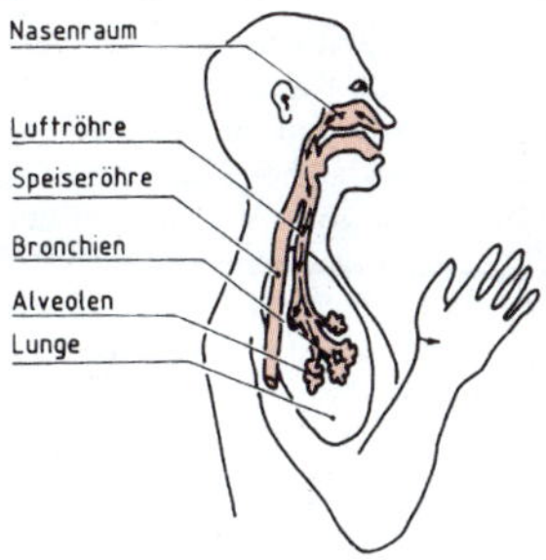

Aufnahmewege	Schutzmaßnahmen
Eindringen: Gase, Dämpfe, Stäube	Augenschutz, Ohrenschutz
Einatmen: Gase, Dämpfe, Stäube, Aerosole	Absaugung am Entstehungsort, wirksame Arbeitsplatzbelüftung, Atemschutz mit geeignetem Filtereinsatz, siehe Spalte 14 u. 15 Seite 15-7 bis 15-10
Verschlucken: Stäube, Flüssigkeiten	Nicht essen, trinken und rauchen am Arbeitsplatz
Hautresorption: (Aufnahme über die Haut) Stäube, Flüssigkeiten	Geeignete Schutzhandschuhe und/oder Arbeitsschutzkleidung oder ggf. Vollschutzanzug tragen

⇒ 15-7 ff

15.2.4 Quellen typischer Gefahrstoffe

⇒ 15-7 ff

Quelle	Gefahrstoff [1][2]	Erläuterungen; Gesundheitsgefahren
Batterien und Akkus	Nickel [2] Cadmium [2] und Cd-Verbindungen Blei [1] Quecksilber [1]	Diese Bauteile enthalten Umwelt gefährdende und gesundheitsschädliche Stoffe; insbesondere staubförmige Nickelverbindungen können zu allergischen oder entzündlichen Erkrankungen des Atemtraktes, u. U. sogar zu Lungen- oder Nasenhöhlenkrebs führen. Cadmium ist Krebs erzeugend, kann zu Nierenschäden und Knochenveränderungen führen, außerdem steht es im Verdacht, Erbgut- und Frucht schädigend zu sein. Blei ist ein starkes Umweltgift. Quecksilberdämpfe können zu Darmstörungen, Nierenschäden bis -versagen führen
Entladungs-, Leuchtstoff-, Energiesparlampen	Quecksilber [1]	Hg wird verwendet, um eine möglichst Strom sparende Lichtausbeute zu erzielen; eingeatmete Dämpfe führen nach chemischer Wirkung zu Vergiftung (Darmstörungen, Nierenschäden bis -versagen)
Isolationswerkstoff	Polyvinylchlorid [1] (PVC)	Die Stäube können krankhafte Bindegewebsbildung bewirken (Staublungenerkrankung durch schädliche Wirkung im Alveolarraum). Nur bei halogenfreiem PVC (temperaturbeständig bis ca. 105 °C, nicht halogenfrei beständig bis 60 °C und kurzfristig bis 70 °C) werden im Brandfall keine korrosiven (Salzsäure) und toxischen Gase (Chlor [1]- und Chlorwasserstoffgas [1]) und Stoffe freigesetzt
Kondensatoren und Kleinkondensatoren (bis 1 kvar)	Polychlorierte Biphenyle (PCB) [2] polychlorierte Terphenyle (PCT) [2]	Geregelte Kondensatoren mit mehr als 1 l PCB/PCT-haltiger Flüssigkeit dürfen seit dem 1.12.93 nicht mehr betrieben werden. Für die übrigen PCB/PCT-haltigen Kondensatoren gelten Übergangsfristen bis 31.12.1999. Kleinkondensatoren werden vornehmlich in Leuchtstofflampen, Waschmaschinen, Dunstabzugshauben und Ölbrennern eingesetzt. Die Bezeichnungen MP, MKP, MPK weisen auf PCB-Freiheit hin. PCB und PCT führen zu Leber-, Milz- und Nierenschäden und wirken Krebs auslösend

[1] **MAK-Wert** siehe S. 15-7 ff.
[2] **TRK-Wert** siehe S. 15-7 ff.

15

15.2.4 Quellen typischer Gefahrstoffe (Fortsetzung)

→ 15-7 ff.

Quelle	Gefahrstoff [1) 2)]	Erläuterungen; Gesundheitsgefahren
Hart-PVC-Bauteile	Cadmium [2)] Chlorwasserstoff [1)]	Insbesondere bei Bauteilen mit hoher Stabilität wurden in der Vergangenheit dem PVC cadmiumhaltige Stabilisatoren zugesetzt. Des weiteren wurden cadmiumhaltige Stabilisatoren auch in Weich-PVC-Produkten verwendet, um das Produkt bei höheren Temperaturen zu stabilisieren. Bei der Verbrennung von PVC entsteht der für Menschen und Umwelt schädliche Chlorwasserstoff (Salzsäure), und es können auch Krebs erzeugende Dioxine entstehen. Cadmium ist Krebs erzeugend, kann zu Nierenschäden und Knochenveränderungen führen, außerdem steht es im Verdacht, Erbgut- und Frucht schädigend zu sein. Cadmiumhaltige Stabilisatoren können heute im Wesentlichen durch organische Metallverbindungen ersetzt werden
Vernickelte elektrische Kontakte und Verbindungsteile in Schaltanlagen	Nickel [2)]	Werden alternativ zu versilberten eingesetzt in speziellen Industriebereichen, in denen stark schwefelhaltige Grundstoffe verarbeitet werden; insbesondere staubförmige Nickelverbindungen können zu allergischen oder entzündlichen Erkrankungen des Atemtraktes, u. U. sogar zu Lungen- oder Nasenhöhlenkrebs führen
Mikrochip-Produktion	Arsenwasserstoff [1)], -ige Säure [2)]	Das unangenehm nach Knoblauch riechende Gas ist Krebs erregend und führt bei Einatmung kleiner Mengen zu lebensbedrohlichen Nieren- und Leberschäden (über die Zerstörung von roten Blutkörperchen)
Mikrochip- u. Elektronik-Produktion	Lösemittel (S. 15-5 f) [1) 2)]	Belastungen in Reinräumen können zu Gehirntumorerkrankungen führen nach US-amerik. Forschungsergebnissen
Halbleiterproduktionsverfahren	Chlor [1)] gas und Chlorwasserstoff [1)]	Werden in Plasma-Ätzanlagen und Sputtleranlagen emittiert; das Gas reizt stark die Augen und Atemwege, hohe Konzentrationen führen zu starken Verätzungen der Schleimhäute sowie Kehlkopfkrampf mit Todesfolge
Löten/Flussmittel, Lote	Kollophonium	Flussmittel- u. Lötfettbestandteil zur Erhöhung des Erweichungspunktes, Siedepunkt 197 bis 199 °C; kann zu Fließschnupfen, Kopfschmerzen, asthmatischen Beschwerden und Allergien führen. Konzentrationen von weniger als 0,05 mg/m^3 Gesamtaldehyd können das Kollophoniumlötrauchasthma auslösen. Beim Zerfall von Kollophonium (Harz) entsteht das Allergen Formaldehyd [1)]
	Hydrazin [2)]	Flussmittelbestandteil zur Bindung des Sauerstoffes; ist Krebs erregend, reizt und verätzt Haut, Augen und Schleimhäute
	Fluoride [1)] Fluorwasserstoff [1)]	Flussmittelbestandteile; Gefährdung der Augen u. Schleimhäute, Bronchialkatarrh, Verätzungen
	Cadmium [2)]-oxidrauch	Bestandteil von Cd-haltigen Hartloten; Cd ist Krebs erregend und steht im Verdacht, Erbgut schädigend sowie Frucht schädigend zu sein
	Bernsteinsäure	Als Aktivatorzusatz im Flussmittel; siedet bei 235 °C unter Bildung von Bernsteinsäureanhydrid, das auf Haut, Augen und Atemwege reizend wirkt

1) **MAK-Wert** siehe S. 15-7 ff.
2) **TRK-Wert** siehe S. 15-7 ff.

15.2 Gefahrstoffe am Arbeitsplatz

15.2.4 Quellen typischer Gefahrstoffe (Fortsetzung)

⟹ 15-7 ff

Quelle	Gefahrstoff [1)2)]	Erläuterungen; Gesundheitsgefahren
Lösemittel (Gemisch verschiedener Einzelstoffe zum Reinigen und Entfetten)		Haben bereits bei Raumtemperatur einen hohen Dampfdruck (siehe Spalte 11 S. 15-7 ff), also ein großes Bestreben zu verdunsten, deshalb werden diese hauptsächlich über die Lunge aufgenommen. Bei körperlicher Arbeit werden täglich bis zu 20 m^3 Luft eingeatmet. Hohe Dosen in kurzer Zeit führen zu akuten Vergiftungen, kleine Dosen über längere Zeit aufgenommen, können zu den bekannten chronischen Schädigungen oder Sensibilisierungen führen
	Aceton [1)]	Reizt Schleimhäute, kann zu Leber- und Nierenschäden sowie chronischen Kopfschmerzen führen
	Benzol [2)]	Krebs erzeugend, reichert sich im Gehirn an, schädigt Blutbildungszentren
	n-Butanol [1)] 2-Butanon [1)]	Augen- und Schleimhautreizungen treten bereits unterhalb des MAK-Wertes auf; führt zu Kopfschmerzen, Schwindel und Schläfrigkeit; Fruchtschädigung noch ungeklärt; kann die Haut schädigen
	n-Butylacetat [1)]	Verursacht Reizung der Schleimhäute; führt zu Magenschmerzen, Übelkeit, Erbrechen, Schwindelgefühl und Ohnmacht
	Cyclohexan [1)]	Wirkt akut narkotisch und chronisch degenerierend auf das periphere Nervensystem; Gefahr der Hautexembildung
	Dichlormethan [1)]	Auch Methylenchlorid genannt; Krebs verdächtig, Fruchtschädigung noch ungeklärt; verursacht Kopfschmerz, Schwindel, Schläfrigkeit und Appetitlosigkeit
	Ethanol [1)] Ethylacetat [1)]	Fruchtschädigung ungeklärt; führt zu lokalen Schleimhautschäden und wirkt auf das Zentralnervensystem; führt zu Schleimhautreizungen und Zahnfleischentzündungen
	Ethylbenzol [1)]	Wirkt stark reizend auf Augen und obere Atemwege; dringt leicht durch die Haut; wirkt auf das Zentralnervensystem
	Ethylglycol [1)]	Wirkt reizend auf Schleimhäute der Augen und des Atemtrakts
	n-Hexan [1)]	Konzentrationen über 0,5% führen nach 10 min zu Schwindelerscheinungen; wird im Fettgewebe gespeichert und wirkt chronisch degenerierend auf das periphere Nervensystem
	Isopropylacetat [1)]	Dämpfe wirken etwas betäubend und verursachen leichte Reizungen der Augen und Atmungsorgane
	Methanol [1)]	Auch Bestandteil von Nitroverdünnern; durchdringt leicht die Haut, Fruchtschädigungspotenzial noch ungeklärt, verursacht Appetitlosigkeit, Schleimhautreizungen, Kopfschmerzen, Sehstörungen, Leberschwellungen und Leibesschmerzen
	Tetrachlormethan [1)]	Auch Tetrachlorkohlenstoff genannt; Krebs verdächtig, Fruchtschädigung bei Einhaltung des MAK-Wertes ausgeschlossen; gefährlicher Leberschädiger, allg. Lösungsmittelschädigungen
	Toluol [1)]	Fruchtschädigung ist wahrscheinlich; führt zu Kopfschmerzen

1) **MAK-Wert** siehe S. 15-7 ff.
2) **TRK-Wert** siehe S. 15-7 ff.

15.2.4 Quellen typischer Gefahrstoffe (Fortsetzung)

Quelle	Gefahrstoff [1)] [2)]	Erläuterungen; Gesundheitsgefahren
Lösemittel (Fortsetzung)	Toluol [1)] Fortsetzung	Müdigkeit, Übelkeit und Schlafstörungen; seltener treten permanente Schäden des zentralen, peripheren und vegetativen Nervensystems auf
	Xylol [1)]	Fruchtschädigung ungeklärt; Dämpfe schädigen besonders das Zentralnervensystem; längeres Einatmen niedriger Konzentrationen erzeugt Kopfschmerzen und Schwindel
Lösemittel- und Dispersions-Klebstoffe	Acrylnitril [2)]	Krebs erzeugend, dringt leicht durch die Haut; führt nach Berührung mit der Haut zu Übelkeit, Kopfschmerzen, Schwindel und Krämpfen
	1,3-Butadien [2)]	Wirkstoffbestandteil; Krebs erzeugend, wirkt nur in hohen Konzentrationen narkotisch sowie reizend auf Augen und Augenschleimhäute
	Vinylacetat [1)]	Filmbildnerbestandteil; wenig toxisch, kann zu Hautentzündungen führen
	Vinylchlorid [2)]	Filmbildnerbestandteil; Krebs erzeugend; führt nach Zersetzung durch saure Gase und Nebel zu Reizerscheinungen an Augen, Nase und Rachen
	Vinyliden-chlorid [1)]	(1,1-Dichlorethen) Filmbildnerbestandteil; führt zu Hirnnervenstörungen, durch Verunreinigungen von Chlor- und Dichloracetylen
	Styrol [1)]	Harzbindemittelbestandteil; Fruchtschädigung bei Einhaltung des MAK-Wertes ausgeschlossen; Giftwirkungen wie bei Toluol und Xylol
Reaktions-klebestoffe	Formaldehyd [1)]	Geruchsschwelle liegt bei 0,05 – 1,0 ml/m^3; 0,01 – 1,5 ml/m^3 führen zu Augenreizungen; Krebs verdächtig und kann allergische Erscheinungen auslösen
	Phenol [1)]	Harzbindemittelbestandteil; dringt leicht durch die Haut; schädigt das Zentralnervensystem, Leber und Nieren; kleine Mengen in der Luft verfärben den Urin grünlich-braun
Schmelz-klebestoff	Styrol [1)] 1,3-Butadien [2)] Vinylacetat [1)]	Siehe oben; Harzbindemittelbestandteil Siehe oben; Wirkstoffbestandteil Siehe oben; Filmbildnerbestandteil

15-7 ff

Gefahrenreduzierung:

1. Die konkret beim Arbeitsverfahren auftretenden Gefahrstoffe/Gefahren anhand der gesetzlichen Herstellerkennzeichnungspflicht für die verwendeten Produkte ermitteln und beachten. Erläuterungen zu den dabei verwendeten Symbolen (siehe Seite 15-12). 15-12
2. Das Sicherheitsdatenblatt (siehe S. 15-2) über das verwendete Produkt vom Hersteller bzw. Lieferanten anfordern und die darin detailliert aufgeführten Angaben zu konkreten Schutzmaßnahmen, Lagerung und Handhabung beachten. 15-2
3. Den Arbeitsplatz gut belüften und entstehende Gefahrstoffe möglichst nah am Entstehungsort absaugen und durch geeignetes Filtermaterial absorbieren. Anhand der physikalischen Eigenschaften des Stoffes, Dichte, rel. Gasdichte, Siedepunkt und Dampfdruck (siehe Spalte 5, 6, 10 u. 11, Seite 15-7 bis 15-10) muss die geeignete Absaugung (Rand- oder/und Absaugung von oben) ermittelt werden. 15-7 f.
4. Grundsätzlich geschlossene Arbeitskleidung tragen und am Arbeitsplatz nicht essen, trinken oder rauchen.

1) **MAK-Wert** siehe S. 15-7 ff.
2) **TRK-Wert** siehe S. 15-7 ff.

15.2 Gefahrstoffe am Arbeitsplatz

15.2.5 MAK- und TRK-Werte (Auswahl) DFG 1995

Spalte: 1	2	3	4	5	6	7	8	9	10	11	12	13	14	15
Stoff	Chemische bzw. Brutto-Formel	MAK/**TRK** ml/m³	mg/m³	Dichte kg/dm³ ¹) g/dm³ ²)	rel. Gasdichte	Flammpunkt °C	Zündtemp. °C	Festpunkt °C 1013 mbar	Siedepunkt °C 1013 mbar	Gefahrensymbol/ Dampfdruck bei 20 °C	WGK	Gefährlichkeit	Atem-Filter Gas	Par.
Aceton	C_3H_6O	1000	2400	0,79	2,01	<−20	540	−95,35	56,2	F/240	0	–	AX	–
Acrylnitril	C_3H_3N	**3**	**7**	0,806	1,83	−5	480	−83,55	77,3	F, T/124	3	**IIIA2, H**	A	–
Ammoniak	NH_3	50	35	0,77²)	0,60	–	630	−77,74	−33,35	T/–	2	C	K	–
Anilin	C_6H_7N	2	8	1,02	3,22	76	630	−5,98	184,40	T/0,8	2	IIIB,D,H	A	(P3)
Arsenwasserstoff	–	0,05	0,2	3,48²)	2,69	–	–	−116,3	−55	T/16	3	–	B	–
Arsenverbindungen	–	–	**0,1**	–	–	–	–	–	–	T/–	3	**IIIA1**	–	P3
Asbesthaltiger Feinstaub	–	–	**2**	–	–	–	–	–	–	a/–	–	**IIIA1**	–	P2
Benzol	C_6H_6	5	16	0,88	2,70	−11	555	5,53	80,10	F, T/101	3	**IIIA1**, H	A	–
Blei	Pb	–	0,1 G	11,35	–	–	–	327,50	1740	–/–	–	B	–	P2
Bleitetraethyl	$C_8H_{20}Pb$	0,01	0,08	1,65	11,2	80	–	−136,8	200 Zers	T/–	3	H	A	(P3)
Benzo[a]pyren	$C_{20}H_{12}$	–	–	1,35	–	–	–	180	495,5	T/–	–	**IIIA2**	–	P3
1,3-Butadien	C_4H_6	5	11	0,62²)	1,92	−85	415	−108,97	−4,41	F, T/2,4	1	**IIIA2**	AX	–
Butan	C_4H_{10}	1000	2350	2,71²)	2,11	−60	365	−138,35	0,50	F/2,1	0	–	AX	–
n-Butanol	$C_6H_{10}O$	100	300	0,8	2,56	24···35	340···390	−89,3···−114,7	117,7···99,5	Xn/4···40	1	D, C	A	–
2-Butanon	C_6H_8O	200	590	0,81	2,49	−1	505	−86,9	79,57	F/105	1	D	A	–
n-Butylacetat	$C_6H_{12}O_2$	200	950	0,88	4,01	22···27	370	−76,3	Zers	–/–	1	–	A	–
Cadmium + Cd-Verb.	–	–	–	–	–	–	–	–	–	T/–	3	**IIIA2**	–	P3
Calciumoxid	CaO	–	5 G	3,40	–	–	–	2614	3570	–/–	1	–	–	P2
Carbonylchlorid (Phosgen)	$COCl_2$	0,1	0,4	1,38²)	3,50	–	–	−127,8	7,56	T/–	–	–	B	(P3)
Chlor	Cl_2	0,5	1,5	3,21²)	2,49	–	–	−101,0	−34,10	T/6,7	2	C	B	(P3)
1-Chlor-2,3-epoxypropan	C_3H_5ClO	**3**	**12**	1,18	3,20	28	385	−25,6	116,56	T/16	3	**IIIA2, H**	A	(P3)
Chlorwasserstoff (Salzsäure)	HCl	5	7	1,64²)	1,27	–	–	−114,2	−85,05	C/–	1	C	E	(P2)
Chrom-IV-Verbindungen	–	–	**0,1 (0,2) G**	–	–	–	–	–	–	–/–	–	**IIIA2**	–	P3
Cobalt-Verbindungen	–	–	**0,1 (0,5) G**	–	–	–	–	–	–	–/–	–	**IIIA2, S**	–	P3

Erklärungen der Kurzzeichen, Fußnoten und Spalten siehe S. 15-10

Spalte: 1 Stoff	2 Chemische bzw. Brutto-Formel	3 MAK/**TRK** ml/m³	4 MAK/**TRK** mg/m³	5 Dichte kg/dm³ ¹) g/dm³ ²)	6 rel. Gasdichte	7 Flammpunkt °C	8 Zündtemp. °C	9 Festpunkt °C 1013 mbar	10 Siedepunkt °C 1013 mbar	11 Gefahrensymbol/ Dampfdruck bei 20 °C	12 WGK	13 Gefährlichkeit	14 Atem-Filter Gas	15 Atem-Filter Par.
Cyanacrylsäuremethylester	$C_5H_5NO_2$	2	8	1,28	3,84	–	–	liq	–	–/–	–	S	B	–
Cyclohexan	C_6H_{12}	300	1050	0,78	2,91	> 112	–	6,55	80,74	F/104	1	–	A	–
Dibenzoylperoxid	$C_{14}H_{10}O_4$	–	5 G	1,32	–	–	80	110	–	E, Xi/–	–	–	–	P2
1,1-Dichlorethan	$C_2H_4Cl_2$	100	400	1,18	3,42	– 10	660	– 97,6	57,25	F, Xn/240	–	D	AX	–
1,2-Dichlorethan	**$C_2H_4Cl_2$**	–	–	1,25	3,42	13	440	– 35,75	82,9	F, Xn/87	–	**IIIA2**	A	–
Dichlormethan	CH_2Cl_2	100	360	1,33	2,93	13	605	– 93,7	40,67	Xn/475	2	IIIB, D	AX	–
Diethylether	$C_4H_{10}O$	400	1200	0,71	2,56	< – 20	180	– 116,4	34,6	F/587	1	D	AX	–
Diisocyanattoluol (2,4-; 2,6-)	$C_9H_6N_2O_2$	0,01	0,07	1,22	6,02	127	–	14···22	120···250	T/–	2	S	B	(P3)
1,4-Dioxan	$C_4H_8O_2$	50	180	1,03	3,04	11	375	11,8	101,32	F, Xn/41	2	IIIB, D, H	A	–
Diphenylmethan-4,4′-diisocyanat	$C_{15}H_{10}N_2O_2$	0,005	0,05	1,21	8,64	212	7500	39,5	–	Xn/–	–	S, IIIB	B	(P2)
Eichen- u. Buchenholzstaub	–	–	**2(5) G**	–	–	–	–	–	–	–/–	–	**IIIA1**	–	P3
Fluoride	–	–	2,5 G	–	–	–	–	–	–	–/–	–	–	–	P2
Ethanol	C_2H_6O	1000	1900	0,79	1,59	12	425	– 114,2	78,33	F/59	0	D	A	–
2-Ethoxyethylacetat	$C_6H_{12}O_3$	20	110	0,98	4,57	52	380	61,7	156,4	Xn/1,6	1	H, B	A	–
Ethylacetat	$C_4H_8O_2$	400	1400	0,90	3,04	– 4	460	– 82,4	171,5	F/97	1	–	A	–
Ethylbenzol	C_8H_{10}	100	440	0,87	3,67	15···23	430	– 94,98	136,2	F, Xn/9,3	1	H, D	A	–
Ethylglykol (2-Ethoxyethanol)	$C_4H_{10}O_2$	20	75	0,93	3,11	40	235	– 70	135,6	Xi/5	–	H, B	A	–
Etylacrylat	$C_5H_8O_2$	5	20	0,94	3,46	9	350	– 71,2	99,8	F, Xi/38	2	D, S	A	–
Fluor	F_2	0,1	0,2	1,69 ²)	1,31	–	–	– 219,61	– 188,13	T/–	–	–	B	–
Fluorwasserstoff (Flusssäure)	HF	3	2	0,90 ²)	0,69	–	–	– 83,57	19,54	T, C/1	1	–	E	(P2)
Formaldehyd	HCHO	0,5	0,6	–	1,04	60	300	– 92	– 21	T/–	2	IIIB, S, C	B	(P3)
n-Hexan	C_6H_{14}	50	180	0,66	2,98	< – 20	240	– 95,3	68,7	–/160	1	C	A	–
Isopropylacetat	$C_5H_{10}O_4$	200	840	0,87	3,53	4	460	– 73,4	88,4	F/61	1	–	A	–
Kampfer	$C_{10}H_{16}O$	2	13	0,99	5,26	66	–	178,8	209 sub	–/–	–	–	A	–
Hydrazin	**N_2H_4**	**0,1**	**0,13**	1,01	1,11	–	–	1,54	113,5	T/21	3	**IIIA1, H**	K	–
Kohlenstoffdioxid	CO_2	5000	9000	1,98 ²)	1,53	–	–	–	–	–/–	0	–	–	–
Kohlenstoffmonoxid	CO	30	33	1,25 ²)	0,97	–	605	– 199	– 191,5	F, T/–	0	B	CO	–

Erklärungen der Kurzzeichen, Fußnoten und Spalten siehe S. 15-10

15.2.5 MAK- und TRK-Werte (Auswahl) DFG 1995 (Fortsetzung)

Spalte: 1	2	3	4	5	6	7	8	9	10	11	12	13	14	15
Stoff	Chemische bzw. Brutto-Formel	MAK/**TRK** ml/m³	mg/m³	Dichte kg/dm³ ¹) g/dm³ ²)	rel. Gasdichte	Flammpunkt °C	Zündtemp. °C	Festpunkt °C 1013 mbar	Siedepunkt °C 1013 mbar	Gefahrensymbol/ Dampfdruck bei 20 °C	WGK	Gefährlichkeit	Atem-Filter Gas	Par.
Nickel + Verb.	–	–	0,5 G	–	–	–	–	–	–	–/–	–	IIIB, S	–	P3
Maleinsäureanhydrid	$C_4H_2O_3$	0,1	0,4	1,48	3,39	103	380	52,85	202 sub	Xi/–	1	S, C	A	P2
Methylalkohol (Methanol)	CH_4O	200	260	0,79²)	1,11	11	455	−182,5	−161,49	F, T/128	–	H, D	AX	–
Naphthalin	$C_{10}H_8$	10	50	1,18	4,43	80	540	80,29	217	–/0,04	2	–	A	–
2-Naphthylamin	**$C_{10}H_9N$**	–	–	1,22	4,95	157	–	112	306,1	T/–	–	**IIIA1, H**	–	P3
Natriumhypochlorid	NaC10	–	–	–	–	–	–	–	–	C/–	–		(B)	P2
Natriumnitrit	$NaNO_2$	–	–	2,17(0)	–	–	–	280 ± 5	> 320 Zers	O, T/–	2	–	–	P3
Nikotin	$C_{10}H_{14}N_2$	0,07	0,5	1,01	5,60	95	240	−79	–	T/–	–	H	A	(P3)
Ozon	O_3	0,1	0,2	2,14²)	1,66	–	–	−192,7	−111,9	–/–	–	–	B	–
Polyvinylchlorid	–	–	5 F	1,38	–	–	–	–	–	–/–	–	–	–	P2
Pentachlorphenol	**C_6HCl_5O**	–	–	1,98	9,20	–	–	191	312 Zers	T/–	3	**IIIA2, H**	A	P3
Phenol	C_6H_6O	5	19	1,07	3,25	82	595	40,85	181,75	T/–	2	H	A	–
Phthalsäureanhydrid	$C_8H_4O_3$	–	1 G	1,53	5,12	152	580	131,6	284,5 sub	Xi/–	–	S, D	A	(P2)
Propan	C_3H_8	1000	1800	2,01²)	1,55	–	470	−189,69	−42,07	F/8,3	0	–	–	–
Pyrolyseprodukte	–	–	–	–	–	–	–	–	–	–/–	–	**IIIA1**	–	–
Quecksilber-Verbindungen	–	–	0,01 G	–	–	–	–	–	–	–/–	–	H, S	Hg	P3
Salpetersäure	HNO_3	2	5	1,51	2,18	–	–	−41,59	83 Zers	O, C/–	2	–	E	(P2)
Schwefeldioxid	SO_2	2	5	–	2,26	–	–	−75,52	−10,08	T/21	1	–	E	–
Schwefelsäure	H_2SO_4	–	1 G	1,84	–	–	–	10,38	279,6	C/–	1	–	–	P2
Stickstoffdioxid	NO_2	5	9	1,45	1,59	–	–	−11,25	21,15	T/–	–	–	–	–
Styrol	C_8H_8	20	85	0,91	3,60	32	490	−30,63	145,14	Xi/6	2	CH³)	A	–
Terpentinöl	–	100	560	0,86	–	33…35	> 220	< −40	150…177	Xn	–	S	A	–
Tetrachlorethen	C_2Cl_4	50	345	1,62	5,73	–	–	−22,4	121,2	Xn/19	3	IIIB, C	A	–
Tetrachlormethan	CCl_4	10	65	1,59	5,31	–	> 982	−22,99	76,54	T/119	3	IIIB, H, D	A	–
Toluol	C_7H_8	100	380	0,86	3,18	6	535	−94,99	110,62	F, Xn/29	2	B	A	–
1,1,1-Trichlorethan	$C_2H_3Cl_3$	200	1080	1,34	4,61	–	537	−32,6	73,7	Xn/133	3	C	A	–

Erklärungen der Kurzzeichen, Fußnoten und Spalten siehe S. 15-10

15

Spalte: 1	2	3	4	5	6	7	8	9	10	11	12	13	14	15
Stoff	Chemische bzw. Brutto-Formel	MAK/**TRK** ml/m³	mg/m³	Dichte kg/dm³ [1]) g/dm³ [2])	rel. Gasdichte	Flammpunkt °C	Zündtemp. °C	Festpunkt °C 1013 mbar	Siedepunkt °C 1013 mbar	Gefahrensymbol/ Dampfdruck bei 20 °C	WGK	Gefährlichkeit	Atem-Filter Gas	Par.
1,1,2-Trichlorethan	$C_2H_3Cl_3$	10	55	1,44	4,61	–	460	– 36,7	113,65	Xn/25	–	IIIB, H	A	–
Trichlorethen	C_2HCl_3	50	270	1,46	4,54	–	410	– 86,8	86,7	Xn/77	3	IIIB, C	A	–
Trichlorfluormethan	CCl_3F	1000	5600	1,49	4,75	–	–	– 110,5	23,77	–/889	2	C	–	–
Vinylacetat	$C_4H_6O_2$	10	35	0,93	2,97	– 8	385	– 93,2	72,8	F/120	2	III B; D	A	–
Vinylchlorid	**C_2H_3Cl**	–	–	0,91 [2])	2,16	– 78	415	– 153,7	– 13,7	F, T/1, 2	2	**IIIA1,H** [3])	AX	–
Vinylidenchlorid (1,1-Dichlorethen)	$C_2H_2Cl_2$	2	8	1,21	3,35	– 10	530	– 122,1	31,6	F, Xn/1	–	IIIB, C	AX	–
Wasserstoffperoxid	H_2O_2	1	1,4	1,44	1,17	–	560	– 0,43	150,2	0, C/2	0	–	NO	–
Xylol	C_8H_{10}	100	440	0,87	3,67	25···30	–	13···47	141 + 3	Xn/7···9	2	D	A	–
Zinkchromat	**$ZnCrO_4$**	–	–	3,40	–	–	–	–	–	T	–	**IIIA1**	–	P3
Zinn-Verbindungen org.	–	–	0,1 G	–	–	–	–	–	–	–/–	2	H	–	–

Erklärungen:

Spalte 3 u. 4: TRK-Werte gelten für **Krebs erzeugende Stoffe** und sind **fett** gekennzeichnet.
F = gemessen als Feinstaub
G = gemessen als Gesamtstaub

Spalte 6: Das Verhältnis der Dichte eines gasförmigen Stoffes zur Dichte trockener Luft

Spalte 7, 8, 9 und 10: Die angegebenen Werte beziehen sich auf Normalbedingungen bei 1013 mbar
Zers = Zersetzung
sub = sublimiert (unmittelbarer Übergang in den Gaszustand)
liq = flüssig

Spalte 11: a) Bedeutung der Kennbuchstaben für das Gefahrensymbol gemäß Gefahrstoffverordnung siehe S. 15-11 f.
b) Nach dem Querstrich wird der Dampfdruck in mbar bei 20 °C angegeben. Er zeigt, wie groß das Bestreben einer Flüssigkeit ist, in den gasförmigen Zustand überzugehen, d. h. zu verdunsten.

⇐ 15-11 f

Spalte 12: WGK=Wassergefährdungsklasse:
0 = im Allg. kein gefährdender Stoff
1 = schwach gefährdender Stoff
2 = Wasser gefährdender Stoff
3 = stark gefährdender Stoff

Spalte 13: Gefährlichkeit gemäß Gefahrstoffverordnung
a) Krebsgruppen:
IIIA1 = wirken beim Menschen Krebs erregend
IIIA2 = wirken im Tierversuch Krebs erregend, dieselbe Wirkung wird beim Menschen angenommen
IIIB = begründeter Verdacht auf Krebs erzeugende Wirkung beim Menschen
b) Fruchtschädigungsgruppen (Leibesfrucht):
A = Risiko der Fruchtschädigung ist sicher nachgewiesen
B = Risiko der Fruchtschädigung ist wahrscheinlich
C = Risiko der Fruchtschädigung braucht bei Einhaltung des MAK-Wertes nicht befürchtet werden
D = Fruchtschädigung nicht ausgeschlossen

c) Sonstige Schädigungskennzeichen:
H = Hautresorption, diese Stoffe vermögen leicht die Haut zu durchdringen
S = Allergische Erscheinungen können nach Sensibilisierung ausgelöst werden, auch bei Einhaltung des MAK-Wertes

Spalte 14, 15: Gas- u. Partikelfilter entfernen jeweils bestimmte Schadstoffe und dürfen angewendet werden, wenn die Umgebungsatmosphäre mindestens 17 Vol.-% Sauerstoff enthält.
Gasfiltertypen[4])/Kennfarbe: DIN 3181-1: 1980-5
A/braun: für organische Gase und Dämpfe
B/grau: für anorganische Gase und Dämpfe
E/gelb: für Schwefeldioxid u. Hydrogenchlorid
AX/braun: für org. Verbindungen mit Gefahrsymbol T, T+, Xi und Xn und Siedepunkt <65 °C
Partikelfilterklassen[5]): DIN 3181-1: 1980-5
P1: gegen feste inerte P., Rückhaltevermögen >80%
P2: feste u. flüssige (Xn/Xi)-P., Rückhalteverm. >94%
P3: feste u. flüssige (T/T+)-Partikel, Rückhalteverm. >99,95%

[1]) Feste und flüssige Stoffe werden in kg/dm³ angegeben. [2]) Gasförmige Stoffe werden in g/dm³ angegeben. [3]) Nach Angaben der amerikanischen TLV-Liste.
[4]) Beim Einsatz von Gasfiltern dürfen keine schädlichen Partikel vorhanden sein.
[5]) Beim Einsatz von Partikelfiltern dürfen keine schädlichen Gase vorhanden sein.

15.3 Sicherheitskennzeichen

15.3.1 Hinweisschilder zur Arbeitssicherheit VGB 125: 1989-4 und DIN 4844: 1985-10

Rettungszeichen: weißes Bildzeichen auf grünem Grund	 Richtungsangabe für Rettungsweg · Erste Hilfe · Rettungsweg nach links · Augenspüleinrichtung · Not-Dusche · Krankentrage · Notausgang
Gebotszeichen: weißes Bildzeichen auf blauem Grund	 Augenschutz tragen · Schutzhelm tragen · Gehörschutz tragen · Atemschutz tragen · Schutzhandschuhe tragen · Schutzschuhe tragen
Warnzeichen: schwarzes Bildzeichen auf gelbfarbenem Grund	Warnung vor …  feuergefährlichen · explosionsgefährlichen · giftigen Stoffen · ätzenden Stoffen · Flurförderfahrzeugen · Laserstrahlen · elektrischer Spannung
Verbotszeichen: schwarzes Bildzeichen auf weißem Grund + rotfarbene Kennung	 Feuer, offenes Licht u. Rauchen verboten · Zutritt f. Unbefugte verboten · Für Flurförderfahrzeuge verboten · Für Fußgänger verboten · Mit Wasser löschen verboten · Rauchen verboten · Kein Trinkwasser · Nichts abstellen oder lagern

15.3.2 Kennzeichnungen und Symbole für Gefahrstoffe GefStoffV (1994)

Hauptgefahren, die von einem Stoff oder einer Zubereitung ausgehen, werden durch ein oder mehrere **Gefahrensymbole** inklusiv der dazugehörigen **Gefahrenbezeichnung** gekennzeichnet. Durch zusätzliche standardisierte Sätze, die so genannten R-Sätze, erfolgen noch differenzierte **Gefahrenhinweise**, die über weitere gefährliche Eigenschaften Auskunft geben. Möglichkeiten zur Vermeidung bzw. Verminderung der Gefahren, soweit sie nicht selbstverständlich sind und/oder sich aus den Gefahrenhinweisen ergeben, können aus den gegebenen **Sicherheitsratschlägen**, den so genannten S-Sätzen, entnommen werden.
Aber: Werden bestimmte Anteile von Stoffbeimischungen unterschritten, z. B. 0,1% für das Krebs erregende Benzol in Lösungsmitteln oder 2% in Benzin für Kraftfahrzeuge, so braucht dies nach den gesetzlichen Grundlagen (GefStoffV) nicht angezeigt werden.

Beispiel zur Kennzeichnung eines Stoffes:

Name des Stoffes:	Trichlorethen
Gefahrensymbol und -bezeichnung:	 Minder giftig
Gefahrenhinweise: (R-Sätze)	Gesundheitsschädlich beim Einatmen u. Verschlucken
Sicherheitsratschläge (S-Sätze)	Darf nicht in die Hände von Kindern gelangen Berührung mit den Augen vermeiden
Hersteller:	Name, Anschrift

Kennzeichnung von asbesthaltigen Erzeugnissen und Zubereitungen:

weiß auf schwarzem Grund

schwarz auf rotem Grund

15

15.3 Sicherheitskennzeichen

Gefahrensymbol u. -bezeichnung; -kennbuchstabe	Erläuterungen	Gefahrensymbol u. -bezeichnung; -kennbuchstabe	Erläuterungen
 Explosionsgefährlich; E	Stoffe in festem oder flüssigem Zustand, die durch Erwärmung oder einer nicht außergewöhnlichen Beanspruchung z. B. durch Schlag zur Explosion gebracht werden	 Sehr giftig; T+ oder giftig; T	Stoffe, die durch Einatmen (inhalativ), Verschlucken (oral) oder Aufnahme durch die Haut (dermal) erhebliche Gesundheitsschäden oder den Tod verursachen können. T+: wenn LD_{50}[1] oral ≤25 mg/kg oder LD_{50} dermal ≤50 mg/kg oder LC_{50}[2] inhalativ ≤0,5 mg/ l/4 h. T: wenn 25<LD_{50} oral ≤200 mg/kg oder 50<LD_{50} dermal ≤400 mg/kg oder 0,5<LC_{50} inhal. ≤2 mg/l/4 h
 Brandförd.; O	Stoffe, die bei Berührung mit anderen, insbesondere entzündlichen Stoffen so reagieren, dass Wärme in großer Menge frei wird		
 Leicht entzündlich; F oder hoch entzündlich; F+	Stoffe, die sich bei gewöhnlichen Temperaturen erhitzen und entzünden können oder in festem Zustand durch kurzzeitige Einwirkung einer Zündquelle entzündet werden. (F+: Flammpunkt <0 °C, Siedepunkt max. 35°C; F: Flammpunkt <21 °C und >0 °C)	 Minder giftig (häufig als gesundheitsschädlich bez.); Xn	Stoffe, die durch Einatmen (inhalativ), Verschlucken (oral) oder Aufnahme durch die Haut (dermal) Gesundheitsschäden geringeren Ausmaßes verursachen können. Xn: wenn 200<LD_{50}[1] oral ≤2000 mg/kg oder 2<LC_{50}[2] inhalativ ≤20 mg/l/4 h usw.
 Ätzend; C	Stoffe, die durch Berührung die Haut zerstören. (Schwere Verätzung: die Haut von Versuchstieren ist in ihrer gesamten Dicke in weniger als 3 min zerstört.)	 Reizend; Xi	Sind Stoffe, die ohne ätzend zu sein, nach ein- oder mehrmaliger Berührung mit der Haut Entzündungen verursachen können

15.4 Umweltschutz

Übersicht: Umwelt relevante Betriebsbereiche

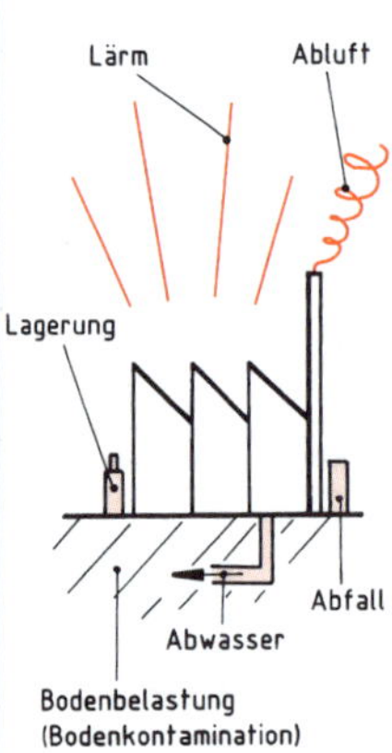

Umwelt relevante Betriebsbereiche	Aspekte z. B.	Rechtliche Grundlagen[3) 4)]
Abluft	Schadstoffe aus Arbeitsplatzabsaugung	Bundesimmissionsschutzgesetz (BImSchG) + Verordnungen dazu (BImSchV)
Abwasser	Reinigen von Leiterplatten	Wasserhaushaltsgesetz (WHG), Abwasserabgabengesetz (AbwAG)
Abfall	PCB-haltige Kondensatoren	Abfallgesetz (AbfG), Abfall- und Reststoffüberwachungs-Verordnung
Bodenbelastung	Quecksilber aus Entladungslampen	Abfallgesetz (AbfG) u. a.
Lagerung	Lösungsmittel	Gewerbeordnung (GewO), Bundesimmissionsschutzgesetz (BImSchG)
Lärm	Von Maschinen- u. Arb.-Platzabsaugung	Bundesimmissionsschutzgesetz (BImSchG) + Verordnungen
Transport	Gefährliche Abfälle	Gesetz über Beförderung gefährlicher Güter + Verordnungen

⇐ 15-13

15

[1] **L**etale (zum Tode führende) **D**osis bei 50% der Versuchstiere.
[2] **L**etale (zum Tode führende) **K**onzentration bei 50% der Versuchstiere.
[3] Außer den bundesrechtlichen Grundlagen müssen die landesrechtlichen beachtet werden.
[4] Bei Neuanlagen erfolgt nach dem Gesetz (UVPG) eine Umweltverträglichkeitsprüfung.

15.4 Umweltschutz

15.4.1 Luftbelastungen

Treibhauseffekt **Umweltbundesamt (1988/89)**

Dieser entsteht dadurch, dass die kurzwellige Sonnenstrahlung weitgehend ungehindert durch die Atmosphäre dringen kann und die Erdoberfläche aufheizt. Dagegen liegt die von der Erde abgestrahlte Energie im längerwelligen infraroten Spektralbereich, die von bestimmten Stoffen (Wasserdampf, Ozon, Kohlenstoffdioxid, u. a.) absorbiert (aufgenommen) und teilweise wieder zur Erde zurückgesandt wird.

Stoffe, die den Treibhauseffekt verstärken	CO_2	CH_4	N_2O	O_3	CF_2Cl_2
Prozentualer Anteil am Gesamttreibhauseffekt	50	15	5	10	20
Konzentration in ppb (in der Erdatmosphärenschicht bis etwa 12 km Höhe)	346 000	1 700	310	10–20	0,32
Konzentrationsanstieg in % pro Jahr (Schätzung)	0,3	1	0,2	–	5
Treibhauswirkung, relativer Effekt pro Molekül	1	20	200	2 000	10 000

CO_2 = Kohlenstoffdioxid, CH_4 = Methan, N_2O = Distickstoffoxid, O_3 = Ozon, CF_2Cl_2 = Fluorchlorkohlenwasserstoffe, Treibhauswirkungspotenzial von CO_2 = 1.

Beim Vergleich mit Kohlenstoffdioxid wird deutlich, dass die anderen Gase trotz ihrer wesentlich geringeren Konzentration dennoch erheblichen Einfluss auf den Treibhauseffekt haben aufgrund ihrer wesentlich stärkeren Treibhauswirkung.

Ausdünnung der Ozonschicht in der Stratosphäre **WMO 1992**

Insbesondere die Chlorkonzentration in der antarktischen Stratosphäre führte zu dem Ozonloch über der Antarktis und insgesamt zu einer Ausdünnung der Ozonschicht. Bereits eine 1%ige Ozonabnahme lässt rund 2% mehr Ultraviolett-B-Strahlung zur Erdoberfläche durchdringen. Die Auswirkungen sind erheblich: zusätzliche Krebsfälle, Schwächung des menschlichen Immunsystems, Zunahme bestimmter Augenerkrankungen u. a.

Ozon abbauende Stoffe	HGK in mg/m^3	Z in %	OSP	Ozon abbauende Stoffe	HGK in mg/m^3	Z in %	OSP
Trichlorfluormethan (R 11)	0,280	4	1,0	Halon 1211 (CF_2BrCl)	0,002	12	10,5
Dichlordifluormethan (R 12)	0,480	4	0,96	Halon 1301 (CF_3Br)	0,002	15	10,4
Dichlorfluormethan (R 22)	0,122	7	0,17	Methylchloroform	0,158	4	0,75
Trifluortrichlorethan (R 113)	0,060	10,0	0,56	Methylbromid	0,015	15	5,4
Tetrachlormethan	0,146	1,5	1,25				

HGK = Hintergrundkonzentration, Z = jährliche Zunahme, OSP = relatives Ozonschädigungspotenzial, bezogen auf Trichlorfluormethan (Schädigungspotenzial von R 11 = 1)

Sonstige Schadstoffe in der Luft[1] **Umweltbundesamt (1988/89)**

Schadstoff im Schwebstaub	K.-bereich in ng/m^3 l. Gebiet	K.-bereich in ng/m^3 s. Gebiet	HGK ng/m^3	Schadstoff im Schwebstaub	K.-bereich in ng/m^3 l. Gebiet	K.-bereich in ng/m^3 s. Gebiet	HGK ng/m^3
Arsen, As	1–5	3–30	–	Quecksilber, Hg (part.)	0,05–3	0,2–2	–
Beryllium, B	–	0,01–2	–	Antimon, Sb	0,5–2	2–30	–
Blei, Pb	20–60	200–1 000	–	Selen, Se	0,5–3	1–10	–
Cadmium, Cd	0,2–2	2–20	–	Vanadium, V	1–10	10–50	–
Chrom, Cr	1–5	5–30	–	Zink, Zn	50–100	100–1 000	–
Kobalt, Co	0,2–1	0,5–5	–	Benzo(a)pyren, BaP	0,5–3	2–20	–
Kupfer, Cu	1–10	20–150	–	Dibenzo(ah)anthracen, DB(ah)A	–	1–15	–
Mangan, Mn	10–50	20–100	–	Benzopaphtothiophen, BNT	0,5–3	1–15	–
Nickel, Ni	1–10	5–20	–	Benzo(a)anthraden, BaA	0,5–3	2–40	–

[1] K. = Konzentrations-, l. = ländliches, s. = städtisches, HGK = Hintergrundkonzentration

15

Sonstige Schadstoffe in der Luft (Fortsetzung) **Umweltbundesamt (1988/89)**

Schadstoff	K.-bereich in µg/m³ l. Gebiet	K.-bereich in µg/m³ s. Gebiet	HGK ng/m³
Schwefeldioxid, SO_2 [1)]	10–80	60–80	–
Stickstoffoxid, NO_2 [1)]	0–20	40–50	–
Schwebstaub [1)]	10–20	50–90	–
Ozon, O_3 [1)]		40–80	–
Schwefelwasserstoff	0,05–1	0,1–5	–
Dimethylsulfid, $(CH_3)_2S$	0,005–0,1	0,02–0,2	–
Schwefelkohlenstoff	0,1–1	0,1–1	–
Kohlenstoffoxisulfid	0,5–3	0,5–3	1300
Methan, CH_4	1200	bis 3000	–
Ethan, C_2H_6	1–5	3–5	–
n-Pentan, n-C_5H_{12}	1–3	5–50	–
n-Octan, n-C_6H_{18}	0,2–1	2–10	–
Cyclo-Hexan, cyclo-C_8H_{12}	0,1–1	1–10	–
Ethen, C_2H_4	0,5–5	5–30	–
Buten, C_4H_8	1–2	1–10	–
Ethin, C_2H_2	0,2–3	5–30	–
Isopren	1–10	–	–
Benzol, C_6H_6	1–5	5–30	–
Toluol, $C_6H_5CH_3$	0,5–2	5–50	–
Xylole, $C_6H_4(CH_3)_2$	0,1–1	5–50	–

Schadstoff	K.-bereich in µg/m³ l. Gebiet	K.-bereich in µg/m³ s. Gebiet	HGK ng/m³
Methanol, CH_3OH	–	10–20	–
Ethanol, C_2H_5OH	–	10–50	–
Formaldehyd, HCHO	0,5–2	10–20	500
Acetaldehyd, CH_3CHO	1–2	0,5–15	–
Aceton, CH_3COCH_3	0,1–1	10–50	–
Methylchlorid, CH_3Cl	1–2	1–2	–
Dichlormethan, CH_2Cl_2	0,2–0,5	1–5	–
Chloroform, $CHCl_3$	0,2–0,5	0,5–3	100
Tetrachlorkohlenstoff	0,5–1	1–3	850
1,1,1-Trichlorethan	1–3	5–10	760
Vinylchlorid, CH_2CHCl	0,1	0,1–1	–
Trichlorethen, C_2HCl_3	0,2–1	2–15	90
Perchlorethen, C_2Cl_4	0,5–2	2–15	660
Dichlorbenzol, $C_6H_4Cl_2$	–	1–10	–
Difluordichlormethan (R 12)	1–2	1–5	1670
Trichlorfluormethan (R 11)	1–2	1–4	1300
Ammoniak, NH_3	2–20	–	–
Salpetersäure, HNO_3	0,05–1	0,1–20	–
Wasserstoffperoxid, H_2O_2	0,1–3	0,1–0,5	–

K. = Konzentrations-, **l.** = ländliches, **s.** = städtisches, **HGK** = Hintergrundkonzentration nach dem WMO-Report; diese Werte werden in sehr entlegenen, emittentenfernen Regionen wie Südpol oder pazifischer Ozean gemessen.
In der Luft kommt eine große Anzahl von Luft verunreinigenden Stoffen vor, für die keine regelmäßigen und flächendeckenden Messungen durchgeführt werden. Die angeführte Tabelle gibt Auskunft über einige Substanzklassen von Schadstoffen, wovon wenige typische Vertreter ausgewählt wurden.

15.4.2 Schadstoffe im Wasser

Schwermetalle in der Nordsee

Die Schwermetalle und Schwermetallverbindungen finden weit verbreitete Anwendung. Deshalb gelangen diese an den Verarbeitungsstätten in relativ hohen Konzentrationen in die Umwelt und über verschiedene Wege (Abluft, Abwasser, Schlämme) auch in die Nordsee. Da die Schwermetalle nicht biologisch abbaubar sind, werden sowohl das maritime Ökosystem als auch alle direkten (z. B. Fischesser) und indirekten (z. B. Makroökosystem) Nutznießer dauerhaft belastet.

Geschätzte Schwermetalleinträge (nach Quality Status of the North Sea, London, 1987)
(ohne Einträge aus Ostsee, Ärmelkanal und Atlantik)

Schwermetall	Gesamteintrag pro Jahr in t	Eintragsquellen und Einträge in %				
		Atmosphäre	Baggergut	Direkt-Einleitung	Flüsse	Industrieabfälle
Blei, Pb	11 000	67	18	2	9	2
Cadmium, Cd	335	71	6	6	16	–
Quecksilber, Hg	75	40	23	7	28	–

Hauptanwendungen: Antikorrosionsmittel (Cd, Pb); Batterien (Cd, Pb, Hg); Kraftstoffe (Pb); Biozide (Hg, Cu, Zn); Legierungen (Cd, Pb, Cu, Zn) u. a.

[1)] Für diese Stoffe werden die Werte routinemäßig und flächendeckend erfasst.

16 Anhang

16.1 Verzeichnis der behandelten Normen und Vorschriften

16

16.1 Verzeichnis der behandelten Normen und Vorschriften

16.2 Stichwortverzeichnis

16

16.2 Stichwortverzeichnis

C

D

16

16.2 Stichwortverzeichnis

E

F

16.2 Stichwortverzeichnis

G

H

I

J

K

16.2 Stichwortverzeichnis

L

16

16.2 Stichwortverzeichnis

M

16

16.2 Stichwortverzeichnis

N

O

16

16.2 Stichwortverzeichnis

P

Q

R

16

16.2 Stichwortverzeichnis

S

16

16.2 Stichwortverzeichnis

T

16

16.2 Stichwortverzeichnis

U

V

16

16.2 Stichwortverzeichnis

16.2 Stichwortverzeichnis

Kapitelübersicht. Ausführliches Inhaltsverzeichnis Seite IX bis XIX